Karlheinz Kabus

Mechanik und Festigkeitslehre

unter Mitarbeit von Bernd Kretschmer und Peter Möhler

mit 530 Bildern, 266 Lehrbeispielen
und einer Beilage mit 42 Tabellen, 25 Diagrammen
und zahlreichen Formeln

6., aktualisierte Auflage

HANSER

Dipl.-Ing. Karlheinz Kabus, Studiendirektor i. R.

Dipl.-Ing. Bernd Kretschmer, Studiendirektor an der Staatlichen Technikerschule Berlin
Dr.-Ing. Peter Möhler, Studienrat an der Staatlichen Technikerschule Berlin

Bibliografische Information der Deutschen Nationalbibliothek

Die Deutsche Nationalbibliothek verzeichnet diese Publikation in der Deutschen
Nationalbibliografie; detaillierte bibliografische Daten sind im Internet
über http://dnb.d-nb.de abrufbar.

ISBN 978-3-446-41758-8

Einbandfoto: Gittermastkran (Author: Smial at de.wikipedia), Permission: CC-BY-SA-2.0-DE

www.hanser.de
Projektleitung: Jochen Horn
Herstellung: Renate Roßbach
Satz, Druck und Bindung: Druckhaus „Thomas Müntzer“ GmbH, Bad Langensalza

Printed in Germany

Vorwort

Mechanik und Festigkeitslehre gehören zu den wichtigsten theoretischen Grundlagen jedes Technikers und Ingenieurs. Das vorliegende Buch will dem studierenden Nachwuchs bei der Erarbeitung dieser Grundlagen behilflich sein und ihn zur selbstständigen Lösung praktischer Aufgaben befähigen. Es ist besonders für den Gebrauch an Technikerschulen und Fachhochschulen gedacht. Für das Selbststudium und für Praktiker, die ihre theoretischen Kentnisse auffrischen oder erweitern wollen, ist es ebenfalls geeignet.

Der Stoffumfang ist vorwiegend auf das Technikerstudium abgestimmt. Einige Kapitel gehen darüber hinaus, um auch Studenten an Fachhochschulen ein Hilfsmittel zum besseren Verständnis der Vorlesungen in Technischer Mechanik und interessierten Benutzern Weiterbildungsmöglichkeiten zu bieten. Auf eine Anwendung der höheren Mathematik wurde verzichtet, da diese an Technikerschulen nicht gelehrt wird. Bis auf wenige Ausnahmen werden die Berechnungsgleichungen hergeleitet und danach als Größengleichungen angegeben, so dass mit beliebigen Einheiten gerechnet werden kann.

Die verwendeten Einheiten und Formelzeichen entsprechen den in einem Verzeichnis zusammengestellten neuesten Ausgaben der einschlägigen DIN-Normen und den gesetzlich vorgeschriebenen SI-Einheiten. Auf die üblichen Einheiten wird hingewiesen. In Übereinstimmung mit dem täglichen Sprachgebrauch sowie den Normenempfehlungen werden die Worte Gewicht und Last im Sinne einer Massengröße verwendet. Wenn Gewicht als Kraftgröße gemeint ist, wird der Ausdruck Gewichtskraft benutzt.

Die Nummerierung der Bilder, Gleichungen und Lehrbeispiele erfolgte kapitelweise. Kontrollfragen am Ende eines in sich abgeschlossenen Sachgebietes sollen die Lernzielkontrolle erleichtern. Praxishinweise machen auf die Bedeutung des jeweiligen Lernstoffes für die Berufsarbeit aufmerksam. Dabei werden auch die früher verwendeten, nicht mehr zugelassenen Einheiten und die in der Praxis gebräuchlichen Zahlenwertgleichungen erwähnt.

Lehrbeispiele aus vielen Gebieten der Technik ermöglichen eine Vertiefung des dargebotenen Stoffes. Bei der Auswahl der Beispiele wurde eine enge Beziehung zur Praxis angestrebt.

Für häufig vorkommende Aufgabenarten werden Arbeitsschritte empfohlen. Dem Prinzip der Größengleichung folgend, sind auch bei den Zwischenrechnungen die Einheiten mitgeschrieben, so dass man bei umfangreichen Gleichungen nicht die Übersicht verliert. Nur wenn Einheiten sich offensichtlich herauskürzen, wurden sie weggelassen. Die Genauigkeit der Ergebnisse wurde in der Regel auf vier Ziffern beschränkt. Wird mit der gesamten vom Rechner angezeigten Stellenanzahl weitergerechnet, so ergeben sich in manchen Fällen etwas abweichende Resultate.

Weitere Übungsmöglichkeiten bietet die auf das Lehrbuch abgestimmte Aufgabensammlung „Mechanik und Festigkeitslehre – Aufgaben". Sie enthält eine große Zahl vom Leser zu lösender Aufgaben.

Alle Tabellen und Diagramme (Bildnummern mit vorgesetztem A), die zum Lösen von Aufgaben benötigt werden, sind in einem separaten Anhang untergebracht, der auch eine Zusammenstellung der wichtigsten Formeln enthält. Die für Festigkeitsberechnungen erforderlichen Werkstoffkennwerte und sonstige Einflussziffern sowie Erfahrungswerte für erforderliche Sicherheiten bzw. zulässige Spannungen sind darin angegeben, womit die Berechnung vieler Bauteile ohne weitere Unterlagen möglich ist. Der lose beigefügte Anhang kann, z.B. bei Prüfungen, unabhängig vom Lehrbuch benutzt werden.

Besonderer Wert wurde auf eine Übereinstimmung mit dem im gleichen Verlag erschienenen Lehrbuch *Decker* „Maschinenelemente" und den dazugehörigen „Maschinenelemente-Aufgaben" gelegt. Die „Mechanik und Festigkeitslehre" enthält gewissermaßen das theoretische Rüstzeug für die genannten Bücher.

Allen Kolleginnen und Kollegen und Lesern, die uns auf Verbesserungsmöglichkeiten hingewiesen haben, sagen wir herzlichen Dank. Bei den Mitarbeitern des Carl Hanser Verlages, besonders bei Herrn *Jochen Horn*, bedanken wir uns für die gute Zusammenarbeit.

Wir hoffen, dass auch die 6. Auflage den Studierenden und den Lehrenden ebenso wie den bereits in der Praxis tätigen Technikern und Ingenieuren ein brauchbares Hilfsmittel werden möge. Anregungen und Verbesserungsvorschläge werden weiterhin dankbar entgegengenommen.

Berlin, Herbst 2008

Karlheinz Kabus
Bernd Kretschmer
Peter Möhler

Inhaltsverzeichnis

1 Einführung

1.1 Aufgaben und Gliederung der Mechanik

Lernziele:
- Die Aufgabenstellung der Technischen Mechanik erläutern.
- Die Gliederung der Mechanik in Teilgebiete angeben und die Inhalte der Teilgebiete erläutern.

Die Mechanik ist als das älteste Teilgebiet der Physik eine für die Technik besonders wichtige Naturwissenschaft. Sie ist die **Lehre von den Bewegungen der Körper und den Wirkungen der Kräfte** auf feste, flüssige und gasförmige Körper. In der Technischen Mechanik werden die physikalischen Lehrsätze auf Körper angewendet, die in der Technik als Maschinen, Fahrzeuge, Geräte oder deren Teile vorkommen. Zur **Aufgabenstellung der Technischen Mechanik** gehört die Entwicklung von Methoden zur schnellen Lösung technischer Probleme, wobei es nicht immer auf exakte, sondern auf in kürzester Zeit erreichbare, für die Praxis ausreichende Nährungslösungen ankommt.

Das Gesamtgebiet der Mechanik kann man in verschiedene Teilgebiete untergliedern:

Die **Kinematik** ist die Lehre von den Bewegungen, unabhängig von den dabei wirkenden Kräften.

Die **Dynamik** ist die Lehre von den Kräften und ihren Wirkungen. Sie wird unterteilt in die **Kinetik**, in der die Zusammenhänge zwischen Kräften und Bewegungen dargestellt werden, und in die **Statik** als Lehre vom Gleichgewicht der Kräfte an einem Körper.

Man kann die Statik als Sonderfall der Dynamik ansehen, bei dem zwar Kräfte, aber keine Bewegungsänderungen (Beschleunigungen oder Verzögerungen) auftreten. Die Körper befinden sich im Gleichgewicht (in Ruhelage oder in gleichförmig geradliniger Bewegung). Sie werden vereinfacht als starr aufgefasst **(Statik starrer Körper).** Aufgabe der Statik ist die Ermittlung unbekannter Kräfte. Die Kenntnis der am Körper angreifenden Kräfte ist eine Grundlage der Festigkeitsberechnung technischer Bauteile.

Die **Schwingungslehre** behandelt Vorgänge, bei denen sich kennzeichnende Größen so ändern, dass sie nach bestimmter Zeit wiederkehren. Handelt es sich dabei um mechanische Größen, so spricht man von **mechanischen Schwingungen**.

Wie in der Kinematik reicht es mitunter aus, nur den zeitlichen Verlauf der Schwingung zu betrachten. Untersucht man die Ursachen einer Schwingung, so müssen auch die wirkenden Kräfte und Momente einbezogen werden. Dies entspricht der Kinetik.

Die **Festigkeitslehre** ist ein besonderes Teilgebiet der Technischen Mechanik. Es werden die elastisch-festen Körper untersucht, und zwar der Zusammenhang zwischen den äußeren und inneren Kräften und den durch diese hervorgerufenen Verformungen. Festigkeitsberechnungen gehören vornehmlich zu den Aufgaben des Konstrukteurs, der die Bauteile auf Haltbarkeit und Stabilität zu berechnen hat.

Die **Hydromechanik** behandelt in der Hydrostatik die Kraftverhältnisse in ruhenden Flüssigkeiten und in der Hydrodynamik die Vorgänge in bewegten (strömenden) Flüssigkeiten.

Die Mechanik kann auch nach dem Aggregatzustand (der Zustandsform) der Körper eingeteilt werden in die *Mechanik der festen Körper* (unterteilt in starre, elastische und plastische Körper), *Mechanik der flüssigen Körper* (Hydromechanik), *Mechanik der gasförmigen Körper* (Aeromechanik).

Praxisnachweis
Gründliche Kenntnisse der Technischen Mechanik und ihrer Verfahren zur Lösung technischer Probleme sind wichtige Voraussetzungen für eine erfolgreiche Arbeit von Technikern und Ingenieuren.

Kontrollfragen:
- Welche Aufgabe hat die Technische Mechanik?
- In welche Teilgebiete kann die Mechanik eingeteilt werden?
- Welche Inhalte haben die Kinematik, die Kinetik, die Statik und die Festigkeitslehre?

1.2 Größen und Einheiten

Lernziele:
- Die Begriffe physikalische Größe, Zahlenwert, Einheit und Größengleichung erklären.
- Die in der Technischen Mechanik vorkommenden Basisgrößen und Basiseinheiten sowie deren übliche Vielfache und Teile nennen und Einheiten umrechnen.
- Für zeichnerische Lösungen die Beträge von Größen in Streckenlängen umrechnen und umgekehrt.

Zur Formulierung der naturwissenschaftlichen Gesetze bedient man sich der Mathematik und gibt die Zusammenhänge als Gleichung an. Die Größen der Mechanik sind **physikalische Größen**, für die Buchstaben als Kurzzeichen (Symbole) eingesetzt werden, z. B. l für Länge, s für die Wegstrecke, A für Fläche, V für Volumen, m für Masse, t für Zeit, v für Geschwindigkeit. In den Gleichungen (Formeln) treten sie als Formelzeichen auf (Tab. 1).

Nach DIN 1313 wird der Größenwert als Produkt aus Zahlenwert und Einheit ausgedrückt, als Wortgleichung:

Größenwert = Zahlenwert × Einheit.

Symbolisch wird eine physikalische Größe wie folgt angegeben: $\boldsymbol{G} = \{\boldsymbol{G}\} \cdot [\boldsymbol{G}]$.
Darin bedeuten: G die Größe (durch Formelzeichen angegeben), $\{G\}$ der Zahlenwert der Größe, $[G]$ die Einheit der Größe.
In der Angabe $s = 400$ m bedeutet s die Größe, z. B. eine Wegstrecke, 400 ihren Zahlenwert ($\{s\} = 400$) und m als Meter ihre Einheit ($[s] = m$). Das Produkt „400 m" ist der Größenwert oder Betrag (in der Messtechnik auch Messwert genannt). Der Zahlenwert gibt an, wievielmal die Einheit im Größenwert enthalten ist. Durch den Zahlenwert allein ist eine Größe nicht vollständig angegeben, die Einheit muss immer mitgeschrieben werden.
Gleichungen, in denen physikalische Größen durch Formelzeichen oder durch Zahlenwerte und Einheiten angegeben sind, heißen **Größengleichungen.** Darin dürfen außer den Zahlenwerten auch die Symbole für Einheiten gekürzt, multipliziert und dividiert werden (s. die Beisp. 1.1 bis 1.8).
Für den Begriff Einheit wird manchmal fälschlicherweise der Ausdruck **Dimension** verwendet. In DIN 1313 kennzeichnet man mit Hilfe von Dimensionen die Art einer Größe. So hat z. B. die Geschwindigkeit die Dimension Länge durch Dauer, aber die Einheit Meter durch Sekunde.
Durch das „Gesetz über Einheiten im Messwesen" ist die Verwendung der Einheiten des Internationalen Einheitensystems (*SI-Einheiten*) vorgeschrieben. In der Technischen Mechanik werden folgende **SI-Basiseinheiten** der Dimensionen Länge (L), Masse (M), Dauer (T) und Temperatur (Θ) benutzt:

Größe		SI-Basiseinheit		SI-Basisdimension	
Name	Zeichen	Name	Zeichen	Name	Zeichen
Länge	l, s	Meter	m	Länge	L
Masse	m	Kilogramm	kg	Masse	M
Zeit	t	Sekunde	s	Dauer	T
Temperatur	T	Kelvin	K	Temperatur	Θ
(Temperatur	ϑ	°Celsius	°C)		

Im Einheitengesetz sind die **Definitionen der Basiseinheiten** angegeben, wie sie von der Internationalen „Generalkonferenz für Maß und Gewicht" festgelegt wurden. Sie sind für das Meter und die Sekunde auf Atomstrahlung bezogen (das Meter wurde am 20. 10. 1983 nach der Lichtgeschwindigkeit neu festgelegt). Ursprünglich war das Meter als 40-millionster Teil des Erdumfanges definiert, später als Abstand zweier Markierungen auf einem in Paris aufbewahrten Stab, dem Urmeter. Die Sekunde war ursprünglich der 86400ste Teil des mittleren Sonnentages (60 s/min · 60 min/h · 24 h/d = 86400 s/d).
Das Kilogramm war ursprünglich definiert als die Masse von 1 dm³ = 1 Liter Wasser bei 4 °C. Heute gilt: Ein Kilogramm ist die Masse des Internationalen Kilogrammprototyps, des in Paris aufbewahrten Urkilogramms.
Ein Kelvin ist der 273,15te Teil der Temperaturdifferenz zwischen dem absoluten Nullpunkt (tiefstmögliche Temperatur) und dem Tripelpunkt von Wasser. Ein Kelvin entspricht genau einem Grad Celsius (°C), zwischen beiden Temperaturskalen gibt es nur eine Nullpunktverschiebung.

Die Einheiten für andere Größen, wie Geschwindigkeit, Kraft, Leistung usw., sind von den Basiseinheiten abgeleitet, sie werden aus ihnen gebildet (z. B. für die Geschwindigkeit die Einheit m/s bzw. $\mathrm{m \cdot s^{-1}}$). Es werden auch Vielfache und Bruchteile von Einheiten verwendet (Tab. 2). Maßgebend für Einheiten ist DIN 1301, für Formelzeichen DIN 1304. Einige in der Technik übliche Vielfache und Teile der Basiseinheiten sind in Tab. 3 angegeben.

Beispiel 1.1
Für eine feingeschlichtete Oberfläche ist eine Rautiefe von 6,3 µm zulässig. Wie viel mm sind das?
Lösung:
Gegeben: $R_t = 6{,}3\ \mu\mathrm{m}$.
Gesucht: R_t in mm.

Mit $1\ \mu\mathrm{m} = \frac{1}{1000}$ mm (nach Tab. 3) wird

$$R_t = 6{,}3\ \mu\mathrm{m} = 6{,}3\ \frac{1}{1000}\ \mathrm{mm} = 0{,}0063\ \mathrm{mm}$$

oder durch Erweitern

$$R_t = 6{,}3\ \mu\mathrm{m}\ \frac{1\ \mathrm{mm}}{1000\ \mu\mathrm{m}} = 0{,}0063\ \mathrm{mm},$$

da sich µm herauskürzt.

Beispiel 1.2
Welche Innenhöhe in mm muss ein Behälter für ein Fassungsvermögen von 4000 Litern mindestens haben, wenn seine quadratische Grundfläche 2,5 m² beträgt?
Lösung:
Gegeben: $V = 4000\ \mathrm{l} = 4 \cdot 10^3\ \mathrm{dm}^3, A = 2{,}5\ \mathrm{m}^2$.
Gesucht: h in mm.
Da $1\ \mathrm{dm}^3 = (100\ \mathrm{mm})^3$ und $1\ \mathrm{m}^2 = (1000\ \mathrm{mm})^2$ sind, betragen

$$V = 4 \cdot 10^3\ \mathrm{dm}^3\ \frac{(100\ \mathrm{mm})^3}{\mathrm{dm}^3} = 4 \cdot 10^9\ \mathrm{mm}^3,$$

$$A = 2{,}5\ \mathrm{m}^2\ \frac{(1000\ \mathrm{mm})^2}{\mathrm{m}^2} = 2{,}5 \cdot 10^6\ \mathrm{mm}^2.$$

Aus der bekannten Gleichung für das Volumen $V = A \cdot h$ folgt für die gesuchte Innenhöhe

$$h = \frac{V}{A} = \frac{4 \cdot 10^9\ \mathrm{mm}^3}{2{,}5 \cdot 10^6\ \mathrm{mm}^2} = 1{,}6 \cdot 10^3\ \mathrm{mm} = 1600\ \mathrm{mm}.$$

Mit den vorgenannten Umrechnungsbeziehungen erhält man auch ohne Zwischenrechnung in einem einzigen Rechnungsgang:

$$h = \frac{V}{A} = \frac{4 \cdot 10^3\,\text{dm}^3 \cdot (100\,\text{mm})^3 \cdot \text{m}^2}{2{,}5\,\text{m}^2 \cdot \text{dm}^3 \cdot (1000\,\text{mm})^2} = 1600\,\text{mm},$$

da sich dm^3, m^2 und mm^2 herauskürzen.

Beispiel 1.3
Ein Geräteteil wiegt 0,0375 g. Seine Masse in mg ist anzugeben.
Lösung:
Gegeben: $m = 0{,}0375$ g.
Gesucht: m in mg.
Nach den Tabn. 2 und 3 ist 1 mg $= 10^{-3}$ g bzw. 1 g = 1000 mg. Somit ist

$$m = 0{,}0375\,\text{g}\,\frac{1000\,\text{mg}}{\text{g}} = 37{,}5\,\text{mg oder kürzer}$$

$$m = 0{,}0375 \cdot 1000\,\text{mg} = 37{,}5\,\text{mg}.$$

Beispiel 1.4
Wie viel kg wiegen die Massen 8,6 t und 4,2 Mt?
Lösung:
Gegeben: $m_1 = 8{,}6$ t, $m_2 = 4{,}2$ Mt.
Gesucht: m_1 und m_2 in kg.
Nach den Tabn. 2 und 3 ergeben sich:

$$m_1 = 8{,}6 \cdot 1000\,\text{kg} = 8600\,\text{kg},$$

$$m_2 = 4{,}2 \cdot 10^6\,\text{t} = 4{,}2 \cdot 10^6 \cdot 10^3\,\text{kg} = 4{,}2 \cdot 10^9\,\text{kg}.$$

Beispiel 1.5
Die Zeitangabe „78 Min. 45 Sek." ist in Stunden, in Minuten und in Sekunden umzurechnen (Zahlenwerte als Dezimalzahlen).
Lösung:
Gegeben: $t = 78$ min + 45 s.
Gesucht: t in h, in min und in s.
Nach Tab. 2:

$$t = 78\,\text{min} + 45\,\text{s} = 78\,\frac{1}{60}\,\text{h} + 45\,\frac{1}{3600}\,\text{h}$$

$$= (1{,}3 + 0{,}0125)\,\text{h} = 1{,}3125\,\text{h},$$

$$t = 78\,\text{min} + 45\,\frac{1}{60}\,\text{min} = (78 + 0{,}75)\,\text{min}$$

$$= 78{,}75\,\text{min}$$

$$t = 78 \cdot 60\,\text{s} + 45\,\text{s} = (4680 + 45)\,\text{s} = 4725\,\text{s}.$$

Bei zeichnerischen Verfahren und in Diagrammen werden Größen als Strecken dargestellt. Dafür benötigt man einen Maßstab, der zweckmäßigerweise als Maßstabfaktor angegeben wird. Es gilt

$$\textbf{Maßstabfaktor} = \frac{\textbf{darzustellende Größe}}{\textbf{zugeordnete Strecke}}$$

oder mit der Größe G und der zugehörigen Strecke G_{gez}:

$$\textit{Maßstabfaktor} \quad \boldsymbol{m_{\text{G}} = \frac{G}{G_{\text{gez}}}} \tag{1.1}$$

Entspricht z. B. 1 cm einer Zeichnung dem Größenwert 5 m, d. h. 1 cm ≙ 5 m, dann beträgt der Längenmaßstabfaktor $m_l = 5$ m/cm (5 Meter je Zentimeter).
Aus Gl. (1.1) ergibt sich für eine darzustellende Größe G die zu zeichnende

$$\textit{Streckenlänge} \quad \boldsymbol{G_{\text{gez}} = \frac{G}{m_{\text{G}}}} \tag{1.2}$$

Einer gezeichneten Strecke G_{gez} entspricht beim Maßstabfaktor m_{G} die

$$\textit{Größe} \quad \boldsymbol{G = G_{\text{gez}} \cdot m_{\text{G}}} \tag{1.3}$$

Mit den Maßstabfaktoren wird bei Berechnungen wie mit Größen verfahren; die Einheiten sind immer mitzuschreiben.

Beispiel 1.6
In einem Diagramm sollen verschiedene Volumen durch Balken dargestellt werden. Mit welchem Maßstabfaktor sind die Balkenlängen zu errechnen, wenn das größte Volumen von 200 m^3 mit einer Länge von 8 cm zu zeichnen ist?
Lösung:
Gegeben: $V = 200\,\text{m}^3$, $V_{\text{gez}} = 8$ cm.
Gesucht: m_{V} in m^3/cm.
Entspr. Gl. (1.1) ist

$$m_{\text{V}} = \frac{V}{V_{\text{gez}}} = \frac{200\,\text{m}^3}{8\,\text{cm}} = 25\,\text{m}^3/\text{cm}.$$

Beispiel 1.7
Wie groß ist die zu zeichnende Streckenlänge in mm für einen Abstand von 10,5 m bei einer Maßstabangabe 1 cm ≙ 5 m?
Lösung:
Gegeben: $l = 10{,}5$ m, $m_l = 5$ m/cm.
Gesucht: l_{gez} in mm.
Entspr. Gl. (1.2)

$$l_{\text{gez}} = \frac{l}{m_l} = \frac{10{,}5\,\text{m}}{5\,\text{m/cm}} = 2{,}1\,\text{cm} = 21\,\text{mm}.$$

Beispiel 1.8
Welchen Betrag in m/s hat eine Geschwindigkeit, die mit einer Strecke von 3,6 cm dargestellt ist, wenn die Zeichnung die Angabe 10 mm ≙ 20 km/h enthält?

Lösung:
Gegeben: $v_{\text{gez}} = 3{,}6$ cm, $m_{\text{v}} = 20\,\frac{\text{km/h}}{\text{cm}}$.
Gesucht: v in m/s.

Entspr. Gl. (1.3)

$$v = v_{gez} \cdot m_v = 3{,}6\,\text{cm} \cdot 20\,\frac{\text{km/h}}{\text{cm}} = 72\,\frac{\text{km}}{\text{h}}$$

$$= 72\,\frac{1000\,\text{m}}{3600\,\text{s}} = 20\,\text{m/s}.$$

Eine Größengleichung zeigt die Beziehung zwischen physikalischen Größen. In einer **Zahlenwertgleichung** wird lediglich die Beziehung zwischen den Zahlenwerten von Größen dargestellt. Sie gilt nur für bestimmte Einheiten, die stets besonders angegeben werden müssen. Beispiele für Zahlenwertgleichungen, die in der Technik gelegentlich vorkommen, werden am Ende der Abschnitte 6.3 und 7.4 erläutert.

Praxishinweis

Größengleichungen haben gegenüber Zahlenwertgleichungen den Vorteil, dass sie unabhängig von der Wahl der Einheiten gelten. Sie sind bevorzugt anzuwenden. Umrechnungen von Einheiten können mit ihnen übersichtlich durchgeführt werden. Bei Verwendung von Maßstabfaktoren wird die Beziehung zwischen einer Größe und der zugehörigen Strecke ebenfalls durch eine Größengleichung ausgedrückt. Die noch häufig anzutreffende Schreibweise der in eckigen Klammern eingeschlossenen Einheitenzeichen ist nach DIN 1313 nicht zulässig.

Kontrollfragen:

- Was versteht man unter einer physikalischen Größe?
- Was ist eine Größengleichung?
- Welche SI-Basisdimensionen und welche SI-Basiseinheiten kommen in der Technischen Mechanik vor?
- Welche Vielfache und Teile der Basiseinheiten sind in der Technik üblich?
- Was versteht man unter Maßstabfaktoren, und wozu dienen sie?

1.3 Koordinatensysteme

Lernziele

- Die Notwendigkeit von Koordinatensystemen erkennen.
- Den Aufbau eines rechtwinkligen Koordinatensystems erklären.
- Bezeichnungen und Vorzeichenregeln für kartesische Koordinatensysteme nennen.
- Die Ebene in Quadranten einteilen.

Die Lage einzelner Punkte in der Ebene oder im Raum kann mithilfe von Koordinatensystemen eindeutig bestimmt werden. Beim meist angewendeten kartesischen Koordinatensystem stehen die Koordinatenachsen senkrecht aufeinander (Bild 1.1). Die waagerechte x-Achse oder Abszisse und die senkrechte y-Achse oder Ordinate schneiden sich im Nullpunkt 0. Rechts vom Nullpunkt auf der Abszisse und oberhalb des Nullpunktes auf der Ordinate liegen positive Werte, links bzw. unterhalb des Nullpunktes negative. Die Ebene wird durch die Koordinatenachse in vier Bereiche geteilt. Diese werden Quadranten genannt und von der positiven Abszisse aus im mathematisch positiven Drehsinn (linksdrehend) mit I, II, III und IV bezeichnet. Durch Angabe von Werten auf der Abszisse und der Ordinate lässt sich jeder Punkt in der Ebene eindeutig festlegen.

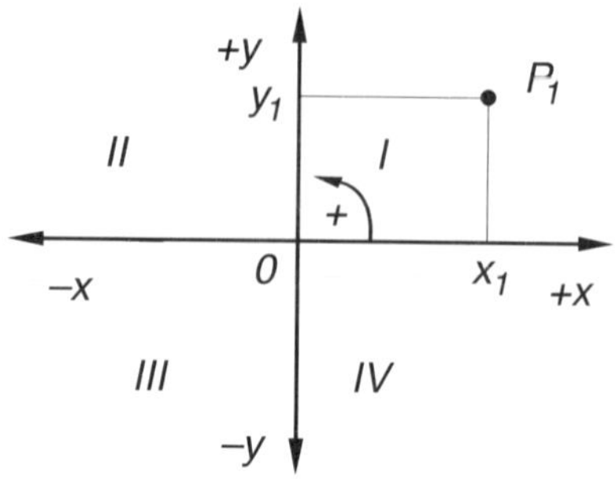

Bild 1.1 Kartesisches Koordinatensystem der Ebene

Sollen Punkte im Raum bestimmt werden, so muss eine dritte, senkrecht auf der durch die x- und y-Koordinaten gebildeten Ebene stehende und ebenfalls durch den Nullpunkt gehende Koordinate hinzugefügt werden. Nach DIN 4895 werden die Koordinaten mit x, y und z bezeichnet (Bild. 1.2). Es sind auch davon abweichende Angaben für die Koordinatenachsen möglich, wie z. B. in DIN 1080 festgelegt.

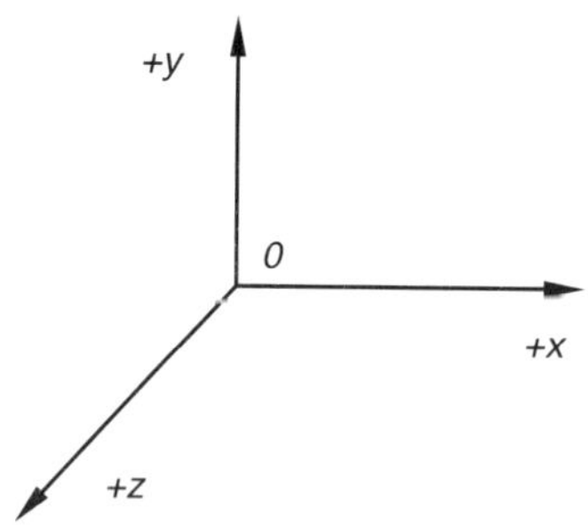

Bild 1.2 Räumliches kartesisches Koordinatensystem

Kontrollfragen:

- Wie ist ein rechtwinkliges Koordinatensystem aufgebaut und welche Vorzeichenregeln gelten?
- Was versteht man unter dem mathematisch positiven Drehsinn?
- Wie können einzelne Punkte in der Ebene und im Raum eindeutig definiert werden?
- Wo liegen die vier Quadranten im Koordinatensystem der Ebene?

2 Statik starrer Körper

2.1 Die Kraft

Lernziele
- Den Kraftbegriff definieren und die Krafteinheit angeben, den Vektorcharakter von Kräften erläutern und Kräfte grafisch darstellen.
- Den Verschiebesatz und das Wechselwirkungsgesetz als Erfahrungssätze an Beispielen erläutern.
- Das Verfahren des Freimachens von Körpern als Voraussetzung für die Darstellung des Kräftegleichgewichts und für die Ermittlung von Kräften erläutern und auf Bauteile anwenden sowie die Auflagerarten und ihre symbolische Darstellung angeben.

2.1.1 Kennzeichnung und Darstellung von Kräften

Aus der Erfahrung des täglichen Lebens ist der Begriff Kraft vor allem als Muskelkraft bekannt. Ebenso kennt man die Federkraft, die Magnetkraft, die Windkraft, die Wasserkraft. Kräfte sind nicht sichtbar, sondern nur an ihren Wirkungen erkennbar.

Beim Spannen einer Feder durch den menschlichen Muskel wird die Feder verformt. Ursache der Verformung ist eine Kraft, ihre Wirkung ist die Formänderung. Wenn ein Magnet ein Stück Eisen anzieht, ist die Zugkraft selbst nicht zu sehen, jedoch ihre Wirkung, da das Eisenstück zum Magneten hin bewegt wird. Infolge der **Erdanziehungskraft**, der Schwerkraft, werden alle Körper von der Erde angezogen und beim Fallen in Richtung Erdmittelpunkt bewegt. In der Mechanik wird diese Kraft als **Gewichtskraft** bezeichnet. Auch durch die Gewichtskraft können Körper verformt oder in Bewegung gesetzt werden.

Allgemein gilt für die
Kraft als physikalische Größe:

Eine Kraft ist die Ursache für die Verformung oder Bewegungsänderung eines Körpers.

Demnach müssen überall, wo sich Geschwindigkeiten ändern oder Körper verformt werden, Kräfte wirken.

Bild 2.1 Gleichgewicht zweier Kräfte beim Seilziehen

Heben sich die Wirkungen zweier oder mehrerer Kräfte an einem ruhenden Körper auf, so bleibt er im **Ruhezustand**, d. h. die **Kräfte sind im Gleichgewicht.** Beispielsweise müssen die an den Punkten A und B des Seiles in Bild 2.1 anfassenden Personen mit gleich großer Kraft ziehen, wenn das Seil in der Ruhelage bleiben soll. Um ein Gewichtsstück in der Ruhelage zu halten, muss man der Gewichtskraft mit einer gleich großen Kraft entgegenwirken (Bild 2.2). Nach der Definition des Kraftbegriffs besteht **auch bei der gleichförmig geradlinigen Bewegung Kräftegleichgewicht**, da keine Änderung der Geschwindigkeit erfolgt.

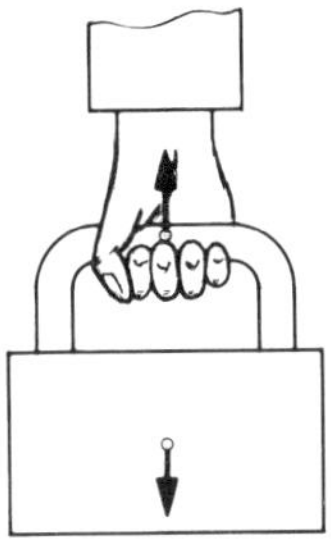

Bild 2.2 Kräftegleichgewicht zwischen Handkraft und Gewichtskraft

Das ist z. B. der Fall bei einer Hubbewegung mit gleich bleibender Hubgeschwindigkeit. Die dabei an einem Lasthaken (Bild 2.3) wirkenden Kräfte, die lotrecht nach unten gerichtete Gewichtskraft der angehängten Last und die nach oben gerichtete Zugkraft der Kette, sind gleich groß.

Bild 2.3 Kräftegleichgewicht an einem Lasthaken

Kräfte, die gleiche Wirkungen hervorrufen, sind gleich. Darauf beruht die Messbarkeit von Kräften. Die Messung von Kräften kann z. B. mittels geeichter Federwaagen oder Gewichtsstücke (Wägestücke) erfolgen. Die zu messende Kraft wird entweder mit der Federkraft oder der Gewichtskraft verglichen. Jede Messung ist ein Vergleich mit einer festgelegten Einheit.

Die **Einheit der Kraft** ist das N (Newton[1], gesprochen: njut^{e}n). Es ist eine aus den Basis-

[1] *Isaak Newton* (1643 bis 1723), engl. Physiker

einheiten des Internationalen Einheitensystems (SI-Einheiten) abgeleitete Einheit mit der Definitionsgleichung

1 N = 1 kg · m/s²

In Worten lautet die *Definition der Krafteinheit:*

> **1 N ist gleich der Kraft, die einem Körper mit der Masse 1 kg die Beschleunigung 1 m/s² erteilt.**

In der Technik werden oftmals auch die Einheiten kN und MN verwendet (1 kN = 1000 N = 10^3 N, 1 MN = 10^6 N). Als Formelzeichen für die Kraft ist der Buchstabe F (von *force,* engl.) in DIN 1304 festgelegt. Verschiedene Kräfte werden durch Indizes[1)] unterschieden, z. B. F_1, F_2, F_a, F_b, F_A und dgl.

Die Definition der Krafteinheit beruht auf der bewegungsändernden Kraftwirkung (s. auch DIN 1305) und folgt aus dem Grundgesetz der Dynamik: $F = m \cdot a$ (Gl. (7.3), Abschn. 7.1.1; die kinematische Größe Beschleunigung a mit der Einheit m/s² wird im Abschnitt 6.2.2 behandelt).

Die Erfahrung zeigt, dass die Wirkung einer Kraft nicht nur von ihrem Betrag (dem Größenwert) abhängt, sondern auch von ihrer Lage am Körper, gekennzeichnet durch den Angriffspunkt, und außerdem von ihrer Wirkrichtung, was am Beispiel eines Wagens in Bild 2.4 dargestellt ist.

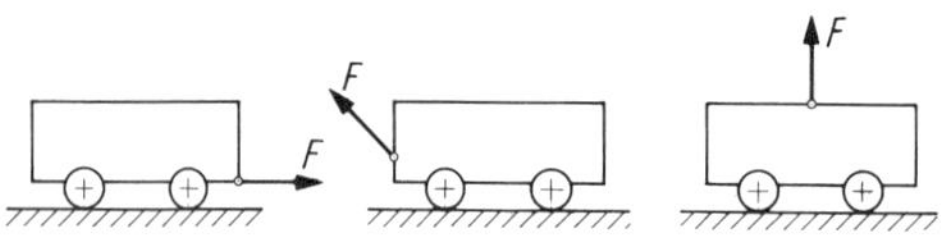

Bild 2.4 Gleich große Kräfte, die verschiedene Wirkungen hervorrufen

Die **Kraft** ist demnach **eine gerichtete Größe.** Physikalische Größen, die erst durch Betrag und Wirkrichtung vollständig angegeben sind, nennt man **Vektoren**, z. B. Kräfte, Geschwindigkeiten, Beschleunigungen. Größen, die allein durch Zahlenwert und Einheit bestimmt sind, heißen **Skalare**, wie z. B. Zeit, Temperatur, Masse. Zur Kennzeichnung einer Kraft als vektorielle Größe wird nach DIN 1313 ein Pfeil über das Formelzeichen gesetzt, und man schreibt $\vec{F}$. Wenn nur der Betrag einer Kraft symbolisch anzugeben ist, wird F ohne Pfeil geschrieben.

Zur eindeutigen **Bestimmung einer Kraft** gehören folgende drei Angaben:

Der **Betrag** oder Größenwert, gegeben durch das Produkt aus Zahlenwert und Einheit oder bei zeichnerischer Darstellung durch eine maßstäbliche Strecke (Bild 2.5), die Vektorlänge,

die **Lage**, gekennzeichnet durch einen Punkt der Wirklinie, den Angriffspunkt,

die **Richtung** oder der Richtungssinn, ausgedrückt durch den Richtungspfeil am Kraftvektor.

Unter der **Wirklinie** einer Kraft versteht man die durch den Kraftvektor verlaufende Gerade. Die Vektorlänge wird mit einem Kräftemaßstabfaktor m_F errechnet. Da der Richtungspfeil am Kraftvektor die Kraft bereits als Vektor kennzeichnet, kann in Zeichnungen der Pfeil über F entfallen.

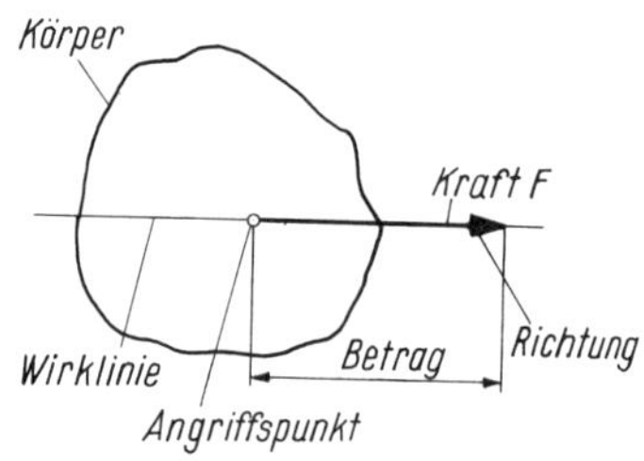

Bild 2.5 Zeichnerische Darstellung einer Kraft

Beispiel 2.1
Wie groß ist die zu zeichnende Vektorlänge in cm für eine Kraft von 1800 N bei einem Kräftemaßstabfaktor von 400 N/cm?
Lösung:
Gegeben: F = 1800 N, m_F = 400 N/cm.
Gesucht: F_{gez} in cm.
Entspr. Gl. (1.2) wird

$$F_{gez} = \frac{F}{m_F} = \frac{1800\ \mathrm{N \cdot cm}}{400\ \mathrm{N}} = 4{,}5\ \mathrm{cm}.$$

Beispiel 2.2
Welchen Betrag in kN hat eine Kraft, deren Vektor 32 mm lang ist, wenn die Zeichnung folgende Angabe enthält: 1 cm ≙ 500 N?
Lösung:
Gegeben: F_{gez} = 32 mm = 3,2 cm, m_F = 500 N/cm.
Gesucht: F in kN.
Entspr. Gl. (1.3):

$$F = F_{gez} \cdot m_F = 3{,}2\ \mathrm{cm} \cdot 500\ \mathrm{N/cm} = 1600\ \mathrm{N} = 1{,}6\ \mathrm{kN}.$$

Eine besonders wichtige Kraft in der Statik ist die bereits erwähnte **Gewichtskraft F_G** (als Formelzeichen ist neben F_G auch der Buchstabe G genormt). Ihr Betrag kann aus der **Masse m** eines

[1)] auch als Nebenzeiger oder Fußzeichen bezeichnet

Körpers und der infolge der Erdanziehung auf ihn wirkenden **Fallbeschleunigung** $\boldsymbol{g = 9{,}81\ m/s^2}$ errechnet werden nach der Gleichung $\boldsymbol{F_G = m \cdot g}$ (Gl. (7.4), Abschn. 7.1.1). Sie ist *stets lotrecht nach unten gerichtet* (zum Erdmittelpunkt hin). Ihr Angriffspunkt ist der Schwerpunkt des Körpers (s. Abschn. 4.2.1). Damit sind Betrag, Lage und Richtung der Gewichtskraft bekannt.

Beispiel 2.3
Für drei Körper mit den Massen 1 kg, 50 kg und 10 t sind die Gewichtskräfte zu errechnen.
Lösung:
Gegeben: $m_1 = 1\ \text{kg}, m_2 = 50\ \text{kg}$,
$m_3 = 10\ \text{t} = 10 \cdot 10^3\ \text{kg}$.
Gesucht: F_{G1}, F_{G2} und F_{G3}.
Nach der Gl. $F_G = m \cdot g$ wird

$$F_{G1} = m_1 \cdot g = 1\ \text{kg} \cdot 9{,}81\ \text{m/s}^2 = 9{,}81\ \text{kgm/s}^2 = 9{,}81\ \text{N},$$

$$F_{G2} = m_2 \cdot g = 50\ \text{kg} \cdot 9{,}81\ \text{m/s}^2 = 490{,}5\ \text{N},$$

$$F_{G3} = m_3 \cdot g = 10 \cdot 10^3\ \text{kg} \cdot 9{,}81\ \text{m/s}^2 = 98{,}1\ \text{kN}.$$

In der Natur sind Kräfte entweder auf ein Volumen verteilt, **Volumenkräfte** genannt, oder auf eine Fläche als so genannte **Flächenkräfte.** Die Gewichtskraft und die Magnetkraft sind Volumenkräfte; sie wirken auf alle Teilchen eines Körpers. Flächenkräfte sind beispielsweise die Windkraft oder die auf eine Kolbenfläche wirkende Wasserkraft in einer Kolbenpumpe. Die Vorstellung der in einem Punkt wirkenden **Einzelkraft** ist eine Idealisierung. Die Einzelkraft wird ersatzweise für die verteilten Kräfte eingesetzt und ist als deren Summe ihre **Resultierende.** In der Statik verwendet man auch den Ausdruck **Streckenkraft** für Kräfte, die auf einer Bauteillänge verteilt wirken. Ferner unterscheidet man **ebene** (Abschn. 2.2 u. 2.3) und **räumliche Kräftesysteme** (Abschn. 2.4).

2.1.2 Verschiebesatz und Wechselwirkungsgesetz

Zur Erhaltung des Kräftegleichgewichts beim Seilziehen (s. Bild 2.1) spielt die Lage der Angriffspunkte der Kräfte keine Rolle. Ihre Wirkung bleibt dieselbe, unabhängig davon, ob die Angriffspunkte dicht beieinander oder weit voneinander entfernt liegen. Ebenso verhält es sich beim Fortbewegen eines Wagens (Bild 2.6). Für den Bewegungsvorgang ist es bedeutungslos, ob an einem Seil oder unmittelbar am Zughaken gezogen oder auf derselben Wirklinie hinten am Wagen direkt oder mittels einer Stange geschoben wird. Diese Tatsache wird ausgedrückt im *Verschiebesatz:*

Kräfte am starren Körper dürfen auf ihrer Wirklinie beliebig verschoben werden.

Wird auf einen Körper eine Kraft ausgeübt, so reagiert er mit einer gleich großen Gegenkraft. Beim Seilziehen spürt man, dass das Seil an der Hand zieht. Am Lasthaken (s. Bild 2.3) zieht die Kette nach oben, der Haken zieht an der Kette nach unten. Ein Körper drückt mit der Gewichtskraft F_G auf seine Unterlage, diese drückt mit der gleich großen Kraft F gegen den Körper (Bild 2.7). Von den an einer Berührungsstelle zweier Körper paarweise auftretenden Kräften ist eine die Aktions-, die andere die Reaktionskraft. Diese Erfahrungstatsache wird ausgedrückt im *Wechselwirkungs- oder Reaktionsgesetz:*

Kräfte, mit denen zwei Körper aufeinander wirken, haben eine gemeinsame Wirklinie und sind gleich groß, aber entgegengesetzt gerichtet (Aktionskraft = Reaktionskraft).

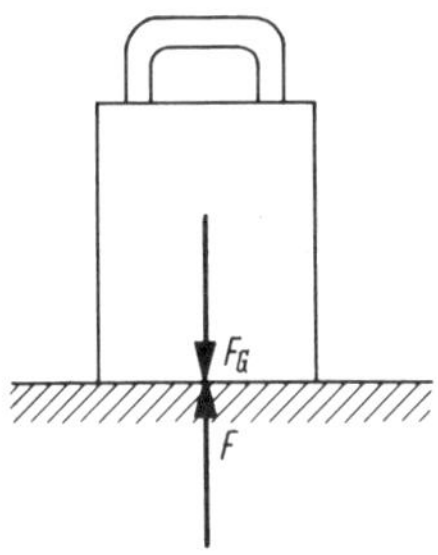

Bild 2.7 Gewichtskraft F_G und Gegenkraft F als Reaktionskraft

Das Zugfahrzeug und der Anhänger in Bild 2.8 drücken mit einem bestimmten Teil der auf sie wirkenden Gewichtskraft an jedem Rad gegen den Boden. Dieser wiederum drückt mit gleich großen, entgegengesetzt gerichteten Reaktionskräften, die auch **Stützkräfte** genannt werden, gegen die Räder. Während der Fahrt zieht der Zugwagen am Hänger (Aktionskraft) ebenso wie der Hänger am Zugwagen (Reaktionskraft).

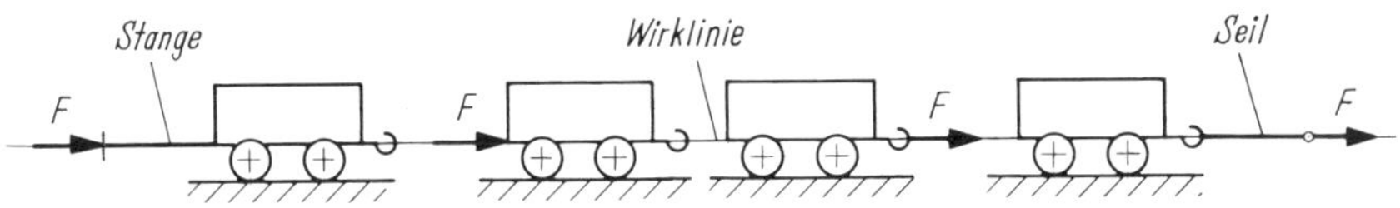

Bild 2.6 Auf einer Wirklinie an verschiedenen Punkten angreifende Kraft F

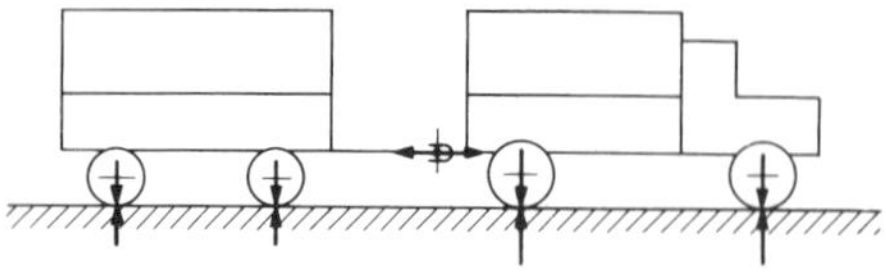

Bild 2.8 Aktions- und Reaktionskräfte an Fahrzeugen

Erfahrungstatsachen, wie der Verschiebesatz und das Wechselwirkungsgesetz, das erstmalig von *Newton* formuliert wurde, nennt man **Axiome**[1]. Das sind nicht beweisbare, sondern durch Erfahrung bestätigte Lehrsätze. Auf ihrer Grundlage werden andere Lehrsätze aufgebaut. Wegen des Verschiebesatzes sind Kräfte am starren Körper **linienflüchtige Vektoren.** Dies gilt nicht für die Ermittlung der Verformung von Bauteilen in der Festigkeitslehre. Dabei ist der Angriffspunkt von Bedeutung und die Kraft ist ein **gebundener Vektor.**

2.1.3 Freimachen und Lagerungsarten

Bei der Lösung von Aufgaben der Statik ist vorzugsweise das Kräftegleichgewicht an Körpern (Bauteilen, Maschinen, Geräten) zu untersuchen. Dafür ist die Kenntnis aller am Körper angreifenden Kräfte erforderlich. Diese Kräfte wirken an den Berührungsstellen mit anderen Körpern. Nach dem Wechselwirkungsgesetz treten an diesen Stellen Aktions- und Reaktionskräfte auf.

Will man sich über die an einem Körper angreifenden Kräfte Klarheit verschaffen, so löst man ihn in Gedanken an allen Stütz-, Berührungs- und Verbindungsstellen aus seiner Umgebung heraus (macht ihn frei) und *ersetzt die weggedachten Teile durch die Kräfte, die sie* an der freigemachten Stelle *auf den zu untersuchenden Körper ausüben.* Dieses Verfahren wird als **Freimachen** bezeichnet und beruht auf der Anwendung des Wechselwirkungsgesetzes. Im freigemachten Zustand kann ein Körper stark vereinfacht dargestellt werden. Bild 2.9 zeigt einen auf diese Weise freigemachten Hebel.

An allen Stellen, wo ein freizumachender Körper gedanklich von seiner Umgebung getrennt wird, in Lagern und Gelenken, an Stütz- und Führungsflächen, an Seilen, Aufhängungen usw., werden die auf ihn wirkenden Kräfte als Vektoren angesetzt. An Verbindungsstellen mit unbekannter Kraftrichtung trägt man bei ebenen Kräftesystemen zwei senkrecht aufeinander wirkende Kräfte ein, da jede Kraft in zwei senkrechte Komponenten zerlegt werden kann (s. Beisp. 2.7). Liegt die Richtung der Komponenten nicht eindeutig fest, so sind sie in der Regel im positiven Sinne der Koordinatenachsen

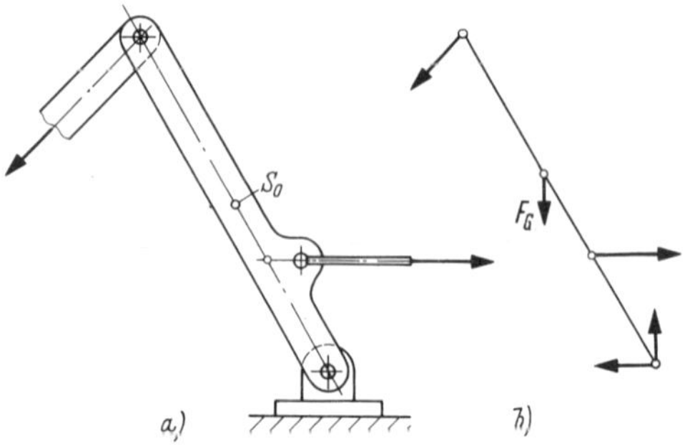

Bild 2.9 Freimachen eines Hebels
a) Hebelsystem, b) freigemachter Hebel

einzutragen. Die Gewichtskraft darf vernachlässigt werden, wenn sie gegenüber den anderen Kräften relativ klein ist.

Beim Freimachen werden die auf einen Körper wirkenden **äußeren Kräfte** dargestellt. Auch die Gewichtskraft ist eine äußere Kraft. Sollen **innere Kräfte** ermittelt werden, so denkt man sich einen Schnitt durch das Bauteil und trägt an der Schnittstelle die vom weggeschnittenen Teilstück ausgeübten Kräfte ein. Dieses Verfahren heißt **Freischneiden** (s. Abschn. 9.1.2). Dabei werden die inneren zu äußeren Kräften und können mit den Regeln der Statik bestimmt werden.

Die Berührungs- und Verbindungsstellen, an denen die Kräfteübertragung zwischen Bauteilen stattfindet, werden auch als **Auflager** bezeichnet, die dort wirkenden Reaktionskräfte dementsprechend als **Auflagerkräfte.** Durch die Art der Lagerung sind meistens Wirklinie und Richtung dieser Kräfte bestimmt. Nachfolgend werden die wichtigsten Kraftübertragungselemente und **Lagerungsarten** erläutert, die beim Freimachen eine besondere Rolle spielen, Reibungskräfte sind dabei vernachlässigt:

Seile

Seile, Riemen, Ketten (Bild 2.10) und ähnliche flexible Elemente können nur **Zugkräfte** übertragen. Durch Rollen werden die Wirklinien der Kräfte umgelenkt.

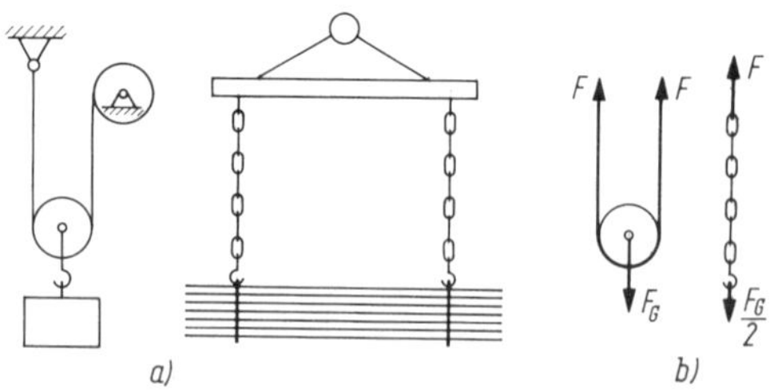

Bild 2.10 Kräfte an Seilen und Ketten
a) Anordnung, b) Seil und Kette freigemacht

[1] *Axiom* (griech.) = Forderung

Pendelstützen

Pendelstützen und *Zweigelenkstäbe* (Bild 2.11) nehmen nur **Längskräfte** (Zug- oder Druckkräfte) auf.

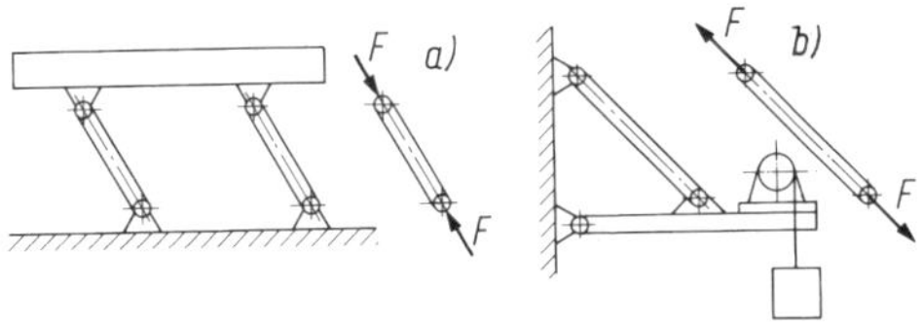

Bild 2.11 Pendelstütze und Zweigelenkstab
a) druckbeanspruchte Pendelstütze,
b) zugbeanspruchter Zweigelenkstab

Parallelführungen

Einseitige *Parallelführungen* (Bild 2.12) und *ebene Stützflächen* können nur **Druckkräfte** übertragen, deren Wirklinien senkrecht auf den Stütz- oder Führungsflächen stehen, so genannte **Normalkräfte.**

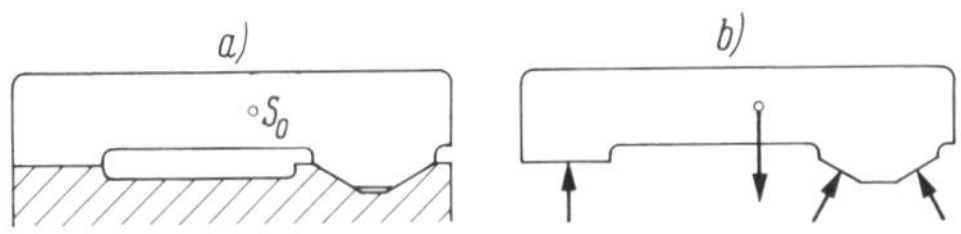

Bild 2.12 Freimachen von Parallelführungen
a) Maschinenteil mit Führungen,
b) freigemachtes Maschinenteil

Rollkörper

Das sind *Kugeln* und *Zylinder* (Bild 2.13) und ähnliche Körper. Sie übertragen nur **Druckkräfte**, deren Wirklinien durch ihren Mittelpunkt gehen bzw. auf der Tangente im Berührungspunkt senkrecht stehen (Normalkräfte). Das gilt ebenfalls für *gewölbte Berührungsflächen* beliebiger Form.

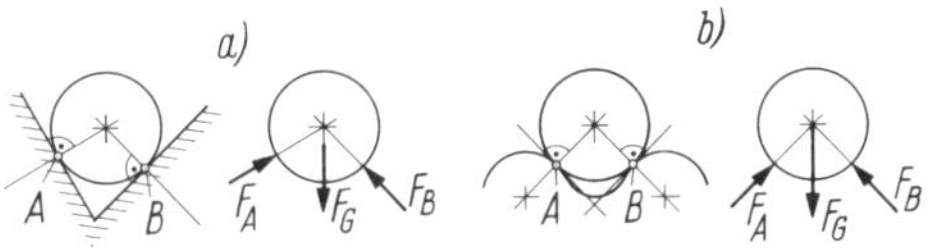

Bild 2.13 Stützkräfte an Rollkörpern
a) ebene Berührungsflächen,
b) gewölbte Berührungsflächen

Loslager

Das sind Lager, die eine *Längsverschiebung* des gelagerten Bauteils (z. B. Achse oder Welle) *zulassen,* und *verschiebbare Gelenkverbindungen* (Bild 2.14). Sie übertragen wie Parallelführungen und Rollkörper nur **Druckkräfte** senkrecht zur Führungsebene bzw. senkrecht zur möglichen Bewegungsrichtung (Normalkräfte).

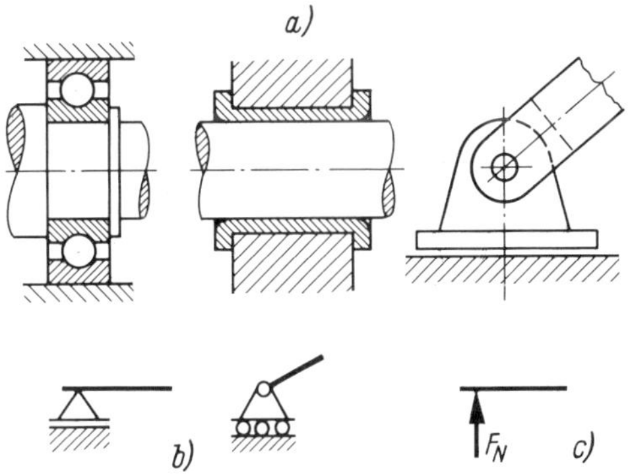

Bild 2.14 Loslager
a) Ausführungen, b) Symbole, c) freigemachtes Bauteil mit Loslagerkraft als Normalkraft F_N

Festlager

Dabei handelt es sich um Lager, die ein *Längsverschieben verhindern*, und um *feste Gelenkverbindungen* (Bild 2.15). Sie können Kräfte in beliebiger Richtung aufnehmen und sind für die Übertragung von **Längs- und Querkräften** (Axial- und Radialkräften) geeignet.

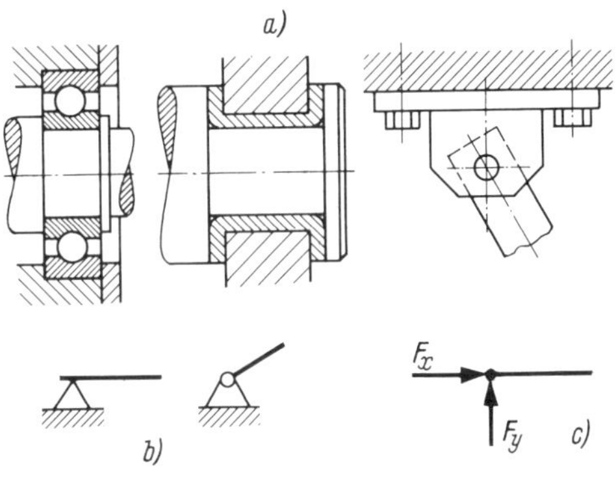

Bild 2.15 Festlager
a) Ausführungen, b) Symbole, c) freigemachtes Bauteil mit den Festlagerkräften F_x (Längskraft) und F_y (Querkraft)

Einspannungen

Eine *feste Einspannung* (Bild 2.16) *verhindert jede Art von Bewegung* des so gelagerten Bauteils. Sie lässt weder Verschiebungen noch Drehungen zu. Als Reaktionen können **Kräfte in beliebiger Richtung** (Längs- und Querkräfte) und ein **Moment** (Abschn. 2.3.1) auftreten.

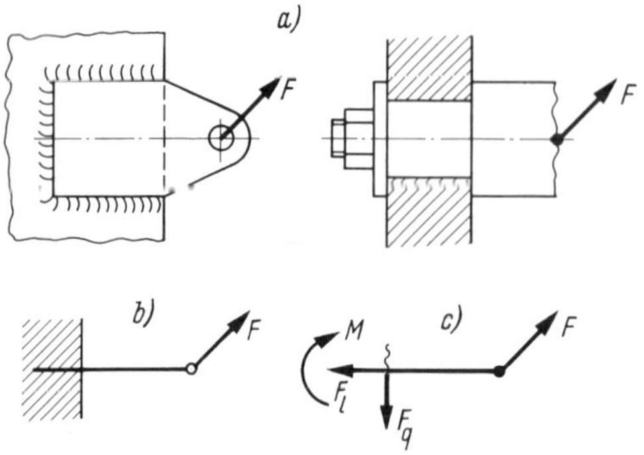

Bild 2.16 Feste Einspannungen
a) Ausführungen, b) Prinzipskizze, c) an der Einspannstelle freigeschnittenes Bauteil mit dem inneren Kräftesystem, bestehend aus Längskraft F_l, Querkraft F_q und Moment M

Die Lagerungen werden auch nach dem **Freiheitsgrad** beurteilt. Darunter versteht man die Anzahl der Bewegungsmöglichkeiten eines Körpers. Im Raum hat jeder Körper sechs Bewegungsmöglichkeiten: Verschiebungen in Richtung der drei Koordinatenachsen und Drehungen um diese Achsen. Das sind sechs Freiheitsgrade. In der Ebene sind es nur drei, nämlich Verschiebungen in Richtung von zwei Koordinatenachsen und Drehung um eine zur Ebene senkrechte Achse. Lagerungen verringern die Zahl der Freiheitsgrade. Beim **Loslager** hat der Körper noch **zwei Freiheitsgrade**, das Lager ist **einwertig. Festlager** gestatten nur **einen Freiheitsgrad** und sind **zweiwertig.** Feste **Einspannungen** haben **keinen Freiheitsgrad** und sind **dreiwertig.** Mit der Wertigkeit wird die Anzahl der Unbekannten beim rechnerischen Ansatz zur Bestimmung der Auflagerreaktionen ausgedrückt.
Es wird nochmals darauf hingewiesen, dass bei vorstehenden Betrachtungen Reibungskräfte vernachlässigt sind (die Berücksichtigung der Reibung beim Freimachen erfolgt im 5. Kapitel)!

Um Fehler beim Freimachen zu vermeiden, empfiehlt sich ein systematisches Vorgehen nach folgenden **Arbeitsschritten:**

1. **Schritt:** Prinzipskizze mit schematischer Darstellung des freizumachenden Bauteils anfertigen.
2. **Schritt:** Kraftangriffspunkte und Wirklinien der Kräfte einzeichnen unter Beachtung der durch die Lagerungsarten gegebenen Bedingungen.
3. **Schritt:** Kräfte unmaßstäblich mit Richtungspfeilen und Bezeichnungen eintragen.

Bild 2.17 zeigt das Freimachen am Beispiel einer Getriebewelle. Der 1. Schritt ist im Bildteil b) dargestellt. Im Bildteil c) sind der 2. und 3. Schritt vollzogen.

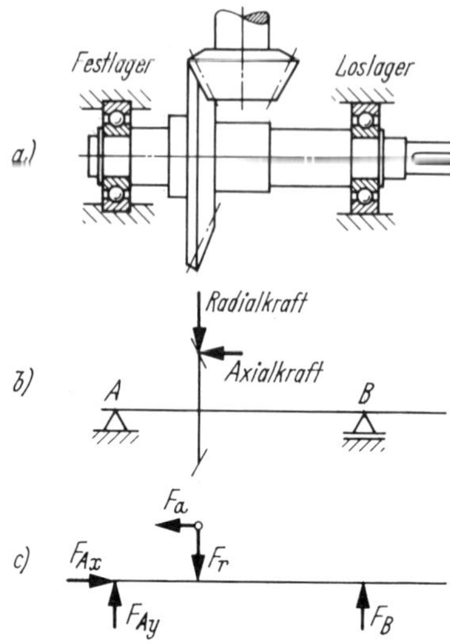

Bild 2.17 Getriebewelle mit Los- und Festlager
a) Zeichnung, b) Prinzipskizze, c) freigemachte Welle

Am Kegelrad tritt außer den angegebenen Kräften (Bild 2.17b) noch eine zur Zeichnungsebene senkrecht wirkende Tangentialkraft auf, die hier nicht eingetragen wurde. Die Kräfte an Kegelrädern ergeben ein **räumliches Kräftesystem** (Abschn. 2.4, s. a. Beisp. 2.33). Die Eigengewichtskraft der Welle kann vernachlässigt werden.

Beispiel 2.4
Bild 2.18a zeigt in vereinfachter Darstellung den Kurbeltrieb eines Verbrennungsmotors. Die Pleuelstange ist freizumachen unter Vernachlässigung ihres Eigengewichts.

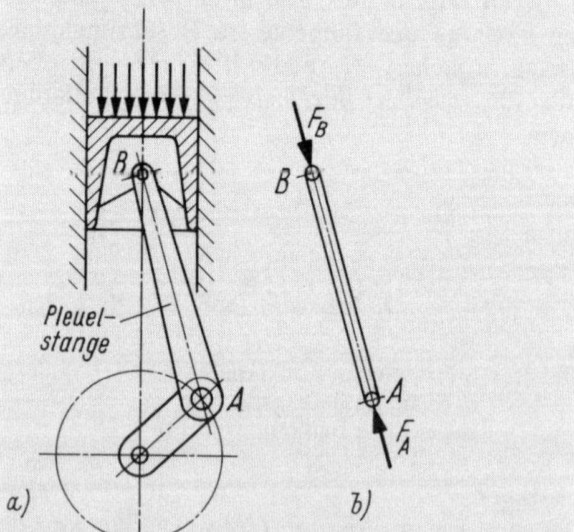

Bild 2.18 Freimachen einer Pleuelstange
a) Kurbeltrieb als Tauchkolben-Triebwerk,
b) freigemachte Pleuelstange

Lösung:
1. Schritt: Skizzieren der Pleuelstange als Pendelstange.
2. Schritt: Kraftangriffspunkte sind die Gelenkmittelpunkte am Kolbenbolzen B und am Kurbelzapfen A, die Wirklinie geht durch beide Punkte.
3. Schritt: Einzeichnen der am Kolbenbolzen in die Stange eingeleiteten Druckkraft F_B (Pfeilspitze zur Stange hin) und der vom Kurbelzapfen ausgeübten Gegenkraft F_A (Bild 2.18b).

Beispiel 2.5
Der Hebel des in Bild 2.19a vereinfacht dargestellten Sicherheitsventils ist freizumachen, wobei die Gewichtskräfte des Hebels und des Ventiltellers zu vernachlässigen sind.

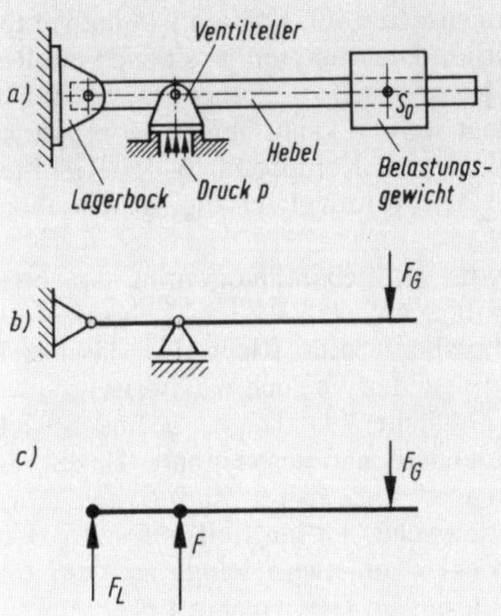

Bild 2.19 Freimachen eines Ventilhebels
a) Vereinfachte Ventildarstellung,
b) Prinzipskizze, c) freigemachter Hebel

Lösung:
1. Schritt: Skizzieren des Hebels mit Gewichtskraft F_G des Belastungsgewichts (im Schwerpunkt S_0 lotrecht abwärts gerichtet), dem Ventilteller als Loslager und dem Lagerbock als Festlager (Bild 2.19b).
2. Schritt: Gelenkmittelpunkte als Kraftangriffspunkte markieren und Wirklinien parallel zur Gewichtskraft einzeichnen (eine Längskraft am Festlager ist nicht vorhanden, da keine Belastungskraft in Hebellängsrichtung wirkt).
3. Schritt: Einzeichnen der durch den Druck p auf den Ventilteller ausgeübten, aufwärts wirkenden Kraft F und der aufwärts (positiv) angenommenen Lagerkraft F_L, die vom Bolzen im Lagerbock auf den Hebel als Reaktionskraft ausgeübt wird.

Beispiel 2.6
Die in Bild 2.20a gezeigte Leiter ist an einer festen Leiste abgestützt. Sie lehnt an einem Rohr und wird mit der Gewichtskraft F_G einer Person belastet. Die Leiter ist unter Vernachlässigung ihres Eigengewichts freizumachen.

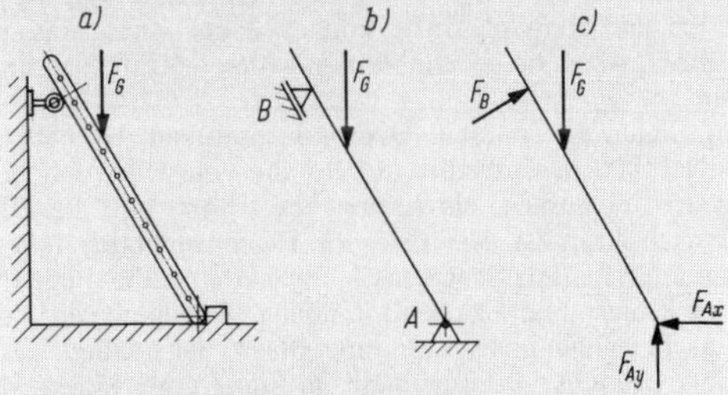

Bild 2.20 Freimachen einer Leiter
a) angelehnte Leiter, b) Prinzipskizze,
c) freigemachte Leiter

Lösung:
1. Schritt: Skizzieren der Leiter mit Festlager A am Boden und Loslager B am Rohr (Bild 2.20b).
2. Schritt: Bei A horizontale und vertikale Wirklinien der Festlagerkräfte F_{Ax} und F_{Ay}, bei B Wirklinie der Loslagerkraft F_B senkrecht zur Leiter einzeichnen.
3. Schritt: Kräfte mit Richtungspfeilen wie in Bild 2.20c einzeichnen und benennen.

Beispiel 2.7
In Bild 2.21a ist eine an Scharnieren befestigte Tür dargestellt. Die Tür und die Scharnierhaken sind freizumachen.
Lösung:
1. Schritt: Getrennte Skizzen für Tür und Scharnierhaken anfertigen.
2. Schritt: Kraftangriffspunkte festlegen: Schwerpunkt S_0 für die Gewichtskraft F_G und die Scharniermittelpunkte bei A für die Loslagerkraft F_A mit horizontaler Wirklinie sowie bei B für die Festlagerkräfte F_{Bx} (horizontal) und F_{By} (vertikal).
3. Schritt: Eintragen der Kräfte an den Türscharnieren mit Richtungspfeilen und Bezeichnungen (Bild 2.21b). An den Haken wirken diese Kräfte als Reaktionskräfte entgegengerichtet (Bild 2.21c).

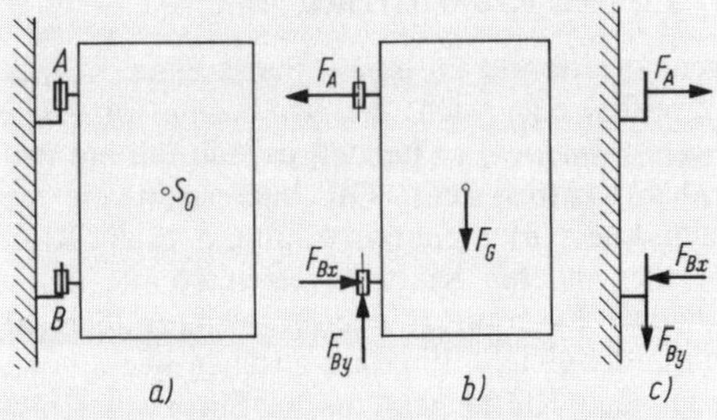

Bild 2.21 Freimachen einer Tür
a) an Scharnieren befestigte Tür, b) freigemachte Tür, c) Kräfte an den Scharnierhaken

Praxishinweis

Das sorgfältige Freimachen ist eine wichtige Voraussetzung für die Lösungsverfahren der Statik zur Ermittlung unbekannter Kräfte. Die Eigengewichtskräfte von Bauteilen und Reibungskräfte können dabei vernachlässigt werden, wenn sie gegenüber den anderen Kräften gering sind.

Im Bauingenieurwesen (Baustatik, Stahlbau, DIN 1080, DIN 18800 u. a.) werden Kräfte, die von außen auf ein System einwirken, als Lasten bezeichnet, und anstelle Gewichtskraft ist der Ausdruck Eigenlast üblich (sinngemäß Windlast, Schneelast). Ebenso sind die Begriffe Streckenlast und Flächenlast üblich. Dagegen wird im Maschinenbau unter Last eine Masse verstanden. Das Wort Gewicht wird allgemein im Sinne einer Masse als Wägeergebnis verwendet. Um Missverständnisse auszuschließen, soll Gewicht nicht anstatt Gewichtskraft gebraucht werden (s. DIN 1305). Wo eine genaue Berechnung der Gewichtskraft (bzw. Eigenlast) nicht erforderlich ist, kann man mit dem Näherungswert der Fallbeschleunigung $g \approx 10\ \mathrm{m/s^2}$ rechnen. Damit entspr. DIN 1080: Die Masse 1 kg wirkt mit der Eigenlast 10 N.

Kontrollfragen:

- Was ist eine Kraft, wie ist ihre Einheit definiert und durch welche Angaben ist sie bestimmt?
- Wie lauten der Verschiebesatz und das Wechselwirkungsgesetz?
- Was versteht man in der Mechanik unter dem Freimachen eines Körpers?
- Welche Kräfte können von Seilen und Ketten, Parallelführungen und Rollkörpern, Pendelstützen und Zweigelenkstäben übertragen werden?
- Worin besteht der Unterschied zwischen einem Loslager und einem Festlager?

2.2 Zentrales ebenes Kräftesystem

Lernziele:

- Den Satz vom Kräfteparallelogramm und den Begriff Krafteck erläutern.
- Unbekannte Kräfte in zentralen Kräftesystemen zeichnerisch und rechnerisch ermitteln.
- Die Gleichgewichtsbedingungen des zentralen Kräftesystems nennen und bei der Ermittlung von Kräften anwenden.

2.2.1 Das Kräfteparallelogramm

Wenn Kräfte nur an einem Punkt eines Körpers angreifen oder sich die *Wirklinien in einem Punkt schneiden*, so handelt es sich um ein **zentrales Kräftesystem.** Oft interessiert die gemeinsame Wirkung dieser Kräfte, d. h. die Kraft, die alle anderen Kräfte ersetzen könnte. Diese gedachte **Ersatzkraft** oder **resultierende Kraft** würde die gleiche Wirkung ausüben wie alle angreifenden Kräfte gemeinsam. Für zwei Kräfte lässt sie sich ermitteln nach dem

Satz vom Kräfteparallelogramm:

Die Resultierende zweier Kräfte mit sich schneidenden Wirklinien ist die vom Schnittpunkt ausgehende Diagonale des aus beiden Kraftvektoren gebildeten Kräfteparallelogramms.

Die jeweilige Resultierende F_r der Kräfte F_1 und F_2 in Bild 2.22 wurde durch maßstäbliches Aufzeichnen des Kräfteparallelogramms ermittelt.

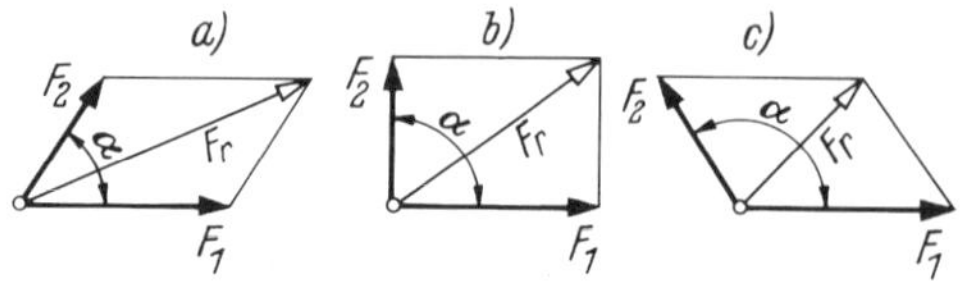

Bild 2.22 Zusammensetzen von Kräften mittels Kräfteparallelogramm
a) $\alpha < 90°$, b) $\alpha = 90°$, c) $\alpha > 90°$

Das Zusammensetzen von Kräften ist eine **vektorielle Addition.** Die Vektoren, aus denen die Resultierende geometrisch zusammengesetzt oder in die sie zerlegt werden kann, heißen **Komponenten.** F_1 und F_2 sind Komponenten der Resultierenden F_r. Als **Vektorgleichung** geschrieben: $\vec{F}_r = \vec{F}_1 + \vec{F}_2$.

Der Satz vom Kräfteparallelogramm ist ebenfalls ein Axiom, auf dem weitere Lehrsätze der Mechanik beruhen. Seine Richtigkeit lässt sich z. B. durch folgenden Versuch nachweisen:

An einem feststehenden Träger befinden sich zwei verschiebbare und feststellbare Haken, in die Federwaagen eingehängt sind (Bild 2.23a). An jeder Federwaage ist ein Seil befestigt. Beide Seile münden in einem Ring, an dem ein Körper hängt, dessen Gewichtskraft F_G die Seile spannt. Die Seilkräfte F_1 und F_2 werden an den Federwaagen abgelesen, der Winkel α gemessen. Danach wird der Körper nur an eine Federwaage gehängt und an dieser die Kraft F_r abgelesen (Bild 2.23b).

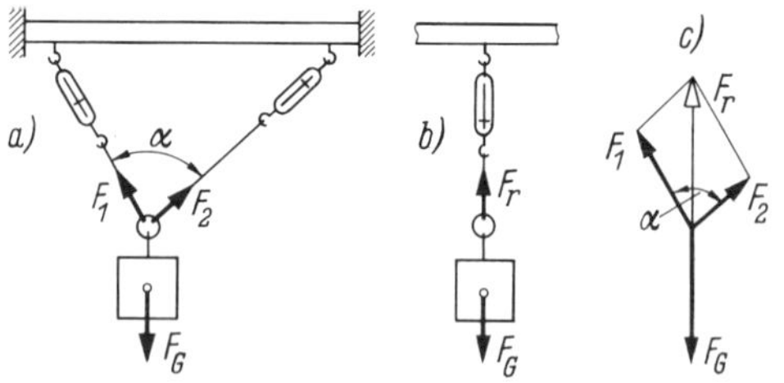

Bild 2.23 Versuch zum Satz vom Kräfteparallelogramm
a) Körper an zwei Federwaagen hängend, b) Körper an einer Federwaage, c) Kräfteparallelogramm

Die Kräfte F_1 und F_2 üben gemeinsam die gleiche Wirkung aus wie die Kraft F_r allein: Der

Körper wird im Ruhezustand gehalten, das System befindet sich im Gleichgewicht. Zeichnet man die aus mehreren Versuchen mit unterschiedlichen Seillängen oder Befestigungsabständen jeweils ermittelten Kräfte F_1 und F_2 maßstäblich als Vektoren unter dem betr. Winkel α auf, so ergibt sich stets die resultierende Kraft F_r als Diagonale in dem durch Parallelverschieben der Kraftvektoren entstandenen Parallelogramm (Bild 2.23c).

Beispiel 2.8
In einer Versuchseinrichtung entspr. Bild 2.24a wurde das mittlere Gewichtsstück durch Anhängen der beiden äußeren Gewichtsstücke in der skizzierten Lage im Ruhezustand gehalten. Durch maßstäbliches Aufzeichnen des Kräfteparallelogramms ist nachzuweisen, dass die Resultierende der Seilkräfte gleich der Gewichtskraft des mittleren Gewichtsstückes ist.

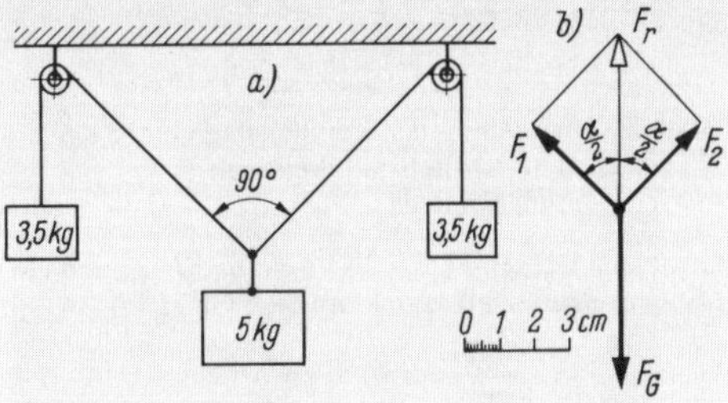

Bild 2.24 Versuch zum Kräfteparallelogramm
a) Versuchsanordnung, b) Kräfteparallelogramm

Lösung:
Gegeben: $m = 5$ kg, $m_1 = m_2 = 3{,}5$ kg, $\alpha = 90°$.
Gesucht: $F_r = F_G$.
Die Gewichtskräfte betragen

$$F_G = m \cdot g = 5\,\text{kg} \cdot 9{,}81\,\text{m/s}^2 = 49{,}05\,\text{N},$$

$$F_{G1} = m_1 \cdot g = 3{,}5\,\text{kg} \cdot 9{,}81\,\text{m/s}^2 = 34{,}34\,\text{N} = F_{G2}.$$

In den unter $\alpha = 90°$ gespreizten Seilen wirken die Seilkräfte $F_1 = F_{G1}$ und $F_2 = F_{G2}$. Gewählt wird der Kräftemaßstabfaktor $m_F = 10$ N/cm. Mit diesem ergeben sich nach Gl. (1.2) die zu zeichnenden Vektorlängen

$$F_{1\,\text{gez}} = F_{2\,\text{gez}} = \frac{F_{G1}}{m_F} = \frac{34{,}34\,\text{N}}{10\,\text{N}}\,\text{cm} = 3{,}43\,\text{cm}.$$

Damit wird das Kräfteparallelogramm gezeichnet (Bild 2.24b). Für die Resultierende wird gemessen $F_{r\,\text{gez}} = 4{,}9$ cm. Somit beträgt nach Gl. (1.3):

$$F_r = F_{r\,\text{gez}} \cdot m_F = 4{,}9\,\text{cm} \cdot 10\,\text{N/cm} = 49\,\text{N} = F_G,$$

was zu beweisen war. Die lotrecht abwärts wirkende Gewichtskraft F_G ist so groß wie die aus den Seilkräften F_1 und F_2 gebildete Resultierende F_r, wirkt dieser jedoch entgegen.

2.2.2 Zeichnerische Kräfteermittlung

Die zeichnerische Ermittlung von Kräften beruht auf dem Kräfteparallelogramm. Es genügt, nur eine Hälfte des Parallelogramms zu zeichnen, nämlich ein Dreieck als so genanntes **Krafteck** (Bild 2.25). Dazu werden die einzelnen Kraftvektoren unter Einhaltung ihrer Richtung zu einem **Kräftezug** aneinander gereiht, wobei die Reihenfolge keine Rolle spielt, wie Bild 2.25b zeigt. Die Verbindungsgerade von Anfang und Ende des Kräftezuges ergibt die **Resultierende**, deren **Richtungspfeil am Ende des Kräftezuges** liegt.

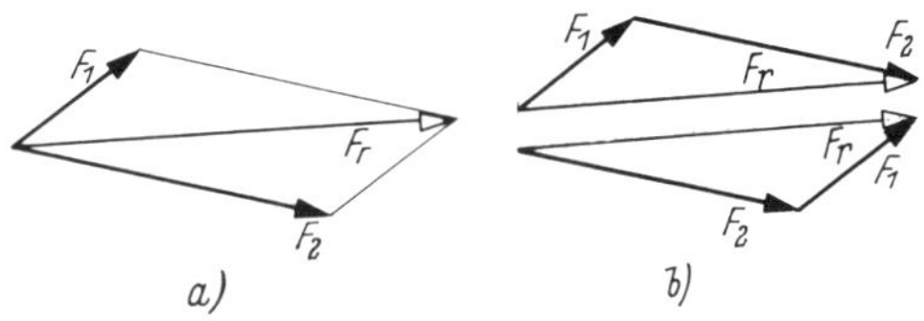

Bild 2.25 Zusammensetzen zweier Kräfte mittels Krafteck
a) Kräfteparallelogramm, b) Kraftecke

Zu beachten ist, dass Resultierende und Einzelkräfte niemals gemeinsam wirken, sondern nur die Resultierende oder nur die Einzelkräfte. Sie ersetzen sich gegenseitig. In diesem Buch sind zur Unterscheidung entweder die Resultierende oder deren Komponenten mit hellem Richtungspfeil dargestellt, und zwar vorzugsweise die jeweils zu ermittelnden Kräfte.

Beispiel 2.9
Es ist die Resultierende zweier Kräfte von 1200 und 800 N, deren Wirklinien sich rechtwinklig schneiden, zeichnerisch mittels Kräfteparallelogramm und mittels Krafteck zu bestimmen und der Richtungswinkel zur größeren Kraft anzugeben.
Lösung:
Gegeben: $F_1 = 1200$ N, $F_2 = 800$ N, $\gamma = 90°$.
Gesucht: F_r und α_r.
1. Kräfteparallelogramm (Bild 2.26a)
Gewählt wird der Kräftemaßstabfaktor $m_F = 400$ N/cm. Damit ergeben sich entspr. Gl. (1.2) die zu zeichnenden Vektorlängen

$$F_{1\,\text{gez}} = \frac{F_1}{m_F} = \frac{1200\,\text{N}}{400\,\text{N}}\,\text{cm} = 3\,\text{cm},$$

$$F_{2\,\text{gez}} = \frac{F_1}{m_F} = \frac{800\,\text{N}}{400\,\text{N}}\,\text{cm} = 2\,\text{cm}.$$

Die Kraftvektoren werden unter dem Winkel γ aneinander gezeichnet und zum Parallelogramm (hier zum Rechteck) ergänzt. Die vom Schnittpunkt der Wirklinien ausgehende Diagonale ist die Resultierende F_r, deren Vektorlänge $F_{r\,gez} = 3{,}6$ cm gemessen wird. Somit ist entspr. Gl. (1.3):

$F_r = F_{r\,gez} \cdot m_F = 3{,}6\,\text{cm} \cdot 400\,\text{N/cm} = 1440\,\text{N}.$

Ferner wird gemessen der Richtungswinkel $\alpha_r = 33{,}7°$.

2. Krafteck (Bild 2.26b)

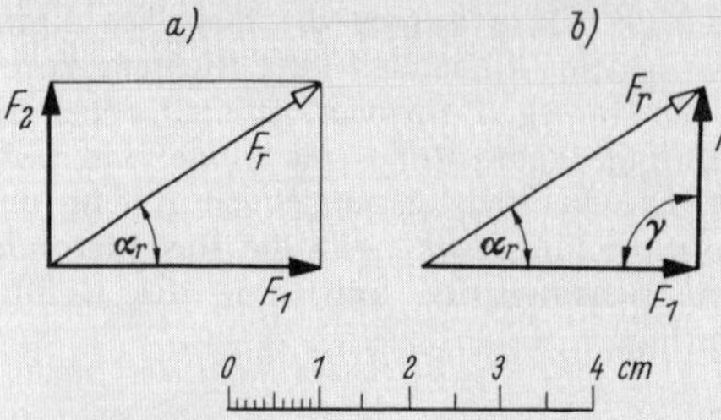

Bild 2.26 Ermittlung der Resultierenden
a) im Kräfteparallelogramm,
b) im Krafteck

Die Kraftvektoren werden ihrer Richtung entsprechend zu einem Kräftezug aneinander gereiht. Die Verbindungsgerade von Anfangs- und Endpunkt ist die Resultierende F_r mit dem Richtungspfeil an der Spitze von F_2. Die Vektorlänge $F_{r\,gez}$ und der Winkel α_r werden wie unter 1. gemessen.

Für die zeichnerische **Zerlegung einer Kraft in zwei Komponenten**, deren Wirklinien gegeben sind, wird der Parallelogrammsatz sinngemäß angewendet. Die gegebene Kraft ist die Resultierende der gesuchten Komponenten. Mittels Parallelverschiebung der Wirklinien W_1 und W_2 (Bild 2.27a) bis zur Pfeilspitze von F ergibt sich ein Parallelogramm, dessen Seiten die Komponenten F_1 und F_2 darstellen (Bild 2.27b). Mit weniger Zeichenaufwand erhält man dasselbe Ergebnis im Krafteck (Bild 2.27c), wobei es bedeutungslos ist, ob W_1 oder W_2 verschoben wird.

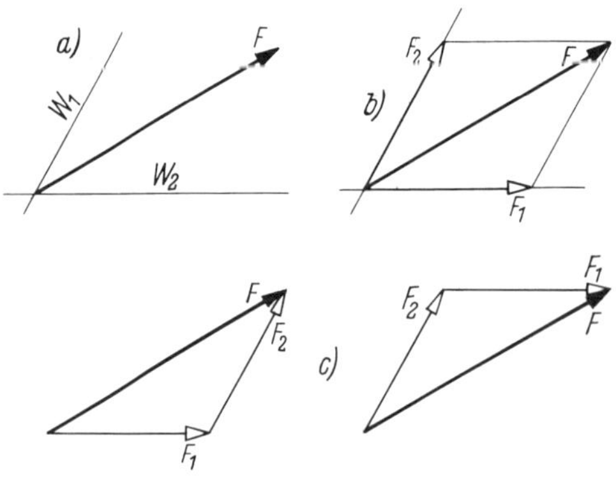

Bild 2.27 Zerlegen einer Kraft in Komponenten
a) Kraft und Wirklinien der Komponenten,
b) Kräfteparallelogramm, c) Kraftecke

Beispiel 2.10

Für eine Kraft von 2 kN, deren Wirklinie mit der x-Achse eines rechtwinkligen Koordinatensystems den Winkel 30° einschließt und deren Vektorlänge 8 cm betragen soll, sind die Komponenten in Richtung der Koordinatenachsen zeichnerisch zu ermitteln.

Lösung:

Gegeben: $F = 2000$ N, $\alpha = 30°$, $F_{gez} = 8$ cm.

Gesucht: F_x und F_y.

Der Kraftvektor wird unter $\alpha = 30°$ zur x-Achse in das Koordinatensystem eingezeichnet (Bild 2.28). Durch die Pfeilspitze zu den Koordinatenachsen gezogene Parallelen ergeben auf den Achsen die gesuchten Komponenten F_x und F_y. Die Lösung mittels Kräfteparallelogramm zeigt Bild 2.28a, mittels Krafteck Bild 2.28b.

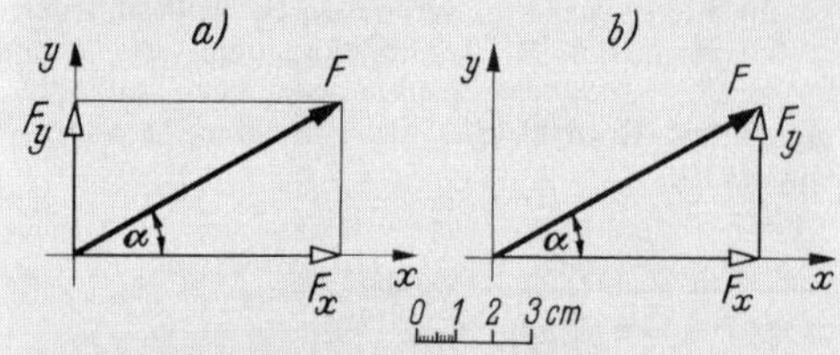

Bild 2.28 Ermittlung der Komponenten einer Kraft
a) im Kräfteparallelogramm,
b) im Krafteck

Gemessen werden $F_{x\,gez} = 6{,}92$ cm und $F_{y\,gez} = 4$ cm. Mit dem Kräftemaßstabfaktor (nach Gl. (1.1))

$$m_F = \frac{F}{F_{gez}} = \frac{2000\text{N}}{8\,\text{cm}} = 250\,\text{N/cm}$$

ergeben sich entspr. Gl. (1.3) die Komponenten

$$F_x = F_{x\,gez} \cdot m_F = 6{,}92\,\text{cm} \cdot 250\,\text{N/cm} = 1730\,\text{N} = 1{,}73\,\text{kN},$$

$$F_y = F_{y\,gez} \cdot m_F = 4\,\text{cm} \cdot 250\,\text{N/cm} = 1000\,\text{N} = 1\,\text{kN}.$$

Wird anstelle der Ersatzkraft (der Resultierenden) die Kraft gesucht, die sich mit zwei Einzelkräften im Gleichgewicht befindet, so ist das ebenfalls mittels Krafteck möglich. Diese **Gleichgewichtskraft** ist so groß wie die Resultierende, dieser jedoch entgegengerichtet und hat somit im Krafteck gleichen Umfahrungssinn wie die Vektoren der gegebenen Kräfte.

In Bild 2.29 sind die Zusammenhänge an einer Pendelstange mit Seilrolle und Seil dargestellt. Die Seilrolle, an der die Seilkräfte F_S wirken, wird durch die von der Stange auf die Seilrollenachse ausgeübte Kraft F im Gleichgewicht gehalten. Der **Richtungspfeil** der gesuchten Gleichgewichtskraft F schließt den aus den bekannten Seilkräften F_S gebildeten **Kräftezug. Alle Vektoren haben im Krafteck gleichen Umfahrungssinn** (Bild 2.29c).

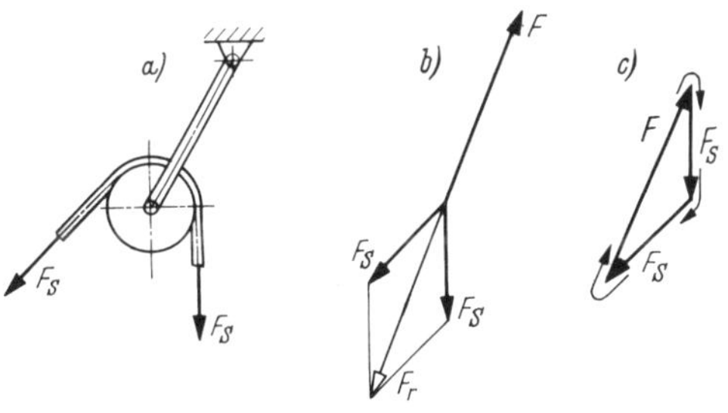

Bild 2.29 Kräftegleichgewicht an einer Seilrolle
a) Anordnung der Rolle (Lageplan), b) Kräfteparallelogramm mit Resultierender und Gleichgewichtskraft, c) Krafteck zur Ermittlung von F mit Angabe des Umfahrungssinns (Kräfteplan)

Diese Erkenntnisse sind allgemein für das Gleichgewicht von Kräften wichtig und lassen sich zusammenfassen zur
zeichnerischen Gleichgewichtsbedingung:

Die Kräfte eines zentralen ebenen Kräftesystems befinden sich im Gleichgewicht, wenn ihre Vektoren ein geschlossenes Krafteck bilden und darin gleichen Umfahrungssinn haben.

Dieser Lehrsatz besagt auch, dass in einem Kräftesystem, das sich im Gleichgewicht befindet, die Resultierende gleich null ist, da Anfang und Ende des Kräftezuges zusammentreffen.

Um die zeichnerische Kräfteermittlung übersichtlich zu gestalten, ist es zweckmäßig, einen Lageplan und einen Kräfteplan anzufertigen:

Der **Lageplan** veranschaulicht die maßstabgerechte Lage der Kräfte (ihrer Wirklinien) unabhängig vom Betrag (die Kraftvektoren werden unmaßstäblich, jedoch lagegerecht eingezeichnet).

Der **Kräfteplan** ist das maßstäbliche Krafteck, das durch lagegerechtes Aneinanderreihen der Kraftvektoren entsteht.

Aus dem Lageplan werden die Wirklinien durch Parallelverschieben in den Kräfteplan übertragen. Betrag und Wirkrichtung der gesuchten Kraft ergeben sich im Kräfteplan. Zur Lagebestimmung wird ihr Vektor in den Lageplan übertragen.

Es empfehlen sich folgende **Arbeitsschritte:**

1. **Schritt:** Freimachen des Bauteils, an dem die gesuchte Kraft angreift.
2. **Schritt:** Lageplan mit winkelgerechter Anordnung der sich in einem Punkt schneidenden Wirklinien zeichnen, Kräfte unmaßstäblich eintragen.
3. **Schritt:** Kräfteplan anfertigen durch maßstäbliches Aneinanderzeichnen der Kraftvektoren in beliebiger Reihenfolge zu einem Kräftezug, dessen Anfang und Ende verbinden, so dass ein geschlossenes Krafteck entsteht.
4. **Schritt:** Wirkrichtung der ermittelten Kraft im Kräfteplan durch Eintragen des Richtungspfeils angeben (Resultierende am Ende, Gleichgewichtskraft am Anfang des Kräftezuges).
5. **Schritt:** Vektorlänge der ermittelten Kraft im Kräfteplan abmessen und in Krafteinheiten umrechnen (ihren Betrag errechnen). Danach den unmaßstäblichen Kraftvektor in den Lageplan übertragen, falls seine Lage nicht schon vorher bekannt war.

Beispiel 2.11
An einem Lasthebemagneten (Bild 2.30a) sind zwei Ketten unter einem Winkel von 100° angebracht. Jeder Kettenstrang ist für eine Kraft von 10 kN zugelassen. Welche größte Kraft darf an der Aufhängeöse auftreten?

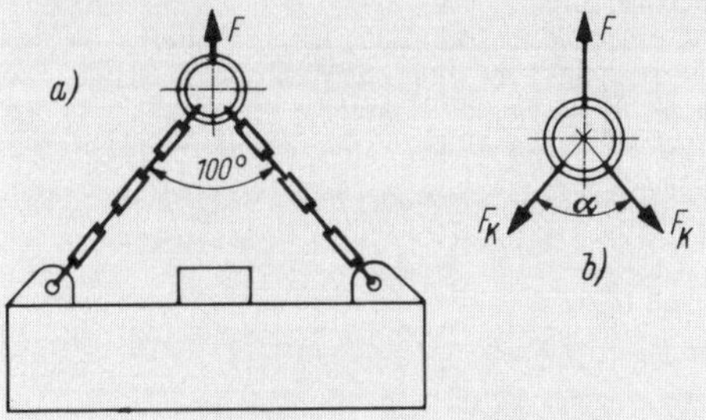

Bild 2.30 Lasthebemagnet mit Zweistrangkette
a) Darstellung, b) freigemachte Öse

Lösung:
Gegeben: $F_K = 10$ kN, $\alpha = 100°$, gewählt
$m_F = 2{,}5$ kN/cm, damit $F_{K\,gez} = (10/2{,}5)$ cm $= 4$ cm (nach Gl. (1.2)).
Gesucht: F in kN.
1. Schritt: Freimachen der Aufhängeöse (Bild 2.30b). Die gesuchte Kraft F hält mit den Kettenkräften F_K die Öse im Gleichgewicht.
2. Schritt: Zeichnen des Lageplans (Bild 2.31a). Die unmaßstäblichen Kraftvektoren werden im Schnittpunkt der Wirklinien (Ösenmitte) angesetzt.
3. Schritt: Parallelverschieben der Wirklinien der Kettenkräfte in den Kräfteplan (Bild 2.31b). Auf den Wirklinien die Vektorlängen $F_{K\,gez}$ aneinander fügen, Richtungspfeile eintragen und Krafteck schließen durch Verbinden von Anfangs- und Endpunkt.
4. Schritt: Richtungspfeil der Gleichgewichtskraft F so eintragen, dass im Krafteck alle Vektoren gleichen Umfahrungssinn haben.
5. Schritt: Messen der für F im Kräfteplan entstandenen Vektorlänge F_{gez} und umrechen mit m_F entspr.

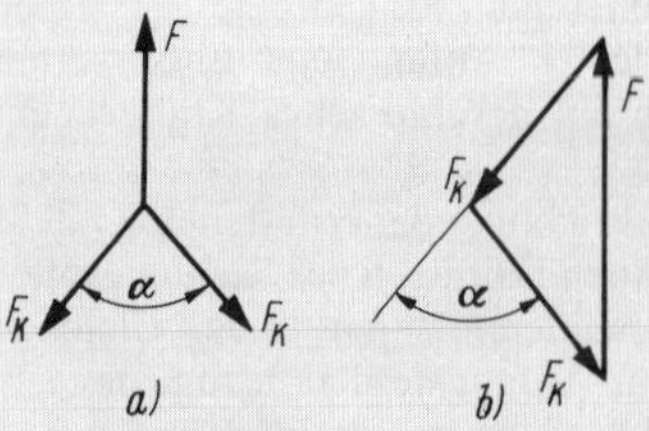

Bild 2.31 Lage- und Kräfteplan
a) Lageplan, b) Kräfteplan

Gl. (1.3). Es ergibt sich $F_{gez} = 5{,}2$ cm und damit die größtzulässige Kraft

$F = 5{,}2\ \text{cm} \cdot 2{,}5\ \text{kN/cm} = 13\ \text{kN}.$

Auch wenn **zwei Kräfte mit bekannten Wirklinien** bestimmt werden sollen, die sich mit einer gegebenen Kraft im Gleichgewicht befinden, kann sinngemäß nach den vorgenannten Arbeitsschritten verfahren werden.

Beispiel 2.12
An einem Mast (Bild 2.32) ist ein Halteseil für den Oberleitungsdraht einer Straßenbahn befestigt. Die Seilkraft beträgt 750 N. Welche Kräfte wirken in den Spannseilen 1 und 2, die mit dem Halteseil in einer Ebene liegen?

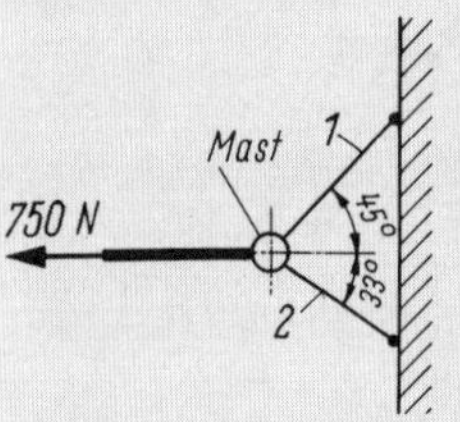

Bild 2.32 Mast mit Halteseil und Spannseilen

Lösung:
Gegeben: $F = 750$ N, $\alpha = 45°$, $\beta = 33°$, gewählt $m_F = 150$ N/cm, damit $F_{gez} = 5$ cm (nach Gl. (1.2)).
Gesucht: F_1 und F_2.
1. Schritt: Freimachen des Mastes. Die gesuchten Seilkräfte F_1 und F_2 ziehen am Mast, wie Bild 2.33a zeigt.
2. Schritt: In den Lageplan (Bild 2.33a) werden die Wirklinien W_1 und W_2 unter den Winkeln α und β gezeichnet und die Kräfte unmaßstäblich eingetragen.
3. Schritt: Der Kräfteplan wird mit F_{gez} begonnen. An einem Ende dieser Strecke wird die Wirklinie W_1, am anderen die Wirklinie W_2 winkelgerecht angetragen, so dass ein geschlossenes Krafteck entsteht.
4. Schritt: Die Richtungspfeile für F_1 und F_2 sind durch die Wirkrichtung von F bedingt. Wegen des Gleichgewichts haben die Vektoren im Krafteck gleichen Umfahrungssinn.
5. Schritt: Im Kräfteplan werden gemessen die Vektorlängen $F_{1\,gez} = 2{,}8$ cm und $F_{2\,gez} = 3{,}6$ cm. Mit m_F ergeben sich entspr. Gl. (1.3) die gesuchten Seilkräfte

$F_1 = 2{,}8\ \text{cm} \cdot 150\ \text{N/cm} = 420\ \text{N},$

$F_2 = 3{,}6\ \text{cm} \cdot 150\ \text{N/cm} = 540\ \text{N}.$

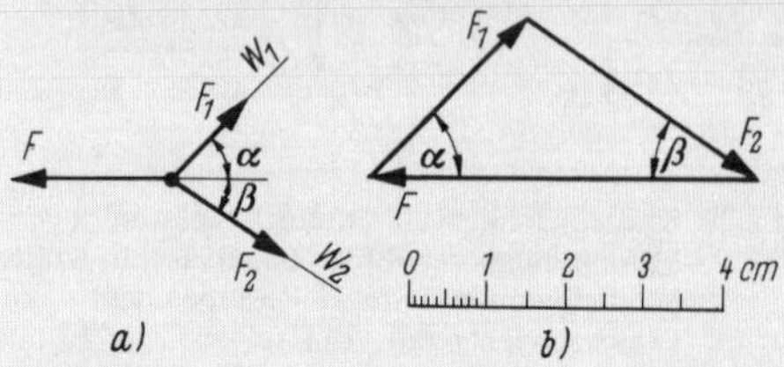

Bild 2.33 Lage- und Kräfteplan
a) Lageplan, b) Kräfteplan

Wirken **mehr als zwei Kräfte** (Bild 2.34a), so kann man die Resultierende oder deren Gegenkraft (die Gleichgewichtskraft) durch wiederholte Parallelogrammkonstruktionen ermitteln. Es wird jeweils von zwei Kräften eine Zwischenresultierende konstruiert, z. B. $F_{r\,1/2}$ aus den Kräften F_1 und F_2 sowie $F_{r\,3/4}$ aus F_3 und F_4 (Bild 2.34b). Durch Zusammensetzen von $F_{r\,1/2}$ und $F_{r\,3/4}$ ergibt sich dann die Gesamtresultierende F_r. Diese erhält man auch, indem man die Zwischenresultierende zweier Kräfte mit der nächsten Kraft zusammensetzt und so fortfährt, bis alle Kräfte erfasst sind.

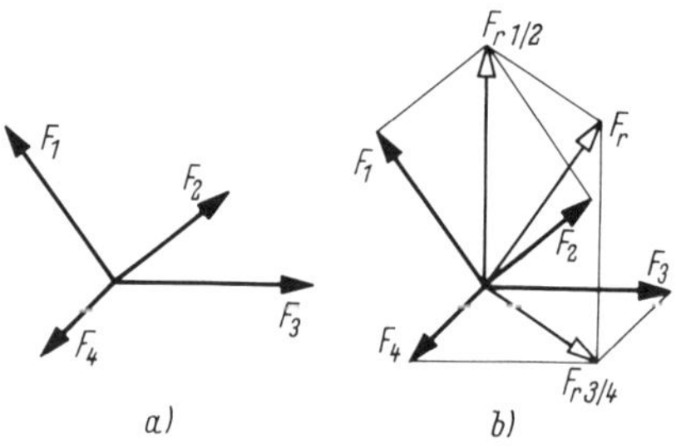

Bild 2.34 Vier Kräfte an einem Punkt
a) Lageplan, b) Kräfteplan mit wiederholter Parallelogrammkonstruktion

Einfacher und schneller gelangt man zum Ziel mittels Krafteck, das zu einem **Kräftepolygon** wird. Beim Aneinandersetzen der Kraftvektoren spielt die Reihenfolge keine Rolle, wie Bild 2.35 zeigt. Die in Bild 2.35a angedeuteten Zwischenresultierenden $F_{r\,1/2}$ und $F_{r\,3/4}$ veranschaulichen den Werdegang zum Polygon. Sie werden nicht mitgezeichnet. Das Krafteck wird übersichtlich, wenn die Reihenfolge der Kräfte so gewählt wird, dass sich der Kräftezug nicht selbst schneidet, was bei der Folge F_3, F_4, F_1, F_2 geschehen würde.

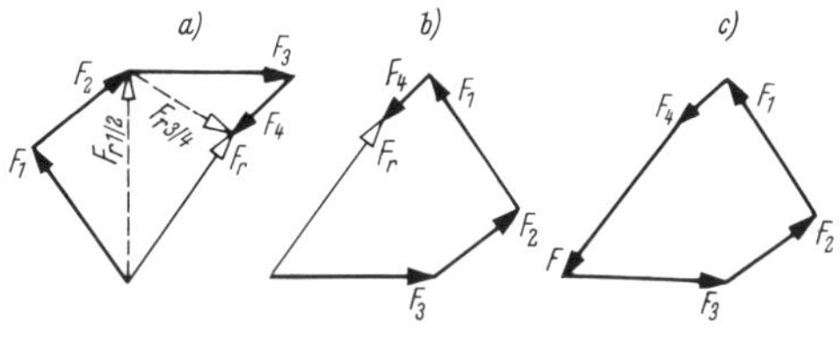

Bild 2.35 Kraftecke als Kräftepolygone
a) Reihenfolge F_1, F_2, F_3, F_4, F_r, b) geänderte Reihenfolge F_3, F_2, F_1, F_4, F_r, c) wie b), jedoch am Ende mit F als Gegenkraft zu F_r

Der Lösungsgang kann ebenfalls sinngemäß in den zuvor erläuterten fünf Arbeitsschritten erfolgen.

Beispiel 2.13
An einem Telegrafenmast sind in einer Ebene drei Drähte befestigt, in denen die Kräfte 350 N, 500 N und 300 N unter den in Bild 2.36 angegebenen Winkeln wirken. Die Resultierende dieser Kräfte ist zeichnerisch zu ermitteln mit einem Maßstabfaktor von 100 N/cm.

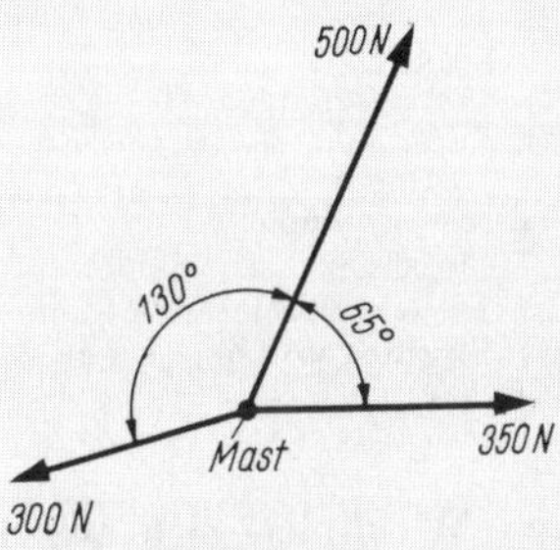

Bild 2.36 Kräfte an einem Telegrafenmast

Lösung:
Gegeben: $F_1 = 350$ N, $F_2 = 500$ N, $F_3 = 300$ N, $\beta = 65°, \gamma = 130°, m_F = 100$ N/cm, damit $F_{1\,gez} = 3{,}5$ cm, $F_{2\,gez} = 5$ cm, $F_{3\,gez} = 3$ cm.
Gesucht: F_r und α_r als Richtungswinkel zu F_1.
1. Schritt: Entfällt, da die angreifenden Kräfte und deren Lagen bekannt sind (Bild 2.36)
2. Schritt: In den Lageplan werden die Wirklinien W_1, W_2 und W_3 unter den Winkeln β und γ gezeichnet und die Kräfte unmaßstäblich eingetragen (Bild 2.37a).

3. Schritt: Der Kräfteplan wird mit $F_{1\,gez}$ begonnen (Bild 2.37b). Anschließend wird $F_{2\,gez}$ unter dem Winkel β angetragen und daran $F_{3\,gez}$ unter dem Winkel γ angefügt. Die richtigen Winkel entstehen durch Parallelverschieben der Wirklinien aus dem Lageplan in den Kräfteplan. Anfang und Ende des Kräftezuges werden verbunden, so dass ein Krafteck entsteht.
4. Schritt: Die Wirkrichtung der Resultierenden wird durch Anbringen des Richtungspfeiles angegeben. Seine Spitze weist auf das Ende des Kräftezuges, liegt also an der Spitze von F_3.

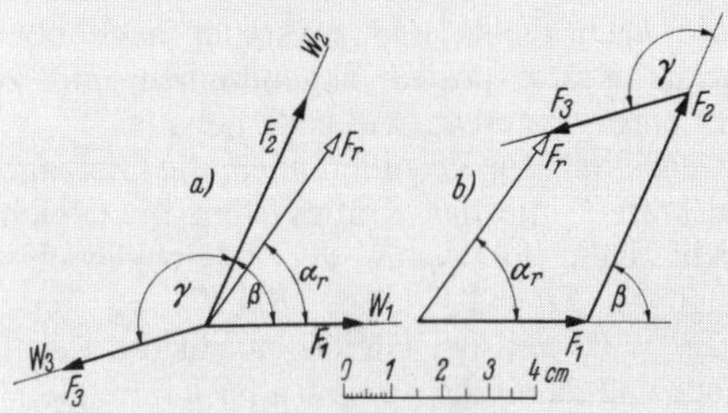

Bild 2.37 Lage- und Kräfteplan
a) Lageplan, b) Kräfteplan

5. Schritt: Die Vektorlänge der ermittelten Resultierenden und ihr Richtungswinkel zur Kraft F_1 werden im Kräfteplan gemessen: $F_{r\,gez} = 4{,}63$ cm, $\alpha_r = 54°$. Durch Parallelverschieben in den Lageplan ergibt sich die Lage von F_r. Es betragen:
$F_r = 4{,}63\ \text{cm} \cdot 100\ \text{N/cm} = 463\ \text{N}, \alpha_r = 54°$.

Wirken mehrere **Kräfte auf derselben Wirklinie**, dann liegt auch die Resultierende F_r bzw. die Gleichgewichtskraft F auf dieser Wirklinie (Bild 2.38). Kräfteparallelogramm und Krafteck werden zu einer Strecke. Zur übersichtlichen Darstellung zeichnet man die Kraftvektoren dicht neben die Wirklinie und markiert die Vektorlängen durch kurze Querstriche.

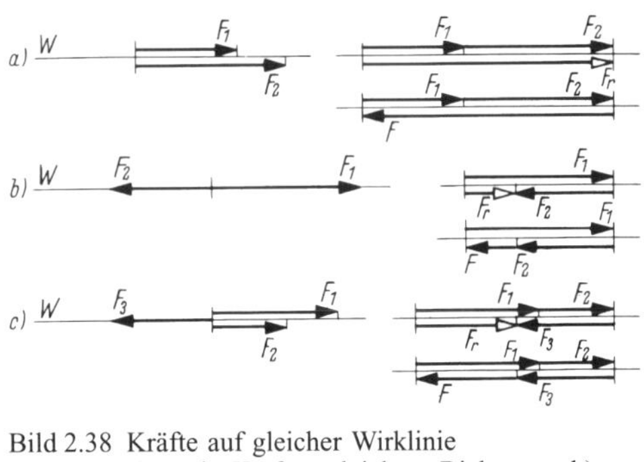

Bild 2.38 Kräfte auf gleicher Wirklinie
a) zwei Kräfte gleicher Richtung, b) zwei Kräfte entgegengesetzter Richtung, c) drei Kräfte verschiedener Richtung

2.2.3 Rechnerische Kräfteermittlung

Kräfte auf gemeinsamer Wirklinie
Die Berechnungsgleichungen ergeben sich aus Bild 2.38. Danach gilt für die aus n Einzelkräften gebildete

Resultierende
$$\boldsymbol{F}_r = \Sigma \boldsymbol{F}_i = \boldsymbol{F}_1 + \boldsymbol{F}_2 + \boldsymbol{F}_3 + \ldots + \boldsymbol{F}_n \qquad (2.1)$$

In diese Gleichung sind Kräfte mit entgegengesetzter Wirkrichtung mit verschiedenen Vorzeichen einzusetzen. Vorzugsweise werden waagerecht nach rechts und senkrecht nach oben wirkende Kräfte positiv angenommen und zu diesen entgegengesetzt wirkende negativ.
Die Gegenkraft zur Resultierenden, die Gleichgewichtskraft F, die das Kräftesystem im Gleichgewicht hält, folgt aus der Gleichgewichtsbedingung $\Sigma F = 0$, also $F + F_r = 0$ oder $F + \Sigma F_i = 0$, weil bei Gleichgewicht die Resultierende und damit die Summe aller Kräfte gleich null ist. Somit beträgt für n Einzelkräfte die

Gleichgewichtskraft
$$\boldsymbol{F} = -\Sigma \boldsymbol{F}_i = -(\boldsymbol{F}_1 + \boldsymbol{F}_2 + \boldsymbol{F}_3 + \ldots + \boldsymbol{F}_n) \qquad (2.2)$$

Auch in dieser Gleichung sind entgegengesetzte Wirkrichtungen durch verschiedene Vorzeichen zu unterscheiden. Die Wirkrichtung der errechneten Kraft ergibt sich aus dem Vorzeichen des Ergebnisses.

Zwei Kräfte, deren Wirklinien sich rechtwinklig schneiden
Aus Bild 2.39 folgt nach dem Lehrsatz des Pythagoras der Betrag für die

Resultierende $$\boldsymbol{F}_r = \sqrt{\boldsymbol{F}_1^2 + \boldsymbol{F}_2^2} \qquad (2.3)$$

Zur Kraft F_1 folgt für den

Richtungswinkel $$\tan \boldsymbol{\alpha}_r = \frac{\boldsymbol{F}_2}{\boldsymbol{F}_1} \qquad (2.4)$$

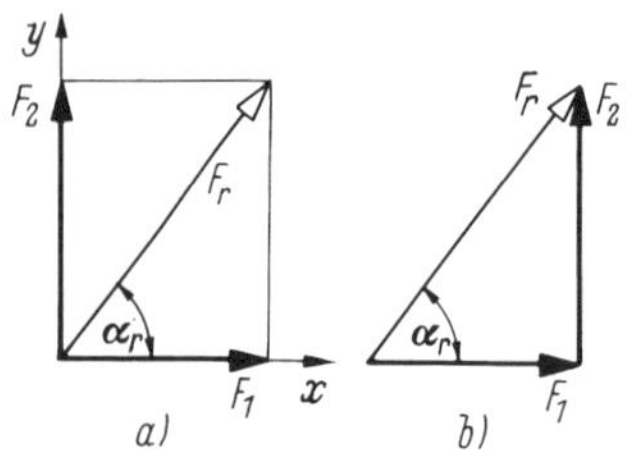

Bild 2.39 Resultierende von zwei rechtwinklig zueinander wirkenden Kräften
a) Kräfteparallelogramm (Rechteck),
b) Krafteck (rechtwinkliges Dreieck)

Damit ergibt sich die

Resultierende $$\boldsymbol{F}_r = \frac{\boldsymbol{F}_1}{\cos \boldsymbol{\alpha}_r} = \frac{\boldsymbol{F}_2}{\sin \boldsymbol{\alpha}_r} \qquad (2.5)$$

Die *Gleichgewichtskraft* F zu den Kräften F_1 und F_2 sowie ihr spitzer *Richtungswinkel* α zur Wirklinie von F_1 (Bild 2.40) lassen sich sinngemäß mit den Gl. (2.3) bis (2.5) errechnen.

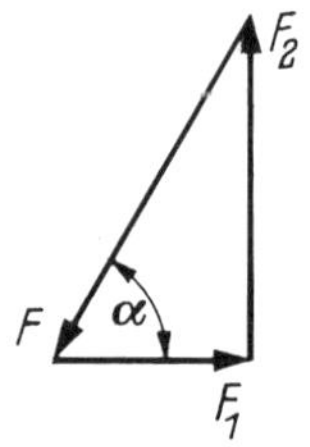

Bild 2.40 Berechnungsskizze zur Ermittlung der Gleichgewichtskraft

Beispiel 2.14
Die Wirklinien zweier Kräfte von 2 kN und 3,5 kN schneiden sich rechtwinklig wie in den Bildern 2.39 und 2.40. Es sind die Gleichgewichtskraft und deren spitzer Richtungswinkel zur Wirklinie der kleineren Kraft zu errechnen.
Lösung:
Gegeben: $F_1 = 2$ kN, $F_2 = 3{,}5$ kN.
Gesucht: F und α.
Aus Bild 2.40 folgen entspr. Gln. (2.3) und (2.4) für die Gleichgewichtskraft

$$F = \sqrt{F_1^2 + F_2^2} = \sqrt{(2\,\text{kN})^2 + (3{,}5\,\text{kN})^2}$$
$$= \sqrt{2^2 + 3{,}5^2}\,\text{kN} = 4{,}03\,\text{kN}$$

und für den Richtungswinkel

$$\tan\alpha = \frac{F_2}{F_1} = \frac{3{,}5\,\text{kN}}{2\,\text{kN}}, \text{ daraus } \alpha = 60{,}26°.$$

Die errechnete Kraft F ist so groß wie die Resultierende F_r und liegt auf derselben Wirklinie, wirkt jedoch entgegengerichtet zu F_r.

Zwei Kräfte, deren Wirklinien sich schiefwinklig schneiden
Für die in Bild 2.41 den Winkel γ einschließenden Kräfte F_1 und F_2 erhält man die Resultierende F_r aus dem Cosinussatz

$$F_r^2 = F_1^2 + F_2^2 - 2 \cdot F_1 \cdot F_2 \cdot \cos(180° - \gamma)$$

Da $\cos(180° - \gamma) = -\cos\gamma$ ist, beträgt die

Resultierende
$$\boldsymbol{F}_r = \sqrt{\boldsymbol{F}_1^2 + \boldsymbol{F}_2^2 + 2 \cdot \boldsymbol{F}_1 \cdot \boldsymbol{F}_2 \cdot \cos\gamma} \qquad (2.6)$$

Der Winkel zwischen der Resultierenden F_r und der Kraft F_1 ergibt sich aus dem Sinussatz

$$\frac{\sin \alpha_r}{F_2} = \frac{\sin(180° - \gamma)}{F_r}$$

Mit $\sin(180° - \gamma) = \sin \gamma$ folgt für den

Richtungswinkel $$\boldsymbol{\sin \alpha_r = \sin \gamma \cdot \frac{F_2}{F_r}} \qquad (2.7)$$

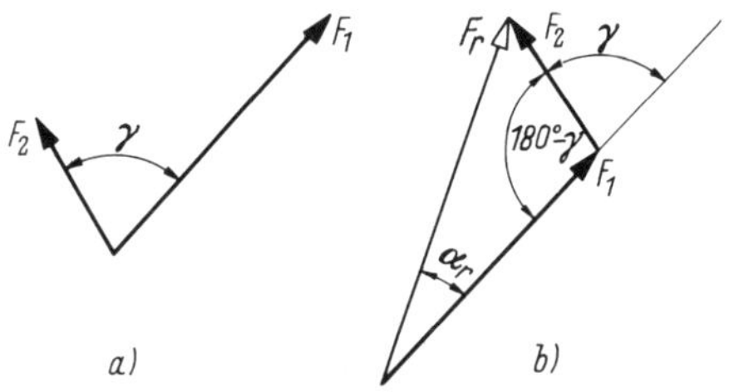

Bild 2.41 Zur Berechnung schiefwinkliger Kräftedreiecke
a) Lageplan, b) Krafteck

Mit dem Sinus- und dem Cosinussatz lassen sich auch die Gleichgewichtskraft, die Komponenten und alle Winkel in einem schiefwinkligen Kräftedreieck errechnen.

Beispiel 2.15
Die Seilkräfte in den Spannseilen nach Beisp. 2.12 sind rechnerisch zu ermitteln (Bild 2.42).

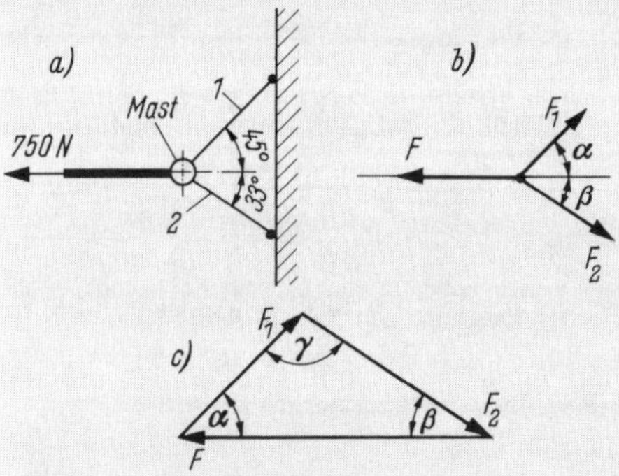

Bild 2.42 Berechnungsskizze
a) Mast mit Halteseil und Spannseilen,
b) freigemachter Mast, c) Krafteckskizze

Lösung:
Gegeben: $F = 750$ N, $\alpha = 45°, \beta = 33°$.
Gesucht: F_1 und F_2.
Mit dem Winkel $\gamma = 180° - \alpha - \beta$ $= 180° - 45° - 33° = 102°$ folgen aus dem Sinussatz

$$\frac{F_1}{\sin \beta} = \frac{F_2}{\sin \alpha} = \frac{F}{\sin \gamma}$$

die gesuchten Kräfte

$$F_1 = F\,\frac{\sin \beta}{\sin \gamma} = 750\,\text{N}\,\frac{\sin 33°}{\sin 102°} = 418\,\text{N}$$

$$F_2 = F\,\frac{\sin \alpha}{\sin \gamma} = 750\,\text{N}\,\frac{\sin 45°}{\sin 102°} = 542\,\text{N}$$

Mehr als zwei Kräfte
Zweckmäßig bedient man sich eines *x,y*-Koordinatensystems (Bild 2.43), in dem die Vektoren der Kräfte im Achsenschnittpunkt beginnen. Alle Kräfte werden in Richtung der beiden Koordinatenachsen zerlegt, so dass sich nur zwei senkrecht zueinander stehende Wirkrichtungen ergeben und sich alle Komponenten leicht zusammenfassen lassen.

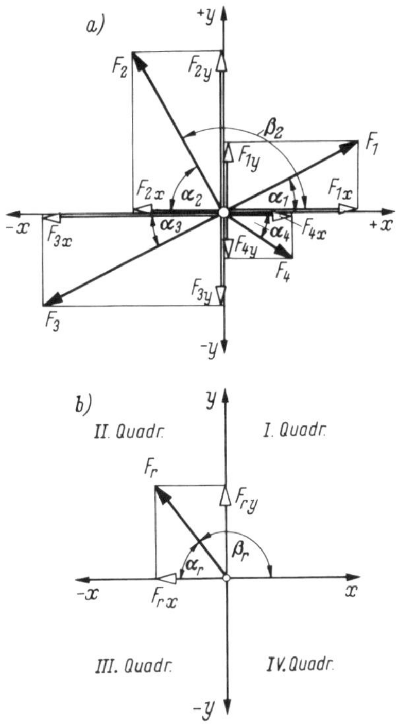

Bild 2.43 Kräftezerlegung und -zusammensetzung im Koordinatensystem
a) Zerlegen von Einzelkräften, b) Zusammensetzen zur Resultierenden

Mittels der Winkelfunktion erhält man die

Komponenten der Einzelkräfte

$$\boldsymbol{F_{ix} = F_i \cdot \cos \alpha_i} \qquad (2.8)$$

$$\boldsymbol{F_{iy} = F_i \cdot \sin \alpha_i} \qquad (2.9)$$

mit $i = 1, 2, 3 \ldots n$ bei n Einzelkräften und α_i als spitzem Winkel der Kraft F_i zur x-Achse.

Komponenten in Richtung der negativen x- bzw. y-Achse erhalten ein negatives Vorzeichen. Deshalb ist die Angabe des Quadranten wichtig, in welchem die Kraft F_i wirkt. Die Vorzeichen ergeben sich aber auch unmittelbar, wenn man in die Gln. (2.8) und (2.9) anstelle der spitzen Winkel α_i stets die von der positiven x-Achse ausgehenden Winkel β_i einsetzt (Bild 2.43a u. Bild 2.44).

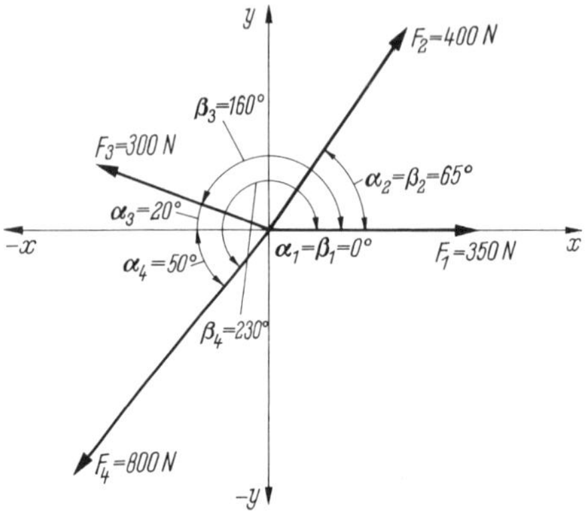

Bild 2.44 Zentrales Kräftesystem mit vier Kräften

Die Komponenten F_{ix} und F_{iy} werden entspr. Gl. (2.1) zusammengefasst zu den

Komponenten der Resultierenden

$$\boldsymbol{F}_{rx} = \Sigma \boldsymbol{F}_{ix} = \boldsymbol{F}_{1x} + \boldsymbol{F}_{2x} + \ldots + \boldsymbol{F}_{nx} \qquad (2.10)$$

$$\boldsymbol{F}_{ry} = \Sigma \boldsymbol{F}_{iy} = \boldsymbol{F}_{1y} + \boldsymbol{F}_{2y} + \ldots + \boldsymbol{F}_{ny} \qquad (2.11)$$

Nun kann die Resultierende F_r (Bild 2.43b) entspr. Gl. (2.3) errechnet werden:

Resultierende $$\boldsymbol{F}_r = \sqrt{\boldsymbol{F}_{rx}^2 + \boldsymbol{F}_{ry}^2} \qquad (2.12)$$

Nach Gl. (2.4) folgt für den

Richtungswinkel zur x-Achse $$\tan \alpha_r = \frac{\boldsymbol{F}_{ry}}{\boldsymbol{F}_{rx}} \qquad (2.13)$$

Der Quadrant für F_r und α_r ergibt sich aus den Vorzeichen der Komponenten F_{rx} und F_{ry}. Es genügt, in die Gl. (2.13) die Komponenten als absolute Beträge ohne Vorzeichen einzusetzen. Den Zusammenhang zwischen den Quadranten und den Vorzeichen der Kräfte veranschaulicht Tab. 4.

Durch tabellarische Anordnung der Zwischenergebnisse wird die Lösung übersichtlich (s. Beisp. 2.16).

Beispiel 2.16
Die Resultierende des in Bild 2.44 dargestellten zentralen Kräftesystems ist zu berechnen.

Lösung:
Gegeben: Kräfte und Winkel nach Bild 2.44.
Gesucht: F_r, α_r, β_r und Quadrant von F_r.
Nach den Gln. (2.8) und (2.9) betragen die Komponenten der Einzelkräfte auf volle N gerundet:

$F_{1x} = F_1 = 350\,\text{N}, F_{1y} = 0$ (da $\alpha_1 = 0$),

$F_{2x} = F_2 \cdot \cos\alpha_2 = 400\,\text{N} \cdot \cos 65° = 169\,\text{N}$,

$F_{2y} = F_2 \cdot \sin\alpha_2 = 400\,\text{N} \cdot \sin 65° = 363\,\text{N}$,

$F_{3x} = F_3 \cdot \cos\alpha_3 = 300\,\text{N} \cdot \cos 20° = 282\,\text{N}$,

$F_{3y} = F_3 \cdot \sin\alpha_3 = 300\,\text{N} \cdot \sin 20° = 103\,\text{N}$,

$F_{4x} = F_4 \cdot \cos\alpha_4 = 800\,\text{N} \cdot \cos 50° = 514\,\text{N}$,

$F_{4y} = F_4 \cdot \sin\alpha_4 = 800\,\text{N} \cdot \sin 50° = 613\,\text{N}$.

Eine übersichtliche Zusammenstellung dieser Ergebnisse zeigt folgende Tabelle:

i	$\frac{F_i}{\text{N}}$	α_i	Quadrant	β_i	$\frac{F_{ix}}{\text{N}}$	$\frac{F_{iy}}{\text{N}}$
1	350	0°	I.	0°	350	0
2	400	65°	I.	65°	169	363
3	300	20°	II.	160°	−282	103
4	800	50°	III.	230°	−514	−613
Σ					−277	−147

Durch Addition der Komponenten der Einzelkräfte ergeben sich nach den Gln. (2.10) und (2.11) die Komponenten der Resultierenden

$F_{rx} = \Sigma F_{ix} = -277\,\text{N}$ und $F_{ry} = \Sigma F_{iy} = -147\,\text{N}$,

wie in der Tabelle angegeben.
Nach Gl. (2.12) erhält man die Resultierende

$$F_r = \sqrt{F_{rx}^2 + F_{ry}^2} = \sqrt{(-277)^2 + (-147)^2}\,\text{N} = 314\,\text{N}$$

und deren spitzen Richtungswinkel zur x-Achse nach Gl. (2.13) mit den Absolutbeträgen der resultierenden Komponenten:

$$\tan\alpha_r = \frac{|F_{ry}|}{|F_{rx}|} = \frac{147\,\text{N}}{277\,\text{N}}, \text{ daraus folgt } \alpha_r = 28°.$$

Nach den Vorzeichen von F_{rx} und F_{ry} liegen F_r und α_r im III. Quadranten (s. Tab. 4). Somit beträgt

$\beta_r = 180° + \alpha_r = 180° + 28° = 208°$

als Richtungswinkel zur positiven x-Achse.

In gleicher Weise wie im Beisp. 2.16 lässt sich die Gleichgewichtskraft F zu den Kräften F_1 bis F_4 errechnen. Sie ist die Gegenkraft zur Resultierenden F_r, wirkt auf derselben Linie, jedoch im entgegengesetzten (I.) Quadranten. Die Komponenten F_x und F_y sind F_{rx} und F_{ry} entgegengerichtet. Da sich in diesem Fall alle Kräfte des Systems im Gleichgewicht befinden, ist es sinnvoller, auszugehen von der

rechnerischen Gleichgewichtsbedingung:

Die Kräfte eines zentralen ebenen Kräftesystems befinden sich im Gleichgewicht,

wenn die Summe aller x-Komponenten und die Summe aller y-Komponenten gleich null ist.

Mathematisch formuliert:

Gleichgewichts-bedingungen $\Sigma F_x = 0$ (2.14)

$\Sigma F_y = 0$ (2.15)

Auch in diesen Gleichungen erhalten Komponenten in negativer Richtung der Koordinatenachsen ein negatives Vorzeichen. Sinngemäß zur Gl. (2.12) gilt nun für den Betrag der

Gleichgewichtskraft $F = \sqrt{F_x^2 + F_y^2}$ (2.16)

und entspr. Gl. (2.13) folgt für den

Richtungswinkel zur x-Achse $\tan \alpha_r = \frac{F_y}{F_x}$ (2.17)

Der Quadrant von F ergibt sich aus den Vorzeichen der Komponenten F_x und F_y nach Tab. 4. Für den rechnerischen Ansatz werden die Komponenten der gesuchten Kraft in der Berechnungsskizze positiv angenommen (s. Beisp. 2.17). Sinngemäß lassen sich auch zwei unbekannte Kräfte eines zentralen Kräftesystems errechnen unter der Voraussetzung, dass es sich im Gleichgewicht befindet und die Wirklinien der Kräfte bekannt sind (s. Beisp. 2.18).

Zur Errechnung von Gleichgewichtskräften empfehlen sich folgende **Arbeitsschritte:**

1. **Schritt:** Berechnungsskizze anfertigen mit allen gegebenen Kräften, deren Richtungswinkeln und Komponenten sowie den Komponenten der gesuchten Kraft, die positiv angenommen werden (bei zwei unbekannten Kräften Ansatz der Komponenten mit beliebigem Richtungssinn).
2. **Schritt:** Berechnung der Komponenten der gegebenen Kräfte nach den Gln. (2.8) und (2.9).
3. **Schritt:** Berechnung der gesuchten Komponenten nach den Gleichgewichtsbedingungen, den Gln. (2.14) und (2.15). Ein negatives Ergebnis besagt, dass die Komponenten der angenommenen Richtung entgegenwirken.
4. **Schritt:** Berechnung der gesuchten Gleichgewichtskraft (bzw. -kräfte) und des Richtungswinkels nach den Gln. (2.16) und (2.17) sowie Bestimmung des Quadranten.

Beispiel 2.17
Für das zentrale Kräftesystem nach Bild 2.45 ist die Kraft zu errechnen, mit der sich das System im Gleichgewicht befindet.

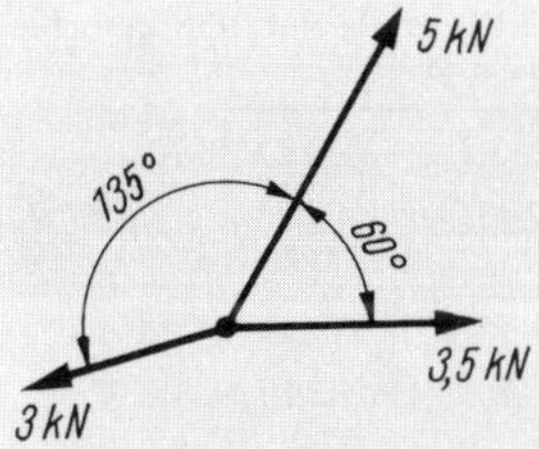

2.45 Zentrales Kräftesystem mit drei Kräften

Lösung:
Gegeben: $F_1 = 3{,}5$ kN, $\alpha_1 = 0$, $F_2 = 5$ kN, $\alpha_2 = 60°$, $F_3 = 3$ kN, $\alpha_3 = 195° - 180° = 15°$.
Gesucht: F, α und Quadrant.

1. Schritt: Anfertigen der Berechnungsskizze (Bild 2.46a).

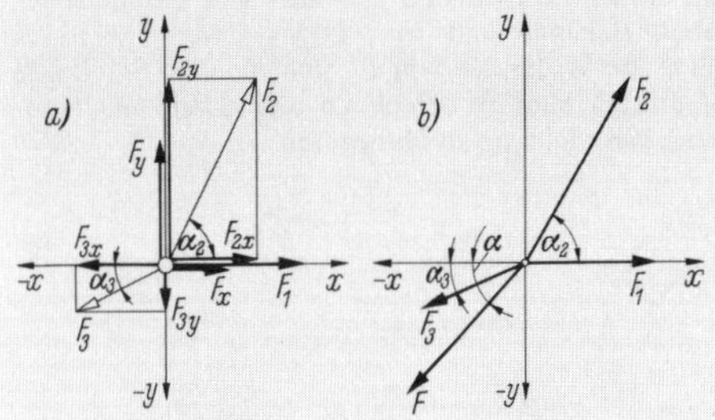

2.46 Berechnungsskizze
a) Komponenten der Kräfte im Koordinatensystem, b) Lageskizze mit Gleichgewichtskraft

2. Schritt: Komponenten nach den Gln. (2.8) und (2.9)

$F_{1x} = F_1 = 3{,}5\ \text{kN}, F_{1y} = 0,$

$F_{2x} = F_2 \cdot \cos \alpha_2 = 5\ \text{kN} \cdot \cos 60° = 2{,}5\ \text{kN},$

$F_{2y} = F_2 \cdot \sin \alpha_2 = 5\ \text{kN} \cdot \sin 60° = 4{,}33\ \text{kN},$

$F_{3x} = F_3 \cdot \cos \alpha_3 = 3\ \text{kN} \cdot \cos 15° = 2{,}9\ \text{kN},$

$F_{3y} = F_3 \cdot \sin \alpha_3 = 3\ \text{kN} \cdot \sin 15° = 0{,}78\ \text{kN}.$

3. Schritt: Die Komponenten F_x und F_y der gesuchten Kraft F folgen aus den Gln. (2.14) und (2.15), in die F_{3x} und F_{3y} mit negativem Vorzeichen eingesetzt werden:

$\Sigma F_x = 0,$

$F_x + F_1 + F_{2x} - F_{3x} = 0,$

$F_x = F_{3x} - F_{2x} - F_1 = (2{,}9 - 2{,}5 - 3{,}5)\ \text{kN}$
$= -3{,}1\ \text{kN},$

$\Sigma F_y = 0,$

$F_y + F_{2y} - F_{3y} = 0,$

$F_y = F_{3y} - F_{2y} = (0{,}78 - 4{,}33)\ \text{kN} = -3{,}55\ \text{kN}.$

Die negativen Vorzeichen geben an, dass beide Komponenten der angenommenen positiven Richtung entgegenwirken, d. h. in Richtung der negativen Koordinatenachsen.

4. Schritt: Nach Gl. (2.16) ergibt sich die gesuchte Gleichgewichtskraft

$$F = \sqrt{F_x^2 + F_y^2} = \sqrt{(-3{,}1)^2 + (-3{,}55)^2}\,\text{kN}$$
$$= 4{,}713\,\text{kN}$$

und aus Gl. (2.17)

$$\tan\alpha = \frac{F_y}{F_x} = \frac{-3{,}55\,\text{kN}}{-3{,}1\,\text{kN}} \text{ folgt } \alpha = 48{,}87° \approx 48{,}9°$$

als spitzer Richtungswinkel zur x-Achse. Die Kraft liegt im III. Quadranten (Bild 2.46b), was sich auch aus Tab. 4 ergibt.

Beispiel 2.18
Die Wirklinien der Stabkräfte am Knoten eines Fachwerks (Bild 2.47) schneiden sich in einem Punkt, und die Kräfte F_1 bis F_4 befinden sich im Gleichgewicht. Bekannt sind $F_1 = 20\,\text{kN}$ und $F_2 = 30\,\text{kN}$ sowie die Wirklinien von F_3 und F_4. Die Stabkräfte F_3 und F_4 sind zu errechnen und deren angenommene Wirkrichtung zu überprüfen.

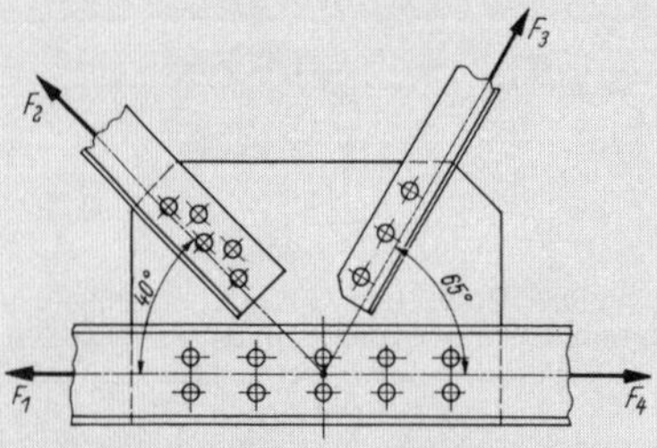

Bild 2.47 Knoten eines Fachwerks

Lösung:
Gegeben: $F_1 = 20\,\text{kN}, \alpha_1 = 0, F_2 = 30\,\text{kN},$
$\alpha_2 = 40°, \alpha_3 = 65°, \alpha_4 = 0.$
Gesucht: F_3 und F_4 mit Angabe der Wirkrichtung.
1. Schritt: Anfertigen der Berechnungsskizze Bild 2.48.

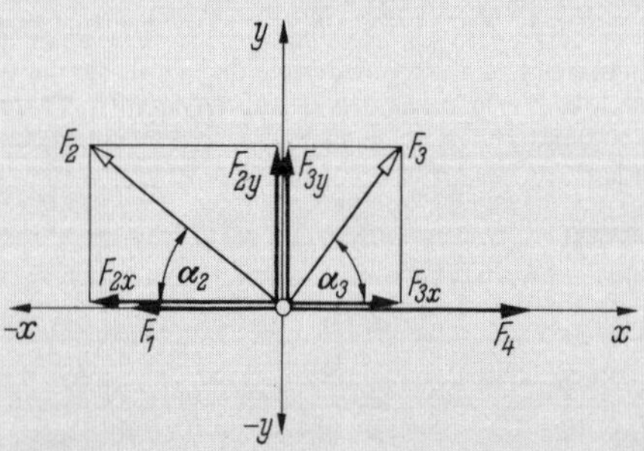

Bild 2.48 Berechnungsskizze

2. Schritt: Komponenten nach den Gln. (2.8) und (2.9):

$$F_{1x} = F_1 = 20\,\text{kN}, F_{1y} = 0,$$
$$F_{2x} = F_2 \cdot \cos\alpha_2 = 30\,\text{kN} \cdot \cos 40° = 22{,}98\,\text{kN},$$
$$F_{2y} = F_2 \cdot \sin\alpha_2 = 30\,\text{kN} \cdot \sin 40° = 19{,}28\,\text{kN}.$$

3. Schritt: In die Gl. (2.14) sind F_1 und F_{2x} negativ einzusetzen:

$$\Sigma F_x = 0,$$
$$F_4 + F_{3x} - F_{2x} - F_1 = 0.$$

Da F_4 und F_{3x} unbekannt sind, lässt sich die Gleichung vorerst nicht lösen und es wird weitergerechnet mit Gl. (2.15):

$$\Sigma F_y = 0,$$
$$F_{3y} + F_{2y} = 0, \text{daraus } F_{3y} = -F_{2y} = -19{,}28\,\text{kN}.$$

Aus $\tan\alpha_3 = \frac{F_{3y}}{F_{3x}}$ (entspr. Gl. (2.17)) folgt

$$F_{3x} = \frac{F_{3y}}{\tan\alpha_3} = \frac{-19{,}28\,\text{kN}}{\tan 65°} = -8{,}99\,\text{kN}.$$

Damit ergibt sich aus Gl. (2.14) für

$$F_4 = F_1 + F_{2x} - F_{3x}$$
$$= 20\,\text{kN} + 22{,}98\,\text{kN} - (-8{,}99\,\text{kN}) = 51{,}97\,\text{kN}.$$

4. Schritt: Entspr. Gl. (2.16) wird

$$F_3 = \sqrt{F_{3x}^2 + F_{3y}^2} = \sqrt{(-8{,}99)^2 + (-19{,}28)^2}\,\text{kN}$$
$$= 21{,}27\,\text{kN}.$$

Da beide Komponenten negativ sind, wirkt die Stabkraft $F_3 \approx 21{,}3\,\text{kN}$ der in Bild 2.47 angegebenen Richtung entgegen. Die Stabkraft $F_4 \approx 52\,\text{kN}$ wirkt in der angegebenen Richtung.

Praxishinweis
Wegen der großen Verbreitung und relativ einfachen Handhabung von Computern und Taschenrechnern sind die rechnerischen Lösungsverfahren heute von größerer Bedeutung als die zeichnerischen. Bei praktischen Problemen steht die Ermittlung von Gleichgewichtskräften im Vordergrund, d. h. zu einer bestimmten Anzahl gegebener Kräfte (Aktionskräfte) sind eine Kraft oder zwei Kräfte (Reaktionskräfte) zu bestimmen, die das Kräftegleichgewicht herstellen. Dabei sind häufig Kräfte in zwei Komponenten zu zerlegen, die rechtwinklig aufeinander stehen.

Kontrollfragen:
- Was ist ein zentrales Kräftesystem?
- Wie lautet der Satz vom Kräfteparallelogramm?
- Was versteht man unter einem Krafteck?
- Was gilt betreffs der Reihenfolge der Kräfte im Krafteck und betreffs der Richtungspfeile für die Resultierende und für die Gleichgewichtskraft?
- Wie lauten die zeichnerischen und die rechnerischen Gleichgewichtsbedingungen des zentralen ebenen Kräftesystems?

2.3 Allgemeines ebenes Kräftesystem

Lernziele:
- Die Begriffe statisches Moment und Kräftepaar definieren, ihre Wirkung erläutern und Momente errechnen.

- Allgemeine Kräftesysteme erkennen und die darin unbekannten Kräfte rechnerisch und zeichnerisch ermitteln.
- Die Gleichgewichtsbedingungen des allgemeinen Kräftesystems nennen und bei Kräfteermittlungen anwenden.

2.3.1 Moment und Kräftepaar

Beim **allgemeinen Kräftesystem** schneiden sich die **Wirklinien** der Kräfte **nicht in einem Punkt.** Ihre Lage wird durch den senkrechten Abstand von einem Bezugspunkt 0 bestimmt (Bild 2.49), der als **Wirkabstand *l*** oder als Hebelarm bezeichnet wird, selbst dann, wenn der Körper kein Hebel ist.

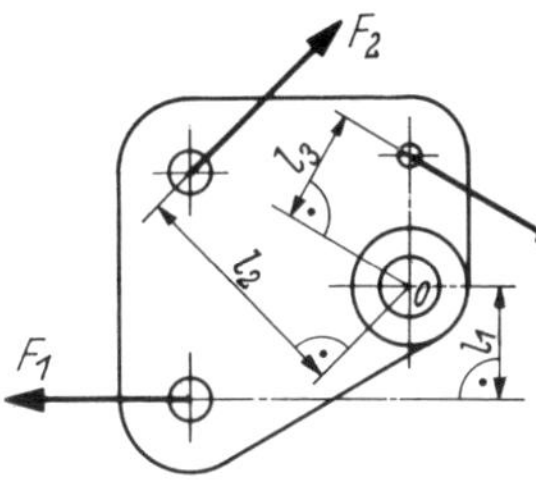

Bild 2.49 Kräfte in einer Ebene an verschiedenen Punkten eines Körpers

Um die Wirkung einer Kraft auf einen Punkt außerhalb ihrer Wirklinie erfassen zu können, führte man eine physikalische Größe ein, die *statisches Moment einer Kraft oder Kraftmoment* genannt wird:

Das statische Moment einer Kraft ist das Produkt aus der Kraft und dem senkrechten Abstand ihrer Wirklinie (dem Wirkabstand) von einem Bezugspunkt.

In Kurzfassung: **Moment gleich Kraft mal Wirkabstand**, und als Gleichung:

Statisches Moment $\boldsymbol{M = F \cdot l}$ (2.18)

Die internationale Einheit für diese physikalische Größe ist das Nm (Newtonmeter). Die Schreibweise mN ist falsch, da dies Millinewton bedeutet. Zugelassen und üblich sind auch: Ncm, Nmm, kNm.

Ein Kraftmoment will den Körper um den Bezugspunkt drehen. Der Drehsinn wird durch Vorzeichen ausgedrückt. In Übereinstimmung mit dem mathematisch positiven Drehsinn (Bild 1.1) gilt folgende

Vorzeichenregel für Momente:

Linksdrehende Momente werden mit positivem Vorzeichen (+), rechtsdrehende Momente mit negativem Vorzeichen (−) angegeben.

Das Kraftmoment ist ein Vektor. Er steht senkrecht auf der durch *F* und *l* gebildeten Ebene. Die sinnbildliche Darstellung eines Moments kann durch einen Kreisbogen mit Richtungspfeil erfolgen (Bild 2.50).

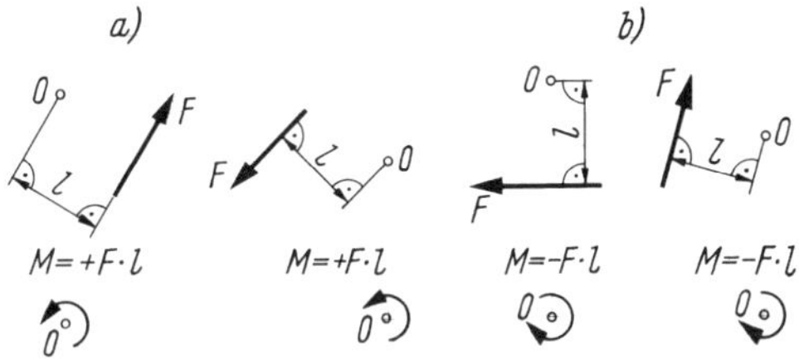

Bild 2.50 Drehsinn statischer Momente
a) positive Momente, b) negative Momente

Beispiel 2.19
Für das in Bild 2.51 skizzierte Schaltgestänge ist das auf die Schaltwelle ausgeübte Moment zu errechnen.

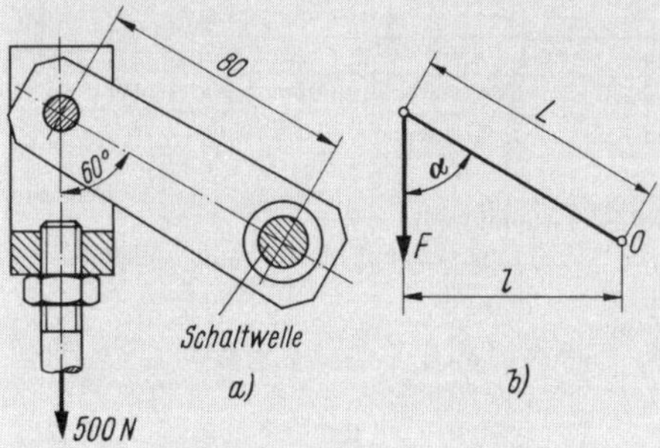

Bild 2.51 Schaltgestänge
a) Darstellung, b) Berechnungsskizze

Lösung:
Gegeben: $F = 500\,\text{N}$, $L = 80\,\text{mm}$, $\alpha = 60°$.
Gesucht: M in Nm.
Die angegebene Hebellänge L ist nicht der Wirkabstand l der Kraft F (Bild 2.51b). Aus $\sin\alpha = l/L$ folgt für $l = L \cdot \sin\alpha$ und damit nach Gl. (2.18) das Moment

$$M = F \cdot l = F \cdot L \cdot \sin\alpha = 500\,\text{N} \cdot 80\,\text{mm} \cdot \sin 60°$$
$$= 34\,640\,\text{Nmm} = 34{,}64\,\text{Nm}.$$

Beim zentralen Kräftesystem ist die Wirkung der Resultierenden gleich der gemeinsamen Wirkung der Einzelkräfte. Sinngemäß ist beim allgemeinen Kräftesystem die Drehwirkung der Resultierenden F_r um einen Bezugspunkt gleich der gemeinsamen Drehwirkung der Einzelkräfte F_i um denselben Bezugspunkt. Diese Erkenntnis wird ausgedrückt im

Momentensatz:

Das statische Moment der Resultierenden ist gleich der Summe der statischen Momente der Einzelkräfte.

Als Gleichung:

Statisches Moment der Resultierenden oder *resultierendes Moment*

$$\boldsymbol{M_r = \Sigma M_i = M_1 + M_2 + \ldots + M_n = F_r \cdot l_r}$$
$$\boldsymbol{= \Sigma(F_i \cdot l_i) = F_1 \cdot l_1 + F_2 \cdot l_2 + \ldots + F_n \cdot l_n} \quad (2.19)$$

Die Momente sind mit dem ihrem Drehsinn entsprechenden Vorzeichen einzusetzen.

Beispiel 2.20

An einem Hebel, der auf einer Welle befestigt ist, greifen entspr. Bild 2.52 drei Kräfte an. Es sind das von der Welle aufzunehmende resultierende Moment und sein Drehsinn anzugeben.

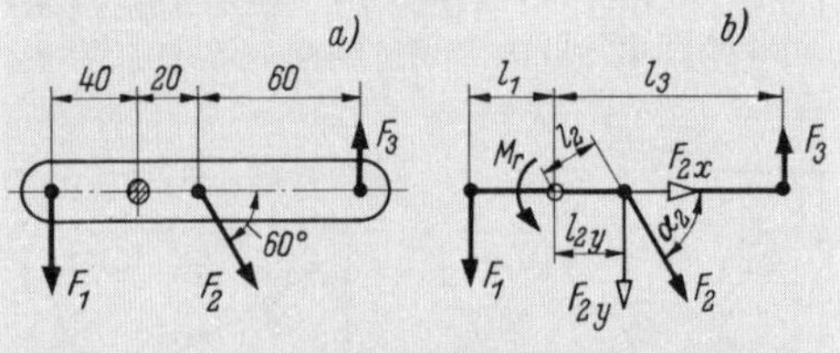

Bild 2.52 Hebel mit drei Kräften
a) Lageskizze, b) Berechnungsskizze

Lösung:

Gegeben: $F_1 = 62\,\text{N}, l_1 = 40\,\text{mm}, F_2 = 105\,\text{N},$
$l_{2y} = 20\,\text{mm}, \alpha_2 = 60°, F_3 = 18\,\text{N},$
$l_3 = (20 + 60)\,\text{mm} = 80\,\text{mm}.$

Gesucht: M_r in Nm und Drehsinn.

Nach Bild 2.52b ist $\sin\alpha_2 = l_2/l_{2y}$. Daraus folgt für F_2 der Wirkabstand

$$l_2 = l_{2y} \cdot \sin\alpha_2 = 20\,\text{mm} \cdot \sin 60° = 17{,}32\,\text{mm}.$$

Mit Gl. (2.19), in die das rechtsdrehende Moment $M_2 = F_2 \cdot l_2$ negativ einzusetzen ist, ergibt sich

$$M_r = F_1 \cdot l_1 - F_2 \cdot l_2 + F_3 \cdot l_3$$
$$= 62\,\text{N} \cdot 40\,\text{mm} - 105\,\text{N} \cdot 17{,}32\,\text{mm}$$
$$+ 18\,\text{N} \cdot 80\,\text{mm}$$
$$= 2101\,\text{Nmm} \approx 2{,}1\,\text{Nm}.$$

Da es positiv ist, handelt es sich um ein linksdrehendes Moment.

Das Moment M_2 kann auch mit der Komponente F_{2y} und deren Wirkabstand l_{2y} errechnet werden: $M_2 = F_{2y} \cdot l_{2y}$, was am Ergebnis nichts ändert. Die Komponente F_{2x} übt kein Moment aus, da ihre Wirklinie durch die Wellenmitte geht, sie also keinen Wirkabstand zum Bezugspunkt besitzt.

Außer Kraft und Kraftmoment ist von besonderer Bedeutung der Begriff

Kräftepaar:

Zwei gleich große, entgegengesetzt wirkende Kräfte auf parallelen Wirklinien bilden ein Kräftepaar (Bild 2.53).

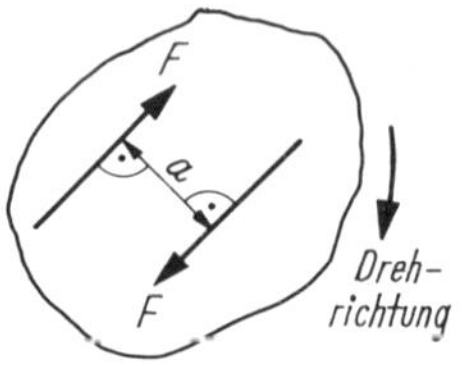

Bild 2.53 Kräftepaar (a = senkrechter Abstand)

Obwohl die Resultierende dieser beiden Kräfte null ist, befinden sie sich nicht im Gleichgewicht, sondern versuchen den Körper zu drehen, üben also ein Moment aus. Die Drehwirkung eines Kräftepaares kann man spüren, wenn man versucht, eine Spindel festzuhalten, an deren Handrad gedreht wird (Bild 2.54a). Auch wenn man nur mit einer Hand dreht (Bild 2.54b), ist ein Kräftepaar Ursache der Drehwirkung. Die zweite Kraft ist die Reaktionskraft der Spindel, die vom Spindellager aufgenommen wird. Allgemein gilt:

Keine Drehbewegung ohne Kräftepaar.

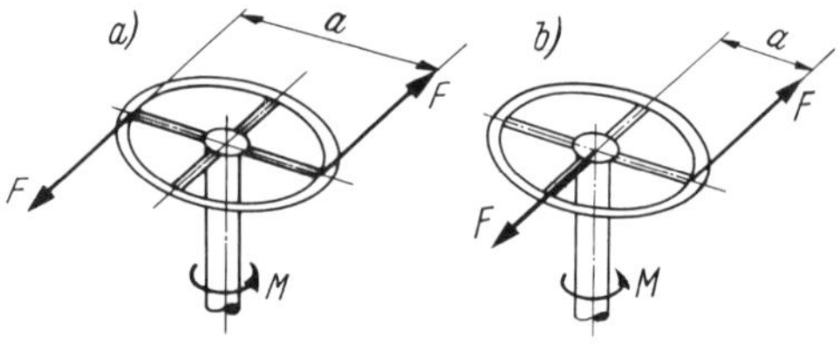

Bild 2.54 Drehwirkung von Kräftepaaren
a) durch zwei Kräfte an einem Handrad
b) durch eine Kraft an einem Handrad

Das **statische Moment eines Kräftepaares** ist gleich dem Produkt aus einer der beiden Kräfte F und dem senkrechten Abstand a ihrer parallelen Wirklinien:

Moment $\quad \boldsymbol{M = F \cdot a} \quad (2.20)$

Wegen seiner Drehwirkung wird es auch als **Drehmoment** bezeichnet. Die Angabe des Drehsinns erfolgt ebenfalls nach der Vorzeichenregel für Momente. Der Betrag des Moments eines Kräftepaares ist vom Bezugspunkt unabhängig, wie aus Bild 2.55 hervorgeht. Im Gegensatz dazu ist das Moment einer Einzelkraft (Gl. (2.18)) immer vom Bezugspunkt abhängig.

Ein Kräftepaar kann nicht durch eine Einzelkraft ersetzt werden, sondern nur durch ein gleich großes Moment mit gleichem Drehsinn. Gleichgewicht mit einem Kräf-

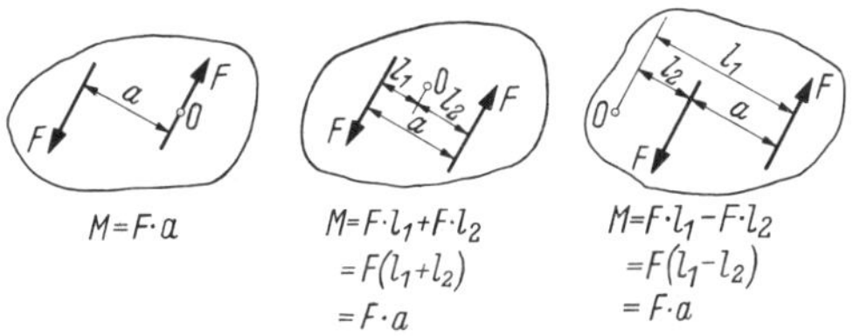

Bild 2.55 Unabhängigkeit des statischen Moments eines Kräftepaares vom Bezugspunkt

tepaar kann nur durch ein Moment gleichen Betrages mit entgegengesetztem Drehsinn hergestellt werden. Mehrere Kräftepaare lassen sich nach dem Momentensatz (Gl. (2.19)) zu einem resultierenden Kräftepaar oder resultierenden Moment zusammenfassen, wobei auf die Vorzeichen entspr. ihrem Drehsinn zu achten ist. Da ein **Moment** allein durch seinen Betrag nicht vollständig bestimmt werden kann, ist es eine gerichtete Größe, **ein Vektor**.

Eine Einzelkraft darf längs ihrer Wirklinie verschoben werden, ohne dass sich ihre Wirkung auf einen starren Körper ändert (Verschiebesatz, Abschn. 2.1.2). Unter bestimmten Voraussetzungen ist auch ein Parallelverschieben möglich:

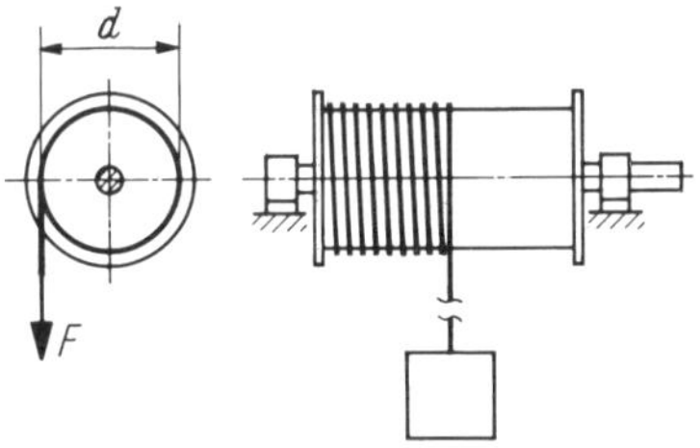

Bild 2.56 Seiltrommel

Als Beispiel diene die Umfangskraft F an einer Seiltrommel (Bild 2.56), die die Trommel drehen will. Die Seiltrommel kann man sich ersetzt denken durch einen Hebel mit der Länge $l = d/2$, die gleich dem Verschiebeabstand a ist (Bild 2.57a).

Im Drehpunkt 0 werden zwei gleich große, entgegengesetzt gerichtete Kräfte vom gleichen Betrag wie F parallel zur Wirklinie von F hinzugefügt (Bild 2.57b). Da die Resultierende der beiden Ergänzungskräfte null ist, ihre Wirkungen sich also aufheben, hat sich am System praktisch nichts geändert. Fasst man nun die zwei im Abstand a parallel und entgegengesetzt wirkenden Kräfte zu einem Kräftepaar zusammen (im Bild 2.57b mit Schrägstrichen gekennzeichnet) und ersetzt es durch das von ihm ausgeübte Moment $M = F \cdot a$ (Gl. (2.20)), so folgt aus dem Ergebnis (Bild 2.57c), dass eine Kraft

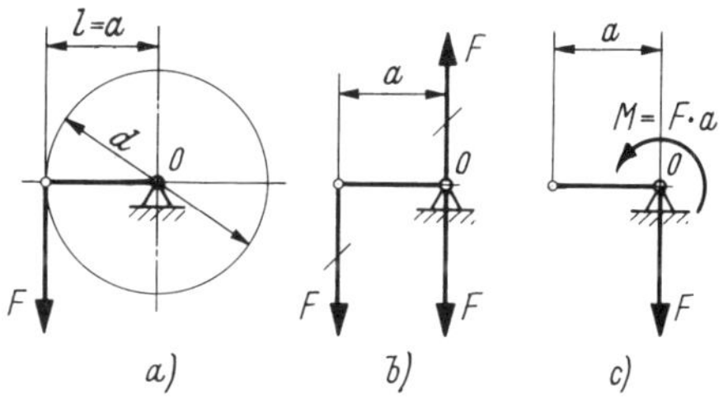

Bild 2.57 Parallelverschieben einer Kraft F in den Drehpunkt 0
a) Seiltrommel durch Hebel ersetzen (a = Verschiebeabstand), b) zwei gleich große Kräfte parallel zu F ergänzt und Kräftepaar durch Schrägstriche gekennzeichnet, c) Kräftepaar durch Versatzmoment M ersetzt

parallel zu ihrer Wirklinie in einen Punkt verschoben werden darf, wenn ein Moment aus der Kraft mal dem senkrechten Abstand von diesem Punkt hinzugefügt wird.

Demnach gilt als *Lehrsatz:*

Eine Kraft wirkt auf einen Punkt außerhalb ihrer Wirklinie durch ein Moment aus der Kraft mal dem senkrechten Abstand von diesem Punkt und durch eine parallele gleich große Kraft.

Das beim Parallelverschieben einer Kraft entstehende Moment nennt man auch **Versatzmoment.** Beim Freimachen von Bauteilen, auf die ein statisches Moment wirkt, darf die in den Bezugspunkt verschobene Einzelkraft, die von der Lagerung aufzunehmen ist und die Stützkräfte als Reaktionskräfte hervorruft, keinesfalls vergessen werden!

Beispiel 2.21

Bild 2.58 zeigt schematisch einen Kurbeltrieb mit dem Kurbelradius $r = 400$ mm. Auf den Kolben wirkt eine Kraft $F = 10$ kN. Für die durch die Winkel $\alpha = 60°$ und $\beta = 17°$ bedingte Stellung der Schubstange sind die Schubstangenkraft F_S, die Lagerkraft F_L des Kurbelwellenlagers und das auf die Kurbelwelle ausgeübte Drehmoment M zu errechnen.

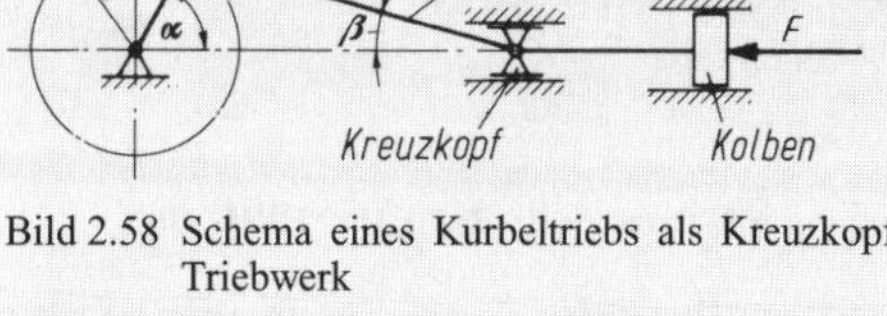

Bild 2.58 Schema eines Kurbeltriebs als Kreuzkopf-Triebwerk

Lösung:

Gegeben: $F = 10000$ N, $r = 0{,}4$ m, $\alpha = 60°$, $\beta = 17°$.
Gesucht: F_S, F_L und M.

1. Schubstangenkraft F_S
Sie bildet am Kreuzkopf mit der Kolbenkraft F und der von der Kreuzkopfführung ausgeübten Normalkraft F_N ein zentrales Kräftesystem (Bild 2.59a), das sich im Gleichgewicht befindet. Aus dem Krafteck (Bild 2.59b) folgt

$$F_S = \frac{F}{\cos\beta} = \frac{10\,000\ \text{N}}{\cos 17°} = 10457\ \text{N}.$$

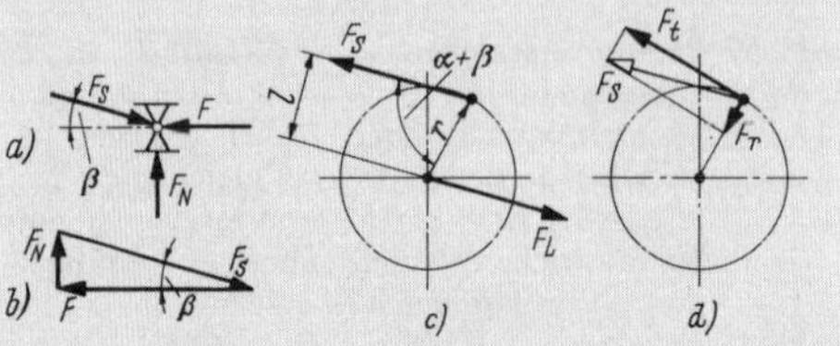

Bild 2.59 Berechnungsskizzen
a) freigemachter Kreuzkopf mit Schubstangenkraft F_S, b) Krafteck der Kräfte am Kreuzkopf, c) Kräftepaar aus F_S und F_L, d) Komponenten von F_S

2. Lagerkraft F_L
Die Stangenkraft F_S wirkt am Kurbelzapfen in entgegengesetzter Richtung (Bild 2.59c). Sie muss vom Kurbelwellenlager aufgenommen werden, das mit der Lagerkraft F_L reagiert. Somit ist $F_L = F_S$.
3. Drehmoment M
Es ist gleich dem statischen Moment des aus F_S und F_L mit dem Abstand l gebildeten Kräftepaares. Der senkrechte Abstand l der Wirklinien folgt mit $\alpha + \beta = 77°$ aus $\sin(\alpha + \beta) = l/r$ zu

$$l = r \cdot \sin(\alpha + \beta) = 0{,}4\ \text{m} \cdot \sin 77° = 0{,}39\ \text{m}.$$

Damit entspr. Gl. (2.20):

$$M = F_S \cdot l = 10457\ \text{N} \cdot 0{,}39\ \text{m} \approx 4080\ \text{Nm} = 4{,}08\ \text{kNm}.$$

Das gleiche Ergebnis ergibt sich auch wie folgt: Man zerlegt F_S in eine radiale Komponente F_r (die Radialkraft) und in eine tangentiale Komponente F_t (die zum Radius r senkrecht wirkende Tangentialkraft, Bild 2.59d). Das gesuchte Moment ist nun gleich dem auf den Drehpunkt (die Kurbelwellenmitte) bezogenen statischen Moment der Kraft F_t. Entspr. Gl. (2.9) ist

$$F_t = F_S \cdot \sin(\alpha + \beta) = 10457\ \text{N} \cdot \sin 77° = 10189\ \text{N},$$

damit wird nach Gl. (2.18):

$$M = F_t \cdot r = 10189\ \text{N} \cdot 0{,}4\ \text{m} = 4076\ \text{Nm} \approx 4{,}08\ \text{kNm}.$$

2.3.2 Rechnerische Kräfteermittlung

Die **Resultierende** eines allgemeinen Kräftesystems wird wie beim zentralen Kräftesystem mit den Gln. (2.8) bis (2.13) errechnet. Da sich die Wirklinien der Kräfte nicht in einem Punkt schneiden, muss die Lage der Resultierenden nach dem Momentensatz bestimmt werden. Aus Gl. (2.19) erhält man den Abstand l_r der Resultierenden F_r von einem gewählten Bezugspunkt.

Beispiel 2.22
An einem Träger wirken nach Bild 2.60 drei Kräfte. Es sind die Resultierende, ihr Abstand zur mittleren Kraft und ihr spitzer Richtungswinkel zur Trägerlängsachse rechnerisch zu ermitteln.

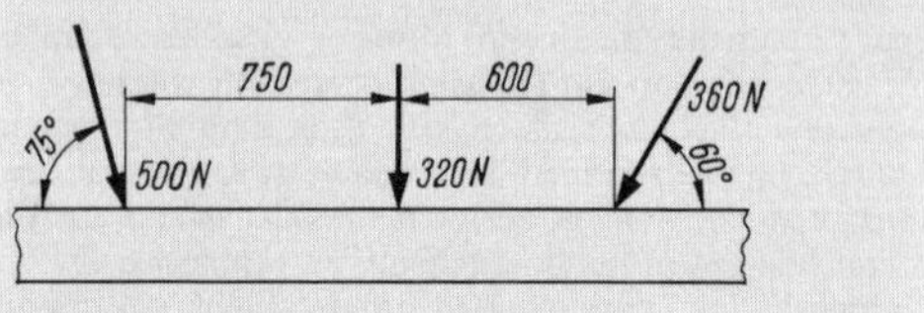

Bild 2.60 Kräfte an einem Träger

Lösung:
Gegeben: $F_1 = 500\ \text{N}, F_2 = 320\ \text{N}, F_3 = 360\ \text{N},$
$\alpha_1 = 75°, \alpha_2 = 90°, \alpha_3 = 60°,$
$l_1 = 750\ \text{mm}, l_2 = 600\ \text{mm}.$
Gesucht: F_r, α_r und l_r.

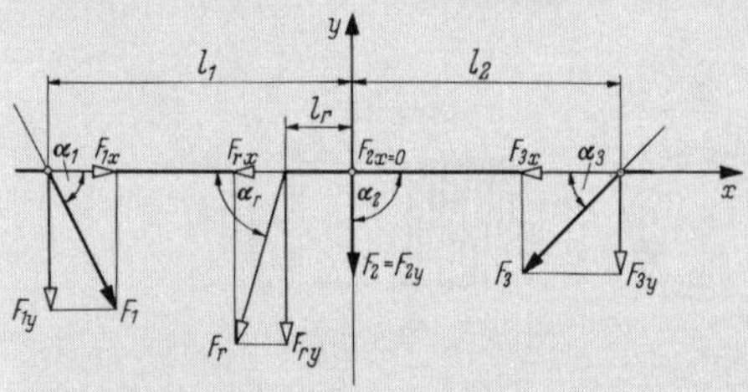

Bild 2.61 Berechnungsskizze

1. Komponenten F_{ix} und F_{iy}
Die Kräfte mit ihren Komponenten, die Richtungswinkel und die Abstände werden in einer Berechnungsskizze dargestellt (Bild 2.61) und die Koordinatenachsen festgelegt. Wegen l_r wird der Angriffspunkt von F_2 als Achsenschnittpunkt gewählt. Nach den Gln. (2.8) und (2.9) ergeben sich die Komponenten

$$F_{1x} = F_1 \cdot \cos\alpha_1 = 500\ \text{N} \cdot \cos 75° \approx 129\ \text{N},$$

$$F_{1y} = F_1 \cdot \sin\alpha_1 = 500\ \text{N} \cdot \sin 75° \approx 483\ \text{N},$$

$$F_{2x} = 0, F_{2y} = F_2 = 320\ \text{N}, \text{da } \alpha_2 = 90°,$$

$$F_{3x} = F_3 \cdot \cos\alpha_3 = 360\ \text{N} \cdot \cos 60° = 180\ \text{N},$$

$$F_{3y} = F_3 \cdot \sin\alpha_3 = 360\ \text{N} \cdot \sin 60° \approx 312\ \text{N}.$$

2. Resultierende F_r und Winkel α_r
In die Gln. (2.10) und (2.11) sind F_{3x} und alle F_{iy} entspr. ihren Wirkrichtungen mit negativem Vorzeichen einzusetzen:

$$F_{rx} = F_{1x} - F_{3x} = (129 - 180)\ \text{N} = -51\ \text{N},$$

$$F_{ry} = -F_{1y} - F_{2y} - F_{3y} = (-483 - 320 - 312)\ \text{N} = -1115\ \text{N}.$$

Nach Gl. (2.12) wird

$$F_r = \sqrt{F_{rx}^2 + F_{ry}^2} = \sqrt{(-51)^2 + (-1115)^2}\ \mathrm{N}$$
$$= 1116\ \mathrm{N}$$

und mit den absoluten Beträgen von F_{rx} und F_{ry} nach Gl. (2.13):

$$\tan \alpha_r = \frac{|F_{ry}|}{|F_{rx}|} = \frac{1115\ \mathrm{N}}{51\ \mathrm{N}},\ \text{daraus}\ \alpha_r = 87{,}4°.$$

Nach Tab. 4 liegt der Winkel im III. Quadranten, da F_{rx} und F_{ry} negativ sind.

3. Abstand l_r

Er folgt aus Gl. (2.19). Da F_{2y} kein Moment bildet, erhält man aus Bild 2.61:

$$F_{ry} \cdot l_r = F_{1y} \cdot l_1 - F_{3y} \cdot l_2$$

und daraus

$$l_r = \frac{F_{1y} \cdot l_1 - F_{3y} \cdot l_2}{F_{ry}}$$
$$= \frac{483\ \mathrm{N} \cdot 750\ \mathrm{mm} - 312\ \mathrm{N} \cdot 600\ \mathrm{mm}}{1115\ \mathrm{N}}$$
$$= 157\ \mathrm{mm}.$$

Zum Errechnen von **Stütz- und Auflagerkräften** geht man von den Gleichgewichtsbedingungen aus:

Ein allgemeines ebenes Kräftesystem ist im Gleichgewicht, wenn weder eine resultierende Kraft noch ein resultierendes Moment vorhanden sind.

Sinngemäß zum zentralen Kräftesystem (s. Abschnitt 2.2.3) lauten die *rechnerischen Gleichgewichtsbedingungen:*

Ein allgemeines ebenes Kräftesystem befindet sich im Gleichgewicht, wenn die Summe der *x*-Komponenten und die Summe der *y*-Komponenten aller Kräfte und die Summe aller Momente um einen beliebigen Bezugspunkt gleich null sind.

Mathematisch formuliert:

Gleichgewichtsbedingungen

$$\Sigma F_x = 0 \qquad (2.21)$$

$$\Sigma F_y = 0 \qquad (2.22)$$

$$\Sigma M = 0 \qquad (2.23)$$

In diese Gleichungen sind die Komponenten der Kräfte mit dem ihrer Wirkrichtung, die Momente mit dem ihrem Drehsinn entsprechenden Vorzeichen einzusetzen. Den für die Momente gewählten Bezugspunkt kann man durch einen Index in Klammern vermerken, z. B. $\Sigma M_{(A)} = 0$ (gespr.: Summe aller M um A gleich Null). Die Komponenten unbekannter Kräfte, deren Wirkrichtungen noch nicht festliegen, werden vorzugsweise positiv angenommen (s. Abschnitt 2.1.3). Ist das Ergebnis dann aber negativ, so wirkt die betreffende Kraft der angenommenen Richtung entgegen.

Für die Errechnung unbekannter Kräfte empfehlen sich folgende **Arbeitsschritte:**

1. **Schritt:** Berechnungsskizze des freigemachten Bauteils anfertigen.
2. **Schritt:** Komponenten der gegebenen Kräfte errechnen.
3. **Schritt:** Gleichgewichtsbedingungen aufstellen, Gleichungen nach den Komponenten der gesuchten Kräfte umstellen und ausrechnen.
4. **Schritt:** Gesuchte Kräfte und deren Richtungswinkel mittels ihrer Komponenten errechnen.

Beispiel 2.23

Ein waagerechter Träger auf zwei Stützen wird durch eine vertikale Kraft und eine schräg wirkende Kraft entspr. Bild 2.62 belastet. Die Stützkräfte des Festlagers A und des Loslagers B sind rechnerisch zu ermitteln.

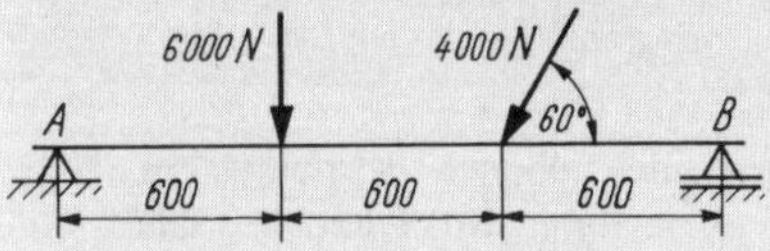

Bild 2.62 Träger auf zwei Stützen

Lösung:

Gegeben: $F_1 = 6\ \mathrm{kN}, F_2 = 4\ \mathrm{kN}, \beta = 60°, l_1 = 0{,}6\ \mathrm{m}, l_2 = 1{,}2\ \mathrm{m}, L = 1{,}8\ \mathrm{m}.$

Gesucht: F_B, F_A und α.

1. Schritt: Berechnungsskizze Bild 2.63.

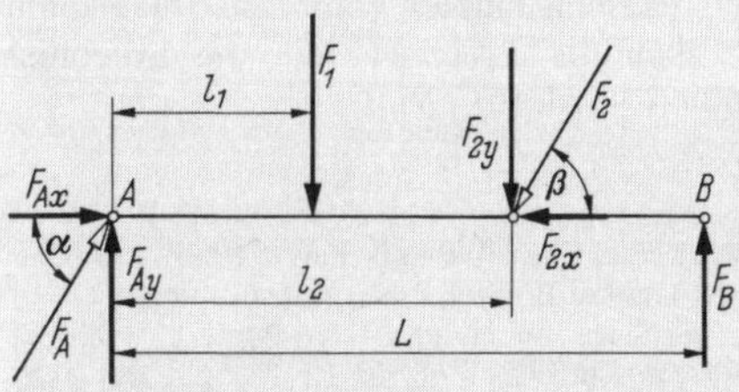

Bild 2.63 Berechnungsskizze

2. Schritt: Nur für F_2 erforderlich, da F_1 senkrecht zur Trägerlängsachse wirkt, so dass

$F_{1x} = 0$ und $F_{1y} = F_1 = 6\ \mathrm{kN}$.

Nach den Gln. (2.8) und (2.9) ergeben sich

$$F_{2x} = F_2 \cdot \cos\beta = 4\ \mathrm{kN} \cdot \cos 60° = 2\ \mathrm{kN},$$

$$F_{2y} = F_2 \cdot \sin\beta = 4\ \mathrm{kN} \cdot \sin 60° = 3{,}464\ \mathrm{kN}.$$

3. Schritt: Nach den Gln. (2.21) bis (2.23):

$$\Sigma F_x = 0,$$

$$F_{Ax} - F_{2x} = 0,$$

$\Sigma F_y = 0,$

$F_{Ay} - F_1 - F_{2y} + F_B = 0,$

$\Sigma M_{(A)} = 0,$

$-F_1 \cdot l_1 - F_{2y} \cdot l_2 + F_B \cdot L = 0.$

Daraus folgen

$$F_B = \frac{F_1 \cdot l_1 + F_{2y} \cdot l_2}{L} = \frac{6\,\text{kN} \cdot 0{,}6\,\text{m} + 3{,}464\,\text{kN} \cdot 1{,}2\,\text{m}}{1{,}8\,\text{m}} = 4{,}31\,\text{kN},$$

$$F_{Ax} = F_{2x} = 2\,\text{kN},$$

$$F_{Ay} = F_1 + F_{2y} - F_B = 6\,\text{kN} + 3{,}464\,\text{kN} - 4{,}31\,\text{kN} = 5{,}154\,\text{kN}.$$

4. Schritt: Nur für Festlagerkraft F_A erforderlich, da Loslagerkraft F_B bereits unter 3. errechnet. Nach den Gln. (2.16) und (2.17):

$$F_A = \sqrt{F_{Ax}^2 + F_{Ay}^2} = \sqrt{2^2 + 5{,}154^2}\,\text{kN} = 5{,}53\,\text{kN},$$

$$\tan\alpha = \frac{F_{Ay}}{F_{Ax}} = \frac{5{,}154\,\text{kN}}{2\,\text{kN}}, \text{ daraus } \alpha = 68{,}8°.$$

Ein allgemeines ebenes Kräftesystem befindet sich auch dann im Gleichgewicht, wenn eine Komponentenbedingung (Gl. (2.21) oder Gl. (2.22)) und zwei Momentenbedingungen (Gl. (2.23)) mit verschiedenen Bezugspunkten oder wenn die drei Momentenbedingungen $\Sigma M_{(A)} = 0$, $\Sigma M_{(B)} = 0$ und $\Sigma M_{(C)} = 0$ erfüllt sind, wobei die drei Bezugspunkte A, B und C nicht auf derselben Geraden liegen dürfen. Nach diesen Gesichtspunkten können unbekannte Kräfte ebenfalls errechnet oder die Ergebnisse kontrolliert werden.

Beispiel 2.24

Bild 2.64 zeigt einen Winkelhebel, der bei A drehbar gelagert und bei B durch einen Bolzen mit der Gabel einer Zugstange verbunden ist. Im Punkt C wirkt die angegebene Kraft. Es sind die Kraft F_B in der Zugstange und die Lagerkraft F_A einschließlich ihres spitzen Richtungswinkels zur Waagerechten zu errechnen.

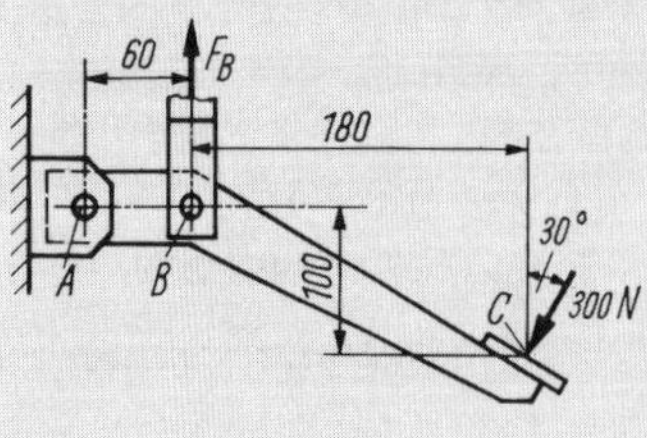

Bild 2.64 Winkelhebel

Lösung:

Gegeben: $F_C = 300\,\text{N}$, $\gamma = 90° - 30° = 60°$, $l_1 = 60\,\text{mm}$, $l_2 = 180\,\text{mm}$, $l_3 = 100\,\text{mm}$.

Gesucht: F_B, F_A und α.

1. Schritt: Berechnungsskizze Bild 2.65. F_{Ay} ist aufwärts gerichtet eingetragen, in Richtung der positiven y-Achse.

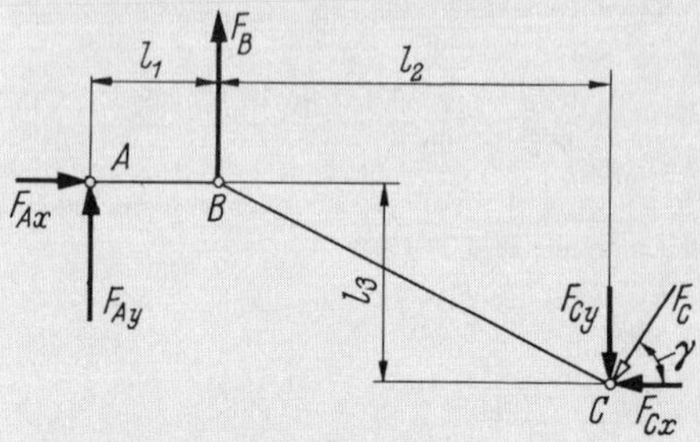

Bild 2.65 Berechnungsskizze

2. Schritt: Entspr. den Gln. (2.8) und (2.9):

$F_{Cx} = F_C \cdot \cos\gamma = 300\,\text{N} \cdot \cos 60° = 150\,\text{N},$

$F_{Cy} = F_C \cdot \sin\gamma = 300\,\text{N} \cdot \sin 60° \approx 260\,\text{N}.$

3. Schritt: Nach Gl. (2.23):

$\Sigma M_{(A)} = 0 = F_B \cdot l_1 - F_{Cy}(l_1 + l_2) - F_{Cx} \cdot l_3,$

$\Sigma M_{(B)} = 0 = -F_{Ay} \cdot l_1 - F_{Cy} \cdot l_2 - F_{Cx} \cdot l_3,$

$\Sigma M_{(C)} = 0 = -F_{Ay}(l_1 + l_2) - F_{Ax} \cdot l_3 - F_B \cdot l_2.$

Daraus folgen

$$F_B = \frac{F_{Cy}(l_1 + l_2) + F_{Cx} \cdot l_3}{l_1} = \frac{260\,\text{N} \cdot 240\,\text{mm} + 150\,\text{N} \cdot 100\,\text{mm}}{60\,\text{mm}} = 1290\,\text{N},$$

$$F_{Ay} = \frac{-F_{Cy} \cdot l_2 - F_{Cx} \cdot l_3}{l_1} = \frac{-260\,\text{N} \cdot 180\,\text{mm} - 150\,\text{N} \cdot 100\,\text{mm}}{60\,\text{mm}} = -1030\,\text{N},$$

$$F_{Ax} = \frac{-F_{Ay}(l_1 + l_2) - F_B \cdot l_2}{l_3} = \frac{1030\,\text{N} \cdot 240\,\text{mm} - 1290\,\text{N} \cdot 180\,\text{mm}}{100\,\text{mm}} = 150\,\text{N}.$$

Das negative Vorzeichen des Betrages von F_{Ay} bedeutet, dass diese Komponente entgegen der Annahme abwärts gerichtet wirkt.

Eine Kontrollrechnung zeigt, dass auch die Gln. (2.21) und (2.22) erfüllt sind:

$\Sigma F_x = F_{Ax} - F_{Cx} = 150\,\text{N} - 150\,\text{N} = 0,$

$\Sigma F_y = F_B + F_{Ay} - F_{Cy} = 1290\,\text{N} - 1030\,\text{N} - 260\,\text{N} = 0.$

4. Schritt: Aus der Skizze für die Lagerkraft F_A (Bild 2.66) folgt nach den Gln. (2.16) und (2.17):

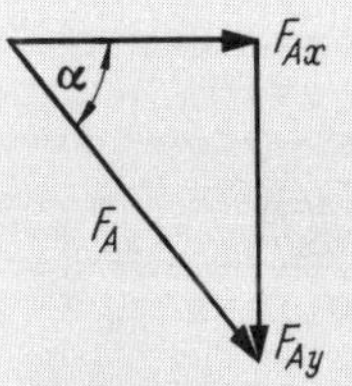

Bild 2.66 Berechnungsskizze für Lagerkraft F_A

$$F_A = \sqrt{F_{Ax}^2 + F_{Ay}^2} = \sqrt{150^2 + 1030^2}\,\text{N} = 1041\,\text{N},$$

$$\tan\alpha = \frac{F_{Ay}}{F_{Ax}} = \frac{1030\,\text{N}}{150\,\text{N}}, \text{ daraus } \alpha = 81{,}7^\circ.$$

Bei der Festlegung des Koordinatensystems sollte man darauf achten, dass möglichst viele Kräfte parallel zu den Koordinatenachsen wirken. Das hat den Vorteil, dass nur wenige Kräfte in Komponenten zerlegt werden müssen. Die Lage des Koordinatensystems kann dann jedoch von der üblichen abweichen.

Beispiel 2.25
Bild 2.67 zeigt eine Kippvorrichtung zum Entladen von Waggons. Die Stützkräfte an den Rädern A und B und an den Puffern C sind für die skizzierte Stellung und eine Gesamtmasse von 25 t rechnerisch zu ermitteln.

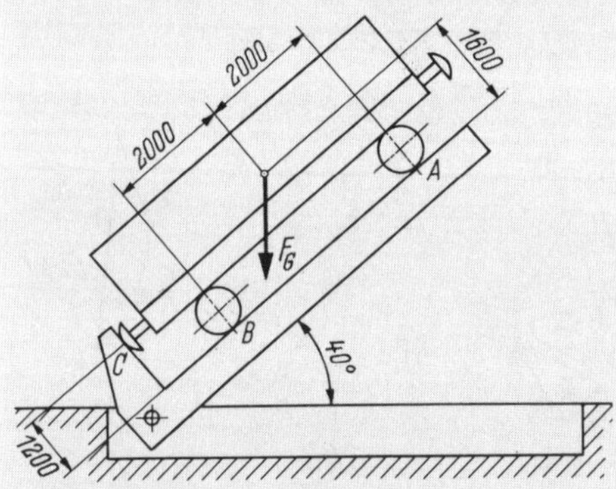

Bild 2.67 Kippvorrichtung für Waggons

Lösung:
Gegeben: $m = 25\,\text{t} = 25\,000\,\text{kg}$,
$l_1 = (1600 - 1200)\,\text{mm} = 0{,}4\,\text{m}$, $l_2 = 2\,\text{m}$,
$l_3 = 2l_2 = 4\,\text{m}$, $\alpha = 40^\circ$.
Gesucht: F_A, F_B und F_C.
1. Schritt: Berechnungsskizze Bild 2.68. Das Koordinatensystem wurde so gewählt, dass F_C parallel zur x-Achse, F_A und F_B parallel zur y-Achse wirken. Damit muss nur F_G zerlegt werden.

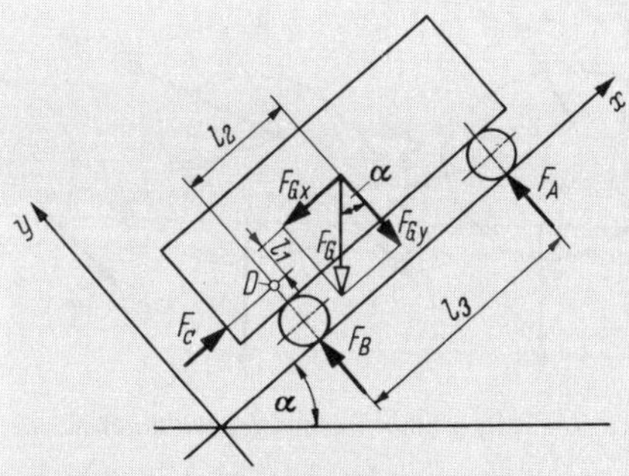

Bild 2.68 Berechnungsskizze

2. Schritt: Mit der Gesamtgewichtskraft

$$F_G = m \cdot g = 25\,000\,\text{kg} \cdot 9{,}81\,\text{m/s}^2 = 245\,250\,\text{N} \approx 245{,}3\,\text{kN}$$

betragen nach den Gln. (2.8) und (2.9) deren Komponenten

$$F_{Gx} = F_G \cdot \sin\alpha = 245{,}3\,\text{kN} \cdot \sin 40^\circ = 157{,}7\,\text{kN},$$

$$F_{Gy} = F_G \cdot \cos\alpha = 245{,}3\,\text{kN} \cdot \cos 40^\circ = 187{,}9\,\text{kN}.$$

3. Schritt: Als Bezugspunkt wird der Schnittpunkt D der Wirklinien von F_B und F_C gewählt, so dass in der Momentenbedingung nur F_A als unbekannt erscheint. Aus den Gln. (2.21) bis (2.23)

$$\Sigma F_x = F_C - F_{Gx} = 0,$$

$$\Sigma F_y = F_A + F_B - F_{Gy} = 0,$$

$$\Sigma M_{(D)} = F_{Gx} \cdot l_1 - F_{Gy} \cdot l_2 + F_A \cdot l_3 = 0$$

folgen

$$F_A = \frac{F_{Gy} \cdot l_2 - F_{Gx} \cdot l_1}{l_3} = \frac{187{,}9\,\text{kN} \cdot 2\,\text{m} - 157{,}7\,\text{kN} \cdot 0{,}4\,\text{m}}{4\,\text{m}} \approx 78{,}2\,\text{kN},$$

$$F_B = F_{Gy} - F_A = 187{,}9\,\text{kN} - 78{,}\,\text{kN} = 109{,}7\,\text{kN},$$

$$F_C = F_{Gx} = 157{,}7\,\text{kN}.$$

4. Schritt: Entfällt, da Koordinatensystem so gelegt, dass sich die gesuchten Kräfte direkt ergeben.

Wenn sich die unbekannten Kräfte eines ebenen Kräftesystems mit drei Gleichgewichtsbedingungen bestimmen lassen, handelt es sich um ein **statisch bestimmtes System.** Andernfalls liegt ein **statisch unbestimmtes System** vor, z. B. eine drei- oder vierfach gelagerte Welle oder ein beidseitig eingespannter Träger, dessen Behandlung über den Rahmen dieses Buches hinausgeht.

2.3.3 Zeichnerische Kräfteermittlung

Die zeichnerische Ermittlung der Resultierenden eines allgemeinen ebenen Kräftesystems kann durch wiederholte Parallelogrammkonstruktio-

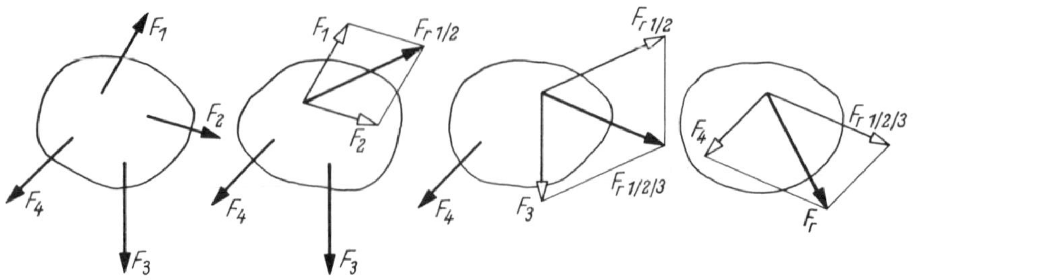

Bild 2.69 Ermittlung einer Resultierenden durch wiederholte Parallelogrammkonstruktionen

nen erfolgen (Bild 2.69). Es werden die Wirklinien zweier Kräfte bis zum Schnittpunkt verlängert und die Kräfte zu ihrer Resultierenden zusammengesetzt, diese wiederum mit der nächstgelegenen Kraft zu einer weiteren Zwischenresultierenden. Das Verfahren wird so oft wiederholt, bis alle Kräfte erfasst sind und sich die Gesamtresultierende ergibt. Diese Methode ist jedoch sehr umständlich. Sie versagt bei parallelen Kräften und wenn sich die Wirklinien einzelner Kräfte nicht auf dem Zeichenblatt schneiden. Es wurden zeichnerische Lösungsverfahren entwickelt, von denen nachstehend die zwei wichtigsten erläutert werden.

Seileckverfahren

Mit diesem kann die Resultierende eines allgemeinen ebenen Kräftesystems ermittelt werden. Beispielsweise sei die Resultierende F_r der in Bild 2.70a dargestellten Kräfte F_1, F_2 und F_3 gesucht. Man denkt sich jede Kraft in zwei Komponenten zerlegt, u. zw. die Kraft F_1 in die Komponenten S_0 und S_1. Der Zerlegungspunkt I auf der Wirklinie W_1 kann wie die Wirklinien der Komponenten frei gewählt werden. Die Wirklinie der Komponente S_1 schneidet die Wirklinie W_2 der Kraft F_2 im Punkt II. Hier wird F_2 in $-S_1$ und S_2 zerlegt. S_2 ergibt sich zwangsläufig in dem aus F_2 und $-S_1$ gebildeten Kräfteparallelogramm. In gleicher Weise denkt man sich die Kraft F_3 in die Komponenten $-S_2$ und S_3 zerlegt. Die Komponenten S_1 und $-S_1$ sowie S_2 und $-S_2$ heben sich auf. Somit bleiben die beiden äußeren S_0 und S_3 übrig, die im Schnittpunkt ihrer Wirklinien zur gesuchten Resultierenden F_r zusammengesetzt werden.

Bei diesem Verfahren werden die Komponenten nicht dargestellt, sondern nur deren Wirklinien, die im Lageplan als **Seillinien** das **Seileck** bilden. Es entspricht nämlich einem durch die Kräfte gespannten Seil (Bild 2.70d), weshalb die Komponenten S_i auch als **Seilkräfte** bezeichnet werden. Zu jedem Zerlegungspunkt gehört ein aus der betreffenden Kraft und den Seilkräften gebildetes Kräftedreieck (Bild 2.70b). Fügt man die einzelnen Dreiecke aneinander und lässt die Pfeile der Seilkräftevektoren weg, so entsteht der Kräfteplan (Bild 2.70c). Er enthält das Krafteck zur Ermittlung der Resultierenden F_r und die **Polstrahlen** 0 bis 3, die im **Pol** P zusammentreffen, der in beliebigem Abstand vom Kräftezug gewählt werden kann, und zu den

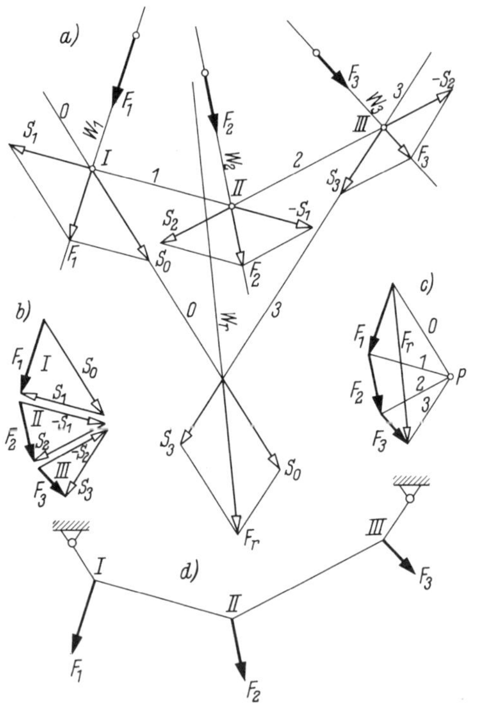

Bild 2.70 Seileckverfahren
a) Lageplan der Kräfte mit Seileck und Seilkräften, b) Kräftedreiecke aus den einzelnen Kräften und den zugehörigen Seilkräften, c) Kräfteplan, d) durch Kräfte gespanntes Seil

Seillinien 0 bis 3 im Lageplan (Bild 2.70a) parallel verlaufen. Die Lage der Resultierenden ist durch den Schnittpunkt der äußeren Seillinien 0 bis 3 im Lageplan bestimmt.

Beispiel 2.26
Die im Beispiel 2.22 gestellte Aufgabe soll zeichnerisch gelöst werden (Bild 2.60).
Lösung:
Gegeben: $F_1 = 500\,\text{N}, \alpha_1 = 75°, l_1 = 750\,\text{mm}$,
$F_2 = 320\,\text{N}, \alpha_2 = 90°, l_2 = 600\,\text{mm}$,
$F_3 = 360\,\text{N}, \alpha_3 = 60°$.
Gesucht: F_r, l_r und α_r.
Gewählt werden der Längenmaßstabfaktor $m_l = 300\,\text{mm/cm}$ und der Kräftemaßstabfaktor $m_F = 200\,\text{N/cm}$.
1. Lageplan
Zu zeichnende Abstände nach Gl. (1.2):

$$l_{1\,\text{gez}} = \frac{l_1}{m_l} = \frac{750\,\text{mm}}{300\,\text{mm/cm}} = 2{,}5\,\text{cm}, l_{2\,\text{gez}} = 2\,\text{cm}.$$

Mit diesen Abständen und den gegebenen Winkeln Lageplan zeichnen und Wirklinien W_1, W_2, W_3 verlängern (Bild 2.71a).
2. Kräfteplan
Zu zeichnende Vektorlängen nach Gl. (1.2):

$$F_{1\,\text{gez}} = \frac{F_1}{m_F} = \frac{500\,\text{N}}{200\,\text{N/cm}} = 2{,}5\,\text{cm}, F_{2\,\text{gez}} = 1{,}6\,\text{cm},$$

$$F_{3\,\text{gez}} = 1{,}8\,\text{cm}.$$

Damit Kräftezug durch lagegerechtes Aneinanderreihen der Kraftvektoren zeichnen (Wirklinien aus dem Lageplan parallel verschieben), Anfang und Ende des Kräftezuges verbinden und Richtungspfeil der Resultierenden F_r bei F_3 eintragen, Pol P in beliebigem Abstand rechts vom Kräftezug wählen und Polstrahlen 0, 1, 2 und 3 einzeichnen (Bild 2.71b).

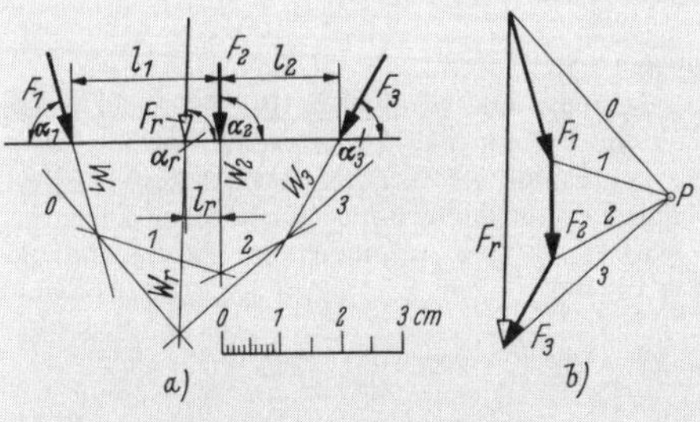

Bild 2.71 Ermittlung der Resultierenden F_r nach dem Seileckverfahren
a) Lageplan mit Seileck, b) Kräfteplan mit Krafteck

3. Seileck
Polstrahlen aus dem Kräfteplan durch Parallelverschieben als Seillinien in den Lageplan übertragen, wobei der Schnittpunkt der Seillinie 0 mit der Wirklinie W_1 frei gewählt wird. Die Seillinien schneiden sich auf den Wirklinien, und zwar 0 und 1 auf W_1, 1 und 2 auf W_2 sowie 2 und 3 auf W_3.

4. Ergebnisse
Seillinien 0 und 3 im Lageplan bis zum gemeinsamen Schnittpunkt verlängern und F_r aus dem Kräfteplan so parallel verschieben, dass die Wirklinie W_r durch diesen Schnittpunkt geht. Gemessen werden $F_{r\,\text{gez}} \approx 5{,}6\,\text{cm}$, $l_{r\,\text{gez}} \approx 0{,}52\,\text{cm}$ und $\alpha_r \approx 87{,}5°$. Nach Gl. (1.3) betragen

$$F_r = F_{r\,\text{gez}} \cdot m_F = 5{,}6\,\text{cm} \cdot 200\,\text{N/cm} = 1120\,\text{N},$$

$$l_r = l_{r\,\text{gez}} \cdot m_l = 0{,}52\,\text{cm} \cdot 300\,\text{mm/cm} = 156\,\text{mm}.$$

Soll die Gleichgewichtskraft ermittelt werden, so ist das ebenfalls nach dem Seileckverfahren möglich. Die gesuchte Gleichgewichtskraft wirkt der Resultierenden entgegen und hat mit den gegebenen Kräften im Krafteck gleichen Umfahrungssinn.

Beispiel 2.27
An dem im Bild 2.72a dargestellten Hebel greifen zwei parallele Kräfte an, mit denen er sich im Gleichgewicht befindet. Die Lagerkraft F in kN und der Lagerabstand l in mm sind zeichnerisch zu ermitteln. Dabei soll der Abstand 250 mm mit 5 cm dargestellt werden. Für die Kräfte gilt: 1 cm ≙ 1 kN.

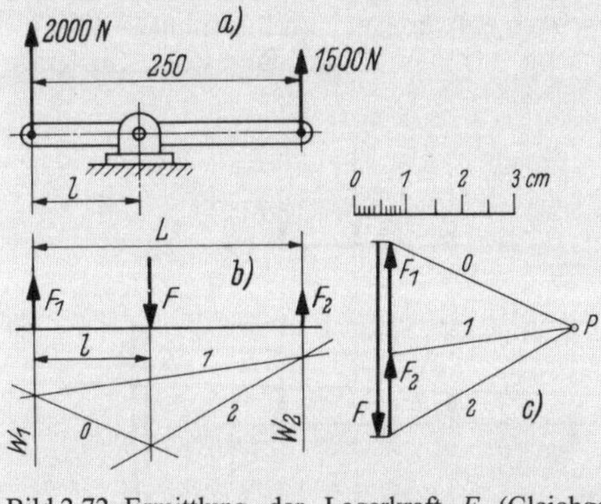

Bild 2.72 Ermittlung der Lagerkraft F (Gleichgewichtskraft) nach dem Seileckverfahren
a) Skizze des Hebels mit Lager und Belastungskräften, b) Lageplan, c) Kräfteplan

Lösung:
Gegeben: $F_1 = 2\,\text{kN}, F_2 = 1{,}5\,\text{kN}, L = 250\,\text{mm}$,
$L_{\text{gez}} = 5\,\text{cm}, m_F = 1\,\text{kN/cm}$.
Gesucht: F in kN, l in mm.
1. Lageplan und Kräfteplan
Zeichnen des Lageplans (Bild 2.72b) mit den Kräften F_1 und F_2 und deren Wirklinien W_1 und W_2 im Abstand L_{gez} und des Kräftezuges im Kräfteplan (Bild 2.72c) mit den Vektorlängen $F_{1\,\text{gez}} = 2\,\text{cm}$ und $F_{2\,\text{gez}} = 1{,}5\,\text{cm}$ (mit m_F nach Gl. (1.2) errechnet). Pol P wählen und Polstrahlen 0, 1 und 2 einzeichnen. Parallelverschieben der Polstrahlen in den Lageplan.

2. Ergebnisse
Die gesuchte Lagerkraft F ist Gleichgewichtskraft zu F_1 und F_2. Wirkrichtung und Vektorlänge von F ergeben sich aus dem Krafteck im Kräfteplan. Es ist

$F_{gez} = F_{1\,gez} + F_{2\,gez} = 3{,}5$ cm, damit $F = 3{,}5$ kN.

Die Wirklinie von F geht durch den Schnittpunkt der Seillinien 0 und 2 im Lageplan. Gemessen wird $l_{gez} \approx 2{,}15$ cm. Nach Gl. (1.1) ergibt sich der Längenmaßstabfaktor $m_L = L/L_{gez} = 250\,\text{mm}/5\,\text{cm} = 50\,\text{mm/cm}$. Damit nach Gl. (1.3) der gesuchte Lagerabstand

$l = l_{gez} \cdot m_L = 2{,}15\,\text{cm} \cdot 50\,\text{mm/cm} = 107{,}5\,\text{mm}$.

Schlusslinienverfahren
Es beruht auf dem Seileckverfahren und dient vorzugsweise zur zeichnerischen Ermittlung der **Stütz- oder Auflagerkräfte** an Trägern auf zwei Stützen. Beispielsweise sei die Aufgabe gestellt, die Stützkräfte F_A und F_B an den Auflagerstellen A und B des in Bild 2.73a dargestellten Trägers auf zwei Stützen (Stützträgers) zu ermitteln. Da die Belastungskräfte F_1, F_2 und F_3 senkrecht zum Träger wirken, ist im Festlager A keine Komponente in Trägerlängsrichtung aufzunehmen. Die Festlagerkraft F_A und die Loslagerkraft F_B wirken aufwärts, wie im Lageplan (Bild 2.73b) am freigemachten Träger dargestellt. Im Kräfteplan (Bild 2.73c) werden die Kraftvektoren wie beim Seileckverfahren zu einem Kräftezug aneinander gereiht, ein Pol P gewählt, die Polstrahlen eingezeichnet und durch Parallelverschieben in den Lageplan als Seillinien übertragen. Die äußeren Seillinien werden mit den Wirklinien der gesuchten Stützkräfte zum Schnitt gebracht, und zwar 0 mit W_A und 3 mit W_B. Die Verbindungslinie dieser beiden Schnittpunkte schließt als **Schlusslinie** das Seileck.
Überträgt man diese Schlusslinie SL in den Pol des Kräfteplans (Bild 2.73c), so teilt sie als Polstrahl den Kräftezug in zwei Teile: die Stützkraft F_A (oberhalb von SL) und die Stützkraft F_B (unterhalb von SL). Die Richtungspfeile der Stützkraftvektoren sind den Belastungskräften entgegengerichtet, weil alle Kräfte im Krafteck gleichen Umfahrungssinn haben müssen.
Im Bild 2.73d ist die Zerlegung der Kräfte am Seileck dargestellt. Die Stützkraft F_A denkt man sich zerlegt in die Komponenten $-S_0$ und S, F_B in $-S_3$ und $-S$. Jede Stützkraft bildet mit ihren Komponenten ein Krafteck (Bild 2.73e). Man erkennt, dass sich die gedachten Kräfte S und $-S$ aufheben. Da sich auch alle anderen gedachten so genannten Seilkräfte aufheben, ist mit F_A und F_B Gleichgewicht vorhanden.
Aus diesen Erkenntnissen folgt für allgemeine ebene Kräftesysteme die
zeichnerische Gleichgewichtsbedingung:

Ein allgemeines ebenes Kräftesystem ist im Gleichgewicht, wenn sich Krafteck und Seileck schließen und die Vektoren im Krafteck gleichen Umfahrungssinn haben.

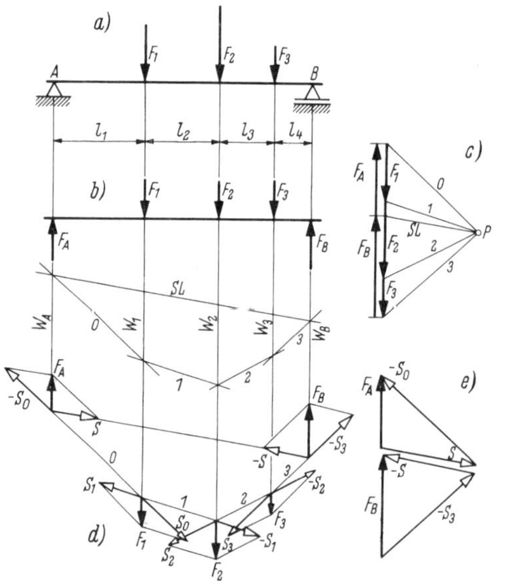

Bild 2.73 Schlusslinienverfahren
a) Träger auf zwei Stützen mit senkrechten Belastungskräften, b) Lageplan, c) Kräfteplan, d) Kräftezerlegung am Seileck, e) Kraftecke der Stützkräfte

Beispiel 2.28
Eine Getriebewelle wird entspr. Bild 2.74 durch eine resultierende Riemenkraft und zwei Zahnkräfte beansprucht. Es sind die Lagerkräfte zeichnerisch zu ermitteln. Die zur Wellenmitte verschobenen Zahnkräfte wirken mit der resultierenden Riemenkraft in einer Ebene.

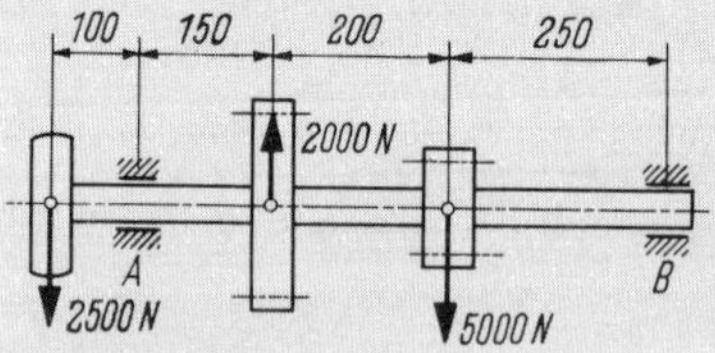

Bild 2.74 Getriebewelle

Lösung:
Gegeben: $F_1 = 2{,}5$ kN, $F_2 = 2$ kN, $F_3 = 5$ kN,
$l_1 = 100$ mm, $l_2 = 150$ mm, $l_3 = 200$ mm,
$l_4 = 250$ mm.

Gesucht: F_A und F_B.
Gewählt werden $m_l = 50$ mm/cm und $m_F = 0{,}5$ kN/cm. Damit nach Gl. (1.2): $l_{1\,gez} = 2$ cm, $l_{2\,gez} = 3$ cm, $l_{3\,gez} = 4$ cm, $l_{4\,gez} = 5$ cm und $F_{1\,gez} = 5$ cm, $F_{2\,gez} = 4$ cm, $F_{3\,gez} = 10$ cm.
1. Lageplan und Kräfteplan
Lageplan der freigemachten Welle anfertigen und Wirklinien W_1, W_2, W_3 sowie W_A und W_B nach unten verlängern (Bild 2.75a). Kräftezug zeichnen, wobei die Vektoren der parallel wirkenden Kräfte dicht nebeneinander gesetzt werden (Bild 2.75b), Pol P wählen und Polstrahlen 0, 1, 2 und 3 einzeichnen (Polstrahl 2 zur Spitze von F_2!).

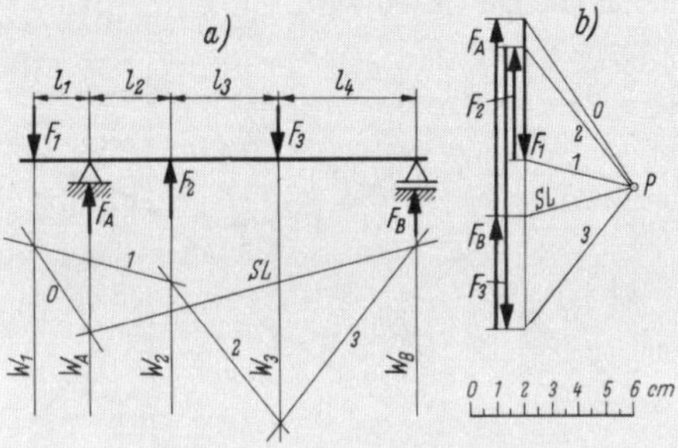

Bild 2.75 Ermittlung der Lagerkräfte F_A und F_B nach dem Schlusslinienverfahren
a) Lageplan, b) Kräfteplan

2. Seileck mit Schlusslinie
Polstrahlen vom Kräfteplan in den Lageplan parallel verschieben, dabei mit Seillinie 0 beginnen (Schnittpunkt auf W_1 beliebig), anschließend 1, 2 und 3. Schnittpunkte von 0 auf W_A und 3 auf W_B ermitteln und miteinander zur Schlusslinie SL verbinden, diese in den Kräfteplan als Polstrahl parallel verschieben.
3. Lagerkräfte F_A und F_B
Die Vektorlängen von F_A und F_B ergeben sich im Kräfteplan durch den Polstrahl SL (F_A zwischen 0 und SL, F_B zwischen SL und 3), die Wirkrichtungen aus der Gleichgewichtsbedingung (wegen des gleichen Umfahrungssinns zeigen die Richtungspfeile der Lagerkraftvektoren nach oben). Gemessen werden:

$F_{A\,gez} = 7$ cm, $F_{B\,gez} = 4$ cm.

Somit betragen nach Gl. (1.3):

$$F_A = F_{A\,gez} \cdot m_F = 7\text{ cm} \cdot 0{,}5\text{ kN/cm} = 3{,}5\text{ kN},$$

$$F_B = F_{B\,gez} \cdot m_F = 4\text{ cm} \cdot 0{,}5\text{ kN/cm} = 2\text{ kN}.$$

Beispiel 2.29
Die im Beispiel 2.23 gestellte Aufgabe (Bild 2.62) soll zeichnerisch gelöst werden.
Lösung:
Gegeben: $F_1 = 6$ kN, $F_2 = 4$ kN, $\beta = 60°$, $l = 600$ mm.
Gesucht: F_A und F_B sowie der spitze Winkel α zwischen der Wirklinie von F_A und dem Träger.

Gewählt werden $m_F = 2$ kN/cm u. $m_l = 300$ mm/cm, damit $F_{1\,gez} = 3$ cm, $F_{2\,gez} = 2$ cm und $l_{gez} = 2$ cm.
1. Lageplan und Kräfteplan
Lageplan der Kräfte am freigemachten Träger anfertigen (Bild 2.76a), jedoch ohne Stützkraft F_A, da deren Wirklinie noch unbekannt. Wirklinien W_1, W_2 und W_B nach unten verlängern. Die Vektoren F_1 und F_2 zum Kräftezug lagegerecht aneinander zeichnen (dazu W_1 und W_2 aus dem Lageplan in den Kräfteplan parallel verschieben, Bild 2.76b), Pol P wählen und Polstrahlen 0, 1 und 2 einzeichnen.
2. Seileck mit Schlusslinie
Polstrahlen in den Lageplan parallel verschieben. Dabei muss die Seillinie 0 durch den Festlagerpunkt A gehen und 2 mit W_B zum Schnitt gebracht werden (von W_A ist vorerst nur der Punkt A bekannt). Schlusslinie SL im Lageplan zeichnen und in den Kräfteplan als Polstrahl parallel verschieben.

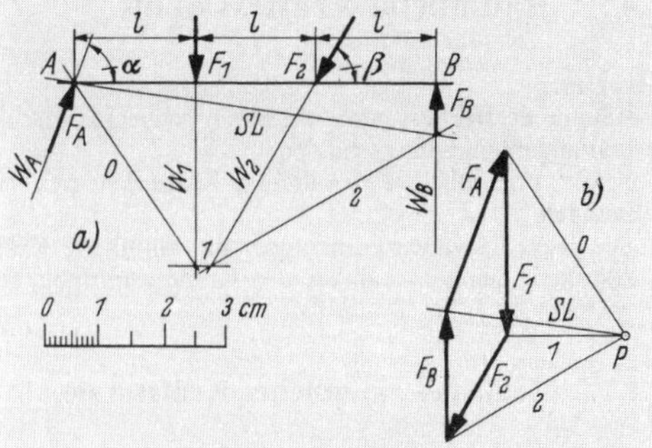

Bild 2.76 Ermittlung der Stützkräfte F_A und F_B nach dem Schlusslinienverfahren
a) Lageplan, b) Kräfteplan

3. Stützkräfte F_A und F_B
F_B ergibt sich im Kräfteplan als Parallele zu W_B zwischen der Spitze von F_2 und dem Schnittpunkt mit SL, F_A als Verbindungsgerade zum Anfang des Kräftezuges. Die Richtungspfeile sind durch den gleichen Umlaufsinn im geschlossenen Krafteck bestimmt (Bild 2.76b). Gemessen werden

$F_{A\,gez} = 2{,}75$ cm und $F_{B\,gez} = 2{,}15$ cm, somit

$$F_A = 2{,}75\text{ cm} \cdot 2\text{ kN/cm} = 5{,}5\text{ kN},$$

$$F_B = 2{,}15\text{ cm} \cdot 2\text{ kN/cm} = 4{,}3\text{ kN}.$$

4. Richtungswinkel α
Stützkraft F_A parallel in den Lageplan verschieben (Bild 2.76a). Der spitze Winkel zwischen W_A und der Trägerlängsachse ergibt sich zu $\alpha = 69°$.

Praxishinweis
In der Technik kommen allgemeine Kräftesysteme weit häufiger vor als zentrale. Wegen der großen Verbreitung und relativ einfachen Handhabungen von Computern und Taschenrechnern haben die zeichnerischen Lösungsverfahren an Bedeutung verloren. Deshalb ist die Beherrschung der rechnerischen Gleichgewichtsbedingungen zur Kräfteermittlung besonders wichtig. In der Regel kann man bei richtiger Wahl des Bezugspunktes

aus der Momentenbedingung $\Sigma M = 0$ eine unbekannte Kraft errechnen und danach aus den Bedingungen $\Sigma F_x = 0$ und $\Sigma F_y = 0$ alle übrigen Kräfte.

Kontrollfragen:

- Was ist ein allgemeines Kräftesystem?
- Was versteht man unter dem statischen Moment einer Kraft?
- Wie lautet der Momentensatz?
- Was ist ein Kräftepaar?
- Welche Wirkung hat eine Kraft auf einen Punkt außerhalb ihrer Wirklinie?
- Wozu dienen das Seileckverfahren und das Schlusslinienverfahren?
- Wie lauten die zeichnerischen und die rechnerischen Gleichgewichtsbedingungen des allgemeinen ebenen Kräftesystems?

2.4 Räumliche Kräftesysteme

Lernziele:

- Räumliche Kräftesysteme erkennen sowie in zentrale und allgemeine unterscheiden.
- Kräfte in einfachen räumlichen Kräftesystemen errechnen.
- Die Gleichgewichtsbedingungen für räumliche Kräftesysteme nennen und bei der Kräfteermittlung anwenden.

2.4.1 Zentrales räumliches Kräftesystem

Wie beim ebenen zentralen Kräftesystem haben auch die **Wirklinien** der Kräfte in einem räumlichen zentralen Kräftesystem einen **gemeinsamen Schnittpunkt.** Für die rechnerische Behandlung ist es zweckmäßig, von einem rechtwinkligen räumlichen Koordinatensystem mit x-, y- und z-Achse auszugehen, dessen Ursprung der Schnittpunkt der Wirklinien ist.

Zur **Bestimmung einer Kraft im Raum** sind folgende Angaben erforderlich:

Der **Betrag** oder Größenwert als Produkt aus Zahlenwert und Einheit,

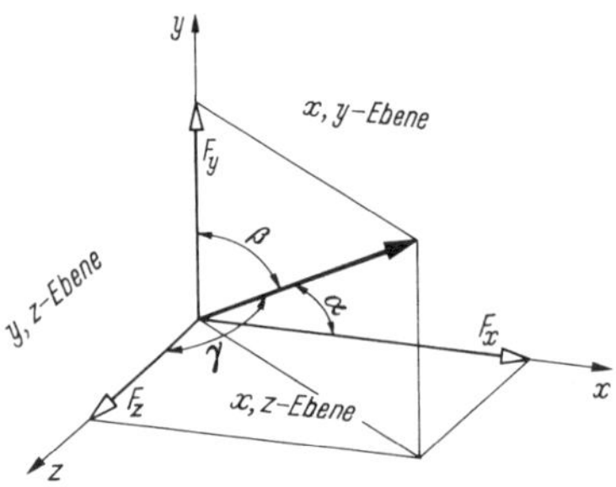

Bild 2.77 Eine Kraft und ihre Komponenten im räumlichen Koordinatensystem

die **Lage**, gegeben durch den Angriffspunkt als ein Punkt der Wirklinie,

die **Richtung**, bestimmt durch die Richtungswinkel der Wirklinie zu zwei Koordinatenachsen.

Die Lagebestimmung erfolgt durch die Angabe der Koordinaten x, y und z. Im Bild 2.77 sind die Koordinaten des Kraftangriffspunktes $x = 0$, $y = 0$ und $z = 0$. Der Richtungswinkel zur x-Achse ist α (Bild 2.78a), zur y-Achse ist es β (Bild 2.78b). Mit diesen Winkeln liegt auch der Winkel γ zur z-Achse fest (Bild 2.78c), was später noch nachgewiesen wird.

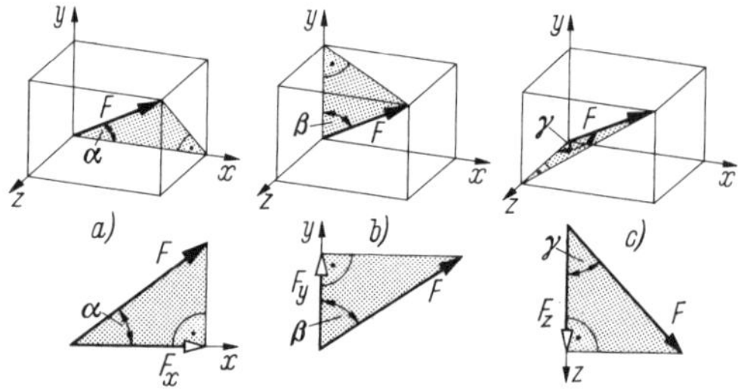

Bild 2.78 Richtungswinkel zu den Koordinatenachsen a) zur x-Achse, b) zur y-Achse, c) zur z-Achse

Die **Kräfteberechnung** erfolgt sinngemäß wie beim ebenen Kräftesystem. Mittels der Winkelfunktionen erhält man gemäß Bild 2.78 für eine Kraft F die drei rechtwinklig aufeinander stehenden

Komponenten $$\boldsymbol{F_x = F \cdot \cos\alpha} \qquad (2.24)$$

$$\boldsymbol{F_y = F \cdot \cos\beta} \qquad (2.25)$$

$$\boldsymbol{F_z = F \cdot \cos\gamma} \qquad (2.26)$$

Sind mehrere Kräfte zur Resultierenden zusammenzusetzen, so wird jede Kraft F_i in ihre drei Komponenten F_{ix}, F_{iy} und F_{iz} zerlegt; diese werden dann entspr. den Gln. (2.10) und (2.11) zu den

Komponenten der Resultierenden

$$\boldsymbol{F_{rx} = \Sigma F_{ix} = F_{1x} + F_{2x} + \ldots} \qquad (2.27)$$

$$\boldsymbol{F_{ry} = \Sigma F_{iy} = F_{1y} + F_{2y} + \ldots} \qquad (2.28)$$

$$\boldsymbol{F_{rz} = \Sigma F_{iz} = F_{1z} + F_{2z} + \ldots} \qquad (2.29)$$

zusammengefasst. Komponenten in Richtung der negativen Koordinatenachsen sind mit negativem Vorzeichen einzusetzen.

Mit F_{rx} und F_{rz} ergibt sich in der x,z-Ebene für die Resultierende $F_{rx,z}^2 = F_{rx}^2 + F_{rz}^2$ (Bild 2.79), und mit F_{ry} erhält man für $F_r^2 = F_{rx,z}^2 + F_{ry}^2 = F_{rx}^2 + F_{rz}^2 + F_{ry}^2$.

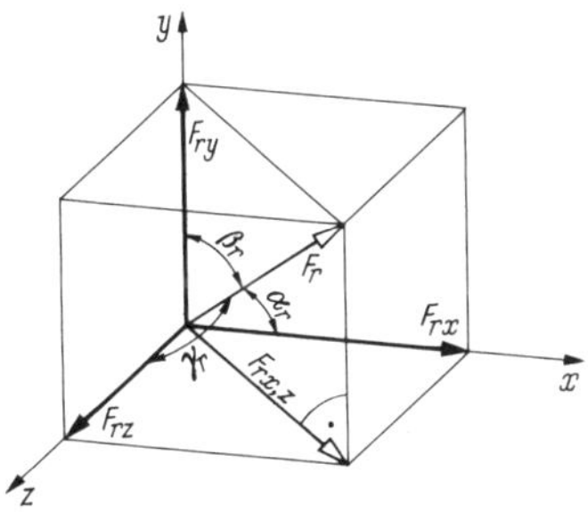

Bild 2.79 Ermittlung der Resultierenden

Daraus folgt die

Resultierende $$\boldsymbol{F}_\mathrm{r} = \sqrt{\boldsymbol{F}_\mathrm{rx}^2 + \boldsymbol{F}_\mathrm{ry}^2 + \boldsymbol{F}_\mathrm{rz}^2} \quad (2.30)$$

Aus den Gln. (2.24) bis (2.26) ergeben sich für die

Richtungswinkel

zur x-Achse $$\cos \boldsymbol{\alpha}_\mathrm{r} = \frac{\boldsymbol{F}_\mathrm{rx}}{\boldsymbol{F}_\mathrm{r}} \quad (2.31)$$

zur y-Achse $$\cos \boldsymbol{\beta}_\mathrm{r} = \frac{\boldsymbol{F}_\mathrm{ry}}{\boldsymbol{F}_\mathrm{r}} \quad (2.32)$$

zur z-Achse $$\cos \boldsymbol{\gamma}_\mathrm{r} = \frac{\boldsymbol{F}_\mathrm{rz}}{\boldsymbol{F}_\mathrm{r}} \quad (2.33)$$

Die Lage der Resultierenden im Koordinatensystem kann nach den Vorzeichen ihrer Komponenten (Gln. (2.27) bis (2.29)) bestimmt werden. Setzt man entspr. Gl. (2.30) eine Kraft aus ihren Komponenten (Gl. (2.24) bis (2.26)) zusammen, so gilt

$$\sqrt{F^2 \cdot \cos^2 \alpha + F^2 \cdot \cos^2 \beta + F^2 \cdot \cos^2 \gamma} = F$$
$$F \cdot \sqrt{\cos^2 \alpha + \cos^2 \beta + \cos^2 \gamma} = F$$
$$\sqrt{\cos^2 \alpha + \cos^2 \beta + \cos^2 \gamma} = 1$$

Daraus folgt für die

Abhängigkeit der Richtungswinkel
$$\cos^2 \boldsymbol{\alpha} + \cos^2 \boldsymbol{\beta} + \cos^2 \boldsymbol{\gamma} = 1 \quad (2.34)$$

Somit liegt jeweils der dritte Richtungswinkel einer Kraft im Raum fest, wenn zwei Winkel gegeben sind.

Beispiel 2.30
Für ein zentrales räumliches Kräftesystem mit drei Kräften (entspr. den Bildern 2.77 bis 2.79) sind
gegeben: $F_1 = 800$ N, $\alpha_1 = 225°$, $\beta_1 = 72{,}5°$,
$\gamma_1 < 90°$, $F_2 = 1200$ N, $\alpha_2 = 30°$, $\beta_2 = 60°$,
$\gamma_2 \leqq 90°$, $F_3 = 950$ N, $\alpha_3 = 80°$, $\beta_3 = 35°$,
$\gamma_3 < 90°$,
gesucht: $F_\mathrm{r}, \alpha_\mathrm{r}, \beta_\mathrm{r}, \gamma_\mathrm{r}$.

Lösung:
1. Richtungswinkel γ_i
Aus Gl. (2.34) folgt mit $i = 1, 2$ und 3 für

$$\cos \gamma_i = \sqrt{1 - \cos^2 \alpha_i - \cos^2 \beta_i}:$$
$$\cos \gamma_1 = \sqrt{1 - \cos^2 225° - \cos^2 72{,}5°}, \gamma_1 = 50{,}21°,$$
$$\cos \gamma_2 = \sqrt{1 - \cos^2 30° - \cos^2 60°}, \gamma_2 = 90°,$$
$$\cos \gamma_3 = \sqrt{1 - \cos^2 80° - \cos^2 35°}, \gamma_3 = 56{,}86°.$$

2. Komponenten F_{ix}, F_{iy}, F_{iz}
Nach den Gln. (2.24) bis (2.26):

$$F_{1x} = F_1 \cdot \cos \alpha_1 = 800\,\mathrm{N} \cdot \cos 225° = -565{,}7\,\mathrm{N},$$
$$F_{1y} = F_1 \cdot \cos \beta_1 = 800\,\mathrm{N} \cdot \cos 72{,}5° = 240{,}6\,\mathrm{N},$$
$$F_{1z} = F_1 \cdot \cos \gamma_1 = 800\,\mathrm{N} \cdot \cos 50{,}21° = 512\,\mathrm{N},$$

und sinngemäß

$$F_{2x} = 1039\,\mathrm{N}, F_{2y} = 600\,\mathrm{N}, F_{2z} = 0,$$
$$F_{3x} = 165\,\mathrm{N}, F_{3y} = 778{,}2\,\mathrm{N}, F_{3z} = 519{,}4\,\mathrm{N}.$$

3. Resultierende Komponenten F_rx, F_ry und F_rz
Nach den Gln. (2.27) bis (2.29):

$$F_\mathrm{rx} = \Sigma F_{ix} = (-565{,}7 + 1039 + 165)\,\mathrm{N} = 638{,}3\,\mathrm{N},$$
$$F_\mathrm{ry} = \Sigma F_{iy} = (240{,}6 + 600 + 778{,}2)\,\mathrm{N} = 1619\,\mathrm{N},$$
$$F_\mathrm{rz} = \Sigma F_{iz} = (512 + 0 + 519{,}4)\,\mathrm{N} = 1031\,\mathrm{N}.$$

4. Resultierende F_r
Nach Gl. (2.30)

$$F_\mathrm{r} = \sqrt{F_\mathrm{rx}^2 + F_\mathrm{ry}^2 + F_\mathrm{rz}^2}$$
$$= \sqrt{638{,}3^2 + 1619^2 + 1031^2}\,\mathrm{N} = 2023\,\mathrm{N}.$$

5. Richtungswinkel α_r, β_r und γ_r
Nach den Gln. (2.31) bis (2.33):

$$\cos \alpha_\mathrm{r} = \frac{F_\mathrm{rx}}{F_\mathrm{r}} = \frac{638{,}3\,\mathrm{N}}{2023\,\mathrm{N}}, \alpha_\mathrm{r} = 71{,}61°,$$
$$\cos \beta_\mathrm{r} = \frac{F_\mathrm{ry}}{F_\mathrm{r}} = \frac{1619\,\mathrm{N}}{2023\,\mathrm{N}}, \beta_\mathrm{r} = 36{,}84°,$$
$$\cos \gamma_\mathrm{r} = \frac{F_\mathrm{rz}}{F_\mathrm{r}} = \frac{1031\,\mathrm{N}}{2023\,\mathrm{N}}, \gamma_\mathrm{r} = 59{,}36°.$$

Kontrollrechnung nach Gl. (2.34):

$$\cos^2 \alpha_\mathrm{r} + \cos^2 \beta_\mathrm{r} + \cos^2 \gamma_\mathrm{r}$$
$$= \cos^2 71{,}61° + \cos^2 36{,}84° + \cos^2 59{,}36° = 1.$$

Für das **Kräftegleichgewicht** gilt dasselbe wie beim zentralen ebenen Kräftesystem: Die Resultierende muss null sein. Das ist nur dann der Fall, wenn ihre drei Komponenten null sind. Somit lautet die

Gleichgewichtsbedingung:

Die Kräfte eines zentralen räumlichen Kräftesystems sind im Gleichgewicht, wenn die Summen aller x-Komponenten, aller y-Komponenten und aller z-Komponenten jeweils null sind.

Mathematisch formuliert:

Gleichgewichtsbedingungen $\Sigma \boldsymbol{F}_x = \mathbf{0}$ (2.35)

$\Sigma \boldsymbol{F}_y = \mathbf{0}$ (2.36)

$\Sigma \boldsymbol{F}_z = \mathbf{0}$ (2.37)

Auch in diesen Gleichungen erhalten Komponenten in Richtung der negativen Koordinatenachsen negative Vorzeichen.
Mit den nach den Gleichgewichtsbedingungen errechneten Komponenten F_x, F_y und F_z erhält man sinngemäß aus den Gln. (2.30) bis (2.33) die gesuchte Gleichgewichtskraft F und ihre Richtungswinkel α, β und γ. Umgekehrt lassen sich zu einer gegebenen Kraft auch drei unbekannte Kräfte eines zentralen räumlichen Kräftesystems errechnen, wenn es sich im Gleichgewicht befindet und die Wirklinien der drei gesuchten Kräfte bekannt sind (s. Beisp. 2.31).

Beispiel 2.31
Der in Bild 2.80 skizzierte unsymmetrische Dreibock wird durch eine Kraft von 2 kN belastet. Die Kräfte in den Stützen 1, 2 und 3 sind zu errechnen.

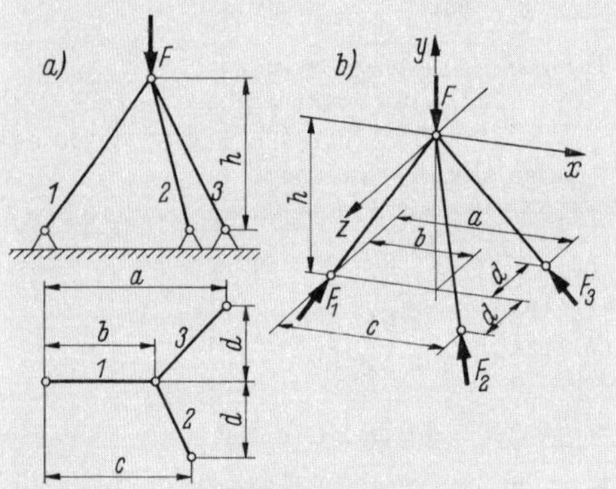

Bild 2.80 Unsymmetrischer Dreibock
a) Ansicht und Draufsicht, b) Perspektivskizze des freigemachten Dreibocks

Lösung:
Gegeben: $F = 2\,\text{kN}, a = 5\,\text{m}, b = 3\,\text{m}, c = h = 4\,\text{m}, d = 2\,\text{m}$.
Gesucht: F_1, F_2 und F_3.
1. Lösungsvorbereitung
Es handelt sich um ein zentrales räumliches Kräftesystem, wie die Skizze des freigemachten Dreibocks zeigt (Bild 2.80b). Der Schnittpunkt der Wirklinien (die Dreibockspitze) wurde als Ursprung des Koordinatensystems gewählt. Die Kraftvektoren werden auf den Wirklinien so verschoben, dass sie am Koordinatenursprung beginnen, und dort in ihre Komponenten zerlegt (Bild 2.81).

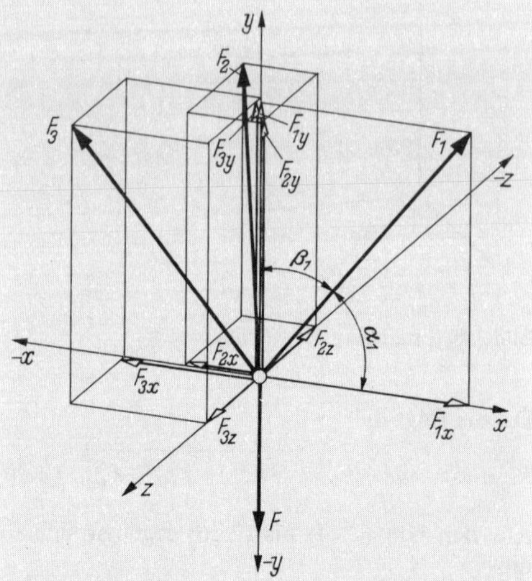

Bild 2.81 Kräfte und Komponenten im Koordinatensystem

2. Richtungswinkel α_i, β_i und γ_i
Da F_1 in der x,y-Ebene liegt, ist $\gamma_1 = 90°$. Mit den Maßen h und b ergeben sich

$$\tan\alpha_1 = \frac{h}{b} = \frac{4\,\text{m}}{3\,\text{m}}, \text{ daraus } \alpha_1 = 53{,}13°,$$

$$\beta_1 = 90° - \alpha_1 = 90° - 53{,}13° = 36{,}87°.$$

Für F_2 folgen aus Bild 2.82a:

$$\tan\alpha_2 = \frac{\sqrt{h^2+d^2}}{c-b} = \frac{\sqrt{4^2+2^2}\,\text{m}}{(4-3)\text{m}}, \alpha_2 = 77{,}4°,$$

aus Bild 2.82b:

$$\tan\beta_2 = \frac{\sqrt{(c-b)^2+d^2}}{h} = \frac{\sqrt{1^2+2^2}\,\text{m}}{4\,\text{m}}, \beta_2 = 29{,}21°$$

aus Bild 2.82c:

$$\tan\gamma_2 = \frac{\sqrt{h^2+(c-b)^2}}{d} = \frac{\sqrt{4^2+1^2}\,\text{m}}{2\,\text{m}}, \gamma_2 = 64{,}12°,$$

oder entspr. Gl. 2.34:

$$\cos\gamma_2 = \sqrt{1-\cos^2\alpha_2-\cos^2\beta_2}$$
$$= \sqrt{1-\cos^2 77{,}4° - \cos^2 29{,}21°}, \gamma_2 = 64{,}12°.$$

Für F_3 aus Bild 2.82d:

$$\tan\alpha_3 = \frac{\sqrt{h^2+d^2}}{a-b} = \frac{\sqrt{4^2+2^2}\,\text{m}}{(5-3)\,\text{m}}, \alpha_3 = 65{,}91°,$$

aus Bild 2.82e:

$$\tan\beta_3 = \frac{d\sqrt{2}}{h} = \frac{2\,\text{m}\sqrt{2}}{4\,\text{m}}, \beta_3 = 35{,}26°,$$

da $d = a - b = 2\,\text{m}$, ist $\gamma_3 = \alpha_3$.

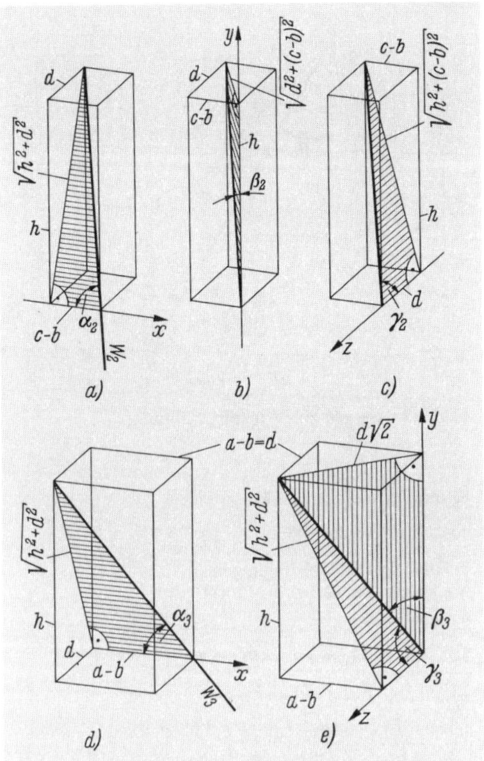

Bild 2.82 Skizzen zur Winkelberechnung
a) für α_2, b) für β_2, c) für γ_2, d) für α_3, e) für β_3 und γ_3

Kontrolle nach Gl. (2.34):

$$\cos^2\alpha_3 + \cos^2\beta_3 + \cos^2\gamma_3 =$$

$$\cos^2 65{,}91° + \cos^2 35{,}26° + \cos^2 65{,}91° = 1.$$

3. Stabkräfte F_1, F_2 und F_3
Nach den Gln. (2.35) bis (2.37) und entspr. den Gln. (2.24) bis (2.26):

$$\Sigma F_x = 0 = F_{1x} - F_{2x} - F_{3x}$$
$$= F_1 \cdot \cos\alpha_1 - F_2 \cdot \cos\alpha_2 - F_3 \cdot \cos\alpha_3,$$

$$\Sigma F_y = 0 = F_{1y} + F_{2y} + F_{3y} - F$$
$$= F_1 \cdot \cos\beta_1 + F_2 \cdot \cos\beta_2 + F_3 \cdot \cos\beta_3 - F,$$

$$\Sigma F_z = 0 = F_{3z} - F_{2z} = F_3 \cdot \cos\gamma_3 - F_2 \cdot \cos\gamma_2.$$

Aus $\Sigma F_z = 0$ folgt

$$F_3 = F_2 \frac{\cos\gamma_2}{\cos\gamma_3} = F_2 \cdot 1{,}069.$$

Damit folgt aus $\Sigma F_x = 0$:

$$F_1 \cdot \cos\alpha_1 - F_2 \cdot \cos\alpha_2 - F_2 \cdot 1{,}0694 \cdot \cos\alpha_3 = 0,$$

$$F_1 \cdot \cos\alpha_1 - F_2(\cos\alpha_2 + 1{,}0694 \cdot \cos\alpha_3) = 0,$$

$$F_2 = F_1 \frac{\cos\alpha_1}{\cos\alpha_2 + 1{,}069 \cdot \cos\alpha_3} = F_1 \cdot 0{,}9165.$$

Beide Kräfte in $\Sigma F_y = 0$ eingesetzt:

$$F_1 \cdot \cos\beta_1 + F_1 \cdot 0{,}9165 \cdot \cos\beta_2 +$$
$$F_1 \cdot 0{,}9165 \cdot 1{,}069 \cdot \cos\beta_3 - F = 0$$

ergibt

$$F_1 = \frac{F}{0{,}8 + 0{,}8 + 0{,}8} = \frac{2000\,\text{N}}{2{,}4} = 833{,}3\,\text{N},$$

$$F_2 = 833{,}3\,\text{N} \cdot 0{,}9165 = 763{,}7\,\text{N},$$

$$F_3 = 763{,}7\,\text{N} \cdot 1{,}069 = 816{,}7\,\text{N}.$$

2.4.2 Allgemeines räumliches Kräftesystem

Ein allgemeines räumliches Kräftesystem liegt vor, wenn die **Wirklinien** der Kräfte **nicht in einer Ebene** liegen und **keinen gemeinsamen Schnittpunkt** haben. Zum Errechnen unbekannter Kräfte geht man von den Gleichgewichtsbedingungen aus. Wie beim ebenen allgemeinen Kräftesystem dürfen sich danach auch beim räumlichen keine resultierende Kraft und kein resultierendes Moment ergeben. Es müssen die Summen der Komponenten aller Kräfte und deren Momente um die drei Koordinatenachsen jeweils null sein. Somit lauten die

Gleichgewichtsbedingungen:

Ein allgemeines räumliches Kräftesystem ist im Gleichgewicht, wenn die Summen aller *x*-, *y*- und *z*-Komponenten und die Summen der Momente dieser Komponenten gleich null sind.

Mathematisch formuliert:

Gleichgewichtsbedingungen:

$\boldsymbol{\Sigma F_x = 0}$ (2.38) $\boldsymbol{\Sigma M_x = 0}$ (2.41)

$\boldsymbol{\Sigma F_y = 0}$ (2.39) $\boldsymbol{\Sigma M_y = 0}$ (2.42)

$\boldsymbol{\Sigma F_z = 0}$ (2.40) $\boldsymbol{\Sigma M_z = 0}$ (2.43)

Damit stehen zur Berechnung eines allgemeinen räumlichen Kräftesystems sechs Gleichungen zur Verfügung, mit denen sechs Unbekannte ermittelt werden können. Ein räumlich gelagerter Körper ist demnach statisch bestimmt, wenn nicht mehr als sechs unbekannte Komponenten der Stützkräfte auftreten.

Beispiel 2.32
Bild 2.83 zeigt in sehr vereinfachter Darstellung die geöffnete Motorhaube eines Kraftfahrzeugs. Sie wiegt 16,3 kg und wird bei C mit einer Stange abgestützt. Die radiale und die axiale Kraft am Festlager A, die Lagerkraft am Loslager B und die Stützkraft in der Stange bei C sind zu errechnen.

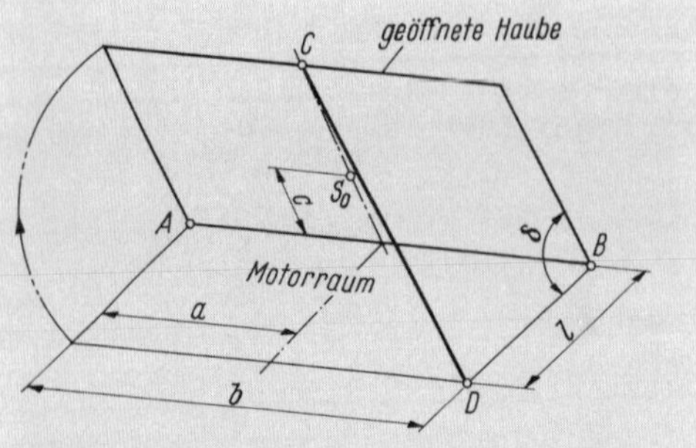

Bild 2.83 Schema einer geöffneten Motorhaube

Lösung:

Gegeben: $m = 16{,}3\,\text{kg}$, $\delta = 50°$, $a = 0{,}75\,\text{m}$, $b = 2a = 1{,}5\,\text{m}$, $c = 0{,}5\,\text{m}$, $l = 1{,}2\,\text{m}$.

Gesucht: F_{rA} und F_{aA}, F_{B}, F_{C}.

1. Freimachen und Berechnen von Abständen und Winkeln

Im Schwerpunkt S_0 wirkt die Gewichtskraft

$$F_{\text{G}} = m \cdot g = 16{,}3\,\text{kg} \cdot 9{,}81\,\text{m/s}^2 \approx 160\,\text{N}.$$

Die freigemachte Motorhaube im Koordinatensystem mit den Komponenten der gesuchten Kräfte zeigt Bild 2.84. Das Festlager A wurde als Koordinatenursprung gewählt.

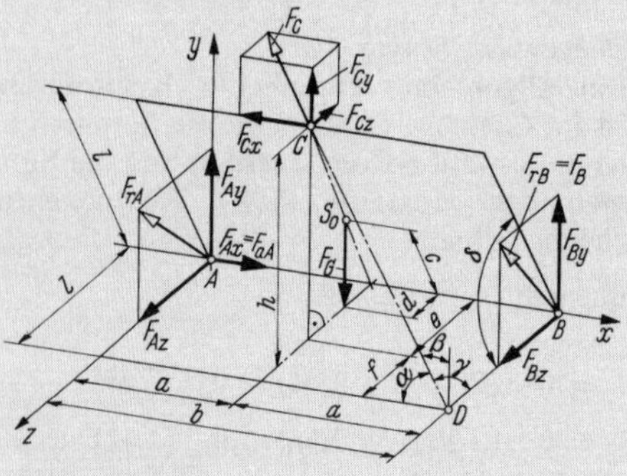

Bild 2.84 Freigemachte Motorhaube

Aus $\cos\delta = d/c = e/l$ folgen die Wirkabstände

$$d = c \cdot \cos\delta = 0{,}5\,\text{m} \cdot \cos 50° = 0{,}32\,\text{m},$$

$$e = l \cdot \cos\delta = 1{,}2\,\text{m} \cdot \cos 50° = 0{,}77\,\text{m}.$$

Mit $h = l \cdot \sin\delta = 1{,}2\,\text{m} \cdot \sin 50° = 0{,}92\,\text{m}$ und $f = l - e = (1{,}2 - 0{,}77)\,\text{m} = 0{,}43\,\text{m}$ ergeben sich nach Bild 2.85 die Richtungswinkel für F_{C}:

$$\tan\alpha = \frac{\sqrt{h^2 + f^2}}{a} = \frac{\sqrt{0{,}92^2 + 0{,}43^2}\,\text{m}}{0{,}75\,\text{m}}, \alpha = 53{,}55°,$$

$$\tan\beta = \frac{\sqrt{a^2 + f^2}}{h} = \frac{\sqrt{0{,}75^2 + 0{,}43^2}\,\text{m}}{0{,}92\,\text{m}}, \beta = 43{,}22°,$$

$$\tan\gamma = \frac{\sqrt{a^2 + h^2}}{f} = \frac{\sqrt{0{,}75^2 + 0{,}92^2}\,\text{m}}{0{,}43\,\text{m}}, \gamma = 70{,}01°.$$

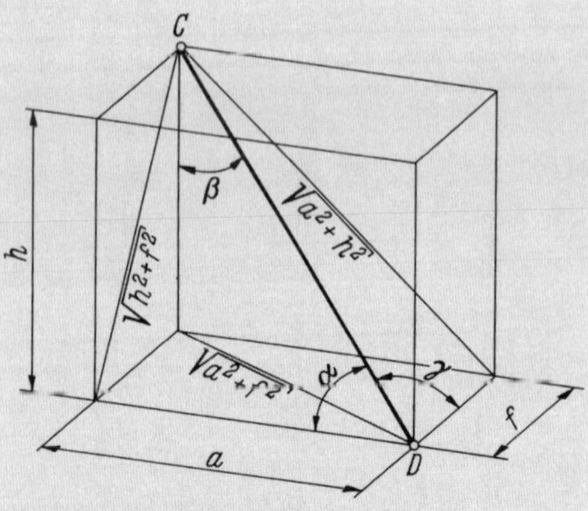

Bild 2.85 Skizze zur Winkelberechnung

Kontrolle nach Gl. (2.34):

$$\cos^2 53{,}55° + \cos^2 43{,}22° + \cos^2 70{,}01° = 1.$$

2. Gleichgewichtsbedingungen

Nach den Gln. (2.38) bis (2.43):

$$\Sigma F_x = 0 = F_{\text{A}x} - F_{\text{C}x},$$

$$\Sigma F_y = 0 = F_{\text{A}y} + F_{\text{B}y} + F_{\text{C}y} - F_{\text{G}},$$

$$\Sigma F_z = 0 = F_{\text{A}z} + F_{\text{B}z} - F_{\text{C}z},$$

$$\Sigma M_x = 0 = F_{\text{G}} \cdot d - F_{\text{C}y} \cdot e - F_{\text{C}z} \cdot h,$$

$$\Sigma M_y = 0 = F_{\text{C}z} \cdot a - F_{\text{C}x} \cdot e - F_{\text{B}z} \cdot b,$$

$$\Sigma M_z = 0 = F_{\text{C}x} \cdot h + F_{\text{C}y} \cdot a + F_{\text{B}y} \cdot b - F_{\text{G}} \cdot a.$$

3. Lagerkräfte und Stützkraft

Mit den Komponenten der Stützkraft F_{C} entspr. den Gln. (2.24) bis (2.26)

$$F_{\text{C}x} = F_{\text{C}} \cdot \cos\alpha = F_{\text{C}} \cdot \cos 53{,}55° = F_{\text{C}} \cdot 0{,}594,$$

$$F_{\text{C}y} = F_{\text{C}} \cdot \cos\beta = F_{\text{C}} \cdot \cos 43{,}22° = F_{\text{C}} \cdot 0{,}729,$$

$$F_{\text{C}z} = F_{\text{C}} \cdot \cos\gamma = F_{\text{C}} \cdot \cos 70{,}01° = F_{\text{C}} \cdot 0{,}342$$

folgt aus $\Sigma M_x = 0$:

$$F_{\text{G}} \cdot d - F_{\text{C}} \cdot 0{,}729 \cdot e - F_{\text{C}} \cdot 0{,}342 \cdot h = 0,$$

$$F_{\text{C}} = \frac{F_{\text{G}} \cdot d}{0{,}729e + 0{,}342h} = \frac{160\,\text{N} \cdot 0{,}32\,\text{m}}{(0{,}729 \cdot 0{,}77 + 0{,}342 \cdot 0{,}92)\,\text{m}} = 58{,}4\,\text{N}$$

und aus $\Sigma M_y = 0$:

$$F_{\text{C}} \cdot 0{,}342 \cdot a - F_{\text{C}} \cdot 0{,}594 \cdot e - F_{\text{B}z} \cdot b = 0,$$

$$F_{\text{B}z} = F_{\text{C}} \frac{0{,}342a - 0{,}594e}{b} = 58{,}4\,\text{N} \frac{(0{,}342 \cdot 0{,}75 - 0{,}594 \cdot 0{,}77)\,\text{m}}{1{,}5\,\text{m}} = -7{,}8\,\text{N}$$

sowie aus $\Sigma M_z = 0$:

$$F_{\text{C}} \cdot 0{,}594 \cdot h + F_{\text{C}} \cdot 0{,}729 \cdot a + F_{\text{B}y} \cdot b - F_{\text{G}} \cdot a = 0,$$

$$F_{By} = \frac{F_G \cdot a - F_C(0{,}594h + 0{,}729a)}{b} =$$

$$\frac{160\,\text{N} \cdot 0{,}75\,\text{m} - 58{,}4\,\text{N}\,(0{,}594 \cdot 0{,}92 + 0{,}729 \cdot 0{,}75)\,\text{m}}{1{,}5\,\text{m}}$$

$$= 37{,}4\,\text{N},$$

aus $\Sigma F_x = 0$:

$$F_{Ax} = F_{aA} = F_{Cx} = F_C \cdot 0{,}594 = 58{,}4\,\text{N} \cdot 0{,}594$$
$$= 34{,}7\,\text{N}.$$

aus $\Sigma F_y = 0$:

$$F_{Ay} = F_G - F_{By} - F_C \cdot 0{,}729$$
$$= 160\,\text{N} - 37{,}4\,\text{N} - 58{,}4\,\text{N} \cdot 0{,}729 = 80\,\text{N},$$

aus $\Sigma F_z = 0$:

$$F_{Az} = F_C \cdot 0{,}342 - F_{Bz} = 58{,}4\,\text{N} \cdot 0{,}342 - (-7{,}8\,\text{N})$$
$$= 27{,}8\,\text{N}.$$

Damit ergeben sich

$$F_{rA} = \sqrt{F_{Ay}^2 + F_{Az}^2} = \sqrt{80^2 + 27{,}8^2}\,\text{N} = 84{,}7\,\text{N},$$

$$F_{rB} = F_B = \sqrt{F_{By}^2 + F_{Bz}^2} = \sqrt{37{,}4^2 + (-7{,}8)^2}\,\text{N}$$
$$= 38{,}2\,\text{N}.$$

Da F_{Bz} negativ ist, wirkt diese Komponente der in Bild 2.84 angenommenen positiven Richtung entgegen. Dementsprechend ändert sich auch die Richtung von F_B.

Oftmals ist es vorteilhaft, mit den auf die Koordinatenebenen projizierten Komponenten zu rechnen, z. B. bei Getriebewellen und dgl. Der Rechnungsgang wird so übersichtlicher und entspricht dem bei ebenen Kräftesystemen. **Ein räumliches Kräftesystem ist** nämlich auch dann **im Gleichgewicht, wenn sich die Projektionen der Kraftvektoren auf die drei Ebenen eines Koordinatensystems im Gleichgewicht befinden.**

Beispiel 2.33
Die in Bild 2.86 gezeigte Zwischenwelle eines Stirnrad-Kegelrad-Getriebes hat ein größtes Drehmoment von 10 kNm zu übertragen. Das Schrägzahn-Stirnrad 2 hat den Schrägungswinkel 15° und einen Teilkreisdurchmesser von 400 mm, das Geradzahn-Kegelrad 3 den Teilkegelwinkel 25° und einen mittleren Teilkreisdurchmesser von 320 mm. Die Zahnkräfte F_{N2} und F_{N3} wirken unter dem Normaleingriffswinkel $\alpha_n = 20°$ (Bild 2.87). Es sind die Beträge der radialen Lagerkräfte F_{rA} und F_{rB} sowie die Axialkraft F_{aA} im Festlager unter Vernachlässigung der Reibung und der Eigengewichte zu errechnen.

Lösung:

Gegeben: $M = 10\,\text{kNm}, \alpha_n = 20°, \beta_2 = 15°, \delta_3 = 25°,$
$d_2 = 400\,\text{mm}, d_{m3} = 320\,\text{mm}, L = 700\,\text{mm},$
$l_2 = 200\,\text{mm}, l_3 = 100\,\text{mm}.$

Gesucht: F_{rB}, F_{rA} und F_{aA}.

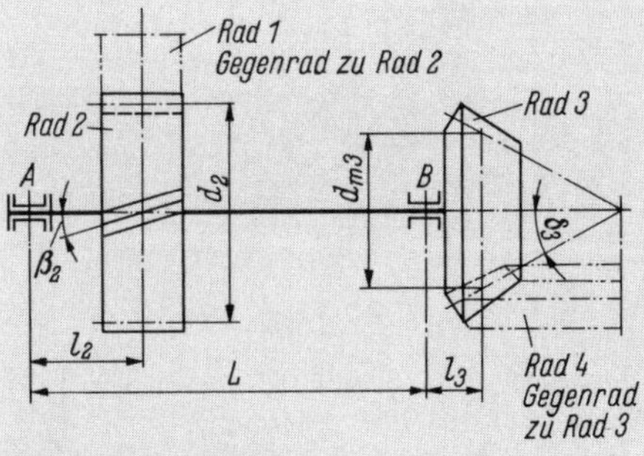

Bild 2.86 Getriebewelle

1. Komponenten der Zahnkräfte
Die Zahnkräfte und die Lagerkräfte mit ihren Komponenten sind in Bild 2.87a dargestellt, die Komponenten der Zahnkräfte in den Bildern 2.87b und c. Das Rad 1 übt auf das Rad 2 die Zahnkraft F_{N2}, das Rad 4 auf das Rad 3 die Zahnkraft F_{N3} aus. Jede Zahnkraft wird in drei zu den Koordinatenachsen parallele Komponenten zerlegt, u. zw. in die Axialkraft F_{ai} (|| zur x-Achse), die Radialkraft F_{ri} (|| zur y-Achse) und die Tangentialkraft F_{ti} (|| zur z-Achse).
Wegen des Gleichgewichts an der Getriebewelle muss das Drehmoment $M_2 = F_{t2} \cdot r_2$ des Rades 2 gleich dem entgegen wirkenden Drehmoment $M_3 = F_{t3} \cdot r_{m3}$ des Rades 3 sein. Da $M_2 = M_3 = M$ ist, betragen mit $r_2 = d_2/2 = 0{,}2\,\text{m}$ und $r_{m3} = d_{m3}/2 = 0{,}16\,\text{m}$ die Tangentialkräfte

$$F_{t2} = \frac{M}{r_2} = \frac{10\,\text{kNm}}{0{,}2\,\text{m}} = 50\,\text{kN},$$

$$F_{t3} = \frac{M}{r_{m3}} = \frac{10\,\text{kNm}}{0{,}16\,\text{m}} = 62{,}5\,\text{kN}.$$

Die Radialkräfte F_{r2}, F_{r3} und die Axialkräfte F_{a2}, F_{a3} ergeben sich mittels der Funktionen der Winkel α_n, β_2 und δ_3 nach den Bildern 2.87 und 2.88:

$$\tan\alpha_{t2} = \frac{\tan\alpha_n}{\cos\beta_2} = \frac{\tan 20°}{\cos 15°}, \alpha_{t2} = 20{,}65°,$$

$$F_{r2} = F_{t2} \cdot \tan\alpha_{t2} = 50\,\text{kN} \cdot \tan 20{,}65° = 18{,}84\,\text{kN},$$

$$F_{a2} = F_{t2} \cdot \tan\beta_2 = 50\,\text{kN} \cdot \tan 15° = 13{,}4\,\text{kN},$$

$$F_{r3} = F_{t3} \cdot \tan\alpha_n \cdot \cos\delta_3 = 62{,}5\,\text{kN} \cdot \tan 20° \cdot \cos 25°$$
$$= 20{,}62\,\text{kN},$$

$$F_{a3} = F_{t3} \cdot \tan\alpha_n \cdot \sin\delta_3 = 62{,}5\,\text{kN} \cdot \tan 20° \cdot \sin 25°$$
$$= 9{,}61\,\text{kN}.$$

2. Komponenten der Lagerkräfte
Die Projektionen aller Komponenten auf die Koordinatenebenen zeigt Bild 2.89. Aus den Gln. (2.38) bis (2.43) erhält man:
x,y-Ebene (Bild 2.89b):

$$\Sigma F_x = 0 = F_{Ax} + F_{a2} - F_{a3},$$

$$F_{Ax} = F_{a3} - F_{a2} = (9{,}61 - 13{,}4)\,\text{kN} = -3{,}79\,\text{kN},$$

$$\Sigma M_z = 0 = -F_{a2} \cdot r_2 - F_{r2} \cdot l_2 + F_{By} \cdot L - F_{a3} \cdot r_{m3}$$
$$+ F_{r3}(L + l_3),$$

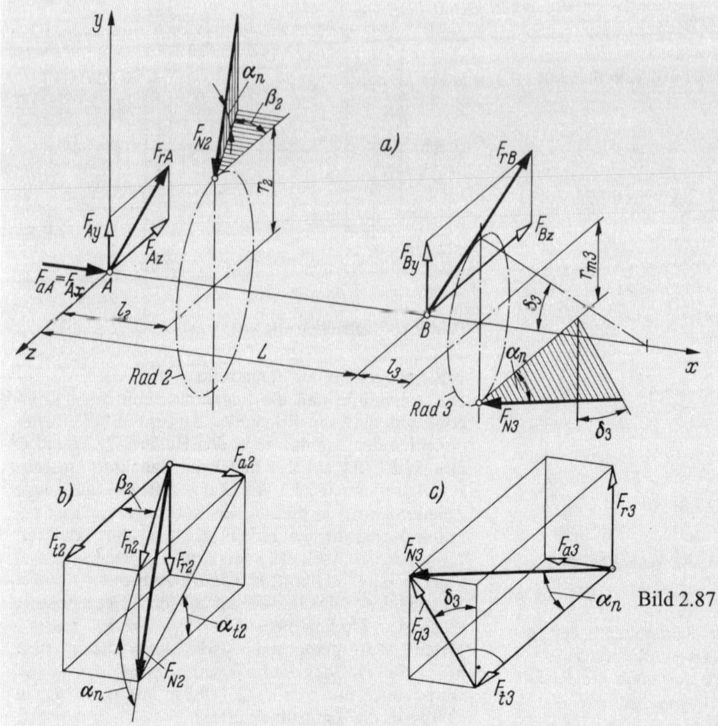

Bild 2.87 Freigemachte Welle mit Zahnrädern
a) Darstellung mit Zahn- und Lagerkräften, b) Zahnkraft F_{N2} mit Komponenten,
c) Zahnkraft F_{N3} mit Komponenten

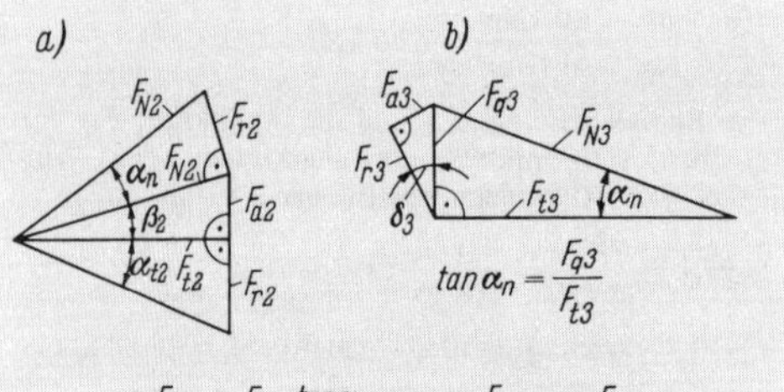

$$\tan\alpha_{t2} = \frac{F_{r2}}{F_{t2}} = \frac{F_{n2}\cdot\tan\alpha_n}{F_{n2}\cdot\cos\beta_2}\,, \quad F_{q3} = \frac{F_{a3}}{\sin\delta_3} = \frac{F_{r3}}{\cos\delta_3}$$

Bild 2.88 Skizzen zur Winkelberechnung
a) für Zahnkraft F_{N2}, b) für F_{N3}

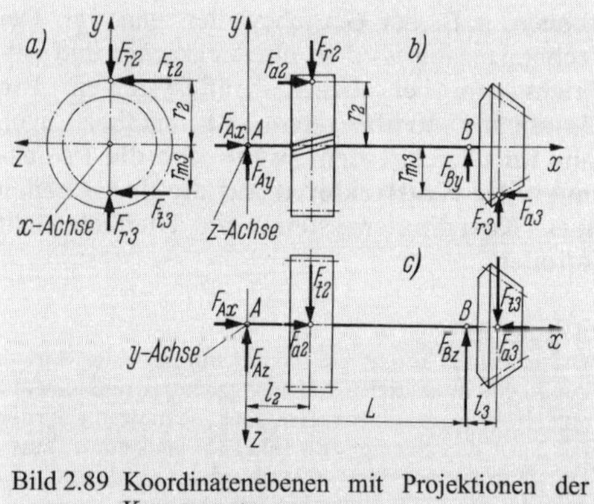

Bild 2.89 Koordinatenebenen mit Projektionen der Komponenten
a) y,z-Ebene (ohne Lagerkraftkomponenten), b) x,y-Ebene, c) x,z-Ebene

$$F_{By} = \frac{F_{a2}\cdot r_2 + F_{r2}\cdot l_2 + F_{a3}\cdot r_{m3} - F_{r3}(L+l_3)}{L} =$$

$$\frac{(13{,}4\cdot 0{,}2 + 18{,}84\cdot 0{,}2 + 9{,}61\cdot 0{,}16 - 20{,}62\cdot 0{,}8)\ \text{kNm}}{0{,}7\ \text{m}}$$

$$= -12{,}16\ \text{kN},$$

$$\Sigma F_y = 0 = F_{Ay} - F_{r2} + F_{By} + F_{r3},$$

$$F_{Ay} = F_{r2} - F_{By} - F_{r3} = (18{,}84 + 12{,}16 - 20{,}62)\ \text{kN}$$

$$= 10{,}38\ \text{kN},$$

x,z-Ebene (Bild 2.89c):

$$\Sigma M_y = 0 = -F_{t2}\cdot l_2 + F_{Bz}\cdot L - F_{t3}(L+l_3),$$

$$F_{Bz} = \frac{F_{t2}\cdot l_2 + F_{t3}(L+l_3)}{L}$$

$$= \frac{(50\cdot 0{,}2 + 62{,}5\cdot 0{,}8)\text{kNm}}{0{,}7\ \text{m}} = 85{,}71\ \text{kN},$$

$$\Sigma F_z = 0 = F_{Az} - F_{t2} + F_{Bz} - F_{t3},$$

$$F_{Az} = F_{t2} + F_{t3} - F_{Bz} = (50 + 62{,}5 - 85{,}71)\,\text{kN}$$
$$= 26{,}79\,\text{kN},$$

y,z-Ebene (Bild 2.89a):

$$\Sigma M_x = 0 = F_{t2} \cdot r_2 - F_{t3} \cdot r_{m3}.$$

Die Bedingung ist bereits erfüllt (s. unter 1.).
Da F_{Ax} und F_{By} negativ sind, wirken diese Komponenten der in den Bildern 2.87 und 2.89 angenommenen positiven Richtung entgegen.
3. Absolute Beträge der Lagerkräfte
Mit den errechneten Komponenten ergeben sich:

$$F_{rA} = \sqrt{F_{Ay}^2 + F_{Az}^2} = \sqrt{10{,}38^2 + 26{,}79^2}\,\text{kN}$$
$$\approx 28{,}73\,\text{kN},$$
$$F_{aA} = F_{Ax} \approx 3{,}79\,\text{kN},$$
$$F_{rB} = \sqrt{F_{By}^2 + F_{Bz}^2} = \sqrt{(-12{,}16)^2 + 85{,}71^2}\,\text{kN}$$
$$\approx 86{,}57\,\text{kN}.$$

Praxishinweis
Die Berechnung räumlicher Kräftesysteme lässt sich in vielen Fällen durch sinnvolles Einfügen von Koordinatenebenen wie bei ebenen Kräftesystemen durchführen. Das gilt besonders für zentrale räumliche Kräftesysteme mit symmetrischem Kraftangriff oder mit gleichmäßig auf einem Kreisumfang verteilten Kräften und für allgemeine räumliche Kräftesysteme, deren Komponenten ohne weiteres auf die Koordinatenebenen projiziert werden können. Bei umfangreichen komplizierten Systemen wendet man vorteilhaft die Vektorrechnung an, die über die Zielsetzung dieses Buches hinausgeht.

Kontrollfragen:
- Mit welchen Angaben ist eine Kraft im Raum eindeutig bestimmt?
- Wie lauten die Gleichgewichtsbedingungen für räumliche zentrale und für räumliche allgemeine Kräftesysteme?
- Wie kann man unbekannte Kräfte räumlicher Kräftesysteme sinngemäß wie bei ebenen Kräftesystemen errechnen?

3 Ebene Fachwerke

Lernziele:
- Den Aufbau einfacher ebener Fachwerke erläutern.
- Die Annahmen und Voraussetzungen für die Stabkraftermittlung nennen.
- Stabkräfte rechnerisch ermitteln.
- Stabkräfte mittels Cremonaplan zeichnerisch ermitteln.

3.1 Aufbau, Annahmen und Voraussetzungen

Fachwerke sind aus geraden Profil-Stäben zusammengesetzte Konstruktionen, z. B. Dachbinder, Brückenträger, Krantragwerke, Fördergerüste. Bei vereinfachter Darstellung (Bild 3.1a) zeichnet man nur die **Systemlinien**. Meistens sind das die Schwerlinien[1] der Stäbe. Die Verbindungsstellen der Stäbe nennt man **Knoten**, die Schnittpunkte der Systemlinien **Knotenpunkte** (Bild 3.1b). Der **Obergurt** besteht aus den Obergurtstäben (O_1, O_2, O_3), der **Untergurt** aus den Untergurtstäben ($U_1 \ldots U_4$). Dazwischen liegen die **Füllstäbe** als Vertikalstäbe oder Pfosten (V_1, V_2) und als Diagonalstäbe oder Schrägen (D_1, D_2). Die kleinste Einheit eines Fachwerks ist das **Stabdreieck** (Bild 3.1c). Das Aneinanderreihen mehrerer Stabdreiecke zu einer Tragkonstruktion gewährleistet eine hohe Stabilität bei geringstem Materialaufwand.

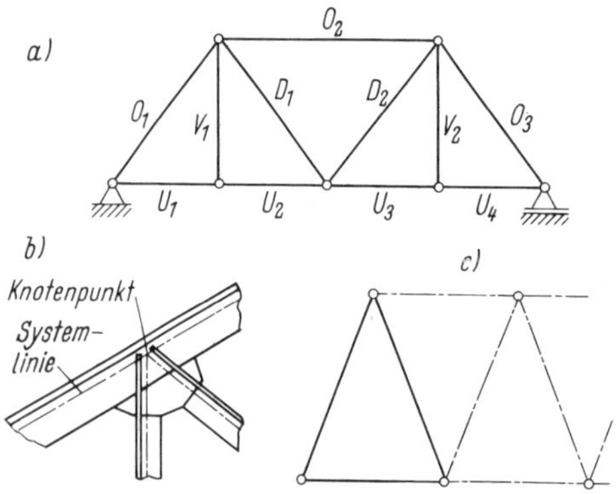

Bild 3.1 Einfaches ebenes Fachwerk
a) Systemlinien des Fachwerkträgers mit Stabbezeichnungen, b) Knoten eines geschweißten Fachwerks, c) Entstehung des Fachwerks aus Stabdreiecken

[1] Auf der Schwerlinie liegen die Schwerpunkte sämtlicher Querschnittsflächen des Stabes (s. Kap. 4)

Für die Festigkeitsberechnung müssen die Stabkräfte bekannt sein. Um sie auf einfache Weise ermitteln zu können, werden folgende **Annahmen** gemacht:
1. Die Knoten sind reibungsfreie Gelenke,
2. Die Stäbe sind Zweigelenkstäbe und übertragen nur Zug- oder Druckkräfte,
3. Der Kraftangriff erfolgt nur an den Knotenpunkten.

In Wirklichkeit sind die Stabanschlüsse nicht gelenkig, sondern genietet oder geschweißt. Daher treten auch Querkräfte und Momente auf, die jedoch relativ klein sind. Sie werden durch entsprechend niedrige zulässige Beanspruchungen berücksichtigt. Greift eine Kraft zwischen zwei Knoten an, so wird sie in zwei parallele Kräfte an den Stabenden zerlegt. Sollen die Gewichtskräfte einbezogen werden, so ist das Stabgewicht auf die Knotenpunkte zu verteilen.

Die von einem Fachwerk aufzunehmenden Kräfte und die Stützkräfte sind äußere Kräfte, die **Stabkräfte sind innere Kräfte.** Sie werden zu äußeren Kräften, wenn man sich einen Schnitt durch das Fachwerk denkt und das abgeschnittene Teil freimacht (freischneidet). Durch geeignete Schnittführung erhält man Verhältnisse wie beim zentralen oder beim allgemeinen Kräftesystem und kann mit den dafür bekannten Verfahren die unbekannten Stabkräfte ermitteln. Vor der Ermittlung der Stabkräfte ist die Bestimmung der durch die Belastungskräfte und ggf. Eigengewichtskräfte hervorgerufenen Stützkräfte erforderlich.
Nachfolgend werden rechnerische und ein zeichnerisches Verfahren zur Ermittlung von Stabkräften ebener Fachwerke erläutert. **Voraussetzungen** für diese Verfahren sind: Das Fachwerk muss äußerlich und innerlich statisch bestimmt und stabil sein, was auch als kinematisch bestimmt bezeichnet wird. Es ist **äußerlich statisch bestimmt**, wenn sich die Stütz- oder Auflagerkräfte aus den Gleichgewichtsbedingungen ergeben. **Innerlich statisch** und **kinematisch bestimmt** ist ein Fachwerk, wenn zwischen der Stabanzahl s und der Anzahl der Knotenpunkte k die Beziehung $s = 2k - 3$ besteht. Die Stabkräfte können dann nur mithilfe der Gleichgewichtsbedingungen der Statik ermittelt werden.
Ergibt sich bei der Stabkraftermittlung für einen Stab keine Kraft, so handelt es sich um einen **Nullstab.** Er hat nur Kräfte infolge von Formänderungen aufzunehmen und dient zur Versteifung der Konstruktion, besonders zur Verringerung der Knickgefahr bei langen Druckstäben.

3.2 Ermittlung von Stabkräften

3.2.1 Rechnerische Stabkraftermittlung

Denkt man sich einen Knoten aus einem Fachwerk herausgeschnitten (Bild 3.1b) und macht ihn frei, so entsteht ein **zentrales Kräftesystem**, bei dem sich die Wirklinien aller Kräfte im Knotenpunkt schneiden (Bild 3.3). Da sich das gesamte Fachwerk im Gleichgewicht befindet, muss auch an jedem Knotenpunkt Gleichgewicht herrschen, und es ist mit den Gleichgewichtsbedingungen (Gln. (2.14) u. (2.15)) möglich, sämtliche Stabkräfte eines Fachwerks zu errechnen.

Bei der Stabkraftermittlung ist es üblich, Knotenpunkte mit römischen Ziffern (I, II, III usw.) und Stäbe mit arabischen (1, 2, 3 usw.) zu bezeichnen (Bild 3.2).

Für die Stabkraftermittlung nach dem **Verfahren für zentrale Kräftesysteme** sind folgende **Arbeitsschritte** zweckmäßig:

1. **Schritt:** Fachwerk freimachen, Knoten und Stäbe bezeichnen, Stützkräfte ermitteln.
2. **Schritt:** Einen Knotenpunkt so freischneiden, dass höchstens zwei unbekannte Stabkräfte auftreten, die als Zugkräfte angenommen werden.
3. **Schritt:** Die Gleichgewichtsbedingungen $\Sigma F_x = 0$ und $\Sigma F_y = 0$ (Gln. (2.21) u. (2.22)) aufstellen.
4. **Schritt:** Unbekannte Winkel ermitteln, Gleichgewichtsbedingungen nach den Stabkräften auflösen und Kraftbeträge errechnen (sich negativ ergebende Kräfte sind Druckkräfte).
5. **Schritt:** Arbeitsschritt 2 bis 4 wiederholen, bis alle Stabkräfte berechnet sind. Die Reihenfolge der Knoten ist beliebig. Ergebnisse in einer Tabelle zusammenstellen, dabei Zugkräfte mit Plus- und Druckkräfte mit Minuszeichen angeben.

Beispiel 3.1
Für den in Bild 3.2 dargestellten Fachwerkträger sind die in den Stäben 1 und 2 auftretenden Kräfte zu errechnen. Die drei Belastungskräfte sind gleich groß und betragen je 3 kN.

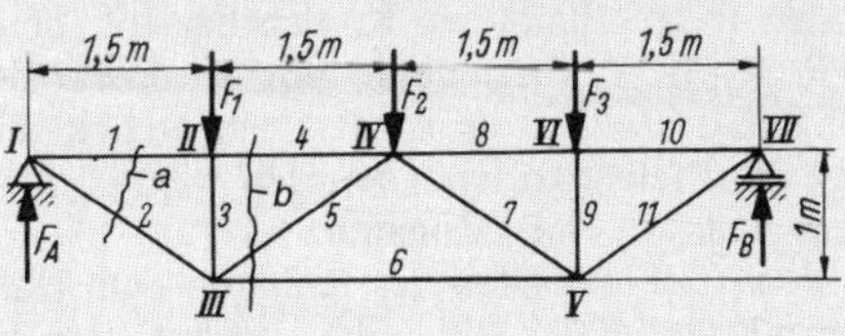

Bild 3.2 Fachwerkträger

Lösung
Gegeben: $F_1 = F_2 = F_3 = 3$ kN, $l = 1{,}5$ m, $h = 1$ m.
Gesucht: F_{S1} und F_{S2}.

1. Schritt: Das freigemachte Fachwerk mit Knoten- und Stabbezeichnungen zeigt Bild 3.2. Wegen der Symmetrie der Konstruktion und der Kräfte wird für die Stützkräfte nur die Gleichgewichtsbedingung $\Sigma F_y = 0$ benötigt. Daraus folgen

$$F_A = F_B = \frac{1}{2}(F_1 + F_2 + F_3) = \frac{1}{2} \cdot 3 \cdot 3\,\text{kN} = 4{,}5\,\text{kN}.$$

2. Schritt: Der Schnitt um den Knotenpunkt I mit den unbekannten Stabkräften F_{S1} und F_{S2} als angenommene Zugkräfte ist im Bild 3.3 dargestellt.

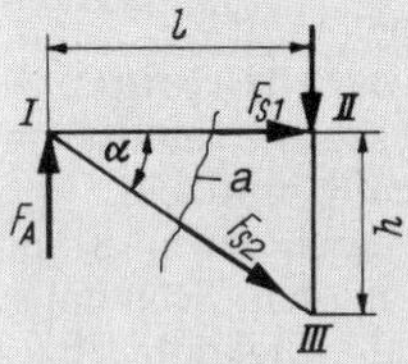

Bild 3.3 Berechnungsskizze
Zentrales Kräftesystem am Knotenpunkt I

3. Schritt: Gleichgewichtsbedingungen (Gln. (2.14) u. (2.15)):

$\Sigma F_x = 0 = F_{S1} + F_{S2} \cdot \cos\alpha$ und

$\Sigma F_y = 0 = F_A - F_{S2} \cdot \sin\alpha$.

4. Schritt: Der Winkel α folgt aus

$$\tan\alpha = \frac{h}{l} = \frac{1\,\text{m}}{1{,}5\,\text{m}}, \alpha = 33{,}69°.$$

Damit wird

$$F_{S2} = \frac{F_A}{\sin\alpha} = \frac{4{,}5\,\text{kN}}{\sin 33{,}69°} = 8{,}11\,\text{kN},$$

$$F_{S1} = -F_{S2} \cdot \cos\alpha = -8{,}11\,\text{kN} \cdot \cos 33{,}69° = -6{,}75\,\text{kN}.$$

F_{S1} ist eine Druckkraft und F_{S2} eine Zugkraft.

Für die rechnerische Ermittlung einzelner Stabkräfte ist auch das **Rittersche Schnittverfahren** geeignet[1]. Man denkt sich durch das freigemachte Fachwerk einen Schnitt, der es in zwei Teile zerlegt (Bild 3.2). Mit jedem Schnitt können maximal drei unbekannte Stabkräfte bestimmt werden.

Um die gesuchten Stabkräfte mit geringstem Aufwand errechnen zu können, benutzt man den abgeschnittenen Teil mit der geringeren Anzahl

[1] *August Ritter* (1826 bis 1908), deutscher Professor für Ingenieurmechanik

äußerer Kräfte (Bild 3.4). Sie bilden mit den Stabkräften ein allgemeines ebenes Kräftesystem, das sich im Gleichgewicht befindet. Am Schnittufer werden **alle unbekannten Kräfte** zunächst **als Zugkräfte** eingezeichnet (Bild 3.4). Eine mit negativem Vorzeichen errechnete Kraft ist dann eine Druckkraft.

Mit der Gleichgewichtsbedingung $\Sigma M = 0$ (Gl. (2.23)) kann man nun bei geschickter Wahl des Bezugspunktes Gleichungen aufstellen, in denen immer nur eine gesuchte Stabkraft als Unbekannte auftritt. Manchmal werden auch die Bedingungen $\Sigma F_x = 0$ und $\Sigma F_y = 0$ (Gln. (2.21) u. (2.22)) benötigt. Die Wirkabstände der Stabkräfte lassen sich aus den gegebenen Abmessungen des Fachwerks errechnen.

Zweckmäßig sind folgende **Arbeitsschritte:**

1. **Schritt:** Fachwerk freimachen, Knoten und Stäbe bezeichnen, Stützkräfte ermitteln.
2. **Schritt:** Das Fachwerk durch einen Schnitt vollständig teilen. Die an den Schnittufern auftretenden Stabkräfte als Zugkräfte eintragen.
3. **Schritt:** Für jede der maximal drei unbekannten Stabkräfte eine Momenten-Gleichgewichtsbedingung aufstellen, wobei der Bezugspunkt innerhalb oder außerhalb des abgeschnittenen Fachwerkteils sinnvoll zu wählen ist. Am Fachwerkteil mit der geringsten Anzahl äußerer Kräfte beginnen.
4. **Schritt:** Unbekannte Wirkabstände ermitteln. Momentengleichungen nach den Stabkräften auflösen und Kraftbeträge errechnen (sich negativ ergebende Kräfte sind Druckkräfte).

Beispiel 3.2
Für den im Beispiel 3.1 (Bild 3.2) dargestellten Fachwerkträger sind die in den Stäben 4, 5 und 6 auftretenden Kräfte zu errechnen.

Lösung:
Gegeben: $F_1 = F_2 = F_3 = 3$ kN, $l = 1{,}5$ m, $h = 1$ m.
Gesucht: F_{S4}, F_{S5} und F_{S6}.

1. Schritt: Wie in Beispiel 3.1.

2. Schritt: Das abgeschnittene Fachwerkteil (Schnitt b) mit den unbekannten Stabkräften als angenommene Zugkräfte zeigt Bild 3.4.

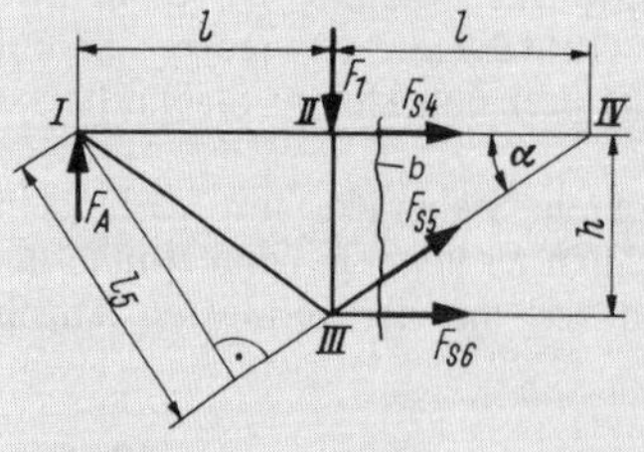

Bild 3.4 Berechnungsskizze

3. Schritt: Momentenbedingung für F_{S4} mit III als Bezugspunkt:

$$\Sigma M_{(\mathrm{III})} = -F_A \cdot l - F_{S4} \cdot h = 0,$$

für F_{S6} mit IV als Bezugspunkt:

$$\Sigma M_{(\mathrm{IV})} = -F_A \cdot 2l + F_1 \cdot l + F_{S6} \cdot h = 0$$

und für F_{S5} mit I als Bezugspunkt:

$$\Sigma M_{(\mathrm{I})} = -F_1 \cdot l + F_{S6} \cdot h + F_{S5} \cdot l_5 = 0.$$

4. Schritt: Der Wirkabstand l_5 folgt aus $\sin\alpha = l_5/2l$ mit $\alpha = 33{,}68°$ (aus Beisp. 3.1):

$$l_5 = 2l \cdot \sin\alpha = 2 \cdot 1{,}5\ \mathrm{m} \cdot \sin 33{,}69° = 1{,}664\ \mathrm{m}.$$

Aus den Momentenbedingungen folgen:

$$F_{S4} = -F_A \frac{l}{h} = -4{,}5\ \mathrm{kN} \frac{1{,}5\ \mathrm{m}}{1\ \mathrm{m}} = -6{,}75\ \mathrm{kN},$$

$$F_{S6} = \frac{F_A \cdot 2l - F_1 \cdot l}{h} = \frac{(4{,}5\ \mathrm{kN} \cdot 2 - 3\ \mathrm{kN})\,1{,}5\ \mathrm{m}}{1\ \mathrm{m}} = 9\ \mathrm{kN},$$

$$F_{S5} = \frac{F_1 \cdot l - F_{S6} \cdot h}{l_5} = \frac{3\ \mathrm{kN} \cdot 1{,}5\ \mathrm{m} - 9\ \mathrm{kN} \cdot 1\ \mathrm{m}}{1{,}664\ \mathrm{m}} = -2{,}7\ \mathrm{kN}.$$

Die negativen Vorzeichen geben an, dass F_{S4} und F_{S5} Druckkräfte sind.

3.2.2 Zeichnerische Stabkraftermittlung

Die an einem Knoten angreifenden äußeren Kräfte und die Stabkräfte sind im Gleichgewicht, d. h. sie müssen ein geschlossenes Krafteck mit gleichem Umfahrungssinn ergeben (s. Abschn. 2.2.2). Durch maßstäbliches Zeichnen der Kraftecke für jeden Knoten kann man die Stabkräfte zeichnerisch bestimmen.

Da sich jeweils nur zwei Kräfte ermitteln lassen, ist mit einem Punkt zu beginnen, an dem nur zwei unbekannte Stabkräfte vorkommen, z. B. am Auflager A des Fachwerks in Bild 3.5. Beginnend mit F_A wird das Krafteck für Punkt I gezeichnet (Bild 3.5c). Die Wirklinien der Stabkräfte F_{S1} und F_{S2} werden in das Krafteck übertragen, wo sich die Wirkrichtungen durch die Richtung von F_A ergeben. Die Richtungspfeile werden auch in den Lageplan eingezeichnet, und zwar unmittelbar neben den Knotenpunkt, da sich die Wirkrichtung der Stabkräfte immer auf den freigeschnittenen Knoten bezieht. Zeigt die **Pfeilspitze zum Knoten** hin, so drückt der Stab auf denselben, es ist also ein **Druckstab.** Zeigt die **Pfeilspitze vom Knoten** weg, so handelt es sich um einen **Zugstab.**

Mit dem Richtungspfeil der Kraft im Stab 1 am Knoten I ist gleichzeitig die Wirkung dieser Kraft auf den Knoten II bekannt. Man kann also

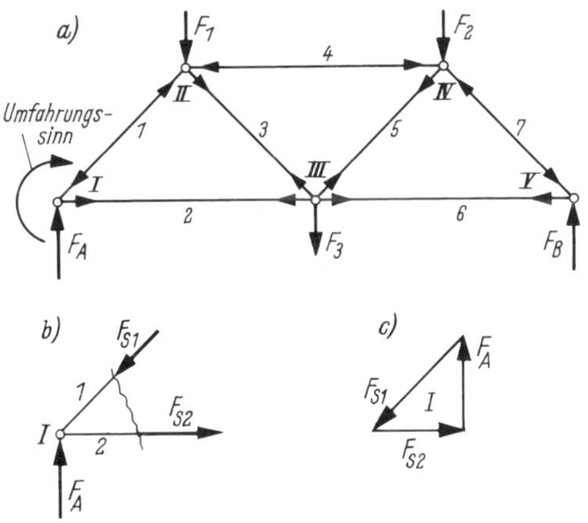

Bild 3.5 Kräfte eines Fachwerks
a) Lageplan des Fachwerks mit äußeren und inneren Kräften, b) zentrales Kräftesystem am Knotenpunkt I, c) Krafteck für Knoten I

für jede in einem Krafteck ermittelte Stabkraft zwei entgegengesetzte Pfeile im Lageplan eintragen (Bild 3.5a). Damit wird es möglich, das Krafteck für einen weiteren Knoten zu zeichnen, hier für den Knoten II, wobei sich F_{S3} und F_{S4} ergeben (Bild 3.6a). Die Kraftecke für die übrigen Knoten entstehen sinngemäß (Bild 3.6b bis d).

Im Bild 3.6 kommt jede Stabkraft zweimal vor, weil jeder Stab an zwei Knoten angeschlossen ist und für jeden Knotenpunkt ein Krafteck gezeichnet wurde. Zeichnet man die Kraftecke so aneinander, dass jede Kraft nur durch eine Strecke dargestellt wird, so erhält man einen gemeinsamen Kräfteplan für alle Kräfte, der als **Cremonaplan**[1)] bezeichnet wird. Er hat den Vorteil des geringeren Zeichenaufwands und ist eine **systematische Aneinanderreihung der Einzelkraftecke.** Damit jede Kraft nur einmal erscheint, ist es erforderlich, einen **einheitlichen Umfahrungssinn für alle Knoten** eines Fachwerks beim Aneinanderreihen der Kräfte einzuhalten. Das Umfahren der Knoten kann im Uhrzeiger- oder im Gegenuhrzeigersinn erfolgen. Die Kräfte sind in der Reihenfolge aneinander zu fügen, wie sie bei dem festgelegten Umfahrungssinn an einem Knoten nacheinander angetroffen werden.

Vor dem Aufzeichnen des Cremonaplans (Bild 3.7) sind der Lageplan (Bild 3.5a) maßstäblich zu zeichnen und die Stützkräfte zu bestimmen. Man beginnt den Cremonaplan mit einem Knotenpunkt, an dem nur zwei Stabkräfte unbekannt sind, z. B. Punkt I in Bild 3.5a, und zeichnet das Krafteck nach dem festgelegten Umfahrungssinn, hier im Uhrzeigersinn in der Folge F_A, 1, 2. Die Wirklinien der Stabkräfte werden aus dem Lageplan entnommen, ihre Wirkrichtungen ergeben sich durch die Richtung von F_A. Die Richtungspfeile werden nur im Lageplan eingetragen, und zwar bezogen auf den untersuchten Knoten. Anschließend sind die Gegenpfeile für die angrenzenden Knotenpunkte einzufügen. Im Cremonaplan werden die Stabkräfte lediglich durch Ziffern kenntlich gemacht und durch Plus- oder Minuszeichen in Zug- oder Druckkräfte unterschieden.

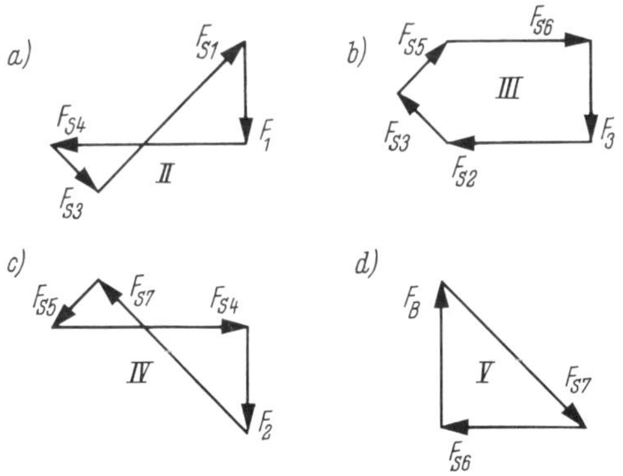

Bild 3.6 Kraftecke zum Fachwerk nach Bild 3.5
a) für Knoten II, b) für Knoten III, c) für Knoten IV, d) für Knoten V

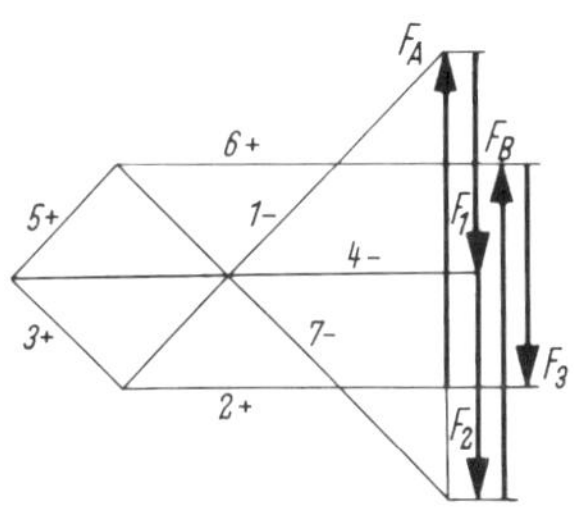

Bild 3.7 Cremonaplan zum Fachwerk in Bild 3.5

Nun sind am Knoten II nur noch die Kräfte in den Stäben 3 und 4 unbekannt. Unter Verwendung der Strecke 1 wird das Krafteck für Knoten II konstruiert, indem man die Kraft F_1 anfügt, mit der Wirklinie 4 fortsetzt und mit 3 wieder an 1 anschließt. Aus dem Richtungspfeil für 1 (bezogen auf Knoten II) und dem von F_1

[1)] *Luigi Cremona* (1830 bis 1903), italienischer Gelehrter ergibt sich Stab 4 als Druckstab und 3 als Zugstab. Die entsprechenden Richtungspfeile werden im Lageplan eingetragen für den Knoten II und die Gegenpfeile für die Knoten III und IV. Danach können die Kraftecke für diese Knoten und den Knoten V sinngemäß angefügt werden, wobei die Reihenfolge ohne Bedeutung ist. Es dürfen jeweils nur zwei unbekannte Stabkräfte auftreten, und der gewählte Umfahrungssinn muss eingehalten werden.

Im Cremonaplan werden die entstandenen Kraftstrecken gemessen und die Stabkraftbeträge mit dem vorher gewählten Kräftemaßstabfaktor errechnet. Die Ergebnisse stellt man übersichtlich in einer Tabelle zusammen und gibt Zugkräfte mit einem Plus-, Druckkräfte mit einem Minuszeichen an.

Zweckmäßig sind folgende **Arbeitsschritte:**

1. **Schritt:** Lageplan zeichnen, Knotenpunkte und Stäbe beziffern, Umfahrungssinn festlegen und Stützkräfte zeichnerisch oder rechnerisch ermitteln.
2. **Schritt:** Krafteck für einen Knotenpunkt zeichnen, an dem mindestens eine bekannte Kraft und höchstens zwei unbekannte Stabkräfte wirken, Richtungspfeile bezogen auf diesen und die angrenzenden Knotenpunkte im Lageplan eintragen.
3. **Schritt:** Kräfteplan unter Einhaltung des Umfahrungssinns fortsetzen durch Anfügen des Kraftecks für einen Knotenpunkt, an dem wieder nur zwei unbekannte Stabkräfte auftreten, und Richtungspfeile wie unter 2. im Lageplan eintragen.
4. **Schritt:** Wie unter 3. fortfahren, bis alle Knoten erfasst sind, Reihenfolge der Knoten beliebig.
5. **Schritt:** Kraftstrecken im Kräfteplan messen und in Kraftbeträge umrechnen, Ergebnisse in Tabellen zusammenstellen, dabei Zugkräfte mit Plus-, Druckkräfte mit Minuszeichen angeben.

Praxishinweis

Wenn sämtliche Stabkräfte eines symmetrisch aufgebauten und symmetrisch belasteten Fachwerks zu bestimmen sind, genügt es, nur eine Hälfte des Cremonaplans zu zeichnen. Für die Ermittlung einzelner Stabkräfte eines Fachwerks ist der Cremonaplan zu aufwendig. Das Rittersche Schnittverfahren kann aber auch für die Errechnung aller Stabkräfte eines Fachwerks angewendet werden. Dafür sind mehrere Schnitte in der vorstehend beschriebenen Weise durchzuführen. Außer den hier erläuterten sind weitere Verfahren zur Stabkraftermittlung bekannt.

Kontrollfragen:

- Wie ist ein Fachwerk aufgebaut, und welche Bezeichnungen sind für die Stäbe gebräuchlich?
- Welche Voraussetzungen sind für die Stabkraftermittlung notwendig, und welche Annahmen werden gemacht?
- Wofür dient das Rittersche Schnittverfahren, und wie wird es durchgeführt?
- Was versteht man unter einem Cremonaplan, und wofür wird er angewendet?

4 Schwerpunkt

Lernziele:
- Den Begriff Schwerpunkt erklären.
- Den Momentensatz der Statik als Grundlage der Schwerpunktberechnung erläutern.
- Die Lage des Schwerpunktes von Körpern, Flächen und Linien berechnen.
- Die Begriffe Standmoment und Kippmoment erläutern und Standsicherheitsberechnungen durchführen.

4.1 Begriffsbestimmung, Grundlagen

Die von der Erde auf einen Körper ausgeübte Anziehungskraft ist die **Schwerkraft** oder **Gewichtskraft F_G.** Sie ist auf den ganzen Körper verteilt, d. h. an jedem kleinsten Körperteilchen wirkt eine Teilgewichtskraft ΔF_G, die in jeder Lage des Körpers zum Erdmittelpunkt hin, also lotrecht gerichtet ist (Bild 4.1a). Die Resultierende aller Teilgewichtskräfte ist die Gewichtskraft $F_G = \Sigma\,\Delta F_G$. Ihr **Angriffspunkt ist der Schwerpunkt S_0** des Körpers. Wird der Körper im Schwerpunkt unterstützt oder gelenkig aufgehängt, so bleibt er in jeder beliebigen Lage stehen, befindet sich also im Gleichgewicht.

Die Lage des Schwerpunktes kann versuchsmäßig, zeichnerisch oder rechnerisch bestimmt werden. Beim Versuch hängt man den Körper, beispielsweise eine dünne Scheibe (Bild 4.1b), an einem beliebigen Punkt an einen Faden und markiert in Verlängerung des Fadens eine lotrechte Linie. Danach wird der Körper an einem anderen Punkt am Faden befestigt und eine weitere lotrechte Linie gezeichnet. Im Schnittpunkt beider Linien liegt der Schwerpunkt.

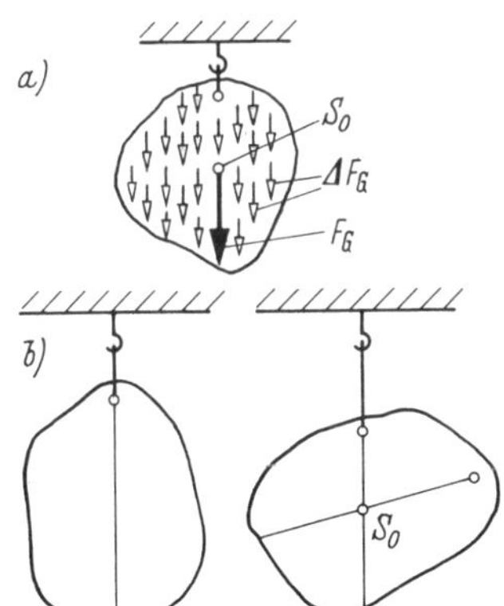

Bild 4.1 Schwerpunkt S_0
a) Angriffspunkt der Gewichtskraft F_G,
b) versuchsmäßige Schwerpunktbestimmung

Für die zeichnerische Schwerpunktbestimmung ist das Seileckverfahren geeignet. Dazu zerlegt man den Körper gedanklich in Teilstücke, deren Schwerpunktlage bekannt ist. Der Abstand der Gewichtskraft als Resultierende der Teilgewichtskräfte von einer Bezugsachse wird dann nach der im Abschn. 2.3.3 beschriebenen Weise ermittelt. Dieses Verfahren ist je nach Körperform bis zu dreimal durchzuführen, u. zw. in den drei senkrecht zueinander stehenden Ansichten des Körpers.

Linien und Ebenen, die durch den Schwerpunkt hindurchgehen, sind **Schwerlinien** bzw. **Schwerebenen.** Symmetrielinien und -ebenen eines Körpers gehen stets durch den Schwerpunkt. Da ihre Lage bekannt ist, sind nur die nicht bekannten Schwerpunktabstände zu bestimmen.

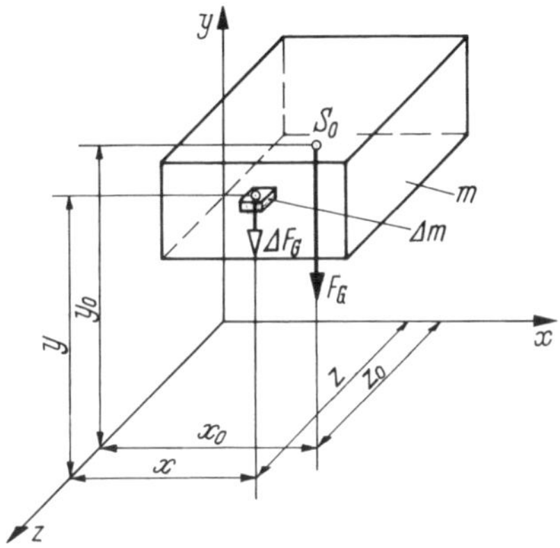

Bild 4.2 Körper in einem räumlichen Koordinatensystem

Grundlage der rechnerischen Schwerpunktbestimmung ist der **Momentensatz der Statik.** Der Schwerpunkt jedes winzig kleinen Körperteilchens Δm habe von den Koordinatenachsen eines räumlichen Koordinatensystems die Abstände x, y und z (Bild 4.2). Der besseren Übersicht wegen ist in Bild 4.2 nur die Gewichtskraft ΔF_G eines Körperteilchens Δm eingezeichnet. Mit den Koordinaten x_0, y_0 und z_0 des Schwerpunktes S_0 erhält man entspr. Gl. (2.19) die drei Momentengleichungen:

$$F_G \cdot x_0 = \Sigma(\Delta F_G \cdot x), \qquad F_G \cdot y_0 = \Sigma(\Delta F_G \cdot y)$$

und $F_G \cdot z_0 = \Sigma(\Delta F_G \cdot z)$.

Daraus folgt für die

Schwerpunktkoordinaten

$$\boldsymbol{x_0 = \frac{\Sigma(\Delta F_G \cdot x)}{F_G}} \qquad (4.1)$$

$$\boldsymbol{y_0 = \frac{\Sigma(\Delta F_G \cdot y)}{F_G}} \qquad (4.2)$$

$$\boldsymbol{z_0 = \frac{\Sigma(\Delta F_G \cdot z)}{F_G}} \qquad (4.3)$$

Da für $F_G = m \cdot g$ und für $\Delta F_G = \Delta m \cdot g$ gesetzt werden kann, kürzt sich die Fallbeschleunigung g heraus, und in den Gleichungen erscheinen die Masse m und die Teilmasse Δm. Die Lage des Schwerpunkts ist somit nur von der Massenverteilung abhängig. Daher wird der Schwerpunkt auch **Massenmittelpunkt** genannt. Er kann jedoch wie bei Ringen, Hohlzylindern u. dgl. auch außerhalb der Körpermasse liegen.

4.2 Schwerpunktberechnung

4.2.1 Körper

Ein homogener[1] Körper mit dem Volumen V und der Dichte ϱ (s. Abschn. 7.1.1) hat die Masse $m = V \cdot \varrho$ (Gl. (7.2)). Damit gilt für die Gewichtskraft $F_G = m \cdot g = V \cdot \varrho \cdot g$. Setzt man diese Beziehung und $\Delta F_G = \Delta V \cdot \varrho \cdot g$ in die Gln. (4.1) bis (4.3) ein, so kürzen sich ϱ und g heraus. Die Gleichungen für die Koordinaten des Schwerpunktes lauten dann:

$$x_0 = \frac{\Sigma(\Delta V \cdot x)}{V} \qquad y_0 = \frac{\Sigma(\Delta V \cdot y)}{V}$$

$$z_0 = \frac{\Sigma(\Delta V \cdot z)}{V}$$

Aus diesen Gleichungen ergeben sich mithilfe der Integralrechnung für homogene geometrische Grundkörper wie Prisma, Pyramide, Kegel, Halbkugel u. a., deren Volumen mathematisch erfassbar sind, einfache Formeln zur Schwerpunktbestimmung (Tab. 5). Zusammengesetzte Körper (Bild 4.3) zerlegt man in Teilkörper, deren Schwerpunktabstände bekannt sind oder nach Tab. 5 errechnet werden können. Mit den Teilvolumen $\Delta V = V_i$ ($i = 1$ bis n, in Bild 4.3 ist $n = 3$), den zugehörigen Schwerpunktabständen x_i, y_i, z_i und dem Gesamtvolumen $V = \Sigma V_i$ folgen aus den obigen Gleichungen für einen homogenen Körper die

Schwerpunktabstände

$$x_0 = \frac{\Sigma(V_i \cdot x_i)}{V} = \frac{V_1 \cdot x_1 + V_2 \cdot x_2 + \ldots + V_n \cdot x_n}{V_1 + V_2 + \ldots + V_n} \qquad (4.4)$$

$$y_0 = \frac{\Sigma(V_i \cdot y_i)}{V} = \frac{V_1 \cdot y_1 + V_2 \cdot y_2 + \ldots + V_n \cdot y_n}{V_1 + V_2 + \ldots + V_n} \qquad (4.5)$$

$$z_0 = \frac{\Sigma(V_i \cdot z_i)}{V} = \frac{V_1 \cdot z_1 + V_2 \cdot z_2 + \ldots + V_n \cdot z_n}{V_1 + V_2 + \ldots + V_n} \qquad (4.6)$$

In diese Gleichungen sind die **Volumen ausgesparter Teilkörper** und im **negativen Bereich** der Koordinatenachse liegende Schwerpunktabstände **mit negativem Vorzeichen** einzusetzen (z. B. das Bohrungsvolumen in Bild 4.3, ein Zylinder als Teilkörper 3).

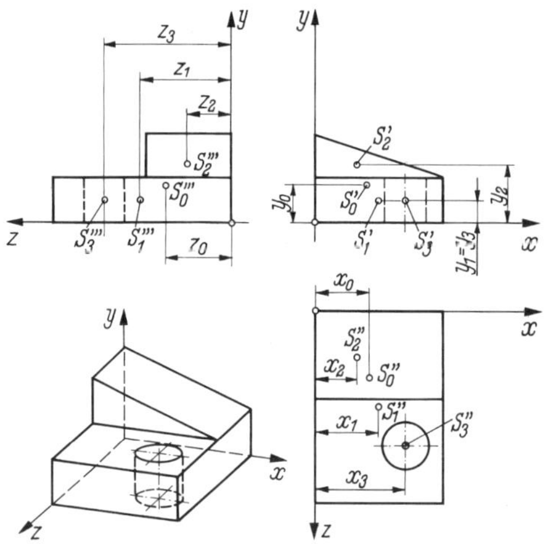

Bild 4.3 Zusammengesetzter Körper mit Projektionen auf die Koordinatenebenen

Beispiel 4.1
Die Lage des Schwerpunktes des zusammengesetzten Körpers nach Bild 4.4 ist zu errechnen.

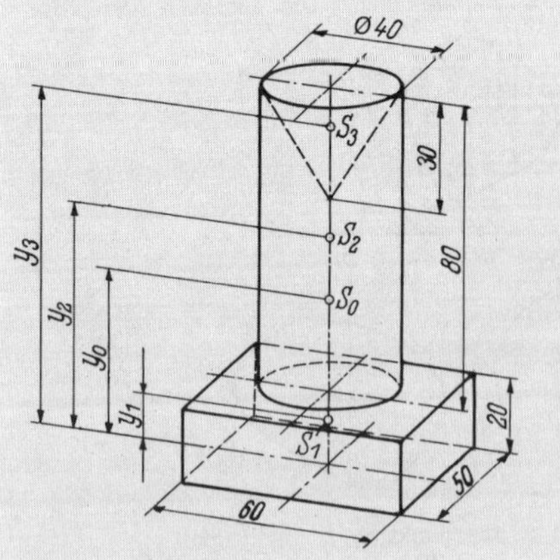

Bild 4.4 Zusammengesetzter homogener Körper

[1] *homogen* (griech.): einheitlich, in allen Teilen gleich beschaffen oder stofflich gleichmäßig

Lösung:

Gegeben: $a = 6$ cm, $b = 5$ cm, $d = 4$ cm, $h_1 = 2$ cm, $h_2 = 8$ cm, $h_3 = 3$ cm.

Gesucht: y_0 in mm.

Wegen der Symmetrie braucht nur der Abstand y_0 auf der Mittelachse bestimmt zu werden. Der Körper wird in drei Teilkörper aufgeteilt (Quader 1, Zylinder 2 und Kegel 3) mit den Teilvolumen

$$V_1 = a \cdot b \cdot h_1 = 6\,\text{cm} \cdot 5\,\text{cm} \cdot 2\,\text{cm} = 60\,\text{cm}^3,$$

$$V_2 = d^2 \cdot \frac{\pi}{4} \cdot h_2 = (4\,\text{cm})^2 \cdot \frac{\pi}{4} \cdot 8\,\text{cm} = 100{,}53\,\text{cm}^3,$$

$$V_3 = \frac{d^2 \cdot \pi \cdot h_3}{4 \cdot 3} = \frac{(4\,\text{cm})^2 \cdot \pi \cdot 3\,\text{cm}}{4 \cdot 3} = 12{,}57\,\text{cm}^3$$

und den Teilschwerpunktabständen (für 2 und 3 nach Tab. 5)

$$y_1 = \frac{h_1}{2} = \frac{2\,\text{cm}}{2} = 1\,\text{cm},$$

$$y_2 = h_1 + \frac{h_2}{2} = \left(2 + \frac{8}{2}\right)\text{cm} = 6\,\text{cm},$$

$$y_3 = h_1 + h_2 - \frac{h_3}{4} = \left(2 + 8 - \frac{3}{4}\right)\text{cm} = 9{,}25\,\text{cm}.$$

Nach Gl. (4.5) wird (V_3 ist negativ einzusetzen)

$$y_0 = \frac{V_1 \cdot y_1 + V_2 \cdot y_2 - V_3 \cdot y_3}{V_1 + V_2 - V_3}$$

$$= \frac{(60 \cdot 1 + 100{,}53 \cdot 6 - 12{,}57 \cdot 9{,}25)\,\text{cm}^3 \cdot \text{cm}}{(60 + 100{,}53 - 12{,}57)\,\text{cm}^3}$$

$$= 3{,}7\,\text{cm} = 37\,\text{mm}.$$

4.2.2 Flächen

Auch von Flächen lässt sich wie von Körpern ein Schwerpunkt bestimmen. Man denkt sich eine ebene Fläche A als Vorderansicht einer Platte mit der Dicke s und unterteilt sie in i Teilflächen (A_1, A_2, A_3 in Bild 4.5) mit den bekannten Schwerpunktabständen x_i und y_i von den Koordinatenachsen. Setzt man $V = A \cdot s$ und $V_i = A_i \cdot s$ in die Gln. (4.4) und (4.5) ein, so kürzt sich die Dicke s heraus, und es ergeben sich für eine aus n Teilflächen zusammengesetzte ebene Fläche A die

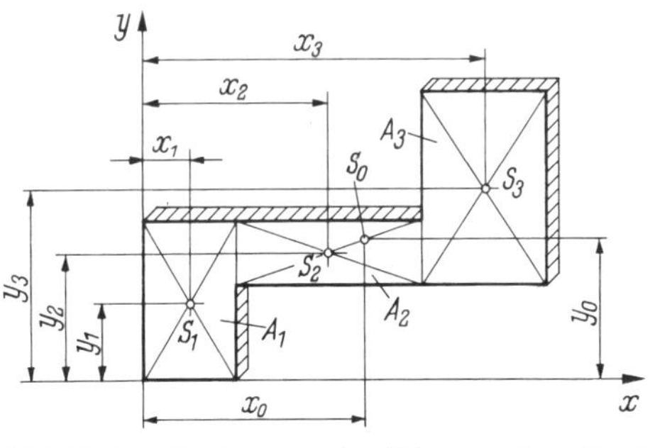

Bild 4.5 Zur Bestimmung des Schwerpunktes S_0 einer zusammengesetzten Fläche

Schwerpunktabstände

$$x_0 = \frac{\Sigma(A_i \cdot x_i)}{A} = \frac{A_1 \cdot x_1 + A_2 \cdot x_2 + \ldots + A_n \cdot x_n}{A_1 + A_2 + \ldots + A_n} \tag{4.7}$$

$$y_0 = \frac{\Sigma(A_i \cdot y_i)}{A} = \frac{A_1 \cdot y_1 + A_2 \cdot y_2 + \ldots + A_n \cdot y_n}{A_1 + A_2 + \ldots + A_n} \tag{4.8}$$

In diese Gleichungen sind **ausgesparte Teilflächen** und im **negativen Bereich** der Koordinatenachsen liegende Schwerpunktabstände **mit negativem Vorzeichen** einzusetzen. Die Berechnungsformeln für die Schwerpunktabstände einiger einfacher Flächen sind in Tab. 6 zusammengestellt. Bei drei oder mehr Teilflächen empfiehlt sich eine tabellarische Zusammenstellung der Zwischenergebnisse (s. Beisp. 4.2). Das Koordinatensystem ist so zu wählen, dass möglichst wenig Teilflächenmomente auftreten. Symmetrielinien werden vorzugsweise als Koordinatenachse gewählt.

Das Produkt aus einer Fläche und dem Abstand ihres Schwerpunktes von einer Bezugsachse ist das **Flächenmoment 1. Grades**, auch **statisches Moment der Fläche** genannt (s. Abschn. 9.4.2). Das auf eine Schwerlinie bezogene statische Moment ist null, weil der Abstand vom Schwerpunkt zur Bezugsachse null ist.

Zweckmäßig sind folgende **Arbeitsschritte:**

1. **Schritt:** Koordinatenachsen festlegen, Fläche in Teilflächen aufteilen, Berechnungsskizze anfertigen und Schwerpunktabstände eintragen.
2. **Schritt:** Teilflächeninhalte und -schwerpunktabstände errechnen, ggf. tabellarisch zusammenstellen einschl. der Teilflächenmomente.
3. **Schritt:** Abstände des Gesamtschwerpunktes errechnen.

Beispiel 4.2

Für die in Bild 4.6 dargestellte Fläche ist die Lage des Schwerpunktes rechnerisch zu bestimmen.

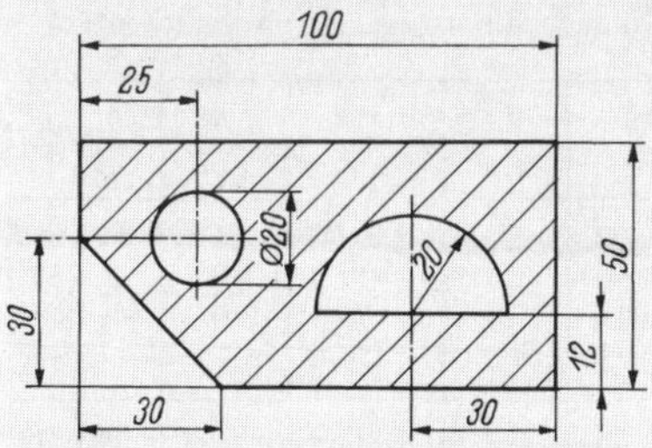

Bild 4.6 Fläche mit Aussparungen

Lösung:
Gegeben: $a = 10$ cm, $b = 5$ cm, $c = 1{,}2$ cm, $h = 3$ cm, $R_3 = 1$ cm, $R_4 = 2$ cm.
Gesucht: x_0 und y_0 in mm.
1. Schritt: Koordinatenachsen liegen nach Berechnungsskizze (Bild 4.7) auf dem unteren und dem linken Flächenrand, Fläche in vier Teilflächen aufteilen: Rechteck A_1, Dreieck A_2, Kreis A_3 und Halbkreis A_4.

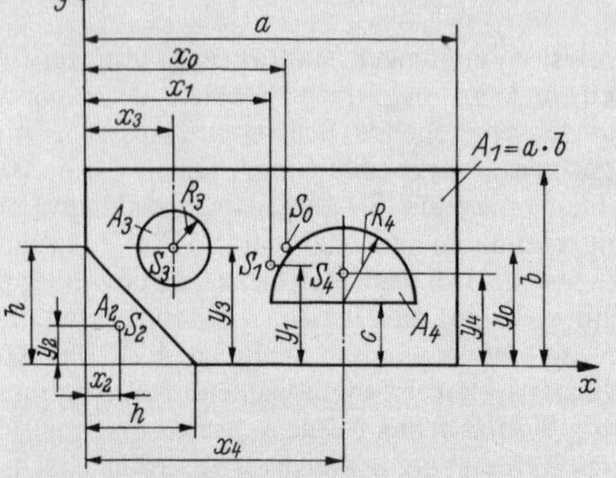

Bild 4.7 Berechnungsskizze

2. Schritt: Teilflächen A_i und Abstände x_i, y_i (nach Tab. 6):

$A_1 = a \cdot b = 10\text{ cm} \cdot 5\text{ cm} = 50\text{ cm}^2$,

$x_1 = a/2 = (10/2)\text{ cm} = 5\text{ cm}$,

$y_1 = b/2 = (5/2)\text{ cm} = 2{,}5\text{ cm}$,

$A_2 = h \cdot h/2 = h^2/2 = (3^2/2)\text{ cm}^2 = 4{,}5\text{ cm}^2$,

$x_2 = y_2 = h/3 = (3/3)\text{ cm} = 1\text{ cm}$,

$A_3 = R_3^2 \cdot \pi = (1\text{ cm})^2 \cdot \pi = 3{,}14\text{ cm}^2$,

$x_3 = 2{,}5\text{ cm}, y_3 = 3\text{ cm}$ (nach Bild 4.6),

$A_4 = R_4^2 \cdot \pi/2 = (2\text{ cm})^2 \cdot \pi/2 = 6{,}28\text{ cm}^2$,

$x_4 = 7\text{ cm}$,

$y_4 = c + 0{,}424\, R_4 = (1{,}2 + 0{,}424 \cdot 2)\text{ cm} = 2{,}05\text{ cm}$

Diese Werte und die damit errechneten Flächenmomente $A_i \cdot x_i$ und $A_i \cdot y_i$ sowie deren Summen und die Gesamtfläche $A = \Sigma A_i$ sind in nachfolgender Tabelle zusammengestellt (A_2, A_3 und A_4 als ausgesparte Teilflächen mit negativem Vorzeichen):

i	$\frac{A_i}{\text{cm}^2}$	$\frac{x_i}{\text{cm}}$	$\frac{A_i \cdot x_i}{\text{cm}^3}$	$\frac{y_i}{\text{cm}}$	$\frac{A_i \cdot y_i}{\text{cm}^3}$
1	50,00	5,0	250,00	2,5	125,00
2	−4,50	1,0	− 4,50	1,0	− 4,50
3	−3,14	2,5	− 7,85	3,0	− 9,42
4	−6,28	7,0	−43,96	2,05	−12,87
Σ	36,08	–	193,69	–	98,21

3. Schritt: Nach den Gln. (4.7) und (4.8):

$$x_0 = \frac{\Sigma(A_i \cdot x_i)}{A} = \frac{193{,}69\text{ cm}^3}{36{,}08\text{ cm}^2} = 5{,}37\text{ cm} = 53{,}7\text{ mm},$$

$$y_0 = \frac{\Sigma(A_i \cdot y_i)}{A} = \frac{98{,}21\text{ cm}^3}{36{,}08\text{ cm}^2} = 2{,}72\text{ cm} = 27{,}2\text{ mm}.$$

Beispiel 4.3
Bild 4.8 zeigt die Querschnittsfläche eines aus zwei Winkelprofilen EN 10056-1-50 × 50 × 6 und einem T-Profil EN 10055-T120 zusammengesetzten Trägers. Der Schwerpunktabstand von der Unterkante dieser Querschnittsfläche ist zu errechnen.
Lösung:
Gegeben: Nach Tab. 32: $A_1 = 29{,}6\text{ cm}^2$, $h = 12$ cm, $e_1 = 3{,}28$ cm, Tab. 30: $A_2 = 5{,}69\text{ cm}^2$, $e_2 = 1{,}45$ cm.
Gesucht: y_0 in mm.

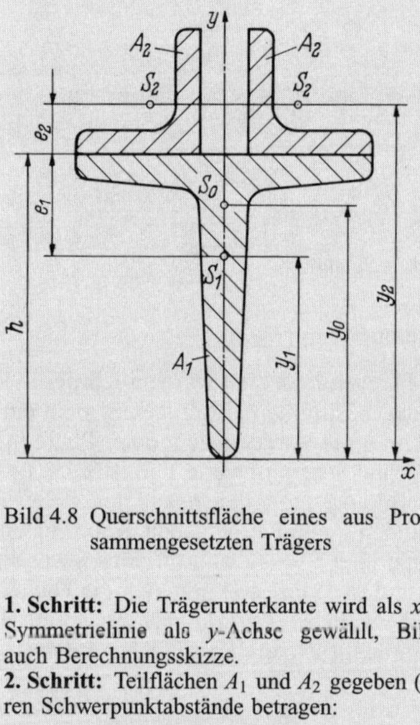

Bild 4.8 Querschnittsfläche eines aus Profilen zusammengesetzten Trägers

1. Schritt: Die Trägerunterkante wird als x- und die Symmetrielinie als y-Achse gewählt, Bild 4.8 ist auch Berechnungsskizze.
2. Schritt: Teilflächen A_1 und A_2 gegeben (s. o.), deren Schwerpunktabstände betragen:

$y_1 = h - e_1 = (12 - 3{,}28)\text{ cm} = 8{,}72\text{ cm}$,

$y_2 = h + e_2 = (12 + 1{,}45)\text{ cm} = 13{,}45\text{ cm}$.

3. Schritt: Nach Gl. (4.8)

$$y_0 = \frac{A_1 \cdot y_1 + 2A_2 \cdot y_2}{A_1 + 2A_2}$$

$$= \frac{(29{,}6 \cdot 8{,}72 + 2 \cdot 5{,}69 \cdot 13{,}45)\text{ cm}^2 \cdot \text{cm}}{(29{,}6 + 2 \cdot 5{,}69)\text{ cm}^2}$$

$$= 10{,}03\text{ cm} = 100{,}3\text{ mm}.$$

Da der Schwerpunkt auf der Symmetrielinie (y-Achse) liegt, ist $x_0 = 0$.

4.2.3 Linien

In gleicher Weise wie von Flächen lässt sich auch von Linien ein Schwerpunkt bestimmen. Man denke sich den in Bild 4.9 dargestellten, aus den Teillängen l_1, l_2 und l_3 zusammengesetzten Linienzug als Mittellinie eines dünnen Drahtes. Der Schwerpunkt des Drahtstückes ist auch der Schwerpunkt seiner Mittellinie. Somit kann der Schwerpunkt eines aus Strecken und Bögen zusammengesetzten Linienzuges wie der von einem dünnen Körper mit gleich bleibendem Querschnitt oder von einer schmalen Fläche mit gleich bleibender Breite ermittelt werden.

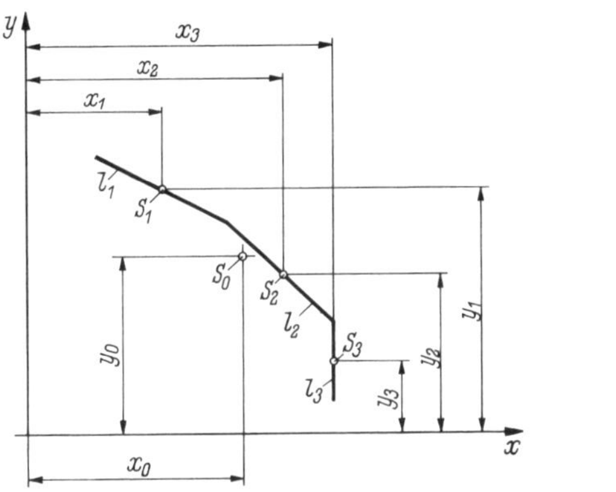

Bild 4.9 Zur Bestimmung des Schwerpunktes S_0 eines Linienzuges

Zur Lagebestimmung des Gesamtschwerpunktes S_0 eines ebenen zusammengesetzten Linienzuges mit der Länge $l = \Sigma l_i$, den Teillängen l_i und deren bekannten Schwerpunktabständen x_i und y_i von den Koordinatenachsen erhält man aus den Momentengleichungen $l \cdot x_0 = \Sigma(l_i \cdot x_i)$ und $l \cdot y_0 = \Sigma(l_i \cdot y_i)$ die

Schwerpunktabstände

$$x_0 = \frac{\Sigma(l_i \cdot x_i)}{l} = \frac{l_1 \cdot x_1 + l_2 \cdot x_2 + \ldots + l_n \cdot x_n}{l_1 + l_2 + \ldots + l_n} \quad (4.9)$$

$$y_0 = \frac{\Sigma(l_i \cdot y_i)}{l} = \frac{l_1 \cdot y_1 + l_2 \cdot y_2 + \ldots + l_n \cdot y_n}{l_1 + l_2 + \ldots + l_n} \quad (4.10)$$

Die Berechnungsformeln für die Schwerpunktabstände einiger einfacher Linien (Strecken, Streckenzüge, Bögen) enthält Tab. 7. Das Koordinatensystem wird so gewählt, dass man mit möglichst wenig Linienmomenten $l_i \cdot x_i$ bzw. $l_i \cdot y_i$ auskommt. Die Schwerpunktabstände von Teillängen im negativen Bereich der Koordinatenachsen sind in die Gleichungen mit negativem Vorzeichen einzusetzen. Es kann sinngemäß nach den für Flächen im Abschnitt 4.2.2 angegebenen Arbeitsschritten vorgegangen werden.

Beispiel 4.4
Das in Bild 4.10 dargestellte Blechteil soll in großer Stückzahl aus Blechstreifen herausgeschnitten werden. Für die Werkzeugherstellung ist der Abstand des Schwerpunktes der Schnittlinie (des Umrisses mit Kreis) vom Lochmittelpunkt zu errechnen.

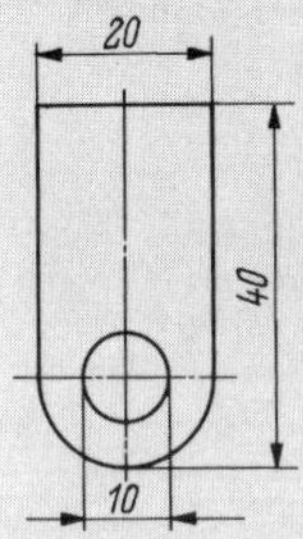

Bild 4.10 Blechteil

Lösung:
Gegeben: $a = 4$ cm, $b = 2$ cm, $d = 1$ cm.
Gesucht: y_0 in mm.
1. Schritt: Lochmittelpunkt als Koordinatenursprung, Symmetrielinien als y-Achse gewählt, s. Berechnungsskizze Bild 4.11.

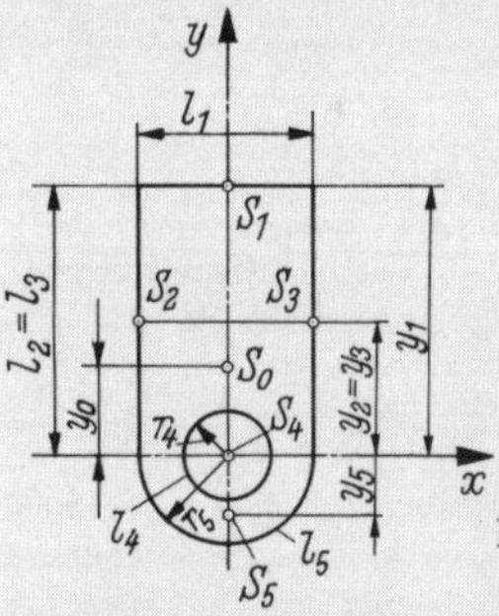

Bild 4.11 Berechnungsskizze

2. Schritt: Teillängen l_i und Abstände y_i (nach Tab. 7):

$l_1 = b = 2\text{ cm}, y_1 = a - b/2 = (4 - 1)\text{ cm} = 3\text{ cm},$

$l_2 = l_3 = y_1 = 3\text{ cm}, y_2 = y_3 = y_1/2 = 1{,}5\text{ cm},$

$l_4 = 2r_4 \cdot \pi = d \cdot \pi = 1\text{ cm} \cdot \pi = 3{,}14\text{ cm}, y_4 = 0,$

$l_5 = r_5 \cdot \pi = 0{,}5\, b \cdot \pi = 1\text{ cm} \cdot \pi = 3{,}14\text{ cm},$

$y_5 = 0{,}637\, r_5 = 0{,}637 \cdot 1\text{ cm} = 0{,}637\text{ cm}.$

Diese Werte und die damit errechneten Linienmomente $l_i \cdot y_i$ sowie deren Summe und die Gesamtlänge der Schnittlinie $l = \Sigma l_i$ sind in nachfolgender

Tabelle zusammengestellt (der Abstand y_5 ist negativ, da er auf der negativen y-Achse liegt):

i	$\frac{l_i}{\text{cm}}$	$\frac{y_i}{\text{cm}}$	$\frac{l_i \cdot y_i}{\text{cm}^2}$
1	2,00	3,00	6,00
2	3,00	1,50	4,50
3	3,00	1,50	4,50
4	3,14	0	0
5	3,14	−0,637	−2,00
Σ	14,28	–	13,00

3. Schritt: Nach Gl. (4.10):

$$y_0 = \frac{\Sigma(l_i \cdot y_i)}{l} = \frac{13{,}0\,\text{cm}^2}{14{,}28\,\text{cm}} = 0{,}91\,\text{cm} = 9{,}1\,\text{mm}.$$

Beispiel 4.5
In Bild 4.12 sind die Systemlinien eines Wandschwenkkrans skizziert, dessen Stäbe aus Rohren gleichen Durchmessers und gleicher Wanddicke bestehen. Welchen Abstand von der Drehachse hat der Schwerpunkt als Angriffspunkt der Eigengewichtskraft?

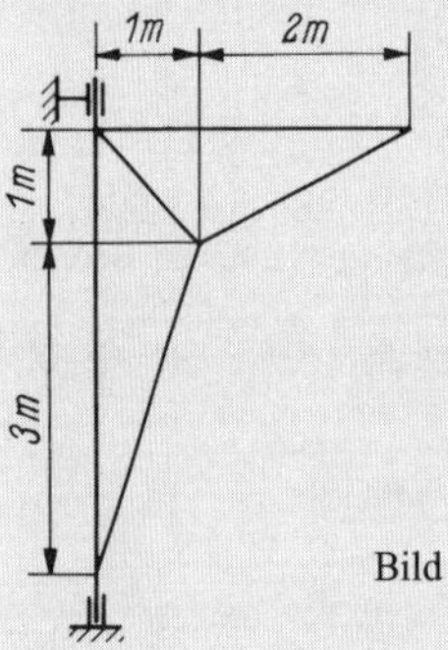

Bild 4.12 Systemlinien eines Wandschwenkkrans

Lösung:
Gegeben: $a = 1$ m, $b = 2$ m, $c = 3$ m.
Gesucht: x_0 in mm.
Der Schwerpunkt des Kranes ist gleich dem Schwerpunkt der Systemlinien, da alle Stäbe gleichen Querschnitt haben.
1. Schritt: Die Drehachse ist die y-Achse, die Stablängen = Systemlinienlängen sind die Teillängen l_i. Die Abstände y_i werden nicht benötigt, Berechnungsskizze Bild 4.13.
2. Schritt: Teillängen l_i und Abstände x_i :
$l_1 = a + c = 4\,\text{m}, x_1 = 0$ (da S_1 auf der y-Achse),

$l_2 = \sqrt{a^2 + c^2} = \sqrt{10}\,\text{m} = 3{,}162\,\text{m}$,

$x_2 = a/2 = 0{,}5\,\text{m}$,

$l_3 = \sqrt{a^2 + a^2} = \sqrt{2}\,\text{m} = 1{,}414\,\text{m}$,

$x_3 = x_2 = 0{,}5$,

$l_4 = a + b = 3\,\text{m}, x_4 = l_4/2 = 1{,}5\,\text{m}$,

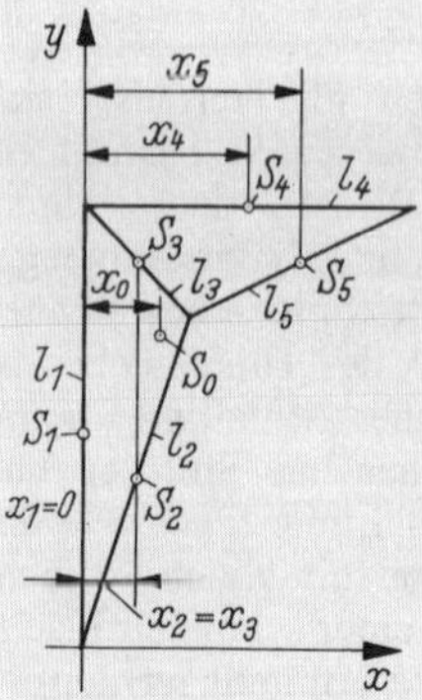

Bild 4.13 Berechnungsskizze

$l_5 = \sqrt{a^2 + b^2} = \sqrt{5}\,\text{m} = 2{,}236\,\text{m}$,

$x_5 = a + b/2 = 2\,\text{m}$.

Diese Werte und die Linienmomente $l_i \cdot x_i$ sowie deren Summen und die gesamte Systemlinienlänge $l = \Sigma l_i$ sind in nachfolgender Tabelle zusammengestellt:

i	$\frac{l_i}{\text{m}}$	$\frac{x_i}{\text{m}}$	$\frac{l_i \cdot x_i}{\text{m}^2}$
1	4,000	0	0
2	3,162	0,5	1,581
3	1,414	0,5	0,707
4	3,000	1,5	4,500
5	2,236	2,0	4,472
Σ	13,812	–	11,260

3. Schritt: Nach Gl. (4.9):

$$x_0 = \frac{\Sigma(l_i \cdot x_i)}{l} = \frac{11{,}26\,\text{m}^2}{13{,}812\,\text{m}} = 0{,}815\,\text{m} = 815\,\text{mm}.$$

4.3 Gleichgewichtslagen, Standsicherheit

Wird ein entspr. Bild 4.14 beweglich gelagerter Körper aus seiner Gleichgewichtslage gebracht, so wird sein **Schwerpunkt angehoben** und es entsteht ein **rückstellendes Moment** $F_G \cdot l$, das ihn wieder in seine Ausgangslage zurückführt. Man nennt diese Gleichgewichtslage sicher oder **stabil.** Wird dagegen ein wie in Bild 4.15 gelagerter Körper durch einen Anstoß aus seiner Gleichgewichtslage gebracht, so wird der **Schwerpunkt gesenkt**, und es entsteht ein **ablenkendes Moment** $F_G \cdot l$, das ihn beschleunigt und weiter von seiner Ausgangslage entfernt. Der Körper befindet sich im unsicheren oder **labilen** (instabilen) Gleichgewicht. Von unentschiedenem oder **indifferentem** Gleichgewicht

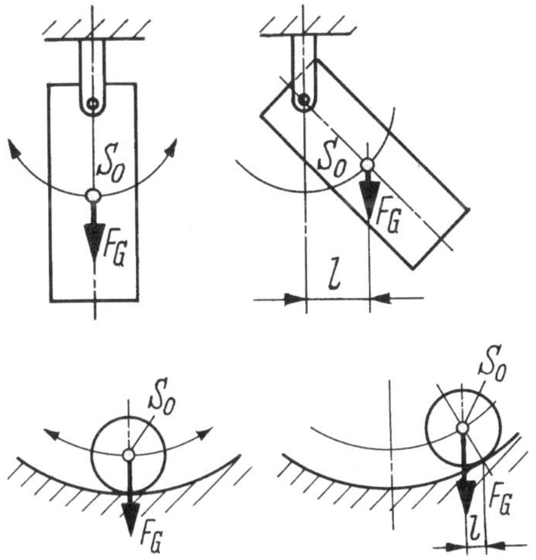

Bild 4.14 Stabiles Gleichgewicht

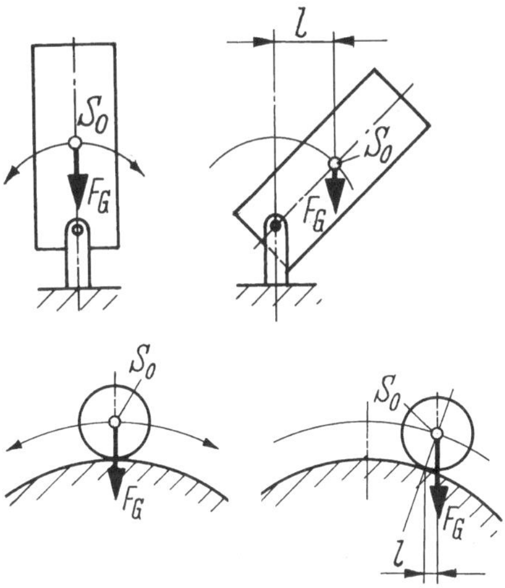

Bild 4.15 Labiles Gleichgewicht

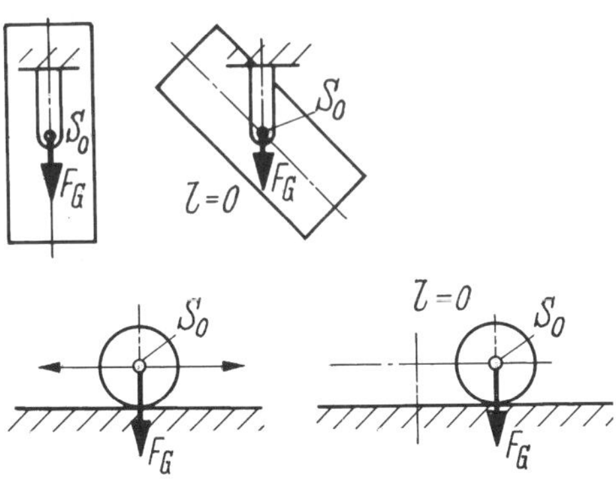

Bild 4.16 Indifferentes Gleichgewicht

spricht man, wenn bei einer Lageänderung der **Schwerpunkt** des Körpers **weder gehoben noch gesenkt** wird und keine rückstellenden oder ablenkenden Momente auftreten (Bild 4.16).

Freistehende Körper können infolge Einwirkung äußerer Kräfte umkippen. Wenn Kippgefahr zu erwarten ist, muss die Standsicherheit errechnet werden. Sie ist wie folgt definiert:

Die Standsicherheit, die stets größer als eins sein muss, ist das auf eine Kippkante bezogene Verhältnis der Summe der Standmomente zur Summe der Kippmomente.

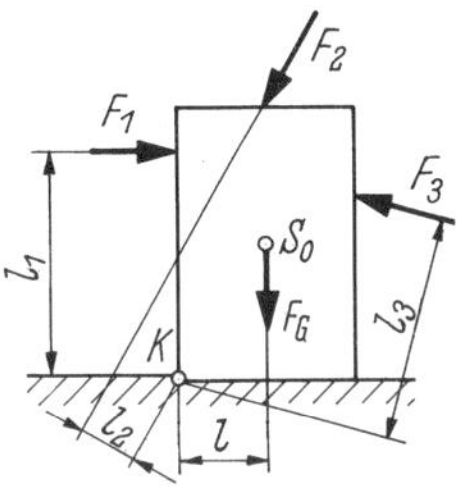

Bild 4.17 Kippgefährdeter Körper

Für den in Bild 4.17 dargestellten Körper beträgt die auf die Kippkante K bezogene

Summe der Standmomente
$\Sigma M_{St} = F_G \cdot l + F_1 \cdot l_1$

und die

Summe der Kippmomente
$\Sigma M_{Ki} = F_2 \cdot l_2 + F_3 \cdot l_3$

Ein Körper steht sicher bei der

$$\textit{Standsicherheit} \quad \boldsymbol{S_{St} = \frac{\Sigma M_{St}}{\Sigma M_{Ki}} > 1} \qquad (4.11)$$

In diesem Falle geht die Wirklinie der Resultierenden aller am Körper angreifenden Kräfte (einschl. der Gewichtskraft) durch die Unterstützungsfläche, d. h. so an der Kippkante vorbei, dass das Moment $F_r \cdot l_r$ stützend (rückstellend) wirkt (Bild 4.18a). Ist $S_{St} = 1$, befindet sich der Körper gerade noch im Gleichgewicht (Bild 4.18b). Geht die Wirklinie von F_r so an der

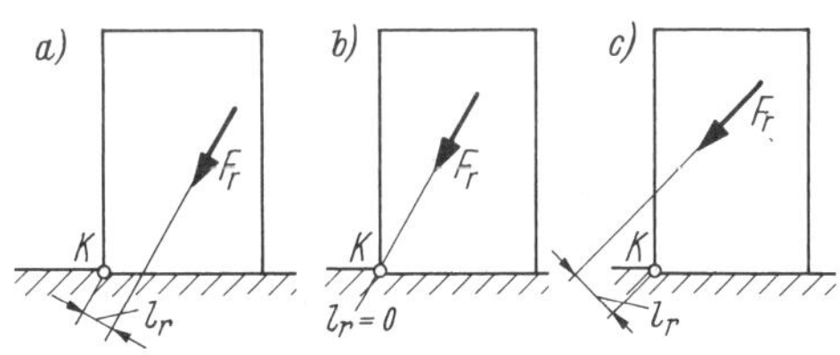

Bild 4.18 Standsicherheit S_{St} eines Körpers
a) $S_{St} > 1$, b) $S_{St} = 1$, c) $S_{St} < 1$

Kippkante vorbei, dass das resultierende Moment ablenkend wirkt, dann ist $S_{\text{St}} < 1$ und der Körper kippt (Bild 4.18c). Bei diesen Betrachtungen wird vorausgesetzt, dass der Körper nicht gleiten kann. Mitunter muss die Untersuchung auf Standsicherheit für mehrere Kippkanten durchgeführt werden. Für den Kranbau ist die Ermittlung der Standsicherheit in Normen (z. B. ISO 4304, ISO 4305 und ISO 12485) vorgeschrieben.

Beispiel 4.6

Für den in Bild 4.19 skizzierten Mobilkran sind die zulässigen Tragkräfte bei den Auslegerstellungen I, II, III und einer Standsicherheit von 1,8 zu errechnen. Die Gewichtskräfte betragen für das Fahrgestell 36,4 kN, den Aufbau 67,2 kN und den Ausleger 7 kN.

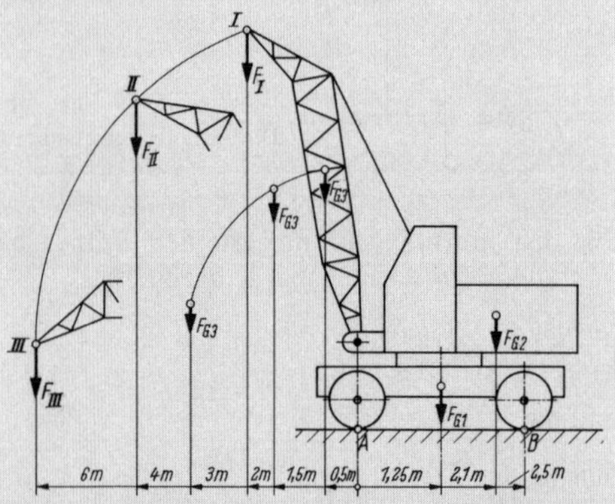

Bild 4.19 Skizze zur Tragkraftermittlung für einen Mobilkran

Lösung:

Gegeben: $S_{\text{St}} = 1{,}8$, $F_{\text{G1}} = 36{,}4$ kN, $F_{\text{G2}} = 67{,}2$ kN, $F_{\text{G3}} = 7$ kN, die Längen von A aus gemessen: $l_1 = 1{,}25$ m, $l_2 = 2{,}1$ m, $l_{3\text{I}} = 0{,}5$ m, $l_{3\text{II}} = 1{,}5$ m, $l_{3\text{III}} = 3$ m, $L_{\text{I}} = 2$ m, $L_{\text{II}} = 4$ m, $L_{\text{III}} = 6$ m.

Gesucht: F_{I}, F_{II}, F_{III}.

Bezogen auf den Kippkantenpunkt A (Bild 4.20) beträgt bei allen Auslegerstellungen die Summe der Standmomente

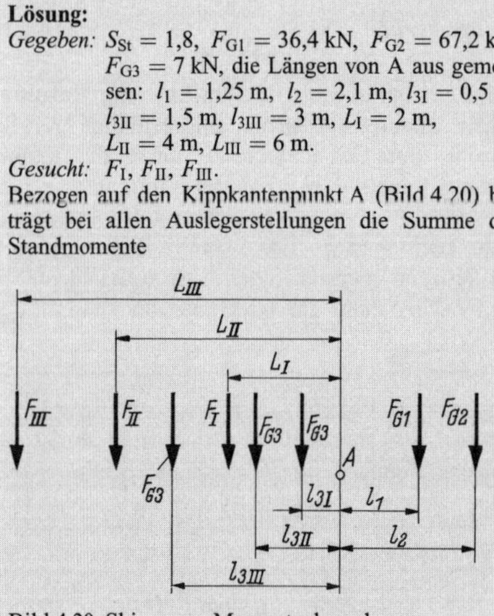

Bild 4.20 Skizze zur Momentenberechnung

$$\Sigma M_{\text{St}} = F_{\text{G1}} \cdot l_1 + F_{\text{G2}} \cdot l_2 = (36{,}4 \cdot 1{,}25 + 67{,}2 \cdot 2{,}1)\,\text{kN} \cdot \text{m} = 186{,}6\,\text{kNm}$$

und die Summe der Kippmomente

$$\Sigma M_{\text{Ki}} = F_i \cdot L_i + F_{\text{G3}} \cdot l_{3i}.$$

Beide in Gl. (4.11) eingesetzt:

$$S_{\text{St}} = \frac{\Sigma M_{\text{St}}}{F_i \cdot L_i + F_{\text{G3}} \cdot l_{3i}}$$

ergibt

$$F_i \cdot L_i + F_{\text{G3}} \cdot l_{3i} = \frac{\Sigma M_{\text{St}}}{S_{\text{St}}} = \frac{186{,}6\,\text{kNm}}{1{,}8} = 103{,}7\,\text{kNm}.$$

Daraus folgt mit $i = \text{I}$, II und III die zulässige Tragkraft für Stellung I:

$$F_{\text{I}} = \frac{\Sigma M_{\text{St}}/S_{\text{St}} - F_{\text{G3}} \cdot l_{3\text{I}}}{L_{\text{I}}} = \frac{(103{,}7 - 7 \cdot 0{,}5)\,\text{kNm}}{2\,\text{m}} = 50{,}1\,\text{kN},$$

für Stellung II:

$$F_{\text{II}} = \frac{\Sigma M_{\text{St}}/S_{\text{St}} - F_{\text{G3}} \cdot l_{3\text{II}}}{L_{\text{II}}} = \frac{(103{,}7 - 7 \cdot 1{,}5)\,\text{kNm}}{4\,\text{m}} = 23{,}3\,\text{kN},$$

für Stellung III:

$$F_{\text{III}} = \frac{\Sigma M_{\text{St}}/S_{\text{St}} - F_{\text{G3}} \cdot l_{3\text{III}}}{L_{\text{II}}} = \frac{(103{,}7 - 7 \cdot 3)\,\text{kNm}}{6\,\text{m}} = 13{,}78\,\text{kN}.$$

Praxishinweis

Die Lage des Schwerpunktes eines Körpers ist immer dann zu ermitteln, wenn die Gewichtskraft von Bauteilen bei Berechnungen berücksichtigt werden muss. In der Kinetik ist der Körperschwerpunkt als Massenmittelpunkt Angriffspunkt der Trägheitskraft sowie der Fliehkraft. Der Flächenschwerpunkt wird für die Berechnung des Flächenmomentes 2. Grades in der Festigkeitslehre benötigt. Um eine gleichmäßige Verteilung der Schnittkraft bei Schnittwerkzeugen zu erreichen, muss die Mittelachse des Einspannzapfens durch den Schwerpunkt der Schnittlinie gehen. Außerdem kann man in der Mathematik auf einfache Weise nach den **Guldinschen Regeln** mit dem Schwerpunktabstand von der Drehachse die Volumen (mit dem Flächenschwerpunktabstand) und die Oberflächen (mit dem Linienschwerpunktabstand) von Rotationskörpern errechnen. Standsicherheitsberechnungen sind z. B. für verschiedene Fahrzeugarten, für Krane und für Leitern erforderlich.

Kontrollfragen:

- Was versteht man unter dem Begriff Schwerpunkt?
- Wie wird die Lage des Schwerpunktes von Körpern, von Flächen und von Linien ermittelt?
- Wie ist die Standsicherheit definiert?

5 Reibung

5.1 Allgemeine Grundlagen

Lernziele:
- Reibung als Bewegungswiderstand erklären.
- Reibungsarten und Reibungszustände nennen und erläutern.
- Beispiele aus der Technik für erwünschte und für unerwünschte Reibung nennen.

Um einen Gegenstand auf seiner Unterlage zu verschieben, ist eine Kraft erforderlich. Der von dieser Kraft zu überwindende bewegungshemmende Widerstand wird **Reibungswiderstand** oder **Reibungskraft**, kurz auch Reibkraft genannt. Allgemein gilt:

Reibung ist der Widerstand, der in den Berührungsflächen zweier Körper auftritt und eine gegenseitige Bewegung durch Gleiten, Rollen oder Abwälzen beeinträchtigt oder verhindert.

Die Reibungskraft wirkt der Bewegungsrichtung bzw. der zu erwartenden Bewegungsrichtung des Körpers entgegen. Sie kann z. B. mit einer Federwaage gemessen werden (Bild 5.1). Der Körper nach Bild 5.1 drückt mit der Gewichtskraft F_G auf eine waagerechte Unterlage. Diese reagiert mit einer gleich großen Gegenkraft, der Normalkraft F_N. Solange die Federkraft F kleiner ist als der größtmögliche Reibungswiderstand, die **Haftreibungskraft F_{R0}**, bleibt der Körper in Ruhe. Dann liegt **Haftreibung** vor, die auch als **Ruhereibung** oder statische Reibung bezeichnet wird.

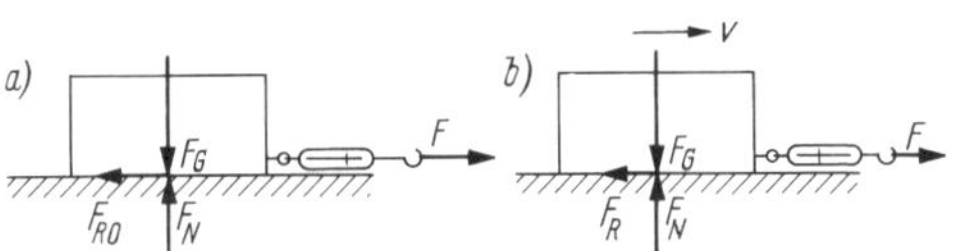

Bild 5.1 Messung von Reibungskräften
a) Haftreibungskraft F_{R0} (Körper bleibt bei $F \leq F_{R0}$ in Ruhe),
b) Gleitreibungskraft F_R (Körper bewegt sich bei $F = F_R$ mit konstanter Geschwindigkeit v)

Der Reibungswiderstand wächst mit zunehmender Kraft F an der Federwaage, bis sein Größtwert F_{R0} erreicht ist, wenn also $F = F_{R0}$ ist (Bild 5.1a). F_{R0} ist die Kraft, die der Körper in seiner Stützfläche gerade noch übertragen kann, ohne zu rutschen. Das ist der **Grenzzustand der Ruhe.** Erst bei einer Federkraft $F > F_{R0}$ gerät der Körper in Bewegung und wird beschleunigt. Für eine gleich bleibende Geschwindigkeit ist aber nur eine Kraft $F < F_{R0}$ aufzubringen, die gerade so groß ist wie der bei **Gleitreibung** auftretende Gleitreibungswiderstand, die **Gleitreibungskraft F_R.** Für die gleichförmige Bewegung (s. Bild 5.1b) gilt also $F = F_R < F_{R0}$.

Den Unterschied zwischen Haft- und Gleitreibung erklärt man sich folgendermaßen: Bei der Berührung zweier fester Körper tritt eine Verzahnung der winzig kleinen Unebenheiten an den Berührungsflächen auf. Aus dieser Verzahnung muss der Körper erst durch eine Kraft $F > F_{R0}$ herausgerissen werden, um ihn dann mit einer geringeren Kraft $F < F_{R0}$ über die Spitzen der Unebenheiten hinwegzuziehen. Dabei verformen sich diese Spitzen oder brechen ab, was zum Verschleiß der Gleitflächen führt. Je glatter die Gleitflächen sind, umso geringer sind die Reibungswiderstände. Durch Schmierung werden sie beträchtlich herabgesetzt.

Nach dem Kontaktzustand der Gleitflächen unterscheidet man folgende **Reibungszustände** (Bild 5.2): **Trockenreibung** oder Festkörperreibung (die Reibflächen haben unmittelbaren Kontakt), **Flüssigkeitsreibung** oder Schwimmreibung (die Reibflächen sind durch einen lückenlosen Schmierfilm getrennt) und **Mischreibung** (an den Reibflächen tritt teilweise Trocken- und teilweise Flüssigkeitsreibung auf).

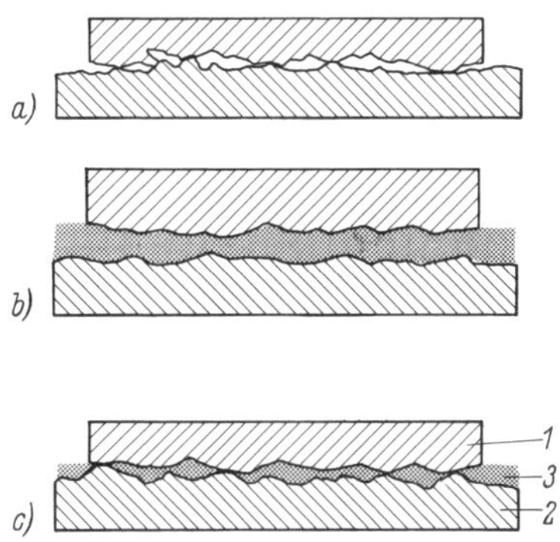

Bild 5.2 Reibungszustände
a) Trockenreibung, b) Flüssigkeitsreibung mit Schmierfilm als Trennschicht, c) Mischreibung (1 bewegter Körper, 2 ruhender Körper, 3 Schmierstoff)

Außer der Haftreibung und der Gleitreibung (Bewegungsreibung) gibt es folgende **Reibungsarten:**

Rollreibung als idealisierte Bewegungsreibung zwischen sich punkt- oder linienförmig berührenden Körpern, wobei mindestens ein Körper eine Drehbewegung ausführt wie bei rollenden Rädern.

Wälzreibung ist eine Rollreibung mit einem überlagerten Gleitanteil (Schlupf), z. B. in Wälzlagern und an den Zahnflanken von Zahnrädern.

Unter **Seilreibung** oder Umschlingungsreibung versteht man die beim Umschlingen gewölbter Flächen (z. B. Zylindermäntel) durch Seile, Riemen u. dgl. wirksame Reibung. Sie ermöglicht die Übertragung von Umfangskräften in Seil- und Riementrieben.

Als **innere Reibung** wird die in bewegten Flüssigkeiten und Gasen und in festen Körpern bei Verformung auftretende Reibung bezeichnet.

Praxishinweis

In der Technik ist die Reibung von großer Bedeutung. Sie kann erwünscht sein, um die Funktion bestimmter Bauteile zu ermöglichen, z. B. bei Reibungskupplungen und -bremsen, bei kraftschlüssigen Verbindungen, wie Keil-, Kegel-, Press- und Klemmverbindungen, bei Reibradgetrieben, bei Befestigungsschrauben, an den Antriebsrändern von Fahrzeugen. Sie ist aber dort unerwünscht, wo durch die wärmeerzeugenden Reibungsvorgänge Energieverluste und evtl. Funktionsstörungen auftreten, z. B. bei Lagern, Führungen, Getrieben. Durch Reibung können auch unangenehme Geräusche und Vibrationen entstehen. Unbedeutend kleine Reibungskräfte werden bei technischen Berechnungen vernachlässigt.

Kontrollfragen:

- Was versteht man unter Haftreibung, Gleitreibung, Rollreibung, Wälzreibung, Seilreibung?
- Wodurch sind Trockenreibung, Mischreibung und Flüssigkeitsreibung gekennzeichnet?
- Wo ist Reibung in der Technik erwünscht, und wo ist sie nicht erwünscht?

5.2 Haft- und Gleitreibung

Lernziele:

- Den Zusammenhang zwischen Reibungskraft, Reibungszahl und Normalkraft formulieren.
- Die Begriffe Reibungswinkel, Selbsthemmung und Haftsicherheit erläutern.
- Kräfte an Körpern unter Berücksichtigung der Reibung und Haftsicherheiten berechnen.

5.2.1 Reibungsgesetz

Wird der Versuch nach Bild 5.1 mit verschieden großen Körpern gleichen Werkstoffs und gleicher Gleitflächenbeschaffenheit durchgeführt, so zeigt sich, dass die Reibungskräfte proportional mit zunehmender Masse ansteigen. Eine Vervielfachung der Masse bewirkt eine entsprechende Vervielfachung der Gewichtskraft F_G und der Reibungskraft. Da $F_G = F_N$ ist, besteht zwischen der Reibungskraft und der Normalkraft eine lineare Abhängigkeit, die ausgedrückt wird im *Coulombschen Reibungsgesetz*[1]:

Die Reibungskraft ist gleich dem Produkt aus Reibungszahl und Normalkraft.

Mathematisch formuliert gilt für die

größtmögliche Haftreibungskraft $$\boldsymbol{F_{R0} = \mu_0 \cdot F_N} \quad (5.1)$$

und für die

Gleitreibungskraft $$\boldsymbol{F_R = \mu \cdot F_N} \quad (5.2)$$

Die in diesen Gleichungen enthaltenen Proportionalitätsfaktoren sind die Reibungszahl der Ruhe oder

Haftreibungszahl $$\boldsymbol{\mu_0 = \frac{F_{R0}}{F_N}} \quad (5.3)$$

und die Reibungszahl der Bewegung oder

Gleitreibungszahl $$\boldsymbol{\mu = \frac{F_R}{F_N}} \quad (5.4)$$

Reibungszahlen[2] können nur durch Versuche ermittelt werden. Sie sind keine konstanten Werte, sondern von zahlreichen Einflüssen abhängig, besonders vom **Werkstoff**, von der **Rautiefe** der Berührungsflächen und von der **Schmierung**, möglicherweise auch von der **Flächenpressung** (das ist die auf eine Flächeneinheit bezogene spezifische Kraft; es ist somit auch eine gewisse Abhängigkeit von der Größe der Berührungsflächen möglich) und bei Gleitreibung u. U. auch von der **Gleitgeschwindigkeit** (z. B. bei Gleitlagern). In Tab. 8 sind einige Erfahrungswerte für Reibungszahlen (auch Reibungskoeffizienten oder kurz Reibzahlen genannt) zusammengestellt. Da die Versuchsergebnisse sehr stark streuen, sind die Zahlen nur als Richtwerte anzusehen.

Beispiel 5.1

Bei einem Versuch zur Ermittlung von Reibungszahlen wurde ein 30 kg schweres Werkstück durch eine Kraft von 42 N auf einer waagerechten Gleitbahn in Bewegung gebracht und mit 32 N gleichförmig weiterbewegt. Wie groß sind die Haft- und die Gleitreibungszahl?

Lösung:

Gegeben: $m = 30$ kg, $F_0 = 42$ N, $F = 32$ N.

Gesucht: μ_0 und μ.

Mit $F_{R0} = F_0$, $F_R = F$ und

$$F_N = F_G = m \cdot g = 30\,\text{kg} \cdot 9{,}81\,\text{m/s}^2 = 294{,}3\,\text{N}$$

[1] *C. A. Coulomb* (1736 bis 1806), franz. Physiker

[2] Anstatt μ wird auch f als Formelzeichen für Reibungszahlen verwendet

folgen aus den Gln. (5.3) und (5.4):

$$\mu_0 = \frac{F_{R0}}{F_N} = \frac{42\,\text{N}}{294{,}3\,\text{N}} = 0{,}143,$$

$$\mu = \frac{F_R}{F_N} = \frac{32\,\text{N}}{294{,}3\,\text{N}} = 0{,}109.$$

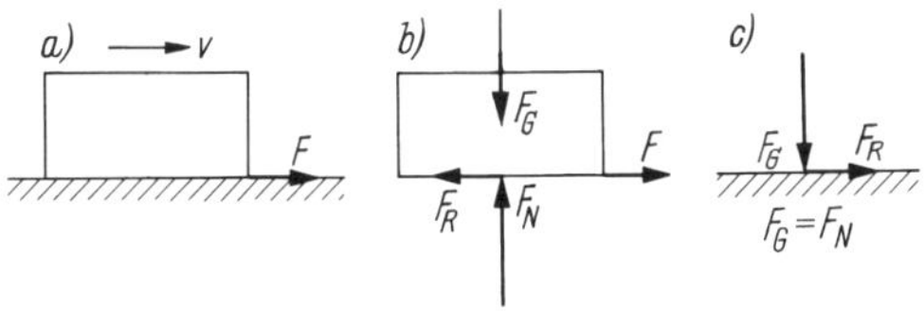

Bild 5.3 Gleitreibung
a) durch die Kraft F gleichförmig bewegter Körper, b) freigemachter Körper, c) freigemachte Unterlage

Die Reibungskraft tritt stets paarweise auf (Bild 5.3). Sie wirkt in den Berührungsflächen zweier relativ zueinander bewegter Körper jeweils der Bewegungsrichtung entgegen. So versucht die in der Bewegungsebene wirkende Gleitreibungskraft F_R den gleitenden Körper festzuhalten (Bild 5.3b) und die ruhende Unterlage mitzunehmen (Bild 5.3c). Beim Freimachen sich berührender Körper ist besonders auf die richtige Wirkrichtung der Reibungskraft zu achten.

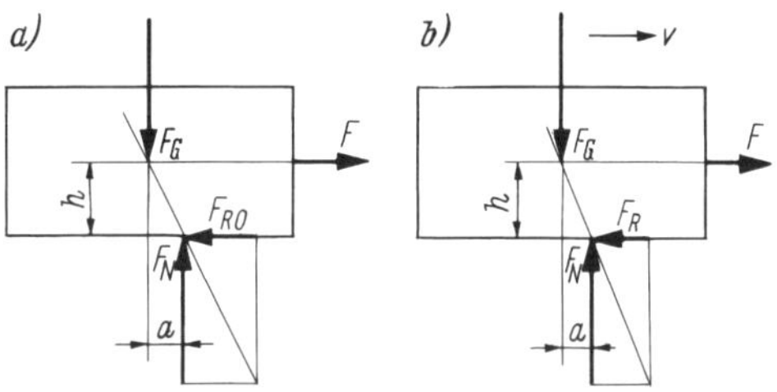

Bild 5.4 Verschiebekraft mit Abstand von der Berührungsfläche
a) Haftreibung (freigemachter Körper im Grenzzustand der Ruhe), b) Gleitreibung (freigemachter Körper in gleichförmiger Bewegung)

Greift die waagerechte Verschiebekraft F nicht an der unteren Körperkante an, sondern in einem Abstand h über der Berührungsfläche, so liegen F_G und F_N nicht auf einer Wirklinie (Bild 5.4). Der Gleichgewichtszustand wird dadurch nicht gestört, da die Summen der horizontalen und der vertikalen Kräfte gleich null sind (Bild 5.5) und auch die $\Sigma M = F_G \cdot a - F \cdot h = 0$ ist. Lediglich bei großem Abstand h kann Kippgefahr auftreten.

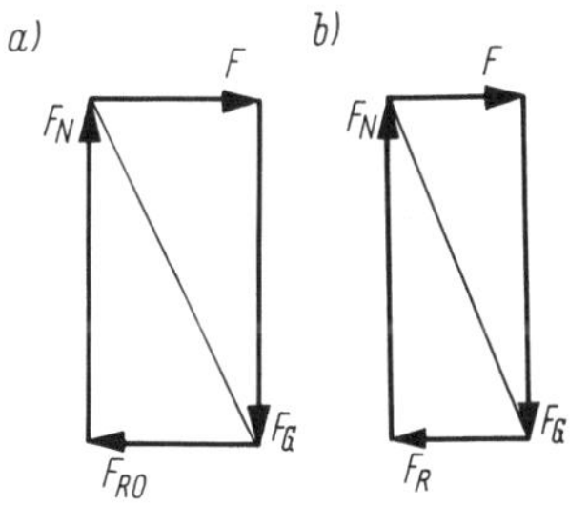

Bild 5.5 Kraftecke zu Bild 5.4
a) Haftreibung, b) Gleitreibung

Beispiel 5.2
Eine gleichmäßig gefüllte Transportkiste (Bild 5.6), die mit Inhalt 150 kg wiegt, soll beim Verladen auf einem LKW hochkant verschoben werden. Welche Kraft ist zu überwinden, um die Kiste anzuschieben, und mit welcher Kraft kann sie weitergeschoben werden? In welchem maximalen Abstand von der Ladefläche dürfen die Kräfte angreifen, damit die Kiste gerade noch rutscht und nicht kippt? Als Haftreibungszahl ist 0,4 und als Gleitreibungszahl 0,3 anzunehmen.

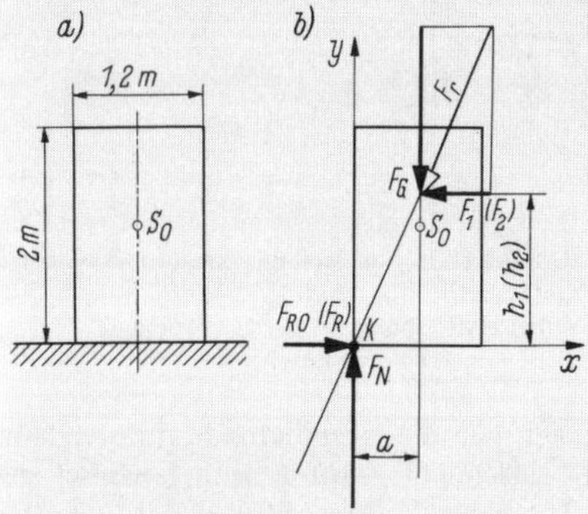

Bild 5.6 Transportkiste
a) Abmessung, b) freigemachte Kiste

Lösung:
Gegeben: $m = 150$ kg, $H = 2$ m, $B = 1{,}2$ m, $\mu_0 = 0{,}4$, $\mu = 0{,}3$.
Gesucht: F_1 und h_1, F_2 und h_2.
1. Beim Anschieben zu überwindende Kraft F_1 und ihr zulässiger Abstand h_1

Im Grenzzustand zwischen Rutschen und Kippen geht die Wirklinie der Resultierenden F_r durch die Kippkante K (Bild 5.6b). Aus der Gleichgewichtsbedingung $\Sigma F_y = F_N - F_G = 0$ folgt

$$F_N = F_G = m \cdot g = 150\,\text{kg} \cdot 9{,}81\text{m/s}^2 = 1472\,\text{N}$$

und aus $\Sigma F_x = F_{R0} - F_1 = 0$ mit Gl. (5.1):

$$F_1 = F_{R0} = \mu_0 \cdot F_N = 0{,}4 \cdot 1472\,\text{N} \approx 589\,\text{N}.$$

Mit $a = B/2 = 0{,}6$ m ergibt sich aus der Momentenbedingung $\Sigma M_{(K)} = F_1 \cdot h_1 - F_G \cdot a = 0$:

$$h_1 = \frac{F_G \cdot a}{F_1} = \frac{1472\,\text{N} \cdot 0{,}6\,\text{m}}{589\,\text{N}} = 1{,}5\,\text{m}.$$

2. Zum Weiterschieben erforderliche Kraft F_2 und ihr zulässiger Abstand h_2

Sinngemäß zu 1. wird mit Gl. (5.2):

$$F_2 = F_R = \mu \cdot F_N = 0{,}3 \cdot 1472\,\text{N} \approx 442\,\text{N}$$

und aus $F_G \cdot a = F_2 \cdot h_2$ folgt

$$h_2 = \frac{F_G \cdot a}{F_2} = \frac{1472\,\text{N} \cdot 0{,}6\,\text{m}}{442\,\text{N}} = 2\,\text{m} = H.$$

5.2.2 Reibungswinkel, Selbsthemmung, Haftsicherheit

Manchmal ist es zweckmäßig, aus Reibungskraft und Normalkraft die Resultierende zu bilden (Bild 5.7). Sie lässt sich entspr. Gl. (2.3) errechnen.

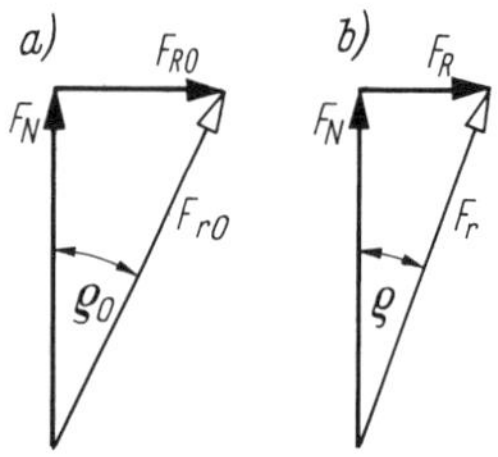

Bild 5.7 Resultierende aus Reibungskraft und Normalkraft
a) bei Haftreibung, b) bei Gleitreibung

Der Winkel, den die Resultierende mit der Normalkraft einschließt, wird **Reibungswinkel** genannt. Aus dem Kräftedreieck folgt mit den Gln. (5.3) und (5.4) für den

Haftreibungswinkel $\boldsymbol{\tan \varrho_0 = \dfrac{F_{R0}}{F_N} = \mu_0}$ (5.5)

und für den

Gleitreibungswinkel $\boldsymbol{\tan \varrho = \dfrac{F_R}{F_N} = \mu}$ (5.6)

Der Haftreibungswinkel ϱ_0 lässt sich durch einen einfachen Versuch bestimmen. Auf eine in ihrer Neigung verstellbare Gleitbahn wird ein Körper gelegt (Bild 5.8a) und der Neigungswinkel α so lange verändert, bis der Körper gerade noch nicht rutscht. Diese Grenzstellung der Ruhe ist durch den Neigungswinkel α_0 gekennzeichnet.

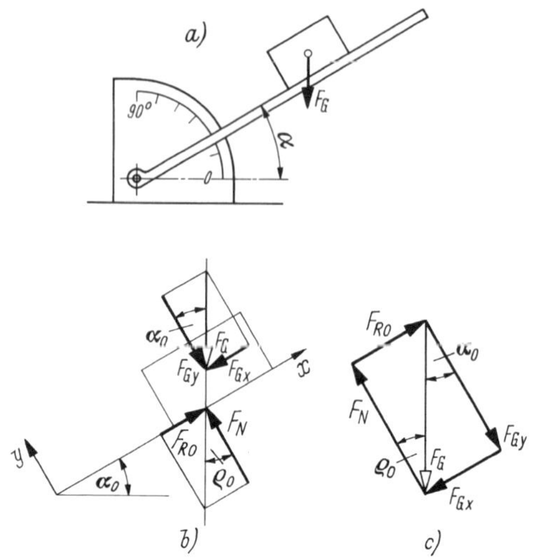

Bild 5.8 Experimentelle Ermittlung des Haftreibungswinkels
a) Körper auf verstellbarer Gleitbahn, b) freigemachter Körper im Koordinatensystem,
c) Krafteck

Macht man die Gleitbahn zur x-Achse eines rechtwinkligen Koordinatensystems und zerlegt die Gewichtskraft F_G in ihre Komponenten F_{Gx} und F_{Gy}, so liegt zwischen F_G und F_{Gy} ebenfalls der Winkel α_0 (die Schenkel der Winkel stehen senkrecht aufeinander, Bild 5.8b). Aus der Lageskizze des freigemachten Körpers geht hervor, dass die Komponente F_{Gy} die Normalkraft F_N hervorruft und dass F_{Gx} den Körper abwärts zu schieben versucht, was die Haftreibungskraft F_{R0} verhindert. Aus dem Krafteck (Bild 5.8c), welches das Kräftegleichgewicht darstellt, folgt $\tan \alpha_0 = F_{R0}/F_N$. Da aber auch $\tan \varrho_0 = F_{R0}/F_N = \mu_0$ ist (Gl. 5.5), gilt für den

Grenzzustand der Ruhe

$$\boldsymbol{\tan \alpha_0 = \tan \varrho_0 = \mu_0} \qquad (5.7)$$

Dasselbe Ergebnis erhält man mit den Gleichgewichtsbedingungen (Gln. (2.14) u. (2.15)):

$\Sigma F_x = F_{R0} - F_{Gx} = 0, \quad F_{R0} = F_{Gx} = F_G \cdot \sin \alpha_0$ (I);

$\Sigma F_y = F_N - F_{Gy} = 0, \quad F_N = F_{Gy} = F_G \cdot \cos \alpha_0$ (II);

dividiert man Gl. I durch Gl. II und setzt $F_{R0} = \mu_0 \cdot F_N$ (Gl. (5.1)) ein, so kürzen sich F_G und F_N heraus und mit $\tan \alpha_0 = \sin \alpha_0 / \cos \alpha_0$ folgt: $\tan \alpha_0 = \mu_0$. Auf ähnliche Weise kann man auch die Gleitreibungszahl bestimmen. Es ist der Winkel α einzustellen, bei dem der Körper mit konstanter Geschwindigkeit abwärts gleitet. Dann gilt sinngemäß:

$\tan \alpha = F_R/F_N = \tan \varrho = \mu$.

Beispiel 5.3
Bei einem Versuch entspr. Bild 5.8a zur Ermittlung von Reibungszahlen wurde festgestellt, dass der Prüfkörper auf der Gleitbahn bei einem Neigungswinkel von 26,5° gerade noch nicht rutschte und bei 16,6° mit konstanter Geschwindigkeit abwährts glitt. Wie groß sind die Haftreibungszahl und die Gleitreibungszahl?

Lösung:
Gegeben: $\alpha_0 = \varrho_0 = 26{,}5°, \alpha = \varrho = 16{,}6°$.
Gesucht: μ_0 und μ.
Nach den Gln. (5.5) und (5.6):

$$\mu_0 = \tan\varrho_0 = \tan 26{,}5° = 0{,}4986 \approx 0{,}5,$$

$$\mu = \tan\varrho = \tan 16{,}6° = 0{,}2981 \approx 0{,}3.$$

Die Versuche bestätigen, dass $\tan\varrho_0 = \mu_0 > \tan\varrho = \mu$ ist. Ein ruhender Körper kommt demnach auf einer geneigten Ebene nicht ins Rutschen, solange der Neigungswinkel α nicht größer ist als der durch die Beschaffenheit der Gleitflächen bedingte Haftreibungswinkel ϱ_0, d. h. es besteht **Selbsthemmung.** Daher lautet die

Selbsthemmungsbedingung

$$\tan\alpha \leq \tan\varrho_0 = \mu_0 \qquad (5.8)$$

Lässt man eine zum Vektor der Normalkraft F_N um den Reibungswinkel geneigte Gerade um die Wirklinien von F_N rotieren, so entsteht der **Reibungskegel**, dessen Spitze immer auf der Gleitfläche liegt (Bild 5.9). Alle Mantellinien des Reibungskegels mit dem spitzen Winkel $2\varrho_0$ sind die möglichen Wirklinien der aus F_N und F_{R0} gebildeten Resultierenden (Bild 5.9a). Solange die Wirklinie der Resultierenden aller am Körper von außen angreifenden Kräfte innerhalb dieses Kegels verläuft, bleibt der Körper im Ruhezustand. Er wird aus der Ruhelage beschleunigt, wenn diese Resultierende außerhalb des mit ϱ_0 gebildeten Reibungskegels liegt (Bild 5.9b). Die Bewegung eines bereits gleitenden Körpers ist auch dann beschleunigt, wenn die Resultierende der äußeren Kräfte außerhalb des mit dem Gleitreibungswinkel ϱ gebildeten Reibungskegels liegt. Eine gleichförmige Bewegung findet nur statt, wenn die Wirklinie der Resultierenden gleichzeitig Mantellinie des mit ϱ gebildeten Kegels ist (Bild 5.9c). Diese Beziehungen gelten auch für beliebig geneigte oder vertikale Gleitflächen.

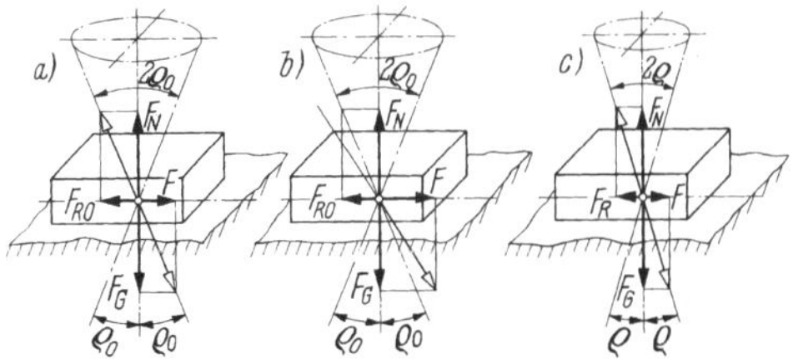

Bild 5.9 Reibungskegel
a) Körper im Grenzzustand der Ruhe, b) in beschleunigter Bewegung, c) in gleichförmiger Bewegung

Soll ein Körper auf seiner Unterlage sicher haften, so muss die mögliche Haftreibungskraft F_{R0} immer größer sein als die auf ihn parallel zur Gleitfläche einwirkende Kraft F. Das Verhältnis von F_{R0} zu F nennt man **Haftsicherheit.** Sie ist stets größer als eins. Somit gilt für die

Haftsicherheit

$$S_H = \frac{F_{R0}}{F} = \frac{\mu_0 \cdot F_N}{F} > 1 \qquad (5.9)$$

Da bei Schwingungen und Erschütterungen die Gefahr des Absinkens der Haftreibungszahl besteht, wird aus Sicherheitsgründen manchmal anstatt mit der Haftreibungszahl μ_0 mit der kleineren Gleitreibungszahl μ gerechnet, die dann allgemein als Reibungszahl bezeichnet wird.

Beispiel 5.4
Die in Bild 5.10 skizzierte Blockzange dient zum Transport von Stahlblöcken, die an den Klemmbacken nur durch Haftreibung gehalten werden. Sie ist für eine Blockmasse bis 1 t ausgelegt. Die in den Spreizketten und am Gelenkbolzen auftretenden maximalen Kräfte sind unter Vernachlässigung des Zangeneigengewichts mit einer Haftreibungszahl von 0,3 zu errechnen. Mit welcher Sicherheit wird der Block in der Zange gehalten?

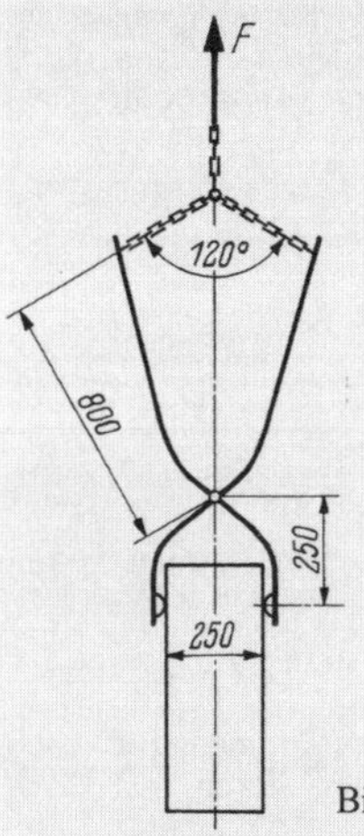

Bild 5.10 Blockzange

Lösung:
Gegeben: $m = 1$ t, $F_G = m \cdot g = 9{,}81$ kN, $\mu_0 = 0{,}3$, $a = 800$ mm, $b = c = 250$ mm, $\gamma = 120°$.
Gesucht: F_K, F_B, und S_H.
1. Größte Kettenkraft F_K in einem Kettenstrang
Da Gleichgewicht herrscht, ist $F = F_G$. Somit beträgt $F_{Ky} = F/2 = 4{,}905$ kN (Bild 5.11a). Aus $\cos(\gamma/2) = F_{Ky}/F_K$ folgt

$$F_K = \frac{F_{Ky}}{\cos(\gamma/2)} = \frac{4{,}905 \text{ kN}}{\cos 60°} = 9{,}81 \text{ kN}.$$

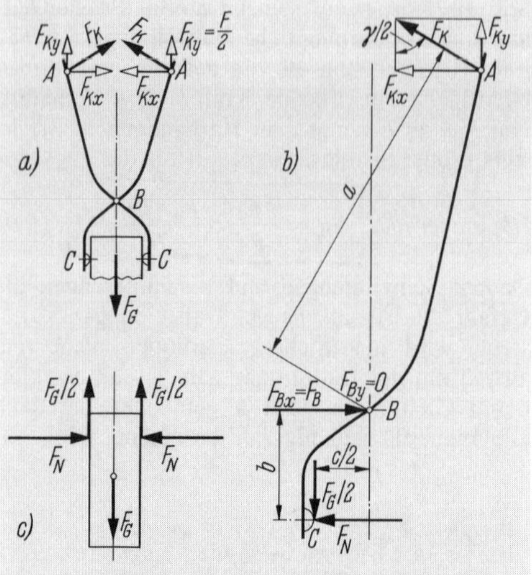

Bild 5.11 Berechnungsskizze
a) freigemachte Zange mit Block, b) freigemachte Zangenhälfte, c) freigemachter Block

2. Größte Bolzenkraft F_B

Die Kräfte an einer freigemachten Zangenhälfte (Bild 5.11b) sind im Gleichgewicht, so dass die Berechnung mit den Gleichgewichtsbedingungen des allgemeinen Kräftesystems erfolgen kann (Gln. (2.21) bis (2.23)). Mit der Bolzenmitte B als Bezugspunkt ergibt sich aus

$$\Sigma M_{(B)} = F_K \cdot a - F_N \cdot b + 0{,}5\, F_G \cdot 0{,}5c = 0$$

die Normalkraft

$$F_N = \frac{F_K \cdot a + 0{,}5\, F_G \cdot 0{,}5c}{b} = \frac{(9{,}81 \cdot 800 + 4{,}905 \cdot 125)\ \text{kN} \cdot \text{mm}}{250\ \text{mm}} = 33{,}84\ \text{kN}.$$

Aus $\Sigma F_x = F_{Bx} - F_{Kx} - F_N = 0$ folgt mit $F_{Kx} = F_K \cdot \sin(\gamma/2) = 9{,}81\ \text{kN} \cdot \sin 60° = 8{,}496\ \text{kN}$:

$$F_{Bx} = F_{Kx} + F_N = (8{,}496 + 33{,}84)\ \text{kN} = 42{,}34\ \text{kN}.$$

Mit $F_G/2 = F/2 = F_{Ky}$ ist die Bedingung $\Sigma F_y = 0$ erfüllt; daraus ergibt sich $F_{By} = 0$. Somit

$$F_B = F_{Bx} = 42{,}34\ \text{kN}.$$

3. Haftsicherheit S_H

Entsprechend Gl. (5.9) wird:

$$S_H = \frac{2 \cdot F_{R0}}{F_G} = \frac{2 \cdot \mu_0 \cdot F_N}{F_G} = \frac{2 \cdot 0{,}3 \cdot 33{,}84\ \text{kN}}{9{,}81\ \text{kN}} = 2{,}07.$$

Beispiel 5.5

Eine zum waagerechten Boden geneigte Leiter von 3 m Länge lehnt an einer vertikalen Wand. Es ist für einen Neigungswinkel $\alpha_1 = 60°$ und für $\alpha_2 = 75°$ zeichnerisch und rechnerisch zu untersuchen, bis auf welche Höhe eine Person hinaufsteigen kann, ohne dass die Leiter wegrutscht. Aus Sicherheitsgründen soll mit der Gleitreibungszahl gerechnet werden, die für Boden und Wand etwa 0,25 beträgt.

Lösung:

Gegeben: $l = 3$ m, $\alpha_1 = 60°$, $\alpha_2 = 75°$, $\mu \approx 0{,}25$.

Gesucht: h_1 und h_2.

1. Zeichnerische Lösung (Bild 5.12)

Es wird ein Längenmaßstab m_L gewählt, die Leiter zwischen Boden und Wand maßstäblich eingezeichnet, nach Gl. (5.6) aus $\tan \varrho = \mu \approx 0{,}25$ der Reibungswinkel $\varrho \approx 14°$ errechnet und dieser auf beiden Seiten der Wirklinie der Normalkräfte F_{NA} und F_{NB} in den Stützpunkten A und B angetragen. In der gezeichneten Grenzstellung herrscht Gleichgewicht zwischen der Gewichtskraft F_G der Person und den Resultierenden aus den Reibungskräften und den Normalkräften, da sich die drei Wirklinien in einem Punkt schneiden und, ausgehend von der bekannten Gewichtskraft, ein geschlossenes Krafteck mit gleichlaufendem Umfahrungssinn gezeichnet werden kann (s. Abschn. 2.2.2). Solange sich die Wirklinie der Gewichtskraft im schraffierten Trapez befindet, besteht keine Rutschgefahr, da dann Haftsicherheit vorhanden ist.

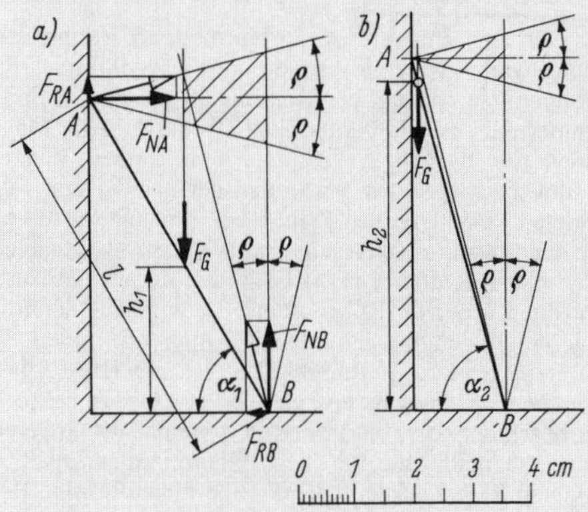

Bild 5.12 Kräfte an einer angelehnten Leiter
a) beim Neigungswinkel $\alpha_1 = 60°$,
b) bei $\alpha_2 = 75°$

Die aus den gemessenen Abständen mit m_L errechneten Höhen betragen:

$h_1 = 1{,}2$ m bei $\alpha_1 = 60°$ (Bild 5.12a),

$h_2 = 2{,}7$ m bei $\alpha_2 = 75°$ (Bild 5.12b).

Aus der Zeichnung geht hervor, dass bei $\alpha \leq 76°$ ein Wegrutschen der Leiter völlig ausgeschlossen ist, d. h. dann würde Selbsthemmung eintreten.

2. Rechnerische Lösung
Berechnungsskizze s. Bild 5.13.

Die Gleichgewichtsbedingungen (Gln. (2.21) bis (2.23)) reichen allein nicht aus (drei Gleichungen, aber

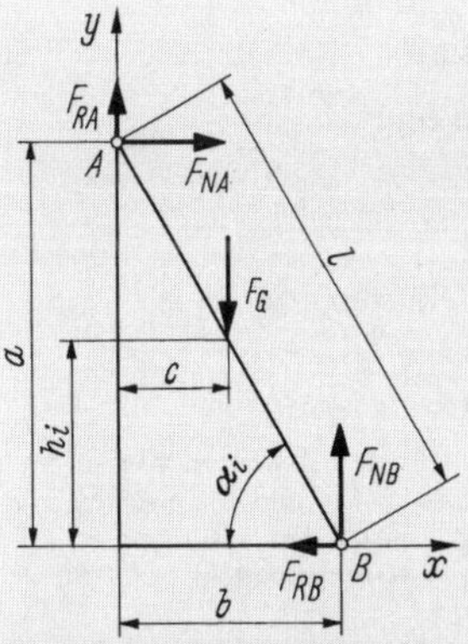

Bild 5.13 Berechnungsskizze

vier unbekannte Kräfte: $F_{NA}, F_{NB}, F_{RA}, F_{RB}$). Es muss außerdem das Reibungsgesetz (Gl. (5.2)) herangezogen werden. Für die zu untersuchende Grenzstellung von F_G gilt:

$$\Sigma F_x = F_{NA} - F_{RB} = 0, \qquad F_{NA} = F_{RB} = \mu \cdot F_{NB}, \tag{I}$$

$$\Sigma F_y = F_{RA} + F_{NB} - F_G = 0, \qquad F_{NB} = F_G - F_{RA} = F_G - \mu \cdot F_{NA}. \tag{II}$$

Gl. (I) in (II) eingesetzt und nach F_{NB} aufgelöst:

$$F_{NB} + \mu^2 \cdot F_{NB} = F_G, \qquad F_{NB} = \frac{F_G}{1+\mu^2}. \tag{III}$$

Aus

$$\Sigma M_{(A)} = -F_{RB} \cdot a + F_{NB} \cdot b - F_G \cdot c = 0$$

folgt mit Gl. (I):

$$F_{NB} \cdot b - \mu \cdot F_{NB} \cdot a = F_G \cdot c,$$

$$F_{NB} = \frac{F_G \cdot c}{b - \mu \cdot a}. \tag{IV}$$

Gleichsetzen der Gln. (III) u. (IV) und Teilen durch F_G ergibt:

$$\frac{c}{b-\mu \cdot a} = \frac{1}{1+\mu^2}, \qquad c = \frac{b - \mu \cdot a}{1+\mu^2}. \tag{V}$$

Nach dem Strahlensatz ist ferner:

$$\frac{c}{b} = \frac{a-h_i}{a} \text{ und somit } c = \frac{(a-h)\,b}{a}. \tag{VI}$$

Durch Gleichsetzen der Gln. (V) u. (VI):

$$\frac{(a-h_i)\,b}{a} = \frac{b-\mu \cdot a}{1+\mu^2}$$

und Einführen von $a = l \cdot \sin\alpha_i$ und $b = l \cdot \cos\alpha_i$ erhält man:

$$(l \cdot \sin\alpha_i - h_i)\,\frac{l \cdot \cos\alpha_i}{l \cdot \sin\alpha_i} = \frac{l \cdot \cos\alpha_i - \mu \cdot l \cdot \sin\alpha_i}{1+\mu^2},$$

$$l \cdot \sin\alpha_i - h_i = \frac{l \cdot \cos\alpha_i - \mu \cdot l \cdot \sin\alpha_i}{1+\mu^2}\tan\alpha_i,$$

aufgelöst nach h_i ergibt:

$$h_i = l\left(\frac{\sin\alpha_i - \tan\alpha_i \cos\alpha_i - \mu \cdot \sin\alpha_i}{1+\mu^2}\right).$$

Durch Umformen erhält man:

$$h_i = l\left(\sin\alpha_i - \frac{\sin\alpha_i - \mu \cdot \sin\alpha_i \cdot \tan\alpha_i}{1+\mu^2}\right)$$

$$= l \cdot \sin\alpha_i \left(1 - \frac{1 - \mu \cdot \tan\alpha_i}{1+\mu^2}\right)$$

$$= l \cdot \sin\alpha_i \left(\frac{1+\mu^2 - 1 + \mu \cdot \tan\alpha_i}{1+\mu^2}\right)$$

$$= l \cdot \sin\alpha_i \cdot \mu\,\frac{\tan\alpha_i + \mu}{1+\mu^2}.$$

Daraus folgt für $\alpha_1 = 60°$:

$$h_1 = 3\text{ m} \cdot \sin 60° \cdot 0{,}25\,\frac{\tan 60° + 0{,}25}{1 + 0{,}25^2} = 1{,}212\text{ m}$$

und für $\alpha_2 = 75°$:

$$h_2 = 3\text{ m} \cdot \sin 75° \cdot 0{,}25\,\frac{\tan 75° + 0{,}25}{1 + 0{,}25^2} = 2{,}715\text{ m}.$$

Aus der für h_i entwickelten Gleichung geht hervor, dass die zulässige Höhe nur von der Leiterlänge l, dem Winkel α_i und der Reibungszahl μ abhängt. Das Gewicht der Person spielt keine Rolle. Es ist offensichtlich, dass für diesen Fall die rechnerische Lösung viel aufwändiger ist als die zeichnerische.

5.2.3. Reibung auf geneigter Ebene

Im vorangegangenen Abschnitt wurde der einfache Fall erläutert, bei dem außer der Gewichtskraft keine weiteren Kräfte an einem Körper wirken. Es wurde festgestellt, dass ein Körper auf geneigter Ebene in Ruhelage bleibt, solange der Neigungswinkel $\alpha < \varrho_0$ ist (Selbsthemmung). Der Grenzfall zwischen Ruhe und Abwärtsbewegung tritt bei $\alpha = \varrho_0$ ein. Eine beschleunigte Abwärtsbewegung findet bei $\alpha > \varrho_0$ statt und eine gleichförmige bei $\alpha = \varrho_0$. Nachfolgend soll unter Berücksichtigung der Reibung die Wirkung von Kräften auf Körper untersucht werden, die sich auf einer geneigten Ebene (auch **schiefe Ebene** genannt) befinden.

Bild 5.14 zeigt einen Körper, der sich unter Einwirkung der Kraft F gleichförmig aufwärts bewegen soll. Die Wirklinie von F bildet mit der um α geneigten Ebene den positiven Winkel β. Für den bei gleichförmiger Bewegung vorhandenen Gleichgewichtszustand (Bild 5.15) müssen F_G, F und die aus F_N und F_R gebildete Resultierende F_r ein geschlossenes Krafteck mit gleichem Umfahrungssinn bilden (Bild 5.15b). Aus

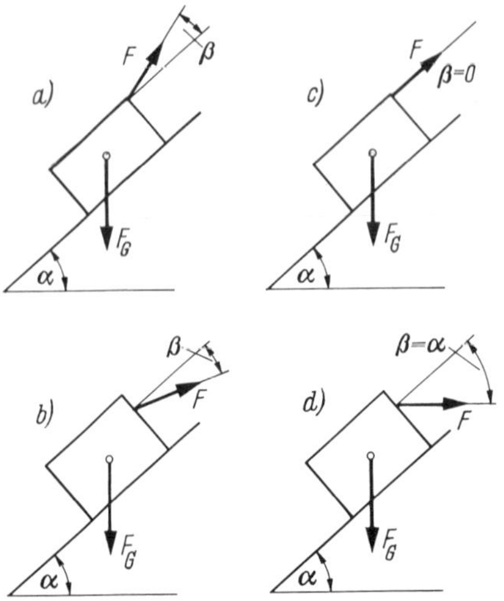

Bild 5.14 Körper in gleichförmiger Aufwärtsbewegung
a) Winkel β positiv zur geneigten Ebene,
b) Winkel β negativ, c) Winkel $\beta = 0$,
d) Winkel $\beta = \alpha$ und negativ

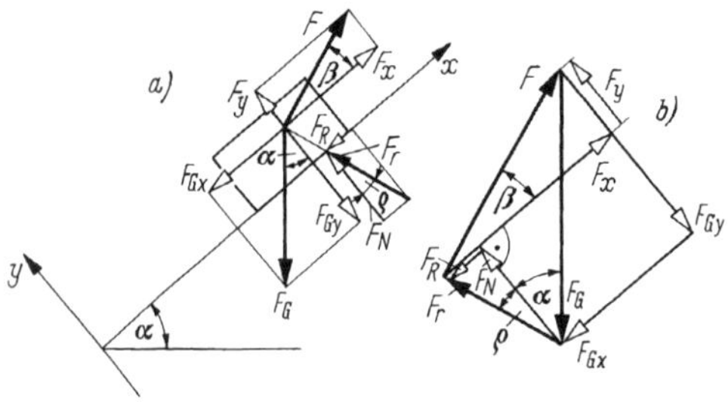

Bild 5.15 Berechnungsskizzen
a) freigemachter Körper im Koordinatensystem mit Komponenten, b) Krafteck für gleichförmige Aufwärtsbewegung

diesem Krafteck folgt nach dem Sinussatz:

$$\frac{\sin(\alpha + \varrho)}{F} = \frac{\sin(90^\circ - \varrho + \beta)}{F_G}.$$

Mit $\sin(90^\circ - \varrho + \beta) = \sin[90^\circ - (\varrho - \beta)] = \cos(\varrho - \beta)$ folgt daraus die erforderliche

Kraft für gleichförmige Aufwärtsbewegung

$$\boldsymbol{F = F_G \frac{\sin(\alpha + \varrho)}{\cos(\varrho - \beta)}} \qquad (5.10)$$

Zum gleichen Ergebnis gelangt man gemäß Bild 5.15a mit den Komponenten $F_x = F \cdot \cos\beta$, $F_y = F \cdot \sin\beta$, $F_{Gx} = F_G \cdot \sin\alpha$, $F_{Gy} = F_G \cdot \cos\alpha$, mit $F_R = \mu \cdot F_N$ und den Gleichgewichtsbedingungen:
Aus $\Sigma F_x = F_x - F_{Gx} - F_R = 0$ folgt

$$F \cdot \cos\beta = F_G \cdot \sin\alpha \cdot \mu \cdot F_N \qquad (I)$$

und aus $\Sigma F_y = F_y + F_N - F_{Gy} = 0$:

$$F_N = F_G \cdot \cos\alpha - F \cdot \sin\beta \qquad (II)$$

Gl. (II) in (I) eingesetzt ergibt:

$$F \cdot \cos\beta = F_G \cdot \sin\alpha + \mu \cdot F_G \cdot \cos\alpha - \mu \cdot F \cdot \sin\beta,$$

und durch Umformen

$$F(\cos\beta + \mu \cdot \sin\beta) = F_G(\sin\alpha + \mu \cdot \cos\alpha),$$

$$F = F_G \frac{\sin\alpha + \mu \cdot \cos\alpha}{\cos\beta + \mu \cdot \sin\beta}$$

Diese Gleichung lässt sich nach Erweitern von $\sin\alpha$ und $\cos\beta$ mit $\cos\varrho/\cos\varrho = 1$ und Einsetzen von $\mu = \tan\varrho = \sin\varrho/\cos\varrho$ mit den trigonometrischen Summenformeln in Gl. (5.10) umwandeln.

Für die erforderliche Kraft F bei gleichförmiger **Abwärtsbewegung** muss im Lageplan und im Krafteck die Reibungskraft F_R entgegengerichtet eingesetzt werden (Bild 5.16). Man erhält dann als erforderliche

Kraft für gleichförmige Abwärtsbewegung

$$\boldsymbol{F = F_G \frac{\sin(\alpha - \varrho)}{\cos(\varrho + \beta)}} \qquad (5.11)$$

Wirkt die Kraft F wie in Bild 5.14b unter einem negativen Winkel β zur geneigten Ebene, so verstärkt ihre y-Komponente die Normalkraft F_N und erhöht damit die Reibungskraft F_R. In die Gln. (5.10) und (5.11) ist dann der Winkel β negativ einzusetzen.

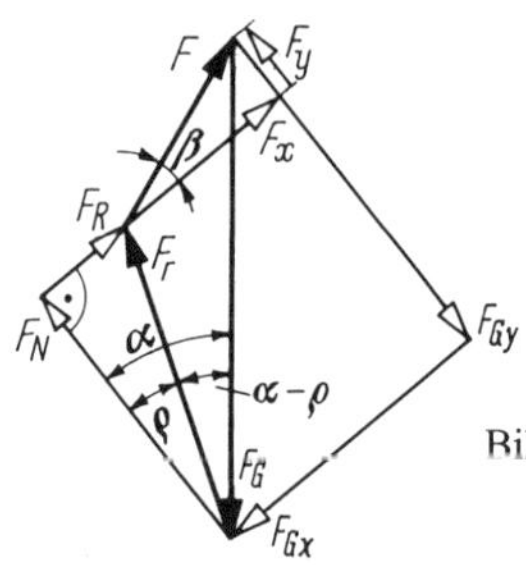

Bild 5.16 Krafteck für gleichförmige Abwärtsbewegung

Ist der Winkel $\beta = 0$ (Bild 5.14c), so wirkt die **Kraft F parallel zur geneigten Ebene** und es folgt aus den Gln. (5.10) und (5.11) die erforderliche

Kraft für gleichförmige Auf- bzw. Abwärtsbewegung

$$\boldsymbol{F = F_G \frac{\sin(\alpha \pm \varrho)}{\cos\varrho}} \qquad (5.12)$$

Wirkt die **Kraft F** wie in Bild 5.14d **waagerecht**, d. h. parallel zur Basis der geneigten Ebene, so folgt aus den Gln. (5.10) und (5.11) mit $\beta = -\alpha$ und $\cos(\varrho \pm \alpha) = \cos(\alpha \pm \varrho)$ für die erforderliche

waagerechte Kraft $\boldsymbol{F = F_G \cdot \tan(\alpha \pm \varrho)}$ (5.13)

In den Gln. (5.12) und (5.13) gilt bei Aufwärtsbewegung das Pluszeichen, bei Abwärtsbewegung das Minuszeichen.

Wird in die Gln. (5.10) und (5.11) anstatt des Gleitreibungswinkels ϱ der Haftreibungswinkel ϱ_0 eingesetzt, so erhält man die Kraft, die den Körper in der Ruhelage gerade am Abrutschen hindert oder die überschritten werden muss, um ihn aus der Ruhelage in Bewegung zu bringen. Ein negatives Ergebnis besagt, dass die errechnete Kraft der in Bild 5.14 angenommenen Richtung entgegen wirkt.

Beispiel 5.6

Welchen Neigungswinkel muss eine gerade Rutsche haben, auf der Pakete ohne Kraftwirkung gleichförmig abwärts gleiten sollen, nachdem sie durch einen Stoß in Bewegung gebracht wurden? Welche parallel zu dieser Rutsche wirkende Kraft als Vielfaches der Paketgewichtskraft muss kurzzeitig überwunden werden, um die Pakete anzuschieben? Es betragen die Gleitreibungszahl 0,4 und die Haftreibungszahl 0,5.

Lösung:

Gegeben: $\mu = 0{,}4$, $\mu_0 = 0{,}5$.

Gesucht: α, $F_0 = x \cdot F_G$ (x als Faktor von F_G).

1. Neigungswinkel α

Bei gleichförmiger Abwärtsbewegung ohne Krafteinwirkung (s. Abschnitt. 5.2.2) ist $\tan\alpha = \mu = 0{,}4$, daraus folgt $\alpha = 21{,}8°$.

2. Erforderliche Anschiebekraft F_0

Da $\tan\varrho_0 = \mu_0 = 0{,}5$ ist, beträgt $\varrho_0 = 26{,}57°$ und entspr. Gl. (5.12) folgt für die Abwärtsbewegung:

$$F_0 = F_G \frac{\sin(\alpha - \varrho_0)}{\cos\varrho_0} = \frac{\sin(21{,}8° - 26{,}57°)}{\cos 26{,}57°} \cdot F_G$$

$$= -0{,}093 \cdot F_G.$$

Das negative Vorzeichen gibt an, dass die Kraft abwärts gerichtet wirken muss. Sie beträgt $F_0 \approx 0{,}1 F_G$. Demnach ist z. B. für ein 10 kg schweres Paket eine parallel zur Gleitfläche abwärts wirkende Kraft $F_0 \approx 0{,}1 \cdot m \cdot g = 0{,}1 \cdot 10\,\text{kg} \cdot 9{,}81\,\text{m/s}^2 = 9{,}81\,\text{N}$ erforderlich.

Beispiel 5.7

Auf der geneigten Ebene nach Bild 5.17 befindet sich ein Körper von 50 kg Gewicht. Zu ermitteln sind die Kraft, die ein Abwärtsgleiten des ruhenden Körpers verhindert (Haftreibungszahl 0,15), die mindestens erforderliche Kraft, um den Körper aufwärts anzuschieben, und die erforderliche Kraft für gleichförmige Aufwärtsbewegung (Gleitreibungszahl 0,1).

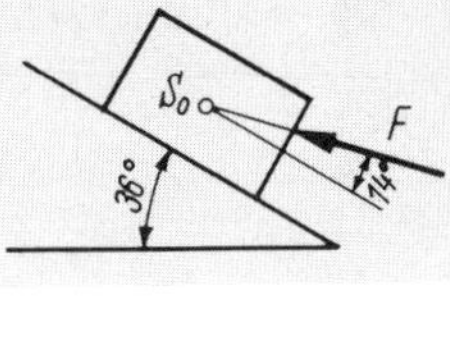

Bild 5.17 Körper auf geneigter Ebene

Lösung:

Gegeben: $m = 50\,\text{kg}$, $\alpha = 36°$, $\beta = -14°$, $\mu_0 = 0{,}15$, $\mu = 0{,}1$.

Gesucht: F_1, F_2, F_3.

1. Kraft F_1 zur Verhinderung des Abwärtsgleitens

Entspr. Gl. (5.11) für Abwärtsbewegung mit $F_G = m \cdot g = 50\,\text{kg} \cdot 9{,}81\,\text{m/s}^2 = 490{,}5\,\text{N}$ und $\varrho_0 = 8{,}53°$ aus $\tan\varrho_0 = \mu_0 = 0{,}15$ wird

$$F_1 = F_G \frac{\sin(\alpha - \varrho_0)}{\cos(\varrho_0 + \beta)}$$

$$= 490{,}5\,\text{N} \frac{\sin(36° - 8{,}53°)}{\cos(8{,}53° - 14°)} = 227{,}3\,\text{N}.$$

2. Kraft F_2 zum Anschieben aufwärts

Wie unter 1., jedoch für Aufwärtsbewegung nach Gl. (5.10):

$$F_2 = F_G \frac{\sin(\alpha + \varrho_0)}{\cos(\varrho_0 - \beta)}$$

$$= 490{,}5\,\text{N} \frac{\sin(36° + 8{,}53°)}{\cos(8{,}53° + 14°)} = 372{,}4\,\text{N}.$$

3. Kraft F_3 für gleichförmiges Aufwärtsgleiten

Nach Gl. (5.10) für Aufwärtsbewegung mit $\varrho = 5{,}7°$ aus $\tan\varrho = \mu = 0{,}1$:

$$F_3 = F_G \frac{\sin(\alpha + \varrho)}{\cos(\varrho - \beta)}$$

$$= 490{,}5\,\text{N} \frac{\sin(36° + 5{,}7°)}{\cos(5{,}7° + 14°)} = 346{,}6\,\text{N}.$$

Praxishinweis

Reibungsverhältnisse wie auf geneigter Ebene kommen in der Technik z. B. beim Gewinde vor, ferner beim Bewegen von Maschinenteilen auf geneigten Gleitbahnen und beim Fördern von Lasten auf Gurtförderern und Rutschen sowie mit Schneckenförderern. Selbsthemmung spielt eine Rolle bei Befestigungsschrauben und beim Halten von Fördergütern auf ansteigenden Gurtförderern; sie kann auch bei Spindeln und bei Schneckengetrieben erwünscht sein, um ein selbstständiges Rückwärtsdrehen zu vermeiden. Die Haftsicherheit muss außer bei Blockzangen beispielsweise bei querbeanspruchten Schraubenverbindungen, bei Klemm-, Kegel- und Pressverbindungen nachgewiesen werden.

Kontrollfragen:

- Wie lautet das Reibungsgesetz?
- Auf welche Weise können Reibungszahlen ermittelt werden?
- Worin besteht der Unterschied zwischen Haft- und Gleitreibung?
- Wie ist der Reibungswinkel definiert?
- Wann spricht man von Selbsthemmung?
- Was versteht man unter Haftsicherheit?
- Wo kommt in der Technik Reibung auf geneigter Ebene vor?

5.3 Technische Anwendung des Reibungsgesetzes

Lernziele:
- Die Reibungswiderstände bei Flach- und Prismenführungen und Führungslängen bei Zylinderführungen berechnen.
- Die Reibung im Gewinde als Reibung auf geneigter Gleitfläche erklären, Reibungsmomente bei Bewegungs- und bei Befestigungsschrauben berechnen.
- Das Reibungsgesetz bei der Berechnung von Kupplungs- und Bremsmomenten anwenden.
- Lagerreibungsmomente und -verluste berechnen.
- Wirkungsgrade und Zugkräfte bei Rollen und Rollenzügen berechnen.

5.3.1 Gleitführungen

Der bei einer **Flachführung** (Bild 5.18a) auftretende Reibungswiderstand kann direkt nach dem Reibungsgesetz errechnet werden. Drückt das zu führende Teil mit der Kraft F senkrecht auf die Führungsfläche, dann ist $F = F_N$ und nach Gl. (5.2) gilt für die während der Bewegung zu überwindende

Reibungskraft $\boldsymbol{F_R = \mu \cdot F}$ (5.14)

Bei einer symmetrischen Keilnut- oder **Prismenführung** (Bild 5.18b) mit dem **Keilwinkel** 2α wirkt auf jeder Seite eine Normalkraft $F_N = 0{,}5F/\sin\alpha$. Damit ergibt sich in der Nut die Reibungskraft

$$F_R = 2 \cdot \mu \cdot F_N = \frac{2 \cdot \mu \cdot 0{,}5F}{\sin\alpha} = \frac{\mu}{\sin\alpha}.$$

Mit der so genannten

Keilreibungszahl $\boldsymbol{\mu_k = \frac{\mu}{\sin\alpha}}$ (5.15)

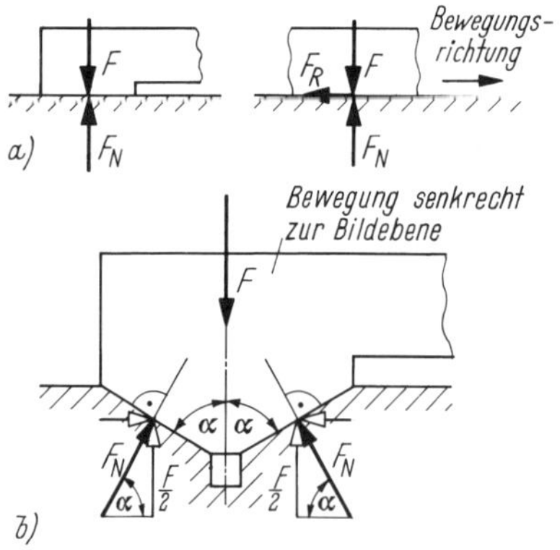

Bild 5.18 Führungen
a) Flachführung, b) symmetrische Prismenführung

beträgt die bei symmetrischen Prismenführungen zu überwindende

Reibungskraft $\boldsymbol{F_R = \mu_k \cdot F}$ (5.16)

Demnach kann man sich die Keilnut durch eine zur Belastungskraft F senkrechte Ebene ersetzt denken, wenn anstatt mit der Reibungszahl μ mit der größeren Keilreibungszahl μ_k gerechnet wird, die vom Keilwinkel abhängt.

Beispiel 5.8
Auf einen 100 kg schweren Maschinenschlitten mit der Prismenführung A und der Flächenführung B entspr. Bild 5.19a wirkt eine vertikale Kraft von 500 N. Wie groß ist die Gesamtreibungskraft an den Führungsflächen, die bei der Längsbewegung des Schlittens überwunden werden muss, wenn die Gleitreibungszahl 0,08 beträgt?

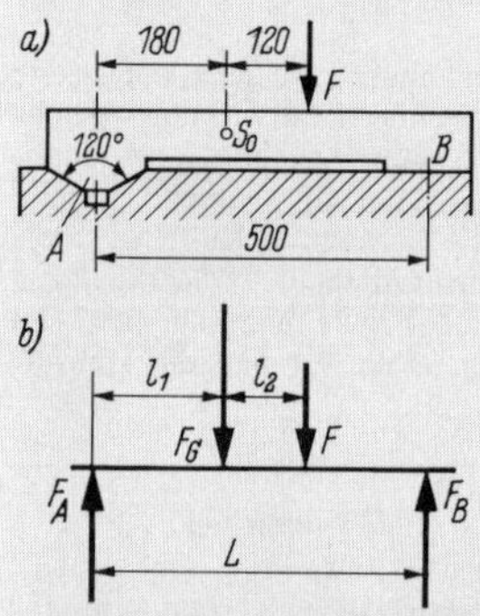

Bild 5.19 Führung eines Maschinenschlittens
a) Anordnung, b) Berechnungsskizze

Lösung:
Gegeben: $m = 100$ kg, $F = 500$ N, $L = 500$ mm, $l_1 = 180$ mm, $l_2 = 120$ mm, $\alpha = 60°$, $\mu = 0{,}08$.
Gesucht: F_R.
1. Stützkräfte F_A und F_B (Bild 5.19b)
Sie ergeben sich mit der Gewichtskraft

$$F_G = m\ g = 100\,\text{kg} \cdot 9{,}81\,\text{m/s}^2 = 981\,\text{N}$$

nach den Gleichgewichtsbedingungen (Gln. (2.22) u. (2.23)) wie folgt:

$$\Sigma M_{(A)} = F_B \cdot L - F_G \cdot l_1 - F(l_1 + l_2) = 0,$$

$$F_B = \frac{F_G \cdot l_1 + F(l_1 + l_2)}{L}$$

$$= \frac{(981 \cdot 180 + 500 \cdot 300)\,\text{N} \cdot \text{mm}}{500\,\text{mm}} = 653\,\text{N},$$

$$\Sigma F_y = F_A + F_B - F_G - F = 0,$$

$$F_A = F_G + F - F_B = (981 + 500 - 653)\,\text{N} = 828\,\text{N}.$$

2. Reibungskräfte F_{RA} und F_{RB}
Mit der Keilreibungszahl nach Gl. (5.15)

$$\mu_k = \frac{\mu}{\sin\alpha} = \frac{0{,}08}{\sin 60°} = 0{,}0924$$

wird entspr. Gl. (5.16):

$F_{RA} = \mu_k \cdot F_A = 0{,}0924 \cdot 828\,N = 76\,N$

und nach Gl. (5.14):

$F_{RB} = \mu \cdot F_B = 0{,}08 \cdot 653\,N = 52\,N.$

3. Gesamtreibungskraft F_R
Sie ist die Summe der Reibungskräfte an beiden Führungen:

$F_R = F_{RA} + F_{RB} = 76\,N + 52\,N = 128\,N.$

Um bei einer **Zylinderführung** (Bild 5.20) ein Blockieren (Selbsthemmung) durch den Reibungswiderstand zu vermeiden, muss die Führungslänge l möglichst groß und der Hebelarm h der Verschiebekraft F möglichst kurz sein. Liegt die Wirklinie von F in dem durch Überdeckung der Reibungskegel entstandenen schraffierten Bereich, so klemmt die Nabe auf der Achse fest. Die Nabe gleitet nur dann sicher auf der Achse, wenn $F > F_{RA} = F_{RB}$ ist.

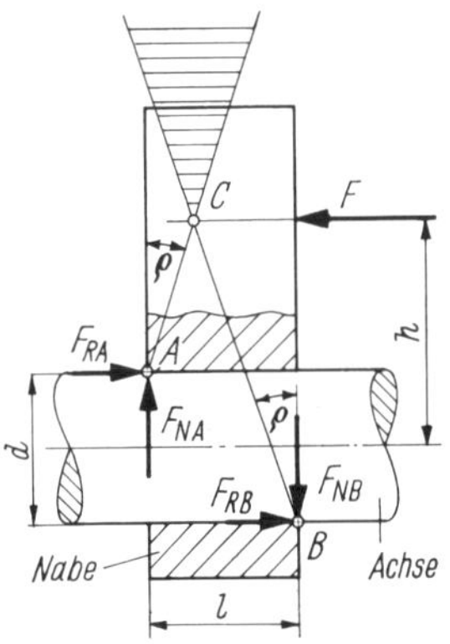

Bild 5.20 Zylinderführung

Gleichgewicht ist vorhanden, wenn die Wirklinie von F parallel zur Führungsrichtung durch den Schnittpunkt C geht, bzw. $F = F_{RA} + F_{RB}$ ist (Grenzfall zwischen Gleiten und Haften). Dafür folgt aus den Gleichgewichtsbedingungen:

$\Sigma F_y = 0 = F_{NA} - F_{NB}, \quad F_{NA} = F_{NB},$ somit auch

$F_{RA} = F_{RB},$

$\Sigma F_x = 0 = F_{RA} + F_{RB} - F = 2\,F_{RA} - F,$ daraus

$F = 2\,F_{RA},$

$\Sigma M_{(B)} = 0 = F(h + a/2) - F_{NA} \cdot l - F_{RA} \cdot d$ und daraus

$2\,F_{RA} \cdot h + 2F_{RA} \cdot d/2 - F_{NA} \cdot l - F_{RA} \cdot d = 0,$

$l = 2h \cdot F_{RA}/F_{NA}.$

Da $F_{RA}/F_{NA} = \tan\varrho = \mu$ ist, wird $l = 2h \cdot \tan\varrho = 2h \cdot \mu$.

Soll **Festklemmen ausgeschlossen** sein (Führungen), so ist die

Führungslänge $\quad l > 2h \cdot \mu$ (5.17)

auszuführen.

Ist **Festklemmen erforderlich** (Schraubenzwingen, Steigeisen), so muss die

Führungslänge $\quad l < 2h \cdot \mu$ (5.18)

ausgeführt werden. Es gilt dann für die

Haftsicherheit $\quad S_H = \dfrac{2h \cdot \mu}{l}$ (5.19)

Der Durchmesser des Führungszylinders oder die Breite eines nichtzylindrischen Führungselements spielen keine Rolle. Aus Sicherheitsgründen enthält Gl. (5.19) die Gleitreibungszahl, obwohl beim Festklemmen Haftreibung auftritt.

Beispiel 5.9
Der in Bild 5.21 skizzierte Maschinentisch wiegt 50 kg. Er wird an einer Rundsäule geführt und mit einem 40 kg schweren Werkstück belastet. Die Reibungszahl zwischen Säule und Führungsbuchse beträgt $\mu = 0{,}1$. Es sind zu ermitteln: 1. die größtzulässige Führungslänge l_1 bei 1,2facher Haftsicherheit, 2. die größtzulässige Führungslänge l_2, wenn der Tisch ohne Werkstück mit gleicher Sicherheit haften soll.

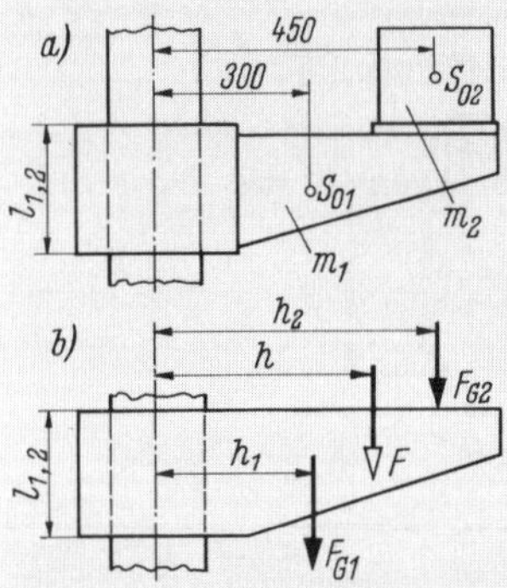

Bild 5.21 Maschinentisch mit Säulenführung
a) Anordnung, b) Berechnungsskizze

Lösung:
Gegeben: $m_1 = 50\,kg$, $m_2 = 40\,kg$, $\mu = 0{,}1$,
$h_1 = 300\,mm$, $h_2 = 450\,mm$, $S_H = 1{,}2$.
Gesucht: 1. l_1, 2. l_2.
1. Führungslänge l_1
Die Resultierende F der Gewichtskräfte $F_{G1} = m_1 \cdot g$ und $F_{G2} = m_2 \cdot g$ wirkt am Hebelarm h (Bild 5.21b), der sich aus dem Momentensatz (Gl. (2.19) ergibt:

$$F \cdot h = (F_{G1} + F_{G2})\,h = F_{G1} \cdot h_1 + F_{G2} \cdot h_2$$
$$= (m_1 \cdot g + m_2 \cdot g)\,h = m_1 \cdot g \cdot h_1 + m_2 \cdot g \cdot h_2.$$

Nach Herauskürzen von g folgt:

$$h = \frac{m_1 \cdot h_1 + m_2 \cdot h_2}{m_1 + m_2} = \frac{(50 \cdot 300 + 40 \cdot 450)\,kg \cdot mm}{(50 + 40)\,kg}$$
$$= 366{,}7\,mm.$$

Aus Gl. (5.19) folgt

$$l_1 = \frac{2h \cdot \mu}{S_H} = \frac{2 \cdot 366{,}7\ \text{mm} \cdot 0{,}1}{1{,}2} = 61{,}1\ \text{mm}.$$

2. Führungslänge l_2
Aus Gl. (5.19) mit $h = h_1$:

$$l_2 = \frac{2h_1 \cdot \mu}{S_H} = \frac{2 \cdot 300\ \text{mm} \cdot 0{,}1}{1{,}2} = 50\ \text{mm}.$$

5.3.2 Gewinde

Beim Heben und Senken einer Last mit einer Spindel und beim Anziehen oder Lösen einer Schraubenverbindung muss der Reibungswiderstand an den Gewindeflanken überwunden werden. Die auf alle Gewindegänge einer Mutter verteilte Belastungskraft F darf man an einem Punkt eines Gewindeganges als Einzelkraft ansetzen (Bild 5.22). Dieser gedachte Angriffspunkt von F liegt auf dem mittleren Gewindedurchmesser, dem **Flankendurchmesser d_2**. Denkt man sich einen Gang mit der **Steigung P_h** des in Bild 5.22 dargestellten Flachgewindes am Flankendurchmesser abgewickelt, so ergeben

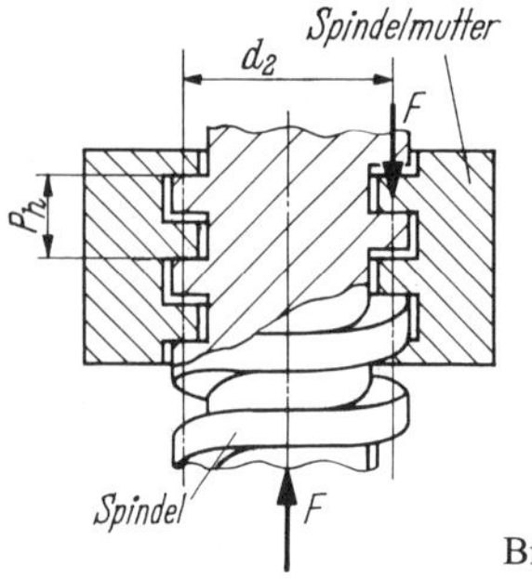

Bild 5.22 Flachgewinde

sich Verhältnisse wie bei der Reibung auf geneigter Ebene (Bild 5.23a). Aus dem entstandenen Dreieck folgt für den

Steigungswinkel
$$\tan\alpha = \frac{P_h}{d_2 \cdot \pi} \tag{5.20}$$

Bei eingängigem Gewinde ist die Steigung P_h gleich der Gewindeteilung P. Mit der Gangzahl n eines mehrgängigen Gewindes (Bild 5.27) erhält man die Steigung $P_h = n \cdot P$.

Die an der Mutter wirkenden Kräfte bilden ein zentrales Kräftesystem (Bild 5.23a). Aus dem Krafteck (Bild 5.23b) ergibt sich für das Heben der durch die **Axialkraft F** belasteten Spindelmutter die erforderliche

Umfangskraft beim Heben
$$F_u = F \cdot \tan(\alpha + \varrho) \tag{5.21}$$

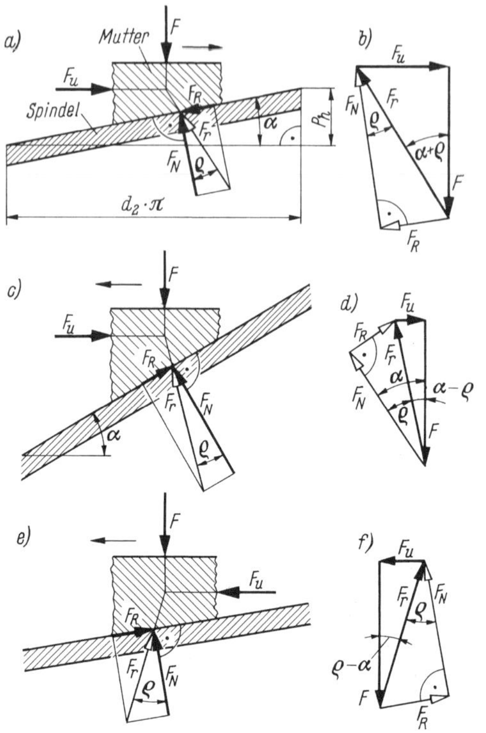

Bild 5.23 Kräfte am Flachgewinde, wenn sich Mutter und Spindel relativ gegeneinander drehen
a) am Flankendurchmesser d_2 abgewickelter Gang beim Heben der belasteten Mutter,
b) Krafteck zu a), c) abgewickelter Gang beim Senken der Mutter, wenn $\alpha > \varrho$, d) Krafteck zu c), e) wie c), jedoch $\alpha < \varrho$, f) Krafteck zu e)

Beim Senken der durch F belasteten Mutter ist die Bewegungsrichtung umgekehrt und die Reibungskraft wirkt in entgegengesetzter Richtung (Bild 5.23c). Dafür beträgt nach Bild 5.23d die erforderliche

Umfangskraft beim Senken
$$F_u = F \cdot \tan(\alpha - \varrho) \tag{5.22}$$

Hierbei spielt es keine Rolle, ob die Spindel gedreht wird und die Mutter stillsteht oder umgekehrt.
Die Gln. (5.21) und (5.22) entsprechen der Gl. 5.13 für eine waagerechte Kraft zur Bewegung eines Körpers auf einer geneigten Ebene. Ist $\alpha > \varrho$ (Bild 5.23c), so wird F_u benötigt, um ein selbsttätiges Senken der Mutter zu verhindern, d. h. es ist keine Selbsthemmung vorhanden. Erst bei $\boldsymbol{\alpha \leq \varrho}$ tritt **Selbsthemmung** auf. Bei $\alpha < \varrho$ ist zum Senken eine entgegengerich-

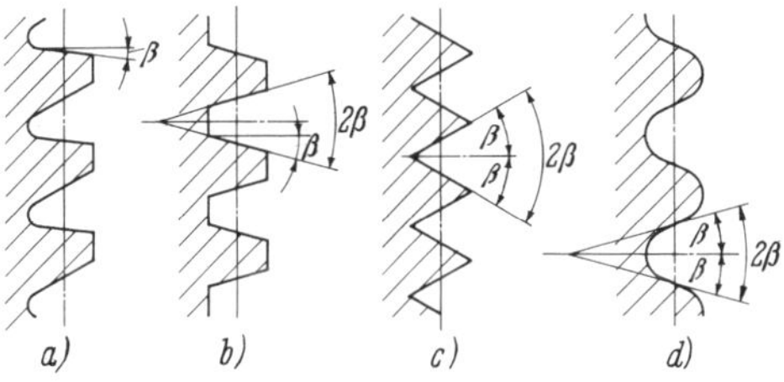

Bild 5.24 Genormte Gewindearten
a) Sägengewinde ($\beta = 3°$), b) Trapezgewinde ($\beta = 15°$), c) Spitzgewinde (metrisches Gewinde: Flankenwinkel $\beta = 30°$, Profilwinkel $2\beta = 60°$), d) Rundgewinde ($\beta = 15°$)

tete Umfangskraft F_u erforderlich (Bild 5.23e), die nach Gl. (5.22) negativ wird.

Flachgewinde werden heute nicht mehr verwendet, sondern nur noch die genormten Gewindearten, deren Profile und Bezeichnungen in Bild 5.24 angegeben sind (Abmessungen s. Tabn. 9 u. 10). Die Gewindeflanken sind im Längsschnitt um den **Flankenwinkel $\boldsymbol{\beta}$** zur Gewindeachse geneigt.

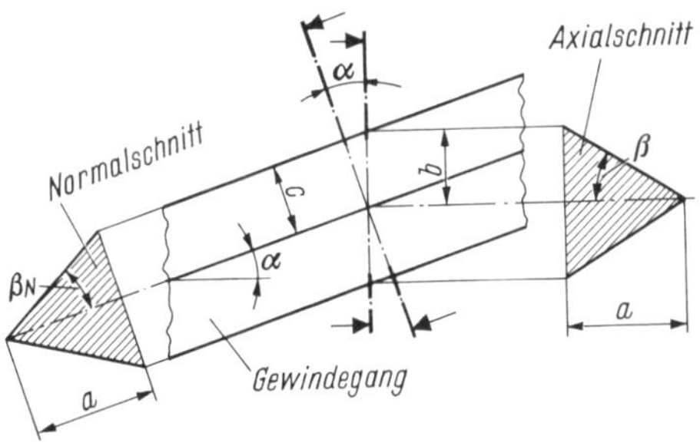

Bild 5.25 Geometrische Beziehungen im Axial- und Normalschnitt

Der im Normalschnitt (senkrecht zur Flankenfläche) liegende Normal-Flankenwinkel β_N ist wegen der Steigung etwas kleiner als β. Aus Bild 5.25 folgt

$$\tan\beta_N = \frac{c}{a} \qquad \cos\alpha = \frac{c}{b}$$

$$\tan\beta = \frac{b}{a} = \frac{c}{a \cdot \cos\alpha}$$

Danach gilt für den

Normalflankenwinkel
$$\boldsymbol{\tan\beta_N = \tan\beta \cdot \cos\alpha} \qquad (5.23)$$

Gegenüber der Kraft im Flachgewinde ist die Normalkraft F_N um den Normal-Flankenwinkel β_N geneigt (Bild 5.26). Die Radialkomponente

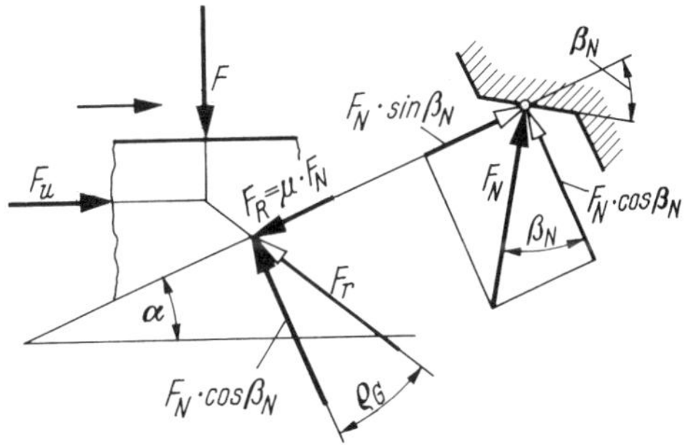

Bild 5.26 Normalkraft F_N im Normalschnitt

$F_N \cdot \sin\beta_N$ hebt sich auf, da sie auf den ganzen Flankenumfang verteilt ist. Mit der Längskomponente $F_N \cdot \cos\beta_N$ ergibt sich entspr. Gl. (5.6) für den **Gewindereibungswinkel $\boldsymbol{\varrho_G}$:**

$$\tan\varrho_G = \frac{F_R}{F_N \cdot \cos\beta_N} = \frac{\mu \cdot F_N}{F_N \cdot \cos\beta_N} = \frac{\mu}{\cos\beta_N} = \mu_G$$

Das Ergebnis ist die

Gewindereibungszahl
$$\boldsymbol{\mu_G = \frac{\mu}{\cos\beta_N} = \tan\varrho_G} \qquad (5.24)$$

Bei kleinen Steigungswinkeln α kann $\beta_N \approx \beta$ und damit $\mu_G \approx \mu/\cos\beta$ gesetzt werden. Mit dem größeren Winkel ϱ_G anstelle ϱ gelten die für Flachgewinde entwickelten Gln. (5.21) und (5.22) auch für Gewinde mit geneigten Flanken.

Bewegungsgewinde

Für Spindeln (Bild 5.27) zum Heben und Senken von Lasten sowie zum Bewegen von Maschinenteilen (Umsetzen einer Dreh- in eine Längsbewegung) werden vorzugsweise Trapez- und Sägengewinde angewendet (Tab. 10). Während einer Umdrehung wird die durch F belastete Mutter

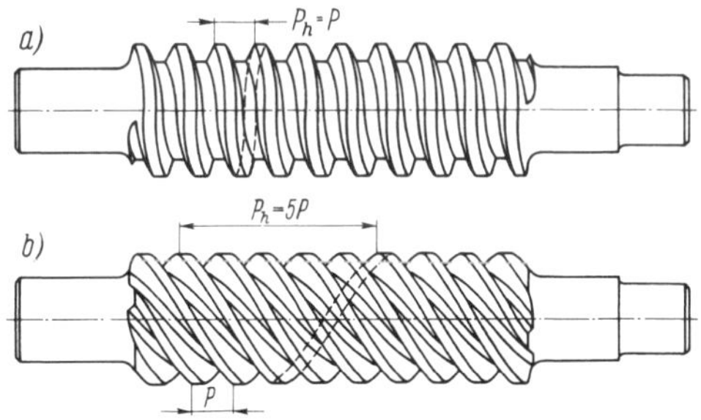

Bild 5.27 Spindel mit Trapezgewinde
a) eingängig, b) fünfgängig ($n = 5$)

um die Steigung $P_h = \tan\alpha \cdot d_2 \cdot \pi$ (Gl. (5.20)) angehoben und die Nutzarbeit $F \cdot P_h = F \cdot \tan\alpha \cdot d_2 \cdot \pi$ verrichtet (Arbeit = Kraft × Weg, s. Abschn. 7.2.1). Dabei beträgt der Arbeitsaufwand $F_u \cdot d_2 \cdot \pi = F \cdot \tan(\alpha + \varrho_G) \cdot d_2 \cdot \pi$ (F_u nach Gl. (5.21)). Das **Verhältnis des Nutzens zum Aufwand** ist der **Wirkungsgrad** η (s. Abschn. 7.2.3). Da sich F und $d_2 \cdot \pi$ herauskürzen, erhält man den

Wirkungsgrad beim Heben

$$\eta_H = \frac{\tan\alpha}{\tan(\alpha + \varrho_G)} \qquad (5.25)$$

Beim Senken der belasteten Mutter sind Nutzen und Aufwand umgekehrt und mit F_u nach Gl. (5.22) ergibt sich der

Wirkungsgrad beim Senken

$$\eta_S = \frac{\tan(\alpha - \varrho_G)}{\tan\alpha} \qquad (5.26)$$

Bei Selbsthemmung ($\alpha \leq \varrho_G$) wird $\eta_H < 0{,}5$ und $\eta_S \leq 0$ (null oder negativ). Zum Senken der Last muss die Umfangskraft F_u in diesem Fall entgegen ihrer Richtung beim Heben wirken. Dem Heben entspricht eine Bewegung der Mutter gegen die Wirkrichtung von F, dem Senken eine Mutterbewegung in Richtung der Belastungskraft F.

Die Umfangskraft F_u greift am Flankenradius $r_2 = d_2/2$ an. Zur Überwindung der **Reibung im Gewinde** ist ein Drehmoment $M_G = F_u \cdot r_2$ erforderlich. Mit F_u entspr. den Gln. (5.21) und (5.22) beträgt das

Gewindereibungsmoment

$$M_G = F \cdot \tan(\alpha \pm \varrho_G) \cdot r_2 \qquad (5.27)$$

Für Heben ist das Plus-, für Senken das Minus-Zeichen einzusetzen.

Außerdem ist am Spindelbund, mit dem sich die Spindel abstützt, noch das **Reibungsmoment** $M_R = F_R \cdot R_L = \mu_L \cdot F \cdot R_L$ zu überwinden (Bild 5.28). Mit der Lagerreibungszahl μ_L im **Stützlager** und dem mittleren Radius R_L der Lagerfläche beträgt das zum Heben erforderliche Drehmoment $M_{an} = M_G + M_R$ und somit das

Antriebsmoment

$$M_{an} = F \cdot [\tan(\alpha + \varrho_G) \cdot r_2 + \mu_L \cdot R_L] \qquad (5.28)$$

Beim Senken unter Last muss ein Drehmoment in umgekehrter Richtung aufgewendet werden. Man erhält sinngemäß für das dem Antriebsmoment entgegen gerichtete

Rückdrehmoment

$$M_{rü} = F \cdot [\mu_L \cdot R_L - \tan(\alpha - \varrho_G) \cdot r_2] \qquad (5.29)$$

Ein negatives Rückdrehmoment bedeutet, dass die Belastungskraft F allein die Rückwärtsbewegung herbeiführt. Das ist der Fall, wenn $\alpha \gg \varrho_G$ ist, z. B. bei mehrgängigen Gewinden.

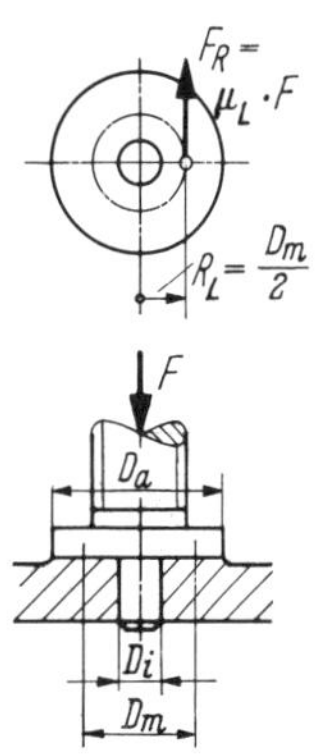

Bild 5.28 Reibung im Stützlager

Beispiel 5.10
Die Spindel einer Presse hat dreigängiges Sägengewinde DIN 513 – S 52 × 24 P 8 (Außendurchmesser $d = 52$ mm, Steigung $P_h = 24$ mm, Teilung ($P = 8$ mm) und einen mittleren Stützlagerradius von 40 mm, Reibungszahl im Gewinde 0,06 und im Stützlager 0,08. Welche Presskraft kann mit einem Antriebsmoment von 850 Nm erreicht werden?

Lösung:
Gegeben: $M_{an} = 850$ Nm, $\mu = 0{,}06$, $\mu_L = 0{,}08$, $R_L = 40$ mm, $P_h = 24$ mm, $\beta = 3°$ und $d_2 = d - H_1 = (52 - 6)$ mm $= 46$ mm (Tab. 10).
Gesucht: F.

1. Steigungswinkel α und Gewindereibungswinkel ϱ_G
Nach Gl. (5.20):

$$\tan\alpha = \frac{P_h}{d_2 \cdot \pi} = \frac{24\text{ mm}}{46\text{ mm} \cdot \pi}, \qquad \alpha = 9{,}43°.$$

Mit dem Normal-Flankenwinkel nach Gl. (5.23):
$\tan\beta_N = \tan\beta \cdot \cos\alpha = \tan 3° \cdot \cos 9{,}43°$, $\beta_N = 2{,}96°$
folgt aus Gl. (5.24):

$$\tan\varrho_G = \frac{\mu}{\cos\beta_N} = \frac{0{,}06}{\cos 2{,}96°}, \qquad \varrho_G = 3{,}44°.$$

2. Presskraft F
Aus Gl. (5.28) mit $r_2 = d_2/2 = 23$ mm:

$$F = \frac{M_{an}}{\tan(\alpha + \varrho_G) \cdot r_2 + \mu_L \cdot R_L} = \frac{850\,000\text{ Nmm}}{\tan(9{,}43° + 3{,}44°) \cdot 23\text{ mm} + 0{,}08 \cdot 40\text{ mm}}$$
$$= 100\,500\text{ N} \approx 100{,}5\text{ kN}.$$

Befestigungsgewinde

Befestigungsschrauben werden mit eingängigem, selbsthemmendem Spitzgewinde ausgeführt, das als **metrisches Gewinde** genormt ist (Tab. 9). Wegen der geringen **Steigung** P gilt hier als

Normal-Flankenwinkel $\beta_N \approx \beta = 30°$ und entspr. Gl. (5.24) für die

Gewindereibungszahl
$$\boldsymbol{\mu_G = \tan \varrho_G = \frac{\mu}{\cos \beta_N} \approx 1{,}16\,\mu} \qquad (5.30)$$

Das Anziehen einer Schraubenverbindung (Bild 5.29) auf die **Vorspannkraft** $\boldsymbol{F_V}$, mit der

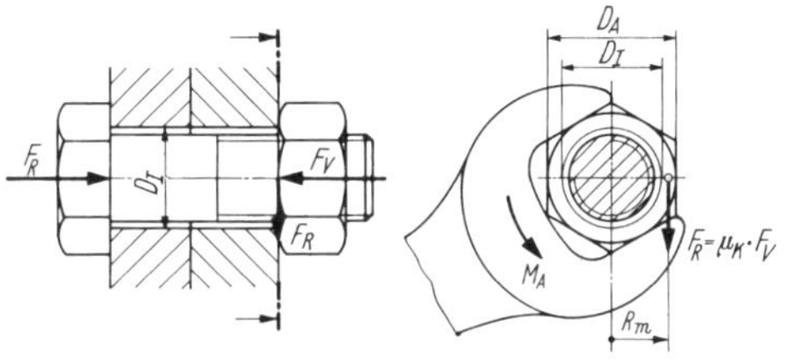

Bild 5.29 Schraubenverbindung

die zu verbindenden Teile gegeneinander gepresst werden, entspricht dem Heben mit einer Spindel und das Lösen der Verbindung dem Senken. Dabei sind das Gewindereibungsmoment $M_G = F_V \cdot \tan(\alpha + \varrho_G) \cdot r_2$ (Gl. (5.27) mit $F = F_V$) und das an der Mutter- oder Schraubenkopf-Auflagefläche auftretende Reibungsmoment $M_K = F_R \cdot R_m = \mu_K \cdot F_V \cdot R_m$ zu überwinden. Somit ist am Schraubenschlüssel das Anziehmoment $M_A = M_G + M_K$ aufzubringen. Da bei kleinen Winkeln $\tan(\alpha + \varrho_G) \approx \tan\alpha + \tan\varrho_G$ gesetzt werden kann, gilt mit den Gln. (5.20) und (5.30) für das Anziehmoment

$$M_A \approx F_V (\tan\alpha + \tan\varrho_G) \cdot r_2 + F_V \cdot \mu_K \cdot R_m$$
$$= F_V \left(\frac{P}{d_2 \cdot \mu} \cdot r_2 + 1{,}16\,\mu \cdot r_2 + \mu_K \cdot R_m \right)$$

Mit $r_2 = d_2/2$ folgt daraus das

Anziehmoment
$$\boldsymbol{M_A \approx F_V\,(0{,}16P + 0{,}58\mu \cdot d_2 + \mu_K \cdot R_m)} \qquad (5.31)$$

Wegen der starken Streuung der Reibungszahlen wird meistens $\boldsymbol{\mu = \mu_K}$ gesetzt, womit aus Gl. (5.31) das

Anziehmoment
$$\boldsymbol{M_A \approx F_V\,[0{,}16P + \mu(0{,}58 d_2 + R_m)]} \qquad (5.32)$$

folgt. Sinngemäß erhält man für das dem Anziehmoment entgegengerichtete

Lösemoment
$$\boldsymbol{M_L \approx F_V\,[\mu\,(0{,}58 d_2 + R_m) - 0{,}16P]} \qquad (5.33)$$

Erfahrungsgemäß ist $\mu \approx 0{,}1 \ldots 0{,}2$. Entsprechend Bild 5.29 kann an der Kopf- oder Mutter-Auflagefläche als mittlerer Radius $R_m \approx 0{,}25\,(D_A + D_I)$ angenommen werden. Werte für D_A und D_I enthält Tab. 9.

Beispiel 5.11
Eine Sechskantschraube ISO 4014 – M 12 nach DIN EN 24014 soll auf eine Vorspannkraft von 100 kN angezogen werden. Als Reibungszahl im Gewinde und an der Kopfauflagefläche ist 0,14 anzunehmen. Welches Anziehmoment ist erforderlich, und wie groß ist das Lösemoment?

Lösung:
Gegeben: $F_V = 100$ kN, $\mu = 0{,}14$, $P = 1{,}75$ mm, $d_2 = 10{,}863$ mm, $D_A = 18$ mm und $D_I = 13{,}5$ mm (Tab. 9).
Gesucht: M_A und M_L.
1. Anziehmoment M_A
Mit $R_m \approx 0{,}25\,(D_A + D_I) = 0{,}25\,(18 + 13{,}5)$ mm $= 7{,}88$ mm nach Gl. (5.32):

$$M_A \approx F_V\,[0{,}16P + \mu\,(0{,}58 d_2 + R_m)]$$
$$= 100\,\text{kN}\,[0{,}16 \cdot 1{,}75 + 0{,}14\,(0{,}58 \cdot 10{,}863 + 7{,}88)]\,\text{mm} = 226{,}5\,\text{Nm}.$$

2. Lösemoment M_L
Nach Gl. (5.33):

$$M_L \approx F_V\,[\mu\,(0{,}58 d_2 + R_m) - 0{,}16P]$$
$$= 100\,\text{kN}\,[0{,}14\,(0{,}58 \cdot 10{,}863 + 7{,}88) - 0{,}16 \cdot 1{,}75]\,\text{mm}$$
$$= 170{,}5\,\text{Nm}.$$

5.3.3 Reibungskupplungen und -bremsen

Kupplungen und Bremsen können von Hand oder automatisch über ein mechanisches Hebelsystem, eine Hydraulik- oder Druckluftanlage, durch Feder- oder Magnetkraft geschaltet werden. Bei Reibungskupplungen und -bremsen (auch kurz Reibkupplungen und -bremsen genannt) bewirkt die **Schalt- oder Betätigungskraft** $\boldsymbol{F}$ eine Normalkraft F_N, die eine Reibungskraft F_R hervorruft (Bild 5.30a). Das aus der Reibungskraft und ihrem Abstand von der Wellenmitte gebildete Reibungsmoment ist das **Kupplungsmoment** bzw. **Bremsmoment.** Mit der axialen Kraft $F = F_N$ und der **Reibflächenzahl** z wird $F_R = \mu \cdot z \cdot F_N = \mu \cdot z \cdot F$. Aus $M_R = F_R \cdot r$ folgt damit das

Kupplungsmoment $\boldsymbol{M_K = \mu \cdot z \cdot F \cdot r}$ (5.34)

Sind die Reibflächen um den Winkel α zur Kraft F geneigt (Bilder 5.30c und e), dann ist $F_N = F/\sin\alpha$ und es gilt für das

Kupplungsmoment
$$\boldsymbol{M_K = \frac{\mu}{\sin\alpha} \cdot z \cdot F \cdot r = \mu_k \cdot z \cdot F \cdot r} \qquad (5.35)$$

mit der Keilreibungszahl μ_k nach Gl. (5.15).

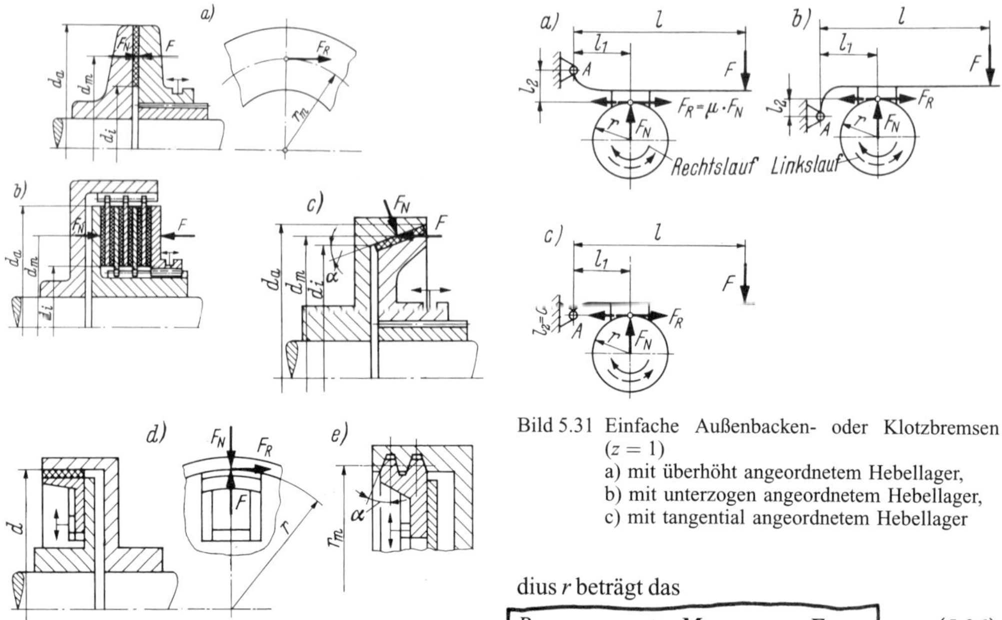

Bild 5.30 Reibungskupplungen
a) Einflächenkupplung, b) Mehrflächen- oder Lamellenkupplung ($z = 6$), c) Konus- oder Kegelkupplung, d) Backenkupplung mit zylindrischer Reibfläche, e) Backenkupplung mit Keilrillen

Bei *Einflächenkupplungen* (Bild 5.30a) und bei *Kegelkupplungen* (Bild. 5.30c) ist $z = 1$, bei *Backenkupplungen* (Bilder 5.30d u. e) ist z die Backenanzahl, bei *Lamellenkupplungen* ist z die Anzahl der Reibflächenpaare oder die Anzahl der Reibscheiben bzw. Lamellen. Als **Reibradius** $\boldsymbol{r}$ wird $r = 0{,}5\,d$ bzw. $r \approx r_m = 0{,}5 d_m = 0{,}25\,(d_a + d_i)$ eingesetzt.

Der Reibradius $r \approx r_m$ ist theoretisch nicht korrekt, genügt praktisch aber vollauf. Bei gleichmäßiger Verteilung der Presskraft über die Reibfläche müsste als Reibradius der Radius eines Kreises gesetzt werden, zu dem die Reibflächen nach außen und innen gleich groß sind. Aus $(d_a^2 - d^2)\,\pi/4 = (d^2 - d_i^2)\,\pi/4$ würde sich dann als Reibradius $r = \sqrt{(d_a^2 + d_i^2)/8} \approx 0{,}3536 \cdot \sqrt{(d_a^2 + d_i^2)}$ ergeben.

Die in Bild 5.30 skizzierten Kupplungen können auch als Bremsen arbeiten, wenn eine Kupplungshälfte mit einem feststehenden Teil verbunden wird. Mit den Gln. (5.34) und (5.35) erhält man dann das jeweilige *Bremsmoment* M_B.
Bei *Außenbacken- oder Klotzbremsen* (Bilder 5.31 u. 5.32) mit z Backen und dem Bremstrommelradius r beträgt das

Bild 5.31 Einfache Außenbacken- oder Klotzbremsen ($z = 1$)
a) mit überhöht angeordnetem Hebellager,
b) mit unterzogen angeordnetem Hebellager,
c) mit tangential angeordnetem Hebellager

$$\textit{Bremsmoment} \quad \boldsymbol{M_B = \mu \cdot z \cdot F_N \cdot r} \tag{5.36}$$

Die mit der Betätigungskraft F erreichbare Normalkraft F_N hängt im Wesentlichen von der Anordnung des Hebellagers A und damit von den Hebellängen l, l_1 und l_2 ab (Bild 5.31). Ist das Hebellager über der Wirklinie von F_R angeordnet (Bild 5.31 a), so folgt für Rechtslauf aus

$$\Sigma M_{(A)} = 0 = -F \cdot l + F_N \cdot l_1 + F_R \cdot l_2$$

und für Linkslauf aus

$$\Sigma M_{(A)} = 0 = -F \cdot l + F_N \cdot l_1 - F_R \cdot l_2$$

mit $F_R = \mu \cdot F_N$ die

$$\textit{Normalkraft} \quad \boldsymbol{F_N = \frac{F \cdot l}{l_1 \pm \mu \cdot l_2}} \tag{5.37}$$

Das Plus-Zeichen gilt für Rechtslauf und das Minus-Zeichen für Linkslauf. Ist jedoch das Hebellager wie in Bild 5.31b unter der Wirklinie von F_R angeordnet, so gilt das Minus-Zeichen für Rechtslauf und das Plus-Zeichen für Linkslauf. Liegt das Hebellager auf der Wirklinie von F_R (Bild 5.31c), so ist $l_2 = 0$ und aus Gl. (5.37) folgt $F_N = F \cdot l/l_1$ für Rechts- und Linkslauf.
Die Ausführungen nach den Bildern 5.31a und b können als **Reibungsgesperre** eingesetzt werden. Das sind Bremsen mit Selbsthemmung für eine Drehrichtung. Dabei genügt die Gewichtskraft des Hebels mit der Bremsbacke als Betätigungskraft. Die Ausführung nach Bild 5.31a ist selbsthemmend bei Linkslauf, die nach

Bild 5.31b bei Rechtslauf. Aus $\Sigma M_{(A)} = 0$ erhält man mit $F = 0$ jedoch $F_N > 0$, da der Hebel mit seiner Gewichtskraft auf die Bremstrommel drückt: $F_N \cdot l_1 - \mu \cdot F_N \cdot l_2 = 0$ oder $l_1 = \mu \cdot l_2$ und damit die **Selbsthemmungsbedingung:** $\boldsymbol{l_1 \leq \mu \cdot l_2}$. Bei der Ausführung nach Bild 5.31c ist Selbsthemmung nicht möglich.

Mit der Gleitreibungszahl μ kann man das **Gleitreibungsmoment** errechnen, das bei Kupplungen **schaltbares Drehmoment $\boldsymbol{M_s}$** genannt wird. Dieses Moment wird während des Schaltvorgangs von den aneinander gleitenden Reibflächen aufgebracht. Mit der Haftreibungszahl μ_0 erhält man das **Haftreibungsmoment.** Das ist das bei Synchronlauf (bei relativem Stillstand der Reibflächen zueinander) über die kuppelnden Teile **übertragbare Drehmoment $\boldsymbol{M_ü}$** oder das bei Stillstand mögliche **Haltemoment $\boldsymbol{M_H}$** einer Bremse.

Beispiel 5.12
In Bild 5.32 ist eine Doppelbackenbremse schematisch ohne das Gestänge zum Lüften (Lösen) der Bremse dargestellt. Die Bremsbacken B werden durch die bei C an den Bremshebeln H ziehende Kraft der Zugfeder Z gegen die Bremstrommel T gedrückt. Es sind mit der Gleitreibungszahl 0,4 die erforderliche Federkraft für ein Bremsmoment von 1 kNm und das mit dieser Federkraft mögliche Haltemoment zu errechnen, Haftreibungszahl 0,55.

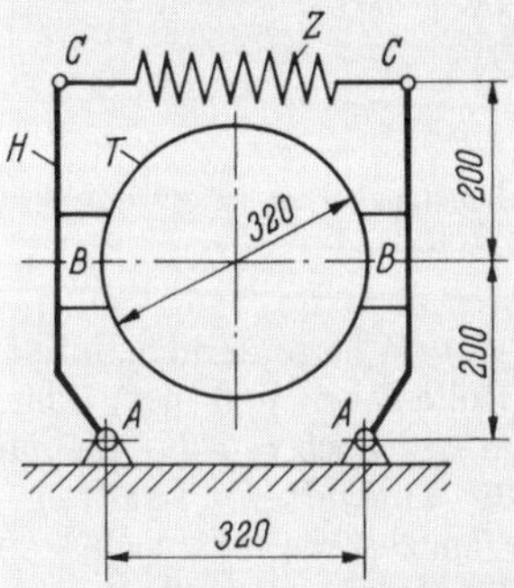

Bild 5.32 Doppelbackenbremse

Lösung:
Gegeben: $M_B = 1\,\text{kNm} = 1000\,\text{Nm}$, $r = d/2 = 160\,\text{mm}$, $l = 400\,\text{mm}$, $l_1 = 200\,\text{mm}$, $l_2 = 0$, $z = 2$, $\mu = 0{,}4$, $\mu_0 = 0{,}55$.
Gesucht: F und M_H.

1. Federkraft F
Nach Gl. (5.36) mit $F_N = F \cdot l/l_1$ (Gl. (5.37) mit $l_2 = 0$) wird

$$M_B = \mu \cdot z \cdot F \cdot \frac{l}{l_1} \cdot r, \text{ daraus folgt}$$

$$F = \frac{M_B \cdot l_1}{\mu \cdot z \cdot l \cdot r} = \frac{1000\,\text{kNmm} \cdot 200\,\text{mm}}{0{,}4 \cdot 2 \cdot 400\,\text{mm} \cdot 160\,\text{mm}} = 3{,}906\,\text{kN}.$$

2. Haltemoment M_H
Mit μ_0 entspr. Gl. (5.36) wie unter 1.:

$$M_H = \mu_0 \cdot z \cdot F \cdot \frac{l}{l_1} \cdot r = 0{,}55 \cdot 2 \cdot 3{,}906\,\text{kN}\,\frac{400}{200}\,160\,\text{mm} = 1375\,\text{Nm}$$

oder einfach, da sich die Momente wie die Reibungszahlen verhalten:

$$M_H = M_B \cdot \frac{\mu_0}{\mu} = 1000\,\text{Nm} \cdot \frac{0{,}55}{0{,}4} = 1375\,\text{Nm}.$$

5.3.4 Lager

Die Laufzapfen von Achsen und Wellen werden in Lagern abgestützt. Man unterscheidet **Radiallager** (auch Trag- oder Querlager genannt, Bild 5.33) zur Aufnahme von Querkräften und **Axiallager** (Stütz- oder Längslager, Bild 5.34)

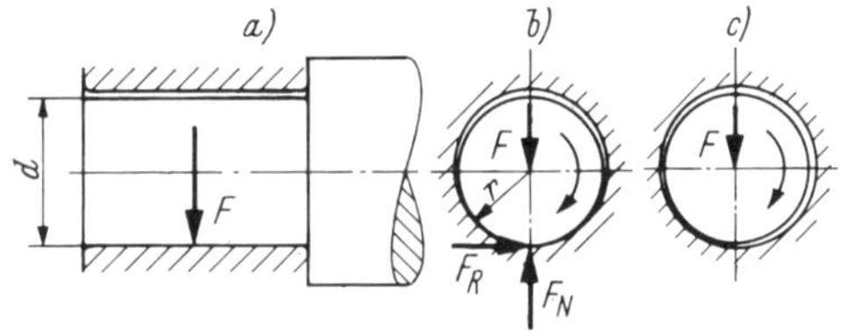

Bild 5.33 Radial-Gleitlager
a) Tragzapfen drückt mit der Lagerkraft F auf die Lagerschale, b) Anlauf aus dem Stillstand, c) Lauf bei Flüssigkeitsreibung

zur Übertragung von Längskräften. Die Lager werden als Gleit- oder Wälzlager ausgeführt. Während der Drehbewegung muss die Lagerreibung überwunden werden, wobei Reibungswärme entsteht. Der Anlauf erfolgt mit Trockenreibung, danach kommt es zur Mischreibung und bei entsprechender Lagerkonstruktion und Ölschmierung anschließend zur Flüssigkeitsreibung.

Mit der Reibungskraft $F_R = \mu_L \cdot F_N$, der Lagerkraft $F = F_N$ und dem Reibradius r folgt aus $M_R = F_R \cdot r$ das

Lagerreibungsmoment $\boldsymbol{M_R = \mu_L \cdot F \cdot r}$ (5.38)

Die **Lagerreibungszahl $\boldsymbol{\mu_L}$** ist ein durch Versuch ermittelter Erfahrungswert, der von der Drehzahl, der mittleren Flächenpressung, der Zähigkeit und der Temperatur des Schmiermittels sowie der Lagerbauart abhängt. Für Gleitlager mit Flüssigkeitsreibung kann μ_L näherungsweise ermittelt werden. Bei Trockenreibung ist $\mu_L \approx 0{,}1 \ldots 0{,}25$, bei Mischreibung $\approx 0{,}01 \ldots 0{,}1$ und bei Flüssigkeitsreibung $\approx 0{,}002 \ldots 0{,}01$. In Wälzlagern ist der Reibungswiderstand geringer als in Gleitlagern, da die Rollreibung kleiner als die Gleitreibung ist (s. Abschn. 5.5).

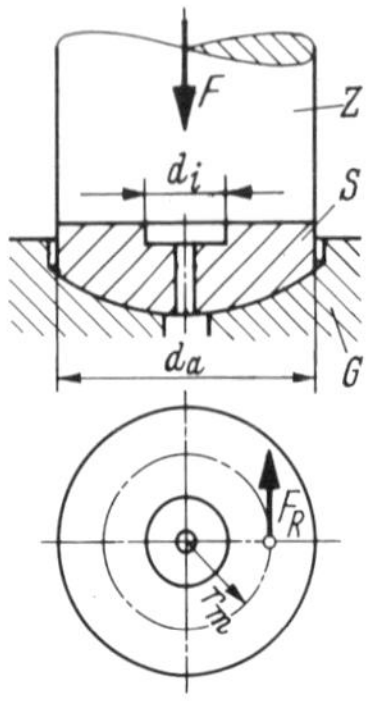

Bild 5.34 Axial-Gleitlager
Z Zapfen,
S Spurplatte,
G Lagergehäuse

Der **Reibradius** $\boldsymbol{r}$ ist bei Radiallagern der Tragzapfenradius $r = 0{,}5d$, bei Axiallagern wird näherungsweise der mittlere Lagerflächenradius eingesetzt, u. zw. bei kreisringförmiger Stützfläche (Bild 5.34) $r \approx r_m = 0{,}25\,(d_a + d_i)$, bei kreisförmiger $r \approx r_m = 0{,}25d$ ($d_a = d$, $d_i = 0$; siehe hierzu auch die Bemerkung in Abschn. 5.3.3).

Beispiel 5.13
Eine waagerecht angeordnete Welle wird in der Mitte zwischen den Lagern durch eine lotrechte Kraft von 8 kN belastet. Die Lagerzapfen haben 50 mm Durchmesser. Im Versuch wurde ein Lagerreibungsmoment von 1,6 Nm gemessen. Wie groß ist die Lagerreibungszahl?
Lösung:
Gegeben: $M_R = 1{,}6\,\text{Nm}$, $F = 8000\,\text{N}$, $r = 0{,}5d = 0{,}5 \cdot 0{,}05\,\text{m} = 0{,}025\,\text{m}$.
Gesucht: μ_L.
Da beide Lager gleich hoch belastet sind und gleiche Durchmesser haben, kann die Berechnung so erfolgen, als werde die Welle von nur einem Lager getragen. Aus Gl. (5.38) folgt

$$\mu_L = \frac{M_R}{F \cdot r} = \frac{1{,}6\,\text{Nm}}{8000\,\text{N} \cdot 0{,}025\,\text{m}} = 0{,}008.$$

Beispiel 5.14
Eine lotrecht angeordnete Welle überträgt ein Drehmoment von 600 Nm und drückt mit einer Längskraft von 8,5 kN auf die Spurplatte, die 160 mm Außen- und 60 mm Innendurchmesser hat, Lagerreibungszahl ca. 0,06. Wie groß ist das erforderliche Antriebsmoment unter Berücksichtigung der Lagerreibung und wie viel % dieses Moments beträgt der Reibungsverlust?
Lösung:
Gegeben: $M = 600\,\text{Nm}$, $F = 8500\,\text{N}$, $d_a = 0{,}16\,\text{m}$, $d_i = 0{,}06\,\text{m}$, $\mu_L \approx 0{,}06$.
Gesucht: M_{an} in Nm und V_R in %.

1. Antriebsmoment M_{an}
Mit $r \approx r_m = 0{,}25\,(d_a + d_i) = 0{,}25\,(0{,}16 + 0{,}06)\,\text{m} = 0{,}055\,\text{m}$ beträgt nach Gl. (5.38) das Lagerreibungsmoment

$$M_R = \mu_L \cdot F \cdot r = 0{,}06 \cdot 8500\,\text{N} \cdot 0{,}055\,\text{m} = 28\,\text{Nm}.$$

Damit wird

$$M_{an} = M + M_R = 600\,\text{Nm} + 28\,\text{Nm} = 628\,\text{Nm}.$$

2. Reibungsverlust V_R

$$V_R = \frac{M_R}{M_{an}}\,100\% = \frac{28\,\text{Nm}}{628\,\text{Nm}}\,100\% = 4{,}46\% \approx 4{,}5\%.$$

5.3.5 Rollen und Rollenzüge

Zum Heben von Lasten werden u. a. einzelne oder mehrere sinnvoll angeordnete Rollen benutzt. Ohne Reibung und mit einem vollkommen biegsamen Seil wäre an einer **festen Rolle** (Bild 5.35a) zum gleichförmigen Heben einer

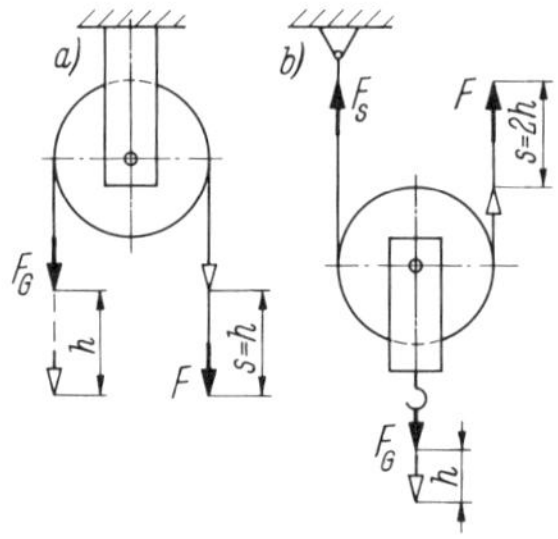

Bild 5.35 Rollen
a) feste Rollen (auch Leit- oder Umlenkrollen), b) lose Rollen

Last die Zugkraft $F = F_G$ erforderlich. Infolge der Reibung im Rollenlager und des Biegewiderstandes im Seil ist jedoch $F > F_G$, die aufzuwendende Arbeit = Zugkraft $F \times$ Kraftweg s also größer als die Nutzbarkeit = Gewichtskraft $F_G \times$ Lastweg h. Im **Wirkungsgrad $\boldsymbol{\eta}$, dem Verhältnis der Nutzarbeit zum Arbeitsaufwand**, werden die Verluste durch Reibungs- und Biegewiderstand erfasst. Da bei einer festen Rolle $s = h$ ist, folgt aus dem Verhältnis der Nutzarbeit $F_G \cdot h$ zur aufgewendeten Arbeit $F \cdot s = F \cdot h$ der

Wirkungsgrad der festen Rolle $\quad \eta_{RF} = \dfrac{F_G}{F}$ (5.39)

und damit die erforderliche

Zugkraft an einer festen Rolle $\quad F = \dfrac{F_G}{\eta_{RF}}$ (5.40)

Erfahrungswerte für feste Seil- und Kettenrollen mit Gleitlagerung: $\eta_{Rf} \approx 0{,}95 \dots 0{,}96$, mit Wälzlagerung: $\eta_{Rf} \approx 0{,}97 \dots 0{,}98$.

Bei einer **losen Rolle** (Bild 5.35b) greift F_G über ein Gehäuse, die so genannte Flasche, an der Rollenachse an und verteilt sich auf zwei Seilenden. Ohne Reibungsverluste wäre am festen Ende die Seilkraft $F_S = F = F_G/2$. Entspr. den Verhältnissen bei einer festen Rolle ist aber $F_S = F \cdot \eta_{Rf}$. Mit $s = 2h$ beträgt das Verhältnis der Nutzarbeit $F_G \cdot h$ zum Arbeitsaufwand $F \cdot s$:

$$\frac{F_G \cdot h}{F \cdot s} = \frac{(F + F_S)\,h}{F \cdot 2h} = \frac{F + F \cdot \eta_{Rf}}{F \cdot 2} = \frac{F(1 + \eta_{Rf})}{F \cdot 2}$$

Daraus folgt als

Wirkungsgrad der losen Rolle $$\boldsymbol{\eta_{Rl} = \frac{1 + \eta_{Rf}}{2}} \qquad (5.41)$$

und damit die erforderliche

Zugkraft an einer losen Rolle $$\boldsymbol{F = \frac{F_G}{2\eta_{Rl}} = \frac{F_G}{1 + \eta_{Rf}}} \qquad (5.42)$$

Man erkennt, dass $\eta_{Rl} > \eta_{Rf}$ ist. Für $\eta_{Rf} = 0{,}96$ wird z. B. $\eta_{Rl} = (1 + 0{,}96)/2 = 0{,}98$. Wegen der geringen Unterschiede zwischen η_{Rf} und η_{Rl} rechnet man allgemein nur mit einem **Rollenwirkungsgrad** $\boldsymbol{\eta_R} \approx \eta_{Rf} \approx \eta_{Rl}$.

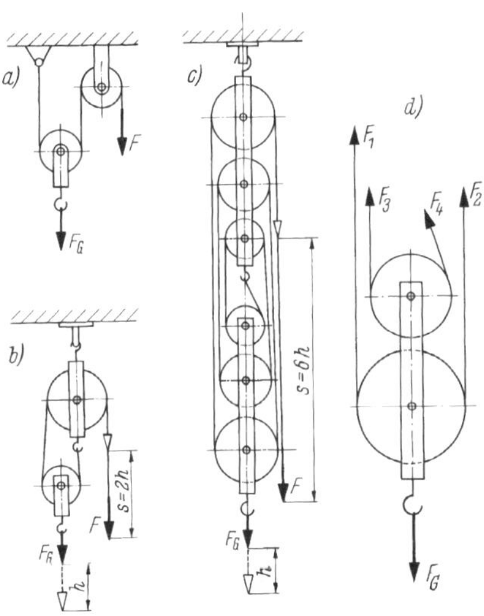

Bild 5.36 Rollen- oder Flaschenzüge
a) Prinzipanordnung eines einfachen Flaschenzuges, b) Ausführung eines Flaschenzuges mit $z = 2$ Rollen, c) mit $z = 6$ Rollen, d) freigeschnittene untere Hälfte eines Flaschenzuges mit $z = 4$ Rollen

Wird ein Seil oder eine Kette über eine lose und danach über eine feste Rolle geführt, so entsteht ein einfacher **Rollen- oder Flaschenzug** (Bild 5.36). Führt man das Zugmittel (Seil oder Kette) abwechselnd über mehrere feste und lose Rollen (Bild 5.36c), so ist es möglich, Lasten mit einer Zugkraft F zu heben, die nur ein Bruchteil der von der Last ausgeübten Gewichtskraft F_G beträgt. Die Rollen können in der Flasche untereinander oder nebeneinander angeordnet werden. In der Praxis baut man Flaschenzüge heute nur noch mit nebeneinander angeordneten Seilrollen. Bei der **Rollenanzahl** z verteilt sich F_G auf z Seilstränge, und es wäre ohne Berücksichtigung der Verluste eine Zugkraft $F = F_G/z$ am freien Seilende erforderlich. Für den Lastweg h beträgt der Kraftweg $s = z \cdot h$. Mit gleichem Wirkungsgrad η_R jeder Rolle und den Seilkräften $F_1 = F \cdot \eta_R$, $F_2 = F_1 \cdot \eta_R = F \cdot \eta_R^2$ bis $F_z = F \cdot \eta_R^z$ entspr. Bild 5.36d ist

$$\begin{aligned} F_G &= F_1 + F_2 + F_3 + \dots + F_z \\ &= F \cdot \eta_R + F \cdot \eta_R^2 + F \cdot \eta_R^3 + \dots + F \cdot \eta_R^z \\ &= F(\eta_R + \eta_R^2 + \eta_R^3 + \dots + \eta_R^z) \end{aligned}$$

Schreibt man die in der Klammer stehende geometrische Reihe als Summe, so wird

$$F_G = F \cdot \eta_R \, \frac{1 - \eta_R^z}{1 - \eta_R}$$

Somit beträgt das Verhältnis der Nutzarbeit zum Arbeitsaufwand:

$$\frac{F_G \cdot h}{F \cdot s} = \frac{F \cdot \eta_R (1 - \eta_R^z) \cdot h}{F \cdot (1 - \eta_R) \cdot z \cdot h}$$

Daraus folgt der

Wirkungsgrad eines Flaschenzuges $$\boldsymbol{\eta_F = \frac{\eta_R (1 - \eta_R^z)}{z(1 - \eta_R)}} \qquad (5.43)$$

und damit die erforderliche

Zugkraft am Flaschenzug $$\boldsymbol{F = \frac{F_G}{z \cdot \eta_F} = \frac{F_G\,(1 - \eta_R)}{\eta_R\,(1 - \eta_R^z)}} \qquad (5.44)$$

Mit zunehmender Rollenzahl sinkt der Wirkungsgrad.

Beispiel 5.15
Mit einem Rollenwirkungsgrad von 0,98 sind für einen Flaschenzug nach Bild 5.36c der Wirkungsgrad und die erforderliche Zugkraft zum gleichförmigen Heben einer Last von 200 kg zu errechnen.

Lösung:
Gegeben: $m = 200$ kg, $z = 6$, $\eta_R = 0{,}98$.
Gesucht: η_F und F.
1. Wirkungsgrad η_F des Flaschenzuges
Nach Gl. (5.43):

$$\eta_F = \frac{\eta_R(1-\eta_R^z)}{z(1-\eta_R)} = \frac{0{,}98(1-0{,}98^6)}{6(1-0{,}98)} = 0{,}9323$$

2. Zugkraft F
Nach Gl. (5.44) mit $F_G = m \cdot g = 200\,\text{kg} \cdot 9{,}81\,\text{m/s}^2 = 1962\,\text{N}$:

$$F = \frac{F_G}{z \cdot \eta_F} = \frac{1962\,\text{N}}{6 \cdot 0{,}9323} = 350{,}7\,\text{N}.$$

Praxishinweis
Das Verfahren, Reibungsverluste durch den Wirkungsgrad zu erfassen, wird in der Technik sehr oft angewendet. Da es praktisch unmöglich ist, bei komplizierten Maschinen, Geräten und Anlagen mit vielen Reibungsstellen die Reibungswiderstände einzeln zu ermitteln, ist es zweckmäßig, alle Verluste im Wirkungsgrad zusammenzufassen (s. auch Abschn. 7.2).

Kontrollfragen:
- Was versteht man unter der Keilreibungszahl und der Gewindereibungszahl?
- Wann ist ein Gewinde selbsthemmend?
- Worin besteht bei Reibungskupplungen der Unterschied zwischen schaltbarem und übertragbarem Drehmoment?
- Wie ist der Wirkungsgrad von Rollen und Rollen- oder Flaschenzügen definiert?

5.4 Seilreibung

Lernziele:
- Die Seilreibungsgleichung erläutern.
- Bei der Berechnung von Bandbremsen, Flachriementrieben und Gurtförderern die Seilreibungsgleichung anwenden.

5.4.1 Seilreibungsgleichung

Seil- oder Umschlingungsreibung tritt auf, wenn ein Seil, ein Band oder ein Riemen über eine runde Scheibe gespannt wird (Bild 5.37). Zwischen Seil und Scheibe sind folgende Bewegungsverhältnisse möglich:

1. Die Scheibe steht still und das Seil gleitet darüber (Bild 5.37a), z. B. beim Festmachen eines Schiffes, wenn eine Leine (Seil) um einen Poller gelegt wird. Die der Seilbewegung entgegengerichtete Gleitreibungskraft zwischen Seil und Scheibe bewirkt verschieden große Seilspannkräfte F_1 und F_2. Es ist $F_1 > F_2$.
2. Die Scheibe dreht sich und das Seil steht still (Bild 5.37b), z. B. bei Bandbremsen während des Bremsvorgangs. Wegen der Gleitreibungskraft sind F_1 und F_2 verschieden groß ($F_1 > F_2$).
3. Scheibe und Seil stehen still, z. B. bei einer Bandbremse als Haltebremse, oder Scheibe und Seil bewegen sich ohne zu gleiten gleichzeitig in derselben Richtung (Bild 5.37c), z. B. bei Riementrieben und Fördergurten. Am Scheibenumfang kann eine Kraft übertragen werden, die gleich der Reibungskraft ist.

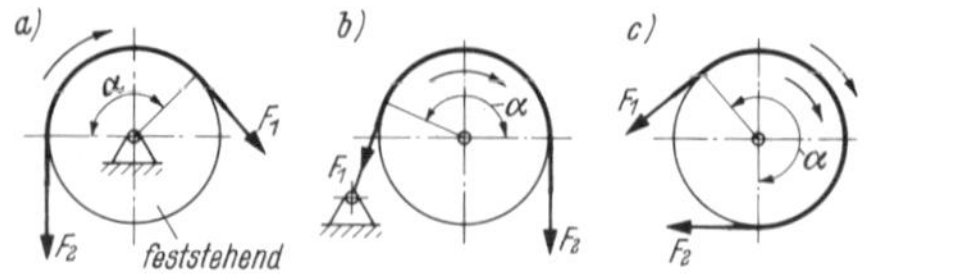

Bild 5.37 Beispiele zur Seilreibung
a) Seil wird auf feststehender Scheibe bewegt,
b) Scheibe wird am feststehenden Seil gedreht,
c) Scheibe und Seil bewegen sich in gleicher Richtung mit gleicher Geschwindigkeit

Zur Erläuterung des Zusammenhangs zwischen den Seilkräften sei über eine drehbar gelagerte Scheibe ein Seil gelegt und durch die Kräfte F_1 und F_2 gespannt (Bild 5.38a). Ein Drehmoment $M = F \cdot r = (F_1 - F_2)\,r$ hält die Scheibe im Gleichgewicht (Grenzzustand der Ruhe: das Seil gleitet gerade noch nicht). Auf jedes Seilteilchen drückt die Scheibe mit einer radialen Normalkraft ΔF_N und erzeugt die Reibungskraft $\Delta F_R = \mu \cdot \Delta F_N$. Die Summe dieser Reibungskräfte ist die am Umschlingungsbogen wirksame gesamte Reibungskraft $F_R = \Sigma \Delta F_R = \Sigma\,(\mu \cdot \Delta F_N)$. Sie ist gleich der Kraft F, die am Scheibenumfang das Moment M bewirkt,

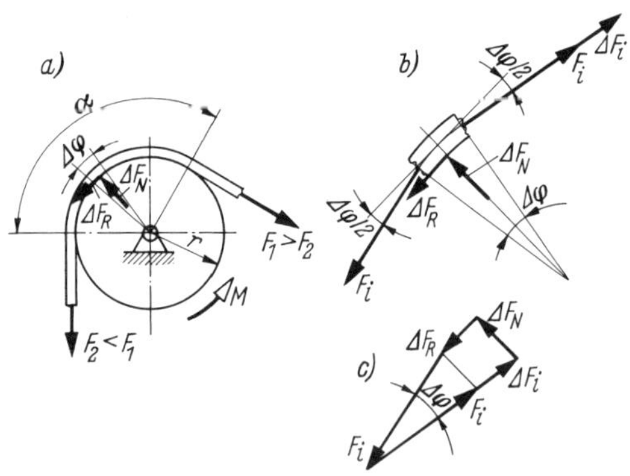

Bild 5.38 Kräfte an einem über eine Scheibe gespannten Seil
a) Seil und Scheibe im Gleichgewicht, b) freigeschnittenes Seilteilchen ($\Delta\varphi$ sehr klein gedacht), c) Krafteck

somit $F = \Sigma(\mu \cdot \Delta F_N) = F_1 - F_2$. Denkt man sich ein beliebiges sehr kleines Seilstück herausgeschnitten und freigemacht (Bild 5.38b), so entsteht bei Vernachlässigung der geringen Seildicke ein zentrales Kräftesystem, dessen Kräfte sich wegen des Kräftegleichgewichts zu einem geschlossenen Krafteck aneinander fügen lassen (Bild 5.38c). Da die Seilkraft über dem Umschlingungswinkel α von F_2 auf F_1 zunimmt, wirkt an der linken Schnittfläche eine Kraft $F_i > F_2$ und an der rechten eine etwas größere $F_i + \Delta F_i < F_1$. Der gedachte Ausschnittwinkel $\Delta\varphi$ ist sehr klein, ebenfalls die Kraftzunahme ΔF_i. Deshalb dürfen nach Bild 5.38c gesetzt werden:

$$\Delta F_i = \Delta F_R = \mu \cdot \Delta F_N \text{ und } \Delta F_N = F_i \cdot \Delta\varphi$$

Daraus folgen

$$\Delta F_i = \mu \cdot F_i \cdot \Delta\varphi \text{ oder } \frac{\Delta F_i}{F_i} = \mu \cdot \Delta\varphi$$

Bildet man auf beiden Seiten die Summe zwischen den Grenzwerten $F_i = F_2$ und $F_i = F_1$ sowie $\varphi = 0$ und $\varphi = \alpha$, nämlich

$$\sum_{F_i=F_2}^{F_i=F_1} \frac{\Delta F_i}{F_i} = \sum_{\varphi=0}^{\varphi=\alpha} (\mu \cdot \Delta\varphi)$$

so folgt mit $\Delta F_i \to 0$ (ΔF_i strebt nach 0) und $\Delta\varphi \to 0$ nach der Integralrechnung:

$$\ln F_1 - \ln F_2 = \ln \frac{F_1}{F_2} = \mu \cdot \alpha$$

oder als Umkehrfunktion die

$$\textit{Seilreibungsgleichung} \quad \frac{F_1}{F_2} = e^{\mu\alpha} \tag{5.45}$$

auch als **Eytelweinsche Gleichung**[1] bekannt, die jedoch bereits 1765 von *Euler*[2] hergeleitet wurde.

Darin ist $e = 2{,}718\ldots$ die Basis der natürlichen Logarithmen, μ die Reibungszahl zwischen Scheibe und Seil, Band oder Riemen und α der Umschlingungswinkel in rad.

Die Gleichung zeigt, dass die Kräfte vom Scheibendurchmesser unabhängig sind, aber vom Umschlingungswinkel stark beeinflusst werden. Bei mehrfacher Umschlingung kann man mit einer relativ kleinen Kraft an einem Seilende einer großen Kraft am anderen Ende entgegenwirken.

[1] *Joh. Albert Eytelwein* (1764 bis 1848), deutscher Ingenieur

[2] *Leonhard Euler* (1707 bis 1783), Mathematiker und Physiker

Es beträgt die

$$\textit{größte Seilspannkraft} \quad F_1 = F_2 \cdot e^{\mu\alpha} \tag{5.46}$$

Die Differenz der Seilspannkräfte ist die

Seilreibungskraft

$$F_R = F_1 - F_2 = F_2(e^{\mu\alpha} - 1) = F_1\left(1 - \frac{1}{e^{\mu\alpha}}\right) \tag{5.47}$$

Sie ist die größtmögliche Umfangskraft, die ein Seil- oder Riementrieb, ein Brems- oder ein Förderband übertragen kann.

Beispiel 5.16
Beim Anlegen eines Lastkahns wird ein Hanfseil um einen zylindrischen Pfahl am Ufer geschlungen und am freien Ende mit einer Kraft von 200 N festgehalten. Welche größte Kraft darf der Kahn am anderen Seilende bei einer Reibungszahl von 0,25 ausüben, ohne dass das Seil am Pfahl rutscht, wenn es dreimal bzw. viermal herumgeschlungen wurde?

Lösung:
Gegeben: $F_2 = 200$ N, $\mu = 0{,}25$, $\alpha_1 = 3 \cdot 2\pi = 6\pi$ rad (da $360° = 2\pi$ rad), $\alpha_2 = 4 \cdot 2\pi = 8\pi$ rad.
Gesucht: F_1 bei α_1 und bei α_2.
1. Größte Seilkraft F_1 und bei α_1.
Mit dem Exponenten $\mu\alpha_1 = 0{,}25 \cdot 6\pi = 4{,}712$ ist $e^{\mu\alpha_1} = e^{4{,}712} = 111{,}3$. Nach Gl. (5.46) beträgt damit

$$F_1 = F_2 \cdot e^{\mu\alpha_2} = 200\,\text{N} \cdot 111{,}3 = 22260\,\text{N} = 22{,}26\,\text{kN}.$$

2. F_1 bei α_2
Mit $e^{\mu\alpha_1} = e^{0{,}25 \cdot 8\pi} = e^{6{,}283} = 535{,}5$ wird

$$F_1 = 200\,\text{N} \cdot 535{,}5 = 107100\,\text{N} = 107{,}1\,\text{kN}$$

und beträgt gegenüber 1., also nach einer weiteren Umschlingung, etwa das Fünffache.

5.4.2 Technische Anwendung der Seilreibung

Bandbremsen
Bild 5.39 zeigt die Prinzipdarstellung der drei wichtigsten Ausführungen von Bandbremsen. Ein über die Bremsscheiben gelegtes Band wird durch die am Hebelarm l angreifende **Betätigungskraft F** gespannt. Die zwischen Band und Scheibe am Bremsscheibenradius r auftretende Seilreibungskraft F_R (Gl. 5.47) erzeugt das Bremsmoment

$$M_B = r \cdot F_R = r(F_1 - F_2) = r \cdot F_2(e^{\mu\alpha} - 1)$$

Die mit F erreichbaren Spannkräfte F_1 und F_2 sind auch von den Hebelarmen l_1 und l_2 abhängig.

Für eine **Einfach-Bandbremse** (Bild 5.39a) folgt aus $\Sigma M = -F \cdot l + F_2 \cdot l_2 = 0$ die Kraft

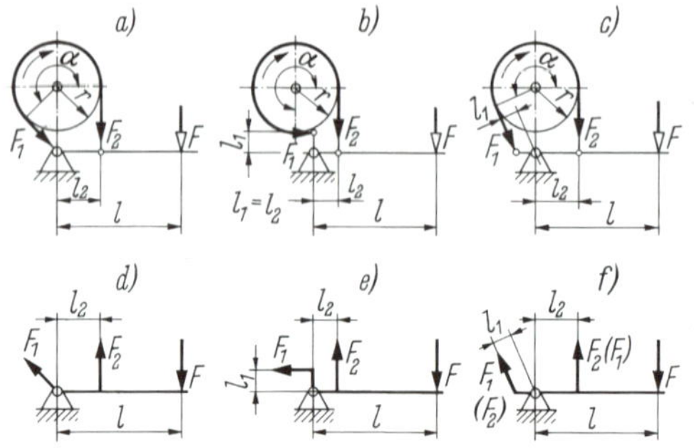

Bild 5.39 Bandbremsen
a) Einfachbremse, b) Summenbremse, c) Differenzbremse, d) Kräfte am Bremshebel zu a), e) zu b), f) zu c) (F_1 und F_2 in Klammern bei Linkslauf)

Einfach-Bandbremse

$F_2 = F \cdot l/l_2$ und damit das

Bremsmoment $\boldsymbol{M_B = r \cdot F \frac{l}{l_2} (e^{\mu\alpha} - 1)}$ (5.48)

Einfach-Bandbremsen sind nur für eine Drehrichtung geeignet.

Für eine **Summen-Bandbremse** (Bild 5.39b) folgt aus $\Sigma M = -F \cdot l + F_1 \cdot l_1 + F_2 \cdot l_2 = 0$ mit $l_1 = l_2$ und Gl. (5.46) das

$\mu_0 = 0{,}3$

Bremsmoment $\boldsymbol{M_B = r \cdot F \frac{l}{l_1} \cdot \frac{e^{\mu\alpha} - 1}{e^{\mu\alpha} + 1}}$ (5.49)

Diese Bremse ist für Rechts- und Linkslauf geeignet. Sie erzeugt aber bei gleicher Baugröße ein wesentlich geringeres Bremsmoment als die Einfachbremse.

Für eine **Differenz-Bandbremse** (Bild 5.39c) folgt aus $\Sigma M = -F \cdot l - F_1 \cdot l_1 + F_2 \cdot l_2 = 0$ bei *Rechtslauf* das

Bremsmoment $\boldsymbol{M_{Br} = r \cdot F \cdot l \frac{e^{\mu\alpha} - 1}{l_2 - l_1 \cdot e^{\mu\alpha}}}$ (5.50)

Bei $l_2 \leq l_1 \cdot e^{\mu\alpha}$ tritt Selbsthemmung auf. Um diese zu vermeiden, ist $l_2 > l_1 \cdot e^{\mu\alpha}$ auszuführen oder F muss der Richtung nach Bild 5.39c) und f) entgegenwirken, wenn $l_2 < l_1 \cdot e^{\mu\alpha}$ ist.

Bei *Linkslauf* sind die Angriffspunkte von F_1 und F_2 vertauscht (Bild 5.39f, Kräfte in Klammern), und es beträgt das

Bremsmoment $\boldsymbol{M_{Bl} = r \cdot F \cdot l \frac{e^{\mu\alpha} - 1}{l_2 \cdot e^{\mu\alpha} - l_1}}$ (5.51)

Es ist bedeutend kleiner als bei Rechtslauf und gleich großer Betätigungskraft F, da F_1 bei Linkslauf F entgegenwirkt.

Beispiel 5.17
Eine Differenz-Bandbremse entspr. Bild 5.39c mit einem Trommeldurchmesser von 400 mm wird durch eine Kraft von 200 N betätigt. Die Abstände am Bremshebel betragen $l = 800$ mm, $l_1 = 50$ mm, $l_2 = 200$ mm. Wie groß ist das Bremsmoment bei Rechts- und bei Linkslauf, wenn der Umschlingungswinkel 200° beträgt und mit einer Reibungszahl von 0,35 zu rechnen ist?

Lösung:
Gegeben: $r = l_2 = 0{,}2$ m, $l_1 = 0{,}05$ m, $l = 0{,}8$ m, $F = 200$ N, $\alpha = 200° = 3{,}49$ rad, $\mu = 0{,}35$.
Gesucht: M_{Br} und M_{Bl}.

1. Bremsmoment M_{Br} bei Rechtslauf
Nach Gl. (5.50):

$$M_{Br} = r \cdot F \cdot l \frac{e^{\mu\alpha} - 1}{l_2 - l_1 \cdot e^{\mu\alpha}}$$

$$= 0{,}2\,\text{m} \cdot 200\,\text{N} \cdot 0{,}8\,\text{m} \frac{e^{0{,}35 \cdot 3{,}49} - 1}{0{,}2\,\text{m} - 0{,}05\,\text{m} \cdot e^{0{,}35 \cdot 3{,}49}}$$

$$= 2519\,\text{Nm}.$$

2. Bremsmoment M_{Bl} bei Linkslauf
Nach Gl. (5.51)

$$M_{Bl} = r \cdot F \cdot l \frac{e^{\mu\alpha} - 1}{l_2 \cdot e^{\mu\alpha} - l_1}$$

$$= 0{,}2\,\text{m} \cdot 200\,\text{N} \cdot 0{,}8\,\text{m} \frac{e^{0{,}35 \cdot 3{,}49} - 1}{0{,}2\,\text{m} \cdot e^{0{,}35 \cdot 3{,}49} - 0{,}05\,\text{m}}$$

$$= 122\,\text{Nm}.$$

Flachriementriebe

Bei dem im Bild 5.40 gezeigten Flachriementrieb überträgt der Treibriemen das in die kleine Antriebsscheibe mit dem Durchmesser d_1 eingeleitete Drehmoment auf die große Abtriebsscheibe mit dem Durchmesser d_2. Mit der durch den Riemenwerkstoff bedingten zulässigen Lasttrumkraft F_1 und Gl. (5.47) erhält man das übertragbare

Drehmoment $\boldsymbol{M = r \cdot F = r \cdot F_1 \left(1 - \frac{1}{e^{\mu\alpha}}\right)}$ (5.52)

Darin ist $F = F_R$ die größtmögliche Umfangskraft, μ die Reibungszahl zwischen Riemen und Scheiben und α der Umschlingungswinkel an

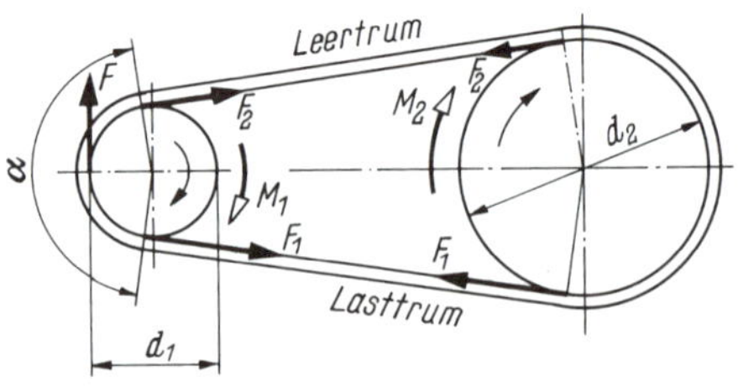

Bild 5.40 Schema eines Flachriementriebes

der kleinen Scheibe. Mit dem Riemenscheibenradius $r = r_1 = d_1/2$ ergibt sich das Antriebsmoment M_1, mit $r = r_2 = d_2/2$ das Abtriebsmoment M_2.

Beispiel 5.18
Für einen Flachriementrieb entspr. Bild 5.40 sind das Antriebs- und das Abtriebsmoment zu errechnen. Es sind
Gegeben: $\alpha = 150°$, $d_1 = 160$ mm, $d_2 = 400$ mm, $\mu = 0{,}5$, $F_1 = 1{,}2$ kN.
Gesucht: M_1 und M_2.
Lösung:
1. Antriebsmoment M_1
Nach Gl. (5.52) mit $\alpha = 150° \cdot 2\pi/360° = 2{,}618$ rad, $e^{\mu\alpha} = e^{0{,}5 \cdot 2{,}618} = 3{,}7$ und $r = r_1 = d_1/2 = 0{,}5 \times 160$ mm $= 80$ mm:

$$M_1 = r_1 \cdot F_1 \left(1 - \frac{1}{e^{\mu\alpha}}\right) = 80\,\text{mm} \cdot 1{,}2\,\text{kN}\left(1 - \frac{1}{3{,}7}\right) = 70\,\text{Nm}.$$

2. Abtriebsmoment M_2
Aus $M_1 = r_1 \cdot F$ und $M_2 = r_2 \cdot F$ folgt die Proportion $M_1/r_1 = M_2/r_2$ und daraus mit $r_2 = d_2/2 = 200$ mm:

$$M_2 = M_1 \frac{r_2}{r_1} = 70\,\text{Nm}\,\frac{200\,\text{mm}}{80\,\text{mm}} = 175\,\text{Nm}.$$

Gurtförderer
In Bild 5.41 ist ein Gurtförderer dargestellt, mit dem Stückgüter gefördert werden. Zur Überwin-

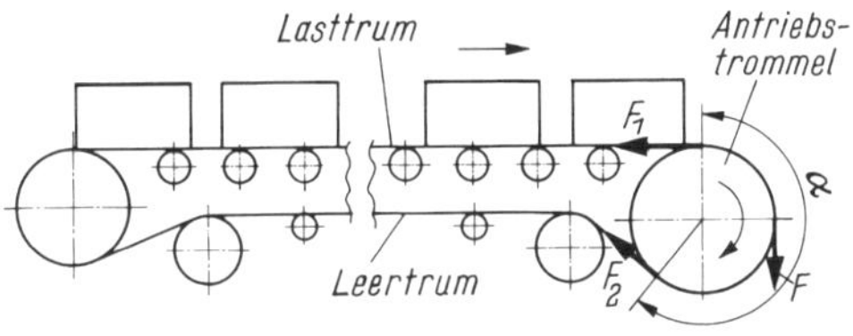

Bild 5.41 Schema eines Gurtförderers

dung aller Reibungswiderstände muss an der Antriebstrommel die Umfangskraft $F = F_R$ auf den Fördergurt übertragen werden. Für die Auslegung des Fördergurtes folgt aus Gl. (5.47) die größte Gurtzugkraft $F_1 = F + F_2$ oder

$$\textit{Lasttrumkraft} \quad \boldsymbol{F_1 = F\left(1 + \frac{1}{e^{\mu\alpha} - 1}\right)} \quad (5.53)$$

mit α als Umschlingungswinkel an der Antriebstrommel.

Beispiel 5.19
In die Antriebstrommel eines Gurtförderers wird ein Drehmoment von 32 kNm eingeleitet. Der Umschlingungswinkel an der Trommel mit 800 mm Durchmesser beträgt 210°. Welche größte Kraft wirkt im Lasttrum bei einer Reibungszahl von 0,2?
Lösung:
Gegeben: $M = 32$ kNm, $R = 0{,}4$ m, $\alpha = 210° = 3{,}665$ rad, $\mu = 0{,}2$.
Gesucht: F_1.
Aus $M = F \cdot r$ folgt die Umfangskraft $F = M/r = 32\,\text{kNm}/0{,}4\,\text{m} = 80$ kN. Damit nach Gl. (5.53)

$$F_1 = F\left(1 + \frac{1}{e^{\mu\alpha} - 1}\right) = 80\,\text{kN}\left(1 + \frac{1}{e^{0{,}2 \cdot 3{,}665} - 1}\right) = 154\,\text{kN}.$$

Praxishinweis
Bei der Herleitung der Seilreibungsgleichung wird die Seildicke und damit der Einfluss des Biegewiderstandes des Seils vernachlässigt. Außerdem sind die Reibungszahlen in Wirklichkeit über dem Umschlingungsbogen nicht konstant. Somit ist diese Gleichung eine für die Technik geeignete Näherungsgleichung. Für die Berechnung von Riementrieben ist die Gleitreibungszahl maßgebend, da der Riemen während des Laufs über die Scheiben auf diesen etwas gleitet (Gleitschlupf). Das kommt daher, dass die Riemenkraft von F_2 auf F_1 zunimmt bzw. von F_1 auf F_2 abnimmt und sich dadurch der Riemen auf der betr. Scheibe längt bzw. kürzt.

Kontrollfragen:
- Welcher Zusammenhang besteht bei Seilen, Riemen, Gurten u. dgl. zwischen der Lasttrumkraft und der Leertrumkraft?
- Welche Bandbremse ist nur für eine Drehrichtung geeignet?
- Welche Größen beeinflussen das übertragbare Drehmoment eines Flachriementriebes?

5.5 Rollreibung

Lernziele:
- Den Rollvorgang erklären.
- Den Fahrwiderstand erläutern.
- Roll- und Fahrwiderstände berechnen.

5.5.1 Rollwiderstand

Aus Erfahrung ist bekannt, dass beim Rollen eines Rades, einer Walze oder einer Kugel auf einer waagerechten, ebenen Fläche zur Überwindung des Rollwiderstandes eine Kraft erforderlich ist. Man kann den **Rollvorgang** wie folgt erklären: Da wirkliche Körper elastisch sind, plattet sich der Rollkörper etwas ab und drückt sich ein wenig in die Rollbahn ein (Bild 5.42a), so dass beim Rollen ein ständiges Kippen um eine Kante stattfindet, die in der Zeichenebene als Punkt K erscheint, in dem die Stützkraft F_N wirkt (Bild 5.42b). Der Abstand f zwischen F_G und F_N wird als **Hebelarm der Rollreibung** bezeichnet.

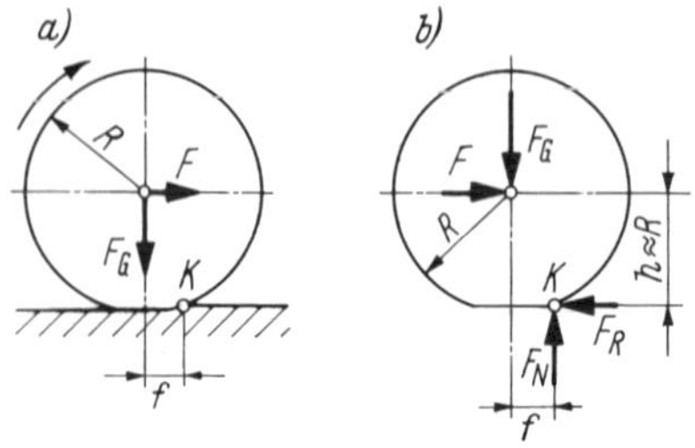

Bild 5.42 Rollvorgang
a) Rollender Körper auf waagerechter Bahn,
b) freigemachter Rollkörper

Bei gleich bleibender Geschwindigkeit sind die Kräfte und Momente im Gleichgewicht. Daraus folgen mit der Gewichtskraft F_G des Rollkörpers und dem Rollradius R (wegen des geringen Unterschiedes wird $h = R$ gesetzt):

$$\Sigma F_x = F - F_R = 0, \qquad F = F_R$$

$$\Sigma F_y = F_N - F_G = 0, \qquad F_G = F_N$$

$$\Sigma M_{(K)} = F_G \cdot f - F \cdot R = 0$$

und für eine waagerechte ebene Rollbahn das

Rollreibungsmoment $\boldsymbol{M_R = F_G \cdot f = F \cdot R}$ (5.54)

sowie die zur Überwindung des Rollwiderstandes erforderliche

Rollkraft $\boldsymbol{F = F_G \dfrac{f}{R}}$ (5.55)

Der Hebelarm f wird experimentell ermittelt und hängt von der Werkstoffpaarung Rollkörper/Rollbahn ab. Für Eisenbahnräder gilt je nach Geschwindigkeit: $f \approx 0{,}3 \ldots 0{,}5$ mm, für gehärtete Stahlkugeln oder -rollen auf gehärteten Stahlringen (Wälzlager): $f \approx 0{,}005 \ldots 0{,}01$ mm. Das Verhältnis $\boldsymbol{f/R}$ wird auch **Rollreibungszahl** $\boldsymbol{\mu_R}$ genannt, womit man eine dem Reibungsgesetz entsprechende Gleichung erhält:

Rollwiderstand $\boldsymbol{F_R = \mu_R \cdot F_N}$ (5.56)

Um Gleiten zu verhindern, muss die Haftreibungskraft F_{R0} (Gl. (5.1)) größer sein als der Rollwiderstand F_R. Somit folgt aus $F_R = \mu_R \cdot F_N < F_{R0} = \mu_0 \cdot F_N$ die

Rollbedingung $\boldsymbol{\dfrac{f}{R} = \mu_R < \mu_0}$ (5.57)

Findet der Rollvorgang auf einer geneigten Ebene mit dem Neigungswinkel α statt, so ist $F_N = F_G \cdot \cos\alpha$ und bei der Errechnung der Rollkraft ist die abwärts gerichtete Komponente $F_G \cdot \sin\alpha$ zu berücksichtigen.

Beispiel 5.20
Für die Werkstoffpaarung Gusseisen/Stahl und einen Raddurchmesser von 400 mm sollen mittels einer geneigten Rollbahn der Hebelarm der Rollreibung und die Rollreibungszahl durch Versuch bestimmt werden. Bei einem Neigungswinkel von 0,14° rollt der Prüfzylinder mit gleich bleibender Geschwindigkeit abwärts.

Lösung:
Gegeben: $R = D/2 = 0{,}5 \cdot 400\ \text{mm} = 200\ \text{mm}$,
$\alpha = 0{,}14°$.
Gesucht: f und μ_R.

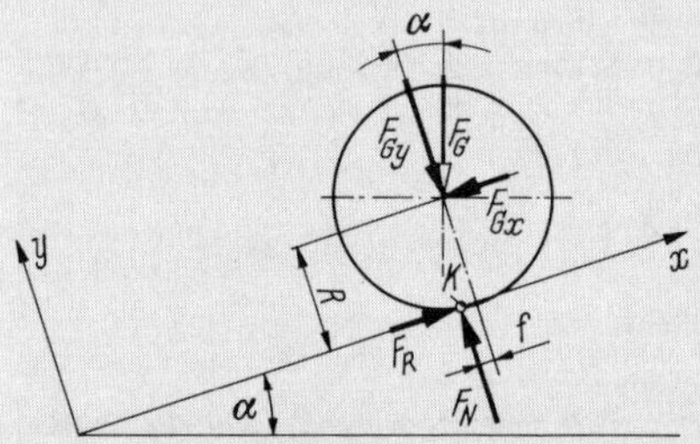

Bild 5.43 Abwärts rollender Zylinder auf geneigter Bahn

1. Hebelarm f der Rollreibung
Nach Bild 5.43 folgt aus $\Sigma F_x = 0$ und $\Sigma F_y = 0$:

$F_R = F_{Gx} = F_G \cdot \sin\alpha$ und $F_N = F_{Gy} = F_G \cdot \cos\alpha$,

damit aus Gl. (5.56) mit $\mu_R = f/R$:

$F_G \cdot \sin\alpha = \dfrac{f}{R} \cdot F_G \cdot \cos\alpha$ und daraus

$$\frac{f}{R} = \frac{\sin\alpha}{\cos\alpha} = \tan\alpha.$$

Somit

$f = R \cdot \tan\alpha = 200\ \text{mm} \cdot \tan 0{,}14° \approx 0{,}5\ \text{mm}.$

2. Rollreibungszahl μ_R

$$\mu_R = \frac{f}{R} = \frac{0{,}5\ \text{mm}}{200\ \text{mm}} = 0{,}0025.$$

5.5.2 Fahrwiderstand

Wenn ein Fahrzeug auf horizontaler Fahrbahn bewegt wird, so sind, abgesehen vom Luftwiderstand, der Rollwiderstand und die Lagerreibung zu überwinden. In Bild 5.44 sind die Kraftverhältnisse an einem Laufrad dargestellt, das mit gleich bleibender Geschwindigkeit bewegt wird. Mit der Gewichtskraft F_G eines Rades und der auf ein Rad wirkenden Belastungskraft F_1 wird nach Gl. (5.54) das Rollreibungsmoment $M_R = (F_G + F_1) f$ und nach Gl. (5.38) das Lagerreibungsmoment $M_{R1} = \mu_L \cdot F_1 \cdot r$.

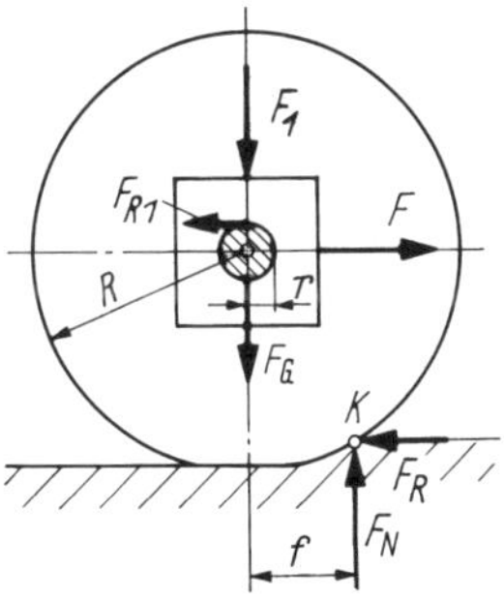

Bild 5.44 Zur Entstehung des Fahrwiderstandes

Beide zusammen ergeben das *für ein Rad* erforderliche

Antriebsmoment

$$M_1 = F \cdot R = (F_G + F_1) f + \mu_L \cdot F_1 \cdot r \quad (5.58)$$

Daraus folgt die zur Überwindung des *Fahrwiderstandes an einem Rad* erforderliche

Zugkraft $$F = (F_G + F_1) \frac{f}{R} + \mu_L \cdot F_1 \frac{r}{R} \quad (5.59)$$

Meistens ist F_G sehr klein gegenüber F_1 und kann vernachlässigt werden. Sind die Zapfendurchmesser $d = 2r$, die Raddurchmesser $D = 2R$ sowie die Belastungskräfte F_1 aller Räder gleich und die Radgewichtskräfte F_G vernachlässigbar klein, dann wird mit der Radanzahl z eines Fahrzeugs der gesamte

Fahrwiderstand $$F_f = z \cdot F = z \cdot F_1 \frac{2f + \mu_L \cdot d}{D} \quad (5.60)$$

In der Praxis wird auch mit der durch Versuche ermittelten **Fahrwiderstandszahl** μ_F gerechnet, die sich auf das Gesamtgewicht des Fahrzeuges bezieht. Damit beträgt bei der Gesamtgewichtskraft $F_{G\,ges} = m_{ges} \cdot g$ der

Fahrwiderstand $$F_f = \mu_F \cdot m_{ges} \cdot g \quad (5.61)$$

mit m_{ges} als Gesamtmasse des Fahrzeuges (Eigenmasse und Beladung). Erfahrungswerte für Eisenbahnwagen auf Schienen: $\mu_F \approx 0{,}0015 \ldots 0{,}0035$, für Kraftfahrzeuge auf Asphalt: $\mu_F \approx 0{,}015 \ldots 0{,}025$.

Um Gleiten der Räder zu verhindern, muss die **Fahrbedingung** $\mu_F < \mu_0$ erfüllt sein. Bei geneigter Fahrbahn ist die Abtriebskomponente F_{Gx} der Gewichtskraft (s. Bild 5.43), die so genannte Hangabtriebskomponente, zu berücksichtigen, die die erforderliche Zugkraft stark beeinflusst.

Beispiel 5.21

Ein zweiachsiger Eisenbahnwagen mit einem Leergewicht von 9,7 t wird durch eine Ladung von 6,3 t an allen vier Rädern gleich belastet. Die Räder, deren Eigengewicht vernachlässigt werden kann, haben einen Laufflächendurchmesser von 1000 mm und einen Lagerzapfendurchmesser von 110 mm. Mit einem Hebelarm der Rollreibung von 0,4 mm und einer Lagerreibungszahl von 0,02 sind zu errechnen: die erforderliche Zugkraft bei gleichförmiger Fahrt auf ebener Strecke, die Fahrwiderstandszahl, der Mehrbedarf an Zugkraft bei einer Steigung von 3%, u. zw. als Vielfaches der Zugkraft auf ebener Strecke.

Lösung:

Gegeben: $m_{ges} = (9{,}7 + 6{,}3)\,\text{t} = 16\,\text{t}$, $D = 1000\,\text{mm}$, $d = 110\,\text{mm}$, $f = 0{,}4\,\text{mm}$, $\mu_L = 0{,}02$, $z = 4$, $\alpha = 1{,}718°$ (aus $\tan\alpha = 3/100 = 0{,}03$).

Gesucht: F_{ges}, μ_F, F_z.

1. Zugkraft F_{ges} auf ebener Strecke

Sie ist gleich dem gesamten Fahrwiderstand F_f nach Gl. (5.60). Da $F_1 = F_{ges}/z$ ist, wird mit $z \cdot F_1 = F_{ges} = m_{ges} \cdot g = 16\,\text{t} \cdot 9{,}81\,\text{m/s}^2 = 157\,\text{kN}$:

$$F_{ges} = F_f = F_{G\,ges} \frac{2f + \mu_L \cdot d}{D}$$

$$= 157\,\text{kN} \frac{(2 \cdot 0{,}4 + 0{,}02 \cdot 110)\,\text{mm}}{1000\,\text{mm}}$$

$$= 0{,}471\,\text{kN} = 471\,\text{N}.$$

2. Fahrwiderstandszahl μ_F

Aus Gl. (5.61):

$$\mu_F = \frac{F_f}{F_{G\,ges}} = \frac{0{,}471\,\text{kN}}{157\,\text{kN}} = 0{,}003.$$

3. Zusätzliche Zugkraft F_z

Bei dem sehr kleinen Steigungswinkel α ist $\cos\alpha \approx 1$, d. h. die Normalkraft ändert sich praktisch kaum, und es ist $F_N \approx F_{G\,ges}$. Die Hangabtriebskomponente F_{Gx} der Gewichtskraft ist dagegen zusätzlich zu überwinden. Mit $\sin\alpha \approx \tan\alpha = 0{,}03$ wird

$$F_z = F_{Gx} = F_{Gges} \cdot \sin\alpha \approx 157\,\text{kN} \cdot 0{,}03 = 4{,}71\,\text{kN},$$

als Vielfaches von F_{ges} ausgedrückt:

$$F_z = F_{ges} \cdot 4{,}71/0{,}471 = 10 \cdot F_{ges}.$$

Somit ist bei einer Steigung von 3% eine zusätzliche Zugkraft erforderlich, die ohne Berücksichtigung des Luftwiderstandes etwa das 10fache der Zugkraft auf ebener Strecke beträgt.

Praxishinweis

Bei Schienenlaufrädern mit Spurkranz ist im Fahrwiderstand auch die Reibung am Schienenkopf infolge der seitlichen Anlaufkräfte zu berücksichtigen. Anstelle der Fahrwiderstandszahl wird im Kranbau auch mit dem Einheitsfahrwiderstand in N/kN gerechnet.

Kontrollfragen:

- Wie wird der Rollvorgang erklärt?
- Wie sind die Rollreibungszahl und der Rollwiderstand definiert?
- Was versteht man unter Fahrwiderstand und Fahrwiderstandszahl?
- Wie lauten die Rollbedingung und die Fahrbedingung?

6 Kinematik

6.1 Bewegungsarten

Lernziele:
- Die Merkmale der Translation, der Rotation und der allgemeinen Bewegung nennen.
- Bewegungen nach der geometrischen Form der Bahn und nach der Art der Geschwindigkeitsänderung unterscheiden.

Mit der Bewegung eines Körpers ändert jedes Körperteilchen ständig seine Lage. Die Gesamtheit aller Orte, die ein Körperpunkt dabei nacheinander einnimmt, ist seine **Bahn.** Die Länge dieser Bahn ist der zurückgelegte **Weg.** Um die Fortbewegung eines Körpers zu beschreiben, der sich nicht um eine körpereigene Achse dreht, genügt es, die Bewegung eines Körperpunktes zu beschreiben. Häufig ist es zweckmäßig, sich die Körpermasse im Schwerpunkt vereinigt zu denken und nur die Bewegung des Schwerpunktes als **Bewegung eines Massenpunktes** zu betrachten. So kann man z. B. auf einfache Weise die Bewegung eines ganzen Fahrzeugs angeben, obwohl einzelne Fahrzeugteile völlig anders geartete Teilbewegungen ausführen als der Fahrzeugschwerpunkt.

Nach dem Bewegungsverlauf unterscheidet man die **Translation**, auch Verschiebung oder Fortschreitbewegung genannt, die **Rotation**, auch als Drehung oder Drehbewegung bezeichnet, und die aus Translation und gleichzeitiger Rotation eines Körpers zusammengesetzte **allgemeine Bewegung.** Bei der Translation bewegen sich alle Punkte des Körpers auf deckungsgleichen Bahnen. Ist die Bahn eine gerade Linie, so heißt die Bewegung **geradlinig**, ist sie eine beliebige krumme Linie, so heißt sie **krummlinig.** Die krummlinige Bewegung ist bei ebener Bahnkurve eine **ebene** und bei räumlicher Bahnkurve (z. B. Schraubenlinie) eine **räumliche Bewegung.** Eine technisch wichtige Bewegung ist die auf einer Kreisbahn, die **Kreisbewegung.** Bei der Rotation bewegen sich die einzelnen Körperpunkte auf Kreisbahnen, deren Mittelpunkte auf der Drehachse liegen, die senkrecht auf der Bahnebene steht.

Eine **gleichförmige Bewegung** liegt vor, wenn **in gleichen Zeitabschnitten gleiche Wege** zurückgelegt werden, z. B. während der Fahrt eines Eisenbahnzuges auf geradem Schienenweg (geradlinig) oder in einer Kurve (krummlinig) mit gleichbleibender Geschwindigkeit. Bei der **ungleichförmigen Bewegung**, die eine beschleunigte oder verzögerte Bewegung sein kann, sind die in gleichen Zeitabschnitten zurückgelegten Wege unterschiedlich, die Geschwindigkeit ändert sich, z. B. während des Anfahrens oder Abbremsens eines Fahrzeugs. Eine ungleichförmige Bewegung kann **gleichmäßig** oder **ungleichmäßig beschleunigt** bzw. verzögert sein, d. h. mit gleichbleibender oder veränderlicher Beschleunigung bzw. Verzögerung verlaufen.

Nimmt ein Körper gleichzeitig an verschiedenen Bewegungsarten teil, so führt er eine **zusammengesetzte Bewegung** aus, beispielsweise ein in einem fahrenden Omnibus laufender Fahrgast. Man nennt die Bewegung eines Körpers **absolut**, wenn sie auf eine ruhende Umgebung bezogen wird. Sie heißt **relativ**, wenn sich die Umgebung ebenfalls bewegt. Der im fahrenden Omnibus laufende Fahrgast bewegt sich relativ zum Fahrzeug und absolut zur Straße.

Die mathematische Beschreibung aller möglichen Bewegungsarten würde über den Rahmen dieses Buches hinausgehen. Es werden nur die in der Technik am meisten vorkommenden Fälle behandelt: die geradlinige Bewegung sowie die Kreis- und Drehbewegung, und zwar als gleichförmige und als gleichmäßig beschleunigte oder verzögerte Bewegungen. Außerdem wird auf einige einfache zusammengesetzte Bewegungen eingegangen.

Kontrollfragen:
- Wodurch sind die Translation, die Rotation und die allgemeine Bewegung gekennzeichnet?
- Welche Bewegungsarten unterscheidet man nach der geometrischen Form der Bahn?
- Worin besteht der Unterschied zwischen einer gleichförmigen und einer ungleichförmigen Bewegung?

6.2 Geradlinige Bewegung

Lernziele:
- Den Zusammenhang zwischen Weg, Zeit, Geschwindigkeit und Beschleunigung erklären.
- Gleichförmige sowie gleichmäßig beschleunigte und verzögerte geradlinige Bewegungen in Diagrammen darstellen und berechnen.
- Geradlinige Bewegungsvorgänge von Verkehrs- und Fördermitteln sowie von Bauteilen an Maschinen und Geräten charakterisieren.

6.2.1 Gleichförmige geradlinige Bewegung

Ein Fahrzeug, das in jeder Minute eine gleich lange Wegstrecke zurücklegt, bewegt sich gleichförmig. Es fährt mit gleich bleibender oder **konstanter Geschwindigkeit**, dem Kennzeichen der gleichförmigen Bewegung. Der Quotient aus dem dabei zurückgelegten Weg s (von *spatium*, lat.) und der dafür benötigten Zeit t (von *tempus*, lat.) ist die

Geschwindigkeit $\quad v = \frac{s}{t} \qquad (6.1)$

Aus den SI-Basiseinheiten m (Meter) für den Weg und s (Sekunde) für die Zeit folgt für v (von *velocitas*, lat.) die abgeleitete Einheit $m/s = m \cdot s^{-1}$. Üblich sind ferner: m/min für die Schnittgeschwindigkeit in der Fertigungstechnik sowie für die Hub- und Fahrgeschwindigkeit bei Hebezeugen, km/h für die Fahrgeschwindigkeit im Verkehrswesen. Umrechnungsbeziehungen:

$1\ m/s = 1\ m/s \cdot 60\ s/min = 60\ m/min$

$1\ m/s = 1\ m/s \cdot 3600\ s/h \cdot (1/1000)\ km/m = 3{,}6\ km/h$

$1\ km/h = 1\ km/h \cdot 1000\ m/km \cdot (1/3600)\ h/s = (1/3{,}6)\ m/s = 0{,}278\ m/s$

Die nach s aufgelöste Geschwindigkeitsgleichung (Gl. (6.1)) ist das **Weg-Zeit-Gesetz**, wonach man den bei konstanter Geschwindigkeit v in der Zeit t zurückgelegten

Weg $\quad s = v \cdot t \qquad (6.2)$

errechnen kann.

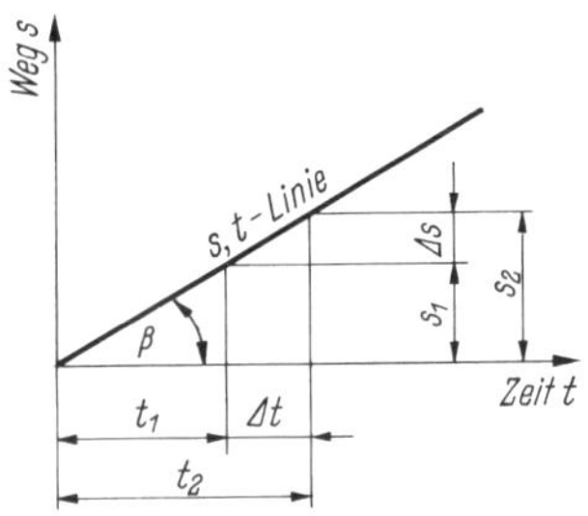

Bild 6.1 s,t-Diagramm einer gleichförmigen Bewegung

Der Zusammenhang zwischen den Größen s, v und t wird in Bewegungsdiagrammen veranschaulicht. Dabei wird in einem rechtwinkligen Koordinatensystem die Zeit auf der Abszissenachse angetragen. Ein Weg-Zeit-Diagramm oder **s,t-Diagramm** (Bild 6.1) entsteht, wenn man die Wegstrecken als Ordinaten über den dazugehörigen Zeiten darstellt. Die Weg-Zeit- oder s,t-Linie der gleichförmigen Bewegung ist eine Gerade, deren Steigung (der Tangens des Anstiegswinkels β) der Geschwindigkeit entspricht. Für einen bestimmten Wegabschnitt $\Delta s = s_2 - s_1$ mit dem dazugehörigen Zeit-

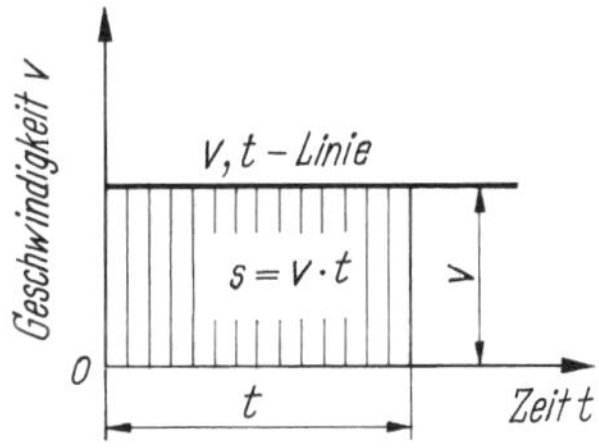

Bild 6.2 v,t-Diagramm einer gleichförmigen Bewegung

abschnitt $\Delta t = t_2 - t_1$ erhält man die

Geschwindigkeit $\quad v = \frac{\Delta s}{\Delta t} = \frac{s_2 - s_1}{t_2 - t_1} \qquad (6.3)$

Eine praktische Anwendung finden s,t-Diagramme als grafische Fahrpläne (s. Bild 6.3).
Ein Geschwindigkeits-Zeit-Diagramm oder **v,t-Diagramm** (Bild 6.2) entsteht durch Auftragen der Geschwindigkeit über der Zeit. Da v bei der gleichförmigen Bewegung konstant ist, verläuft die Geschwindigkeits-Zeit- oder v,t-Linie in diesem Fall parallel zur Zeitachse. Der Flächeninhalt A (hier die schraffierte Rechteckfläche) unter der v,t-Linie entspricht dem in der Zeit t zurückgelegten Weg s, denn nach dem Weg-Zeit-Gesetz (Gl. (6.2)) beträgt der mit der Geschwindigkeit v zurückgelegte Weg $s = v \cdot t$. Diese Erkenntnis gilt allgemein für jede Bewegungsart:

Im v,t-Diagramm entspricht der Flächeninhalt unter der v,t-Linie dem zurückgelegten Weg.

Für das Überblicken komplizierter Bewegungsvorgänge ist das v,t-Diagramm von besonderer Bedeutung, und es sollte bei der Lösung von Aufgaben stets skizziert werden.

Beispiel 6.1
Während einer Geschwindigkeitskontrolle wurde für einen PKW bei einer Kontrollstrecke von 300 m eine Zeit von 13,7 s gemessen. Welche Geschwindigkeit in km/h hatte das Fahrzeug? Welche Wegstrecke in m hätte es mit der zulässigen Höchstgeschwindigkeit von 50 km/h erreichen dürfen?

Lösung:
Gegeben: $s = 300\ m$, $t = 13{,}7\ s$, $v_{zul} = 50\ km/h$.
Gesucht: v in km/h, s_{zul} in m.
Nach Gl. (6.1) beträgt die gefahrene Geschwindigkeit

$$v = \frac{s}{t} = \frac{300\ m}{13{,}6\ s} = 21{,}9\ \frac{m}{s} = 21{,}9 \cdot 3{,}6\ \frac{km}{h} = 78{,}8\ km/h.$$

Mit $v_{zul} = 50\ km/h = 50 \cdot 0{,}278\ m/s = 13{,}9\ m/s$ beträgt entspr. Gl. (6.2) die zulässige Wegstrecke

$$s_{zul} = v_{zul} \cdot t = 13{,}9\ \frac{m}{s} \cdot 13{,}7\ s = 190{,}4\ m.$$

Beispiel 6.2
Ein Güterzug fährt mit 60 km/h von A über B nach C, wo er während einer Haltezeit von 5 min einen Schnellzug vorbeilassen soll, und dann weiter in Richtung D. Der mit 104 km/h fahrende Schnellzug soll in B für 3 min anhalten und danach über C nach D fahren. Die Entfernungen betragen: $\overline{AB} = 15$ km, $\overline{BC} = 25$ km, $\overline{CD} = 30$ km. Die Geschwindigkeiten der Züge sind als gleich bleibend anzunehmen (Durchschnittsgeschwindigkeiten). Wie viel Minuten nach Abfahrt des Güterzuges muss der Schnellzug in A abfahren, um 3 min nach Ankunft des Güterzuges in C durchzufahren? Wie viel Minuten vor dem Güterzug erreicht der Schnellzug D?

Lösung:

Gegeben: $v_G = 60$ km/h, $v_S = 104$ km/h, $s_{AC} = \overline{AB} + \overline{BC} = 40$ km, $t_{aB} = 3$ min, $t_{aC} = 5$ min. $s_{AD} = \overline{AB} + \overline{BC} + \overline{CD} = 70$ km.

Gesucht: Δt_A in min, Δt_D in min.

1. s,t-Diagramme (Bild 6.3)

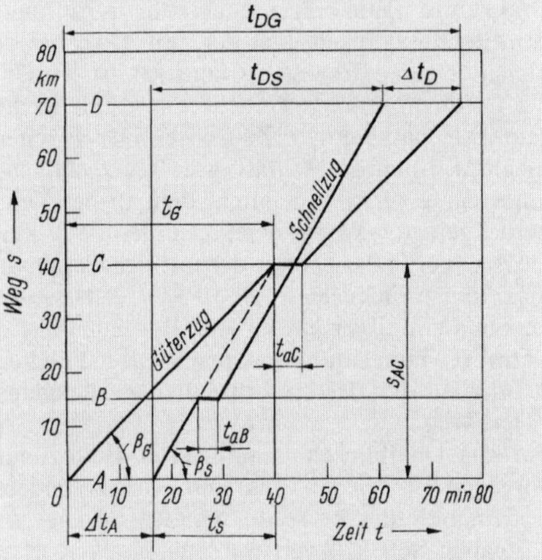

Bild 6.3 Aus s,t-Diagrammen entstandener grafischer Fahrplan

2. Differenz Δt_A der Abfahrzeiten in A
Wegen der Aufenthaltsdauer t_{aB} in B muss der Schnellzug in A so abfahren, dass er ohne Aufenthalt in B gleichzeitig mit dem Güterzug in C ankommen würde (Strichlinie im Diagramm).
Fahrzeit des Güterzuges bis C (aus Gl. (6.2)):

$$t_G = \frac{s_{AC}}{v_G} = \frac{40\ \text{km}}{60\ \text{km/h}} = \frac{40 \cdot 60\ \text{min}}{60} = 40\ \text{min}.$$

Reine Fahrzeit des Schnellzuges bis C:

$$t_S = \frac{s_{AC}}{v_S} = \frac{40\ \text{km}}{104\ \text{km/h}} = \frac{40 \cdot 60\ \text{min}}{104} = 23{,}08\ \text{min}.$$

Somit

$$\Delta t_A = t_G - t_S = (40 - 23{,}08)\ \text{min} = 16{,}92\ \text{min}.$$

3. Differenz Δt_D der Ankunftszeiten in D
Gesamte Fahrzeit des Güterzuges bis D

$$t_{DG} = \frac{s_{AD}}{v_G} + t_{aC} = \frac{70\ \text{km} \cdot 60\ \text{min}}{60\ \text{km}} + 5\ \text{min} = 75\ \text{min}.$$

Gesamte Fahrzeit des Schnellzuges bis D

$$t_{DS} = \frac{s_{AD}}{v_S} + t_{aB} = \frac{70\ \text{km} \cdot 60\ \text{min}}{104\ \text{km}} + 3\ \text{min} = 43{,}38\ \text{min}$$

und damit

$$\Delta t_D = t_{DG} - t_{DS} - \Delta t_A = 75\ \text{min} - 43{,}38\ \text{min} - 16{,}92\ \text{min} = 14{,}7\ \text{min}.$$

Bei maßstäblicher Darstellung ist unter Berücksichtigung der Längen- und Zeitmaßstäbe auch eine zeichnerische Lösung möglich, wie im grafischen Fahrplan (Bild 6.3) gezeigt.

6.2.2 Ungleichförmige geradlinige Bewegung

Ein typisches Beispiel ist die Kolbenbewegung eines Kurbeltriebs (Bild 6.4) in Kolbenmaschinen (z. B. Verbrennungsmotoren als Kraftmaschinen und Kolbenkompressoren als Arbeits-

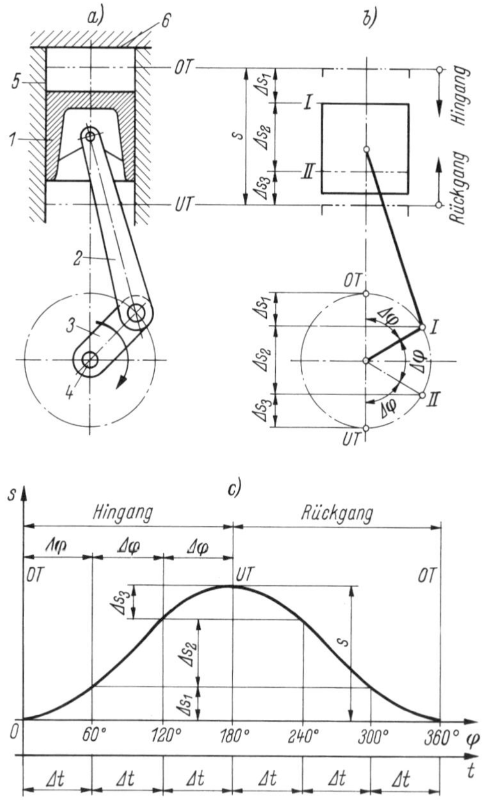

Bild 6.4 Kurbeltrieb als Tauchkolben-Triebwerk
a) Vereinfachte Darstellung (1 Kolben, 2 Pleuelstange, 3 Kurbel, 4 Kurbelwelle, 5 Zylinder, 6 Zylinderkopf), b) Triebwerkschema mit Kolbenweg s (OT oberer u. UT unterer Totpunkt), c) s,t-Diagramm (zugleich s,φ-Diagramm)

maschinen). Kurbeltriebe wandeln geradlinige hin- und hergehende Bewegungen in Drehbewegungen um oder umgekehrt. Während der gleichförmigen Drehbewegung der Kurbelwelle vollführt der Kolben eine ungleichförmige geradlinige Bewegung mit verschieden großen Kolbenwegen Δs in gleichen Zeitabschnitten Δt (bei gleichen Drehwinkeldifferenzen $\Delta\varphi$). In den Totpunktlagen OT und UT ändert sich die Richtung der Kolbenbewegung, und die Kolbengeschwindigkeit ist dort momentan gleich null.

Auch die Züge nach Beisp. 6.2 bewegen sich ungleichförmig. Jeder Zug wird beim Anfahren beschleunigt, seine Geschwindigkeit nimmt zu, und während des Anhaltens verzögert, seine Geschwindigkeit nimmt ab. Dazwischen fährt er teils schneller, teils langsamer. Der gesamte Bewegungsablauf wurde jedoch als gleichförmig angenommen, d. h. für die Rechnung wurde die Durchschnitts- oder **mittlere Geschwindigkeit** gewählt.

Bild 6.5 zeigt die s,t-Diagramme zweier ungleichförmiger Bewegungen. **In gleichen Zeitabschnitten Δt** werden **unterschiedliche Wegstrecken Δs** zurückgelegt. Die Geschwindigkeit ist in aufeinander folgenden Zeitpunkten verschieden groß. Für den in einer Zeitspanne $\Delta t = t_2 - t_1$ zurückgelegten Wegabschnitt $\Delta s = s_2 - s_1$ beträgt die

mittlere Geschwindigkeit $$v_m = \frac{\Delta s}{\Delta t} = \frac{s_2 - s_1}{t_2 - t_1} \qquad (6.4)$$

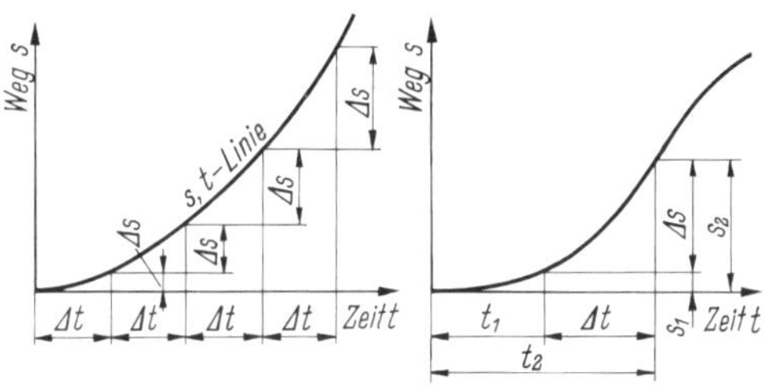

Bild 6.5 s,t-Diagramme zweier ungleichförmiger Bewegungen

Mit der Durchschnitts- oder mittleren Geschwindigkeit ist es möglich, ungleichförmige Bewegungen vereinfacht wie gleichförmige zu berechnen. Für mehrere aufeinander folgende Bewegungen ist v_m mit $\Sigma\Delta s_i = \Delta s_1 + \Delta s_2 + \ldots$ und $\Sigma\Delta t_i = \Delta t_1 + \Delta t_2 + \ldots$ zu errechnen: $v_m = \Sigma\Delta s_i/\Sigma\Delta t_i$. Beginnt eine ungleichförmige Bewegung bei $t_1 = 0$ und $s_1 = 0$, so erhält man für den in der Zeit t zurückgelegten Gesamtweg s die mittlere Geschwindigkeit $v_m = s/t$.

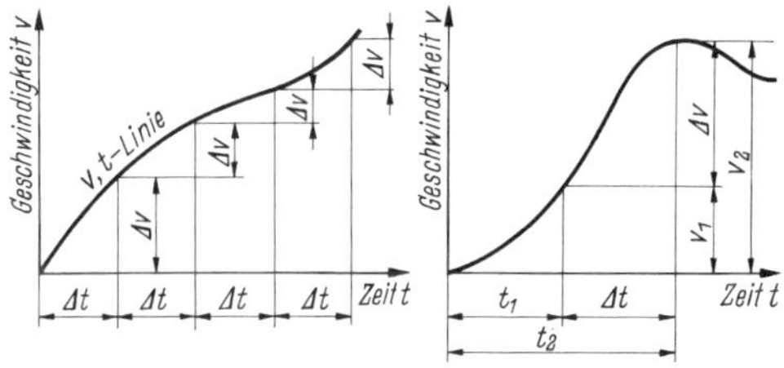

Bild 6.6 v,t-Diagramme der ungleichförmigen Bewegungen nach Bild 6.5

Bild 6.6 zeigt zwei v,t-Diagramme ungleichförmiger Bewegungen. In jedem Zeitabschnitt Δt findet eine Geschwindigkeitsänderung Δv statt. Die Geschwindigkeitsänderung wird erfasst mit der *Beschleunigung:*

Die Beschleunigung ist der Quotient aus der Geschwindigkeitsänderung und dem zugehörigen Zeitabschnitt.

Mathematisch formuliert:

Beschleunigung $$a = \frac{\Delta v}{\Delta t} = \frac{v_2 - v_1}{t_2 - t_1} \qquad (6.5)$$

Sie ist positiv bei Geschwindigkeitszunahme und negativ bei Geschwindigkeitsabnahme. Eine **negative Beschleunigung** wird als **Verzögerung** bezeichnet. Die aus SI-Basiseinheiten abgeleitete Einheit der Beschleunigung a (von *acceleratio*, lat.) lautet m/s^2 und folgt aus der Geschwindigkeitseinheit m/s und der Zeiteinheit s:

$$[a] = \frac{m/s}{s} = \frac{m}{s^2} = m \cdot s^{-2} \quad \text{oder}$$

$$\frac{\{\Delta v\}\, m/s}{\{\Delta t\}\, s} = \{a\}\, m/s^2$$

Genau genommen wird mit Gl. (6.5) für die Zeitspanne $\Delta t = t_1 - t_2$ eine mittlere Beschleunigung errechnet. Die Beträge für die mittlere Geschwindigkeit und für die mittlere Beschleunigung werden zunehmend genauer, wenn Δt immer kleiner wird. Mit Δt fast 0 ergibt sich nach Gl. (6.4) die **Momentangeschwindigkeit** und nach Gl. (6.5) die **Momentanbeschleunigung**, deren exakte Berechnung nur mit der Differenzialrechnung möglich ist.

Technisch wichtige Sonderfälle der ungleichförmigen Bewegung sind die gleichmäßig beschleunigte und die gleichmäßig verzögerte Bewegung.

Gleichmäßig beschleunigte Bewegung

Sie ist durch eine gleichmäßige Geschwindigkeitszunahme gekennzeichnet. In gleichen Zeitabschnitten Δt nimmt die Geschwindigkeit stetig um den gleichen Betrag Δv zu, d. h. **die Be-**

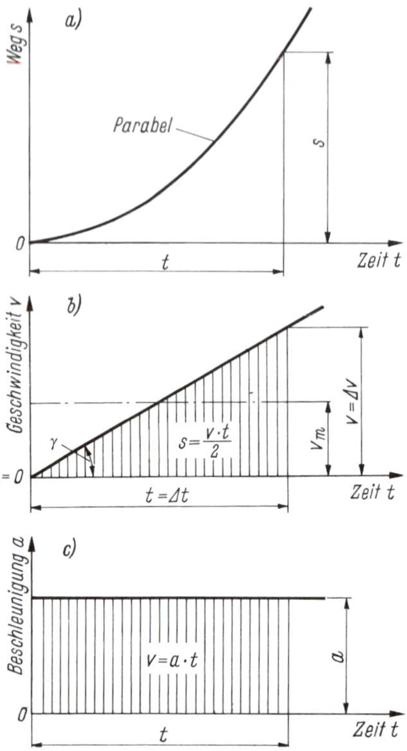

Bild 6.7 Bewegungsdiagramme zur gleichmäßig beschleunigten Bewegung aus dem Stillstand a) s,t-Diagramm, b) v,t-Diagramm, c) a,t-Diagramm

schleunigung ist konstant. Im v,t-Diagramm verläuft die Geschwindigkeitslinie als ansteigende Gerade (Bilder 6.7b und 6.8). Ihre Steigung entspricht der Beschleunigung, d. h. $\tan\gamma \mathrel{\hat{=}} a$. Die Beschleunigungslinie im a,t-Diagramm ist eine zur Zeitachse parallele Gerade (Bild 6.7c). Findet eine **Beschleunigung aus dem Stillstand** statt (Anfangsgeschwindigkeit $v_0 = 0$, Bild 6.7), so ergibt sich aus Gl. (6.5) mit der erreichten Geschwindigkeit $v = \Delta v$ und der Beschleunigungszeit $t = \Delta t$ für die

konstante Beschleunigung $\quad \boldsymbol{a = \frac{v}{t}} \quad$ (6.6)

Aus dieser Gleichung und den Diagrammen in Bild 6.7 ergeben sich weitere Berechnungsgleichungen, und zwar für die in der Zeit t erreichte

Geschwindigkeit $\quad \boldsymbol{v = a \cdot t} \quad$ (6.7)

Diese Beziehung ist das **Geschwindigkeits-Zeit-Gesetz.** Sie wird auch im a,t-Diagramm (Bild 6.7c) abgebildet, da die in diesem Diagramm dargestellte Fläche A der Geschwindigkeit v entspricht. Aus dem v,t-Diagramm (Bild 6.7b) erkennt man für die

mittlere Geschwindigkeit $\quad \boldsymbol{v_m = \frac{v}{2}} \quad$ (6.8)

und mit dem Inhalt der Dreiecksfläche (er entspr. dem Weg) sowie mit Gl. (6.7) bzw. mit $t = v/a$ für den während der Beschleunigung zurückgelegten

Weg $\quad \boldsymbol{s = \frac{v \cdot t}{2} = \frac{a \cdot t^2}{2} = \frac{v^2}{2a} = v_m \cdot t} \quad$ (6.9)

Daraus folgen eine zeitunabhängige Beziehung für die erreichte

Geschwindigkeit $\quad \boldsymbol{v = \sqrt{2a \cdot s}} \quad$ (6.10)

und eine für die von der Geschwindigkeit unabhängige

Beschleunigungszeit $\quad \boldsymbol{t = \sqrt{\frac{2s}{a}}} \quad$ (6.11)

Die Beziehung $s = (a/2)\,t^2$ (Gl. (6.9)), wonach man den bei konstanter Beschleunigung a in der Zeit t zurückgelegten Weg s errechnen kann, ist die Gleichung der im s,t-Diagramm (Bild 6.7a) dargestellten Parabel.

Beginnt eine **Beschleunigung bei der Anfangsgeschwindigkeit** $\boldsymbol{v_0}$, so ergibt sich mit $\Delta v = v - v_0$ und $\Delta t = t$ aus Gl. (6.5) für die

konstante Beschleunigung $\quad \boldsymbol{a = \frac{v - v_0}{t}} \quad$ (6.12)

Aus den geometrischen Beziehungen im v,t-Diagramm (Bild 6.8) ergeben sich weitere Berechnungsgleichungen. Man erhält für die

mittlere Geschwindigkeit $\quad \boldsymbol{v_m = \frac{v_0 + v}{2}} \quad$ (6.13)

und mit dem Inhalt der Rechteckfläche $v_0 \cdot t$ sowie dem der Dreiecksfläche $(v - v_0)\,t/2 = a \cdot t \cdot t/2$

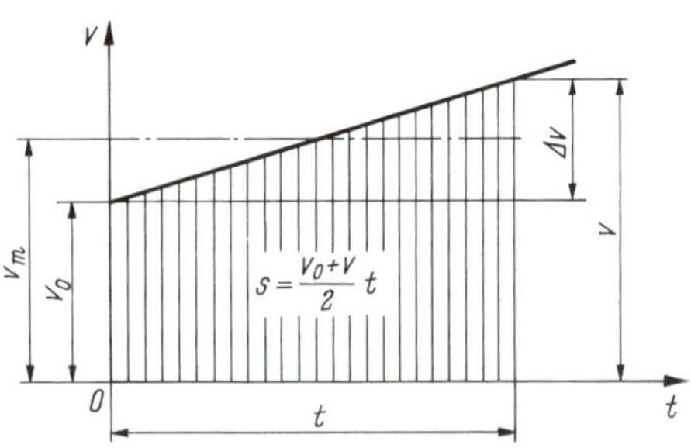

Bild 6.8 v,t-Diagramm einer gleichmäßig beschleunigten Bewegung mit der Anfangsgeschwindigkeit v_0

(da $v - v_0 = \Delta v = a \cdot t$) oder dem Inhalt der Trapezfläche für den während der Beschleunigung zurückgelegten

Weg $$\boldsymbol{s = v_0 \cdot t + \frac{a \cdot t^2}{2} = \frac{v_0 + v}{2}\, t = v_m \cdot t} \qquad (6.14)$$

Aus $v = v_0 + \Delta v = v_0 + a \cdot t$ folgt durch Quadrieren:

$$v^2 = v_0^2 + 2v_0 \cdot a \cdot t + a^2 \cdot t^2$$

$$= v_0^2 + 2a\left(v_0 \cdot t + \frac{a \cdot t^2}{2}\right)$$

und daraus mit $v_0 \cdot t + \dfrac{a \cdot t^2}{2} = s$ (Gl. (6.14)) die erreichte

Geschwindigkeit

$$\boldsymbol{v = v_0 + a \cdot t = \sqrt{v_0^2 + 2a \cdot s}} \qquad (6.15)$$

Die Auflösung der Gl. (6.14) nach t ergibt:

$$t = \frac{s}{v_m} = \frac{2s}{v_0 + v}$$

oder die gemischt-quadratische Gleichung

$$t^2 + \frac{2v_0}{a}\, t - \frac{2s}{a} = 0$$

Daraus folgt die

Beschleunigungszeit

$$\boldsymbol{t = \frac{2s}{v_0 + v} = -\frac{v_0}{a} + \sqrt{\left(\frac{v_0}{a}\right)^2 + \frac{2s}{a}}} \qquad (6.16)$$

Gleichmäßig verzögerte Bewegung

Sie ist gekennzeichnet durch eine gleichmäßige **Geschwindigkeitsabnahme $\boldsymbol{\Delta v}$** in gleichen Zeitabschnitten Δt. Für die **Verzögerung $\boldsymbol{a}$** gilt ebenfalls Gl. (6.5). Da die Anfangsgeschwindigkeit v_0 bei Beginn der Verzögerung größer ist als die Endgeschwindigkeit v, wird $\Delta v = v - v_0$ und damit auch a negativ. Dies bestätigt, dass die Verzögerung eine negative Beschleunigung ist. Die Geschwindigkeitslinie im v,t-Diagramm (Bild 6.9) verläuft als abwärts geneigte Gerade. Aus Gl. (6.5) und den v,t-Diagrammen ergeben sich Berechnungsgleichungen für gleichmäßig verzögerte Bewegungen sinngemäß wie für gleichmäßig beschleunigte.

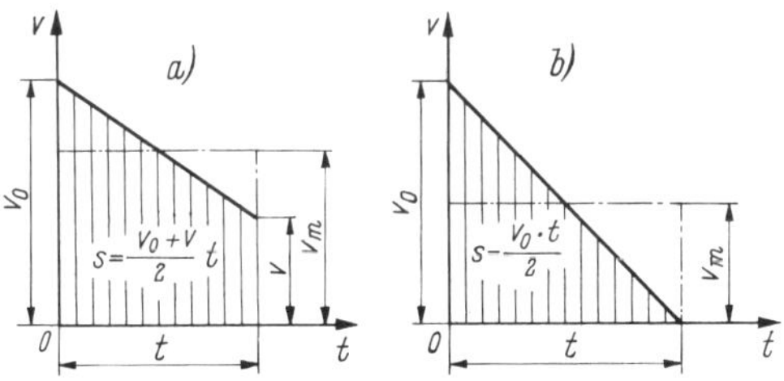

Bild 6.9 v,t-Diagramme gleichmäßig verzögerter Bewegungen
a) Verzögerung von v_0 auf v, b) von v_0 bis zum Stillstand ($v = 0$)

Will man das Rechnen mit negativen Beschleunigungen vermeiden und Verzögerungen von Beschleunigungen deutlich unterscheiden, so kann für die Verzögerung $a_v = -a$ gesetzt werden. Mit $a = -a_v$ ergeben sich dann z. B. aus Gl. (6.14) der Verzögerungs- oder Bremsweg s und aus Gl. (6.16) die Verzögerungs- oder Bremszeit t.

Bei **Aufgaben mit ungleichförmigen Bewegungen** ist es ratsam, immer ein v,t-Diagramm zu skizzieren. Daraus kann man mit Hilfe der Geometrie den Zusammenhang zwischen a, v, s und t leicht erkennen. Aus Problemen der Kinematik werden so einfache Aufgaben der Geometrie. Es empfehlen sich folgende **Arbeitsschritte:**

1. **Schritt:** Skizze des v,t-Diagramms anfertigen und v, t und s eintragen.
2. **Schritt:** Zusammenstellen der Gleichungen, in denen der Zusammenhang zwischen den gegebenen und gesuchten Größen ausgedrückt wird.
3. **Schritt:** Gleichungen nach den gesuchten Größen auflösen und deren Beträge errechnen; dabei vorzugsweise a in m/s², v in m/s, s in m und t in s einsetzen.

Bewegungen mit ungleichmäßiger Beschleunigung oder Verzögerung können vereinfacht wie gleichmäßig beschleunigte oder verzögerte berechnet werden, wenn a nach Gl. (6.5) als Durchschnitts- oder mittlere Verzögerung aufgefasst wird (entspr. der mittleren Geschwindigkeit nach Gl. (6.4)).

Beispiel 6.3
Ein Förderband transportiert Behälter mit einer Geschwindigkeit von 1 m/s (Bild 6.10). Auf der anschließenden 6 m langen geneigten Rutsche nimmt die Geschwindigkeit der Behälter während der 1,5 s dauernden Rutschzeit zu. Die Beschleunigung und die am Ende der Rutsche erreichte Geschwindigkeit sind zu errechnen.

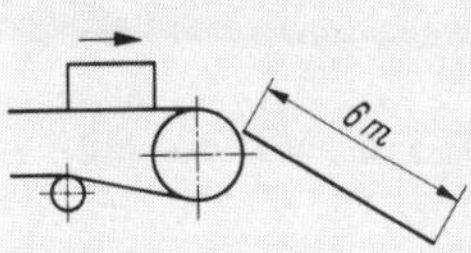

Bild 6.10 Förderband mit anschließender Rutsche

Lösung:
Gegeben: $v_0 = 1$ m/s, $s = 6$ m, $t = 1{,}5$ s.
Gesucht: a und v.
1. Schritt: Das v,t-Diagramm entspr. Bild 6.8.
2. Schritt: Es handelt sich um eine gleichmäßig beschleunigte Bewegung mit der Anfangsgeschwindigkeit v_0.
Aus der Steigung im v,t-Diagramm folgt Gl. (6.12) und aus der Fläche Gl. (6.14), somit:

$$a = \frac{v - v_0}{t}, \qquad s = \frac{v_0 + v}{2}\, t.$$

3. Schritt: Aus Gl. (6.14) folgt für die erreichte Endgeschwindigkeit

$$v = \frac{2s}{t} - v_0 = \frac{2 \cdot 6\,\text{m}}{1{,}5\,\text{s}} - 1\,\text{m/s} = 7\,\text{m/s}.$$

Damit nach Gl. (6.12) die Beschleunigung

$$a = \frac{(7-1)\,\text{m/s}}{1{,}5\,\text{s}} = 4\,\text{m/s}^2.$$

Beispiel 6.4
Ein Kraftfahrer erkennt bei einer Geschwindigkeit von 100 km/h ein Verkehrszeichen und beginnt 2 s danach zu bremsen. Dabei fährt das Fahrzeug mit 50 km/h am Verkehrszeichen vorbei. Die durchschnittliche Verzögerung betrug 3,5 m/s^2. Wie viel m war das Fahrzeug vom Verkehrszeichen zum Zeitpunkt des Erkennens entfernt, und wie lange dauerte die Verzögerung?
Lösung:
Gegeben: $v_0 = 100$ km/h $= 27{,}8$ m/s, $v = 50$ km/h $= 13{,}9$ m/s, $t_1 = 2$ s, $a = -3{,}5$ m/s^2.
Gesucht: s und t_2.
1. Schritt: Das v,t-Diagramm (Bild 6.11) zeigt, dass der gesamte Vorgang aus einer gleichförmigen Bewegung mit der Geschwindigkeit v_0 während der Reaktionszeit t_1 und einer anschließenden von v_0 auf v gleichmäßig verzögerten Bewegung mit der Verzögerungszeit t_2 besteht.

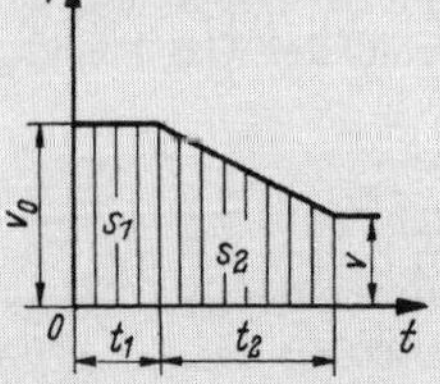

Bild 6.11 v,t-Diagramm der Fahrzeugbewegung

2. Schritt: Aus dem v,t-Diagramm geht auch die Entfernung des Fahrzeugs vom Verkehrszeichen hervor:

$$s = s_1 + s_2.$$

Die Wegstrecken s_1 und s_2 ergeben sich ebenfalls aus diesem Diagramm oder aus den Gln. (6.2) u. (6.14) mit t_2 aus Gl. (6.15):

$$s_1 = v_0 \cdot t_1, \qquad s_2 = \frac{v_0 + v}{2}\, t_2, \qquad v = v_0 + a \cdot t_2.$$

3. Schritt: Aus Gl. (6.15) folgt die Verzögerungszeit

$$t_2 = \frac{v - v_0}{a} = \frac{(13{,}9 - 27{,}8)\,\text{m/s}}{-3{,}5\,\text{m/s}^2} = 3{,}97\,\text{s}.$$

Die Wege betragen:

$$s_1 = 27{,}8\,\frac{\text{m}}{\text{s}} \cdot 2\,\text{s} = 55{,}6\,\text{m},$$

$$s_2 = \frac{(27{,}8 + 13{,}9)\,\text{m} \cdot 3{,}97\,\text{s}}{2\,\text{s}} = 82{,}8\,\text{m},$$

$$s = (55{,}6 + 82{,}8)\,\text{m} = 138{,}4\,\text{m}.$$

Beispiel 6.5
Ein Güterzug wird beim Anfahren mit 0,08 m/s^2 auf eine Geschwindigkeit von 60 km/h beschleunigt, mit der er gleichförmig weiterfährt. Vor dem 40 km entfernten Zielort wird mit einer gleichmäßigen Verzögerung von 0,15 m/s^2 gebremst. Zu errechnen sind die Zeit und der Weg bis zum Erreichen der Fahrgeschwindigkeit, die Zeit zwischen Fahrtantritt und Beginn des Bremsens, der Bremsweg, die Gesamtfahrzeit und die mittlere Geschwindigkeit.
Lösung:
Gegeben: $v = 60$ km/h $= 16{,}67$ m/s,
$s = 40$ km $= 40\,000$ m, $a_1 = 0{,}08$ m/s^2,
$a_2 = 0$, $a_v = 0{,}15$ m/s$^2 = -a_3$.
Gesucht: t_1, s_1, t_B, s_3, t, v_m.
1. Schritt: Das v,t-Diagramm (Bild 6.12) zeigt die aufeinander folgenden Bewegungsarten: gleichmäßig beschleunigte Bewegung aus dem Stillstand auf v in der Zeit t_1, danach gleichförmige Bewegung mit v in der Zeit t_2 und anschließend gleichmäßig verzögerte Bewegung bis zum Stillstand in der Zeit t_3.

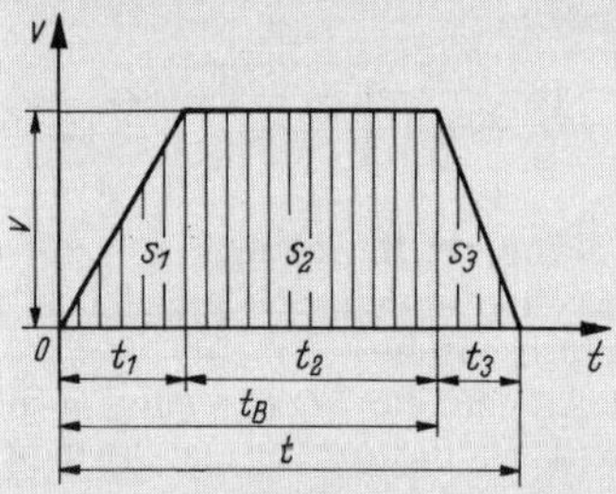

Bild 6.12 v,t-Diagramm der Güterzugbewegung

2. Schritt: Aus dem v,t-Diagramm und den Gl. (6.2), (6.4), (6.6) u. (6.9) ergeben sich folgende Beziehungen:

$$t = t_1 + t_2 + t_3, \qquad s = s_1 + s_2 + s_3,$$

$$s_1 = \frac{v \cdot t_1}{2}, \qquad s_2 = v \cdot t_2, \qquad s_3 = \frac{v \cdot t_3}{2},$$

$$a_1 = \frac{v}{t_1}, \qquad v_m = \frac{s}{t}.$$

Mit $a_3 = -a_v$ erhält man aus Gl. (6.5):

$$a_3 = \frac{v}{t_3} = \frac{0 - v}{t_3} = \frac{-v}{t_3} = -a_v, \quad \text{somit} \quad a_v = \frac{v}{t_3}.$$

3. Schritt: Aus Gl. (6.6) die Beschleunigungszeit

$$t_1 = \frac{v}{a_1} = \frac{16{,}67\ \mathrm{m/s}}{0{,}08\ \mathrm{m/s^2}} = 208{,}4\ \mathrm{s} \approx 3{,}5\ \mathrm{min}$$

und damit nach Gl. (6.9) der Beschleunigungsweg

$$s_1 = \frac{16{,}67\ \mathrm{m/s} \cdot 208{,}4\ \mathrm{s}}{2} = 1737\ \mathrm{m} \approx 1{,}74\ \mathrm{km},$$

sinngemäß dazu die Bremszeit

$$t_3 = \frac{v}{a_v} = \frac{16{,}67\ \mathrm{m/s}}{0{,}15\ \mathrm{m/s^2}} = 111{,}1\ \mathrm{s} \approx 1{,}9\ \mathrm{min}$$

und der Bremsweg

$$s_3 = \frac{16{,}67\ \mathrm{m/s} \cdot 111{,}1\ \mathrm{s}}{2} = 926\ \mathrm{m} \approx 0{,}93\ \mathrm{km}.$$

Mit $s_2 = s - s_1 - s_3$ nach Gl. (6.2):

$$t_2 = \frac{s_2}{v} = \frac{(40\,000 - 1737 - 926)\ \mathrm{m}}{16{,}67\ \mathrm{m/s}} = 2240\ \mathrm{s} \approx 37{,}3\ \mathrm{min},$$

damit die Zeit bis zum Beginn des Bremsens

$$t_B = t_1 + t_2 = (208{,}4 + 2240)\ \mathrm{s} = 2448\ \mathrm{s} = 40{,}8\ \mathrm{min}$$

und die Gesamtfahrzeit

$$t = t_B + t_3 = (2448 + 111{,}1)\ \mathrm{s} = 2559\ \mathrm{s} \approx 42{,}7\ \mathrm{min}.$$

Die mittlere Geschwindigkeit beträgt

$$v_m = \frac{s}{t} = \frac{40\,000\ \mathrm{m}}{2559\ \mathrm{s}} = 15{,}63\ \mathrm{m/s} = 56{,}27\ \mathrm{km/h}.$$

Freier Fall und senkrechter Wurf

Ein besonders wichtiges Beispiel der gleichmäßig beschleunigten Bewegung ist der **freie Fall** im luftleeren Raum, in dem alle Körper unabhängig von ihrem Gewicht und ihrer Form gleicher Beschleunigung unterliegen. Jeder fallende Körper wird durch die Anziehungskraft der Erde beschleunigt mit der

Fallbeschleunigung

$$\mathbf{g = 9{,}80665\ m/s^2 \approx 9{,}81\ m/s^2}.$$

Der genaue Wert wurde als *Norm-Fallbeschleunigung* g_n festgelegt. In der Technik wird mit $\mathbf{g = 9{,}81\ m/s^2}$ gerechnet. Im luftgefüllten Raum wirkt der Luftwiderstand der beschleunigten Bewegung entgegen und verringert die Geschwindigkeit. Bei geringer Fallhöhe und schweren Körpern, z. B. bei Fallkugeln zur Schrottzerkleinerung, bei Fallhämmern, bei Rammbären u. dgl., ist der Luftwiderstand vernachlässigbar klein.

Aus den Gleichungen für die gleichmäßig beschleunigte geradlinige Bewegung ohne Anfangsgeschwindigkeit bzw. aus dem v,t-Diagramm (Bild 6.7b) erhält man mit $a = g$ den nach der Zeit t ohne Luftwiderstand erreichten Fallweg (Gl. 6.9), die

$$\textit{Fallhöhe} \quad \mathbf{h = \frac{g \cdot t^2}{2} = \frac{v^2}{2g} = \frac{v \cdot t}{2}} \qquad (6.17)$$

oder (Gl. (6.11)) die für die Fallhöhe h bzw. (Gl. (6.6)) die bis zur Fallgeschwindigkeit v benötigte

$$\textit{Fallzeit} \quad \mathbf{t = \sqrt{\frac{2h}{g}} = \frac{v}{g}} \qquad (6.18)$$

und die in der Fallzeit t oder bei der Fallhöhe h erreichte (Gln. (6.7) u. (6.10))

Fallgeschwindigkeit

$$\mathbf{v = g \cdot t = \sqrt{2g \cdot h}} \qquad (6.19)$$

Der **senkrechte Wurf abwärts** ist eine gleichmäßig beschleunigte Bewegung (Fallbewegung) mit der Anfangs- oder **Abwurfgeschwindigkeit** $\mathbf{v_0}$ (Bild 6.8). Dabei gilt mit $a = g$ die Gl. (6.14) für die *Fallhöhe h*, Gl. (6.15) für die *Fallgeschwindigkeit v* und Gl. (6.16) für die *Fallzeit t*.

Der **senkrechte Wurf aufwärts** ist eine gleichmäßig verzögerte Bewegung von der Anfangs- oder Abwurfgeschwindigkeit v_0 bis zum Stillstand mit anschließendem freiem Fall. Ein aufwärts geworfener Körper wird durch die Erdanziehung mit $a = -g$ verzögert und kommt nach der **Steigzeit** $\mathbf{t_1}$ bei der **Steighöhe** $\mathbf{h_1}$ zum Stillstand. Danach fällt er im freien Fall gleichmäßig beschleunigt abwärts. Da die Verzögerung und die Beschleunigung gleiche Absolutbeträge haben, sind im v,t-Diagramm (Bild 6.13) die Winkel γ_1 und γ gleich groß und damit die Dreiecke unter der Geschwindigkeitslinie deckungsgleich. Die Geschwindigkeit nimmt von v_0 ausgehend stetig ab, ist bei der

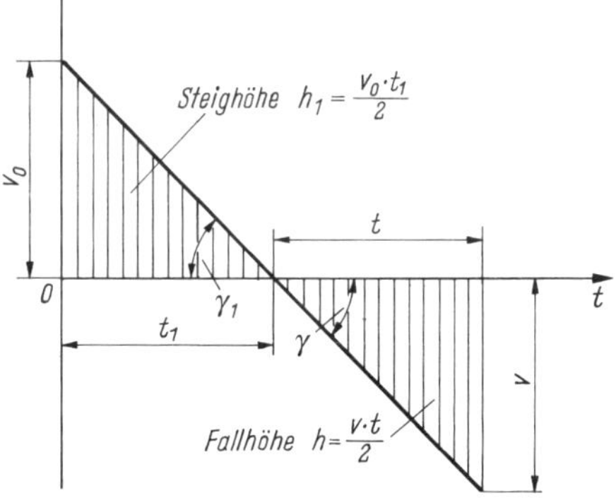

Bild 6.13 v,t-Diagramm der Steig- und Fallbewegung beim senkrechten Wurf aufwärts

Steigzeit t_1 momentan null und nimmt dann mit entgegengesetzter Richtung wieder stetig zu, bis sie an der Abwurfstelle nach der Fallhöhe h die Fallgeschwindigkeit $v = -v_0$ erreicht (Luftwiderstand vernachlässigt). Verzichtet man auf die negativen Vorzeichen infolge Richtungsänderung, so gilt (bezogen auf die Abwurfstelle) mit den Gleichungen für den freien Fall und entspr. dem v,t-Diagramm für die *Steigzeit* t_1 = *Fallzeit* t nach Gl. (6.18), die *Steighöhe* h_1 = *Fallhöhe* h nach Gl. (6.17) und die *Abwurfgeschwindigkeit* v_0 = *Fallgeschwindigkeit* v nach Gl. (6.19).

Die für Aufgaben mit ungleichförmigen Bewegungen empfohlenen Arbeitsschritte sind auch für die Berechnung von senkrechten Wurfbewegungen geeignet.

Beispiel 6.6

Der Schlagbär einer Ramme wird auf eine Geschwindigkeit von 10 m/s abwärts beschleunigt und fällt dann 6 m frei herab. Die Aufschlaggeschwindigkeit und die Zeit des freien Falls sind zu errechnen.

Lösung:

Gegeben: $v_0 = 10$ m/s, $h = 6$ m.

Gesucht: v und t.

1. Schritt: Das v,t-Diagramm entspr. Bild 6.8 für eine gleichmäßig beschleunigte Bewegung mit der Anfangs- bzw. Abwurfgeschwindigkeit v_0.

2. Schritt: Aus den Gln. (6.15) und (6.12) wird mit $s = h$ und $a = g$:

$$v = \sqrt{v_0^2 + 2g \cdot h} \quad \text{und} \quad t = (v - v_0)/g.$$

3. Schritt: Damit beträgt die Aufschlaggeschwindigkeit

$$v = \sqrt{(10\,\text{m/s})^2 + 2 \cdot 9{,}81\,\text{m/s}^2 \cdot 6\,\text{m}}$$
$$= 14{,}76\,\text{m/s}$$

und die Fallzeit

$$t = \frac{(14{,}65 - 10)\,\text{m/s}}{9{,}81\,\text{m/s}^2} = 0{,}485\,\text{s}.$$

Beispiel 6.7

Ein Stein wird von einer 6 m hohen Mauer senkrecht nach oben geworfen (Bild 6.14) und schlägt 3 s nach dem Abwurf am Fuß der Mauer auf. Zu errechnen sind die Abwurfgeschwindigkeit, die Aufschlaggeschwindigkeit und die erreichte Höhe über dem Mauerfuß.

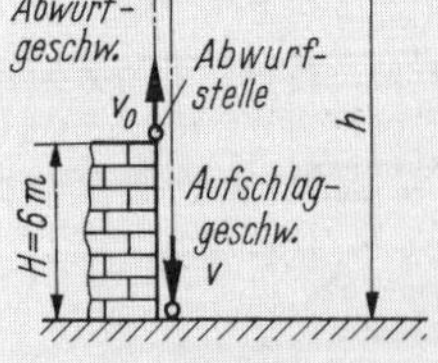

Bild 6.14 Steinwurf senkrecht nach oben (Steig- und Fallweg nebeneinander gezeichnet)

Lösung:

Gegeben: $H = 6$ m, $t = 3$ s.

Gesucht: v_0, v und h.

1. Schritt: Das v,t-Diagramm (Bild 6.15) zeigt: Es handelt sich um einen senkrechten Wurf aufwärts mit der Steighöhe h_1 = Fallhöhe h_1 bis zur Abwurfstelle und anschließendem senkrechtem Wurf abwärts mit der Fallhöhe H und der Fallzeit t_2.

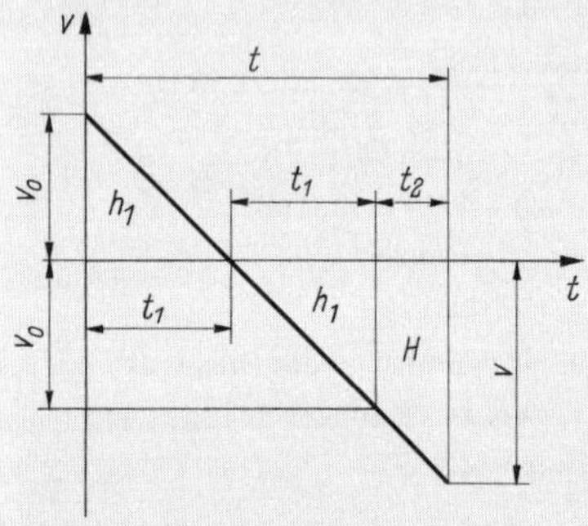

Bild 6.15 v,t-Diagramm

2. Schritt: Aus dem v,t-Diagramm und den Gln. (6.17), (6.14), (6.18) u. (6.12) ergeben sich folgende Beziehungen zwischen gegebenen und gesuchten Größen:

$$h = h_1 + H \quad \text{(I)}, \qquad h_1 = \frac{v_0 \cdot t_1}{2} = \frac{v_0^2}{2g} \quad \text{(II)},$$

$$H = \frac{v_0 + v}{2}\,t_2 \quad \text{(III)},$$

$$t = 2t_1 + t_2 \quad \text{(IV)}, \qquad t_1 = \frac{v_0}{g} \quad \text{(V)},$$

$$t_2 = \frac{v - v_0}{g} \quad \text{(VI)}.$$

3. Schritt: Die Gln. (I) bis (VI) mit 6 Unbekannten (v_0, v, h, h_1, t_1, t_2) sind nach den gesuchten Größen aufzulösen. Aus Gl. (IV) folgt mit den Gln. (V) u. (VI):

$$t_2 = t - 2t_1 = t - 2\,\frac{v_0}{g} = \frac{v - v_0}{g},$$

mit g multipliziert und umgeformt ergibt

$$v + v_0 = g \cdot t \quad \text{oder}$$

$$v = g \cdot t - v_0.$$

Damit wird nach Gl. (III) und $t_2 = t - 2\,\frac{v_0}{g}$:

$$H = \frac{v_0 + g \cdot t - v_0}{2}\left(t - 2\,\frac{v_0}{g}\right) = \frac{g \cdot t^2}{2} - \frac{g \cdot t}{2} \cdot 2\,\frac{v_0}{g}$$

$$= \frac{g \cdot t^2}{2} - v_0 \cdot t,$$

daraus folgt die Lösungsgleichung für die Abwurfgeschwindigkeit

$$v_0 = \frac{g \cdot t}{2} - \frac{H}{t} = \frac{9{,}81\,\text{m} \cdot 3\,\text{s}}{\text{s}^2 \cdot 2} - \frac{6\,\text{m}}{3\,\text{s}} = 12{,}72\,\text{m/s}.$$

Nach der oben entwickelten Gl. beträgt die Aufschlaggeschwindigkeit

$$v = g \cdot t - v_0 = 9{,}91\ \mathrm{m/s^2} \cdot 3\ \mathrm{s} - 12{,}72\ \mathrm{m/s}$$
$$= 16{,}71\ \mathrm{m/s}$$

und nach Gl. (I) mit Gl. (II) die Höhe

$$h = h_1 + H = \frac{v_0^2}{2g} + H = \frac{12{,}72^2\ \mathrm{m^2/s^2}}{2 \cdot 9{,}81\ \mathrm{m/s^2}} + 6\ \mathrm{m}$$
$$= 14{,}25\ \mathrm{m}.$$

Praxishinweis
In der technisch-wissenschaftlichen Fachliteratur ist es entspr. DIN 1302 üblich, auf die Zeit bezogene Größen mit einem Punkt über dem Formelzeichen anzugeben. So bedeuten z. B. Geschwindigkeit $v = \dot{s}$ (gespr.: s Punkt) und Beschleunigung $a = \dot{v} = \ddot{s}$ (gespr.: s zwei Punkt), weil $v = s/t = \dot{s}$ und $a = v/t = \dot{v} = \dot{s}/t = \ddot{s}$. Außerdem können Größen, die einen Durchschnitts- oder Mittelwert darstellen, mit einem Querstrich über dem Formelzeichen angegeben werden, z. B. mittlere Geschwindigkeit $v_m = \bar{v}$ (gespr.: v quer).
Für den Straßenverkehr ist Gl. (6.9) von besonderer praktischer Bedeutung. Auf den Bremsweg eines Fahrzeugs angewendet, sagt sie aus: **Die Länge des Bremsweges wächst bei gleich bleibender Verzögerung mit dem Quadrat der Geschwindigkeit!**

Kontrollfragen:
- Worin besteht der Unterschied zwischen der mittleren und der Momentangeschwindigkeit?
- Was versteht man unter Beschleunigung und unter Verzögerung?
- Wodurch ist eine gleichmäßig beschleunigte bzw. verzögerte Bewegung gekennzeichnet?
- Welchen Größen entsprechen die Steigungen im s,t-Diagramm und v,t-Diagramm?
- Welchen Größen entsprechen die im v,t-Diagramm und im a,t-Diagramm dargestellten Flächen?
- Von welcher Bewegungsart ist der freie Fall?
- Mit welchen Bewegungsarten kann man den senkrechten Wurf abwärts oder aufwärts beschreiben?

6.3 Kreis- und Drehbewegung

Lernziele:
- Die Zusammenhänge zwischen Umfangsgeschwindigkeit, Winkelgeschwindigkeit, Tangentialbeschleunigung, Winkelbeschleunigung, Drehzahl, Drehwinkel erklären.
- Gleichförmige sowie gleichmäßig beschleunigte und verzögerte Kreis- und Drehbewegungen in Diagrammen darstellen und berechnen.
- Den Begriff Übersetzung erläutern, Übersetzungen von Getrieben und die dafür maßgebenden Baugrößen errechnen.

6.3.1 Gleichförmige Kreis- und Drehbewegung

Wenn sich ein Massenpunkt (z. B. die im Schwerpunkt eines Körpers zusammengefasst gedachte Körpermasse) auf einer kreisförmigen Bahn mit konstanter Geschwindigkeit bewegt, so ist das eine gleichförmige **Kreisbewegung.** Dreht sich ein Körper, z. B. die kreisrunde Scheibe nach Bild 6.16, um eine ortsfeste Achse, die stofflich nicht vorhanden zu sein braucht, so handelt es sich um eine **Drehbewegung.** Dabei bewegt sich ein Punkt P am Scheibenumfang auf einer Kreisbahn vom Durchmesser $d = 2r$. Mit der **Umlaufzahl *Z*** als Anzahl der Umläufe beträgt der auf dem Kreisumfang zurückgelegte Weg $s = 2r \cdot \pi \cdot Z = d \cdot \pi \cdot Z$ und nach Gl. (6.1) die konstante Bahngeschwindigkeit $v = s/t = d \cdot \pi \cdot Z/t$.

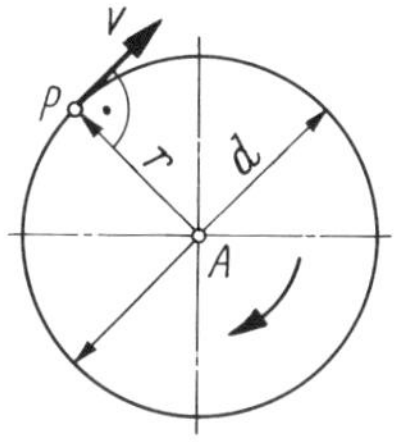

Bild 6.16 Rotierende Scheibe

In der Technik ist es üblich, die **Drehzahl *n*** als Anzahl der Umdrehungen in einer Zeiteinheit anzugeben:

konstante Drehzahl $$\boldsymbol{n = \frac{Z}{t}} \qquad (6.20)$$

Sie wird meistens in Umdrehungen je Minute mit der Einheit $1/\mathrm{min} = \mathrm{min}^{-1}$ angegeben. Ihr Kehrwert ist die Zeitdauer für eine Umdrehung, die

Umlaufzeit $$\boldsymbol{T = \frac{1}{n}} \qquad (6.21)$$

Eine der Drehzahl entsprechende Größe ist die **Frequenz *f***, die bei Schwingungen, häufig auch bei Kreisbewegungen vorzugsweise mit der Einheit Hertz ($\mathrm{Hz} = 1/\mathrm{s} = \mathrm{s}^{-1}$) angegeben wird (s. Abschn. 8.2.1). Die Umlaufzeit wird auch **Periodendauer *T*** genannt.

Die Geschwindigkeit bei Kreisbewegung wirkt stets tangential zur Kreisbahn. Sie wird als **Tangentialgeschwindigkeit** v_t oder **Umfangsgeschwindigkeit** v_u bezeichnet. Wenn Zweifel ausgeschlossen sind, werden die Indizes weggelassen. Mit der Drehzahl n erhält man die

Umfangsgeschwindigkeit $$\boldsymbol{v = d \cdot \pi \cdot n} \qquad (6.22)$$

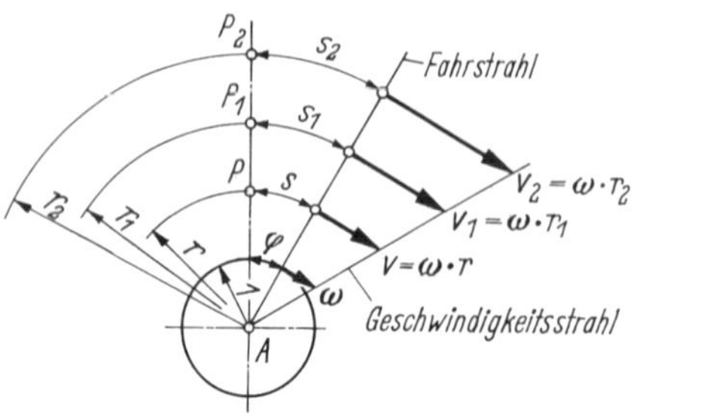

Bild 6.17 Drehwinkel φ und Abhängigkeit des Weges auf der Kreisbahn sowie der Umfangsgeschwindigkeit vom Radius

Während ein Punkt P den Weg s auf der Kreisbahn mit dem Radius r zurückgelegt, überstreicht die Strecke AP (Bild 6.17) als Teil des *Fahrstrahls* den **Drehwinkel φ**, der in rad (Radiant) angegeben wird. Er ist für alle auf einem Fahrstrahl gelegenen Punkte gleich groß. Die auf den Kreisbahnen zurückgelegten Wege sind dagegen vom jeweiligen Radius abhängig.

Nach DIN 1301 ist entspr. dem Einheitengesetz ein Radiant gleich dem ebenen Winkel, der als Zentriwinkel eines Kreises vom Radius 1 m aus dem Kreis einen Bogen von der Länge 1 m ausschneidet (1 rad = 1 m/m). Die Einheit rad darf durch die Zahl 1 ersetzt werden. Der Zusammenhang zwischen φ in Grad (°) und in rad ergibt sich aus folgender Beziehung: $360° = 2\pi$ rad, somit ist $1° = (\pi/180)$ rad $= (1/57{,}3)$ rad $= 0{,}01745$ rad und 1 rad $= 57{,}3°$.

Bezieht man den Drehwinkel als eine dem Weg proportionale Größe auf die Zeit, so erhält man die

Winkelgeschwindigkeit $$\omega = \frac{\Delta\varphi}{\Delta t} \qquad (6.23)$$

mit der Einheit rad/s = 1/s = s^{-1}. In Worten:

Die Winkelgeschwindigkeit ist der Quotient aus einer zurückgelegten Drehwinkeldifferenz und dem zugehörigen Zeitabschnitt.

Wird bei einer gleichförmigen Drehbewegung in der Zeit t der Drehwinkel φ überstrichen, so beträgt die

konstante Winkelgeschwindigkeit $$\omega = \frac{\varphi}{t} \qquad (6.24)$$

Aus der Verhältnisgleichung $s/r = \varphi/1$ (Bild 6.17) folgt der auf der Kreisbahn mit dem Radius r zurückgelegte

Weg $$s = \varphi \cdot r \qquad (6.25)$$

und aus $v/r = \omega/1$ die

Umfangsgeschwindigkeit $$v = \omega \cdot r \qquad (6.26)$$

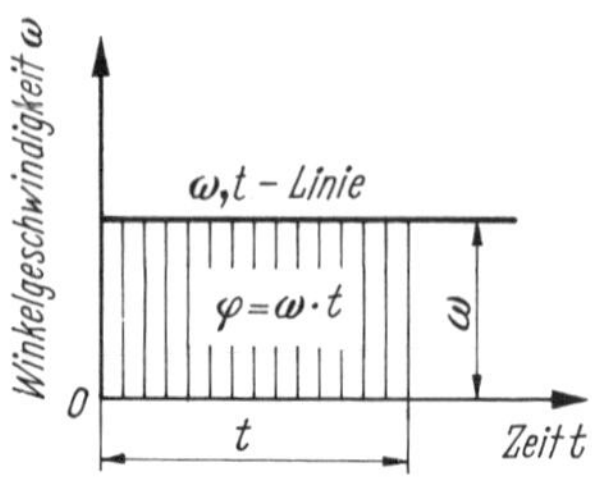

Bild 6.18 ω,t-Diagramm einer gleichförmigen Drehbewegung

Daraus erhält man mit Gl. (6.22) die

Winkelgeschwindigkeit $$\omega = \frac{v}{r} = 2\pi \cdot n \qquad (6.27)$$

Wird n in min^{-1} eingesetzt, so ist eine Umrechnung mit 60 s/min erforderlich, um die Einheit rad/s zu erhalten.

Mit ω wird die Winkelgeschwindigkeit eines rotierenden Körpers angegeben, aber auch die Geschwindigkeit der sich dabei auf Kreisbahnen bewegenden Massenpunkte gekennzeichnet. Der Zahlenwert der Winkelgeschwindigkeit ist gleich dem der Umfangsgeschwindigkeit am Einheitskreis. Die Abhängigkeit der Geschwindigkeit von der Zeit wird bei Drehbewegungen anstatt in einem v,t-Diagramm zweckmäßig in einem **ω,t-Diagramm** (Bild 6.18) dargestellt. Sinngemäß zum v,t-Diagramm gilt:

Im ω,t-Diagramm entspricht der Flächeninhalt unter der ω,t-Linie dem Drehwinkel.

Beispiel 6.8

Auf der Planscheibe einer Karusselldrehmaschine ist ein Maschinengehäuse zur Bearbeitung einer Bohrung von 1200 mm Durchmesser aufgespannt. Die Drehzahl der Planscheibe beträgt 18 min^{-1}. Es sind die Schnittgeschwindigkeit in m/min, die Winkelgeschwindigkeit in rad/s und die Umfangsgeschwindigkeit in m/s des äußersten Gehäusepunktes zu ermitteln, der 1800 mm von der Planscheibenmitte entfernt ist.

Lösung:

Gegeben: $d = 1{,}2$ m, $n = 18\ min^{-1}$, $r_a = 1{,}8$ m.

Gesucht: v_s in m/min, ω in rad/s, v in m/s.

1. Schnittgeschwindigkeit v_s

Sie ist gleich der Geschwindigkeit am Bohrungsumfang und beträgt nach Gl. (6.22):

$$v_s = d \cdot \pi \cdot n = 1{,}2\ \text{m} \cdot \pi \cdot 18\ \text{min}^{-1} = 67{,}86\ \text{m/min}.$$

2. Winkelgeschwindigkeit ω

Nach Gl. (6.27):

$$\omega = 2\pi \cdot n = 2\pi \cdot \frac{18/\text{min}}{60\ \text{s/min}} = 1{,}885\ \text{s}^{-1}$$
$$= 1{,}885\ \text{rad/s}.$$

3. Größte Umfangsgeschwindigkeit v
Nach Gl. (6.26):

$$v = \omega \cdot r_a = 1{,}885\ \text{s}^{-1} \cdot 1{,}8\ \text{m} = 3{,}393\ \text{m/s}.$$

Beispiel 6.9
Ein Förderband soll mit der Geschwindigkeit 3 m/s laufen. Welche Drehzahl in min^{-1} muss dafür die Antriebstrommel mit dem Durchmesser 500 mm haben?
Lösung:
Gegeben: $v = 3$ m/s, $d = 0{,}5$ m.
Gesucht: n in min^{-1}.
Die Bandgeschwindigkeit v ist gleich der Umfangsgeschwindigkeit der Antriebstrommel. Somit folgt aus Gl. (6.22) die erforderliche Drehzahl

$$n = \frac{v}{d \cdot \pi} = \frac{3\ \text{m/s}}{0{,}5\ \text{m} \cdot \pi} = 1{,}91\ \text{s}^{-1}$$
$$= 1{,}91\ \text{s}^{-1} \cdot 60\ \text{s/min} = 114{,}6\ \text{min}^{-1}.$$

Beispiel 6.10
Ein Radfahrer fährt mit einer Geschwindigkeit von 20 km/h. Der Raddurchmesser beträgt 650 mm. Wie groß sind die Raddrehzahl in min^{-1} und die Winkelgeschwindigkeit in rad/s?
Lösung:
Gegeben: $v = 20$ km/h, $d = 0{,}65$ m.
Gesucht: n in min^{-1} und ω in rad/s.
1. Raddrehzahl n
Mit der Fahr- = Umfangsgeschwindigkeit

$$v = 20 \cdot 1000\ \text{m}/3600\ \text{s} = 5{,}56\ \text{m/s}$$

folgt aus Gl. (6.22):

$$n = \frac{v}{d \cdot \pi} = \frac{5{,}56\ \text{m/s}}{0{,}65\ \text{m} \cdot \pi} = 2{,}723\ \text{s}^{-1}$$
$$= 2{,}723\ \text{s}^{-1} \cdot 60\ \text{s/min} = 163{,}4\ \text{min}^{-1}.$$

2. Winkelgeschwindigkeit ω
Nach Gl. (6.26) mit $r = d/2 = 0{,}325$ m:

$$\omega = \frac{v}{r} = \frac{5{,}56\ \text{m/s}}{0{,}325\ \text{m}} = 17{,}1\ \text{s}^{-1} = 17{,}1\ \text{rad/s}.$$

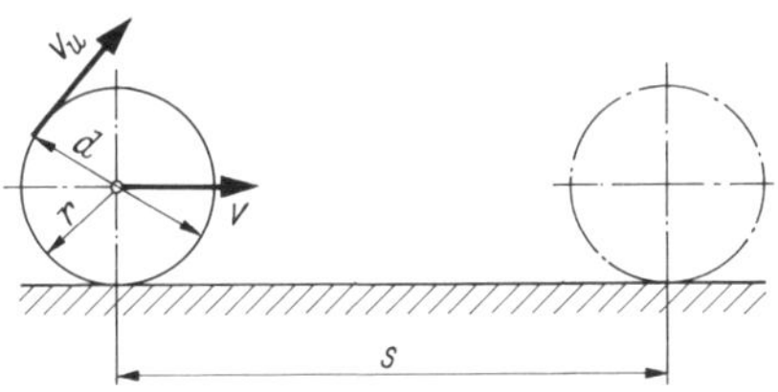

Bild 6.19 Umfangsgeschwindigkeit v_u und Rollgeschwindigkeit v an einem rollenden Rad

Das in Bild 6.19 gezeigte Rad rollt schlupffrei mit der konstanten Geschwindigkeit v, wobei am Radumfang die Umfangsgeschwindigkeit v_u auftritt. Der Zusammenhang zwischen beiden Geschwindigkeiten ergibt sich wie folgt: Mit dem Radumfang $U = 2r \cdot \pi = d \cdot \pi$ beträgt bei Z Umdrehungen der zurückgelegte Weg $s = U \cdot Z = d \cdot \pi \cdot Z$, damit ist $v = s/t = U \cdot Z/t = d \cdot \pi \cdot Z/t$, und mit der Raddrehzahl $n = Z/t$ (Gl. (6.20)) wird $v = d \cdot \pi \cdot n = v_u$ (Gl. 6.22), d. h.: **Die auf den Radmittelpunkt bezogene Umfangsgeschwindigkeit eines rollenden Rades ist gleich der Roll- bzw. Fahrgeschwindigkeit.**

Anders verhält es sich dagegen mit der auf den Berührungspunkt am Boden bezogenen Geschwindigkeit am Radumfang. Sie ergibt sich als Absolutgeschwindigkeit aus v_u und v durch geometrische Addition (s. a. Abschnitt 6.4.4), beträgt am oberen Radumfangspunkt das Doppelte der Rollgeschwindigkeit und ist am Berührungspunkt null.

6.3.2 Ungleichförmige Kreis- und Drehbewegung

Kreis- und Drehbewegungen sind ungleichförmig, wenn sich die Umfangsgeschwindigkeit v und die Winkelgeschwindigkeit ω mit der Zeit t ändern. Für alle auf eine Kreisbahn bezogenen Größen (Weg s, Geschwindigkeit v, Beschleunigung a) gelten ebenfalls die Bewegungsgesetze der ungleichförmig geradlinigen Bewegung (s. Abschn. 6.2.2). Geschwindigkeit und Tangentialbeschleunigung sind Vektoren auf der jeweiligen Tangente zur Kreisbahn (Bild 6.20). Entspr. Gl. (6.5) gilt für die Bahn- oder

Tangentialbeschleunigung $$\boldsymbol{a}_\text{t} = \frac{\boldsymbol{\Delta v}}{\boldsymbol{\Delta t}}$$

Sie ist positiv bei zunehmender und negativ bei abnehmender Umfangsgeschwindigkeit. Eine negative Tangentialbeschleunigung wird Tangentialverzögerung genannt und wirkt der Umfangsgeschwindigkeit entgegen.

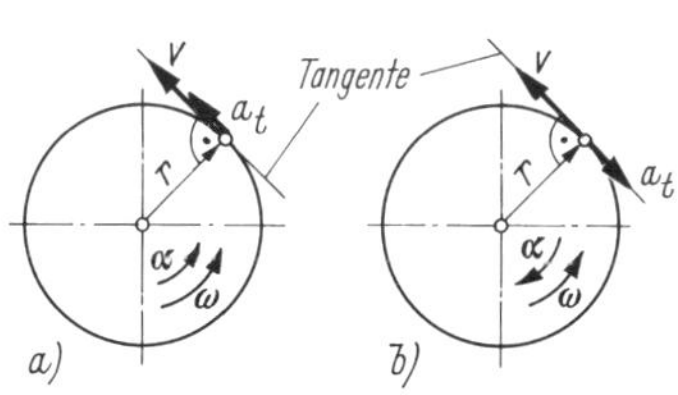

Bild 6.20 Umfangsgeschwindigkeit v und Tangentialbeschleunigung bzw. -verzögerung a_t
a) bei beschleunigter, b) bei verzögerter Kreis- und Drehbewegung

Die Änderung der Winkelgeschwindigkeit wird erfasst mit der *Winkelbeschleunigung:*

Die Winkelbeschleunigung ist der Quotient aus der Winkelgeschwindigkeitsänderung und dem zugehörigen Zeitabschnitt.

Mathematisch formuliert:

Winkelbeschleunigung $$\alpha = \frac{\Delta\omega}{\Delta t} = \frac{\omega_2 - \omega_1}{t_2 - t_1} \quad (6.28)$$

Sie hat die Einheit $rad/s^2 = 1/s^2 = s^{-2}$. Eine **negative Winkelbeschleunigung** ist eine **Winkelverzögerung.**

Der Zahlenwert der Winkelbeschleunigung ist gleich dem der Tangentialbeschleunigung am Einheitskreis ($r = 1$). Aus der Proportion $a_t/r = \alpha/1$ folgt für die

Tangentialbeschleunigung $$a_t = \alpha \cdot r \quad (6.29)$$

Die ω,t-Diagramme zweier ungleichförmiger Drehbewegungen zeigt Bild 6.21. Genau genommen erhält man nach Gl. (6.28) nur die mittlere Winkelbeschleunigung für die Zeitspanne $\Delta t = t_2 - t_1$. Mit $\Delta\omega$ für einen winzig kleinen Zeitabschnitt Δt ergibt sich nahezu die **Momentan-Winkelbeschleunigung.** Nimmt die Winkelgeschwindigkeit in gleichen Zeitabschnitten um denselben Betrag zu, so handelt es sich um eine gleichmäßig beschleunigte, nimmt sie um gleiche Beträge ab, um eine gleichmäßig verzögerte Drehbewegung.

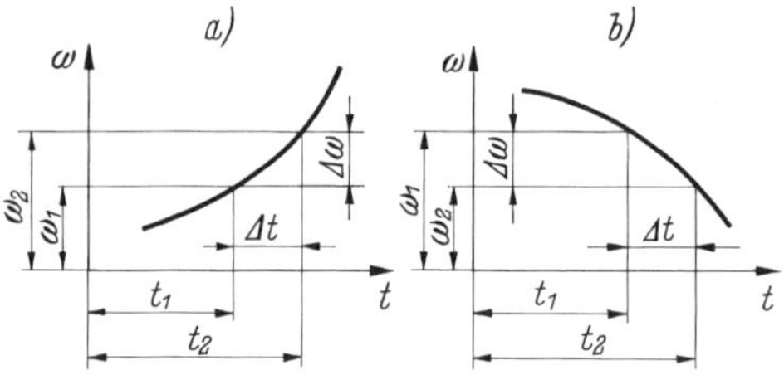

Bild 6.21 ω,t-Diagramme ungleichförmiger Drehbewegungen
a) beschleunigt, b) verzögert

Bei jeder Kreis- und Drehbewegung – auch bei der gleichförmigen – wirkt ständig die **Radialbeschleunigung a_r** (s. Abschn. 6.4.3).

Gleichmäßig beschleunigte Kreis- und Drehbewegung

Dabei sind die **Tangentialbeschleunigung a_t** und die **Winkelbeschleunigung α konstant.** Im ω,t-Diagramm verläuft die ω,t-Linie (Bild 6.22) als ansteigende Gerade. Die Steigung (der Tangens des Winkels γ) entspricht der Winkelbeschleunigung α. Findet die **Beschleunigung aus dem Stillstand** statt (Anfangs-Winkelgeschwindigkeit $\omega_0 = 0$, Bild 6.22a), so ergibt sich entspr. Gl. (6.28) mit der erreichten Winkelgeschwindigkeit ω und der Beschleunigungszeit t die

konstante Winkelbeschleunigung $$\alpha = \frac{\omega}{t} \quad (6.30)$$

Daraus folgt für die in der Zeit t erreichte

Winkelgeschwindigkeit $$\omega = \alpha \cdot t \quad (6.31)$$

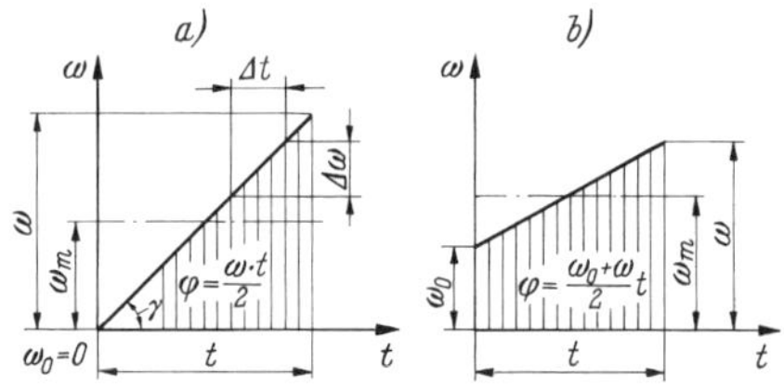

Bild 6.22 ω,t-Diagramme gleichmäßig beschleunigter Drehbewegungen
a) ohne Anfangs-Winkelgeschwindigkeit aus dem Stillstand, b) mit Anfangs-Winkelgeschwindigkeit ω_0

Aus dem Inhalt der Dreiecksfläche (er entspricht dem Drehwinkel) im ω,t-Diagramm (Bild 6.22a) erhält man mit Gl. (6.31) bzw. mit der Beschleunigungszeit $t = \omega/\alpha$ den zurückgelegten

Drehwinkel $$\varphi = \frac{\omega \cdot t}{2} = \frac{\alpha \cdot t^2}{2} = \frac{\omega^2}{2\alpha} \quad (6.32)$$

Hierin ist $\omega/2 = \omega_m$ die mittlere Winkelgeschwindigkeit.

Beginnt die **Beschleunigung bei der Anfangs-Winkelgeschwindigkeit ω_0,** so beträgt mit $\Delta\omega = \omega - \omega_0$ und $\Delta t = t$ nach Gl. (6.28) die

konstante Winkelbeschleunigung $$\alpha = \frac{\omega - \omega_0}{t} \quad (6.33)$$

Daraus folgt die in der Zeit t erreichte

Winkelgeschwindigkeit $$\omega = \omega_0 + \alpha \cdot t \quad (6.34)$$

Aus dem ω,t-Diagramm (Bild 6.22b) geht die

mittlere Winkelgeschwindigkeit $$\omega_m = \frac{\omega_0 + \omega}{2} \quad (6.35)$$

hervor und aus dem Inhalt der Rechteckfläche $\omega_0 \cdot t$ sowie dem der Dreiecksfläche

$$(\omega - \omega_0)\,\frac{t}{2} = \alpha \cdot t \cdot \frac{t}{2} \quad (\text{da } \omega - \omega_0 = \Delta\omega = \alpha \cdot t)$$

oder aus dem Inhalt der Trapezfläche der während der Beschleunigung zurückgelegte

Drehwinkel $$\varphi = \omega_0 \cdot t + \frac{\alpha \cdot t^2}{2} = \frac{\omega_0 + \omega}{2} t \qquad (6.36)$$

Gleichmäßig verzögerte Kreis- und Drehbewegung

Kennzeichnend sind eine **gleich bleibende Abnahme der Umfangs- und der Winkelgeschwindigkeit** in gleichen Zeitabschnitten. Für die gleichmäßig verzögerte Bewegung eines Massenpunktes auf einer Kreisbahn sind die Ausführungen zur gleichmäßig verzögerten geradlinigen Bewegung ebenfalls zutreffend. Die Gl. (6.28) gilt auch für die **Winkelverzögerung** α als negative Beschleunigung.

Will man das Rechnen mit negativen Winkelbeschleunigungen vermeiden, so kann man für die Winkelverzögerung $\alpha_v = -\alpha$ setzen und erhält mit den Gln. (6.30) bis (6.36) entsprechende Formeln für die gleichmäßig verzögerte Drehbewegung.

Die für ungleichförmige geradlinige Bewegungen empfohlenen **Arbeitsschritte** sind sinngemäß auch geeignet, wenn es sich um Kreis- oder Drehbewegungen handelt. Für Drehbewegungen ist anstelle eines v,t-Diagrammes ein ω,t-Diagramm zweckmäßig. Spielt die Umlaufzahl Z eine Rolle, so kann der Zusammenhang zwischen n, t und Z anschaulich in einem n,t-Diagramm dargestellt werden (Bild 6.23). Der Flächeninhalt unter der n,t-Linie entspricht nämlich der Umlaufzahl Z. So ist $Z = n \cdot t/2$ bei einer gleichmäßigen Verzögerung in der Zeit t von der Drehzahl n bis zum Stillstand.

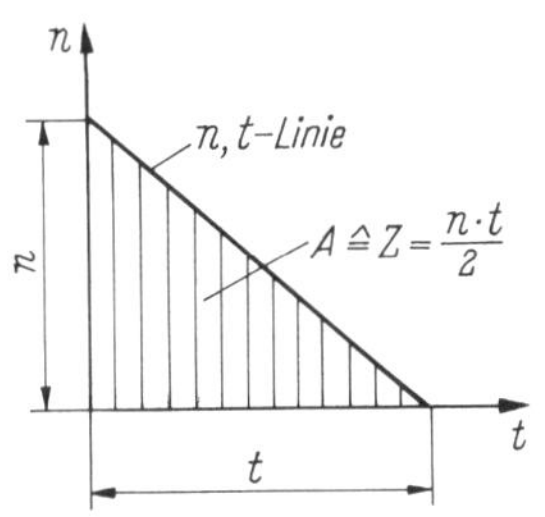

Bild 6.23 n,t-Diagramm einer gleichmäßig verzögerten Drehbewegung bis zum Stillstand

Beispiel 6.11

Ein Pkw wird in einer ebenen Kurve mit 500 m Radius in 24 s von 50 km/h auf 80 km/h gleichmäßig beschleunigt. Es sind die Tangential- und die Winkelbeschleunigung sowie die Länge des Beschleunigungsweges zu errechnen.

Lösung:

Gegeben: $v_0 = 50$ km/h $= 13{,}89$ m/s, $v = 80$ km/h $= 22{,}22$ m/s, $t = 24$ s, $r = 500$ m.

Gesucht: a_t, α und s.

1. Schritt: Es handelt sich um eine von der Umfangsgeschwindigkeit v_0 auf v gleichmäßig beschleunigte Kreisbewegung. Das v,t-Diagramm entspricht Bild 6.8.

2. Schritt: Aus dem v,t-Diagramm folgen:

$$a_t = \frac{v - v_0}{t} \quad \text{(Gl. (6.5)) und}$$

$$s = \frac{v_0 + v}{2} t \quad \text{(Gl. (6.14)).}$$

Ferner ist $a_t = \alpha \cdot r$ (Gl. (6.29)).

3. Schritt: Nach Gl. (6.5) beträgt die Tangentialbeschleunigung

$$a_t = \frac{(22{,}22 - 13{,}89)\ \text{m/s}}{24\ \text{s}} = 0{,}3471\ \text{m/s}^2.$$

Damit folgt aus Gl. (6.29) die Winkelbeschleunigung

$$\alpha = \frac{a_t}{r} = \frac{0{,}3471\ \text{m}}{500\ \text{m} \cdot \text{s}^2} = 0{,}0006942\ \text{s}^{-2} = 6{,}942 \cdot 10^{-4}\ \text{rad/s}^2.$$

Nach Gl. (6.14) ergibt sich der Beschleunigungsweg

$$s = \frac{(13{,}89 + 22{,}22)\ \text{m/s}}{2} 24\ \text{s} = 433{,}3\ \text{m}.$$

Beispiel 6.12

Eine Welle wurde mit einer Winkelverzögerung von 2 rad/s² in 18 s gleichmäßig bis zum Stillstand verzögert. Bei welcher Drehzahl begann die Verzögerung, und wie viel Umdrehungen führte die Welle während der Verzögerung aus?

Lösung:

Gegeben: $\alpha = -2$ rad/s², $t = 18$ s.

Gesucht: n_0 und Z.

1. Schritt: Da eine Drehzahl und die Umlaufzahl Z gesucht sind, ist ein n,t-Diagramm entspr. Bild 6.23 zweckmäßig.

2. Schritt: Es handelt sich um eine aus der Anfangsdrehzahl n_0 bis zum Stillstand (Enddrehzahl $n = 0$) gleichmäßig verzögerte Drehbewegung. Folgende Gln. sind geeignet:

$$\alpha = \frac{\omega - \omega_0}{t} \quad \text{(Gl. (6.33)),}$$

$$\omega = 2\pi \cdot n \quad \text{(Gl. (6.27)),}$$

$$Z = \frac{n_0 \cdot t}{2} \quad \text{(nach } n,t\text{-Diagramm).}$$

3. Schritt: Gl. (6.27) in Gl. (6.33) eingesetzt:

$$\alpha = \frac{2\pi \cdot n - 2\pi \cdot n_0}{t} = \frac{2\pi(n - n_0)}{t},$$

daraus folgt die Anfangsdrehzahl

$$n_0 = n - \frac{\alpha \cdot t}{2\pi} = 0 - \frac{-2 \cdot 18\ \text{s}}{\text{s}^2 \cdot 2\pi} = 5{,}73\ \text{s}^{-1} = 343{,}8\ \text{min}^{-1}$$

und damit die Anzahl der Umdrehungen während der Verzögerung

$$Z = \frac{5{,}73\ \text{s}^{-1} \cdot 18\ \text{s}}{2} = 51{,}57.$$

Beispiel 6.13
Ein Schwungrad mit 600 mm Durchmesser wird aus dem Stillstand gleichmäßig beschleunigt und erreicht nach 10 Umdrehungen eine Drehzahl von 1200 min^{-1}, die 8 s lang konstant bleibt. Danach wird mit einer konstanten Tangentialverzögerung von 15 m/s^2 bis zum Stillstand abgebremst. Zu errechnen sind die Umfangsgeschwindigkeit, die Winkelbeschleunigung, die Beschleunigungszeit, die Zeit bis zum Beginn der Verzögerung und die Gesamtdauer der Drehbewegung, die Winkelverzögerung, die Umdrehungen während der konstanten Drehzahl und während des gesamten Vorgangs.

Lösung:
Gegeben: $r = d/2 = 0{,}3$ m, $n = 1200\ \text{min}^{-1} = 20\ \text{s}^{-1}$,
$Z_1 = 10$, $t_2 = 8$ s, $a_{t3} = -15\ \text{m/s}^2$.
Gesucht: v, α_1, t_1, t_{1+2}, t, α_{v3}, Z_2 und Z.

1. Schritt: Das ω,t-Diagramm (Bild 6.24, Angaben in Klammern für n,t-Diagramm) zeigt die aufeinander folgenden Bewegungsarten: gleichmäßig beschleunigte Drehbewegung mit α_1 aus dem Stillstand auf ω (bzw. n) in der Zeit t_1 (dabei Z_1 Umdrehungen), danach gleichförmige Drehbewegung mit ω (bzw. n) in der Zeit t_2 (dabei Z_2 Umdrehungen) und anschließend gleichmäßig verzögerte Drehbewegung mit $\alpha_{v3} = -\alpha_3$ bis zum Stillstand in der Zeit t_3 (dabei Z_3 Umdrehungen).

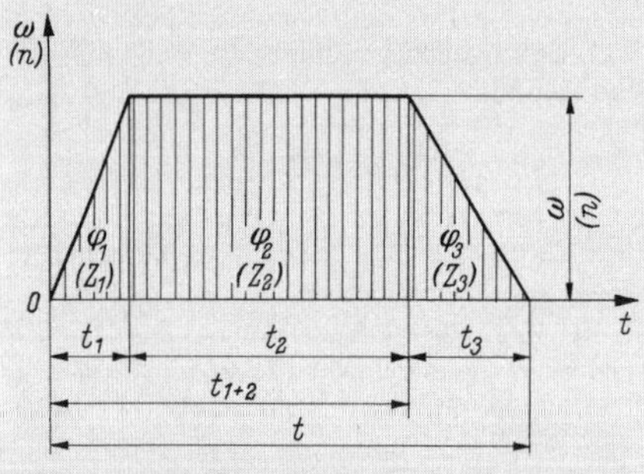

Bild 6.24 ω,t-Diagramm und n,t-Diagramm (Angaben in Klammern)

2. Schritt: Aus dem ω,t- (bzw. n,t-)Diagramm und verschiedenen Gln. ergeben sich folgende Beziehungen:

$$Z_1 = \frac{n \cdot t_1}{2}, \qquad Z_3 = \frac{n \cdot t_3}{2},$$

$$Z = \Sigma Z_i = Z_1 + Z_2 + Z_3,$$

$$t_{1+2} = t_1 + t_2, \qquad t = t_{1+2} + t_3,$$

$$\omega = 2\pi \cdot n \quad \text{(Gl. (6.27))}, \qquad v = \omega \cdot r \quad \text{(Gl. (6.26))},$$

$$n = \frac{Z_2}{t_2} \quad \text{(Gl. (6.20))}, \qquad a_{t3} = \alpha_3 \cdot r \quad \text{(Gl. (6.29))},$$

$$\alpha_1 = \frac{\omega}{t_1} \quad \text{und} \quad \alpha_{v3} = \frac{\omega}{t_3} \quad \text{(Gl. (6.30))}.$$

3. Schritt: Nach Gl. (6.27) beträgt die Winkelgeschwindigkeit

$$\omega = 2\pi \cdot 20\ \text{s}^{-1} = 125{,}7\ \text{rad/s}$$

und nach Gl. (6.26) die Umfangsgeschwindigkeit

$$v = 125{,}7\ \text{s}^{-1} \cdot 0{,}3\ \text{m} = 37{,}71\ \text{m/s}.$$

Mit der Beschleunigungszeit

$$t_1 = \frac{2 \cdot Z_1}{n} = \frac{2 \cdot 10}{20\ \text{s}^{-1}} = 1\ \text{s} \text{ folgt nach Gl. (6.30)}$$

die Winkelbeschleunigung

$$\alpha_1 = \frac{125{,}7}{\text{s} \cdot 1\ \text{s}} = 125{,}7\ \text{s}^{-2} = 125{,}7\ \text{rad/s}^2.$$

Damit beträgt die Zeit bis zum Verzögerungsbeginn

$$t_{1+2} = 1\ \text{s} + 8\ \text{s} = 9\ \text{s}.$$

Aus Gl. (6.29) ergibt sich die Winkelverzögerung

$$\alpha_3 = \frac{a_{t3}}{r} = \frac{-15\ \text{m}}{0{,}3\ \text{m} \cdot \text{s}^2} = -50\ \text{rad/s}^2, \text{ somit}$$

$$\alpha_{v3} = -\alpha_3 = 50\ \text{rad/s}^2.$$

Damit folgt aus Gl. (6.30) die Verzögerungszeit

$$t_3 = \frac{\omega}{\alpha_{v3}} = \frac{125{,}7 \cdot \text{s}^2}{\text{s} \cdot 50} = 2{,}514\ \text{s} \approx 2{,}5\ \text{s}$$

und mit dieser die Gesamtzeit

$$t = 9\ \text{s} + 2{,}5\ \text{s} = 11{,}5\ \text{s}.$$

Aus Gl. (6.20) folgt bei konstanter Drehzahl die Umlaufzahl

$$Z_2 = n \cdot t_2 = 20\ \text{s}^{-1} \cdot 8\ \text{s} = 160.$$

Mit der Umlaufzahl während der Verzögerung

$$Z_3 = \frac{20\ \text{s}^{-1} \cdot 2{,}5\ \text{s}}{2} = 25$$

erhält man die Gesamtumlaufzahl

$$Z = 10 + 160 + 25 = 195.$$

6.3.3 Übersetzung

Für die Berechnung von Getrieben, z. B. Riemen- und Kettentrieben sowie Reibrad- und Zahnradgetrieben, ist das Verhältnis der Drehzahlen zwischen Antriebs- und Abtriebswelle von Bedeutung. Es wird Übersetzungsverhältnis oder *Übersetzung* genannt und ist wie folgt definiert:

Die Übersetzung ist das Verhältnis der Winkelgeschwindigkeit oder Drehzahl der treibenden Welle zur Winkelgeschwindigkeit oder Drehzahl der getriebenen Welle.

Mit der Antriebs- oder treibenden Winkelgeschwindigkeit $\omega_a = \omega_{tr}$ bzw. Drehzahl $n_a = n_{tr}$ und der Abtriebs- oder getriebenen

Winkelgeschwindigkeit $\omega_b = \omega_{gtr}$ bzw. Drehzahl $n_b = n_{gtr}$ gilt für die

Übersetzung $$i = \frac{\omega_a}{\omega_b} = \frac{\omega_{tr}}{\omega_{gtr}} = \frac{n_a}{n_b} = \frac{n_{tr}}{n_{gtr}} \tag{6.37}$$

Bei $i > 1$ spricht man von einer **Übersetzung ins Langsame**; bei $i < 1$ von einer **Übersetzung ins Schnelle.**

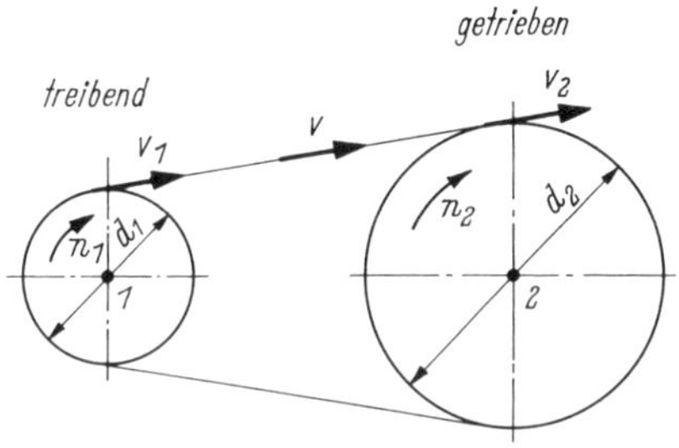

Bild 6.25 Riementrieb

Bei einem **Riementrieb** (Bild 6.25) überträgt der Riemen durch die Seil- oder Bandreibung (s. Abschn. 5.4.2) die Drehbewegung der Antriebswelle 1 kraftschlüssig auf die Abtriebswelle 2. Abgesehen vom Schlupf sind die Umfangsgeschwindigkeit der Scheiben und die Riemengeschwindigkeit gleich groß. Ebenso verhält es sich bei einem **Reibradgetriebe** (Bild 6.26), jedoch wird hier die Drehrichtung des getriebenen Rades 2 durch das am Umfang direkt angreifende Treibrad 1 umgekehrt. Somit ist die Umfangsgeschwindigkeit $v = v_1 = v_2$.

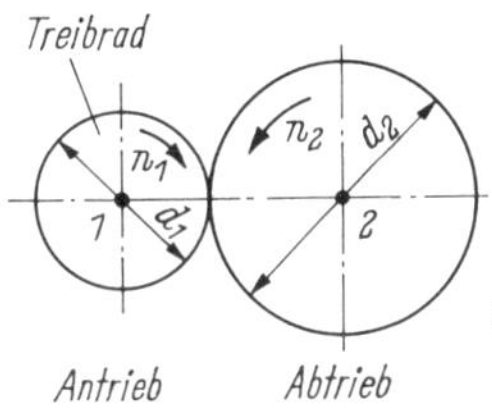

Bild 6.26 Reibradgetriebe

Ein **Zahnradgetriebe** (Bild 6.27) übeträgt die Drehbewegung durch Formschluss der im Eingriff befindlichen Zähne. Am Umfang der Räder sind in gleichmäßigen Abständen Zähne angeordnet. Der Zahnabstand, der bei zwei gepaarten Rädern gleich groß sein muss, wird auf den Teilkreis bezogen und Teilung p genannt. Die Teilkreise sind gedachte Kreise, an denen sich beide Räder wie Reibräder berühren (Wälzkreise). Mit der Zähnezahl z und dem Teilkreisdurchmesser d wird der Teilkreisumfang $U = d \cdot \pi = z \cdot p$. Das Verhältnis $p/\pi = m$ ist der **Modul**, eine für Verzahnungen in DIN 780 genormte Größe mit der Einheit mm. Damit folgt für den Teilkreisdurchmesser $d = z \cdot m$.

Wegen der gleichen Umfangsgeschwindigkeit an den Scheiben- und Raddurchmessern sowie an

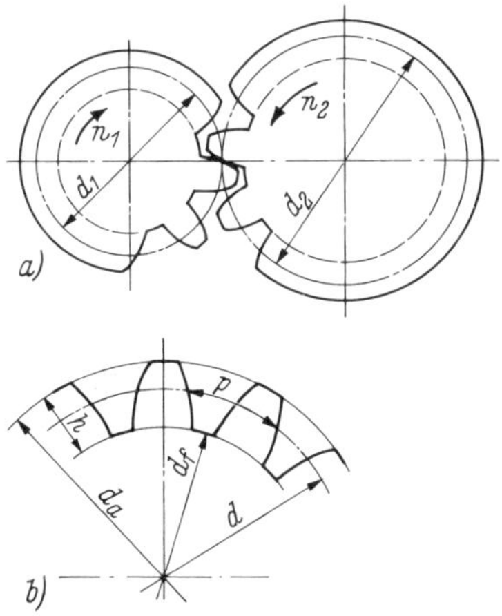

Bild 6.27 Zahnradgetriebe
a) Radpaar im Eingriff, b) Bestimmungsgrößen am Stirnrad: Teilkreisdurchmesser d, Kopfkreisdurchmesser d_a, Fußkreisdurchmesser d_f, Teilung p, Zahnhöhe h

den Teilkreisdurchmessern eines Radpaares gilt entspr. Gl. (6.22):

$$v = d_1 \cdot \pi \cdot n_1 = d_2 \cdot \pi \cdot n_2 \quad \text{und}$$

$$v = z_1 \cdot m \cdot \pi \cdot n_1 = z_2 \cdot m \cdot \pi \cdot n_2,$$

soweit für die

Übersetzung $$i = \frac{n_1}{n_2} = \frac{d_2}{d_1} = \frac{z_2}{z_1} \tag{6.38}$$

d. h.: **Die Zähnezahlen und die Teilkreis-, Scheiben- oder Raddurchmesser verhalten sich umgekehrt wie die Drehzahlen.**

Das gilt ebenfalls für **Kettentriebe**, bei denen die Übertragung der Drehbewegung auch durch Formschluss erfolgt, und zwar zwischen den gezahnten Kettenrädern und der Kette.

In **mehrstufigen Getrieben** (Bild 6.28) sind zwei oder mehr Radpaare (Stufen) nacheinander angeordnet, um eine hohe Gesamtübersetzung zu erreichen. Die Übersetzung der ersten Stufe

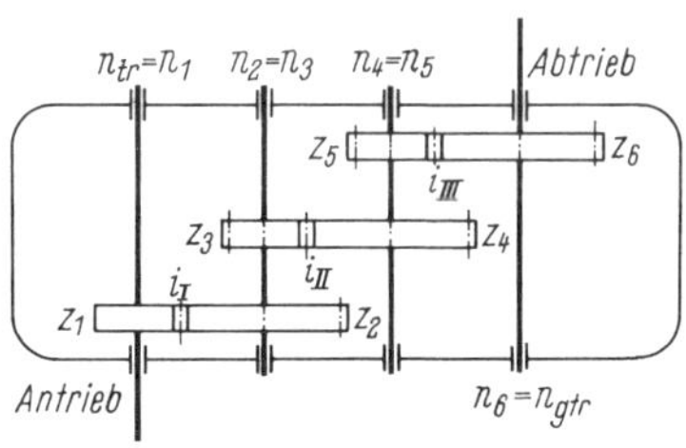

Bild 6.28 Dreistufiges Stirnradgetriebe

ist $i_I = n_1/n_2$. Mit $n_2 = n_3$, $n_4 = n_5$ usw. wird in der zweiten Stufe $i_{II} = n_3/n_4 = n_2/n_4$, in der dritten Stufe $i_{III} = n_5/n_6 = n_4/n_6$ usw. Zwischen der treibenden (Antriebs- oder Eingangs-)Welle und der getriebenen (Abtriebs- oder Ausgangs-)Welle besteht das Drehzahlverhältnis

$$i = \frac{n_{tr}}{n_{gtr}} = \frac{n_1}{n_2} \cdot \frac{n_2}{n_4} \cdot \frac{n_4}{n_6} = \frac{n_1}{n_6}.$$

Das ist die

Gesamtübersetzung

$$\boldsymbol{i_g = \frac{n_{tr}}{n_{gtr}} = i_I \cdot i_{II} \cdot i_{III} \ldots} \qquad (6.39)$$

als **Produkt der Einzelübersetzungen** in den Getriebestufen. Diese Gleichung gilt auch für mehrstufige Riemen- und Kettentriebe und für Antriebe mit Kombinationen verschiedener Getriebearten.

Beispiel 6.14
Das Schwungrad einer langsam laufenden Verbrennungskraftmaschine hat 2000 mm Durchmesser und eine Drehzahl von 280 min^{-1}. Es soll mittels Flachriemen eine Maschinenwelle antreiben, deren Drehzahl 1000 min^{-1} beträgt. Die Übersetzung, der Riemenscheibendurchmesser auf der Maschinenwelle und die Riemengeschwindigkeit sind zu errechnen.
Lösung:
Gegeben: $d_1 = 2$ m, $n_1 = 280\ min^{-1}$,
$n_2 = 1000\ min^{-1}$.
Gesucht: i, d_2 und v.
1. Übersetzung i
Nach Gl. (6.37) mit $n_a = n_1$ und $n_b = n_2$:

$$i = \frac{n_1}{n_2} = \frac{280\ min^{-1}}{1000\ min^{-1}} = 0{,}28.$$

Es handelt sich um eine Übersetzung ins Schnelle.
2. Scheibendurchmesser d_2 auf der Abtriebswelle
Aus Gl. (6.38) folgt

$$d_2 = i \cdot d_1 = 0{,}28 \cdot 2\ m = 0{,}56\ m = 560\ mm.$$

3. Riemengeschwindigkeit v
Entspr. Gl. (6.22) mit $n_1 = (280/60)\ s^{-1} = 4{,}667\ s^{-1}$:

$$v = v_1 = d_1 \cdot \pi \cdot n_1 = 2\ m \cdot \pi \cdot 4{,}667\ s^{-1} = 29{,}34\ m/s.$$

Beispiel 6.15
Der Fahrantrieb eines Kranes enthält ein Kegelradpaar und ein Stirnradpaar mit den in der Prinzipskizze (Bild 6.29) angegebenen Zähnezahlen. Es sind die Übersetzungen der einzelnen Stufen sowie die Gesamtübersetzung und die erforderliche Drehzahl der Antriebswelle zu errechnen, wenn die Fahrgeschwindigkeit 21 m/min betragen soll bei einem Laufraddurchmesser von 900 mm.
Lösung:
Gegeben: $z_1 = 23$, $z_2 = 55$, $z_3 = 15$, $z_4 = 76$,
$d = 0{,}9$ m, $v = 21$ m/min.

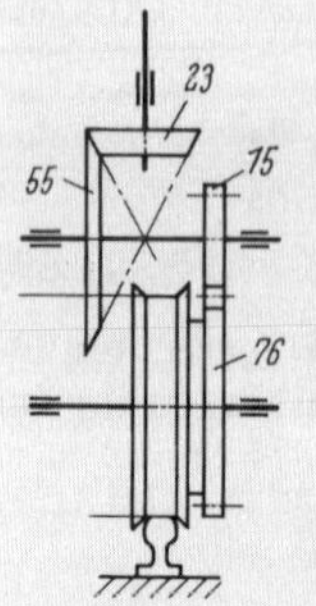

Bild 6.29 Zweistufiges Getriebe an einem Kranlaufrad

Gesucht: i_I, i_{II}, i_g, n_1.
1. Stufenübersetzungen i_I und i_{II}
Nach Gl. (6.38) gilt für die erste Stufe (Kegelradpaar)

$$i_I = z_2/z_1 = 55/23 = 2{,}391$$

und für die zweite Stufe (Stirnradpaar)

$$i_{II} = z_4/z_3 = 76/15 = 5{,}067.$$

2. Gesamtübersetzung i_g
Nach Gl. (6.39) ist

$$i_g = i_I \cdot i_{II} = 2{,}391 \cdot 5{,}067 = 12{,}12.$$

3. Antriebsdrehzahl n_1
Da die Fahrgeschwindigkeit gleich der Rad-Umfangsgeschwindigkeit ist, folgt aus Gl. (6.22) die Raddrehzahl = Abtriebsdrehzahl

$$n_{gtr} = n_4 = \frac{v}{d \cdot \pi} = \frac{21\ m/min}{0{,}9\ m \cdot \pi} = 7{,}427\ min^{-1}.$$

Damit ergibt sich aus Gl. (6.39):

$$n_1 = n_{tr} = i_g \cdot n_{gtr} = 12{,}12 \cdot 7{,}427\ min^{-1}$$
$$= 90{,}02\ min^{-1} \approx 90\ min^{-1}.$$

Praxishinweis
Da in der Technik die Drehzahl n überwiegend in 1/min = min^{-1} und Abmessungen in mm angegeben werden, sind bei Errechnung der Umfangs- und der Winkelgeschwindigkeit Einheitenumrechnungen notwendig. Dafür kommen in der Praxis **Zahlenwertgleichungen** vor, die aus Größengleichungen wie folgt gebildet wurden:
Aus Gl. (6.22):

$$v = \frac{d \cdot \pi \cdot n}{1000\ mm/m} \quad \text{oder} \quad v = \frac{d \cdot \pi \cdot n}{60\ s/min \cdot 1000\ mm/m}$$

und aus Gl. (6.27)

$$\omega = \frac{2\pi \cdot n}{60\ s/min}.$$

Lässt man die Einheiten weg, so ergeben sich Zahlenwertgleichungen für die

Umfangsgeschwindigkeit

$$\boldsymbol{v = \frac{d \cdot \pi \cdot n}{1000}} \quad \text{in m/min} \quad \text{oder} \quad \boldsymbol{v = \frac{d \cdot \pi \cdot n}{60\,000}} \quad \text{in m/s}$$

und für die

Winkelgeschwindigkeit $\omega = \frac{\pi \cdot n}{30} \approx \frac{n}{10}$ in rad/s.

In diese Gleichungen sind die Zahlenwerte für ***d* in mm** und für ***n* in min^{-1}** einzusetzen. **Beim Rechnen mit Zahlenwertgleichungen dürfen die Einheiten nicht mitgeschrieben werden!**
Auch die Winkelgeschwindigkeit und die Winkelbeschleunigung können durch Punkte als zeitbezogene Größen gekennzeichnet werden (s. Praxishinweis am Ende von Abschnitt 6.2.2): $\omega = \dot{\varphi}$ (gespr.: phi Punkt) und $\alpha = \dot{\omega} = \ddot{\varphi}$ (gespr.: phi zwei Punkt).

Kontrollfragen:
- Worin besteht der Unterschied zwischen einer Kreisbewegung und einer Drehbewegung?
- Was versteht man unter der Drehzahl, der Winkelgeschwindigkeit und der Winkelbeschleunigung?
- Welcher Zusammenhang besteht zwischen der Umfangs- und der Winkelgeschwindigkeit und zwischen der Tangential- und der Winkelbeschleunigung?
- Welchen Größen entsprechen die im ω,t-Diagramm und im n,t-Diagramm dargestellten Flächen?
- Wie ist die Übersetzung definiert?
- Wie verhalten sich die Drehzahlen zu den Raddurchmessern und Zähnezahlen bei Getrieben?
- Was ist die Gesamtübersetzung eines Antriebs?

6.4 Zusammengesetzte Bewegungen

Lernziele:
- Wege, Geschwindigkeiten und Beschleunigungen als Vektoren addieren und in Komponenten zerlegen.
- Wurfbewegungen als zusammengesetzte Bewegungen erklären.
- Einfache zusammengesetzte Bewegungen berechnen.
- Die bei Kreisbewegungen auftretende Radialbeschleunigung berechnen.
- Die Begriffe Relativbewegung, Führungsbewegung und Absolutbewegung an Beispielen erläutern.

6.4.1 Geradlinige Bewegungen

Da Bewegungen in verschiedenen Richtungen stattfinden können, genügt es zur eindeutigen Beschreibung einer gleichförmig geradlinigen Bewegung nicht, nur die Beträge des zurückgelegten Weges und der dafür benötigten Zeit anzugeben und daraus den Betrag der Geschwindigkeit zu errechnen. Die Bewegungsrichtung muss ebenfalls angegeben werden. Größen, zu deren vollständiger Bestimmung außer dem Betrag oder Größenwert auch die Richtung gehört, sind gerichtete Größen oder Vektoren (s. auch Abschn. 2.1.1). Auch die Beschleunigung bei ungleichförmigen Bewegungen ist richtungsabhängig. Daraus folgt: **Wege, Geschwindigkeiten und Beschleunigungen sind Vektoren**, die durch eine Strecke mit Pfeilspitze dargestellt werden. Bei geradliniger Bewegung eines Körpers haben Weg- und Geschwindigkeitsvektor immer gleiche Richtung. Der Beschleunigungsvektor wirkt bei Geschwindigkeitszunahme in Richtung der Geschwindigkeit und bei Geschwindigkeitsabnahme (Verzögerung als negative Beschleunigung) dieser entgegen.
Wenn ein Körper nur an einer einzigen geradlinigen Bewegung teilnimmt, so ist der Vektorcharakter des Weges, der Geschwindigkeit und der Beschleunigung bei deren Berechnung ohne Bedeutung. Nimmt ein Körper jedoch an mehreren Bewegungen gleichzeitig teil, so kann man die Bewegungen zu einer **resultierenden Bewegung** zusammensetzen. Dabei werden die Wegvektoren, die Geschwindigkeitsvektoren und die Beschleunigungsvektoren wie Kraftvektoren nach dem Parallelogrammsatz jeweils zum resultierenden Vektor geometrisch addiert (Vektoraddition). Bild 6.30 zeigt diesen Vorgang am

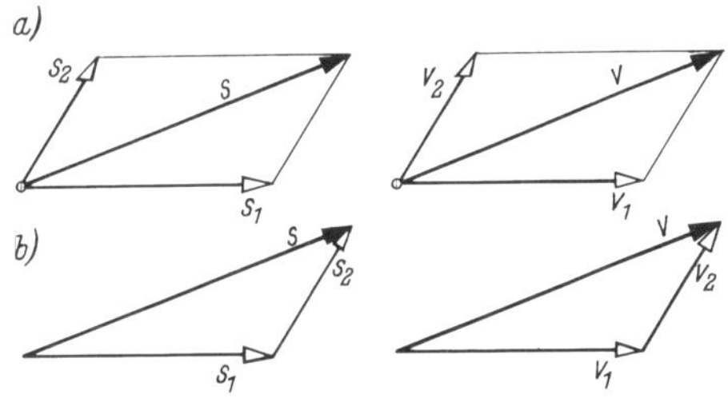

Bild 6.30 Vektorielle Addition von Wegen und Geschwindigkeiten
a) Weg- und Geschwindigkeitsparallelogramme, b) Weg- und Geschwindigkeitsdreiecke

Beispiel eines Körpers, der an zwei gleichförmig geradlinigen Bewegungen teilnimmt. Das ist beispielsweise der Fall, wenn ein Fahrgast auf einem Schiff, das mit der Geschwindigkeit v_1 fährt, schräg zur Fahrtrichtung mit der Geschwindigkeit v_2 läuft. Er legt den resultierenden Weg s mit der resultierenden Geschwindigkeit v zurück. Als Gleichungen werden diese Vektoradditionen wie folgt beschrieben:

resultierender Weg $\vec{s} = \vec{s}_1 + \vec{s}_2$,

resultierende Geschwindigkeit $\vec{v} = \vec{v}_1 + \vec{v}_2$.

Aus den bei der Vektoraddition entstehenden geometrischen Figuren lassen sich Gleichungen für die Errechnung der Beträge der Vektoren herleiten. Nachfolgend werden für einige häufig vorkommende Fälle die Gleichungen zur Berechnung der resultierenden Geschwindigkeit entwickelt.

Der einfachste Fall liegt vor, wenn sich auf oder in einem Körper, der sich mit konstanter Geschwindigkeit v_1 geradlinig fortbewegt, ein zweiter mit der Geschwindigkeit v_2 in derselben Richtung bewegt, z. B. ein in einem fahrenden Omnibus in Fahrtrichtung laufender Fahrgast. Wenn **beide Bewegungen auf derselben geraden Linie** stattfinden, erhält man mit den Einzelgeschwindigkeiten v_1 und v_2 die

resultierende Geschwindigkeit $$v = v_1 \pm v_2 \qquad (6.40)$$

Das Plus-Zeichen gilt, wenn beide Einzelbewegungen gleichgerichtet sind (in Fahrtrichtung laufender Fahrgast), das Minus-Zeichen, wenn die Bewegungen entgegengesetzt verlaufen (Fahrgast läuft entgegen der Fahrtrichtung).
Die Richtungen der zwei Bewegungen, an denen die Laufkatze des Brückenlaufkranes nach Bild 6.31a teilnimmt, stehen senkrecht aufeinan-

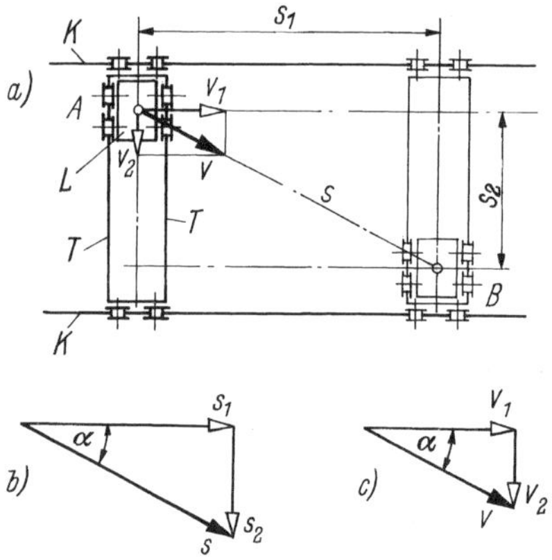

Bild 6.31 Resultierende Bewegung einer Kranlaufkatze
a) Zweiträger-Brückenlaufkran (K Kranbahn, T Brückenträger, L Laufkatze, A Stellung der Laufkatze bei Fahrtbeginn und B bei Fahrtende), b) Wegdreieck, c) Geschwindigkeitsdreieck

der. Der Kran bewegt sich auf der Kranbahn mit der Fahrgeschwindigkeit v_1. Gleichzeitig kann die Laufkatze auf den Brückenträgern mit der Geschwindigkeit v_2 bewegt werden. Durch geometrische Addition erhält man mit den Einzelwegen s_1 und s_2 den resultierenden Weg s der Laufkatze (Bild 6.31b) und mit den Geschwindigkeiten v_1 und v_2 ihre resultierende Geschwindigkeit v (Bild 6.31c). s und v haben gleiche Richtung. Bei **zwei senkrecht aufeinander stehenden Bewegungsrichtungen** ergibt sich die

resultierende Geschwindigkeit $$v = \sqrt{v_1^2 + v_2^2} \qquad (6.41)$$

Ist ihre Richtung zur Geschwindigkeit v_1 anzugeben, so folgt für den

Richtungswinkel $$\tan\alpha = \frac{v_2}{v_1} \qquad (6.42)$$

Wenn die zwei Einzelbewegungen unter einem beliebigen Winkel zueinander verlaufen, ergeben die Geschwindigkeitsvektoren ein schiefwinkliges Dreieck. Will beispielsweise ein Schiff einen Fluss, der die Strömungsgeschwindigkeit v_1 hat, mit der Geschwindigkeit v_2 überqueren (Bild 6.32), so muss es unter dem Winkel β zur

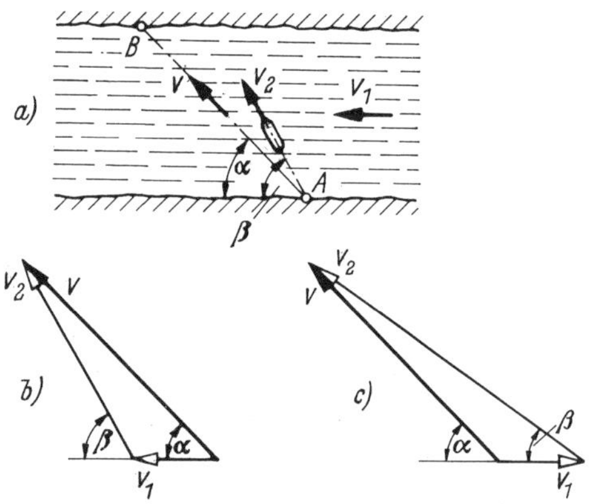

Bild 6.32 Resultierende Bewegung eines Schiffes
a) Schiff bei Überfahrt auf einem Fluss,
b) Geschwindigkeitsdreieck,
c) Geschwindigkeitsdreieck bei entgegengesetzter Strömungsrichtung

Stromrichtung fahren, um von A nach B zu gelangen. Für **zwei Bewegungen** mit den Geschwindigkeiten v_1 und v_2, **deren Richtungen den Winkel β einschließen**, gilt nach dem Cosinussatz bei v_1 entspr. Bild 6.32b:

$$v^2 = v_1^2 + v_2^2 - 2 \cdot v_1 \cdot v_2 \cdot \cos(180° - \beta)$$

und bei v_1 entspr. Bild 6.32c:

$$v^2 = v_1^2 + v_2^2 - 2 \cdot v_1 \cdot v_2 \cdot \cos\beta.$$

Da $\cos(180° - \beta) = -\cos\beta$ ist, folgt für die

resultierende Geschwindigkeit

$$v = \sqrt{v_1^2 + v_2^2 \pm 2 \cdot v_1 \cdot v_2 \cdot \cos\beta} \qquad (6.43)$$

Das Plus-Zeichen gilt für die in Bild 6.32b angegebene Richtung von v_1, das Minus-Zeichen für die entgegengesetzte Richtung entspr. Bild 6.32c. Der Winkel zwischen v und v_1 ergibt sich nach dem Sinussatz

$$\frac{\sin\alpha}{v_2} = \frac{\sin(180° - \beta)}{v} \quad \text{(Bild 6.32b) bzw.}$$

$$\frac{\sin(180° - \alpha)}{v_2} = \frac{\sin\beta}{v} \quad \text{(Bild 6.32c).}$$

Mit $\sin(180° - \beta) = \sin\beta$ und $\sin(180° - \alpha) = \sin\alpha$ folgt für den

Richtungswinkel $$\boldsymbol{\sin\alpha = \sin\beta \cdot \frac{v_2}{v}} \qquad (6.44)$$

Ein an mehreren Bewegungen gleichzeitig teilnehmender Körper gelangt auch an denselben Ort, wenn die Einzelbewegungen nacheinander stattfinden. Das lässt sich am Beispiel des Laufkrans (Bild 6.31) leicht erklären: Die Laufkatze erreicht ihr Ziel, indem sie ohne Eigenbewegung ($v_2 = 0$) mit der Kranfahrbewegung die Strecke s_1 und anschließend auf der stillstehenden Kranbrücke ($v_1 = 0$) die Strecke s_2 zurücklegt oder indem sie erst s_2 und danach s_1 durchfährt oder auf dem resultierenden Weg s, indem beide Bewegungen gleichzeitig ablaufen. Diese Erkenntnis wird ausgedrückt im *Satz von der Unabhängigkeit der Bewegungen:*

Der Ort, der von einem an mehreren Bewegungen teilnehmenden Körper erreicht wird, ist unabhängig davon, ob die Bewegungen gleichzeitig oder in beliebiger Reihenfolge nacheinander ausgeführt werden.

Finden die Bewegungen gleichzeitig statt, so sind die Zeiten für das Zurücklegen der Einzelstrecken als Komponenten des resultierenden Weges gleich der Zeit für die Gesamtbewegung.

Dieser bereits von *Galilei*[1] erkannte Grundsatz ist allgemein gültig für gleichförmige und für ungleichförmige Bewegungen. Er ist wie der Satz vom Kräfteparallelogramm ein Axiom (Abschn. 2.2.1). Das darauf beruhende Verfahren der Überlagerung von Bewegungen ist sinngemäß auch auf andere gleichzeitig auftretende physikalische Wirkungen gleicher Art anwendbar. Die Tatsache, dass eine Gesamtwirkung durch Überlagerung von Teilwirkungen entsteht, wobei diese sich gegenseitig nicht beeinflussen, wird **Überlagerungs- oder Superpositionsprinzip** genannt.

Die resultierende Geschwindigkeit v wird auch als Absolutgeschwindigkeit bezeichnet, die Geschwindigkeit v_1 als Führungsgeschwindigkeit und v_2 als Relativgeschwindigkeit (s. Abschn. 6.4.4).

[1] *Galileo Galilei* (1564 bis 1642), ital. Gelehrter

Beispiel 6.16
In einer Werkhalle soll eine Last mit einem Laufkran von A nach B transportiert werden (s. Bild 6.31). Der Kran fährt mit einer mittleren Geschwindigkeit von 60 m/min und die Laufkatze mit der Last gleichzeitig mit 30 m/min. Der Weg der Katze auf der Kranbrücke beträgt 15 m. Es sind die resultierende Geschwindigkeit der Last, der Winkel des Lastweges zur Fahrtrichtung des Kranes und die Fahrstrecke des Kranes zu bestimmen.

Lösung:
Gegeben: $v_1 = 60$ m/min, $v_2 = 30$ m/min, $s_2 = 15$ m.
Gesucht: v, α und s_1.

1. Resultierende Geschwindigkeit v
Nach Gl. (6.41):

$$v = \sqrt{v_1^2 + v_2^2} = \sqrt{60^2 + 30^2}\ \text{m/min} = 67{,}08\ \text{m/min}.$$

2. Richtungswinkel α
Nach Gl. (6.42):

$$\tan\alpha = \frac{v_2}{v_1} = \frac{30\ \text{m/min}}{60\ \text{m/min}}, \quad \text{daraus} \quad \alpha = 26{,}57°.$$

3. Fahrstrecke s_1 des Kranes
Sinngemäß zu Gl. (6.42) ist $\tan\alpha = s_2/s_1$, daraus folgt

$$s_1 = \frac{s_2}{\tan\alpha} = \frac{15\ \text{m}}{\tan 26{,}57°} = 30\ \text{m}.$$

Beispiel 6.17
Welchen Kurswinkel zur Ost-West-Richtung muss ein Flugzeug einhalten, das mit einer Eigengeschwindigkeit von 300 km/h fliegt und ein Ziel in nordöstlicher Richtung erreichen will, wenn es durch Ostwind mit einer Geschwindigkeit von 50 km/h abgetrieben wird? Wie groß ist die tatsächliche Fluggeschwindigkeit?

Lösung:
Gegeben: $v_1 = 50$ km/h, $v_2 = 300$ km/h, $\alpha = 45°$.
Gesucht: β und v.

1. Kurswinkel β
Aus dem Geschwindigkeitsdreieck (Bild 6.33) folgt nach dem Sinussatz

$$\frac{\sin(\alpha - \beta)}{v_1} = \frac{\sin(180° - \alpha)}{v_2}$$

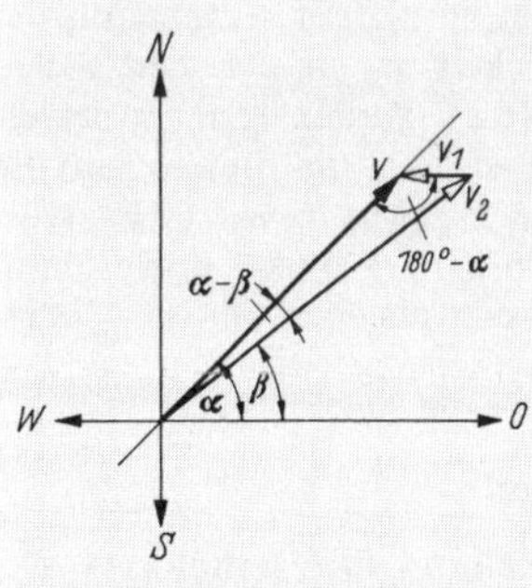

Bild 6.33 Geschwindigkeitsdreieck zur Flugzeugbewegung

und daraus mit $\sin(180° - \alpha) = \sin\alpha$:

$$\sin(\alpha - \beta) = \sin\alpha \cdot \frac{v_1}{v_2} = \sin 45° \cdot \frac{50\,\text{km/h}}{300\,\text{km/h}},$$

somit $\alpha - \beta = 6{,}77°$ und

$\beta = \alpha - (\alpha - \beta) = 45° - 6{,}77° = 38{,}23°$.

2. Tatsächliche Fluggeschwindigkeit v
Sie ist gleich der resultierenden Geschwindigkeit nach Gl. (6.43):

$$v = \sqrt{v_1^2 + v_2^2 - 2 \cdot v_1 \cdot v_2 \cdot \cos\beta}$$
$$= \sqrt{50^2 + 300^2 - 2 \cdot 50 \cdot 300 \cdot \cos 38{,}23°}\ \text{km/h}$$
$$= 262{,}6\,\text{km/h}.$$

6.4.2 Waagerechter und schräger Wurf

Die Bewegung eines in waagerechter Richtung abgeworfenen Körpers kann man sich nach Bild 6.34 aus zwei geradlinigen Einzelbewegungen zusammengesetzt vorstellen: aus einer gleichförmigen horizontalen Bewegung und einer gleichmäßig beschleunigten vertikalen Bewegung, einer Fallbewegung. Bild 6.35 zeigt die v,t-Diagramme beider Bewegungen.

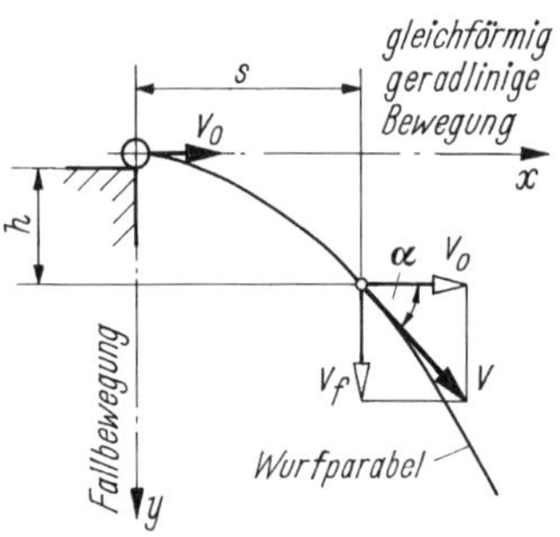

Bild 6.34 Bahnkurve und Geschwindigkeit beim waagerechten Wurf

Ohne Luftwiderstand würde der Körper mit der **Abwurfgeschwindigkeit** v_0 in der Zeit t den Weg $s = v_0 \cdot t$ (Gl. (6.2)) zurücklegen. In derselben Zeit durchfällt er aber im freien Fall die Fallhöhe $h = v_f \cdot t/2$. Mit $v_f = g \cdot t$ wird $h = g \cdot t^2/2$ (Gl. (6.17)). Setzt man darin $t = s/v_0$, so ergibt sich als Funktion der Wurfweite s die

Fallhöhe $$h = \frac{g}{2 \cdot v_0^2} s^2 \qquad (6.45)$$

und damit die **Gleichung der Bahnkurve des waagerechten widerstandsfreien Wurfs.** Es ist die Gleichung einer Parabel, der **Wurfparabel.**

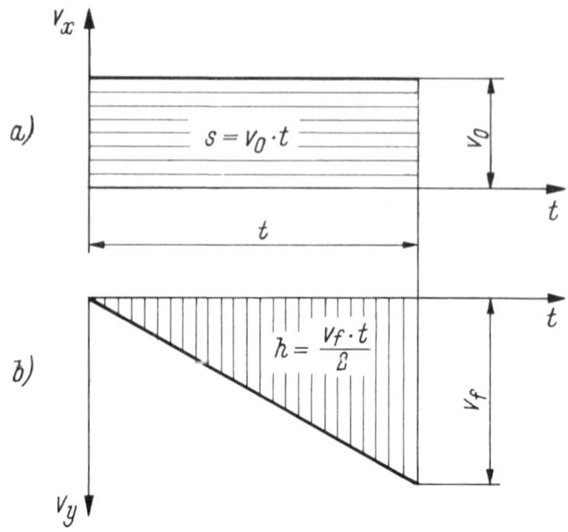

Bild 6.35 v,t-Diagramme zum waagerechten Wurf
a) gleichförmige horizontale Bewegung,
b) freier Fall

Fasst man nämlich g und v_0 zur Konstanten $C = g/(2 \cdot v_0^2)$ zusammen, so wird daraus mit $h = y$ und $s = x$ die allgemeine Parabelgleichung $y = C \cdot x^2$.

Ein aus der Höhe h mit der Abwurfgeschwindigkeit v_0 waagerecht geworfener Körper erreicht gemäß Gl. (6.45) die

Wurfweite $$s = v_0 \cdot \sqrt{\frac{2h}{g}} \qquad (6.46)$$

Entspr. Gl. (6.41) erhält man mit v_0 und der Fallgeschwindigkeit $v_f = g \cdot t = \sqrt{2g \cdot h}$ (Gl. (6.19)) als Resultierende die *nach der Zeit t erreichte*

Geschwindigkeit $$v = \sqrt{v_0^2 + (g \cdot t)^2} \qquad (6.47)$$

bzw. die *nach der Fallhöhe h erreichte*

Geschwindigkeit $$v = \sqrt{v_0^2 + 2g \cdot h} \qquad (6.48)$$

Ihr Vektor liegt auf der Tangente zur Bahnkurve im betrachteten Kurvenpunkt und schließt mit v_0 den Winkel α ein (Bild 6.34), der sich entspr. Gl. (6.42) aus $\tan\alpha = v_f/v_0$ ergibt. Damit folgt für den

Richtungswinkel $$\tan\alpha = \frac{g \cdot t}{v_0} = \frac{\sqrt{2g \cdot h}}{v_0} \qquad (6.49)$$

Ein waagerecht abgeworfener Körper durchfällt in einer bestimmten Zeit die gleiche Höhe h wie ein frei fallender Körper. Diese Tatsache ergibt sich aus dem Superpositionsprinzip und ist durch Versuche bestätigt.

Beispiel 6.18
Ein Fördergut wird von einem mit 2,5 m/s laufenden Förderband waagerecht abgeworfen und soll nach 1 m Wurfweite auf einer geneigten Rutsche weitergleiten (Bild 6.36). Welchen senkrechten Abstand von der Abwurfstelle und welchen Neigungswinkel muss die Rutsche haben? Welche Geschwindigkeit hat das Fördergut beim Erreichen der Rutsche? Der Luftwiderstand ist zu vernachlässigen.

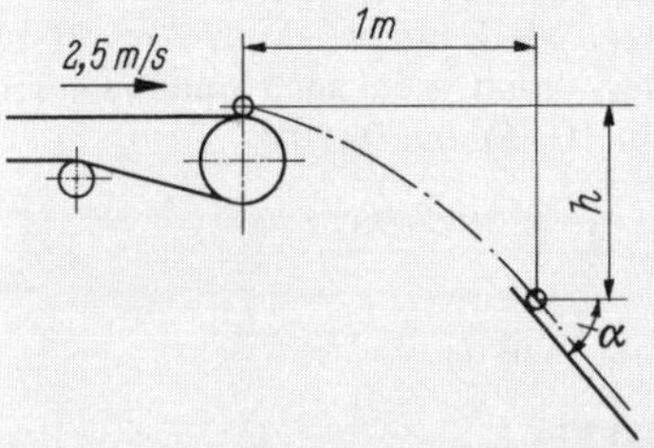

Bild 6.36 Abwurf von einem waagerechten Förderband auf eine geneigte Rutsche

Lösung:
Gegeben: $v_0 = 2{,}5$ m/s, $s = 1$ m.
Gesucht: h, α und v.
1. v,t-Diagramme
Entspr. Bild 6.35.
2. Senkrechter Abstand h
Er ist gleich der Fallhöhe nach Gl. (6.52):

$$h = \frac{g}{2 \cdot v_0^2} s^2 = \frac{9{,}81\ \text{m/s}^2}{2(2{,}5\ \text{m/s})^2} (1\ \text{m})^2 = 0{,}785\ \text{m}.$$

3. Neigungswinkel α
Dieser ist gleich dem Richtungswinkel der Geschwindigkeit und folgt aus Gl. (6.45):

$$\tan\alpha = \frac{\sqrt{2g \cdot h}}{v_0} = \frac{\sqrt{2 \cdot 9{,}81\ \text{m/s}^2 \cdot 0{,}785\ \text{m}}}{2{,}5\ \text{m/s}},$$

daraus $\alpha = 57{,}5°$.
4. Erreichte Geschwindigkeit v
Nach Gl. (6.48):

$$v = \sqrt{v_0^2 + 2g \cdot h}$$
$$= \sqrt{(2{,}5\ \text{m/s})^2 + 2 \cdot 9{,}81\ \text{m/s}^2 \cdot 0{,}785\ \text{m}}$$
$$= 4{,}65\ \text{m/s}.$$

Wird ein Körper schräg nach oben geworfen, so ist seine Bahnkurve ebenfalls eine Parabel. Die Gleichung, mit der sich die Kurvenpunkte errechnen lassen, erhält man wie beim waagerechten Wurf nach dem Satz von der Unabhängigkeit der Bewegungen durch Überlagerung der Einzelbewegungen, aus denen sich die Wurfbewegung zusammensetzt (Superpositionsprinzip). Beim schrägen Wurf eines Körpers mit der Abwurfgeschwindigkeit v_0 unter dem **Abwurf-**

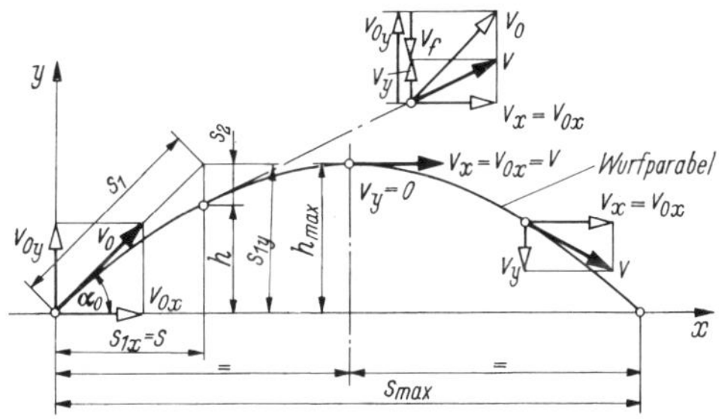

Bild 6.37 Bahnkurve und Geschwindigkeit beim schrägen Wurf nach oben

winkel α_0 ist eine der Einzelbewegungen eine waagerechte gleichförmig geradlinige Bewegung mit der Geschwindigkeit $v_{0x} = v_0 \cdot \cos\alpha_0$, wobei der Körper ohne Luftwiderstand in der Zeit t die Strecke $s_{1x} = v_{0x} \cdot t$ zurücklegen würde (Bild 6.37). Die zweite Einzelbewegung ist ein senkrechter Wurf aufwärts mit der Abwurfgeschwindigkeit $v_{0y} = v \cdot \sin\alpha_0$ (Abschn. 6.2.2). Die v,t-Diagramme für den schrägen Wurf sind in Bild 6.38 dargestellt. Daraus erkennt man für die

Wurfweite $\quad \boldsymbol{s = v_{0x} \cdot t = v_0 \cdot \cos\alpha_0 \cdot t} \quad (6.50)$

und für die Geschwindigkeitskomponenten $v_x = v_{0x}$ und $v_y = v_{0y} - g \cdot t = v_0 \cdot \sin\alpha_0 - g \cdot t$. Aus der Trapezfläche im v,t-Diagramm (Bild 6.38b) folgt

$$h = \frac{v_{0y} + v_y}{2} t = \frac{v_{0y} + v_{0y} - g \cdot t}{2} t$$
$$= v_{0y} \cdot t - g/2 \cdot t^2$$

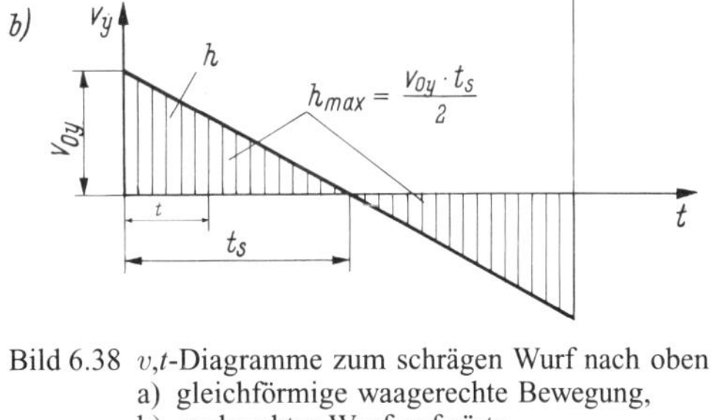

Bild 6.38 v,t-Diagramme zum schrägen Wurf nach oben
a) gleichförmige waagerechte Bewegung,
b) senkrechter Wurf aufwärts

somit als Funktion der Zeit t die

Wurfhöhe $\boldsymbol{h = v_0 \cdot \sin \alpha_0 \cdot t - \frac{g}{2}\, t^2}$ (6.51)

Durch Einsetzen von $t = s/(v_0 \cdot \cos \alpha_0)$ aus Gl. (6.50) in die Gl. (6.51) ergibt sich

$$h = v_0 \cdot \sin \alpha_0 \,\frac{s}{v_0 \cdot \cos \alpha_0} - \frac{g \cdot s^2}{2 \cdot v_0^2 \cdot \cos^2 \alpha_0}$$

und daraus mit $\sin \alpha_0/\cos \alpha_0 = \tan \alpha_0$ die **Gleichung der Wurfparabel des schrägen widerstandsfreien Wurfs**, und zwar als Funktion der Wurfweite s die

Wurfhöhe

$$\boldsymbol{h = \tan \alpha_0 \cdot s - \frac{g}{2 \cdot v_0^2 \cdot \cos^2 \alpha_0}\, s^2} \qquad (6.52)$$

Die Geschwindigkeit v in einem beliebigen Punkt der Bahnkurve ist die Resultierende aus den Geschwindigkeitskomponenten v_x und v_y. Damit folgt entspr. Gl. (6.41) aus

$$\begin{aligned} v &= \sqrt{v_x^2 + v_y^2} = (v_x^2 + v_y^2)^{1/2} \\ &= [v_0^2 \cdot \cos^2 \alpha_0 + v_0^2 \cdot \sin^2 \alpha_0 \\ &\quad - 2v_0 \cdot \sin \alpha_0 \cdot g \cdot t + g^2 \cdot t^2]^{1/2} \\ &= [v_0^2 \cdot \cos^2 \alpha_0 + \sin^2 \alpha_0) \\ &\quad - g \cdot t(2v_0 \cdot \sin \alpha_0 - g \cdot t)]^{1/2} \end{aligned}$$

mit $\cos^2 \alpha_0 + \sin^2 \alpha_0 = 1$ die

Geschwindigkeit

$$\boldsymbol{v = \sqrt{v_0^2 - g \cdot t(2v_0 \cdot \sin \alpha_0 - g \cdot t)}} \qquad (6.53)$$

Der Gipfelpunkt der Wurfbahn wird in der Steigzeit t_s erreicht. Da in diesem Punkt $v_y = 0$ und somit $v_0 \cdot \sin \alpha_0 - g \cdot t_s = 0$ ist, erhält man daraus die

Steigzeit $\boldsymbol{t_s = \frac{v_0 \cdot \sin \alpha_0}{g}}$ (6.54)

Aus dem v,t-Diagramm (Bild 6.38b) folgt $h_{max} = v_{0y} \cdot t_s/2$ und mit t_s nach Gl. (6.54) die

maximale Wurfhöhe $\boldsymbol{h_{max} = \frac{v_0^2 \cdot \sin^2 \alpha_0}{2g}}$ (6.55)

Aus Bild 6.38a geht hervor: $s_{max} = v_{0x} \cdot t_w$.
Mit der Wurfzeit $t_w = 2t_s$ (Abschn. 6.2.2) und t_s nach Gl. (6.54) wird

$$s_{max} = 2 \cdot v_0^2 \cdot \sin \alpha_0 \cdot \cos \alpha_0/g$$

Mit $2 \cdot \sin \alpha_0 \cdot \cos \alpha_0 = \sin 2\alpha_0$ folgt daraus die

maximale Wurfweite $\boldsymbol{s_{max} = \frac{v_0^2 \cdot \sin 2\alpha_0}{g}}$ (6.56)

Aus dieser Gleichung geht hervor, dass bei der Abwurfgeschwindigkeit v_0 die größtmögliche Wurfweite erreicht wird, wenn $2\alpha_0 = 90°$ ist, also beim Abwurfwinkel $\alpha_0 = 45°$. In diesem Fall ist nämlich $\sin 2\alpha_0 = \sin 90° = 1$.
Die Wurfzeit t_w als Zeitdauer vom Abwurf bis zum Aufschlag erhält man auch durch Gleichsetzen der Gln. (6.56) und (6.50):

$$\begin{aligned} \frac{v_0^2 \cdot \sin 2\alpha_0}{g} &= \frac{v_0^2 \cdot 2 \cdot \sin \alpha_0 \cdot \cos \alpha_0}{g} \\ &= v_0 \cdot \cos \alpha_0 \cdot t_w \end{aligned}$$

Danach beträgt die

Wurfzeit $\boldsymbol{t_w = \frac{2 \cdot v_0 \cdot \sin \alpha_0}{g}}$ (6.57)

Da Steigzeit und Fallzeit gleich sind, liegt der Gipfelpunkt der Wurfbewegung über der Mitte der maximalen Wurfweite, wenn Abwurfstelle und Aufschlagstelle auf einer waagerechten Ebene liegen.
Den schrägen Wurf nach oben kann man sich auch zusammengesetzt denken aus einer gleichförmig geradlinigen Bewegung mit der Abwurfgeschwindigkeit v_0 unter dem Winkel α_0 zur Horizontalen, wobei der Körper ohne Luftwiderstand in der Zeit t die Strecke $s_1 = v_0 \cdot t$ zurücklegen würde, und einem in derselben Zeit stattfindenden freien Fall (Abschn. 6.2.2). Dabei fällt der Körper um die Strecke $s_2 = g \cdot t^2/2$ und erreicht die Fallgeschwindigkeit $v_f = g \cdot t$. Die sich aus dieser Betrachtung ergebenden Zusammenhänge sind in Bild 6.37 dargestellt.

Wie für den schrägen Wurf nach oben, der als allgemeine Wurfbewegung gilt, erhält man Berechnungsgleichungen für alle anderen Wurfbewegungen durch Skizzieren der v,t-Diagramme und Umwandlung kinematischer Probleme in Aufgaben der Geometrie.

Beispiel 6.19
Eine Stahlkugel wird aus einer Höhe von 1,8 m über dem Boden unter einem Winkel von 42° schräg nach oben geworfen, wobei die Abwurfgeschwindigkeit 12,5 m/s beträgt (Bild 6.39). Zu errechnen sind die Wurfzeit und die Wurfweite bis zum Aufschlag der Kugel am Boden sowie die Aufschlaggeschwindigkeit und der Aufschlagwinkel.
Lösung:
Gegeben: $h_0 = 1{,}8$ m, $\alpha_0 = 42°$, $v_0 = 12{,}5$ m/s.
Gesucht: t, s, v und α.

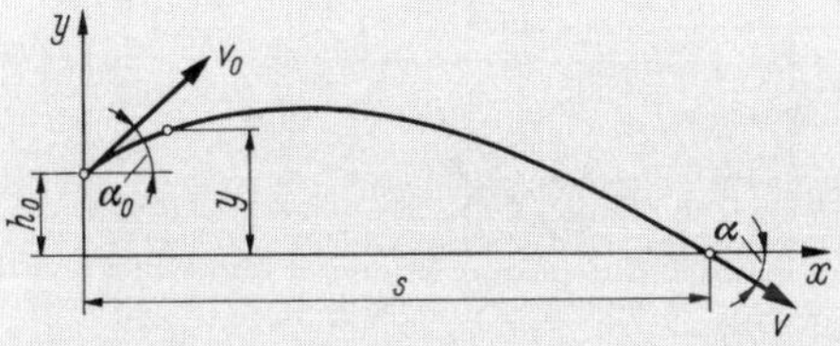

Bild 6.39 Wurfbahn einer schräg nach oben geworfenen Kugel

1. v,t-Diagramme
Das v_x,t-Diagramm entspricht Bild 6.38a, das v_y,t-Diagramm dem Bild 6.15 mit $H = h_0$ und $v_0 = v_{0y}$.
2. Wurfzeit t zwischen Abwurf und Aufschlag
Sinngemäß gilt Gl. (6.51) für die zu untersuchende Wurfbewegung (allgemeiner schräger Wurf). Danach ist für jeden Punkt der Wurfbahn die Höhe über dem Boden

$$y = h_0 + v_0 \cdot \sin\alpha_0 \cdot t - g \cdot t^2/2$$

Da beim Aufschlag $y = 0$ ist, folgt nach Multiplikation mit -1:

$$\frac{g}{2}\,t^2 - v_0 \cdot \sin\alpha_0 \cdot t - h_0 = 0$$

und nach Division durch $g/2$:

$$t^2 - \frac{2 \cdot v_0 \cdot \sin\alpha_0}{g}\,t - \frac{2 \cdot h_0}{g} = 0.$$

Der Faktor von t ist die maximale Wurfweite bei symmetrischer Wurfbahn nach Gl. (6.57):

$$t_\mathrm{w} = \frac{2 \cdot v_0 \cdot \sin\alpha_0}{g} = \frac{2 \cdot 12{,}5\,\mathrm{m/s} \cdot \sin 42^\circ}{9{,}81\,\mathrm{m/s^2}} = 1{,}705\,\mathrm{s}.$$

Damit ergibt sich die gemischtquadratische Gleichung

$$t^2 - t_\mathrm{w} \cdot t - \frac{2 \cdot h_0}{g} = 0,\quad \text{deren Auflösung lautet:}$$

$$t = \frac{t_\mathrm{w}}{2} \pm \sqrt{\left(\frac{t_\mathrm{w}}{2}\right)^2 + \frac{2 \cdot h_0}{g}}.$$

Eine negative Zeit ist physikalisch nicht möglich, somit wird

$$t = \frac{1{,}705\,\mathrm{s}}{2} + \sqrt{\left(\frac{1{,}705\,\mathrm{s}}{2}\right)^2 + \frac{2 \cdot 1{,}8\,\mathrm{m} \cdot \mathrm{s}^2}{9{,}81\,\mathrm{m}}} = 1{,}9\,\mathrm{s}.$$

3. Wurfweite s
Nach Gl. (6.50):

$$s = v_0 \cdot t \cdot \cos\alpha_0 = 12{,}5\,\mathrm{m/s} \cdot 1{,}9\,\mathrm{s} \cdot \cos 42^\circ$$
$$= 17{,}65\,\mathrm{m}.$$

4. Aufschlaggeschwindigkeit v und Aufschlagwinkel α
Aus Bild 6.37 folgt für die waagerechte Komponente der Aufschlaggeschwindigkeit

$$v_x = v_{0x} = v_0 \cdot \cos\alpha_0 = 12{,}5\,\mathrm{m/s} \cdot \cos 42^\circ$$
$$= 9{,}289\,\mathrm{m/s}$$

und aus Bild 6.15 für die senkrechte Komponente

$$v_y = v_{0y} - g \cdot t = v_0 \cdot \sin\alpha_0 - g \cdot t$$
$$= 12{,}5\,\mathrm{m/s} \cdot \sin 42^\circ - 9{,}81\,\mathrm{m/s} \cdot 1{,}9\,\mathrm{s}$$
$$= -10{,}27\,\mathrm{m/s}\quad \text{(nach unten gerichtet).}$$

Damit aus Gl. (6.41):

$$v = \sqrt{v_x^2 + v_y^2} = \sqrt{(9{,}289\,\mathrm{m/s})^2 + (-10{,}27\,\mathrm{m/s})^2}$$
$$= 13{,}85\,\mathrm{m/s}.$$

Den Aufschlagwinkel erhält man aus

$$\cos\alpha = \frac{v_x}{v} = \frac{9{,}289\,\mathrm{m/s}}{13{,}85\,\mathrm{m/s}},\quad \text{somit}\quad \alpha = 47{,}88^\circ.$$

Beispiel 6.20
Ein Paket gleitet von einer unter 20° geneigten Rutsche und trifft nach einer Fallzeit von 0,3 s auf ein um 0,6 m tiefer liegendes Förderband (Bild 6.40). Unter Vernachlässigung des Luftwiderstandes und der Abmessungen des Pakets sind die Geschwindigkeit beim Verlassen der Rutsche, die Aufschlaggeschwindigkeit und die waagerechte Entfernung zwischen Rutschenende und Aufschlagstelle zu errechnen.

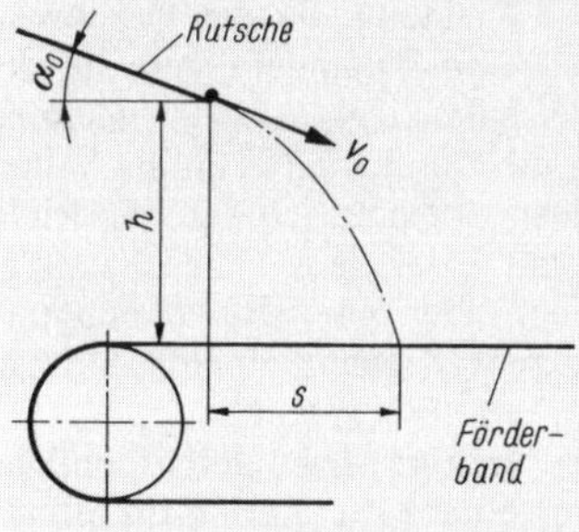

Bild 6.40 Wurfbahn eines Körpers beim schrägen Wurf nach unten

Lösung:
Gegeben: $\alpha_0 = 20^\circ$, $t = 0{,}3$ s, $h = 0{,}6$ m.
Gesucht: v_0, v und s.
1. v,t-Diagramme
Das v_x,t-Diagramm entspricht Bild 6.38a, das v_y,t-Diagramm dem Bild 6.8 mit $s = h$, $v_0 = v_{0y}$ und $v = v_y$.
2. Abwurfgeschwindigkeit v_0
Aus dem v_y,t-Diagramm folgt mit Gl. (6.14):

$$v_{0y} = h/t - g \cdot t/2$$
$$= 0{,}6\,\mathrm{m}/0{,}3\,\mathrm{s} - (9{,}81\,\mathrm{m/s^2} \cdot 0{,}3\,\mathrm{s})/2$$
$$= 0{,}5285\,\mathrm{m/s}$$

und aus $v_{0y} = v_0 \cdot \sin\alpha_0$ ergibt sich

$$v_0 = v_{0y}/\sin\alpha_0 = (0{,}5285\,\mathrm{m/s})/\sin 20^\circ$$
$$= 1{,}545\,\mathrm{m/s}.$$

3. Aufschlaggeschwindigkeit v
Mit

$$v_x = v_{0x} = v_0 \cdot \cos\alpha_0 = 1{,}545\ \mathrm{m/s} \cdot \cos 20^\circ = 1{,}452\ \mathrm{m/s}$$

und

$$v_y = v_{0y} + g \cdot t = 0{,}5285\ \mathrm{m/s} + 9{,}81\ \mathrm{m/s^2} \cdot 0{,}3\ \mathrm{s} = 3{,}472\ \mathrm{m/s}$$

folgt aus Gl. (6.41):

$$v = \sqrt{v_x^2 + v_y^2} = \sqrt{(1{,}452\ \mathrm{m/s})^2 + (3{,}472\ \mathrm{m/s})^2} = 3{,}763\ \mathrm{m/s}.$$

4. Wurfweite s
Nach Gl. (6.50):

$$s = v_0 \cdot t \cdot \cos\alpha_0 = 1{,}545\ \frac{\mathrm{m}}{\mathrm{s}} \cdot 0{,}3\ \mathrm{s} \cdot \cos 20^\circ = 0{,}436\ \mathrm{m}.$$

6.4.3 Radialbeschleunigung bei Kreisbewegung

Bei gleichförmiger Kreisbewegung hat die Geschwindigkeit immer denselben Betrag, ändert aber dauernd ihre Richtung, da der Geschwindigkeitsvektor in jedem Bahnpunkt stets auf der Tangente zur Kreisbahn liegt. Also ist während dieser Bewegung die Geschwindigkeit als Vektor nicht konstant, denn es findet ständig eine Richtungsänderung statt. Bei jeder Geschwindigkeitsänderung liegt aber eine Beschleunigung vor. Sie ist hier zum Kreismittelpunkt hin gerichtet und heißt *Radialbeschleunigung:*

Jeder Körper erfährt bei gleichförmiger Kreisbewegung eine zum Kreismittelpunkt hin gerichtete Beschleunigung, die Radialbeschleunigung a_r.

Die gleichförmige Kreisbewegung ist somit eine beschleunigte Bewegung. Da der Vektor der Radialbeschleunigung auf das Zentrum des Kreises gerichtet ist und auf der Tangente senkrecht steht, wird sie auch als **Zentripetalbeschleunigung**[1] oder als **Normalbeschleunigung** bezeichnet.

Zur Ermittlung der Radialbeschleunigung kann man sich die gleichförmige Kreisbewegung ähnlich wie eine Wurfbewegung, z. B. den waagerechten Wurf, aus zwei Einzelbewegungen zusammengesetzt denken: Ein Massenpunkt bewegt sich mit gleich bleibender Geschwindigkeit v auf einer Kreisbahn mit dem Radius r in der Zeit Δt auf dem Kreisbogen Δs von A nach B

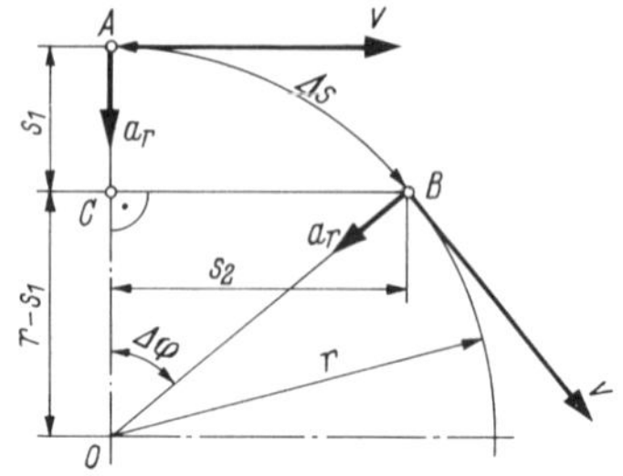

Bild 6.41 Zur Herleitung der Radialbeschleunigung a_r bei Kreisbewegung

(Bild 6.41). Er gelangt auch nach B, wenn er erst mit a_r gleichmäßig beschleunigt die Strecke $\overline{AC} = s_1 = a_r \cdot \Delta t^2/2$ (Gl. (6.9)) und danach mit konstanter Geschwindigkeit v die Strecke $\overline{CB} = s_2 = v \cdot \Delta t$ (Gl. (6.2)) zurücklegt. Beide Bewegungen finden gleichzeitig in der Zeit Δt statt (Superpositionsprinzip). Aus dem rechtwinkligen Dreieck 0CB folgt nach dem Lehrsatz des Pythagoras:

$$r^2 = (r - s_1)^2 + s_2^2 \quad \text{oder}$$

$$r^2 = \left(r - \frac{a_r \cdot \Delta t^2}{2}\right)^2 + v^2 \cdot \Delta t^2$$

$$= r^2 - a_r \cdot \Delta t^2 \cdot r + \frac{a_r^2 \cdot \Delta t^4}{4} + v^2 \cdot \Delta t^2$$

und daraus (weil $r^2 - r^2 = 0$ ist und nach Division durch Δt^2):

$$a_r \cdot r - \frac{a_r^2 \cdot \Delta t^2}{4} = v^2.$$

Der Wert für die Radialbeschleunigung wird umso genauer, je kleiner man den Zeitabschnitt Δt wählt. Wird Δt zu null, entfällt der Quotient in der Gleichung und mit $v = \omega \cdot r$ (Gl. (6.26)) ergibt sich die

$$\textit{Radialbeschleunigung} \quad \boldsymbol{a_r = \frac{v^2}{r} = \omega^2 \cdot r} \qquad (6.58)$$

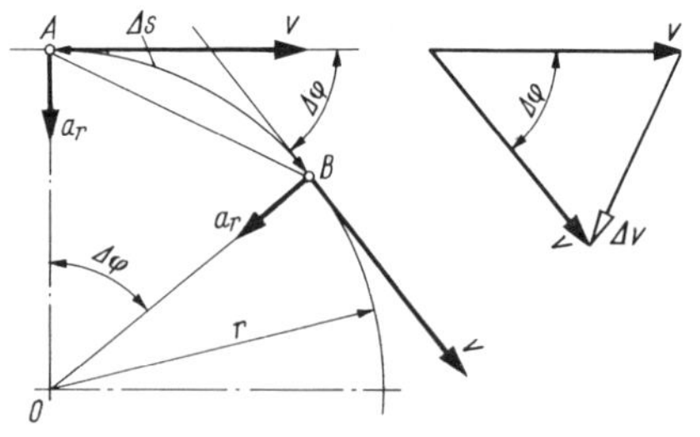

Bild 6.42 Geschwindigkeitsdreieck zur Herleitung der Radialbeschleunigung a_r

[1] *centrum* (lat.) = Mittelpunkt, *petere* (lat.) = suchen, streben

Das gleiche Ergebnis folgt aus Bild 6.42: Während der Massenpunkt sich in der Zeit Δt auf dem Kreisbogen Δs bewegt, überstreicht der Radius den Drehwinkel $\Delta\varphi$. Diesen Winkel schließen auch die Geschwindigkeitsvektoren ein, da sie auf den Radien senkrecht stehen. Das Geschwindigkeitsdreieck wird durch den Vektor der Geschwindigkeitsänderung Δv geschlossen. Wegen der Ähnlichkeit dieses Dreiecks mit dem Dreieck OAB gilt $\Delta v/v = \overline{AB}/r$. Bei sehr kleinen Winkeln $\Delta\varphi$ (nahezu null) kann $\Delta s = \overline{AB}$ gesetzt werden, so dass $\Delta v/v = \Delta s/r$ ist und $\Delta v = \Delta s \cdot v/r$ wird. Dividiert man durch Δt, so folgt daraus Gl. (6.58), weil $\Delta v/\Delta t = a_r$ und $\Delta s/\Delta t = v$ sind.

Beispiel 6.21
In einem Flachriementrieb hat die große Riemenscheibe mit 1120 mm Durchmesser eine Drehzahl von $360\ \text{min}^{-1}$. Wie groß ist die Radialbeschleunigung eines Riementeilchens am Scheibenumfang?

Lösung:
Gegeben: $r = d/2 = 1120\ \text{mm}/2 = 0{,}56\ \text{m}$,
$n = 360\ \text{min}^{-1} = 6\ \text{s}^{-1}$.
Gesucht: a_r.
Mit $\omega = 2\pi \cdot n$ (Gl. (6.27)) beträgt nach Gl. (6.58):

$$a_r = \omega^2 \cdot r = (2\pi \cdot n)^2 \cdot r = 4 \cdot \pi^2 \cdot (6/\text{s})^2 \cdot 0{,}56\ \text{m}$$
$$= 795{,}9\ \text{m/s}^2.$$

Bei ungleichförmiger Kreisbewegung erfährt ein Körper die Tangentialbeschleunigung a_t und die Radialbeschleunigung a_r. Da sich wegen a_t der Betrag der Umfangs- oder Bahngeschwindigkeit v ändert, ist auch a_r nicht konstant. Durch geometrische Addition der Beschleunigungsvektoren erhält man als Resultierende den Vektor der Momentanbeschleunigung (Bild 6.43). Nach dem Lehrsatz des Pythagoras folgt für den Betrag der

Momentanbeschleunigung $$\boldsymbol{a} = \sqrt{\boldsymbol{a}_t^2 + \boldsymbol{a}_r^2} \qquad (6.59)$$

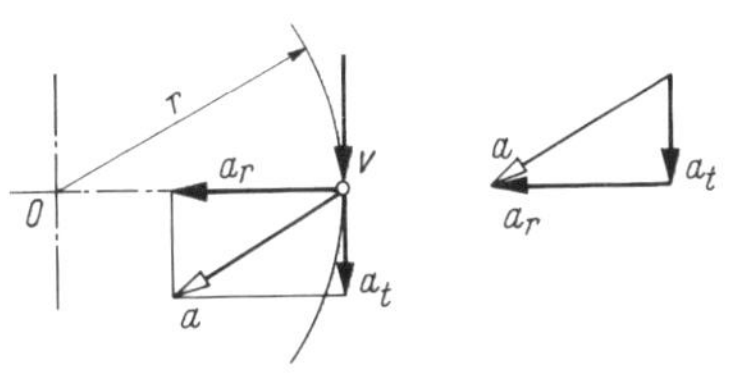

Bild 6.43 Addition der Beschleunigungen bei ungleichförmiger Kreisbewegung

Beispiel 6.22
Eine Schwungscheibe mit 600 mm Außendurchmesser wird in 4 s aus dem Stillstand gleichmäßig auf die Drehzahl $960\ \text{min}^{-1}$ beschleunigt. Wie groß ist die Momentanbeschleunigung eines Punktes am Scheibenumfang nach 0,3 s?

Lösung:
Gegeben: $r = d/2 = 600\ \text{mm}/2 = 0{,}3\ \text{m}$, $t = 4\ \text{s}$,
$n = 960\ \text{min}^{-1} = 16\ \text{s}^{-1}$, $t_1 = 0{,}3\ \text{s}$.
Gesucht: a.
Mit $v = \omega \cdot r$ (Gl. (6.26)) und $\omega = 2\pi \cdot n = 2\pi \cdot 16\ \text{s}^{-1} = 100{,}5\ \text{rad/s}$ (Gl. (6.27)) wird entspr. Gl. (6.6):

$$a_t = \frac{v}{t} = \frac{\omega \cdot r}{t} = \frac{100{,}5 \cdot 0{,}3\ \text{m}}{\text{s} \cdot 4\ \text{s}} = 7{,}538\ \text{m/s}^2.$$

Nach Gl. (6.29) beträgt die Winkelbeschleunigung

$$\alpha = a_t/r = 7{,}538\ \text{m/s}^2/0{,}3\ \text{m} = 25{,}13\ \text{s}^{-2}$$

und nach Gl. (6.31) die Winkelgeschwindigkeit

$$\omega_1 = \alpha \cdot t_1 = 25{,}13\ \text{s}^{-2} \cdot 0{,}3\ \text{s} = 7{,}539\ \text{s}^{-1}.$$

Damit nach Gl. (6.58):

$$a_r = \omega^2 \cdot r = (7{,}539\ \text{s}^{-1})^2 \cdot 0{,}3\ \text{m} = 17{,}05\ \text{m/s}^2$$

und mit Gl. (6.59):

$$a = \sqrt{7{,}539^2 + 17{,}05^2}\ \text{m/s}^2 = 18{,}64\ \text{m/s}^2.$$

6.4.4 Relativ- und Absolutbewegung, Coriolisbeschleunigung

Der Eindruck, den ein Beobachter von einem Bewegungsvorgang erhält, ist wesentlich vom Beobachtungsstandpunkt abhängig. Für einen Flugzeuginsassen scheint (unter Vernachlässigung des Luftwiderstandes) ein aus dem Flugzeug gefallener Gegenstand sich senkrecht nach unten zu bewegen, während ein Beobachter am Boden die Bewegung desselben Gegenstandes als waagerechten Wurf erkennt. Ein Radfahrer sieht, dass sich die Pedale seines Fahrrades auf Kreisbahnen bewegen; für einen stillstehenden Beobachter dagegen beschreiben sie wellenförmige Kurven.

Für die Beschreibung eines Bewegungsvorgangs spielt es also eine entscheidende Rolle, ob sich der Beobachter im Ruhezustand oder in Bewegung befindet. Man unterscheidet daher relative und absolute Bewegungen. Die von einem bewegten System aus betrachtete Bewegung ist eine scheinbare oder **relative Bewegung**, und zwar relativ zu dem für die Bewegung benutzten Bezugssystem. Die von einem ruhenden Bezugssystem aus wahrgenommene Bewegung ist die wirkliche oder **absolute Bewegung.** Als **Führungsbewegung** bezeichnet man die von einem ruhenden Bezugssystem aus beobachtete Bewegung eines Systems sich bewegender Körper.

Anhand der vorgenannten Beispiele (Flugzeug und Fahrrad) sollen diese Begriffe verständlich gemacht werden. Das Flugzeug vollführt die

Führungsbewegung, der scheinbare freie Fall ist die Relativbewegung und der waagerechte Wurf die Absolutbewegung des aus dem Flugzeug gefallenen Gegenstandes. Dabei ist die (als ruhend geltende) Erdoberfläche das Bezugssystem. Beim Radfahren ist die Fahrbewegung des Fahrrades die Führungsbewegung, das Fahrrad mit dem Fahrer bilden also das Führungssystem, in dem die Pedale eine Kreisbewegung als Relativbewegung ausführen. Die absolute Bewegung der Pedale, vom ruhenden Bezugssystem (der Erde) betrachtet, erfolgt auf zykloidenförmigen Bahnen (Bild 6.44).

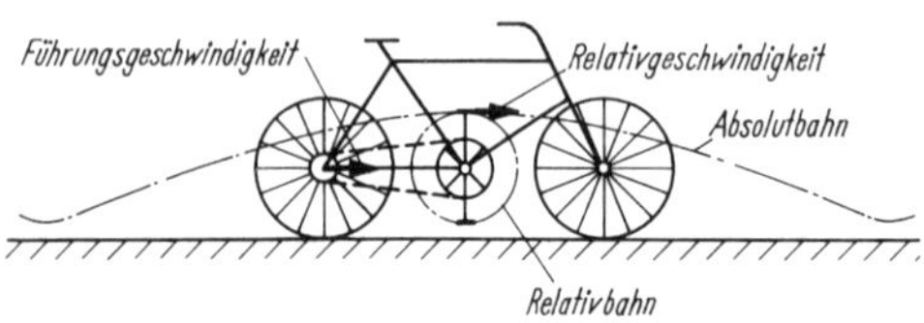

Bild 6.44 Zykloide als Absolutbahn beim Fahrradpedal

In gleicher Weise lassen sich auch die im Abschn. 6.4.1 behandelten zusammengesetzten geradlinigen Bewegungen erklären. So führt z. B. der Kran eine Führungsbewegung mit der **Führungsgeschwindigkeit** v_1 aus, und die Laufkatze bewegt sich auf der Kranbrücke relativ zum Kran mit der **Relativgeschwindigkeit** v_2. Die Last bewegt sich auf der absoluten Bahn mit der **Absolutgeschwindigkeit** v. Für das Schiff in Bild 6.32 ist das Wasser und für das Flugzeug in Beisp. 6.17 ist der Wind das Führungssystem.

Die Absolutbewegung entsteht durch Überlagerung der Führungsbewegung mit der Relativbewegung (Superpositionsprinzip). Demnach erhält man bei geradlinigen Bewegungen die Absolutbahn aus dem Parallelogramm der Wege und die Absolutgeschwindigkeit aus dem Geschwindigkeitsparallelogramm bzw. durch geometrische Addition der Geschwindigkeitsvektoren. Die Führungsgeschwindigkeit und die Relativgeschwindigkeit können als Komponenten der Absolutgeschwindigkeit aufgefasst werden. Allgemein gilt:

Die Absolutgeschwindigkeit eines Körpers ist die geometrische Summe aus der Führungsgeschwindigkeit und der Relativgeschwindigkeit.

Dieser Satz gilt auch dann, wenn die Führungsbewegung eine Drehbewegung ist, z. B. für die Ermittlung der Absolutgeschwindigkeit eines Punktes, der sich auf einer rotierenden Scheibe bewegt.

Beispiel 6.23

In einer Gleichdruck-Dampfturbine strömt der Dampf unter einem Winkel von 20° mit einer absoluten Geschwindigkeit von 1000 m/s aus der Düse in die Schaufeln des Laufrades, die sich mit einer Umfangsgeschwindigkeit von 400 m/s bewegen. Mit welcher absoluten Geschwindigkeit und unter welchem Winkel verlässt der Dampf die Schaufeln, wenn man von Verlusten absieht?

Hinweis: Im Strömungsmaschinenbau ist es üblich, die absolute Dampfgeschwindigkeit mit c, die relative mit w und die Umfangsgeschwindigkeit = Führungsgeschwindigkeit mit u zu bezeichnen. In Bild 6.45 sind die Geschwindigkeitsverhältnisse auf der Eintrittsseite (Index 1) und auf der Austrittsseite (Index 2) der Schaufeln bei verlustfreiem Dampfdurchgang dargestellt. Bei Gleichdruck-Dampfturbinen ist der Schaufel-Eintrittswinkel β_1 gleich dem Austrittswinkel β_2 und bei verlustfrei angenommenem Dampfdurchsatz ist die relative Dampf-Eintrittsgeschwindigkeit w_1 gleich der relativen Austrittsgeschwindigkeit w_2.

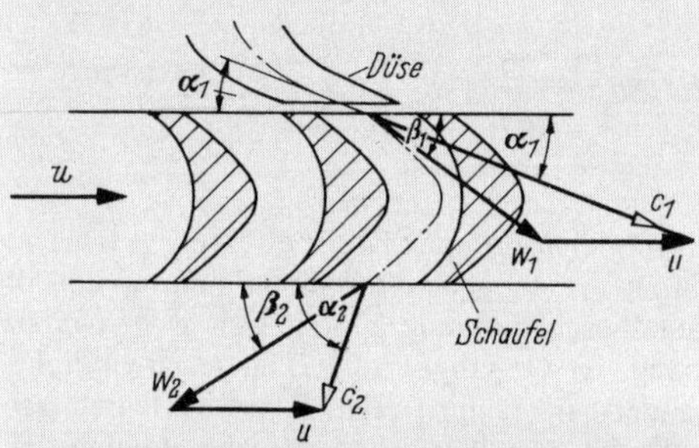

Bild 6.45 Geschwindigkeiten an den Schaufeln einer Gleichdruck-Dampfturbine

Lösung:

Gegeben: $\alpha_1 = 20°$, $c_1 = 1000$ m/s, $u = 400$ m/s.
Gesucht: c_2 und α_2.

In Bild 6.46 sind die Geschwindigkeiten am Ein- und Austritt wie üblich in einem Geschwindigkeitsplan dargestellt. Nach dem Cosinussatz gilt:

$$w_1^2 = u^2 + c_1^2 - 2 \cdot u \cdot c_1 \cdot \cos \alpha_1 .$$

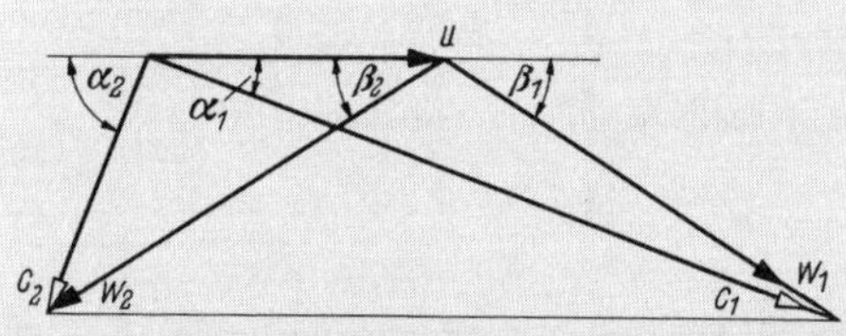

Bild 6.46 Geschwindigkeitsplan einer verlustfreien Gleichdruck-Dampfturbine

Daraus folgt

$$w_1 = \sqrt{u^2 + c_1^2 - 2 \cdot u \cdot c_1 \cdot \cos \alpha_1}$$
$$= \sqrt{400^2 + 1000^2 - 2 \cdot 400 \cdot 1000 \cdot \cos 20°} \text{ m/s}$$
$$= 638{,}9 \text{ m/s}.$$

Nach dem Sinussatz ist

$$\frac{\sin\alpha_1}{w_1} = \frac{\sin(180° - \beta_1)}{c_1}.$$

Mit $\sin(180° - \beta_1) = \sin\beta_1$ wird

$$\sin\beta_1 = \sin\alpha_1 \cdot \frac{c_1}{w_1} = \sin 20° \cdot \frac{1000\,\text{m/s}}{638{,}9\,\text{m/s}}, \quad \text{somit}$$

$\beta_1 = 32{,}37°$.

Da $\beta_1 = \beta_2$ und $w_1 = w_2$ sind, folgt aus dem Cosinussatz

$$c_2 = \sqrt{u^2 + w_2^2 - 2 \cdot u \cdot w_2 \cdot \cos\beta_2}$$
$$= \sqrt{400^2 + 638{,}9^2 - 2 \cdot 400 \cdot 638{,}9 \cdot \cos 32{,}37°}\ \text{m/s}$$
$$= 369{,}5\,\text{m/s} \approx 370\,\text{m/s}$$

und damit aus dem Sinussatz

$$\frac{\sin\beta_2}{c_2} = \frac{\sin(180° - \alpha_2)}{w_2} = \frac{\sin\alpha_2}{w_2},$$

$$\sin\alpha_2 = \sin\beta_2 \cdot \frac{w_2}{c_2} = \sin 32{,}37° \cdot \frac{638{,}9\,\text{m/s}}{369{,}8\,\text{m/s}},$$

$\alpha_2 = 67{,}78° \approx 68°$.

Coriolisbeschleunigung

Wenn sich ein Führungssystem drehungsfrei bewegt, so erhält man die **Absolutbeschleunigung** $\boldsymbol{a}$ (z. B. einer Laufkatze, s. Bild 6.31) durch geometrische Addition aus der **Führungsbeschleunigung** $\boldsymbol{a_1}$ (z. B. der Kranbrücke) und der **Relativbeschleunigung** $\boldsymbol{a_2}$ des sich auf dem Führungssystem bewegenden Körpers (z. B. der Laufkatze auf der Kranbrücke). Ist die Führungsbewegung aber eine Drehbewegung, so tritt noch eine Zusatzbeschleunigung auf, die nach ihrem Entdecker **Coriolisbeschleunigung**[1] genannt wird. Sie wird nachfolgend an einem einfachen Beispiel erläutert, wobei $a_1 = 0$ und $a_2 = 0$ angenommen werden. Üblicherweise erfolgt die Herleitung mit der Differenzialrechnung.

Auf der in Bild 6.47a gezeigten Scheibe (1), die sich mit der konstanten Winkelgeschwindigkeit ω um D dreht, bewegt sich in einer Nut ein Gleitstein (2) mit der konstanten Geschwindigkeit v_2 radial nach außen. Die tangentiale Führungsbeschleunigung a_1 und die Relativbeschleunigung a_2 sind in diesem Fall null. Während sich im Zeitabschnitt Δt die Führungsscheibe um den Winkel $\Delta\varphi$ dreht, bewegt sich der Gleitstein von A nach B. Diesen Vorgang kann man in eine Translation (Bewegung von A nach B_1, Bild 6.47b) und eine Rotation (Drehung um A_1, d. h. Bewegung von B_1 nach B) zerlegen. Für winzig kleine Winkel $\Delta\varphi$ können die zurückgelegten Kreisbögen näherungsweise als geradlinig angesehen werden. Der Translationsweg setzt sich zusammen aus der Strecke $\overline{AA_1} = \Delta s_1$ infolge der Winkelgeschwindigkeit ω_1 und aus der Strecke $\overline{AA_2} = \Delta s_2$, die mit der Geschwindigkeit v_2 zurückgelegt wird: $\Delta s_2 = v_2 \cdot \Delta t$ (Gl. (6.2)). Gleichzeitig wird dazu noch der Weg $\overline{B_1B} = \Delta s$ beschleunigt zurückgelegt. Die auf diesem Weg auftretende tangentiale Zusatzbeschleunigung ist die Coriolisbeschleunigung a_C.

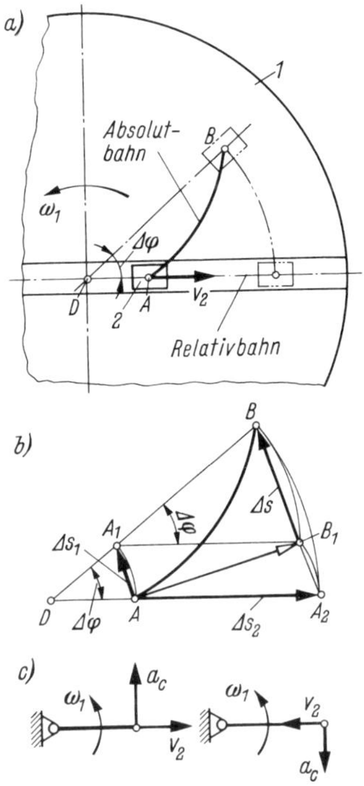

Bild 6.47 Zur Herleitung der Coriolisbeschleunigung
a) Rotierende Scheibe mit Gleitstein, b) Wegeschaubild, c) Richtung der Coriolisbeschleunigung

Da $\overline{A_1B} = \overline{A_1B_1} = \Delta s_2$ ist, folgt mit $\Delta\varphi = \omega_1 \cdot \Delta t$ (Gl. (6.23)) aus Bild 6.47b für

$$\Delta s = \Delta\varphi \cdot \Delta s_2 = \omega_1 \cdot \Delta t \cdot v_2 \cdot \Delta t = \omega_1 \cdot v_2 \cdot \Delta t^2$$

Weil es sich um einen gleichmäßig beschleunigt zurückgelegten Weg handelt, ist entspr. Gl. (6.9) aber auch

$$\Delta s = \frac{1}{2} \cdot a_C \cdot \Delta t^2$$

[1] *Gasparde Gustave Coriolis* (1792 bis 1843), franz. Mathematiker

Durch Gleichsetzen ergibt sich

$$\frac{1}{2} \cdot a_C \cdot \Delta t^2 = \omega_1 \cdot v_2 \cdot \Delta t^2$$

und daraus die

Coriolisbeschleunigung $\boldsymbol{a_C = 2 \cdot \omega_1 \cdot v_2}$ (6.60)

In Worten:

Die Coriolisbeschleunigung ist das zweifache Produkt aus der Führungs-Winkelgeschwindigkeit ω_1 und der Relativgeschwindigkeit v_2.

Der Vektor der Coriolisbeschleunigung steht immer senkrecht auf dem Vektor der Relativgeschwindigkeit v_2 (Bild 6.47c). Die Richtung ergibt sich, wenn man den Vektor von v_2 im Drehsinn von ω_1 um 90° dreht. Das gilt auch, wenn die Relativbahn nicht durch den Drehpunkt verläuft, wie die Gleitsteinbahn in Beisp. 6.24.

Wegen der Drehung des Führungssystems bewegt sich der Gleitstein momentan auch auf einer Kreisbahn und erhält eine stets zum Drehpunkt gerichtete Radialbeschleunigung a_r (s. Abschn. 6.4.3). Die jeweilige **Absolutbeschleunigung *a*** ergibt sich durch geometrische Addition der Vektoren von a_C und a_r (Bild 6.48a).

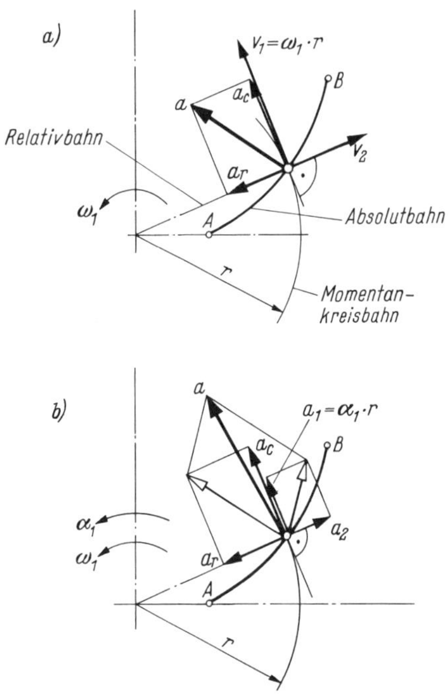

Bild 6.48 Ermittlung der Absolutbeschleunigung *a*
a) bei $a_1 = 0$ und $a_2 = 0$, b) bei $a_1 \neq 0$ und $a_2 \neq 0$

Kommen noch eine Führungsbeschleunigung a_1 (wenn sich das Führungssystem beschleunigt dreht) und eine Relativbeschleunigung a_2 hinzu, so ist die Absolutbeschleunigung *a* die geometrische Summe aus allen Beschleunigungen im jeweils betrachteten Bahnpunkt (Bild 6.48b). Die Vektorgleichung hierfür lautet:

Absolutbeschleunigung $\vec{a} = \vec{a_1} + \vec{a_2} + \vec{a_r} + \vec{a_C}$

Beispiel 6.24
Bild 6.49 zeigt eine Steuerscheibe, die sich um D mit einer konstanten Drehzahl von 24 min^{-1} dreht. In der Führungsnut wird ein Gleitstein von A in Richtung B beschleunigt bewegt. Im Punkt B hat er eine Relativbeschleunigung von 0,5 m/s^2 und eine Relativgeschwindigkeit von 0,4 m/s. Wie groß sind die Absolutgeschwindigkeit und die Absolutbeschleunigung sowie die Richtungswinkel ihrer Vektoren zur Relativbahn?

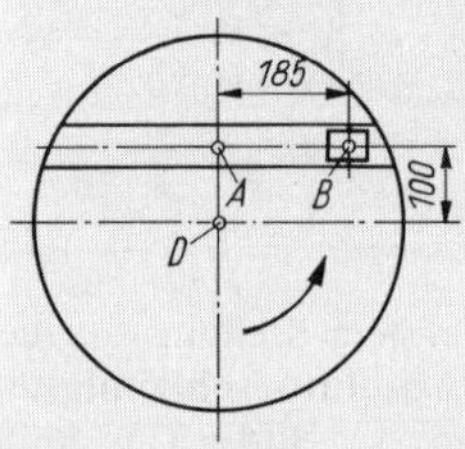

Bild 6.49 Steuerscheibe mit exzentrischer Nut

Lösung:
Gegeben: $n_1 = 24\ \text{min}^{-1} = 0{,}4\ \text{s}^{-1}$, $a_2 = 0{,}5\ \text{m/s}^2$,
$v_2 = 0{,}4\ \text{m/s}$, $e = 100\ \text{mm}$, $s_2 = 185\ \text{mm}$.
Gesucht: v und γ, a und δ.
1. Absolutgeschwindigkeit v und Richtungswinkel γ
Die Absolutgeschwindigkeit ist die resultierende Geschwindigkeit aus der Führungsgeschwindigkeit v_1 als Umfangsgeschwindigkeit am Radius r und aus der Relativgeschwindigkeit v_2. Nach Bild 6.50 betragen

$$r = \sqrt{e^2 + s_2^2} = \sqrt{100^2 + 185^2}\ \text{mm} = 210{,}3\ \text{mm}$$
$$= 0{,}2103\ \text{m},$$

$$\tan\beta = \frac{e}{s_2} = \frac{100\ \text{mm}}{185\ \text{mm}}, \qquad \beta = 28{,}39°.$$

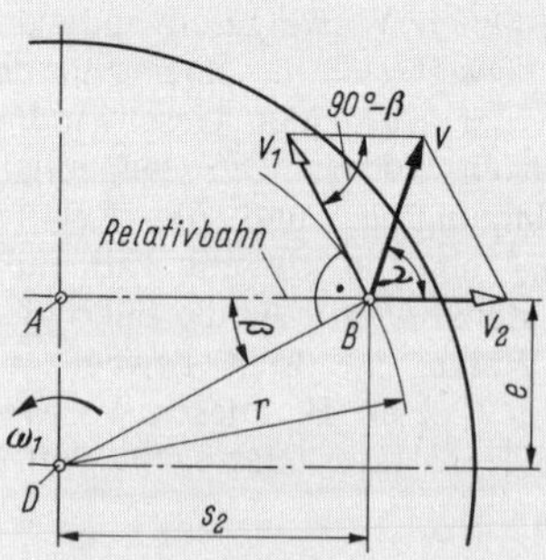

Bild 6.50 Geschwindigkeitsplan

Mit der Führungs-Winkelgeschwindigkeit (Gl. (6.27))

$\omega_1 = 2\pi \cdot n_1 = 2\pi \cdot 0{,}4\ \text{s}^{-1} = 2{,}513\ \text{rad/s}$

wird nach Gl. (6.26):

$v_1 = \omega_1 \cdot r = 2{,}513\ \text{s}^{-1} \cdot 0{,}2103\ \text{m} = 0{,}5285\ \text{m/s}$

und damit nach dem Cosinussatz:

$$v = \sqrt{v_1^2 + v_2^2 - 2 \cdot v_1 \cdot v_2 \cdot \cos(90^\circ - \beta)}$$
$$= \sqrt{0{,}5285^2 + 0{,}4^2 - 2 \cdot 0{,}5285 \cdot 0{,}4 \cdot \cos 61{,}61^\circ}\ \text{m/s}$$
$$= 0{,}4881\ \text{m/s}.$$

Nach dem Sinussatz ist

$$\frac{\sin\gamma}{v_1} = \frac{\sin(90^\circ - \beta)}{v}, \quad \text{woraus folgt:}$$

$$\sin\gamma = \frac{v_1}{v}\sin(90^\circ - \beta) = \frac{0{,}5285}{0{,}4881}\sin 61{,}61^\circ,$$

$\gamma = 72{,}28^\circ$.

2. Absolutbeschleunigung a und Richtungswinkel δ
Die Absolutbeschleunigung ist die geometrische Summe aus der bei Kreisbewegungen stets auftretenden Radialbeschleunigung a_r (s. Abschn. 6.4.3) als Führungsbeschleunigung, der Relativbeschleunigung a_2 und der Coriolisbeschleunigung a_C (wegen der Drehung des Führungssystems, Bild 6.51). Man wählt B als Ursprung eines x,y-Koordinatensystems, zerlegt a_r in die Komponenten a_{rx} und a_{ry}, ermittelt die resultierenden Komponenten a_x und a_y, mit denen sich a und δ errechnen lassen.

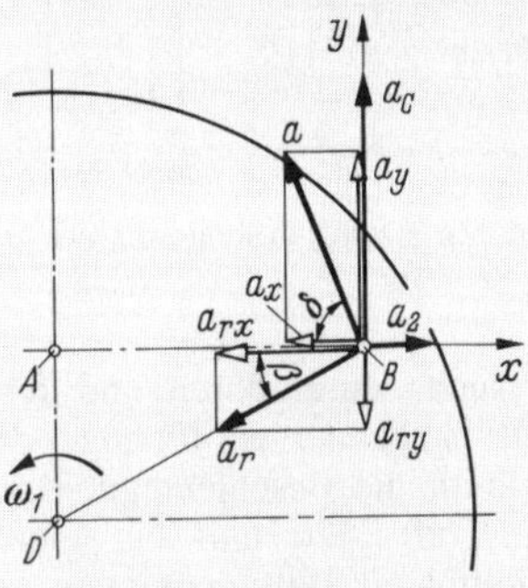

Bild 6.51 Beschleunigungsplan

Nach Gl. (6.58) beträgt

$$a_r = \omega_1^2 \cdot r = (2{,}513\ \text{s}^{-1})^2 \cdot 0{,}2103\ \text{m}$$
$$= 1{,}328\ \text{m/s}^2.$$

Damit werden

$$a_{rx} = a_r \cdot \cos\beta = 1{,}328\ \text{m/s}^2 \cdot \cos 28{,}39^\circ$$
$$= 1{,}168\ \text{m/s}^2,$$
$$a_{ry} = a_r \cdot \sin\beta = 1{,}328\ \text{m/s}^2 \cdot \sin 28{,}39^\circ$$
$$= 0{,}6314\ \text{m/s}^2.$$

Nach Gl. (6.60) ist

$$a_C = 2 \cdot \omega_1 \cdot v_2 = 2 \cdot 2{,}513\ \text{s}^{-1} \cdot 0{,}4\ \text{m/s}$$
$$= 2{,}01\ \text{m/s}^2.$$

Damit ergeben sich

$$a_x = a_2 - a_{rx} = (0{,}5 - 1{,}168)\ \text{m/s}^2 = -0{,}668\ \text{m/s}^2,$$
$$a_y = a_C - a_{ry} = (2{,}01 - 0{,}631)\ \text{m/s}^2 = 1{,}379\ \text{m/s}^2$$

und

$$a = \sqrt{a_x^2 + a_y^2} = \sqrt{(-0{,}668)^2 + 1{,}379^2}\ \text{m/s}^2$$
$$= 1{,}532\ \text{m/s}^2,$$

$$\tan\delta = \frac{|a_y|}{|a_x|} = \frac{1{,}379\ \text{m/s}^2}{0{,}668\ \text{m/s}^2}, \quad \text{daraus } \delta = 64{,}15^\circ.$$

Praxishinweis
Die vektorielle Addition von Wegen, Geschwindigkeiten und Beschleunigungen spielt in der Getriebelehre (Getriebekinematik) eine bedeutende Rolle. Wurfbewegungen kommen in der Fördertechnik vor, z. B. bei Bandförderern, Schleudergurtförderern, Schwingförderern und Becherwerken. Die Radialbeschleunigung wird u. a. zur Fliehkraftberechnung (s. Abschn. 7.4.5) benötigt. In der Technik werden alle auf das Festland der Erde bezogenen Bewegungsvorgänge als absolut angesehen. Die Erdoberfläche, deren Krümmung vernachlässigt wird, ist dann ein ruhendes Bezugssystem. Dass die Erde sich um ihre eigene Achse dreht und sich um die Sonne bewegt, wird dabei nicht berücksichtigt. In der See-, Luft- und Raumfahrt ist es anders.

Kontrollfragen:
- Weshalb sind Wege, Geschwindigkeiten und Beschleunigungen Vektoren?
- Wie lautet der Satz von der Unabhängigkeit der Bewegungen?
- Welche Form hat die Bahn eines Körpers beim widerstandsfreien Wurf?
- Warum kann man die gleichförmige Kreisbewegung als beschleunigte Bewegung auffassen?
- Was versteht man unter Absolutgeschwindigkeit und Absolutbeschleunigung?
- Was ist die Coriolisbeschleunigung?

7 Kinetik

7.1 Translation

Lernziele:

- Das Trägheitsgesetz und den Zusammenhang zwischen Kraft, Masse und Beschleunigung erläutern.
- Das Grundgesetz der Dynamik und das Prinzip von d'Alembert bei der Berechnung ungleichförmig translatorischer Bewegungen unter Einbeziehung der Kräfte anwenden.
- Den Impulssatz auf praxisbezogene Beispiele anwenden.

7.1.1 Trägheitsgesetz, Grundgesetz der Dynamik

Erfahrungsgemäß gerät ein Körper, der sich in Ruhe befindet, nicht von selbst in Bewegung. Ebenso wenig ändert ein Körper, der sich gleichförmig geradlinig bewegt, nicht von selbst diesen Zustand. Ursache der Änderung eines Bewegungszustandes ist immer eine Kraft (s. Abschn. 2.1.1). Wird eine auf horizontaler, ebener Unterlage ruhende Kugel durch eine Kraft angestoßen, so rollt sie in Richtung der Stoßkraft. Sie würde sich gleichförmig bewegen, wenn nicht Reibungs- und Luftwiderstand als bewegungshemmende Kräfte auf sie einwirken würden. Dadurch ist ihre Bewegung verzögert und die Kugel kommt wieder zum Stillstand. Auch die Änderung der Bewegungsrichtung, d. h. die Ablenkung von der geraden Bahn, erfordert eine Kraft.

Die Eigenschaft der Körper, sich einer Änderung ihres Bewegungszustandes zu widersetzen, nennt man **Beharrungsvermögen** oder **Trägheit.** Sie wurde bereits von *Galilei* erkannt. Etwa 50 Jahre nach ihm hat *Newton* diese Erkenntnis zusammenfassend formuliert im *Trägheitsgesetz:*

> **Jeder Körper beharrt im Zustand der Ruhe oder der gleichförmig geradlinigen Bewegung, solange er nicht durch eine Kraft gezwungen wird, diesen Zustand zu ändern.**

Es wird auch als **erstes Newtonsches Gesetz** oder als **Trägheitsaxiom** bezeichnet. Eine exakte experimentelle Bestätigung dieses Gesetzes ist nicht möglich, da es nicht gelingt, die auf einen Körper einwirkenden Reibungskräfte restlos auszuschalten. Die praktischen Erfahrungen mit den aus diesem Gesetz abgeleiteten Schlussfolgerungen haben jedoch bisher seine Gültigkeit bestätigt. Es gilt aber nur für **ruhende Bezugssysteme,** genauer ausgedrückt: nur für so genannte **Inertialsysteme**[1]. Darunter versteht man Bezugssysteme, die sich in geradlinig gleichförmiger Translationsbewegung befinden. Translatorisch beschleunigte Systeme und rotierende Systeme gehören nicht dazu.
In der Technischen Mechanik wird ein erdgebundenes Bezugssystem näherungsweise als Inertialsystem angenommen, da die Beschleunigungen der Erdbewegung sehr gering sind. In besonderen Fällen, wie bei der Berechnung von Meeres- und Windbewegungen, muss die Erdrotation jedoch berücksichtigt werden.

[1] *Inertia* (lat.) = Trägheit

Im Zustand der Ruhe oder der gleichförmig geradlinigen Bewegung befindet sich ein Körper im Gleichgewicht. Dann ist die Resultierende aller an ihm angreifenden Kräfte einschließlich der Reibungskräfte gleich null. Ist eine resultierende Kraft vorhanden, so wird der Körper beschleunigt oder verzögert bewegt oder aus der geradlinigen Bahn abgelenkt.
Den Zusammenhang zwischen einer Kraft und der Beschleunigung, die ein Körper durch diese Kraft erfährt, hat ebenfalls *Newton* erkannt. Er fand durch Versuche, dass die Beschleunigung von der Kraft und von der Stoffmenge des beschleunigten Körpers abhängt. Mit der in Bild 7.1 skizzierten Versuchseinrichtung kann

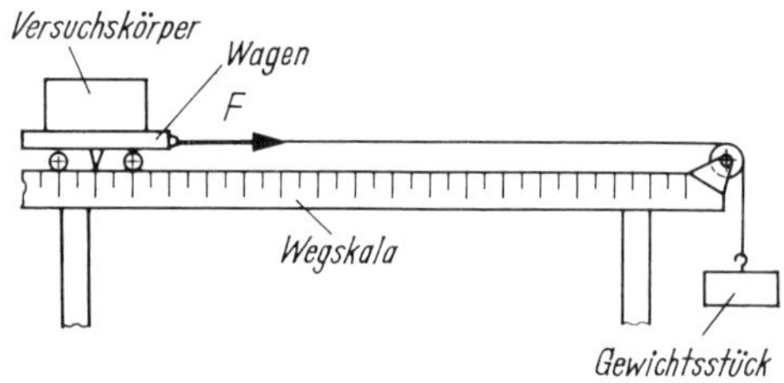

Bild 7.1 Versuchseinrichtung zum Grundgesetz der Dynamik

man derartige Versuche durchführen und feststellen: Bei gleich bleibender Stoffmenge des Versuchskörpers nimmt die Beschleunigung mit größer werdender Kraft F zu und bei gleich bleibender Kraft nimmt die Beschleunigung mit zunehmender Stoffmenge ab. Die Zunahme der Kraft lässt sich durch Anhängen größerer Gewichtsstücke erreichen und die Zunahme der Stoffmenge durch Auflegen von schwereren Versuchskörpern.
Das Abnehmen der Beschleunigung ist eine Folge der mit zunehmender Stoffmenge größer werdenden Trägheit des Versuchskörpers. Als **Maß für die Trägheit** und damit auch für die Stoffmenge eines Körpers wurde der Begriff **Masse** als physikalische Größe eingeführt. Sie ist eine Basisgröße des Internationalen Einheitensystems (SI-Einheiten) mit der Einheit kg (Kilogramm) und dem Formelzeichen m (s. Abschn. 1.2). Die

auf das Volumen eines Körpers bezogene Masse ist die

Dichte $\varrho = \frac{m}{V}$ (7.1)

mit der aus den SI-Einheiten kg und m^3 abgeleiteten Einheit kg/m^3. Üblich und gesetzlich zugelassen sind auch die Einheiten t/m^3, kg/dm^3, g/cm^3. Sind von einem Körper das Volumen und die Dichte (s. Tab. 11) bekannt, so ergibt sich damit aus Gl. (7.1) die

Masse $m = V \cdot \varrho$ (7.2)

Aus den vorstehend beschriebenen Versuchen geht hervor, dass die Beschleunigung a der Masse m umgekehrt proportional ($a \sim 1/m$) und der Kraft F direkt proportional ($a \sim F$) ist, woraus $a = F/m$ folgt. Aus dieser Beziehung erhält man die

Beschleunigungskraft $F = m \cdot a$ (7.3)

Diese Gleichung ist das
Grundgesetz der Dynamik:

Die Beschleunigungskraft ist gleich dem Produkt aus der Masse des beschleunigten Körpers und der ihm erteilten Beschleunigung; Beschleunigungskraft und Beschleunigung haben gleiche Richtung.

In Kurzfassung:

Kraft gleich Masse mal Beschleunigung.

Dieses Gesetz ist das **zweite Newtonsche Gesetz.** Das dritte Newtonsche Gesetz ist das Wechselwirkungs- oder Reaktionsgesetz (s. Abschn. 2.1.2). Die drei Newtonschen Gesetze werden auch als **Newtonsche Axiome** bezeichnet und bilden mit dem Parallelogrammaxiom (s. Abschn. 2.2.1) die wichtigsten Grundlagen der Mechanik.

Das Trägheitsgesetz kann als Sonderfall des Grundgesetzes der Dynamik mit der Beschleunigung $a = 0$ aufgefasst werden. Dann ist $F = 0$ und der Körper bleibt im Zustand der Ruhe oder der gleichförmig geradlinigen Bewegung. Greifen mehrere Kräfte gleichzeitig an einem Körper an, so wirkt deren Resultierende als Beschleunigungskraft.

Bei einer Fallbewegung wirkt die Anziehungskraft der Erde auf den Körper als beschleunigende Kraft. Sie wird als **Gravitationskraft**[1] oder **Schwerkraft**, in der Technik als **Gewichtskraft** F_G bezeichnet (s. auch Abschn. 2.1.1) und erteilt dem Körper die **Fallbeschleunigung** g (s. Abschn. 6.2.2), auch Schwerebeschleunigung genannt. Entsprechend dem Grundgesetz der Dynamik (Gl. (7.3)) und nach DIN 1305 gilt:

Gewichtskraft $F_G = m \cdot g$ (7.4)

In Worten:

Gewichtskraft gleich Masse mal Fallbeschleunigung.

In DIN 1304 ist für die Gewichtskraft neben dem Symbol F_G auch G vorgesehen. Da sich wegen des deutlichen Hinweises auf eine Kraft das Symbol F_G durchgesetzt hat, wird es hier ausschließlich angewendet. Die Bezeichnung Gewicht anstelle Gewichtskraft sollte vermieden werden, da dieses Wort in Handel und Wirtschaft im Sinne einer Masse als Ergebnis einer Wägung verstanden wird (s. auch Praxishinweis zum Abschn. 2.1).

Die Fallbeschleunigung ist auf der Erde vom Breitengrad des jeweiligen Ortes abhängig. Sie ist am Äquator am kleinsten ($g = 9{,}78\ m/s^2$) und an den Polen am größten ($g = 9{,}83\ m/s^2$). Die internationale Generalkonferenz für Maß und Gewicht hat als Normfallbeschleunigung $g_n = 9{,}80665\ m/s^2$ festgesetzt. In der Technik wird mit $\mathbf{g = 9{,}81\ m/s^2}$ gerechnet.

Wegen der ortsabhängigen Fallbeschleunigung ist die Gewichtskraft F_G eines Körpers kein fester Wert, sondern ebenfalls ortsabhängig. Die Masse eines Körpers ist dagegen überall gleich, auch auf dem Mond oder auf anderen Planeten. Aus diesem Grunde wurde als Basisgröße für die SI-Einheiten die Masse gewählt. Die Einheit der Kraft, das Newton (N), wird dadurch eine abgeleitete Einheit. Sie ist im „Gesetz über Einheiten im Messwesen“ (Einheitengesetz) festgelegt und nach dem Grundgesetz der Dynamik wie folgt definiert:

1 N ist gleich der Kraft, die einem Körper mit der Masse 1 kg die Beschleunigung 1 m/s² erteilt.

Demnach gilt nach Gl. (7.3) (s. auch Abschn. 2.1.1):

$$F = m \cdot a = 1\ kg \cdot 1\ m/s^2 = \mathbf{1\ kg/s^2 = 1\ N}$$

und für die **Gewichtskraft der Masse 1 kg** nach Gl. (7.4):

$$F_G = m \cdot g = 1\ kg \cdot 9{,}81\ m/s^2 = 9{,}81\ kg/s^2 = \mathbf{9{,}81\ N}$$

In der Physik bezeichnet man die Eigenschaft eines Körpers, sich der Änderung seines Bewegungszustandes zu widersetzen, als **träge Masse** und seine Eigenschaft, einen anderen Körper durch Gravitation anzuziehen und von einem anderen Körper angezogen zu werden, als **schwere Masse.** Präzisionsmessungen haben ergeben, dass träge und schwere Masse äquivalent[1] sind.

---

[1] *Gravitation* (lat.) = Massenanziehung

[1] *äquivalent* (lat.) = gleichwertig

Beispiel 7.1
Ein Maschinenteil mit der Masse 157 kg hat ein Volumen von $0{,}02\,m^3$. Mit welcher Gewichtskraft drückt es auf seine Unterlage und wie groß ist seine Dichte?
Lösung:
Gegeben: $m = 157\,kg$, $V = 0{,}02\,m^3$.
Gesucht: F_G und ϱ.
1. Gewichtskraft F_G
Nach Gl. (7.4):

$$F_G = m \cdot g = 157\,kg \cdot 9{,}81\,m/s^2$$
$$= 1540\,kgm/s^2 = 1540\,N = 1{,}54\,kN$$

2. Dichte ϱ
Nach Gl. (7.1):

$$\varrho = \frac{m}{V} = \frac{157\,kg}{0{,}02\,m^3} = 7850\,kg/m^3 = 7{,}85\,kg/dm^3.$$

Hinweis: Nach Tab. 11 handelt es sich bei diesem Ergebnis um ein Maschinenteil aus Stahl.

Beispiel 7.2
Ein Aluminiumkörper mit einem Volumen von $1480\,cm^3$ bewegt sich geradlinig mit der konstanten Geschwindigkeit 2 m/s. Er soll in 0,8 s auf 6 m/s gleichmäßig beschleunigt werden. Wie groß ist die Masse des Körpers, und welche resultierende Kraft muss auf ihn während der Beschleunigung einwirken?
Lösung:
Gegeben: $V = 1480\,cm^3 = 1{,}48\,dm^3$, $t = 0{,}8\,s$,
$v_0 = 2\,m/s$, $v = 6\,m/s$, $\varrho = 2{,}7\,kg/dm^3$ (aus Tab. 11).
Gesucht: m und F.
1. Masse m
Nach Gl. (7.2):

$$m = V \cdot \varrho = 1{,}48\,dm^3 \cdot 2{,}7\,kg/dm^3 = 4\,kg.$$

2. Beschleunigungskraft F
Nach Gl. (6.12) beträgt die Beschleunigung

$$a = \frac{v - v_0}{t} = \frac{(6-2)\,m/s}{0{,}8\,s} = 5\,m/s^2.$$

Damit nach Gl. (7.3):

$$F = m \cdot a = 4\,kg \cdot 5\,m/s^2 = 20\,N.$$

7.1.2 Anwendung des Grundgesetzes der Dynamik

Erfahrungsgemäß bereitet die Anwendung des Grundgesetzes der Dynamik dem Anfänger gewisse Schwierigkeiten. Nachfolgend werden an einigen in der Technik häufig vorkommenden einfachen Fällen grundsätzliche Lösungswege gezeigt. Zu beachten ist, dass die Beschleunigungs- oder Verzögerungskraft jeweils in Richtung der Beschleunigung bzw. Verzögerung wirkt. Reibungskräfte wirken immer der Bewegungsrichtung des Körpers entgegen. Es empfiehlt sich, den zu betrachteten Körper wie in der Statik freizumachen.

Bei Beschleunigung auf horizontaler Bahn kann ohne Berücksichtigung der Reibung (Bild 7.2a) das Grundgesetz der Dynamik (Gl. (7.3)) unmittelbar angewendet werden. Ist jedoch die Reibung zu berücksichtigen, so ist die Beschleunigungskraft gleich der Differenz zwischen der **Antriebskraft F_a** und der Reibungskraft F_R (Bild 7.2b).

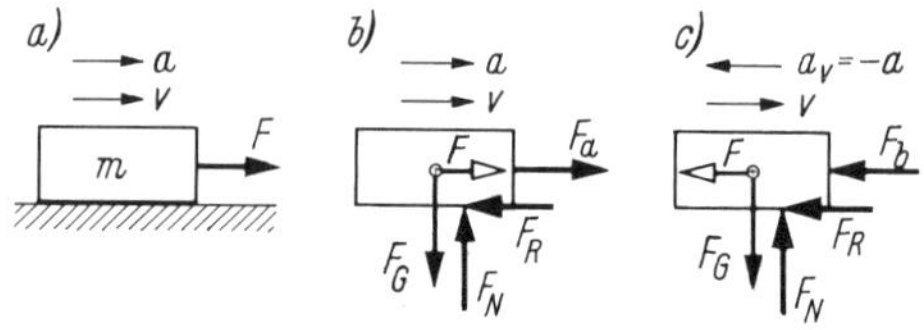

Bild 7.2 Auf horizontaler Bahn bewegter Körper
a) beschleunigt ohne Berücksichtigung der Reibung, b) beschleunigt mit Reibung, c) verzögert mit Reibung

Somit beträgt bei **Beschleunigung auf horizontaler Bahn mit Reibung** die

Beschleunigungskraft
$$\boldsymbol{F = F_a - F_R = m \cdot a} \qquad (7.5)$$

Da die Reibungskraft F_R in Richtung der Verzögerung $a_v = -a$ wirkt (Bild 7.2c), gilt mit der **Bremskraft F_b** bei **Verzögerung auf horizontaler Bahn mit Reibung** für die

Verzögerungskraft
$$\boldsymbol{F = F_b + F_R = m \cdot a_v} \qquad (7.6)$$

Diese Kraft kann man auch nach Gl. (7.5) errechnen, wenn die Verzögerung als negative Beschleunigung eingesetzt wird. Dann ergibt sich die Verzögerungskraft F als negative Beschleunigungskraft, die Bremskraft wird zur negativen Antriebskraft.

Beispiel 7.3
Ein Kraftfahrzeug, das mit Zuladung 1000 kg wiegt, soll in 10 s aus dem Stand auf eine Geschwindigkeit von 100 km/h beschleunigt werden. Welche Beschleunigungskraft ist erforderlich, wenn Fahr- und Luftwiderstand vernachlässigt werden und eine gleichmäßige Beschleunigung angenommen wird? Wie groß muss die Antriebskraft bei gleicher Beschleunigung sein, wenn mit einer Fahrwiderstandszahl von 0,025 zu rechnen ist und nur der Luftwiderstand vernachlässigt wird?
Hinweis: In der Praxis wird die gesamte Masse eines Fahrzeugs als Gesamtgewicht bezeichnet. Es setzt sich zusammen aus dem Eigengewicht (Eigenmasse) und dem Gewicht (der Masse) der Zuladung einschl. Fahrer und Fahrgäste.

Lösung:
Gegeben: $m_{ges} = 1000\,\text{kg}$, $t = 10\,\text{s}$, $v = 100\,\text{km/h}$
$= (100/3{,}6)\,\text{m/s} = 27{,}78\,\text{m/s}$, $\mu_F = 0{,}025$.
Gesucht: F und F_a.
1. Erforderliche Beschleunigungskraft F
Nach Gl. (6.6) beträgt die konstante Beschleunigung

$$a = \frac{v}{t} = \frac{27{,}78\,\text{m/s}}{10\,\text{s}} = 2{,}778\,\text{m/s}^2.$$

Damit wird nach Gl. (7.3):

$$F = m_{ges} \cdot a = 1000\,\text{kg} \cdot 2{,}778\,\text{m/s}^2 = 2778\,\text{N}.$$

2. Erforderliche Antriebskraft F_a
Die zu überwindende Reibungskraft F_R ist gleich dem Fahrwiderstand nach Gl. (5.61):

$$F_R = F_f = \mu_F \cdot m_{ges} \cdot g = 0{,}025 \cdot 1000\,\text{kg} \cdot 9{,}81\,\text{m/s}^2$$
$$= 245{,}3\,\text{N} \approx 245\,\text{N}.$$

Damit folgt aus Gl. (7.5)

$$F_a = F + F_R = 2778\,\text{N} + 245\,\text{N} = 3023\,\text{N}.$$

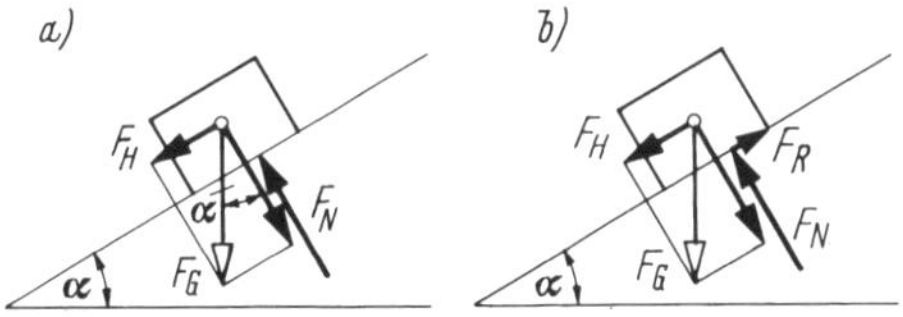

Bild 7.3 Auf geneigter Ebene abwärts gleitender Körper a) Reibung vernachlässigt, b) Reibung berücksichtigt

Der in Bild 7.3 gezeigte Körper bewegt sich auf einer um den Winkel α geneigten Ebene abwärts. Er wird durch die so genannte Hangabtriebskomponente $F_H = F_G \cdot \sin\alpha$ der Gewichtskraft $F_G = m \cdot g$ gleichmäßig beschleunigt. Wenn man von der Reibung absieht und keine weitere Kraft auf den Körper einwirkt (Bild 7.3a), gilt nach dem Grundgesetz der Dynamik: Beschleunigungskraft

$$F = m \cdot a = F_H = F_G \cdot \sin\alpha = m \cdot g \cdot \sin\alpha$$

Daraus folgt für einen **auf geneigter Ebene ohne Reibung** gleitenden Körper die

Beschleunigung $\quad \boldsymbol{a = g \cdot \sin\alpha} \qquad (7.7)$

Wird die Reibung berücksichtigt (Bild 7.3b), so wirkt als Beschleunigungskraft entspr. Gl. (7.5) die Differenz zwischen F_H und der Reibungskraft $F_R = \mu \cdot F_N$ (Gl. (5.2)). Mit der Normalkomponente $F_N = F_G \cdot \cos\alpha$ der Gewichtskraft beträgt dann die Beschleunigungskraft

$$F = m \cdot a = F_H - F_R$$
$$= m \cdot g \cdot \sin\alpha - \mu \cdot m \cdot g \cdot \cos\alpha$$

Daraus ergibt sich für einen **auf geneigter Ebene mit Reibung** gleitenden Körper die

Beschleunigung $\quad \boldsymbol{a = g(\sin\alpha - \mu \cdot \cos\alpha)} \qquad (7.8)$

Bis zu einem Neigungswinkel $\alpha \approx 8°$ darf man vereinfacht mit $\sin\alpha \approx \tan\alpha$ und $\cos\alpha \approx 1$ rechnen, ohne dass ein nennenswerter Fehler auftritt. Damit wird die

Beschleunigung $\quad \boldsymbol{a \approx g(\tan\alpha - \mu)} \qquad (7.9)$

Bei $\mu \geq \tan\alpha$ findet keine Beschleunigung statt; es liegt Selbsthemmung vor (s. auch Abschn. 5.2.2). Die Gln. (7.7) bis (7.9) zeigen, dass die Beschleunigung von der Masse des auf einer geneigten Ebene gleitenden Körpers unabhängig ist.

Beispiel 7.4
Auf einer unter 45° geneigten Rutsche beginnt ein Paket abwärts zu gleiten. Welche Geschwindigkeit hat es nach 5 m Rutschweg bei einer Gleitreibungszahl von 0,4?
Lösung:
Gegeben: $s = 5\,\text{m}$, $\alpha = 45°$, $\mu = 0{,}4$.
Gesucht: v.
1. Beschleunigung a
Nach Gl. (7.8):

$$a = g(\sin\alpha - \mu \cdot \cos\alpha)$$
$$= 9{,}81\,\frac{\text{m}}{\text{s}^2}(\sin 45° - 0{,}4 \cdot \cos 45°)$$
$$= 4{,}162\,\text{m/s}^2.$$

2. Erreichte Geschwindigkeit v
Nach Gl. (6.10)

$$v = \sqrt{2a \cdot s} = \sqrt{2 \cdot 4{,}162\,\text{m/s}^2 \cdot 5\,\text{m}} = 6{,}451\,\text{m/s}.$$

Beispiel 7.5
Nach welchem Rutschweg kommt ein Paket gemäß Beisp. 7.4 auf einer anschließenden waagerechten Rutsche zum Stillstand (Bild 7.4a), wenn es nach Überwinden der Rundung am Anfang dieser Rutsche noch eine Geschwindigkeit von 6 m/s hat und die Gleitreibungszahl ebenfalls 0,4 beträgt?

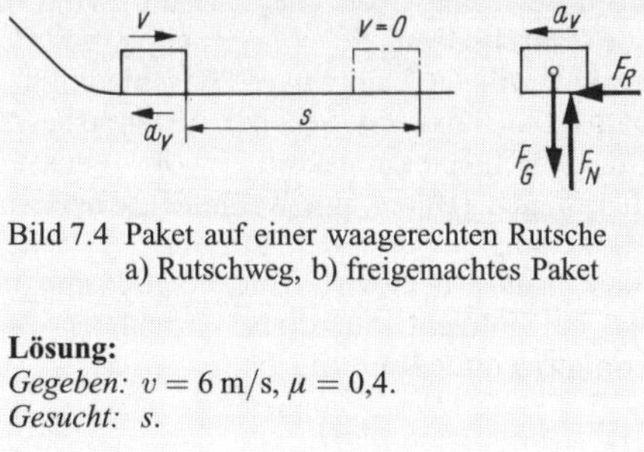

Bild 7.4 Paket auf einer waagerechten Rutsche a) Rutschweg, b) freigemachtes Paket

Lösung:
Gegeben: $v = 6\,\text{m/s}$, $\mu = 0{,}4$.
Gesucht: s.

1. Verzögerung a_v
Nach Gl. (7.6), in der hier $F_b = 0$ ist, da außer der Reibungskraft $F_R = \mu \cdot F_N$ keine weitere Kraft bremsend wirkt (Bild 7.4b). Mit $F_N = F_G = m \cdot g$ gilt somit für die Verzögerungskraft

$$F = m \cdot a_v = F_R = \mu \cdot F_N = \mu \cdot m \cdot g,$$

woraus folgt, da sich die Masse m herauskürzt:

$$a_v = \mu \cdot g = 0{,}4 \cdot 9{,}81\ \mathrm{m/s^2} = 3{,}924\ \mathrm{m/s^2}.$$

Nach Gl. (7.5) erhält man mit $F_a = 0$ die Verzögerung als negative Beschleunigung:

$$F = -F_R = \mu \cdot m \cdot g = m \cdot a,$$

$$a = -\mu \cdot g = -0{,}4 \cdot 9{,}81\ \mathrm{m/s^2} = -3{,}924\ \mathrm{m/s^2}.$$

3. Verzögerungsweg s
Entspr. Gl. (6.9):

$$s = \frac{v^2}{2a_v} = \frac{(6\ \mathrm{m/s})^2}{2 \cdot 3{,}924\ \mathrm{m/s^2}} = 4{,}587\ \mathrm{m}$$

oder aus der quadrierten Gl. (6.15):

$$v^2 = v_0^2 + 2a \cdot s$$

mit der Anfangsgeschwindigkeit $v_0 = 6\ \mathrm{m/s}$, der Endgeschwindigkeit $v = 0$ und $a = -3{,}924\ \mathrm{m/s^2}$:

$$s = \frac{v^2 - v_0^2}{2a} = \frac{0 - (6\ \mathrm{m/s})^2}{2\,(-3{,}924\ \mathrm{m/s^2})} = 4{,}587\ \mathrm{m}.$$

Ein an einem Seil frei hängender Körper (Bild 7.5) zieht mit der Gewichtskraft $F_G = m \cdot g$ nach unten.

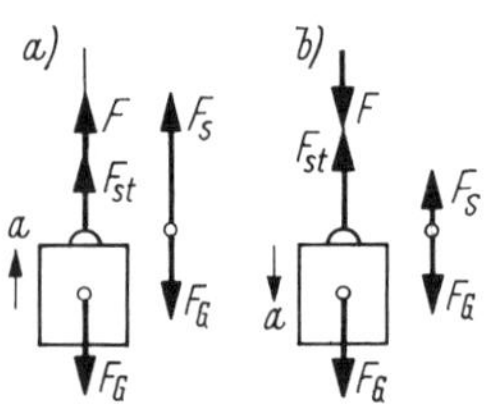

Bild 7.5 An einem Seil hängender Körper
a) aufwärts beschleunigt, b) abwärts beschleunigt

Während des Stillstandes oder einer gleichförmigen Bewegung (statischer Zustand) wirkt im Seil die statische Kraft $F_{st} = F_G = m \cdot g$. Soll der Körper in vertikaler Richtung die Beschleunigung a erhalten, so muss das Seil bei Aufwärtsbewegung die Beschleunigungskraft $F = m \cdot a$ zusätzlich übertragen (Bild 7.5a), während es bei Abwärtsbewegung nur mit der Differenz zwischen F_G und F beansprucht wird (Bild 7.5b). Demnach beträgt bei lotrecht **aufwärts** gerichteter **Beschleunigung ohne Reibung** die

Seilkraft $\boldsymbol{F_S = m(g + a)}$ (7.10)

und bei lotrecht **abwärts** gerichteter **Beschleunigung ohne Reibung**

Seilkraft $\boldsymbol{F_S = m(g - a)}$ (7.11)

Wird bei Abwärtsbewegung $g = a$, so ist $F_S = 0$ (freier Fall). Reibungskräfte (z. B. an Gleit- oder Rollenführungen) wirken der Bewegungsrichtung entgegen. Sie erhöhen bei Aufwärtsbewegung die Seilkraft und verringern sie bei Abwärtsbewegung.

Beispiel 7.6
An einem Seil wird eine Last von 400 kg mit einer konstanten Zugkraft von 5 kN gehoben. Welche Beschleunigung wird dabei erreicht?
Lösung:
Gegeben: $m = 400\ \mathrm{kg}$,
$F_S = 5\ \mathrm{kN} = 5000\ \mathrm{N} = 5000\ \mathrm{kg \cdot m/s^2}$.
Gesucht: a.
Aus der umgeformten Gl. (7.10) erhält man die Beschleunigung

$$a = \frac{F_S}{m} - g = \frac{5000\ \mathrm{kg \cdot m/s^2}}{400\ \mathrm{kg}} - 9{,}81\ \frac{\mathrm{m}}{\mathrm{s^2}} = 2{,}69\ \mathrm{m/s^2}.$$

Beispiel 7.7
Die 2 t schwere Kabine eines Lastenaufzuges wird an zwei Seilen hängend auf- und abwärts bewegt. Sie soll in 0,2 s auf eine Geschwindigkeit von 12 m/min gleichmäßig beschleunigt werden, sowohl bei der Aufwärts- als auch bei der Abwärtsbewegung. Es sind die Kräfte in einem Seil während der Beschleunigungen zu errechnen, wobei die Reibung an den seitlichen Führungen mit 1 % der Gewichtskraft der Kabine zu berücksichtigen ist.
Lösung:
Gegeben: $m = 2\ \mathrm{t} = 2000\ \mathrm{kg}$, $t = 0{,}2\ \mathrm{s}$, $v = 12\ \mathrm{m/min}$
$= 12\ \mathrm{m}/60\ \mathrm{s} = 0{,}2\ \mathrm{m/s}$.
Gesucht: F_S.
1. Konstante Beschleunigung a
Nach Gl. (6.6):

$$a = \frac{v}{t} = \frac{0{,}2\ \mathrm{m/s}}{0{,}2\ \mathrm{s}} = 1\ \mathrm{m/s^2}.$$

2. Reibungskraft F_R
Nach Aufgabenstellung ist

$$F_R = 0{,}01 F_G = 0{,}01 \cdot m \cdot g$$
$$= 0{,}01 \cdot 2000\ \mathrm{kg} \cdot 9{,}81\ \mathrm{m/s^2} = 196{,}2\ \mathrm{N}.$$

3. Seilkraft F_S bei beschleunigter Aufwärtsbewegung
Unter Berücksichtigung der Reibungskraft, die bei Aufwärtsbewegung die Seilkräfte erhöht, und der Aufteilung der Gesamtkraft auf zwei Seile ergibt sich entspr. Gl. (7.10):

$$F_S = \frac{1}{2}\,[m(g + a) + F_R]$$
$$= \frac{1}{2}\,[2000\ \mathrm{kg}\,(9{,}81 + 1)\ \mathrm{m/s^2} + 196{,}2\ \mathrm{N}]$$
$$= 10\,908\ \mathrm{N} \approx 10{,}9\ \mathrm{kN}.$$

4. Seilkraft F_S bei beschleunigter Abwärtsbewegung
Dabei werden die Seilkräfte durch die Reibungskraft verringert. Sinngemäß zu 3. erhält man entspr. Gl. (7.11):

$$F_S = \frac{1}{2}\left[(g - a) - F_R\right]$$
$$= \frac{1}{2}\left[2000\,\text{kg}\,(9{,}81 - 1)\,\text{m/s}^2 - 196{,}2\,\text{N}\right]$$
$$= 8712\,\text{N} \approx 8{,}7\,\text{kN}.$$

7.1.3 Trägheitskraft, Prinzip von d'Alembert

Das Grundgesetz der Dynamik (Gl. (7.3)) kann auch in folgender Form geschrieben werden:

$$F - m \cdot a = 0$$

Darin ist F die Beschleunigungskraft bzw. die als Beschleunigungskraft wirkende Resultierende aus mehreren Kräften, m die Masse des beschleunigten Körpers und a die Beschleunigung. Das Produkt $m \cdot a$ hat die Einheit einer Kraft und wird als **Massenkraft** oder

Trägheitskraft $\boldsymbol{F_T = m \cdot a}$ (7.12)

bezeichnet. Sie ist der Beschleunigung oder der Verzögerung entgegengerichtet und hat ihre Ursache in der Trägheit des Körpers, die ihn nach dem Trägheitsgesetz in gleichförmig geradliniger Bewegung erhalten will und sich der Beschleunigung widersetzt. Die Trägheitskraft tritt nur bei beschleunigt (bzw. verzögert) bewegten Körpern auf. Sie kann als Reaktion des Körpers auf die an ihm angreifende Beschleunigungskraft aufgefasst werden und wirkt dieser entgegen.
Mit der Trägheitskraft gilt folgende Form für das

Grundgesetz der Dynamik: $\boldsymbol{F - F_T = 0}$ (7.13)

In der Fassung $F + (-F_T) = 0$ entspricht diese Gleichung der statischen Gleichgewichtsbedingung $\Sigma F = 0$. Auf diese Weise wird eine Problemstellung der Kinetik auf eine der Statik zurückgeführt, und zwar nach dem
Prinzip von d'Alembert[1]:

Die an einem beschleunigt bewegten Körper angreifenden Kräfte und die Trägheitskraft befinden sich im Gleichgewicht.

Man nennt diesen Gleichgewichtszustand auch **dynamisches** oder **kinetisches Gleichgewicht.**

[1] *Jean le Rond d'Alembert* (1717 bis 1783), franz. Gelehrter

Damit lässt sich eine Aufgabe der Kinetik wie eine entsprechende der Statik lösen, wenn man zu den am Körper angreifenden Kräften die Trägheitskraft F_T entgegen der Beschleunigungsrichtung wie eine äußere Kraft im Körperschwerpunkt hinzufügt (Bild 7.6b) und die Gleichgewichtsbedingungen aufstellt.

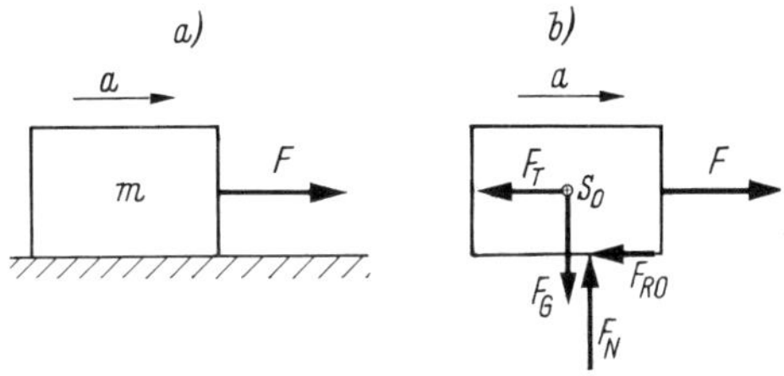

Bild 7.6 Zum Prinzip von d'Alembert
a) Körper in beschleunigter Bewegung, b) freigemachter Körper mit Trägheitskraft (S_0 Körperschwerpunkt)

Für die Anwendung des d'Alembertschen Prinzips empfehlen sich folgende **Arbeitsschritte:**

1. **Schritt:** Freimachen des zu betrachtenden Körpers und Eintragen der Trägheitskraft entgegen der Beschleunigungsrichtung.
2. **Schritt:** Aufstellen der Gleichgewichtsbedingungen unter Einbeziehung der Trägheitskraft.
3. **Schritt:** Auflösen der Gleichungen nach den gesuchten Größen und Errechnen der Beträge.

Beispiel 7.8
Auf der Ladefläche eines Lastkraftwagens steht eine 2500 kg schwere Maschine. Es ist zu prüfen, ob diese Ladung bei der maximal möglichen Anfahrbeschleunigung von 2 m/s² und einer Haftreibungszahl von 0,33 verrutschen kann.
Lösung:
Gegeben: $m = 2500\,\text{kg}$, $a = 2\,\text{m/s}^2$, $\mu_0 = 0{,}33$.
Gesucht: a_{zul} und Vergleich mit a.
1. Schritt: Bild 7.7 zeigt schematisch die freigemachte Maschine. Die Trägheitskraft F_T ist der Beschleunigung a entgegengerichtet im Schwerpunkt S_0 eingetragen. Die Haftreibungskraft F_{R0} nimmt die Ladung in Fahrtrichtung mit und verhindert das Verrutschen auf der Ladefläche.

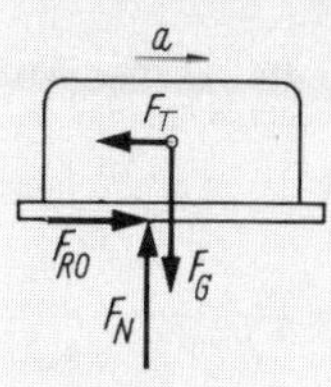

Bild 7.7 Schema der freigemachten Maschine mit Trägheitskraft

2. Schritt: Für dieses Kräftesystem lauten die Gleichgewichtsbedingungen (Gln. (2.14) und (2.15)):

$\Sigma F_x = F_{R0} - F_T = 0$ und $\Sigma F_y = F_N - F_G = 0.$

3. Schritt: Daraus folgen mit den Gln. (7.12), (5.1) und (7.4):

$F_T = m \cdot a = F_{R0} = \mu_0 \cdot F_N$ und $F_N = F_G = m \cdot g.$

Somit beträgt für den Grenzzustand der Ruhe unmittelbar vor Beginn des Rutschens die maximale Trägheitskraft

$F_{T\max} = m \cdot a_{zul} = \mu_0 \cdot m \cdot g$

und demnach die zulässige Beschleunigung

$a_{zul} = \mu_0 \cdot g = 0{,}33 \cdot 9{,}81\,\text{m/s}^2 = 3{,}237\,\text{m/s}^2 > a.$

Da die zulässige Beschleunigung größer ist als die mögliche, kann die Maschine während des Anfahrens nicht verrutschen. Die Lösungsgleichung zeigt, dass die Masse (das Gewicht) der Ladung keine Rolle spielt, sondern lediglich die Haftreibungszahl zwischen Ladung und Ladefläche maßgebend ist.

Beispiel 7.9
Ein 1200 kg schweres Kraftfahrzeug mit Hinterradantrieb wird aus dem Stand mit 2,5 m/s² gleichmäßig beschleunigt. Der Schwerpunkt des Fahrzeugs, das einen Radstand von 2400 mm hat, liegt in Fahrzeugmitte, und zwar 600 mm über dem Boden von allen vier Rädern gleich weit entfernt. Die Antriebskraft und die Achskräfte während der Beschleunigung sind für die Fahrwiderstandszahl 0,02 zu ermitteln.

Lösung:

Gegeben: $m = 1200\,\text{kg}, a = 2{,}5\,\text{m/s}^2, l = 2{,}4\,\text{m},$
$h = 0{,}6\,\text{m}, \mu_F = 0{,}02.$

Gesucht: F_a, F_H und F_V.

1. Schritt: Bild 7.8 zeigt die Skizze des freigemachten Fahrzeugs mit Trägheitskraft.

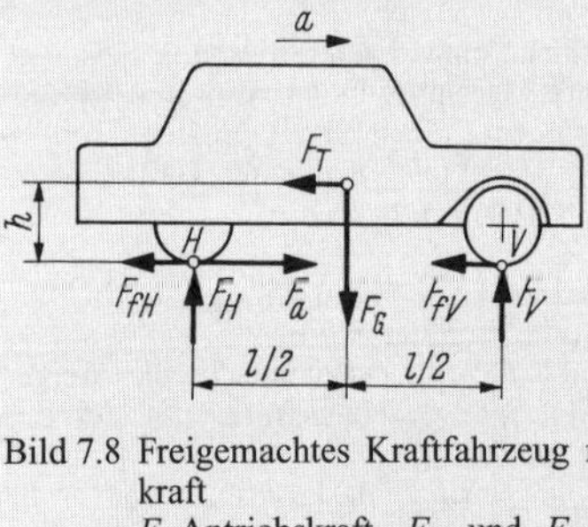

Bild 7.8 Freigemachtes Kraftfahrzeug mit Trägheitskraft
F_a Antriebskraft, F_V und F_H vordere und hintere Achskraft, F_{fV} und F_{fH} vordere und hintere Fahrwiderstandskraft

2. Schritt: Es handelt sich um ein allgemeines Kräftesystem mit den Gleichgewichtsbedingungen (Gln. (2.21) bis (2.23)):

$\Sigma F_x = F_a - F_T - F_{fH} - F_{fV} = 0,$

$\Sigma F_y = F_H + F_V - F_G = 0,$

$\Sigma M_{(H)} = F_T \cdot h - F_G \cdot 0{,}5l + F_V \cdot l = 0.$

3. Schritt: Mit der Gewichtskraft (Gl. (7.4))

$F_G = m \cdot g = 1200\,\text{kg} \cdot 9{,}81\,\text{m/s}^2 = 11\,772\,\text{N}$

und der Trägheitskraft (Gl. (7.12))

$F_T = m \cdot a = 1200\,\text{kg} \cdot 2{,}5\,\text{m/s}^2 = 3000\,\text{N}$

folgen aus $\Sigma M_{(H)} = 0$ die vordere Achskraft

$$F_V = \frac{F_G \cdot 0{,}5l - F_T \cdot h}{l} = \frac{11772\,\text{N} \cdot 0{,}5 \cdot 2{,}4\,\text{m} - 3000\,\text{N} \cdot 0{,}6\,\text{m}}{2{,}4\,\text{m}} = 5136\,\text{N},$$

aus $\Sigma F_y = 0$ die hintere Achskraft

$F_H = F_G - F_V = 11\,772\,\text{N} - 5136\,\text{N} = 6636\,\text{N}$

und mit dem Fahrwiderstand (entspr. Gl. (5.61))

$$F_f = F_{fV} + F_{fH} = \mu_F \cdot F_V + \mu_F \cdot F_H = \mu_F(F_V + F_H) = \mu_F \cdot F_G$$

aus $\Sigma F_x = 0$ die erforderliche Antriebskraft

$$F_a = F_T + F_{fH} + F_{fV} = F_T + F_f = F_T + \mu_F \cdot F_G = 3000\,\text{N} + 0{,}02 \cdot 11772\,\text{N} = 3235\,\text{N}.$$

Beispiel 7.10
Die im Beispiel 7.4 gestellte Aufgabe ist nach dem Prinzip von d'Alembert zu lösen.

Lösung:

Gegeben: $s = 5\,\text{m}, \alpha = 45°, \mu = 0{,}4.$

Gesucht: a und v.

1. Schritt: In die Skizze des freigemachten Pakets mit Trägheitskraft (Bild 7.9a) werden auch die Komponenten F_{Gx} und F_{Gy} der Gewichtskraft F_G eingetragen.

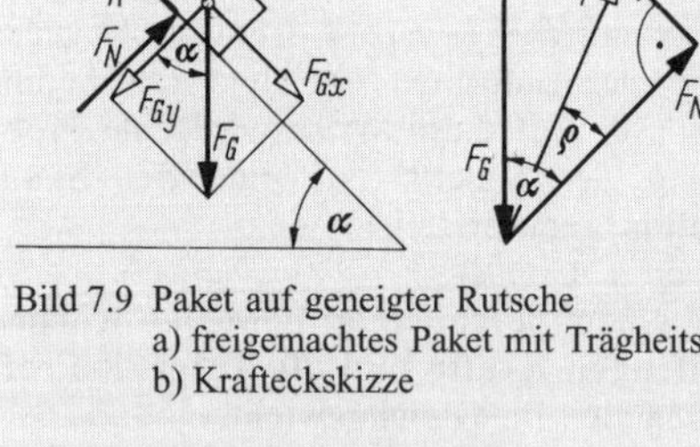

Bild 7.9 Paket auf geneigter Rutsche
a) freigemachtes Paket mit Trägheitskraft,
b) Krafteckskizze

2. Schritt: Für dieses Kräftesystem lauten die Gleichgewichtsbedingungen (Gln. (2.14) u. (2.15)):

$\Sigma F_x = F_{Gx} - F_T - F_R = 0$ und

$\Sigma F_y = F_N - F_{Gy} = 0.$

Die Krafteckskizze (Bild 7.9b) zeigt das Kräftegleichgewicht nach der zeichnerischen Gleichgewichtsbedingung (s. Abschn. 2.2.2).
3. Schritt: Mit $F_{Gx} = F_G \cdot \sin\alpha = m \cdot g \cdot \sin\alpha$, $F_{Gy} = m \cdot g \cdot \cos\alpha$, $F_T = m \cdot a$, $F_R = \mu \cdot F_N$ und $F_N = F_{Gy}$ (aus $\Sigma F_y = 0$) wird aus $\Sigma F_x = 0$:

$$m \cdot g \cdot \sin\alpha - m \cdot a - \mu \cdot m \cdot g \cdot \cos\alpha = 0.$$

Daraus folgt in Übereinstimmung mit Gl. (7.8) wie in Beisp. 7.4 die Beschleunigung

$$a = g(\sin\alpha - \mu \cdot \cos\alpha)$$
$$= 9{,}81\ \text{m/s}^2\ (\sin 45° - 0{,}4 \cdot \cos 45°) = 4{,}162\ \text{m/s}^2$$

und damit nach Gl. (6.10) ebenfalls wie in Beisp. 7.4 die erreichte Geschwindigkeit

$$v = \sqrt{2a \cdot s} = \sqrt{2 \cdot 4{,}162 \cdot 5}\ \text{m/s} = 6{,}45\ \text{m/s}.$$

Auch aus der Krafteckskizze erhält man Gl. (7.8) wie folgt:

$$\sin\alpha = \frac{F_T + F_R}{F_G} = \frac{m \cdot a + \mu \cdot F_N}{m \cdot g} = \frac{m \cdot a + \mu \cdot m \cdot g \cdot \cos\alpha}{m \cdot g},$$

nach Herauskürzen von m wird

$$a = g(\sin\alpha - \mu \cdot \cos\alpha).$$

7.1.4 Impuls, Impulssatz

Wenn in Aufgaben der Kinetik die Beschleunigung weder gegeben ist noch gesucht wird, ist es sinnvoll, im Grundgesetz der Dynamik (Gl. (7.3)) für die Beschleunigung $a = \Delta v/\Delta t$ (Gl. (6.5)) einzusetzen. Damit erhält es die Form: Beschleunigungskraft $F = m \cdot \Delta v/\Delta t$. Durch Multiplikation mit Δt entsteht daraus als Gleichung der

Impulssatz $\boldsymbol{F \cdot \Delta t = m \cdot \Delta v}$ (7.14)

Für das Produkt aus der Kraft F und dem Zeitabschnitt $\Delta t = t_2 - t_1$ sind die Bezeichnungen

Kraftstoß oder *Antrieb* $F \cdot \Delta t = F(t_2 - t_1)$

üblich mit der Einheit $\text{N} \cdot \text{s} = (\text{kg} \cdot \text{m/s}^2) \cdot \text{s} = \text{kg} \cdot \text{m/s}$. Das Produkt aus der Masse m und der Geschwindigkeit v heißt *Bewegungsgröße* oder

Impuls $\boldsymbol{p = F \cdot t = m \cdot v}$ (7.15)

mit der Einheit kg · m/s. Der Impuls[1] ist ein Vektor und hat die gleiche Richtung wie die Geschwindigkeit. Er ändert sich ständig bei jeder Beschleunigung.
Mit der Geschwindigkeitsänderung $\Delta v = v_2 - v_1$ beträgt die *Änderung der Bewegungsgröße* bzw. die *Impulsänderung*

$$m \cdot \Delta v = m(v_2 - v_1) = m \cdot v_2 - m \cdot v_1$$

Den mit Gl. (7.14) angegebenen Sachverhalt kann man nun in Worten ausdrücken als
Impulssatz:

Der Kraftstoß oder Antrieb einer Kraft ist gleich der Änderung des Impulses oder der Bewegungsgröße des beschleunigten Körpers.

Beim **Antrieb aus der Ruhelage** gilt mit der konstanten Kraft F und konstanter Masse m bei Beschleunigung in der Zeit t auf die Endgeschwindigkeit v die vereinfachte Fassung: $F \cdot t = m \cdot v$.

Mit der **Impulsänderung** $\boldsymbol{\Delta p = \Delta(m \cdot v)}$ erhält man für die Beschleunigungskraft $F = \Delta(m \cdot v)/\Delta t$. In dieser Form hat *Newton* sein zweites Gesetz angegeben. Es ist eine allgemein gültige Fassung des Grundgesetzes der Dynamik. Sie gilt nicht nur für konstante Massen, sondern kann mit Hilfe der Integralrechnung auch auf Bewegungsvorgänge mit veränderlicher Masse angewendet werden (z. B. bei einer Rakete, deren Masse bis zur restlosen Verbrennung des Treibstoffs ständig abnimmt).

Nach dem Impulssatz ist jede Beschleunigung oder Verzögerung eines Körpers gleichbedeutend mit einer Änderung seiner Bewegungsgröße. Um diese Änderung zu erreichen, muss die Beschleunigungs- oder Verzögerungskraft eine bestimmte Zeitspanne wirken, die u. U. sehr klein sein kann. Der Impulssatz eignet sich besonders für Aufgaben der Kinetik, bei denen die Zeit gegeben oder gesucht ist. Es muss jedoch beachtet werden, dass dann die Trägheitskraft $F_T = m \cdot a$ am freigemachten Körper nicht angetragen werden darf, da die Beschleunigung a in der Gl. (7.14) nicht vorkommt und eine Anwendung des Prinzips von d'Alembert nicht möglich ist.

Beispiel 7.11
In welcher Zeit kann eine 50 t schwere Lokomotive von 50 km/h auf 30 km/h mit einer Bremskraft von 40 kN verzögert werden, wenn die Fahrwiderstandszahl 0,002 beträgt? Wie lang ist dabei der Verzögerungsweg?
Lösung:
Gegeben: $m = 50\ \text{t} = 50\,000\ \text{kg}$, $v_1 = 50\ \text{km/h} = 13{,}89\ \text{m/s}$, $v_2 = 30\ \text{km/h} = 8{,}33\ \text{m/s}$, $F_b = 40\ \text{kN} = 40\,000\ \text{N}$, $\mu_F = 0{,}002$.
Gesucht: t und s.
1. Verzögerungszeit t
Die Bremskraft F_b wird verstärkt durch den Fahrwiderstand (Gl. (5.61))

$$F_f = \mu_F \cdot m \cdot g = 0{,}002 \cdot 50\,000\ \text{kg} \cdot 9{,}81\ \text{m/s}^2 = 981\ \text{N}.$$

[1] *impulsus* (lat.) = Stoß, Anstoß, Antrieb

Mit $F_R = F_f$ beträgt die Verzögerungskraft (Gl. (7.6)):

$$F = F_b + F_f = (40000 + 981)\,N = 40981\,N$$
$$= 40981\,kg\,m/s^2,$$

die in Gl. (7.14) als negative Beschleunigungskraft einzusetzen ist. Daraus folgt:

$$t = \Delta t = \frac{m \cdot \Delta v}{-F} = \frac{m(v_2 - v_1)}{-F}$$
$$= \frac{50000\,kg\,(8{,}33 - 13{,}89)\,m/s}{-40981\,kg\,m/s^2}$$
$$= 6{,}784\,s.$$

2. Verzögerungsweg s
Sinngemäß nach Gl. (6.14):

$$s = \frac{v_1 + v_2}{2}\,t = \frac{(13{,}89 + 8{,}33)\,m/s}{2}\,6{,}784\,s = 75{,}37\,m.$$

Beispiel 7.12
Der Tisch einer Langhobelmaschine soll mit Werkstück aus dem Stillstand in 0,4 s auf eine Geschwindigkeit von 40 m/min beschleunigt werden. Tisch und Werkstück wiegen zusammen 9800 kg. Welche Antriebskraft ist bei einer Reibungszahl von 0,05 erforderlich?
Lösung:
Gegeben: $t = 0{,}4\,s$, $v = 40\,m/min = 0{,}667\,m/s$,
$m = 9800\,kg$, $\mu = 0{,}05$.
Gesucht: F_a.
Setzt man $F = F_a - F_R$ (Gl. (7.5)) und $\Delta t = t$ sowie $\Delta v = v$ in Gl. (7.14) ein, so wird

$$F \cdot t = (F_a - F_R)\,t = m \cdot v.$$

Mit $F_R = \mu \cdot F_N$ und $F_N = F_G = m \cdot g$ folgt daraus die erforderliche Antriebskraft

$$F_a = \frac{m \cdot v}{t} + \mu \cdot m \cdot g = m\left(\frac{v}{t} + \mu \cdot g\right)$$
$$= 9800\,kg\left(\frac{0{,}667\,m/s}{0{,}4\,s} + 0{,}05 \cdot 9{,}81\,m/s^2\right)$$
$$= 21148\,N.$$

Der Impulssatz gilt nicht nur für einen Einzelkörper, den man als Massenpunkt (Körpermasse im Schwerpunkt vereinigt) auffassen kann, sondern auch für ein System aus mehreren Körpern (Massenpunkthaufen). Der Gesamtimpuls eines Systems mit der Gesamtmasse $m = \Sigma m_i = m_1 + m_2 + \ldots$ ist die Summe der Teilimpulse $m_i \cdot \Delta v_i$. Entspr. Gl. (7.15) beträgt somit der

Gesamtimpuls $\boldsymbol{p_{ges} = \Sigma(m_i \cdot \Delta v_i)}$ (7.16)

Wenn auf ein System keine äußeren Kräfte einwirken oder die Resultierende der äußeren Kräfte null ist, gilt mit der Geschwindigkeitsänderung $\Delta v_i = v_{i2} - v_{i1}$ der Teilmassen für die Änderung der Bewegungsgröße des gesamten Systems:

$$\Sigma(m_i \cdot v_{i2}) - \Sigma(m_i \cdot v_{i1}) = 0$$

Daraus folgt bei $F = 0$ für die

Summe der Bewegungsgrößen
$\boldsymbol{\Sigma(m_i \cdot v_{i2}) = \Sigma(m_i \cdot v_{i1})}$ (7.17)

In Worten ausgedrückt ist das der *Impulserhaltungssatz:*

> **Solange auf ein Körpersystem keine äußeren Kräfte einwirken, ist die Summe aller Bewegungsgrößen unveränderlich, der Gesamtimpuls bleibt konstant.**

Dieser Satz wird vor allem bei der Berechnung von Stoßvorgängen angewendet (s. Abschn. 7.3).

Beispiel 7.13
Eine 40 t schwere Lokomotive fährt mit der Geschwindigkeit 4 km/h auf einen stillstehenden 12 t schweren Waggon und kuppelt diesen automatisch an. Welche gemeinsame Geschwindigkeit haben beide Fahrzeuge nach dem Ankuppeln, wenn die Reibung vernachlässigt wird?
Lösung:
Gegeben: $m_1 = 40\,t$, $v_{11} = 4\,km/h$, $m_2 = 12\,t$, $v_{21} = 0$.
Gesucht: v.
Nach dem Impulserhaltungssatz (Gl. (7.17)) ist

$$m_1 \cdot v_{12} + m_2 \cdot v_{22} = m_1 \cdot v_{11} + m_2 \cdot v_{21}.$$

Daraus wird mit $v_{21} = 0$ und $v_{12} = v_{22} = v$, da beide Fahrzeuge nach dem Ankuppeln gleiche Geschwindigkeit haben.

$$(m_1 + m_2)\,v = m_1 \cdot v_{11} + 0.$$

Folglich beträgt die gemeinsame Geschwindigkeit

$$v = \frac{m_1 \cdot v_{11}}{m_1 + m_2} = \frac{40\,t \cdot 4\,km/h}{(40 + 12)\,t} = 3{,}08\,km/h.$$

Praxishinweis
Die Trägheit der Masse ist Ursache für die Kraft, mit der Fahrzeuginsassen beim Beschleunigen in den Sitz hineingedrückt und bei starkem Bremsen aus dem Sitz herausbewegt werden. Der Aufprall auf ein Hindernis kann eine so große Verzögerung hervorrufen, dass ein Körper u. U. mit weit mehr als seiner 20fachen Gewichtskraft gegen die Windschutzscheibe geschleudert wird.
In der Technik wurde bis zur gesetzlichen Einführung der SI-Einheit das Technische Maßsystem angewendet mit der Krafteinheit Kilopond (kp), die wie folgt definiert war: 1 kp ist die Gewichtskraft der Masse 1 kg. Somit ist 1 kp = 9,81 N ≈ 10 N. Außerdem war die auf das Volumen bezogene Gewichtskraft üblich mit der Bezeichnung **spezifisches Gewicht** oder **Wichte** γ. Diese Größe soll nicht mehr angewendet werden, sondern nur noch die Dichte ϱ (Gl. (7.1)). In der Förder- und Lagertechnik ist bei aufgeschütteten Materialien (Schüttgütern) zu unterscheiden zwischen der Materialdichte und der Schüttdichte, bei der die Luftzwischenräume zwischen den Materialteilchen berücksichtigt sind.

Kontrollfragen:
- Wie lautet das Trägheitsgesetz?
- Wie lautet das Grundgesetz der Dynamik und die danach abgeleitete Definition der Krafteinheit?
- Was versteht man nach dem Prinzip von d'Alembert unter dynamischem oder kinetischem Gleichgewicht?
- Wie lauten der Impulssatz und der Impulserhaltungssatz?

7.2 Arbeit, Energie, Leistung

Lernziele:
- Die Definitionen der mechanischen Arbeit, der Energie, der Leistung, des Wirkungsgrades und der zugehörigen Einheiten angeben.
- Die grafische Darstellung der Arbeit und der Leistung erklären.
- Die verschiedenen Energiearten der Mechanik und deren Umwandlungen erläutern.
- Den Energiesatz bei technischen Berechnungen anwenden.
- Für praktische Fälle aus der Technik die Arbeit, die Leistung, die Einzelwirkungsgrade und den Gesamtwirkungsgrad berechnen.

7.2.1 Arbeit einer Kraft

Um Vorgänge in der Technik einfach und übersichtlich darstellen zu können, ist es vorteilhaft, den Zusammenhang zwischen der Kraft und dem Weg zu kennen, auf den sich ihre Wirkung erstreckt, z. B. beim Heben und Senken von Lasten, beim Spannen von Federn, beim Bewegen von Fahrzeugen. Soll beispielsweise der in Bild 7.10a skizzierte Wagen von A nach B

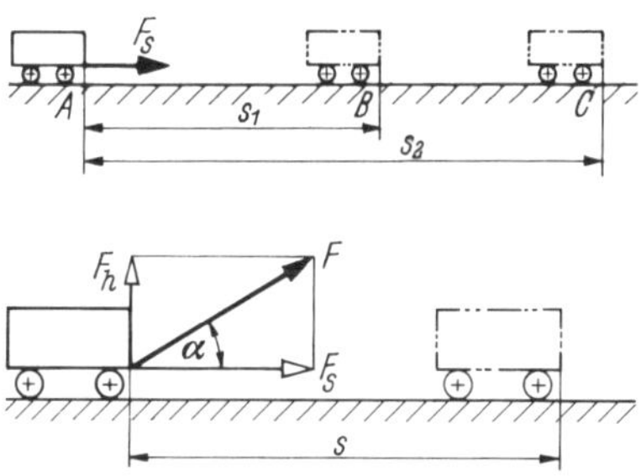

Bild 7.10 Wagen auf waagerechter ebener Bahn
a) Verschiebekraft F_s wirkt in Wegrichtung,
b) Kraft F wirkt unter dem Winkel α zur Wegrichtung

gelangen, so muss zur Überwindung des Fahrwiderstandes die in Wegrichtung wirkende Verschiebekraft F_s längs der Wegstrecke s_1 aufgewendet werden. Soll er von A nach C gelangen, so ist wegen der längeren Wegstrecke s_2 ein größerer Aufwand erforderlich. Greift wie in Bild 7.10b an dem Wagen eine Kraft F unter dem Winkel α an, so wirkt nur deren in Wegrichtung liegende Komponente $F_s = F \cdot \cos\alpha$ als Verschiebekraft. Die zur Wegrichtung senkrechte (Hub-)Komponente F_h ist auf die waagerechte Bewegung ohne Einfluss.

In der Mechanik wird eine Kraft und der von ihrem Angriffspunkt zurückgelegte Weg im Begriff der Arbeit W (von *work*, engl.) als Produkt aus Kraft und Weg erfasst. Für eine konstante Kraft F, die unter dem Winkel α zur Bewegungsrichtung auf der Wegstrecke s wirkt, beträgt mit der Verschiebekomponente F_s die

mechanische Arbeit

$$W = F_s \cdot s = F \cdot \cos\alpha \cdot s \qquad (7.18)$$

Bei $\alpha = 0°$ (Bild 7.9a) ist $F_s = F$. Somit lautet die *Definition der mechanischen Arbeit:*

Arbeit ist das Produkt aus einer in Richtung des Weges wirkenden Kraft und der von ihrem Angriffspunkt zurückgelegten Wegstrecke.

In Kurzfassung: **Arbeit gleich Kraft mal Weg.**

Die Arbeit ist keine vektorielle Größe, sondern ein Skalar (s. Abschn. 2.1.1). Ihre Einheit ist das J (Joule[1)], gespr.: dschul) mit der Definition:

1 J ist gleich der Arbeit, die verrichtet wird, wenn der Angriffspunkt einer Kraft von 1 N um 1 m verschoben wird.

In Verbindung mit der gesetzlichen Leistungseinheit W (Watt, s. Abschn. 7.2.3) wird als Arbeitseinheit auch die Ws (Wattsekunde) verwendet. Es gelten folgende Beziehungen:

$$1\,\text{J} = 1\,\text{Nm} = 1\,\text{Ws} = 1\,\text{kg m}^2/\text{s}^2,\ 1000\,\text{J} = 1\,\text{kJ}.$$

Trägt man in einem rechtwinkligen Koordinatensystem die Kraft F über den Weg s auf, so entsteht ein **Arbeitsdiagramm**, auch Kraft-Weg- oder F,s-Diagramm genannt (Bild 7.11). Die Fläche A unter der Kraft-Weg-Linie entspricht der Arbeit W. Sie kann aus dem Flächeninhalt unter Berücksichtigung des Zeichenmaßstabs er-

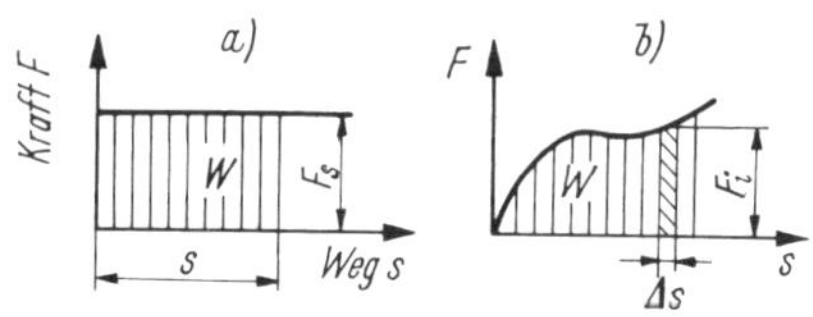

Bild 7.11 Kraft-Weg-Diagramme
a) bei konstanter Kraft, b) bei veränderlicher Kraft

1) *James P. Joule* (1818 bis 1889), engl. Physiker

rechnet werden. Bei **veränderlicher Kraft** wird die Fläche in möglichst viele schmale Streifen der Breite Δs aufgeteilt (Bild 7.11b). Mit der jeweiligen Kraft F_i ergibt sich dann ein Näherungswert für die über dem Weg $s = \Sigma\,\Delta s$ verrichtete **Arbeit** $\boldsymbol{W \approx \Sigma(F_i \cdot \Delta s)}$. Je kleiner Δs gewählt wird, umso genauer ist die errechnete Arbeit.

Beispiel 7.14
Eine Zugmaschine zieht entspr. Bild 7.12a mit konstanter Geschwindigkeit einen Anhänger mit 5 t Gesamtgewicht. Wie groß sind die Zugkraft in der Zugstange und die am Hänger verrichtete Arbeit nach 6 km Fahrstrecke bei einer Fahrwiderstandszahl von 0,025?

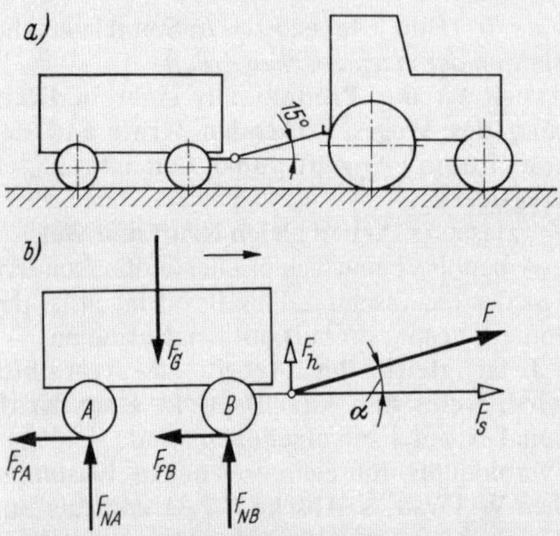

Bild 7.12 Zugmaschine mit Anhänger
a) vereinfachte Darstellung, b) freigemachter Anhänger

Lösung:
Gegeben: $m = 5\,\text{t}, \alpha = 15°, s = 6\,\text{km} = 6000\,\text{m}$, $\mu_F = 0{,}025$.
Gesucht: F und W.
1. Zugkraft F
Die Kräfte am freigemachten Fahrzeug befinden sich im Gleichgewicht (Bild 7.12b). Wegen der konstanten Geschwindigkeit tritt keine Trägheitskraft auf. Für die Kräfte in Fahrtrichtung gilt

$F_s - F_{fA} - F_{fB} = 0$ und senkrecht dazu

$F_{NA} + F_{NB} + F_h - F_G = 0.$

Mit $F_s = F \cdot \cos\alpha$, $F_h = F \cdot \sin\alpha$, $F_{fA} = \mu_F \cdot F_{NA}$, $F_{fB} = \mu_F \cdot F_{NB}$ und $F_G = m \cdot g$ folgen daraus

$F \cdot \cos\alpha - \mu_F(F_{NA} + F_{NB}) = 0$ (I) und

$F_{NA} + F_{NB} = m \cdot g - F \cdot \sin\alpha$ (II).

Gl. (II) in (I) eingesetzt, ergibt nach Klammerauflösung:

$F \cdot \cos\alpha - \mu_F \cdot m \cdot g + \mu_F \cdot F \cdot \sin\alpha = 0$ oder

$F(\cos\alpha + \mu_F \cdot \sin\alpha) - \mu_F \cdot m \cdot g = 0.$

Somit wird

$$F = \frac{\mu_F \cdot m \cdot g}{\cos\alpha + \mu_F \cdot \sin\alpha} = \frac{0{,}025 \cdot 5\,\text{t} \cdot 9{,}81\,\text{m/s}^2}{\cos 15° + 0{,}025 \cdot \sin 15°} = 1{,}261\,\text{kN}.$$

2. Arbeit W
Nach Gl. (7.18):

$$W = F \cdot \cos\alpha \cdot s = 1{,}261\,\text{kN} \cdot \cos 15° \cdot 6000\,\text{m} = 7308\,\text{kNm} \approx 7{,}31\,\text{MJ}.$$

Wirkt die Kraft in Bewegungsrichtung, so ist die Arbeit positiv, man sagt, die Arbeit wird zugeführt. Wirkt sie der Bewegungsrichtung entgegen, so ist die Arbeit negativ und man spricht von abgeführter oder entzogener Arbeit (z. B. Bremsarbeit). Nach der Art der mechanischen Arbeit unterscheidet man Reibungsarbeit, Hubarbeit, Federarbeit (Formänderungsarbeit), Beschleunigungsarbeit und Dreharbeit (bei Drehbewegung).

Der in Bild 7.13 gezeigte Körper wird gleichförmig bewegt, wenn die Verschiebekraft

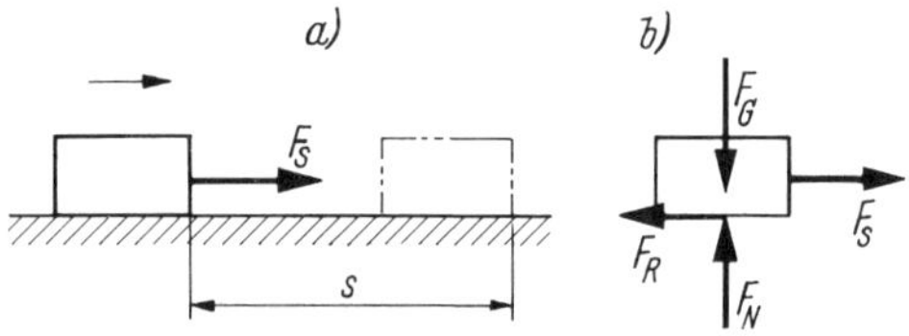

Bild 7.13 Zur Reibungsarbeit
a) gleichförmig bewegter Körper, b) freigemachter Körper

$F_s = F_R = \mu \cdot F_N$ ist. Über der Wegstrecke beträgt nach Gl. (7.18) die

Reibungsarbeit

$$\boldsymbol{W_R = F_R \cdot s = \mu \cdot F_N \cdot s} \tag{7.19}$$

Für die Gleitreibungszahl μ ist bei rollenden Körpern oder Fahrzeugen die Rollreibungszahl μ_R bzw. die Fahrwiderstandszahl μ_F einzusetzen.
Wenn ein Körper der Masse m gleichförmig aufwärts bewegt werden soll (Bild 7.14a), muss die

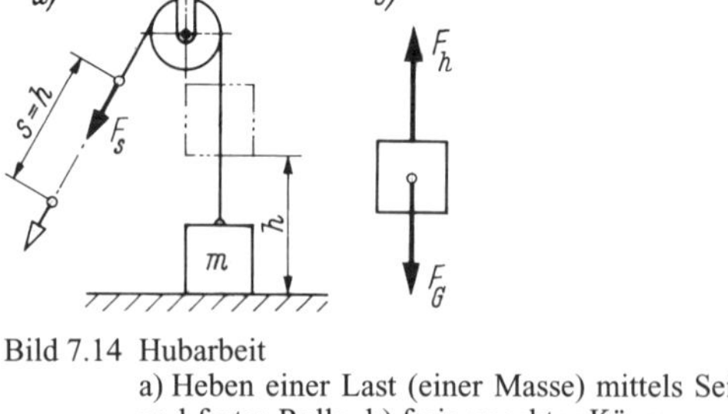

Bild 7.14 Hubarbeit
a) Heben einer Last (einer Masse) mittels Seil und fester Rolle, b) freigemachter Körper

Hubkraft F_h der Gewichtskraft F_G entgegen wirken (Bild 7.14b). Dabei wird längs der Hubhöhe h mit $F_h = F_G = m \cdot g$ die

Hubarbeit $\boldsymbol{W_h = F_G \cdot h = m \cdot g \cdot h}$ (7.20)

verrichtet. Unter Vernachlässigung der Reibung ist an dem über eine Rolle geführten Seilende eine gleich große Arbeit $W = F_s \cdot s = F_G \cdot h = W_h$ aufzuwenden.

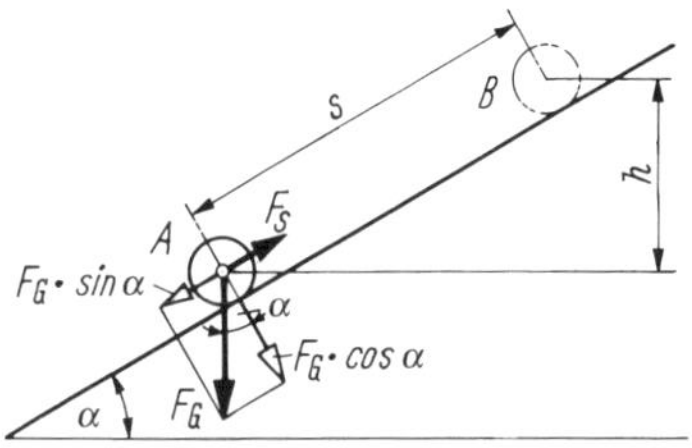

Bild 7.15 Gleichförmige Aufwärtsbewegung eines Körpers auf geneigter Ebene

Wird ein Körper auf einer geneigten Ebene (Bild 7.15) von A nach B gleichförmig aufwärts bewegt, so legt er die Strecke s zurück und wird dabei um die Höhe h gehoben. Ohne Berücksichtigung der Reibung ist die Kraft F_s gleich der abwärts gerichteten Komponente $F_G \cdot \sin\alpha$ der Gewichtskraft F_G. Sie verrichtet die Arbeit $W = F_s = F_G \cdot \sin\alpha \cdot s$. Da aber $\sin\alpha \cdot s = h$ ist, wird $W = F_G \cdot h$. Die Hubarbeit auf der geneigten Ebene und die beim senkrechten Heben sind also gleich. Das gilt auch für jede andere Aufwärtsbewegung auf beliebiger Bahn und bedeutet:

Die Hubarbeit ist von der Form des Weges unabhängig und immer gleich dem Produkt aus Gewichtskraft und Hubhöhe.

Bei beschleunigter Bewegung eines Körpers verrichtet eine konstante Beschleunigungskraft $F = m \cdot a$ längs des Beschleunigungsweges s die

Beschleunigungsarbeit

$\boldsymbol{W_a = F \cdot s = m \cdot a \cdot s}$ (7.21)

Beispiel 7.15

Auf einer unter 40° zur Waagerechten geneigten 6 m langen Rutsche (Bild 7.16) werden 100 kg schwere Säcke mit einer konstanten Kraft von 1 kN aufwärts gezogen. Wie groß sind die Hubarbeit, die Reibungsarbeit bei einer Gleitreibungszahl von 0,35, die Beschleunigung, die Beschleunigungsarbeit und die insgesamt verrichtete Arbeit?

Lösung:

Gegeben: $m = 100\,\text{kg}$, $F_s = 1\,\text{kN} = 1000\,\text{N}$, $\alpha = 40°$, $s = 6\,\text{m}$, $\mu = 0{,}35$.

Gesucht: W_h, W_R, a, W_a und W_{ges}.

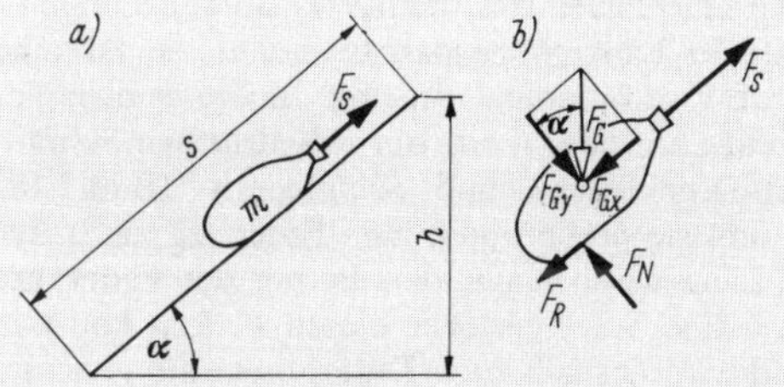

Bild 7.16 Hochziehen von Säcken auf einer geneigten Rutsche
a) Rutsche mit Sack, b) freigemachter Sack

1. Hubarbeit W_h

Mit der Hubhöhe $h = s \cdot \sin\alpha$ nach Gl. (7.20):

$$W_h = F_G \cdot h = m \cdot g \cdot s \cdot \sin\alpha$$
$$= 100\,\text{kg} \cdot 9{,}81\,\frac{\text{m}}{\text{s}^2} \cdot 6\,\text{m} \cdot \sin 40°$$
$$= 3783{,}4\,\frac{\text{kg}\,\text{m}^2}{\text{s}^2} = 3783{,}4\,\text{J}.$$

2. Reibungsarbeit W_R

Nach Bild 7.16b folgt aus $\Sigma F_y = F_N - F_{Gy} = 0$ die Normalkraft

$$F_N = F_{Gy} = m \cdot g \cdot \cos\alpha = 100\,\text{kg} \cdot 9{,}81\,\frac{\text{m}}{\text{s}^2} \cdot \cos 40°$$
$$= 751{,}5\,\text{N}.$$

Damit wird nach Gl. (7.19):

$$W_R = \mu \cdot F_N \cdot s = 0{,}35 \cdot 751{,}5\,\text{N} \cdot 6\,\text{m}$$
$$= 1578{,}2\,\text{Nm} = 1578{,}2\,\text{J}.$$

3. Beschleunigung a

Nach dem Prinzip von d'Alembert folgt mit $F_T = m \cdot a$, $F_R = \mu \cdot F_N$ und $F_{Gx} = m \cdot g \cdot \sin\alpha$ für $\Sigma F_x = 0$:

$$F_s - \mu \cdot F_N - m \cdot g \cdot \sin\alpha - m \cdot a = 0$$

und daraus

$$a = \frac{F_s - \mu \cdot F_N}{m} - g \cdot \sin\alpha$$
$$= \frac{(1000 - 0{,}35 \cdot 751{,}5)\,\text{kg}\,\text{m}}{100\,\text{kg}} - 9{,}81\,\frac{\text{m}}{\text{s}^2} \cdot \sin 40°$$
$$= 1{,}064\,\text{m/s}^2.$$

4. Beschleunigungsarbeit W_a

Nach Gl. (7.21):

$$W_a = m \cdot a \cdot s = 100\,\text{kg} \cdot 1{,}064\,\frac{\text{m}}{\text{s}^2} \cdot 6\,\text{m}$$
$$= 638{,}4\,\frac{\text{kg}\,\text{m}^2}{\text{s}^2} = 638{,}4\,\text{J}.$$

5. Gesamtarbeit W_{ges}

Entspr. Gl. (7.18):

$$W_{ges} = F_s \cdot s = 1\,\text{kN} \cdot 6\,\text{m} = 6\,\text{k\,Nm} = 6\,\text{kJ}$$

oder als Summe aus Hubarbeit, Reibungsarbeit und Beschleunigungsarbeit:

$$W_{ges} = W_h + W_R + W_a = (3783{,}4 + 1578{,}2 + 638{,}4)\,\text{J}$$
$$= 6000\,\text{J} = 6\,\text{kgJ}.$$

Soll eine Feder von der ungespannten Länge L_0 auf die Länge L gespannt werden, so ist eine Kraft F erforderlich, die mit zunehmendem Federweg s größer wird. Bei zylindrischen Schrauben-Druckfedern und -Zugfedern (Bild 7.17) nimmt sie proportional zum Federweg zu, u. zw. je Längeneinheit um den Betrag der **Federrate** $\boldsymbol{R = F/s}$. Sie bleibt bei diesen Federn konstant und wird deshalb auch **Federkonstante** genannt. Die Federrate entspricht der Steigung der Federkennlinie im Federdiagramm (einem Arbeitsdiagramm) und die Dreiecksfläche unterhalb der Kennlinie der

Federarbeit $$W_F = \frac{F \cdot s}{2} = \frac{R \cdot s^2}{2} \qquad (7.22)$$

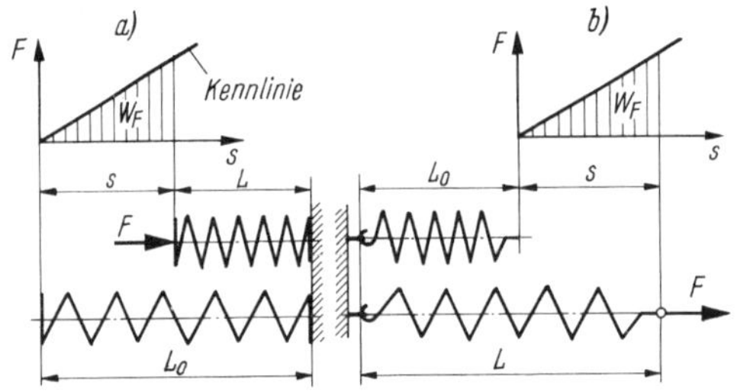

Bild 7.17 Federarbeit
a) an einer Druckfeder, b) an einer Zugfeder

Diese Gleichung gilt allgemein für alle Federarten mit linearer Kennlinie, z. B. auch für Blattfedern, Schenkelfedern, Drehstabfedern. Durch die Arbeit einer Kraft F wird die Federform verändert (eine Zugfeder wird verlängert, eine Druckfeder verkürzt, eine Blattfeder gebogen), weshalb man die Federarbeit auch als **Formänderungsarbeit** bezeichnet. Da die Werkstoffe nicht starr, sondern mehr oder weniger elastisch sind, findet bei jeder Krafteinwirkung auf einen Körper eine Formänderung statt. Es ist zu unterscheiden zwischen elastischer Formänderung, die nach Aufheben der Kraftwirkung zurückgeht, und plastischer Formgebung, die in der Fertigung beim spanlosen Umformen stattfindet. Geringe elastische Formänderungen sind praktisch meistens ohne Bedeutung.

Beispiel 7.16
Eine zylindrische Schrauben-Druckfeder mit einer Federrate von 20 N/mm wird als Ventilfeder auf 400 N vorgespannt (Bild 7.18). Der Ventilhub beträgt 10 mm. Es sind die Federkraft bei geöffnetem Ventil und die Federarbeit für einen Hub zu errechnen.
Lösung:
Gegeben: $R = 20$ N/mm, $F_1 = 400$ N, $h = 10$ mm.
Gesucht: F_2 und W_F.
1. Federkraft F_2 bei geöffnetem Ventil
Aus der Federrate $R = F/s$ folgt der bei F_1 erreichte Federweg

$$s_1 = \frac{F_1}{R} = \frac{400\,\text{N}}{20\,\text{N/mm}} = 20\,\text{mm}.$$

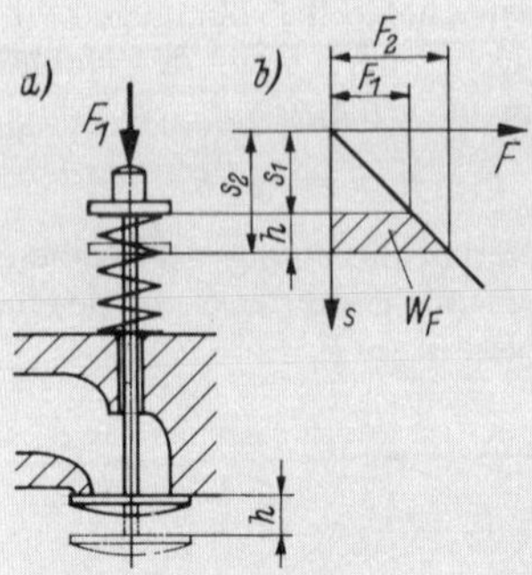

Bild 7.18 Ventilfeder
a) Anordnung, b) Federdiagramm

Damit beträgt nach Bild 7.18b bei geöffnetem Ventil der Federweg

$$s_2 = s_1 + h = 20\,\text{mm} + 10\,\text{mm} = 30\,\text{mm}$$

und

$$F_2 = s_2 \cdot R = 30\,\text{mm} \cdot 20\,\text{N/mm} = 600\,\text{N}.$$

2. Federarbeit W_F für einen Ventilhub
Sie entspricht der im Federdiagramm (Bild 7.18b) schraffierten Trapezfläche und beträgt (sinngemäß nach Gl. (7.22)):

$$W_F = \frac{F_1 + F_2}{2}\,h = \frac{(400 + 600)\,\text{N}}{2}\,10\,\text{mm}$$
$$= 5000\,\text{Nmm} = 5\,\text{J}.$$

7.2.2 Energie und Energiesatz

Eine gespannte Feder ist in der Lage, beim Entspannen Arbeit zu verrichten. Sie speichert die beim Spannen aufgewendete Arbeit, die sie wieder abgeben kann. Ein auf eine bestimmte Höhe gehobener Körper ist ebenfalls in der Lage, Arbeit zu verrichten, z. B. der herabfallende Bär eines Fallhammers. Beim Heben eines Körpers wird Hubarbeit aufgewendet. Sie ist an den Körper gebunden. Lässt man ihn fallen, so kann er Arbeit verrichten, beispielsweise die Verformungsarbeit an einem Werkstück. Die Fähigkeit eines Körpers, Arbeit zu speichern und Arbeit zu verrichten, wird als Arbeitsvermögen bezeichnet, die gespeicherte Arbeit als **Energie.** Somit gilt:

Energie ist gespeicherte Arbeit.

Arbeit und Energie sind gleichartige skalare Größen mit derselben Einheit, dem Joule (J). Der Unterschied besteht darin, dass es sich bei der Arbeit um einen Vorgang (Heben, Beschleunigen, Verformen eines Körpers) und bei der Energie um einen Zustand gespeicherter

Arbeit handelt:

Arbeit ist ein Vorgang, Energie ein Zustand.

Zur Unterscheidung wird für die Energie als Formelzeichen der Buchstabe E verwendet. In der Mechanik kommen zwei Energiearten vor: die **Energie der Lage** oder **potenzielle Energie** $\boldsymbol{E_p}$ und die **Energie der Bewegung** oder **kinetische Energie** $\boldsymbol{E_k}$.

Um einen Körper der Masse m auf die Höhe h zu heben, bedarf es der Hubarbeit $W_h = F_G \cdot h = m \cdot g \cdot h$ (Gl. (7.20)). Fällt er in seine Ausgangslage zurück, so gibt der Körper die gleiche Arbeit wieder ab. Er besitzt also gegenüber seiner Ausgangslage ein Arbeitsvermögen, die Energie der Lage oder

potenzielle Energie $\boldsymbol{E_p = m \cdot g \cdot h}$ (7.23)

Sie hat ihre Ursache in der um den senkrechten Abstand h gegenüber einer Bezugsebene höher gelegenen Position des Körpers. Körper gleicher Masse haben in gleicher Höhe über einer Bezugsebene eine gleich große potenzielle Energie. Diese ist nur von der Gewichtskraft F_G und der Höhe h abhängig. Es spielt keine Rolle, auf welchem Wege der Körper die Höhe erreicht hat.

Das in einer gespannten Feder infolge der an ihr verrichteten Formänderungs- oder **Federarbeit** gespeicherte Arbeitsvermögen ist ebenfalls **potenzielle Energie.** Sie wird auch als Verformungs- oder **Formänderungsenergie** $\boldsymbol{E_F}$ bezeichnet und kann für Federn mit linearer Kennlinie wie die Federarbeit W_F nach Gl. (7.22) errechnet werden.

Auch Körper, die sich in Bewegung befinden, besitzen Energie. In ihnen ist die aufgewendete Beschleunigungsarbeit gespeichert. Beim Aufprall eines Körpers auf ein Hindernis wird sie in Formänderungsarbeit umgewandelt. Soll ein Körper auf dem Weg s beschleunigt werden, so ist eine Beschleunigungsarbeit $W_a = F \cdot s = m \cdot a \cdot s$ nach Gl. (7.21) erforderlich. Das Abbremsen bis zum Ausgangszustand (Ruhelage oder Anfangsgeschwindigkeit) erfordert eine Brems- oder Verzögerungsarbeit von gleichem Betrag. Bei gleichmäßiger Beschleunigung aus der Ruhelage gilt mit $a = v/t$ (Gl. (6.6)) und $s = v \cdot t/2$ (Gl. (6.9)) für die Beschleunigungsarbeit

$$W_a = F \cdot s = m \cdot a \cdot s = m \cdot \frac{v}{t} \cdot \frac{v \cdot t}{2} = m\,\frac{v^2}{2}$$

Die verrichtete Arbeit ist gleich dem Arbeitsvermögen des Körpers. Somit beträgt die durch den jeweiligen Geschwindigkeitszustand gegebene Bewegungsenergie oder

kinetische Energie $\boldsymbol{E_k = m\,\frac{v^2}{2}}$ (7.24)

Die Herleitungen der Gln. (7.23) und (7.24) enthalten in vereinfachter mathematischer Form den *Arbeitssatz:*

Die mechanische Energie eines Körpers ist gleich der von einer äußeren Kraft auf einem bestimmten Weg verrichteten Arbeit.

Bei der kinetischen Energie nach Gl. (7.24) handelt es sich um die **Translationsenergie.** Ein sich drehender Körper besitzt ebenfalls kinetische Energie, die **Rotationsenergie** (s. Abschn. 7.4.4). Außer den mechanischen Energien, der potenziellen und der kinetischen Energie, gibt es noch weitere **Energieformen**, wie die Wärmeenergie, die elektrische Energie, die magnetische Energie, die chemische Energie, die Strahlungsenergie. Für alle Energieformen gilt die Einheit der Arbeit (s. Abschn. 7.2.1). In der Elektrotechnik wird auch ein Vielfaches der Wattsekunde (Ws), die Kilowattstunde (kWh), verwendet. Es bestehen folgende Beziehungen:

$$1\ \text{kWh} = 3600\ \text{kWs} = 3600\ \text{kNm} = 3600\ \text{kJ}$$
$$= 3{,}6\ \text{MJ}$$

Beispiel 7.17
Eine 2 t schwere Fallbirne zur Zerkleinerung von Gussschrott fällt aus einer Höhe von 4 m frei herab. Wie groß sind die Auftreffgeschwindigkeit und die zur Verfügung stehende Schlagenergie?
Lösung:
Gegeben: $m = 2\ \text{t} = 2000\ \text{kg}$, $h = 4\ \text{m}$.
Gesucht: v und E.
1. Auftreffgeschwindigkeit v
Sie ist gleich der Fallgeschwindigkeit nach Gl. (6.19):

$$v = \sqrt{2g \cdot h} = \sqrt{2 \cdot 9{,}81\ \text{m/s}^2 \cdot 4\ \text{m}} = 8{,}859\ \text{m/s}.$$

2. Schlagenergie E
Sie ist gleich der mit v erreichten kinetischen Energie nach Gl. (7.24):

$$E = E_k = m\,\frac{v^2}{2} = 2000\ \text{kg}\,\frac{(8{,}859\ \text{m/s})^2}{2}$$
$$= 78\,480\ \frac{\text{kg m}^2}{\text{s}^2} = 78{,}48\ \text{kJ},$$

aber auch gleich der bei h vorhandenen potenziellen Energie nach Gl. (7.23):

$$E = E_p = m \cdot g \cdot h = 2000\ \text{kg} \cdot 9{,}81\ \frac{\text{m}}{\text{s}^2} \cdot 4\ \text{m}$$
$$= 78{,}48\ \text{kJ}.$$

Beispiel 7.18
Aus welcher Höhe müsste ein Fahrzeug fallen, wenn es beim Aufprall die gleiche kinetische Energie haben soll wie bei einer Geschwindigkeit von 100 km/h?
Lösung:
Gegeben: $v = 100\ \text{km/h} = (100/3{,}6)\ \text{m/s} = 27{,}78\ \text{m/s}$.
Gesucht: h in m.
Die von der Geschwindigkeit v des Fahrzeugs abhängige kinetische Energie E_k ist gleich der potenziellen

Energie E_p, in der die gesuchte Fallhöhe h enthalten ist. Aus den Gln. (7.23) und (7.24):

$$E_p = m \cdot g \cdot h = E_k = m \cdot v^2/2$$

folgt

$$h = \frac{v^2}{2g} = \frac{(27{,}78\ \mathrm{m/s})^2}{2 \cdot 9{,}81\ \mathrm{m/s^2}} = 39{,}33\ \mathrm{m}.$$

Ein Auffahrunfall bei 100 km/h entspricht also einem Absturz aus ca. 40 m Höhe. Da sich die Masse aus der Gleichung herauskürzt, gilt dieser Wert für jedes Fahrzeuggewicht. Die Fallhöhe steigt mit dem Quadrat der Geschwindigkeit!

Beispiel 7.19
Ein Lastkraftwagen mit 2,5 t Gesamtgewicht wird an allen 4 Rädern aus einer Geschwindigkeit von 50 km/h ohne zu rutschen bis zum Stillstand abgebremst. Welche Wärmeenergie entsteht während des Bremsvorgangs an jeder Bremse, wenn Luft- und Fahrwiderstand unberücksichtigt bleiben?
Lösung:
Gegeben: $m = 2{,}5\ \mathrm{t} = 2500\ \mathrm{kg}$, $v = 50\ \mathrm{km/h}$
$= (50/3{,}6)\ \mathrm{m/s} = 13{,}89\ \mathrm{m/s}$.
Gesucht: E.
Bei Vernachlässigung der die Bremsung unterstützenden Widerstände ist davon auszugehen, dass die gesamte kinetische Energie des Fahrzeugs an den Bremsbelägen in Wärmeenergie umgewandelt wird. Entspr. Gl. (7.24) wird

$$E = \frac{E_k}{4} = \frac{m \cdot v^2}{4 \cdot 2} = \frac{2500\ \mathrm{kg}\,(13{,}89\ \mathrm{m/s})^2}{8}$$
$$= 60290\ \frac{\mathrm{kg\,m^2}}{\mathrm{s^2}} \approx 60{,}3\ \mathrm{kJ}.$$

Eine Energieform kann auf verschiedene Weise in eine andere umgewandelt werden. Die kinetische Energie eines fahrenden Kraftfahrzeugs wird beim Bremsen an den Reibflächen der Bremsanlage in Wärmeenergie verwandelt, die an die Umgebung abgegeben wird (s. Beisp. 7.19). Beim Aufprall auf ein Hindernis wird die kinetische Energie in Verformungsenergie umgewandelt. Potenzielle Energie entsteht aus der dem Stromnetz entnommenen elektrischen Energie, z. B. beim Heben einer Last mit einem Elektroseilzug. Eine Umwandlung von potenzieller in kinetische Energie erfolgt beim freien Fall (s. Abschn. 6.2.2). Mit zunehmendem Fallweg verringert sich die potenzielle Energie, während die kinetische Energie ansteigt. Die Gewichtskraft F_G verrichtet dabei Beschleunigungsarbeit. Nach der Fallhöhe h hat ein Körper die Fallgeschwindigkeit $v = \sqrt{2g \cdot h}$ (Gl. (6.19)) und damit die kinetische Energie

$$E_k = \frac{m \cdot v^2}{2} = \frac{m(\sqrt{2g \cdot h})^2}{2} = m \cdot g \cdot h$$
$$= F_G \cdot h = E_p$$

d. h. die kinetische Energie ist ebenso groß wie die ursprüngliche potenzielle Energie, die der Körper nach dem Anheben auf die Höhe h besaß (Bild 7.19). In jedem Punkt des Fallwegs ist die Summe aus der momentanen kinetischen und potenziellen Energie konstant, u. zw. gleich der Lageenergie zu Beginn des Vorgangs.

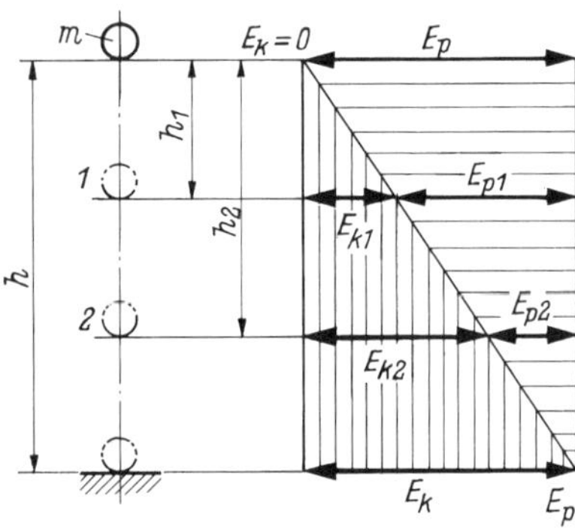

Bild 7.19 Umwandlung potenzieller in kinetische Energie beim freien Fall

Diese Erkenntnis lässt sich auch sehr gut am Beispiel des in Bild 7.20 skizzierten Fadenpendels veranschaulichen: Die Masse m hängt an einem Faden, der durch die Gewichtskraft F_G gespannt wird. Nach Anheben der Masse um die Höhe h besitzt sie die potenzielle Energie $E_p = F_G \cdot h = m \cdot g \cdot h$. Wird die Masse in dieser Lage losgelassen, so fällt sie in die Ausgangslage zurück und steigt auf der Gegenseite wieder an. Während der Abwärtsbewegung verrichtet die Gewichtskraft eine Beschleunigungsarbeit. In der tiefsten Lage ist die gesamte potenzielle Energie in die kinetische Energie $E_k = m \cdot v^2/2$ umgewandelt worden. Infolge die-

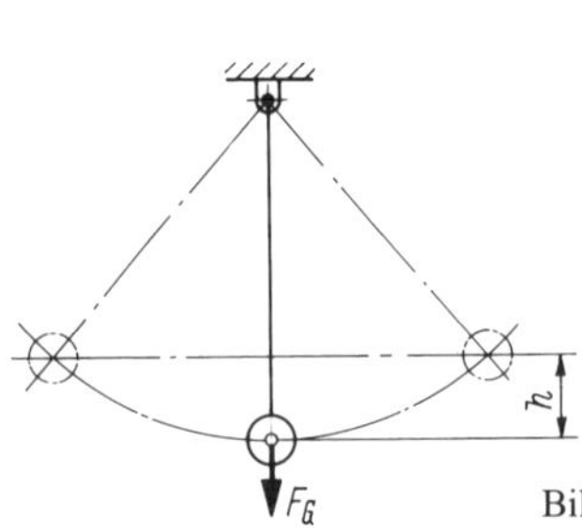

Bild 7.20 Fadenpendel

ser Energie bewegt sich die Masse aufwärts, wobei die Gewichtskraft Verzögerungsarbeit verrichtet, bis die Geschwindigkeit $v = 0$ ist. Im Wendepunkt ist dann wieder die potenzielle Energie E_p vorhanden.

Daraus resultiert der **Energieerhaltungssatz** oder *Energiesatz der Mechanik:*

Die Summe aus der kinetischen und der potenziellen Energie ist in jedem Augenblick konstant.

In dieser Fassung gilt der Energiesatz aber **nur für reibungsfreie Systeme.** Der Vorgang am Fadenpendel würde sich ohne Reibung fortlaufend wiederholen. Durch die Reibungsarbeit (an der Fadenaufhängung und durch den Luftwiderstand) wird die Energie allmählich restlos verbraucht und das Pendel kommt zum Stillstand. Die Reibungsarbeit wird in Wärmeenergie umgewandelt und an die Umgebung abgegeben; man sagt, sie „geht verloren" (Reibungsverlust). Würde man die Masse immer wieder anstoßen, d. h. durch Muskelarbeit gerade so viel Energie zuführen, wie an Reibungswärme „verloren geht", so würde der Pendelvorgang unendlich lange anhalten.

Berücksichtigt man, dass während einer Energieumwandlung auch Energie zugeführt (z. B. durch Muskelarbeit oder durch Federarbeit) und abgeführt (z. B. durch Reibungsarbeit) werden kann (Bild 7.21), so beträgt mit der Anfangs-

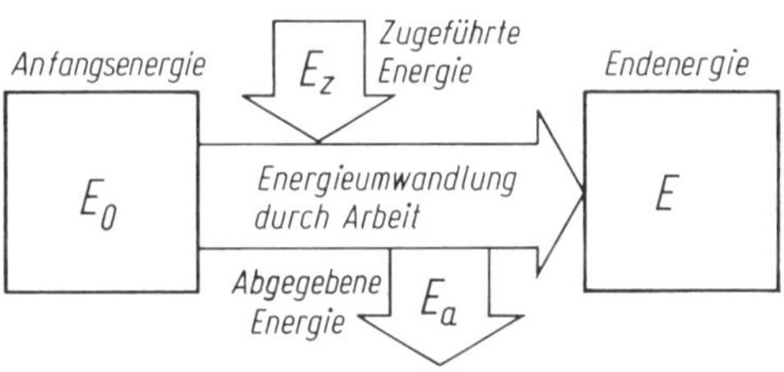

Bild 7.21 Energieumwandlung

energie E_0, der zugeführten Energie E_z und der abgegebenen Energie E_a die

Endenergie $\boldsymbol{E = E_0 + E_z - E_a}$ (7.25)

In Worten ist diese Gleichung die *allgemein gültige Fassung des Energieerhaltungssatzes:*

Die Energie am Ende eines Vorgangs ist gleich der Energie am Anfang des Vorgangs, vermehrt um die während dieses Vorgangs zugeführte Energie und vermindert um die dabei abgegebene Energie.

Subtrahiert man E auf beiden Seiten der Gl. (7.25), so ergibt sich eine für die praktische Anwendung zweckmäßige mathematische Form des allgemeinen Energieerhaltungssatzes, die

Energiegleichung

$\boldsymbol{E_0 + E_z - E_a - E = 0}$ (7.26)

Der Energieerhaltungssatz ist das umfassendste Grundgesetz der Naturwissenschaft und gilt für alle Energieformen. Er ist ein Axiom und besagt in Übereinstimmung mit der Erfahrung:

Die Energiesumme in einem abgeschlossenen System ist immer konstant ($E_0 + E_z = E + E_a$); Energie kann weder erzeugt werden noch verloren gehen, sondern nur umgewandelt werden.

Bei der technischen Energieerzeugung handelt es sich immer um eine Energieumwandlung, beispielsweise wenn aus der chemischen Energie des Heizöls Wärmeenergie, aus der kinetischen Energie eines Motors elektrische Energie in einem Generator oder aus der elektrischen Energie eines Stromnetzes die Strahlungsenergie einer Lichtquelle entsteht. Die bei jeder Energieumwandlung auftretenden so genannten Energieverluste sind Energiemengen, die während der Umwandlungsprozesse meistens als Wärmeenergie von der Umgebung aufgenommen werden und für den beabsichtigten Zweck nicht nutzbar sind.

Einen Überblick über den Verbleib von Energiemengen bei Energieumwandlungen erhält man durch eine **Energiebilanz.** Sie kann in einem **Energieflussdiagramm** (auch als *Sankey-Diagramm*[1] bekannt) anschaulich dargestellt werden, z. B. wie in Bild 7.22 für ein Kraftfahrzeug. Daraus ist zu ersehen, dass nur 18% der chemischen Energie des Kraftstoffs an den Antriebsrädern zur Verfügung stehen und nur 4% für Beschleunigung und Bewältigung von Steigungen nutzbar sind.

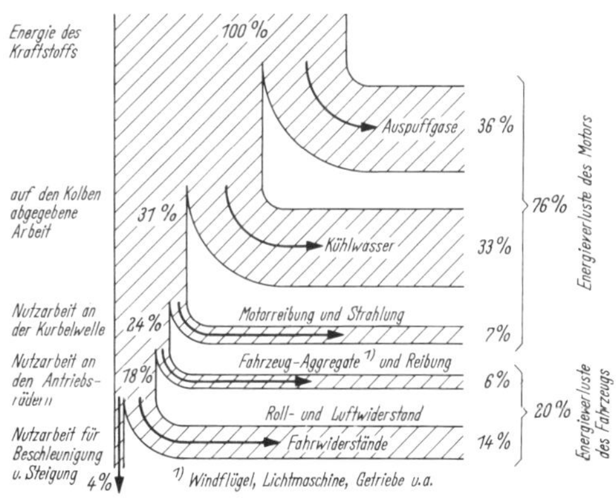

Bild 7.22 Energieflussdiagramm eines Kraftfahrzeuges

[1] *Henry R. Sankey*, irischer Ingenieur

Beispiel 7.20
Um welchen Federweg wird eine lotrecht stehende zylindrische Schrauben-Druckfeder (Bild 7.23a) mit einer Federrate von 40 N/mm durch Auflegen einer Masse von 20 kg zusammengedrückt? Welcher Federweg tritt auf, wenn diese Masse aus 100 mm Höhe auf die ungespannte Feder herabfällt, und um wie viel ist er länger als beim Auflegen der Masse?

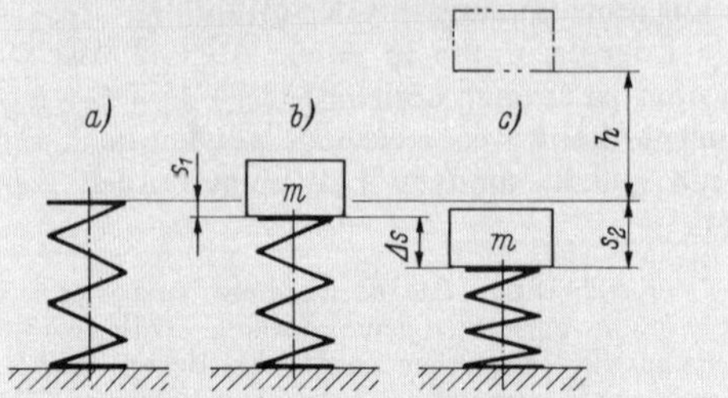

Bild 7.23 Belastung einer Druckfeder durch eine Masse *m*
a) unbelastete Feder, b) Belastung durch aufgelegte Masse, c) durch herabgefallene Masse

Lösung:
Gegeben: $m = 20\,\text{kg}, R = 40\,\text{N/mm}, h = 100\,\text{mm}$.
Gesucht: s_1, s_2 und Δs.
1. Federweg s_1 bei ruhender Belastung (Bild 7.23b)
Aus der Federrate $R = F/s$ folgt mit

$$F = F_G = m \cdot g = 20\,\text{kg} \cdot 9{,}81\,\text{m/s}^2 = 196{,}2\,\text{N}:$$

$$s_1 = \frac{F_G}{R} = \frac{196{,}2\,\text{N}}{40\,\text{N/mm}} = 4{,}905\,\text{mm}.$$

2. Federweg s_2 und Wegzunahme Δs bei dynamischer Belastung (Bild 7.23c)
Zu Beginn des Vorgangs hat die Masse *m* als Anfangsenergie E_0 entspr. Gl. (7.23) die potenzielle Energie $E_p = F_G(h + s_2)$ gegenüber ihrer Endlage auf der zusammengedrückten Feder. Nach der Fallhöhe *h* besitzt sie die kinetische Energie E_k, die auf dem Federweg s_2 in Federenergie $E_F = R \cdot s_2^2/2$ umgewandelt wird (sie ist gleich der an der Feder verrichteten Formänderungsarbeit entspr. Gl. (7.22)). Am Ende des Vorgangs ist diese Energie als Endenergie *E* in der Feder vorhanden. Da Energie weder zu- noch abgeführt wird, gilt entspr. Gl. (7.26) mit $E_z = 0$ und $E_a = 0$ als Energiegleichung:

$$E_0 - E = F_G(h + s_2) - \frac{R \cdot s_2^2}{2} = 0.$$

Mit $F_G = s_1 \cdot R$ (s. unter 1.) wird daraus

$$s_1 \cdot R \cdot h + s_1 \cdot R \cdot s_2 - \frac{R \cdot s_2^2}{2} = 0.$$

Nach Herauskürzen von *R* und Umformen ergibt sich die Normalform einer gemischt-quadratischen Gleichung:

$$s_2^2 - 2s_1 \cdot s_2 - 2s_1 \cdot h = 0,$$

deren Auflösung nach s_2 lautet:

$$s_2 = s_1 \pm \sqrt{s_1^2 + 2s_1 \cdot h}.$$

Das Minuszeichen vor dem Wurzelzeichen hat keine Bedeutung, da der Wurzelausdruck die gesuchte Zunahme Δs des Federweges ist. Damit wird

$$s_2 = s_1 + \Delta s$$
$$= (4{,}905 + \sqrt{(4{,}905)^2 + 2 \cdot 4{,}905 \cdot 100})\,\text{mm}$$
$$= 4{,}905\,\text{mm} + 31{,}703\,\text{mm} = 36{,}61\,\text{mm},$$

und es beträgt $\Delta s \approx 31{,}7\,\text{mm}$.

Beispiel 7.21
Bild 7.24 zeigt ein Pendelschlagwerk zur Bestimmung der Kerbschlagzähigkeit von Werkstoffen. Der 20 kg schwere, an einem Hebel drehbar gelagerte Schlaghammer fällt aus der oberen Stellung herab, durchschlägt im tiefsten Punkt das Prüfstück und steigt dann bis zum angegebenen Winkel von 60° an. Mit welcher Geschwindigkeit trifft der Hammer auf das Prüfstück, und wie groß ist die verbrauchte Schlagenergie?

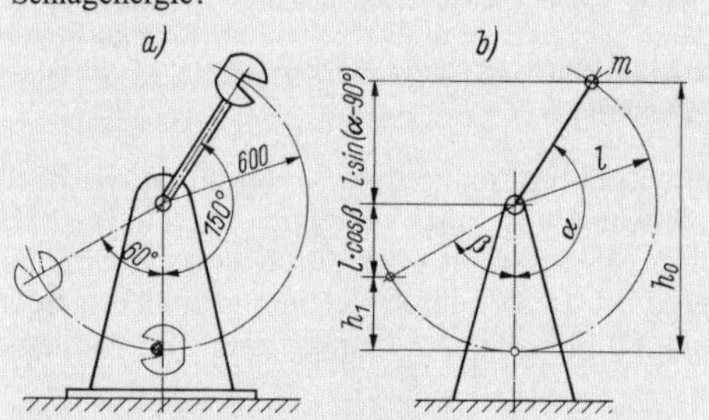

Bild 7.24 Pendelschlagwerk
a) Darstellung mit Schlaghammer-Stellungen, b) Berechnungsskizze

Lösung:
Gegeben: $m = 20\,\text{kg}, l = 0{,}6\,\text{m}, \alpha = 150°, \beta = 60°$.
Gesucht: v und E_S.
1. Auftreffgeschwindigkeit v
Die kinetische Energie $E_k = m \cdot v^2/2$ (Gl. (7.24)) des Hammers im tiefsten Punkt ist gleich der potenziellen Energie $E_{p0} = m \cdot g \cdot h_0$ (Gl. (7.23)) im höchsten Punkt zu Beginn des Vorgangs. Mit $E = E_k$, $E_0 = E_{p0}$ und $E_z = E_a = 0$ wird aus Gl. (7.25):

$$m\,\frac{v^2}{2} = m \cdot g \cdot h_0.$$

Daraus folgt (in Übereinstimmung mit Gl. (6.19)):

$$v = \sqrt{2g \cdot h_0}.$$

Die Fallhöhe beträgt nach Bild 7.24b:

$$h_0 = l + l \cdot \sin(\alpha - 90°) = l(1 + \sin 60°)$$
$$= 0{,}6\,\text{m}(1 + 0{,}866) = 1{,}12\,\text{m}.$$

Damit wird

$$v = \sqrt{2 \cdot 9{,}81\,\text{m/s}^2 \cdot 1{,}12\,\text{m}} = 4{,}69\,\text{m/s}.$$

2. Abgegebene Schlagenergie E_S
Der Hammer hat die Anfangsenergie $E_0 = E_{p0}$ und nach dem Ansteigen die potenzielle Endenergie

$E = E_{p1} = m \cdot g \cdot h_1$. Da keine Energie zugeführt wird, ist $E_z = 0$, und die gesuchte Schlagenergie ist gleich der während des Vorgangs abgegebenen Energie E_a. Somit lautet entspr. Gl. (7.26) die Energiegleichung:

$m \cdot g \cdot h_0 - E_S - m \cdot g \cdot h_1 = 0.$

Mit der Steighöhe (Bild 7.24b)

$$h_1 = l - l \cdot \cos\beta = l(1 - \cos\beta)$$
$$= 0{,}6\,\text{m}(1 - \cos 60°) = 0{,}3\,\text{m}$$

erhält man daraus

$$E_S = m \cdot g \cdot (h_0 - h_1)$$
$$= 20\,\text{kg} \cdot 9{,}81\,\text{m/s}^2 \cdot (1{,}12 - 0{,}3)\,\text{m}$$
$$= 160{,}9\,\text{kg}\,\text{m}^2/\text{s}^2 \approx 161\,\text{J}.$$

Beispiel 7.22
Die im Beisp. 7.4 gestellte Aufgabe ist nach dem Arbeitssatz und nach dem Energiesatz zu lösen (Bild 7.25).

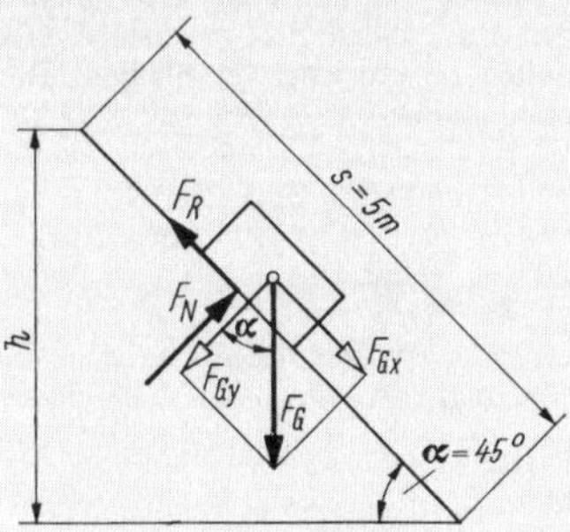

Bild 7.25 Freigemachtes Paket auf geneigter Rutsche

Lösung:
Gegeben: $s = 5$ m, $\alpha = 45°$, $\mu = 0{,}4$.
Gesucht: v.
1. Endgeschwindigkeit v nach dem Arbeitssatz
Die Differenzkraft $F = F_{Gx} - F_R$ zwischen der Hangabtriebskomponente $F_{Gx} = F_G \cdot \sin\alpha$ und der Gleitreibungskraft $F_R = \mu \cdot F_N = \mu \cdot F_{Gy} = \mu \cdot F_G \cdot \cos\alpha$ verrichtet auf dem Weg s die Arbeit $W = F \cdot s$. Diese Beschleunigungsarbeit ist gleich der kinetischen Energie E_k. Somit gilt entspr. Gl. (7.24) nach dem Arbeitssatz:

$$E_k = F \cdot s = (m \cdot g \cdot \sin\alpha - \mu \cdot m \cdot g \cdot \cos\alpha) \cdot s$$
$$= m\,\frac{v^2}{2}.$$

Daraus folgt

$$g(\sin\alpha - \mu \cdot \cos\alpha) = \frac{v^2}{2s}$$

in Übereinstimmung mit Gl. (7.8), da $v^2/2s = a$ ist (Gl. (6.9)). Man erhält für

$$v = \sqrt{2g \cdot s(\sin\alpha - \mu \cdot \cos\alpha)}$$

und daraus $v = 6{,}45$ m/s wie in Beisp. 7.4.

2. v nach dem Energiesatz
Die Energie E am Ende des Vorgangs ist gleich der kinetischen Energie E_k, die Anfangsenergie E_0 gleich der potenziellen Energie $E_p = m \cdot g \cdot h$ (Gl. (7.23)) und die abgegebene Energie gleich der Reibungsarbeit $W_R = F_R \cdot s = \mu \cdot m \cdot g \cdot \cos\alpha \cdot s$, die in Wärme umgewandelt wird. Mit $E_z = 0$ (es wird keine Energie zugeführt) lautet nach dem Energiesatz entspr. Gl. (7.26) die Energiegleichung:

$$m \cdot g \cdot h - \mu \cdot m \cdot g \cdot \cos\alpha \cdot s - m\,\frac{v^2}{2} = 0.$$

Daraus erhält man mit $h = s \cdot \sin\alpha$:

$$m \cdot g \cdot s \cdot \sin\alpha - \mu \cdot m \cdot g \cdot \cos\alpha \cdot s - m\,\frac{v^2}{2} = 0,$$

durch m dividiert und umgeformt:

$$\frac{v^2}{2} = g \cdot s \cdot \sin\alpha - g \cdot s \cdot \mu \cdot \cos\alpha$$

und nach v aufgelöst dieselbe Gleichung wie unter 1.
3. Schlussbemerkung
Damit ist gezeigt, dass folgende vier Lösungswege zum gleichen Ergebnis führen:
1. mit der aus dem Grundgesetz der Dynamik entwickelten Gl. (7.8) für die Beschleunigung auf einer geneigten Ebene (Beisp. 7.4),
2. nach dem d'Alembertschen Prinzip (Beisp. 7.10),
3. nach dem Arbeitssatz mit Gl. (7.24),
4. nach dem Energiesatz mit Gl. (7.26).

7.2.3 Leistung und Wirkungsgrad

Der Betrag einer Arbeit enthält keine Aussage über die Zeit, in der sie verrichtet wird. Bezieht man die Arbeit auf die zugehörige Zeit, so spricht man von
Leistung:

Als Leistung bezeichnet man die Arbeit in einer Zeiteinheit, das ist der Quotient aus der verrichteten Arbeit und der dazu benötigten Zeit.

Kurzfassung: **Leistung gleich Arbeit durch Zeit.**
Für eine konstante Kraft F, die in der Zeit t auf dem Weg s die Arbeit $W = F \cdot s$ verrichtet, beträgt die

konstante Leistung $\quad \boldsymbol{P = \frac{W}{t} = \frac{F \cdot s}{t}}$ (7.27)

Daraus wird mit $s/t = v$ die bei der Kraft F und der Geschwindigkeit v im Augenblick vorhandene

Leistung $\quad \boldsymbol{P = F \cdot v}$ (7.28)

In Worten ist diese Gleichung die Definition der *Leistung einer Kraft:*

Die Leistung ist das Produkt aus einer in Wegrichtung wirkenden Kraft und der Geschwindigkeit ihres Angriffspunktes.

In Kurzfassung: **Leistung gleich Kraft mal Geschwindigkeit.**

Auch die Leistung P (von *power*, engl.) ist eine skalare Größe. Ihre Einheit ist das W (Watt[1]) mit folgender Definition:

1 W ist gleich der Leistung, bei der während der Zeit 1 s die Energie 1 J umgesetzt wird.

Damit gilt die Beziehung:

1 W = 1 J/s = 1 Nm/s.

Für größere Leistungen verwendet man die Einheiten Kilowatt (1 kW = 1000 W) oder Megawatt (1 MW = 10^6 W).

Wenn die Kraft und/oder die Geschwindigkeit nicht gleich bleiben wie meistens in der Technik (z. B. beim Kurbeltrieb in Verbrennungskraftmaschinen und bei allen Beschleunigungsvorgängen), dann ist auch die Änderung der Arbeit in einer Zeiteinheit ungleichmäßig und die Leistung nicht konstant. Bild 7.26 zeigt in Diagrammen den Verlauf der Geschwindigkeit, der Kraft und der Leistung über der Zeit bei einem Bewegungsvorgang mit gleichmäßiger Beschleunigung (I), anschließender gleichförmiger Bewegung (II) und abschließender gleichmäßiger Verzögerung bis zum Stillstand (III). Dieser Vorgang spielt sich u. a. bei der Fahrbewegung eines Kranes ab. Beschleunigung und Verzögerung sind dabei jedoch wie in vielen anderen Fällen ungleichmäßig. Der tatsächliche Verlauf der Leistung ist durch eine Strichlinie angedeutet. Die Fläche A unter der P,t-Linie im Leistungs-Zeit-Diagramm (Bild 7.26c) entspricht der Arbeit W.

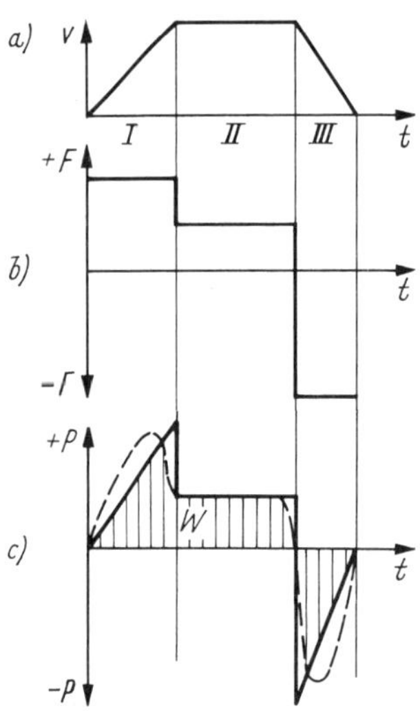

Bild 7.26 Diagramme zu einem Bewegungsvorgang
a) v,t-Diagramm, b) F,t-Diagramm, c) P,t-Diagramm

[1] *James Watt* (1736 bis 1819), engl. Erfinder

Bei ungleichmäßiger Leistung errechnet man aus der Arbeitszunahme $\Delta W = W_2 - W_1$ im Zeitabschnitt $\Delta t = t_2 - t_1$ die

mittlere Leistung

$$P_m = \frac{\Delta W}{\Delta t} = F\,\frac{\Delta s}{\Delta t} = F \cdot v_m \qquad (7.29)$$

Sinngemäß zu den verschiedenen Formen der mechanischen Arbeit bezeichnet man auch die entsprechenden Leistungen als Hubleistung P_h, Beschleunigungsleistung P_a, Reibungsleistung P_R und dgl.

Beispiel 7.23

Ein Omnibus mit einem Gesamtgewicht von 15 t wird in 25 s auf 40 km/h beschleunigt, fährt dann mit dieser Geschwindigkeit 0,8 km und wird anschließend in 20 s bis zum Stillstand abgebremst. Es sind zu errechnen: die Leistung am Ende der Beschleunigung, die mittlere Beschleunigungsleistung, die Leistung während der gleichförmigen Fahrt, die Bremsleistung am Anfang des Bremsens, die aus der Bremsarbeit entstehende Wärmeenergie, die Fahrstrecke zwischen den Haltestellen. Luftwiderstand und Wirkungsgrad sollen unberücksichtigt bleiben. Die Fahrwiderstandszahl beträgt 0,025.

Lösung:

Gegeben: $m = 15\,t = 15\,000\,kg$, $v = 40\,km/h = 11{,}1\,m/s$, $t_1 = 25\,s$, $s_2 = 0{,}8\,km = 800\,m$, $t_3 = 20\,s$, $\mu_F = 0{,}025$.

Gesucht: $P_1, P_{m1}, P_2, P_3, E_3, s$.

1. Leistung P_1 am Ende der Beschleunigung

Entspr. Gl. (6.6) beträgt die gleichmäßige Beschleunigung

$$a_1 = \frac{v}{t_1} = \frac{11{,}1\,m/s}{25\,s} = 0{,}444\,m/s^2,$$

nach Gl. (7.3) die Beschleunigungskraft

$$F_1 = m \cdot a_1 = 15\,000\,kg \cdot 0{,}444\,m/s^2 = 6660\,N = 6{,}66\,kN,$$

nach Gl. (5.61) mit $m_{ges} = m$ der Fahrwiderstand

$$F_f = \mu_F \cdot m \cdot g = 0{,}025 \cdot 15\,000\,kg \cdot 9{,}81\,m/s^2 = 3679\,N \approx 3{,}68\,kN,$$

nach Gl. (7.5) mit $F_R = F_f$ die während der Beschleunigung erforderliche Antriebskraft

$$F_a = F_1 + F_f = (6{,}66 + 3{,}68)\,kN = 10{,}34\,kN.$$

Damit wird nach Gl. (7.28) mit $F = F_a$:

$$P_1 = F_a \cdot v = 10{,}34\,kN \cdot 11{,}1\,m/s = 114{,}8\,kNm/s = 114{,}8\,kW.$$

2. Mittlere Leistung P_{m1} während der Beschleunigung

Entspr. Gl. (7.29) mit $v_m = v/2$ (Gl. (6.8)) und $F = F_a$:

$$P_{m1} = F_a \cdot v_m = F_a \cdot v/2 = P_1/2 = 114{,}8\,kW/2 = 57{,}4\,kW.$$

3. Konstante Leistung P_2 während der gleichförmigen Fahrt
Nach Gl. (7.29) mit $F = F_f$, da nur der Fahrwiderstand zu überwinden ist:

$$P_2 = F_f \cdot v = 3{,}68\,\text{kN} \cdot 11{,}1\,\text{m/s} = 40{,}85\,\text{kNm/s} = 40{,}85\,\text{kW}.$$

4. Bremsleistung P_3 am Anfang des Bremsvorgangs
Mit $\Delta v = 0 - v = -11{,}1\,\text{m/s}$ und $\Delta t = t_3$ beträgt nach Gl. (6.5) die Verzögerung (negative Beschleunigung)

$$a_3 = \frac{\Delta v}{\Delta t} = \frac{-11{,}1\,\text{m/s}}{20\,\text{s}} = -0{,}555\,\text{m/s}^2.$$

Da hier nur der absolute Betrag der Bremsleistung interessiert, wird mit $a_v = -a_3 = 0{,}555\,\text{m/s}^2$ gerechnet. Sinngemäß zu Gl. (7.3) wird damit die Verzögerungskraft

$$F_3 = m \cdot a_v = 15000\,\text{kg} \cdot 0{,}555\,\text{m/s}^2 = 8325\,\text{N} = 8{,}325\,\text{kN}.$$

Aus Gl. (7.6) folgt die erforderliche Bremskraft

$$F_b = F_3 - F_f = (8{,}325 - 3{,}68)\,\text{kN} \approx 4{,}65\,\text{kN}.$$

Somit entspr. Gl. (7.28):

$$P_3 = F_b \cdot v = 4{,}65\,\text{kN} \cdot 11{,}1\,\text{m/s} = 51{,}62\,\text{kNm/s} = 51{,}62\,\text{kW}.$$

5. Wärmeenergie E_3 aus der Bremsarbeit W_b
Mit dem Bremsweg (Gl. (6.9))

$$s_3 = \frac{v \cdot t_3}{2} = \frac{11{,}1\,\text{m/s} \cdot 20\,\text{s}}{2} = 111\,\text{m}$$

ist nach dem Arbeitssatz und sinngemäß zu Gl. (7.21):

$$E_3 = W_b = F_b \cdot s_3 = 4{,}65\,\text{kN} \cdot 111\,\text{m} = 516{,}2\,\text{kNm} = 516{,}2\,\text{kJ}.$$

6. Fahrstrecke s
Mit dem Beschleunigungsweg (Gl. (6.9))

$$s_1 = \frac{v \cdot t_1}{2} = \frac{11{,}1\,\text{m/s} \cdot 25\,\text{s}}{2} = 138{,}8\,\text{m} \approx 139\,\text{m}$$

beträgt

$$s = \Sigma s_i = s_1 + s_2 + s_3 = (139 + 800 + 111)\,\text{m} = 1050\,\text{m} = 1{,}05\,\text{km}.$$

Wirkungsgrad

Eine verlustfreie Energieumwandlung ist praktisch unmöglich. In jeder Maschine, bereits in der einfachsten Ausführung wie dem Gewinde oder der Rolle (s. Abschn. 5.3.2 u. 5.3.5), treten an den Führungs- und Lagerflächen unvermeidliche Reibungswiderstände und damit Verluste auf. Die in Wärmeenergie umgesetzte Reibungsarbeit geht für den beabsichtigten Zweck verloren. Es ist daher nicht möglich, die zum Betrieb einer Maschine, eines Gerätes, einer Anlage u. dgl. aufgewendete Arbeit oder Leistung vollständig nutzbar zu machen. Der Aufwand ist immer größer als der Nutzen. Als wichtige Kenngröße technischer Einrichtungen wurde der Wirkungsgrad eingeführt:

Der Wirkungsgrad ist das Verhältnis des Nutzens zum Aufwand.

Als Wortgleichung:

$$\textbf{Wirkungsgrad} = \frac{\textbf{Nutzen}}{\textbf{Aufwand}}$$

Setzt man die Nutzleistung P_n ins Verhältnis zur aufgewendeten oder zugeführten Leistung P_z, so beträgt der

Wirkungsgrad $$\boldsymbol{\eta} = \frac{\boldsymbol{P_n}}{\boldsymbol{P_z}} < \mathbf{1} \qquad (7.30)$$

Mit der Nutzarbeit W_n, der aufgewendeten oder zugeführten Arbeit W_z und der Verlustarbeit $W_v = W_z - W_n$ ergibt sich der

Wirkungsgrad

$$\boldsymbol{\eta} = \frac{\boldsymbol{W_n}}{\boldsymbol{W_z}} = \frac{\boldsymbol{W_z - W_v}}{\boldsymbol{W_z}} = \mathbf{1} - \frac{\boldsymbol{W_v}}{\boldsymbol{W_z}} \qquad (7.31)$$

Bei mehrstufigen Getrieben hat jede Stufe den Teilwirkungsgrad $\eta_i (i = 1, 2, 3 \ldots$ n bei n-stufiger Ausführung). Dasselbe gilt für jede Maschine oder Anlage, die aus mehreren Aggregaten besteht, durch die der Leistungsfluss hindurchgeht. Bild 7.27 zeigt für eine Pumpenanlage, bestehend aus Elektromotor, Getriebe, Pumpe und Rohrleitung, in symbolischer Darstellung den Leistungsfluss durch die hintereinander geschalteten Aggregate. Aus den Einzelnutzleistungen

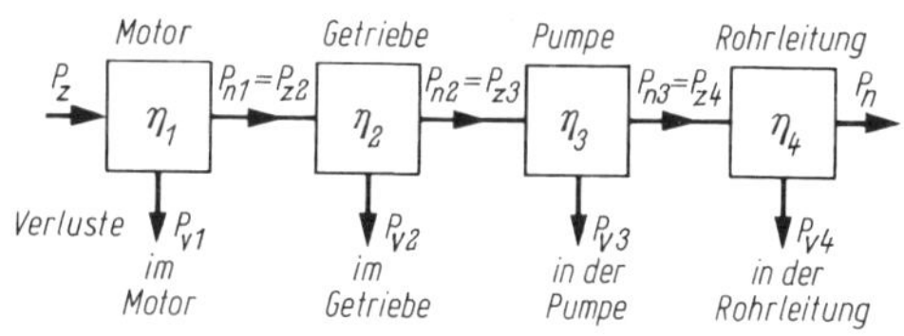

Bild 7.27 Leistungsfluss in einer Pumpenanlage

$$P_{n1} = \eta_1 \cdot P_z = P_{z2},$$

$$P_{n2} = \eta_2 \cdot P_{z2} = \eta_2 \cdot P_{n1} = \eta_2 \cdot \eta_1 \cdot P_z = P_{z3},$$

$$P_{n3} = \eta_3 \cdot P_{z3} = \eta_3 \cdot P_{n2} = \eta_3 \cdot \eta_2 \cdot \eta_1 \cdot P_z = P_{z4}$$

usw. bis $P_n = \eta_n \ldots \eta_3 \cdot \eta_2 \cdot \eta_1 \cdot P_z$

erhält man den

Gesamtwirkungsgrad

$$\boldsymbol{\eta_{ges}} = \boldsymbol{\eta_1 \cdot \eta_2 \cdot \eta_3 \ldots \eta_n} = \frac{\boldsymbol{P_n}}{\boldsymbol{P_z}} \qquad (7.32)$$

als Produkt der Teilwirkungsgrade, d. h.:

Der Gesamtwirkungsgrad ist gleich dem Produkt der Teilwirkungsgrade.

Der Wirkungsgrad ist eine reine Verhältniszahl und immer kleiner als 1. Die Angabe erfolgt als Dezimalbruch, z. B. $\eta = 0{,}85$, oder in Prozent, z. B. $\eta = 85\%$. Je höher der Wirkungsgrad, umso wirtschaftlicher arbeitet eine Maschine.

Beispiel 7.24

Welche Leistung ist für das Anheben der im Beisp. 7.17 genannten 2 t schweren Fallbirne bei einem Wirkungsgrad von 80% erforderlich, wenn die Hubhöhe von 4 m in 5 s erreicht werden soll?

Lösung:

Gegeben: $m = 2\,\text{t} = 2000\,\text{kg}$, $h = 4\,\text{m}$, $t = 5\,\text{s}$, $\eta = 0{,}8$.

Gesucht: P_z in kW.

Mit $F = F_G = m \cdot g = 2000\,\text{kg} \cdot 9{,}81\,\text{m/s}^2 = 19\,620\,\text{N}$ und $s = h$ beträgt entspr. Gl. (7.27) die Hubleistung

$$P_h = \frac{F_G \cdot h}{t} = \frac{19\,620\,\text{N} \cdot 4\,\text{m}}{5\,\text{s}} = 15\,696\,\text{Nm/s} \approx 15{,}7\,\text{kW}.$$

Da P_h die Nutzleistung P_n ist, folgt aus Gl. (7.30) die erforderliche, zuzuführende Leistung

$$P_z = \frac{P_n}{\eta} = \frac{15{,}7\,\text{kW}}{0{,}8} = 19{,}63\,\text{kW} \approx 20\,\text{kW}.$$

Es handelt sich hierbei um eine mittlere oder Durchschnittsleistung, da der Hubvorgang ungleichmäßig verläuft (Beschleunigen, gleichförmiges Heben, Abbremsen).

Beispiel 7.25

Für welche Leistung ist der Hubmotor eines Elektroseilzuges (Bild 7.28) auszulegen, wenn eine Last von 1000 kg mit einer Hubgeschwindigkeit von 20 m/min gehoben werden soll? Wirkungsgrad der Umlenkrolle in der Unterflasche: 0,98, der Seiltrommel: 0,96, des dreistufigen Getriebes: 0,88.

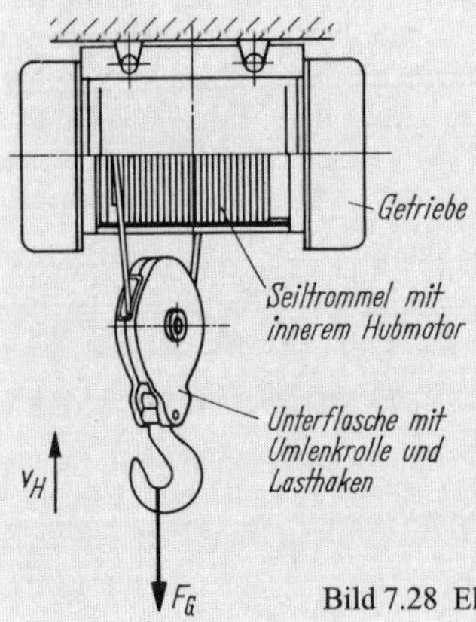

Bild 7.28 Elektroseilzug

Lösung:

Gegeben: $m = 1000\,\text{kg}$, $v_H = 20\,\text{m/min}$, $\eta_1 = 0{,}98$, $\eta_2 = 0{,}96$, $\eta_3 = 0{,}88$.

Gesucht: P_z.

1. Nutzleistung P_n

Sie ist gleich der Hubleistung P_h und beträgt entspr. Gl. (7.28) mit $F = F_G = m \cdot g$ und $v = v_H = 20\,\text{m}/60\,\text{s} = 0{,}333\,\text{m/s}$:

$$P_n = P_h = m \cdot g \cdot v_H = 1000\,\text{kg} \cdot 9{,}81\,\text{m/s}^2 \cdot 0{,}333\,\text{m/s} = 3267\,\text{W} \approx 3{,}27\,\text{kW}.$$

2. Erforderliche Motorleistung P_M

Sie ist gleich der zugeführten Leistung P_z und folgt aus Gl. (7.32):

$$P_M = P_z = \frac{P_n}{\eta_{ges}} = \frac{P_h}{\eta_1 \cdot \eta_2 \cdot \eta_3} = \frac{3{,}27\,\text{kW}}{0{,}98 \cdot 0{,}96 \cdot 0{,}88} = 3{,}95\,\text{kW}.$$

Der Hubmotor ist also für eine Leistung von ca. 4 kW auszulegen, wenn nicht wegen der Beschleunigungsleistung ein stärkerer Motor erforderlich ist.

Beispiel 7.26

Ein Kraftwerk verbraucht für eine Leistung von 10 MW in 24 Stunden 100 t Steinkohle mit einem Heizwert von 25 MJ/kg. Mit welchem Wirkungsgrad arbeitet die Anlage, und welche elektrische Energie steht zur Verfügung?

Lösung:

Gegeben: $P_n = 10\,\text{MW} = 10\,000\,\text{kW}$, $m = 100\,\text{t} = 100\,000\,\text{kg}$, $H = 25\,\text{MJ/kg}$, $t = 24\,\text{h} = 24 \cdot 3600\,\text{s} = 86\,400\,\text{s}$.

Gesucht: η und E.

1. Wirkungsgrad η

Die Wärmeenergie der verbrauchten Kohle ist gleich der aufgewendeten Arbeit = Masse mal Heizwert:

$$W = m \cdot H = 100\,000\,\text{kg} \cdot 25\,\text{MJ/kg} = 2{,}5 \cdot 10^6\,\text{MJ}.$$

Damit beträgt entspr. Gl. (7.27) die zugeführte Leistung

$$P_z = \frac{W}{t} = \frac{2{,}5 \cdot 10^6\,\text{MJ}}{86{,}4 \cdot 10^3\,\text{s}} = 28{,}94\,\text{MJ/s} = 28{,}94\,\text{MW}$$

und nach Gl. (7.30).

$$\eta = \frac{P_n}{P_z} = \frac{10\,\text{MW}}{28{,}94\,\text{MW}} = 0{,}346 = 34{,}6\%.$$

2. Energie E

Die zur Verfügung stehende elektrische Energie ist gleich der möglichen Nutzarbeit und folgt aus Gl. (7.27):

$$E = W_n = P_n \cdot t = 10\,000\,\text{kW} \cdot 24\,\text{h} = 240\,000\,\text{kWh}.$$

Praxishinweis

Früher wurde in der Technik nur die elektrische Leistung in W oder kW angegeben. Nach der gesetzlichen Einführung der SI-Einheiten sind alle Leistungsarten (auch die von Verbrennungsmotoren) in dieser Einheit anzugeben. Die alten Leistungseinheiten PS und kpm/s sowie die früheren Arbeits- und Energieeinheiten kpm und cal oder kcal (Kalorie oder Kilokalorie) sind nicht mehr zu verwenden. Für Umrechnungen gelten folgende Beziehungen:

1 kpm = 9,81 Nm = 9,81 J ≈ 10 J

1 kcal = 426,8 kpm = 4186,8 J ≈ 4,2 kJ

1 kpm/s = 9,81 Nm/s = 9,81 W ≈ 10 W

1 PS = 75 kpm/s = 736 W, 1 kW = 1,36 PS

Leistung und Wirkungsgrad sind zwei wichtige Größen zum Vergleich von Maschinen und Anlagen. Um Energie zu sparen, werden in Forschung und Entwicklung beträchtliche Mittel zur Verbesserung von Wirkungsgraden ausgegeben, ebenfalls zur Nutzbarmachung der in der Natur vorhandenen Wasser-, Wind- und Sonnenenergie. Für den Straßenverkehr ergibt sich aus der Gleichung der kinetischen Energie (Gl. (7.24)) eine beachtenswerte Schlussfolgerung: Die Verdopplung der Geschwindigkeit bedeutet eine vierfache kinetische Energie und damit auch ein entsprechend höheres Gefährdungspotenzial.

Kontrollfragen:
- Wie lauten die Definitionen für die Arbeit, die Energie, die Leistung und den Wirkungsgrad?
- Wie sind die Einheiten für die Arbeit und die Energie und für die Leistung definiert?
- Welche Energiearten kommen in der Mechanik vor?
- Wie lautet der Arbeitssatz der Mechanik?
- Was besagt der Energieerhaltungssatz?
- Was versteht man unter dem Gesamtwirkungsgrad?

7.3 Gerader zentrischer Stoß

Lernziele:
- Den Vorgang eines geraden zentrischen Stoßes beschreiben.
- Die Unterschiede zwischen elastischem, plastischem und wirklichem Stoß erläutern.
- Die Stoßgesetze bei der Berechnung einfacher technischer Stoßvorgänge anwenden.

7.3.1 Grundlagen

Von einem Stoß spricht man, wenn zwei Körper die sich relativ zueinander bewegen, kurzzeitig zusammenprallen, z. B. beim Aufeinanderfahren zweier Eisenbahnwagen, beim Einrammen eines Pfahles, beim Schmieden eines Werkstücks oder bei der Berührung zweier Billardkugeln. Dabei treten an den Berührungsstellen Kräfte auf, die den Bewegungszustand der am Stoß beteiligten Körper ändern und Formänderungen bewirken.

Nach dem Wechselwirkungsgesetz sind die Stoßkräfte, mit denen die Körper aufeinander wirken, gleich groß und auf derselben Wirklinie entgegengesetzt gerichtet. Die zur tangentialen **Berührungsebene** an der Berührungsstelle senkrechte Gerade ist die **Stoßnormale.** Bei Vernachlässigung der Reibungskräfte fallen die Wirklinie der Stoßkräfte (auch Stoßlinie genannt) und die Stoßnormale zusammen (Bild 7.29). Verläuft die **Stoßnormale durch die Schwerpunkte beider Körper**, so handelt es sich um einen **zentrischen Stoß.** Liegen auch die Geschwindigkeitsvektoren der Körper auf der Stoßnormalen (Bild 7.29a), so ist es ein *gerader zentrischer Stoß:*

Beim geraden zentrischen Stoß bewegen sich die Körperschwerpunkte auf der Stoßnormalen.

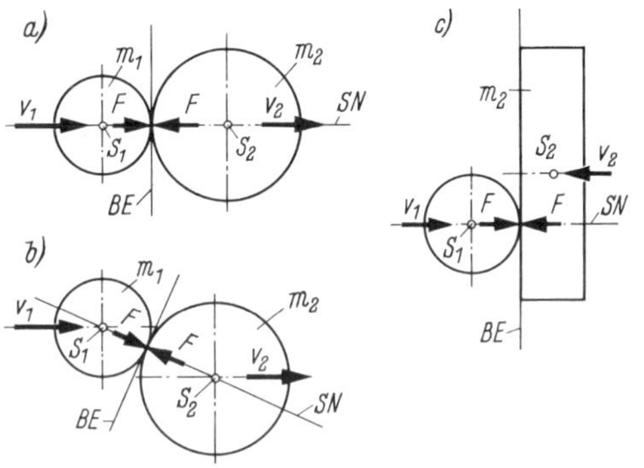

Bild 7.29 Stoß fester Körper ($v_1 > v_2$)
a) gerader zentrischer Stoß, b) schiefer zentrischer Stoß, c) gerader exzentrischer Stoß
S_1, S_2 Körperschwerpunkte, BE Berührungsebene, SN Stoßnormale (senkrecht zur Berührungsebene)

Wenn die Stoßnormale durch die Körperschwerpunkte geht, die Geschwindigkeitsvektoren aber nicht auf ihr liegen, handelt es sich um einen **schiefen zentrischen Stoß** (Bild 7.29b). Ein **gerader exzentrischer Stoß** liegt vor, wenn die Stoßnormale nicht durch die Körperschwerpunkte verläuft und die Körper sich beim Zusammenstoß senkrecht zur Berührungsebene bewegen (Bild 7.29c). Dabei findet nach dem Stoß eine Drehbewegung statt.

Wegen der beim Stoß auftretenden Formänderungen ist die in der Statik übliche Annahme starrer Körper unzulässig. Nach der Art der Formänderung unterscheidet man den **elastischen Stoß**, bei dem die Verformungen vollständig zurückgehen, den unelastischen oder **plastischen Stoß**, bei dem die Verformungen erhalten bleiben, und den teilelastischen oder **wirklichen Stoß**, bei dem sich die Verformungen nur teilweise zurückbilden.

Die zwei an einem Stoß beteiligten Körper bilden ein abgeschlossenes System, auf das keine äußeren Kräfte einwirken. Bei der Berechnung von Stoßvorgängen geht man vom *Impulserhaltungssatz* und vom *Energieerhaltungssatz* aus.

7.3.2 Elastischer Stoß

Beim Zusammenstoß von zwei elastischen Körpern treten Formänderungen auf, die wieder vollständig zurückgehen. Am Beispiel zweier Kugeln mit der Masse m_1 und m_2 wird nachfolgend der Ablauf eines elastischen Stoßes beschrieben (Bild 7.30). Unmittelbar vor dem Stoß haben die Massen die Geschwindigkeiten v_1 und v_2, wobei $v_1 > v_2$ ist. Man kann den Stoßvorgang in einen ersten und einen zweiten Abschnitt unterteilen.

Der **erste Stoßabschnitt** beginnt mit der Berührung der Körper, die sich anschließend durch die an der Berührungsstelle wirkenden Stoßkräfte gegenseitig verformen. Er endet, wenn die Stoßkräfte und damit die Verformungen am größten sind und beide Körper die gemeinsame Geschwindigkeit v erreicht haben. Die Formänderungsarbeit W_1 wird der kinetischen Energie des schnelleren Körpers entzogen. Dabei wird die Kugel mit der Masse m_1 von v_1 auf v verzögert und die mit der Masse m_2 von v_2 auf v beschleunigt.

Der **zweite Stoßabschnitt** wird mit dem Beginn der Entspannung eingeleitet und endet mit der Trennung der Körper, die sich nach dem Stoß mit den Geschwindigkeiten u_1 und u_2 weiterbewegen. Die in beiden Körpern gespeicherte Formänderungsenergie (Federenergie) wird ohne Verluste ($W_{II} = W_I$) wieder in kinetische Energie umgewandelt und der Kugel mit der Masse m_2 zugeführt, die dadurch von v auf u_2 beschleunigt wird, während m_1 von v auf u_1 verzögert wird.

Nach dem Impulserhaltungssatz bleibt der Gesamtimpuls als Summe der Bewegungsgrößen $p = \Sigma(m_i \cdot v_i)$ während des Stoßvorgangs konstant. Demnach ist der Impuls bei Stoßbeginn $p_0 = m_1 \cdot v_1 + m_2 \cdot v_2$ gleich dem Impuls am Ende des ersten Stoßabschnitts $p_1 = m_1 \cdot v + m_2 \cdot v$, und es gilt entspr. Gl. (7.17):

$$m_1 \cdot v_1 + m_2 \cdot v_2 = (m_1 + m_2) \cdot v$$

Daraus folgt die gemeinsame Geschwindigkeit beider Körper am Ende des ersten Stoßabschnitts

$$v = \frac{m_1 \cdot v_1 + m_2 \cdot v_2}{m_1 + m_2}$$

Da der Kraftstoß beim elastischen Zurückfedern auf beide Körper ebenso groß ist wie beim Zusammendrücken, müssen auch die Impulsänderungen $m_i \cdot \Delta v$ im ersten und zweiten Stoßabschnitt gleich sein. Folglich sind

$$m_1(v_1 - v) = m_1(v - u_1) \quad \text{und}$$

$$m_2(v_2 - v) = m_2(v - u_2)$$

Somit betragen die Geschwindigkeitsdifferenzen

$$v_1 - v = v - u_1 \quad \text{und} \quad v_2 - v = v - u_2$$

bzw. die Endgeschwindigkeiten nach dem Stoß

$$u_1 = 2v - v_1 \quad \text{und} \quad u_2 = 2v - v_2$$

Setzt man in die Gl. für u_1 den für v vorher erhaltenen Ausdruck ein:

$$u_1 = 2\,\frac{m_1 \cdot v_1 + m_2 \cdot v_2}{m_1 + m_2} - v_1$$

$$= \frac{2(m_1 \cdot v_1 + m_2 \cdot v_2) - (m_1 + m_2)\,v_1}{m_1 + m_2}$$

$$= \frac{2m_1 \cdot v_1 + 2m_2 \cdot v_2 - m_1 \cdot v_1 - m_2 \cdot v_1}{m_1 + m_2}$$

$$= \frac{m_1 \cdot v_1 + 2 \cdot m_2 \cdot v_2 - m_2 \cdot v_1}{m_1 + m_2}$$

so ergibt sich für den **stoßenden Körper** die beim Stoßende vorhandene

Geschwindigkeit

$$\boldsymbol{u_1 = \frac{(m_1 - m_2)\,v_1 + 2 \cdot m_2 \cdot v_2}{m_1 + m_2}} \tag{7.33}$$

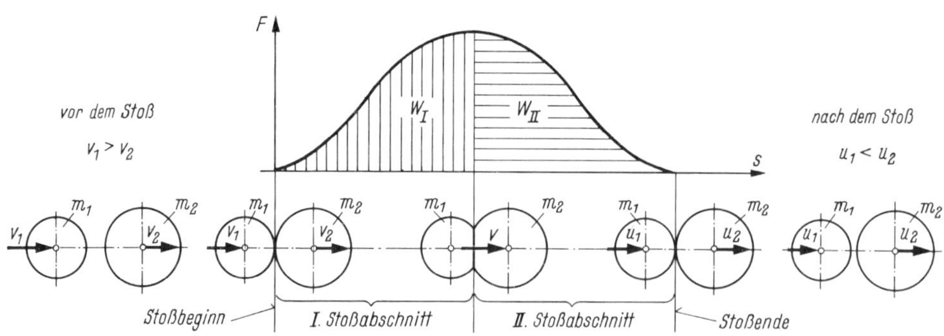

Bild 7.30 Ablauf eines elastischen geraden zentrischen Stoßes

und sinngemäß für den **gestoßenen Körper** die

Geschwindigkeit

$$u_2 = \frac{(m_2 - m_1)\,v_2 + 2 \cdot m_1 \cdot v_1}{m_1 + m_2} \qquad (7.34)$$

Durch Subtraktion der Gleichung $2v - v_1 = u_1$ von $2v - v_2 = u_2$ folgt für die vor und nach dem Stoß vorhandenen

Geschwindigkeitsdifferenzen

$$v_1 - v_2 = u_2 - u_1 \qquad (7.35)$$

Da eine Geschwindigkeitsdifferenz gleich der Relativgeschwindigkeit ist (s. Abschn. 6.4.1 u. 6.4.4), gilt für den *elastischen Stoß:*

Die Relativgeschwindigkeiten als Geschwindigkeitsdifferenzen beider Körper bleiben unverändert.

Bewegen sich die beiden am Stoß beteiligten Körper nicht wie in Bild 7.30 in gleicher, sondern in entgegengesetzter Richtung auf der Stoßnormalen, so haben ihre Geschwindigkeiten v_1 und v_2 verschiedene Vorzeichen. Nach dem Stoß ist in diesem Fall die Bewegungsrichtung eines Körpers oder beider Körper umgekehrt. Die Richtungsumkehr erkennt man am Vorzeichen der Geschwindigkeiten u_1 und u_2 nach dem Stoß, die sich dann gegenüber v_1 bzw. v_2 geändert haben.

Beispiel 7.27
Zwei gleich große Kugeln mit den Massen 6 kg und 4 kg stoßen zusammen. Die schwere Kugel hat vor dem Stoß eine Geschwindigkeit von 3 m/s; sie bleibt nach dem Stoß stehen. Die Geschwindigkeiten der leichteren Kugel vor und nach dem Stoß sind zu errechnen unter der Voraussetzung, dass es sich um einen elastischen geraden Stoß handelt.

Lösung:
Gegeben: $m_1 = 6\,\text{kg}$, $m_2 = 4\,\text{kg}$, $v_1 = 3\,\text{m/s}$, $u_1 = 0$.
Gesucht: v_2 und u_2.
Aus Gl. (7.33):

$$u_1 = \frac{(m_1 - m_2)\,v_1 + 2 \cdot m_2 \cdot v_2}{m_1 + m_2} = 0$$

folgt die Geschwindigkeit der leichten Kugel vor dem Stoß:

$$v_2 = -\frac{(m_1 - m_2)\,v_1}{2 \cdot m_2} = -\frac{(6-4)\,\text{kg} \cdot 3\,\text{m/s}}{2 \cdot 4\,\text{kg}}$$
$$= -0{,}75\,\text{m/s}$$

und aus Gl. (7.35) ihre Geschwindigkeit nach dem Stoß:

$$u_2 = v_1 - v_2 = 3\,\text{m/s} - (-0{,}75\,\text{m/s}) = 3{,}75\,\text{m/s}.$$

Daraus geht hervor, dass sich beide Kugeln vor dem Stoß mit verschiedenen Geschwindigkeiten in entgegengesetzten Richtungen bewegen ($v_1 = 3\,\text{m/s}$, $v_2 = -0{,}75\,\text{m/s}$) und die leichte Kugel nach dem Stoß mit der Geschwindigkeit $u_2 = |v_1| + |v_2|$ (Summe der absoluten Geschwindigkeitsbeträge) zurückrollt, d. h. in der ursprünglichen Bewegungsrichtung der schweren Kugel.

Sonderfälle beim elastischen geraden zentrischen Stoß sind:

1. **Zwei Körper gleicher Masse ($m_1 = m_2 = m$) stoßen aufeinander ($v_1 > v_2$):**
   Aus den Gln. (7.33) und (7.34) folgen
   $$u_1 = v_2 \quad \text{und} \quad u_2 = v_1,$$
   d. h. die Körper tauschen ihre Geschwindigkeiten aus. Sind die Geschwindigkeiten gleich groß und entgegengesetzt gerichtet ($v_2 = -v_1$), so werden
   $$u_1 = -v_1 \quad \text{und} \quad u_2 = -v_2 = v_1,$$
   d. h. beide Körper bewegen sich mit gleicher Geschwindigkeit zurück.
   Ruht der gestoßene Körper ($v_2 = 0$), dann sind
   $$u_1 = 0 \quad \text{und} \quad u_2 = v_1,$$
   d. h. der stoßende Körper bleibt stehen und der gestoßene erhält die Geschwindigkeit des stoßenden.
2. **Ein Körper sehr großer Masse m_1 stößt auf einen ruhenden Körper sehr leichter Masse m_2 ($m_1 \gg m_2$, $v_2 = 0$):**
   Wird m_2 vernachlässigt ($m_2 \approx 0$), so ergeben sich
   $$u_1 \approx v_1 \quad \text{und} \quad u_2 \approx 2v_1,$$
   d. h. der stoßende Körper bewegt sich mit fast gleicher Geschwindigkeit weiter und der gestoßene erhält nahezu die doppelte Geschwindigkeit des stoßenden.
3. **Ein Körper stößt gegen einen sehr großen ruhenden Körper (z. B. gegen eine starre Wand, $m_2 \gg m_1$, $v_2 = 0$):**
   Da m_1 vernachlässigt werden kann ($m_1 \approx 0$), folgen
   $$u_1 \approx -v_1 \quad \text{und} \quad u_2 = 0,$$
   d. h. der stoßende Körper kehrt mit fast gleicher Geschwindigkeit um und der gestoßene bleibt weiterhin in Ruhe.

Im ersten Stoßabschnitt wird nur ein Teil der kinetischen Energie der sich bewegenden Massen in Formänderungsenergie umgewandelt, die nach dem Energieerhaltungssatz errechnet werden kann. Vor dem Stoß besitzen beide Körper zusammen die Anfangsenergie

$$E_0 = E_{k1} + E_{k2} = m_1 \cdot \frac{v_1^2}{2} + m_2 \cdot \frac{v_2^2}{2}$$
$$= \frac{1}{2}\left(m_1 \cdot v_1^2 + m_2 \cdot v_2^2\right).$$

Am Ende des ersten Stoßabschnitts haben sie die gemeinsame Geschwindigkeit v und die Energie

$$E = E_k = \frac{1}{2}\,(m_1 + m_2)\,v^2$$

Die abgegebene Energie wurde in die Formänderungsarbeit W_I (Bild 7.30) umgewandelt und ist bei Beginn des zweiten Stoßabschnitts als Formänderungsenergie E_F vorhanden ($E_a = W_I = E_F$). Da keine Energie zugeführt wurde ($E_z = 0$), ergibt sich entspr. Gl. (7.26) als Energiegleichung:

$$\frac{1}{2}(m_1 \cdot v_1^2 + m_2 \cdot v_2^2) - E_F - \frac{1}{2}(m_1 + m_2)\, v^2 = 0$$

Mit dem Quadrat der gemeinsamen Geschwindigkeit

$$v^2 = \left(\frac{m_1 \cdot v_1 + m_2 \cdot v_2}{m_1 + m_2}\right)^2 = \frac{m_1^2 \cdot v_1^2 + 2 \cdot m_1 \cdot m_2 \cdot v_1 \cdot v_2 + m_2^2 \cdot v_2^2}{(m_1 + m_2)^2}$$

folgt daraus:

$$E_F = \frac{1}{2}\left(m_1 \cdot v_1^2 + m_2 \cdot v_2^2 - \frac{m_1^2 \cdot v_1^2 + 2 \cdot m_1 \cdot m_2 \cdot v_1 \cdot v_2 + m_2^2 \cdot v_2^2}{m_1 + m_2}\right)$$

$$= \frac{1}{2(m_1 + m_2)}(m_1^2 \cdot v_1^2 + m_1 \cdot m_2 \cdot v_1^2 + m_1 \cdot m_2 \cdot v_2^2 + m_2^2 \cdot v_2^2 - m_1^2 \cdot v_1^2 - 2 \cdot m_1 \cdot m_2 \cdot v_1 \cdot v_2 - m_2^2 \cdot v_2^2)$$

$$= \frac{1}{2} \cdot \frac{m_1 \cdot m_2}{m_1 + m_2}(v_1^2 - 2 \cdot v_1 \cdot v_2 + v_2^2)$$

Schreibt man den Klammerausdruck als Binom, so erhält man für die

Formänderungsenergie

$$\boldsymbol{E_F = \frac{1}{2} \cdot \frac{m_1 \cdot m_2}{m_1 + m_2}(v_1 - v_2)^2} \qquad (7.36)$$

Damit lassen sich in Verbindung mit Gl. (7.22) für die Federarbeit beispielsweise die Federwege und -kräfte von Pufferfedern errechnen.

Beispiel 7.28
Ein 60 t schwerer Eisenbahnwagen rollt mit einer Geschwindigkeit von 1,2 m/s auf einen stehenden Wagen, der 16 t wiegt (Bild 7.31). Die Federrate jeder der 4 beteiligten Pufferfedern beträgt 3 kN/mm. Zu errechnen sind die Geschwindigkeiten der Wagen nach dem Stoß, der größte Federweg und die größte Federkraft einer Pufferfeder während des Zusammenstoßes.

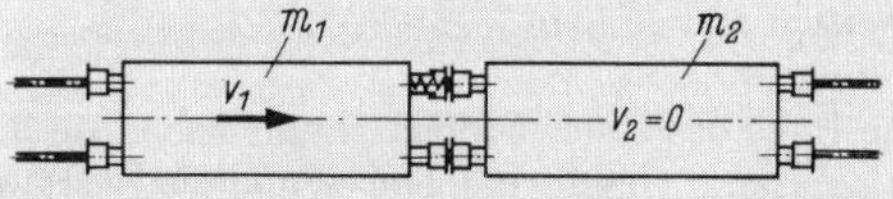

Bild 7.31 Zwei Eisenbahnwagen vor einem elastischen Stoß

Lösung:
Gegeben: $m_1 = 60\,t = 60 \cdot 10^3$ kg, $v_1 = 1{,}2$ m/s,
$m_2 = 16\,t = 16 \cdot 10^3$ kg, $v_2 = 0$,
$R = 3$ kN/mm.

Gesucht: u_1 und u_2, s_{max} und F_{max}.

1. Geschwindigkeiten u_1 und u_2 nach dem Stoß
Mit $v_2 = 0$ folgt aus Gl. (7.33):

$$u_1 = \frac{(m_1 - m_2)\, v_1}{m_1 + m_2} = \frac{(60 - 16)\,t \cdot 1{,}2\,m/s}{(60 + 16)\,t} \approx 0{,}7\,m/s$$

und aus Gl. (7.35):

$$u_2 = v_1 + u_1 = (1{,}2 + 0{,}7)\,m/s = 1{,}9\,m/s.$$

Beide Wagen rollen nach dem Stoß in Richtung der Anfangsgeschwindigkeit v_1.

2. Größter Federweg s_{max} und größte Federkraft F_{max}
Die Federenergie einer Feder ist gleich der Federarbeit $W_F = R \cdot s_{max}^2/2$ entspr. Gl. (7.22). Beim Zusammenstoß werden 4 Federn in gleicher Weise beansprucht. Ihre Gesamtenergie ist gleich der Formänderungsenergie nach Gl. (7.36):

$$E_F = \frac{1}{2} \cdot \frac{m_1 \cdot m_2}{m_1 + m_2}(v_1 - v_2)^2 = 4 \cdot W_F = 4 \cdot \frac{1}{2} \cdot R \cdot s_{max}^2.$$

Mit $v_2 = 0$ und $R = 3000\,N/mm = 3 \cdot 10^6\,N \cdot m^{-1} = 3 \cdot 10^6\,kg \cdot m \cdot s^{-2} \cdot m^{-1} = 3 \cdot 10^6\,kg \cdot s^{-2}$ folgt daraus:

$$s_{max} = v_1 \sqrt{\frac{m_1 \cdot m_2}{(m_1 + m_2)\,4R}} = 1{,}2\,\frac{m}{s}\sqrt{\frac{60 \cdot 16 \cdot 10^6\,kg^2 \cdot s^2}{(60 + 16)\,10^3\,kg \cdot 4 \cdot 3 \cdot 10^6\,kg}} = 0{,}039\,m = 39\,mm.$$

Aus der Gleichung für die Federrate $R = F/s$ erhält man damit

$$F_{max} = s_{max} \cdot R = 39\,mm \cdot 3\,\frac{kN}{mm} = 117\,kN.$$

7.3.3 Plastischer Stoß

Beim plastischen Stoß verläuft der erste Stoßabschnitt wie beim elastischen Stoß. Der zweite Stoßabschnitt entfällt, da die Verformungen nicht zurückgehen. Beide Körper bewegen sich **nach dem Stoß** mit der gemeinsamen

Geschwindigkeit $$\boldsymbol{v = \frac{m_1 \cdot v_1 + m_2 \cdot v_2}{m_1 + m_2}} \qquad (7.37)$$

Die beim elastischen Stoß am Ende des ersten Stoßabschnitts vorhandene Formänderungsenergie (Gl. (7.36)) ist gleich der beim plastischen

Stoß an beiden Körpern verrichteten und in Wärme umgewandelten

Formänderungsarbeit

$$W_F = \frac{1}{2} \cdot \frac{m_1 \cdot m_2}{m_1 + m_2} (v_1 - v_2)^2 \qquad (7.38)$$

Somit gilt für den *plastischen Stoß:*

Die Relativgeschwindigkeit wird null und ein Teil der kinetischen Energie verrichtet Formänderungsarbeit, die in Wärme umgewandelt wird.

Sonderfälle beim plastischen geraden zentralen Stoß sind:

1. **Zwei Körper gleicher Masse ($m_1 = m_2 = m$) stoßen aufeinander ($v_1 > v_2$):**
   Aus Gl. (7.37) folgt $v = (v_1 + v_2)/2$, d. h. die Körper bewegen sich nach dem Stoß gemeinsam mit dem arithmetischen Mittel ihrer Anfangsgeschwindigkeiten.
   Sind die Geschwindigkeiten gleich groß und entgegengesetzt gerichtet ($v_2 = -v_1$), so wird $v = 0$, d. h. die Körper bleiben nach dem Stoß in Ruhe. Ruht der gestoßene Körper ($v_2 = 0$), dann wird $v = v_1/2$, d. h. beide Körper bewegen sich nach dem Stoß mit der halben Anfangsgeschwindigkeit des stoßenden Körpers.
2. **Ein Körper stößt gegen einen sehr großen ruhenden Körper ($m_2 \gg m_1, v_2 = 0$):**
   Da m_1 vernachlässigt werden kann ($m_1 \approx 0$), wird $v = 0$, d. h. der stoßende Körper bleibt vor dem gestoßenen liegen.

In der Technik können folgende Arbeitsverfahren vereinfacht als plastischer Stoß aufgefasst werden: das Schmieden, das Kaltumformen, das Nieten, das Einrammen von Pfählen, das Eintreiben von Keilen und das Einschlagen von Nägeln. Dabei sind zwei verschiedene Zielsetzungen zu unterscheiden: eine möglichst große Formänderung oder ein möglichst großer Eintreibweg.

Beim **Schmieden, Kaltumformen und Nieten** soll die Verformungsarbeit möglichst groß, die kinetische Energie nach dem Stoß möglichst klein sein. Das wird durch eine hohe Geschwindigkeit v_1 des Hammers (s. Gl. (7.38)) und eine große ruhende Masse m_2 des Ambosses mit Werkstück bei kleiner Hammermasse m_1 erreicht (s. Sonderfall 2). Mit der Nutzarbeit $W_n = W_F$ nach Gl. (7.38) ($v_2 = 0$) und der zugeführten Energie $E_z = E_{k1}$ ergibt sich der Wirkungsgrad entspr. Gl. (7.31):

$$\eta = \frac{W_n}{E_z} = \frac{W_F}{E_{k1}} = \frac{m_1 \cdot m_2 \cdot v_1^2 \cdot 2}{2\,(m_1 + m_2) \cdot m_1 \cdot v_1^2} = \frac{m_2}{m_1 + m_2}$$

Das ist der

Wirkungsgrad beim Schmieden

$$\eta_S = \frac{m_2}{m_1 + m_2} = \frac{1}{1 + m_1/m_2} \qquad (7.39)$$

Die Gleichung zeigt, dass der Wirkungsgrad umso größer ist, je größer die Ambossmasse m_2 (einschl. Werkstück) im Verhältnis zur Hammermasse m_1 gewählt wird.

Beim **Rammen und Eintreiben** soll der Eintreibweg möglichst groß sein, was durch eine große kinetische Energie nach dem Schlag erreicht wird. Diese ist bei großer Geschwindigkeit v (Gl. (7.37)) gegeben. Dazu ist eine möglichst große Masse m_1 des Rammbärs oder Hammers mit hoher Geschwindigkeit v_1 notwendig. Vor dem Schlag ist die Geschwindigkeit der Masse m_2 des einzutreibenden Pfahles $v_2 = 0$. Durch Verformung des Erdreichs sowie durch Reibung zwischen Pfahl und Erdreich wird die kinetische Energie verbraucht. Der Wirkungsgrad ist hierbei das Verhältnis der für die Nutzarbeit nach dem Schlag zur Verfügung stehenden kinetischen Energie $E_k = (m_1 + m_2)\, v^2/2$ zur kinetischen Energie $E_{k1} = m_1 \cdot v_1^2/2$ des Rammbärs vor dem Schlag (beim Auftreffen auf den Pfahl). Mit Gl. (7.37) für v und mit $v_2 = 0$ wird

$$\eta = \frac{E_n}{E_z} = \frac{E_k}{E_{k1}} = \frac{(m_1 + m_2) \cdot v^2 \cdot 2}{2 \cdot m_1 \cdot v_1^2} = \frac{(m_1 + m_2) \cdot m_1^2 \cdot v_1^2}{m_1 \cdot v_1^2 \cdot (m_1 + m_2)^2}$$

Daraus folgt der

Wirkungsgrad beim Rammen

$$\eta_R = \frac{m_1}{m_1 + m_2} = \frac{1}{1 + m_2/m_1} \qquad (7.40)$$

Nach dieser Gleichung wird der Wirkungsgrad umso größer, je größer die Masse m_1 des Rammbärs oder Hammers gegenüber der Masse m_2 des Pfahles oder Keiles ist.

Beispiel 7.29
Auf ein 1,2-t-Schmiedestück, das auf einem Amboss von 12 t Masse liegt, fällt ein Schmiedehammer mit einer Masse von 1,6 t aus 1,5 m Höhe frei herab. Zu errechnen sind die Formänderungsarbeit bei einem Schlag, der Wirkungsgrad beim Schmieden und die an den Boden als Erschütterung abgegebene Energie. Es ist plastischer Stoß anzunehmen.

Lösung:
Gegeben: $m_1 = 1{,}6\,\text{t}, m_2 = (1{,}2 + 12)\,\text{t} = 13{,}2\,\text{t}$,
$h = 1{,}5\,\text{m}$.
Gesucht: W_F, η_S und E_a.

1. Formänderungsarbeit W_F
Mit der Fallgeschwindigkeit $v_1 = \sqrt{2g \cdot h}$ (Gl. (6.19)) beim Aufschlag des Hammers und $v_2 = 0$ wird nach Gl. (7.38), da $(v_1 - v_2)^2 = (\sqrt{2g \cdot h} - 0)^2 = 2g \cdot h$ ist:

$$W_F = \frac{1}{2} \cdot \frac{m_1 \cdot m_2}{m_1 + m_2} \cdot 2g \cdot h$$

$$= \frac{1}{2} \cdot \frac{1{,}6 \cdot 10^3\,\text{kg} \cdot 13{,}2 \cdot 10^3\,\text{kg}}{(1{,}6 + 13{,}2)\,10^3\,\text{kg}} \cdot 2 \cdot 9{,}81\,\frac{\text{m}}{\text{s}^2} \cdot 1{,}5\,\text{m}$$

$$= 21 \cdot 10^3\,\frac{\text{kg m}^2}{\text{s}^2} = 21\,\text{kJ}.$$

2. Wirkungsgrad η_S
Nach Gl. (7.39):

$$\eta_S = \frac{m_2}{m_1 + m_2} = \frac{13{,}2\,\text{t}}{(1{,}6 + 13{,}2)\,\text{t}} = 0{,}89 = 89\%.$$

3. Abgegebene Energie E_a
Die bei Schlagbeginn (Stoßbeginn) vorhandene kinetische Energie ist gleich der potenziellen Energie des Hammers vor dem Fallen: $E_0 = E_{\text{pl}} = E_{\text{kl}} = m_1 \cdot g \cdot h$. Ein Teil davon verrichtet die unter 1. errechnete Formänderungsarbeit $W_F = E$. Der Rest E_a wird an den Boden abgegeben und in Wärme umgewandelt. Da keine Energie zugeführt wird, ist $E_z = 0$, und entspr. Gl. (7.26) lautet die Energiegleichung

$$E_0 + E_z - E_a - E = m_1 \cdot g \cdot h + 0 - E_a - W_F = 0.$$

Daraus folgt

$$E_a = m_1 \cdot g \cdot h - W_F$$

$$= 1{,}6 \cdot 10^3\,\text{kg} \cdot 9{,}81\,\frac{\text{m}}{\text{s}^2} \cdot 1{,}5\,\text{m} - 21\,\text{kJ}$$

$$= 23{,}54\,\text{kJ} - 21\,\text{kJ} = 2{,}54\,\text{kJ}.$$

Das sind ca. 11% der Anfangsenergie E_0, was nach dem Ergebnis zu 2. zu erwarten war.

Beispiel 7.30
Ein Pfahl mit der Masse 800 kg wird von dem 2000 kg schweren Bär einer Fallramme um 18 mm ins Erdreich eingetrieben. Der Bär fiel aus einer Höhe von 1,6 m auf den einzurammenden Pfahl herab (Bild 7.32). Wegen der plastischen Verformung des Erdreichs kann man einen plastischen Stoß annehmen. Wie groß sind die Geschwindigkeit von Bär und Pfahl nach dem Stoß, der Wirkungsgrad beim Rammen und der Widerstand des Erdreichs?

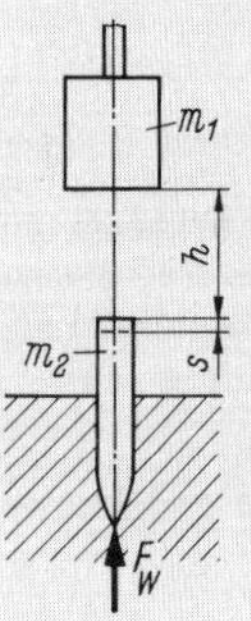

Bild 7.32 Einrammen eines Pfahls

Lösung:
Gegeben: $m_1 = 2000\,\text{kg}$, $m_2 = 800\,\text{kg}$, $h = 1{,}6\,\text{m}$, $s = 18\,\text{mm} = 0{,}018\,\text{m}$.
Gesucht: v, η_R und F_w.
1. Gemeinsame Geschwindigkeit v
Beim Aufschlag auf den Pfahl (Stoßbeginn) hat der Bär nach Gl. (6.19) die Fallgeschwindigkeit

$$v_1 = \sqrt{2g \cdot h} = \sqrt{2 \cdot 9{,}81\,\frac{\text{m}}{\text{s}^2} \cdot 1{,}6\,\text{m}} = 5{,}6\,\text{m/s},$$

während die Geschwindigkeit des Pfahls $v_2 = 0$ ist. Damit wird entspr. Gl. (7.37):

$$v = \frac{m_1 \cdot v_1}{m_1 + m_2} = \frac{2000\,\text{kg} \cdot 5{,}6\,\text{m/s}}{(2000 + 800)\,\text{kg}} = 4\,\text{m/s}.$$

2. Wirkungsgrad η_R
Nach Gl. (7.40):

$$\eta_R = \frac{m_1}{m_1 + m_2} = \frac{2000\,\text{kg}}{(2000 + 800)\,\text{kg}} \approx 0{,}71 = 71\%.$$

3. Widerstandskraft F_w
Die am Ende des plastischen Stoßes vorhandene kinetische Energie E_k der Masse m_1 und m_2 steht als Nutzenergie für die Eintreibarbeit zur Verfügung. Beim Eintreiben wird die als konstant angenommene Kraft F_w auf dem Eintreibweg s überwunden. Somit ist

$$E_k = \frac{m_1 + m_2}{2}\,v^2 = F_w \cdot s, \text{ woraus folgt}$$

$$F_w = \frac{(m_1 + m_2)\,v^2}{2 \cdot s} = \frac{(2000 + 800)\,\text{kg} \cdot (4\,\text{m/s})^2}{2 \cdot 0{,}018\,\text{m}}$$

$$= 1244\,\text{kN} = 1{,}244\,\text{MN}.$$

7.3.4 Wirklicher Stoß

In Wirklichkeit sind die Körper weder vollkommen elastisch noch vollkommen plastisch. Ihr Verhalten liegt zwischen diesen beiden Grenzfällen. Beim wirklichen oder teilelastischen Stoß gehen die Formänderungen nur teilweise zurück. Nach dem Stoß ist die kinetische Energie um die plastische Formänderungsarbeit kleiner als vor dem Stoß. Dadurch wird die Geschwindigkeitsänderung im zweiten Stoßabschnitt geringer als im ersten. Das Verhältnis der Geschwindigkeitsänderungen in beiden Stoßabschnitten (s. Bild 7.30) ist definiert als

$$\textit{Stoßzahl} \quad k = \frac{u_1 - v}{v - v_1} = \frac{u_2 - v}{v - v_2} < 1$$

Daraus folgen

$$k \cdot v - k \cdot v_1 = u_1 - v \text{ bzw. } k \cdot v - k \cdot v_2 = u_2 - v$$

und für den **stoßenden Körper** die nach dem Stoß vorhandene

Geschwindigkeit

$$\boldsymbol{u_1 = (1 + k) \cdot v - k \cdot v_1} \qquad (7.41)$$

sowie für den **gestoßenen Körper** die

Geschwindigkeit

$$\boldsymbol{u_2 = (1 + k) \cdot v - k \cdot v_2} \quad (7.42)$$

mit v nach Gl. (7.37) als gemeinsamer Geschwindigkeit am Ende des ersten Stoßabschnitts.
Durch Subtrahieren der Gl. (7.42) von Gl. (7.41) erhält man die

Stoßzahl $$\boldsymbol{k = \frac{u_1 - u_2}{v_2 - v_1}} \quad (7.43)$$

Die Differenz der kinetischen Energien vor und nach dem wirklichen Stoß ist die Verlustenergie

$$E_v = \frac{1}{2}(m_1 \cdot v_1^2 + m_2 \cdot v_2^2) - \frac{1}{2}(m_1 \cdot u_1^2 + m_2 \cdot u_2^2)$$

Mit den Gln. (7.41), (7.42) und (7.37) ergibt sich daraus durch mathematische Umformung die

Verlustenergie

$$\boldsymbol{E_v = \frac{1}{2} \cdot \frac{m_1 \cdot m_2}{m_1 + m_2}(v_1 - v_2)^2 \cdot (1 - k^2)} \quad (7.44)$$

Bei $k = 1$ (Grenzfall des elastischen Stoßes) ist $E_v = 0$, und mit $k = 0$ (plastischer Stoß) wird $E_v = W_F$ nach Gl. (7.38).
Zusammengefasst gilt für den *wirklichen Stoß:*

Die Relativgeschwindigkeit wird geringer. Das Verhältnis der Relativgeschwindigkeiten nach und vor dem Stoß ist die Stoßzahl. Die Verlustenergie bewirkt bleibende Formänderungen und wird in Wärme umgewandelt.

Die Stoßzahl k wird durch Versuche bestimmt (s. Beisp. 7.31) und ist vom Werkstoff, der Körperform und der Auftreffgeschwindigkeit abhängig.

Beispiel 7.31
Eine Stahlkugel fällt aus einer Höhe von 600 mm auf eine große Stahlplatte und springt auf eine Höhe von 190 mm zurück (Bild 7.33). Wie groß ist die Stoßzahl?

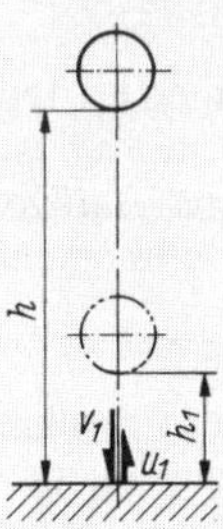

Bild 7.33 Versuch zur Stoßzahlermittlung

Lösung:
Gegeben: $h = 600$ mm, $h_1 = 190$ mm.
Gesucht: k.
Die Kugel trifft mit der Geschwindigkeit $v_1 = \sqrt{2g \cdot h}$ (Gl. (6.19)) auf die Platte und hat nach dem Stoß die Geschwindigkeit $u_1 = -\sqrt{2g \cdot h_1}$, mit der sie wie bei einem senkrechten Wurf aufwärts wieder aufsteigt (das negative Vorzeichen ist durch die Richtungsumkehr bedingt). Da die Platte vor und nach dem Stoß ruht, sind $v_2 = 0$ und $u_2 = 0$. Damit wird nach Gl. (7.43):

$$k = \frac{u_1 - 0}{0 - v_1} = \frac{-\sqrt{2g \cdot h_1}}{-\sqrt{2g \cdot h}} = \sqrt{\frac{h_1}{h}} = \sqrt{\frac{190\ \text{mm}}{600\ \text{mm}}} = 0{,}563.$$

Beispiel 7.32
Ein Schabotte-Fallhammer (Bild 7.34) mit 1,6 m Hub hat ein Bärgewicht von 1,5 t, Schabotte und Schmiedestück haben zusammen eine Masse von 30 t. Mit einer Stoßzahl von 0,6 und unter Vernachlässigung der Reibung an der Bärführung sind zu ermitteln: die Schlagenergie des Bärs, seine Aufschlaggeschwindigkeit, die Geschwindigkeiten des Bärs und der Schabotte nach dem Stoß, die Rücksprunghöhe des Bärs, der Wirkungsgrad beim Schmieden.

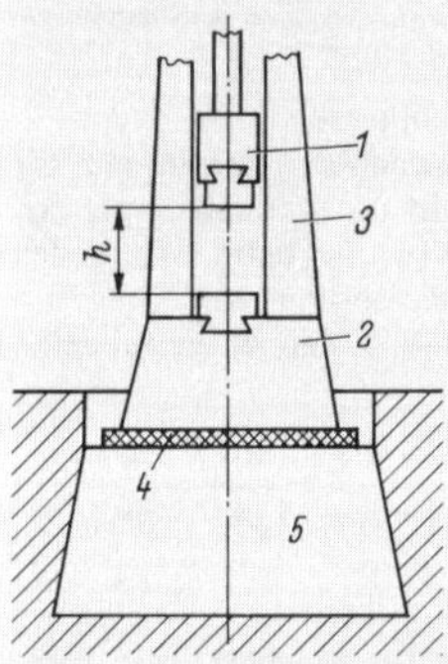

Bild 7.34 Schabotte-Fallhammer
1 Bär, 2 Schabotte, 3 Gestell, 4 Zwischenlage, 5 Fundament

Lösung:
Gegeben: $h = 1{,}6$ m, $m_1 = 1{,}5$ t, $m_2 = 30$ t, $k = 0{,}6$.
Gesucht: $E_{k1}, v_1, u_1, u_2, h_1, \eta_S$.
1. Schlagenergie E_{k1}
Das ist die kinetische Energie beim Aufschlag, die den gleichen Betrag wie die potenzielle Energie des Bärs in der Ausgangslage hat. Somit entspr. den Gln. (7.24) und (7.23):

$$E_{k1} = m_1 \cdot \frac{v_1^2}{2} = E_{p1} = m_1 \cdot g \cdot h = 1{,}5\ \text{t} \cdot 9{,}81\ \frac{\text{m}}{\text{s}^2} \cdot 1{,}6\ \text{m} = 23{,}54\ \text{kJ}.$$

2. Aufschlaggeschwindigkeit v_1
Aus demselben Ansatz wie unter 1. folgt

$$v_1 = \sqrt{2g \cdot h} = \sqrt{2 \cdot 9{,}81\ \frac{\text{m}}{\text{s}^2} \cdot 1{,}6\ \text{m}} = 5{,}6\ \text{m/s}.$$

3. Geschwindigkeiten u_1 und u_2 nach dem Stoß
Mit der gemeinsamen Geschwindigkeit am Ende des ersten Stoßabschnitts nach Gl. (7.37), wobei $v_2 = 0$ ist:

$$v = \frac{m_1 \cdot v_1}{m_1 + m_2} = \frac{1{,}5\,\text{t} \cdot 5{,}6\,\text{m/s}}{(1{,}5 + 30)\,\text{t}} = 0{,}267\,\text{m/s}$$

werden nach den Gln. (7.41) und (7.42) (auch hier $v_2 = 0$):

$$u_1 = (1 + k) \cdot v - k \cdot v_1$$
$$= (1{,}6 \cdot 0{,}267 - 0{,}6 \cdot 5{,}6)\,\text{m/s} = -2{,}933\,\text{m/s},$$
$$u_2 = (1 + k) \cdot v = 1{,}6 \cdot 0{,}267\,\text{m/s} = 0{,}427\,\text{m/s}.$$

Das negative Vorzeichen von u_1 besagt, dass sich der Bär nach dem Stoß aufwärts bewegt, er springt zurück. Die durch u_2 hervorgerufenen Schwingungen der Schabotte klingen infolge Dämpfung wieder ab.

4. Rücksprunghöhe h_1 des Bärs
Nach dem Energiesatz ist die potenzielle Energie am Ende des Rücksprungs gleich der kinetischen Energie des Bärs bei der Geschwindigkeit u_1:

$$m_1 \cdot g \cdot h_1 = m_1 \cdot \frac{u_1^2}{2}.$$

Daraus folgt

$$h_1 = \frac{u_1^2}{2g} = \frac{(-2{,}933\,\text{m/s})^2}{2 \cdot 9{,}81\,\text{m/s}^2} = 0{,}438\,\text{m} = 438\,\text{mm}.$$

5. Wirkungsgrad η_S beim Schmieden
Gl. (7.39) ist hier nicht anwendbar, da sie nur für den plastischen Stoß gilt. Mit der Verlustenergie ΔE nach Gl. (7.44) (darin $v_2 = 0$), die beim Schmieden als Nutzenergie die erwünschte Formänderung am Werkstück verrichtet, und mit der aufgewendeten Energie E_{k1} erhält man:

$$\eta_S = \frac{\Delta E}{E_{k1}} = \frac{m_1 \cdot m_2 \cdot v_1^2 \cdot (1 - k^2)}{2(m_1 + m_2) \cdot m_1 \cdot v_1^2/2} = \frac{m_2(1 - k^2)}{m_1 + m_2}$$
$$= \frac{30\,\text{t} \cdot (1 - 0{,}6^2)}{(1{,}5 + 30)\,\text{t}} = 0{,}61 = 61\%.$$

Praxishinweis
Schmieden und Rammen sind nur annähernd plastische Stöße. Wenn keine Werte für die Stoßzahl bekannt sind, kann man diese Vorgänge vereinfacht wie plastische Stöße berechnen. Aus den Gleichungen für die Wirkungsgrade geht in Übereinstimmung mit der praktischen Erfahrung hervor, dass beim Schmieden und Nieten ein Hammer mit relativ kleiner Masse und ein Amboss oder ein Gegenhalter mit möglichst großer Masse zweckmäßig sind, während beim Eintreiben oder Rammen der Hammer oder Bär eine möglichst große Masse haben sollte.

Kontrollfragen:
- Was versteht man unter einem geraden zentrischen Stoß?
- Wie verläuft ein elastischer Stoß?
- Worin unterscheiden sich ein elastischer, ein plastischer und ein wirklicher Stoß?
- Wie ist die Stoßzahl definiert, und wie wird sie ermittelt?

7.4 Rotation

Lernziele:
- Das Grundgesetz der Dynamik, das Prinzip von d'Alembert und den Impulsmomentensatz bei der Berechnung ungleichförmiger Drehbewegungen anwenden sowie Trägheitsmomente von Körpern errechnen.
- Arbeit, Energie und Leistung von Drehbewegungen einschließlich des Wirkungsgrades errechnen.
- Die Fliehkraft als Trägheitskraft erklären und für einfache technische Anwendungsfälle errechnen.
- Für Größen der Translation die entsprechenden der Rotation angeben.

7.4.1 Grundgesetz der Dynamik für Drehbewegung

Um einen Körper in Drehung zu versetzen, beispielsweise die auf einer fest stehenden Achse drehbar gelagerte Scheibe nach Bild 7.35, bedarf es eines Drehmoments M. Dieses Drehmoment kann auf verschiedene Weise erzeugt werden, u. a. durch eine tangential am Scheibenumfang angreifende Umfangskraft F_u, auch Tangentialkraft F_t genannt. Ist F_u konstant, so führt die Scheibe infolge des konstanten Drehmoments $M = F_u \cdot R$ eine gleichmäßig beschleunigte Drehbewegung aus, vorausgesetzt, dieses Moment ist größer als das Reibungsmoment im Lager.

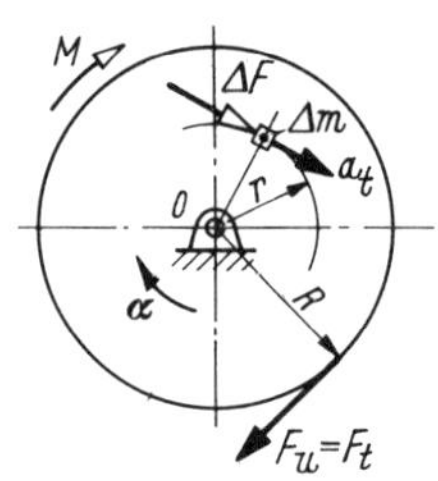

Bild 7.35 Auf fest stehender Achse drehbar gelagerte Scheibe

An jedem winzig kleinen Masseteilchen Δm des sich drehenden Körpers wirkt eine Teilkraft ΔF und ruft eine Tangentialbeschleunigung a_t hervor. Nach dem Grundgesetz der Dynamik (Gl. (7.3)) beträgt diese beschleunigende Teilkraft $\Delta F = \Delta m \cdot a_t$. Sie bildet mit dem Radius r als dem Abstand des Masseteilchens Δm von der Drehachse das beschleunigende Teilmoment

$$\Delta M = \Delta F \cdot r = \Delta m \cdot a_t \cdot r$$

Die Summe aller Teilmomente ist das resultierende Moment, das als Beschleunigungsmoment M am Körper angreift. Mit $a_t = \alpha \cdot r$ (Gl. (6.29)) beträgt demnach das Beschleunigungsmoment

$$M = \Sigma\,\Delta M = \Sigma(\Delta m \cdot \alpha \cdot r \cdot r) = \Sigma(\alpha \cdot r^2 \cdot \Delta m) = \alpha \cdot \Sigma(r^2 \cdot \Delta m)$$

Da die Winkelbeschleunigung α für alle Masseteilchen gleich und vom Radius unabhängig ist, darf man α vor das Summenzeichen setzen. Der Ausdruck $\Sigma(r^2 \cdot \Delta m)$ (gesprochen: Summe aller r^2 mal Δm) ist für jeden Körper eine konstante Größe, in der die auf eine Drehachse bezogene Trägheit des ganzen Körpers gegen Drehbeschleunigung oder -verzögerung zusammengefasst wird. Die Bezeichnung dafür lautet nach DIN 1304 **Massenmoment 2. Grades** (früher: Massenträgheitsmoment) oder

Trägheitsmoment $\boldsymbol{J = \Sigma(r^2 \cdot \Delta m)}$ (7.45)

Damit ergibt sich das

Beschleunigungsmoment $\boldsymbol{M = J \cdot \alpha}$ (7.46)

Diese Gleichung ist das
Grundgesetz der Dynamik für Drehbewegung:

Das Beschleunigungsmoment ist gleich dem Produkt aus dem Trägheitsmoment und der Winkelbeschleunigung.

Mit den SI-Einheiten kg für die Masse und m für den Radius folgt aus Gl. (7.45) für das Trägheitsmoment die Einheit $[J] = \text{kg m}^2$. Damit ergibt sich nach Gl. (7.46) für das Beschleunigungsmoment die Einheit $[M] = [J] \cdot [\alpha] = \text{kg m}^2 \cdot \text{s}^{-2} = (\text{kg m/s}^2)\,\text{m} = \text{Nm}$.

Inhaltlich entspricht Gl. (7.46) dem in Gl. (7.3) ausgedrückten Grundgesetz der Dynamik: Anstelle der Beschleunigungskraft F steht bei Drehbewegung das Beschleunigungsmoment M, anstelle der Masse m das (Massen-) Trägheitsmoment J und für die Beschleunigung a die Winkelbeschleunigung α (s. auch Gegenüberstellung vor Abschn. 7.4.5). Bei einer beschleunigten oder verzögerten Drehbewegung kommt es nicht nur auf die Masse an, sondern auch auf die Anordnung der Masseteilchen in Bezug auf die Drehachse, d. h. auf die geometrische Form des Körpers. Je weiter die Massenteile von der Drehachse entfernt sind, umso größer ist die Trägheit des Körpers gegen Drehbeschleunigungen und -verzögerungen, umso größer ist also sein Trägheitsmoment. Greifen an einem Körper mehrere Momente an, so ist das resultierende Beschleunigungsmoment

$$M_{\text{res}} = \Sigma M = J \cdot \alpha$$

Beispiel 7.33
Eine als Schwungrad ausgebildete Riemenscheibe mit einem Trägheitsmoment von $100\,\text{kg m}^2$ soll in 15 s aus dem Stillstand auf eine Drehzahl von $600\,\text{min}^{-1}$ beschleunigt werden. Unter Vernachlässigung der Lagerreibung ist das erforderliche Beschleunigungsmoment zu errechnen.

Lösung:
Gegeben: $J = 100\,\text{kg m}^2$, $t = 15\,\text{s}$, $n = 600\,\text{min}^{-1} = 10\,\text{s}^{-1}$.
Gesucht: M.
Mit der Winkelgeschwindigkeit nach Gl. (6.27):

$$\omega = 2\pi \cdot n = 2\pi \cdot 10\,\text{s}^{-1} = 62{,}8\,\text{rad/s}$$

beträgt nach Gl. (6.30) die Winkelbeschleunigung

$$\alpha = \frac{\omega}{t} = \frac{62{,}8\,\text{rad/s}}{15\,\text{s}} = 4{,}19\,\text{rad/s}^2$$

und damit nach Gl. (7.46) das Beschleunigungsmoment

$$M = J \cdot \alpha = 100\,\text{kg m}^2 \cdot 4{,}19\,\text{s}^{-2} = 419\,\text{kg m}^2/\text{s}^2 = 419\,\text{Nm}.$$

Beispiel 7.34
Nach dem Abschalten eines Elektromotors bei $960\,\text{min}^{-1}$ machte die Motorwelle noch 4020 Umdrehungen bis zum Stillstand. Welches Reibungsmoment wirkte bremsend in den Lagern, wenn das Trägheitsmoment der Welle mit dem aufgesetzten Rotor $6\,\text{kg m}^2$ beträgt?

Lösung:
Gegeben: $n = 960\,\text{min}^{-1} = 16\,\text{s}^{-1}$, $Z = 4020$, $J = 6\,\text{kg m}^2$.
Gesucht: M_R.

1. Anfangs-Winkelgeschwindigkeit ω_0
Nach Gl. (6.27):

$$\omega_0 = 2\pi \cdot n = 2\pi \cdot 16\,\text{s}^{-1} = 100{,}5\,\text{rad/s}.$$

2. Verzögerungszeit t
Bei Z Umdrehungen beträgt der Drehwinkel $\varphi = 2\pi \cdot Z$. Damit folgt aus Gl. (6.32):

$$t = \frac{2\varphi}{\omega} = \frac{2 \cdot 2\pi \cdot Z}{\omega} = \frac{4\pi \cdot 4020}{100{,}5/\text{s}} = 502{,}7\,\text{s}.$$

3. Winkelverzögerung α
Nach Gl. (6.33) mit der End-Winkelgeschwindigkeit $\omega = 0$:

$$\alpha = \frac{\omega - \omega_0}{t} = \frac{(0 - 100{,}5)\,\text{rad/s}}{502{,}7\,\text{s}} = -0{,}2\,\text{rad/s}^2.$$

4. Reibungsmoment M_R
Es ist gleich dem Verzögerungsmoment M als negativem Beschleunigungsmoment nach Gl. (7.46):

$$M_\text{R} = M = J \cdot \alpha = 6\,\text{kg m}^2 \cdot (-0{,}2\,\text{s}^{-2}) = -1{,}2\,\text{kg m}^2/\text{s}^2 = -1{,}2\,\text{Nm}.$$

Beispiel 7.35
Das Trägheitsmoment einer Antriebswelle, die mit Zahnrädern, Kupplungshälfte und Bremsscheibe 120 kg wiegt, soll bestimmt werden. Sie wurde aus einer Drehzahl von $300\,\text{min}^{-1}$ in 45 s mit einem Bremsmoment von 16 Nm stillgesetzt. Der Durchmesser der Lagerzapfen beträgt 40 mm, die Reibungszahl 0,02.

Lösung:
Gegeben: $m = 120\,\text{kg}$, $n = 300\,\text{min}^{-1} = 5\,\text{s}^{-1}$, $t = 45\,\text{s}$, $M_B = 16\,\text{Nm}$, $r = d/2 = (40/2)\,\text{mm} = 20\,\text{mm} = 0{,}02\,\text{m}$, $\mu_L = 0{,}02$.
Gesucht: J.
1. Verzögerungsmoment M
Es setzt sich zusammen aus dem Bremsmoment M_B und dem Lagerreibungsmoment M_R entspr. Gl. (5.38):

$$M = M_B + M_R = M_B + \mu_L \cdot F_G \cdot r = M_B + \mu_L \cdot m \cdot g \cdot r$$
$$= 16\,\text{Nm} + 0{,}02 \cdot 120\,\text{kg} \cdot 9{,}81\,\text{m/s}^2 \cdot 0{,}02\,\text{m}$$
$$= (16 + 0{,}47)\,\text{Nm} = 16{,}47\,\text{Nm}.$$

2. Winkelverzögerung α
Nach Gl. (6.33) mit $\omega = 0$ und $\omega_0 = 2\pi \cdot n = 2\pi \cdot 5\,\text{s}^{-1} = 31{,}4\,\text{rad/s}$:

$$\alpha = \frac{\omega - \omega_0}{t} = \frac{(0 - 31{,}4)\,\text{rad/s}}{45\,\text{s}} = -0{,}698\,\text{rad/s}^2.$$

3. Trägheitsmoment J
Aus Gl. (7.46), in die der Betrag von M als Verzögerungsmoment negativ einzusetzen ist:

$$J = \frac{M}{\alpha} = \frac{-16{,}47\,\text{Nm}}{-0{,}698\,\text{rad/s}^2}$$
$$= 23{,}6\,\frac{\text{kg m}^2/\text{s}^2}{1/\text{s}^2} = 23{,}6\,\text{kg m}^2.$$

Hinweis: Das Ergebnis ist ein Näherungswert, da die Lagerreibungszahl schwankt und das Bremsmoment nicht konstant gehalten werden kann. Praktisch sind mehrere Messungen notwendig, aus denen ein Mittelwert zu bilden ist.

Das **Prinzip von d'Alembert** (s. Abschn. 7.1.3) ist auch auf Drehbewegungen anwendbar. Dazu schreibt man Gl. (7.46) in der Form $M - J \cdot \alpha = 0$, worin das Produkt $J \cdot \alpha$ als ein durch die Trägheit der Masseteilchen hervorgerufenes Moment anzusehen ist. Da die Bezeichnung Trägheitsmoment, die es sinngemäß zur Trägheitskraft haben müsste, für J festgelegt wurde, wird es

Moment der Trägheitskräfte $\boldsymbol{M_T = J \cdot \alpha}$ (7.47)

genannt. Analog zur Gl. (7.13) ergibt sich damit folgende Form für das

Grundgesetz der Dynamik für Drehbewegung $\boldsymbol{M - M_T = 0}$ (7.48)

Es entspricht der statischen Gleichgewichtsbedingung $\Sigma M = 0$. Die für das d'Alembertsche Prinzip im Abschnitt 7.1.3 empfohlenen Arbeitsschritte können sinngemäß auch bei Drehbewegungen angewendet werden. Beim Freimachen und beim Ansatz der Gleichgewichtsbedingung ist zu beachten, dass das Moment M_T der Trägheitskräfte immer der Beschleunigung entgegen und das Beschleunigungsmoment M stets in Richtung der Beschleunigung wirkt.

Beispiel 7.36
Die Bremse einer Seilwinde wird versehentlich gelöst (gelüftet), so dass sich die am Seil hängende 2 t schwere Last abwärts bewegt (Bild 7.36). Die Seiltrommel mit 300 mm Durchmesser hat einschl. aller Drehmassen ein Trägheitsmoment von 25 kg m². Das Reibungsmoment in den Lagern beträgt 30 Nm. Unter Vernachlässigung der Seilmasse sind zu ermitteln: die Beschleunigung der Last und das erforderliche Bremsmoment (Verzögerungsmoment), um die Last nach 2 m Fallweg auf einer Strecke von 1,5 m anzuhalten.

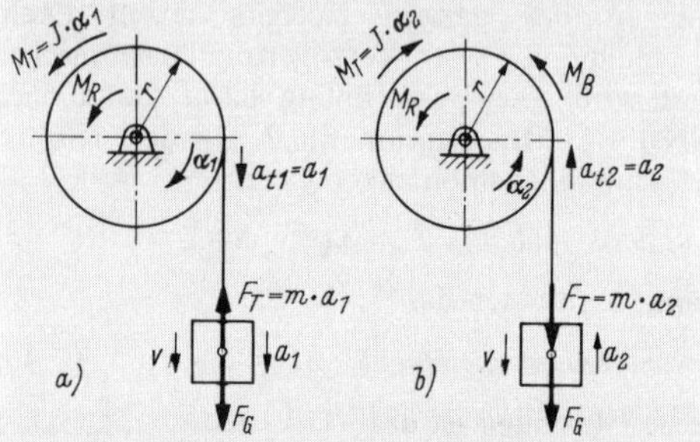

Bild 7.36 Dynamisches Gleichgewicht an einer Seiltrommel
a) bei beschleunigter Abwärtsbewegung der Last, b) bei Verzögerung der Last durch das Bremsmoment M_B

Lösung:
Gegeben: $m = 2\,\text{t} = 2000\,\text{kg}$, $r = d/2 = (300/2)\,\text{mm} = 0{,}15\,\text{m}$, $J = 25\,\text{kg m}^2$, $M_R = 30\,\text{Nm}$, $s_1 = 2\,\text{m}$, $s_2 = 1{,}5\,\text{m}$.
Gesucht: a_1 und M_B.
1. Beschleunigung a_1 nach Lüften der Bremse
1. Schritt: Bild 7.36a zeigt die freigemachte Seiltrommel mit der Last. Die Trägheitskraft F_T der Masse m wirkt entgegen der Beschleunigung a_1, die gleich der Tangentialbeschleunigung a_{t1} am Trommelumfang ist. Das Moment M_T der Trägheitskräfte der Seiltrommel und das Reibungsmoment M_R sind der Winkelbeschleunigung α_1 entgegengerichtet.
2. Schritt: Dem Antriebsmoment der Gewichtskraft $F_G \cdot r = m \cdot g \cdot r$ wirken entgegen: das Moment der Trägheitskraft $F_T \cdot r = m \cdot a_1 \cdot r$, das Moment der Trommel-Trägheitskräfte $M_T = J \cdot \alpha_1$ und das Reibungsmoment M_R. Somit lautet die Momentengleichung nach dem d'Alembertschen Prinzip:

$$m \cdot g \cdot r - m \cdot a_1 \cdot r - J \cdot \alpha_1 - M_R = 0.$$

3. Schritt: Es wird $\alpha_1 = a_{t1}/r$ (Gl. (6.29)) mit $a_{t1} = a_1$ eingesetzt und umgeformt:

$$m \cdot a_1 \cdot r + J \cdot a_1/r = m \cdot g \cdot r - M_R.$$

Daraus folgt die Beschleunigung

$$a_1 = \frac{m \cdot g \cdot r - M_R}{m \cdot r + J/r}$$
$$= \frac{2000\,\text{kg} \cdot 9{,}81\,\text{m/s}^2 \cdot 0{,}15\,\text{m} - 30\,\text{Nm}}{2000\,\text{kg} \cdot 0{,}15 + 25\,\text{kg m}^2/0{,}15\,\text{m}}$$
$$= \frac{2913\,\text{kg m/s}^2 \cdot \text{m}}{466{,}7\,\text{kg m}} = 6{,}24\,\text{m/s}^2.$$

2. Bremsmoment M_B an der Seiltrommel

1. Schritt: In Bild 7.36b ist die freigemachte Seiltrommel mit der Last dargestellt. Die Trägheitskraft F_T wirkt jetzt entgegen der Verzögerung a_2 = Tangentialverzögerung a_{t2}. Das Moment M_T der Trommel-Trägheitskräfte ist der Winkelverzögerung α_2 entgegengerichtet, während das Lagerreibungsmoment M_R und das durch die Bremse an der Trommel hervorgerufene Bremsmoment M_B in Richtung von α_2 wirken.

2. Schritt: Die Momente M_B und M_R haben einen dem Moment $M_T = J \cdot \alpha_2$ sowie den Momenten $F_G \cdot r = m \cdot g \cdot r$ und $F_T \cdot r = m \cdot a_2 \cdot r$ entgegengerichteten Drehsinn. Somit lautet die Gleichgewichtsbedingung $\Sigma M = 0$:

$$m \cdot g \cdot r + m \cdot a_2 \cdot r + J \cdot \alpha_2 - M_B - M_R = 0.$$

3. Schritt: Am Ende des Beschleunigungsweges s_1 beträgt nach Gl. (6.10) die Geschwindigkeit der Last $v_1 = \sqrt{2s_1 \cdot a_1}$. Um sie nach dem Verzögerungsweg s_2 stillzusetzen, ist entspr. Gl. (6.9) eine Verzögerung

$$a_2 = \frac{v_1^2}{2s_2} = \frac{2s_1 \cdot a_1}{2s_2} = \frac{2 \cdot 2\,\mathrm{m} \cdot 6{,}24\,\mathrm{m/s^2}}{2 \cdot 1{,}5\,\mathrm{m}} = 8{,}32\,\mathrm{m/s^2}$$

erforderlich. Mit $\alpha_2 = a_2/r$ folgt aus der Momentengleichung das an der Trommel erforderliche Bremsmoment

$$\begin{aligned} M_B &= m \cdot g \cdot r + a_2(m \cdot r + J/r) - M_R \\ &= 2000\,\mathrm{kg} \cdot 9{,}81\,\frac{\mathrm{m}}{\mathrm{s^2}} \cdot 0{,}15\,\mathrm{m} + 8{,}32\,\frac{\mathrm{m}}{\mathrm{s^2}} \cdot \\ &\quad \left(2000\,\mathrm{kg} \cdot 0{,}15\,\mathrm{m} + \frac{25\,\mathrm{kg\,m^2}}{0{,}15\,\mathrm{m}}\right) - 30\,\mathrm{Nm} \\ &= 2943\,\frac{\mathrm{kg\,m}}{\mathrm{s^2}}\,\mathrm{m} + 3882{,}7\,\frac{\mathrm{kg\,m}}{\mathrm{s^2}}\,\mathrm{m} - 30\,\mathrm{Nm} \\ &= 6796\,\mathrm{Nm}. \end{aligned}$$

7.4.2 Trägheitsmomente, Steinerscher Satz

Nach Gl. (7.45) ist $J = (\Sigma r^2 \cdot \Delta m)$ das *Massenmoment 2. Grades* oder das *Trägheitsmoment eines Körpers* als

Summe aller mit dem Quadrat ihrer Abstände von der Drehachse multiplizierten Massenteilchen des Körpers.

Die Bestimmung des Trägheitsmoments eines Körpers kann rechnerisch oder experimentell durch Bremsversuche (s. Beisp. 7.35) oder durch Schwingungsversuche (s. Abschn. 8.2.2 u. 8.2.3) erfolgen. Für einfache geometrische Körper mit gleichartiger Beschaffenheit (homogene Körper) lassen sich aus Gl. (7.45) Formeln entwickeln, mit denen J errechnet werden kann. Für unregelmäßig geformte Körper sind ggf. zeichnerische Verfahren zweckmäßig.

Die Herleitung der Formeln für einfache geometrische Körper erfolgt mit der Integralrechnung ausgehend von der Gleichung $J = \int r^2 \cdot \mathrm{d}m$ (gespr.: Integral über $r^2 \cdot \mathrm{d}m$), die aus Gl. (7.45) folgt, wenn man Δm unendlich klein werden lässt (dm wird als Differential von m bezeichnet). Für einige oft vorkommende Körperformen sind die Ergebnisse dieser Herleitungen in Tab. 12 zusammengestellt. Die Formeln beziehen sich auf die jeweils angegebene Achse, z. B. J_x auf die x-Achse.

Nachfolgend wird beispielsweise für einen Zylinder die Herleitung der Berechnungsgleichung des auf die Längsachse bezogenen Trägheitsmoments nach einem Näherungsverfahren durchgeführt. Dafür denkt man sich einen Zylinder mit dem Radius $R = D/2$ und der Länge l entspr. Bild 7.37 in vier zylindrische Teilkörper mit

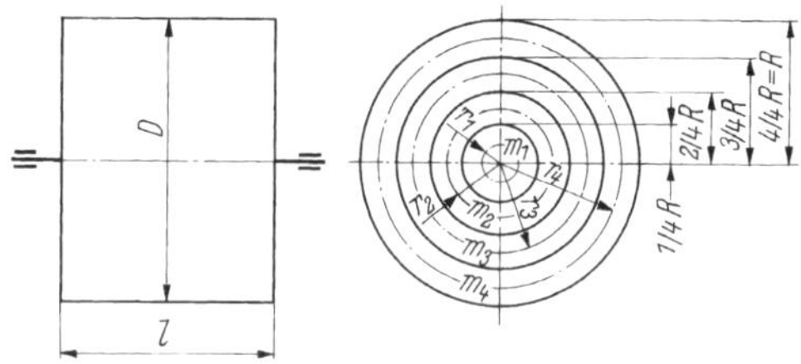

Bild 7.37 Drehbar gelagerter Zylinder

den Teilmassen m_1, m_2, m_3, m_4 aufgeteilt. Deren mittlere Radien betragen $r_1 = 1/8 \cdot R$, $r_2 = 3/8 \cdot R$, $r_3 = 5/8 \cdot R$, $r_4 = 7/8 \cdot R$. Damit kann Gl. (7.45) in der Näherungsform $J \approx \Sigma(r_i^2 \cdot m_i)$ geschrieben werden. Für jede Teilmasse gilt nach Gl. 7.2: $m_i = V_i \cdot \varrho = A_i \cdot l \cdot \varrho$. Mit

$$A_1 = \pi\left(\frac{1}{4}R\right)^2 = \pi R^2 \cdot \frac{1}{16}$$

$$A_2 = \pi\left(\frac{2}{4}R\right)^2 - \pi\left(\frac{1}{4}R\right)^2 = \pi R^2 \cdot \frac{3}{16}$$

$$A_3 = \pi\left(\frac{3}{4}R\right)^2 - \pi\left(\frac{2}{4}R\right)^2 = \pi R^2 \cdot \frac{5}{16}$$

$$A_4 = \pi\left(\frac{4}{4}R\right)^2 - \pi\left(\frac{3}{4}R\right)^2 = \pi R^2 \cdot \frac{7}{16}$$

folgt für

$$\begin{aligned} J &\approx r_1^2 \cdot m_1 + r_2^2 \cdot m_2 + r_3^2 \cdot m_3 + r_4^2 \cdot m_4 \\ &= \left(\frac{1}{8}R\right)^2 \cdot \pi R^2\,\frac{1}{16}\,l \cdot \varrho + \left(\frac{3}{8}R\right)^2 \cdot \pi R^2\,\frac{3}{16}\,l \cdot \varrho \\ &\quad + \left(\frac{5}{8}R\right)^2 \cdot \pi R^2\,\frac{5}{16}\,l \cdot \varrho + \left(\frac{7}{8}R\right)^2 \cdot \pi R^2\,\frac{7}{16}\,l \cdot \varrho \\ &= \frac{496}{1024}\,\pi R^2 \cdot l \cdot \varrho \cdot R^2 = \frac{1}{2{,}0645}\,\pi R^2 \cdot l \cdot \varrho \cdot R^2 \end{aligned}$$

Da $\pi R^2 \cdot l \cdot \varrho = A \cdot l \cdot \varrho = m$ die gesamte Zylindermasse ist, wird

$$J \approx \frac{1}{2{,}0645}\,m \cdot R^2$$

Wählt man eine feinere Aufteilung in 8, 16, 32 oder mehr Teilmassen, so nähert sich das Ergebnis immer stärker der in Tab. 12 angegebenen Formel, die sich bei unendlich vielen Teilmassen ergibt für das auf die Längsachse bezogene

Trägheitsmoment eines Vollzylinders $J = \frac{1}{2}\, m \cdot R^2$

Für aus einfachen Teilkörpern zusammengesetzte Körper, bei denen die Schwerpunkte der Teilkörper auf der Drehachse liegen, z. B. die aus drei Hohlzylindern (Nabe, Steg und Kranz) bestehende Riemenscheibe in Bild 7.38, erhält

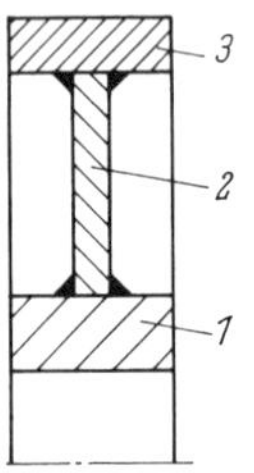

Bild 7.38 Geschweißte Riemenscheibe
1 Nabe, 2 Steg, 3 Kranz

man das Trägheitsmoment J des ganzen Körpers aus der Summe der auf die Drehachse bezogenen Trägheitsmomente J_1, J_2, J_3 usw. der Teilkörper. Demzufolge beträgt das

Trägheitsmoment zusammengesetzter Körper

$$\boldsymbol{J = \Sigma J_i = J_1 + J_2 + J_3 + \ldots + J_n} \qquad (7.49)$$

Die Trägheitsmomente der Teilkörper können mit den Formeln der Tab. 12 errechnet werden, soweit die Drehachse durch den Schwerpunkt des jeweiligen Teilkörpers geht. Ist das nicht der Fall, so wird das auf die Schwerachse S bezogene Trägheitsmoment J_S auf die im Abstand c parallele Drehachse 0 umgerechnet.

Nach Gl. (7.45) gilt für den in Bild 7.39 skizzierten Körper: $J = \Sigma(r^2 \cdot \Delta m)$. Aus dem Bild folgen

$$r^2 = x^2 + y^2 = (c + x_S)^2 + y^2 \quad \text{und}$$

$$r_S^2 = x_S^2 + y^2$$

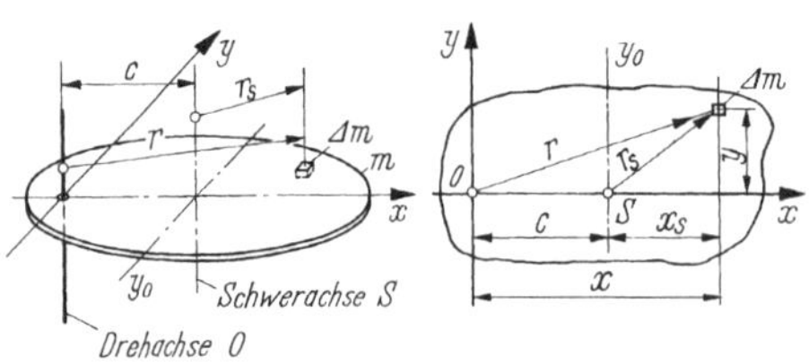

Bild 7.39 Körper mit einer zur Schwerachse parallelen Drehachse

Damit wird aus Gl. (7.45) nach Auflösen der Klammer und zweckmäßiger Umstellung:

$$\begin{aligned} J &= \Sigma\,[(c^2 + 2c \cdot x_S + x_S^2 + y^2)\,\Delta m] \\ &= \Sigma\,[(x_S^2 + y^2)\,\Delta m] + c^2 \cdot \Sigma\,\Delta m + 2c \cdot \Sigma\,(x_S \cdot \Delta m) \\ &= \Sigma\,(r_S^2 \cdot \Delta m) + c^2 \cdot \Sigma\,\Delta m + 2c \cdot \Sigma\,(x_S \cdot \Delta m). \end{aligned}$$

Darin bedeuten: $\Sigma\,(r_S^2 \cdot \Delta m) = J_S$, das auf die Schwerachse S bezogene Trägheitsmoment (n. Tab. 12), $c^2 \cdot \Sigma\,\Delta m = c^2 \cdot m$, da $2c \cdot \Sigma\,(x_S \cdot \Delta m) = 0$, weil der Ausdruck $\Sigma\,(x_S \cdot \Delta m)$ die Summe der auf die Schwerachse y_0 des Körpers bezogenen statischen Momente aller Masseteilchen darstellt und somit null ist. Damit beträgt das auf eine zur Schwerachse im Abstand c parallele Drehachse bezogene

Trägheitsmoment $\boldsymbol{J = J_S + c^2 \cdot m}$ (7.50)

In Worten ist diese Gleichung der
Satz von Steiner[1]:

Das auf eine zur Schwerachse parallele Achse bezogene Trägheitsmoment eines Körpers ist gleich dem auf die Schwerachse bezogenen Trägheitsmoment, vermehrt um das Produkt aus dem Quadrat des Abstands beider Achsen und der Masse des Körpers.

Liegen bei einem zusammengesetzten Körper die Schwerachsen mehrerer Teilkörper nicht auf der Drehachse, so schreibt man Gl. (7.49) zweckmäßig in folgender Form:

Trägheitsmoment

$$\boldsymbol{J = \Sigma\,(J_{Si} + c_i^2 \cdot m_i) = \Sigma J_{Si} + \Sigma\,(c_i^2 \cdot m_i)} \qquad (7.51)$$

Es empfielt sich dann eine tabellarische Anordnung der Zwischenergebnisse. Fallen Schwerachse und Drehachse zusammen, so ist für den betreffenden Teilkörper der Abstand $c_i = 0$. Die Trägheitsmomente und die Massen ausgesparter Teilkörper (Hohlkörper) sind mit negativem Vorzeichen einzusetzen (s. Beisp. 7.38).

Beispiel 7.37
Für die Stange nach Bild 7.40 ist die Formel für das auf die am Stangenende liegende Drehachse 0 bezogene Trägheitsmoment zu entwickeln.
Lösung:
Gegeben: Masse m, Länge l.
Gesucht: Gleichung für J.
Mit dem auf die Schwerachse bezogenen Trägheitsmoment $J_S = m \cdot l^2/12$ (n. Tab. 12) und dem Abstand $c = l/2$ der Drehachse vom Schwerpunkt S

[1] *Jakob Steiner* (1796 bis 1863), schweizerischer Mathematiker

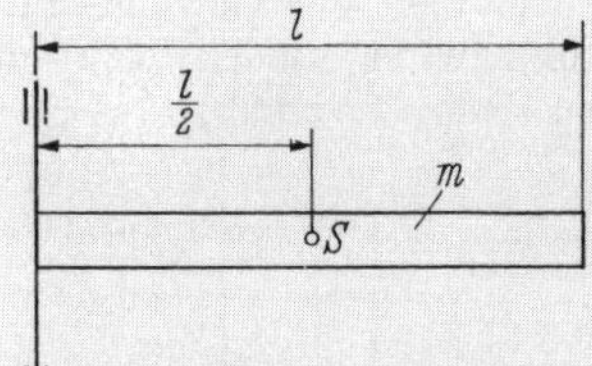

Bild 7.40 Stange mit einer Drehachse am Stangenende

wird nach Gl. (7.50) das auf die Drehachse 0 bezogene Trägheitsmoment

$$J = J_S + c^2 \cdot m$$

$$= \frac{m \cdot l^2}{12} + \left(\frac{l}{2}\right)^2 \cdot m = \left(\frac{1}{12} + \frac{1}{4}\right) m \cdot l^2 = \frac{1}{3}\, m \cdot l^2.$$

Beispiel 7.38
Das Trägheitsmoment des in Bild 7.41 im Schnitt vereinfacht dargestellten Schwungrades aus Gusseisen ist zu errechnen. Außerdem ist der Anteil des Kranzes an der Gesamtmasse und am gesamten Trägheitsmoment in Prozent anzugeben.

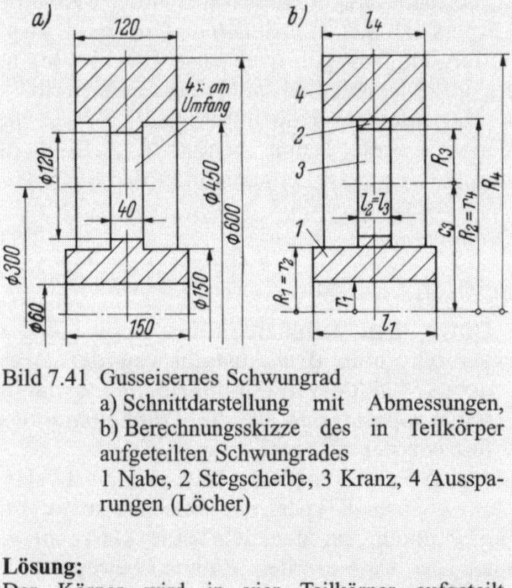

Bild 7.41 Gusseisernes Schwungrad
a) Schnittdarstellung mit Abmessungen,
b) Berechnungsskizze des in Teilkörper aufgeteilten Schwungrades
1 Nabe, 2 Stegscheibe, 3 Kranz, 4 Aussparungen (Löcher)

Lösung:
Der Körper wird in vier Teilkörper aufgeteilt (Bild 7.41b): die Hohlzylinder 1, 2 und 4 sowie die abzuziehenden vier Zylinder 3. Die Massen und die Trägheitsmomente werden nach den Gln. der Tab. 12 errechnet und tabellarisch zusammengestellt.

Gegeben: $l_1 = 150\ \text{mm} = 1{,}5\ \text{dm} = 0{,}15\ \text{m}$,
$l_2 = l_3 = 40\ \text{mm} = 0{,}4\ \text{dm} = 0{,}04\ \text{m}$,
$l_4 = 120\ \text{mm} = 1{,}2\ \text{dm} = 0{,}12\ \text{m}$,
$r_1 = (60/2)\ \text{mm} = 0{,}3\ \text{dm} = 0{,}03\ \text{m}$,
$R_1 = r_2 = (150/2)\ \text{mm} = 0{,}75\ \text{dm} = 0{,}075\ \text{m}$,
$R_2 = r_4 = (450/2)\ \text{mm} = 2{,}25\ \text{dm} = 0{,}225\ \text{m}$,
$c_3 = (300/2)\ \text{mm} = 0{,}15\ \text{m}$,
$R_4 = (600/2)\ \text{mm} = 3\ \text{dm} = 0{,}3\ \text{m}$,
$\varrho = 7{,}2\ \text{kg/dm}^3$ (Tab. 11).

Gesucht: m_1 bis m_4 und m_4 in % von m, J_1 bis J_4 und J_4 in % von J.

1. Masse m_1 und Trägheitsmoment J_1 des Hohlzylinders 1 (Nabe)

$$m_1 = \varrho \cdot \pi (R_1^2 - r_1^2)\, l_1$$
$$= 7{,}2\ \frac{\text{kg}}{\text{dm}^3} \cdot \pi (0{,}75^2 - 0{,}3^2)\ \text{dm}^2 \cdot 1{,}5\ \text{dm}$$
$$= 16{,}03\ \text{kg},$$

$$J_1 = \frac{1}{2}\, m_1 (R_1^2 + r_1^2)$$
$$= \frac{1}{2} \cdot 16{,}03\ \text{kg}\ (0{,}075^2 + 0{,}03^2)\ \text{m}^2$$
$$= 0{,}0523\ \text{kg m}^2.$$

2. Masse m_2 und Trägheitsmoment J_2 des Hohlzylinders 2 (Stegscheibe ohne Löcher)

$$m_1 = \varrho \cdot \pi (R_2^2 - r_2^2)\, l_2$$
$$= 7{,}2\ \frac{\text{kg}}{\text{dm}^3} \cdot \pi (2{,}25^2 - 0{,}75^2)\ \text{dm}^2 \cdot 0{,}4\ \text{dm}$$
$$= 40{,}71\ \text{kg},$$

$$J_2 = \frac{1}{2}\, m_2 (R_2^2 + r_2^2)$$
$$= \frac{1}{2} \cdot 40{,}71\ \text{kg}\ (0{,}225^2 + 0{,}075^2)\ \text{m}^2$$
$$= 1{,}145\ \text{kg m}^2.$$

3. Masse m_3 und Trägheitsmoment J_3 der Vollzylinder 3 (vier Löcher)

$$m_3 = 4 \cdot \varrho \cdot \pi \cdot R_3^2 \cdot l_3$$
$$= 4 \cdot 7{,}2\ \frac{\text{kg}}{\text{dm}^3} \cdot \pi (0{,}6\ \text{dm})^2 \cdot 0{,}4\ \text{dm}$$
$$= 13{,}02\ \text{kg}.$$

Nach Gl. (7.50) ist

$$J_3 = J_{S3} + c_3^2 \cdot m_3$$
$$= \frac{1}{2}\, m_3 \cdot R_3^2 + c_3^2 \cdot m_3 = m_3 \left(\frac{R_3^2}{2} + c_3^2\right)$$
$$= 13{,}02\ \text{kg} \left(\frac{0{,}06^2}{2} + 0{,}15^2\right) \text{m}^2 = 0{,}316\ \text{kg m}^2.$$

4. Masse m_4 und Trägheitsmoment J_4 des Hohlzylinders 4 (Kranz)

$$m_4 = \varrho \cdot \pi (R_4^2 - r_4^2)\, l_4$$
$$= 7{,}2\ \frac{\text{kg}}{\text{dm}^3} \cdot \pi (3^2 - 2{,}25^2)\ \text{dm}^2 \cdot 1{,}2\ \text{dm}$$
$$= 106{,}87\ \text{kg},$$

$$J_4 = \frac{1}{2}\, m_4 (R_4^2 + r_4^2)$$
$$= \frac{1}{2} \cdot 106{,}87\ \text{kg}\ (0{,}3^2 + 0{,}225^2)\ \text{m}^2$$
$$= 7{,}514\ \text{kg m}^2.$$

5. Gesamtmasse m und Trägheitsmoment J des Schwungrades
Bei der Zusammenfassung sind m_3 und J_3 der ausgesparten Zylinder abzuziehen. Die errechneten Werte und ihre Prozentanteile sind in nachstehender Tabelle zusammengestellt.

i	m_i		J_i	
	kg	%	kg m²	%
1	16,03	10,65	0,0523	0,62
2	40,71	18,38	1,145	9,87
3	−13,02		−0,316	
4	106,87	70,97	7,514	89,51
Σ	150,59	100,00	8,395	100,00

Es betragen

$m = \Sigma m_i = m_1 + m_2 - m_3 + m_4 = 150{,}59\ \text{kg}$

und entspr. Gl. (7.49):

$J = \Sigma J_i = J_1 + J_2 - J_3 + J_4 = 8{,}395\ \text{kg}\,\text{m}^2.$

Aus den Prozentangaben geht hervor, dass der Anteil des Kranzes an der Gesamtmasse ca. 71% und am Trägheitsmoment fast 90% ausmacht.

Bei der Berechnung beschleunigter Drehbewegungen ist es manchmal einfacher, die Masse eines Körpers wie bei der geradlinigen Bewegung als Massenpunkt aufzufassen. Diese punktförmige Ersatzmasse heißt **reduzierte Masse m_{red}.** Dabei muss selbstverständlich die für Drehbeschleunigungen entscheidende Größe, das Trägheitsmoment J des Körpers, unverändert bleiben. Soll sich die gedachte Ersatzmasse an einem bestimmten Radius r von der Drehachse befinden (Bild 7.42b), so beträgt das Trägheitsmoment $J = r^2 \cdot m_{red}$. Daraus folgt die

reduzierte Masse $$m_{red} = \frac{J}{r^2} \qquad (7.52)$$

Als Lehrsatz:

Unter der reduzierten Masse eines Körpers versteht man eine um einen beliebigen Radius von der Drehachse entfernte, punktförmig gedachte Masse mit dem tatsächlichen Trägheitsmoment des Körpers.

Mit Gl. (7.52) kann man z. B. die Masse der Bandtrommel eines Gurtförderers, deren Trägheitsmoment bekannt ist, auf ihren Umfang umrechnen (reduzieren) und dann für das Fördergut wie für die Trommel mit der Tangentialbeschleunigung a_t rechnen. Bei Berechnungen muss bedacht werden, dass die Gewichtskraft nicht am Massenpunkt wirkt, sondern sich auf einen Kreis mit dem Radius r verteilt!

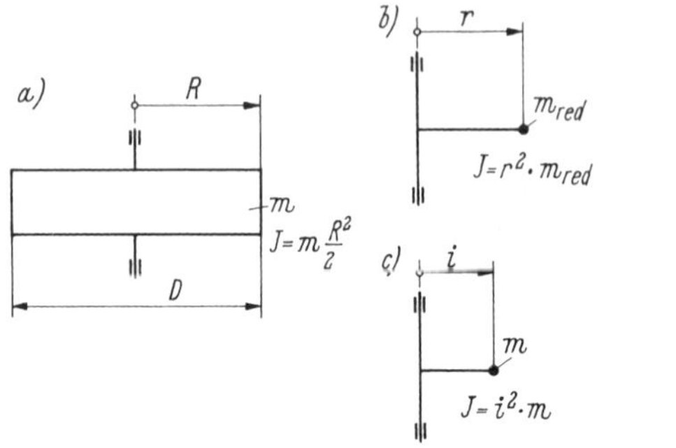

Bild 7.42 Massen mit gleichem Trägheitsmoment
a) Körper (Zylinder) mit der Masse m, b) auf den Radius r reduzierte, punktförmig gedachte Ersatzmasse m_{red}, c) punktförmige Masse m am Trägheitsradius i

Mit verschiedenen Radien r ergeben sich für m_{red} eines Körpers unterschiedliche Werte. Der Radius, bei dem $m_{red} = m$, also gleich der Masse des Körpers ist, heißt **Trägheitsradius *i*.** In dieser Entfernung von der Drehachse (Bild 7.42c) hat die als Massenpunkt aufgefasste Körpermasse m das gleiche Trägheitsmoment J wie der Körper selbst. Damit beträgt das Trägheitsmoment $J = i^2 \cdot m$. Hieraus folgt der

Trägheitsradius $$i = \sqrt{\frac{J}{m}} \qquad (7.53)$$

Als Lehrsatz:

Unter dem Trägheitsradius eines Körpers versteht man den Abstand von der Drehachse, bei dem die punktförmig gedachte Körpermasse das gleiche Trägheitsmoment hat wie der Körper.

Mit dem Trägheitsradius i lässt sich die Drehbewegung eines Körpers auf eine Kreisbewegung zurückführen, bei der sich seine Masse m auf einer Kreisbahn mit dem Radius i bewegt.

Beispiel 7.39
Für das in Bild 7.41a skizzierte Schwungrad (Beispiel 7.38) mit einer Masse von 150,59 kg, einem Trägheitsmoment von 8,395 kg m² und einem Außendurchmesser von 600 mm sind die auf den Umfang reduzierte Masse und der Trägheitsradius zu errechnen.
Lösung:
Gegeben: $m = 150{,}59\ \text{kg}$, $J = 8{,}395\ \text{kg}\,\text{m}^2$,
$r = (600/2)\ \text{mm} = 0{,}3\ \text{m}$.
Gesucht: m_{red} und i.

1. Auf den Umfang reduzierte Masse m_{red}
Nach Gl. (7.52):

$m_{red} = J/r^2 = 8{,}395\ \text{kg m}^2/(0{,}3\ \text{m})^2 = 93{,}3\ \text{kg}$.

2. Trägheitsradius i
Nach Gl. (7.53):

$i = \sqrt{J/m} = \sqrt{8{,}395\ \text{kg m}^2/150{,}59\ \text{kg}} = 0{,}2361\ \text{m}$.

Für die Berechnung von Beschleunigungsvorgängen bei Antrieben mit mehrstufigen Getrieben ist es vorteilhaft, die Trägheitsmomente aller zu beschleunigenden Massen auf eine Welle zu beziehen, z. B. auf die Antriebswelle. Die Herleitung dieses **reduzierten Trägheitsmoments J_{red}** erfolgt am zweckmäßigsten aus der Drehenergie (s. Abschn. 7.4.4).

7.4.3 Drehimpuls, Drehimpulssatz

Analog zur Translation kann man auch bei Rotation das Grundgesetz der Dynamik in einer dem Impulssatz entsprechenden Form anwenden. Das erweist sich besonders dann als sinnvoll, wenn der zeitliche Verlauf des Moments bekannt oder die Winkelbeschleunigung weder gegeben noch gesucht ist. Setzt man in Gl. (7.46) für die Winkelbeschleunigung $\alpha = \Delta\omega/\Delta t$ (Gl. (6.29)), so lautet sie: Beschleunigungsmoment $M = J \cdot \Delta\omega/\Delta t$. Duch Multiplikation mit Δt entsteht daraus als Gleichung der

Drehimpulssatz $\boldsymbol{M \cdot \Delta t = J \cdot \Delta\omega}$ (7.54)

Für das Produkt aus dem Drehmoment M und dem Zeitabschnitt $\Delta t = t_2 - t_1$ sind die Bezeichnungen *Momentenstoß*, *Impulsmoment* oder *Antrieb des Moments* $M \cdot \Delta t = M(t_2 - t_1)$ üblich mit der Einheit Nm · s. Das Produkt aus dem Trägheitsmoment J und der Winkelgeschwindigkeit ω ist der *Drall* oder

Drehimpuls $\boldsymbol{L = J \cdot \omega}$ (7.55)

Er hat die Einheit kg · m²/s und ändert sich ständig bei jeder Drehbeschleunigung.
Mit der Winkelgeschwindigkeitsänderung $\Delta\omega = \omega_2 - \omega_1$ beträgt die *Dralländerung* (Drehstoß H nach DIN 1304) oder *Drehimpulsänderung*

$$J \cdot \Delta\omega = J(\omega_2 - \omega_1) = J \cdot \omega_2 - J \cdot \omega_1$$

Der in Gl. (7.54) ausgedrückte Sachverhalt lautet somit als *Drallsatz* oder *Drehimpulssatz:*

Das Impulsmoment oder der Antrieb eines Moments ist gleich der Drall- oder Drehimpulsänderung des beschleunigten Körpers.

Beim **Antrieb aus der Ruhelage** gilt mit dem konstanten Drehmoment M und konstanten Trägheitsmoment J bei Drehbeschleunigung in der Zeit t auf die Endwinkelgeschwindigkeit ω die vereinfachte Fassung: $M \cdot t = J \cdot \omega$.

Die Gl. (7.54) entspricht der Gl. (7.14) für den Impuls bei Translation. Anstelle der Kraft F steht bei Rotation das Moment M, anstelle der Masse m das (Massen-) Trägheitsmoment J und für die Geschwindigkeit v die Winkelgeschwindigkeit ω (s. auch die Gegenüberstellung vor Abschn. 7.4.5).

Beispiel 7.40
Die Antriebswelle einer Fördermaschine soll in 20 s von 300 min⁻¹ auf 600 min⁻¹ beschleunigt werden. Das auf diese Welle bezogene Trägheitsmoment aller zu beschleunigenden Massen beträgt 13 kg m². Es ist das erforderliche Beschleunigungsmoment zu errechnen. Reibungsverluste sind zu vernachlässigen.
Lösung:
Gegeben: $\Delta t = 20\ \text{s}$, $n_1 = 300\ \text{min}^{-1} = 5\ \text{s}^{-1}$,
$n_2 = 600\ \text{min}^{-1} = 10\ \text{s}^{-1}$, $J = 13\ \text{kg m}^2$.
Gesucht: M.
Mit $\omega_i = 2\pi \cdot n_i$ (Gl. (6.27)) beträgt die Drehimpulsänderung

$$\begin{aligned} J \cdot \Delta\omega &= J(\omega_2 - \omega_1) = J \cdot 2\pi(n_2 - n_1) \\ &= 13\ \text{kg m}^2 \cdot 2\pi(10 - 5)\ \text{s}^{-1} = 408\ \text{kg m}^2/\text{s} \\ &= 408(\text{kg m/s}^2)\ \text{m} \cdot \text{s} = 408\ \text{Nm} \cdot \text{s}. \end{aligned}$$

Damit folgt aus Gl. (7.54) das erforderliche Beschleunigungsmoment

$$M = \frac{J \cdot \Delta\omega}{\Delta t} = \frac{408\ \text{Nm} \cdot \text{s}}{20\ \text{s}} = 20{,}4\ \text{Nm}.$$

Der Drehimpulssatz gilt auch für ein System aus mehreren Körpern mit den Trägheitsmomenten J_1, J_2, J_3 usw., die sich mit den Winkelgeschwindigkeiten $\omega_1, \omega_2, \omega_3$ usw. drehen, z. B. Kupplungen, Schwungräder, Getriebe und dgl. Die gesamte Drehimpulsänderung des Systems ist die Summe der Einzeldrehimpulsänderungen $J_i \cdot \Delta\omega_i$, also

Gesamtdrehimpulsänderung

$\boldsymbol{L_{ges} = \Sigma(J_i \cdot \Delta\omega_i)}$ (7.56)

Sie entsteht durch das über den Zeitabschnitt Δt wirkende resultierende Moment M aller am freigemachten System angreifenden äußeren Momente.
Ist $M = 0$, dann gilt mit der Winkelgeschwindigkeitsänderung $\Delta\omega_i = \omega_{i2} - \omega_{i1}$ der Teilmassen für die Drall- oder Drehimpulsänderung des gesamten Systems

$$\Sigma(J_i \cdot \omega_{i2}) - \Sigma(J_i \cdot \omega_{i1}) = 0$$

Daraus folgt bei $M = 0$ für die

Summe der Drehimpulse $$\Sigma(J_i \cdot \omega_{i2}) = \Sigma(J_i \cdot \omega_{i1}) \quad (7.57)$$

Das ist der *Drallerhaltungssatz* oder *Drehimpulserhaltungssatz:*

Solange auf ein Körpersystem keine äußeren Momente einwirken, ist die Summe aller Drehimpulse unveränderlich, der Gesamtdrehimpuls oder Gesamtdrall bleibt konstant.

Dieser Satz ist besonders geeignet für die Berechnung von Kupplungsvorgängen und von exzentrischen Stößen gegen einen drehbar gelagerten Körper.

Beispiel 7.41

Eine Schwungscheibe mit einem Trägheitsmoment von $10\,\text{kg m}^2$ rotiert mit der Drehzahl $240\,\text{min}^{-1}$. Sie wird über eine Reibungskupplung mit der stillstehenden Welle einer Maschine verbunden (Bild 7.43). Das Trägheitsmoment aller beweglichen Teile der Maschine, bezogen auf die Maschinenwelle, beträgt $2{,}5\,\text{kg m}^2$. Die Kupplung überträgt ein konstantes Drehmoment von 50 Nm. Wie groß ist die gemeinsame Drehzahl am Ende des Kupplungsvorgangs, und in welcher Zeit wird sie erreicht?

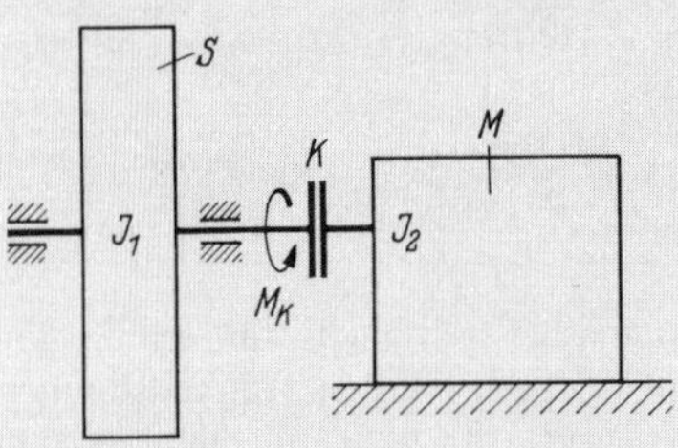

Bild 7.43 An eine Maschinenwelle gekuppelte Schwungscheibe
S rotierende Schwungscheibe, K Reibungskupplung, M Maschine mit stillstehender Antriebswelle vor dem Kuppeln

Lösung:

Gegeben: $J_1 = 10\,\text{kg m}^2, n_{11} = 240\,\text{min}^{-1} = 4\,\text{s}^{-1}$,
$J_2 = 2{,}5\,\text{kg m}^2, n_{21} = 0, M_K = 50\,\text{Nm}$.

Gesucht: n und t.

1. Gemeinsame Drehzahl n

Da das Kupplungsmoment M_K ein inneres Moment ist und somit kein äußeres Moment auf das System einwirkt, gilt nach dem Drallerhaltungssatz (Gl. (7.57)):

$$J_1 \cdot \omega_{11} + J_2 \cdot \omega_{21} = J_1 \cdot \omega_{12} + J_2 \cdot \omega_{22}.$$

Bedeutung der Indizes: Erste Ziffer für Schwungrad (1) oder Maschine (2), zweite für Zustand vor dem Kuppeln (1) oder danach (2), z. B. ist ω_{21} die Winkelgeschwindigkeit der Maschinenwelle vor dem Kuppeln.

Mit $\omega_i = 2\pi \cdot n_i$ (Gl. (6.27)), $\omega_{21} = 0$ (da $n_{21} = 0$) und $\omega_{12} = \omega_{22} = \omega = 2\pi \cdot n$ ergibt sich:

$$J_1 \cdot 2\pi \cdot n_{11} = J_1 \cdot 2\pi \cdot n + J_2 \cdot 2\pi \cdot n = (J_1 + J_2) \cdot 2\pi \cdot n.$$

Daraus folgt

$$n = \frac{J_1}{J_1 + J_2} n_{11} = \frac{1}{1 + J_2/J_1} n_{11} = \frac{1}{1 + 2{,}5/10} 4\,\text{s}^{-1} = 3{,}2\,\text{s}^{-1} = 192\,\text{min}^{-1}.$$

2. Kupplungszeit t

Denkt man sich durch das System an der eingeschalteten Kupplung einen Schnitt und trennt die Maschine von der Schwungscheibe, dann muss das Kupplungsmoment M_K an der Maschinenwelle als äußeres Moment angesetzt werden, das die Beschleunigung aus dem Stillstand auf die Drehzahl n in der gesuchten Zeit t bewirkt. Damit gilt entspr. Gl. (7.54) mit $\Delta t = t$ und $\Delta\omega = \omega$:

$$M_K \cdot t = J_2 \cdot \omega = J_2 \cdot 2\pi \cdot n,$$

woraus folgt:

$$t = \frac{J_2 \cdot 2\pi \cdot n}{M_K} = \frac{2{,}5\,\text{kg m}^2 \cdot 2\pi \cdot 3{,}2\,\text{s}^{-1}}{50\,\text{kg m}^2 \cdot \text{s}^{-2}} = 1\,\text{s}.$$

7.4.4 Arbeit, Energie und Leistung bei Drehbewegung

Arbeit

Bei einer Drehbewegung, beispielsweise beim Drehen einer Kurbel (Bild 7.44), bewegt sich

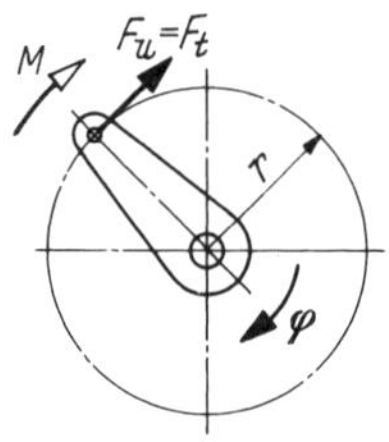

Bild 7.44 Drehbewegung einer Kurbel

der Kraftangriffspunkt auf einer Kreisbahn mit dem Radius r und hat nach Z Umdrehungen den Weg $s = 2\pi \cdot r \cdot Z$ zurückgelegt. Mit dem Drehwinkel $\varphi = 2\pi \cdot Z$ beträgt der Weg $s = r \cdot \varphi$. Die tangential am Kreis mit dem Radius r angreifende Umfangskraft F_u oder Tangentialkraft F_t erzeugt das **Drehmoment** $\boldsymbol{M = F_t \cdot r}$. Damit ergibt sich entspr. Gl. (7.18) bei konstanter Tangentialkraft die *Arbeit bei Drehbewegung* $W = F_t \cdot s = F_t \cdot r \cdot \varphi$ oder die

Arbeit eines Drehmoments $$\boldsymbol{W = M \cdot \varphi} \quad (7.58)$$

Stellt man das Drehmoment M über dem Drehwinkel φ in einem Dreharbeitsdiagramm dar

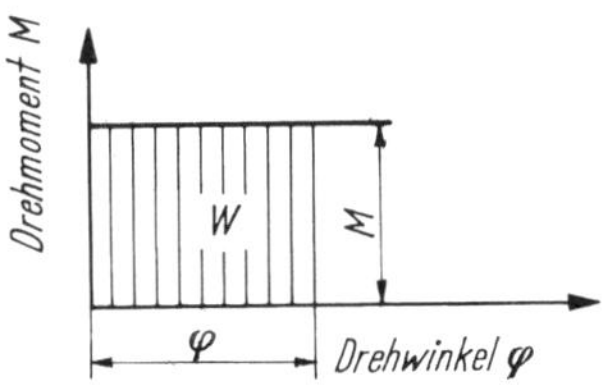

Bild 7.45 Dreharbeitsdiagramm eines konstanten Drehmoments

(Bild 7.45), dann entspricht die Fläche unter der M,φ-Linie der Arbeit W des Drehmoments (analog[1]) zum Arbeitsdiagramm bei Translation, s. Bild 7.11).

Beispiel 7.42
Eine 60 kg schwere Last soll mit einer einfachen Handwinde 4 m hoch gehoben werden (Bild 7.46). Die Seiltrommel hat 250 mm Durchmesser, der Kurbelradius beträgt 400 mm. Zu ermitteln sind die Anzahl der Umdrehungen, die Tangentialkraft an der Kurbel bei gleichförmiger Hubbewegung und die Dreharbeit. Die Reibung ist zu vernachlässigen.

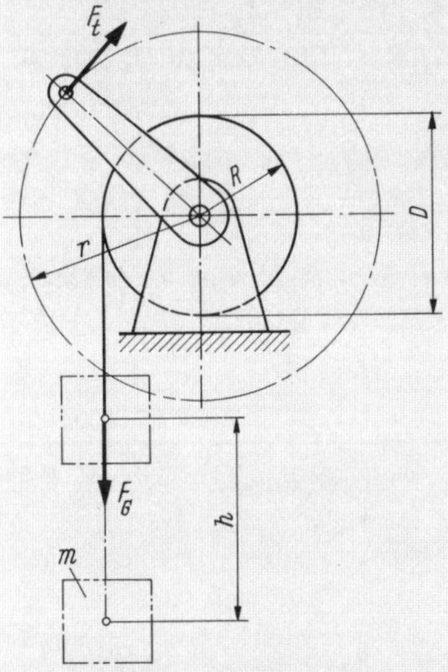

Bild 7.46 Heben einer Last mittels Handwinde

Lösung:
Gegeben: $m = 60\,\text{kg}$, $h = 4\,\text{m}$, $D = 2R = 250\,\text{mm} = 0{,}25\,\text{m}$, $r = 0{,}4\,\text{m}$.
Gesucht: Z, F_t und W.
1. Anzahl Z der Umdrehungen
Sie ergibt sich aus der Hubhöhe h, dividiert durch den Trommelumfang $U = D \cdot \pi$:

$$Z = \frac{h}{D \cdot \pi} = \frac{4\,\text{m}}{0{,}25\,\text{m} \cdot \pi} \approx 5{,}1.$$

2. Tangentialkraft F_t
Da bei gleichförmiger Hubbewegung und Vernachlässigung der Reibung das an der Seiltrommel angreifende Moment der Gewichtskraft als Lastmoment

$$M_L = F_G \cdot R = m \cdot g \cdot D/2$$
$$= 60\,\text{kg} \cdot 9{,}81\,\text{m/s}^2 \cdot (0{,}25/2)\,\text{m} \approx 73{,}6\,\text{Nm}$$

gleich dem Kurbeldrehmoment $M = F_t \cdot r$ ist, wird

$$F_t = M/r = 73{,}6\,\text{Nm}/0{,}4\,\text{m} = 184\,\text{N}.$$

3. Dreharbeit W
Nach Gl. (7.58) mit $M = M_L$ und $\varphi = 2\pi \cdot Z$:

$$W = M \cdot \varphi = M_L \cdot 2\pi \cdot Z = 76{,}3\,\text{Nm} \cdot 2\pi \cdot 5{,}1$$
$$= 2358\,\text{Nm} = 2{,}358\,\text{kJ}.$$

Sie ist gleich der Hubarbeit $W_H = m \cdot g \cdot h$ (Gl. (7.20)).

Energie

Verrichtet ein Drehmoment M an einem drehbar gelagerten Körper Beschleunigungsarbeit, so wird diese als Bewegungsenergie oder **kinetische Energie der Drehbewegung** gespeichert. Man nennt sie Drehenergie oder **Rotationsenergie.** Aus Gl. (7.46) ergibt sich mit dem Beschleunigungsmoment $M = J \cdot \alpha = J \cdot \omega/t$ und dem Drehwinkel $\varphi = \omega \cdot t/2$ (Gl. (6.33)) die Dreharbeit während der Beschleunigung aus der Ruhelage:

$$W = M \cdot \varphi = J \cdot \alpha \cdot \varphi = J\frac{\omega}{t} \cdot \frac{\omega \cdot t}{2} = J \cdot \frac{\omega^2}{2}$$

Sie ist gleich der in einem rotierenden Körper mit dem Trägheitsmoment J bei der Winkelgeschwindigkeit ω vorhandenen kinetischen Energie, der

$$\textit{Rotationsenergie} \quad \boldsymbol{E_{rot} = J\,\frac{\omega^2}{2}} \qquad (7.59)$$

Diese Gleichung entspricht der Gl. (7.24) für die Translationsenergie: Der Masse m entspricht das (Massen-) Trägheitsmoment J und der Geschwindigkeit v die Winkelgeschwindigkeit ω. Der Arbeitssatz und der Energieerhaltungssatz (s. Abschn. 7.2.2) sowie die Energiegleichung (Gl. (7.26)) gelten sinngemäß auch für Drehbewegungen.

Beispiel 7.43
In einer Presse sinkt die Drehzahl des Schwungrades von $240\,\text{min}^{-1}$ im Leerlauf während eines Arbeitshubes auf $200\,\text{min}^{-1}$. Das Trägheitsmoment des Schwungrades beträgt $12\,\text{kg}\,\text{m}^2$. Wie groß ist die vom Schwungrad abgegebene Arbeit, und in welcher Zeit wird die Leerlaufdrehzahl wieder erreicht, wenn über einen Keilriementrieb am Schwungrad ein Antriebsmoment von 135 Nm wirkt?

[1] *analog* (griech.) = ähnlich, entsprechend

Lösung:
Gegeben: $n_1 = 240\,\text{min}^{-1} = 4\,\text{s}^{-1}$, $n_2 = 200\,\text{min}^{-1}$
$= 3{,}33\,\text{s}^{-1}$, $J = 12\,\text{kg m}^2$, $M = 135\,\text{Nm}$
$= 135\,\text{kg m/s}^2 \cdot \text{m} = 135\,\text{kg m}^2/\text{s}^2$.
Gesucht: W und t.

1. Abgegebene Arbeit W
Sie ist gleich der Differenz der Rotationsenergie bei $\omega_1 = 2\pi \cdot n_1$ und $\omega_2 = 2\pi \cdot n_2$. Mit Gl. (7.59) wird

$$W = \Delta E_{\text{rot}} = E_{\text{rot1}} - E_{\text{rot2}} = J\,\frac{\omega_1^2}{2} - J\,\frac{\omega_2^2}{2}$$
$$= \frac{J}{2}(\omega_1^2 - \omega_2^2) = \frac{J}{2}(2\pi)^2 \cdot (n_1^2 - n_2^2)$$
$$= \frac{12}{2}\,\text{kg m}^2 \cdot 4 \cdot \pi^2 \cdot (4^2 - 3{,}33^2)\,\text{s}^{-2}$$
$$= 1163\,\text{kg m}^2/\text{s}^2 = 1163\,\text{Nm} = 1163\,\text{J}.$$

2. Beschleunigungszeit t
Aus Gl. (7.54) für den Drehimpuls folgt

$$t = \Delta t = \frac{J \cdot \Delta\omega}{M} = \frac{J(\omega_1 - \omega_2)}{M}$$
$$= \frac{12\,\text{kg m}^2 \cdot 2\pi(4 - 3{,}33)\,\text{s}^{-1}}{135\,\text{kg m}^2 \cdot \text{s}^{-2}} = 0{,}374\,\text{s}.$$

Ein Körper, der sich um eine Achse dreht (rotiert) und sich gleichzeitig geradlinig fortbewegt, wie z. B. ein rollender Zylinder, eine rollende Kugel oder ein Rad an einem Fahrzeug, besitzt eine kinetische Energie E_k, die sich aus der Translations- und der Rotationsenergie zusammensetzt. Mit den Gln. (7.24) und (7.59) wird somit

$$E_k = E_{\text{trans}} + E_{\text{rot}} = m\,\frac{v^2}{2} + J\,\frac{\omega^2}{2}$$

Da auf gerader Bahn die Rollgeschwindigkeit v gleich der Umfangsgeschwindigkeit am Außenradius R des rollenden Körpers ist, ergibt sich mit $\omega = v/R$ (Gl. (6.26)):

$$E_k = m\,\frac{v^2}{2} + J\,\frac{v^2}{2 \cdot R^2} = \left(m + \frac{J}{R^2}\right)\frac{v^2}{2}$$

Darin ist $J/R^2 = m_{\text{red}}$ die nach Gl. (7.52) auf den Außenumfang des Rollkörpers reduzierte Masse. Demnach beträgt auf ebener Rollbahn die

kinetische Energie eines rollenden Körpers

$$\boldsymbol{E_k = (m + m_{\text{red}})\,\frac{v^2}{2}} \qquad (7.60)$$

Beispiel 7.44
Eine Stahlkugel mit 100 mm Durchmesser rollt aus der Ruhelage auf einer unter 25° geneigten Ebene herab (Bild 7.47). Der Hebelarm der Rollreibung beträgt 1 mm (Rollbahn aus Kunststoff). Für einen Rollweg von 6 m sind die Rollgeschwindigkeit, die Drehzahl, die Rollzeit, die Beschleunigung, die Winkelbeschleunigung und die Energie der Kugel zu errechnen.

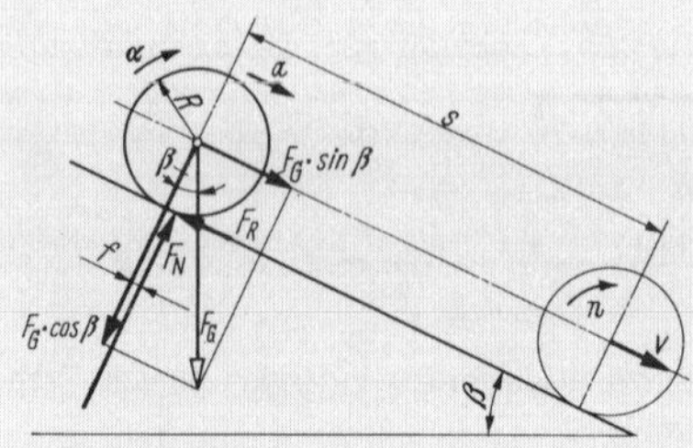

Bild 7.47 Rollende Kugel auf geneigter Ebene

Lösung:
Gesucht: $R = D/2 = (100/2)\,\text{mm} = 50\,\text{mm}$
$= 0{,}05\,\text{m}$, $f = 1\,\text{mm}$, $s = 6\,\text{m}$, $\beta = 25°$,
$\varrho = 7{,}85\,\text{kg/dm}^3 = 7850\,\text{kg/m}^3$ (Tab. 11).
Gesucht: v, n, t, a, α *und* E_k.

1. Erreichte Rollgeschwindigkeit v
Die Hangabtriebskomponente $F_G \cdot \sin\beta$ der Gewichtskraft $F_G = m \cdot g$ verrichtet auf dem Rollweg s die Arbeit $W = m \cdot g \cdot \sin\beta \cdot s$. Diese Arbeit vermittelt der Kugel die kinetische Energie E_k nach Gl. (7.60) und überwindet dabei den Rollwiderstand $F_R = F_N \cdot \mu_R = F_G \cdot \cos\beta \cdot \mu_R$ (Gl. (5.56)). Während des Rollens wird also die Reibungsarbeit $W_R = F_R \cdot s = m \cdot g \cdot \cos\beta \cdot \mu_R$ abgeführt. Somit gilt nach dem Arbeitssatz:

$$E_k = W - W_R$$
$$= (m + m_{\text{red}})\,\frac{v^2}{2}$$
$$= m \cdot g \cdot \sin\beta \cdot s - m \cdot g \cdot \cos\beta \cdot s \cdot s \cdot \mu_R.$$

Mit $J = m \cdot R^2 \cdot 2/5$ (Tab. 12) wird nach Gl. (7.52):

$$m_{\text{red}} = \frac{J}{R^2} = \frac{2}{5} \cdot \frac{m \cdot R^2}{R^2} = \frac{2}{5}\,m \text{ und damit}$$

$$E_k = \left(m + \frac{2}{5}\,m\right)\frac{v^2}{2} = \frac{7}{5} \cdot m \cdot \frac{v^2}{2} = 0{,}7 \cdot m \cdot v^2$$
$$= m \cdot g \cdot s(\sin\beta - \cos\beta \cdot \mu_R).$$

Daraus erhält man mit $\mu_R = f/R = 1\,\text{mm}/50\,\text{mm} = 0{,}02$ (Gl. (5.57)):

$$v = \sqrt{g \cdot s(\sin\beta - \cos\beta \cdot \mu_R)/0{,}7}$$
$$= \sqrt{9{,}81\,\text{m} \cdot \text{s}^2 \cdot 6\,\text{m}(\sin 25° - \cos 25° \cdot 0{,}02)/0{,}7}$$
$$= 5{,}83\,\text{m/s}.$$

2. Erreichte Drehzahl n
Mit der Rollgeschwindigkeit als Umfangsgeschwindigkeit folgt aus Gl. (6.22):

$$n = \frac{v}{D \cdot \pi} = \frac{5{,}83\,\text{m/s}}{0{,}1\,\text{m} \cdot \pi} = 18{,}558\,\text{s}^{-1} = 1113{,}5\,\text{min}^{-1}.$$

3. Rollzeit t
Sie ist gleich der Beschleunigungszeit und ergibt sich aus Gl. (6.9):

$$t = \frac{2 \cdot s}{v} = \frac{2 \cdot 6\,\text{m}}{5{,}83\,\text{m/s}} = 2{,}06\,\text{s}.$$

4. Beschleunigung a und Winkelbeschleunigung α
Nach Gl. (6.6) ist

$$a = \frac{v}{t} = \frac{5{,}83\,\text{m/s}}{2{,}06\,\text{s}} = 2{,}83\,\text{m/s}^2$$

und nach Gl. (6.30) mit der Winkelgeschwindigkeit $\omega = 2\pi \cdot n$ (Gl. (6.27)):

$$\alpha = \frac{\omega}{t} = \frac{2\pi \cdot n}{t} = \frac{2\pi \cdot 18{,}558\,\text{s}^{-1}}{2{,}06\,\text{s}} = 56{,}6\,\text{rad/s}^2.$$

5. Kinetische Energie E_k am Ende des Vorganges
Mit der Masse $m = \varrho \cdot V = \varrho \cdot 4\pi \cdot R^3/3$ (n. Tab. 12) und der aus Gl. (7.60) unter 1. entwickelten Beziehung wird

$$E_k = 0{,}7 \cdot m \cdot v^2 = 0{,}7 \cdot \varrho \cdot \frac{4}{3}\,\pi \cdot R^3 \cdot v^2$$
$$= 0{,}7 \cdot 7850\,\frac{\text{kg}}{\text{m}^3} \cdot \frac{4}{3}\,\pi (0{,}05\,\text{m})^3 \left(5{,}83\,\frac{\text{m}}{\text{s}}\right)^2$$
$$= 97{,}8\,\text{J}.$$

Beispiel 7.45
Ein 10 t schwerer Güterwagen wird von einer Rangierlock auf eine Geschwindigkeit von 9 km/h beschleunigt und rollt danach ohne Antriebskraft weiter. Die 4 Wagenräder haben an der Lauffläche einen Durchmesser von 1000 mm und wiegen je 200 kg, Fahrwiderstandszahl 0,003. Es ist der Auslaufweg zu errechnen unter Vernachlässigung der umlaufenden Radmassen und danach unter Berücksichtigung dieser Massen.
Lösung:
Gegeben: $m_{ges} = 10\,\text{t} = 10000\,\text{kg}$, $m_1 = 200\,\text{kg}$,
$v = 9\,\text{km/h} = 2{,}5\,\text{m/s}$,
$R = D/2 = 500\,\text{mm} = 0{,}5\,\text{m}$, $\mu_F = 0{,}003$.
Gesucht: s_1 und s_2.
1. Auslaufweg s_1 unter Vernachlässigung der rotierenden Radmassen.
Der Wagen wird einschl. der Räder als ein Körper in geradliniger Bewegung aufgefasst, dessen kinetische Energie $E_k = m_{ges} \cdot v^2/2$ (Gl. (7.24)) restlos in Reibungsarbeit

$$W_R = F_f \cdot s_1 = \mu_F \cdot F_{G\,ges} \cdot s_1 = \mu_F \cdot m_{ges} \cdot g \cdot s_1$$

(Gln. (7.19) u. (5.61)) umgewandelt wird. Demnach lautet entspr. Gl. (7.26) die Energiegleichung mit $E_0 = E_k$, $E_z = 0$, $E_a = W_R$ und $E = 0$:

$$E_k - W_R = m_{ges} \cdot \frac{v^2}{2} - \mu_F \cdot m_{ges} \cdot g \cdot s_1 = 0.$$

Daraus folgt

$$s_1 = \frac{v^2}{2 \cdot \mu_F \cdot g} = \frac{(2{,}5\,\text{m/s})^2}{2 \cdot 0{,}003 \cdot 9{,}81\,\text{m/s}^2} = 106{,}2\,\text{m}.$$

2. Auslaufweg s_2 unter Berücksichtigung der rotierenden Radmassen
Die in Reibungsarbeit W_R umgewandelte kinetische Energie E_k setzt sich zusammen aus der Translationsenergie des Wagens mit der Masse m_{ges} und der Rotationsenergie der 4 Räder. Mit Gl. (7.60) lautet sinngemäß zu 1. die Energiegleichung:

$$E_k - W_R = (m_{ges} + m_{red})\,\frac{v^2}{2} - \mu_F \cdot m_{ges} \cdot g \cdot s_2 = 0.$$

Darin ist m_{red} die nach Gl. (7.52) auf ihren Umfang reduzierte Masse aller Räder. Bei sehr grob vereinfachter Annahme der Räder als Scheibe (Zylinder) beträgt das Trägheitsmoment eines Rades $J_1 = m_1 \cdot R^2/2$ (Tab. 12) und damit

$$m_{red} = \frac{J}{R^2} = \frac{4J_1}{R^2} = \frac{4 \cdot m_1 \cdot R^2}{R^2 \cdot 2} = 4\,\frac{m_1}{2} = 2m_1.$$

In die Energiegleichung eingesetzt ergibt

$$\mu_F \cdot m_{ges} \cdot g \cdot s_2 = (m_{ges} + 2m_1)\,\frac{v^2}{2},$$

woraus folgt

$$s_2 = \frac{(m_{ges} + 2m_1)\,v^2}{2 \cdot \mu_F \cdot m_{ges} \cdot g}$$
$$= \frac{(10000 + 2 \cdot 200)\,\text{kg} \cdot (2{,}5\,\text{m/s})^2}{2 \cdot 0{,}003 \cdot 10000\,\text{kg} \cdot 9{,}81\,\text{m/s}^2} = 110{,}4\,\text{m}.$$

Reduziertes Trägheitsmoment

Wie bereits erwähnt (s. am Ende von Abschn. 7.4.2), ist es beim Berechnen von Beschleunigungsvorgängen mehrstufiger Getriebe vorteilhaft, die Trägheitsmomente aller zu beschleunigenden Massen auf die Antriebswelle zu beziehen. Haben die Wellen 1, 2, 3... eines Getriebes (Bild 7.48) mit den auf ihnen befestigten Massen (Zahnräder, Kupplungen, Bremsen, Kettenräder, Riemenscheiben) die Trägheitsmomente J_1, J_2, J_3 ... und die Winkelgeschwindigkeiten ω_1, ω_2, ω_3 ..., so hat das gesamte Getriebe nach Gl. (7.59) die Rotationsenergie

$$E_{rot} = \Sigma E_i = J_1\,\frac{\omega_1^2}{2} + J_2\,\frac{\omega_2^2}{2} + J_3\,\frac{\omega_3^2}{2} + \ldots$$

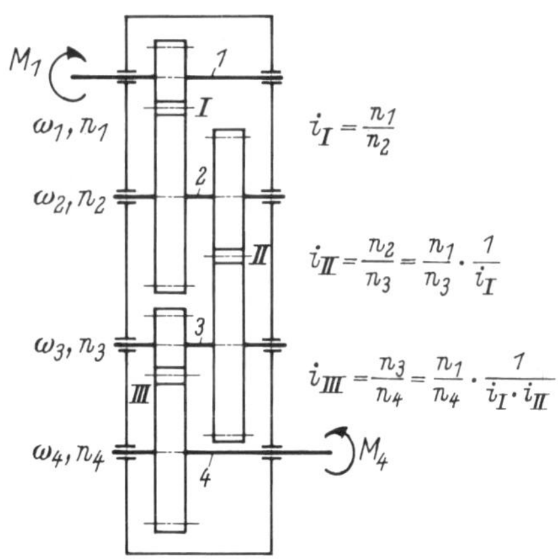

Bild 7.48 Dreistufiges Stirnrädergetriebe
I, II, III Getriebestufen

Durch Ausklammern von $\omega_1^2/2$ ergibt sich:

$$E_{\text{rot}} = \left(J_1 + J_2\,\frac{\omega_2^2}{\omega_1^2} + J_3\,\frac{\omega_3^2}{\omega_1^2} + \ldots\right)\frac{\omega_1^2}{2}$$

Die Ausdrücke $J_2(\omega_2/\omega_1)^2$, $J_3(\omega_3/\omega_1)^2 \ldots$ in der Klammer sind die auf die Welle 1 reduzierten (bezogenen) Trägheitsmomente der Wellen 2, 3 usw. Da sich die Drehzahlen n_1, n_2, $n_3 \ldots$ wie die Winkelgeschwindigkeiten verhalten, beträgt somit das gesamte auf die Welle 1

reduzierte Trägheitsmoment

$$\boldsymbol{J_{1\text{red}} = \Sigma J_i \left(\frac{n_i}{n_1}\right)^2 = J_1 + J_2\left(\frac{n_2}{n_1}\right)^2 + J_3\left(\frac{n_3}{n_1}\right)^2 + \ldots} \quad (7.61)$$

oder mit den Übersetzungen i_{I}, i_{II}, i_{III} der einzelnen Getriebestufen (s. Bild 7.48) das

reduzierte Trägheitsmoment

$$\boldsymbol{J_{1\text{red}} = J_1 + \frac{J_2}{i_{\text{I}}^2} + \frac{J_3}{(i_{\text{I}} \cdot i_{\text{II}})^2} + \frac{J_4}{(i_{\text{I}} \cdot i_{\text{II}} \cdot i_{\text{III}})^2} + \ldots} \quad (7.62)$$

Damit ergibt sich nach Gl. (7.59) für ein System rotierender Massen die Drehenergie oder

Rotationsenergie $E_{\text{rot}} = J_{1\text{red}} \cdot \omega_1^2/2$

und nach Gl. (7.46) für die Welle 1 das

Beschleunigungsmoment $M_1 = J_{1\text{red}} \cdot \alpha_1$

Beispiel 7.46
Eine Trockentrommel wird über einen Kettentrieb (Bild 7.49) von einem Elektromotor angetrieben, der bei einer Drehzahl von 950 min^{-1} ein Nennmoment von 32,2 Nm aufbringt. Das Trägheitsmoment der Motorwelle mit Kettenrad beträgt 0,1 kg m^2, das der Trommel einschl. Welle und Kettenrad 20 kg m^2. In welcher Zeit wird die Trommeldrehzahl von 250 min^{-1} erreicht, wenn der Motor während des Anlaufs mit dem 1,5fachen Nennmoment beschleunigt? Die Reibung ist zu vernachlässigen.

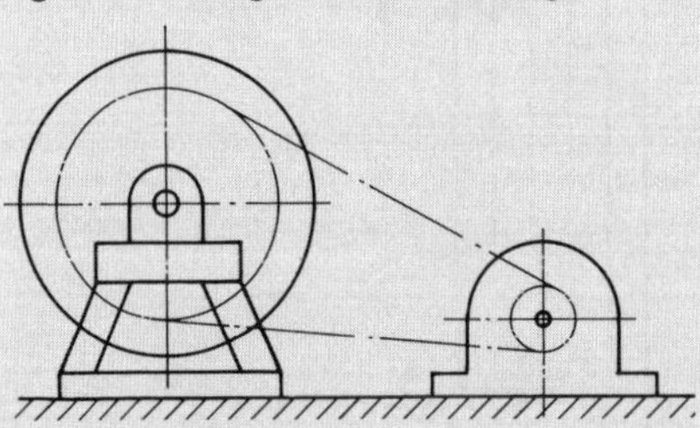

Bild 7.49 Kettenantrieb einer Trockentrommel

Lösung:
Gegeben: $n_1 = 950\ \text{min}^{-1} = 15{,}83\ \text{s}^{-1}$,
$n_2 = 250\ \text{min}^{-1} = 4{,}17\ \text{s}^{-1}$,
$J_1 = 0{,}1\ \text{kg m}^2$, $J_2 = 20\ \text{kg m}^2$,
$M_1 = 1{,}5\ M_{\text{N}} = 1{,}5 \cdot 32{,}2\ \text{Nm} = 48{,}3\ \text{Nm}$.
Gesucht: t.
Mit dem nach Gl. (7.61) auf die Motorwelle reduzierten Trägheitsmoment

$$J_{1\text{red}} = J_1 + J_2\left(\frac{n_2}{n_1}\right)^2 = 0{,}1\ \text{kg m}^2 + 20\ \text{kg m}^2\left(\frac{250}{950}\right)^2 = 1{,}485\ \text{kg m}^2$$

folgt aus Gl. (7.55), in die $J = J_{1\text{red}}$, $M = M_1 = 48{,}3\ \text{kg m}^2/\text{s}^2$ und $\omega = \omega_1 = 2\pi \cdot n_1$ eingesetzt werden, die Beschleunigungszeit

$$t = \frac{J_{1\text{red}} \cdot 2\pi \cdot n_1}{M_1} = \frac{1{,}485\ \text{kg m}^2 \cdot 2\pi \cdot 15{,}83/\text{s}}{48{,}3\ \text{kg m}^2/\text{s}^2} = 3{,}06\ \text{s}.$$

Auch eine Masse m, die sich mit der Geschwindigkeit v gradlinig bewegt und mit einer Welle verbunden ist (wie die Masse $m = m_1 + m_2$ im Antrieb einer Langhobelmaschine nach Bild 7.50), kann man auf diese Welle reduzieren. Rotiert die Welle mit der Winkelgeschwindigkeit $\omega = 2\pi \cdot n$ (Gl. (6.27)), so folgt aus der kinetischen Energie (Gln. (7.24)) u. (7.59)

$$E_{\text{k}} = m\,\frac{v^2}{2} = J_{\text{red}}\,\frac{\omega^2}{2} = J_{\text{red}}\,\frac{(2\pi \cdot n)^2}{2}$$

das

reduzierte Trägheitsmoment $\boldsymbol{J_{\text{red}} = m\left(\frac{v}{2\pi \cdot n}\right)^2}$ (7.63)

Beispiel 7.47
Bild 7.50 zeigt das Schema des Tischantriebs einer Langhobelmaschine. Die Ziffern an den Zahnrädern

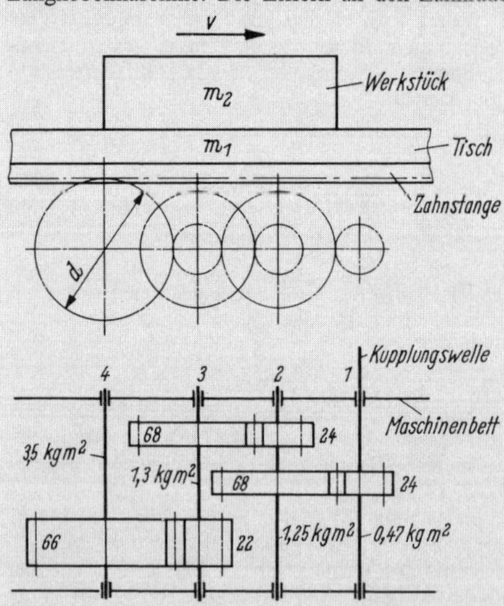

Bild 7.50 Tischantrieb einer Langhobelmaschine

sind die Zähnezahlen. An den Wellen sind die Trägheitsmomente einschl. der Zahnräder angegeben. Der Teilkreisdurchmesser des Rades auf der Abtriebswelle 4 beträgt 550 mm. Der Tisch wiegt 2000 kg. Er soll mit dem 3000 kg schweren Werkstück in 0,2 s auf die Geschwindigkeit 52 m/min beschleunigt werden. Zur Bestimmung der erforderlichen Kupplungsgröße ist das an der Kupplungswelle aufzubringende Beschleunigungsmoment zu errechnen. Die Reibung an der Tischführung und der Getriebewirkungsgrad sind zu vernachlässigen.

Lösung:

Gegeben: $m = (2000 + 3000)\text{kg} = 5000\,\text{kg}$, $v = 52\,\text{m/min}$, $J_1 = 0{,}47\,\text{kg m}^2$, $J_2 = 1{,}25\,\text{kg m}^2$, $J_3 = 1{,}3\,\text{kg m}^2$, $J_4 = 3{,}5\,\text{kg m}^2$, $d = 550\,\text{mm} = 0{,}55\,\text{m}$, $i_\text{I} = i_\text{II} = 68/24 = 2{,}83$ und $i_\text{III} = 66/22 = 3$ (Gl. (6.38)).

Gesucht: M_1.

1. Abtriebsdrehzahl n_4 und Antriebsdrehzahl n_1

Aus Gl. (6.22) folgt

$$n_4 = \frac{v}{d \cdot \pi} = \frac{52\text{m/min}}{0{,}55\,\text{m} \cdot \pi} = 30{,}1\,\text{min}^{-1}$$

und aus Gl. (6.39) mit der Gesamtübersetzung $i_\text{g} = i_\text{I} \cdot i_\text{II} \cdot i_\text{III} = 2{,}83 \cdot 2{,}83 \cdot 3 = 24{,}027$:

$$n_1 = i_\text{g} \cdot n_4 = 24{,}027 \cdot 30{,}1\,\text{min}^{-1} = 723{,}2\,\text{min}^{-1} = 12{,}05\,\text{s}^{-1}.$$

2. Auf die Kupplungswelle reduziertes Trägheitsmoment J_1red

Nach den Gln. (7.62) u. (7.63):

$$J_\text{1red} = J_1 + \frac{J_2}{i_\text{I}^2} + \frac{J_3}{(i_\text{I} \cdot i_\text{II})^2} + \frac{J_4}{i_\text{g}^2} + m\left(\frac{v}{2\pi \cdot n_1}\right)^2$$

$$= 0{,}47\,\text{kg m}^2 + \frac{1{,}25\,\text{kg m}^2}{2{,}83^2} + \frac{1{,}3\,\text{kg m}^2}{(2{,}83 \cdot 2{,}83)^2} + \frac{3{,}5\,\text{kg m}^2}{24{,}027^2} + 5000\,\text{kg}\left(\frac{52\,\text{m} \cdot \text{min}^{-1}}{2\pi \cdot 723{,}2\,\text{min}^{-1}}\right)^2$$

$$= 1{,}3\,\text{kg m}^2.$$

3. Erforderliches Beschleunigungsmoment M_1

Aus Gl. (7.55) mit $J = J_\text{1red}$ und $\omega = \omega_1 = 2\pi \cdot n_1$:

$$M_1 = \frac{J_\text{1red} \cdot 2\pi \cdot n_1}{t} = \frac{1{,}3\,\text{kg m}^2 \cdot 2\pi \cdot 12{,}05\,\text{s}^{-1}}{0{,}2\,\text{s}} = 492{,}1\,\text{Nm}.$$

Leistung

Setzt man in Gl. (7.27) die Arbeit eines Drehmoments $W = M \cdot \varphi$ (Gl. (7.58)) ein, so ergibt sich die Leistung $P = W/t = M \cdot \varphi/t$. Mit dem Drehmoment $M = F_\text{t} \cdot r$, der Winkelgeschwindigkeit $\omega = \varphi/t$ (Gl. (6.24)) und der Umfangsgeschwindigkeit $v = r \cdot \omega$ (Gl. (6.26)) wird daraus die *Leistung bei Drehbewegung* $P = F_\text{t} \cdot r \cdot \omega = F_\text{t} \cdot v$ oder mit $\omega = 2\pi \cdot n$ (Gl. (6.27)) die

Leistung eines Drehmoments

$$\boldsymbol{P = M \cdot \omega = M \cdot 2\pi \cdot n} \quad (7.64)$$

Für die Errechnung des Drehmoments bei gegebener Leistung P einer Maschine und der Winkelgeschwindigkeit ω oder der Drehzahl n erhält man aus Gl. (7.64):

Drehmoment $$\boldsymbol{M = \frac{P}{\omega} = \frac{P}{2\pi \cdot n}} \quad (7.65)$$

Bezeichnet man bei einer Drehbewegung die zugeführte Leistung als Antriebsleistung $P_\text{a} = M_\text{a} \cdot \omega_\text{a}$ und die Nutzleistung als Abtriebsleistung $P_\text{b} = M_\text{b} \cdot \omega_\text{b}$, so wird nach Gl. (7.30):

$$\eta = \frac{P_\text{b}}{P_\text{a}} = \frac{M_\text{b} \cdot \omega_\text{b}}{M_\text{a} \cdot \omega_\text{a}} = \frac{M_\text{b}}{M_\text{a} \cdot \omega_\text{a}/\omega_\text{b}}$$

Mit dem *Antriebsdrehmoment* M_a, dem *Abtriebsdrehmoment* M_b und der Übersetzung $i = \omega_\text{a}/\omega_\text{b}$ (Gl. (6.37)) beträgt bei der Übertragung von Drehmomenten der

Wirkungsgrad $$\boldsymbol{\eta = \frac{M_\text{b}}{M_\text{a} \cdot i}} \quad (7.66)$$

Beispiel 7.48

Für den Tischantrieb einer Langhobelmaschine wurden in Beisp. 7.47 eine Antriebsdrehzahl von $12{,}05\,\text{s}^{-1}$ und ohne Berücksichtigung der Reibung ein Beschleunigungsmoment von 492 Nm an der Antriebswelle (Kupplungswelle) errechnet. Es sind das Drehmoment an der Abtriebswelle (ohne Berücksichtigung der Reibungsverluste) des dreistufigen Getriebes mit einer Gesamtübersetzung von 24,027 und die erforderliche Leistung an der Antriebswelle (mit Berücksichtigung der Reibungsverluste) zu ermitteln. Der Wirkungsgrad beträgt in der ersten und zweiten Getriebestufe 95% und 92% in der dritten Stufe wegen der Reibung an der Zahnstange und der Tischführung.

Lösung:

Gegeben: $M_1 = 492\,\text{Nm}$, $n_1 = n_\text{a} = 12{,}05\,\text{s}^{-1}$, $i_\text{g} = 24{,}027$, $\eta_\text{I} = \eta_\text{II} = 0{,}95$, $\eta_\text{III} = 0{,}92$.

Gesucht: M_b und P_a.

1. Abtriebsmoment M_b

Mit der Gesamtübersetzung i_g folgt bei Vernachlässigung der Reibungsverluste (das Beschleunigungsmoment M_1 wurde so errechnet) sinngemäß aus Gl. (7.66):

$$M_\text{b} = M_1 \cdot i_\text{g} = 492\,\text{Nm} \cdot 24{,}027 = 11\,821\,\text{Nm}.$$

2. Erforderliche Leistung P_a an der Antriebswelle

Unter Berücksichtigung der Reibungsverluste ist sie gleich der Leistung des Antriebsmoments $M_\text{a} = M_1/\eta_\text{ges}$. Mit dem Gesamtwirkungsgrad entspr. Gl. (7.32):

$$\eta_\text{ges} = \eta_\text{I} \cdot \eta_\text{II} \cdot \eta_\text{III} = 0{,}95 \cdot 0{,}95 \cdot 0{,}92 = 0{,}83$$

beträgt nach Gl. (7.64):

$$P_a = M_a \cdot 2\pi \cdot n_a = \frac{M_1 \cdot 2\pi \cdot n_1}{\eta_{ges}}$$
$$= \frac{492\,\text{Nm} \cdot 2\pi \cdot 12{,}03\,\text{s}^{-1}}{0{,}83}$$
$$= 44\,880\,\text{W} = 44{,}88\,\text{kW}.$$

Beispiel 7.49
In einem zweistufigen Stirnradgetriebe haben die Räder die in Bild 7.51 angegebenen Zähnezahlen und jede Stufe einen Wirkungsgrad von 0,94. An der Abtriebswelle wird bei einer Drehzahl von 126 min^{-1} eine Leistung von 28 kW abgenommen. Wie groß sind die Drehzahlen der Räder 1 bis 3, die Drehmomente aller Zahnräder und die erforderliche Antriebsleistung am Rad 1?

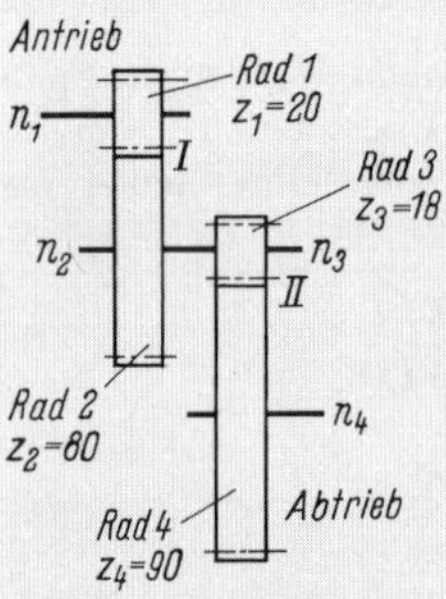

Bild 7.51 Zweistufiges Stirnradgetriebe

Lösung:
Gegeben: $z_1 = 20, z_2 = 80, z_3 = 18, z_4 = 90,$
$\eta_I = \eta_{II} = 0{,}94, n_4 = 126\,\text{min}^{-1} = 2{,}1\,\text{s}^{-1},$
$P_4 = 28\,\text{kW} = 28\,000\,\text{Nm/s}.$
Gesucht: n_1 bis n_3, M_1 bis M_4 und P_1.
1. Raddrehzahlen n_1, n_2, und n_3
Mit den Stufenübersetzungen $i_I = z_2/z_1 = 80/20 = 4$ (Gl. (6.38)) und $i_{II} = z_4/z_3 = 90/18 = 5$ wird

$$n_2 = n_3 = i_{II} \cdot n_4 = 5 \cdot 126\,\text{min}^{-1} = 630\,\text{min}^{-1}$$
$$= 10{,}5\,\text{s}^{-1},$$

$$n_1 = i_I \cdot n_2 = 4 \cdot 630\,\text{min}^{-1} = 2520\,\text{min}^{-1} = 42\,\text{s}^{-1}.$$

2. Drehmomente M_1, M_2, M_3 und M_4
An der Abtriebswelle beträgt nach Gl. (7.65) das Drehmoment des Rades 4:

$$M_4 = \frac{P_4}{2\pi \cdot n_4} = \frac{28\,000\,\text{Nm} \cdot \text{s}^{-1}}{2\pi \cdot 2{,}1\,\text{s}^{-1}} = 2122\,\text{Nm}.$$

Damit folgt aus Gl. (7.66) mit $M_b = M_4$, $M_a = M_2 = M_3$ (Räder 2 und 3 sitzen auf derselben Welle), $i = i_{II}$ und $\eta = \eta_{II}$:

$$M_2 = M_3 = \frac{M_4}{\eta_{II} \cdot i_{II}} = \frac{2122\,\text{Nm}}{0{,}94 \cdot 5} = 451{,}5\,\text{Nm}$$

und sinngemäß mit i_I und η_I:

$$M_1 = \frac{M_2}{\eta_I \cdot i_I} = \frac{451{,}5\,\text{Nm}}{0{,}94 \cdot 4} = 120\,\text{Nm}.$$

3. Antriebsleistung P_1
Nach Gl. (7.64):

$$P_1 = M_1 \cdot 2\pi \cdot n_1 = 120\,\text{Nm} \cdot 2\pi \cdot 42\,\text{s}^{-1}$$
$$= 31\,667\,\text{W} \approx 31{,}7\,\text{kW}.$$

Gegenüberstellung von geradliniger Bewegung und Drehbewegung
Vergleicht man die Gesetze der Kinematik und Kinetik für die geradlinige Bewegung eines Körpers mit denen für die Drehbewegung um eine ortsfeste Achse, so stellt man fest, dass es zu jeder Größe und Gleichung für eine Bewegungsart eine entsprechende für die andere Bewegungsart gibt. Nachfolgend sind die wichtigsten, einander entsprechenden Größen und Gleichungen der geradlinigen und der Drehbewegung mit den zugehörigen SI-Einheiten gegenübergestellt (siehe Tabelle S. 163).

Es genügt, sich die Gleichungen für die geradlinige Bewegung einzuprägen und die dementsprechenden Bewegungsdiagramme. Sie gelten allgemein für die Bewegung eines Massenpunktes und können auch für die Kreisbewegung übertragen werden. Durch Austausch der betr. Formelzeichen lassen sich dann leicht die Gleichungen für die Drehbewegung eines Körpers bilden.

7.4.5 Fliehkraft

Ein Körper, der sich in Bewegung befindet, hat nach dem Trägheitsgesetz (s. Abschn. 7.1.1) das Bestreben, die Bewegung mit der ihm erteilten Geschwindigkeit auf geradliniger Bahn fortzusetzen. Von dieser Bahn kann er nur durch eine Kraft abgelenkt werden, die ihn nach dem Grundgesetz der Dynamik in ihrer Wirkrichtung beschleunigt.
Bewegt sich ein Körper auf einer Kreisbahn, so wird er demnach ständig zum Kreismittelpunkt

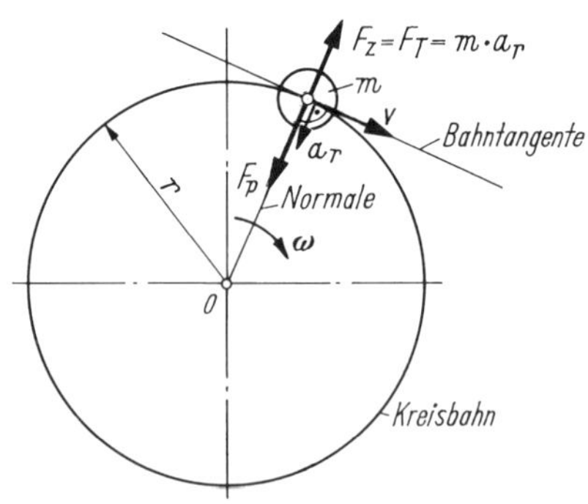

Bild 7.52 Entstehung der Fliehkraft bei gleichförmiger Kreisbewegung

Geradlinige Bewegung (Translation)				Drehbewegung (Rotation)			
Größe	Zeichen	Einheit	Gleichung	Größe	Zeichen	Einheit	Gleichung
Zeit	t	s		Zeit	t	s	
Weg	s	m		Drehwinkel	φ	rad	
Geschwindigkeit	v	m/s	$v = \frac{\Delta s}{\Delta t}$	Winkel-geschwindigkeit	ω	$\frac{1}{s} = \frac{rad}{s}$	$\omega = \frac{\Delta\varphi}{\Delta t}$
Beschleunigung	a	m/s^2	$a = \frac{\Delta v}{\Delta t}$	Winkel-beschleunigung	α	$\frac{1}{s^2} = \frac{rad}{s^2}$	$\alpha = \frac{\Delta\omega}{\Delta t}$
Masse	m	kg		Massenträgheits-moment	J	$kg \cdot m^2$	$J = \Sigma(r^2 \cdot \Delta m)$
Kraft	F	N		Drehmoment	M	Nm	$M = F_t \cdot r$
Beschleunigungs-kraft	F	N	$F = m \cdot a$	Beschleunigungs-moment	M	Nm	$M = J \cdot \alpha$
Impuls	p	kg · m/s	$p = m \cdot v$	Drehimpuls	L	$kg \cdot m^2/s$	$L = J \cdot \omega$
Arbeit	W	J	$W = F_s \cdot s$	Dreharbeit	W	J	$W = M \cdot \varphi$
Kinetische Energie	E_k	J	$E_k = m \frac{v^2}{2}$	Rotationsenergie	E_{rot}	J	$E_{rot} = J \frac{\omega^2}{2}$
Leistung	P	W	$P = F \cdot v$	Leistung	P	W	$P = M \cdot \omega$

hin abgelenkt. Die tangential gerichtete Umfangsgeschwindigkeit v ändert ständig ihre Richtung. Ursache dieser Richtungsänderung kann nur eine Kraft sein, die den Körper in Richtung der Normalen zum Mittelpunkt hin beschleunigt (Bild 7.52). Diese Beschleunigungskraft ist die **Zentripetalkraft F_p.** Sie bewirkt die zur Bahntangente senkrecht und zum Mittelpunkt gerichtete Normal- oder Radialbeschleunigung $a_r = \omega^2 \cdot r = v^2/r$ (Gl. (6.58)), auch Zentripetalbeschleunigung genannt. Da sich jeder Körper infolge seiner Trägheit der Änderung seines Bewegungszustandes widersetzt, wirkt der Zentripetalkraft eine gleich große Trägheitskraft $F_T = m \cdot a_r$ (Gl. (7.12)) entgegen. Diese Trägheitskraft ist die **Zentrifugalkraft** oder

Fliehkraft $$F_z = m \cdot r \cdot \omega^2 = m \frac{v^2}{r} \qquad (7.67)$$

Sie tritt bei Kreis- und Drehbewegungen auf und versucht den Körper vom Drehmittelpunkt wegzuziehen. Ihr Angriffspunkt ist der Körperschwerpunkt.

Die Wirkung der Fliehkraft kann durch einen einfachen Versuch demonstriert werden: Man lässt eine Kugel kreisen, die an einem dünnen Faden befestigt ist. Bei zunehmender Geschwindigkeit spürt man in der Hand, dass die Kraft, mit der die Kugel am Faden zieht, immer größer wird. Wenn diese Kraft (es ist die Fliehkraft) so groß wird, dass der Faden reißt, dann bewegt sich die Kugel tangential zur Kreisbahn weiter, und zwar in Richtung der zum Zeitpunkt des Fadenrisses vorhandenen Umfangsgeschwindigkeit. Wegen der Schwerkraft beschreibt die frei fliegende Kugel aber eine gekrümmte Bahn, eine Wurfbahn.

Die Fliehkraft als Massenkraft wirkt am Körper wie eine äußere Kraft, solange wie die ihn zum Mittelpunkt hin beschleunigende Zentripetalkraft wirkt, d. h. solange sich der Körper dreht oder auf einer Kreisbahn bewegt. Sie tritt sowohl bei gleichförmiger als auch bei beschleunigter bzw. verzögerter Dreh- und Kreisbewegung auf, wobei zur Fliehkraft noch die infolge der Drehbeschleunigung auftretende tangentiale Trägheitskraft $F_T = m \cdot a_t$ hinzukommt. Die momentane **resultierende Trägheitskraft** ergibt sich durch geometrische Addition aller Trägheitskraftvektoren.

In der Technik spielt die Fliehkraft eine wichtige Rolle. Sie wird genutzt bei Fliehkraftreglern, Fliehkraftkupplungen, Kreiselpumpen und bei der Herstellung von Schleudergussteilen. In rotierenden Maschinenteilen kann sie bei hoher Drehzahl gefährliche Spannungen hervorrufen, z. B. in Turbinenschaufeln, oder eine unerwünschte Unwucht erzeugen, wenn der Schwerpunkt nicht genau auf der Drehachse liegt. Unter **Unwucht** versteht man ein Massenmoment 1. Grades mit der Einheit kg m, d. h. das Produkt aus einer Masse m und ihrem Schwerpunktabstand r von der Drehachse. Fahrzeuge können durch die Fliehkraft aus einer Kurve getragen werden.

Beispiel 7.50
Die Hälften einer geteilten großen Riemenscheibe (Bild 7.53) sind durch Schraubenbolzen miteinander verbunden. Jede Hälfte, deren Schwerpunkt von der Scheibenmitte 456 mm entfernt liegt, wiegt 1200 kg. Die Drehzahl beträgt 200 min^{-1}. Wie groß ist die von allen Schraubenbolzen aufzunehmende Fliehkraft?

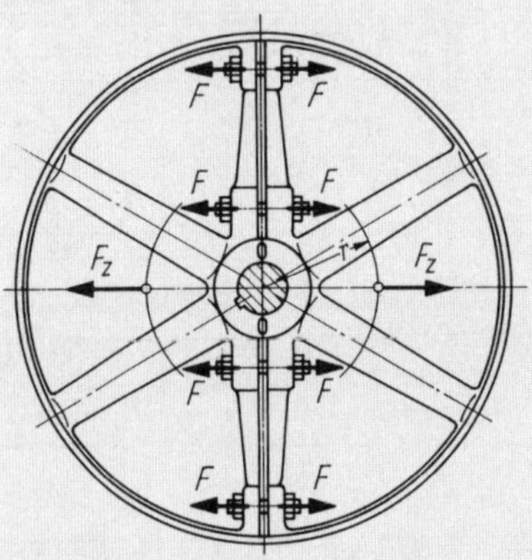

Bild 7.53 Geteilt ausgeführte Riemenscheibe

Lösung:
Gegeben: $m = 1200$ kg, $r = 456$ mm $= 0{,}456$ m,
$n = 200$ min^{-1} $= 3{,}333$ s^{-1}.
Gesucht: F_z.
Nach Gl. (7.67) mit der Winkelgeschwindigkeit $\omega = 2\pi \cdot n$ (Gl. (6.27)):

$$F_z = m \cdot r \cdot \omega^2 = m \cdot r(2\pi \cdot n)^2$$
$$= 1200\,\text{kg} \cdot 0{,}456(2\pi \cdot 3{,}333\,\text{s}^{-1})^2$$
$$= 239981\,\text{kg m/s}^2 \approx 240000\,\text{N} = 240\,\text{kN}.$$

Beispiel 7.51
Auf der Planscheibe einer Karusselldrehmaschine liegt ein Gussstück, dessen Schwerpunkt 300 mm von der Drehachse entfernt ist. Bei welcher Drehzahl würde das noch nicht festgespannte Werkstück infolge der Fliehkraft zu rutschen beginnen, wenn die Haftreibungszahl 0,15 beträgt?
Lösung:
Gegeben: $r = 300$ mm $= 0{,}3$ m, $\mu_0 = 0{,}15$.
Gesucht: n.
Rutschgefahr besteht, wenn die Fliehkraft F_z (Gl. (7.67)) ebenso groß wird wie die Haftreibungskraft F_{R0} (Gl. (5.1)). Dann ist

$$F_z = m \cdot r \cdot \omega^2 = F_{R0} = \mu_0 \cdot F_N = \mu_0 \cdot m \cdot g.$$

Daraus folgt die Winkelgeschwindigkeit

$$\omega = \sqrt{\frac{\mu_0 \cdot g}{r}} = \sqrt{\frac{0{,}15 \cdot 9{,}81\,\text{m/s}^2}{0{,}3\,\text{m}}} = 2{,}215\,\text{rad/s}$$

und aus Gl. (6.27) die Drehzahl

$$n = \frac{\omega}{2\pi} = \frac{2{,}215\,\text{s}^{-1}}{2\pi} = 0{,}3525\,\text{s}^{-1} = 21{,}15\,\text{min}^{-1}.$$

Da sich die Masse m herauskürzt, hat das Werkstückgewicht auf das Ergebnis keinen Einfluss!

Beispiel 7.52
Ein Pkw mit 1200 kg Gesamtgewicht, einer Spurweite von 1200 mm und einer Schwerpunkthöhe von 500 mm über dem Boden (Bild 7.54) fährt durch eine Kurve mit 100 m Radius. Die Haftreibungszahl betrage 0,55 bei trockener und 0,2 bei regennasser Straße. Mit welcher Geschwindigkeit darf die nicht überhöhte Kurve bei trockener und bei nasser Straße durchfahren werden, ohne dass der Wagen seitlich wegrutscht? Bei welcher Geschwindigkeit würden sich die inneren Räder von der Fahrbahn abheben, vorausgesetzt die Reibung ist groß genug und verhinder ein seitliches Wegrutschen? Welche Fahrbahnneigung ist erforderlich, wenn bei einer Geschwindigkeit von 100 km/h die Resultierende aus Gewichtskraft und Fliehkraft senkrecht auf der Fahrbahn stehen soll? Bei welcher Geschwindigkeit würde das Fahrzeug auf der so geneigten, trockenen Fahrbahn aus der Kurve getragen werden?

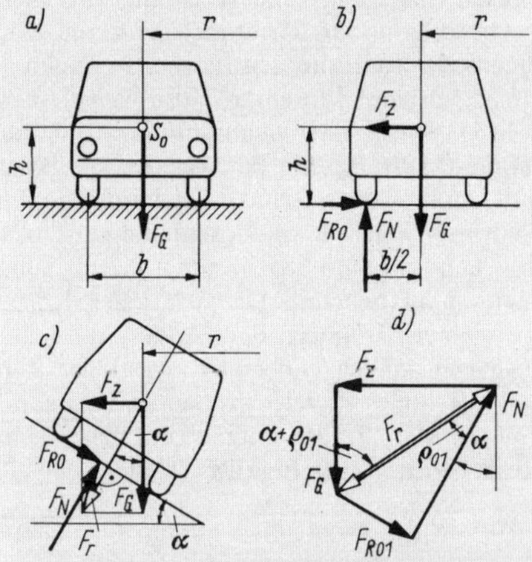

Bild 7.54 Kurvenfahrt eines Kraftfahrzeugs
a) Fahrzeug auf ebener Kurve, b) Kippgefahr durch die Fliehkraft F_z, c) geneigte Kurvenfahrbahn, d) Krafteck

Lösung:
Gegeben: $m = 1200$ kg, $b = 1200$ mm $= 1{,}2$ m,
$h = 500$ mm $= 0{,}5$ m, $r = 100$ m,
$\mu_{01} = 0{,}55$, $\mu_{02} = 0{,}2$, $v = 100$ km/h
$= 27{,}78$ m/s.

Gesucht: v_1, v_2, v_3, α und v_4.

1. Höchstgeschwindigkeit v_1 bei ebener trockener Kurve

Das Fahrzeug rutscht seitlich weg, wenn die Fliehkraft F_z (Gl. (7.67)) größer wird als die Haftreibungskraft F_{R0} (Gl. (5.1)). Im Gleichgewichtszustand ist

$$F_z = m \cdot v_1^2/r = F_{R0} = \mu_{01} \cdot F_N = \mu_{01} \cdot F_G = \mu_{01} \cdot m \cdot g.$$

Daraus folgt

$$v_1 = \sqrt{\mu_{01} \cdot g \cdot r} = \sqrt{0{,}55 \cdot 9{,}81\,\text{m/s}^2 \cdot 100\,\text{m}}$$
$$= 23{,}23\,\text{m/s}$$
$$= 23{,}23 \cdot 3{,}6\,\text{km/h} = 83{,}6\,\text{km/h}.$$

2. Höchstgeschwindigkeit v_2 bei nasser ebener Kurve

Sinngemäß zu 1. wird

$$v_2 = \sqrt{\mu_{02} \cdot g \cdot r} = \sqrt{0{,}2 \cdot 9{,}81\,\text{m/s}^2 \cdot 100\,\text{m}}$$
$$= 14\,\text{m/s} = 50{,}4\,\text{km/h}.$$

3. Geschwindigkeit v_3, bei der die inneren Räder abheben würden

Für den Grenzzustand (unmittelbar vor dem Abheben Bild 7.54b) lautet die Gleichgewichtsbedingung $\Sigma M = 0$:

$$F_z \cdot h - F_G \cdot \frac{b}{2} = m\,\frac{v_3^2}{r} \cdot h - m \cdot g \cdot \frac{b}{2} = 0.$$

Daraus folgt nach Herauskürzen von m:

$$v_3 = \sqrt{\frac{g \cdot b \cdot r}{2 \cdot h}} = \sqrt{\frac{9{,}81\,m/s^2 \cdot 1{,}2\,\text{m} \cdot 100\,\text{m}}{2 \cdot 0{,}5\,\text{m}}}$$
$$= 34{,}31\,\text{m/s} = 123{,}5\,\text{km/h}.$$

Da $v_1 < v_3$ ist, kann das Fahrzeug nicht kippen, denn es würde schon vorher seitlich wegrutschen und aus der Kurve getragen werden.

4. Erforderlicher Neigungswinkel α und Höchstgeschwindigkeit v_4 in der geneigten Kurve

Die Resultierende F_r aus F_z und F_G schließt mit F_G den gesuchten Winkel α ein. Nach Bild 7.54c ist

$$\tan\alpha = \frac{F_z}{F_G} = \frac{m \cdot v^2}{m \cdot g \cdot r} = \frac{v^2}{g \cdot r} = \frac{(27{,}78\,\text{m/s}^2)}{9{,}81\,\text{m/s}^2 \cdot 100\,\text{m}}$$
$$= 0{,}7867.$$

Das ist eine Neigung von ca. 78,7% mit dem Neigungswinkel $\alpha \approx 38{,}2°$.

Bis zur gesuchten Höchstgeschwindigkeit v_4 verhindert die Haftreibungskraft F_{R01} das Wegrutschen. Nach Überschreiten von v_4 wird die Resultierende F_r aus F_z und F_G größer als die aus F_N und F_{R01} gebildete Resultierende, die mit F_N den Haftreibungswinkel ϱ_{01} einschließt (vgl. Bild 5.7a). Den Gleichgewichtszustand zeigt Bild 7.54d, woraus folgt

$$\tan(\alpha + \varrho_{01}) = \frac{F_z}{F_G} = \frac{m \cdot v_4^2}{m \cdot g \cdot r} = \frac{v_4^2}{g \cdot r}.$$

Entspr. Gl. (5.5) ist

$\tan\varrho_{01} = \mu_{01} = 0{,}55$, somit $\varrho_{01} \approx 28{,}8°$ und

$\alpha + \varrho_{01} = 38{,}2° + 28{,}8° = 67°$.

Damit wird

$$v_4 = \sqrt{\tan(\alpha + \varrho_{01}) \cdot g \cdot r}$$
$$= \sqrt{\tan 67° \cdot 9{,}81\,\text{m/s}^2 \cdot 100\,\text{m}}$$
$$= 48{,}07\,\text{m/s} \approx 173\,\text{km/h}.$$

Beim Überschreiten dieser Geschwindigkeit würde der Wagen auf trockener Fahrbahn aus der geneigten Kurve herausgetragen werden.

Die Fliehkraft tritt nicht nur bei Kreis- und bei Drehbewegung, sondern auch bei beliebigen krummlinigen Bewegungen auf. Handelt es sich bei einer krummlinigen Bewegung um eine Absolutbewegung, die sich aus einer Relativbewegung und einer Führungsbewegung als Drehbewegung zusammensetzt (z. B. aus einer geradlinigen Relativbewegung und einer Drehung des Führungssystems wie in Beisp. 6.24), so wirkt zusätzlich als Trägheitskraft die der Coriolisbeschleunigung $a_C = 2 \cdot \omega_1 \cdot v_2$ (Gl. (6.60)) entgegengerichtete **Corioliskraft** $\boldsymbol{F_C = m \cdot a_C}$. Sie muss bei der Ermittlung der **resultierenden Trägheitskraft** ebenfalls berücksichtigt werden.

Praxishinweis

In der Technik war früher anstelle des Trägheitsmoments J das Schwungmoment GD^2 üblich als Produkt aus der Gewichtskraft G und dem Quadrat des zweifachen Trägheitsradius, des Trägheitsdurchmessers $D^2 = (2i)^2$. Es wurde mit der Einführung der SI-Einheiten abgeschafft.

Für die Errechnung einer Leistung aus Drehmoment und Drehzahl bzw. eines Drehmoments aus Leistung und Drehzahl sind in der Praxis **Zahlenwertgleichungen** verbreitet, die aus Größengleichungen wie folgt gebildet wurden:

Aus Gl. (7.64):

$$P = \frac{M}{1000\,\text{Nm/kNm}} \cdot \frac{2\pi \cdot n}{60\,\text{s/min}} = \frac{M \cdot n}{9549{,}3} \cdot \frac{\text{kNm} \cdot \text{min}}{\text{Nm} \cdot \text{s}}$$

Lässt man die Einheiten weg, so ergibt sich die Zahlenwertgleichung:

Leistung $\boldsymbol{P \approx \frac{M \cdot n}{9550}}$ in kW

Aus Gl. (7.65) folgt sinngemäß die Zahlenwertgleichung:

Drehmoment $\boldsymbol{M \approx 9550\,\frac{P}{n}}$ in Nm

Für diese Zahlenwertgleichungen gilt folgende Anweisung: P in kW, M in Nm, n in min^{-1}. Vorzugsweise sollten jedoch Größengleichungen angewendet werden, da sie übersichtlicher sind und Einheitenfehler leicht erkennen lassen.

Eine praktische Anwendung des Drallerhaltungssatzes ist die Pirouette beim Eislauf. Durch Einziehen der anfangs ausgebreiteten Arme wird das Trägheitsmoment des Körpers verringert. Da der Drehimpuls erhalten bleibt, steigt die Drehgeschwindigkeit der Person ohne Einwirkung eines äußeren Moments auf ein Vielfaches ihres Ausgangswertes.

Kontrollfragen

- Wie lautet das Grundgesetz der Dynamik für Drehbewegung?
- Was versteht man unter dem Trägheitsmoment eines Körpers?
- Wann ist der Satz von Steiner anzuwenden, und wie lautet er?
- Was sind die reduzierte Masse und der Trägheitsradius eines Körpers?
- Wie lautet der Drallsatz und der Drallerhaltungssatz?
- Welche Analogien[1] bestehen zwischen Rotation und Translation beim Grundgesetz der Dynamik und bei den Größen Impuls, Arbeit, Energie und Leistung?
- Welche Ursache hat die Fliehkraft, wie wird sie berechnet, und wo ist sie in der Technik beispielsweise von Bedeutung?

[1] *Analogie* (griech.): Ähnlichkeit, Verhältnisgleichheit, gewisse Übereinstimmung bei gleichzeitiger Verschiedenheit

8 Mechanische Schwingungen

8.1 Schwingungsarten

Lernziele:
- Schwingungsvorgänge allgemein erläutern.
- Schwingungen nach dem zeitlichen Verlauf und nach dem Entstehungsmechanismus unterscheiden.
- Periodische und nichtperiodische, gedämpfte und ungedämpfte sowie freie, selbsterregte und erzwungene Schwingungen erkennen und beschreiben.

Aus der Erfahrung sind Schwingungen in vielfacher Form bekannt, z. B. die Bewegung der Unruhe einer Uhr oder eines Pendels, die Erschütterungen einer Maschine oder eines Maschinenteils, durch den Motor hervorgerufene Vibrationen in einem Auto, Schwingungen einer Brücke beim Überqueren schwerer Fahrzeuge. Hierbei handelt es sich immer um mechanische Schwingungen. Auch in anderen Bereichen gibt es Schwingungen, wie die des elektrischen Stromes und des Magnetfeldes in elektrischen Maschinen und Geräten, die Wellenbewegung des Wassers oder die Schwankungen der Tageshelligkeit im Rhymus von 24 Stunden. Im Folgenden werden ausschließlich mechanische Schwingungen behandelt.

Bei allen genannten Beispielen kommen mehr oder weniger regelmäßige zeitliche Änderungen einer Zustandsgröße vor. Zustandsgrößen sind dabei nach DIN 1311-1 mechanische Größen zur Beschreibung von Bewegungen (Weg, Geschwindigkeit, Beschleunigung), inneren Belastungen (Kräfte und Momente) sowie Verzerrungen (Dehnungen und Scherungen). Allgemein gilt:

Eine Schwingung ist die zeitliche Änderung einer Zustandsgröße eines Systems, bei der diese abwechselnd zu- und abnimmt.

In der Technik können Schwingungen schädliche Wirkungen hervorrufen und Maschinen, Anlagen, Gebäude usw. zerstören. Andererseits werden Schwingungen z. B. in der Sieb- und Fördertechnik zum Sortieren und Fördern von Schüttgütern genutzt.

Die quantitative Betrachtung von Schwingungen und die Lösung der dazu notwendigen Bewegungsgleichungen erfordern oftmals einen hohen mathematischen Aufwand. Aus diesem Grunde werden hier nur einfache mechanische Schwinger erläutert.

Eine Möglichkeit, Schwingungen zu klassifizieren, ist die Einteilung des Schwingungsverhaltens nach dem zeitlichen Verlauf. Dabei werden deterministische und stochastische Schwingungen unterschieden.

Deterministische Schwingungen
Schwingungen, bei denen eine funktionale mathematische Abhängigkeit zwischen dem Augenblickswert der Zustandsgröße und der Zeit t besteht, werden als deterministische Schwingungen bezeichnet. Dazu gehören

Periodische Schwingungen
In Bild 8.1 ist eine periodische Schwingung dargestellt. Sie genügt der

Periodizitätsbedingung $x(t) = x(t + T)$

(gespr.: x von t gleich x von t plus T), d. h. nach der **Periodendauer *T*** wiederholt sich der Schwingungsverlauf. Der **Schwingweg *x*** wird bei mechanischen Schwingungen auch mit dem Formelzeichen s angegeben. Eine sehr wichtige periodische Schwingung ist die **harmonische Schwingung** (s. Bild 8.7), die sich auf eine Kreisbewegung zurückführen lässt. Sie wird im Abschn. 8.2.1 behandelt.

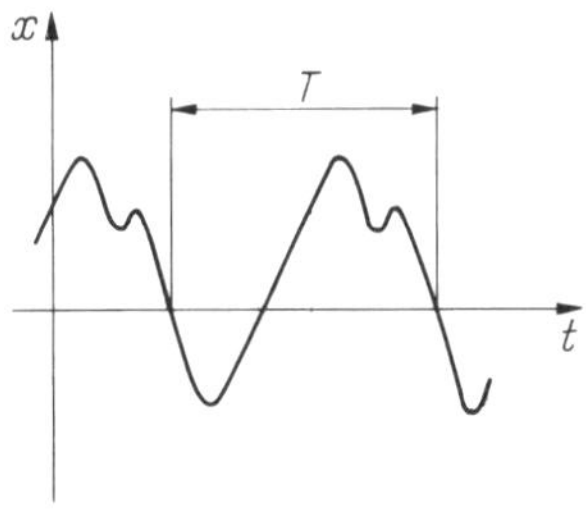

Bild 8.1 Periodische Schwingung

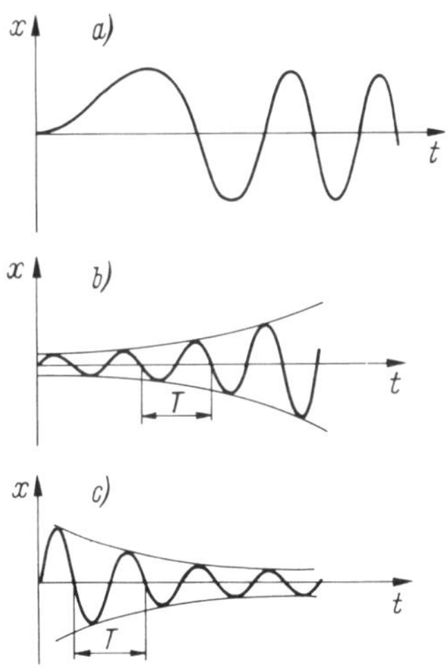

Bild 8.2 Nichtperiodische Schwingungen
a) Schwingung mit abnehmender Periodendauer, b) anschwellende Schwingung, c) abklingende Schwingung

Deterministische Schwingungen, die nicht der Periodizitätsbedingung genügen, sind

Nichtperiodische Schwingungen
Sie können z. B. wie in Bild 8.2a mit abnehmender Periodendauer verlaufen. Auch die anschwellende (Bild 8.2b) und die abklingende Schwingung (Bild 8.2c) sind nichtperiodische Schwingungen. Auf Letztere wird im Abschnitt 8.3 näher eingegangen.

Stochastische Schwingungen
Bild 8.3 zeigt den Verlauf einer stochastischen Schwingung. Sie genügt weder der Periodizitätsbedingung, noch folgt sie einer mathematischen (formelmäßigen) Abhängigkeit.

Bild 8.3 Regellose Schwingung

Stochastische Schwingungen werden auch **regellose Schwingungen** oder **Zufallsschwingungen** genannt.
Schwingungen können auch nach ihrem Entstehungsmechanismus eingeteilt werden. Dabei wird zwischen autonomen und heteronomen Schwingungen unterschieden.

Autonome Schwingungen
Bei autonomen Schwingungen ist die Frequenz (Gl. (8.10)) der Schwingung nur vom Schwingungssystem selbst abhängig. Zu den autonomen Schwingungen gehören

Freie Schwingungen
Eine freie Schwingung ist die Bewegung eines Schwingers, der sich nach einer Auslenkung (Bewegung aus der Ruhelage) selbst überlassen bleibt und „frei“ (ohne Energiezufuhr) schwingt. Ein bekanntes Beispiel für eine freie Schwingung ist die Pendelbewegung. Die Schwingung ist ungedämpft, wenn dem Schwinger keine Energie entzogen wird. Eine freie **ungedämpfte Schwingung** kommt nicht zum Stillstand. Wird einem freien Schwinger während des Schwingens Energie entzogen (z. B. durch Reibung), so klingt die Schwingung ab, und es entsteht eine **gedämpfte Schwingung.** Praktisch sind freie Schwingungen immer gedämpft (abklingend, s. Bild 8.2c). Sie kommen nach einer bestimmten Zeit zur Ruhe.
Eine weitere Untergruppe autonomer Schwingungen sind

Selbsterregte Schwingungen
Auch ein selbsterregter Schwinger schwingt „frei“, ihm wird jedoch während der Schwingbewegung Energie zugeführt. Die Energiezufuhr kann unabhängig von den Schwingungen sein (Speichertyp) oder sie wird von den Schwingungen des Systems getaktet (Schwingertyp). Das Uhrwerk einer mechanischen Uhr ist ein bekanntes Beispiel für eine selbsterregte Schwingung.

Heteronome Schwingungen
Bei heteronomen Schwingungen hängt die Frequenz der Schwingung von äußeren Einwirkungen auf das System ab. Zu den heteronomen Schwingungen gehören

Erzwungene Schwingungen
Wird ein Schwinger durch äußere Einwirkungen (Kräfte, Momente, Bewegungen) dauernd angeregt, so spricht man von erzwungener Schwingung, die ebenfalls gedämpft oder ungedämpft aufgefasst werden kann. Eine erzwungene Schwingung wird auch als **fremderregte Schwingung** oder Schwingung mit **äußerer Erregung** bezeichnet. Als Beispiel sei eine Masse an einer Zugfeder erwähnt, die entspr. Bild 8.4 durch einen umlaufenden Kurbelzapfen zum Schwingen angeregt wird.

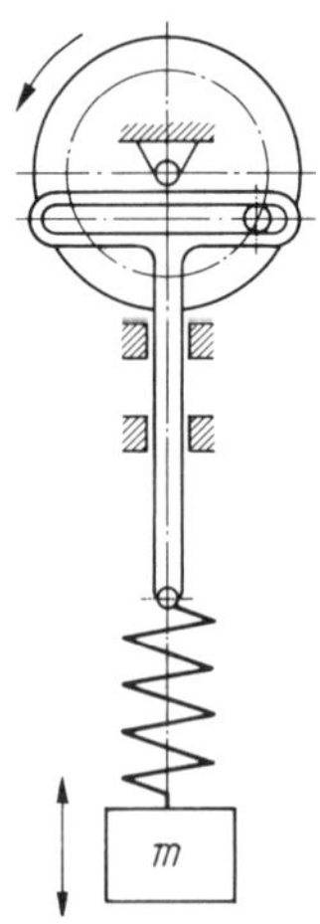

Bild 8.4 Schwinger mit Fremderregung

Parametererregte Schwingungen
Ein Schwinger mit zeitlich veränderlichen äußeren Parametern (z. B. Masse, Federrate) führt

nach einer Störung (Auslenkung) parametererregte Schwingungen aus. Eine parametererregte Schwingung wird auch als Schwingung mit **innerer Erregung** bezeichnet.

Wenn die Schwingungen in Richtung der Längsausdehnung des Schwingers stattfinden, handelt es sich um **Longitudinalschwingungen** oder Längsschwingungen, wie z. B. die Schwingungen einer Masse, die an einer Schraubenfeder hängt. Erfolgen die Schwingungen senkrecht zur Längsausdehnung von Schwingern wie bei Stäben, Saiten oder Membranen, so sind das **Transversalschwingungen** oder Querschwingungen (z. B. Biegeschwingungen).
Eine weitere Möglichkeit, Schwingungen zu unterscheiden, ist die Bewegungsgleichung. Ist diese linear (z. B $m \cdot a + k \cdot x = 0$, s. Gl. (8.2)), so spricht man von einer **linearen Schwingung**, andernfalls (z. B. bei $m \cdot l \cdot \alpha + m \cdot g \cdot \sin\varphi = 0$, s. Abschn. 8.2.2) von einer **nichtlinearen Schwingung.**
Beeinflussen sich mehrere Schwinger wechselseitig oder besitzt ein Schwinger mehrere Freiheitsgrade, so handelt es sich um **Koppelschwingungen** (Bild 8.5). Unter der Zahl der **Freiheitsgrade** wird die Anzahl der Koordinaten bzw. die kleinste Anzahl der unabhängigen Bewegungsmöglichkeiten verstanden, die notwendig sind, um die Bewegung des Schwingers eindeutig zu beschreiben. Es ist auch üblich, Schwingungen nach der Anzahl der Freiheitsgrade zu unterscheiden. Meistens sind zur eindeutigen Angabe von Schwingungen kombinierte Bezeichnungen notwendig, z. B. freie gedämpfte nichtlineare Schwingungen mit zwei Freiheitsgraden.

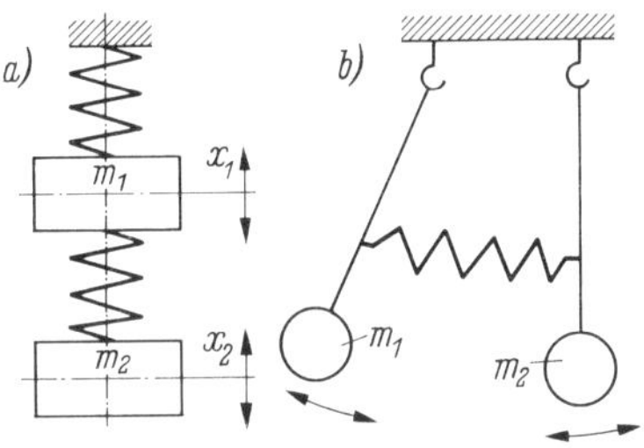

Bild 8.5 Koppelschwinger
a) Zweimassenkoppelschwinger, b) Pendelkoppelschwinger

Nachfolgend werden nur Schwingungen mit einem Freiheitsgrad behandelt, und zwar freie ungedämpfte Schwingungen, freie gedämpfte Schwingungen und erzwungene Schwingungen. Bei einem Freiheitsgrad kann die Schwingung mit einer Koordinate, z. B. dem Schwingweg, eindeutig beschrieben werden.

Praxishinweis
Um für technische Schwingsysteme mathematische Beziehungen entwickeln zu können, müssen sie auf idealisierte Ersatzsysteme zurückgeführt werden. Dabei werden Bauelemente, die zwar mehr oder weniger elastisch, aber keine Federn im üblichen Sinne sind (z. B. Träger, Hebel, Wellen u. dgl.), vereinfacht als (masselose) Federn und die mit ihnen verbundenen Maschinenteile als starre Körper (Massen) aufgefasst. Die wichtigsten idealisierten Schwingsysteme (Schwinger) sind Feder-Masse-Systeme und Pendel. Geeignete Ersatzsysteme zu finden, ist oftmals sehr schwierig und erfordert Erfahrungen.

Kontrollfragen
- Was versteht man unter einer Schwingung?
- Worin unterscheiden sich periodische und nichtperiodische Schwingungen?
- Was sind freie ungedämpfte und freie gedämpfte Schwingungen, erzwungene Schwingungen und selbsterregte Schwingungen?

8.2 Freie ungedämpfte Schwingungen

Lernziele:
- Die harmonische Schwingung als Projektion einer gleichförmigen Kreisbewegung beschreiben und deren Schwinggrößen berechnen.
- Die Federrate von Schwingsystemen mit Einzelfedern und mit Federn in Parallel- sowie in Reihenschaltung ermitteln.
- Die Schwingungen von Feder-Masse-Schwingern, von mathematischen und physischen Pendeln mit kleinen Ausschlägen sowie von Ein- und Zweischeibendrehschwingern berechnen.
- Die Trägheitsmomente von Maschinenteilen nach Messergebnissen aus Schwingungsversuchen bestimmen.

8.2.1 Schwingungen mit geradliniger Bewegung

Feder-Masse-Schwinger, harmonische Schwingung

Bild 8.6 zeigt eine Masse m, die an einer Feder befestigt ist. Die Feder wird idealisiert als masselos und die Führung als reibungsfrei angenommen. Dieses schwingungsfähige System ist

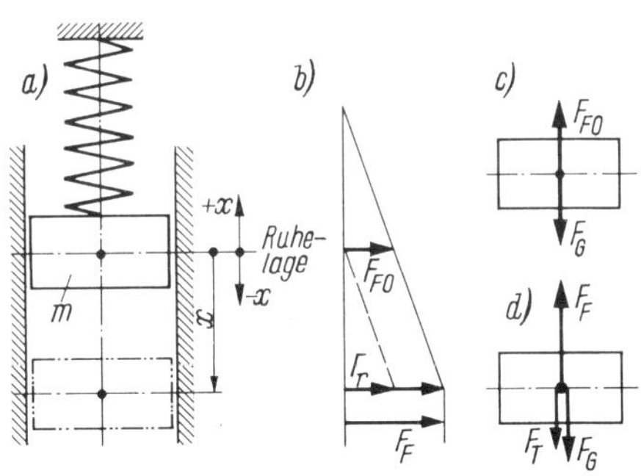

Bild 8.6 Feder-Masse-Schwinger
a) Schwingsystem, b) Federdiagramm, c) freigemachte Masse m in der Ruhelage, d) ausgelenkte Masse m freigemacht

ein ungedämpfter Einmassenschwinger mit einem Freiheitsgrad. Die Masse m kann nach einer **Auslenkung x** (Spannen der Feder) nur in x-Richtung längs der Feder Bewegungen ausführen (Longitudinalschwingungen). Eine Angabe der jeweiligen x-Koordinate (zweckmäßig auf die Ruhelage der Masse bezogen) beschreibt den Schwingungszustand eindeutig. Der Schwinger hat somit nur einen Freiheitsgrad.
Für die Kräfte an der um x ausgelenkten Masse m (Bild 8.6d) lautet nach dem Prinzip von d'Alembert (s. Abschn. 7.1.3) die Gleichgewichtsbedingung

$$\Sigma F_x = F_F - F_G - F_T = 0$$

Hierin bedeuten F_F die Federkraft bei der Auslenkung x, F_G die Gewichtskraft der Masse m und F_T deren Trägheitskraft. In der Ruhelage ist die Federkraft $F_{F0} = F_G$. Für die ausgelenkte Feder beträgt sie $F_F = F_r + F_{F0}$. Durch die zur Ruhelage der Masse m gerichtete Kraft F_r übt die Feder eine rückstellende Wirkung aus. Diese Kraft ist bei gerader Federkennlinie (Bild 8.6b) der Auslenkung x direkt proportional, dieser aber stets entgegengerichtet. Bei einer Feder mit der Federsteife oder **Federrate k** beträgt die

Rückstellkraft $\boldsymbol{F_r = k \cdot x}$ (8.1)

In den Normen für Federn wird die Federrate mit R angegeben (s. Abschn. 7.2.1). Da dieses Formelzeichen in der Schwingungslehre nicht eingeführt ist, wird hier entspr. DIN 1311 der Buchstabe k verwendet.

Somit folgt aus der Gleichgewichtsbedingung

$$F_r + F_{F0} - F_{F0} - F_T = 0$$

Die statische Federkraft F_{F0} und die Gewichtskraft $F_G = F_{F0}$ heben sich auf. Mit Gl. (8.1) sowie $F_T = m \cdot a$ (Gl. (7.12)) und nach Multiplikation mit -1 ergibt sich

$$m \cdot a - k \cdot x = 0$$

Diese Gleichung gilt für jede beliebige Auslenkung x. Setzt man, wie in der Schwingungslehre üblich, für die Beschleunigung $a = \ddot{x}$ (s. Abschn. 6.2.2) und berücksichtigt, dass x in Bild 8.6 negativ ist, so folgt für einfache Feder-Masse-Schwinger die

Bewegungsgleichung $\boldsymbol{m \cdot \ddot{x} + k \cdot x = 0}$ (8.2)

Das ist eine Differenzialgleichung, bei deren Auflösung kein Wert für x gesucht wird, sondern eine Funktion $x(t)$, die für jeden Zeitpunkt t die Gleichung erfüllt. Durch eine Analogie zur Kreisbewegung kommt man ohne höhere Mathematik auf die Lösung dieser Differenzialgleichung, was nachfolgend gezeigt wird. Aus der Projektion der gleichförmigen Kreisbewegung eines Massenpunktes (Bild 8.7) folgt eine der Gl. (8.1) ähnliche Kraft-Weg-Beziehung. Die Bewegung auf der Kreisbahn wird durch eine konstante Zentripetalkraft $F_p = m \cdot r \cdot \omega^2$ (Gl. (7.67), da $F_p = F_z$ ist) verursacht. Die Komponente F_{px} wirkt hier als Rückstellkraft der Richtung von x entgegen. Aus Bild 8.7 folgt die Proportion $F_{px}/x = F_p/r$ und daraus

$$F_{px} = \frac{F_p}{r} \cdot x = \frac{m \cdot r \cdot \omega^2}{r} \cdot x = m \cdot \omega^2 \cdot x$$

Diese Beziehung entspricht Gl. (8.1). Das Produkt $\boldsymbol{m \cdot \omega^2}$ ist ein konstanter Wert und gleich der **Federrate k**. Befestigt man an dem Schwinger nach Bild 8.6 einen Schreibstift, der die Schwingbewegung auf einer sich drehenden Rolle aufzeichnet (Bild 8.8), so entsteht eine Kurve, die der in Bild 8.7 dargestellten entspricht. Somit kann die gleichförmige Kreisbewegung zur Untersuchung von Schwingungen herangezogen werden.
Die Schwingung eines freien ungedämpften Schwingers wird auch **Eigenschwingung** genannt. Die Kenngrößen der Eigenschwingung erhalten nach DIN 1311 den Index 0.
Die Winkelgeschwindigkeit ω der Kreisbewegung wird als **Eigenkreisfrequenz** oder **Kreisfrequenz** bezeichnet. Die Bezeichnung **Winkelfrequenz** ist ebenfalls gebräuchlich. Aus $k = m \cdot \omega^2$ ergibt sich die

Eigenkreisfrequenz $\boldsymbol{\omega_0 = \sqrt{\frac{k}{m}}}$ (8.3)

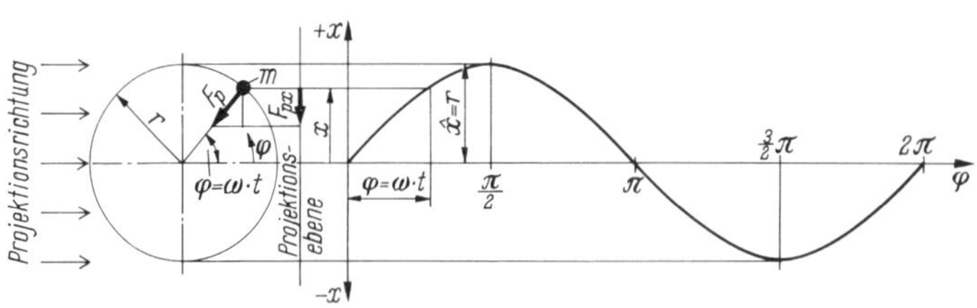

Bild 8.7 Projektion einer gleichförmigen Kreisbewegung als harmonische Schwingung

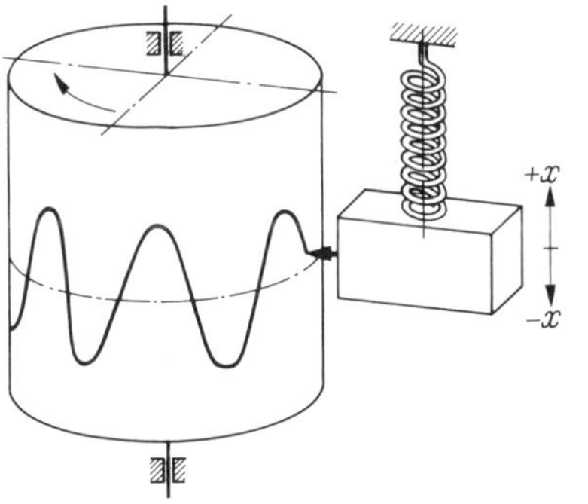

Bild 8.8 Aufzeichnen der Schwingbewegung eines ungedämpften Feder-Masse-Schwingers

Für den Drehwinkel $\varphi = \omega \cdot t$ (Gl. (6.24)) folgt aus Bild 8.7: $\sin\varphi = x/r$ und daraus die Auslenkung oder der Schwingweg $x = r \cdot \sin\varphi$. Die **größte Auslenkung** liegt bei $x = r$. Sie wird **Scheitelwert** $\hat{x}$ (gespr.: x Dach) oder **Amplitude** genannt und auch mit dem Formelzeichen A angegeben. Damit erhält man als Lösung der Gl. (8.2) den

Schwingweg $\quad \boldsymbol{x = \hat{x} \cdot \sin(\omega_0 \cdot t)}$ (8.4)

Er ist die Auslenkung einer Schwingung mit der Eigenkreisfrequenz ω_0 zum Zeitpunkt t. Das Argument $\boldsymbol{\omega_0 \cdot t}$ der Sinusfunktion wird als **Phasenwinkel** bezeichnet und in Radiant angegeben (s. Abschn. 6.3.1).

Eine Schwingung, für die Gl. (8.4) zutrifft, ist eine **harmonische Schwingung**, und es gilt:

Jede harmonische Schwingung kann als Projektion einer gleichförmigen Kreisbewegung aufgefasst werden.

Aus Gl. (8.3) geht auch hervor:

Die Kreisfrequenz einer harmonischen Schwingung ist von der Amplitude unabhängig.

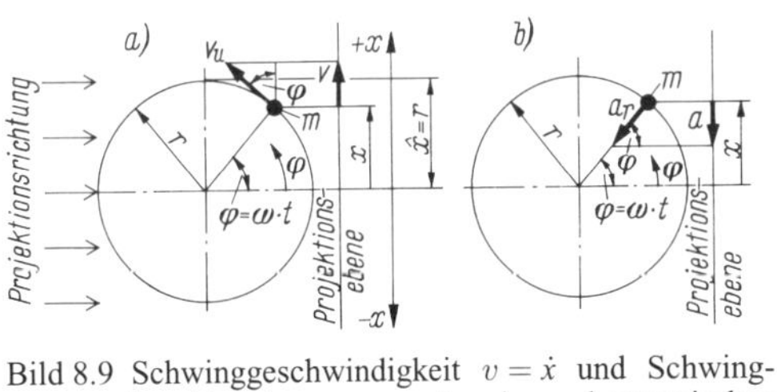

Bild 8.9 Schwinggeschwindigkeit $v = \dot{x}$ und Schwingbeschleunigung $a = \ddot{x}$ einer harmonischen Schwingung
a) v als Projektion der Umfangsgeschwindigkeit v_u, b) a als Projektion der Radialbeschleunigung a_r

Aus der Projektion einer gleichförmigen Kreisbewegung können ebenfalls Erkenntnisse über die Schwinggeschwindigkeit und die Schwingbeschleunigung einer harmonischen Schwingung gewonnen werden. Nach Bild 8.9a ist die x-Komponente der Umfangsgeschwindigkeit $v_u = r \cdot \omega$ (Gl. (6.26)) die Schwinggeschwindigkeit $v = v_u \cdot \cos\varphi$. Mit $v = \dot{x}$, $r = \hat{x}$ und $\varphi = \omega \cdot t$ erhält man daraus die

Schwinggeschwindigkeit

$$\dot{x} = \hat{x} \cdot \omega_0 \cdot \cos(\omega_0 \cdot t) \tag{8.5}$$

Sinngemäß ist nach Bild 8.9b die x-Komponente der Radialbeschleunigung $a_r = r \cdot \omega^2$ (Gl. (6.58)) die Schwingbeschleunigung $a = a_r \cdot \sin\varphi$. Berücksichtigt man die zu x entgegengesetzte Richtung von a durch ein negatives Vorzeichen, so ergibt sich mit $a = \ddot{x}$, $r = \hat{x}$ und $\varphi = \omega \cdot t$ die

Schwingbeschleunigung

$$\ddot{x} = -\hat{x} \cdot \omega_0^2 \cdot \sin(\omega_0 \cdot t) \tag{8.6}$$

Der Verlauf des Schwingweges x, der Schwinggeschwindigkeit $\dot{x}$ und der Schwingbeschleunigung $\ddot{x}$ über der Zeit t ist in Bild 8.10 dargestellt.

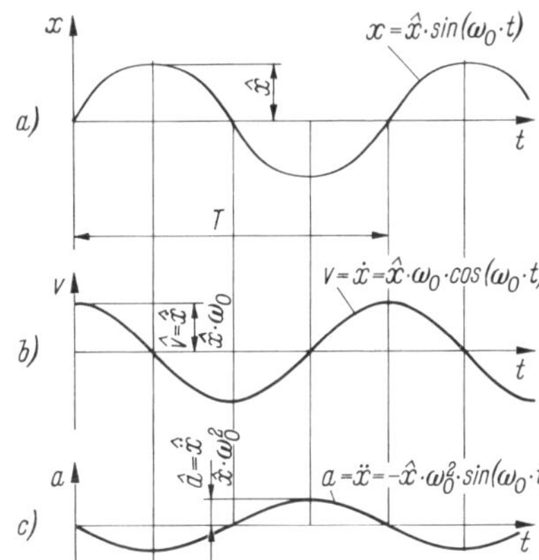

Bild 8.10 Schwinggrößen einer harmonischen Schwingung als Funktionen der Zeit t
a) x,t-Diagramm (Weg-Zeit-Diagramm),
b) v,t-Diagramm (Geschwindigkeits-Zeit-Diagramm, c) a,t-Diagramm (Beschleunigungs-Zeit-Diagramm)

Bild 8.11a zeigt eine harmonische Schwingung, die nicht zum Zeitpunkt $t = 0$ beginnt, sondern um den **Anfangsphasenwinkel** $\boldsymbol{\varphi_0}$ verschoben ist, d. h. die Zeitmessung beginnt erst bei dem Winkel φ_0. Diese Schwingung verläuft nach der

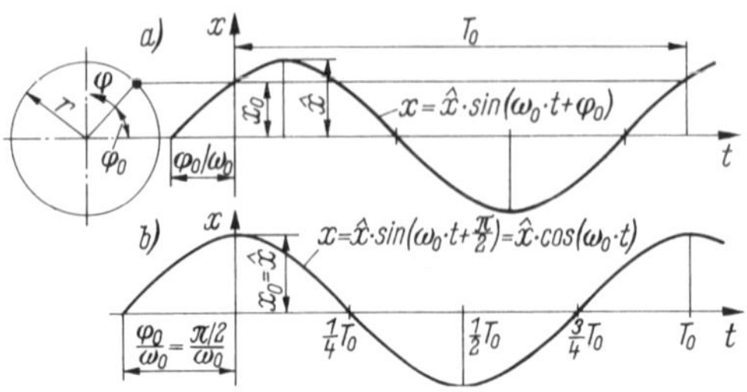

Bild 8.11 Verlauf einer um φ_0 verschobenen harmonischen Schwingung
a) allgemein, b) mit $\varphi_0 = \pi/2$

Funktion:

Schwingweg $\quad \boldsymbol{x = \hat{x} \cdot \sin(\omega_0 \cdot t + \varphi_0)} \quad$ (8.7)

Aus den Bildern 8.7 und 8.10a folgt für ein Intervall[1] von der Periodendauer T_0 der Phasenwinkel $\varphi = \omega_0 \cdot T_0 = 2\pi$ und daraus die

Periodendauer $\quad \boldsymbol{T_0 = \frac{2\pi}{\omega_0}} \quad$ (8.8)

oder durch Einsetzen der Gl. (8.3) die

Periodendauer $\quad \boldsymbol{T_0 = 2\pi \sqrt{\frac{m}{k}}} \quad$ (8.9)

Der Kehrwert der Periodendauer ist die

Frequenz[2] $\quad \boldsymbol{f_0 = \frac{1}{T_0}} \quad$ (8.10)

als Anzahl der Schwingungen je Sekunde. Sie wird mit der Einheit **Hertz** (Hz) angegeben ($1\,\text{Hz} = 1/\text{s} = 1\,\text{s}^{-1}$, s. auch Abschn. 6.3.1, $1\,\text{kHz} = 1000/\text{s} = 10^3\,\text{s}^{-1}$).

Gl. (8.9) gilt für alle Systeme, bei denen die Rückstellkraft durch die Elastizität des Schwingers hervorgerufen wird. Sie werden als **elastische Schwinger** bezeichnet. Die Auslenkung muss jedoch im Hookeschen Bereich bleiben (s. Abschn. 9.1.5), d. h. die Auslenkung muss der Rückstellkraft proportional sein und das federnde Element bei Entlastung in die ursprüngliche Form zurückgehen.

Für das Lösen von Aufgaben empfehlen sich folgende **Arbeitsschritte:**

1. **Schritt:** Untersuchungen, um welche Art von Schwinger es sich handelt, und ggf. Freimachen des Systems.
2. **Schritt:** Bestimmen der Federrate bzw. deren äquivalenter Größe.
3. **Schritt:** Ermitteln der gesuchten Größen nach den Gleichungen für die freie ungedämpfte Schwingung.

Beispiel 8.1
Durch Anhängen einer Masse von 0,8 kg wird eine Schraubenfeder um 25 mm verlängert (Bild 8.12). Aus dieser Ruhelage wird das System durch eine weitere Federverlängerung von 10 mm (Auslenkung im elastischen Bereich) und nach plötzlichem Loslassen der Masse zu Schwingungen angeregt. Wie groß sind die Eigenkreisfrequenz, die Periodendauer und die Frequenz, und welche Auslenkung (Abstand von der Ruhelage) hat die Masse 3 s nach dem ersten Durchgang durch die Ruhelage? Wie groß sind die Schwinggeschwindigkeit und die Schwingbeschleunigung 4 s nach dem ersten Durchgang durch die Ruhelage? Die Federmasse ist zu vernachlässigen, das System als reibungsfrei anzunehmen.

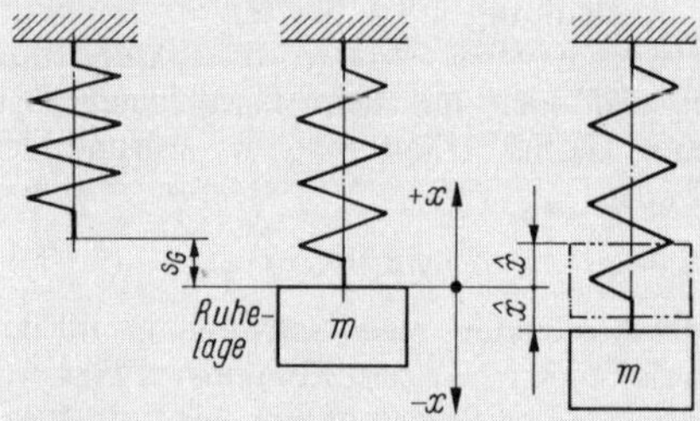

Bild 8.12 Feder-Masse-Schwinger

Lösung:
Gegeben: $m = 0{,}8\,\text{kg}$, $s_G = 25\,\text{mm} = 0{,}025\,\text{m}$,
$\hat{x} = 10\,\text{mm}$, $t_1 = 3\,\text{s}$, $t_2 = 4\,\text{s}$.
Gesucht: ω_0, T_0, f_0, x bei t_1, $\dot{x}$ und $\ddot{x}$ bei t_2.
1. Schritt: Da die Auslenkung im elastischen Bereich liegt, handelt es sich um einen Feder-Masse-Schwinger, der eine harmonische Schwingung ausführt.
2. Schritt: In der Ruhelage ist die Federkraft $F_{F0} = F_G = m \cdot g$. Somit beträgt die Federrate

$$k = \frac{F_{F0}}{s_G} = \frac{m \cdot g}{s_G} = \frac{0{,}8\,\text{kg} \cdot 9{,}81\,\text{m}}{0{,}025\,\text{m} \cdot \text{s}^2} = 313{,}9\,\frac{\text{N}}{\text{m}} = 313{,}9\,\text{kg/s}^2.$$

3. Schritt: Nach Gl. (8.3) ergibt sich die Eigenkreisfrequenz

$$\omega_0 = \sqrt{\frac{k}{m}} = \sqrt{\frac{313{,}9\,\text{kg}}{0{,}8\,\text{kg} \cdot \text{s}^2}} = 19{,}81\,\text{s}^{-1},$$

nach Gl. (8.8) die Periodendauer

$$T_0 = \frac{2\pi}{\omega_0} = \frac{2\pi}{19{,}81\,\text{s}^{-1}} = 0{,}3172\,\text{s}$$

und nach Gl. (8.10) die Frequenz

$$f_0 = \frac{1}{T_0} = \frac{1}{0{,}3172\,\text{s}} = 3{,}153\,\text{s}^{-1} = 3{,}153\,\text{Hz}.$$

---
[1] *Intervall* (lat.) = Zeitabstand, Zeitspanne
[2] Nach DIN 1304 ist für die Frequenz auch das Formelzeichen ν möglich.

Zur Zeit t_1 nach dem ersten Nulldurchgang beträgt entspr. Gl. (8.4) die Auslenkung

$$x = \hat{x} \cdot \sin(\omega_0 \cdot t_1) = 10\,\text{mm} \cdot \sin(19{,}81\,\text{s}^{-1} \cdot 3\,\text{s})$$
$$= 2{,}573\,\text{mm}.$$

Für die Zeit t_2 nach dem ersten Nulldurchgang folgt nach Gl. (8.5) die Schwinggeschwindigkeit

$$\dot{x} = \hat{x} \cdot \omega_0 \cdot \cos(\omega_0 \cdot t_2)$$
$$= 10\,\text{mm} \cdot 19{,}81\,\text{s}^{-1} \cdot \cos(19{,}81\,\text{s}^{-1} \cdot 4\,\text{s})$$
$$= -151{,}5\,\text{mm/s} \approx -0{,}15\,\text{m/s}$$

und nach Gl. (8.6) die Schwingbeschleunigung

$$\ddot{x} = -\hat{x} \cdot \omega_0^2 \cdot \sin(\omega_0 \cdot t_2)$$
$$= -10\,\text{mm} \cdot (19{,}81\,\text{s}^{-1})^2 \cdot \sin(19{,}81\,\text{s}^{-1} \cdot 4\,\text{s})$$
$$= -2529\,\text{mm/s}^2 \approx -2{,}5\,\text{m/s}^2.$$

Die negativen Vorzeichen besagen, dass die Geschwindigkeit und die Beschleunigung abwärts gerichtet sind.

Für elastische Schwinger mit vertikalem Schwingweg, deren statische Auslenkung = Federweg s_G durch die Gewichtskraft F_G einer Masse m hervorgerufen wird (wie in Bild 8.12), können die Frequenz und die Periodendauer auch mit s_G errechnet werden. Setzt man die Federrate $k = F_G/s_G = m \cdot g/s_G$ in Gl. (8.3) ein, so wird

$$\omega_0 = \sqrt{\frac{k}{m}} = \sqrt{\frac{m \cdot g}{s_G \cdot m}} = \sqrt{\frac{g}{s_G}}$$

Also beträgt die

Eigenkreisfrequenz $\boldsymbol{\omega_0 = \sqrt{\frac{g}{s_G}}}$ (8.11)

und entspr. Gl. (8.9) die

Periodendauer $\boldsymbol{T_0 = 2\pi \sqrt{\frac{s_G}{g}}}$ (8.12)

Diese Gleichungen gelten allgemein bei Vernachlässigung der Eigenmasse des elastischen Elements (der Feder), also auch für komplizierte Gebilde wie z. B das in Bild 8.13 dargestellte Tragwerk, das durch eine Masse m statisch durchgebogen wird.

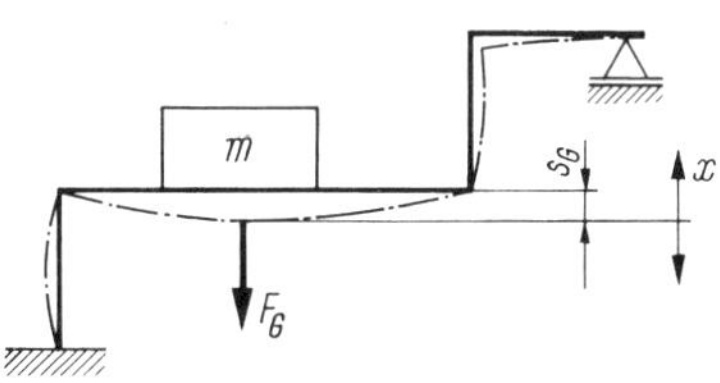

Bild 8.13 Statische Auslenkung s_G eines Tragwerks durch die Gewichtskraft F_G der Masse m

Federschaltungen

Kommen in einem Schwingsystem mehrere Federn vor, so können diese nebeneinander oder hintereinander angeordnet sein. Man spricht dann von **Parallelschaltung** (Bild 8.14a) oder von **Reihenschaltung** (Bild 8.14b) der Federn. Aus den Federraten k_i ($i = 1, 2, \dots n$) der Einzelfedern lässt sich die Gesamtfederrate k_{ges} des Systems errechnen. Bei Parallelschaltung von z. B. drei Federn beträgt die gesamte Federkraft $F_F = F_1 + F_2 + F_3$. Ersetzt man die Kräfte durch $k_i \cdot s_i$ (aus $k_i = F_i/s_i$), so folgt

$$k_{ges} \cdot s = k_1 \cdot s_1 + k_2 \cdot s_2 + k_3 \cdot s_3$$

Da aber $s = s_1 = s_2 = s_3$ ist, wird $k_{ges} = k_1 + k_2 + k_3$ oder allgemein:

Gesamtfederrate bei Parallelschaltung

$\boldsymbol{k_{ges} = \Sigma k_i = k_1 + k_2 + \ldots + k_n}$ (8.13)

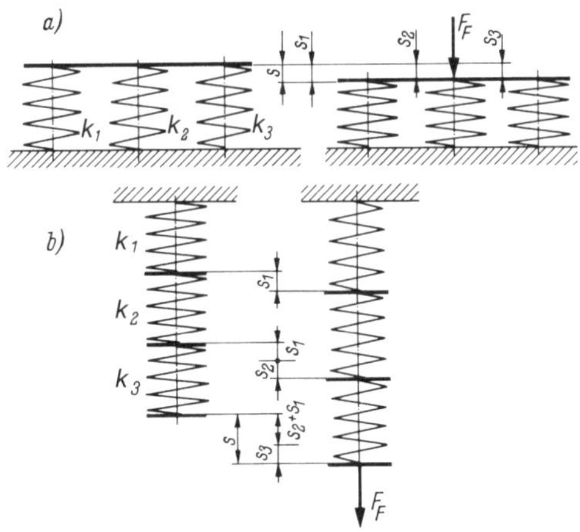

Bild 8.14 Federschaltungen
a) Parallelschaltung, b) Reihenschaltung

In Worten:

Die Gesamtfederrate bei Parallelschaltung ist gleich der Summe der Einzelfederraten.

Bei Hintereinander- oder Reihenschaltung von drei Federn ist der gesamte Federweg $s = s_1 + s_2 + s_3$ und die Federkraft $F_F = F_1 = F_2 = F_3$. Mit den Federraten wird

$$\frac{F_F}{k_{ges}} = \frac{F_1}{k_1} + \frac{F_2}{k_2} + \frac{F_3}{k_3} \quad \text{und} \quad \frac{1}{k_{ges}} = \frac{1}{k_1} + \frac{1}{k_2} + \frac{1}{k_3}$$

Allgemein ergibt sich für die

Gesamtfederrate bei Reihenschaltung

$\boldsymbol{\frac{1}{k_{ges}} = \Sigma \frac{1}{k_i} = \frac{1}{k_1} + \frac{1}{k_2} + \ldots + \frac{1}{k_n}}$ (8.14)

In Worten:

Der Kehrwert der Gesamtfederrate bei Reihenschaltung ist gleich der Summe der Kehrwerte der Einzelfederraten.

Beispiel 8.2
Ein 60 kg schwerer Maschinentisch, der auf 4 gleichen Druckfedern abgestützt ist, schwingt mit einer Frequenz von 5 Hz in Längsrichtung der Federn. Zu ermitteln sind die Periodendauer der Schwingung und die Eigenkreisfrequenz, der Federweg durch das Tischgewicht und die Federrate einer Feder.

Lösung:
Gegeben: $m = 60$ kg, $f_0 = 5$ Hz $= 5\ \mathrm{s}^{-1}$.
Gesucht: T_0, ω_0, s_G, k.

1. Periodendauer T_0 und Eigenkreisfrequenz ω_0
Aus den Gl. (8.10) und (8.8) folgen

$$T_0 = \frac{1}{f_0} = \frac{1}{5\ \mathrm{s}^{-1}} = 0{,}2\ \mathrm{s} \quad \text{und}$$

$$\omega_0 = \frac{2\pi}{T_0} = \frac{2\pi}{0{,}2\ \mathrm{s}} = 31{,}42\ \mathrm{s}^{-1}.$$

2. Statischer Federweg s_G
Aus der umgeformten Gl. (8.11) ergibt sich

$$s_G = \frac{g}{\omega_0^2} = \frac{9{,}81\ \mathrm{m/s^2}}{(31{,}42\ \mathrm{s}^{-1})^2} = 9{,}937 \cdot 10^{-3}\ \mathrm{m} \approx 9{,}94\ \mathrm{mm}.$$

3. Federrate k einer Feder
Aus Gl. (8.3) erhält man die Gesamtfederrate des Systems

$$k_{ges} = m \cdot \omega_0^2 = 60\ \mathrm{kg} \cdot (31{,}42\ \mathrm{s}^{-1})^2 = 59{,}23 \cdot 10^3\ \mathrm{kg/s^2}$$

$$= 59{,}23 \cdot 10^3\ \frac{\mathrm{kg \cdot m}}{\mathrm{s^2 \cdot m}} = 59{,}23 \cdot 10^3\ \mathrm{N/m}$$

und bei 4 gleichen Federn ($k_1 = k_2 = k_3 = k_4 = k$) in Parallelschaltung aus $k_{ges} = 4 \cdot k$ (entspr. Gl. (8.13)):

$$k = \frac{k_{ges}}{4} = \frac{59{,}23 \cdot 10^3\ \mathrm{N/m}}{4}$$

$$= 14{,}81 \cdot 10^3\ \mathrm{N/m} = 14{,}81\ \mathrm{N/mm}.$$

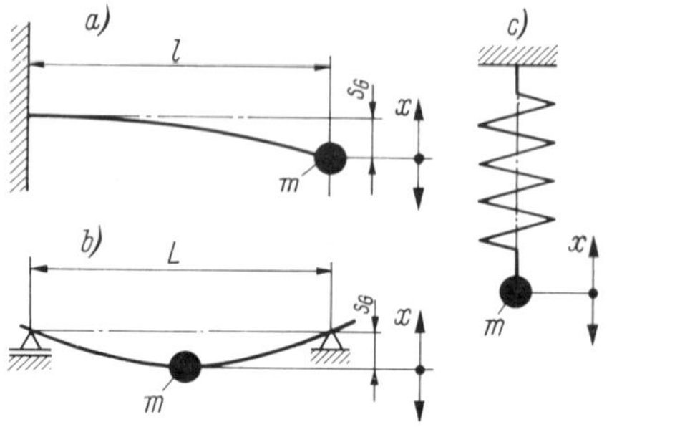

Bild 8.15 Biegeschwinger
a) eingespannter Stab mit am Ende aufgesetzter Masse m, b) Träger auf zwei Stützen mit aufgesetzter Masse m in der Mitte, c) Feder-Masse-Schwinger als Ersatzsystem

Biegeschwingungen

Stäbe und Träger, die im elastischen Bereich durchgebogen werden, kann man ebenfalls als Federn mit linearer Kennlinie auffassen, da die Durchbiegung der Biegekraft proportional ist. Wird z. B. ein einseitig eingespannter Stab (Bild 8.15a) oder ein Träger auf zwei Stützen (Bild 8.15b) über die statische Durchbiegung s_G (infolge der aufgesetzten Masse m) hinaus durchgebogen und dann losgelassen, so kommt es zu Schwingungen quer zur Längsachse (Transversalschwingungen). Diese Biegeschwingungen sind freie ungedämpfte Schwingungen, wenn die Stab- oder Trägermasse und die Reibung vernachlässigt werden. Bei relativ kleinen Auslenkungen bewegt sich die Masse an dem Stab nach Bild 8.15a nahezu auf einer Geraden.

Das jeweilige System kann man sich durch einen Feder-Masse-Schwinger ersetzt denken (Bild 8.15c). Wenn bei gleicher Kraft die Durchbiegung und die Federlängung gleich groß sind, so haben beide Systeme gleiche Federungseigenschaften, d. h. gleiche Federraten.

Die Berechnung der Durchbiegung wird im Abschn. 9.4.6 erläutert. Für einige Trägerarten mit konstantem Querschnitt sind die Berechnungsgleichungen für die Durchbiegung f, mit der man die Federrate $k = F/f$ errechnen kann, in Tab. 25 zusammengestellt. Es ergibt sich für einen Stab entspr. Bild 8.15a (Belastungsfall Nr. 1 in Tab. 25):

$$k = \frac{F}{f} = \frac{F \cdot 3E \cdot I}{F \cdot l^3} = \frac{3E \cdot I}{l^3}$$

und für einen Träger entspr. Bild 8.15b (Nr. 4 in Tab. 25):

$$k = \frac{F}{f} = \frac{F \cdot 48E \cdot I}{F \cdot L^3} = \frac{48E \cdot I}{L^3}$$

Darin sind E der Elastizitätsmodul des Trägerwerkstoffs (s. Tab. 11) und I das axiale Flächenmoment 2. Grades der Querschnittsfläche (nach Tab. 22, für genormte Walzprofile nach den Tab. 30 bis 34, Erläuterung s. Abschn. 9.4.2). Bei der Berechnung von Biegeträgern ist es üblich, anstelle des Federweges s mit der Durchbiegung f zu rechnen (s. DIN 1304). Wegen der Frequenz f wird in diesem Abschnitt auch die Durchbiegung (Durchfederung) mit s angegeben. Somit betragen für einen am Ende belasteten *einseitig eingespannten Biegestab* die

$$\textit{Federrate} \quad \boldsymbol{k} = \frac{3E \cdot I}{l^3} \tag{8.15}$$

und für einen in der Mitte belasteten *Biegeträger auf zwei Stützen* die

$$\textit{Federrate} \quad \boldsymbol{k} = \frac{48E \cdot I}{L^3} \tag{8.16}$$

Ebenso wie Schraubenfedern können Biegefedern (Stäbe oder Träger) in Parallel- oder in Reihenschaltung angeordnet sein. Manchmal kommen auch gemischte Schaltungen vor. Dann ist die Gesamtfederrate k_{ges} des Ersatzsystems sinngemäß nach den Gln. (8.13) und (8.14) zu ermitteln.

Beispiel 8.3
An der Blattfeder aus Federstahl (Elastizitätsmodul 206000 N/mm²) mit Rechteckquerschnitt nach Bild 8.16 ist eine Masse von 2,5 kg befestigt. Für elastische Formänderung sind die Federrate, die Kreisfrequenz, die Periodendauer und die Frequenz dieses Schwingers unter Vernachlässigung der Federmasse zu errechnen.

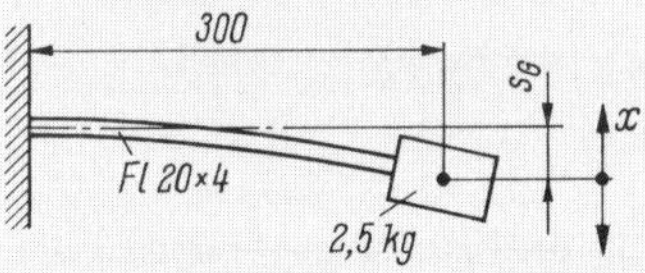

Bild 8.16 Blattfeder als Biegeschwinger

Lösung:
Gegeben: $m = 2{,}5$ kg, $l = 300$ mm, $b = 20$ mm und $h = 4$ mm, $E = 206000$ N/mm² (für Federstahl nach DIN 2089).
Gesucht: k, ω_0, T_0 und f_0.
1. Schritt: Es handelt sich um einen elastischen Schwinger, der wie ein Feder-Masse-Schwinger berechnet werden kann.
2. Schritt: Mit dem Flächenmoment 2. Grades ($I = I_x$ nach Tab. 22, da Biegung um die x-Achse)

$$I = \frac{b \cdot h^3}{12} = \frac{20\,\text{mm} \cdot (4\,\text{mm})^3}{12} = 106{,}7\,\text{mm}^4$$

beträgt nach Gl. (8.15) die Federrate

$$k = \frac{3E \cdot I}{l^3} = \frac{3 \cdot 206000\,\text{N} \cdot 106{,}7\,\text{mm}^4}{\text{mm}^2 \cdot (300\,\text{mm})^3} = 2{,}442\,\frac{\text{N}}{\text{mm}}$$

$$= 2{,}442 \cdot 10^3\,\frac{\text{kg} \cdot \text{m}}{\text{m} \cdot \text{s}^2} = 2{,}442 \cdot 10^3\,\text{kg/s}^2.$$

3. Schritt: Nach Gl. (8.3) beträgt die Kreisfrequenz

$$\omega_0 = \sqrt{\frac{k}{m}} = \sqrt{\frac{2{,}442 \cdot 10^3\,\text{kg}}{2{,}5\,\text{kg} \cdot \text{s}^2}} = 31{,}25\,\text{s}^{-1},$$

damit nach Gl. (8.8) die Periodendauer

$$T_0 = \frac{2\pi}{\omega_0} = \frac{2\pi}{31{,}24\,\text{s}^{-1}} \approx 0{,}2\,\text{s}$$

und nach Gl. (8.10) die Frequenz

$$f_0 = \frac{1}{T_0} = \frac{1}{0{,}2\,\text{s}} = 5\,\text{s}^{-1} = 5\,\text{Hz}.$$

Beispiel 8.4
In der Mitte des in Bild 8.17 skizzierten Trägers auf zwei Stützen ist eine Zugfeder mit einer Federrate von 70 N/mm angebracht, an der eine Masse von 80 kg hängt. Dadurch wird der Träger um 3 mm statisch durchgebogen. Unter Vernachlässigung der Träger- und der Federeigenmasse und Annahme elastischer Formänderungen ist die Frequenz dieses schwingungsfähigen Systems zu errechnen.

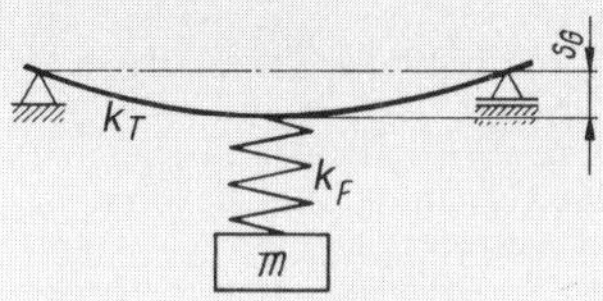

Bild 8.17 Stützträger mit der Feder und Masse als Schwingsystem

Lösung:
Gegeben: $m = 80$ kg, $s_G = 3\,\text{mm} = 3 \cdot 10^{-3}$ m,
$k_F = 70\,\text{N/mm} = 70 \cdot 10^3\,\text{kg/s}^2$.
Gesucht: f_0.
1. Schritt: Es handelt sich um ein elastisches System mit zwei Federn in Reihenschaltung, dem Träger mit der Federrate k_T und der Zugfeder mit der Federrate k_F.
2. Schritt: Die Federrate des Balkens beträgt

$$k_T = \frac{F_G}{s_G} = \frac{m \cdot g}{s_G} = \frac{80\,\text{kg} \cdot 9{,}81\,\text{m}}{3 \cdot 10^{-3}\,\text{m} \cdot \text{s}^2}$$

$$= 261{,}6 \cdot 10^3\,\text{kg/s}^2.$$

Entspr. Gl. (8.14) ist $\frac{1}{k_{ges}} = \frac{1}{k_T} + \frac{1}{k_F}$.
Durch Umstellen folgt daraus die Gesamtfederrate

$$k_{ges} = \frac{k_T \cdot k_F}{k_T + k_F} = \frac{(261{,}6 \cdot 70) \cdot (10^3\,\text{kg/s}^2)^2}{(261{,}6 + 70) \cdot 10^3\,\text{kg/s}^2}$$

$$= 55{,}22 \cdot 10^3\,\text{kg/s}^2.$$

3. Schritt: Mit der Periodendauer nach Gl. (8.9), in die $k = k_{ges}$ einzusetzen ist:

$$T_0 = 2\pi\sqrt{\frac{m}{k_{ges}}} = 2\pi\sqrt{\frac{80\,\text{kg}}{55{,}22 \cdot 10^3\,\text{kg/s}^2}} = 0{,}2392\,\text{s}$$

beträgt nach Gl. (8.10) die Frequenz

$$f_0 = \frac{1}{T_0} = \frac{1}{0{,}2392\,\text{s}} = 4{,}181\,\text{s}^{-1} = 4{,}181\,\text{Hz}.$$

Beispiel 8.5
Eine 2,5 t schwere Maschine ist auf zwei parallelen I-Profilträgern DIN 1025 – I 200 aus Stahl mit vier gleichen Druckfedern, die je eine Federrate von 100 N/mm haben, entspr. Bild 8.18a abgestützt. Unter Vernachlässigung der Träger- und Federmassen ist die Frequenz dieses Schwingsystems zu errechnen.

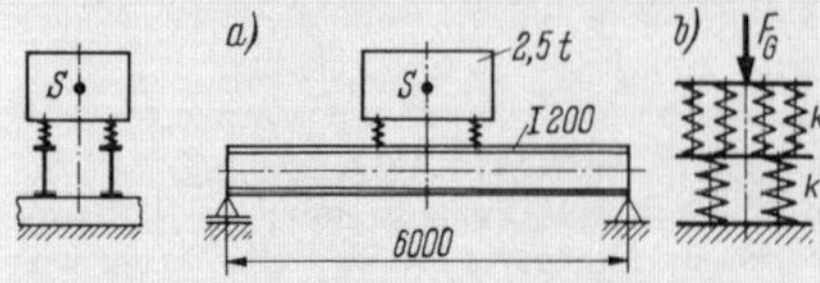

Bild 8.18 Federnde Abstützung einer Maschine
a) Schematische Vorder- und Seitenansicht (S Maschinenschwerpunkt), b) Ersatzfedersystem

Lösung:
Gegeben: $m = 2{,}5\,\text{t} = 2{,}5 \cdot 10^3\,\text{kg}$, $L = 6000\,\text{mm}$, $k_F = 100\,\text{N/mm}$, $I = 2140\,\text{cm}^4 = 2{,}14 \cdot 10^7\,\text{mm}^4$ (I_x nach Tab. 34), $E = 210\,000\,\text{N/mm}^2 = 2{,}1 \cdot 10^5\,\text{N/mm}^2$ (für Stahl nach Tab. 11).
Gesucht: f_0.

1. Schritt: Es handelt sich um einen elastischen Schwinger mit zwei Federsystemen in Reihenschaltung (Bild 8.18b): die 4 parallel angeordneten Druckfedern mit der Federrate k_F und die 2 ebenfalls parallelen Träger (Biegefedern), die als mittig belastet angenommen werden, mit der Federrate k_T eines Trägers.

2. Schritt: Nach Gl. (8.16) ergibt sich für einen Träger die Federrate

$$k_T = \frac{48E \cdot I}{L^3} = \frac{48 \cdot 2{,}1 \cdot 10^5\,\text{N/mm}^2 \cdot 2{,}14 \cdot 10^7\,\text{mm}^4}{(6000\,\text{mm})^3}$$
$$= 998{,}7\,\text{N/mm} \approx 1\,\text{kN/mm}.$$

Wegen der Parallelschaltung beträgt entspr. Gl. (8.13) die gemeinsame Federrate der Träger $k_{T_{ges}} = 2k_T = 2\,\text{kN/mm}$ und die der Druckfeder $k_{F_{ges}} = 4k_F = 4 \cdot 100\,\text{N/mm} = 0{,}4\,\text{kN/mm}$. Damit folgt aus Gl. (8.14) die Gesamtfederrate des Systems:

$$\frac{1}{k_{ges}} = \frac{1}{k_{T_{ges}}} + \frac{1}{k_{F_{ges}}} = \left(\frac{1}{2} + \frac{1}{0{,}4}\right)\frac{\text{mm}}{\text{kN}} = 3\,\frac{\text{mm}}{\text{kN}},$$

$$k_{ges} = \frac{1\,\text{kN}}{3\,\text{mm}} = 0{,}3333\,\frac{\text{kN}}{\text{mm}} = 333{,}3\,\frac{\text{N}}{\text{mm}}$$
$$= 3333 \cdot 10^2\,\text{kg/s}^2.$$

3. Schritt: Mit $k = k_{ges}$ beträgt nach Gl. (8.9) die Periodendauer

$$T_0 = 2\pi\sqrt{\frac{m}{k_{ges}}} = 2\pi\sqrt{\frac{2{,}5 \cdot 10^3\,\text{kg}}{3333 \cdot 10^2\,\text{kg/s}^2}} = 0{,}5442\,\text{s}$$

und nach Gl. (8.10) die Frequenz

$$f_0 = \frac{1}{T_0} = \frac{1}{0{,}5442\,\text{s}} = 1{,}838\,\text{s}^{-1} \approx 1{,}84\,\text{Hz}.$$

Energieumwandlungen beim Feder-Masse-Schwinger

Bei einer freien ungedämpften Schwingung wird dem System durch Arbeit eine Anfangsenergie zugeführt und so der Schwingungsvorgang eingeleitet. Danach wird Energie weder zu- noch abgeführt. Während des Schwingens findet eine ständige Energieumwandlung statt.
Beim Feder-Masse-Schwinger (s. Bild 8.12) erfolgt die Energiezufuhr durch Spannen der Feder, d. h. Verlängern der durch die Masse m belasteten Feder aus der Ruhelage um die größte Auslenkung $\hat{x}$. Infolge der Verformungsarbeit besitzt die Feder nun potenzielle Energie (s. Abschn. 7.2.2), die in kinetische Energie der Masse m umgewandelt wird und dieser die Geschwindigkeit v erteilt. Bei der Auslenkung x beträgt entspr. Gl. (7.22) die potenzielle Energie der Feder $E_p = W_F = k \cdot x^2/2$ und nach Gl. (7.24) die kinetische Energie der Masse $E_k = m \cdot v^2/2 = m \cdot \dot{x}^2/2$. Die Summe beider Energien ist nach dem *Energiesatz der Mechanik* in jedem Augenblick konstant und immer gleich der Anfangsenergie, was sich mit Hilfe der Gln. (8.4) und (8.5), der Federrate $k = m \cdot \omega_0^2$ (Gl. (8.3)) und der mathematischen Beziehung $\sin^2\varphi + \cos^2\varphi = 1$ nachweisen lässt:

$$E_p + E_k = \frac{1}{2}\,k \cdot x^2 + \frac{1}{2}\,m \cdot \dot{x}^2$$
$$= \frac{1}{2}\,k \cdot \hat{x}^2 \cdot \sin^2(\omega_0 \cdot t)$$
$$+ \frac{1}{2}\,m \cdot \hat{x}^2 \cdot \omega_0^2 \cdot \cos^2(\omega_0 \cdot t)$$
$$= \frac{1}{2}\,k \cdot \hat{x}^2 \cdot [\sin^2(\omega_0 \cdot t)$$
$$+ \cos^2(\omega_0 \cdot t)] = \frac{1}{2}\,k \cdot \hat{x}^2.$$

Das Ergebnis ist die der Feder durch Verformungsarbeit zugeführte Anfangsenergie. Somit hat der Feder-Masse-Schwinger zwei unabhängige Energiespeicher, die Feder und die Masse, die ihre Energie (potenzielle und kinetische Energie) wechselweise austauschen.

8.2.2 Pendelschwingungen

Mathematisches Pendel (Fadenpendel)

Der bekannteste Pendelschwinger ist das Pendel einer Standuhr. In Bild 8.19 ist ein Pendel ver-

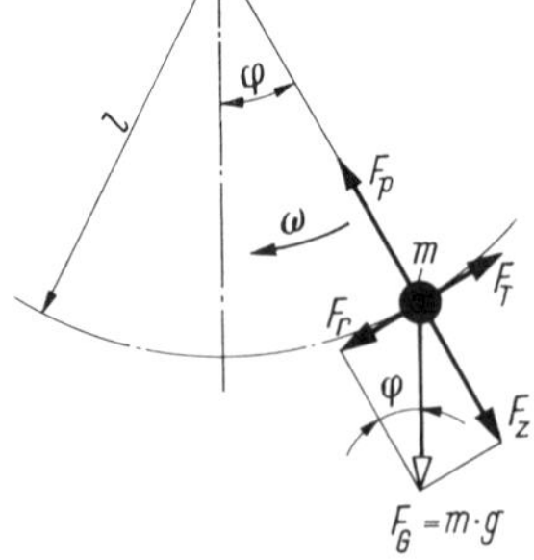

Bild 8.19 Mathematisches Pendel (Fadenpendel)

einfacht dargestellt. An einem masselos angenommenen Faden von der Länge l hängt eine punktförmig gedachte Masse m, die sich auf einem Kreisbogen bewegt. Ein derartiges Pendel nennt man **Fadenpendel** oder **mathematisches Pendel.** Es ist ein Schwinger mit einem Freiheitsgrad, denn mit der Angabe des Winkels φ ist der Schwingungszustand eindeutig festgelegt. Die kennzeichnende Schwingungsgröße ist hier also nicht eine Auslenkung x (wie beim Feder-Masse-Schwinger), sondern der Auslenkungswinkel φ. Da die Masse m sich auf einem Kreisbogen bewegt, entspricht er dem Drehwinkel der Kreisbewegung.
Aus der Gleichgewichtsbedingung für die tangentialen Kräfte $\Sigma F_t = F_T - F_r = 0$ folgt mit der Trägheitskraft $F_T = m \cdot a_t$, der Rückstellkraft $F_r = m \cdot g \cdot \sin\varphi$ und der Tangentialbeschleunigung $a_t = l \cdot \alpha$ (Gl. (6.30)):

$$m \cdot l \cdot \alpha - m \cdot g \cdot \sin\varphi = 0$$

Setzt man für die Winkelbeschleunigung $\alpha = \ddot{\varphi}$ und berücksichtigt, dass F_r immer entgegen der Auslenkung wirkt, so erhält man die

Bewegungsgleichung

$$\boldsymbol{m \cdot l \cdot \ddot{\varphi} + m \cdot g \cdot \sin\varphi = 0}$$

Das ist eine *nichtlineare Gleichung* und die zugehörige Schwingung eine **nichtlineare Schwingung.** Nichtlineare Differenzialgleichungen können nur mit erheblichem mathematischen Aufwand gelöst werden. Durch Einführen der für kleine Winkel zulässigen Beziehung $\sin\varphi \approx \tan\varphi \approx \varphi$ in rad kann man diese Gleichung linearisieren und bei kleinen Ausschlägen mit einer linearisierten Bewegung rechnen. Die Gleichung geht dann in die

linearisierte Bewegungsgleichung

$$\boldsymbol{m \cdot l \cdot \ddot{\varphi} + m \cdot g \cdot \varphi = 0} \qquad (8.17)$$

über. Nach Division durch l ergibt sich:

$$m \cdot \ddot{\varphi} + \frac{m \cdot g}{l} \cdot \varphi = 0$$

Ein Vergleich mit Gl. (8.2) zeigt, dass eine Ersatzfeder die Federrate $k = m \cdot g/l$ hätte. Analog zur Herleitung der Gl. (8.3) folgt damit aus $k = m \cdot \omega_0^2 = m \cdot g/l$ die

$$\textit{Kreisfrequenz} \quad \boldsymbol{\omega_0 = \sqrt{\frac{g}{l}}} \qquad (8.18)$$

und durch Einsetzen in Gl. (8.8) die

$$\textit{Periodendauer} \quad \boldsymbol{T_0 = 2\pi\sqrt{\frac{l}{g}}} \qquad (8.19)$$

Die Kreisfrequenz lässt sich auch aus der Gleichgewichtsbedingung $F_p - F_z = 0$ für die radialen Kräfte herleiten: Mit der Zentripetalkraft $F_p = m \cdot l \cdot \omega^2$ und der Fadenzugkraft $F_z = m \cdot g \cdot \cos\varphi$ wird $m \cdot l \cdot \omega^2 = m \cdot g \cdot \cos\varphi$. Daraus folgt mit $\cos\varphi \approx 1$ für kleine Winkel: $\omega^2 = g/l$.

Bei kleinen Ausschlägen ist die Schwingung eines Fadenpendels harmonisch und die Kreisfrequenz von der Amplitude unabhängig. Die Schwinggeschwindigkeit und die Schwingbeschleunigung können sinngemäß zu den Gl. (8.5) und (8.6) ermittelt werden.

Beispiel 8.6
An einem dünnen Holzstab, dessen Masse vernachlässigt werden soll, befindet sich die 0,8 kg schwere Pendelmasse einer Standuhr. Wie groß muss der Abstand zwischen dem Drehpunkt und dem Schwerpunkt der Pendelmasse sein, damit das Pendel in einer Sekunde von einem Maximalpunkt des Ausschlags zum anderen gelangt?

Lösung:
Gegeben: $m = 0{,}8$ kg, $t = 1$ s.
Gesucht: l.

1. Schritt: Da die Stabmasse zu vernachlässigen ist, handelt es sich um ein mathematisches Pendel.
2. Schritt: Entfällt, da die Federrate der Ersatzfeder nicht bestimmt werden muss.
3. Schritt: Mit der Periodendauer $T_0 = 2 \cdot t = 2$ s ergibt sich aus Gl. (8.19) die Pendellänge als der gesuchte Abstand

$$l = \left(\frac{T_0}{2\pi}\right)^2 \cdot g = \left(\frac{2\,\text{s}}{2\pi}\right)^2 \cdot 9{,}81\text{m/s}^2$$
$$= 0{,}994\ \text{m} = 994\ \text{mm}.$$

Die Pendelmasse hat auf das Ergebnis keinen Einfluss.

Energieumwandlungen beim Fadenpendel

Auch bei den Schwingungen eines Fadenpendels findet sinngemäß wie beim Feder-Masse-Schwinger eine ständige Umwandlung von potenzieller in kinetische Energie und umgekehrt statt (vgl. auch Abschn. 7.2.2.). Dem System wird durch Anheben der Masse m um die Höhe h (Bild 8.20) die Anfangsenergie $E_0 = m \cdot g \cdot h$ (Gl. (7.23))

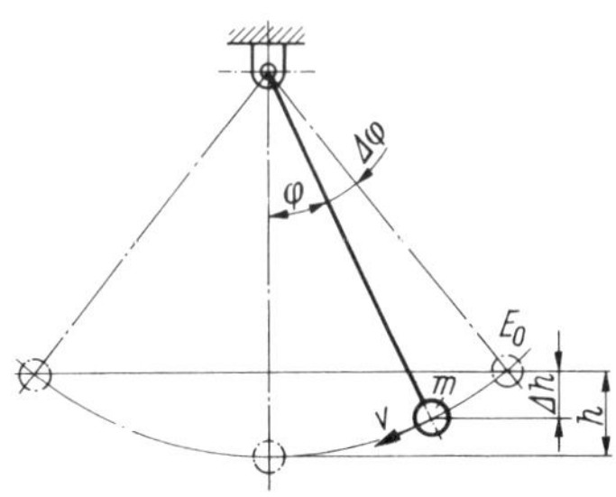

Bild 8.20 Fadenpendel

zugeführt, die dann als potenzielle Energie in der Masse gespeichert ist. Erreicht die Masse während des Schwingens ihren tiefsten Punkt, so wurde diese potenzielle Energie vollständig in kinetische umgewandelt, mit der die Masse fähig ist, auf der anderen Seite wieder auf die Höhe h anzusteigen. In jedem Punkt des Schwingweges ist die Summe aus der jeweiligen potenziellen und kinetischen Energie ebenfalls konstant, und zwar gleich der Anfangsenergie, denn mit den Gln. (7.23) und (7.24) sowie mit der Geschwindigkeit $v = \sqrt{2g \cdot \Delta h}$ (Gl. (6.19)) beim Auslenkungswinkel φ wird

$$\begin{aligned} E_p + E_k &= m \cdot g \cdot (h - \Delta h) + \frac{1}{2} m \cdot v^2 \\ &= m \cdot g \cdot h - m \cdot g \cdot \Delta h + \frac{1}{2} m \cdot 2 \cdot g \cdot \Delta h \\ &= m \cdot g \cdot h = E_0. \end{aligned}$$

Beim Fadenpendel ist die Pendelmasse sowohl Speicher für die potenzielle als auch für die kinetische Energie.

Physisches Pendel (Körperpendel)

Die Annahme eines masselosen Pendelstabes und einer punktförmigen Masse ist nicht auf jeden Pendelschwinger anwendbar. Bild 8.21 zeigt

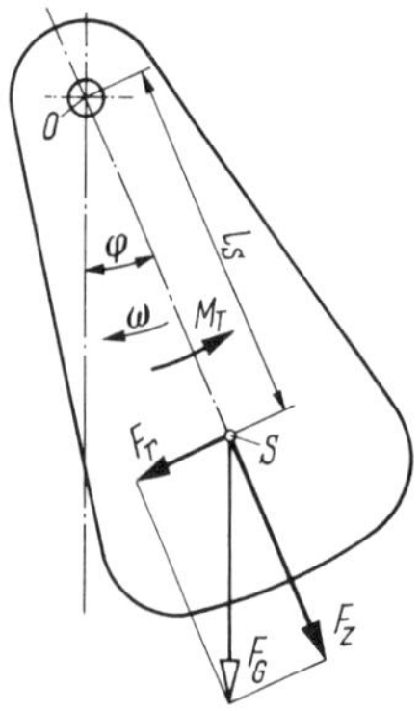

Bild 8.21 Physisches Pendel

ein Pendel, dessen Masse auf den gesamten Schwinger verteilt ist. Er wird **physisches Pendel** oder **Körperpendel** genannt. Die Bewegungsgleichung erhält man aus der Gleichgewichtsbedingung $\Sigma M = M_T - M_r = 0$. Das Rückstellmoment beträgt $M_r = F_r \cdot l_S = m \cdot g \cdot \sin\varphi \cdot l_S$ und das Moment der Trägheitskräfte $M_T = J_0 \cdot \alpha$ (Gl. (7.47)), wobei J_0 das auf den Drehpunkt 0 bezogene Massenmoment 2. Grades ist. Berücksichtigt man, dass M_r stets der Auslenkung entgegenwirkt, durch ein negatives Vorzeichen, so ergibt sich mit $\alpha = \ddot{\varphi}$ die

Bewegungsgleichung

$$J_0 \cdot \ddot{\varphi} + m \cdot g \cdot l_S \cdot \sin\varphi = 0$$

Diese nichtlineare Gleichung geht wie beim mathematischen Pendel mit $\sin\varphi \approx \varphi$ für kleine Winkel in die

linearisierte Bewegungsgleichung

$$\boldsymbol{J_0 \cdot \ddot{\varphi} + m \cdot g \cdot l_S \cdot \varphi = 0} \qquad (8.20)$$

über. Dividiert man durch J_0, so zeigt ein Vergleich mit der durch $m \cdot l$ dividierten Gl. (8.17), dass hier $\omega_0^2 = m \cdot g \cdot l_S / J_0$ ist. Demnach beträgt die

Eigenkreisfrequenz $$\boldsymbol{\omega_0 = \sqrt{\frac{m \cdot g \cdot l_S}{J_0}}} \qquad (8.21)$$

und entspr. Gl. (8.8) die

Periodendauer $$\boldsymbol{T_0 = 2\pi \sqrt{\frac{J_0}{m \cdot g \cdot l_S}}} \qquad (8.22)$$

Ein physisches Pendel lässt sich in ein mathematisches mit gleicher Eigenkreisfrequenz umwandeln. Die Pendellänge des gleichwertigen mathematischen Ersatzpendels wird **reduzierte Pendellänge** l_{red} genannt. Sie ergibt sich mit $l = l_{red}$ durch Gleichsetzen der Gln. (8.18) und (8.21):

$$\omega_0 = \sqrt{\frac{g}{l_{red}}} = \sqrt{\frac{m \cdot g \cdot l_S}{J_0}}.$$

Daraus folgt die

reduzierte Pendellänge $$\boldsymbol{l_{red} = \frac{J_0}{m \cdot l_S}} \qquad (8.23)$$

Mit ihr kann die Eigenkreisfrequenz eines physischen Pendels wie für ein mathematisches mit Gl. (8.18) errechnet werden.

Beispiel 8.7

Das Pendel einer Standuhr besteht aus einem 1,15 m langen Holzstab (Dichte 0,9 kg/dm^3) mit 3 cm^2 Querschnittsfläche und einer 0,8 kg schweren Messingscheibe von 200 mm Durchmesser als Pendelmasse (Bild 8.22). Der Abstand des Schwerpunktes der

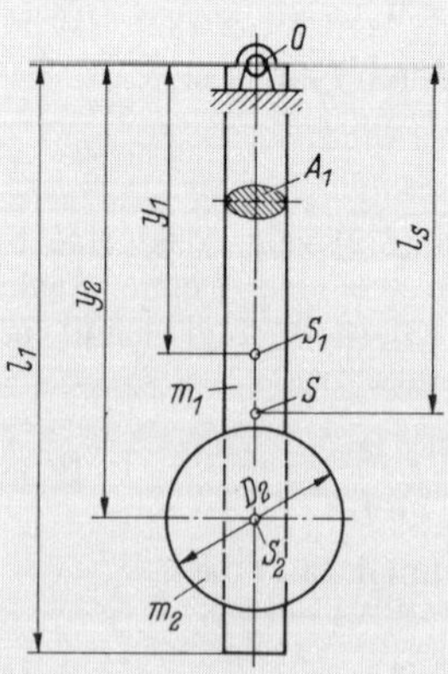

Bild 8.22 Uhrpendel (vereinfachte Darstellung)

Pendelmasse vom Drehpunkt beträgt 0,994 m (s. Beisp. 8.6, vereinfachte Berechnung als mathematisches Pendel). Wie groß sind die Kreisfrequenz, die Periodendauer und die reduzierte Pendellänge? Um wie viel Prozent weicht die Periodendauer von der in Beisp. 8.6 ab?

Lösung:

Gegeben: $l_1 = 1{,}15\ \text{m} = 11{,}5\ \text{dm}$,
$A_1 = 3\ \text{cm}^2 = 0{,}03\ \text{dm}^2$, $\varrho_1 = 0{,}9\ \text{kg/dm}^3$,
$m_2 = 0{,}8\ \text{kg}$, $D_2 = 200\ \text{mm} = 0{,}2\ \text{m}$,
$y_2 = 0{,}994\ \text{m}$.

Gesucht: ω_0, T_0, l_{red} und ΔT in %.

Zur Berechnung der gesuchten Größen werden der Schwerpunktabstand l_S des Pendels vom Drehpunkt und das auf den Drehpunkt bezogene Trägheitsmoment J_0 (Massenmoment 2. Grades) benötigt, deren Ermittlung zweckmäßig mit einer tabellarischen Zusammenstellung der Zwischenergebnisse erfolgt (s. die Abschn. 4.2 u. 7.4.2).

1. Schwerpunktabstand l_S und Trägheitsmoment J_0.

Der Stab hat die Masse (Gl. 7.2):

$$m_1 = V_1 \cdot \varrho_1 = A_1 \cdot l_1 \cdot \varrho_1 = 0{,}03\ \text{dm}^2 \cdot 11{,}5\ \text{dm} \cdot 0{,}9\ \text{kg/dm}^3 = 0{,}3105\ \text{kg}$$

und den Schwerpunktabstand $y_1 = l_1/2 = 0{,}575\ \text{m}$.

Auf die Eigenschwerpunkte bezogen betragen die Trägheitsmomente nach Tab. 12:

$$J_{S1} = \frac{1}{12} m_1 \cdot l_1^2 = \frac{0{,}3105\ \text{kg} \cdot (1{,}15\ \text{m})^2}{12} = 3{,}422 \cdot 10^{-2}\ \text{kg}\,\text{m}^2,$$

$$J_{S2} = \frac{1}{8} m_2 \cdot D_2^2 = \frac{0{,}8\ \text{kg} \cdot (0{,}2\ \text{m})^2}{8} = 0{,}4 \cdot 10^{-2}\ \text{kg}\,\text{m}^2$$

und entspr. Gl. (7.50) auf den Drehpunkt 0 bezogen:

$$J_{01} = J_{S1} + y_1^2 \cdot m_1 = 3{,}422 \cdot 10^{-2}\ \text{kg}\,\text{m}^2 + (0{,}575\ \text{m})^2 \cdot 0{,}3105\ \text{kg} = 0{,}1369\ \text{kg}\,\text{m}^2,$$

$$J_{02} = J_{S2} + y_2^2 \cdot m_2 = 0{,}4 \cdot 10^{-2}\ \text{kg}\,\text{m}^2 + (0{,}994\ \text{m})^2 \cdot 0{,}8\ \text{kg} = 0{,}7944\ \text{kg}\,\text{m}^2.$$

Zusammenstellung der Zwischenergebnisse:

i	m_i kg	y_i m	$m_i \cdot y_i$ kg m	J_{Si} kg m²	J_{0i} kg m²
1	0,3105	0,575	0,1785	$3{,}422 \cdot 10^{-2}$	0,1369
2	0,8000	0,994	0,7952	$0{,}400 \cdot 10^{-2}$	0,7944
Σ	1,1105	–	0,9737	–	0,9313

Mit den Tabellenwerten in der Σ-Zeile erhält man:

$$l_S = \frac{\Sigma(m_i \cdot y_i)}{\Sigma m_i} = \frac{0{,}9737\ \text{kg}\,\text{m}}{1{,}1105\ \text{kg}} = 0{,}8768\ \text{m},$$

$$J_0 = \Sigma J_{0i} = 0{,}9313\ \text{kg}\,\text{m}^2.$$

2. Eigenkreisfrequenz ω_0, Periodendauer T_0 und reduzierte Pendellänge l_{red}

Nach Gl. (8.21) wird mit der Pendelmasse $m = \Sigma m_i = 1{,}1105\ \text{kg}$:

$$\omega_0 = \sqrt{\frac{m \cdot g \cdot l_S}{J_0}} = \sqrt{\frac{1{,}1105\ \text{kg} \cdot 9{,}81\ \text{m/s}^2 \cdot 0{,}8768\ \text{m}}{0{,}9313\ \text{kg}\,\text{m}^2}} = 3{,}203\ \text{s}^{-1},$$

nach Gl. (8.8):

$$T_0 = \frac{2\pi}{\omega_0} = \frac{2\pi}{3{,}203\ \text{s}^{-1}} = 1{,}962\ \text{s}$$

und nach Gl. (8.23):

$$l_{\text{red}} = \frac{J_0}{m \cdot l_S} = \frac{0{,}9313\ \text{kg}\,\text{m}^2}{1{,}1105\ \text{kg} \cdot 0{,}8768\ \text{m}} = 0{,}9565\ \text{m}.$$

3. Periodendauerdifferenz ΔT in %

Zu der Periodendauer von 2 s in Beisp. 8.6 ergibt sich die Abweichung

$$\Delta T = \frac{(2 - 1{,}962)\ \text{s}}{2\ \text{s}} \cdot 100\% = 1{,}9\%,$$

d. h. eine Standuhr würde mit diesem Pendel um 1,9% schneller laufen als bei Annahme eines mathematischen Pendels.

Bestimmung von Trägheitsmomenten durch Pendelschwingungen

Wie bereits im Abschn. 7.4.2 erwähnt, lässt sich das Trägheitsmoment eines Körpers durch Pendelschwingungsversuche ermitteln. Dieses Verfahren wird besonders bei komplizierten Maschinenteilen angewendet. Will man z. B. das Trägheitsmoment des in Bild 8.23 dargestellten Schwungrades bestimmen, so wird das Schwungrad am Kranzinnenrand auf eine Schneide gesetzt

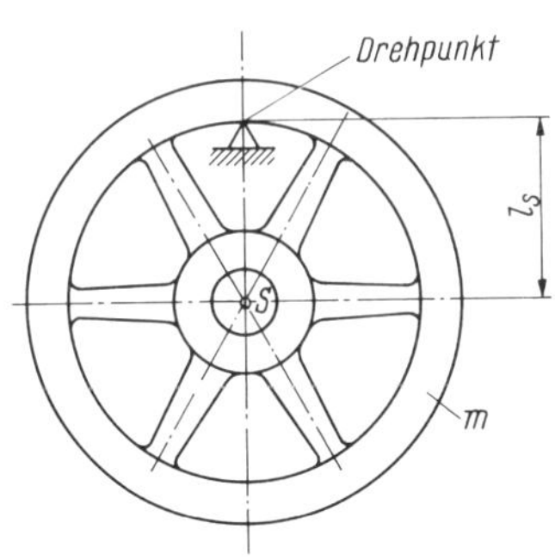

Bild 8.23 Versuchsanordnung zur Bestimmung des Trägheitsmomentes eines Schwungrades durch Pendelschwingungen

und zu Pendelschwingungen angeregt. Mit der Masse m (durch Wiegen bestimmt), dem Abstand des Drehpunktes vom Schwerpunkt und der gemessenen Periodendauer T_0 kann man das Trägheitsmoment errechnen. Aus Gl. (8.22) folgt damit das *auf den Drehpunkt bezogene*

Trägheitsmoment $$\boldsymbol{J_0 = \frac{T_0^2}{4\pi^2}\, m \cdot g \cdot l_S} \qquad (8.24)$$

Nach dem *Satz von Steiner* ist $J_0 = J_S + l_S^2 \cdot m$ (Gl. (7.50) mit $c = l_S$). Daraus folgt

$$J_S = J_0 - l_S^2 \cdot m = \frac{T_0^2}{4\pi^2}\, m \cdot g \cdot l_S - l_S^2 \cdot m$$

Somit beträgt das *auf den Schwerpunkt bezogene Trägheitsmoment*

$$\boldsymbol{J_S = m \cdot l_S\left(\frac{T_0^2}{4\pi^2}\, g - l_S\right)} \qquad (8.25)$$

Beispiel 8.8
Das Schwungrad nach Bild 8.23 wiegt 120 kg und hat einen inneren Kranzdurchmesser von 800 mm. Bei einem Pendelschwingungsversuch wird eine Periodendauer von 2,5 s gemessen. Wie groß ist das auf den Schwerpunkt bezogene Trägheitsmoment?

Lösung:
Gegeben: $m = 120$ kg, $d = 800$ mm, $T_0 = 2{,}5$ s.
Gesucht: J_S.

Mit $l_S = \frac{d}{2} = \frac{800\ \text{mm}}{2} = 0{,}4$ m wird nach Gl. (8.25):

$$J_S = m \cdot l_S\left(\frac{T_0^2}{4\pi^2} g - l_S\right)$$
$$= 120\,\text{kg} \cdot 0{,}4\,\text{m}\left(\frac{(2{,}5\,\text{s})^2}{4\pi^2}\, 9{,}81\,\frac{\text{m}}{\text{s}^2} - 0{,}4\,\text{m}\right)$$
$$= 55{,}35\ \text{kg} \cdot \text{m}^2.$$

8.2.3 Dreh- oder Torsionsschwingungen

Einscheibendrehschwinger

Bild 8.24 zeigt einen einseitig eingespannten Stab mit der Länge l, an dessen freiem Ende eine scheibenförmige Masse m befestigt ist. Wird die Scheibe um die Stabachse gedreht und

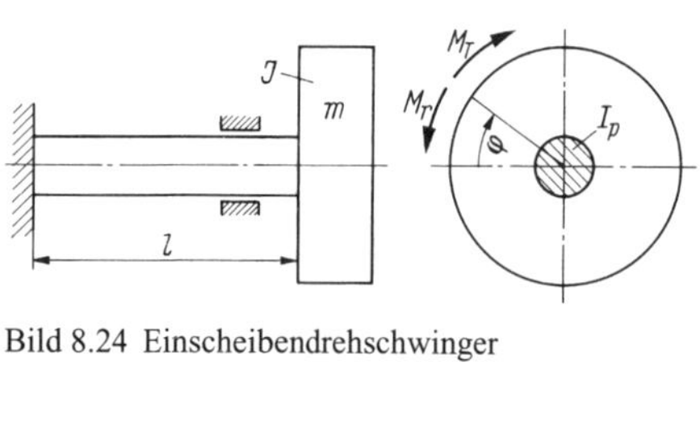

Bild 8.24 Einscheibendrehschwinger

sich selbst überlassen, so kommt es wegen der Elastizität des verdrehten Stabes, der als Torsionsfeder wirkt, zu **Drehschwingungen**, auch **Torsionsschwingungen** genannt. Da das rückdrehende Moment durch die Elastizität verursacht wird, sind Torsionsschwinger auch elastische Schwinger. Analog zur Gl. (8.1) beträgt bei einem Verdreh- oder Auslenkungswinkel φ das Rückstellmoment $M_r = k \cdot \varphi$, wobei k die Federrate des Torsionsstabes ist. Dem Rückstellmoment entgegen wirkt das Moment der Trägheitskräfte $M_T = J \cdot \alpha = J \cdot \ddot{\varphi}$ mit J als Trägheitsmoment (Massenmoment 2. Grades) der Masse m, bezogen auf die Drehachse (Stabachse). Setzt man M_r in die Gleichgewichtsbedingung $\Sigma M = M_T - M_r = 0$ mit negativem Vorzeichen ein, da es dem Auslenkungswinkel stets entgegen gerichtet ist, so folgt daraus die

Bewegungsgleichung $$\boldsymbol{J \cdot \ddot{\varphi} + k \cdot \varphi = 0} \qquad (8.26)$$

Aus einem Vergleich mit Gl. (8.2) ergibt sich sinngemäß zur Gl. (8.3) die

Eigenkreisfrequenz $$\boldsymbol{\omega_0 = \sqrt{\frac{k}{J}}} \qquad (8.27)$$

Für Torsionsstäbe mit Kreis- oder Kreisringquerschnitt lässt sich die Federrate relativ einfach errechnen. Das Rückstellmoment M_r ist stets gleich dem Torsionsmoment, das den Drehwinkel φ hervorruft. Entspr. Gl. (9.80), die im Abschnitt 9.5.3 hergeleitet wird, beträgt $\varphi = M_r \cdot l/(G \cdot I_p)$. Damit folgt aus

$$k = \frac{M_r}{\varphi} = \frac{M_r \cdot G \cdot I_p}{M_r \cdot l}$$

die

Federrate $$\boldsymbol{k = \frac{G \cdot I_p}{l}} \qquad (8.28)$$

Darin ist G der Gleitmodul des Stabwerkstoffs (s. Tab. 11), I_p das polare Flächenmoment 2. Grades der Stabquerschnittsfläche (nach Gl. (9.76) bzw. (9.78) und l die Stablänge. Für die Federrate einer Torsionsfeder ergibt sich die Einheit:

$$[k] = \left[\frac{M}{\varphi}\right] = \frac{\text{Nm}}{\text{rad}} = \text{Nm (da rad} = 1 \text{ gesetzt wird).}$$

Ein abgesetzter Torsionsstab (Bild 8.25) ist wie eine Reihenschaltung von Federn zu behandeln und die Federrate nach Gl. (8.14) zu errechnen:

$$\frac{1}{k_{ges}} = \frac{1}{G}\left(\frac{l_1}{I_{p1}} + \frac{l_2}{I_{p2}} + \ldots + \frac{l_n}{I_{pn}}\right)$$

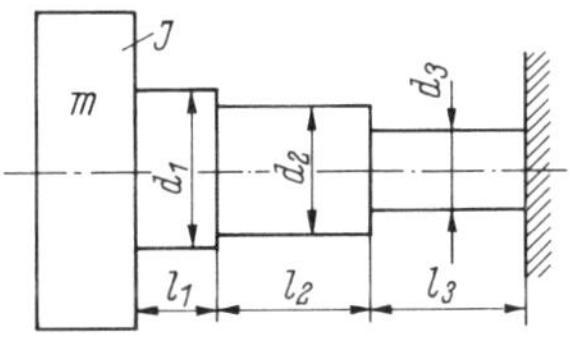

Bild 8.25 Abgesetzter Torsionsstab

Manchmal wird auch eine Längenreduktion durchgeführt, wobei man den abgesetzten Stab in einen äquivalenten glatten Stab mit der reduzierten Länge l_{red} und dem reduzierten Durchmesser d_{red} umrechnet (Bild 8.26). Beim Berechnungsansatz ist von der Bedingung auszugehen, dass der abgesetzte und der reduzierte Stab gleiche Federraten haben müssen.

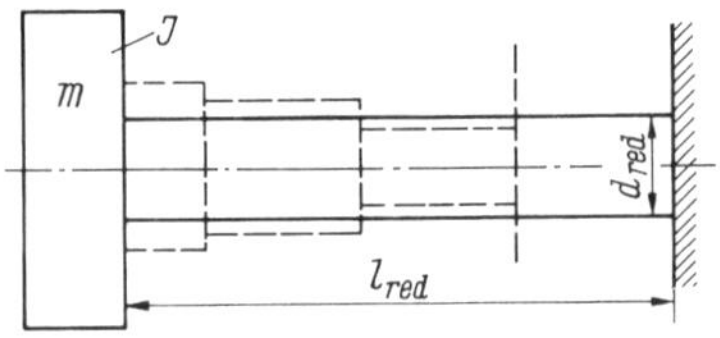

Bild 8.26 Reduktion eines abgesetzten Torsionsstabes

Beispiel 8.9
Am freien Ende einer einseitig eingespannten Stahlwelle von 1,6 m Länge und 50 mm Durchmesser ist eine Riemenscheibe befestigt, die ein Trägheitsmoment von 40 kg m² hat und zu Drehschwingungen angeregt wird. Es sind die Eigenkreisfrequenz und die Periodendauer zu errechnen.
Lösung:
Gegeben: $l = 1{,}6\,\text{m} = 1600\,\text{mm}$, $d = 50\,\text{mm}$, $J = 40\,\text{kg m}^2$, $G = 80\,000\,\text{N/mm}^2$ (für Stahl nach Tab. 11).
Gesucht: ω_0 und T_0.
1. Eigenkreisfrequenz ω_0
Dafür ist die Federrate nach Gl. (8.28) zu errechnen. Mit dem polaren Flächenmoment 2. Grades des Kreisquerschnitts der Welle nach Gl. (9.76):

$$I_p = \frac{\pi}{32}\,d^4 = \frac{\pi}{32}\,(50\,\text{mm})^4 = 613\,600\,\text{mm}^4$$

ergibt sich die Federrate

$$k = \frac{G \cdot I_p}{l} = \frac{80\,000\,\text{N} \cdot 613\,600\,\text{mm}^4}{\text{mm}^2 \cdot 1600\,\text{mm}}$$
$$= 30{,}68 \cdot 10^6\,\text{Nmm}$$
$$= 30{,}68 \cdot 10^3\,\text{Nm} = 30{,}68 \cdot 10^3\,\text{kg m}^2/\text{s}^2.$$

Damit wird nach Gl. (8.27):

$$\omega_0 = \sqrt{\frac{k}{J}} = \sqrt{\frac{30{,}68 \cdot 10^3\,\text{kg m}^2}{40\,\text{kg m}^2 \cdot \text{s}^2}} = 27{,}69\,\text{s}^{-1}.$$

2. Periodendauer T_0
Nach Gl. (8.8) beträgt

$$T_0 = \frac{2\pi}{\omega_0} = \frac{2\pi}{27{,}69\,\text{s}^{-1}} = 0{,}2269\,\text{s}.$$

Drehschwingungen können auch zur experimentellen Bestimmung des Trägheitsmoments eines Körpers genutzt werden. Dazu befestigt man den Körper entspr. Bild 8.27 an einem möglichst langen, dünnen Stab und versetzt ihn in Drehschwingungen um die Stabachse. Aus den Stababmessungen d und l und der gemessenen Periodendauer T_0 lässt sich nach den Gln. (8.8) und (8.27) das Trägheitsmoment J der Masse m errechnen.

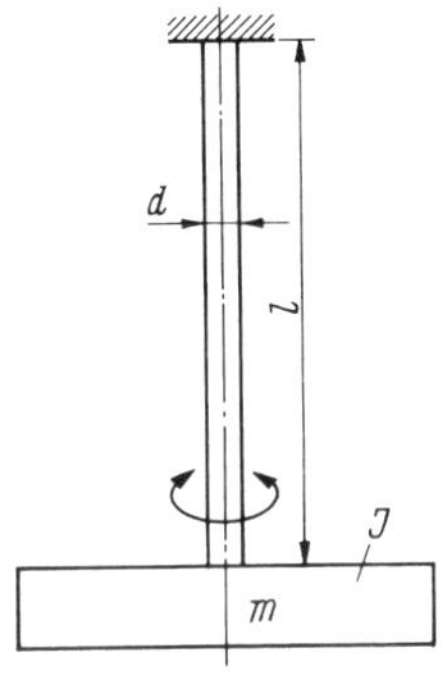

Bild 8.27 Versuchsanordnung zur Trägheitsmoment-Bestimmung durch Drehschwingungen

Beispiel 8.10
Das Trägheitsmoment eines Schwungrades für eine Großdieselanlage soll bestimmt werden. Dazu wird das Schwungrad an einen Torsionsstab aus Stahl von 33 mm Durchmesser und 1500 mm Länge angeflanscht und zu Torsionsschwingungen angeregt. Es wird eine Periodendauer von 2,8 s gemessen. Wie groß ist das Trägheitsmoment des Schwungrades?
Lösung:
Gegeben: $d = 33\,\text{mm}$, $l = 1500\,\text{mm}$, $T_0 = 2{,}8\,\text{s}$, $G = 80\,000\,\text{N/mm}^2$ (für Stahl nach Tab. 11).
Gesucht: J.
Mit dem polaren Flächenmoment 2. Grades $I_p = \pi d^4/32$ (Gl. (9.76)) beträgt nach Gl. (8.28) die Federrate des Torsionsstabes

$$k = \frac{G \cdot I_p}{l} = \frac{G \cdot \pi \cdot d^4}{l \cdot 32}$$
$$= \frac{80\,000\,\text{N} \cdot \pi \cdot (33\,\text{mm})^4}{\text{mm}^2 \cdot 1500\,\text{mm} \cdot 32} = 6{,}209 \cdot 10^6\,\text{Nmm}$$
$$= 6{,}209 \cdot 10^3\,\text{Nm} = 6{,}209 \cdot 10^3\,\text{kg m}^2/\text{s}^2.$$

Aus Gl. (8.27) folgt mit $\omega_0 = 2\pi/T_0$ (Gl. (8.8)) das Trägheitsmoment

$$J = \frac{k}{\omega_0^2} = \frac{k \cdot T_0^2}{4 \cdot \pi^2} = \frac{6{,}209 \cdot 10^3\,\text{kg m}^2 \cdot (2{,}8\,\text{s})^2}{4 \cdot \pi^2 \cdot \text{s}^2}$$
$$= 1233\,\text{kg m}^2.$$

Beispiel 8.11
Durch Aufsetzen eines 300 mm breiten Stahlkranzes auf den Außendurchmesser von 1,8 m des Schwungrades nach Beisp. 8.10 soll dessen Trägheitsmoment von 1233 kg m² auf 1500 kg m² erhöht werden. Welchen Außendurchmesser muss der Kranz erhalten, und wie groß werden die Eigenkreisfrequenz und die Periodendauer einer Drehschwingung mit dem vergrößerten Schwungrad?
Lösung:
Gegeben: $b = 300\,\text{mm} = 3\,\text{dm}, d = 1{,}8\,\text{m} = 18\,\text{dm}$,
$J = 1500\,\text{kg}\,\text{m}^2, J_1 = 1233\,\text{kg}\,\text{m}^2$,
$\varrho = 7{,}85\,\text{kg/dm}^3$ (für Stahl nach Tab. 11),
$k = 6{,}209 \cdot 10^3\,\text{Nm} = 6{,}209 \cdot 10^3\,\text{kg}\,\text{m}^2/\text{s}^2$ (nach Beisp. 8.10).
Gesucht: D, ω_0 und T_0.
1. Erforderlicher Außendurchmesser D des Stahlkranzes
Da die Trägheitsmomente J_1 des unverstärkten Schwungrades und J_2 des Kranzes (eines Hohlzylinders) auf dieselbe Achse bezogen sind, folgt aus $J = J_1 + J_2$ das erforderliche Trägheitsmoment des Kranzes

$$J_2 = J - J_1 = (1500 - 1233)\,\text{kg}\,\text{m}^2 = 267\,\text{kg}\,\text{m}^2 = 2{,}67 \cdot 10^4\,\text{kg}\,\text{dm}^2.$$

Nach Tab. 12 (Gl. für J_x) ist mit $l = b$ (in der Gl. für m):

$$J_2 = \frac{1}{8}\,m(D^2 + d^2) = \frac{1}{8} \cdot \varrho\,\frac{\pi}{4}(D^2 - d^2)\,b \cdot (D^2 + d^2) = \frac{\pi}{32} \cdot \varrho \cdot (D^4 - d^4) \cdot b.$$

Durch Umformen ergibt sich

$$D = \sqrt[4]{\frac{32 \cdot J_2}{\pi \cdot \varrho \cdot b} + d^4} = \sqrt[4]{\frac{32 \cdot 2{,}67 \cdot 10^4\,\text{kg}\,\text{dm}^2}{\pi \cdot 7{,}85\,\text{kg/dm}^3 \cdot 3\,\text{dm}} + (18\,\text{dm})^4} = 18{,}48\,\text{dm} = 1848\,\text{mm}.$$

2. Eigenkreisfrequenz ω_0 und Periodendauer T_0
Nach Gl. (8.27) beträgt

$$\omega_0 = \sqrt{\frac{k}{J}} = \sqrt{\frac{6{,}209 \cdot 10^3\,\text{kg}\,\text{m}^2}{1500\,\text{kg}\,\text{m}^2 \cdot \text{s}^2}} = 2{,}035\,\text{s}^{-1},$$

und damit nach Gl. (8.8):

$$T_0 = \frac{2\pi}{\omega_0} = \frac{2\pi}{2{,}035\,\text{s}^{-1}} = 3{,}09\,\text{s}.$$

Zweischeibendrehschwinger
Sind an beiden Enden eines Torsionsstabes Scheiben angebracht (Bild 8.28), so kommt es zu Drehschwingungen, wenn die Auslenkungswinkel φ_1 und φ_2 der Scheiben verschieden groß sind. Infolge der Winkeldifferenz $\Delta\varphi = \varphi_2 - \varphi_1$ übt der Stab mit der Federrate k ein Rückstellmoment $M_r = k \cdot \Delta\varphi = k(\varphi_2 - \varphi_1)$ aus.

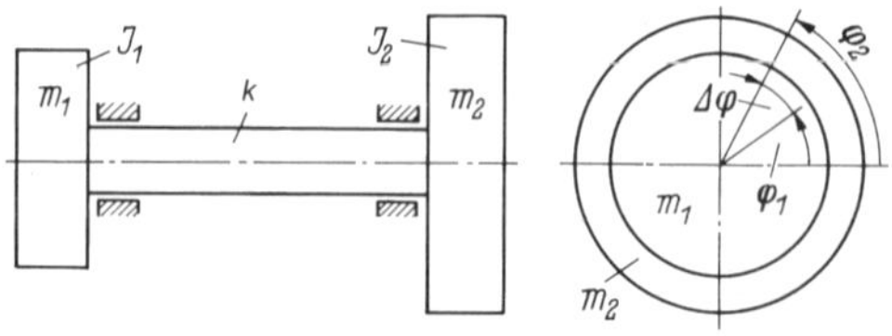

Bild 8.28 Zweischeibendrehschwinger

Beim Freischneiden zeigt sich, dass dieses Moment auf die Scheibe 1 mit entgegengesetztem Drehsinn gegenüber dem Vorgang bei Scheibe 2 wirkt. Wählt man für die Drehrichtung des Rückstellmoments auf die Scheibe 1 ein negatives und auf die Scheibe 2 ein positives Vorzeichen, so ergeben sich mit dem Moment der Trägheitskräfte $M_{T1} = J_1 \cdot \ddot{\varphi}_1$ bzw. $M_{T2} = J_2 \cdot \ddot{\varphi}_2$ entspr. Gl. (8.26) die Bewegungsgleichungen

für Scheibe 1: $J_1 \cdot \ddot{\varphi}_1 - k \cdot \Delta\varphi = 0$ (I)
für Scheibe 2: $J_2 \cdot \ddot{\varphi}_2 + k \cdot \Delta\varphi = 0$ (II)

Dividiert man Gl. (I) durch das Trägheitsmoment J_1 sowie Gl. (II) durch J_2 und subtrahiert Gl. (I) von Gl. (II), so folgt

$$\ddot{\varphi}_2 - \ddot{\varphi}_1 + \frac{k}{J_1}\,\Delta\varphi + \frac{k}{J_2}\,\Delta\varphi = 0$$

und daraus für Zweischeibendrehschwinger die

Bewegungsgleichung

$$\ddot{\varphi}_2 - \ddot{\varphi}_1 + \left(\frac{k}{J_1} + \frac{k}{J_2}\right) \cdot (\varphi_2 - \varphi_1) = 0$$

Mit der Differenz der Winkelbeschleunigungen $\Delta\ddot{\varphi} = \ddot{\varphi}_2 - \ddot{\varphi}_1$ wird

$$\Delta\ddot{\varphi} + \left(\frac{k}{J_1} + \frac{k}{J_2}\right) \cdot \Delta\varphi = 0$$

worin $\Delta\varphi$ die Schwinggröße darstellt. Analog zur Entwicklung der Gl. (8.27) ergibt sich, dass der Klammerausdruck gleich ω_0^2 ist. Somit beträgt die

Eigenkreisfrequenz $$\boldsymbol{\omega_0 = \sqrt{k\left(\frac{1}{J_1} + \frac{1}{J_2}\right)}} \qquad (8.29)$$

Beispiel 8.12
Ein Schwungrad mit einem Trägheitsmoment von 10 kg m² ist an einer Maschinenwelle aus Stahl befestigt (Bild 8.29). Das auf diese Welle bezogene (reduzierte) Trägheitsmoment aller rotierend und aller geradlinig bewegten Teile der Maschine (ohne Schwungrad) beträgt 2,5 kg m². Die Frequenz der

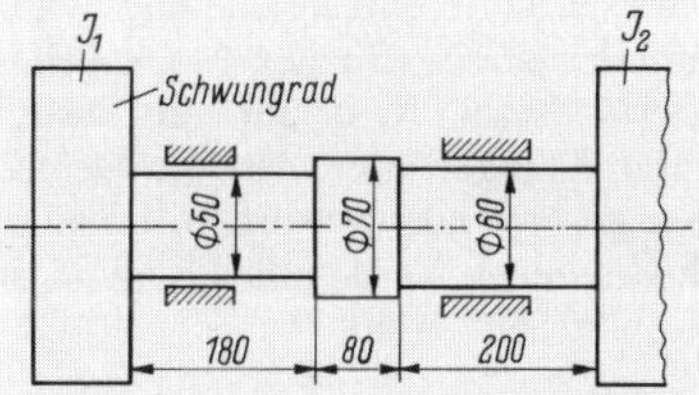

Bild 8.29 Maschinenwelle mit Schwungrad

möglichen Drehschwingungen dieses Systems, das vereinfacht als Zweischeibendrehschwinger aufgefasst werden kann, ist zu ermitteln.

Lösung:

Gegeben: $J_1 = 10\ \text{kg m}^2$, $J_2 = 2{,}5\ \text{km m}^2$,
$d_1 = 0{,}05\ \text{m}$, $l_1 = 0{,}18\ \text{m}$, $d_2 = 0{,}07\ \text{m}$,
$l_2 = 0{,}08\ \text{m}$, $d_3 = 0{,}06\ \text{m}$, $l_3 = 0{,}2\ \text{m}$,
$G = 80\,000\ \text{N/mm}^2 = 80\,000 \cdot 10^6\ \text{N/m}^2$
(für Stahl nach Tab. 11).

Gesucht: f_0.

1. Federrate k der Welle

Die gestufte Welle wirkt wie drei Torsionsfedern in Reihenschaltung. Mit $I_{pi} = \pi d_i^4/32$ (Gl. (9.76)) und $k = G \cdot I_{pi}/l_i$ (Gl. (8.28)) wird entspr. Gl. (8.14):

$$\frac{1}{k} = \Sigma\, \frac{1}{k_i} = \Sigma\, \frac{l_i}{G \cdot I_{pi}} = \frac{32}{\pi \cdot G}\, \Sigma\, \frac{l_i}{d_i^4}$$

$$= \frac{32}{\pi \cdot G} \left(\frac{l_1}{d_1^4} + \frac{l_2}{d_2^4} + \frac{l_3}{d_3^4} \right)$$

$$= \frac{32\ \text{m}^2}{\pi \cdot 80\,000 \cdot 10^6\ \text{N}} \left(\frac{0{,}18}{0{,}05^4} + \frac{0{,}08}{0{,}07^4} + \frac{0{,}2}{0{,}06^4} \right) \frac{\text{m}}{\text{m}^4}$$

$$= 6{,}056 \cdot 10^{-6}\ \frac{1}{\text{Nm}}$$

und somit

$$k = 16{,}51 \cdot 10^4\ \text{Nm} = 16{,}51 \cdot 10^4\ \text{kg m}^2/\text{s}^2.$$

2. Frequenz f_0

Mit der Eigenkreisfrequenz nach Gl. (8.29):

$$\omega_0 = \sqrt{k \left(\frac{1}{J_1} + \frac{1}{J_2} \right)}$$

$$= \sqrt{16{,}51 \cdot 10^4\ \frac{\text{kg m}^2}{\text{s}^2} \left(\frac{1}{10} + \frac{1}{2{,}5} \right) \frac{1}{\text{kg m}^2}}$$

$$= 287{,}3\ \text{s}^{-1}$$

folgt aus Gl. (8.10), in die Gl. (8.8) eingesetzt wird:

$$f_0 = \frac{1}{T_0} = \frac{\omega_0}{2\pi} = \frac{287{,}3\ \text{s}^{-1}}{2\pi} = 45{,}73\ \text{s}^{-1} = 45{,}73\ \text{Hz}.$$

Praxishinweis

Für das Abschätzen der Genauigkeit der nach linearisierten Bewegungsgleichungen ermittelten Ergebnisse ist von Interesse, bis zu welchem Winkel die Annahme $\sin\varphi \approx \tan\varphi \approx \varphi$ vertretbar ist. Durch Probieren mit einem Taschenrechner kann man feststellen, dass der Fehler für $\varphi < 3°$ weniger als 0,1% beträgt und erst ab $\varphi \approx 10°$ größer als 1% wird. Das Vernachlässigen der Federmasse führt ebenfalls zu ungenauen Ergebnissen. Durch einen angemessenen Zuschlag zur Masse des Schwingkörpers kann diese Ungenauigkeit verringert werden. Bei Torsionsfedern ist ein Zuschlag zum Trägheitsmoment nicht erforderlich, da die Trägheitsmomente von der vierten Potenz des Durchmessers abhängen und die Federdurchmesser gegenüber den Schwingkörperdurchmessern relativ klein sind.

Kontrollfragen:

- Welcher Zusammenhang besteht zwischen einer harmonischen Schwingung und einer gleichförmigen Kreisbewegung?
- Was versteht man unter der Frequenz eines Schwingers?
- Was versteht man unter einem Feder-Masse-Schwinger?
- Wann spricht man von einem elastischen Schwinger?
- Wie wird die Gesamtfederrate bei Parallel- und wie bei Reihenschaltung von Federn ermittelt?
- Was versteht man unter einem mathematischen und einem physischen Pendel?
- Was ist ein Dreh- oder Torsionsschwinger?
- Wie kann man durch Schwingungsversuche das Trägheitsmoment (Massenmoment 2. Grades) eines Körpers bestimmen?

8.3 Freie gedämpfte Schwingungen

Lernziele:

- Den Dämpfungsvorgang erläutern und Dämpfungsarten beschreiben.
- Die Bewegungsgleichung für geschwindigkeitsproportional gedämpfte Schwinger aufstellen.
- Die Kenngrößen von geschwindigkeitsproportional gedämpften Schwingungen errechnen.
- Den Unterschied zwischen starker und schwacher Dämpfung erläutern.

8.3.1 Dämpfungsarten

Erfahrungsgemäß kommt jede freie Schwingung nach einer bestimmten Zeit wieder zur Ruhe. Sie klingt ab, da dem Schwingsystem infolge innerer Reibung, z. B. durch die ständige Verformung einer Feder, und durch den Luftwiderstand Energie entzogen wird. Diesen Vorgang nennt man **Dämpfung.** Dabei verringert sich die Amplitude der Schwingung von Periode zu Periode.

Der Verlauf der Dämpfung ist vom Bewegungswiderstand, der **Dämpfungskraft**, abhängig. Bei **gleitender Reibung** wirkt nach dem Coulombschen Reibungsgesetz (s. Abschn. 5.2.1) der jeweiligen Bewegungsrichtung die Reibungskraft als **konstante Dämpfungskraft** $F_d = F_R = \mu \cdot F_N$ entgegen.

Erfolgt die Dämpfung durch einen Schwingungsdämpfer, bei dem sich ein Kolben in einem gas- oder flüssigkeitsgefüllten Zylinder bewegt, so ist

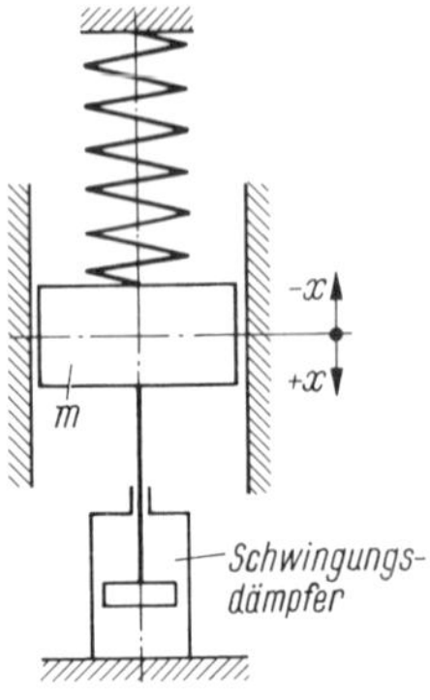

Bild 8.30 Feder-Masse-Schwinger mit Schwingungsdämpfer für geschwindigkeitsproportionale Dämpfung

die Dämpfungskraft nahezu der Geschwindigkeit proportional. Man spricht dann von **geschwindigkeitsproportionaler Dämpfung.** In Bild 8.30 ist ein Feder-Masse-Schwinger mit einem derartigen Schwingungsdämpfer dargestellt. Geschwindigkeitsproportionale Dämpfung kann als gute Näherung für Werkstoff-, Bauteil- und Flüssigkeitsdämpfung angesehen werden. Wegen ihrer häufigen Anwendung in der Technik werden geschwindigkeitsproportional gedämpfte Schwingungen nachfolgend ausführlicher behandelt.
Die Dämpfungskraft kann jedoch auch vom Quadrat der Geschwindigkeit abhängen. Das trifft z. B. auf den Luftwiderstand eines Körpers zu.

8.3.2 Geschwindigkeitsproportional gedämpfte Schwingungen

Dabei ist die Dämpfungskraft der jeweiligen Schwinggeschwindigkeit $v = \dot{x}$ proportional. Somit beträgt die

Dämpfungskraft $\boldsymbol{F_d = d \cdot \dot{x}}$ (8.30)

Der Proportionalitätsfaktor d wird Dämpfungskonstante, nach DIN 1311 **Dämpfungskoeffizient**, genannt und ist von der Art des Dämpfungssystems abhängig. Er kann durch Versuche bestimmt werden und hat die Einheit

$$[d] = \frac{[F]}{[v]} = \frac{\mathrm{N}}{\mathrm{m/s}} = \frac{\mathrm{kg\,m \cdot s}}{\mathrm{s^2 \cdot m}} = \frac{\mathrm{kg}}{\mathrm{s}}$$

Analog zum ungedämpften Feder-Masse-Schwinger (s. Herleitung der Gl. (8.2)) ergibt sich unter Berücksichtigung der Dämpfungskraft die

Bewegungsgleichung

$$\boldsymbol{m \cdot \ddot{x} + d \cdot \dot{x} + k \cdot x = 0} \qquad (8.31)$$

Die Lösung dieser Differenzialgleichung würde über den Rahmen dieses Buches hinausgehen. Der interessierte Leser wird auf die weiterführende Literatur hingewiesen. Für die Berechnung einfacher geschwindigkeitsproportional gedämpfter Schwingungen werden nachfolgend die wichtigsten Kenngrößen erläutert.

Abklingkoeffizient, Dämpfungsgrad
Dividiert man Gl. (8.31) durch die Masse m, so ergeben sich als Faktor von $\dot{x}$ der Quotient d/m und k/m als Faktor von x. Zur Vereinfachung der Gleichung setzt man $d/m = 2\delta$. Die Größe δ wird *Abklingkonstante* genannt oder nach DIN 1311:

Abklingkoeffizient $$\boldsymbol{\delta = \frac{d}{2m}} \qquad (8.32)$$

mit der Einheit $\mathrm{s^{-1}}$, die sich wie folgt ergibt:

$$[\delta] = \frac{[d]}{[m]} = \frac{\mathrm{kg/s}}{\mathrm{kg}} = \frac{1}{\mathrm{s}}$$

Der Kehrwert des Abklingkoeffizienten ist die *Abklingzeit*, die früher *Zeitkonstante* genannt wurde.
Die Wurzel aus k/m ist die Eigenkreisfrequenz der freien ungedämpften Schwingung entspr. Gl. (8.3), die so genannte *Kennkreisfrequenz*. Als Maß der Dämpfung wurde der einheitenlose

Dämpfungsgrad $$\boldsymbol{\vartheta = \frac{\delta}{\omega_0}} \qquad (8.33)$$

eingeführt. Mit Hilfe des Dämpfungsgrades werden stark und schwach gedämpfte Schwingungen unterschieden.

Starke Dämpfung
Sie tritt bei $\boldsymbol{\vartheta > 1}$ auf, d. h. wenn $\delta > \omega_0$ ist. Man kann sich leicht vorstellen, dass es bei zu starker Dämpfung gar nicht zu einer Schwingbewegung kommt, sondern der Schwingkörper nach einer Auslenkung in die Ruhelage zurückkriecht. Dieser Kriechvorgang ist eine **aperiodische Bewegung.** Bild 8.31 zeigt Weg-Zeit-Dia-

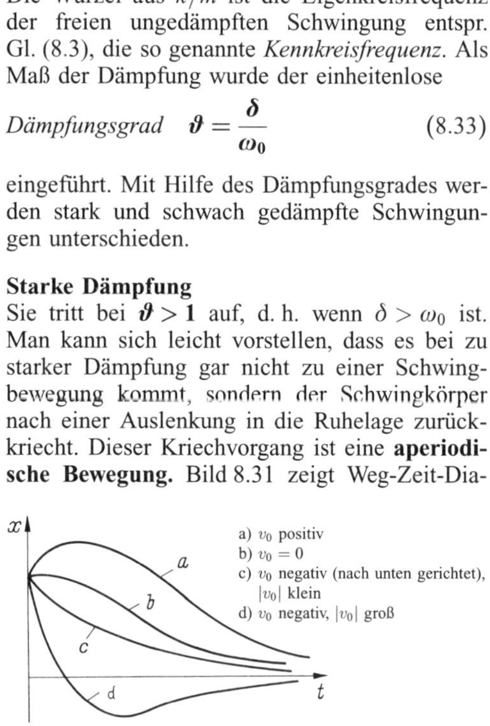

Bild 8.31 Formen aperiodischer Bewegung bei gleichem Dämpfungsgrad $\vartheta > 1$ und verschiedenen Anfangsgeschwindigkeiten

gramme derartiger Bewegungen, die sich bei gleichem Dämpfungsgrad durch die Anfangsgeschwindigkeit $v_0 = \dot{x}_0$ unterscheiden. Auch der Sonderfall $\vartheta = 1$ mit $\delta = \omega_0$ bewirkt einen Kriechvorgang (Bild 8.32). Er wird **aperiodischer Grenzfall** genannt.

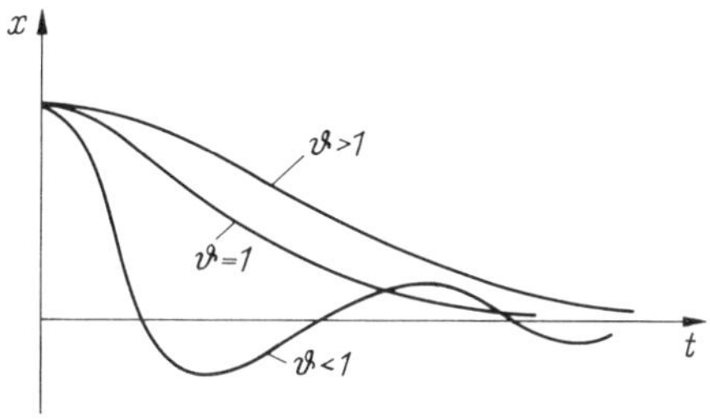

Bild 8.32 Bewegungsverlauf bei verschiedenen Dämpfungsgraden unter gleichen Anfangsbedingungen

Schwache Dämpfung

Dabei ist der Dämpfungsgrad $\vartheta < 1$ und $\delta < \omega_0$. Es kommt zu einer Schwingbewegung, bei der die Schwingungsausschläge abklingen und nur die Nulldurchgänge in gleich bleibenden Zeitabständen erfolgen. Sie wird auch als periodische Bewegung, besser jedoch als **quasiperiodische Bewegung** bezeichnet. Verwendet man in der Versuchsanordnung nach Bild 8.8 einen schwach gedämpften Feder-Masse-Schwinger nach Bild 8.30, so kann man die gedämpfte Schwingbewegung aufzeichnen (Bild 8.33). Das

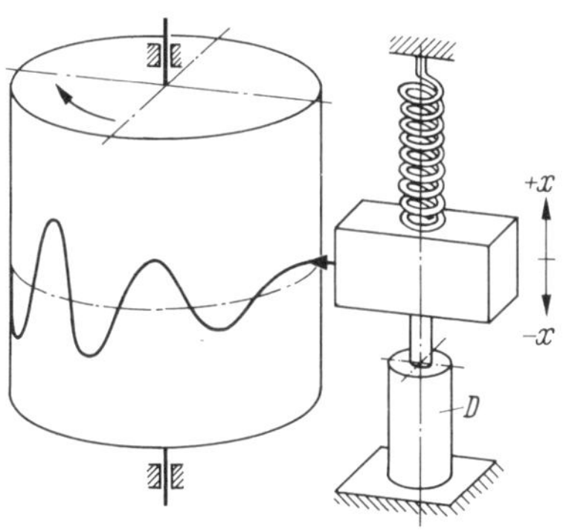

Bild 8.33 Aufzeichnen der Schwingbewegung eines schwach gedämpften Feder-Masse-Schwingers. D Schwingungsdämpfer

der so entstehenden Kurve entsprechende Weg-Zeit-Diagramm ist in Bild 8.34 dargestellt. Der Kurvenverlauf entspricht dem einer harmonischen Schwingung mit zeitlich veränderlicher,

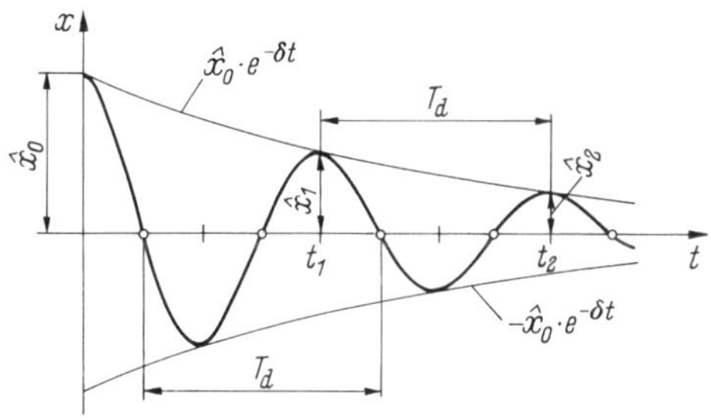

Bild 8.34 Weg-Zeit-Diagramm einer geschwindigkeitsproportional gedämpften freien Schwingung mit schwacher Dämpfung

stets abnehmender Amplitude. Die Zeitabstände zwischen den Nulldurchgängen ($x = 0$) und zwischen den Scheitelwerten (z. B. $\hat{x}_{i-1}, \hat{x}_i, \hat{x}_{i+1}$), die auf einer Exponentialkurve liegen, sind gleich und werden **Periodendauer T_d** der gedämpften Schwingung genannt.

Beim Lösen der Gl. (8.31) ergibt sich mit der Kreisfrequenz ω_0 (Gl. (8.3)) der ungedämpften Schwingung und dem Dämpfungsgrad ϑ (Gl. (8.33)) die Kreisfrequenz der gedämpften Schwingung

$$\omega_d = \omega_0 \sqrt{1 - \vartheta^2}$$

oder umgeformt:

$$\omega_d = \sqrt{\omega_0^2 - \omega_0^2 \cdot \vartheta^2} = \sqrt{\omega_0^2 - \omega_0^2 (\delta/\omega_0)^2}$$
$$= \sqrt{\omega_0^2 - \delta^2}$$

Mit der Periodendauer T_0 (Gl. (8.8)) und der Frequenz f_0 (Gl. (8.10)) der ungedämpften Schwingung folgen

$$T_d = 2\pi/\omega_d = 2\pi/(\omega_0 \sqrt{1 - \vartheta^2})$$
$$= T_0/\sqrt{1 - \vartheta^2}$$

und

$$f_d = 1/T_d = \sqrt{1 - \vartheta^2}/T_0 = f_0 \sqrt{1 - \vartheta^2}$$

Somit betragen für eine schwach gedämpfte Schwingung die

Kreisfrequenz

$$\boldsymbol{\omega_d = \omega_0 \sqrt{1 - \vartheta^2} = \sqrt{\omega_0^2 - \delta^2}} \qquad (8.34)$$

die

Periodendauer $$\boldsymbol{T_d = \frac{2\pi}{\omega_d} = \frac{T_0}{\sqrt{1 - \vartheta^2}}} \qquad (8.35)$$

und die

Frequenz $$f_d = \frac{1}{T_d} = f_0\sqrt{1-\vartheta^2} \qquad (8.36)$$

Man bezeichnet ω_d als *Eigenkreisfrequenz* und f_d als *Eigenfrequenz* des gedämpften schwingungsfähigen Systems. Wegen $\vartheta < 1$ sind ω_d und f_d der gedämpften Schwingung kleiner als ω_0 und f_0 der ungedämpften Schwingung, während $T_d > T_0$ ist.
Die Berechnung von gedämpften Schwingungen kann ebenfalls nach den für freie ungedämpfte Schwingungen empfohlenen Arbeitsschritten 1. bis 3. erfolgen. Hinzu kommt der
4. Schritt: Ermitteln der gesuchten Größen für die freie gedämpfte Schwingung.

Beispiel 8.13
Das System in Bild 8.35 soll nach einem vertikalen Anstoß gedämpfte Schwingungen mit einem Dämpfungsgrad von 0,8 ausführen. Die 500 kg schwere Masse ist auf zwei Federn mit einer Federrate von je 5 kN/mm abgestützt. Zu ermitteln sind der erforderliche Dämpfungskoeffizient des Schwingungsdämpfers sowie die Kreisfrequenz, die Periodendauer und die Frequenz der gedämpften Schwingung.

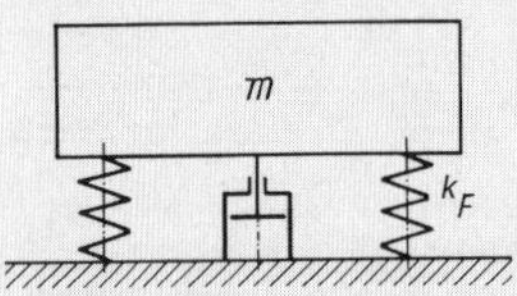

Bild 8.35 Feder-Masse-Schwinger mit Schwingungsdämpfer

Lösung:
Gegeben: $\vartheta = 0{,}8$, $m = 500\,\text{kg}$,
$k_F = 5\,\text{kN/mm} = 5\cdot 10^6\,\text{kg/s}^2$.
Gesucht: d, ω_d, T_d und f_d.
1. Schritt: Es handelt sich um einen freien Feder-Masse-Schwinger mit geschwindigkeitsproportionaler schwacher Dämpfung, da $\vartheta < 1$ ist.
2. Schritt: Die zwei parallel angeordneten Federn haben entspr. Gl (8.13) eine Gesamtfederrate

$$k = 2\cdot k_F = 2\cdot 5\cdot 10^6\,\text{kg/s}^2 = 10\cdot 10^6\,\text{kg/s}^2.$$

3. Schritt: Nach den Gln. (8.3), (8.8) u. (8.10) betragen für die ungedämpfte Schwingung die Eigenkreisfrequenz

$$\omega_0 = \sqrt{\frac{k}{m}} = \sqrt{\frac{10\cdot 10^6\,\text{kg}}{500\,\text{kg}\cdot\text{s}^2}} = 141{,}4\,\text{s}^{-1},$$

die Periodendauer

$$T_0 = \frac{2\pi}{\omega_0} = \frac{2\pi}{141{,}4\,\text{s}^{-1}} = 0{,}0444\,\text{s}$$

und die Frequenz

$$f_0 = 1/T_0 = (1/0{,}0444)\,\text{s}^{-1} = 22{,}5\,\text{Hz}.$$

4. Schritt: Damit ergeben sich aus Gl. (8.33) der Abklingkoeffizient

$$\delta = \vartheta\cdot\omega_0 = 0{,}8\cdot 141{,}4\,\text{s}^{-1} = 113{,}1\,\text{s}^{-1}$$

und aus Gl. (8.32) der erforderliche Dämpfungskoeffizient

$$d = \delta\cdot 2m = 113{,}1\,\text{s}^{-1}\cdot 2\cdot 500\,\text{kg} = 1{,}131\cdot 10^5\,\text{kg/s}$$
$$= 113{,}1\,\text{kN}\cdot\text{s/m}.$$

Mit $\sqrt{1-\vartheta^2} = \sqrt{1-0{,}8^2} = 0{,}6$ erhält man für die gedämpfte Schwingung nach Gl. (8.34) die Kreisfrequenz

$$\omega_d = \omega_0\sqrt{1-\vartheta^2} = 141{,}4\,\text{s}^{-1}\cdot 0{,}6 = 84{,}84\,\text{s}^{-1},$$

nach Gl. (8.35) die Periodendauer

$$T_d = \frac{T_0}{\sqrt{1-\vartheta^2}} = \frac{0{,}0444\,\text{s}}{0{,}6} = 0{,}074\,\text{s}$$

und nach Gl. (8.36) die Frequenz

$$f_d = f_0\sqrt{1-\vartheta^2} = 22{,}5\,\text{Hz}\cdot 0{,}6 = 13{,}5\,\text{Hz}.$$

Bei einer freien Schwingung mit geschwindigkeitsproportionaler Dämpfung, wie in Bild 8.34 dargestellt, ist das Verhältnis zweier um eine Periodendauer T_d aufeinander folgender Amplituden, das

Amplitudenverhältnis $$q = \frac{\hat{x}_{i-1}}{\hat{x}_i} = \frac{\hat{x}_i}{\hat{x}_{i+1}} \qquad (8.37)$$

ein **konstanter Wert**. Die Amplituden oder Scheitelwerte $\hat{x}_1$, $\hat{x}_2$ usw. liegen auf der Hüllkurve, die nach der

Amplituden- oder Hüllfunktion $$x = \hat{x}_0\cdot e^{-\delta t} \qquad (8.38)$$

verläuft.
Der Grad der Dämpfung wird auch durch das **logarithmische Dekrement $\Lambda = \ln q$, den natürlichen Logarithmus des Amplitudenverhältnisses** (Gl. (8.37)) gekennzeichnet. Aus Bild 8.34 folgt mit Gl. (8.38):

$$q = \frac{\hat{x}_0\cdot e^{-\delta t}}{\hat{x}_0\cdot e^{-\delta(t+T_d)}} = e^{\delta T_d}$$

Damit bestehen folgende Beziehungen:

logarithmisches Dekrement $$\Lambda = \ln\frac{\hat{x}_i}{\hat{x}_{i+1}} = \ln q = \delta\cdot T_d \qquad (8.39)$$

Die Amplituden $\hat{x}_i$ und $\hat{x}_{i+1}$ sowie die Periodendauer T_d können experimentell bestimmt werden. Mit diesen Messergebnissen lassen sich Λ und δ nach Gl. (8.39) und damit ϑ nach den

Gln. (8.33) und (8.34) errechnen. Wenn die Anfangsauslenkung $\hat{x}_0$ bekannt ist, erhält man weitere Amplituden $\hat{x}_1$, $\hat{x}_2$ usw. oder die Anzahl n der Schwingungen bis zur Amplitude $\hat{x}_n$ aus Gl. (8.38), in der $t = n \cdot T_d$ gesetzt wird, so dass der Exponent $-\ln q \cdot n$ lautet. Da $e^{-\ln q \cdot n} = q^{-n} = 1/q^n$ ist, folgt aus Gl. (8.38) die

Amplitude $$\hat{x}_n = \frac{\hat{x}_0}{q^n} \qquad (8.40)$$

Für zwei aufeinander folgende Amplituden, d. h. für eine volle Schwingung mit $t = T_d$ wird

$$\hat{x}_{i+1} = \hat{x}_i / q$$

Beispiel 8.14
Durch Anhängen einer Masse von 0,6 kg wird eine Schraubenfeder im elastischen Bereich um 20 mm statisch verlängert. Nach einer Auslenkung um 8 mm aus dieser Ruhelage führt das System mit einem Schwingungsdämpfer nach Bild 8.30 geschwindigkeitsproportional gedämpfte Schwingungen aus. Für die zweite Amplitude in Auslenkungsrichtung werden 6 mm gemessen. Zu errechnen sind das logarithmische Dekrement, der Dämpfungsgrad, der Abkling- und der Dämpfungskoeffizient sowie die Kreisfrequenz und die Periodendauer der gedämpften Schwingung.
Lösung:
Gegeben: $m = 0{,}6\,\text{kg}$, $s_G = 20\,\text{mm} = 0{,}02\,\text{m}$, $\hat{x}_0 = 8\,\text{mm}$, $\hat{x}_1 = 6\,\text{mm}$.
Gesucht: Λ, ϑ, δ, d, ω_d und T_d.
1. Schritt: Es handelt sich um einen Feder-Masse-Schwinger mit geschwindigkeitsproportionaler Dämpfung.
2. Schritt: Die Federrate beträgt

$$k = \frac{F_G}{s_G} = \frac{m \cdot g}{s_G} = \frac{0{,}6\,\text{kg} \cdot 9{,}81\,\text{m}}{0{,}02\,\text{m} \cdot \text{s}^2} = 294{,}3\,\frac{\text{kg}}{\text{s}^2} = 294{,}3\,\text{N/m}.$$

3. Schritt: Die Eigenkreisfrequenz ω_0 und die Periodendauer T_0 der ungedämpften Schwingung betragen nach den Gln. (8.3) und (8.8):

$$\omega_0 = \sqrt{\frac{k}{m}} = \sqrt{\frac{294{,}3\,\text{kg}}{0{,}6\,\text{kg} \cdot \text{s}^2}} = 22{,}15\,\text{s}^{-1},$$

$$T_0 = \frac{2\pi}{\omega_0} = \frac{2\pi}{22{,}15\,\text{s}^{-1}} = 0{,}2837\,\text{s}.$$

4. Schritt: Entspr. Gl. (8.37) ergibt sich das Amplitudenverhältnis

$$q = \hat{x}_0/\hat{x}_1 = 8\,\text{mm}/6\,\text{mm} = 1{,}333$$

und damit nach Gl. (8.39) das logarithmische Dekrement

$$\Lambda = \ln q = \ln 1{,}333 = 0{,}2877.$$

Mit den Gln. (8.33), (8.34) u. (8.35) folgt aus Gl. (8.39):

$$\Lambda = \delta \cdot T_d = \vartheta \cdot \omega_0 \cdot \frac{2\pi}{\omega_d} = \frac{2\pi \cdot \vartheta}{\sqrt{1-\vartheta^2}}$$

und daraus durch Umformen:

$$\Lambda^2 \cdot (1-\vartheta^2) = (2\pi \cdot \vartheta)^2, \quad \Lambda^2 - \Lambda^2 \cdot \vartheta^2 = 4\pi^2 \cdot \vartheta^2,$$

$$\vartheta^2 \cdot (\Lambda^2 + 4\pi^2) = \Lambda^2, \quad \vartheta^2 = \frac{\Lambda^2}{\Lambda^2 + 4\pi^2},$$

somit wird der Dämpfungsgrad

$$\vartheta = \frac{\Lambda}{\sqrt{\Lambda^2 + 4\pi^2}} = \frac{0{,}2877}{\sqrt{0{,}2877^2 + 4\pi^2}} = 0{,}04574.$$

Aus Gl. (8.33) folgt der Abklingkoeffizient

$$\delta = \vartheta \cdot \omega_0 = 0{,}04574 \cdot 22{,}15\,\text{s}^{-1} = 1{,}013\,\text{s}^{-1}$$

und aus Gl. (8.32) der Dämpfungskoeffizient

$$d = \delta \cdot 2m = 1{,}013\,\text{s}^{-1} \cdot 2 \cdot 0{,}6\,\text{kg} = 1{,}216\,\text{kg/s}.$$

Mit $\sqrt{1-\vartheta^2} = \sqrt{1 - 0{,}04574^2} = 0{,}999$ erhält man nach den Gln. (8.34) u. (8.35) die Kreisfrequenz ω_d und die Periodendauer T_d der gedämpften Schwingung:

$$\omega_d = \omega_0 \sqrt{1-\vartheta^2} = 22{,}15\,\text{s}^{-1} \cdot 0{,}999 = 22{,}13\,\text{s}^{-1},$$

$$T_d = \frac{T_0}{\sqrt{1-\vartheta^2}} = \frac{0{,}2837\,\text{s}}{0{,}999} = 0{,}284\,\text{s}.$$

Aus Beispiel 8.14 geht hervor, dass bei sehr schwacher Dämpfung, die praktisch häufig vorkommt, die Unterschiede zwischen ω_0 und ω_d sowie T_0 und T_d und damit auch zwischen f_0 und f_d sehr gering sind. Da dann der Dämpfungsgrad $\vartheta \ll 1$ ist, kann wegen $\vartheta^2 \approx 0$ für $\Lambda \approx 2\pi \cdot \vartheta$ gesetzt und mit $\omega_d \approx \omega_0$, $T_d \approx T_0$, $f_d \approx f_0$ gerechnet werden.

Beispiel 8.15
In einem Schwingsystem, das einen Dämpfungskoeffizienten von 250 kg/s hat, wird ein Träger auf zwei Stützen durch eine Masse von 25 kg um 4 mm durchgebogen. Nach einer Auslenkung (weiteren Durchbiegung) von 6 mm im elastischen Bereich des Trägers führt das System eine freie geschwindigkeitsproportional gedämpfte Schwingung um die statische Ruhelage aus. Zu errechnen sind: der Abklingkoeffizient, der Dämpfungsgrad, die Kreisfrequenz, die Periodendauer und die Frequenz der gedämpften Schwingung. Nach wie viel ganzen Schwingungen ist die Amplitude auf weniger als 1% des Anfangswertes abgeklungen, d. h. die Schwingung praktisch zum Stillstand gekommen, und nach welcher Zeit tritt dieser Zustand ein?
Lösung:
Gegeben: $d = 250\,\text{kg/s}$, $m = 25\,\text{kg}$, $s_G = 4\,\text{mm} = 0{,}004\,\text{m}$, $\hat{x}_0 = 6\,\text{mm}$.
Gesucht: δ, ϑ, ω_d, T_d, f_d, n für $\hat{x}_n < 0{,}01\hat{x}_0$ und t_n.
1. Eigenkreisfrequenz ω_0, Periodendauer T_0 und Frequenz f_0 der ungedämpften Schwingung

Nach den Gln. (8.11), (8.8) und (8.10) betragen:

$$\omega_0 = \sqrt{\frac{g}{s_G}} = \sqrt{\frac{9{,}81\,\text{m/s}^2}{0{,}004\,\text{m}}} = 49{,}52\,\text{s}^{-1},$$

$$T_0 = \frac{2\pi}{\omega_0} = \frac{2\pi}{49{,}52\,\text{s}^{-1}} = 0{,}1269\,\text{s},$$

$$f_0 = 1/T_0 = 1/0{,}1269\,\text{s} = 7{,}88\,\text{s}^{-1} = 7{,}88\,\text{Hz}.$$

2. Abklingkoeffizient δ und Dämpfungsgrad ϑ
Nach den Gln. (8.32) und (8.33):

$$\delta = \frac{d}{2m} = \frac{250\,\text{kg/s}}{2 \cdot 25\,\text{kg}} = 5\,\text{s}^{-1},$$

$$\vartheta = \frac{\delta}{\omega_0} = \frac{5\,\text{s}^{-1}}{49{,}52\,\text{s}^{-1}} = 0{,}101.$$

3. Kreisfrequenz ω_d, Periodendauer T_d und Frequenz f_d der gedämpften Schwingung
Nach den Gln. (8.34) bis (8.36) werden mit $\sqrt{1-\vartheta^2} = \sqrt{1-0{,}101^2} = 0{,}9949$:

$$\omega_\text{d} = \omega_0 \sqrt{1-\vartheta^2} = 49{,}52\,\text{s}^{-1} \cdot 0{,}9949 = 49{,}27\,\text{s}^{-1},$$

$$T_\text{d} = \frac{T_0}{\sqrt{1-\vartheta^2}} = \frac{0{,}1269\,\text{s}}{0{,}9949} = 0{,}1276\,\text{s},$$

$$f_\text{d} = f_0 \sqrt{1-\vartheta^2} = 7{,}88\,\text{Hz} \cdot 0{,}9949 = 7{,}84\,\text{Hz}.$$

Da die Werte der ungedämpften und der gedämpften Schwingung nur geringfügig voneinander abweichen, könnten ihre Unterschiede auch vernachlässigt werden.

4. Anzahl n der Schwingungen bis $\hat{x}_\text{n} = 0{,}01\hat{x}_0$ und zugehörige Zeit t_n
Entspr. Gl. (8.38) ist mit $t = n \cdot T_\text{d}$:

$$\hat{x}_n = \hat{x}_0 \cdot \text{e}^{-\delta \cdot n \cdot T_\text{d}} = \frac{\hat{x}_0}{\text{e}^{\delta \cdot n \cdot T_\text{d}}} = 0{,}01\hat{x}_0.$$

Daraus wird

$$\text{e}^{\delta \cdot n \cdot T_\text{d}} = \frac{1}{0{,}01} = 100 \text{ sowie } \delta \cdot n \cdot T_\text{d} = \ln 100.$$

Somit beträgt

$$n = \frac{\ln 100}{\delta \cdot T_\text{d}} = \frac{4{,}605}{5\,\text{s}^{-1} \cdot 0{,}1276\,\text{s}} \approx 7{,}2.$$

Die Schwingung kommt also nach ca. 8 Schwingungen zum Stillstand, und zwar in der Zeit

$$t_n = t_8 = 8 \cdot T_\text{d} = 8 \cdot 0{,}1276\,\text{s} = 1{,}02\,\text{s}.$$

Praxishinweis

Bei experimentellen Untersuchungen von gedämpften Schwingungsvorgängen zeigt sich, dass sie meistens weder den Gesetzen einer reibungsgedämpften noch denen einer geschwindigkeitsproportional gedämpften Schwingung exakt folgen. Für die mathematische Erfassung unterstellt man in der Regel näherungsweise eine freie Schwingung mit geschwindigkeitsproportionaler Dämpfung.

Kontrollfragen:

- Welche Dämpfungsarten sind möglich?
- Was versteht man unter starker und unter schwacher Dämpfung?
- Wovon hängt die Eigenkreisfrequenz einer freien gedämpften Schwingung mit schwacher geschwindigkeitsproportionaler Dämpfung ab?
- Was versteht man unter dem logarithmischen Dekrement?

8.4 Erzwungene Schwingungen

Lernziele:

- Die Entstehung erzwungener Schwingungen und ihre Auswirkungen erläutern.
- Verschiedene Erregungsarten und die zugehörigen Übertragungs- oder Vergrößerungsfunktionen beschreiben.
- Ursachen und Auswirkungen der Resonanz erklären.
- Erzwungene Schwingungen einfacher Systeme mit geschwindigkeitsproportionaler Dämpfung und harmonischer Erregung berechnen.
- Kritische Drehzahlen erklären und für einfache Wellensysteme errechnen.
- Möglichkeiten der Schwingungsisolierung erläutern.

8.4.1 Fremderregung von Schwingsystemen

Freie Schwingungen sind praktisch immer gedämpft und kommen nach einer gewissen Zeit zur Ruhe. Sie können unerwünscht sein, z. B. bei Zeigern von Messinstrumenten, sind jedoch für Maschinen und Geräte ungefährlich. Wird aber einem schwingungsfähigen System von außen durch aufgezwungene Kräfte oder Bewegungen Energie zugeführt, so besteht die Gefahr, dass die Schwingungen sich verstärken und Schäden verursachen. Um derartige Schäden zu vermeiden, müssen die dazu führenden Einflüsse erkannt werden.

Die äußere Einwirkung nennt man **Fremderregung** (nachfolgend nur Erregung genannt). Sie kann auf verschiedene Weise erfolgen, wie durch die Bewegung der Aufhängung einer Feder (s. Bilder 8.37 und 8.4) oder des Gehäuses eines Schwingers (s. Bild 8.45) oder durch Kraftwirkungen auf den Schwingkörper infolge von Massenkräften (z. B. fliehkraftbedingte Unwucht, s. Bild 8.41). In folgenden Abschnitten werden in der Technik besonders wichtige Fälle behandelt: die **Federkrafterregung** (auch **Wegerregung** oder kinematische Fremderregung genannt) sowie die zu gleichen Ergebnissen führende, auf die Masse wirkende **Krafterregung** und die **Unwucht- oder Massenkrafterregung** (dynamische Fremderregung). Weitere Fälle wie die Dämpfungserregung oder die Fußpunkterregung können hier nicht behandelt werden (s. weiterführende Literatur).

Praktisch kommt die Federkraft- oder Wegerregung z. B. vor, wenn eine elastisch abgestützte Maschine durch Bewegungen der Unterstützungskonstruktion zum Schwingen angeregt wird (Bild 8.36a). Unwuchterregung tritt z. B. auf, wenn rotierende Teile einer federnd gelagerten Maschine durch Fliehkräfte (s. Abschn. 7.4.5) Schwingungen hervorrufen (Bild 8.36b).

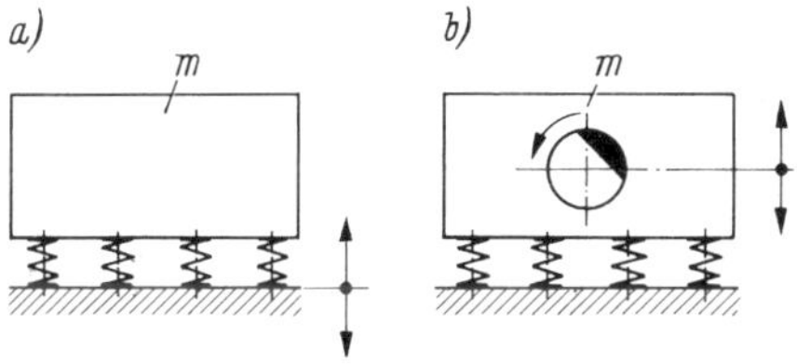

Bild 8.36 Fremderregung
a) Federkraft- oder Wegerregung, b) Unwucht- oder Massenkrafterregung

Eine Erregung wird auch durch ihren zeitlichen Verlauf charakterisiert (regellos, periodisch, harmonisch). Hier soll nur auf harmonisch verlaufende Erregungen von Schwingsystemen mit geschwindigkeitsproportionaler Dämpfung eingegangen werden, wobei Rückwirkungen des schwingungsfähigen Systems auf die Erregung unberücksichtigt bleiben. Wegen des hohen mathematischen Aufwandes wird auf die Herleitung der Gleichungen weitgehend verzichtet.

8.4.2 Federkrafterregung

Der Aufhängepunkt A der Feder des Feder-Masse-Schwingers mit Dämpfer nch Bild 8.37b führt eine harmonische Bewegung mit der **Erregerkreisfrequenz Ω** aus. Die Zwangsbewegung kann z. B. durch einen umlaufenden Kurbelzapfen hervorgerufen werden (s. Bild 8.4). Wählt man den Erregungsbeginn so, dass der Anfangsphasenwinkel $\varphi_0 = \pi/2$ ist (s. Bild 8.11b), dann

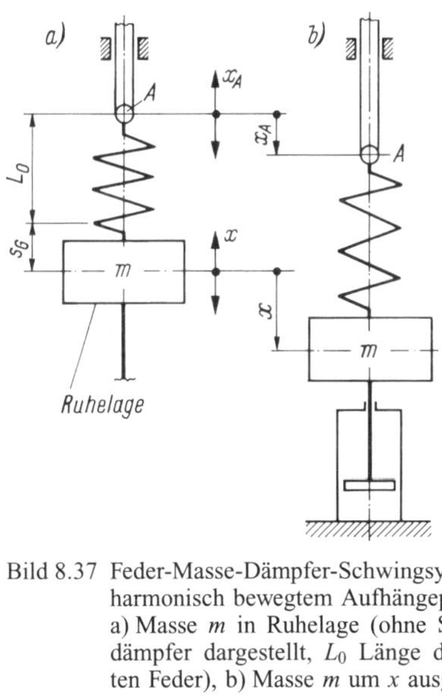

Bild 8.37 Feder-Masse-Dämpfer-Schwingsystem mit harmonisch bewegtem Aufhängepunkt
a) Masse m in Ruhelage (ohne Schwingungsdämpfer dargestellt, L_0 Länge der unbelasteten Feder), b) Masse m um x ausgelenkt

lautet mit der **Erregeramplitude x_0** die **Erregerfunktion**[1] $\boldsymbol{x_A = x_0 \cdot \cos(\Omega \cdot t)}$. Infolge der periodischen Längenänderung der Feder wird die Masse m durch eine periodische Federkraft $F_F = k(x - x_A)$ in Schwingungen versetzt, wobei die Differenz $x - x_A$ der Federweg ist, der über die statische Federverlängerung s_G durch die Gewichtskraft F_G der Masse m hinausgeht. Unter Berücksichtigung der Dämpfungskraft $F_d = d \cdot \dot{x}$ (Gl. (8.30)) und der Trägheitskraft $F_T = m \cdot a = m \cdot \ddot{x}$ (Gl. (7.12)) ergibt sich analog zur Gl. (8.31) die *Bewegungsgleichung*

$$m \cdot \ddot{x} + d \cdot \dot{x} + k(x - x_A) = 0$$

und nach Auflösen der Klammer sowie Umstellung:

$$m \cdot \ddot{x} + d \cdot \dot{x} + k \cdot x = k \cdot x_A$$

Die linke Seite dieser Gleichung ist identisch mit der Bewegungsgleichung der freien gedämpften Schwingung. Rechts steht die Federkraft $k \cdot x_A$ als Erregerkraft, worauf die Bezeichnung Federkrafterregung beruht. Da die Erregung aber auf die Bewegung der Federaufhängung zurückgeführt werden kann, spricht man auch von Wegerregung.

Durch Einsetzen der Erregerfunktion und Division durch m erhält man:

$$\ddot{x} + \frac{d}{m} \cdot \dot{x} + \frac{k}{m} \cdot x = \frac{k}{m} \cdot x_0 \cdot \cos(\Omega \cdot t)$$

Mit $d/m = 2\delta$ (Gl. (8.32)) und $k/m = \omega_0^2$ (Gl. (8.3)) folgt daraus für den Schwinger nach Bild 8.37 die *Bewegungsgleichung*

$$\ddot{x} + 2\delta \cdot \dot{x} + \omega_0^2 \cdot x = \omega_0^2 \cdot x_0 \cdot \cos(\Omega \cdot t)$$

Ersetzt man das Produkt $\omega_0^2 \cdot x_0$ durch den Faktor $\boldsymbol{z = \omega_0^2 \cdot x_0}$, so ergibt sich für erzwungene Schwingungen mit geschwindigkeitsproportionaler Dämpfung und harmonischer Erregung die allgemeine Form der

Bewegungsgleichung

$$\boldsymbol{\ddot{x} + 2\delta \cdot \dot{x} + \omega_0^2 \cdot x = z \cdot \cos(\Omega \cdot t)} \qquad (8.41)$$

Darin ist ω_0 die Kreisfrequenz der freien ungedämpften Schwingung, die *Eigenkreisfrequenz* genannt wird. Während der **Einschwingzeit** ist der erzwungenen Schwingung eine freie gedämpfte Schwingung überlagert, die in dieser Zeit abklingt. Für den Dauerzustand der erzwungenen Schwingung findet man mit der höheren Mathematik als Lösung der Gl. (8.41), einer in-

[1] In DIN 1311 wird die Erregerfunktion des Weges mit $u(t)$ angegeben

homogenen Differenzialgleichung, die Gleichung für den

Schwingweg $\boldsymbol{x = C \cdot \cos(\Omega \cdot t - \zeta)}$ (8.42)

Es ist die Gleichung einer harmonischen Bewegung mit der um den Winkel ζ phasenverschobenen Erregerkreisfrequenz Ω, d. h. die Schwingung eilt der Erregung um die Phasenverschiebung ζ nach. Mit dem Dämpfungsgrad ϑ nach Gl. (8.33) und dem

Kreisfrequenzverhältnis $\boldsymbol{\eta = \dfrac{\Omega}{\omega_0}}$ (8.43)

erhält man für die

Phasenverschiebung $\boldsymbol{\tan\zeta = \dfrac{2\vartheta \cdot \eta}{1 - \eta^2}}$ (8.44)

Die Konstante C in Gl. (8.42) ist die **Amplitude der erzwungenen Schwingung** nach der Einschwingzeit. Sie beträgt

$$C = \frac{1}{\sqrt{(1-\eta^2)^2 + (2\vartheta \cdot \eta)^2}} \cdot x_0$$

Das Verhältnis dieser Amplitude zur Erregeramplitude ist der **Vergrößerungsfaktor V_1** oder der

Überhöhungsfaktor

$$\boldsymbol{\alpha_1 = \frac{C}{x_0} = \frac{1}{\sqrt{(1-\eta^2)^2 + (2\vartheta \cdot \eta)^2}}} \quad (8.45)$$

Damit folgt aus Gl. (8.42) der

Schwingweg

$\boldsymbol{x = \alpha_1 \cdot x_0 \cdot \cos(\Omega \cdot t - \zeta)}$ (8.46)

Der Überhöhungs- oder Vergrößerungsfaktor ist sowohl vom Dämpfungsgrad ϑ als auch vom Kreisfrequenzverhältnis η abhängig. Stellt man α_1 für verschiedene Dämpfungsgrade über dem Kreisfrequenzverhältnis dar, so spricht man von der **Vergrößerungsfunktion** oder nach DIN 1311 vom **Amplitudenfrequenzgang** (Bild 8.38).

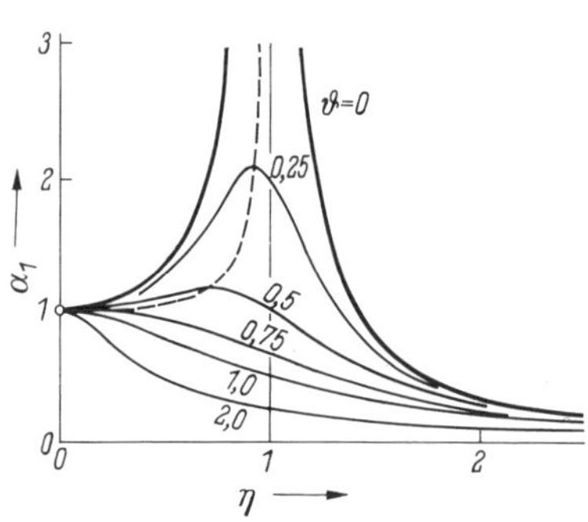

Bild 8.38 Amplitudenfrequenzgang einer erzwungenen Schwingung mit Dämpfung und harmonischer Federkrafterregung

Resonanz

Eine Untersuchung der Kurven in Bild 8.38, die auch als **Resonanzkurven** bezeichnet werden, liefert wichtige Erkenntnisse über die Auswirkungen des Vergrößerungsfaktors. Bei $\eta = 0$, d. h. es ist $\Omega = 0$, folgt aus Gl. (8.45) $\alpha_1 = 1$ für alle Werte von ϑ. Für sehr kleine Dämpfung mit $\vartheta \approx 0$ wird der Überhöhungsfaktor

$$\alpha_1 \approx \frac{1}{\sqrt{(1-\eta^2)^2}}$$

Wenn sich dabei die Erregerkreisfrequenz Ω der Eigenkreisfrequenz ω_0 nähert, d. h. $\eta \to 1$, wird α_1 immer größer. Bei $\boldsymbol{\Omega = \omega_0}$, also $\eta = 1$, tritt $\alpha_1 \to \infty$ ein. In diesem Fall, dem **Resonanzfall** der ungedämpften Schwingung, führt die immer größer werdende Amplitude $C = \alpha_1 \cdot x_0$ der erzwungenen Schwingung zur Zerstörung der Bauteile. Im so genannten **unterkritischen Bereich** mit $\Omega < \omega_0$, also $\eta < 1$ und kleinen Dämpfungen, steigt α_1 auf ein Maximum an, das nicht bei $\eta = 1$, sondern stets davor liegt, und zwar beim

Resonanz-Kreisfrequenzverhältnis $\boldsymbol{\eta_{R1} = \sqrt{1 - 2\vartheta^2}}$ (8.47)

Der Wert des zugehörigen Amplitudenfrequenzganges heißt **Resonanzüberhöhung α_r** oder **Güte Q.** Die Lage der Werte für α_r zeigt die Strichlinie in Bild 8.38. Mit zunehmender Dämpfung wird das Maximum immer kleiner, bis schließlich beim Dämpfungsgrad $\vartheta \geqq \sqrt{2}/2 = 0{,}707$ eine Vergrößerung der Erregeramplitude nicht mehr auftritt. Nach dem Maximum fällt die Vergrößerungsfunktion ab und strebt im **überkritischen Bereich** mit $\Omega > \omega_0$ für große Werte von η dem Wert null zu.

Der Verlauf der Phasenverschiebung ζ ist in Bild 8.39 über dem Kreisfrequenzverhältnis η

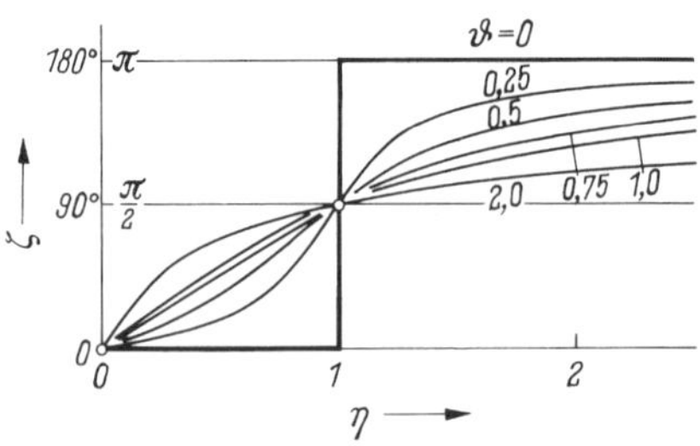

Bild 8.39 Phasenfrequenzgang einer erzwungenen Schwingung mit Dämpfung

für verschiedene Dämpfungsgrade ϑ dargestellt. Diese Kurven werden auch als **Phasenfrequenzgang** bezeichnet. Bei ungedämpfter Schwingung ($\vartheta = 0$) ergibt sich eine Funktion mit einem Sprung bei $\eta = 1$ von $\zeta = 0$ auf $\zeta = \pi = 180°$, d. h. im unterkritischen Bereich sind Erregung und erzwungene Schwingung phasengleich und im überkritischen Bereich um $\zeta = \pi = 180°$ phasenverschoben. Für gedämpfte Schwingsysteme steigt die Phasenverschiebung von $\zeta = 0$ bei $\eta = 0$ auf $\zeta = \pi/2 = 90°$ bei $\eta = 1$ an und liegt bei $\eta > 1$ stets zwischen $\pi/2$ und π.

Beispiel 8.16

Das in Beisp. 8.14 berechnete Feder-Masse-Dämpfer-Schwingsystem wird, wie in Bild 8.37 dargestellt, an der Federaufhängung so angeregt, dass die Erregung nach der Erregerfunktion $x_A = x_0 \cdot \cos(\Omega \cdot t)$ mit einer Erregeramplitude von 8 mm verläuft. Nach Beisp. 8.14 betragen die Eigenkreisfrequenz 22,15 s^{-1} und der Dämpfungsgrad 0,04574. Bei welcher Erregerkreisfrequenz hat der Amplitudenfrequenzgang beim vorgegebenen Dämpfungsgrad ein Maximum? Ferner sind zu ermitteln: der zugehörige Überhöhungsfaktor, die Phasenverschiebung, die Funktion des Schwingweges und der maximale Schwingungsausschlag.

Lösung:

Gegeben: $x_0 = 8\,\text{mm}$, $\omega_0 = 22{,}15\,\text{s}^{-1}$, $\vartheta = 0{,}04574$.

Gesucht: Ω für η_{R1}, α_1, ζ, $x(t)$ und x_{max}.

Nach Gl. (8.47) beträgt das Resonanz-Kreisfrequenzverhältnis

$$\eta_{R1} = \sqrt{1 - 2\vartheta^2} = \sqrt{1 - 2 \cdot 0{,}04574^2} = 0{,}9979.$$

Damit folgt aus Gl. (8.43) die Erregerkreisfrequenz

$$\Omega = \eta_{R1} \cdot \omega_0 = 0{,}9979 \cdot 22{,}15\,\text{s}^{-1} = 22{,}1\,\text{s}^{-1}.$$

Nach Gl. (8.45) ergibt sich mit $\eta = \eta_{R1}$ der zugehörige Überhöhungsfaktor

$$\alpha_1 = \frac{1}{\sqrt{(1 - {\eta_{R1}}^2)^2 + (2\vartheta \cdot \eta_{R1})^2}} = \frac{1}{\sqrt{(1 - 0{,}9979^2)^2 + (2 \cdot 0{,}04574 \cdot 0{,}9979)^2}} = 10{,}94.$$

Der zugehörige Phasenwinkel ζ folgt aus Gl. (8.44):

$$\tan\zeta = \frac{2\vartheta \cdot \eta_{R1}}{1 - \eta_{R1}^2} = \frac{2 \cdot 0{,}04574 \cdot 0{,}9979}{1 - 0{,}9979^2} \quad \text{und daraus}$$

$$\zeta = 1{,}525\,\text{rad} = 87{,}37°.$$

Damit lautet nach Gl. (8.46) die zeitabhängige Funktion für den Schwingweg der erzwungenen Schwingung

$$x = \alpha_1 \cdot x_0 \cdot \cos(\Omega \cdot t - \zeta) = 10{,}94 \cdot 8\,\text{mm} \cdot \cos(22{,}1\,\text{s}^{-1} \cdot t - 1{,}525) = 87{,}52\,\text{mm} \cdot \cos(22{,}1\,\text{s}^{-1} \cdot t - 1{,}525).$$

Diese Gleichung enthält als Amplitude der erzwungenen Schwingung den maximalen Schwingungsausschlag

$$x_{max} = \alpha_1 \cdot x_0 = 87{,}52\,\text{mm}.$$

Der Wert ist sicher nicht zulässig, da die Feder über den elastischen Bereich hinaus verformt und der Dämpfer zerstört werden würde. Es zeigt jedoch den starken Einfluss, den eine Wegerregung von nur 8 mm auf das schwingungsfähige System bei geringer Dämpfung ausüben kann.

Krafterregung

Die Erregung eines Feder-Masse-Dämpfer-Schwingers kann auch durch eine direkt auf die Masse m wirkende Kraft F erfolgen. Wenn diese Erregerkraft mit der Amplitude F_0 nach der harmonischen **Erregerfunktion**[1] $\boldsymbol{F = F_0 \cdot \cos(\Omega \cdot t)}$ verläuft, erhält man als Bewegungsgleichung

$$m \cdot \ddot{x} + d \cdot \dot{x} + k \cdot x = F_0 \cos(\Omega \cdot t)$$

Ursache der Erregung ist die Kraft $F_0 \cdot \cos(\Omega \cdot t)$, die auch auf die Feder wirkt. Es handelt sich also um eine Federkrafterregung. Mit $z = F_0/m = \omega_0^2 \cdot F_0/k$ entsteht wieder Gl. (8.41). Setzt man $F_0/k = x_0$ als statischen Federweg infolge der Kraftamplitude F_0, so ergibt sich für diese Art der Erregung auch der Vergrößerungsfaktor α_1 nach Gl. (8.45) und nach Gl. (8.46) der

$$\textit{Schwingweg} \quad x = \alpha_1 \cdot \frac{F_0}{k} \cdot \cos(\Omega \cdot t - \zeta)$$

Es lässt sich leicht nachweisen, dass die vorstehend entwickelten Beziehungen für fremderregte Schwinger mit linearem Schwingweg auch auf **Drehschwinger** (Bild 8.40) anwendbar sind. Man ersetzt in den betreffenden Gleichungen den Schwingweg x durch den Verdreh- oder

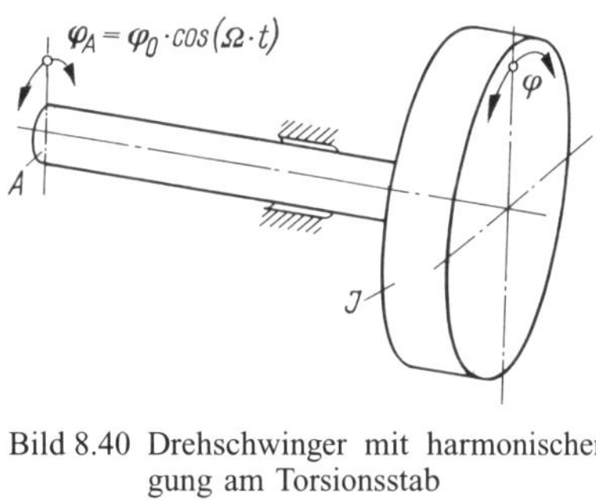

Bild 8.40 Drehschwinger mit harmonischer Fremderregung am Torsionsstab

[1] In DIN 1311 wird die Erregerfunktion der Kraft mit $p(t)$ angegeben

Auslenkungswinkel φ und die Masse m durch das Trägheitsmoment J (Massenmoment 2. Grades, s. Abschn. 8.2.3). In Gl. (8.41), die dann $\ddot{\varphi}, \dot{\varphi}$ und φ enthält, ergibt sich als Faktor $z = \omega_0^2 \cdot \varphi_0$, worin φ_0 die Amplitude der Erregung ist. Die Gln. (8.43) bis (8.45) für das Kreisfrequenzverhältnis η, die Phasenverschiebung ζ und den Vergrößerungsfaktor α_1 sowie die Bilder 8.42 und 8.43 gelten auch für Drehschwinger mit harmonischer Erregung. Analog zur Gl. (8.32) gilt dann für den Abklingkoeffizienten $\delta = d/2J$, und der Dämpfungskoeffizient hat die Einheit $[d] = \text{kg} \cdot \text{m}^2 \cdot \text{s}^{-1}$.

Beispiel 8.17
Eine 1200 mm lange Stahlwelle von 40 mm Durchmesser wird entspr. Bild 8.40 an einem Ende zu Drehschwingungen angeregt. Die am anderen Wellenende angebrachte Scheibe hat ein Trägheitsmoment von 30 kg m². Bei welchem Dämpfungsgrad hat der Überhöhungsfaktor beim Resonanz-Kreisfrequenzverhältnis den Wert 2? Dafür sind außerdem die Erregerkreisfrequenz, die Phasenverschiebung und der Dämpfungskoeffizient zu errechnen.

Lösung:

Gegeben: $l = 1200\,\text{mm}$, $d_1 = 40\,\text{mm}$, $J = 30\,\text{kg m}^2$, $\alpha_1 = 2$, $G = 80000\,\text{N/mm}^2$ (für Stahl nach Tab. 11).

Gesucht: ϑ, Ω, ζ und d.

1. Dämpfungsgrad ϑ

Setzt man Gl. (8.47) für das Resonanz-Kreisfrequenzverhältnis η_{R1} in Gl. (8.45) ein und quadriert diese Gleichung, so ergibt sich

$$\alpha_1^2 = \frac{1}{(1 - 1 + 2\vartheta^2)^2 + 4\vartheta^2(1 - 2\vartheta^2)}.$$

Daraus folgt durch Umformen eine gemischt-quadratische Gleichung für den gesuchten Dämpfungsgrad.

$$4\vartheta^4 + 4\vartheta^2 - 8\vartheta^4 = 1/\alpha_1^2,$$

$$\vartheta^4 - \vartheta^2 + \frac{1}{4\alpha_1^2} = 0, \quad \text{mit} \quad \frac{1}{4\alpha_1^2} = \frac{1}{4 \cdot 2^2} = \frac{1}{16} \quad \text{wird}$$

$$\vartheta_{1,2}^2 = \frac{1}{2} \pm \sqrt{\frac{1}{4} - \frac{1}{16}} = \frac{2 \pm 1{,}732}{4} \quad \text{und daraus}$$

$$\vartheta_1 = \sqrt{\frac{3{,}732}{4}} = 0{,}966, \quad \vartheta_2 = \sqrt{\frac{0{,}268}{4}} = 0{,}2588.$$

Der Wert $\vartheta_1 = 0{,}966$ hat physikalisch keine Bedeutung, weil damit η_{R1} (Gl. (8.47)) imaginär wird. Somit beträgt $\vartheta \approx 0{,}26$.

2. Erregerfrequenz Ω und Phasenverschiebung ζ

Mit dem polaren Flächenmoment 2. Grades des Wellenquerschnitts nach Gl. (9.76):

$$I_p = \frac{\pi}{32}\, d_1^4 = \frac{\pi}{32}\,(40\,\text{mm})^4 = 251300\,\text{mm}^4$$

beträgt die Federrate der als Torsionsfeder aufgefassten Welle nach Gl. (8.28):

$$k = \frac{G \cdot I_p}{l} = \frac{80000\,\text{N/mm}^2 \cdot 251300\,\text{mm}^4}{1200\,\text{mm}} = 16750 \cdot 10^3\,\text{Nmm} = 16750\,\text{kg m}^2/\text{s}^2$$

und damit nach Gl. (8.27) die Eigenkreisfrequenz

$$\omega_0 = \sqrt{\frac{k}{J}} = \sqrt{\frac{16750\,\text{kg m}^2}{30\,\text{kg m}^2 \cdot \text{s}^2}} = 23{,}63\,\text{s}^{-1}.$$

Mit dem Resonanz-Kreisfrequenzverhältnis nach Gl. (8.47):

$$\eta_{R1} = \sqrt{1 - 2\vartheta^2} = \sqrt{1 - 2 \cdot 0{,}26^2} = 0{,}93$$

ergibt sich aus Gl. (8.43):

$$\Omega = \eta_{R1} \cdot \omega_0 = 0{,}93 \cdot 23{,}63\,\text{s}^{-1} \approx 22\,\text{s}^{-1}$$

und nach Gl. (8.44) erhält man

$$\tan \zeta = \frac{2\vartheta \cdot \eta_{R1}}{1 - \eta_{R1}^2} = \frac{2 \cdot 0{,}26 \cdot 0{,}93}{1 - 0{,}93^2}, \quad \text{somit}$$

$$\zeta = 1{,}298\,\text{rad} = 74{,}39°.$$

3. Dämpfungskoeffizient d

Aus Gl. (8.33) folgt der Abklingkoeffizient

$$\delta = \vartheta \cdot \omega_0 = 0{,}26 \cdot 23{,}63\,\text{s}^{-1} = 6{,}144\,\text{s}^{-1}$$

und damit ergibt sich aus Gl. (8.32), in die J für m einzusetzen ist:

$$d = \delta \cdot 2J = 6{,}144\,\text{s}^{-1} \cdot 2 \cdot 30\,\text{kg m}^2 = 368{,}6\,\text{kg m}^2/\text{s}.$$

8.4.3 Unwucht- oder Massenkrafterregung

Bild 8.41 zeigt ein Feder-Masse-Dämpfer-Schwingsystem mit vertikaler Führung des Schwingkörpers, die als reibungsfrei angenommen wird. Im Schwingkörper von der Gesamtmasse m_{ges} rotiert mit konstanter Winkelgeschwindigkeit Ω eine Unwuchtmasse, die man sich als umlaufende Punktmasse m_1 am Radius e (der Außermittigkeit oder Exzentrizität des

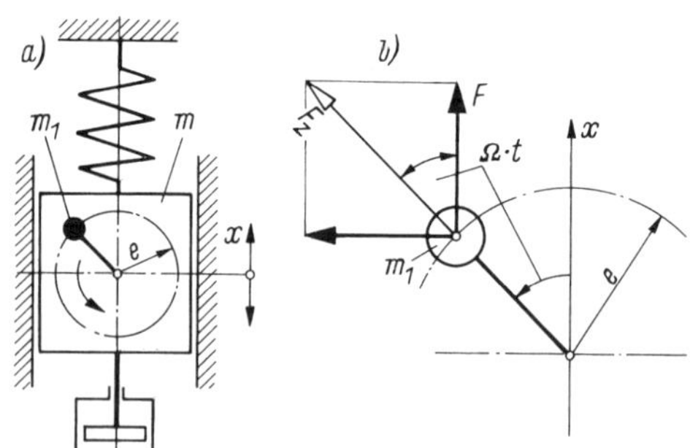

Bild 8.41 Feder-Masse-Dämpfer-Schwinger mit Unwuchterregung
a) Schwingsystem, b) vertikale Komponente F der Fliehkraft F_z

Schwerpunktes) vorstellen kann. Durch m_1 wird entspr. Gl. (7.67) die Fliehkraft $F_z = m_1 \cdot e \cdot \Omega^2$ hervorgerufen. Darin ist das Produkt $\boldsymbol{m_1 \cdot e}$ die **Unwucht** als Massenmoment 1. Grades mit der Einheit kg m (s. Abschn. 7.4.5). Die Komponente der Fliehkraft in Richtung des Schwingweges x (Bild 8.41b) ist die harmonische

Erregerkraft

$$F = F_z \cdot \cos(\Omega \cdot t) = m_1 \cdot e \cdot \Omega^2 \cdot \cos(\Omega \cdot t)$$

und F_z ist hierbei die Amplitude einer Unwuchterregung, die im Gegensatz zur Federkrafterregung auch von der Erregerkreisfrequenz Ω abhängt.

Das Schwingsystem wird durch die horizontale Komponente der Fliehkraft F_z auch zu Horizontalschwingungen (Querschwingungen) und wegen des außermittigen Kraftangriffs zu Drehpendelungen angeregt. Nachfolgend werden beide vernachlässigt und nur die Vertikalschwingungen (Längsschwingungen) betrachtet.

Durch Einfügen der Erregerkraft F in Gl. (8.31) erhält man für die Gesamtmasse $m_{\text{ges}} = m + m_1$:

$$m_{\text{ges}} \cdot \ddot{x} + d \cdot \dot{x} + k \cdot x - m_1 \cdot e \cdot \Omega^2 \cdot \cos(\Omega \cdot t) = 0$$

Nach Division durch m_{ges}, Einführung von δ und ω_0 (wie im vorigen Abschnitt) und Umstellung folgt daraus die

Bewegungsgleichung

$$\ddot{x} + 2\delta \cdot \dot{x} + \omega_0^2 \cdot x = \frac{m_1}{m_{\text{ges}}} \cdot e \cdot \Omega^2 \cos(\Omega \cdot t)$$

Setzt man zur Vereinfachung als Faktor

$$z = \Omega^2 \cdot e \cdot m_1 / m_{\text{ges}} = \Omega^2 \cdot x_z$$

so ergibt sich wieder Gl. (8.41) als allgemeine Form der Bewegungsgleichung, deren Lösung Gl. (8.42) ist. Darin bedeutet $\boldsymbol{x_z = e \cdot m_1 / m_{\text{ges}}}$ die statische Federverlängerung durch die Fliehkraft F_z bei einer Erregerkreisfrequenz Ω = Eigenkreisfrequenz ω_0, was mit $k = m_{\text{ges}} \cdot \omega_0^2$ (Gl. (8.3)) und $F_z = m_1 \cdot e \cdot \omega_0^2$ (Gl. (7.67)) veranschaulicht werden kann:

$$x_z = \frac{F_z}{k} = \frac{m_1 \cdot e \cdot \omega_0^2}{m_{\text{ges}} \cdot \omega_0^2} = \frac{m_1}{m_{\text{ges}}} \cdot e$$

Wegen der Abhängigkeit der Erregerkraft F vom Quadrat der Erregerkreisfrequenz Ω beträgt hier in Gl. (8.42) die Konstante C als Amplitude des Schwingweges der erzwungenen Schwingung nach der Einschwingzeit:

$$C = \frac{\eta^2}{\sqrt{(1 - \eta^2)^2 + (2\vartheta \cdot \eta)^2}} \cdot x_z$$

worin wiederum η das Kreisfrequenzverhältnis nach Gl. (8.43) und ϑ der Dämpfungsgrad nach Gl. (8.33) sind. Dividiert man C durch x_z, so entsteht analog zur Gl. (8.45) der **Vergrößerungsfaktor** $\boldsymbol{V_2 = C/x_z}$ für Unwuchterregung oder der

Überhöhungsfaktor

$$\boldsymbol{\alpha_2 = \frac{\eta^2}{\sqrt{(1 - \eta^2)^2 + (2\vartheta \cdot \eta)^2}} = \eta^2 \cdot \alpha_1} \qquad (8.48)$$

Der Überhöhungsfaktor α_2 bei Unwuchterregung ist also das η^2-fache des Überhöhungsfaktors α_1 bei Federkrafterregung. Damit folgt aus Gl. (8.42) der

Schwingweg

$$\boldsymbol{x = \alpha_2 \cdot x_z \cdot \cos(\Omega \cdot t - \zeta) = \alpha_2 \cdot e \cdot \frac{m_1}{m_{\text{ges}}} \cdot \cos(\Omega \cdot t - \zeta)} \qquad (8.49)$$

Die Ähnlichkeit zur Gl. (8.46) ist unverkennbar. Der Unterschied besteht im Überhöhungsfaktor α_2 und im Faktor x_z, der von der Exzentrizität e der Masse m_1 und dem Massenverhältnis m_1/m_{ges} abhängt. Für die Phasenverschiebung ζ gilt Gl. (8.44) auch bei Unwuchterregung.

Bild 8.42 zeigt einen Schwinger mit zwei gegenläufig am Radius e umlaufenden Massen m_2 von gleicher Größe. Bei diesem Erregungsprinzip, das z. B. in Antrieben von Schwingförderern angewendet wird (s. Beisp. 8.19), heben sich die quer zur Federlängsrichtung wirkenden Kräfte auf, so dass keine Horizontalschwingungen auftreten können. Mit $\boldsymbol{m_1 = 2m_2}$ und der Gesamtmasse $m_{\text{ges}} = m + 2m_2$ gelten vorstehende Gleichungen auch für diesen Schwinger.

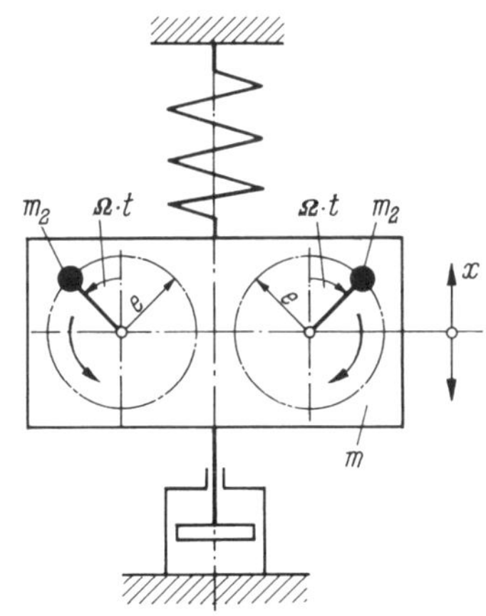

Bild 8.42 Feder-Masse-Dämpfer-Schwingsystem mit Massenkrafterregung durch zwei gegenläufige Unwuchtmassen

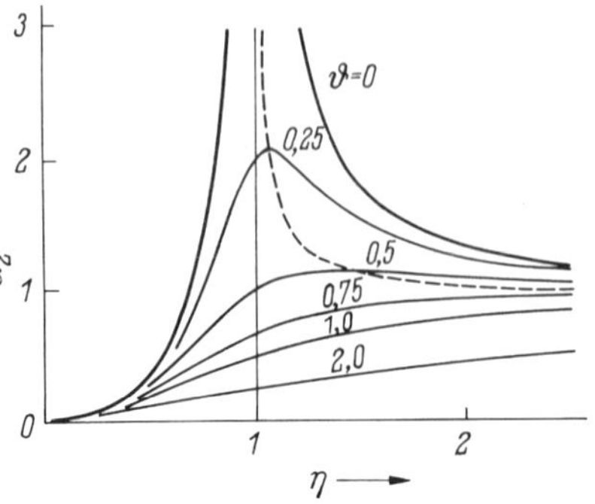

Bild 8.43 Amplitudenfrequenzgang einer erzwungenen Schwingung mit Dämpfung und harmonischer Erregung durch Massenkraft

In Bild 8.43 ist der Amplitudenfrequenzgang α_2 für verschiedene Dämpfungsgrade ϑ über dem Kreisfrequenzverhältnis η dargestellt. Alle Kurven beginnen bei $\eta = 0$ (d. h. keine Fremderregung) mit $\alpha_2 = 0$. Sie haben wie die Kurven des Amplitudenfrequenzganges α_1 (Bild 8.38) für $\vartheta < \sqrt{2}/2 = 0{,}707$ ein ausgeprägtes Maximum. Dieses liegt jedoch im überkritischen Bereich bei $\Omega > \omega_0$, und zwar beim (s. auch Gl. (8.47))

Resonanz-Kreisfrequenzverhältnis

$$\boldsymbol{\eta_{R2} = \frac{1}{\sqrt{1-2\vartheta^2}} = \frac{1}{\eta_{R1}}} \tag{8.50}$$

Nur bei ungedämpfter Schwingung ($\vartheta = 0$) liegt das Maximum von α_2 genau bei $\eta = 1$ (d. h. $\Omega = \omega_0$). In diesem Fall ($\alpha_2 \to \infty$) würden die erzwungenen Schwingungsausschläge zur Zerstörung der Maschinenteile führen. Im überkritischen Bereich nähern sich die Kurven dem Wert $\alpha_2 = 1$. Die Phasenfunktion verläuft bei Unwuchterregung wie bei der Federkrafterregung nach Bild 8.39.

Beispiel 8.18

Der Rotor eines Elektromotors von 60 kg Gesamtmasse läuft mit einer Betriebsdrehzahl von 1440 min^{-1} und hat eine Unwucht, die einer Masse von 1 kg mit einer Exzentrizität von 0,5 mm entspricht. Welche Federrate muss die elastische Unterlage haben, wenn der Überhöhungsfaktor 2,4 betragen soll und die Dämpfung vernachlässigt wird? Wie groß ist der maximale Ausschlag der erzwungenen Schwingung?

Lösung:

Gegeben: $m_{ges} = 60\,\text{kg}$, $m_1 = 1\,\text{kg}$, $e = 0{,}5\,\text{mm}$, $n = 1440\,\text{min}^{-1}$, $\alpha_2 = 2{,}4$, $\vartheta = 0$.

Gesucht: k und x_{max}.

1. Erregerkreisfrequenz Ω und erforderliche Eigenkreisfrequenz ω_0

Entspr. Gl. (6.27) ist

$$\Omega = 2\pi \cdot n = 2\pi(1440/60)\,\text{s}^{-1} = 150{,}8\,\text{s}^{-1}.$$

Mit $\vartheta = 0$ lautet Gl. (8.48) für den Überhöhungsfaktor

$$\alpha_2 = \frac{\eta^2}{\sqrt{(1-\eta^2)^2}}.$$

Durch Umformen erhält man

$$\alpha_2^2(1 - 2\eta^2 + \eta^4) = \eta^4,$$

$$\alpha_2^2 - \alpha_2^2 \cdot 2\eta^2 + \alpha_2^2 \cdot \eta^4 - \eta^4 = 0,$$

$$(\alpha_2^2 - 1) \cdot \eta^4 - 2\alpha_2^2 \cdot \eta^2 + \alpha_2^2 = 0$$

und daraus die Normalform einer gemischt-quadratischen Gleichung

$$\eta^4 - \frac{2\alpha_2^2}{\alpha_2^2 - 1} \cdot \eta^2 + \frac{\alpha_2^2}{\alpha_2^2 - 1} = 0$$

mit den Lösungen:

$$\eta_{1,2}^2 = q \pm \sqrt{q^2 - q} = 1{,}21 \pm \sqrt{1{,}21^2 - 1{,}21}$$
$$= 1{,}21 \pm 0{,}5041,$$

wobei

$$q = \frac{\alpha_2^2}{\alpha_2^2 - 1} = \frac{2{,}4^2}{2{,}4^2 - 1} = 1{,}21$$

gesetzt wurde. Somit betragen die möglichen Kreisfrequenzverhältnisse:

$$\eta_1 = \sqrt{1{,}21 + 0{,}5041} = 1{,}309,$$

$$\eta_2 = \sqrt{1{,}21 - 0{,}5041} = 0{,}8402.$$

Aus Gl. (8.43) folgt damit

$$\omega_{01} = \frac{\Omega}{\eta_1} = \frac{150{,}8\,\text{s}^{-1}}{1{,}309} = 115{,}2\,\text{s}^{-1},$$

$$\omega_{02} = \frac{\Omega}{\eta_2} = \frac{150{,}8\,\text{s}^{-1}}{0{,}8402} = 179{,}5\,\text{s}^{-1}.$$

2. Federrate k_1 und k_2

Aus Gl. (8.3) erhält man

$$k_1 = m_{ges} \cdot \omega_{01}^2 = 60\,\text{kg} \cdot (115{,}2\,\text{s}^{-1})^2$$
$$= 796{,}3 \cdot 10^3\,\text{kg/s}^2 = 796{,}3\,\text{N/mm},$$

$$k_2 = m_{ges} \cdot \omega_{02}^2 = 60\,\text{kg} \cdot (179{,}5\,\text{s}^{-1})^2$$
$$= 1933 \cdot 10^3\,\text{kg/s}^2 = 1933\,\text{N/mm}.$$

Mit k_1 schwingt das System überkritisch ($\eta_1 > 1$) und mit k_2 unterkritisch ($\eta_2 < 1$).

3. Maximaler Ausschlag x_{max} der erzwungenen Schwingung

Er ist gleich dem Produkt $\alpha_2 \cdot x_z$ als Faktor der Cosinusfunktion in Gl. (8.49), also

$$x_{max} = \alpha_2 \cdot x_z = \alpha_2 \cdot e \cdot m_1/m_{ges}$$
$$= 2{,}4 \cdot 0{,}5\,\text{mm} \cdot 1\,\text{kg}/60\,\text{kg}$$
$$= 0{,}02\,\text{mm}.$$

Der maximale Ausschlag ist für beide Federraten gleich.

Beispiel 8.19
Eine Schwingförderrinne (Bild 8.44) ist auf vier parallelen Blattfedern abgestützt und wird durch zwei gleich große um 180° versetzte Unwuchtmassen zum Schwingen angeregt. Das Gesamtgewicht der Rinne beträgt 100 kg. Die Unwuchtmassen wiegen je 4 kg. Sie werden gegenläufig angetrieben und haben 25 mm Schwerpunktabstand von der Drehachse. Jede Blattfeder hat eine Federrate von 40 N/mm. Mit welcher Drehzahl müssen die Unwuchtmassen umlaufen, wenn der maximale Schwingungsausschlag der Rinne in x-Richtung 2,5 mm betragen soll und Dämpfungseinflüsse vernachlässigt werden?

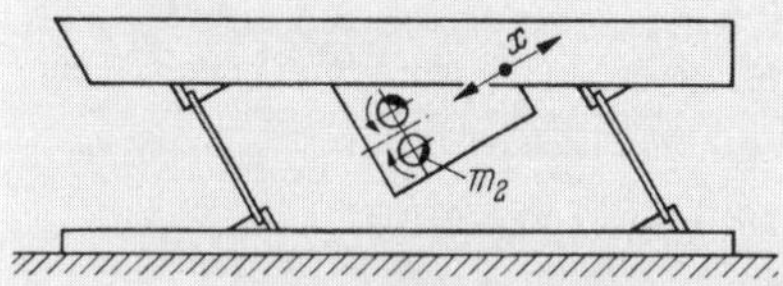

Bild 8.44 Schwingförderrinne mit Unwuchtmassenantrieb

Lösung:
Gegeben: $m_{ges} = 100$ kg,
$m_1 = 2m_2 = 2 \cdot 4\,\text{kg} = 8\,\text{kg}$, $e = 25$ mm,
$k = 40\,\text{N/mm} = 40 \cdot 10^3\,\text{kg/s}^2$,
$x_{max} = 2{,}5$ mm, $\vartheta = 0$.
Gesucht: n in min^{-1}.

1. Eigenkreisfrequenz ω_0
Die parallel angeordneten Federn haben entspr. Gl. (8.13) eine Gesamtfederrate

$$k_{ges} = 4k = 4 \cdot 40 \cdot 10^3\,\text{kg/s}^2 = 16 \cdot 10^4\,\text{kg/s}^2.$$

Damit nach Gl. (8.13):

$$\omega_0 = \sqrt{\frac{k_{ges}}{m_{ges}}} = \sqrt{\frac{16 \cdot 10^4\,\text{kg}}{100\,\text{kg} \cdot \text{s}^2}} = 40\,\text{s}^{-1}.$$

2. Überhöhungsfaktor α_2 und Erregerkreisfrequenz Ω
Aus $x_{max} = \alpha_2 \cdot x_z = \alpha_2 \cdot e \cdot m_1/m_{ges}$ folgt

$$\alpha_2 = \frac{x_{max} \cdot m_{ges}}{e \cdot m_1} = \frac{2{,}5\,\text{mm} \cdot 100\,\text{kg}}{25\,\text{mm} \cdot 8\,\text{kg}} = 1{,}25.$$

Damit erhält man für $\vartheta = 0$ aus Gl. (8.48) (umgeformt wie unter 1. in Beisp. 8.18) unter Verwendung von

$$q = \frac{\alpha_2^2}{\alpha_2^2 - 1} = \frac{1{,}25^2}{1{,}25^2 - 1} = 2{,}778:$$

$$\eta_{1,2}^2 = q \pm \sqrt{q^2 - q} = 2{,}778 \pm \sqrt{2{,}778^2 - 2{,}778} = 2{,}778 \pm 2{,}222,$$

daraus die Kreisfrequenzverhältnisse

$$\eta_1 = \sqrt{2{,}778 + 2{,}222} = 2{,}236,$$

$$\eta_2 = \sqrt{2{,}778 - 2{,}222} = 0{,}7457$$

und mit diesen aus Gl. (8.43):

$$\Omega_1 = \eta_1 \cdot \omega_0 = 2{,}236 \cdot 40\,\text{s}^{-1} = 89{,}44\,\text{s}^{-1},$$

$$\Omega_2 = \eta_2 \cdot \omega_0 = 0{,}7457 \cdot 40\,\text{s}^{-1} = 29{,}83\,\text{s}^{-1},$$

3. Drehzahlen n_1 und n_2
Sie folgen aus Gl. (6.27):

$$n_1 = \frac{\Omega_1}{2\pi} = \frac{89{,}44\,\text{s}^{-1}}{2\pi} = 14{,}23\,\text{s}^{-1} \approx 854\,\text{min}^{-1},$$

$$n_2 = \frac{\Omega_2}{2\pi} = \frac{29{,}83\,\text{s}^{-1}}{2\pi} = 4{,}748\,\text{s}^{-1} \approx 285\,\text{min}^{-1}.$$

Mit n_1 würde die Förderrinne im überkritischen ($\eta_1 > 1$) und mit n_2 im unterkritischen Bereich ($\eta_2 < 1$) schwingen.

Eine in der Technik häufig vorkommende Art der Fremderregung, für die ebenfalls der Überhöhungsfaktor α_2 nach Gl. (8.48) und der Amplitudenfrequenzgang nach Bild 8.43 gilt, ist die harmonische Bewegung eines Gehäuses oder Rahmens, in dem ein Schwingsystem befestigt ist. Das Gehäuse kann z. B. ein Fahrzeug sein, in dem durch die Fahrbewegung schwingungsfähige Systeme zum Schwingen angeregt werden. Bild 8.45 zeigt einen Feder-Masse-Dämpfer-

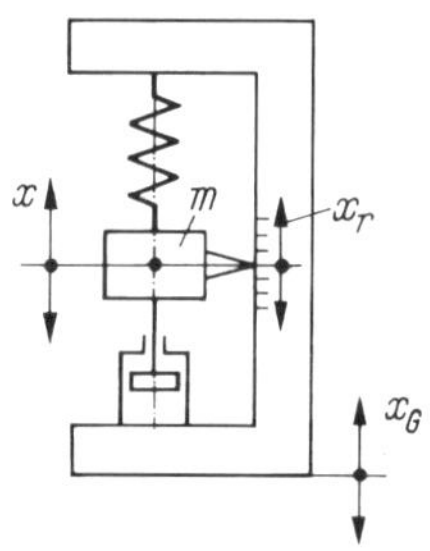

Bild 8.45 Feder-Masse-Dämpfer-Schwingsystem in einem harmonisch bewegten Gehäuse

Schwinger in einem Gehäuse, dessen Bewegung nach der **Erregerfunktion $x_G = x_0 \cdot \cos(\Omega \cdot t)$** verläuft. Meistens interessiert nur der relative Schwingweg $x_r = x - x_G$ der Masse m gegenüber dem Gehäuse und nicht, wie bei den bisherigen Betrachtungen, der absolute Schwingweg x. Auf ein Fahrzeug bezogen heißt das: Die Schwingungen eines Fahzeugteiles gegenüber dem Fahrzeug und nicht gegenüber der Fahrbahn (dem ortsfesten Bezugssystem) sind von Interesse. Sinngemäß zum relativen Schwingweg x_r beträgt die relative Schwinggeschwindigkeit $\dot{x}_r = \dot{x} - \dot{x}_G$ und die relative Schwingbeschleunigung $\ddot{x}_r = \ddot{x} - \ddot{x}_G$. Für die freigemachte Masse m erhält man mit der Trägheitskraft $F_T = m \cdot \ddot{x} = m(\ddot{x}_r + \ddot{x}_G)$ die Gleichgewichtsbedingung:

$$m(\ddot{x}_r + \ddot{x}_G) + d \cdot \dot{x}_r + k \cdot x_r = 0$$

und nach Umformung:

$$m \cdot \ddot{x}_r + d \cdot \dot{x}_r + k \cdot x_r = -m \cdot \ddot{x}_G$$

Da $m \cdot \ddot{x}_G$ eine durch die Beschleunigung $\ddot{x}_G$ hervorgerufene Massenkraft ist, handelt es sich um eine **Massenkrafterregung.** Analog zur Gl. (8.6), deren Herleitung im Abschn. 8.2.1 erläutert wurde, beträgt die Erregerbeschleunigung $\ddot{x}_G = -x_0 \cdot \Omega^2 \cdot \cos(\Omega \cdot t)$. Somit wird

$$m \cdot \ddot{x}_r + d \cdot \dot{x}_r + k \cdot x_r = m \cdot x_0 \cdot \Omega^2 \cdot \cos(\Omega \cdot t)$$

Dividiert man wieder durch m und führt δ sowie ω_0 ein, folgt daraus nach Umstellung die

Bewegungsgleichung

$$\ddot{x}_r + 2\delta \cdot \dot{x}_r + \omega_0^2 \cdot x_r = x_0 \cdot \Omega^2 \cdot \cos(\Omega \cdot t)$$

Setzt man zur Vereinfachung $\boldsymbol{z = \Omega^2 \cdot x_0}$, so ergibt sich wieder eine der Gl. (8.41) entsprechende allgemeine Form der Bewegungsgleichung, deren Lösung Gl. (8.42) ist. Wegen der Abhängigkeit vom Quadrat der Erregerkreisfrequenz Ω erhält man auch hier wie bei der Unwuchterregung den Überhöhungsfaktor α_2 (Gl. (8.48)) und die Konstante $C = \alpha_2 \cdot x_0$ als Amplitude des relativen Schwingweges x_r der erzwungenen Schwingung nach der Einschwingzeit. Sinngemäß zur Gl. (8.49) folgt mit x_r und x_0 anstelle x und x_z für den

relativen Schwingweg

$$\boldsymbol{x_r = \alpha_2 \cdot x_0 \cdot \cos(\Omega \cdot t - \zeta)} \qquad (8.51)$$

worin x_0 die Amplitude der Erregung ist.

Beispiel 8.20
Ein Schwingsystem nach Bild 8.45 mit einem Dämpfungsgrad von 0,3 wird durch Bewegungen des Gehäuses, die nach der Funktion $x_G = 4\,\text{mm} \cdot \cos(15\,\text{s}^{-1} \cdot t)$ verlaufen, zu erzwungenen Schwingungen angeregt. Welche Amplitude hat der relative Schwingweg, wenn Eigenkreisfrequenz und Erregerkreisfrequenz gleich sind? Bei welcher Eigenkreisfrequenz würde die maximal mögliche Amplitude auftreten, und wie groß sind dabei der maximale relative Schwingweg und die Phasenverschiebung?

Lösung:
Gegeben: $x_0 = 4$ mm, $\Omega = 15\,\text{s}^{-1}$, $\vartheta = 0{,}3$.
Gesucht: 1. x_r bei $\eta = 1$, 2. ω_0, $x_{r\,max}$ und ζ bei η_{R2}.
1. Schwingweg x_r bei $\eta = 1$.
Dafür folgt aus Gl. (8.48) der Überhöhungsfaktor

$$\alpha_2 = \frac{1}{2\vartheta} = \frac{1}{2 \cdot 0{,}3} = 1{,}667,$$

mit dem sich aus Gl. (8.51) die gesuchte Amplitude errechnen lässt:

$$x_r = \alpha_2 \cdot x_0 = 1{,}667 \cdot 4\,\text{mm} = 6{,}668\,\text{mm}.$$

2. Eigenkreisfrequenz ω_0, maximaler Schwingweg $x_{r\,max}$ und Phasenverschiebung ζ beim Resonanz-Kreisfrequenzverhältnis η_{R2}
Nach Gl. (8.50) ist

$$\eta_{R2} = \frac{1}{\sqrt{1-2\vartheta^2}} = \frac{1}{\sqrt{1-2 \cdot 0{,}3^2}} = 1{,}104.$$

Damit folgt aus Gl. (8.43):

$$\omega_0 = \frac{\Omega}{\eta_{R2}} = \frac{15\,\text{s}^{-1}}{1{,}104} = 13{,}59\,\text{s}^{-1},$$

und es beträgt nach Gl. (8.48) der Überhöhungsfaktor

$$\alpha_2 = \frac{\eta_{R2}^2}{\sqrt{(1-\eta_{R2}^2)^2 + (2\vartheta \cdot \eta_{R2})^2}} = \frac{1{,}104^2}{\sqrt{(1-1{,}104^2)^2 + (2 \cdot 0{,}3 \cdot 1{,}104)^2}} = 1{,}747,$$

somit wird

$$x_{r\,max} = \alpha_2 \cdot x_0 = 1{,}747 \cdot 4\,\text{mm} = 6{,}988\,\text{mm} \approx 7\,\text{mm}.$$

Mit $\eta = \eta_{R2}$ wird nach Gl. (8.44):

$$\tan\zeta = \frac{2\vartheta \cdot \eta_{R2}}{1-\eta_{R2}^2} = \frac{2 \cdot 0{,}3 \cdot 1{,}104}{1-1{,}104^2} = -3{,}027.$$

Da
$-\tan\zeta = \tan(-\zeta) = \tan(\pi - \zeta) = \tan(180° - \zeta)$
ist, beträgt $\zeta = 1{,}89\,\text{rad} = 108{,}3°$.

8.4.4 Kritische Drehzahlen

Trotz erheblichen Aufwands beim Auswuchten von Wellen oder Achsen mit den aufgesetzten Maschinenteilen ist es praktisch nicht erreichbar, dass ihr Schwerpunkt genau auf der Drehachse liegt. Bei ihrem Umlauf werden infolge der Exzentrizität durch die Fliehkraft wie bei der Unwuchterregung periodische Massenkraftimpulse wirksam, die Schwingungen hervorrufen und zu einem unruhigen Lauf führen. Da jede Welle oder Achse elastisch ist, bildet sie mit ihren aufgesetzten Massen ein Feder-Masse-Schwingsystem, für das eine Eigenkreisfrequenz ermittelt werden kann. Die Dämpfung ist so gering, dass sie vernachlässigt werden darf. Wenn die Erregerkreisfrequenz, die sich aus der Betriebsdrehzahl errechnen lässt, mit der Eigenkreisfrequenz übereinstimmt, tritt **Resonanz** auf. Die stark ansteigenden Schwingungsausschläge rufen in den Lagern und Fundamenten Erschütterungen hervor und können zum Bruch führen. Maschinendrehzahlen, bei denen Resonanz auftritt, werden **kritische Drehzahlen** genannt.

Biegekritische Drehzahl
Bild 8.46 zeigt eine vertikal angeordnete Welle mit einer in der Mitte angebrachten scheibenförmigen Masse m, deren Schwerpunkt um die Exzentrizität e von der Wellenmitte entfernt ist. Unter Vernachlässigung der Wellenmasse und der Lagereinflüsse (sowie der Kreiselwirkung

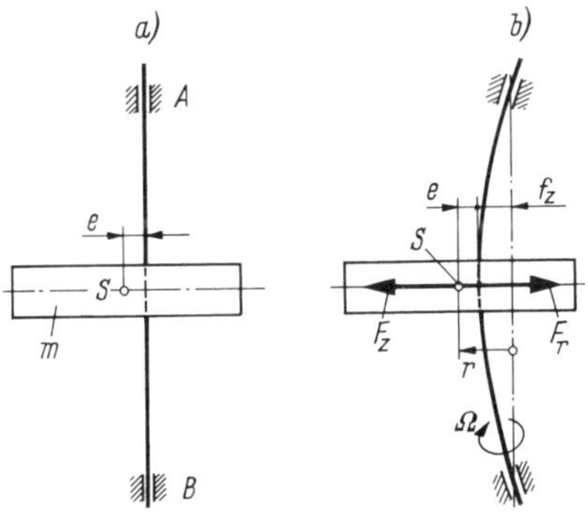

Bild 8.46 Entstehung von Biegeschwingungen infolge Schwerpunktverlagerung
a) stillstehende (masselos gedachte) Welle,
b) umlaufende Welle
A, B winkelbewegliche Lager, S Schwerpunkt der aufgesetzten Masse m

einer außermittig zwischen den Lagern angebrachten Scheibe wie in Bild 8.48) wird die Welle bei der Winkelgeschwindigkeit Ω als Erregerkreisfrequenz durch die Fliehkraft (Gl. (7.67)) $F_z = m \cdot r \cdot \Omega^2 = m \cdot (e + f_z) \cdot \Omega^2$ um die Auslenkung f_z durchgebogen. Die elastische Welle wirkt mit der Rückstellkraft $F_r = k \cdot f_z$ der Fliehkraft entgegen. Aus der Gleichgewichtsbedingung $F_r - F_z = 0$ folgt

$$k \cdot f_z = m \cdot (e + f_z) \cdot \Omega^2 = m \cdot e \cdot \Omega^2 + m \cdot f_z \cdot \Omega^2$$

$$f_z(k - m \cdot \Omega^2) = m \cdot e \cdot \Omega^2$$

und daraus die Auslenkung der Welle

$$f_z = \frac{e \cdot m \cdot \Omega^2}{k - m \cdot \Omega^2} = e \cdot \frac{\Omega^2 \cdot m/k}{1 - \Omega^2 \cdot m/k}$$

Führt man die Eigenkreisfrequenz ω_0 mit $\omega_0^2 = k/m$ entspr. Gl. (8.3) und das Kreisfrequenzverhältnis $\eta = \Omega/\omega_0$ (Gl. (8.43)) ein, so ergibt sich die fliehkraftbedingte

Auslenkung $$f_z = e \cdot \frac{\eta^2}{1 - \eta^2}$$

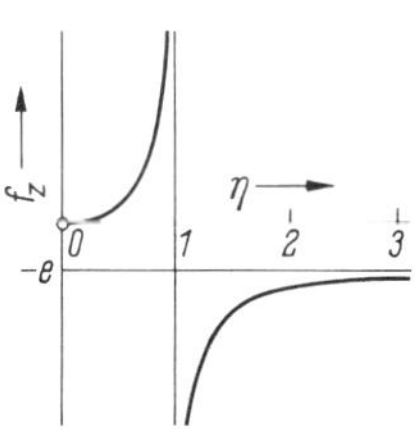

Bild 8.47 Auslenkung f_z einer rotierenden Welle mit exzentrisch aufgesetzter Scheibe in Abhängigkeit vom Kreisfrequenzverhältnis η

Der Betrag des Faktors von e ist gleich dem Überhöhungsfaktor α_2 nach Gl. (8.48) für den Dämpfungsgrad $\vartheta = 0$. Den Verlauf der Funktion $f_z(\eta)$ zeigt Bild 8.47 (Darstellung von f_z über η).
Beim Resonanzfall mit $\Omega = \omega_0$ ist $\eta = 1$ und $f_z \to \infty$. Die Welle läuft bei der Winkelgeschwindigkeit $\Omega = \omega_0 = 2\pi \cdot n_{kb}$ instabil und kann erheblichen Schaden nehmen. Diese Gefahr besteht für Wellen mit nur einer aufgesetzten Scheibe bei der

biegekritischen Drehzahl $$n_{kb} = \frac{\omega_0}{2\pi} = \frac{1}{2\pi}\sqrt{\frac{k}{m}} \qquad (8.52)$$

Ein gefahrenfreier Betrieb ist möglich, wenn die Betriebsdrehzahl n weit genug unter- oder oberhalb der kritischen Drehzahl liegt (ca. $\pm 30\%$). Bei $n > n_{kb}$ ist darauf zu achten, dass der Resonanzpunkt $n = n_{kb}$ möglichst schnell durchfahren wird. Die Auslenkung f_z strebt gegen $-e$, wenn $n \gg n_{kb}$ ist, d. h. bei hohen Drehzahlen zentriert sich die Welle selbst, und ihr Schwerpunkt liegt auf der Drehachse.
Aus Gl. (8.52) geht hervor, dass die biegekritische Drehzahl nur von der Masse m der aufgesetzten Scheibe und von der Federrate k der Welle (ihrer Biegesteifigkeit) abhängt. Auf die Welle einwirkende Belastungskräfte sind ohne Einfluss, ebenso der Betrag der Exzentrizität und die Einbaulage. Es spielt keine Rolle, ob die Welle oder Achse vertikal, horizontal oder unter einem beliebigen Winkel gelagert ist. Der Lagereinfluss kann durch einen Zuschlagsfaktor (Erfahrungswert) berücksichtigt werden, der aber jeweils nur für eine bestimmte Lagerungsart gültig ist. Die Federrate $k = F/f$ lässt sich mit der Durchbiegung f errechnen (s. Abschn. 9.4.6 und Tab. 25), für in der Mitte belastete Achsen und Wellen gleich bleibenden Querschnitts nach Gl. (8.16). Bei horizontaler Anordnung ist $k = F_G/f_G = m \cdot g/f_G$ mit der Durchbiegung f_G unter der Gewichtskraft F_G der aufgesetzten Masse m. Aus Gl. (8.52) wird damit $n_{kb} = (1/2\pi)\sqrt{g/f_G}$ oder als Zahlenwertgleichung: $n_{kb} \approx 946/\sqrt{f_G}$ in min^{-1} mit f_G in mm.

Beispiel 8.21
Eine waagerecht gelagerte Welle mit einer 10 kg schweren Riemenscheibe (Bild 8.48) wird durch die resultierende Riemenkraft von 150 N um 0,2 mm durchgebogen. In welchem Drehzahlbereich darf die Welle nicht laufen, wenn die Betriebsdrehzahl mindestens 30% von der biegekritischen Drehzahl entfernt liegen soll?

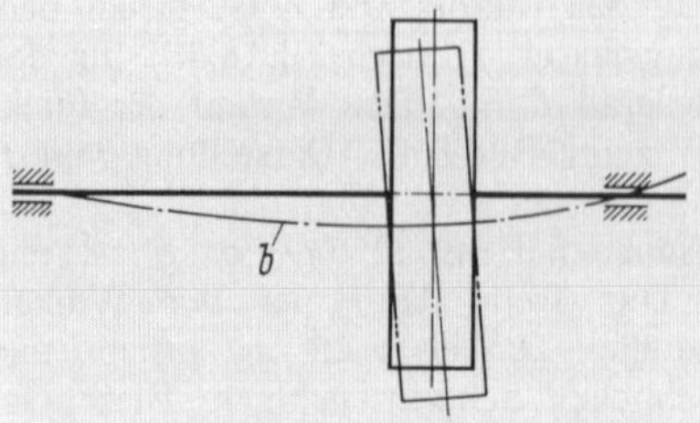

Bild 8.48 Waagerecht gelagerte Welle mit Riemenscheibe
b durchgebogene Welle (übertrieben dargestellt)

Lösung:
Gegeben: $m = 10$ kg, $F = 150$ N, $f = 0{,}2$ mm.
Gesucht: $n_{u\,zul} = (0{,}7\ldots1{,}3)\,n_{kb}$.
1. Biegekritische Drehzahl n_{kb}
Mit der Federrate

$$k = \frac{F}{f} = \frac{150\,\text{N}}{0{,}2\,\text{mm}} = 750\,\frac{\text{N}}{\text{mm}} = 75\cdot10^4\,\frac{\text{kg}}{\text{s}^2}$$

beträgt nach Gl. (8.52):

$$n_{kb} = \frac{1}{2\pi}\sqrt{\frac{k}{m}} = \frac{1}{2\pi}\sqrt{\frac{75\cdot10^4\,\text{kg}}{10\,\text{kg}\cdot\text{s}^2}} = 43{,}59\,\text{s}^{-1}$$
$$= 2615\,\text{min}^{-1}.$$

2. Unzulässige Betriebsdrehzahlen n_{uzul}
Sie betragen

$$n_{u\,zul} = (0{,}7\ldots1{,}3)\,n_{kb} = (0{,}7\ldots1{,}3)\,2615\,\text{min}^{-1}$$
$$\approx 1830\,\text{min}^{-1}\ldots3400\,\text{min}^{-1}.$$

Die Welle darf also im Drehzahlbereich

$$1830\,\text{min}^{-1} \le n \le 3400\,\text{min}^{-1}$$

nicht betrieben werden.

Verdrehkritische Drehzahl
Da Wellen, die stets ein Drehmoment übertragen, auch wie Torsionsfedern wirken, können sie durch Drehmomentstöße zu Drehschwingungen (Drehpendelungen) angeregt werden, die der gleichförmigen Drehbewegung überlagert sind. Diese Drehschwingungen sind besonders gefährlich, wenn die Erregerkreisfrequenz mit der Eigenkreisfrequenz übereinstimmt (Resonanzfall). Die Dämpfung von Wellen ist sehr gering, so dass sich bei Resonanz mit der Erregerkreisfrequenz $\Omega = \omega_0 = 2\pi \cdot n_{kt}$ sehr große Schwingwinkel ergeben. Für Zweischeibendrehschwinger (Bild 8.28) oder Zweimassensysteme mit den Trägheitsmomenten J_1 und J_2 und der Eigenkreisfrequenz ω_0 entspr. Gl. (8.29) folgt daraus die

torsions- oder verdrehkritische Drehzahl

$$n_{kt} = \frac{1}{2\pi}\sqrt{k\left(\frac{1}{J_1} + \frac{1}{J_2}\right)} \qquad (8.53)$$

Die Federrate k der Welle kann nach Gl. (8.28) errechnet werden.
Die verdrehkritische Drehzahl muss ebenso wie die biegekritische weit genug von der Betriebsdrehzahl der Welle bzw. je nach Art und Arbeitsweise der Maschine von einem Vielfachen dieser Drehzahl entfernt liegen.

Die sehr aufwändige Berechnung der biege- und der verdrehkritischen Drehzahl von Mehrmassensystemen kann hier nicht behandelt werden (s. weiterführende Literatur).

8.4.5 Schwingungsisolierung

Eine wichtige Aufgabe der Schwingungstechnik ist das Verhindern der schädlichen Auswirkungen von Schwingungen. Sollen die von einer Maschine, z. B. einem Kolbenmotor, einem Kolbenkompressor, einer Kreiselpumpe oder einem Elektromotor mit Unwucht, ausgehenden Schwingungen (Störungen) so gemindert werden, dass der Untergrund und andere Maschinen keinen Schaden nehmen, so nennt man die Schwingungsisolierung **aktive Entstörung** (Bild 8.49a). Von **passiver Entstörung** (Bild 8.49b) spricht

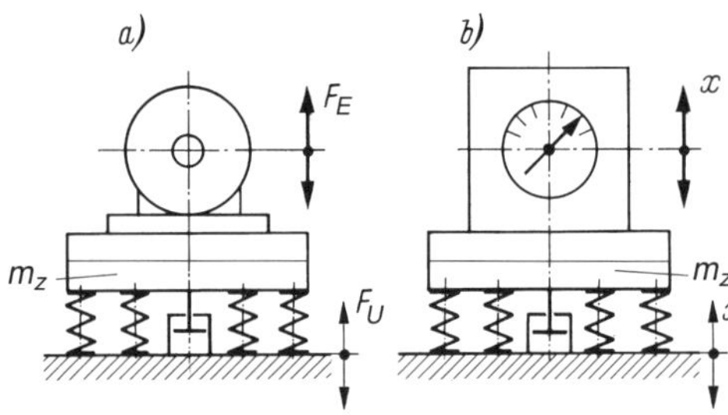

Bild 8.49 Schwingungsisolierung
a) aktive Entstörung und b) passive Entstörung durch federnde Aufstellung

man, wenn ein empfindliches Maschinenteil oder ein Messgerät vor Schwingungen zu schützen ist, die von außen, z. B. vom Untergrund, auf das Teil oder Gerät einwirken. In beiden Fällen handelt es sich um die Beeinflussung erzwungener Schwingungen.

Aktive Schwingungsentstörung
Sie wird durch eine federnde Aufstellung oder elastische Gründung von Maschinen erreicht, die periodische Erregerkräfte auf ihre Unterlage ausüben. Dadurch entsteht ein Feder-Masse-Schwingsystem (Bild 8.49a), dessen Erregung der im Abschn. 8.4.3 behandelten Massenkrafterregung entspricht. Sinn einer elastischen Gründung ist es, Schwingbeanspruchung vom Untergrund fernzuhalten. Die von der Maschine ausgehenden Kräfte werden über eine elastische Zwischenlage (z. B. Gummifedern) auf den Untergrund übertragen.
Das Verhältnis der auf das Fundament ausgeübten maximalen Kraft F_U zur Amplitude der Erregerkraft F_E kann man wieder durch einen Überhöhungsfaktor, der bei Schwingungsisolierungen auch **Durchlässigkeit** genannt wird, ausdrücken. Bei harmonischer Erregung erhält man für den

Überhöhungsfaktor

$$\alpha_3 = \frac{F_U}{F_E} = \sqrt{\frac{1 + (2\vartheta \cdot \eta)^2}{(1 - \eta^2)^2 + (2\vartheta \cdot \eta)^2}} \qquad (8.54)$$

Bei Annahme einer ungedämpften elastischen Unterlage ($\vartheta = 0$) stimmt diese Beziehung mit dem Überhöhungsfaktor α_1 (Gl. (8.45)) überein. In Bild 8.50 ist die Durchlässigkeit bzw. der Überhöhungsfaktor α_3 für verschiedene Dämpfungsgrade ϑ über dem Kreisfrequenzverhältnis η dargestellt.
Große Kreisfrequenzverhältnisse η (Gl. (8.43)) ergeben kleine Werte für den Vergrößerungsfaktor und somit geringe Fundamentkräfte. Deshalb wird im überkritischen Bereich bei großem η gefahren. Zu beachten ist, dass bei kleinem ϑ

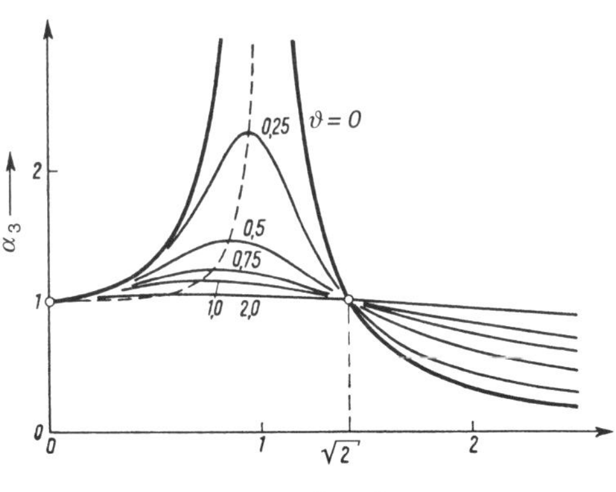

Bild 8.50 Durchlässigkeit mit Dämpfung bei Schwingungsisolierung

im Resonanzpunkt große Fundamentkräfte auftreten, weshalb beim Hochfahren der Maschine der Resonanzbereich möglichst rasch durchfahren werden muss. Wenn die Erregerkreisfrequenz Ω und damit die Betriebsdrehzahl nicht verändert werden kann, muss man die Eigenkreisfrequenz ω_0 klein halten. Nach Gl. (8.3) ist das durch eine große Masse m und eine kleine Federrate k möglich, was eine relativ weiche Federung bedeutet. Häufig werden Zusatzmassen m_Z (Bild 8.49) verwendet, um die Eigenkreisfrequenz zu verringern. Für $\eta > \sqrt{2}$ ist eine geringe Dämpfung günstiger als starke Dämpfung.

Beispiel 8.22
Ein Elektromotor mit einer Gesamtmasse von 50 kg und einer Betriebsdrehzahl von 1450 min^{-1} läuft mit einer Unwucht, die einer Masse von 0,8 kg mit einer Exzentrizität von 0,5 mm entspricht. Der Motor soll durch eine elastische Unterlage so isoliert werden, dass sich bei Vernachlässigung der Dämpfung ein Kreisfrequenzverhältnis von 3 ergibt. Die erforderliche Federrate der elastischen Unterlage und die im Betriebszustand auf das Fundament ausgeübte größte Kraft sind zu errechnen.
Lösung:
Gegeben: $m_{ges} = 50\,\text{kg}$, $m_1 = 0{,}8\,\text{kg}$,
$e = 0{,}5\,\text{mm} = 0{,}5 \cdot 10^{-3}\,\text{m}$,
$n = 1450\,\text{min}^{-1} = 24{,}17\,\text{s}^{-1}$, $\eta = 3$, $\vartheta = 0$.
Gesucht: k und F_U.
1. Erforderliche Federrate k
Mit der Erregerkreisfrequenz entspr. Gl. (6.27):

$$\Omega = 2\pi \cdot n = 2\pi \cdot 24{,}17\,\text{s}^{-1} = 151{,}9\,\text{s}^{-1}$$

folgt aus Gl. (8.43) die erforderliche Eigenkreisfrequenz

$$\omega_0 = \frac{\Omega}{\eta} = \frac{151{,}9\,\text{s}^{-1}}{3} = 50{,}63\,\text{s}^{-1}$$

und damit aus Gl. (8.3):

$$k = m_{ges} \cdot \omega_0^2 = 50\,\text{kg} \cdot (50{,}63\,\text{s}^{-1})^2 = 128{,}2 \cdot 10^3\,\text{kg/s}^2$$
$$= 128{,}2 \cdot 10^3\,\text{N/m} = 128{,}2\,\text{N/mm}.$$

2. Fundamentkraft F_U
Nach Gl. (8.54) beträgt beim Dämpfungsgrad $\vartheta = 0$ der Überhöhungsfaktor

$$\alpha_3 = \frac{1}{\sqrt{(1-\eta^2)^2}} = \frac{1}{\sqrt{(1-3^2)^2}} = \frac{1}{8} = 0{,}125.$$

Die Amplitude der Erregerkraft ist die bei der Erregerkreisfrequenz Ω wirkende Fliehkraft nach Gl. (7.67):

$$F_z = m_1 \cdot e \cdot \Omega^2 = 0{,}8\,\text{kg} \cdot 0{,}5 \cdot 10^{-3}\,\text{m} \cdot (151{,}9\,\text{s}^{-1})^2$$
$$= 9{,}23\,\text{N}.$$

Aus $\alpha_3 = F_U/F_z$ erhält man die im Betriebszustand auf das Fundament ausgeübte größte Kraft

$$F_U = \alpha_3 \cdot F_z = 0{,}125 \cdot 9{,}23\,\text{N} = 1{,}154\,\text{N}.$$

Beispiel 8.23
Der Elektromotor nach Bsp. 8.22 soll durch eine elastische Unterlage so isoliert werden, dass bei einem Kreisfrequenzverhältnis von 3 die auf das Fundament wirkende Kraft nur 20% der Erregerkraft beträgt. Nach Beispiel 8.22 betragen die Eigenkreisfrequenz $50{,}63\,s^{-1}$ und die Fliehkraft als Erregerkraft 9,23 N. Welcher Dämpfungsgrad ist notwendig und wie groß sind die Fundamentkräfte bei den Kreisfrequenzverhältnissen 3 und 1?
Lösung:
Gegeben: $\omega_0 = 50{,}63\,s^{-1}$, $\eta = 3$, $\alpha_3 = 0{,}2$,
$F_E = 9{,}23\,N$.
Gesucht: ϑ, F_U bei $\eta = 3$ und $\eta = 1$.
1. Dämpfungsgrad
Aus Gl. (8.54) folgt durch Umformung

$$\alpha_3^2 \cdot (1-\eta^2)^2 + \alpha_3^2 \cdot (2\vartheta \cdot \eta)^2 = 1 + (2\vartheta \cdot \eta)^2,$$

$$(2\vartheta \cdot \eta)^2 \cdot (\alpha_3^2 - 1) = 1 - \alpha_3^2 \cdot (1-\eta^2)^2$$

und somit

$$\vartheta = \sqrt{\frac{1-\alpha_3^2 \cdot (1-\eta^2)^2}{4\eta^2 \cdot (\alpha_3^2 - 1)}} = \sqrt{\frac{1-0{,}2^2 \cdot (1-3^2)^2}{4 \cdot 3^2 \cdot (0{,}2^2 - 1)}} = 0{,}2125.$$

2. Fundamentkraft F_U bei $\eta = 3$
Nach Gl. (8.54) beträgt

$$F_U = \alpha_3 \cdot F_E = 0{,}2 \cdot 9{,}23\,N = 1{,}846\,N.$$

3. Fundamentkraft F_U bei $\eta = 1$
Nach Gl. (8.54) beträgt für das Kreisfrequenzverhältnis $\eta = 1$ die Durchlässigkeit bzw. der Überhöhungsfaktor

$$\alpha_3 = \sqrt{\frac{1+4\vartheta^2}{4\vartheta^2}} = \sqrt{\frac{1+4 \cdot 0{,}2125^2}{4 \cdot 0{,}2125^2}} = 2{,}557.$$

Für die Erregerkraft ergibt sich bei $\eta = 1$:

$$F_E = F_z = m_1 \cdot e \cdot \omega_0^2 = 0{,}8\,kg \cdot 0{,}5 \cdot 10^{-3}\,m \cdot (50{,}63\,s^{-1})^2 = 1{,}025\,N.$$

Damit erhält man für die Fundamentkraft

$$F_U = \alpha_3 \cdot F_E = 2{,}557 \cdot 1{,}025\,N = 2{,}62\,N.$$

Obwohl die Erregerkraft bei Unwuchterregung mit dem Quadrat der Erregerfrequenz wächst, d. h. beim Kreisfrequenzverhältnis 3 um den Faktor 9 größer ist als bei $\eta = 1$, wird die Fundamentkraft durch die gedämpfte elastische Lagerung geringer.

Beispiel 8.24
Ein Kolbenmotor mit einer Gesamtmasse von 800 kg wirkt mit 4 kN als Größtkraft einer harmonischen Gasdruckkraft auf die Unterlage. Der Motor hat eine Betriebsdrehzahl von $2000\,min^{-1}$ und soll durch eine elastische Unterlage mit einer Federrate von 2 kN/mm isoliert werden. Unter Vernachlässigung der Dämpfung sind die statische Durchsenkung der elastischen Unterlage, das Kreisfrequenzverhältnis und die im Betriebszustand auf das Fundament ausgeübte größte Kraft zu ermitteln.
Lösung:
Gegeben: $m_{ges} = 800\,kg$, $F_E = 4\,kN$,
$n = 2000\,min^{-1} = 33{,}33\,s^{-1}$,
$k = 2000\,N/mm = 2 \cdot 10^6\,kg/s^2$, $\vartheta = 0$.
Gesucht: s_G, η und F_U.
1. Statische Durchsenkung s_G
Aus $k = F_G/s_G$ folgt mit $F_G = m_{ges} \cdot g$:

$$s_G = \frac{m_{ges} \cdot g}{k} = \frac{800\,kg \cdot mm \cdot 9{,}81\,m}{2000\,N \cdot s^2} \approx 3{,}9\,mm.$$

2. Kreisfrequenzverhältnis η im Betriebszustand
Mit der Erregerkreisfrequenz

$$\Omega = 2\pi \cdot n = 2\pi \cdot 33{,}33\,s^{-1} = 209{,}4\,s^{-1}$$

und der Eigenkreisfrequenz (Gl. (8.3))

$$\omega_0 = \sqrt{\frac{k}{m_{ges}}} = \sqrt{\frac{2 \cdot 10^6\,kg}{800\,kg \cdot s^2}} = 50\,s^{-1}$$

beträgt nach Gl. (8.43)

$$\eta = \frac{\Omega}{\omega_0} = \frac{209{,}4\,s^{-1}}{50\,s^{-1}} = 4{,}188.$$

3. Fundamentkraft F_U
Mit $\vartheta = 0$ ergibt sich nach Gl. (8.45) der Überhöhungsfaktor

$$\alpha_3 = \frac{1}{\sqrt{(1-\eta^2)^2}} = \frac{1}{\sqrt{(1-4{,}188^2)^2}} = 0{,}06046.$$

Damit folgt aus $\alpha_3 = F_U/F_E$ die im Betriebszustand auf das Fundament ausgeübte größte Kraft

$$F_U = \alpha_3 \cdot F_E = 0{,}06046 \cdot 4000\,N = 241{,}8\,N.$$

Passive Schwingungsentstörung

Um empfindliche Maschinen und Geräte vor Schwingungen zu schützen, die vom Untergrund ausgehen, wird wie bei der aktiven Entstörung eine federnde Aufstellung vorgesehen (Bild 8.49b). Ursache der Schwingungen können z. B. nicht genügend schwingungsentstörte Maschinen in der Umgebung oder verkehrsbedingte Erschütterungen sein. Die Art der Erregung entspricht der im Abschn. 8.4.3 erläuterten Bewegung eines Gehäuses oder Rahmens (Bild 8.45). Für die Schwingungsentstörung interessiert jedoch nicht der relative Schwingweg (Gl. (8.51)), sondern der absolute gegenüber dem Untergrund. Das ist aber gleich der im Abschnitt 8.4.2 behandelten Federkrafterregung durch Bewegungen der Federaufhängung bzw. -befestigung am erregten Federende (s. auch Bild 8.36a).
Liegt harmonische Erregung vor oder wird diese angenommen und erfolgt die Dämpfung wie in Bild 8.49b relativ zur schwingenden (anregen-

den) Unterlage, so kommt man zu gleichen mathematischen Ergebnissen wie bei der aktiven Entstörung. Für das Verhältnis der Schwingungsamplituden x/x_G (s. Bild 8.49b) ergibt sich wieder der Überhöhungsfaktor α_3 nach Gl. (8.54). Für eine passive Entstörung sind also ebenfalls eine möglichst kleine Eigenkreisfrequenz und geringe Dämpfung günstig. Durch Anbringen von Zusatzmassen an dem zu schützenden Gerät (Bild 8.49b) kann die Eigenkreisfrequenz verringert werden.

Praxishinweis
Bevor Maßnahmen zur Schwingungsisolierung ergriffen werden, sollten die anregenden Kräfte durch sorgfältiges Auswuchten umlaufender Maschinenteile und weitgehenden Massenausgleich bei hin- und hergehenden Teilen (z. B. Kolbenmaschinen) minimiert werden.
Erfahrungsgemäß ist bei einem Kreisfrequenzverhältnis $\eta \geq 3$ eine ausreichende Schwingungsisolierung gegeben, wenn also die Erregerkreisfrequenz Ω mindestens das Dreifache der Eigenkreisfrequenz ω_0 beträgt.

Kontrollfragen:
- Wie entstehen erzwungene Schwingungen?
- Welche wichtigen Fremderregungen kommen in der Technik vor?
- Was versteht man unter dem Kreisfrequenzverhältnis?
- Was wird durch den Überhöhungs- oder Vergrößerungsfaktor angegeben?
- Welche Erkenntnisse folgen aus dem Amplitudenfrequenzgang?
- Was versteht man unter Resonanz?
- Warum kann sich bei rotierenden Maschinenteilen in bestimmten Drehzahlbereichen ein unruhiger Lauf ergeben?
- Was sind kritische Drehzahlen, und weshalb sind sie gefährlich?
- Was versteht man unter Schwingungsisolierung, und wie wird sie erreicht?

9 Festigkeitslehre

9.1 Spannung und Formänderung

Lernziele:
- Die mechanische Spannung definieren und deren Einheit angeben.
- Die Festigkeit als Grenzspannung erklären und die Aufgaben der Festigkeitslehre nennen.
- Das Freischneiden erläutern und beim Ermitteln von Schnittkräften und -momenten anwenden.
- Die Merkmale der verschiedenen Beanspruchungsarten angeben und Spannungen nach Richtung und Beanspruchsart unterscheiden.
- Den Elastizitätsmodul und den Gleitmodul erklären, elastische Längenänderungen von Bauteilen und die dazu notwendige Formänderungsarbeit berechnen.

9.1.1 Begriff der Spannung und der Festigkeit

Alle Bauteile werden unter der Einwirkung von äußeren Kräften verformt. Diesen äußeren Kräften wirken im Werkstoffgefüge **innere Kräfte** entgegen, die der Verformung einen Widerstand entgegensetzen. Im Normalfall befinden sich innere und äußere Kräfte im Gleichgewicht. Um die inneren Kräfte zu ermitteln, denkt man sich den Körper, z. B. den durch die Kraft F beanspruchten Rundstab nach Bild 9.1, durch einen

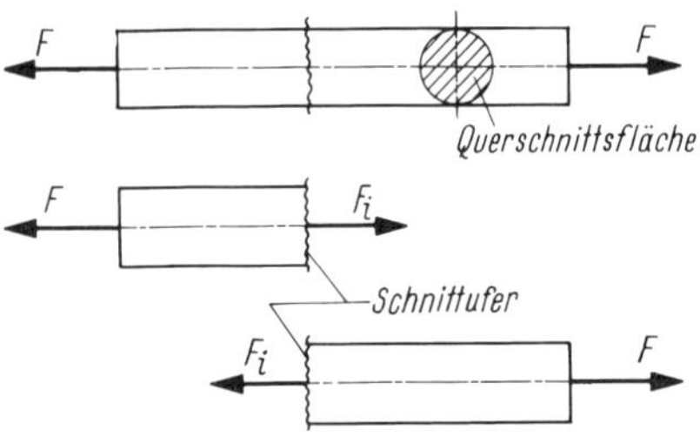

Bild 9.1 Rundstab mit Zugkraft

Schnitt in zwei Teile zerlegt. Zur Wiederherstellung des Gleichgewichts muss der jeweils fortgenommene Teil durch eine Kraft F_i ersetzt werden. Diese Kraft an dem gedachten Schnittufer ist die innere Kraft, die als **Kohäsionskraft** an dieser Stelle die Werkstoffteilchen zusammenhält.

Mit steigender äußerer Kraft, also mit zunehmender **Belastung**, wachsen auch die inneren Widerstandskräfte im Werkstoff. Als **Maß für die Beanspruchung** eines Bauteils gilt in der Festigkeitslehre die mechanische Spannung, kurz die **Spannung**. Das ist die auf eine Flächeneinheit bezogene innere Kraft oder der von einer Flächeneinheit übertragene innere Kraftanteil:

Unter Spannung versteht man die innere Kraft bezogen auf die beanspruchte Querschnittsfläche.

Die SI-Einheit der mechanischen Spannung ist nach DIN 1301 das N/m^2 mit der Bezeichnung Pascal[1)] (Pa). Diese Einheit ist jedoch sehr unhandlich. Zugelassen sind auch andere Einheiten als dezimale Teile oder Vielfache der SI-Einheit Pa, z. B. N/mm^2 ($1\ N/mm^2 = 10^6\ N/m^2 = 1\ MPa$) oder N/cm^2 ($1\ N/cm^2 = 10^4\ N/m^2 = 10^4\ Pa$). Vorzugsweise wird die Einheit $\mathbf{N/mm^2}$ angewendet.

Die innere Widerstandskraft eines Werkstoffs nennt man **Festigkeit**. Im Betriebszustand dürfen die Bauteile der Maschinen, Geräte und Bauwerke nur so hoch beansprucht werden, dass sie weder zerstört noch so weit verformt werden, dass die Funktion beeinträchtigt wird. Ihre **Festigkeitsgrenze** darf nicht überschritten werden. Die Festigkeitsgrenzen werden im Rahmen der Werkstoffprüfung durch Versuche ermittelt und als **Grenzspannungen** in N/mm^2 angegeben.

Aufgaben der Festigkeitslehre

In der Festigkeitslehre als einem Teilgebiet der Technischen Mechanik wurden Verfahren entwickelt, mit denen man die durch äußere Kräfte in den Bauteilen hervorgerufenen Spannungen und Formänderungen ermitteln kann. Diese geben Aufschluss, ob die Beanspruchungen in zulässigen Grenzen bleiben oder mit Sicherheit ertragen werden können, d. h. ein Versagen der Bauteile bzw. eine unzulässig hohe Verformung nicht zu erwarten ist. Andererseits ist es möglich, die erforderlichen Abmessungen von Bauteilen oder die übertragbaren Kräfte zu errechnen, wobei man von den Erfahrungswerten für zulässige Spannungen und für erforderliche Sicherheiten ausgeht. Bei allen Festigkeitsberechnungen ist es notwendig, Vereinfachungen und Idealisierungen vorzunehmen, da die tatsächlichen Spannungsverhältnisse äußerst komplex sind und sich mathematisch kaum exakt erfassen lassen. Die theoretischen Betrachtungen werden vorwiegend auf gerade Stäbe bezogen und dann auf die vielgestaltigen Bauteile übertragen.

Wichtige Voraussetzungen für die Festigkeitslehre sind die in der Werkstoffkunde und der Werk-

---

1) *Blaise Pascal* (1623 bis 1662), franz. Philosoph und Mathematiker

stoffprüfung ermittelten Eigenschaften der Werkstoffe. Zur Ermittlung der inneren Kräfte bedient man sich der in der Statik für starre Körper entwickelten Methoden. Sie können ohne weiteres auch auf die elastisch-festen Körper angewendet werden, da die Verformungen normalerweise sehr gering sind.

9.1.2 Freischneiden, Schnittkräfte und -momente

In der Statik werden die an den Berührungsstellen von Bauteilen übertragenen Kräfte durch das Freimachen zu äußeren Kräften (s. Abschn. 2.1.3). Dabei wird ein zu untersuchendes Bauteil gedanklich aus seiner Umgebung herausgelöst. Die mit ihm in Berührung stehenden Teile, z. B. Lager, Bolzen, Stützflächen, Zahnräder, Seile, Ketten usw., werden durch die Kräfte ersetzt, die sie an der Berührungsstelle auf das zu untersuchende Teil ausüben. Auf diese Weise kann man mit den statischen Gleichgewichtsbedingungen alle an einem Bauteil angreifenden äußeren Kräfte und Momente ermitteln, soweit es sich um einen statisch bestimmten Fall handelt.

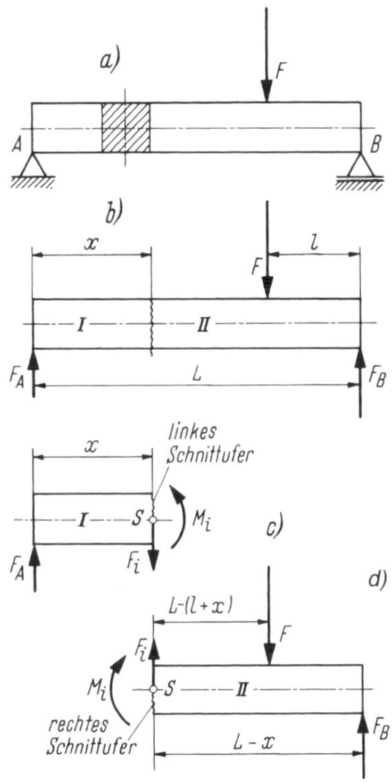

Bild 9.2 Freischneiden
a) Balken auf zwei Stützen, b) freigemachter Balken mit Schnittstelle, c) Teilstück I freigeschnitten, d) Teilstück II freigeschnitten, S Schwerpunkt der Schnittfläche

Beim Ermitteln der im Bauteil wirkenden inneren Kräfte wird ähnlich verfahren. Die als **Freischneiden** bezeichnete Methode wurde bereits auf den Stab in Bild 9.1 angewendet und soll nun anhand des in Bild 9.2 dargestellten Balkens auf zwei Stützen ausführlicher erläutert werden. Man denkt sich an der zu untersuchenden Stelle einen Schnitt (Bild 9.2b). Der Werkstoffzusammenhalt zwischen den so entstandenen Teilstücken I und II wäre damit aufgehoben, eine Kraftübertragung von einem Schnittufer zum anderen nicht mehr möglich. Die äußeren Kräfte würden die Teilstücke beschleunigt bewegen, da sie sich nicht mehr im Gleichgewicht befinden. Tatsächlich ist der ganze Körper aber im Gleichgewicht. Es müssen also im Schwerpunkt der Schnittflächen Kräfte und Momente angesetzt werden, die für die Teilstücke den Gleichgewichtszustand herstellen. Man nennt diese Kräfte und Momente **Schnittkräfte** und **Schnittmomente** (in der Bautechnik **Schnittlasten**). Sie bilden das **innere Kräftesystem**, das sich mit den äußeren Belastungskräften im Gleichgewicht befindet. Beim Freischneiden werden die inneren Kräfte gedanklich zu äußeren gemacht. Mit den statischen Gleichgewichtsbedingungen kann man die Schnittkräfte und -momente bestimmen.

Für den Stab in Bild 9.1 gilt: $\Sigma F_{x,y} = F - F_i = 0$, somit $F_i = F$, d. h. die innere Kraft ist so groß wie die äußere Belastungskraft. Aus den Gleichgewichtsbedingungen für das Teilstück I des Balkens in Bild 9.2 folgt (Bild 9.2c):

$$\Sigma F_y = F_A - F_i = 0, \qquad F_i = F_A,$$

$$\Sigma M_{(S)} = M_i - F_A \cdot x = 0, \qquad M_i = F_A \cdot x.$$

Für das Teilstück II (Bild 9.2d) gilt:

$$\Sigma F_y = F_i - F + F_B = 0, \qquad F_i = F - F_B = F_A,$$

da wegen der $\Sigma F_y = 0$ am ganzen Balken $F - F_B = F_A$ ist,

$$\Sigma M_{(S)} = -M_i - F(L - l - x) + F_B(L - x) = 0,$$

$$\begin{aligned} M_i &= F_B \cdot L - F_B \cdot x - F \cdot L + F \cdot l + F \cdot x \\ &= (F - F_B)\,x - (F - F_B)\,L + F \cdot l \\ &= F_A \cdot x - F_A \cdot L + F \cdot l = F_A \cdot x, \end{aligned}$$

da die $\Sigma M_{(B)} = -F_A \cdot L + F \cdot l = 0$ ist.

Auch hier sind die inneren Kräfte und Momente ebenso groß wie die äußeren. Bei praktischen Berechnungen kann man das abgeschnittene Teilstück betrachten, an dem weniger äußere Kräfte angreifen. Dabei ist zu beachten, dass die maximale Beanspruchung der Flächen wirklich erfasst wird.

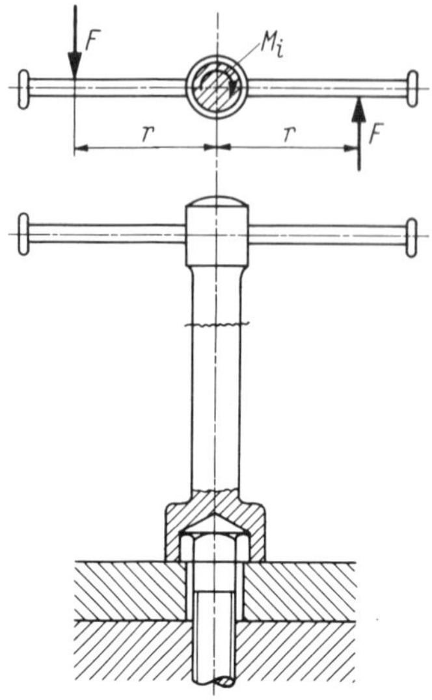

Bild 9.3 In der Querschnittsfläche eines Steckschlüsselschaftes wirkendes inneres Moment

Bild 9.3 zeigt einen Steckschlüssel, an dessen Knebel auf beiden Seiten im Abstand r von der Mitte mit einer Kraft F gedreht wird. An der gedachten Schnittstelle erhält man aus der $\Sigma M = 2F \cdot r - M_i = 0$ das innere Moment oder Schnittmoment $M_i = 2F \cdot r$. Es wirkt in der beanspruchten Querschnittsebene, während das Schnittmoment am Balken in Bild 9.2 senkrecht zum Querschnitt wirkt. Grundsätzlich können an einem Bauteilquerschnitt folgende **Arten von Schnittkräften und -momenten** wirken (Bild 9.4):

1. eine **senkrecht auf der Schnittfläche** stehende innere Kraft, die **Normalkraft F_N**, auch als **Längskraft F_l** bezeichnet,
2. eine **in der Schnittfläche** liegende innere Kraft, die Schub- oder **Querkraft F_q**,
3. ein **senkrecht zur Schnittfläche** wirkendes inneres Moment, das **Biegemoment M_b**, es steht als Kräftepaar (Normalkräfte) senkrecht auf der Fläche,

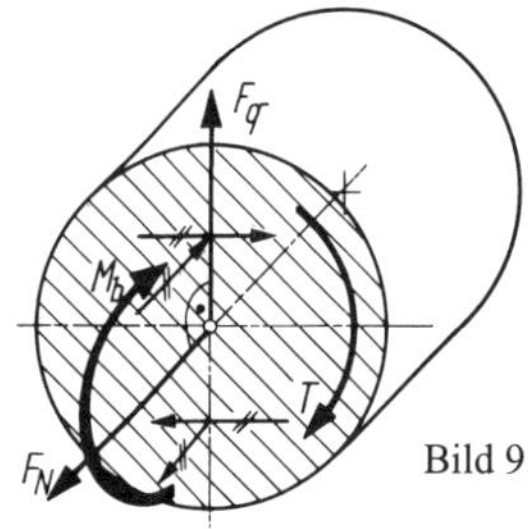

Bild 9.4 Schnittgrößen des inneren Kräftesystems

4. ein **in der Schnittfläche** liegendes inneres Moment, das **Torsionsmoment T** oder **M_T**, es wirkt als Kräftepaar (Schubkräfte, hier auch Tangentialkräfte F_t genannt) in der Fläche.

Dem Ermitteln des inneren Kräftesystems gehen immer das Freimachen des Bauteils und das Berechnen der äußeren Kräfte und Momente voraus. Schräg angreifende Kräfte werden in Komponenten zerlegt, die in Richtung der Stab- oder Trägerachse und senkrecht zu dieser Achse wirken.

Beispiel 9.1
Für den Freiträger (einseitig eingespannter Träger) nach Bild 9.5 ist das innere Kräftesystem im Einspannquerschnitt zu ermitteln.

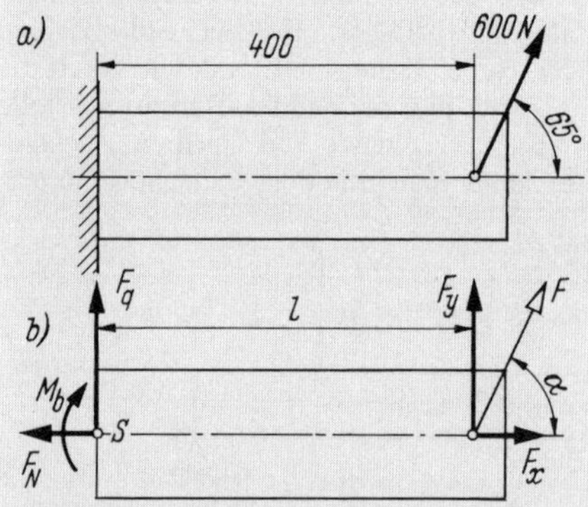

Bild 9.5 Kräftesystem eines Freiträgers
a) belasteter Träger, b) freigeschnittener Träger

Lösung:
Gegeben: $F = 600$ N, $\alpha = 65°$, $l = 400$ mm $= 0{,}4$ m.
Gesucht: F_N, F_q und M_b.
1. Komponenten der Kraft F
Nach den Gln. (2.8) und (2.9):
$F_x = F \cdot \cos\alpha = 600\,\text{N} \cdot \cos 65° = 253{,}6\,\text{N}$,
$F_y = F \cdot \sin\alpha = 600\,\text{N} \cdot \sin 65° = 543{,}8\,\text{N}$.
2. Normalkraft F_N, Querkraft F_q und Biegemoment M_b
Aus den Gleichgewichtsbedingungen, den Gln. (2.21), (2.22) und (2.23):
$\Sigma F_x = 0 = F_x - F_N$, $\Sigma F_y = 0 = F_y + F_q$ und $\Sigma M_{(S)} = 0 = F_y \cdot l - M_b$ folgen:
$F_N = F_x = 253{,}8\,\text{N}$, $F_q = -F_y = -543{,}8\,\text{N}$ und
$M_b = F_y \cdot l = 543{,}8\,\text{N} \cdot 0{,}4\,\text{m} = 217{,}5\,\text{Nm}$.
Das Minuszeichen am Betrag von F_q gibt an, dass die Querkraft abwärts gerichtet wirkt.

Beispiel 9.2
In Bild 9.6 ist die von Hand angetriebene Kettenradwelle einer Förderanlage dargestellt. Am Teilkreis des Kettenrades wirkt die Kettenkraft $F_K = 500$ N. Die an der Kurbel erforderliche Handkraft F_H sowie die Schnittkräfte und -momente in den angegebenen Querschnitten 1 ... 5 sind zu ermitteln.

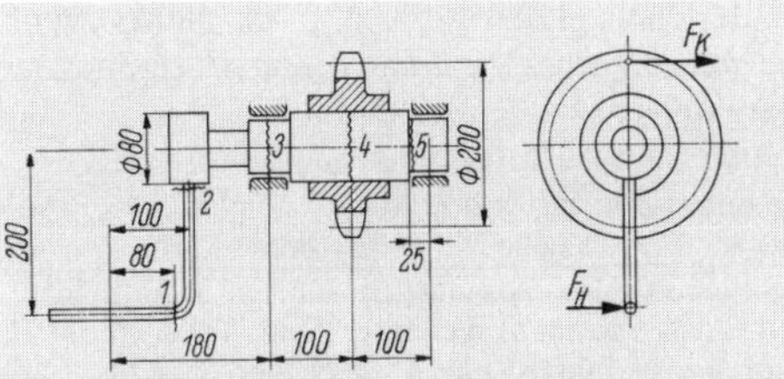

Bild 9.6 Handgetriebene Kettenradwelle

Lösung:

Gegeben: $F_K = 500$ N, $r = d/2 = (200/2)$ mm $= 0{,}1$ m (s. Bild 9.7), $R = 200$ mm $= 0{,}2$ m, $L = 2 \cdot 100$ mm $= 0{,}2$ m, $L_1 = 100$ mm $= 0{,}1$ m, $L_2 = 380$ mm $= 0{,}38$ m, $l_1 = 80$ mm $= 0{,}08$ m (s. Bild 9.8), $l_2 = (200 - 80/2)$ mm $= 0{,}16$ m, $r_2 = 100$ mm $= 0{,}1$ m, $l_3 = 180$ mm $= 0{,}18$ m, $l_4 = 280$ mm $= 0{,}28$ m, $l_5 = 25$ mm $= 0{,}025$ m.

Gesucht: F_H, F_{q1} bis F_{q5}, M_{b1} bis M_{b5}, T_1 bis T_5.

1. Erforderliche Handkraft F_H

Aus der auf die Wellenmitte bezogenen Gleichgewichtsbedingung $\Sigma M = 0 = F_H \cdot R - F_K \cdot r$ folgt:

$$F_H = \frac{F_K \cdot r}{R} = \frac{500\,\text{N} \cdot 0{,}1\,\text{m}}{0{,}2\,\text{m}} = 250\,\text{N}.$$

2. Stützkräfte F_A und F_B

Bild 9.7a zeigt die freigemachte Welle. Die außerhalb der Wellenmitte angreifenden Kräfte F_H und F_K werden parallel zu sich selbst in die Wellenmitte verschoben (Bilder 9.7b u. 9.7c). Das dabei entstehende Versatzmoment (s. Abschn. 2.3.1) ist das in die Welle eingeleitete Drehmoment $M = F_H \cdot R = F_K \cdot r$. Es bewirkt das Torsionsmoment in den Wellenquerschnitten 3 und 4. Aus den Gleichgewichtsbedingungen (Gln. (2.23) und (2.22)) folgen:

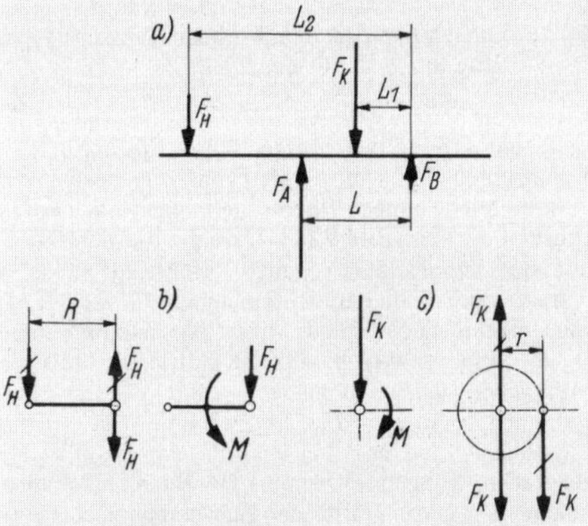

Bild 9.7 Berechnungsskizze
a) freigemachte Welle (gegenüber Bild 9.6 um 90° gedreht), b) und c) Verschieben von F_H (b) und F_K (c) in die Wellenmitte

$$\Sigma M_{(B)} = 0 = F_H \cdot L_2 - F_A \cdot L + F_K \cdot L_1,$$

$$F_A = \frac{F_K \cdot L_1 + F_H \cdot L_2}{L} = \frac{500\,\text{N} \cdot 0{,}1\,\text{m} + 250\,\text{N} \cdot 0{,}38\,\text{m}}{0{,}2\,\text{m}} = 725\,\text{N},$$

$$\Sigma F_y = 0 = F_A + F_B - F_H - F_K,$$

$$F_B = F_H + F_K - F_A = 250\,\text{N} + 500\,\text{N} - 725\,\text{N} = 25\,\text{N}.$$

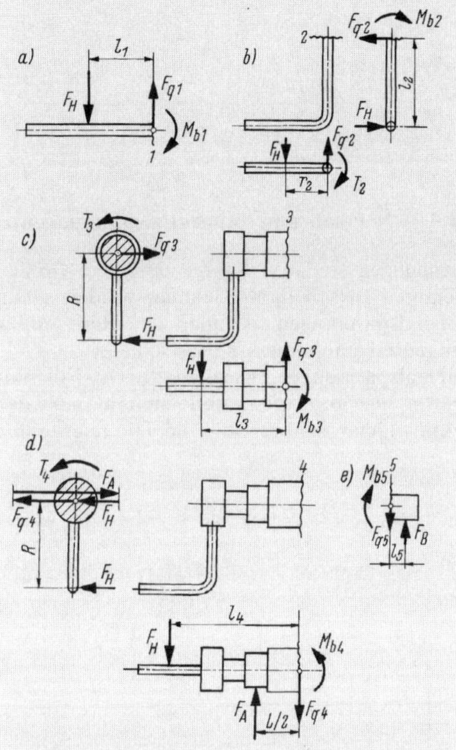

Bild 9.8 Freischneiden der Kettenradwelle
a) bis e) Querschnitte 1 bis 5 mit innerem Kräftesystem

3. Schnittkräfte und -momente (Bild 9.8)

Da keine schräg angreifenden Kräfte wirken und in die Welle keine Längskraft eingeleitet wird, ist in allen Querschnitten die Normalkraft $F_N = 0$. In den Querschnitten 1 und 5 tritt kein Torsionsmoment auf, so dass $T_1 = 0$ und $T_5 = 0$ sind. Aus den Gleichgewichtsbedingungen für das jeweils freigeschnittene Teilstück ergeben sich im

Querschnitt 1 (Bild 9.8a):

Querkraft $F_{q1} = F_H = 250$ N,

Biegemoment $M_{b1} = F_H \cdot l_1 = 250\,\text{N} \cdot 0{,}08\,\text{m} = 20\,\text{Nm}$,

Querschnitt 2 (Bild 9.8b):

Querkraft $F_{q2} = F_H = 250$ N,

Biegemoment $M_{b2} = F_H \cdot l_2 = 250\,\text{N} \cdot 0{,}16\,\text{m} = 40\,\text{Nm}$,

Torsionsmoment $T_2 = F_H \cdot r_2 = 250\,N \cdot 0{,}1\,m = 25\,Nm$,
Querschnitt 3 (Bild 9.8c):
Querkraft $F_{q3} = F_H = 250\,N$,
Biegemoment $M_{b3} = F_H \cdot l_3 = 250\,N \cdot 0{,}18\,m = 45\,Nm$,
Torsionsmoment $T_3 = M = F_H \cdot R = 250\,N \cdot 0{,}2\,m = 50\,Nm$,
Querschnitt 4 (Bild 9.8d):
Querkraft $F_{q4} = F_A - F_H = 725\,N - 250\,N = 475\,N$,
Biegemoment $M_{b4} = F_A \cdot L/2 - F_H \cdot l_4 = 725\,N \cdot 0{,}1\,m - 250\,N \cdot 0{,}28\,m = 2{,}5\,Nm$,
Torsionsmoment $T_4 = M = F_H \cdot R = 50\,Nm$,
Querschnitt 5 (Bild 9.8e):
Querkraft $F_{q5} = F_B = 25\,N$,
Biegemoment $M_{b5} = F_B \cdot l_5 = 25\,N \cdot 0{,}025\,m = 0{,}625\,Nm$.

9.1.3 Normal- und Tangentialspannungen

Spannungen sind wie Kräfte gerichtete Größen (Vektoren). Nach ihrer Richtung werden sie in **Normalspannungen σ** und in **Schub- oder Tangentialspannungen τ** unterschieden. **Normalspannungen werden durch Normalkräfte hervorgerufen und stehen auf der Schnittfläche senkrecht.** Bild 9.9 zeigt einen

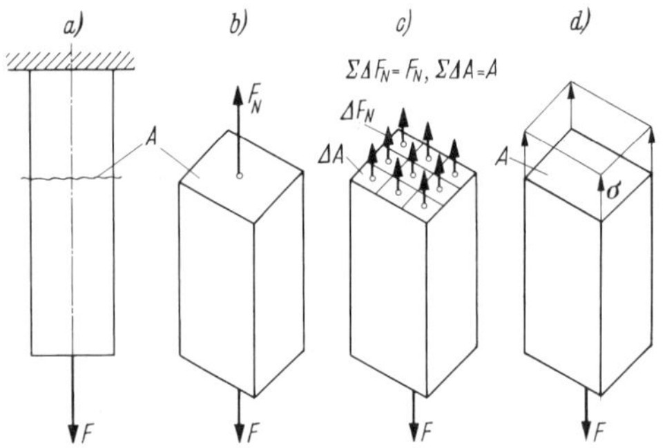

Bild 9.9 Normalspannung bei Zugbeanspruchung
a) Stab mit Zugkraft F, b) Normalkraft F_N als innere Kraft am freigeschnittenen Stabteil, c) Teilkräfte ΔF_N auf den Teilflächen ΔA, d) Spannungsgehäuse

Stab mit der Querschnittsfläche A, der durch die in der Stabachse wirkende Zugkraft F belastet wird. Denkt man sich entspr. Bild 9.9b ein Teilstück des Stabes freigeschnitten, so steht als innere Kraft die Normalkraft F_N auf der Schnittfläche senkrecht. Jedes Flächenteilchen ΔA hat die innere Teilkraft ΔF_N zu übertragen. Nach der Spannungsdefinition (s. Abschn. 9.1.1) gilt somit allgemein für die **Normalspannung $\sigma = \Delta F_N / \Delta A$**. Sind die Teilkräfte auf allen Flächenteilchen gleich groß, d. h. ist die *Spannung gleichmäßig über die Fläche verteilt* (homogener Spannungszustand), so beträgt die

Normalspannung $$\sigma = \frac{F_N}{A} \qquad (9.1)$$

Die Summe aller Spannungen auf der Schnittfläche A ergibt das **Spannungsgehäuse**. Sein Volumen ist das **Spannungsvolumen**. Es ist gleich der Schnittkraft F_N, da $A \cdot \sigma = F_N$ ist.

Tangentialspannungen werden durch Schub- oder Querkräfte hervorgerufen und wirken in der Schnittfläche. Jedes Flächenteilchen ΔA der Schnittfläche A in Bild 9.10 hat die innere Teilquerkraft ΔF_q zu übertragen. Sinngemäß zur Normalspannung gilt allgemein für die **Tangentialspannung $\tau = \Delta F_q / \Delta A$**. *Bei gleichmäßiger Spannungsverteilung* beträgt die

Schub- oder Tangentialspannung $$\tau = \frac{F_q}{A} \qquad (9.2)$$

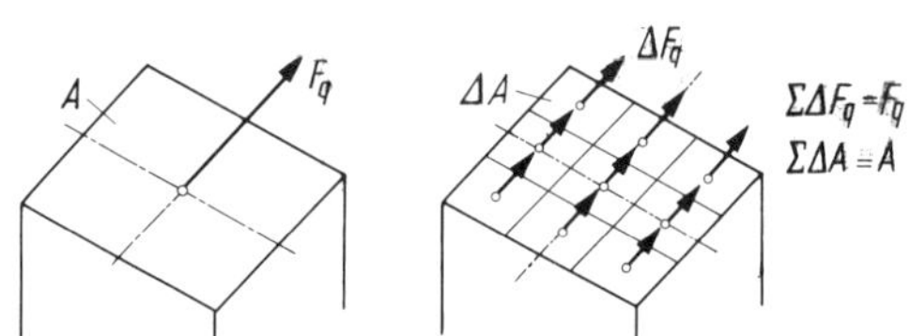

Bild 9.10 Entstehung der Schub- oder Tangentialspannung durch die Querkraft F_q

Anstelle eines Schnittes senkrecht zur Stabachse kann man sich einen durch die Kraft F auf Zug beanspruchten Stab auch unter einem beliebigen Winkel φ geschnitten denken (Bild 9.11). Da dann die Schnittkraft F_i auf der Schnittfläche S nicht senkrecht steht, erhält man eine Tangentialkomponente $F_t = F_i \cdot \cos\varphi$ in der Schnittfläche und eine Normalkomponente $F_N = F_i \cdot \sin\varphi$ senkrecht zur Schnittfläche. Aus den geometrischen Zusammenhängen folgt mit $\tau = F_t/S = F_i \cos\varphi/(A/\sin\varphi) = F_i/(2A) \cdot \sin 2\varphi$ (da $\sin 2\varphi = 2\cos\varphi \sin\varphi$), so dass bei $\varphi = 45°$ die durch F_t hervorgerufenen Tangentialspannungen ihren Höchstwert erreichen, u. zw. die Hälfte der Zugspannung $\sigma = F/A$. Somit beträgt in zugbeanspruchten Bauteilen die **unter**

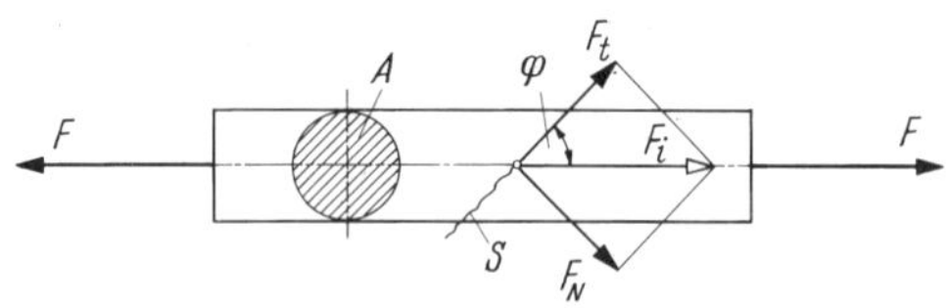

Bild 9.11 Schrägschnitt unter beliebigem Winkel φ an einem Zugstab
S Schnittfläche, A Querschnittsfläche

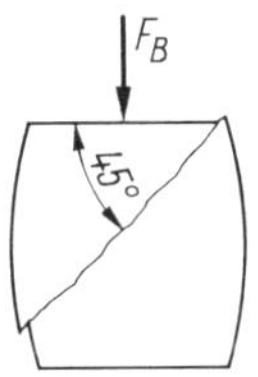

Bild 9.12 Bruch eines Teiles aus Gusseisen bei Druckbeanspruchung unter der Bruchkraft F_B

45° zur Kraftrichtung auftretende **größte Tangentialspannung $\tau_{max} = 0{,}5 \cdot \sigma$.** Dasselbe gilt auch bei Druckbeanspruchung. Wie Versuche zeigen (Bild 9.12), verläuft die Bruchfläche an einem auf Druck überbeanspruchten Probekörper aus Gusseisen (Grauguss) unter 45° in Richtung der dort auftretenden größten Schubspannungen.

9.1.4 Beanspruchungsarten

Aus den vorangegangenen Abschnitten geht hervor, dass die Bauteile auf verschiedene Weise durch äußere Kräfte belastet werden können. Die dadurch entstehenden Beanspruchungen lassen sich je nach Richtung der Belastungskraft und der von ihr bewirkten Verformung auf fünf **Grundbeanspruchungsarten** zurückführen:

Zug-, Druck- und Biegebeanspruchung, die im Querschnitt Normalspannungen σ erzeugen, **Schub- oder Scher- und Verdreh- oder Torsionsbeanspruchung,** die Tangentialspannungen τ hervorrufen.

Üblicherweise wird die Beanspruchungsart an den Spannungsformelzeichen σ und τ durch kleine Buchstaben-Indizes gekennzeichnet (z bei Zug-, d bei Druck-, b bei Biege-, a bei Scher- und t bei Torsionsbeanspruchung). Wenn Zweifel ausgeschlossen sind, dürfen diese Indizes weggelassen werden. Meistens geschieht das nur bei Zug- und Druckspannungen. Festigkeitswerte (Grenzspannungen) erhalten Großbuchstaben-Indizes (außer R_e und R_m, s. Abschn. 9.2.2).

Zugbeanspruchung

tritt auf, wenn die äußeren Kräfte in Richtung der Stabachse wirken und den Stab verlängern (Bild 9.9). Die Schnittkraft steht senkrecht auf der Querschnittsfläche, so dass eine Normalspannung entsteht, die **Zugspannung σ_z.** Zugbeanspruchte Teile sind z. B. Seile, Ketten, Zugstangen, Schrauben, Fachwerkstäbe, Turbinenschaufeln und Lüfterflügel (in den zwei letzten infolge der Fliehkraft).

Druckbeanspruchung

wird auch durch Kräfte in Richtung der Stabachse erzeugt (Bild 9.13). Diese sind den Zugkräften entgegengerichtet und verkürzen den Stab. Durch die zur Querschnittsfläche senkrechte Schnittkraft entsteht ebenfalls eine Normalspannung,

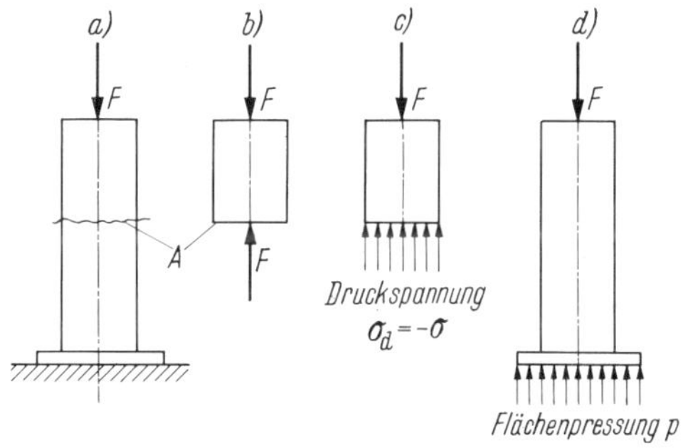

Bild 9.13 Druckbeanspruchung
a) druckbeanspruchte Säule mit Fußplatte, b) freigeschnittenes Säulenstück, c) Druckspannung auf der Schnittfläche, d) Flächenpressung an der Fußplatte

die **Druckspannung σ_d.** Wegen ihres den Zugspannungen entgegengesetzten Richtungssinns werden Druckspannungen manchmal mit negativem Vorzeichen angegeben, d. h. entweder mit σ_d oder mit $-\sigma$. An den Berührungsflächen gegeneinander gedrückter Teile tritt gleichfalls Druckbeanspruchung auf, die eine Berührungsspannung hervorruft. Sie wird **Flächenpressung *p*** genannt (Bild 9.13d). Schlanke, druckbeanspruchte Stäbe, die ausknicken können (Bild 9.14), sind auf **Knickung** zu berechnen.

Bild 9.14 Schlanker Druckstab

Biegebeanspruchung (kurz Biegung)

ist vorhanden, wenn infolge der äußeren Kräfte die Stabachse gebogen wird und der betrachtete Querschnitt ein Moment zu übertragen hat, das als Biegemoment M_b bezeichnet wird (Bild 9.15). Die inneren Kräfte treten als Normalkräfte paarweise in entgegengesetzter Richtung auf und erzeugen sowohl Zug- als auch Druckspannungen (Normalspannungen). In der so genannten neutralen Schicht oder Nullebene, die durch den Flächenschwerpunkt geht, sind sie

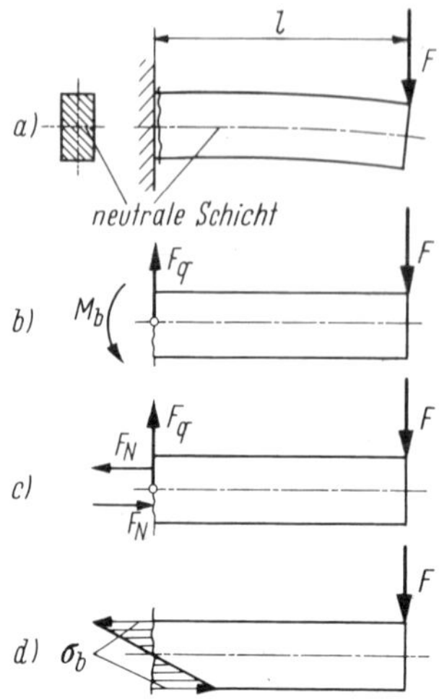

Bild 9.15 Biegebeanspruchung
a) einseitig eingespannter Balken mit Biegekraft, b) freigeschnittener Balken mit innerem Kräftesystem, c) paarweise Normalkräfte auf der Schnittfläche, d) Verteilung der Normalspannungen über der Schnittfläche

null. Zum Flächenrand hin steigen sie an und erreichen ihren Größtwert in der äußeren Randschicht als **Biegespannung σ_b.** Biegebeanspruchte Teile sind z. B. Achsen, Wellen, Hebel, Balken, Brücken- und Deckenträger.

Schubbeanspruchung
entsteht durch eine äußere Kraft, die quer zur Trägerachse wirkt. Die inneren Kräfte erzeugen als Querkräfte in der Schnittfläche Schubspannungen, die über der Fläche nicht gleichmäßig verteilt sind. Praktisch wird jedoch meistens eine gleichmäßig verteilte Schubspannung angenommen. Die durch Querkräfte F_q bei Biegung (Bild 9.15b) hervorgerufenen Schubspannungen können im Maschinenbau u. U. vernachlässigt werden. Eine besondere Art der Schubbeanspruchung ist die **Scherbeanspruchung** (Abscheren). Sie tritt auf, wenn die äußeren Kräfte senkrecht zur Stabachse so angreifen, dass sie versuchen, den Stab zu zerschneiden (Scherenwirkung,

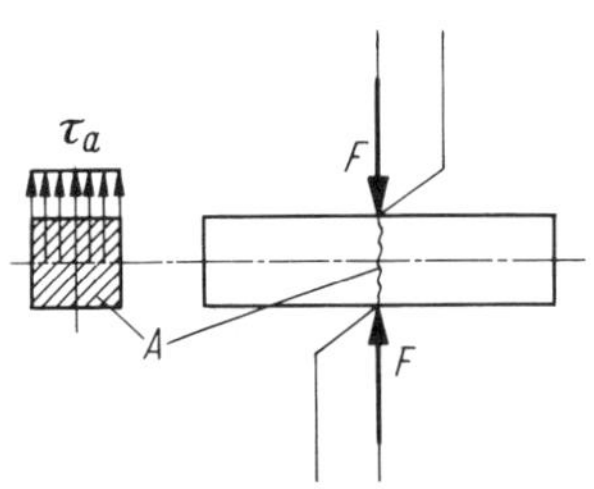

Bild 9.16 Scherbeanspruchung

Bild 9.16). Dabei entstehen **Scherspannungen τ_a.** Scherbeanspruchte Bauteile sind z. B. Niete, Stifte, Bolzen, Schweißnähte, Klebverbindungen. In der Fertigungstechnik tritt Scherbeanspruchung als Abscheren beim Aus- und Abschneiden von Werkstücken auf.

Verdrehbeanspruchung (kurz Torsion)
liegt vor, wenn der Querschnitt ein Moment zu übertragen hat, das als Torsionsmoment T in der Querschnittsebene wirkt (Bild 9.17). Es treten innere Kräfte paarweise als Tangentialkräfte auf, die zu Tangentialspannungen führen. Sie sind bei kreisförmigen Flächen im Flächenschwerpunkt null und nehmen zum Flächenrand hin zu, wo sie ihren Größtwert erreichen und als Verdreh- oder **Torsionsspannungen τ_t** am Kreisumfang gleichmäßig verteilt auftreten. Auch Torsionsspannungen sind Schubspannungen. Verdrehbeanspruchte Teile sind z. B. Wellen, Drehstabfedern, Schrauben-Druck- und Zugfedern.

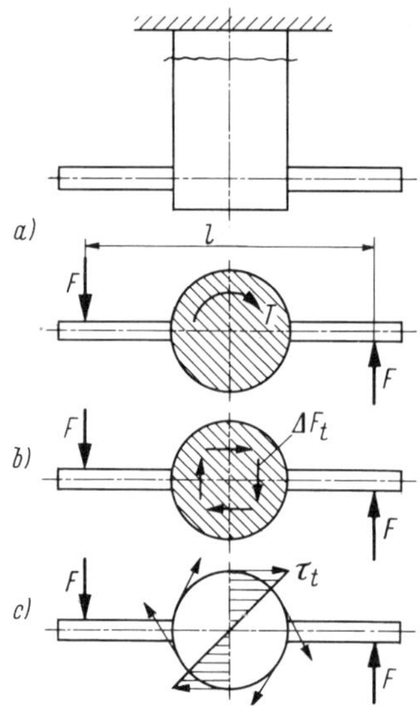

Bild 9.17 Verdrehbeanspruchung
a) durch Drehmoment beanspruchtes Bauteil, b) paarweise Tangentialkräfte in der Schnittfläche, c) Verteilung der Torsionsspannungen über einer kreisförmigen Querschnittsfläche

Zusammengesetzte Beanspruchung
ist dann gegeben, wenn zwei oder mehr Grundbeanspruchungsarten gleichzeitig auftreten. Das kommt in Bauteilen recht häufig vor, besonders wenn die äußeren Kräfte nicht senkrecht zur Stabachse oder nicht in deren Richtung wirken,

sondern unter einem beliebigen Winkel oder in einem Abstand von der Stabachse angreifen. So kommt zusammengesetzte Beanspruchung z. B. vor in Getriebewellen (Biegung und Torsion), in Schrauben (Zug und Torsion), in Kranhaken (Zug und Biegung), in außermittig belasteten Stützen (Druck und Biegung). Manchmal ist eine der Beanspruchungsarten von untergeordneter Bedeutung und wird vernachlässigt, wie die Verdrehbeanspruchung von Schrauben, die oftmals nur vereinfacht auf Zug berechnet werden.

9.1.5 Dehnung, Hookesches Gesetz, Elastizitätsmodul

Jeder Körper verlängert sich bei Zugbeanspruchung um einen bestimmten Betrag ΔL. Bei einem Zugstab (Bild 9.18), der durch die Kraft F

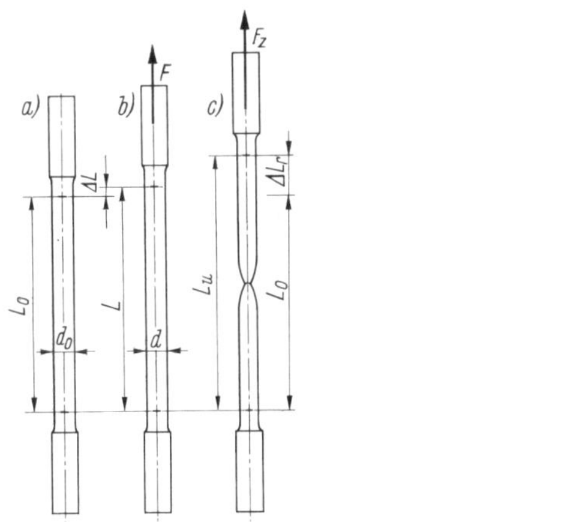

Bild 9.18 Zugversuch mit einem Prüfstab aus Stahl a) unbelasteter Stab, b) durch die Kraft F um ΔL verlängerter Stab (Nennspannung $\sigma < \sigma_P$), c) Stab beim Bruch

von der Ausgangslänge L_0 auf die Länge L gedehnt wurde, beträgt die **Verlängerung** $\boldsymbol{\Delta L = L - L_0}$. Die auf die Ausgangslänge L_0 bezogene Verlängerung ist die

$$\textit{Dehnung} \quad \boldsymbol{\varepsilon = \frac{\Delta L}{L_0} = \frac{L - L_0}{L_0}} \qquad (9.3)$$

Sie ist eine Verhältniszahl, die wegen ihrer kleinen Zahlenwerte meistens in Prozent angegeben wird: **Dehnung** $\boldsymbol{\varepsilon = (\Delta L/L_0) \cdot 100\,\%}$.
Außer der Verlängerung erfährt ein zugbeanspruchter Stab gleichzeitig eine negative Querdehnung, d. h. er wird dünner. Aus der Verringerung des Durchmessers um $\Delta d = d - d_0$ erhält man die auf die ursprüngliche Dicke d_0 bezogene

$$\textit{Querdehnung} \quad \boldsymbol{\varepsilon_q = \frac{\Delta d}{d_0} = \frac{d - d_0}{d_0}} \qquad (9.4)$$

Das Verhältnis der negativen Querdehnung zur Längsdehnung ist die Querdehnungszahl oder

$$\textit{Poisson}^{1)}\textit{-Zahl} \quad \boldsymbol{\mu = \frac{-\varepsilon_q}{\varepsilon}} \qquad (9.5)$$

Sie ist ein werkstoffabhängiger Wert und für Metalle im Bereich der üblichen Beanspruchungen nahezu konstant ($\mu_{Stahl} = 0{,}3$). Nach DIN 1304 kann für μ auch das Formelzeichen ν geschrieben werden. In der Literatur wird der Kehrwert $m = 1/\mu$ auch als Poissonsche Zahl bezeichnet.

Bei **Druckbeanspruchung** werden die Bauteile gestaucht, sie werden kürzer. Anstelle der Dehnung tritt die **Stauchung** $\boldsymbol{\varepsilon_d}$, die wegen der Längenabnahme auch als negative Dehnung angegeben wird: $\varepsilon_d = -\varepsilon$. Außer der Verkürzung erfährt ein Druckstab eine **Querdehnung**, der Stab wird dicker. Wegen der Dickenzunahme wird der Wert für die Querdehnung positiv.

Der Zusammenhang zwischen Spannung und Dehnung wird im **Spannungs-Dehnungs-Diagramm** (Bild 9.19) dargestellt. Es wird während

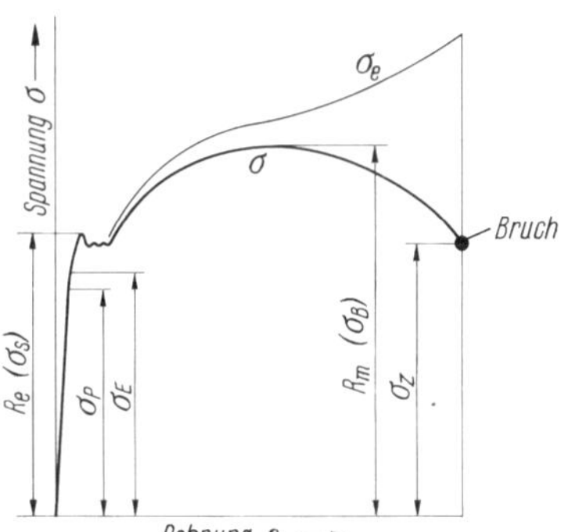

Bild 9.19 Spannungs-Dehnungs-Diagramm zäher Werkstoffe mit ausgeprägter Streckgrenze

eines Zugversuchs nach DIN EN 10002 aufgenommen. Durch diesen Versuch werden Festigkeits- und Formänderungseigenschaften eines Werkstoffs an einem Probekörper ermittelt. Die breite Linie im Diagramm gibt den Verlauf der auf den Ausgangsquerschnitt A_0 bezogenen **Nennspannung** $\boldsymbol{\sigma = F/A_0}$ über der Dehnung $\boldsymbol{\varepsilon}$ an. Nach der schmalen Linie verläuft die **Effektivspannung** $\boldsymbol{\sigma = F/A_e}$. Sie liegt höher, da sie auf den verringerten Effektivquerschnitt A_e be-

1) *Simeon-Denis Poisson* (1781 bis 1840), franz. Physiker

zogen ist, der sich infolge der Formänderung durch die Beanspruchung einstellt. In der Festigkeitslehre werden Spannungen allgemein mit dem unverformten Ausgangsquerschnitt, also nur Nennspannungen errechnet.
Bis zur **Proportionalitätsgrenze σ_P** ist der Spannungsanstieg geradlinig. Die Gerade heißt nach dem Entdecker dieser Gesetzmäßigkeit **Hookesche**[1] **Gerade**. In diesem Bereich nimmt die Dehnung ε mit der Nennspannung σ im gleichen Verhältnis zu. Das wird auch ausgedrückt im *Hookeschen Gesetz:*

Im Proportionalitätsbereich sind die Spannungen den Dehnungen proportional.

Der Proportionalitätsfaktor ist der

Elastizitätsmodul $$E = \frac{\sigma}{\varepsilon} \quad (9.6)$$

Er wird auch kurz nur E-Modul genannt und entspricht der **Steigung der Spannungs-Dehnungs-Linie.** Sein Wert ist ein Maß für das elastische Verhalten eines Werkstoffs. Für Werkstoffe, die dem Hookeschen Gesetz folgen, ist er eine Konstante (s. Tab. 11). Da ε keine Einheit hat, gilt für E die Einheit der Spannung (N/mm^2). Bei $\varepsilon = 1$ wäre $E = \sigma$, d. h.: Man kann den E-Modul als die Spannung auffassen, die notwendig ist, einen Stab auf das Doppelte seiner Ausgangslänge zu dehnen. Praktisch ist eine so große Verlängerung von Metallen nicht möglich.
Da der E-Modul der wichtigsten Werkstoffe aus Versuchen bekannt ist, kann man für den Proportionalitätsbereich, in dem die üblichen Beanspruchungen liegen, die sich bei einer **Zugspannung $\sigma = F/A$** einstellende Verlängerung errechnen. Aus Gl. (9.3) folgt mit $\varepsilon = \sigma/E$ (Gl. (9.6)) die

Verlängerung $$\Delta L = \varepsilon \cdot L_0 = \frac{\sigma}{E} L_0 = \frac{F \cdot L_0}{A \cdot E} \quad (9.7)$$

Darin sind F die Zugkraft, L_0 die unbelastete Länge des Bauteils und A dessen Querschnittsfläche im unbelasteten Zustand.

Beispiel 9.3
Ein 6 m langer Zugstab, bestehend aus zwei Winkelprofilen DIN EN 10056-1 – S235J0 – 100 × 50 × 8 mit 11,4 cm^2 Profilquerschnitt, hat in einer Stahlkonstruktion eine Kraft von 200 kN zu übertragen. Wie groß ist die Verlängerung in mm?

Lösung:
Gegeben: $L_0 = 6$ m $= 6000$ mm,
$A = 2 \cdot 11{,}4$ cm$^2 = 2280$ mm^2,
$F = 200$ kN $= 200\,000$ N,
$E = 210\,000$ N/mm^2 (Tab. 11).
Gesucht: ΔL in mm.
Nach Gl. (9.7) beträgt die Verlängerung

$$\Delta L = \frac{F \cdot L_0}{A \cdot E} = \frac{200\,000\ \text{N} \cdot 6000\ \text{mm}}{2280\ \text{mm}^2 \cdot 210\,000\ \text{N/mm}^2} = 2{,}506\ \text{mm}.$$

Bei Beanspruchung über σ_P hinaus nimmt die Dehnung schneller zu als die Nennspannung σ, die Gerade geht in eine leicht gekrümmte Linie über. Bis zur **Elastizitätsgrenze σ_E** ist der Werkstoff voll elastisch, d. h. bei Entlastung federt der Stab auf die Ausgangslänge L_0 zurück. Nach Überschreiten von σ_E tritt eine teilweise plastische (bleibende) Verformung ein; der Stab geht bei Entlastung nicht mehr auf L_0 zurück, sondern bleibt etwas länger. Sowohl σ_P als auch σ_E zeichnen sich im Diagramm nicht eindeutig ab. Sie liegen dicht beieinander oder fallen zusammen und sind nicht exakt messbar.
Die **Fließgrenze** markiert sich deutlich durch plötzlichen Spannungsabfall. Bei dieser Spannung, die als **Fließspannung** (σ_F) bezeichnet wird, beginnt im Werkstoffgefüge ein Fließen; der Stab dehnt sich beträchtlich, ohne dass die Spannung steigt. Die Fließgrenze beim Zugversuch heißt **Streckgrenze R_e** (auch σ_S). Hierbei verfestigt sich der Werkstoff, und der Fließprozess kommt zum Stillstand. Zur weiteren Dehnung des Stabes bis zur **Bruchgrenze** ist eine Steigerung der Nennspannung durch Erhöhung der Belastungskraft erforderlich. Nach Erreichen der max. Zugspannung, der **Zugfestigkeit R_m** (auch σ_{zB}, kurz σ_B), ist eine Kraftsteigerung nicht mehr möglich. Unter starker Einschnürung des Stabes sinkt die Nennspannung auf die **Zerreißgrenze** ab. Diese Grenzspannung (σ_Z) ist praktisch ohne Bedeutung.
Die Verlängerung $\Delta L_r = L_u - L_0$ (s. Bild 9.18c) eines Prüfstabes bis zum Bruch wird auf die Ausgangsmesslänge L_0 bezogen und als **Bruchdehnung** bezeichnet, wobei am Formelzeichen das Verhältnis L_0/d_0 als Index hinzugefügt wird. Bei $L_0/d_0 = 5$ beträgt die in Prozent angegebene

Bruchdehnung

$$A_5 = \frac{\Delta L_r}{L_0}\ 100\,\% = \frac{L_u - L_0}{L_0}\ 100\,\% \quad (9.8)$$

Sie ist ein Maß für die plastische Verformbarkeit eines Werkstoffs.

[1] *Robert Hooke* (1635 bis 1703), engl. Physiker

Beispiel 9.4
Ein Prüfstab aus Stahl mit einer Ausgangsmesslänge von 100 mm und 10 mm Durchmesser zerriss im Zugversuch bei einer Länge von 118,4 mm. Die Bruchdehnung in % ist zu errechnen.
Lösung:
Gegeben: $L_0 = 100$ mm, $d_0 = 10$ mm,
$L_u = 118{,}4$ mm, $L_0/d_0 = 100/10 = 10$.
Gesucht: A_{10} in %.
Nach Gl. (9.8) beträgt die Bruchdehnung

$$A_{10} = \frac{L_u - L_0}{L_0}\,100\,\% = \frac{(118{,}4 - 100)\,\text{mm}}{100\,\text{mm}}\,100\,\% = 18{,}4\,\%.$$

Beim Druckversuch (DIN 50106) ist die Fließgrenze die **Quetschgrenze σ_{dF}** und die Bruchgrenze die **Druckfestigkeit σ_{dB}**. Bei hochfesten Stählen und bei anderen zähen (duktilen[1]) Werkstoffen, die keine ausgeprägte Streckgrenze besitzen (Bild 9.20), wird die **0,2-%-Dehngrenze $R_{p0,2}$** als Ersatzstreckgrenze angegeben. Es ist die Nennspannung, bei der am Probestab eine Dehnung von 0,2% zurückbleibt. Da σ_E nicht messbar ist, wird die **0,01-%-Dehngrenze $R_{p0,01}$** als **technische Elastizitätsgrenze** angenommen. Bei Druck gilt die **0,2-%-Stauchgrenze $\sigma_{d0,2}$** als Ersatzquetschgrenze. Gusseisen (Grauguss) ist ein spröder Werkstoff ohne Fließgrenze, der auch nicht dem Hookeschen Gesetz folgt. Beim Zugversuch tritt der Bruch ohne starke Dehnung plötzlich ein. Die Druckfestigkeit von Gusseisen beträgt etwa das Vierfache der Zugfestigkeit. Bei zähen Stählen und anderen zähen Werkstoffen dagegen lässt sich keine Druckfestigkeit ermitteln.

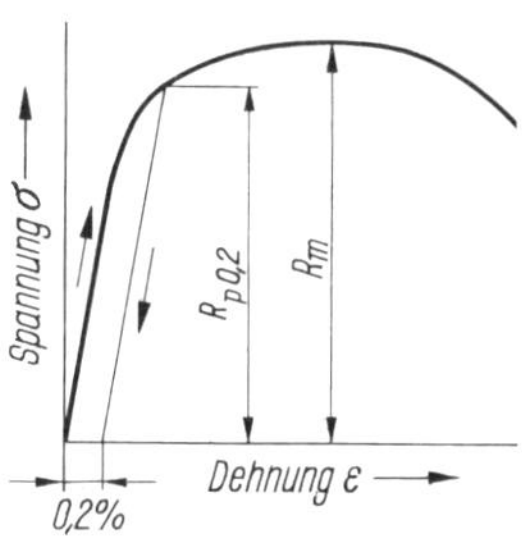

Bild 9.20 Spannung-Dehnung-Diagramm zäher Werkstoffe ohne ausgeprägte Streckgrenze

[1] *duktil* (lat.) = dehnbar, verformbar

9.1.6 Schiebung, Gleitmodul

Bei Schubbeanspruchung eines Körpers (Bild 9.21) wird die Deckfläche durch die Schubkraft F um den Betrag Δs verschoben. Die auf die Körperlänge L bezogene **Verschiebung Δs** bezeichnet man als **Gleitung** oder **Schiebung**. Der Winkel, den die Körperkante nach der Verschiebung mit ihrer Ausgangslage einschließt, heißt **Schubwinkel γ**, und es ist $\tan\gamma = \Delta s/L$. Da praktisch nur sehr kleine Schubwinkel vorkommen, gilt ohne nennenswerten Fehler $\tan\gamma = \gamma$ in rad. Daraus folgt:

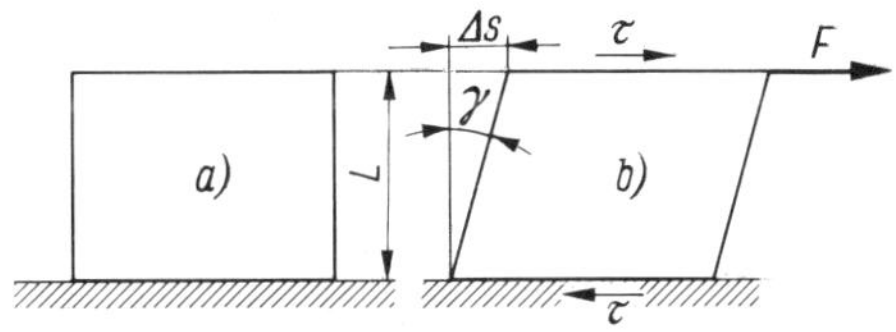

Bild 9.21 Schiebung an einem schubbeanspruchten Körper
a) unbelasteter Körper, b) durch Schubkraft F belasteter Körper

Schiebung = Schubwinkel $$\gamma = \frac{\Delta s}{L} \qquad (9.9)$$

Sie entspricht der Dehnung ε bei Zugbeanspruchung und nimmt bei Werkstoffen, die dem Hookeschen Gesetz folgen, proportional mit der Schubspannung τ zu. Der Proportionalitätsfaktor ist hier der

Schub- oder Gleitmodul $$G = \frac{\tau}{\gamma} \qquad (9.10)$$

Er ist wie der Elastizitätsmodul E ein Werkstoffkennwert und im Proportionalitätsbereich eine Konstante (s. Tab. 11). Zwischen E- und G-Modul besteht mit der Poisson-Zahl μ (Gl. (9.5)) die Beziehung:

Gleitmodul $$G = \frac{1}{2(1+\mu)}\,E \qquad (9.11)$$

Für Metalle mit $\mu = 0{,}3$ wird $G \approx 0{,}3846\,E$.
Ein Körper mit gleich bleibendem Querschnitt A erfährt auf der Länge L unter der **Schubspannung $\tau = F/A$** im Proportionalitätsbereich die

Verschiebung $$\Delta s = \gamma \cdot L = \frac{\tau}{G}\,L = \frac{F \cdot L}{A \cdot G} \qquad (9.12)$$

Aus Bild 9.21 geht hervor, dass wegen des Gleichgewichts auch in der Einspannebene eine gleich große, jedoch entgegengerichtete Schubspannung τ vorhanden sein muss. Zur Erhaltung des Gleichgewichtszustandes muss aber in den dazu senkrechten Ebenen ebenfalls ein Schubspannungspaar vom gleichen Betrag mit entgegengesetzter Wirkrichtung auftreten (Bild 9.22). Daraus folgt der Lehrsatz über die *Gleichheit der zugeordneten Schubspannungen:*

Schubspannungen treten stets paarweise mit gleichem Betrag in zwei senkrechten Schnittflächen mit entgegengesetzter Wirkrichtung auf.

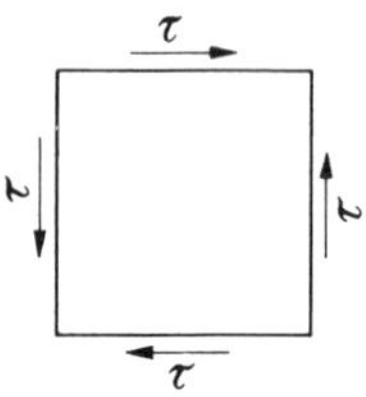

Bild 9.22 Freigeschnittener Körper mit paarweise auftretenden zugeordneten Schubspannungen

9.1.7 Formänderungsarbeit

Beim Verformen eines Körpers verrichtet die Kraft über dem Verformungsweg die Formänderungsarbeit W. Ihr entspricht im Kraft-Weg-Diagramm die Fläche unter der Kraft-Weg-Linie (s. auch Bild 7.11). Im Proportionalitätsbereich steigt die Verformungskraft mit zunehmendem Weg stetig an. Die Formänderungsarbeit stellt sich somit als Dreiecksfläche unter der Kraft-Verlängerungs-Linie bei Zugbeanspruchung (Bild 9.23) bzw. unter der Kraft-Verschiebungs-Linie bei Schubbeanspruchung dar.

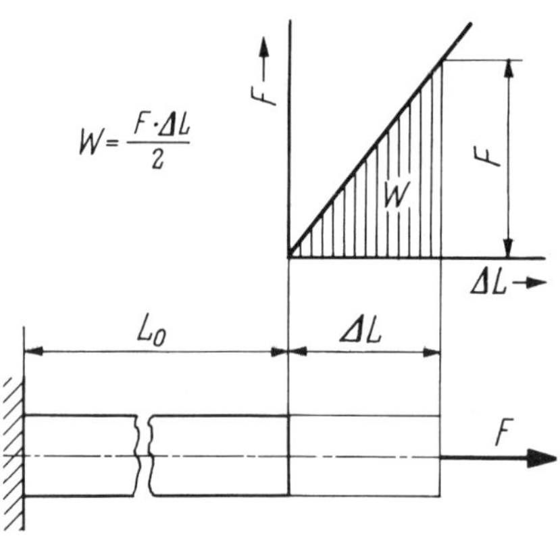

Bild 9.23 Kraft-Verlängerungs-Diagramm im Proportionalitätsbereich

Mit der Zugkraft $F = \sigma \cdot A$, der Verlängerung $\Delta L = \sigma \cdot L_0/E$ (Gl. (9.7)) und dem Volumen $V = A \cdot L_0$ beträgt bis zur Proportionalitätsgrenze (näherungsweise bis zur Streckgrenze) die

Formänderungsarbeit $$\boldsymbol{W = \frac{F \cdot \Delta L}{2} = \frac{\sigma^2 \cdot V}{2E}} \qquad (9.13)$$

Diese Gleichung gilt auch bei Druckbeanspruchung, wenn ΔL als Verkürzung eingesetzt wird. Sinngemäß ergibt sich bei Schubbeanspruchung mit der Schubkraft $F = \tau \cdot A$ und der Verschiebung $\Delta s = \tau \cdot L/G$ (Gl. (9.12)) im Proportionalitätsbereich die

Formänderungsarbeit $$\boldsymbol{W = \frac{F \cdot \Delta s}{2} = \frac{\tau^2 \cdot V}{2G}} \qquad (9.14)$$

Bei Torsionsbeanspruchung kann diese Gleichung sinngemäß angewendet werden (s. Abschn. 9.5.3).

Beispiel 9.5

Ein Prüfstab aus Stahl mit 20 mm Durchmesser und 100 mm Ausgangsmesslänge zeigte bei einer Zugkraft von 40 kN im Proportionalitätsbereich eine Verlängerung von 0,063 mm. Sein Durchmesser nahm auf 19,996 mm ab. Wie groß sind die Dehnung, die Querdehnung, die Poisson-Zahl, der Elastizitätsmodul, der Gleitmodul und die Formänderungsarbeit?

Lösung:

Gegeben: $L_0 = 100$ mm, $d_0 = 20$ mm,
$F = 40$ kN $= 40000$ N, $\Delta L = 0{,}063$ mm,
$d = 19{,}996$ mm.

Gesucht: ε, ε_q, μ, E, G und W.

1. Dehnung ε und Querdehnung ε_q
Nach Gl. (9.3) ist

$$\varepsilon = \frac{\Delta L}{L_0} = \frac{0{,}063\text{ mm}}{100\text{ mm}} = 0{,}00063 = 0{,}063\,\%$$

und nach Gl. (9.4):

$$\varepsilon_q = \frac{d - d_0}{d_0} = \frac{19{,}996 - 20\text{ mm}}{20\text{ mm}} = -0{,}0002 = -0{,}02\,\%.$$

2. Poisson-Zahl μ
Nach Gl. (9.5) beträgt

$$\mu = \frac{-\varepsilon_q}{\varepsilon} = \frac{-(-0{,}0002)}{0{,}00063} = 0{,}3175.$$

3. Elastizitätsmodul E, Gleitmodul G und Formänderungsarbeit W
Mit der Anfangsquerschnittsfläche $A_0 = d_0^2 \cdot \pi/4 = (20\text{ mm})^2 \cdot \pi/4 = 314{,}2\text{ mm}^2$ beträgt die Zugnennspannung

$$\sigma = \frac{F}{A_0} = \frac{40\,000\text{ N}}{314{,}2\text{ mm}^2} = 127{,}3\text{ N/mm}^2.$$

Nach Gl. (9.6) ergibt sich damit

$$E = \frac{\sigma}{\varepsilon} = \frac{127{,}3\ \text{N/mm}^2}{0{,}00063} \approx 202\,100\ \text{N/mm}^2.$$

Nach Gl. (9.11) ist

$$G = \frac{1}{2(1+\mu)} E = \frac{1}{2(1+0{,}3175)} 202\,100\ \text{N/mm}^2 = 76\,700\ \text{N/mm}^2,$$

und nach Gl. (9.13) wird

$$W = \frac{F \cdot \Delta L}{2} = \frac{40\ \text{kN} \cdot 0{,}063\ \text{mm}}{2} = 1{,}26\ \text{Nm} = 1{,}26\ \text{J}.$$

Praxishinweis:
Im Rahmen der Anpassung an die internationalen Normenempfehlungen der ISO[1] sind für die beim Zugversuch zu ermittelnden Werkstoffkenngrößen die heute gebräuchlichen Formelzeichen eingeführt worden. Davor galt σ_S bzw. $\sigma_{0,2}$ für die Streckgrenze R_e bzw. $R_{p0,2}$, σ_B für die Zugfestigkeit R_m, δ_5 bzw. δ_{10} für die Bruchdehnung A_5 bzw. A_{10}. Beim Druckversuch blieben die alten Formelzeichen im Wesentlichen weiterhin gültig.
Der Gleit- und der E-Modul werden als Werkstoffkenngrößen für Verformungsberechnungen benötigt. Die Gleichungen für die Formänderungsarbeit sind Grundlage für die Entwicklung spezieller Berechnungsgleichungen, z. B. für die Berechnung von Federn im Maschinen- und Gerätebau.

Kontrollfragen:
- Welche Aufgaben hat die Festigkeitslehre, und was versteht man auf diesem Gebiet unter Spannung und Festigkeit?
- Worin unterscheidet sich das Freischneiden vom Freimachen eines Bauteils, und welche Schnittgrößen sind möglich?
- Wie lauten die fünf Grundbeanspruchungsarten und die dabei entstehenden Spannungen nach Richtung und Beanspruchung?
- Wie lautet das Hookesche Gesetz, und was versteht man unter Dehnung?
- Welche Werkstoffkennwerte ergeben sich beim Zugversuch und beim Druckversuch?
- Was bedeuten der Elastizitätsmodul und der Gleitmodul, und wofür werden sie benötigt?

9.2 Lastfälle, Sicherheiten, zulässige Spannungen

Lernziele:
- Die im Maschinen- und Gerätebau üblichen Lastfälle als Sonderfälle der schwingenden Beanspruchung erklären, und die im Kranbau vorgesehenen Lastfälle nennen.
- Die für Festigkeitsberechnungen wichtigen Werkstoffkennwerte erläutern.
- Die Begriffe Sicherheit und zulässige Spannung erklären.

9.2.1 Lastfälle, Betriebsarten

Die Haltbarkeit eines Bauteils hängt maßgeblich vom zeitlichen Verlauf der Beanspruchung ab. Ändern sich während der Belastung die angreifenden Kräfte und Momente, so ändern sich proportional dazu auch die im Bauteil auftretenden Spannungen. Mit dem Begriff Lastfall werden die verschiedenen Arten der Änderung von Belastungsgrößen ausgedrückt.
Im **Maschinen- und Gerätebau** unterscheidet man folgende drei idealisierte **Lastfälle** (Bild 9.24), die von *Bach*[1] vorgeschlagen wurden:

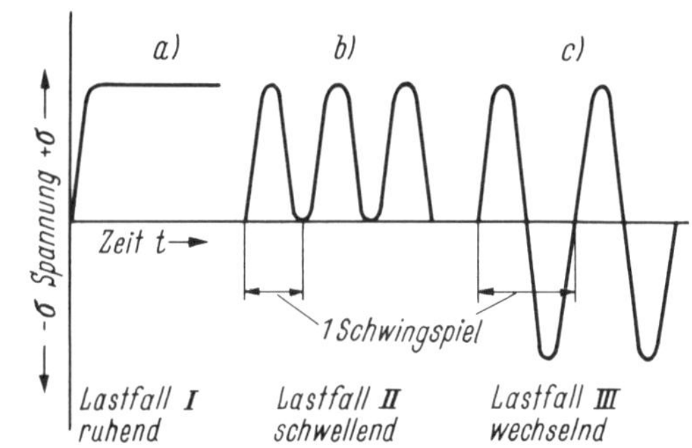

Bild 9.24 Belastungsdiagramme zu den Lastfällen a) ruhende, b) schwellende, c) wechselnde Beanspruchung

Ruhende Beanspruchung (Lastfall I): Die Spannung steigt zügig auf einen bestimmten Wert und behält diesen während einer längeren Zeit; es ändern sich weder ihr Betrag noch ihre Richtung. Man sagt dazu auch **statische Beanspruchung.** Beispiele: Torsion in Wellen ohne Drehrichtungswechsel, wie in ununterbrochen laufenden Elektromotoren, Pumpen und Turbinen bei gleich bleibender Leistung, Schrauben in Klemmverbindungen.
Schwellende Beanspruchung (Lastfall II): Die Spannung steigt ständig von null auf einen Höchstwert und sinkt wieder auf null ab; es ändert sich ihr Betrag bei gleich bleibender Richtung. Beispiele: Kranseile, Fahrzeugfedern, Bremshebel, Zähne an Zahnrädern ohne Drehrichtungswechsel.

[1] *International Organization for Standardization* (= Internationale Normen-Vereinigung)

[1] *Carl Julius von Bach* (1847 bis 1931), deutscher Ingenieur

Wechselnde Beanspruchung (Lastfall III): Die Spannung schwankt ständig zwischen einem positiven und einem negativen Höchstwert; es ändern sich sowohl ihr Betrag als auch ihre Richtung. Beispiele: Maschinen mit wechselnder Drehrichtung, Spindeln mit Zug- und Druckbeanspruchung, Getriebewellen.

Die Schwell- und Wechselbeanspruchung (beide auch als **dynamische Beanspruchung** bezeichnet) werden besonders bei Festigkeitsberechnungen auf Dauerhaltbarkeit als Sonderfälle eines allgemeinen Lastfalls, der **schwingenden Beanspruchung** (Bild 9.25), aufgefasst, bei der die

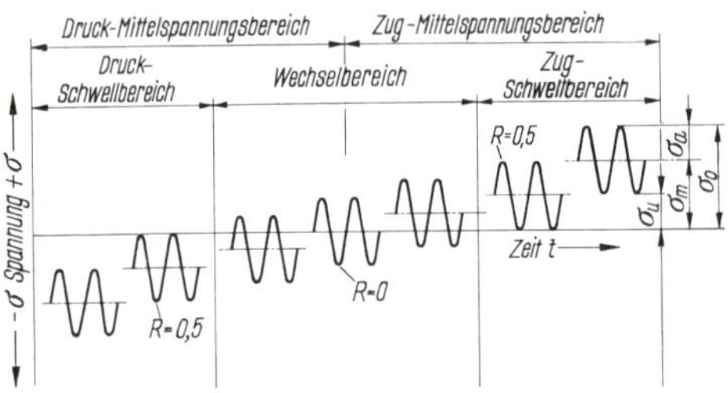

Bild 9.25 Bereiche der schwingenden Beanspruchung

Spannung ständig zwischen einer **Oberspannung** $\boldsymbol{\sigma_o}$ und einer **Unterspannung** $\boldsymbol{\sigma_u}$ schwingt. Eine volle Schwingung heißt **Schwingspiel** (früher **Lastspiel**). Es wird davon ausgegangen, dass sich einer ruhenden **Mittelspannung** $\boldsymbol{\sigma_m}$ eine Wechselspannung $\pm\sigma_a$ mit dem **Spannungsausschlag** $\boldsymbol{\sigma_a}$ überlagert. Dabei betragen die

Mittelspannung $$\sigma_m = \frac{\sigma_o + \sigma_u}{2} \tag{9.15}$$

und der

Spannungsausschlag $$\sigma_a = \frac{\sigma_o - \sigma_u}{2} \tag{9.16}$$

Aus Mittel- und Oberspannung erhält man den

Ruhegrad $$R = \frac{\sigma_m}{\sigma_o} \tag{9.17}$$

und aus Unter- und Oberspannung das

Spannungsverhältnis $$\varkappa = \frac{\sigma_u}{\sigma_o} \tag{9.18}$$

Im Druck-Mittelspannungsbereich sind σ_m und σ_o negativ. Als σ_o ist immer die Spannung mit dem höheren absoluten Betrag einzusetzen. Im Druck-Schwellbereich treten nur Druckspannungen und im Zug-Schwellbereich nur Zugspannungen auf. Im Wechselbereich wechselt die Beanspruchung zwischen Zug und Druck. Bei schwellender Beanspruchung (Lastf. II) sind $\sigma_m = \sigma_o/2$, $\sigma_u = 0$, $\sigma_a = \pm\sigma_o/2$ und $R = 0{,}5$. Bei wechselnder Beanspruchung (Lastf. III) werden $\sigma_m = 0$, $\sigma_o = \sigma_a$, $\sigma_u = -\sigma_a$ und $R = 0$. Sieht man die ruhende Beanspruchung (Lastf. I) auch als Sonderfall der Schwingbeanspruchung an, dann sind $\sigma_m = \sigma_o = \sigma_u$, $\sigma_a = 0$ und $R = 1$. Diese Ausführungen gelten sinngemäß ebenfalls für Schub- oder Tangentialspannungen mit dem Formelzeichen τ.

Außer dem **Ruhegrad** $\boldsymbol{R}$ als Verhältnis der Mittelspannung zur Oberspannung wird zur Beschreibung des Lastfalls auch das Verhältnis der Unterspannung zur Oberspannung als **Spannungsverhältnis** $\boldsymbol{\varkappa}$ benutzt. Es kann zwischen -1 und 0 im Wechselbereich ($R = 0$ bis $R < 0{,}5$) und zwischen 0 und $+1$ im Schwellbereich ($R = 0{,}5$ bis $R < 1$) liegen.

Im **Kranbau** werden nach DIN 15018 folgende Lastfälle unterschieden: **Lastfall H** als Summe der Hauptlasten, **Lastfall HZ** als Summe der Haupt- und Zusatzlasten, **Lastfall HS** als Summe der Haupt- und Sonderlasten. **Hauptlasten** wirken ständig. Dazu zählen z. B. bei einem Krantragwerk die Hublast und die Eigengewichtskraft, Massenkräfte durch Anfahren und Bremsen oder andere Arbeitsbewegungen. **Zusatzlasten** wirken nur zeitweise, wie z. B. Kräfte durch Schräglauf, Windkräfte, Schnee- und Eislasten. **Sonderlasten** sind außergewöhnliche Lasten wie Pufferkräfte, Montagelasten usw. Auszuführen sind die Tragwerksteile nach dem Lastfall, der die größten Querschnitte erfordert. Ferner werden für Kräfte, Spannungen und andere Größen vom Maschinenbau abweichende Bezeichnungen und Formelzeichen verwendet (s. auch Praxishinweis Abschn. 2.1.3). Anstelle des Ruhegrades R ist für die Berechnung von Krantragwerken das dem Spannungsverhältnis entsprechende Grenzspannungsverhältnis $\varkappa = \sigma_{min}/\sigma_{max}$ vorgeschrieben.

Praktisch verlaufen die Schwingspiele (Lastspiele) oft mit sehr unterschiedlichen Spannungsausschlägen. Im Allgemeinen wird dann die Festigkeitsberechnung mit der größten Spannung durchgeführt.

Für eine wirklichkeitsnahe Berechnung muss außerdem die **Betriebsart** bekannt sein. Es liegt **Dauerbetrieb** vor, wenn die Maschine ununterbrochen im Einsatz ist (Einschaltdauer $ED = 100\,\%$), wie Turbinen, Pumpen, Verdichter in Versorgungsbetrieben, und **Aussetzbetrieb**, wenn die Maschine nur zeitweise arbeitet (Einschaltdauer $ED < 100\,\%$, z. B. $ED = 25\,\%$), wie Krane, Aufzüge und Haushaltsgeräte. Bei

Dauerbetrieb werden die Bauteile meistens auf Dauerhaltbarkeit (Gestaltfestigkeit), bei Aussetzbetrieb mitunter nur für eine begrenzte Lebensdauer (Betriebsfestigkeit) berechnet.
Ist der Beanspruchungsverlauf einer Maschine oder Anlage innerhalb einer bestimmten Zeitspanne t bekannt, so kann man aus einem Belastungsschaubild die **Häufigkeit *H* der Höchstlast** ermitteln und bei der Bauteilbemessung berücksichtigen (s. Tab. 18). Wenn die größte Beanspruchung nur während der Zeitabschnitte Δt_{H1}, Δt_{H2}, Δt_{H3} usw. auftritt, dann ist die Häufigkeit $H = (\Sigma\, \Delta t_H / t) \cdot 100\,\%$, z. B. bei $t = 8$ h und $\Sigma\, \Delta t_H = 2{,}4$ h ist $H = (2{,}4\,\text{h}/8\,\text{h}) \cdot 100\,\% = 30\,\%$. Bei der Berechnung von H dürfen Ruhepausen nicht einbezogen werden.
Zur Erfassung der im Betrieb tatsächlich auftretenden größten Kraft oder des maximalen Moments ist es zweckmäßig, die **Nennkraft F_N** oder das **Nennmoment M_N** mit einem **Betriebsfaktor K_I** (auch **Stoßfaktor** oder **Anwendungsfaktor** genannt) zu multiplizieren. Mit diesem Faktor werden durch die Arbeitsweise der Maschine bedingte, rechnerisch schwer erfassbare Stöße, Beschleunigungs- und Verzögerungskräfte sowie mögliche Überlastungen und Unsicherheiten bei der Kraftermittlung berücksichtigt. Je nach Art und Arbeitsweise der Maschine kann

$K_I = 1{,}1 \ldots 1{,}8$ bei leichten bis mittleren Stößen,

$K_I = 1{,}8 \ldots 2{,}5$ bei starken Stößen und

$K_I = 2{,}5 \ldots 3{,}5$ bei sehr starken Stößen

angenommen werden. Die Festigkeitsberechnung ist dann mit der **maximalen Kraft $F = K_I \cdot F_N$** bzw. mit dem **maximalen Moment $M = K_I \cdot M_N$** durchzuführen.
Zur Berücksichtigung der Lebenswichtigkeit eines Bauteils (Gefahren für Menschen und Sachwerte bei Bruch des Teiles) sind die Werte für den Betriebsfaktor ggf. um ca. 20 … 40 % zu erhöhen.
Sind alle genannten Einflussfaktoren in der Nennkraft erfasst, so ist $K_I = 1$.

9.2.2 Werkstofffestigkeiten

Eine wichtige Grundlage für jede Festigkeitsberechnung sind die Grenzspannungen oder Festigkeitsgrenzen der Werkstoffe. Sie werden auch **Werkstoffkennwerte** genannt und bei der Werkstoffprüfung durch Versuche ermittelt (Zugversuch, Druckversuch, Dauerschwingversuch u. a.). Je nach Lastfall und Werkstoffart werden unterschiedliche Festigkeitsgrenzen zugrunde gelegt.

Ruhende Beanspruchung
Die wichtigsten Festigkeitsgrenzen für die Berechnung ruhend beanspruchter Bauteile (Lastfall I) sind die **Streckgrenze R_e** (bzw. die 0,2-%-Dehngrenze $R_{p0,2}$) und die **Zugfestigkeit R_m**. Sie werden beim Zugversuch (DIN EN 10002, s. auch Abschn. 9.1.5) ermittelt und sind in Tab. 13 für einige Eisenwerkstoffe zusammengestellt. Da im Betriebszustand bleibende Verformungen nicht auftreten dürfen, wird bei zähen Werkstoffen (z. B. Stahl) die Streckgrenze als Werkstoffkennwert gewählt. Bei spröden Werkstoffen ohne Fließgrenze (z. B. Grauguss) wird mit der Zugfestigkeit gerechnet.

Versuche ergaben, dass bei den meisten Eisenwerkstoffen die Zugfestigkeit und die Streckgrenze mit zunehmender Bauteildicke abnehmen (s. Tab. 13 und Bilder A1 bis A4). Ferner zeigte sich, dass mit steigender Temperatur die Streckgrenze ebenfalls kleiner wird. Deshalb ist für Bauteile, die bei hohen Betriebstemperaturen eingesetzt werden, die **Warmstreckgrenze** von Bedeutung. Auch bei Nennspannungen unterhalb der Streckgrenze können sich Bauteile unter sehr lange anhaltender, gleich bleibender Zugbeanspruchung ständig weiter dehnen. Diesen Vorgang, der allmählich bis zum Bruch führt, nennt man **Kriechen.** Als **Dauerstandfestigkeit** wird die Nennspannung bezeichnet, bei der das Kriechen unter einer bestimmten Temperatur noch zum Stillstand kommt.

Bei Druckbeanspruchung zäher Werkstoffe ist die **Quetschgrenze σ_{dF}** etwa so groß wie die Streckgrenze, und man kann allgemein $\sigma_{dF} = -R_e$ setzen. Eine **Druckfestigkeit σ_{dB}** lässt sich nur bei spröden Werkstoffen feststellen; für Gusseisen (Grauguss) gilt $\sigma_{dB} \approx 4R_m$. Aufgrund des Spannungsgefälles bei Biegebeanspruchung (s. Bild 9.15d) hindern die weniger beanspruchten Werkstoffteilchen die höher beanspruchten am Fließen, sie üben eine **Stützwirkung** aus. Aus diesem Grunde sind die Fließgrenze bei Biegung, kurz **Biegegrenze σ_{bF}** genannt, und die **Biegefestigkeit σ_{bB}** von der Querschnittsform abhängig und größer als R_e und R_m bei Zugbeanspruchung, bei Rechteckquerschnitten um ca. 20 % und bei Kreisquerschnitten um ca. 40 %. Die **Querschnittsformzahl f_q** (Tab. 17) gibt das Verhältnis σ_{bF}/R_e bzw. σ_{bB}/R_m an. Aus Torsionsversuchen erhält man die Fließgrenze bei Verdrehbeanspruchung, die **Torsions(fließ)grenze τ_{tF}**, und als Bruchgrenze die **Torsionsfestigkeit τ_{tB}**. Sie betragen etwa 60 % bzw. 70 % der entsprechenden Grenzspannungen beim Zugversuch (s. Tab. 14). Bei zähen Werkstoffen beträgt die **Scherfestigkeit τ_{aB}** ca. 80 % der Zugfestigkeit, bei spröden Werkstoffen kann $\tau_{aB} \approx \tau_{tB} \approx R_m$ gesetzt werden.

Schwingende Beanspruchung

Unter schwingender Beanspruchung (z. B. Lastfälle II und III) tritt ein Bruch der Prüfstäbe bereits bei wesentlich kleineren Nennspannungen auf als bei ruhender bzw. zügiger Beanspruchung. Die Festigkeitsgrenzen (Werkstoffkennwerte) werden in **Dauerschwingversuchen** nach DIN 50100 ermittelt. Man bezeichnet die Nennspannung, bei der ein Probestab nach einer bestimmten **Schwingspielzahl N** (früher **Lastspielzahl**) bricht, als Zeitschwingfestigkeit, kurz **Zeitfestigkeit $\sigma_{D(N)}$**. Die bei konstanter Mittelspannung und verschiedenen Spannungsausschlägen festgestellten Zeitfestigkeiten werden über der Schwingspielzahl aufgetragen und ergeben die **Wöhlerkurve**[1)] (Bild 9.26). Ab einer

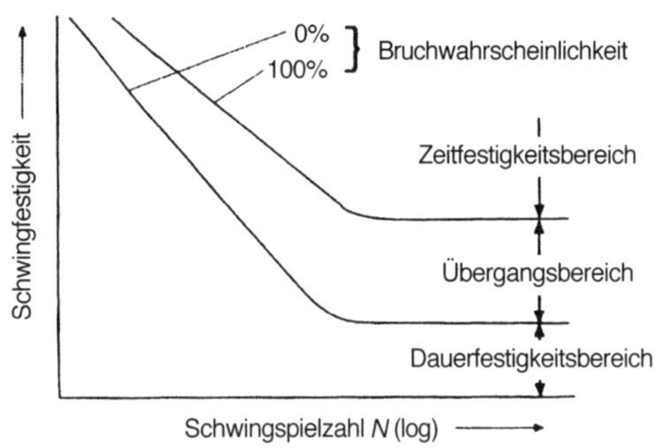

Bild 9.26 Schaubild mit Wöhlerkurve

bestimmten Schwingspielzahl verläuft die Linie im Schaubild nahezu parallel zur Abszissenachse, die logarithmisch geteilt ist. Das bedeutet, der Werkstoff kann die dazugehörige Spannung gerade noch dauernd ertragen. Diese Grenzspannung heißt Dauerschwingfestigkeit, kurz **Dauerfestigkeit $\sigma_D = \sigma_m \pm \sigma_A$**. Sie führt auch bei hohen Schwingspielzahlen nicht zum Bruch. Die übliche **Grenz-Schwingspielzahl** für Stahl, bei der sich die Dauerfestigkeit einstellt, beträgt etwa $N = 10^7$, für Aluminiumlegierungen etwa $N = 10^8$ Schwingspiele.

Mit den bei verschiedenen Mittelspannungen festgestellten Dauerfestigkeitswerten eines Werkstoffs wird ein **Dauerfestigkeitsschaubild** gezeichnet. Bild 9.27 zeigt ein derartiges Schaubild für Zug-Druck-Beanspruchung zäher Werkstoffe. In Bild A5 sind entsprechende Diagramme für Baustähle nach DIN EN 10025 wiedergegeben. Man zeichnet in ein rechtwinkliges Koordinatensystem mit der Dauerfestigkeit σ_D als Ordinate und der **Mittelspannung σ_m** als Abzisse eine unter 45° verlaufende Mittelspannungslinie. Von dieser trägt man nach oben und nach unten den ermittelten **Spannungsausschlag σ_A der Dauerfestigkeit** ab. Der entstehende Linienzug ergibt die **Oberspannung σ_o** und die **Unterspannung σ_u der Dauerfestigkeit.** Die σ_o- und σ_u-Linien werden nur bis zur Fließgrenze (R_e bzw. σ_{dF}) gezeichnet, die das Diagramm abgrenzt. Darüber hinaus würden unzulässig hohe plastische Verformungen auftreten.

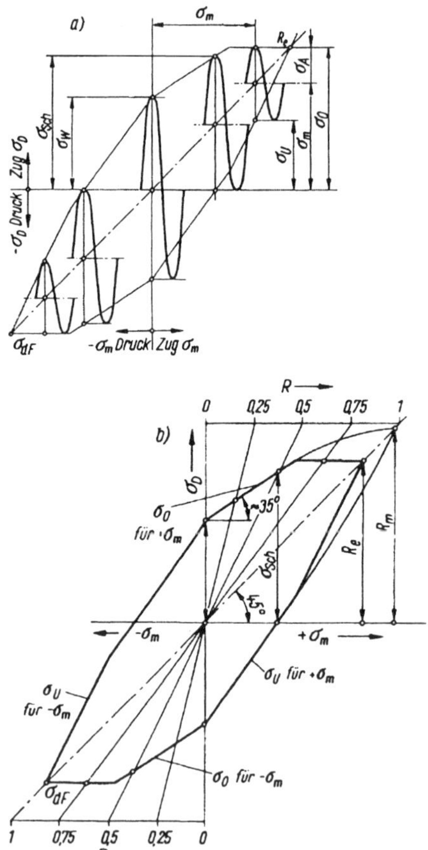

Bild 9.27 Dauerfestigkeitsschaubild zäher Werkstoffe (nach *Smith/Pohl*)
a) Entstehung, b) Konstruktion

[1)] *August Wöhler* (1819 bis 1914), deutscher Ingenieur

Aus der Mittelspannung σ_m und der Oberspannung σ_o der Dauerfestigkeit folgt entspr. Gl. (9.17) der **Ruhegrad $R = \sigma_m/\sigma_o$**. Um die Dauerfestigkeitswerte bei einem bestimmten Ruhegrad eindeutig ablesen zu können, bedient man sich der in Bild 9.27b angewendeten Methode. Die vom Koordinatenschnittpunkt (Nullpunkt) ausgehenden Strahlen sind Linien gleichen Ruhegrades. Wo sie die σ_o-Linie schneiden, liegt jeweils die zugehörige Obergrenze der Dauerfestigkeit beim betreffenden Ruhegrad.
Bei spröden Werkstoffen treffen sich die σ_o- und σ_u-Linie auf der Mittelspannungslinie an der Bruchgrenze (R_m, σ_{dB}, σ_{bB}, τ_{tB}). Bild 9.28 zeigt schematisch ein Dauerfestigkeitsschaubild für Gusseisen. Aus Dauerschwingversuchen mit

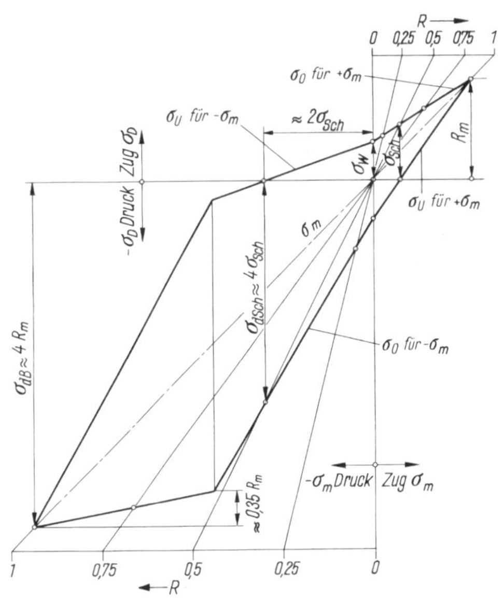

Bild 9.28 Dauerfestigkeitsschaubild für Gusseisen (Grauguss) (Schema)

Biegebeanspruchung oder mit Torsionsbeanspruchung ergeben sich ebenfalls Dauerfestigkeitsschaubilder, die je nach Werkstoffart den Bildern 9.27 oder 9.28 ähnlich sind. Bild A6 zeigt eine Gegenüberstellung der Diagramme für Zug-Druck, Biegung und Torsion des Baustahls E 295. Unter Zug-Druck-Beanspruchung bei $R = 0$ heißt die Dauerfestigkeit **Wechselfestigkeit σ_W** (auch σ_{zdW}), bei $R = 0{,}5$ **Zugschwellfestigkeit σ_{Sch}** bzw. **Druckschwellfestigkeit σ_{dSch}**. Die Bezeichnungen bei Biegebeanspruchung lauten **Biegewechselfestigkeit σ_{bW}** und **Biegeschwellfestigkeit σ_{bSch}**, bei Verdrehbeanspruchung **Torsionswechselfestigkeit τ_{tW}** und **Torsionsschwellfestigkeit τ_{tSch}** (s. auch Tab. 15). Bei $R = 1$ liegen die Fließ- bzw. die Bruchgrenzen.
Sind σ_W und R_e bei zähen bzw. σ_W und R_m bei spröden Werkstoffen bekannt, so lassen sich die Dauerfestigkeitsschaubilder auf einfache Weise nach den Bildern 9.27 und 9.28 konstruieren. Aus Versuchen ergaben sich mittlere Anhaltswerte für Wechselfestigkeiten, die für Stahl und Gusseisen (Grauguss) in Tab. 16 zusammengestellt sind.

9.2.3 Sicherheiten, zulässige Spannungen

Jede Festigkeitsberechnung enthält mehr oder weniger große Unsicherheiten, die auf erhebliche Streuungen der durch Versuche ermittelten Werkstoffkennwerte und auf notwendige Vereinfachungen im Berechnungsansatz zurückzuführen sind. Deshalb müssen die in einem Bauteil auftretenden größten Spannungen stets unterhalb der Grenzspannungen liegen, die die Festigkeit eines Werkstoffs kennzeichnen. Man ist bestrebt, das Versagen eines Bauteils mit Sicherheit auszuschließen.

Sicherheiten
Für die rechnerische Sicherheitszahl oder kurz **Sicherheit S**[1] gilt:

Die Sicherheit ist das Verhältnis eines Werkstoffkennwertes K zur vorhandenen Nennspannung σ bzw. τ:

$$\textit{Sicherheit} \quad S = \frac{K}{\sigma} \geq S_{erf} \qquad (9.19)$$

bzw.

$$\textit{Sicherheit} \quad S = \frac{K}{\tau} \geq S_{erf} \qquad (9.20)$$

Eine errechnete Sicherheit S darf eine vorgeschriebene oder erfahrungsgemäß erforderliche (minimale) Sicherheit S_{erf} nicht unterschreiten.
Bei Überlastung können Bauteile auf verschiedene Art versagen, entweder durch unzulässige Verformung oder durch Bruch oder durch Instabilität, d. h. durch Beulen, Kippen oder Knicken (s. Abschn. 9.8). Ein Bruch kann bei zügiger Beanspruchung als Trenn- oder Gewaltbruch oder bei schwingender Beanspruchung als Dau-

[1] Im Bauingenieurwesen ist der griechische Buchstabe ν als Symbol für die Sicherheit üblich

erbruch auftreten. Nach der Art des Versagens werden folgende Sicherheiten unterschieden:
Bei **ruhender Beanspruchung** von **zähen Werkstoffen** wird mit dem Verhältnis der Fließgrenze σ_F (R_e bzw. $R_{p0,2}$ bei Zug, σ_{bF} bei Biegung, τ_{tF} bei Torsion) zur Nennspannung σ gerechnet als Sicherheit gegen plastische Verformung oder

Sicherheit gegen Fließen $$S_F = \frac{\sigma_F}{\sigma} \qquad (9.21)$$

und bei ruhender Beanspruchung von **spröden Werkstoffen** mit dem Verhältnis der Bruchfestigkeit σ_B (R_m bei Zug, σ_{bB} bei Biegung, τ_{tB} bei Torsion) zur Nennspannung σ als Sicherheit gegen Gewaltbruch oder

Sicherheit gegen Bruch $$S_B = \frac{\sigma_B}{\sigma} \qquad (9.22)$$

die auch manchmal bei zähen Werkstoffen von Bedeutung ist. Für Tangentialspannungen ist τ anstelle von σ in die Gleichungen einzusetzen.
Bei **schwingender Beanspruchung** wird das Verhältnis einer Dauerfestigkeit σ_D zur entsprechenden Nennspannung σ als

Sicherheit gegen Dauerbruch $$S_D = \frac{\sigma_D}{\sigma} \qquad (9.23)$$

bezeichnet. Als Dauerfestigkeit kann z. B. die Wechselfestigkeit σ_W oder die Schwellfestigkeit σ_{Sch} in Betracht kommen. Da diese Werkstoffkennwerte jedoch mit glatten ungekerbten polierten Probestäben ermittelt wurden, bleiben wichtige Einflüsse unberücksichtigt, die besonders bei schwingender Beanspruchung die Dauerhaltbarkeit von Bauteilen beeinträchtigen. Es handelt sich dabei vor allem um die Oberflächengüte und die in der Kerbwirkungszahl zusammengefassten Einflüsse wie Kerbempfindlichkeit des Werkstoffs, Kerbform (Querschnittsübergang, Nut, Rille, Bohrung) und Spannungsverdichtung am Kerbgrund. Diese Einflüsse werden bei einer Berechnung auf **Gestaltfestigkeit** berücksichtigt (s. Abschn. 9.7), bei der als Dauerfestigkeit z. B. die Gestalt-Wechselfestigkeit σ_{WG} eingesetzt wird.
Im Maschinenbau übliche Mindestwerte für die erforderliche Sicherheit gegen Dauerbruch sind in Tab. 18 angegeben. Für Überschlagsrechnungen oder wenn eine Berechnung auf Gestaltfestigkeit nicht durchgeführt wird, werden die **Gln. (9.21) und (9.22) auch bei schwellender und wechselnder Beanspruchung** angewendet. Es sind dann höhere Sicherheiten erforderlich, wie in Tab. 19 angegeben.

Zulässige Spannungen
Zur überschlägigen Vorausberechnung von Bauteilabmessungen (Entwurfsberechnung) werden oftmals Angaben über zulässige Spannungen benötigt, die von den Spannungen im Bauteil nicht überschritten werden dürfen. Mit Hilfe bekannter Werkstoffkennwerte und erforderlicher Sicherheiten ergibt sich allgemeingültig die

zulässige Spannung $$\sigma_{zul} = \frac{K}{S_{erf}} \qquad (9.24)$$

bzw. $$\tau_{zul} = \frac{K}{S_{erf}} \qquad (9.25)$$

Je nach Versagensart kann somit geschrieben werden:

$$\sigma_{zul} = \frac{\sigma_F}{S_{F\,erf}} \text{ oder } \frac{\sigma_B}{S_{B\,erf}} \text{ oder } \frac{\sigma_D}{S_{D\,erf}} \qquad (9.26)$$

Bei Zugbeanspruchung ist $\sigma_F = R_e$ und $\sigma_B = R_m$. Für die Nachrechnung von Bauteilquerschnitten (Spannungskontrolle oder Spannungsnachweis) gilt die Bedingung: $\sigma \leq \sigma_{zul}$ bzw. $\tau \leq \tau_{zul}$. In Tab. 20 sind einige Anhaltswerte für zulässige Spannungen zusammengestellt. Zu beachten ist, dass eine zulässige Spannung bereits eine Sicherheit enthält.

Es sei jedoch nachdrücklich darauf hingewiesen, dass es nicht möglich ist, allgemeingültige Angaben für zulässige Spannungen und erforderliche Sicherheiten zu machen, da zu unterschiedliche Betriebsbedingungen vorkommen. Der Konstrukteur muss in jedem Falle nach gründlicher Information die Entscheidung selbst fällen. Wichtige schwingend beanspruchte Bauteile sollten möglichst immer auf Gestaltfestigkeit nachgerechnet werden. Die Gestalt- oder die Betriebsfestigkeit der Serien- und Massenerzeugnisse wird meistens durch Versuche ermittelt. Für bestimmte Maschinenelemente (Schrauben, Niete, Schweißverbindungen u. a.) enthält die einschlägige Fachliteratur spezielle Erfahrungswerte über zulässige Spannungen. Im Kessel- und Druckbehälterbau sowie im Kran- und Brückenbau sind die Berechnungsverfahren und die zulässigen Spannungen in verschiedenen Regelwerken vorgeschrieben (TRD-Blätter, AD-Merkblätter, DIN-Normen). Tab. 21 bringt einen Auszug für den Kranbau.
Eine weitere Möglichkeit für den **Festigkeitsnachweis** bietet die vom Forschungskuratorium Maschinenbau (FKM) herausgegebene Richtlinie *„Rechnerischer Festigkeitsnachweis für Maschinenbauteile"*. Sie wurde auf der Grundlage ehemaliger TGL-Standards, der früheren Richtlinie VDI 2226 und aktueller Fachliteratur erarbeitet und ist für stabförmige, flächenförmige und volumenförmige Bauteile anwendbar, die mit oder ohne spanabhebende Bearbeitung oder durch Schweißen hergestellt werden.
Die Richtlinie beschreibt den statischen Festigkeitsnachweis und den Ermüdungsfestigkeitsnachweis, letzteren als Dauer- oder Betriebsfestigkeitsnachweis, und ermöglicht die Bewertung von Nennspannungen und örtlichen

Spannungen, die z. B. durch Finite-Elemente-Berechnungen erhalten werden. Mit ihren umfangreichen Werkstofftabellen und den ausführlichen Angaben zu den vielen zu berücksichtigenden Einflussfaktoren können mit dieser Richtlinie nahezu alle Festigkeitsberechnungen für den Maschinenbau durchgeführt werden.
Eine ausführliche Erläuterung der FKM-Richtlinie ist wegen ihres Umfangs im Rahmen dieses Buches nicht möglich.

Arten der Festigkeitsberechnung

Mit den vorgeschriebenen oder den Erfahrungswerten für Sicherheiten und zulässige Spannungen können Festigkeitsberechnungen je nach Problemstellung auf verschiedene Weise durchgeführt werden. Die wichtigsten Arten der Festigkeitsberechnung sind:

1. **Spannungsnachweis** (Spannungskontrolle) oder Sicherheitsnachweis: Dabei ist die vorhandene, im Bauteil auftretende Nennspannung zu errechnen und mit der entsprechenden zulässigen Spannung zu vergleichen, oder es wird die vorhandene Sicherheit errechnet und mit der erforderlichen verglichen.
2. **Entwurfsberechnung** (Abmessungsberechnung): Für den Entwurf eines Bauteils sind die erforderlichen Querschnittsabmessungen auf Grund gegebener Belastungsgrößen (Kraft, Moment) zu errechnen.
3. **Tragfähigkeitsberechnung** (Belastungsberechnung): Es ist die zulässige Belastungsgröße (Größtkraft bzw. maximales Biege- oder Torsionsmoment) zu errechnen, die ein Bauteil übertragen kann, ohne im Betrieb zu versagen.
4. **Werkstoffermittlung:** Für ein entworfenes Bauteil ist der erforderliche Werkstoffkennwert zu errechnen und danach der Werkstoff zu bestimmen.
5. **Verformungskontrolle:** Zur Vermeidung von Funktionsstörungen ist rechnerisch zu prüfen, ob die im Betrieb auftretenden Formänderungen (Verlängerung bei Zug-, Durchbiegung bei Biege-, Verdrehwinkel bei Torsionsbeanspruchung, s. die Abschn. 9.1.5, 9.4.6 u. 9.5.3) bestimmte zulässige Werte nicht überschreiten.
6. **Stabilitätskontrolle:** Es ist rechnerisch zu prüfen, ob für ein Bauteil die Gefahr des Instabilwerdens (durch Beulen, Kippen oder Knicken, s. Abschn. 9.8) ausgeschlossen ist.

Die Berechnungsgleichungen besonders zu den unter 1. bis 3. genannten Verfahren werden in den folgenden Abschnitten entwickelt und angewendet. Festigkeitsberechnungen sind nur für **gefährdete Querschnitte** eines Bauteils erforderlich. Das sind Querschnitte, in denen Spannungsspitzen auftreten können (z. B. durch maximale Biege- oder Torsionsmomente und in kleinsten Querschnitten zugbeanspruchter Teile) oder in denen Kerbspannungen (s. Abschn. 9.7) zu erwarten sind (z. B. an Querschnittsübergängen wie Wellenabsätzen, Nuten, Rillen, Querbohrungen und dgl.).

Praxishinweis:
Bei Festigkeitsberechnungen in der Praxis steht der Spannungsnachweis im Vordergrund. Er wird bei schwingender Beanspruchung für wichtige Bauteile im Maschinenbau meistens als Sicherheitsnachweis gegen Dauerbruch durchgeführt (s. Abschn. 9.7). Im Hebezeugbau wurde für die Häufigkeit der Höchstlast der Begriff Triebwerkgruppe eingeführt (z. B. DIN 15020, Seiltriebe), wobei mit dem Lastkollektiv die verschiedenen Lasthöhen und mit der Laufzeitklasse die Betriebsdauer erfasst werden. Auf die bekannten Verfahren der **Betriebsfestigkeitsberechnung** (vor allem im Fahrzeug- und Flugzeugbau) sowie auf die Berücksichtigung hoher und tiefer Betriebstemperaturen kann hier nicht eingegangen werden. Es wird auf die weiterführende Literatur verwiesen.

Kontrollfragen:
- Was versteht man unter schwingender Beanspruchung und unter Ruhegrad?
- Mit welchen drei idealisierten Lastfällen wird im Maschinenbau gerechnet, und was bedeuten sie?
- Welche Lastfälle sind im Kranbau vorgeschrieben?
- Mit welchen Werkstoffkennwerten wird bei ruhender Beanspruchung gerechnet?
- Welche Werkstoffkennwerte sind bei schwingender Beanspruchung maßgebend?
- Was versteht man bei Festigkeitsberechnungen unter Sicherheit?
- Wie werden zulässige Spannungen ermittelt?

9.3 Zug-, Druck- und Scherbeanspruchung

Lernziele:
- Für zug- und druckbeanspruchte Bauteile den Spannungsnachweis durchführen, erforderliche Querschnittsabmessungen und zulässige Belastungskräfte errechnen.
- Durch Fliehkräfte und durch Temperaturänderungen bedingte Normalspannungen in Bauteilen berechnen.
- Die an den Berührungsstellen gegeneinander gedrückter Bauteile auftretenden Flächenpressungen bzw. Walzenpressungen erklären und berechnen.
- Typische Beispiele scherbeanspruchter Bauteile nennen, die erforderliche Festigkeitsberechnung erläutern und durchführen.

9.3.1 Beanspruchung auf Zug oder Druck

Im gefährdeten Querschnitt A eines durch die Kraft F auf Zug oder Druck beanspruchten Bauteils darf die vorhandene Zug- oder Druckspannung $\sigma_{z,d}$ die entsprechende zulässige Spannung nicht überschreiten. Somit lautet die Bedingung für den **Spannungsnachweis:**

Zug- oder Druckspannung $$\sigma_{z,d} = \frac{F}{A} \leq \sigma_{z,d\,zul} \qquad (9.27)$$

Daraus folgt für die **Entwurfsberechnung** die

erforderliche Querschnittsfläche $$A_{erf} = \frac{F}{\sigma_{z,d\,zul}} \qquad (9.28)$$

und für die **Tragfähigkeitsberechnung** die

zulässige maximale Kraft $$F_{zul} = A \cdot \sigma_{z,d\,zul} \qquad (9.29)$$

Wenn Zweifel ausgeschlossen sind, wird bei Zugbeanspruchung der Index z meistens weggelassen. Eine Druckspannung kann auch ohne den Index d durch ein negatives Vorzeichen gekennzeichnet werden. Berechnungen auf Druckfestigkeit sind nur sinnvoll bei relativ kurzen Bauteilen, die nicht der Gefahr des Ausknickens unterliegen (s. Abschn. 9.8). Zulässige Spannungen können nach Gl. (9.26) errechnet oder den Tabn. 20 bzw. 21 entnommen werden.

Beispiel 9.6
Eine Zugstange aus Baustahl E 295 mit Gewinde M 16 wird durch eine Kraft von 30 kN ruhend beansprucht. Ist die im Spannungsquerschnitt des Gewindes auftretende Zugspannung zulässig?

Lösung:
Gegeben: $F = 30$ kN $= 30000$ N, $R_e = 295$ N/mm² (für E 295 bis 16 mm nach Tab. 13), $A_S = 157$ mm² (für M 16 nach Tab. 9).
Gesucht: Vergleich von σ mit σ_{zul} (Spannungsnachweis).

1. Vorhandene Zugspannung σ
Entspr. Gl. (9.27):

$$\sigma = \frac{F}{A_S} = \frac{30\,000\ \text{N}}{157\ \text{mm}^2} = 191\ \text{N/mm}^2.$$

2. Zulässige Zugspannung σ_{zul}
Mit $S_{F\,erf} = 1{,}35$ nach Tab. 19 (Mittelwert für ruhende Beanspruchung, Lastfall I) wird entspr. Gl. (9.26):

$$\sigma_{zul} = \frac{R_e}{S_{F\,erf}} = \frac{295\ \text{N/mm}^2}{1{,}35} \approx 219\ \text{N/mm}^2 > \sigma,$$

d. h., die im Spannungsquerschnitt A_S auftretende Zugspannung ist zulässig.

Beispiel 9.7
Ein Verbindungsstück aus Baustahl S 275 JR mit angeschmiedetem Lagerauge (Bild 9.29) hat eine schwellende Zugkraft von 115 kN zu übertragen, wobei mittelstarke Stöße auftreten. Für den Entwurf sind die Durchmesser d und D zu errechnen.

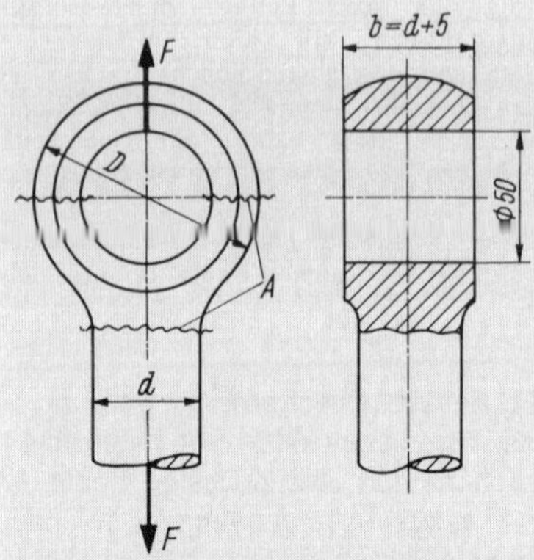

Bild 9.29 Lagerauge eines Verbindungsstückes

Lösung:
Gegeben: $F_N = 115$ kN $= 115000$ N, $R_e = 225$ N/mm² (Kleinstwert für S 275 JR nach Tab. 13), $d_i = 50$ mm.
Gesucht: d und D in mm.

1. Maximale Kraft F
Zur Berücksichtigung der Stöße wird ein Betriebsfaktor $K_I = 1{,}8$ angenommen (s. Abschn. 9.2.1), so dass

$$F = K_I \cdot F_N = 1{,}8 \cdot 115\,000\ \text{N} = 207\,000\ \text{N}$$

beträgt.

2. Zulässige Zugspannung σ_{zul}
Nach Tab. 20 wird für schwellende Beanspruchung gewählt

$$\sigma_{zul} = 0{,}45\, R_e = 0{,}45 \cdot 225\ \text{N/mm}^2 = 101{,}3\ \text{N/mm}^2.$$

3. Erforderliche Querschnittsfläche A_{erf} und Durchmesser d
Nach Gl. (9.28) wird

$$A_{erf} = \frac{F}{\sigma_{zul}} = \frac{207\,000\ \text{N}}{101{,}3\ \text{N/mm}^2} = 2044\ \text{mm}^2.$$

Damit folgt aus $A_{erf} = d_{erf}^2 \cdot \pi/4$ der mindestens erforderliche Durchmesser

$$d_{erf} = \sqrt{4 \cdot A_{erf}/\pi} = \sqrt{4 \cdot 2044\ \text{mm}^2/\pi} = 51{,}02\ \text{mm}.$$

Gewählt wird $d = 55$ mm.

4. Außendurchmesser D
Der gefährdete Querschnitt A am Lagerauge wird vereinfacht als Rechteck angenommen mit der Breite $b = d + 5$ mm $= 60$ mm. Dann folgt aus $(D_{erf} - d_i) \times b = A_{erf}$ der erforderliche Durchmesser

$$D_{erf} = \frac{A_{erf}}{b} + d_i = \frac{2044\ \text{mm}^2}{60\ \text{mm}} + 55\ \text{mm} = 84{,}07\ \text{mm}.$$

Gewählt wird $D = 90$ mm.

Beispiel 9.8
Für welche maximale Last ist das gespreizte Kettengehänge der Lasttraverse nach Bild 9.30 geeignet? Es handelt sich um zwei Rundstahlketten mit einer

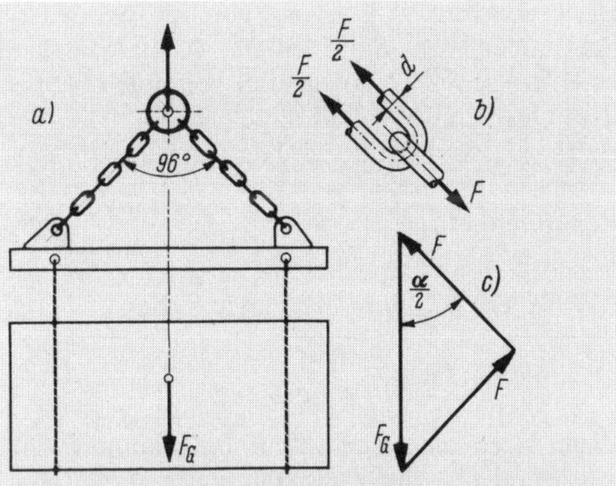

Bild 9.30 Lasttraverse mit Kettengehänge
a) Anordnung der Ketten, b) Beanspruchung eines Kettengliedes, c) Krafteck

Kettenglieddicke von 20 mm und einer zulässigen Zugspannung von 60 N/mm². Das Eigengewicht der Traverse ist zu vernachlässigen.

Lösung:

Gegeben: $d = 20$ mm, $\alpha = 96°$, $\sigma_{zul} = 60$ N/mm².

Gesucht: m_{zul} in kg.

1. Zulässige Kraft F_{zul} je Kettenstrang

Die Kettenquerschnittsfläche A besteht aus zwei Kreisflächen mit dem Durchmesser d (Bild 9.30b). Mit

$$A = 2\,\frac{d^2 \cdot \pi}{4} = 2\,\frac{(20\text{ mm})^2 \cdot \pi}{4} = 628{,}3\text{ mm}^2$$

wird nach Gl. (9.29):

$$F_{zul} = A \cdot \sigma_{zul} = 628{,}3\text{ mm}^2 \cdot 60\text{ N/mm}^2 = 37\,700\text{ N}.$$

2. Zulässige Masse m_{zul} der Last

Nach dem Krafteck (Bild 9.30c) ist $\cos(\alpha/2) = 0{,}5\,F_G/F$.

Mit $\alpha/2 = 48°$ folgt daraus die zulässige Gewichtskraft der Last

$$F_{G\,zul} = 2F_{zul} \cdot \cos(\alpha/2) = 2 \cdot 37\,700\text{ N} \cdot \cos 48° = 50\,452\text{ N}$$

und damit aus Gl. (7.4):

$$m_{zul} = \frac{F_{G\,zul}}{g} = \frac{50\,452\text{ kgm/s}^2}{9{,}81\text{ m/s}^2} = 5140\text{ kg}.$$

Für einen **Sicherheitsnachweis** gelten entspr. den Gln. (9.21) und (9.22) die Bedingungen:

Sicherheit gegen Fließen

$$S_F = \frac{R_e}{\sigma_{z,d}} = \frac{R_e \cdot A}{F} \geq S_{F\,erf} \qquad (9.30)$$

Sicherheit gegen Bruch

$$S_B = \frac{R_m}{\sigma_{z,d}} = \frac{R_m \cdot A}{F} \geq S_{B\,erf} \qquad (9.31)$$

Mit den Erfahrungswerten für erforderliche Sicherheiten in Tab. 19 kann danach auch eine **Werkstoffermittlung** durchgeführt werden (s. Beisp. 9.10). **Formänderungen** (Verlängerung bei Zug-, Verkürzung bei Druckbeanspruchung) sind nach Gl. (9.7) zu errechnen.

Beispiel 9.9

Ein Rohr aus Gusseisen (Grauguss) EN-BJL-300 (GG-30) mit 360 mm Außen- und 320 mm Innendurchmesser wird durch eine axiale Druckkraft von 7,2 MN ruhend beansprucht. Ist dabei die übliche Mindestbruchsicherheit gewährleistet?

Lösung:

Gegeben: $F = 7{,}2$ MN $= 7{,}2 \cdot 10^6$ N, $d_a = 360$ mm, $d_i = 320$ mm, $R_m = 300$ N/mm² (Tab. 13).

Gesucht: Vergleich von S_B mit $S_{B\,erf}$ (Bruchsicherheitsnachweis).

Bei druckbeanspruchten Graugussteilen ist anstelle R_m die Druckfestigkeit $\sigma_{dB} \approx 4R_m$ (s. Tab. 14) in Gl. (9.31) einzusetzen. Mit der Querschnittsfläche

$$A = (d_a^2 - d_i^2)\frac{\pi}{4} = (360^2 - 320^2)\text{ mm}^2 \cdot \frac{\pi}{4} = 21\,360\text{ mm}^2$$

ergibt sich die Bruchsicherheit

$$S_B = \frac{4R_m \cdot A}{F} = \frac{4 \cdot 300\text{ N/mm}^2 \cdot 21\,360\text{ mm}^2}{7{,}2 \cdot 10^6\text{ N}} = 3{,}56 > S_{B\,erf} = 3{,}5.$$

Die übliche Mindestbruchsicherheit bei ruhender Beanspruchung nach Tab. 19 ist also gewährleistet.

Beispiel 9.10

Das in Beisp. 9.7 berechnete Verbindungsstück soll mit den Abmessungen nach Bild 9.31 in Stahlguss ausgeführt und mit einer wechselnden Kraft von maximal 185 kN belastet werden. Welche Stahlgusssorte nach DIN 1681 ist mindestens zu wählen?

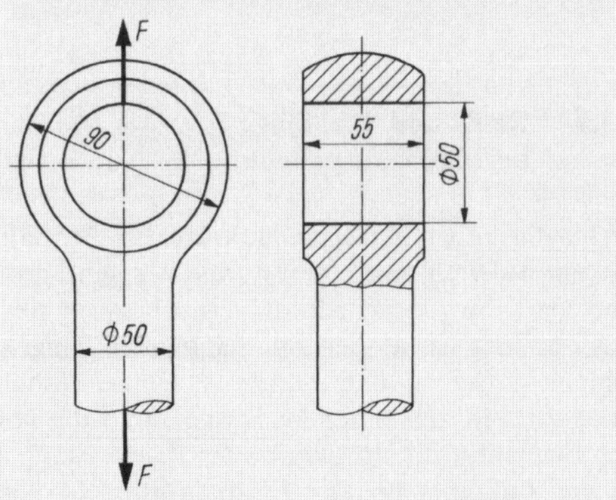

Bild 9.31 Lagerauge eines Verbindungsstücks aus Stahlguss

Lösung:
Gegeben: $F = 185$ kN $= 185000$ N, $d = 50$ mm.
Gesucht: Werkstoffbezeichnung nach DIN 1681.
Es ist die erforderliche Streckgrenze $R_{\text{e erf}}$ zu errechnen und danach eine Stahlgusssorte nach Tab. 13 zu wählen. Die Wechselbeanspruchung tritt im gefährdeten Querschnitt $A = d^2 \cdot \pi/4 = (50\text{ mm})^2 \cdot \pi/4 = 1963\text{ mm}^2$ auf. Das Auge ($D_a = 90$ mm) wird nur schwellend beansprucht. Mit $S_{\text{F erf}} = 3$ (Mindestwert nach Tab. 19 für Lastfall wechselnd) folgt aus Gl. (9.30):

$$R_{\text{e erf}} = \frac{F}{A} S_{\text{F erf}} = \frac{185\,000\text{ N}}{1963\text{ mm}^2} 3 = 283\text{ N/mm}^2.$$

Gewählt wird GS-60 mit $R_e = 300\text{ N/mm}^2 > R_{\text{e erf}}$.

Beispiel 9.11
In einem Fachwerkträger einer Kranbaukonstruktion wird ein 2 m langer Zugstab, bestehend aus zwei U-Profilen DIN 1026 – S 355 – U 80 (s. Tab. 33) mit 11 cm² Profilquerschnitt im Lastfall H mit 500 kN beansprucht. Es sind der Spannungsnachweis durchzuführen und die Verlängerung zu errechnen.
Lösung:
Gegeben: $L_0 = 2\text{ m} = 2000\text{ mm}$,
$A = 2 \cdot 11\text{ cm}^2 = 2200\text{ mm}^2$,
$F = 500\text{ kN} = 500000\text{ N}$,
$\sigma_{\text{zul}} = 240\text{ N/mm}^2$ (Tab. 21),
$E = 210\,000\text{ N/mm}^2$ (Tab. 11).
Gesucht: σ verglichen mit σ_{zul} (Spannungsnachweis) und ΔL.
1. Spannungsnachweis
Nach Gl. (9.27) beträgt die Zugspannung

$$\sigma = \frac{F}{A} = \frac{500\,000\text{ N}}{2200\text{ mm}^2} = 227{,}3\text{ N/mm}^2 < \sigma_{\text{zul}},$$

d. h. die zulässige Zugspannung wird nicht überschritten.
2. Verlängerung ΔL
Nach Gl. (9.7):

$$\Delta L = \frac{\sigma}{E} L_0 = \frac{227{,}3\text{ N/mm}^2}{210\,000\text{ N/mm}^2} 2000\text{ mm} = 2{,}165\text{ mm}.$$

9.3.2 Reiß- und Traglänge bei Zugbeanspruchung

Wenn die äußeren Belastungskräfte im Verhältnis zur Gewichtskraft eines Bauteils sehr groß sind, darf die Gewichtskraft vernachlässigt werden. Anders ist es bei frei hängenden langen, schlanken Stäben und Seilen (z. B. in Förderanlagen). Mit zunehmender Länge steigt die von der Gewichtskraft im gefährdeten Querschnitt A an der Aufhängung oder Einspannstelle hervorgerufene Zugspannung. Bei einer Gewichtskraft F_G, die in diesem Querschnitt eine Spannung in Höhe der Zugfestigkeit R_m erzeugt, würden der Stab oder das Seil reißen. Aus $F_G = m \cdot g = V \cdot \varrho \cdot g = A \cdot L \cdot \varrho \cdot g$ folgt bei gleich bleibendem Querschnitt A die Länge $L = F_G/(A \cdot \varrho \cdot g)$. Beträgt $F_G/A = R_m$, so wird daraus die

Reißlänge $$\boldsymbol{L_{\text{reiß}} = \frac{R_m}{\varrho \cdot g}} \tag{9.32}$$

Bei $F_G/A = \sigma_{\text{zul}}$ wird die Länge L zur

Traglänge $$\boldsymbol{L_{\text{trag}} = \frac{\sigma_{\text{zul}}}{\varrho \cdot g}} \tag{9.33}$$

Wenn noch eine Zugkraft F hinzukommt, dann muss von σ_{zul} die Zugspannung $\sigma = F/A$ abgezogen werden, und es ergibt sich die

Zulässige Länge $$\boldsymbol{L_{\text{zul}} = \frac{\sigma_{\text{zul}} - \sigma}{\varrho \cdot g}} \tag{9.34}$$

Die Reißlänge hängt nur von der Zugfestigkeit R_m und der Dichte ϱ ab, aber nicht von der Form und dem Betrag der Querschnittsfläche. Mit R_m in N/mm² und ϱ in kg/dm³ ergibt sich $L_{\text{reiß}}$ in km. Bei Textilfasern ist die Reißlänge ein Maß für ihre Güte (z. B. beträgt für Naturseide die verlangte Mindest-Reißlänge 45 km).

Beispiel 9.12
In einer Schachtförderanlage hängt ein 600 m langes Drahtseil. Es hat einen tragenden Metallquerschnitt von 174,4 mm², ein Gewicht von 1,65 kg/m und eine Zugfestigkeit von 1600 N/mm². Wie groß ist für diese Seilart die Reißlänge in km, und welche größte Last in kg darf noch angehängt werden, wenn unter Berücksichtigung des Seilgewichts eine 10fache Bruchsicherheit gefordert wird?
Lösung:
Gegeben: $L = 600$ m, $A = 174{,}4\text{ mm}^2$,
$m' = 1{,}65\text{ kg/m} = 1{,}65 \cdot 10^{-3}\text{ kg/mm}$,
$R_m = 1600\text{ N/mm}^2 = 1600\text{ kg} \cdot \text{m} \cdot \text{s}^{-2} \cdot \text{mm}^{-2}$, $S_{\text{B erf}} = 10$.
Gesucht: $L_{\text{reiß}}$ in km und $m_{\text{L zul}}$ in kg.
1. Reißlänge $L_{\text{reiß}}$
Mit der Seilmasse $m = L \cdot m'$ und dem Volumen $V = L \cdot A$ beträgt nach Gl. (7.1) die Dichte

$$\varrho = \frac{m}{V} = \frac{L \cdot m'}{L \cdot A} = \frac{m'}{A} = \frac{1{,}65 \cdot 10^{-3}\text{ kg/mm}}{174{,}4\text{ mm}^2} = 9{,}46 \cdot 10^{-6}\frac{\text{kg}}{\text{mm}^3} = 9{,}46\text{ kg/dm}^3.$$

Damit wird nach Gl. (9.32):

$$L_{\text{reiß}} = \frac{R_m}{\varrho \cdot g} = \frac{1600\text{ kg} \cdot \text{m} \cdot \text{s}^{-2} \cdot \text{mm}^{-2}}{9{,}46 \cdot 10^{-6}\text{ kg} \cdot \text{mm}^{-3} \cdot 9{,}81\text{ m} \cdot \text{s}^{-2}} = 17{,}24 \cdot 10^6\text{ mm} = 17{,}24\text{ km}.$$

2. Zulässige Masse $m_{\text{L zul}}$ der Last
Entspr. Gl. (9.26) beträgt die zulässige Spannung

$$\sigma_{\text{zul}} = \frac{R_m}{S_{\text{B erf}}} = \frac{1600\text{ N/mm}^2}{10} = 160\text{ N/mm}^2.$$

Mit $L_{zul} = L = 0{,}6$ km $= 0{,}6 \cdot 10^6$ mm und
$\sigma = F_{G\,zul}/A = m_{L\,zul} \cdot g/A$ folgt aus Gl. (9.34):

$$\sigma_{zul} - \frac{m_{L\,zul} \cdot g}{A} = L \cdot \varrho \cdot g$$

und daraus

$$m_{L\,zul} = \left(\frac{\sigma_{zul}}{g} - L \cdot \varrho\right) \cdot A$$

$$= \left(\frac{160\,\text{kg} \cdot \text{m} \cdot \text{s}^{-2} \cdot \text{mm}^{-2}}{9{,}81\,\text{m} \cdot \text{s}^{-2}} - 0{,}6 \cdot 10^6\,\text{mm} \cdot 9{,}46 \cdot 10^{-6}\,\frac{\text{kg}}{\text{mm}^3}\right) \cdot 174{,}4\,\text{mm}^2$$

$$= 1855\,\text{kg}.$$

9.3.3 Zugspannungen durch Fliehkräfte

In rotierenden Bauteilen treten infolge der Fliehkraft (s. Abschn. 7.4.5) Zugspannungen auf, wie z. B. im gefährdeten Querschnitt A eines Lüfterflügels (Bild 9.32a) oder im Fuß einer Turbinenschaufel (Bild 9.32b). In allen umlaufenden Teilen werden durch Fliehkräfte Zugspannungen hervorgerufen. Für Ringe, deren Dicke s gegenüber dem mittleren Radius r klein ist (Bild 9.33), kann eine gleichmäßige Verteilung der Zugspannung σ über der Ringquerschnittsfläche A angenommen werden.

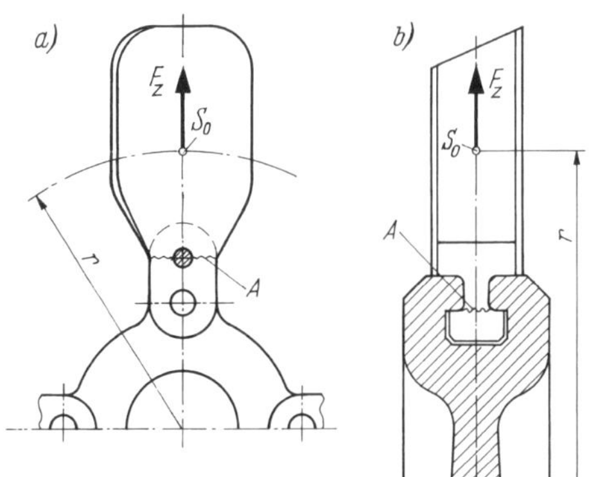

Bild 9.32 Zugbeanspruchung durch die Fliehkraft F_z
a) in einem Lüfterflügel, b) im Fuß einer Dampfturbinenschaufel
A gefährdeter Querschnitt, r Abstand des Schwerpunktes S_0 von der Drehachse

Zur Herleitung der Berechnungsgleichung für diese Spannung, auch **Fliehzugspannung** genannt, denkt man sich ein sehr kleines Stück von der Masse Δm aus dem mit der Winkelgeschwindigkeit ω umlaufenden Ring herausgeschnitten (Bild 9.33c). Die Schnittkräfte F_N und die Fliehkraft $\Delta F_z = \Delta m \cdot r \cdot \omega^2$ (Gl. (7.67)) sind im Gleichgewicht (Bild 9.33d). Wegen des sehr klein gedachten Winkels $\Delta\beta$ darf $\Delta F_z = F_N \cdot \Delta\beta$ gesetzt werden.
Daraus folgt mit $\Delta m = \Delta V \cdot \varrho$ (Gl. (7.2)) und $\Delta V = A \cdot r \cdot \Delta\beta$:

$$F_N = \frac{\Delta F_z}{\Delta\beta} = \frac{\Delta m \cdot r \cdot \omega^2}{\Delta\beta} = \frac{A \cdot r \cdot \Delta\beta \cdot \varrho \cdot r \cdot \omega^2}{\Delta\beta}$$

$$= A \cdot \varrho \cdot r^2 \cdot \omega^2.$$

Aus $\sigma = F_N/A$ (Gl. (9.1)) ergibt sich damit nach Herauskürzen von A und mit der Umfangsgeschwindigkeit $v = r \cdot \omega$ (Gl. (6.26)) die in einem dünnen Ring durch Fliehkräfte hervorgerufene

Zugspannung $\quad \boldsymbol{\sigma = \varrho \cdot r^2 \cdot \omega^2 = \varrho \cdot v^2} \quad$ (9.35)

Demnach hängt die Fliehzugspannung nicht von der Ringquerschnittsfläche A, sondern nur von der Dichte ϱ (s. Tab. 11) des Ringwerkstoffs und von der Umfangsgeschwindigkeit v ab.

Zum selben Ergebnis kommt man bei der Ermittlung der Zugspannung an den Schnittflächen einer Ringhälfte (Bild 9.33b); denn aus Gl. (9.1) folgt mit $F_N = F_z/2 = m \cdot y_0 \cdot \omega^2/2$ ebenfalls Gl. (9.35), da $m = V \cdot \varrho = A \cdot \pi \cdot r \cdot \varrho$ ist und der Schwerpunktabstand eines Halbkreisbogens $y_0 = 2r/\pi$ beträgt (Tab. 7). Für relativ dicke Ringe und für durch Stege, Rippen oder Speichen versteifte Ringe, wie bei Riemenscheiben, Schwungrädern, Zahnrädern und dgl., gilt Gl. (9.35)

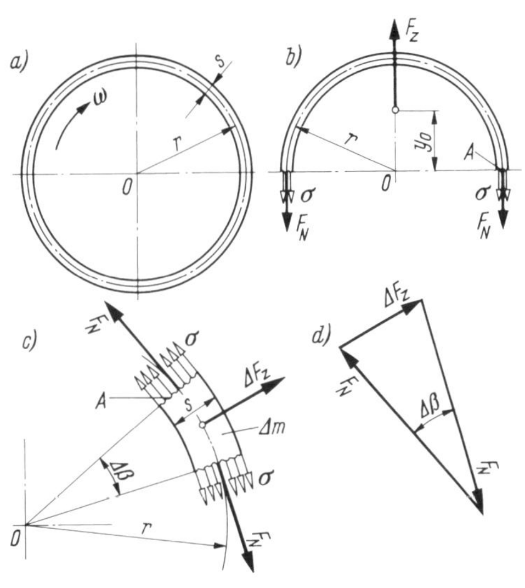

Bild 9.33 Zugbeanspruchung eines umlaufenden Ringes
a) rotierender dünner Ring, b) freigeschnittene Ringhälfte, c) freigeschnittenes kleines Ringstück, d) Krafteck zu c)

nicht. Lediglich grobe Überschlagsrechnungen sind damit möglich. Es wird auf die weiterführende Literatur verwiesen.

Beispiel 9.13
Durch eine Überschlagsrechnung ist zu prüfen, ob die im Kranz eines Schwungrades aus Stahlguss GS-38 bei einer Drehzahl von 600 min^{-1} auftretende Fliehzugspannung zulässig ist, wenn infolge von Drehzahlschwankungen schwellende Beanspruchung vorliegt. Der mittlere Kranzdurchmesser beträgt 2,5 m, die Innenversteifung ist zu vernachlässigen.
Lösung:
Gegeben: $n = 600\,\text{min}^{-1} = 10\,\text{s}^{-1}$, $d = 2{,}5$ m,
$\varrho = 7{,}85\,\text{kg/dm}^3$ (Tab. 11),
$R_e = 200\,\text{N/mm}^2$ (Tab. 13).
Gesucht: σ vergl. mit σ_{zul} (Spannungsnachweis).
Nach Gl. (9.35) beträgt mit $v = d \cdot \pi \cdot n$ (Gl. (9.35)) die im ringförmigen Kranz auftretende Zugspannung

$$\sigma = \varrho \cdot v^2 = \varrho(d \cdot \pi \cdot n)^2$$
$$= 7{,}85\,\frac{\text{kg}}{\text{dm}^3}\,(2{,}5\,\text{m})^2 \cdot \pi^2 \cdot \left(\frac{10}{\text{s}}\right)^2$$
$$= 48{,}4 \cdot 10^3\,\frac{\text{kg m/s}^2 \cdot \text{m}}{\text{dm}^3} = 48{,}4 \cdot 10^3\,\frac{\text{N} \cdot 10^3\,\text{mm}}{10^6\,\text{mm}^3}$$
$$= 48{,}4\,\frac{\text{N}}{\text{mm}^2}.$$

Aus Tab. 20 folgt für Stahl (und Stahlguss) bei schwellender Beanspruchung die zulässige Zugspannung

$$\sigma_{zul} = 0{,}45\,R_e = 0{,}45 \cdot 200\,\text{N/mm}^2 = 90\,\text{N/mm}^2 > \sigma,$$

d. h., die Fliehzugspannung ist zulässig.

9.3.4 Wärmespannungen

Wird ein Körper erwärmt, so dehnt er sich aus; bei Abkühlung zieht er sich zusammen. Der Spannungszustand frei beweglich gelagerter Körper (beidseitig nicht fest eingespannt) ändert sich dabei nicht. Nach dem physikalischen Gesetz der Wärmeausdehnung beträgt bei einem stabförmigen Körper die durch Temperaturänderung hervorgerufene

Längenänderung $\quad \boldsymbol{\Delta l = l \cdot \alpha \cdot \Delta\vartheta} \quad$ (9.36)

Sie ist abhängig von der Länge l des Stabes vor der Temperaturänderung, dem Längenausdehnungskoeffizienten α in K^{-1} (s. Tab. 11) und der Temperaturdifferenz $\Delta\vartheta = \vartheta_2 - \vartheta_1$ in K (Kelvin), wobei ϑ_1 und ϑ_2 die Temperaturen vor und nach der Längenänderung bedeuten. Der Stab hat nach der Längenänderung bei der Temperatur ϑ_2 die Länge $l_\vartheta = l + \Delta l = l(1 + \alpha \cdot \Delta\vartheta)$. Nach Gl. (9.3) ergibt sich mit $\Delta L = \Delta l$ und $L_0 = l$ die Dehnung $\varepsilon = \Delta l / l = l \cdot \alpha \cdot \Delta\vartheta / l$, auch **Wärmedehnung** $\boldsymbol{\varepsilon_\vartheta = \alpha \cdot \Delta\vartheta}$ genannt. Wird diese Dehnung behindert (z. B. durch eine beidseitige feste Einspannung), so dass der Stab bei Erwärmung sich nicht ausdehnen und bei Abkühlung sich nicht zusammenziehen kann, dann entstehen **Wärmespannungen,** die u. U. große Kräfte in Bauteilen hervorrufen können. Beim Abkühlen entstehende Spannungen nennt man auch **Schrumpfspannungen**. Aus $\sigma = \varepsilon \cdot E$ (Gl. (9.6)) erhält man mit $\varepsilon = \varepsilon_\vartheta$ die

Wärmespannung $\quad \boldsymbol{\sigma = \alpha \cdot \Delta\vartheta \cdot E} \quad$ (9.37)

Diese Gleichung gilt nur, wenn keine bleibenden Formänderungen auftreten, also nur bis zur Elastizitätsgrenze. Aus der Gleichung geht hervor, dass Wärmespannungen nicht von den Bauteilabmessungen, sondern lediglich vom Werkstoff (bedingt durch α und E, s. Tab. 11) und von der Temperaturdifferenz abhängen.

Beispiel 9.14
Ein Kupferrohr 20×2 (Außendurchmesser $d \times$ Wanddicke s) ist in einer Heizungsanlage unsachgemäß eingebaut und kann sich nicht ausdehnen. Welche Druckspannung und welche Druckkraft tritt in diesem Rohr bei einer Erwärmung um 40 K auf (von 20 °C auf 60 °C)?
Lösung:
Gegeben: $d = 20$ mm, $s = 2$ mm, $\Delta\vartheta = 40$ K,
$\alpha = 17 \cdot 10^{-6}\,\text{K}^{-1}$ und
$E = 120\,000\,\text{N/mm}^2 = 0{,}12 \cdot 10^6\,\text{N/mm}^2$
(für Kupfer nach Tab. 11).
Gesucht: σ und F.
1. Druckspannung σ
Sie ist gleich der Wärmespannung nach Gl. (9.37):

$$\sigma = \alpha \cdot \Delta\vartheta \cdot E$$
$$= 17 \cdot 10^{-6}\,\text{K}^{-1} \cdot 40\,\text{K} \cdot 0{,}12 \cdot 10^6\,\text{N/mm}^2$$
$$= 81{,}6\,\text{N/mm}^2.$$

2. Druckkraft F
Mit der Rohrquerschnittsfläche (nach der Guldinschen Regel):

$$A = (d - s)\,\pi \cdot s = (20 - 2)\,\text{mm} \cdot \pi \cdot 2\,\text{mm}$$
$$= 113{,}1\,\text{mm}^2$$

beträgt

$$F = A \cdot \sigma = 113{,}1\,\text{mm}^2 \cdot 81{,}6\,\text{N/mm}^2 = 9{,}229\,\text{kN}.$$

Beispiel 9.15
Zwei Maschinenteile sollen mit dem in Bild 9.34 skizzierten Schrumpfanker verbunden und mit 150 kN gegeneinander gepresst werden. Dazu wird der Schrumpfanker aus Stahl E 295 erwärmt und in die vorgesehenen Aussparungen der zu verbindenden Teile eingesetzt. Beim Abkühlen wird er durch die Maschinenteile, die als starr aufzufassen sind, am Zusammenziehen gehindert und erzeugt so die Presskraft.

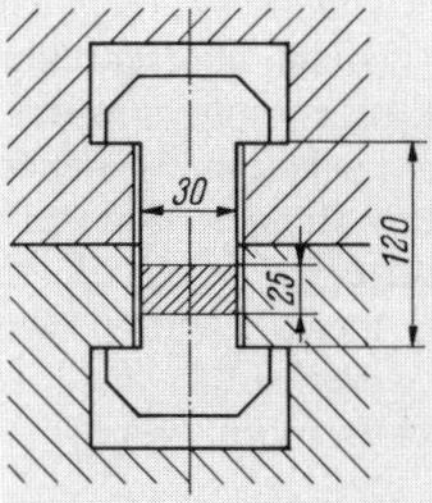

Bild 9.34 Schrumpfankerverbindung

Mit welcher Innenlänge muss der Anker hergestellt werden, wenn die gepressten Bauteile genau 120 mm dick sind (Fertigungstoleranzen vernachlässigen), und welche Temperatur in °C muss er kurz vor dem Einsetzen bei einer Raumtemperatur von 20 °C mindestens noch haben? Ist die Spannung im Ankerquerschnitt zulässig, wenn keine weiteren Kräfte auftreten?

Lösung:

Gegeben: $F = 150\ \text{kN} = 150\,000\ \text{N}$,
$A = 30\ \text{mm} \cdot 25\ \text{mm} = 750\ \text{mm}^2$,
$l_\vartheta = 120\ \text{mm}$, $\alpha = 12 \cdot 10^{-6}\ \text{K}^{-1}$ und
$E = 210000\ \text{N/mm}^2$ (für Stahl nach Tab. 11), $R_e = 285\ \text{N/mm}^2$ (für E 295 nach Tab. 13), $\vartheta_1 = 20\ °\text{C}$.

Gesucht: l in mm, ϑ_2 in °C, σ vergl. mit σ_{zul} (Spannungsnachweis).

1. Erforderliche Innenlänge l des Ankers

Mit der erforderlichen Zugspannung

$$\sigma = \frac{F}{A} = \frac{150\,000\ \text{N}}{750\ \text{mm}^2} = 200\ \text{N/mm}^2$$

beträgt die erforderliche Wärmedehnung

$$\varepsilon_\vartheta = \frac{\sigma}{E} = \frac{200\ \text{N/mm}^2}{210\,000\ \text{N/mm}^2} = 0{,}9524 \cdot 10^{-3}.$$

Damit folgt aus der Länge im erwärmten Zustand

$$l_\vartheta = l + \Delta l = l + \varepsilon_\vartheta \cdot l = (1 + \varepsilon_\vartheta)\, l$$

die vor der Erwärmung notwendige Innenlänge

$$l = \frac{l_\vartheta}{1 + \varepsilon_\vartheta} = \frac{120\ \text{mm}}{1 + 0{,}0009524} = 119{,}89\ \text{mm}.$$

2. Erforderliche Erwärmungstemperatur ϑ_2

Aus Gl. (9.37) folgt die erforderliche Temperaturdifferenz

$$\Delta\vartheta = \frac{\sigma}{\alpha \cdot E} = \frac{\varepsilon_\vartheta}{\alpha} = \vartheta_2 - \vartheta_1$$

und daraus

$$\vartheta_2 = \Delta\vartheta + \vartheta_1 = \frac{\varepsilon_\vartheta}{\alpha} + \vartheta_1 = \frac{0{,}9524 \cdot 10^{-3}}{12 \cdot 10^{-6}\ \text{K}^{-1}} + 20\ °\text{C}$$
$$= 79{,}4\ \text{K} + 20\ °\text{C} \approx 100\ °\text{C}.$$

Da $\Delta\vartheta = \Delta T$ (s. Abschn. 1.2) ist eine Addition zulässig.

3. Spannungsnachweis

Es liegt ruhende Beanspruchung vor. Dafür folgt aus Tab. 20 die zulässige Spannung

$$\sigma_{zul} = 0{,}75 R_e = 0{,}75 \cdot 285\ \text{N/mm}^2$$
$$= 214\ \text{N/mm}^2 > \sigma,$$

d. h., die auftretende Schrumpfspannung $\sigma = 200\ \text{N/mm}^2$ ist zulässig.

9.3.5 Flächenpressung

Drückt man zwei Bauteile gegeneinander, so werden die Berührungsflächen druckbeansprucht. Die dabei entstehende Berührungsspannung wird **Flächenpressung p** genannt. Sie steht auf der Berührungsfläche A senkrecht (Bild 9.35). Bei **ebenen Berührungsflächen** wird sie als gleichmäßig verteilt angenommen. Mit der Normalkraft F_N beträgt dann die Flächenpressung $p = F_N/A$.

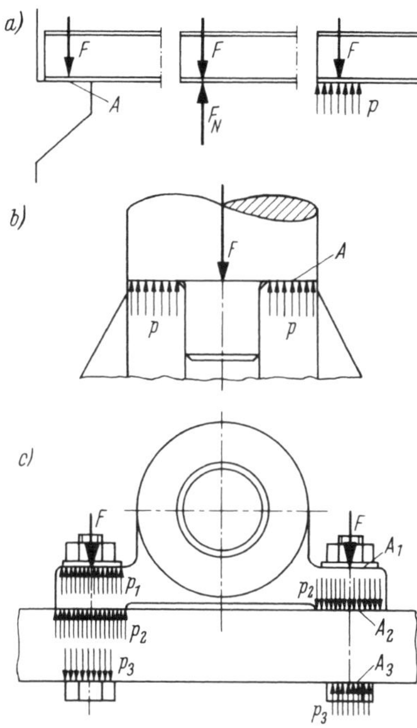

Bild 9.35 Flächenpressung bei ebener Berührungsfläche und senkrechter Kraft
a) an der Auflagerfläche eines Trägers,
b) an der Stützlagerfläche einer Welle,
c) an einem Lagerkörper und seiner Unterlage

Steht die Druckkraft F senkrecht auf der ebenen Berührungsfläche A, so ist $F_N = F$ und damit die

$$\textit{Flächenpressung} \quad \boldsymbol{p = \frac{F}{A}} \qquad (9.38)$$

Wirkt F unter dem Winkel α zur ebenen Berührungsfläche $A = b \cdot l$ (Bild 9.36), dann ist $F_N = F/\cos\alpha$, $l' = l \cdot \cos\alpha$ und

$$p = \frac{F_N}{A} = \frac{F}{b \cdot l \cdot \cos\alpha} = \frac{F}{b \cdot l'} = \frac{F}{A_{proj}}$$

Darin ist A_{proj} die auf eine zur Kraftrichtung senkrechte Ebene projizierte Berührungsfläche.

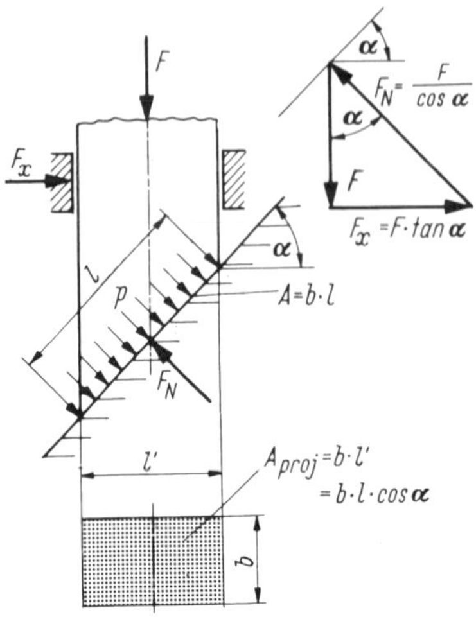

Bild 9.36 Beweisskizze zu $p = F/A_{proj}$

Somit beträgt die

$$\textit{Flächenpressung} \quad p = \frac{F_N}{A} = \frac{F}{A_{proj}} \qquad (9.39)$$

Mit dieser Gleichung kann die Flächenpressung an geneigten Flächen errechnet werden, z. B. an Prismenführungen (Bild 9.37a) sowie an keil- und kegelstumpfförmigen Bauteilen, wie an Kegelzapfen (Bild 9.37b), Kegelkupplungen (s. Bild 5.30c, Abschn. 5.3.3), Keilrillen (s. Bild 5.30e) und dgl. Auch die Flächenpressung an Gewindeflanken lässt sich damit errechnen (s. Beisp. 9.17), wenn für $A_{proj} = d_2 \cdot \pi \cdot H_1 \cdot z$ eingesetzt wird und $z = m/P$ die Anzahl der tragenden Gewindegänge in der Mutterhöhe (Einschraubtiefe) m bedeutet (Flankendurchmesser d_2, Gewindetragtiefe = Flankenüberdeckung H_1, Gewindesteigung bzw. -teilung P nach Tab. 10).

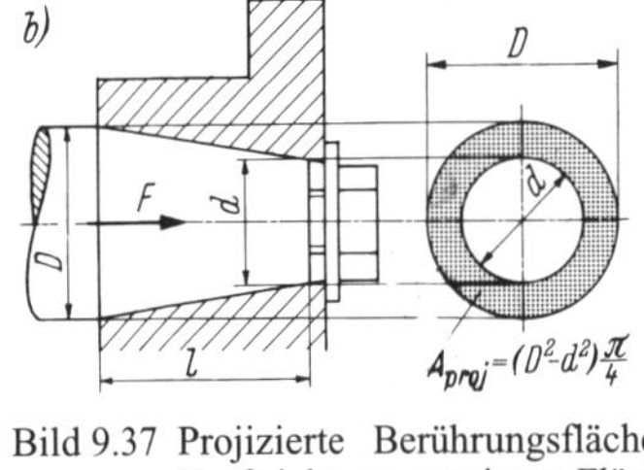

Bild 9.37 Projizierte Berührungsflächen A_{proj} bei zur Kraftrichtung geneigten Flächen
a) Prismenführung, b) Kegelzapfen

Die jeweils vorhandene Flächenpressung p darf die zulässige Pressung p_{zul} nicht überschreiten. Als Anhaltswerte können angenommen werden für zähe Werkstoffe $p_{zul} \approx \sigma_{dF}/1{,}2$ bei ruhender und $p_{zul} \approx \sigma_{dF}/2$ bei schwellender Beanspruchung, für spröde Werkstoffe $p_{zul} \approx \sigma_{dB}/2$ (ruhend) und $p_{zul} \approx \sigma_{dB}/3$ (schwellend). Maßgebend ist immer der Werkstoff mit der geringeren Festigkeit an der Berührungsstelle.

Beispiel 9.16

Auf einen Kegelzapfen aus E 295 entspr. Bild 9.37b mit den Durchmessern 25 mm und 20 mm wird mittels einer Sechskantschraube M 12 eine Nabe aus S 275 JR aufgepresst. Im Spannungsquerschnitt des Gewindes kann bei gefühlsmäßigem Anziehen eine Zugspannung von 280 N/mm² erreicht werden. Wird bei Vernachlässigung der Reibung an der Fügefläche die zulässige Flächenpressung überschritten?

Lösung:

Gegeben: $D = 25$ mm, $d = 20$ mm, $A_S = 84{,}3$ mm²
(für M 12 nach Tab. 9), $\sigma = 280$ N/mm².

Gesucht: p vergl. mit p_{zul}.

1. Längsspannkraft F
Entspr. Gl. (9.29):

$$F = A_S \cdot \sigma = 84{,}3\ \text{mm}^2 \cdot 280\ \text{N/mm}^2 = 23\,600\ \text{N}.$$

2. Flächenpressung p
Die Projektion der gepressten Kegelstumpfmantelfläche beträgt

$$A_{proj} = (D^2 - d^2)\ \frac{\pi}{4} = (25^2 - 20^2)\ \text{mm}^2 \cdot \frac{\pi}{4} = 176{,}7\ \text{mm}^2.$$

Damit wird nach Gl. (9.39):

$$p = \frac{F}{A_{proj}} = \frac{23\,600\ \text{N}}{176{,}7\ \text{mm}^2} = 133{,}6\ \text{N/mm}^2.$$

Als zulässige Flächenpressung kann mit $\sigma_{dF} = R_e = 265$ N/mm² (für S 275 JR nach Tab. 13) angenommen werden:

$$p_{zul} \approx \sigma_{dF}/1{,}2 = (265\ \text{N/mm}^2)/1{,}2 \approx 220\ \text{N/mm}^2.$$

Sie wird nicht überschritten, da $p < p_{zul}$ ist.

Beispiel 9.17

Die Spindel einer Handwinde mit Trapezgewinde DIN 103 – Tr 28 × 5 (Bild 9.38) überträgt eine Druckkraft von 20 kN. Wie groß sind die Druckspannung im Gewindekernquerschnitt und die Flankenpressung an den Gewindeflanken?

Lösung:

Gegeben: $F = 20$ kN $= 20\,000$ N, $m = 40$ mm,
nach Tab. 10: $d = 28$ mm, $P = 5$ mm,
$h_3 = 2{,}75$ mm, $H_1 = 2{,}5$ mm,
$d_2 = d - H_1 = 25{,}5$ mm,
$A_K = d_3^2 \cdot \pi/4 = (d - 2h_3)^2 \cdot \pi/4$
≈ 398 mm².

Gesucht: σ_d und p.

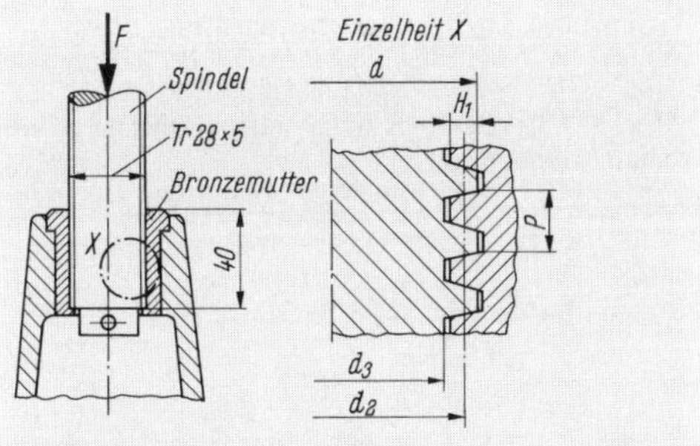

Bild 9.38 Spindel mit Trapezgewinde

1. Druckspannung σ_d
Entspr. Gl. (9.27):

$$\sigma_d = \frac{F}{A_K} = \frac{20\,000\ \text{N}}{398\ \text{mm}^2} = 50{,}3\ \text{N/mm}^2.$$

2. Flächenpressung p
Mit der Anzahl $z = m/P = 40\ \text{mm}/5\ \text{mm} = 8$ der Gewindegänge in der Mutter beträgt die Projektionsfläche der tragenden Gewindegänge

$$A_{proj} = d_2 \cdot \pi \cdot H_1 \cdot z = 25{,}5\ \text{mm} \cdot \pi \cdot 2{,}5\ \text{mm} \cdot 8 = 1602\ \text{mm}^2$$

und damit nach Gl. (9.39):

$$p = \frac{F}{A_{proj}} = \frac{20\,000\ \text{N}}{1602\ \text{mm}^2} = 12{,}5\ \text{N/mm}^2.$$

Bei **gewölbten Berührungsflächen,** wie an Gleitlagerzapfen (Bild 9.39), Stiften (Bild 9.41), Gelenkbolzen (Bild 9.44c) und dgl., ist die Flächenpressung ungleichmäßig verteilt. Sie hat unter der Kraft ihr Maximum und nimmt in Umfangsrichtung nach beiden Seiten bis auf null ab (Bild 9.39a). Für praktische Berechnungen wird auch hier eine gleichmäßige Pressungsverteilung zugrunde gelegt und mit der Projektion der gepressten Halbzylinderfläche $A_{proj} = d \cdot b$ (Bild 9.39b) ein Mittelwert $\bar{p}$ (gespr.: p quer, s.

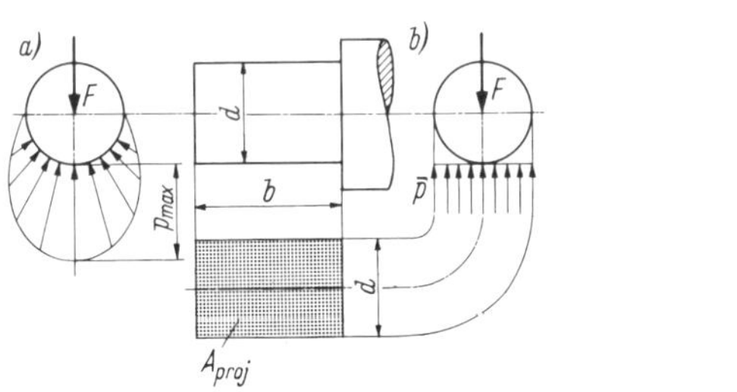

Bild 9.39 Flächenpressung an gewölbten Berührungsflächen (Gleitlagerzapfen)
a) Verteilung der Pressung am Umfang, b) auf Projektionsfläche A_{proj} bezogene mittlere Pressung $\bar{p}$

auch Praxishinweis im Abschn. 6.2.2) errechnet, den man mit einem Erfahrungswert für die zulässige Pressung vergleicht. Bei einer Druckkraft F, dem Durchmesser d und der Breite b beträgt die

mittlere Flächenpressung $$\bar{p} = \frac{F}{d \cdot b} \qquad (9.40)$$

Ebenso ungleichmäßig verteilt ist die Flächenpressung zwischen Schaft und Bohrungswand bei Passschraubenverbindungen (Bild 9.44b) und bei Nietverbindungen (Bild 9.46). Durch die quer zur Schraube oder zum Niet wirkende Kraft F werden Schaft und Bohrungswand gegeneinander gepresst. Die auf die Projektion der gepressten Fläche bezogene mittlere Pressung wird hier Lochleibungsdruck oder

Leibungsspannung $$\sigma_l = \frac{F}{d_1 \cdot s} \qquad (9.41)$$

genannt und mit der von einem Element (Schraube oder Niet) zu übertragenden Kraft F, dem Bohrungsdurchmesser d_1 und der kleinsten tragenden Länge s oder der kleinsten Bauteildicke s errechnet (s. auch die Beisp. 9.22 u. 9.23). Die zulässige Flächenpressung p_{zul} für Gleitlager und -führungen ist sehr stark von den Betriebsverhältnissen (Gleitgeschwindigkeit, Schmierungsart) abhängig, zulässige Leibungsspannung im Maschinenbau: $\sigma_{l\,zul} \approx 2\sigma_{zul}$.

Beispiel 9.18
Das in Bild 9.40 skizzierte Gleitlager überträgt eine Kraft von 8,4 kN, die unter 55° wirkt. Der Lagerzapfen hat 40 mm Durchmesser. Die Lagerbreite beträgt 50 mm und der Wellendurchmesser 60 mm. Die Flächenpressungen an der Wellenschulter (Axiallager) und am Lagerzapfen (Radiallager) sind zu errechnen.

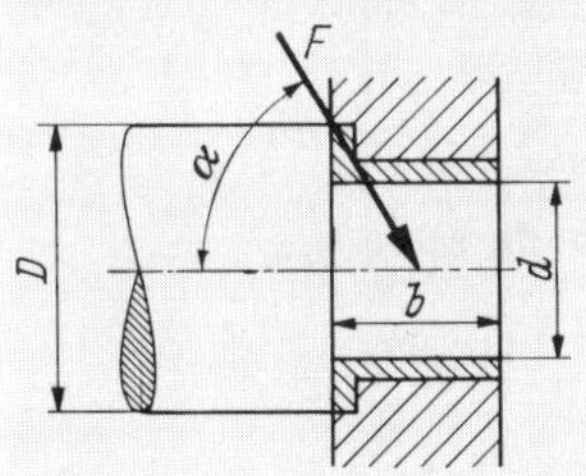

Bild 9.40 Kombiniertes Gleitlager mit Axial- und Radiallagerfläche

Lösung:
Gegeben: $F = 8{,}4\ \text{kN}$, $\alpha = 55°$, $d = 40\ \text{mm}$, $b = 50\ \text{mm}$, $D = 60\ \text{mm}$.
Gesucht: p_a und p_r.

1. Flächenpressung p_a an der Wellenschulter
Sie wird hervorgerufen durch die Axialkomponente

$$F_a = F \cdot \cos\alpha = 8{,}4\,\text{kN} \cdot \cos 55^\circ = 4818\,\text{N}$$

auf der Kreisringfläche

$$A = (D^2 - d^2)\,\frac{\pi}{4} = (60^2 - 40^2)\,\text{mm}^2 \cdot \frac{\pi}{4} = 1571\,\text{mm}^2$$

und beträgt nach Gl. (9.38):

$$p_a = \frac{F_a}{A} = \frac{4818\,\text{N}}{1571\,\text{mm}^2} = 3{,}07\,\text{N/mm}^2.$$

2. Flächenpressung p_r am Lagerzapfen
Mit der Radialkomponente der Lagerkraft

$$F_r = F \cdot \sin\alpha = 8{,}4\,\text{kN} \cdot \sin 55^\circ = 6881\,\text{N}$$

wird nach Gl. (9.40) mit $\bar{p} = p_r$:

$$p_r = \frac{F_r}{d \cdot b} = \frac{6881\,\text{N}}{40\,\text{mm} \cdot 50\,\text{mm}} = 3{,}44\,\text{N/mm}^2.$$

Beispiel 9.19
In einer elektromagnetischen Zweiflächen-Federdruckbremse nach Bild 9.41 für ein Bremsmoment von 25 Nm ist der Anker aus S 235 JR in drei Spannstiften (Spannhülsen) geführt. Im gelüfteten Zustand ist der Anker vom Magneten nach Überwindung der Federkraft angezogen. Bei abgeschaltetem Magneten drückt die Feder den Anker gegen den Reibbelag. Jede Reibfläche überträgt die Hälfte des Bremsmoments. Während des Bremsens werden die Ankerbohrungen gegen die Spannstifte gepresst, wobei starke Stöße auftreten können. Die Flächenpressung in den Bohrungen ist zu überprüfen.

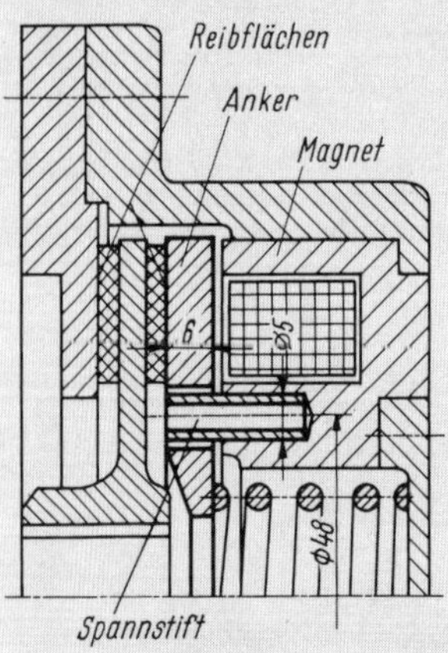

Bild 9.41 Ankerbefestigung in einer elektromagnetischen Federdruckbremse

Lösung:
Gegeben: $M_B = 25$ Nm,
$r_0 = d_0/2 = (48/2)$ mm $= 0{,}024$ m,
$d = 5$ mm, $b = 6$ mm.
Gesucht: $\bar{p}$ vergl. mit p_{zul}.

1. Maximale Kraft F an einem Spannstift
Wegen der möglichen starken Stöße beim Bremsen wird mit einem Betriebsfaktor $K_I = 2{,}5$ (s. Abschn. 9.2.1) das vom Anker aufzunehmende maximale Drehmoment

$$M = K_I \cdot M_N = K_I \cdot M_B/2 = 2{,}5 \cdot (25/2)\,\text{Nm} = 31{,}25\,\text{Nm}.$$

Bei drei Stiften folgt aus $M = 3F \cdot r_0$:

$$F = \frac{M}{3 \cdot r_0} = \frac{31{,}25\,\text{Nm}}{3 \cdot 0{,}024\,\text{m}} = 434\,\text{N}.$$

2. Mittlere Flächenpressung $\bar{p}$
Nach Gl. (9.40):

$$\bar{p} = \frac{F}{d \cdot b} = \frac{434\,\text{N}}{5\,\text{mm} \cdot 6\,\text{mm}} = 14{,}5\,\text{N/mm}^2.$$

Bei der vorliegenden schwellenden Beanspruchung und $\sigma_{dF} = R_e = 235\,\text{N/mm}^2$ (für S 235 JR nach Tab. 13) ist eine zulässige Flächenpressung $p_{zul} \approx \sigma_{dF}/2 = (235\,\text{N/mm}^2)/2 = 117{,}5\,\text{N/mm}^2$ annehmbar, die bei weitem nicht erreicht wird, da $\bar{p} \ll p_{zul}$ ist.

9.3.6 Walzenpressung

Zwei gegeneinander gepresste starre Körper wie Zylinder oder Kugeln berühren sich nur linien- oder punktförmig. Auf Grund der Werkstoffelastizität platten sie sich aber ab, und es entsteht eine Berührungsfläche (Bild 9.42). Die Pressung, hier als Walzenpressung bezeichnet, ist in der Flächenmitte am größten, weil dort die größte Verformung auftritt. Diese größte Pressung kann nach einer von *Hertz*[1]) entwickelten Theorie errechnet werden und wird **Hertzsche Pressung** genannt. Die Ergebnisse dieser recht umfangreichen theoretischen Untersuchungen sind die **Hertzschen Gleichungen,** von denen hier nur zwei wiedergegeben werden.

Bei der **Berührung zweier Zylinder** (Bild 9.42a) mit der Breite b und den Durch-

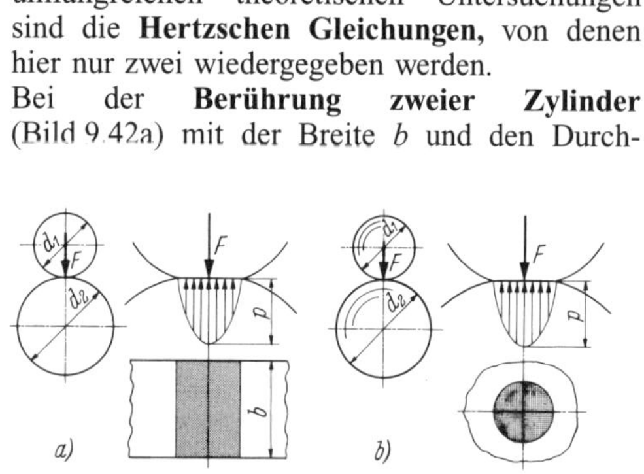

Bild 9.42 Hertzsche Pressung
a) bei Zylindern (Linienberührung), b) bei Kugeln (Punktberührung)

[1]) *Heinrich Hertz* (1857 bis 1894), deutscher Physiker

messern d_1 und d_2 unter der Druckkraft F beträgt die

Hertzsche Pressung

$$p = 0{,}591 \sqrt{\frac{F \cdot E}{b \cdot d_1}\left(1 + \frac{d_1}{d_2}\right)} \qquad (9.42)$$

und bei der Berührung zweier Kugeln (Bild 9.42b) mit den Durchmessern d_1 und d_2:

Hertzsche Pressung

$$p = 0{,}616 \sqrt[3]{\frac{F \cdot E^2}{d_1^2}\left(1 + \frac{d_1}{d_2}\right)^2} \qquad (9.43)$$

Haben die Werkstoffe der sich berührenden Körper verschiedene Elastizitätsmoduln, so gilt für den einzusetzenden

Elastizitätsmodul $$E = \frac{2E_1 \cdot E_2}{E_1 + E_2} \qquad (9.44)$$

Ist $d_2 = \infty$ (Ebene), so wird $d_1/d_2 = 0$. Bei einer Hohlkrümmung (z. B. Außenring eines Zylinderrollenlagers) ist d_2 negativ.
In der Technik tritt Walzenpressung vorwiegend bei **Wälzpaarungen** auf, beispielsweise bei Wälzlagern, Reibradgetrieben, Zahnrädern (an den Zahnflanken), Rollenbahnen in Förderanlagen und zwischen Eisenbahn- sowie Kranlaufrädern und Schienen. Die zulässigen Pressungen hängen von den jeweiligen Betriebsverhältnissen ab und sind der einschlägigen Fachliteratur zu entnehmen.

Beispiel 9.20
Auf einer geneigten Röllchenbahn (Bild 9.43) in einer Förderanlage werden 60 kg schwere, gefüllte Stahlblechbehälter transportiert. Die Stahlröllchen haben 40 mm Durchmesser und eine Breite von 10 mm. Sie sind so angeordnet, dass ein Behälter von mindestens 30 Röllchen getragen wird. Welche größte Pressung tritt an den Röllchen auf?

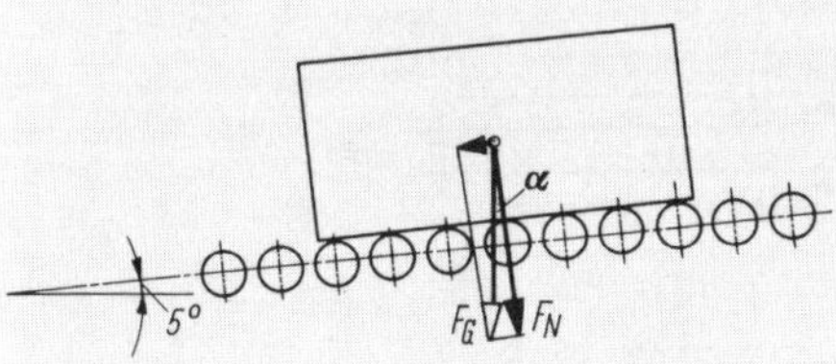

Bild 9.43 Behälter auf einer Röllchenbahn

Lösung:
Gegeben: $m = 60$ kg, $d_1 = 40$ mm, $b = 10$ mm, $z = 30$, $\alpha = 5°$, $E = 21 \cdot 10^4$ N/mm² (Tab. 11).
Gesucht: p.

1. Druckkraft F je Röllchen
Ein Behälter drückt mit der Normalkraft $F_N = F_G \cdot \cos\alpha = m \cdot g \cdot \cos\alpha$ gegen $z = 30$ Röllchen. Somit wird

$$F = \frac{F_N}{z} = \frac{m \cdot g \cdot \cos\alpha}{z} = \frac{60\ \text{kg} \cdot 9{,}81\ \text{m/s}^2 \cdot \cos 5°}{30} = 19{,}55\ \text{N}.$$

2. Hertzsche Pressung p
Da $d_2 = \infty$ ist, beträgt nach Gl. (9.42):

$$p = 0{,}591 \sqrt{\frac{F \cdot E}{b \cdot d_1}} = 0{,}591 \sqrt{\frac{19{,}55\ \text{N} \cdot 21 \cdot 10^4\ \text{N/mm}^2}{10\ \text{mm} \cdot 40\ \text{mm}}} = 59{,}9\ \text{N/mm}^2.$$

9.3.7 Beanspruchung auf Scheren (Abscheren)

Bauteile, an denen zwei entgegengesetzt gerichtete Kräfte auf einer Wirklinie angreifen, werden auf Scheren beansprucht. Einige typische scherbeanspruchte Bauteile sind in den Bildern 9.44 bis 9.47 dargestellt. Bei kurzen Bauteilen (Bild 9.44a) und bei spielfreier oder fester Einspannung (Bilder 9.44b und 9.46) darf die Biegebeanspruchung (z. B. durch das Moment M in Bild 9.46c) wegen Geringfügigkeit vernachlässigt werden. Dagegen ist bei verhältnismäßig

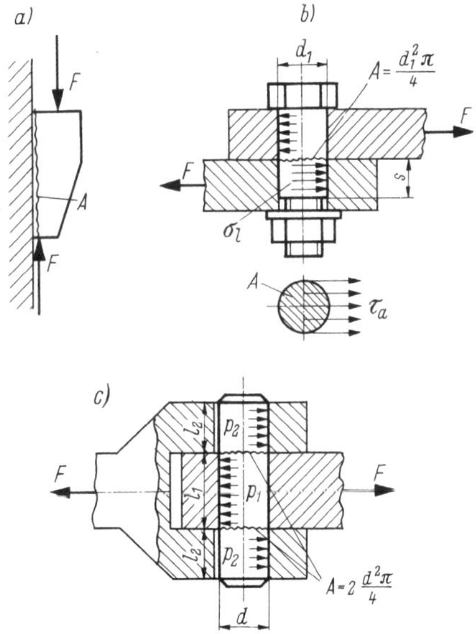

Bild 9.44 Scherbeanspruchte Bauteile
a) Konsole, b) Passschraube, c) Bolzen

langem Hebelarm und bei Spielpassungen (Bild 9.44c) eine Kontrolle auf Biegung notwendig (s. Abschn. 9.4).

Die ungleichmäßig verteilten Schubspannungen werden für praktische Berechnungen als gleichmäßig verteilt angenommen und als Abscher- oder **Scherspannungen τ_a** bezeichnet. Mit der Scherkraft F und der Querschnitts- oder Scherfläche A gilt für den Spannungsnachweis die Bedingung:

Scherspannung $$\tau_a = \frac{F}{A} \leq \tau_{a\,zul} \qquad (9.45)$$

Daraus können Gleichungen für die erforderliche Querschnittsfläche A_{erf} (Entwurfsberechnung) und für die zulässige Kraft F_{zul} (Tragfähigkeitsberechnung) hergeleitet werden (sinngemäß zu den Gln. (9.27) bis (9.29)). Anhaltswerte für zulässige Scherspannungen im Maschinen- und Gerätebau ergeben sich entweder nach Tab. 20 oder $\tau_{a\,zul} \approx R_e/1{,}5$ bei ruhender, $\tau_{a\,zul} \approx R_e/2{,}2$ bei schwellender und $\tau_{a\,zul} \approx R_e/3$ bei wechselnder Beanspruchung (mit R_e als Streckgrenze des scherbeanspruchten Werkstoffs, s. Tab. 13).

Beispiel 9.21

Zur Übertragung eines Drehmoments von 3 kNm vom Radkranz zum Radkörper eines Schneckenrades sind 6 Scherbuchsen vorgesehen (Bild 9.45). Für wechselnde Beanspruchung mit starken Stößen ist der Außendurchmesser der Buchsen zu errechnen.

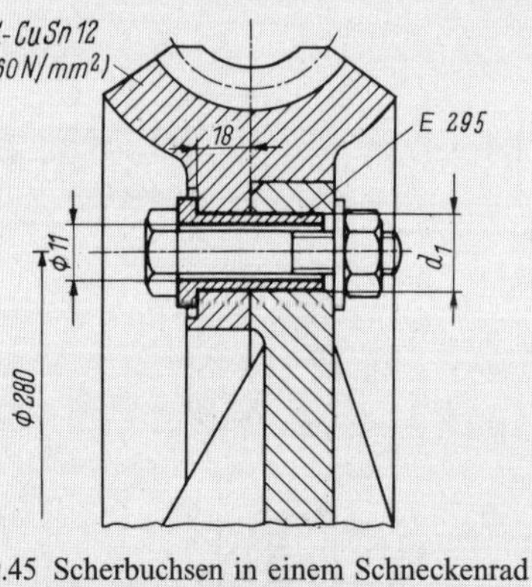

Bild 9.45 Scherbuchsen in einem Schneckenrad

Lösung:

Gegeben: $M_N = 3$ kNm $= 3000$ Nm,
$r_0 = d_0/2 = (280/2)$ mm $= 0{,}14$ m,
$d_2 = 11$ mm, $s = 18$ mm,
$R_m = 260$ N/mm^2,
$R_e = 295$ N/mm^2 (für E 295 bis 16 mm Dicke nach Tab. 13).

Gesucht: d_1.

1. Maximale Scherkraft F an einer Buchse

Als Betriebsfaktor wird $K_I = 2{,}2$ gewählt (Mittelwert für starke Stöße, s. Abschn. 9.2.1). Bei 6 Buchsen folgt damit aus $M = K_I \cdot M_N = F_u \cdot r_0$:

$$F = \frac{F_u}{6} = \frac{K_I \cdot M_N}{6 \cdot r_0} = \frac{2{,}2 \cdot 3000\ \text{Nm}}{6 \cdot 0{,}14\ \text{m}} = 7857\ \text{N}.$$

2. Erforderlicher Außendurchmesser d_1

Als zulässige Scherspannung wird $\tau_{a\,zul} = R_e/3 = (295/3)$ N/mm$^2 \approx 98$ N/mm^2 angenommen. Aus Gl. (9.45) ergibt sich die erforderliche kreisringförmige Querschnittsfläche

$$A_{erf} = (d_{1\,erf}^2 - d_2^2)\,\frac{\pi}{4} \geqq \frac{F}{\tau_{a\,zul}}$$

und daraus

$$d_{1\,erf} = \sqrt{\frac{4 \cdot F}{\pi \cdot \tau_{a\,zul}} + d_2^2} = \sqrt{\frac{4 \cdot 7857\ \text{N}}{\pi \cdot 98\ \text{N/mm}^2} + (11\ \text{mm})^2} = 14{,}94\ \text{mm}.$$

Gewählt wird $d_1 = 15$ mm.

3. Kontrolle der Leibungsspannung σ_l

Nach Gl. (9.41) ist

$$\sigma_l = \frac{F}{d_1 \cdot s} = \frac{7857\ \text{N}}{15\ \text{mm} \cdot 18\ \text{mm}} = 29{,}1\ \text{N/mm}^2.$$

Mit $S_{B\,erf} = 5$ (Tab. 19) beträgt nach Gl. (9.26):

$$\sigma_{zul} = \frac{R_m}{S_{B\,erf}} = \frac{260\ \text{N/mm}^2}{5} = 52\ \text{N/mm}^2$$

und damit die zulässige Leibungsspannung (s. Abschn. 9.3.5)

$$\sigma_{l\,zul} \approx 2\sigma_{zul} = 2 \cdot 52\ \text{N/mm}^2 = 104\ \text{N/mm}^2 > \sigma_l,$$

d. h. der unter 2. gewählte Außendurchmesser $d_1 = 15$ mm ist ausreichend, da die zulässige Leibungsspannung nicht überschritten wird.

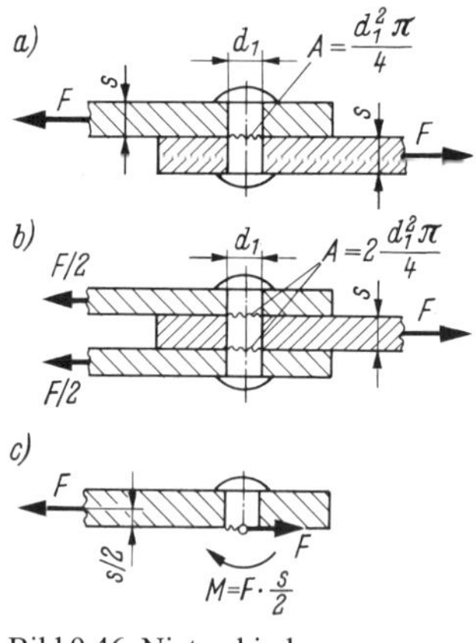

Bild 9.46 Nietverbindungen
a) einschnittig, b) zweischnittig, c) inneres Kräftesystem an einem Niet (M wird vernachlässigt)

Nietverbindungen (Bild 9.46) werden nach der Anzahl m der „Schnittflächen", die beim Abscheren an einem Nietschaft entstehen würden, unterteilt in ein-, zwei- oder allgemein m-schnittige Verbindungen. Mit der Querschnittsfläche $A_1 = d_1^2 \cdot \pi/4$ eines geschlagenen Niets (d_1 ist gleich dem Lochdurchmesser) und der Nietanzahl n der zur Übertragung der Kraft F vorhandenen Niete beträgt die gesamte Querschnittsfläche $A = n \cdot m \cdot A_1$.

Beispiel 9.22
Für die skizzierte Nietverbindung (Bild 9.47) ist der Spannungsnachweis durchzuführen: Zulässige Scherspannung 100 N/mm², zulässige Leibungsspannung 280 N/mm², zulässige Zugspannung für die Bauteile 140 N/mm².

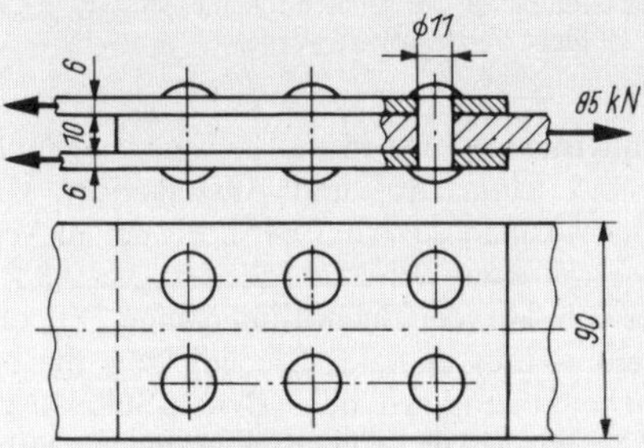

Bild 9.47 Zweischnittige Nietverbindung mit 6 Nieten

Lösung:
Gegeben: $F = 85\text{ kN} = 85\,000\text{ N}$, $d_1 = 11\text{ mm}$, $s_1 = 10\text{ mm}$, $s_2 = 6\text{ mm}$, $b = 90\text{ mm}$, $n = 6$, $m = 2$, $\tau_{a\,zul} = 100\text{ N/mm}^2$, $\sigma_{l\,zul} = 280\text{ N/mm}^2$, $\sigma_{zul} = 140\text{ N/mm}^2$.
Gesucht: τ_a vergl. mit $\tau_{a\,zul}$, σ_l mit $\sigma_{l\,zul}$ und σ mit σ_{zul}.

1. Scherspannung τ_a
Nach Gl. (9.45) mit $A_1 = d_1^2 \cdot \pi/4 = (11\text{ mm})^2 \cdot \pi/4 = 95\text{ mm}^2$ und $A = n \cdot m \cdot A_1$:

$$\tau_a = \frac{F}{n \cdot m \cdot A_1} = \frac{85\,000\text{ N}}{6 \cdot 2 \cdot 95\text{ mm}^2} = 74{,}6\text{ N/mm}^2 < \tau_{a\,zul}.$$

2. Leibungsspannung σ_l
Ihr Größtwert tritt an der inneren Platte mit der Dicke $s_1 < 2s_2$ auf, so dass in Gl. (9.45) als Projektion der gepressten Fläche $n \cdot d_1 \cdot s_1$ einzusetzen ist:

$$\sigma_l = \frac{F}{n \cdot d_1 \cdot s_1} = \frac{85\,000\text{ N}}{6 \cdot 11\text{ mm} \cdot 10\text{ mm}} = 128{,}8\text{ N/mm}^2 < \sigma_{l\,zul}.$$

3. Zugspannung σ in den Bauteilen
Ihr Größtwert tritt ebenfalls in der mittleren Platte auf, und zwar im gefährdeten Querschnitt an der ersten Nietreihe $A = (b - 2d_1)\, s_1 = (90 - 2 \cdot 11)\text{ mm} \times 10\text{ mm} = 680\text{ mm}^2$, wobei die Schwächung des Querschnitts durch die Nietlöcher berücksichtigt ist.

Damit wird nach Gl. (9.27):

$$\sigma = \frac{F}{A} = \frac{85\,000\text{ N}}{680\text{ mm}^2} = 125\text{ N/mm}^2 < \sigma_{zul}.$$

4. Schlussfolgerung
Die Nietverbindung ist einschl. der Bauteile ausreichend bemessen, da alle Spannungen kleiner als die zulässigen sind.

Geht die Wirklinie der Kraft F nicht durch den Mittelpunkt (Schwerpunkt) der Verbindung, so handelt es sich um einen **Momentenanschluss**, bei dem die Verbindungselemente verschieden hoch beansprucht werden und je einen Kraftanteil aus dem Moment, aus der Längskraft und aus der Querkraft zu übertragen haben (Bilder 9.48 u. 9.49). In derartigen Fällen, die bei Niet-, Schrauben- und Punktschweißverbindungen vorkommen können, ist nach den Methoden der Statik mit den Gleichgewichtsbedingungen für allgemeine Kräftesysteme (Gln. (2.21) bis (2.23)) die größte Kraft F_1 an einem Verbindungselement zu errechnen und damit der Spannungsnachweis für dieses Element als höchstbeanspruchtes durchzuführen.

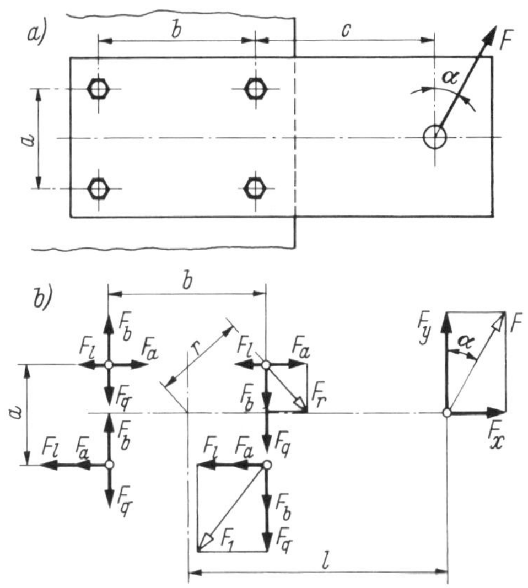

Bild 9.48 Momentenanschluss mit Passschrauben
a) Anordnung der Schrauben, b) Kräfte an den Schrauben
F_a und F_b Komponenten aus $\Sigma M = F_y \cdot l - 4F_r \cdot r = 0$,
F_q Querkraftanteil aus $\Sigma F_y = F_y - 4F_q = 0$,
F_l Längskraftanteil aus $\Sigma F_x = F_x - 4F_l = 0$

Beispiel 9.23

Für den genieteten Momentenanschluss nach Bild 9.49 aus einer Stahlbaukonstruktion ist der Spannungsnachweis durchzuführen. Die zulässige Leibungsspannung beträgt 320 N/mm², die zulässige Scherspannung 140 N/mm².

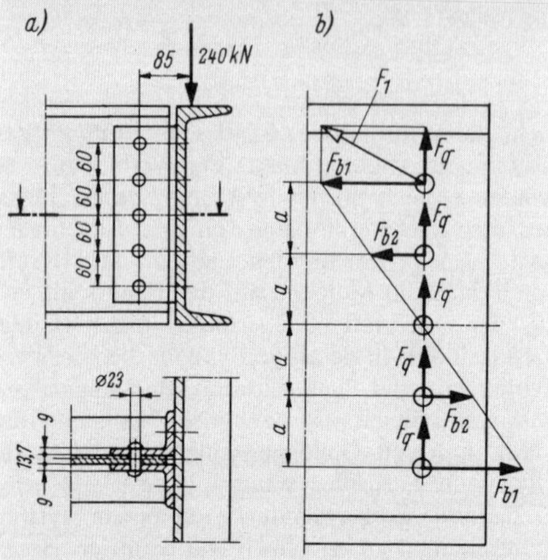

Bild 9.49 Genieteter Momentenanschluss aus dem Stahlbau
a) Abmessungen und Kraftangriff, b) Kräfte an den Nieten

Lösung:

Gegeben: $F = 240$ kN, $l = 85$ mm, $a = 60$ mm, $d_1 = 23$ mm, $s = 13{,}7$ mm, $n = 5$, $m = 2$, $\tau_{\text{a zul}} = 140$ N/mm² und $\sigma_{\text{l zul}} = 320$ N/mm².

Gesucht: τ_a vergl. mit $\tau_{\text{a zul}}$ und σ_1 mit $\sigma_{\text{l zul}}$.

1. Größte Kraft F_1 an einem Niet

Jeder Niet überträgt den Querkraftanteil F_q und aus dem Moment $M = F \cdot l$ einen Kraftanteil F_{bi}, der als F_{b1} an den äußeren Nieten am größten und am mittleren Niet null ist (Bild 9.49b). Aus der Gleichgewichtsbedingung

$$\Sigma F_y = n \cdot F_q - F = 0 \quad \text{folgt}$$

$$F_q = \frac{F}{n} = \frac{240\ \text{kN}}{5} = 48\ \text{kN}.$$

Nach dem Strahlensatz ist

$$\frac{F_{b2}}{F_{b1}} = \frac{a}{2a}, \quad \text{somit} \quad F_{b2} = \frac{F_{b1}}{2},$$

in die Gleichgewichtsbedingung

$$\Sigma M = 2F_{b1} \cdot 2a + 2F_{b2} \cdot a - F \cdot l = 0$$

(um Anschlussmittelpunkt)

eingesetzt:

$$4F_{b1} \cdot a + 2\,\frac{F_{b1}}{2} \cdot a - F \cdot l = 0, \quad \text{ergibt:}$$

$$F_{b1} = \frac{F \cdot l}{5 \cdot a} = \frac{240\ \text{kN} \cdot 85\ \text{mm}}{5 \cdot 60\ \text{mm}} = 68\ \text{kN}.$$

Damit wird

$$F_1 = \sqrt{F_{b1}^2 + F_q^2} = \sqrt{68^2 + 48^2}\ \text{kN} = 83\,250\ \text{N}.$$

2. Scherspannung τ_a

und $A = m \cdot A_1$ beträgt entspr. Gl. (9.45):

$$\tau_a = \frac{F_1}{m \cdot A_1} = \frac{83\,250\ \text{N}}{2 \cdot 415{,}5\ \text{mm}^2} \approx 100\ \text{N/mm}^2 < \tau_{\text{a zul}}.$$

3. Leibungsspannung σ_1

Ihr Größtwert tritt am Steg des I-Profils auf, der mit $s = 13{,}7\ \text{mm} < 2 \cdot 9\ \text{mm} = 18\ \text{mm}$ eine geringere Dicke hat als die beiden Winkel zusammen. Entspr. Gl. (9.41) ist

$$\sigma_1 = \frac{F_1}{d_1 \cdot s} = \frac{83\,250\ \text{N}}{23\ \text{mm} \cdot 13{,}7\ \text{mm}}$$

$$\approx 264\ \text{N/mm}^2 < \sigma_{\text{l zul}}.$$

4. Schlussfolgerung

Die Verbindung ist ausreichend bemessen, da $\tau_{\text{a zul}}$ und $\sigma_{\text{l zul}}$ nicht überschritten werden.

Für **Schneidevorgänge** in der Fertigungstechnik, wie z. B. Lochen, Ab- und Ausschneiden von Teilen, erhält man aus Gl. (9.45) mit der in Versuchen ermittelten Scherfestigkeit $\tau_{aB} \approx 0{,}8\,R_m$ (s. auch Tab. 14), der Schnittlinienlänge l (Loch- oder Teilumfang) und der Blechdicke s die erforderliche Schnittkraft oder **Bruch-Scherkraft** $\boldsymbol{F_B = l \cdot s \cdot \tau_{aB}}$. Aus Sicherheitsgründen sollte hier der Oberwert der Zugfestigkeit R_m (nach Tab. 13) gewählt werden.

Beispiel 9.24

In ein 0,8 mm dickes Messingblech mit einer Scherfestigkeit von 220 N/mm² sollen quadratische Löcher mit 25 mm Kantenlänge gestanzt werden. Die erforderliche Schnittkraft ist zu errechnen.

Lösung:

Gegeben: $s = 0{,}8$ mm, $a = 25$ mm, $\tau_{aB} = 220$ N/mm².

Gesucht: F_B.

Mit der Schnittlinienlänge $l = 4a$ beträgt die mindestens erforderliche Schnitt- oder Bruch-Scherkraft

$$F_B = 4a \cdot s \cdot \tau_{aB}$$

$$= 4 \cdot 25\ \text{mm} \cdot 0{,}8\ \text{mm} \cdot 220\ \text{N/mm}^2$$

$$= 17{,}6\ \text{kN}.$$

Praxishinweis

Fliehzugspannungen treten auch in Flachriemen auf, die über rotierende Riemenscheiben laufen (s. Bild 6.25, Abschn. 6.3.3), u. zw. in den um die Scheiben gebogenen Riementeilen. Sie können mit Gl. (9.35) errechnet werden. Wärmespannungen sind bei Hoch-, Stahl- und Brückenbauten zu beachten. In Brückenkonstruktionen werden für den Ausgleich der temperaturbedingten Längenänderungen Dehnfugen vorgesehen. Eine 50 m lange Stahlbrücke dehnt sich beispielsweise während einer Temperaturzunahme von −25 °C auf +40 °C um ca. 40 mm aus.

Die Berechnung von Punktschweißverbindungen wird wie bei Nietverbindungen auf Abscheren und Leibung durchgeführt. Eine Formänderungsberechnung von scherbeanspruchten Bauteilen ist nicht üblich, da die Verschiebungen sehr gering und ohne praktische Bedeutung sind.

Kontrollfragen:
- Was versteht man unter Reißlänge bei Zugbeanspruchung und wovon ist sie abhängig?
- Wo treten Fliehzugspannungen auf und wovon hängen sie ab?
- Wie werden temperaturbedingte Längenänderungen und Wärmespannungen errechnet?
- Was sind Flächenpressungen, wo treten sie auf und wie werden sie errechnet?
- Wo kommt Walzenpressung vor?
- Welche Bauteile sind typisch für Scherbeanspruchung und wie werden Scherspannungen errechnet?

9.4 Biegebeanspruchung

Lernziele:
- Biegespannungen als Normalspannungen und ihre Verteilung über der Querschnittsfläche erläutern.
- Die Abhängigkeit der Biegespannung von der Kraft und dem Wirkabstand sowie von der Form und der Lage der Querschnittsfläche aufzeigen.
- Flächenmomente 2. Grades und Widerstandsmomente einfacher und zusammengesetzter ebener Flächen berechnen.
- Biegemomente, Quer- und Längskräfte an beliebigen Schnittstellen von Frei- und Stützträgern mit Belastung durch Einzel- und Streckenkräfte ermitteln.
- Den Zusammenhang zwischen Biegemoment und Querkraft angeben und deren Verlauf über der Trägerlänge grafisch darstellen.
- Für biegebeanspruchte Bauteile den Spannungsnachweis durchführen, erforderliche Querschnittsabmessungen und zulässige Biegemomente oder Belastungskräfte errechnen.
- Die Berechnung von Trägern gleicher Biegebeanspruchung an Beispielen erläutern.
- Die in biegebeanspruchten Bauteilen auftretenden Schubspannungen errechnen.
- Die Durchbiegung von geraden Trägern mit einfacher Belastung berechnen.

9.4.1 Biegespannungen in geraden Trägern

Wird ein Stützträger entspr. Bild 9.50 durch eine Kraft F beansprucht, so biegt er sich durch. Bei einem Träger mit Rechteckquerschnitt ist die Durchbiegung in der Hochkantlage (Bild 9.50a) geringer als in der Flachkantlage (Bild 9.50b) trotz gleicher Querschnittsfläche A und gleicher Belastung. Der flache Träger setzt der Verformung einen geringeren Widerstand entgegen. In beiden Fällen werden die Werkstofffasern der unteren Randschicht gedehnt (verlängert), die der oberen Randschicht gestaucht (verkürzt).

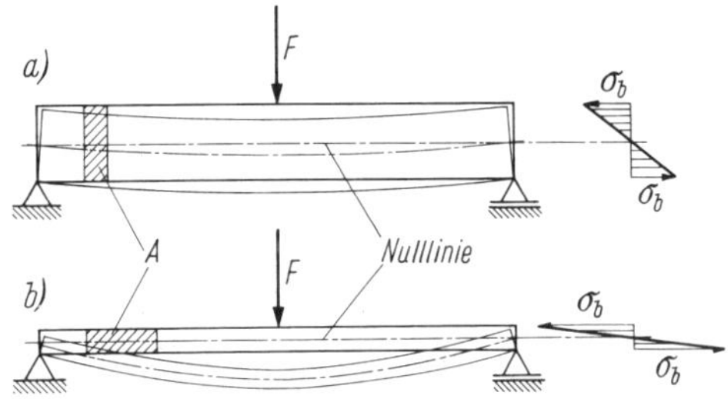

Bild 9.50 Biegebeanspruchter Träger auf zwei Stützen mit Rechteckquerschnitt in verschiedenen Lagen
a) hochkant, b) flachkant

Zwischen beiden Randschichten gibt es eine neutrale Schicht oder **Nullebene**, deren Fasern als **neutrale Fasern** zwar gebogen, aber weder verlängert noch verkürzt werden. Die Nullebene geht durch den Querschnittsflächenschwerpunkt S_0. In ihr sind die Normalspannungen null. Im Bereich der Dehnung unterhalb der Nullebene, die in der Zeichnung als Nulllinie erscheint, treten Zugspannungen auf und im Bereich der Stauchung oberhalb der Nullebene Druckspannungen. Die Zug- und Druckspannungen steigen bis zu den **Randfasern** linear an (im Idealfall entspr. dem folgenden Absatz) und erreichen dort ihren Größtwert als **Biegespannung σ_b.** Im Gegensatz zur Zug- und zur Druckbeanspruchung sind die Spannungen bei Biegung über dem Querschnitt ungleichmäßig verteilt. Außerdem ändert sich meistens auch bei gleich bleibender Querschnittsfläche die Beanspruchung längs des Stabes.

Um die Biegebeanspruchung in einfacher Weise mathematisch erfassen zu können, wird ein Idealfall zugrunde gelegt mit folgenden Voraussetzungen:

1. Die Stabachse als Schwerachse ist gerade; die Durchbiegung ist unerheblich und wird vernachlässigt.

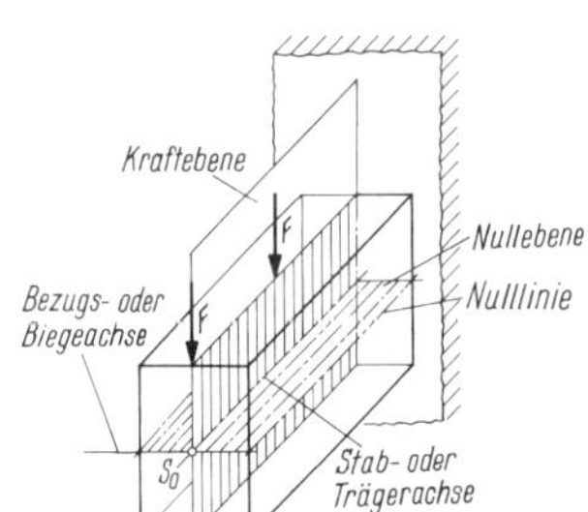

Bild 9.51 Begriffe am biegebeanspruchten Träger
S_0 Querschnittsflächenschwerpunkt

2. Die Querschnittsflächen sind klein gegenüber der Stablänge; sie bleiben eben und behalten ihre ursprüngliche Form.
3. Die Kraftebene (Bild 9.51), in der die angreifenden Kräfte wirken, geht durch eine Symmetrielinie der Querschnittsflächen.
4. Der Werkstoff folgt innerhalb der Beanspruchung dem Hookeschen Gesetz.
5. Der Elastizitätsmodul ist für Zug und Druck gleich groß.

Denkt man sich beispielsweise einen Freiträger (Bild 9.52a) nach Bild 9.52b im beliebigen Ab-

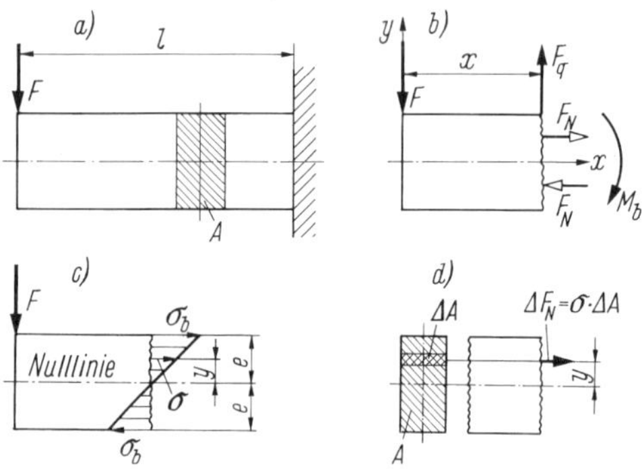

Bild 9.52 Biegung eines Freiträgers
a) biegebeanspruchter Träger, b) freigeschnittenes Trägerende, c) Spannungsverteilung über der Querschnittsfläche, d) Kraftanteil ΔF_N eines Flächenteilchens ΔA

stand x von der Kraft F freigeschnitten, so erhält man als inneres Kräftesystem eine in der Querschnittsfläche wirkende Querkraft F_q und ein aus den dazu senkrechten Normalkräften F_N gebildetes Kräftepaar, das als Biegemoment M_b wirkt. Aus der Gleichgewichtsbedingung $\Sigma F_y = F_q - F = 0$ folgt $F_q = F$ und aus $\Sigma M = F \cdot x - M_b = 0$ (auf den Querschnittsflächenschwerpunkt bezogen) das

Biegemoment $\boldsymbol{M_b = F \cdot x}$ (9.46)

Die Normalspannungen σ sind entspr. Bild 9.52c über der Querschnittsfläche A verteilt. Jedes winzig kleine Flächenteilchen ΔA überträgt den Normalkraftanteil $\Delta F_N = \sigma \cdot \Delta A$ (Bild 9.52d), am Wirkabstand y das innere Teilmoment $\Delta M_i = \Delta F_N \cdot y$. Mit dem Randabstand e gilt nach dem Strahlensatz der Geometrie: $\sigma / \sigma_b = y/e$. Also ist $\sigma = \sigma_b \cdot y/e$ und damit das innere Teilmoment

$$\Delta M_i = \Delta F_N \cdot y = \sigma \cdot \Delta A \cdot y = \sigma_b \cdot \Delta A \cdot \frac{y^2}{e}$$

Weiterhin ist die Summe (ausgedrückt durch das Summenzeichen Σ) aller inneren Teilmomente gleich dem Biegemoment

$$M_b = \Sigma \, \Delta M_i = \Sigma \left(\sigma_b \cdot \Delta A \cdot \frac{y^2}{e} \right)$$

Die konstanten Größen σ_b und e dürfen vor das Summenzeichen gesetzt werden: $M_b = (\sigma_b / e) \cdot \Sigma(y^2 \cdot \Delta A)$. Der mathematische Ausdruck $\Sigma(y^2 \cdot \Delta A)$ ist nur von der Fläche abhängig und wird

Flächenmoment 2. Grades
$\boldsymbol{I = \Sigma(y^2 \cdot \Delta A)}$ (9.47)

genannt, womit sich $M_b = \sigma_b \cdot I/e$ ergibt. Der Quotient I/e ist das

Widerstandsmoment gegen Biegung $\boldsymbol{W_b = \frac{I}{e}}$ (9.48)

Die Größen I (üblich in mm^4 oder cm^4) und W_b (üblich in mm^3 oder cm^3) sind auf eine Schwerachse der Fläche bezogen, weshalb sie auch als **axiales Flächenmoment 2. Grades** (früher Flächenträgheitsmoment) und als **axiales Widerstandsmoment** W bezeichnet werden (s. Abschn. 9.4.2).

Damit erhält man die am Flächenrand auftretende größte Normalspannung, die

Biegespannung $\boldsymbol{\sigma_b = \frac{M_b}{W_b}}$ (9.49)

In einem beliebigen Abstand y von der Nulllinie beträgt die

Normalspannung $\boldsymbol{\sigma = \frac{M_b}{I} y}$ (9.50)

Unsymmetrische Querschnittsflächen, z. B. das T-Profil nach Bild 9.53, haben unterschiedliche Randabstände: e_z auf der Zugseite, e_d auf der Druckseite. Es ergeben sich zwei verschieden große Widerstandsmomente $W_{bz} = I/e_z$ und

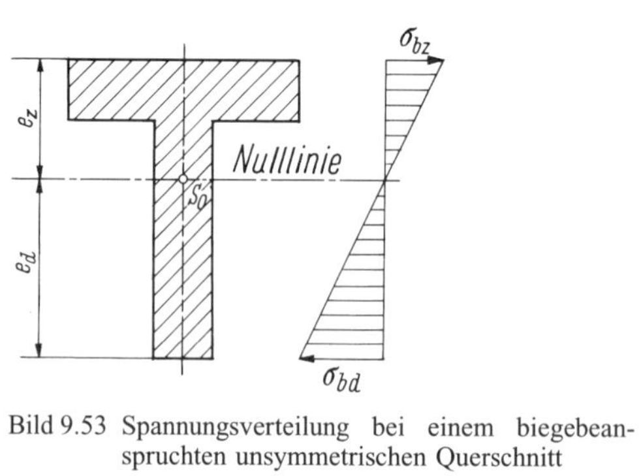

Bild 9.53 Spannungsverteilung bei einem biegebeanspruchten unsymmetrischen Querschnitt

$W_{bd} = I/e_d$. Damit betragen die

Biegezugspannung $$\sigma_{bz} = \frac{M_b}{I} e_z = \frac{M_b}{W_{bz}} \quad (9.51)$$

und die

Biegedruckspannung $$\sigma_{bd} = \frac{M_b}{I} e_d = \frac{M_b}{W_{bd}} \quad (9.52)$$

Die bei der Biegespannungsberechnung zugrunde gelegten theoretischen Voraussetzungen werden praktisch nicht oder nur teilweise erfüllt. Tatsächlich verteilen sich die Spannungen meistens nicht in so einfacher Weise über die Querschnitte. Mit den vorstehenden Gleichungen werden jedoch für technische Berechnungen bei Werkstoffen, die dem Hookeschen Gesetz folgen, ausreichend genaue Werte ermittelt. Da Gusseisen (Grauguss) dem Hookeschen Gesetz nicht folgt, verteilen sich die Normalspannungen bei Biegung keinesfalls annähernd linear. Die Nulllinie ist vom Flächenschwerpunkt zur Druckseite hin verschoben. Für technische Berechnungen genügt auch hier die vereinfachte Annahme einer linearen Spannungsverteilung.

Hat ein Trägerabschnitt ein über seiner Länge konstantes Biegemoment zu übertragen, wobei die Querkraft $F_q = 0$ ist (s. Tab. 24, Kragträger mit beidseitig gleichen Einzelkräften), so wird die Beanspruchung als querkraftfreie oder **reine Biegung** bezeichnet. Wenn die Kraftebene, in der die Kräfte am Stab angreifen, zwar durch die Stabachse, aber nicht durch eine Symmetrielinie der Querschnitte geht, liegt **schiefe Biegung** vor, die ebenso wie die **Biegung eines gekrümmten Stabes** hier nicht behandelt wird. Bei außermittigem Kraftangriff, d. h. wenn die Wirklinie der Biegekraft nicht durch den Querschnittsschwerpunkt geht, entsteht zusammengesetzte Beanspruchung (s. Abschn. 9.6). Streng genommen handelt es sich auch bei Biegung mit Querkraftwirkung um zusammengesetzte Beanspruchung. Erfahrungsgemäß kann man jedoch besonders bei Bauteilen mit Vollquerschnitten, wie Achsen, Wellen, Hebeln und dgl., die von der Querkraft hervorgerufenen Schubspannungen vernachlässigen (s. auch Abschn. 9.4.5).

Beispiel 9.25
Für den Einspannquerschnitt des Freiträgers mit T-Querschnitt nach Bild 9.54 sind die Biegezug- und die Biegedruckspannung sowie die Normalspannung an der Gurtunterkante (im Abstand y von der Nulllinie) zu errechnen. Das Flächenmoment 2. Grades beträgt 179 cm⁴.

Bild 9.54 Biegebeanspruchter Freiträger

Lösung:
Gegeben: $F = 5$ kN, $l = 600$ mm,
$h = 100$ mm, $t = 11$ mm,
$e_x = 27{,}4$ mm,
$I_x = 179\ \text{cm}^4 = 1{,}79 \cdot 10^6\ \text{mm}^4$.
Gesucht: σ_{bz}, σ_{bd}, σ.

1. Biegemoment M_b
Nach Gl. (9.46) mit $x = l$:

$$M_b = F \cdot l = 5\ \text{kN} \cdot 600\ \text{mm} = 3000\ \text{kN mm} = 3 \cdot 10^6\ \text{Nmm}.$$

2. Biegezugspannung σ_{bz} und Biegedruckspannung σ_{bd}
Nach Gl. (9.51) mit $e_z = e_x$:

$$\sigma_{bz} = \frac{M_b}{I} e_z = \frac{3 \cdot 10^6\ \text{N mm}}{1{,}79 \cdot 10^6\ \text{mm}^4} 27{,}4\ \text{mm} = 45{,}9\ \text{N/mm}^2$$

und nach Gl. (9.52) mit $e_d = h - e_x = (100 - 27{,}4)$ mm $= 72{,}6$ mm:

$$\sigma_{bd} = \frac{M_b}{I} e_d = \frac{3 \cdot 10^6\ \text{N mm}}{1{,}79 \cdot 10^6\ \text{mm}^4} 72{,}6\ \text{mm} = 121{,}7\ \text{N/mm}^2.$$

3. Normalspannung σ imAbstand y
Nach Gl. (9.50) mit $y = e_x - t = (27{,}4 - 11)$ mm $= 16{,}4$ mm:

$$\sigma = \frac{M_b}{I} y = \frac{3 \cdot 10^6\ \text{N mm}}{1{,}79 \cdot 10^6\ \text{mm}^4} 16{,}4\ \text{mm} = 27{,}5\ \text{N/mm}^2.$$

9.4.2 Flächenmomente, Widerstandsmomente

In der Statik ist das Produkt aus einer Kraft und ihrem Abstand von einem Bezugspunkt oder einer Bezugsachse das statische Moment der Kraft (s. Abschn. 2.3.1). Sinngemäß dazu werden die bei der Berechnung der Schwerpunktabstände von Flächen (s. Abschn. 4.2.2) auftretenden Produkte aus den Teilflächen und ihren Schwerpunktabständen von einer Bezugsachse als statische Momente der Teilflächen oder als **Flächenmomente 1. Grades** bezeichnet. Allgemein gilt:

Das axiale Flächenmoment 1. Grades ist die Summe der Produkte aller Teilflächen mit ihrem Abstand von einer Bezugsachse.

Für die in Bild 9.55 gezeigte beliebige Fläche A betragen die auf die x- und die y-Achse des rechtwinkligen Koordinatensystems bezogenen

axialen Flächenmomente 1. Grades

$$H_x = \Sigma(y \cdot \Delta A) = y_0 \cdot A \quad (9.53)$$

$$H_y = \Sigma(x \cdot \Delta A) = x_0 \cdot A \quad (9.54)$$

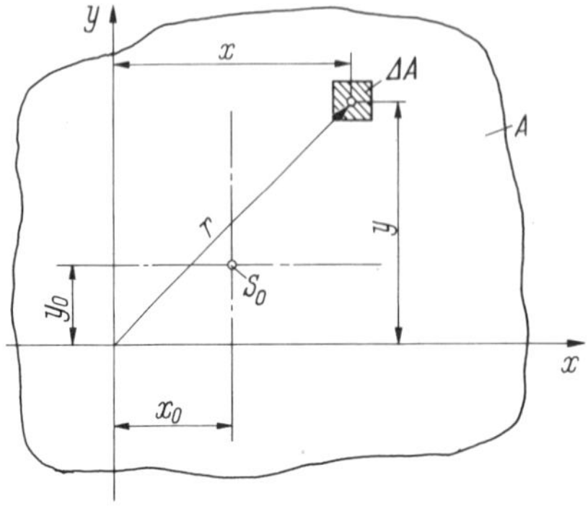

Bild 9.55 Beliebige ebene Fläche mit rechtwinkligen Bezugsachsen

Gehen die Bezugsachsen durch den Flächenschwerpunkt S_0, dann sind die Schwerpunktabstände $x_0 = 0$ und $y_0 = 0$, woraus folgt:

Die auf Schwerachsen bezogenen Flächenmomente 1. Grades sind null.

Aus der Kinetik ist der Begriff des Massenmoments 2. Grades (Massenträgheitsmoment, s. Abschn. 7.4.2, Gl. (7.45)) bekannt als Summe der Produkte aller Masseteilchen eines Körpers mit dem Quadrat ihres Abstandes von einer Drehachse. Sinngemäß wird ein Ausdruck entspr. Gl. (9.47) als **Flächenmoment 2. Grades** bezeichnet und wie folgt definiert:

Das axiale Flächenmoment 2. Grades ist die Summe der Produkte aller Flächenteilchen mit dem Quadrat ihres Abstandes von einer Bezugsachse.

Demnach betragen für die beliebige Fläche A nach Bild 9.55 die auf die x- und die y-Achse bezogenen

axialen Flächenmomente 2. Grades

$$\boldsymbol{I_x = \Sigma(y^2 \cdot \Delta A)} \tag{9.55}$$

$$\boldsymbol{I_y = \Sigma(x^2 \cdot \Delta A)} \tag{9.56}$$

Da $x^2 + y^2 = r^2$ ist, ergibt die Addition

$$I_x + I_y = \Sigma(y^2 \cdot \Delta A) + \Sigma(x^2 \cdot \Delta A)$$
$$= \Sigma((x^2 + y^2) \cdot \Delta A) = \Sigma(r^2 \cdot \Delta A)$$

Dies ist das auf den Achsenschnittpunkt, den Pol 0, bezogene

polare Flächenmoment 2. Grades

$$\boldsymbol{I_p = \Sigma(r^2 \cdot \Delta A) = I_x + I_y} \tag{9.57}$$

In Worten:

Das polare Flächenmoment 2. Grades ist die Summe der Produkte aller Flächenteilchen mit dem Quadrat ihres Abstandes von einem Bezugspunkt (Pol) und gleich der Summe der beiden axialen Flächenmomente 2. Grades, deren Bezugsachsen senkrecht aufeinander stehen und sich im Pol schneiden.

Es wird zur Berechnung von Torsionsspannungen benötigt (s. Abschn. 9.5). Bei den Flächenmomenten 2. Grades handelt es sich um nicht vorstellbare mathematische Größen mit der SI-Einheit m^4 (üblich sind mm^4 und cm^4), die sich bei der Herleitung der Biegespannungs- und der Torsionsspannungsgleichung ergeben. Obwohl Flächen keine Trägheit besitzen, hatte man früher wegen der Ähnlichkeit mit dem Massenträgheitsmoment die Bezeichnung Flächenträgheitsmoment gewählt.

Mit Hilfe der Integralrechnung wurden für mathematisch erfassbare Flächenformen Gleichungen zur Berechnung der Flächenmomente entwickelt. In Tab. 22 sind die Berechnungsgleichungen der auf die Schwerachsen bezogenen axialen Flächenmomente 2. Grades einiger häufig vorkommender Flächen zusammengestellt. Bei symmetrischen Flächen sind die Symmetrielinien die Schwerachsen. Für unregelmäßig geformte Flächen können die Flächenmomente nur näherungsweise ermittelt werden. Dazu teilt man die Fläche in möglichst viele schmale Streifen auf.

Zum besseren Verständnis soll am Beispiel eines Rechtecks die näherungsweise Herleitung der Gleichung für das axiale Flächenmoment 2. Grades gezeigt werden:
Die Rechteckfläche mit der Breite b und der Höhe h (Bild 9.56) wird in kleine Teilflächen A_i aufgeteilt. Jede Teilfläche hat die Breite b, die Höhe Δh und den Schwerpunktabstand y_i von der x-Achse. Bei 10 Teilflächen (5 je Hälfte) ist $\Delta h = h/10$. Damit betragen A_1 bis $A_5 = b \cdot h/10$ und $y_1 = h/20$, $y_2 = 3h/20$, $y_3 = 5h/20$, $y_4 = 7h/20$, $y_5 = 9h/20$. Entspr. Gl. (9.55) wird

$$I_x \approx \Sigma(y_i^2 \cdot A_i) = 2(y_1^2 \cdot A_1 + y_2^2 \cdot A_2 + \ldots + y_5^2 \cdot A_5)$$
$$= 2\left(\frac{h^2}{400} \cdot \frac{bh}{10} + \frac{9h^2}{400} \cdot \frac{bh}{10} + \frac{25h^2}{400} \cdot \frac{bh}{10} + \frac{49h^2}{400} \cdot \frac{bh}{10} + \frac{81h^2}{400} \cdot \frac{bh}{10}\right)$$
$$= 2\,\frac{165 \cdot b \cdot h^3}{400 \cdot 10} = \frac{b \cdot h^3}{12{,}12}.$$

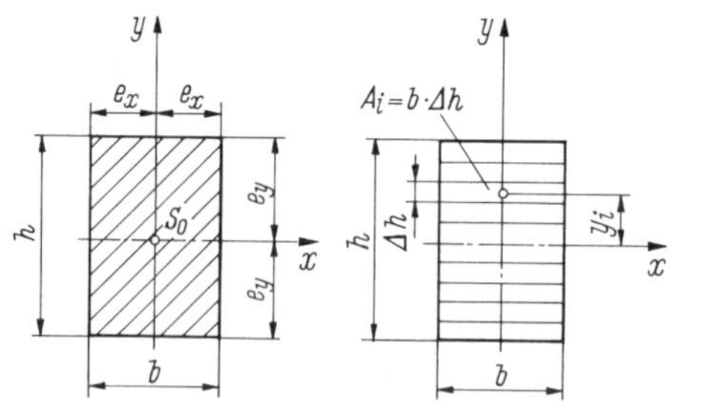

Bild 9.56 Zur Herleitung des axialen Flächenmomentes 2. Grades einer Rechteckfläche

Bei unendlich vielen Teilflächen ergibt sich $I_x = b \cdot h^3/12$ und sinngemäß auf die y-Achse bezogen $I_y = h \cdot b^3/12$, wie in Tab. 22 angegeben.
Ähnlich lässt sich auch die Gleichung für das polare Flächenmoment 2. Grades einer Kreisfläche näherungsweise herleiten. Analog zur Herleitung der Gleichung für das Massenmoment 2. Grades eines Zylinders (s. Abschn. 7.4.2) wird die Kreisfläche mit dem Radius $r = d/2$ (Bild 9.57) in vier Teilflächen aufgeteilt. Deren

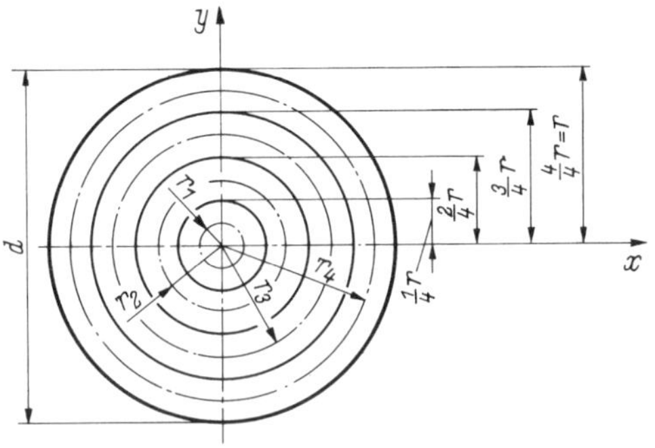

Bild 9.57 Zur Herleitung des polaren Flächenmomentes 2. Grades einer Kreisfläche

mittlere Radien betragen $r_1 = r/8$, $r_2 = 3r/8$, $r_3 = 5r/8$, $r_4 = 7r/8$, ihre Inhalte $A_1 = \pi(r/4)^2 = \pi r^2/16$, $A_2 = 3\pi r^2/16$, $A_3 = 5\pi r^2/16$, $A_4 = 7\pi r^2/16$. Entspr. Gl. (9.57) wird

$$I_p \approx \Sigma(r_i^2 \cdot A_i) = r_1^2 \cdot A_1 + r_2^2 \cdot A_2 + r_3^2 \cdot A_3 + r_4^2 \cdot A_4$$
$$= \frac{r^2}{64} \cdot \frac{\pi r^2}{16} + \frac{9r^2}{64} \cdot \frac{3\pi r^2}{16} + \frac{25r^2}{64} \cdot \frac{5\pi r^2}{16} + \frac{49r^2}{64} \cdot \frac{7\pi r^2}{16}$$
$$= \frac{496}{1024}\pi r^4 = \frac{\pi}{2{,}0645} r^4.$$

Unendlich viele Teilflächen ergeben $I_p = (\pi/2)\, r^4$ und mit $r = d/2$ das polare Flächenmoment 2. Grades $I_p = (\pi/32)\, d^4$. Da bei Kreisflächen $I_x = I_y = I$ ist, wird $I_p = I_x + I_y = 2I$, woraus man das axiale Flächenmoment 2. Grades einer Kreisfläche $I = (\pi/64)\, d^4$ erhält, wie in Tab. 22 angegeben.

Die in Bild 9.58 gezeigte Fläche A, deren Schwerachse x_0 den parallelen Abstand c_y zur Bezugsachse x hat, besitzt das axiale Flächenmoment 2. Grades $I_x = \Sigma((y + c_y)^2 \cdot \Delta A)$. Löst man die Klammer auf und setzt die konstante Größe c_y vor das Summenzeichen, so wird $I_x = \Sigma(y^2 \cdot \Delta A) + 2c_y \cdot \Sigma(y \cdot \Delta A) + c_y^2 \cdot \Sigma\, \Delta A$.

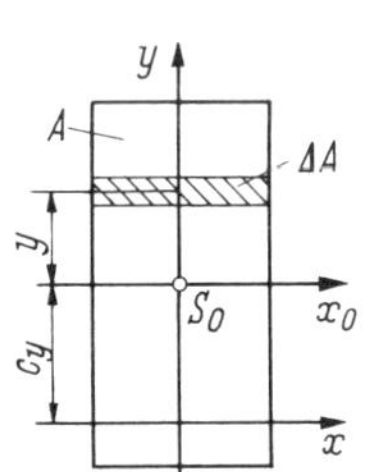

Bild 9.58 Fläche mit einer zur Schwerachse parallelen Bezugsachse

Darin ist $\Sigma(y^2 \cdot \Delta A) = I_{x0}$ das auf die Schwerachse x_0 bezogene Flächenmoment 2. Grades. Der Ausdruck $2c_y \cdot \Sigma(y \cdot \Delta A)$ entfällt, da das auf die Schwerachse bezogene Flächenmoment 1. Grades $H_x = \Sigma(y \cdot \Delta A) = 0$ ist. Mit $\Sigma\, \Delta A = A$ ergibt sich $I_x = I_{x0} + c_y^2 \cdot A$ und analog dazu $I_y = I_{y0} + c_x^2 \cdot A$. Allgemein beträgt das auf eine zur Schwerachse im Abstand c parallele Achse bezogene

axiale Flächenmoment 2. Grades

$$\boldsymbol{I = I_0 + c^2 \cdot A} \tag{9.58}$$

In Worten ist das der auf Flächen angewandte *Satz von Steiner:*

Das auf eine zur Schwerachse parallele Achse bezogene Flächenmoment 2. Grades ist gleich dem auf die Schwerachse bezogenen Flächenmoment 2. Grades, vermehrt um das Produkt aus dem Quadrat des Abstandes beider Achsen und dem Flächeninhalt.

Für eine aus mehreren Teilflächen A_i zusammengesetzte Querschnittsfläche (z. B. nach Bild 9.60) beträgt danach das gesamte

axiale Flächenmoment 2. Grades

$$\boldsymbol{I = \Sigma(I_{0i} + c_i^2 \cdot A_i) = \Sigma I_{0i} + \Sigma(c_i^2 \cdot A_i)} \tag{9.59}$$

Mit dieser Gleichung und den Formeln in Tab. 22 lassen sich die Flächenmomente 2. Grades komplizierter Querschnittsflächen berechnen, die sich aus einfachen Teilflächen zusammensetzen. Ausgesparte Teilflächen und deren Flächenmomente sind abzuziehen (s. Beisp. 9.27). Bei mehr als drei Teilflächen empfiehlt sich eine tabellarische Anordnung der Zwischenergebnisse (s. Beisp. 9.28). Um die Abstände c_i festlegen zu können, ist vorher die Lage des Schwerpunktes S_0 zu bestimmen (s. Abschn. 4.2.2). Dabei ergeben sich die Randabstände e_1 und e_2, die zur Berechnung der Widerstandsmomente benötigt werden. Liegen die Schwerachsen aller Teilflächen auf der Bezugsachse, dann sind die Abstände c_i gleich null, und es ist $I = \Sigma I_{0i}$, d. h.:

Auf dieselbe Achse bezogene Flächenmomente 2. Grades dürfen addiert und subtrahiert werden.

Teilflächen von gleicher Form, gleicher Höhe und gleichem Inhalt können zu einer Teilfläche zusammengefasst werden. Einige Beispiele für das zweckmäßige Aufteilen zusammengesetzter Flächen in Teilflächen mit gleicher Schwerachse sind in Bild 9.59 zusammengestellt.

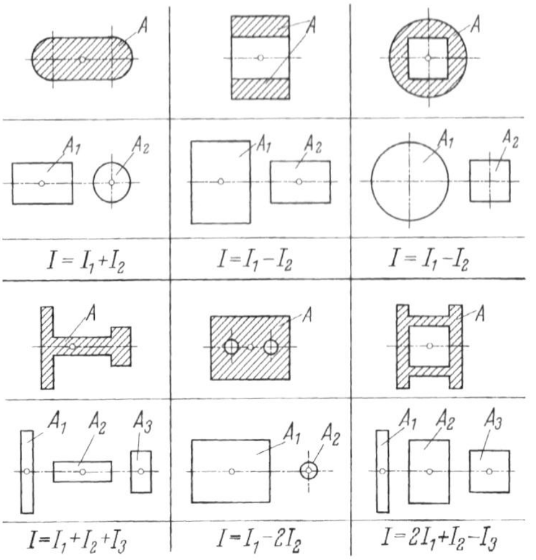

Bild 9.59 Beispiele für das Aufteilen zusammengesetzter Querschnittsflächen in Teilflächen mit gleicher Schwerachse

Aus dem axialen Flächenmoment 2. Grades I einer Fläche, dividiert durch den Randabstand e von der Bezugsachse, erhält man das

axiale Widerstandsmoment $$W = \frac{I}{e} \quad (9.60)$$

und mit dem polaren Flächenmoment 2. Grades I_p das

polare Widerstandsmoment $$W_p = \frac{I_p}{e} \quad (9.61)$$

Widerstandsmomente haben die SI-Einheit m^3 (üblich sind mm^3 und cm^3) und sind wie die Flächenmomente 2. Grades mathematische Größen zur Berechnung von ungleichmäßig verteilten Spannungen: Das axiale Widerstandsmoment W wird als Widerstandsmoment gegen Biegung W_b bei der Biegespannungsberechnung, das polare Widerstandsmoment W_p als Widerstandsmoment gegen Torsion W_t zur Torsionsspannungsberechnung bei Kreis- und Kreisringflächen angewendet.

Für die Rechteckfläche nach Bild 9.56 wird mit $e_y = h/2$ das auf die x-Achse bezogene Widerstandsmoment $W_x = I_x/e_y = b \cdot h^2/6$ und mit $e_x = b/2$ das auf die y-Achse bezogene $W_y = I_y/e_x = h \cdot b^2/6$. Bei zur Bezugsachse unsymmetrischen Flächen, wie der aus Teilflächen zusammengesetzten Fläche in Bild 9.60, ergeben sich mit den Randabständen e_1 und e_2 verschieden große axiale Widerstandsmomente: $W_{x1} = I_x/e_1$ und $W_{x2} = I_x/e_2$. Wichtig ist, dass Widerstandsmomente immer aus dem Flächenmoment 2. Grades und dem Randabstand zu errechnen sind:

Die Widerstandsmomente zusammengesetzter Flächen dürfen niemals durch Addition oder Subtraktion der Teilflächen-Widerstandsmomente gebildet werden.

Berechnungsgleichungen für die axialen Widerstandsmomente als Widerstandsmomente W_b gegen Biegung einiger Querschnittsflächen sind in Tab. 22 enthalten. Die axialen Flächenmomente 2. Grades und die axialen Widerstandsmomente genormter Walzprofile sind den DIN-Normen oder den Tabn. 30 bis 34 zu entnehmen.

Für die Ermittlung von axialen Flächenmomenten 2. Grades und axialen Widerstandsmomenten zusammengesetzter Flächen empfehlen sich folgende **Arbeitsschritte:**

1. **Schritt:** Fläche in Teilflächen aufteilen und Randabstände errechnen (entspr. Schwerpunktbestimmung nach den Arbeitsschritten, s. Abschn. 4.2.2).
2. **Schritt:** Axiale Flächenmomente 2. Grades der Teilflächen errechnen (ggf. in Tabelle eintragen).
3. **Schritt:** Abstände der Teilflächenschwerpunkte von der Bezugsachse (Schwerachse) bestimmen.
4. **Schritt:** Axiales Flächenmoment 2. Grades der Gesamtfläche unter Anwendung des Satzes von Steiner errechnen.
5. **Schritt:** Axiale Widerstandsmomente mit den Randabständen errechnen.

Beispiel 9.26
Für die in Bild 9.60 gezeigte Querschnittsfläche eines Trägers sind die auf die x-Achse bezogenen axialen Widerstandsmomente zu errechnen.

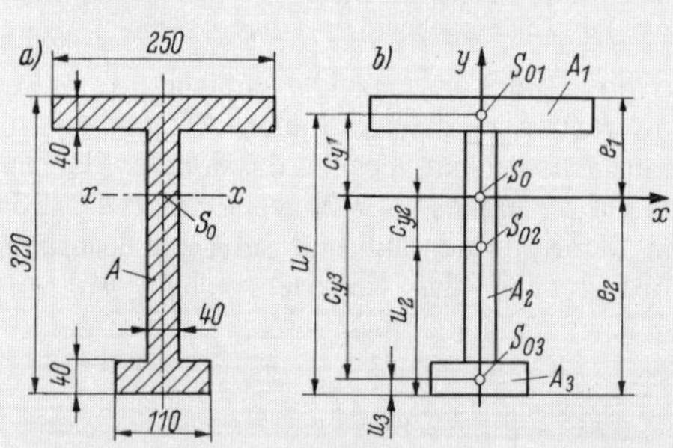

Bild 9.60 Zusammengesetzte Fläche
a) Querschnittsfläche A, b) in Teilflächen aufgeteilt

Lösung:
Gegeben: Abmessungen nach Bild 9.60a.
Gesucht: W_{x1} und W_{x2}.

1. Schritt: Aufteilen der Fläche in drei rechteckige Teilflächen (Bild 9.60b):

$A_1 = (25 \cdot 4)\ \text{cm}^2 = 100\ \text{cm}^2,$

$A_2 = (4 \cdot 24)\ \text{cm}^2 = 96\ \text{cm}^2,$

$A_3 = (11 \cdot 4)\ \text{cm}^2 = 44\ \text{cm}^2$

mit den Schwerpunktabständen von der Flächenunterkante

$u_1 = 30$ cm, $u_2 = 16$ cm, $u_3 = 2$ cm.

Damit wird entspr. Gl. (4.8) der Randabstand

$$e_2 = \frac{A_1 \cdot u_1 + A_2 \cdot u_2 + A_3 \cdot u_3}{A_1 + A_2 + A_3} = \frac{(100 \cdot 30 + 96 \cdot 16 + 44 \cdot 2)\ \text{cm}^2 \cdot \text{cm}}{(100 + 96 + 44)\ \text{cm}^2} = 19{,}27\ \text{cm}$$

und

$e_1 = (32 - 19{,}27)\ \text{cm} = 12{,}73\ \text{cm}.$

2. Schritt: Nach Tab. 22 ist $I_x = b \cdot h^3/12$. Somit betragen die axialen Flächenmomente 2. Grades der Teilflächen:

$I_{x01} = 25\ \text{cm} \cdot (4\ \text{cm})^3/12 = 133{,}33\ \text{cm}^4,$

$I_{x02} = 4\ \text{cm} \cdot (24\ \text{cm})^3/12 = 4608\ \text{cm}^4,$

$I_{x03} = 11\ \text{cm} \cdot (4\ \text{cm})^3/12 = 58{,}67\ \text{cm}^4.$

3. Schritt: Die Abstände c_{yi} betragen:

$c_{y1} = (12{,}73 - 2)\ \text{cm} = 10{,}73\ \text{cm},$

$c_{y2} = (19{,}27 - 16)\ \text{cm} = 3{,}27\ \text{cm},$

$c_{y3} = (19{,}27 - 2)\ \text{cm} = 17{,}27\ \text{cm}.$

4. Schritt: Entspr. Gl. (9.59) beträgt das axiale Flächenmoment 2. Grades:

$$I_x = I_{x01} + I_{x02} + I_{x03} + c_{y1}^2 \cdot A_1 + c_{y2}^2 \cdot A_2 + c_{y3}^2 \cdot A_3$$
$$= (133{,}33 + 4608 + 58{,}67)\ \text{cm}^4 + (10{,}73^2 \cdot 100 + 3{,}27^2 \cdot 96 + 17{,}27^2 \cdot 44)\ \text{cm}^2 \cdot \text{cm}^2 = 30\,463\ \text{cm}^4.$$

5. Schritt: Entspr. Gl. (9.60) betragen die axialen Widerstandsmomente

$$W_{x1} = \frac{I_x}{e_1} = \frac{30\,463\ \text{cm}^4}{12{,}73\ \text{cm}} = 2393\ \text{cm}^3,$$

$$W_{x2} = \frac{I_x}{e_2} = \frac{30\,463\ \text{cm}^4}{19{,}27\ \text{cm}} = 1581\ \text{cm}^3.$$

Beispiel 9.27
Bild 9.61 zeigt den Querschnitt eines Wulstprofilträgers mit kreisförmigen Aussparungen. Das auf die x-Achse bezogene maximale und das minimale Widerstandsmoment sind zu errechnen.

Lösung:
Gegeben: Abmessungen nach Bild 9.61.
Gesucht: $W_{x\,\text{max}}$ und $W_{x\,\text{min}}$.

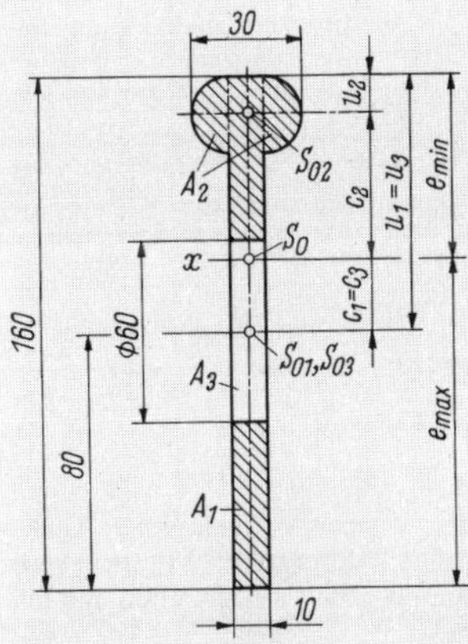

Bild 9.61 Querschnittsfläche eines Wulstprofils mit Aussparung

1. Schritt: Aufteilen der Fläche in drei Teilflächen: Rechteck A_1, Kreisfläche A_2 (aus zwei Halbkreisflächen zusammengefasst) und Rechteck A_3 (Aussparung) mit den Inhalten

$A_1 = (16 \cdot 1)\ \text{cm}^2 = 16\ \text{cm}^2,$

$A_2 = (2\ \text{cm})^2 \cdot \pi/4 = 3{,}14\ \text{cm}^2,$

$A_3 = (6 \cdot 1)\ \text{cm}^2 = 6\ \text{cm}^2$

und mit den Schwerpunktabständen von der Flächenoberkante

$u_1 = u_3 = 8$ cm, $u_2 = 1$ cm.

Damit wird entspr. Gl. (4.8) der Randabstand

$$e_{\text{min}} = \frac{A_1 \cdot u_1 + A_2 \cdot u_2 - A_3 \cdot u_3}{A_1 + A_2 - A_3} = \frac{(16 \cdot 8 + 3{,}14 \cdot 1 - 6 \cdot 8)\ \text{cm}^2 \cdot \text{cm}}{(16 + 3{,}14 - 6)\ \text{cm}^2} = 6{,}33\ \text{cm}$$

und

$e_{\text{max}} = (16 - 6{,}33)\ \text{cm} = 9{,}67\ \text{cm}.$

2. Schritt: Nach den Gln. in Tab. 22 betragen die axialen Flächenmomente 2. Grades der Teilflächen:

$I_{x01} = 1\ \text{cm} \cdot (16\ \text{cm})^3/12 = 341{,}3\ \text{cm}^4,$

$I_{x02} = (2\ \text{cm})^4 \cdot \pi/64 = 0{,}785\ \text{cm}^4,$

$I_{x03} = 1\ \text{cm} \cdot (6\ \text{cm})^3/12 = 18\ \text{cm}^4.$

3. Schritt: Die Abstände c_i betragen:

$c_1 = c_3 = u_1 - e_{\text{min}} = (8 - 6{,}33)\ \text{cm} = 1{,}67\ \text{cm},$

$c_2 = e_{\text{min}} - u_2 = (6{,}33 - 1) = 5{,}33\ \text{cm}.$

4. Schritt: Entspr. Gl. (9.59) beträgt das gesamte axiale Flächenmoment 2. Grades:

$$I_x = I_{x01} + I_{x02} - I_{x03} + c_1^2 \cdot A_2 + c_2^2 \cdot A_2 - c_3^2 \cdot A_3$$
$$= (341{,}3 + 0{,}785 - 18)\ \text{cm}^4 + (1{,}67^2 \cdot 16 + 5{,}33^2 \cdot 3{,}14 - 1{,}67^2 \cdot 6)\ \text{cm}^2 \cdot \text{cm}^2 = 441{,}2\ \text{cm}^4.$$

5. Schritt: Nach Gl. (9.60) betragen die axialen Widerstandsmomente

$$W_{x\,\max} = \frac{I_x}{e_{\min}} = \frac{441{,}2\ \text{cm}^4}{6{,}33\ \text{cm}} = 69{,}7\ \text{cm}^3$$
$$= 69{,}7 \cdot 10^3\ \text{mm}^3,$$

$$W_{x\,\min} = \frac{I_x}{e_{\max}} = \frac{441{,}2\ \text{cm}^4}{9{,}67\ \text{cm}}$$
$$= 45{,}6\ \text{cm}^3 = 45{,}6 \cdot 10^3\ \text{mm}^3.$$

Beispiel 9.28
In Bild 9.62 ist der doppelt-symmetrische Querschnitt eines Kastenträgers dargestellt. Wie groß sind die auf die Schwerachsen x und y bezogenen axialen Widerstandsmomente?

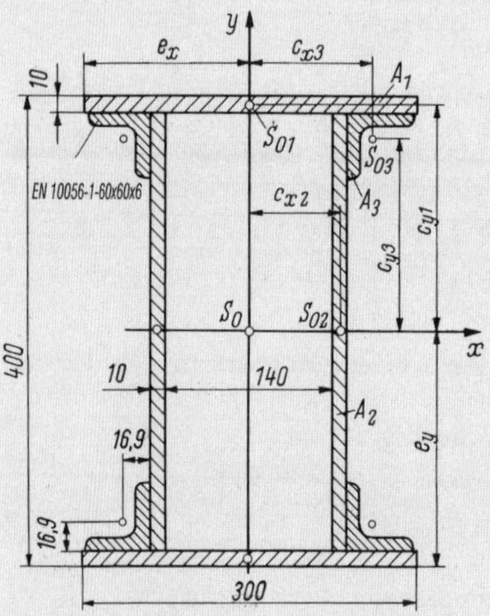

Bild 9.62 Querschnitt eines Kastenträgers aus Blechen und Winkeln

Lösung:
Gegeben: Abmessungen nach Bild 9.62.
Gesucht: W_x und W_y.
1. Schritt: Aufteilen der Fläche in drei Teilflächen ($i = 1$, 2 und 3), wie in Bild 9.62 angegeben. Die Rechteckflächen $A_1 = (30 \cdot 1)\ \text{cm}^2 = 30\ \text{cm}^2$ und $A_2 = (38 \cdot 1)\ \text{cm}^2 = 38\ \text{cm}^2$ kommen je $2\times$, die Winkelfläche $A_3 = 6{,}91\ \text{cm}^2$ (nach Tab. 30) kommt $4\times$ vor. Eintragen der Werte aller Zwischenergebnisse in nachfolgende tabellarische Zusammenstellung, wobei die Anzahl der einzelnen Teilflächen durch den Multiplikator n_i berücksichtigt wird.
Die Randabstände betragen

$$e_x = (30/2)\ \text{cm} = 15\ \text{cm}, \quad e_y = (40/2)\ \text{cm} = 20\ \text{cm}.$$

2. Schritt: Die axialen Flächenmomente 2. Grades I_{x0} und I_{y0} der Teilflächen 1 und 2 werden nach den Gln. der Tab. 22 errechnet, $I_{x03} = I_{y03}$ wird der Tab. 30 entnommen. Eintragen der Werte in die Zusammenstellung:

i	n_i	A_i cm²	I_{x0i} cm⁴	I_{y0i} cm⁴	c_{xi} cm	c_{yi} cm
1	2	30,0	2,5	2250,0	0	19,5
2	2	38,0	4572,7	3,17	7,5	0
3	4	6,91	22,8	22,8	9,69	17,31

i	n_i	$n_i \cdot I_{x0i}$ cm⁴	$n_i \cdot c_{yi}^2 \cdot A_i$ cm⁴	$n_i \cdot I_{y0i}$ cm⁴	$n_i \cdot c_{xi}^2 \cdot A_i$ cm⁴
1	2	5,0	22815,0	4500,0	0
2	2	9145,4	0	6,34	4275,0
3	4	91,2	8281,9	91,2	2595,3
Σ		9241,6	31096,9	4597,5	6870,3

3. Schritt: Abstände c_{xi} und c_{yi} nach Bild 9.62 ermitteln und in Zusammenstellung eintragen.
4. Schritt: Mit den Werten in der Zusammenstellung die Produkte $n_i \cdot I_{x0i}$, $n_i \cdot c_{yi}^2 \cdot A_i$ sowie $n_i \cdot I_{y0i}$, $n_i \cdot c_{xi}^2 \cdot A_i$ und die entspr. Summen errechnen. Damit betragen entspr. Gl. (9.59) die axialen Flächenmomente 2. Grades

$$I_x = \Sigma(n_i \cdot I_{x0i}) + \Sigma(n_i \cdot c_{yi}^2 \cdot A_i)$$
$$= 9241{,}6\ \text{cm}^4 + 31\,096{,}9\ \text{cm}^4 = 40\,338\ \text{cm}^4,$$

$$I_y = \Sigma(n_i \cdot I_{y0i}) + \Sigma(n_i \cdot c_{xi}^2 \cdot A_i)$$
$$= 4597{,}5\ \text{cm}^4 + 6870{,}3\ \text{cm}^3 = 11\,467{,}8\ \text{cm}^4.$$

5. Schritt: Entspr. Gl. (9.60) betragen die axialen Widerstandsmomente

$$W_x = \frac{I_x}{e_y} = \frac{40\,338\ \text{cm}^4}{20\ \text{cm}} = 2017\ \text{cm}^3 \approx 2{,}02 \cdot 10^6\ \text{mm}^3,$$

$$W_y = \frac{I_y}{e_x} = \frac{11\,467{,}8\ \text{cm}^4}{15\ \text{cm}} = 764{,}5\ \text{cm}^3$$
$$\approx 0{,}765 \cdot 10^6\ \text{mm}^3.$$

9.4.3 Biegemomente, Quer- und Längskräfte

Nach Gl. (9.49) hängt die Biegespannung σ_b vom Widerstandsmoment W_b der beanspruchten Querschnittsfläche und von dem zu übertragenden Biegemoment M_b ab. Wie in Bild 9.52b gezeigt, wirkt außer dem Biegemoment auch noch die Querkraft F_q in der Querschnittsfläche. Zusätzlich kann eine Längskraft F_l senkrecht zur Querschnittsfläche auftreten, wenn der Träger eine in Richtung seiner Längsachse oder parallel zu dieser Achse wirkende Kraft zu übertragen hat. Bild 9.63 zeigt einen Träger, der durch die Komponente F_y der Belastungskraft F auf Biegung und durch F_x in Längsrichtung beansprucht wird. Denkt man sich den freigemachten Träger im Abstand x vom Festlager A freigeschnitten (Bild 9.63c), so ergeben sich an der

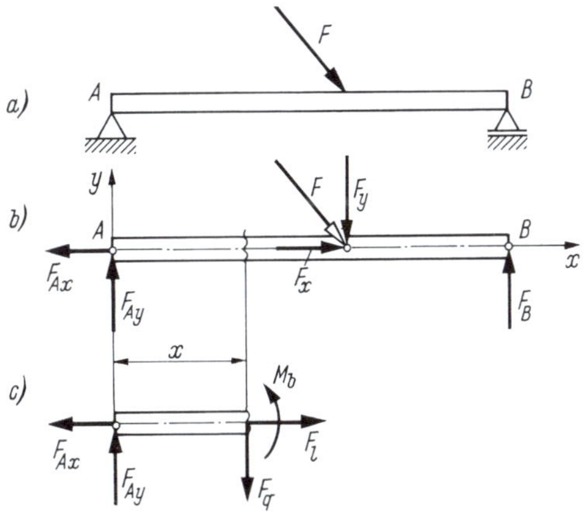

Bild 9.63 Biegebeanspruchter Träger
a) Schemazeichnung, b) freigemachter Träger mit Schnittstelle, c) freigeschnittenes Trägerteilstück

Schnittstelle als **Schnittgrößen des biegebeanspruchten Trägers** ein **Biegemoment M_b**, eine **Querkraft F_q** und eine **Längskraft F_l.** Die grundsätzliche Berechnung dieser Schnittgrößen wurde bereits im Abschn. 9.1.2 erklärt.
In Bild 9.64 sind die wichtigsten Trägerarten mit statisch bestimmter Lagerung dargestellt.

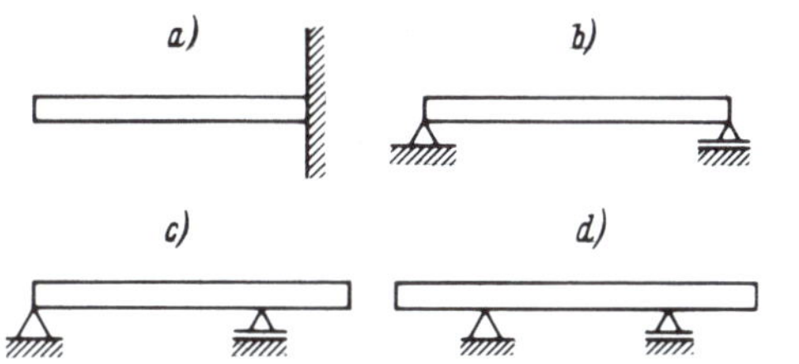

Bild 9.64 Trägerarten mit statisch bestimmter Lagerung
a) Freiträger (einseitig eingespannter Träger), b) Stützträger (Träger auf zwei Stützen oder frei aufliegender Träger), c) Stützträger mit einem Kragarm (einseitiger Kragträger), d) Stützträger mit zwei Kragarmen (beidseitiger Kragträger)

Mögliche Belastungsarten zeigt Bild 9.65. **Streckenkräfte F'** (in der Baustatik als Streckenlasten bezeichnet) sind längenbezogene Kräfte[1] mit der Einheit N/m oder kN/m, die z. B. durch das Eigengewicht des Trägers hervorgerufen werden. Die resultierende Streckenkraft F_S wird

[1] Das Kennzeichnen längenbezogener Größen durch einen Strich am Formelzeichen wird in DIN 1304 empfohlen, z. B. m' als längenbezogene Masse in kg/m

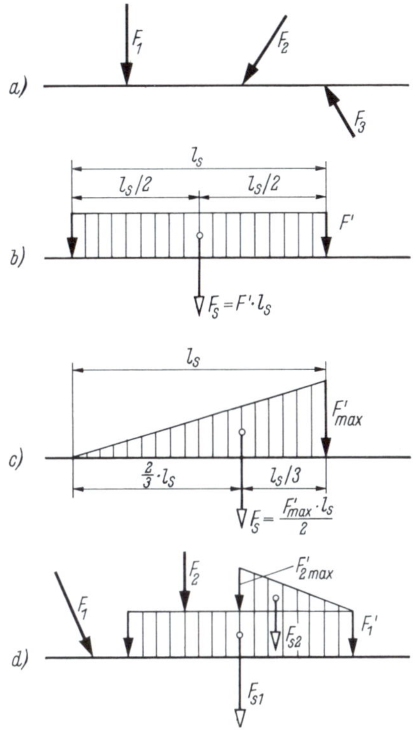

Bild 9.65 Belastungsarten biegebeanspruchter Träger
a) punktförmiger Kraftangriff durch Einzelkräfte F_i, b) streckenförmiger Kraftangriff durch konstante Streckenkraft F' auf der Länge l_s, c) streckenförmiger Kraftangriff durch linear zunehmende Streckenkraft, d) gemischter Kraftangriff mit Einzel- und Streckenkräften

im gemeinsamen Schwerpunkt der Streckenkräfte als Einzelkraft angesetzt.
Meistens ändern sich die Schnittgrößen längs der Trägerachse. Zur besseren Übersicht wird ihr Verlauf über der Trägerlänge maßstäblich dargestellt, wobei die **Biegemomentenfläche** mit der Biegemomentenlinie, die **Querkraftfläche** mit der Querkraftlinie und die **Längskraftfläche** mit der Längskraftlinie entstehen (s. die Bilder 9.67 bis 9.81). Für die Festigkeitsberechnung von Trägern mit gleich bleibendem Querschnitt ist das maximale Biegemoment $M_{b\,max}$ maßgebend. Folgende Regeln sind für die **Vorzeichen der Schnittgrößen** an Biegeträgern üblich (Bild 9.66):
positive Schnittgrößen (Bild 9.66a) sind
Biegemomente, die in der oberen Randschicht eines waagerechten Trägers Biegedruckspannungen hervorrufen (linksdrehend am linken und rechtsdrehend am rechten Schnittufer),

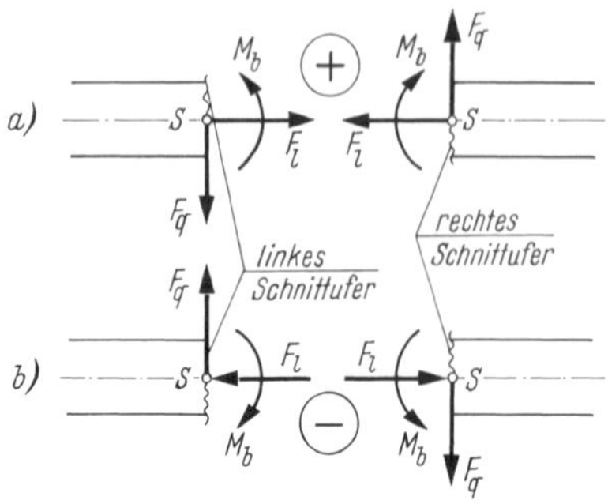

Bild 9.66 Vorzeichen der Schnittgrößen bei Biegeträgern
a) positive, b) negative Schnittgrößen
S Schnittflächenschwerpunkt

Querkräfte, die am linken Schnittufer eines waagerechten Trägerabschnitts abwärts und am rechten Schnittufer aufwärts gerichtet wirken,
Längskräfte, die Zugspannungen erzeugen (Vektorpfeil zeigt vom Schnittufer weg).
Folglich werden dieser Festlegung entgegengerichtete Schnittgrößen als negativ bezeichnet (Bild 9.66b). Da die Richtungen der Schnittgrößen beim Ansatz oftmals nicht eindeutig erkennbar sind, ist es zweckmäßig, sie beim Freischneiden positiv anzusetzen. Das Vorzeichen des Ergebnisses gibt dann die tatsächliche Wirkrichtung an.

Freiträger

In Bild 9.67a ist ein Freiträger dargestellt, der durch eine senkrecht zur Trägerachse wirkende Einzelkraft F belastet wird, so dass keine Längskraft auftritt. An dem in Bild 9.67b im Abstand x freigeschnittenen Trägerteilstück sind die Schnittgrößen M_b und F_q entspr. Bild 9.66a positiv eingetragen. Aus der Gleichgewichtsbedingung $\Sigma M = M_b + F \cdot x = 0$ folgt $M_b = -F \cdot x$, d. h., es ist ein negatives Biegemoment. Mit zunehmendem x steigt M_b linear an, wie die Biegemomentenfläche (Bild 9.67c) zeigt. Im Einspannquerschnitt bei $x = l$ beträgt das größte Biegemoment $M_{b\,max} = -F \cdot l$. Aus der $\Sigma F_y = F_q + F = 0$ erhält man die Querkraft $F_q = -F$. Sie ist ebenfalls negativ, d. h.: M_b und F_q wirken der in Bild 9.67b angenommenen Richtung entgegen. Die Querkraft bleibt über der gesamten Trägerlänge konstant, was aus der Querkraftfläche (Bild 9.67d) hervorgeht. Der Inhalt der Querkraftfläche A_q bis zur Schnittstelle entspricht dem Produkt $F_q \cdot x = -F \cdot x$. Es ist also gleich dem Biegemoment $M_b = -F \cdot x$. Daraus folgt allgemein gültig:

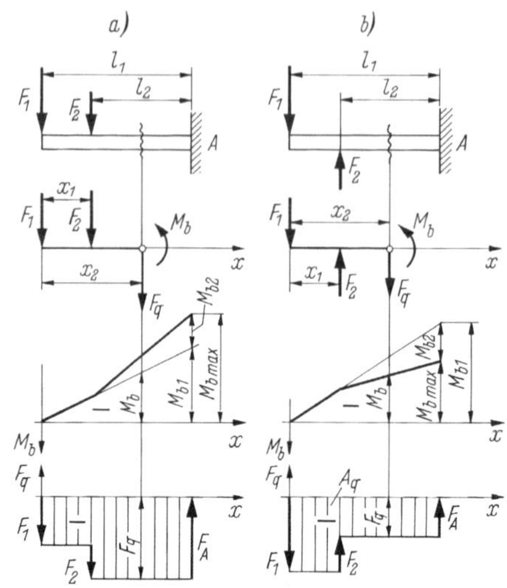

Bild 9.67 Freiträger mit einer Einzelkraft
a) belasteter Träger, b) freigeschnittenes Teilstück, c) Biegemomentenfläche mit Biegemomentenlinie B, d) Querkraftfläche mit Querkraftlinie Q

Der Inhalt der Querkraftfläche bis zu einem bestimmten Trägerquerschnitt entspricht dem Biegemoment in diesem Querschnitt.

Wirken an einem Freiträger mehrere Einzelkräfte (Bild 9.68), dann überlagern sich die Biegemomente. Ihren Verlauf zeigt die Biegemomen-

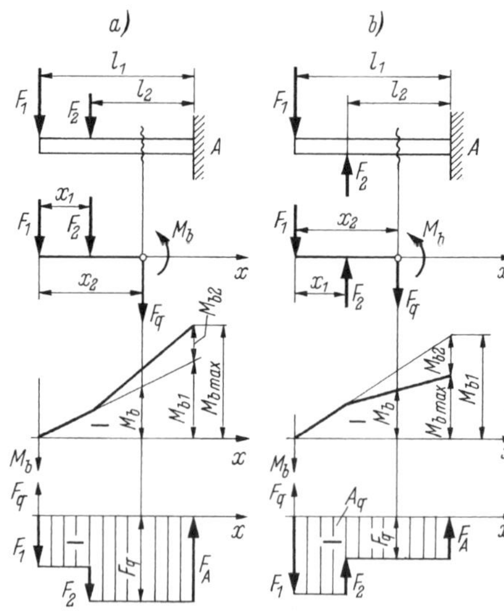

Bild 9.68 Freiträger mit zwei Einzelkräften
a) Kräfte mit gleicher Richtung, b) Kräfte mit entgegengesetzter Richtung

tenlinie. Sie entsteht, indem man die einzelnen Momentenflächen je nach Kraftrichtung addiert (Bild 9.68a) oder subtrahiert (Bild 9.68b). Für die in Bild 9.68a angegebene Schnittstelle folgt aus der $\Sigma M = M_b + F_1 \cdot x_2 + F_2(x_2 - x_1) = 0$ das Biegemoment $M_b = -F_1 \cdot x_2 - F_2(x_2 - x_1)$ und für Bild 9.68b aus $\Sigma M = M_b + F_1 \cdot x_2 - F_2(x_2 - x_1) = 0$ das Biegemoment $M_b = -F_1 \cdot x_2 + F_2(x_2 - x_1)$. Aus der $\Sigma F_y = 0$ ergeben sich die Querkräfte, deren Verlauf die Querkraftlinie angibt. An der Schnittstelle in Bild 9.68a beträgt $F_q = -(F_1 + F_2)$, und in Bild 9.68b ist $F_q = -F_1 + F_2$. Auch hier entspricht jeweils der Inhalt A_q der Querkraftfläche dem Biegemoment M_b.

Der in Bild 9.69 gezeigte Freiträger wird durch eine konstante Streckenkraft F' belastet. Für den Abschnitt von der Länge x beträgt die resultierende Streckenkraft $F_{sx} = F' \cdot x$, womit sich an der Schnittstelle ein Biegemoment $M_b = -F_{sx} \cdot x/2 = -F' \cdot x^2/2$ ergibt. Das ist die Gleichung einer Parabel. Die Querkraft ist stets gleich der resultierenden Streckenkraft: $F_q = -F_{sx} = -F' \cdot x$. Sie nimmt mit x stetig zu, so dass als Querkraftfläche A_q ein Dreieck entsteht. Somit gilt:

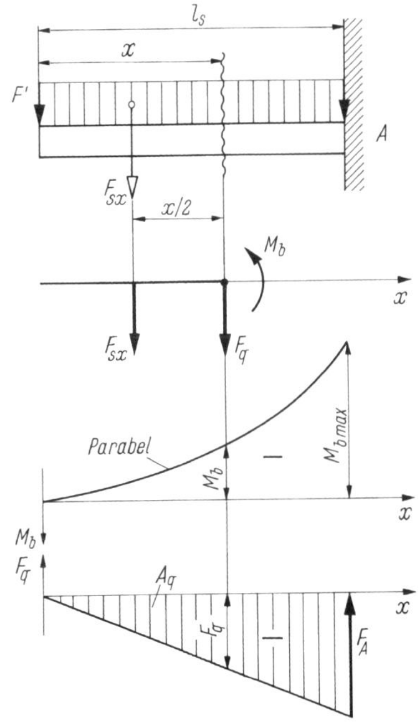

Bild 9.69 Durch konstante Streckenkraft belasteter Freiträger

Bei konstanten Streckenkräften ist die Biegemomentenlinie eine Parabel und die Querkraftfläche ein Dreieck.

Das größte Biegemoment bei $x = l$ beträgt $M_{b\,max} = -F' \cdot l^2/2$ und die größte Querkraft $F_{q\,max} = -F' \cdot l$.

Beispiel 9.29

Für den Freiträger nach Bild 9.70 sind die Schnittgrößen an den Schnittstellen 1 (Einspannung A) und 2 (unmittelbar rechts neben der Kraft) zu errechnen sowie die Biegemomenten-, die Querkraft- und die Längskraftfläche maßstäblich darzustellen. In welchem Abstand von A ist das Biegemoment null?

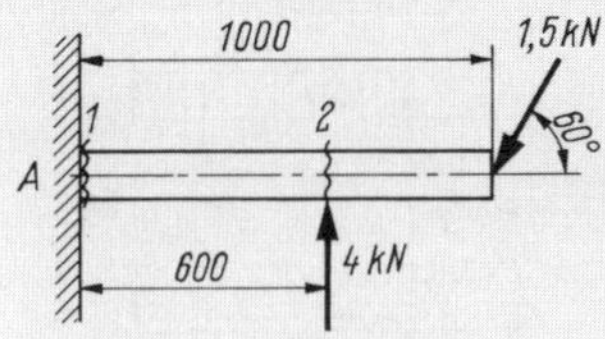

Bild 9.70 Freiträger mit Einzelkräften

Lösung:

Gegeben: $F_1 = 4$ kN, $F_2 = 1{,}5$ kN, $\alpha_2 = 60°$, $l_1 = 0{,}6$ m, $l_2 = 1$ m.

Gesucht: M_{b1}, F_{q1}, F_{l1}, M_{b2}, F_{q2}, F_{l2}, M_b-, F_q- und F_l-Fläche, l_0 bei $M_b = 0$.

1. Schnitt 1

Am freigeschnittenen Träger (Bild 9.71a) sind die gesuchten Schnittgrößen positiv eingezeichnet (s. Bild 9.66a, rechtes Schnittufer!). Die Komponenten der Kraft F_2 betragen (Gln. (2.8) u. (2.9)):

$$F_{2x} = F_2 \cdot \cos\alpha_2 = 1{,}5 \text{ kN} \cdot \cos 60° = 0{,}75 \text{ kN},$$

$$F_{2y} = F_2 \cdot \sin\alpha_2 = 1{,}5 \text{ kN} \cdot \sin 60° = 1{,}3 \text{ kN}.$$

Aus den Gleichgewichtsbedingungen

$$\Sigma M_{(1)} = M_{b1} - F_1 \cdot l_1 + F_{2y} \cdot l_2 = 0,$$

$$\Sigma F_y = F_{q1} + F_1 - F_{2y} = 0$$

und

$$\Sigma F_x = F_{l1} + F_{2x} = 0$$

folgen:

$$M_{b1} = F_1 \cdot l_1 - F_{2y} \cdot l_2 = (4 \cdot 0{,}6 - 1{,}3 \cdot 1) \text{ kNm} = 1{,}1 \text{ kNm},$$

$$F_{q1} = F_{2y} - F_1 = (1{,}3 - 4) \text{ kN} = -2{,}7 \text{ kN} = F_A,$$

$$F_{l1} = -F_{2x} = -0{,}75 \text{ kN}.$$

2. Schnitt 2

Die Gleichgewichtsbedingungen für den freigeschnittenen Trägerabschnitt (Bild 9.71b mit eingezeichneten positiven Schnittgrößen) lauten:

$$\Sigma M_{(2)} = M_{b2} + F_{2y}(l_2 - l_1) = 0,$$

$$\Sigma F_y = F_{q2} - F_{2y} = 0 \quad \text{und} \quad \Sigma F_x = F_{l2} + F_{2x} = 0.$$

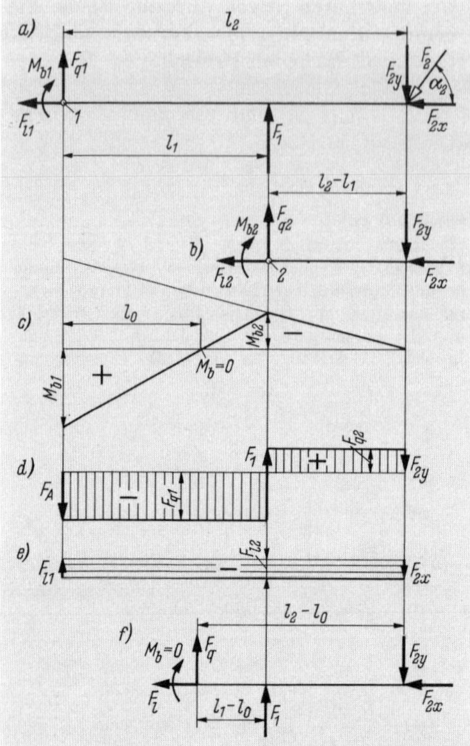

Bild 9.71 Berechnungsskizzen und Schnittgrößenverlauf
a) an der Stelle 1 freigeschnittener Träger,
b) dgl. an der Stelle 2, c) M_b-Fläche, d) F_q-Fläche, e) F_l-Fläche, f) bei $M_b = 0$ freigeschnittener Träger

Daraus folgen:

$$M_{b2} = -F_{2y}(l_2 - l_1) = -1{,}3\ \text{kN}\ (1 - 0{,}6)\ \text{m} = -0{,}52\ \text{kNm},$$

$$F_{q2} = F_{2y} = 1{,}3\ \text{kN}, \quad F_{l2} = -F_{2x} = -0{,}75\ \text{kN} = F_{l1}.$$

3. Biegemomenten-, Querkraft- und Längskraftfläche
Sie werden mit den errechneten Werten unter Berücksichtigung der Vorzeichen maßstäblich gezeichnet (Bild 9.71c, d u. e).

4. Abstand l_0
Aus der Gleichgewichtsbedingung für den an der gesuchten Stelle freigeschnittenen Träger (Bild 9.71f):

$$\Sigma M = M_b - F_1(l_1 - l_0) + F_{2y}(l_2 - l_0) = 0$$

folgt mit $M_b = 0$:

$$-F_1 \cdot l_1 + F_1 \cdot l_0 + F_{2y} \cdot l_2 - F_{2y} \cdot l_0 = 0$$

und daraus

$$l_0 = \frac{F_1 \cdot l_1 - F_{2y} \cdot l_2}{F_1 - F_{2y}} = \frac{(4 \cdot 0{,}6 - 1{,}3 \cdot 1)\ \text{kNm}}{(4 - 1{,}3)\ \text{kN}} = 0{,}407\ \text{m}.$$

Beispiel 9.30
Bild 9.72 zeigt einen Freiträger, der durch eine Einzelkraft und durch eine zur Einspannung hin stetig zunehmende Streckenkraft belastet wird. Die Reaktionskraft und das Biegemoment an der Einspannstelle A sind zu errechnen. Außerdem sind der Verlauf des Biegemoments und der Querkraft maßstäblich darzustellen.

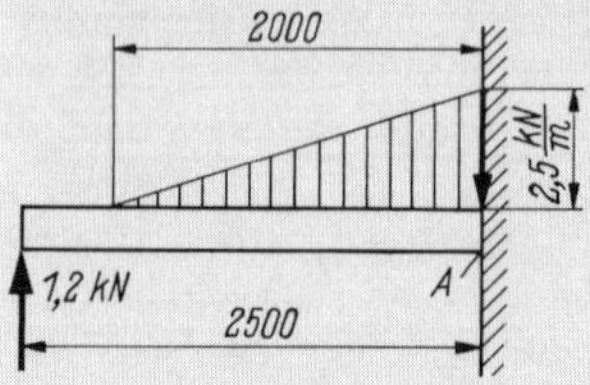

Bild 9.72 Freiträger mit gemischtem Kraftangriff

Lösung:
Gegeben: $F = 1{,}2$ kN, $F'_{max} = 2{,}5$ kN/m, $l_s = 2$ m, $l = 2{,}5$ m.
Gesucht: M_{bA}, F_A, M_b- und F_q-Fläche.

1. Stützkraft F_A und Biegemoment M_{bA}
Die resultierende Streckenkraft (s. Bild 9.73a) beträgt

$$F_s = \frac{F'_{max} \cdot l_s}{2} = \frac{2{,}5\ \text{kN/m} \cdot 2\ \text{m}}{2} = 2{,}5\ \text{kN}.$$

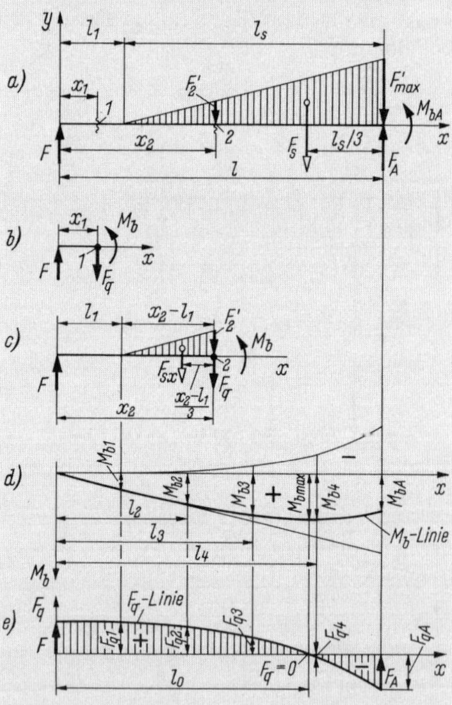

Bild 9.73 Berechnungsskizzen und Schnittgrößenverlauf
a) Träger bei A freigeschnitten,
b) Schnitt 1, c) Schnitt 2, d) M_b-Fläche,
e) F_q-Fläche

Damit folgt aus

$\Sigma F_y = F - F_s + F_A = 0$:

$F_A = F_s - F = (2{,}5 - 1{,}2)\ \text{kN} = 1{,}3\ \text{kN}$

und aus

$$\Sigma M_{(A)} = -F \cdot l + F_s \cdot \frac{l_s}{3} + M_{bA} = 0:$$

$$M_{bA} = F \cdot l - F_s \cdot \frac{l_s}{3} = \left(1{,}2 \cdot 2{,}5 - 2{,}5 \cdot \frac{2}{3}\right)\ \text{kNm}$$

$$= 1{,}333\ \text{kNm}.$$

2. Biegemomentenverlauf

Mit einem Schnitt 1 (s. Bild 9.73a) in beliebigem Abstand x_1 innerhalb der Länge $l_1 = l - l_s = (2{,}5 - 2)\ \text{m} = 0{,}5\ \text{m}$ und einem Schnitt 2 im Abstand x_2 innerhalb der Länge l_s wird die Abhängigkeit des Biegemoments M_b von der Trägerlänge ermittelt:

Für Schnitt 1 (Bild 9.73b) folgt aus

$$\Sigma M_{(1)} = M_b - F \cdot x_1 = 0$$

das Biegemoment $M_b = F \cdot x_1$.

Es nimmt mit x über der Länge l_1 linear zu. Bei $x_1 = 0$ ist $M_b = 0$ und bei $x_1 = l_1$ beträgt

$$M_{b1} = F \cdot l_1 = 1{,}2\ \text{kN} \cdot 0{,}5\ \text{m} = 0{,}6\ \text{kNm}.$$

Für Schnitt 2 (Bild 9.73c) gilt

$$\Sigma M_{(2)} = M_b - F \cdot x_2 + F_{sx} \frac{x_2 - l_1}{3} = 0.$$

Die resultierende Streckenkraft bis x_2 beträgt $F_{sx} = F'_2 \cdot (x_2 - l_1)/2$. Nach dem Strahlensatz der Geometrie gilt

$$\frac{F'_2}{x_2 - l_1} = \frac{F'_{max}}{l_s}, \quad \text{daraus folgt} \quad F'_2 = F'_{max} \frac{x_2 - l_1}{l_s}$$

und

$$F_{sx} = F'_{max} \frac{(x_2 - l_1)^2}{2 l_s}.$$

Damit ergibt sich das Biegemoment

$$M_b = F \cdot x_2 - F_{sx} \frac{x_2 - l_1}{3} = F \cdot x_2 - F'_{max} \frac{(x_2 - l_1)^3}{6 l_s}.$$

Um für das Zeichen der Biegemomentenfläche genügend Werte zu erhalten, wird jeweils M_{bi} mit den Abständen $l_2 = 1\ \text{m}$, $l_3 = 1{,}5\ \text{m}$ und $l_4 = 2\ \text{m}$ innerhalb der Wirklänge l_s der Streckenkräfte errechnet:

Bei $x_2 = l_2$ beträgt

$$M_{b2} = 1{,}2\ \text{kN} \cdot 1\ \text{m} - 2{,}5 \frac{\text{kN}}{\text{m}} \cdot \frac{(1 - 0{,}5)^3\ \text{m}^3}{6 \cdot 2\ \text{m}}$$

$$= 1{,}174\ \text{kNm},$$

bei $x_2 = l_3$: $M_{b3} = 1{,}592\ \text{kNm}$ und bei $x_2 = l_4$: $M_{b4} = 1{,}697\ \text{kNm}$.

Bei $x_2 = l$ und $x_2 = l_1$ ergeben sich $M_{bA} = 1{,}333\ \text{kNm}$ und $M_{b1} = 0{,}6\ \text{kNm}$, wie unter 1. bzw. für Schnitt 1 errechnet.

Den Biegemomentenverlauf zeigt die Biegemomentenlinie als Begrenzung der Biegemomentenfläche in Bild 9.73d. Der Verlauf allein infolge der Einzelkraft F sowie infolge der zunehmenden Streckenkraft F' ist durch schmale Volllinien angedeutet.

3. Querkraftverlauf

Es wird sinngemäß wie beim Biegemoment verfahren: Für Schnitt 1 (Bild 9.73b) ist $\Sigma F_y = F_q - F = 0$, somit $F_q = F$, d. h. über der Länge l_1 ist $F_{q1} = 1{,}2\ \text{kN}$ konstant und positiv.

Für Schnitt 2 (Bild 9.73b) folgt aus

$$\Sigma F_y = F_q + F_{sx} - F = 0$$

die Querkraft

$$F_q = F - F_{sx} = F - F'_{max} \frac{(x_2 - l_1)^2}{2 l_s}.$$

Bei $x_2 = l_2$ beträgt

$$F_{q2} = 1{,}2\ \text{kN} - 2{,}5 \frac{\text{kN}}{\text{m}} \cdot \frac{(1 - 0{,}5)^2\ \text{m}^2}{2 \cdot 2\ \text{m}} = 1{,}044\ \text{kN},$$

bei $x_2 = l_3$: $F_{q3} = 0{,}575\ \text{kN}$ und bei $x_2 = l_4$: $F_{q4} = -0{,}206\ \text{kN}$.

Bei $x = l$ wird $F_{qA} = -1{,}3\ \text{kN} = -F_A$, d. h., die Querkraft F_{qA} im Einspannquerschnitt des Trägers wirkt der unter 1. errechneten Stützkraft F_A entgegen.

Den Querkraftverlauf zeigt die Querkraftlinie als Begrenzung der Querkraftfläche in Bild 9.73e. An der Stelle $F_q = 0$ liegt das größte Biegemoment $M_{b\,max}$, was nachfolgend an Beispielen von Stützträgern näher erläutert wird.

Den Abstand l_0 erhält man aus der Gleichung für F_q mit $F_q = 0$ und $x_2 = l_0$, womit $M_{b\,max}$ aus der Gleichung für M_b folgt.

Weitere Beispiele biegebeanspruchter Freiträger enthält Tab. 23. In Tab. 24 sind einige oft vorkommende Fälle biegebeanspruchter Stützträger ohne und mit Kragarmen (Kragträger) zusammengestellt.

Stützträger

Vor der Ermittlung der Schnittgrößen eines Stützträgers sind zuerst die Stütz- oder Auflagerkräfte zu bestimmen (s. die Abschn. 2.3.2 u. 2.3.3). Danach wird der Träger an den zu untersuchenden Stellen freigeschnitten, so dass Trägerabschnitte wie bei einem Freiträger entstehen (s. Bild 9.63c). Die Schnittgrößen können dann nach der bereits erläuterten Methode errechnet und ihr Verlauf über der Trägerlänge dargestellt werden.

Für den Stützträger mit einer Einzelkraft nach Bild 9.74 folgt aus $\Sigma M_{(A)} = F_B \cdot L - F \cdot l = 0$ die Stützkraft $F_B = F \cdot l/L$ und $F_A = F - F_B$ aus $\Sigma F_y = F_A - F + F_B = 0$. An einer Schnittstelle im Abstand x wirken als Schnittgrößen die Querkraft F_q und das Biegemoment M_b (Bild 9.74c). Eine Längskraft F_l tritt hier nicht auf. Für den linken Trägerabschnitt ergibt sich aus

$$\Sigma M = M_b + F(x - 1) - F_A \cdot x = 0:$$

$$M_b = F_A \cdot x - F(x - l), \quad \text{und aus}$$

$$\Sigma F_y = F_q + F - F_A = 0 \quad \text{folgt} \quad F_q = F_A - F$$

Da $F_A < F$ ist, wird F_q negativ (Bild 9.74e). Am rechten Trägerabschnitt betragen $M_b = F_B(L - x)$ und $F_q = -F_B$. Da $F_B \cdot L = F \cdot l$ und $F_B = F - F_A$ ist, wird

$$M_b = F_B(L - x) = F \cdot l - (F - F_A)\,x$$
$$= F_A \cdot x - F(x - l) \quad \text{und}$$

$$F_q = -F_B = -(F - F_A) = F_A - F$$

wie am linken Trägerabschnitt. Zwecks Arbeitserleichterung untersucht man das freigeschnittene Trägerteilstück, an dem die geringere Zahl an Kräften angreift.

Die Biegemomentenfläche (Bild 9.74d) zeigt, dass unter der Kraft F das größte Biegemoment $M_{b\,max} = F_A \cdot l = F_B(L - l)$ auftritt. An dieser Stelle wechselt die Querkraftlinie in der Querkraftfläche (Bild 9.74e) vom positiven in den negativen Bereich. Das ist ein allgemeingültiger Zusammenhang zwischen Biegemoment und Querkraft:

Größte Biegemomente treten dort auf, wo die Querkraft ihr Vorzeichen wechselt und die Querkraftlinie durch null geht.

Auf diesen Zusammenhang wurde bereits im Beisp. 9.30 hingewiesen (s. Bild 9.73).

Zur rechnerischen Bestimmung der Schnittgrößen und deren Verlauf in biegebeanspruchten Trägern empfehlen sich folgende **Arbeitsschritte:**

1. **Schritt:** Freimachen des Trägers, die Komponenten der schräg angreifenden Kräfte bestimmen und die Stützkräfte mit den Gleichgewichtsbedingungen errechnen.
2. **Schritt:** Für ausgewählte Schnittstellen das jeweils freigeschnittene Trägerteilstück skizzieren und die Schnittgrößen M_b, F_q und F_l mit den Gleichgewichtsbedingungen errechnen.
3. **Schritt:** Mit den errechneten Schnittgrößen die M_b-, F_q- und F_l-Fläche zeichnen.
4. **Schritt:** Die Stellen größter Biegemomente bestimmen und deren Beträge errechnen.

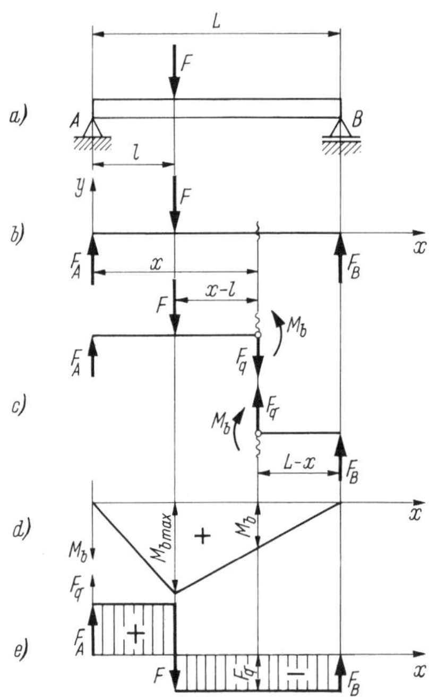

Bild 9.74 Stützträger mit einer Einzelkraft
a) belasteter Träger, b) freigemachter Träger, c) freigeschnittene Trägerteile, d) M_b-Fläche, e) F_q-Fläche

Beispiel 9.31
Für den in Bild 9.75 gezeigten Stützträger sind der Schnittgrößenverlauf maßstäblich darzustellen und das größte Biegemoment anzugeben.

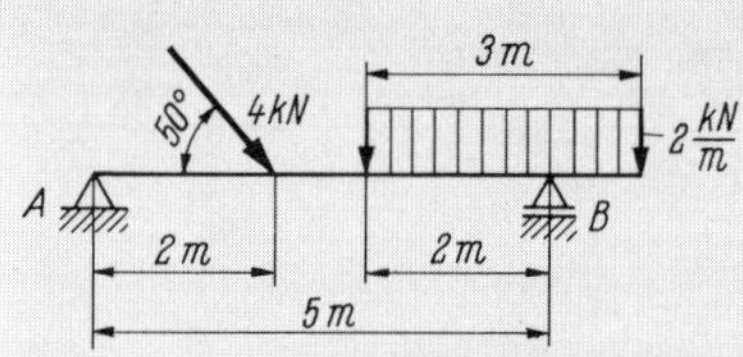

Bild 9.75 Stützträger mit einem Kragarm und gemischtem Kraftangriff

Lösung:
Gegeben: $F = 4$ kN, $\alpha = 50°$, $F' = 2$ kN/m, $l_s = 3$ m, $L = 5$ m, $l_1 = 2$ m, $l_2 = 3$ m, $l_3 = 1$ m (Bild 9.76a).
Gesucht: M_b-, F_q-, F_l-Fläche, $M_{b\,max}$.
1. Schritt: Freigemachter Träger s. Bild 9.76a. Komponenten von F (Gln. (2.8) u. (2.9)):

$$F_x = F \cdot \cos\alpha = 4\text{ kN} \cdot \cos 50° = 2{,}57\text{ kN},$$

$$F_y = F \cdot \sin\alpha = 4\text{ kN} \cdot \sin 50° \approx 3{,}06\text{ kN}.$$

Die resultierende Streckenkraft beträgt

$$F_s = F' \cdot l_s = 2\text{ kN/m} \cdot 3\text{ m} = 6\text{ kN}.$$

Aus den Gleichgewichtsbedingungen (Gln. (2.23), (2.22) u. (2.21))

$$\Sigma M_{(A)} = -F_y \cdot l_1 - F_s(l_2 + l_s/2) + F_B \cdot L = 0,$$

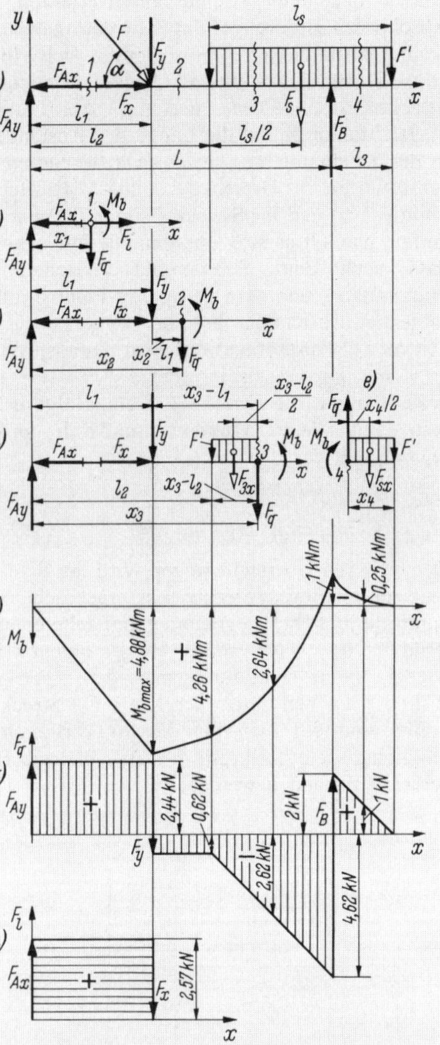

Bild 9.76 Berechnungsskizzen und Schnittgrößenverlauf
a) freigemachter Träger, b) bis e) Schnitte 1 bis 4, f) M_b-Fläche, g) F_q-Fläche, h) F_l-Fläche

$\Sigma F_y = F_{Ay} - F_y - F_s + F_B = 0$ und

$\Sigma F_x = -F_{Ax} + F_x = 0$

folgen die Stützkräfte

$$F_B = \frac{F_y \cdot l_1 + F_s(l_2 + l_s/2)}{L}$$
$$= \frac{3{,}06 \cdot 2 + 6(3 + 1{,}5)}{5} \cdot \frac{\text{kNm}}{\text{m}} = 6{,}62 \text{ kN},$$

$$F_{Ay} = F_y + F_s - F_B = (3{,}06 + 6 - 6{,}62) \text{ kN}$$
$$= 2{,}44 \text{ kN},$$
$$F_{Ax} = F_x = 2{,}57 \text{ kN}.$$

2. Schritt: Zur vollständigen Erfassung des Schnittgrößenverlaufs sind 4 Schnitte erforderlich (Bild 9.76a):

Schnitt 1 (Bild 9.76b) innerhalb von l_1:

$$\Sigma M_{(1)} = M_b - F_{Ay} \cdot x_1 = 0,$$
$$\Sigma F_y = F_q - F_{Ay} = 0, \quad \Sigma F_x = F_l - F_{Ax} = 0,$$
$$M_b = F_{Ay} \cdot x_1,$$

für $x_1 = 0$ ist $M_b = 0$, für $x_1 = l_1$:

$$M_b = F_{Ay} \cdot l_1 = 2{,}44 \text{ kN} \cdot 2 \text{ m} = 4{,}88 \text{ kNm},$$
$$F_q = F_{Ay} = 2{,}44 \text{ kN}, \quad F_l = F_{Ax} = 2{,}57 \text{ kN}.$$

Schnitt 2 (Bild 9.76c) zwischen l_1 und l_2:

$$\Sigma M_{(2)} = M_b + F_y(x_2 - l_1) - F_{Ay} \cdot x_2 = 0,$$
$$\Sigma F_y = F_q + F_y - F_{Ay} = 0,$$
$$\Sigma F_{Ax} = -F_x + F_x = 0,$$
$$M_b = F_{Ay} \cdot x_2 - F_y(x_2 - l_1),$$

für $x_2 = l_2$:

$$M_b = (2{,}44 \cdot 3 - 3{,}06 \cdot 1) \text{ kNm} = 4{,}26 \text{ kNm},$$
$$F_q = F_{Ay} - F_y = (2{,}44 - 3{,}06) \text{ kN} = -0{,}62 \text{ kN},$$

$F_l = 0$, da $F_{Ax} = F_x$ (s. unter 1.).

Schnitt 3 (Bild 9.76d) zwischen l_2 und L, $F_l = 0$ wie im Schnitt 2:

$$\Sigma M_{(3)} = M_b + F_{sx}(x_3 - l_2)/2 + F_y(x_3 - l_1)$$
$$+ F_{Ay} \cdot x_3 = 0,$$
$$\Sigma F_y = F_q + F_{sx} + F_y - F_{Ay} = 0.$$

Mit $F_{sx} = F'(x_3 - l_2)$ ergeben sich

$$M_b = F_{Ay} \cdot x_3 - F_y(x_3 - l_1) - F' \frac{(x_3 - l_2)^2}{2},$$
$$F_q = F_{Ay} - F_y - F'(x_3 - l_2),$$

für $x_3 = 4$ m betragen:

$$M_b = \left(2{,}44 \cdot 4 - 3{,}06 \cdot 2 - 2\,\frac{1^2}{2}\right) \text{kNm} = 2{,}64 \text{ kNm},$$
$$F_q = (2{,}44 - 3{,}06 - 2 \cdot 1) \text{ kN} = -2{,}62 \text{ kN},$$

für $x_3 = L$:

$$M_b = \left(2{,}44 \cdot 5 - 3{,}06 \cdot 3 - 2\,\frac{2^2}{2}\right) \text{kNm}$$
$$= -0{,}98 \text{ kNm} \approx -1 \text{ kNm},$$
$$F_q = (2{,}44 - 3{,}06 - 2 \cdot 2) \text{ kN} = -4{,}62 \text{ kN}.$$

Schnitt 4 (Bild 9.76e) innerhalb von l_3, $F_l = 0$:

$$\Sigma M_{(4)} = M_b + F_{sx} \cdot x_4/2 = 0,$$
$$\Sigma F_y = F_q - F_{sx} = 0.$$

Mit $F_{sx} = F' \cdot x_4$:

$$M_b = -F' \cdot x_4^2/2 \quad \text{und} \quad F_q = F' \cdot x_4,$$

für $x_4 = 0{,}5$ m betragen

$$M_b = -2\,\frac{\text{kN}}{\text{m}}\cdot\frac{(0{,}5\text{ m})^2}{2} = -0{,}25\text{ kNm},$$

$$F_q = 2\,\frac{\text{kN}}{\text{m}}\cdot 0{,}5\text{ m} = 1\text{ kN},$$

für $x_4 = l_3$:

$$M_b = -2\,\frac{\text{kN}}{\text{m}}\cdot\frac{(1\text{ m})^2}{2} = -1\text{ kNm}\quad\text{(wie Schnitt 3)},$$

$F_q = 2$ kN.

3. Schritt: Maßstäbliche Darstellung des M_b-, F_q- und F_l-Verlaufs s. Bilder 9.76f bis h.

4. Schritt: Das größte Biegemoment beträgt $M_{b\max} = 4{,}88$ kNm (Bild 9.76f). Es ist positiv und tritt am Angriffspunkt der Kraft F auf. An dieser Stelle wechselt die Querkraft ihr Vorzeichen (Bild 9.76g) und die Querkraftlinie geht mit F_y durch null (sie schneidet die x-Achse).

Die **Ermittlung des Biegemomentenverlaufs** ist auch **zeichnerisch** möglich. Für einen Stützträger mit zwei parallelen Einzelkräften ist in Bild 9.77 die Konstruktion der Stützkräfte und der Biegemomentenlinie nach dem aus der Statik bekannten Schlusslinienverfahren (s. Abschn. 2.3.3) durchgeführt. Mit dem gewählten Kräftemaßstabfaktor m_F ergibt sich nach Gl. (1.2) für die Stützkraft F_A die gezeichnete Strecke $F_{A\,gez} = F_A/m_F$, und mit dem Längenmaßstabfaktor m_L ist die Länge des Abstandes x in der Zeichnung $x_{gez} = x/m_L$. Da die Seiten der schraffierten Dreiecke im Kräfteplan (Bild 9.77b) und im Seileck (Bild 9.77c) parallel laufen, handelt es sich um ähnliche Dreiecke, so dass nach dem Strahlensatz zwischen der Stützkraft F_A und dem gewählten **Polabstand H** folgende Beziehung besteht: $F_{A\,gez}/H = y/x_{gez}$. Mit den Maßstabfaktoren wird daraus: $F_A \cdot x = y \cdot m_F \cdot m_L \cdot H$. Es ist aber $F_A \cdot x = M_b$, dargestellt durch die Strecke y. Demzufolge erhält man mit dem **Momentenmaßstab $m_M = m_F \cdot m_L \cdot H$** das

Biegemoment

$$\boldsymbol{M_b = y \cdot m_M = y \cdot m_F \cdot m_L \cdot H} \qquad (9.62)$$

Der besseren Übersicht wegen wird die Schlusslinie in eine waagerechte Lage gebracht, wodurch die übliche Biegemomentenfläche entsteht (Bild 9.77d). Das größte Biegemoment liegt wieder beim Nulldurchgang der Querkraft (Bild 9.77e), hier unter der Kraft F_1. Streckenkräfte unterteilt man bei diesem Verfahren in möglichst viele Teilkräfte $F' \cdot \Delta l_s$, die wie Einzelkräfte behandelt werden.

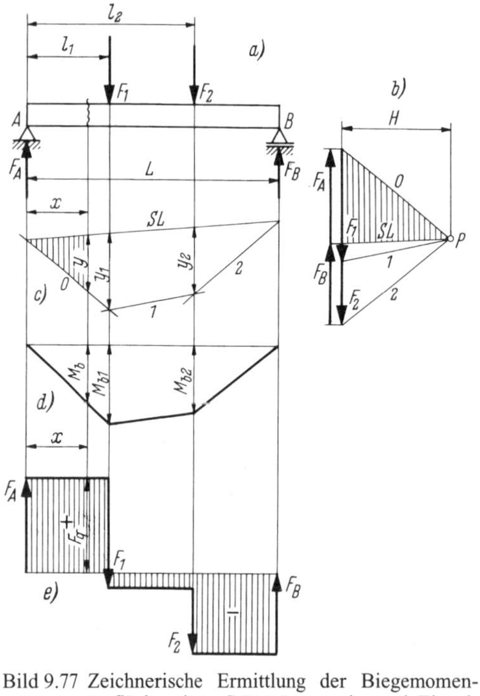

Bild 9.77 Zeichnerische Ermittlung der Biegemomentenfläche eines Stützträgers mit zwei Einzelkräften
a) Lageplan, b) Kräfteplan, c) Seileck, d) Seileckfläche mit waagerechter Schlusslinie SL als Biegemomentenfläche, e) Querkraftfläche

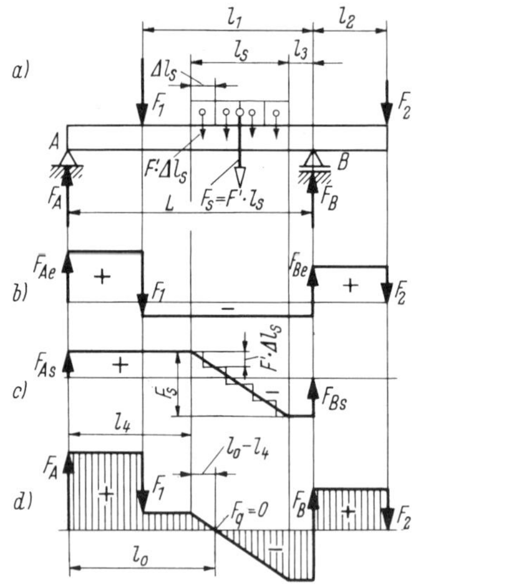

Bild 9.78 Entstehung der Querkraftfläche eines Kragträgers mit gemischtem Kraftangriff
a) Lageplan, b) Querkraftlinie der Einzelkräfte, c) der Streckenkraft, d) Querkraftfläche

Bei gemischtem Kraftangriff ist es sinnvoll, die Biegemomenten- und die Querkraftfläche für die Einzelkräfte und die Streckenkräfte getrennt in entgegengesetzter Richtung aufzuzeichnen (s. Tab. 24, Stützträger mit gemischtem Kraftangriff). Die Strecken für die Biegemomente und für die Querkräfte können dann zwischen den oberen und unteren Linien gemessen und mit den Maßstabfaktoren errechnet werden. Wenn die Darstellung des Biegemomentenverlaufs nicht gefragt ist und nur das größte Biegemoment interessiert, genügt das Zeichnen der Querkraftlinie, deren Nulldurchgang bekanntlich die Stelle des größten Biegemoments angibt. Bild 9.78 zeigt die Entstehung der Querkraftfläche eines Stützträgers mit Kragarm und gemischtem Kraftangriff aus der Querkraftlinie für die Einzelkräfte (Bild 9.78b) und für die Streckenkräfte (Bild 9.78c). Das größte positive Biegemoment liegt bei $F_q = 0$ und beträgt $M_{b\,max} = F_A \cdot l_0 - F_1(l_0 + l_1 - L) - F'(l_0 - l_4)^2/2$, was sich aus dem Inhalt der Querkraftfläche ergibt, das größte negative bei F_B mit $M_b = -F_2 \cdot l_2$.

Beispiel 9.32
Ein Kragträger mit gemischtem Kraftangriff wird in einer Stahlbaukonstruktion entspr. Bild 9.79 belastet. Zur Bestimmung des erforderlichen I-Profils (s. Beisp. 9.35) ist das größte Biegemoment zu errechnen.

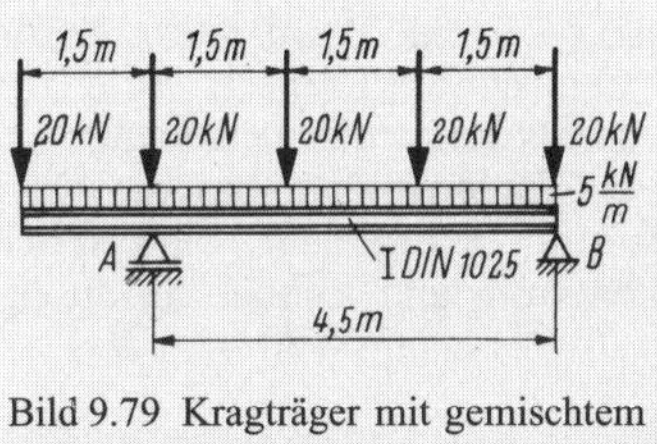

Bild 9.79 Kragträger mit gemischtem Kraftangriff

Lösung:
Gegeben: $L = 4{,}5$ m, $l = 1{,}5$ m, $F = 20$ kN, $F' = 5$ kN/m.
Gesucht: $M_{b\,max}$.
1. Stützkräfte F_A und F_B
Aus den Gleichgewichtsbedingungen folgt für die Einzelkräfte (Bild 9.80a):

$$F_{Ae} = \frac{F \cdot l + F \cdot 2l + F \cdot 3l + F \cdot 4l}{L} = \frac{F \cdot 10l}{L} = \frac{20\text{ kN} \cdot 10 \cdot 1{,}5\text{ m}}{4{,}5\text{ m}} = 66{,}67\text{ kN},$$

$$F_{Be} = 5F - F_{Ae} = 5 \cdot 20\text{ kN} - 66{,}67\text{ kN} = 33{,}33\text{ kN},$$

und für die Streckenkraft (Streckenlast):

$$F_{As} = \frac{F_s \cdot 2l}{L} = \frac{F' \cdot 4l \cdot 2l}{L} = \frac{F' \cdot 8l^2}{L} = \frac{5\text{ kN/m} \cdot 8(1{,}5\text{ m})^2}{4{,}5\text{ m}} = 20\text{ kN},$$

$$F_{Bs} = F' \cdot 4l - F_{As} = 5\text{ kN/m} \cdot 4 \cdot 1{,}5\text{ m} - 20\text{ kN} = 10\text{ kN}.$$

Somit

$$F_A = F_{Ae} + F_{As} = (66{,}67 + 20)\text{ kN} = 86{,}67\text{ kN},$$

$$F_B = F_{Be} + F_{Bs} = (33{,}33 + 10)\text{ kN} = 43{,}33\text{ kN}.$$

2. Querkraftfläche
Bild 9.80b zeigt die nach entgegengesetzten Richtungen maßstäblich gezeichneten Querkraftlinien für die Einzelkräfte (treppenförmig) und für die Streckenkraft (stetig ansteigend). Zur besseren Übersicht ist auch die aus beiden Linien entstandene Querkraftfläche dargestellt (Bild 9.80c), was hier nicht zwingend notwendig ist, da die Nulldurchgänge aus Bild 9.80b bereits hervorgehen.

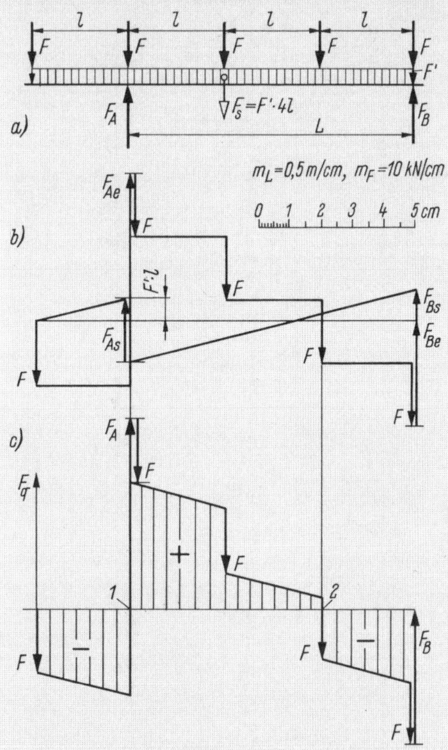

Bild 9.80 Lageplan, Querkraftlinien und -fläche
a) Lageplan, b) Querkraftlinie, c) Querkraftfläche

3. Größtes Biegemoment $M_{b\,max}$
Spitzenmomente treten bei F_A und im Abstand l von F_B auf. Aus dem Inhalt der Querkraftflächen

($A_q \mathrel{\widehat{=}} M_b$) werden errechnet:

$M_{b1} = -F \cdot l - F' \cdot l^2/2$

$= -20\text{ kN} \cdot 1{,}5\text{ m} - 5\text{ kN/m} \cdot (1{,}5\text{ m})^2/2$

$= -35{,}625\text{ kNm},$

$M_{b2} = (F_B - F)l - F' \cdot l^2/2$

$= (43{,}33 - 20)\text{ kN} \cdot 1{,}5\text{ m} - 5\text{ kN/m} \cdot (1{,}5\text{ m})^2/2$

$= 29{,}37\text{ kNm}.$

Da $|M_{b2}| < |M_{b1}|$ ist, beträgt $M_{b\max} = M_{b1}$.

Hat ein Träger eine zu seiner Längsachse im Abstand a parallele **Axialkraft F_a** wie in Bild 9.81a zu übertragen, so wird er durch ein **Moment $M = F_a \cdot a$** belastet und die **Biegemomentenlinie hat an der Stelle der Momenteneinleitung eine Stufe** mit dem Betrag des Moments (Bild 9.81d). Aus den Gleichgewichtsbedingungen für den freigemachten Träger (Bild 9.81b):

$\Sigma M_{(B)} = -F_a \cdot a + F_{Ay} \cdot L = 0$

$\Sigma F_y = F_B - F_{Ay} = 0$ und

$\Sigma F_x = F_a - F_{Ax} = 0$ folgen die Auflagenkräfte

$F_{Ay} = F_a \cdot a/L,\ F_B = F_{Ay}$ und $F_{Ax} = F_a$

Im Abstand x betragen das Biegemoment $M_b = -F_{Ay} \cdot x = -F_a \cdot a + F_B(L - x)$, die Querkraft $F_q = -F_{Ay} = -F_B$ und die Längskraft $F_l = F_{Ax} = F_{Ax} = F_a$. Die Bilder 9.81d bis f zeigen den Verlauf der Schnittgrößen.

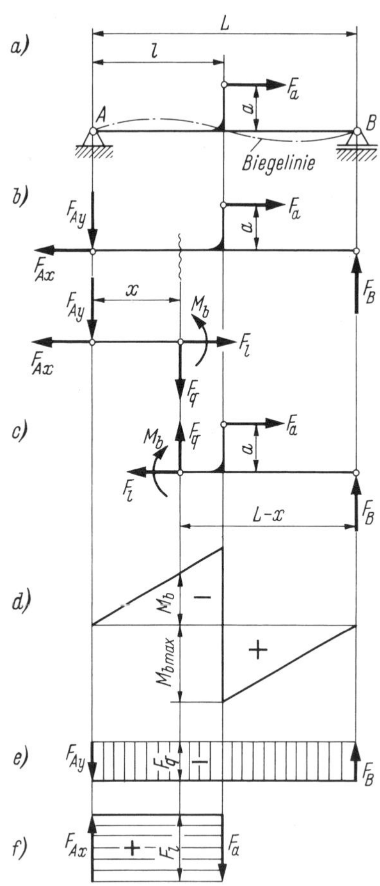

Bild 9.81 Stützträger mit Momentenbelastung durch Axialkraft F_a
a) belasteter Träger, b) freigemachter Träger, c) freigeschnittene Trägerteilstücke, d) M_b-Fläche, e) F_q-Fläche, f) F_l-Fläche

Wenn die **Belastungskräfte nicht in einer Ebene** wirken, liegt ein allgemeines räumliches Kräftesystem vor (s. Abschn. 2.4.2). In diesem Falle werden alle Kräfte in Komponenten zerlegt, die parallel zu den Achsen eines räumlichen Koordinatensystems verlaufen. Mit den auf die Koordinatenebenen projizierten Komponenten wird die Stützkraftberechnung (s. Beisp. 9.33) und die Schnittgrößenermittlung wie bei einem ebenen Kräftesystem durchgeführt. Für die x,y- und die x,z-Ebene sind die Biegemomente M_{by} und M_{bz} getrennt zu ermitteln und damit die Spannungen in beiden Ebenen zu errechnen und an einzelnen Querschnittspunkten zu addieren.

Bei **kreisförmigen Querschnitten** werden M_{by} und M_{bz} zum

resultierenden Biegemoment $$M_b = \sqrt{M_{by}^2 + M_{bz}^2} \qquad (9.63)$$

zusammengesetzt (s. nachf. Beisp. 9.63). Kräfte, deren Wirklinien in der y,z-Ebene (s. Bild 2.88, Abschn. 2.4.2) nicht durch die Trägerachse gehen, erzeugen ein Drehmoment, das die Querschnitte auf Torsion beansprucht. Man spricht dann von **Drillbiegung** und rechnet auf zusammengesetzte Beanspruchung (s. Abschn. 9.6.3).

Beispiel 9.33
Für die in Bild 9.82 gezeigte Getriebewelle sind mit den in Beisp. 2.33 errechneten Zahn- und Lagerkraft-

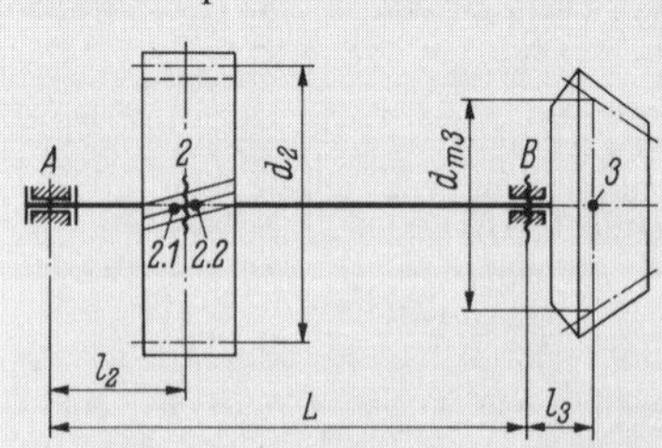

Bild 9.82 Zwischenwelle eines Stirnrad-Kegelrad-Getriebes (Kräfte s. Bilder 2.86 u. 2.88)

komponenten (s. Abschn. 2.4.2) der Biegemomenten- und Längskraftverlauf darzustellen. Dafür sind die erforderlichen Schnittgrößen und außerdem die Querkräfte und die größten resultierenden Biegemomente an den Schnittstellen 2 und B zu errechnen.

Lösung:

Gegeben: Nach Beisp. 2.33: $L = 700$ mm, $l_2 = 200$ mm, $l_3 = 100$ mm, $r_2 = d_2/2 = 200$ mm (s. Bild 2.85), $r_{m3} = d_{m3}/2 = 160$ mm, $F_{t2} = 50$ kN, $F_{r2} = 18{,}84$ kN, $F_{a2} = 13{,}4$ kN, $F_{t3} = 62{,}5$ kN, $F_{r3} = 20{,}62$ kN, $F_{a3} = 9{,}61$ kN, $F_{Ax} = -3{,}8$ kN, $F_{Ay} = 10{,}38$ kN, $F_{Az} = 26{,}79$ kN, $F_{By} = -12{,}16$ kN, $F_{Bz} = 85{,}71$ kN.

Gesucht: M_{by}-, M_{bz}- und F_l-Verlauf, F_{qy2}, F_{qz2}, F_{qyB}, F_{qzB}, M_{b2} und M_{bB}.

1. Schnitt 2

***x,y*-Ebene** (Bild 9.83a u. b):

Da die M_{by}-Linie wegen der Axialkraft F_{a2} bei 2 eine Stufe hat (s. Bild 9.85a), wird unmittelbar links (2.1) und rechts (2.2) von 2 geschnitten.

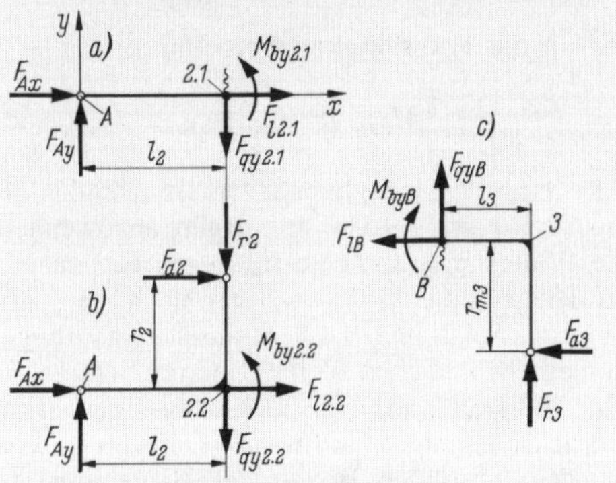

Bild 9.83 Freigeschnittene Wellenteile in der *x,y*-Ebene
a) Schnitt 2.1, b) Schnitt 2.2, c) Schnitt B

Für den freigeschnittenen Wellenabschnitt nach Bild 9.83a gilt:

$$\Sigma M_{(2.1)} = M_{by2.1} - F_{Ay} \cdot l_2 = 0,$$

$$\Sigma F_y = F_{qy2.1} - F_{Ay} = 0,$$

$$\Sigma F_x = F_{l2.1} + F_{Ax} = 0,$$

und nach Bild 2.83b:

$$\Sigma M_{(2.2)} = M_{by2.2} - F_{Ay} \cdot l_2 - F_{a2} \cdot r_2 = 0,$$

$$\Sigma F_y = F_{qy2.2} + F_{r2} - F_{Ay} = 0,$$

$$\Sigma F_x = F_{l2.2} + F_{a2} + F_{Ax} = 0.$$

Daraus folgen:

$$M_{by2.1} = F_{Ay} \cdot l_2 = 10{,}38 \text{ kN} \cdot 200 \text{ mm} = 2076 \text{ Nm},$$

$$F_{qy2.1} = F_{Ay} = 10{,}38 \text{ kN},$$

$$F_{l2.1} = -F_{Ax} = 3{,}8 \text{ kN},$$

$$M_{by2.2} = F_{Ay} \cdot l_2 + F_{a2} \cdot r_2 = (10{,}38 \cdot 200 + 13{,}4 \cdot 200) \text{ kNmm} = 4756 \text{ Nm},$$

$$F_{qy2.2} = F_{Ay} - F_{r2} = (10{,}38 - 18{,}84) \text{ kN} = -8{,}46 \text{ kN},$$

$$F_{l2.2} = -F_{Ax} - F_{a2} = (3{,}8 - 13{,}4) \text{ kN} = -9{,}6 \text{ kN} = -F_{a3}.$$

***x,z*-Ebene** (Bild 9.84a), F_{l2} wie *x,y*-Ebene: Aus

$$\Sigma M_{(2)} = M_{bz2} - F_{Az} \cdot l_2 = 0 \quad \text{und}$$

$$\Sigma F_z = F_{qz2} - F_{Az} = 0 \quad \text{folgen}$$

$$M_{bz2} = F_{Az} \cdot l_2 = 26{,}79 \text{ kN} \cdot 200 \text{ mm} = 5358 \text{ Nm},$$

$$F_{qz2} = F_{Az} = 26{,}79 \text{ kN}.$$

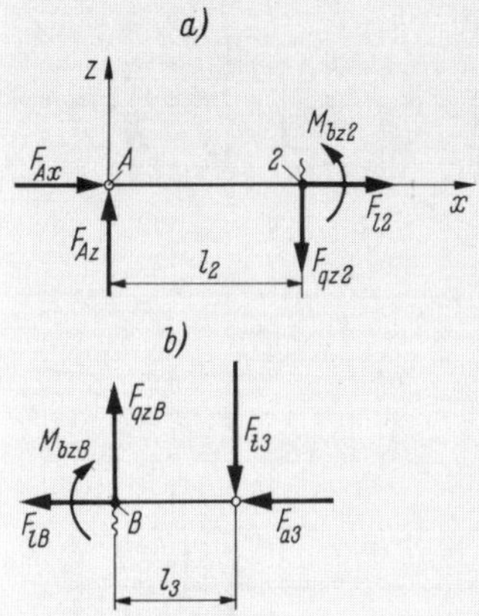

Bild 9.84 Freigeschnittene Wellenteile in der *x,z*-Ebene
a) Schnitt 2, b) Schnitt B

2. Schnitt B

***x,y*-Ebene** (Bild 9.83c):

$$\Sigma M_{(B)} = M_{byB} + F_{a3} \cdot r_{m3} - F_{r3} \cdot l_3 = 0,$$

$$\Sigma F_y = F_{qyB} + F_{r3} = 0, \quad \Sigma F_x = F_{lB} + F_{a3} = 0.$$

Daraus folgen

$$M_{byB} = F_{r3} \cdot l_3 - F_{a3} \cdot r_{m3} = (20{,}62 \cdot 100 - 9{,}61 \cdot 160) \text{ kN mm} = 524{,}4 \text{ Nm},$$

$$F_{qyB} = -F_{r3} = -20{,}62 \text{ kN},$$

$$F_{lB} = -F_{a3} = -9{,}61 \text{ kN}.$$

An der Stelle 3 ist

$$M_{by3} = -F_{a3} \cdot r_{m3} = -9{,}61 \text{ kN} \cdot 160 \text{ mm} = -1538 \text{ Nm}.$$

***x,y*-Ebene** (Bild 9.84b), F_{lB} wie *x,y*-Ebene:

$$\Sigma M_{(B)} = M_{bzB} + F_{t3} \cdot l_3 = 0, \quad \Sigma F_z = F_{qzB} - F_{t3} = 0,$$

$M_{bzB} = -F_{t3} \cdot l_3 = -62{,}5\ \text{kN} \cdot 100\ \text{mm}$
$= -6250\ \text{Nm},$

$F_{qzB} = F_{t3} = 62{,}5\ \text{kN}.$

3. Biegemomenten- und Längskraftverlauf
Die maßstäbliche Darstellung der M_{by}- und der M_{bz}-Fläche sowie der F_l-Fläche zeigt Bild 9.85.

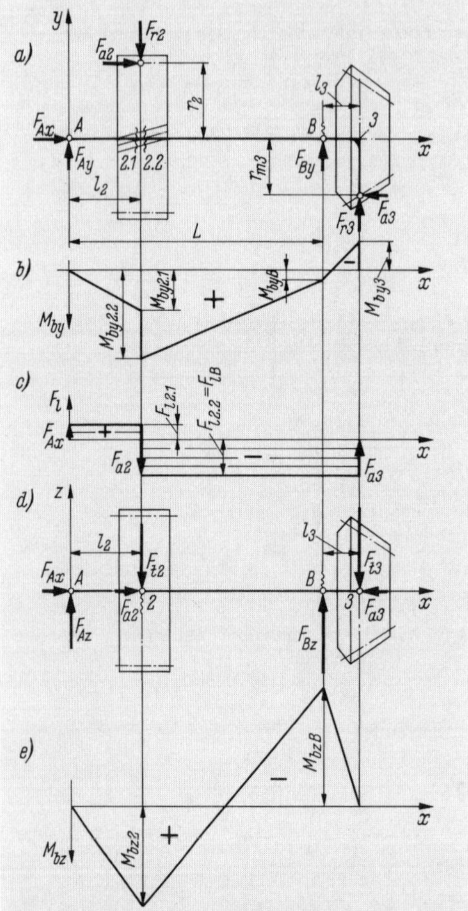

Bild 9.85 Getriebewelle mit Kraftkomponenten und Schnittgrößenverlauf
a) freigemachte Welle in der x,y-Ebene,
b) M_{by}-Fläche, c) F_l-Fläche,
d) freigemachte Welle in der x,z-Ebene,
e) M_{bz}-Fläche

4. Größte Biegemomente M_{b2} und M_{bB}
Im Schnitt 2 beträgt

$$M_{b2} = \sqrt{M_{by2.2}^2 + M_{bz2}^2} = \sqrt{4756^2 + 5358^2}\ \text{Nm}$$
$$= 7164\ \text{Nm},$$

im Schnitt B:

$$M_{bB} = \sqrt{M_{byB}^2 + M_{bzB}^2}$$
$$= \sqrt{524{,}4^2 + (-6250)^2}\ \text{Nm} = 6272\ \text{Nm}.$$

9.4.4 Berechnung biegebeanspruchter Bauteile

Entsprechend den Gln. (9.27) bis (9.29) für die Berechnung zug- und druckbeanspruchter Bauteile lautet nach Gl. (9.49) für biegebeanspruchte Bauteile die Bedingung für den **Spannungsnachweis:**

Biegespannung $$\sigma_b = \frac{M_b}{W_b} \leq \sigma_{b\,zul} \quad (9.64)$$

Daraus folgt für die **Entwurfsberechnung** das

erforderliche Widerstandsmoment $$W_{b\,erf} = \frac{M_b}{\sigma_{b\,zul}} \quad (9.65)$$

und für die **Tragfähigkeitsberechnung** das

zulässige Biegemoment $$M_{b\,zul} = W_b \cdot \sigma_{b\,zul} \quad (9.66)$$

Für einen **Sicherheitsnachweis** sind die Gln. (9.30) und (9.31) sinngemäß anzuwenden. Die Widerstandsmomente W_b gegen Biegen und die Biegemomente M_b werden nach den Abschnitten 9.4.2 und 9.4.3 ermittelt. Das Biegemomentenvorzeichen bleibt unberücksichtigt. Es gibt lediglich an, wo Biegezug- und Biegedruckspannungen auftreten. Gerechnet wird mit dem absoluten Betrag des Biegemoments, das den Querschnitt beansprucht. Zulässige Biegespannungen $\sigma_{b\,zul}$ können den Tabn. 20 oder 21 entnommen oder nach Gl. (9.26) errechnet werden, in die σ_{bF} bzw. σ_{bB} (s. Tab. 14) einzusetzen sind.

Beispiel 9.34
Die Kettenradwelle eines Trogkettenförderers wird nach Bild 9.86 durch die Zahnkraft und die zwei

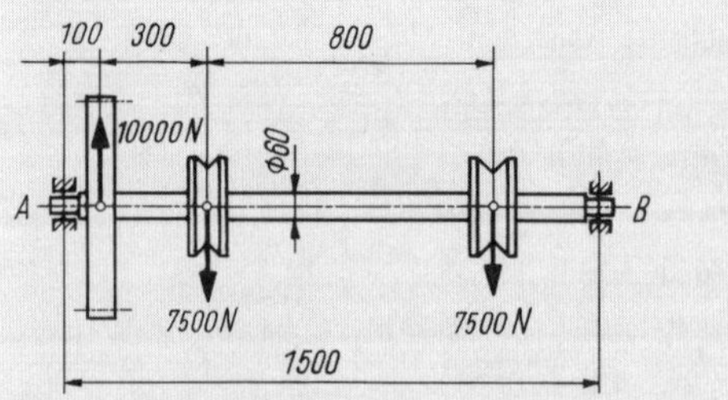

Bild 9.86 Kettenradwelle mit Zahnradantrieb

gleich großen Kettenkräfte auf Biegung beansprucht. Der Durchmesser der glatten Welle aus S275JR beträgt 60 mm. Stöße sind in den angegebenen Kräften bereits berücksichtigt. Es ist das größte Biegemoment zeichnerisch und rechnerisch zu ermitteln und zu prüfen, ob die Biegespannung für schwellende Beanspruchung zulässig ist.

Lösung:

Gegeben: $F_1 = 10$ kN, $F_2 = F_3 = 7{,}5$ kN,
$L = 1500$ mm, $l_1 = 100$ mm,
$l_2 = l_4 = 300$ mm, $l_3 = 800$ mm,
$d = 60$ mm, $R_e = 255$ N/mm²
(für S 275 JR bis 63 mm nach Tab. 13).

Gesucht: $M_{b\,max}$, σ_b vergl. mit $\sigma_{b\,zul}$ (Spannungsnachweis).

1. Zeichnerische Ermittlung des größten Biegemoments $M_{b\,max}$

Gewählt werden: Längenmaßstabfaktor $m_L = 150$ mm/cm, Kräftemaßstabfaktor $m_F = 2$ kN/cm, Polabstand $H = 3$ cm. Die damit durchgeführte zeichnerische Lösung nach dem Schlusslinienverfahren zeigt Bild 9.87. Aus dem Seileck (Bild 9.87c) geht hervor, dass unter der Kraft F_3, wo auch die Querkraftlinie (Bild 9.87d) durch null geht, das größte Biegemoment auftritt ($y = M_{b\,gez}$). Gemessen wird $y_3 \approx 2{,}45$ cm. Somit ist nach Gl. (9.62):

$$M_{b\,max} = M_{b3} = y_3 \cdot m_F \cdot m_L \cdot H$$
$$= 2{,}45\ \text{cm} \cdot 2\ \frac{\text{kN}}{\text{cm}} \cdot 150\ \frac{\text{mm}}{\text{cm}} \cdot 3\ \text{cm}$$
$$= 2205\ \text{Nm}.$$

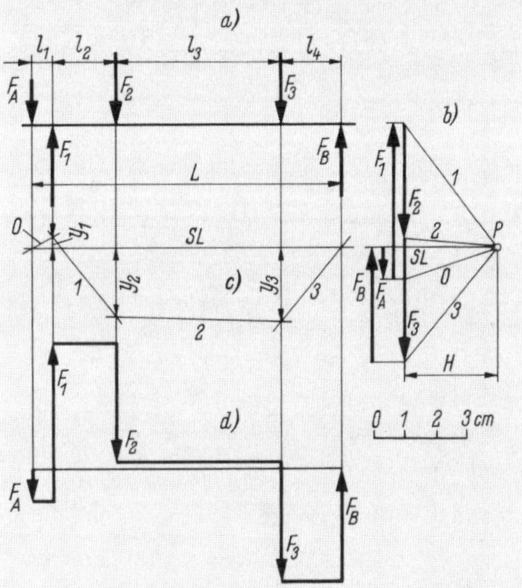

Bild 9.87 Zeichnerische Biegemomentenermittlung
a) Lageplan mit freigemachter Welle,
b) Kräfteplan, c) Seileck, d) Querkraftlinie

2. Rechnerische Ermittlung von $M_{b\,max}$

Aus der $\Sigma M_{(A)} = 0$ folgt

$$F_B = \frac{F_2(l_1 + l_2) + F_3(l_1 + l_2 + l_3) - F_1 \cdot l_1}{L}$$
$$= \frac{7{,}5 \cdot 400 + 7{,}5 \cdot 1200 - 10 \cdot 100}{1500} \cdot \frac{\text{kN} \cdot \text{mm}}{\text{mm}}$$
$$= 7{,}333\ \text{kN}$$

und aus der $\Sigma F_y = 0$:

$$F_A = F_B + F_1 - F_2 - F_3$$
$$= (7{,}333 + 10 - 7{,}5 - 7{,}5)\ \text{kN}$$
$$= 2{,}333\ \text{kN}.$$

An den Kraftangriffsstellen betragen die Biegemomente:

$$M_{b1} = -F_A \cdot l_1 = -2{,}333\ \text{kN} \cdot 100\ \text{mm}$$
$$= -233{,}3\ \text{Nm},$$
$$M_{b2} = F_1 \cdot l_2 - F_A(l_1 + l_2)$$
$$= (10 \cdot 300 - 2{,}333 \cdot 400)\ \text{kN} \cdot \text{mm}$$
$$= 2066{,}8\ \text{Nm},$$
$$M_{b3} = F_B \cdot l_4 = 7{,}333\ \text{kN} \cdot 300\ \text{mm}$$
$$= 2200\ \text{Nm} = M_{b\,max}.$$

Zeichnung und Rechnung stimmen nahezu überein.

3. Spannungsnachweis

Nach Tab. 22 beträgt das Widerstandsmoment

$$W_b \approx 0{,}1 d^3 = 0{,}1 (60\ \text{mm})^3 = 21{,}6 \cdot 10^3\ \text{mm}^3$$

und nach Gl. (9.49) mit $M_{b\,max} = M_b$ die Biegespannung

$$\sigma_b = \frac{M_b}{W_b} = \frac{2200 \cdot 10^3\ \text{Nmm}}{21{,}6 \cdot 10^3\ \text{mm}^3} = 102\ \text{N/mm}^2.$$

Nach Tab. 20 wird als zulässige Biegespannung

$$\sigma_{b\,zul} = 0{,}55\,R_e = 0{,}55 \cdot 255\ \text{N/mm}^2 = 140\ \text{N/mm}^2$$

gewählt, die nicht überschritten wird, da $\sigma_b < \sigma_{b\,zul}$ ist.

Beispiel 9.35

Für den Kragträger nach Bild 9.88 aus einer Kranbaukonstruktion wurde in Beisp. 9.32 ein größtes Biegemoment von 35 625 Nm errechnet. Es ist das erforderliche I-Profil nach DIN 1025 für den Lastfall H und den Werkstoff S235JR zu bestimmen. Danach ist zu prüfen, ob bei dem gewählten Trägerprofil unter Berücksichtigung des Eigengewichts die Biegespannung zulässig ist.

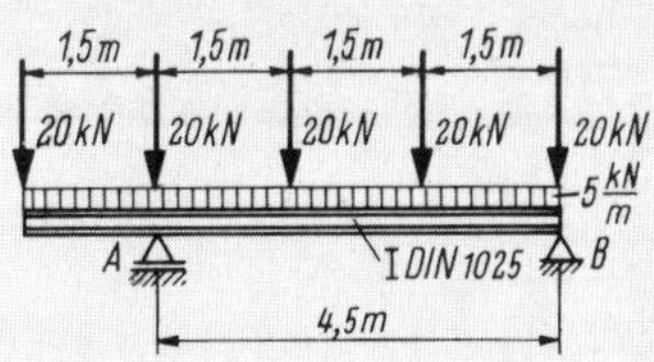

Bild 9.88 Kragträger mit gemischtem Kraftangriff

Lösung:

Gegeben: $M_b = 35625 \cdot 10^3$ Nmm, $\sigma_{b\,zul} = 160$ N/mm² (nach Tab. 21), $l = 1{,}5$ m, $F = 20$ kN, $F' = 5$ kN/m.

Gesucht: I-Profil nach DIN 1025 (Entwurfsrechnung) und Spannungsnachweis.

1. Wahl des Trägerprofils

Nach Gl. (9.65) beträgt das erforderliche Widerstandsmoment

$$W_{b\,erf} = \frac{M_b}{\sigma_{b\,zul}} = \frac{35\,625 \cdot 10^3\ \text{Nmm}}{160\ \text{N/mm}^2} = 222{,}7 \cdot 10^3\ \text{mm}^3 = 222{,}7\ \text{cm}^3.$$

Nach Tab. 34 wird ein I-Träger DIN 1025-I 220 mit $W_b = W_x = 278\ \text{cm}^3 > W_{b\,erf}$ gewählt.

2. Spannungsnachweis unter Berücksichtigung des Trägereigengewichts

Der gewählte Träger hat nach Tab. 34 eine längenbezogene Masse (Metergewicht) $m' = 31{,}1$ kg/m. Damit beträgt die gesamte Streckenkraft

$$F'_{ges} = F' + m' \cdot g = 5000\ \frac{\text{N}}{\text{m}} + 31{,}1\ \frac{\text{kg}}{\text{m}} \cdot 9{,}81\ \frac{\text{m}}{\text{s}^2} = 5305\ \text{N/m} = 5{,}305\ \text{kN/m}.$$

Nach der in Beisp. 9.32 unter 3. entwickelten Gleichung ergibt sich damit ein größtes Biegemoment

$$M_{b\,max} = M_{b1} = F \cdot l + F'_{ges} \cdot l^2/2 = 20\ \text{kN} \cdot 1{,}5\ \text{m} + 5{,}305\ \frac{\text{kN}}{\text{m}} \cdot \frac{(1{,}5\ \text{m})^2}{2} = 36\ \text{kNm}.$$

Mit $M_b = M_{b\,max} = 3600 \cdot 10^3$ Ncm beträgt nach Gl. (9.64) die Biegespannung

$$\sigma_b = \frac{M_b}{W_b} = \frac{3600 \cdot 10^3\ \text{Ncm}}{278\ \text{cm}^3} = 12\,950\ \text{N/cm}^2 \approx 130\ \text{N/mm}^2 < \sigma_{b\,zul},$$

d. h., die Biegespannung ist zulässig.

Beispiel 9.36

Für den in Bild 9.89 skizzierten Wandarm aus EN-GJL-200 ist mit der zulässigen Biegezugspannung das größte zulässige Biegemoment und daraus die ruhende Kraft zu errechnen, die im angegebenen Abstand höchstens angreifen darf. Danach ist zu prüfen, ob auf der Biegedruckseite eine ausreichende Sicherheit vorhanden ist.

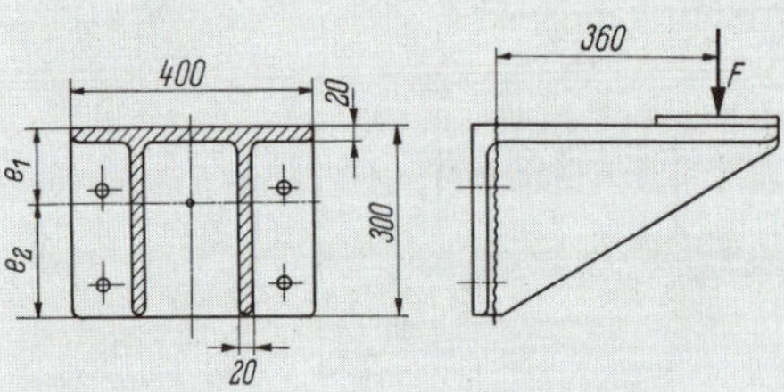

Bild 9.89 Wandarm aus Gusseisen (Grauguss)

Lösung:

Gegeben: $l = 360$ mm, $B = 400$ mm, $H = 300$ mm, $d = 20$ mm, $R_m = 200$ N/mm² (nach Tab. 13 u. Bild A3).

Gesucht: $M_{b\,zul}$ und F_{zul} (Lastfall ruhend), S_B vergl. mit $S_{B\,erf}$ (Sicherheitsnachweis für Biegedruck).

1. Randabstände e_1 und e_2 und Flächenmoment 2. Grades I_x

Denkt man sich beide Rippen zu einer vereinigt, so entsteht eine T-förmige Querschnittsfläche. Die Rundungen werden vernachlässigt, die Abmessungen wegen der kleineren Zahlenwerte in cm eingesetzt. Nach Tab. 22 ergeben sich dann mit $a = 2d = 4$ cm und $b = B - a = 36$ cm:

$$e_1 = \frac{1}{2} \cdot \frac{a \cdot H^2 + b \cdot d^2}{a \cdot H + b \cdot d} = \frac{1}{2} \cdot \frac{4\ \text{cm}\ (30\ \text{cm})^2 + 36\ \text{cm}\ (2\ \text{cm})^2}{4\ \text{cm} \cdot 30\ \text{cm} + 36\ \text{cm} \cdot 2\ \text{cm}} = 9{,}75\ \text{cm},$$

$$e_2 = H - e_1 = (30 - 9{,}75)\ \text{cm} = 20{,}25\ \text{cm},$$

$$h = e_1 - d = (9{,}75 - 2)\ \text{cm} = 7{,}75\ \text{cm}$$

und

$$I_x = \frac{1}{3}\ (B \cdot e_1^3 - b \cdot h^3 + a \cdot e_2^3) = \frac{1}{3}\ (40 \cdot 9{,}75^3 - 36 \cdot 7{,}75^3 + 4 \cdot 20{,}25^3)\ \text{cm}^4 = 17\,844\ \text{cm}^4.$$

2. Widerstandsmomente W_{bz} und W_{bd}

Mit $e_1 = e_z$ und $e_2 = e_d$ entspr. Gl. (9.60):

$$W_{bz} = \frac{I_x}{e_z} = \frac{17\,844\ \text{cm}^4}{9{,}75\ \text{cm}} = 1830\ \text{cm}^3 = 1830 \cdot 10^3\ \text{mm}^3,$$

$$W_{bd} = \frac{I_x}{e_d} = \frac{17\,844\ \text{cm}^4}{20{,}25\ \text{cm}} = 881\ \text{cm}^3 = 881 \cdot 10^3\ \text{mm}^3.$$

3. Zulässiges Biegemoment $M_{b\,zul}$ und zulässige Kraft F_{zul}

Mit $f_q \approx 1{,}1$ (geschätzt nach Tab. 17) und $S_{B\,erf} = 2$ (Tab. 19) beträgt nach Gl. (9.26) und entspr. Tab. 14 die zulässige Biegespannung

$$\sigma_{b\,zul} = \frac{\sigma_{bzB}}{S_{B\,erf}} = \frac{f_q \cdot R_m}{S_{B\,erf}} = \frac{1{,}1 \cdot 200\ \text{N/mm}^2}{2} = 110\ \text{N/mm}^2.$$

Damit wird nach Gl. (9.66):

$$M_{b\,zul} = W_{bz} \cdot \sigma_{b\,zul} = 1830 \cdot 10^3\ \text{mm}^3 \cdot 110\ \text{N/mm}^2 = 201{,}3 \cdot 10^6\ \text{Nm},$$

woraus

$$F_{zul} = \frac{M_{b\,zul}}{l} = \frac{201\,300 \cdot 10^3\ \text{Nmm}}{360\ \text{mm}} = 559{,}17\ \text{kN}$$

folgt.

4. Sicherheit S_B auf der Biegedruckseite

Biegedruckspannung nach Gl. (9.52) mit $M_{b\,zul} = M_b$:

$$\sigma_{bd} = \frac{M_b}{W_{bd}} = \frac{201\,300 \cdot 10^3\ \text{Nmm}}{881 \cdot 10^3\ \text{mm}^3} = 228{,}5\ \text{N/mm}^2.$$

Mit $\sigma_{\text{bdB}} = f_q \cdot 4R_m$ (Tab. 14) wird nach Gl. (9.24):

$$S_B = \frac{\sigma_{\text{bdB}}}{\sigma_{\text{bd}}} = \frac{1{,}1 \cdot 4 \cdot 200\ \text{N/mm}^2}{228{,}5\ \text{N/mm}^2} = 3{,}85.$$

Sie ist größer als $S_{\text{B erf}} = 3{,}5$ (nach Tab. 19 für Biegedruck bei Gusseisen (Grauguss)).

Träger gleicher Biegebeanspruchung

Biegebeanspruchte Bauteile mit gleich bleibendem Querschnitt werden nach dem größten Biegemoment bemessen. In den Querschnitten, die ein geringeres Moment zu übertragen haben, ist die Festigkeit des Werkstoffs nicht ausgenutzt. Deshalb werden aus Gründen der Werkstoffeinsparung und des Leichtbaus die Bauteile oftmals so gestaltet, dass in allen Querschnitten möglichst die zulässige Biegespannung erreicht wird. Diese Bedingung wird erfüllt, wenn z. B. in einem Freiträger ein Querschnitt im Abstand x von der Kraft F (Bild 9.90a) entspr. Gl. (9.65) mit dem Widerstandsmoment $W_{\text{bx}} = M_{\text{bx}}/\sigma_{\text{b zul}} = F \cdot x/\sigma_{\text{b zul}}$ ausgeführt wird. Die danach ermittelten theoretischen Abmessungen dürfen bei der praktischen Ausführung an keiner Stelle unterschritten werden. Für einen Freiträger mit *Kreisquerschnitt* (Bild 9.90a) ergibt sich aus $W_{\text{bx}} \approx 0{,}1 d_x^3 = d_x^3/10 = F \cdot x/\sigma_{\text{b zul}}$ der erforderliche

Kreisdurchmesser $$d_x = \sqrt[3]{\frac{10F}{\sigma_{\text{b zul}}}x} = \sqrt[3]{C \cdot x} \qquad (9.67)$$

Das ist die **Gleichung einer kubischen Parabel** mit der Konstanten $C = 10F/\sigma_{\text{b zul}}$. Danach werden z. B. Achsen und Wellen gestaltet. Die Anpassung an die theoretische Form erfolgt durch zylindrische oder keglige Abstufungen (Bild 9.90b).

Für einen **Rechteckquerschnitt**, dessen Höhe h über der Länge l konstant bleiben soll (Bild 9.90c), folgt aus $W_{\text{bx}} = b_x \cdot h^2/6 = F \cdot x/\sigma_{\text{b zul}}$ die erforderliche

Rechteckbreite $$b_x = \frac{6F}{h^2 \cdot \sigma_{\text{bzul}}}x = C_h \cdot x \qquad (9.68)$$

Das ist die **Gleichung einer Geraden** mit der Konstanten C_h. Schneidet man beispielsweise die entstehende Dreieckfläche in mehrere Streifen (Bild 9.90d) und legt diese übereinander, so entsteht eine geschichtete Blattfeder.

Soll die Breite b des Rechteckquerschnitts unverändert bleiben (Bilder 9.90e u. g), so folgt aus $W_{\text{bx}} = b \cdot h_x^2/6 = F \cdot x/\sigma_{\text{b zul}}$ die erforderliche

Rechteckhöhe

$$h_x = \sqrt{\frac{6F}{b \cdot \sigma_{\text{bzul}}}x} = \sqrt{C_b \cdot x} \qquad (9.69)$$

Es ist die **Gleichung einer Parabel** mit der Konstanten C_b. Die Ausführungsform mit gerader Oberkante wird z. B. bei Konsolträgern (Bild 9.90f), die symmetrische bei Hebeln (Bild 9.90h) angewendet.

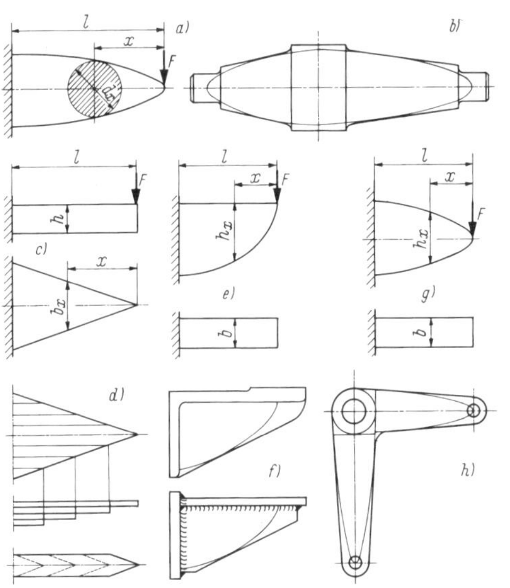

Bild 9.90 Träger gleicher Biegebeanspruchung
a) mit Kreisquerschnitt, b) als Achse, c) mit Rechteckquerschnitt bei gleich bleibender Höhe, d) als geschichtete Blattfeder, e) mit Rechteckquerschnitt bei gleich bleibender Breite und gerader Oberkante, f) als gegossener und als geschweißter Konsolträger, g) mit Rechteckquerschnitt bei gleich bleibender Breite und symmetrischer Höhenform, h) als Winkelhebel aus Blech

Beispiel 9.37
Die Seilrollenachse nach Bild 9.91 soll als Träger gleicher Biegebeanspruchung ausgeführt werden. Sie

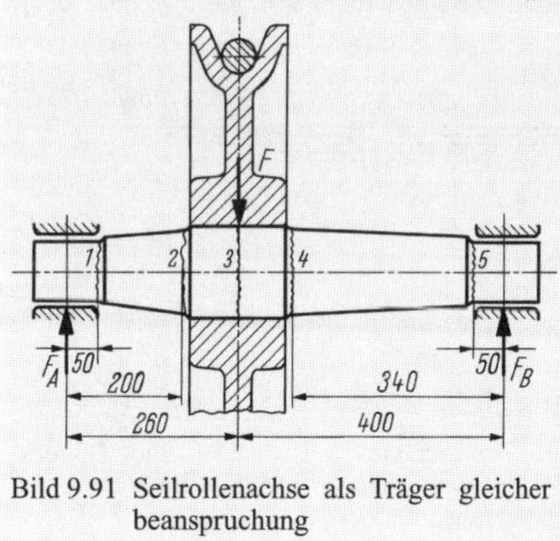

Bild 9.91 Seilrollenachse als Träger gleicher Biegebeanspruchung

wird durch eine Höchstkraft von 70 kN belastet. Für den Entwurf der Achse sind die theoretisch erforderlichen Durchmesser der angegebenen Querschnitte 1 bis 5 mit einer zulässigen Biegespannung von 100 N/mm² zu errechnen.

Lösung:

Gegeben: $F = 70$ kN, $l_1 = l_5 = 50$ mm, $l_2 = 200$ mm, $l_3 = 260$ mm, $l_4 = 340$ mm, $l = 400$ mm, $L = l + l_3 = 660$ mm, $\sigma_{\mathrm{b\,zul}} = 100$ N/mm².

Gesucht: d_1 bis d_5.

1. Stützkräfte F_A und F_B

Nach Tab. 24 (Stützträger mit einer Einzelkraft):

$$F_A = F \cdot l/L = 70\text{ kN} \cdot 400\text{ mm}/660\text{ mm} = 42{,}4\text{ kN},$$

$$F_B = F - F_A = (70 - 42{,}4)\text{ kN} = 27{,}6\text{ kN}.$$

2. Erforderliche Durchmesser d_1 bis d_5

Entspr. Gl. (9.67) betragen die Konstanten

$$C_A = \frac{10 F_A}{\sigma_{\mathrm{b\,zul}}} = \frac{10 \cdot 42{,}4 \cdot 10^3\text{ N}}{100\text{ N/mm}^2} = 4{,}24 \cdot 10^3\text{ mm}^2,$$

$$C_B = \frac{10 F_B}{\sigma_{\mathrm{b\,zul}}} = \frac{10 \cdot 27{,}6 \cdot 10^3\text{ N}}{100\text{ N/mm}^2} = 2{,}76 \cdot 10^3\text{ mm}^2$$

und mit $x = l_i$:

$$d_1 = \sqrt[3]{C_A \cdot l_1} = \sqrt[3]{4{,}24 \cdot 10^3\text{ mm}^2 \cdot 50\text{ mm}} = 59{,}6\text{ mm} \approx 60\text{ mm},$$

$$d_2 = \sqrt[3]{C_A \cdot l_2} = 10\sqrt[3]{4{,}24 \cdot 200}\text{ mm} = 94{,}5\text{ mm} \approx 95\text{ mm},$$

$$d_3 = \sqrt[3]{C_A \cdot l_3} = 10\sqrt[3]{4{,}24 \cdot 260}\text{ mm} = 103{,}3\text{ mm} \approx 105\text{ mm},$$

$$d_4 = \sqrt[3]{C_B \cdot l_4} = 10\sqrt[3]{2{,}76 \cdot 340}\text{ mm} = 98\text{ mm} \approx 100\text{ mm},$$

$$d_5 = \sqrt[3]{C_B \cdot l_5} = 10\sqrt[3]{2{,}76 \cdot 50}\text{ mm} = 51{,}6\text{ mm} \approx 55\text{ mm}.$$

Beispiel 9.38

Für die geschichtete Blattfeder (Bild 9.92) an der Hinterachse eines Fahrzeugs soll die erforderliche Blattanzahl errechnet werden. Die zulässige Biegespannung des Federstahls beträgt 620 N/mm², der Querschnitt eines Federblattes 40 mm × 7 mm.

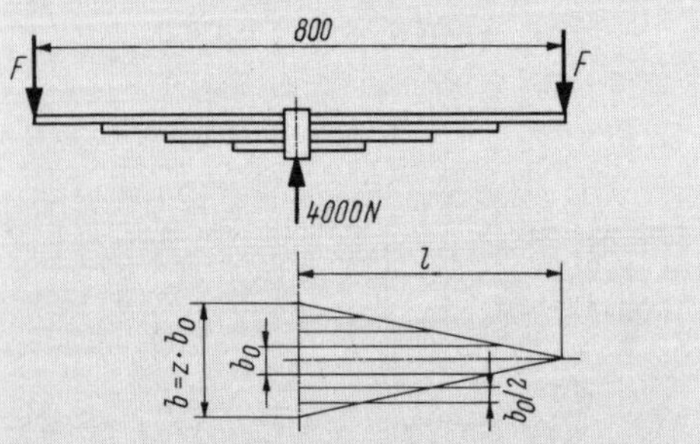

Bild 9.92 Geschichtete Blattfeder aus einer Dreieckfeder als Träger gleicher Biegebeanspruchung

Lösung:

Gegeben: $F = 2000$ N, $l = 400$ mm, $h = 7$ mm, $b_0 = 40$ mm, $\sigma_{\mathrm{b\,zul}} = 620$ N/mm².

Gesucht: z.

Mit $x = l$ wird nach Gl. (9.68) für den Gesamtquerschnitt die erforderliche Breite

$$b = \frac{6F\,l}{h^2 \cdot \sigma_{\mathrm{b\,zul}}} = \frac{6 \cdot 2000\text{ N} \cdot 400\text{ mm}}{(7\text{ mm})^2 \cdot 620\text{ N/mm}^2} = 158\text{ mm}$$

und damit die erforderliche Blattanzahl

$$z_{\mathrm{erf}} = b/b_0 = 158\text{ mm}/40\text{ mm} = 3{,}95,$$

gewählt $z = 4$.

9.4.5 Schubspannungen bei Biegebeanspruchung

Bei Querkraftbiegung ändert sich das Biegemoment über der Trägerlänge und in jedem Querschnitt treten Querkräfte F_q auf, die Schubspannungen τ_q bewirken. Nach dem Lehrsatz über zugeordnete Schubspannungen (s. Abschn. 9.1.6) müssen auch senkrecht dazu in den Längsschnitten Schubspannungen $\tau_l = \tau_q$ auftreten, die wie folgt veranschaulicht werden können: Denkt man sich einen Biegeträger (Bild 9.93) durch Längsschnitte in Lamellen aufgelöst, so werden diese bei Belastung durch die Kraft F gegeneinander verschoben (Bild 9.93b), was im massiven Träger innere Kräfte verhindern. Werden die Lamellen durch Verbindungselemente (Schrauben oder Niete) zusammengehalten (Bild 9.93c), dann nehmen diese Elemente die Längsschubkräfte auf und werden schubbeansprucht. Im massiven Träger entstehen zur Nullebene parallele Schubspannungen τ_l, die in den Randschichten null sind, da die freien Trägeroberflächen keine Schubkräfte übertragen können. Hieraus geht hervor, dass Schubspannungen über der Schnittfläche ungleichmäßig verteilt sein müssen.

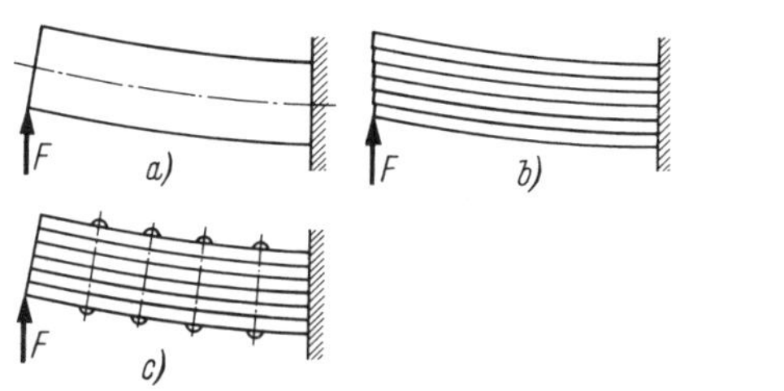

Bild 9.93 Schubbeanspruchung in den Längsschnitten eines biegebeanspruchten Freiträgers
a) massiver Träger, b) durch Längsschnitte geteilter Träger, c) Aufnahme der Längsschubkräfte durch Verbindungselemente

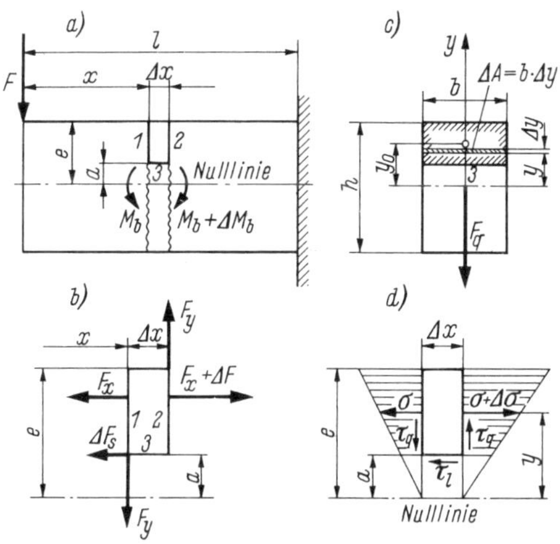

Bild 9.94 Kräfte und Spannungen in Quer- und Längsschnitten eines Biegeträgers
a) Biegemomente in zwei benachbarten Querschnitten 1 und 2, b) freigeschnittenes Teilstück, c) Querschnittsfläche A mit Querkraft, d) Normal- und Schubspannungen am freigeschnittenen Teilstück

Zur Ermittlung der Schubspannungsverteilung denkt man sich aus einem Biegeträger (Bild 9.94) ein schmales Teilstück herausgeschnitten. Im Querschnitt 1 wirkt das Biegemoment M_b, im Querschnitt 2 jedoch $M_\mathrm{b} + \Delta M_\mathrm{b}$, weil das Biegemoment wegen des Abstandes Δx zunimmt. Am freigeschnittenen Teilstück (Bild 9.94b) wirkt auf der Fläche 1 die Zugkraft $F_x = \Sigma(\sigma \cdot \Delta A)$, auf der Fläche 2 die größere $F_x + \Delta F_x = \Sigma(\sigma \cdot \Delta A) + \Sigma(\Delta\sigma \cdot \Delta A)$. Wegen des Kräftegleichgewichts muss in der Schnittfläche 3 eine tangentiale Schubkraft $\Delta F_\mathrm{s} = \Delta F_x = \Sigma(\Delta\sigma \cdot \Delta A)$ wirken und in den Stirnflächen ein Kräftepaar F_y. Entspr. Gl. (9.50) ist $\Delta\sigma = \Delta M_\mathrm{b} \cdot y/I$, und aus $M_\mathrm{b} = F_\mathrm{q} \cdot x$ (Inhalt der Querkraftfläche, s. Abschn. 9.4.3) folgt sinngemäß $\Delta M_\mathrm{b} = F_\mathrm{q} \cdot \Delta x$, womit sich die Schubkraft

$$\Delta F_\mathrm{s} = \sum_{y=a}^{y=e} \left(\frac{\Delta M_\mathrm{b}}{I} y \cdot \Delta A \right) = \frac{F_\mathrm{q} \cdot \Delta x}{I} \sum_{y=a}^{y=e} (y \cdot \Delta A)$$

ergibt. Darin ist der Ausdruck unter dem Summenzeichen nach Gl. (9.53) das axiale Flächenmoment 1. Grades $H = \Sigma(y \cdot \Delta A)$ des zwischen $y = a$ und $y = e$ liegenden Teiles der Querschnittsfläche A. Auf dem Flächenelement $b \cdot \Delta x$ wirkt die Schubspannung

$$\tau_\mathrm{l} = \frac{\Delta F_\mathrm{s}}{b \cdot \Delta x} = \frac{F_\mathrm{q} \cdot \Delta x}{I \cdot b \cdot \Delta x} H.$$

Demnach beträgt die **im Längsschnitt** im Abstand a von der Nulllinie auftretende

Schubspannung $$\boldsymbol{\tau_\mathrm{l} = \frac{F_\mathrm{q} \cdot H}{b \cdot I}} \qquad (9.70)$$

mit F_q als Querkraft in der Querschnittsfläche, H als Flächenmoment 1. Grades des abgeschnittenen Flächenteiles, b als Flächenbreite an der Längsschnittstelle und I als Flächenmoment 2. Grades der Querschnittsfläche.

Für die rechteckige Querschnittsfläche $A = b \cdot h$ in Bild 9.94c ist $I = b \cdot h^3/12$ (Tab. 22), für das bei a abgeschnittene Flächenteil (mit Randschraffur) ist $H = y_0(e - a)b$ mit $y_0 = (e + a)/2$ und $e = h/2$, also $H = [(h/2)^2 - a^2]\, b/2$. Damit wird

$$\tau_\mathrm{l} = \frac{F_\mathrm{q} \left[\left(\frac{h}{2} \right)^2 - a^2 \right] b}{b \cdot \frac{b \cdot h^3}{12} \cdot 2} = \frac{12 \cdot F_\mathrm{q} \cdot h^2}{8 \cdot b \cdot h^3} \left[1 - \left(\frac{a}{h/2} \right)^2 \right]$$

$$= 1{,}5 \frac{F_\mathrm{q}}{A} \left[1 - \left(\frac{a}{h/2} \right)^2 \right]$$

Das ist die Gleichung einer Parabel mit dem Scheitelpunkt bei $a = 0$ (auf der Nulllinie), wo die größte Schubspannung $\tau_{\mathrm{l\,max}} = 1{,}5 F_\mathrm{q}/A$ auftritt. Am Flächenrand bei $a = h/2$ wird $\tau_\mathrm{l} = 0$. Die Verteilung der Spannungen zeigt Bild 9.95. Für Kreisquerschnitte erhält man ebenfalls eine parabelförmige Schubspannungsverteilung mit dem Größtwert $\tau_{\mathrm{l\,max}} \approx 1{,}33 F_\mathrm{q}/A$, für dünne Kreisringe wird $\tau_{\mathrm{l\,max}} \approx 2 F_\mathrm{q}/A$.

Auch die Tangentialkräfte F_y rufen am freigeschnittenen Teilstück Schubspannungen hervor. Es ist bekannt, dass senkrecht aufeinander stehende, zugeordnete Schubspannungen gleich groß sind (s. Abschn. 9.1.6). Demzufolge sind **in jedem Punkt der Querschnittsfläche die Schubspannungen $\boldsymbol{\tau_\mathrm{q} = \tau_\mathrm{l}}$** und nach Gl. (9.70) errechenbar. Sie haben ebenfalls ihren Größtwert an der Nulllinie, wo die Biegespannungen null sind (Bild 9.95c). Der Größtwert ist bei Rechteckflächen das 1,5fache der mittleren Schubspannung $\tau = F_\mathrm{q}/A$ (Gl. (9.2)), die als gleichmäßig verteilt angenommen wird. Am Flächenrand, wo die größten Biegespannungen auftreten, sind die Schubspannungen null. Aus diesem Grunde dürfen sie bei der Berechnung

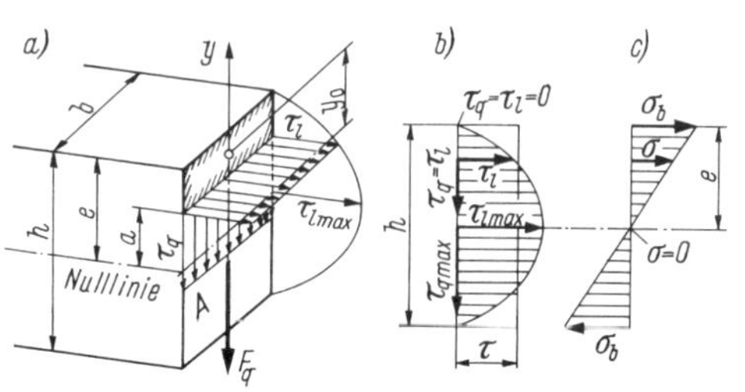

Bild 9.95 Spannungsverteilung im Rechteckquerschnitt bei Biegebeanspruchung
a) Schubspannungen τ_l und τ_q, b) Verteilung der Schubspannungen, c) Verteilung der Normalspannungen (Biegespannungen)

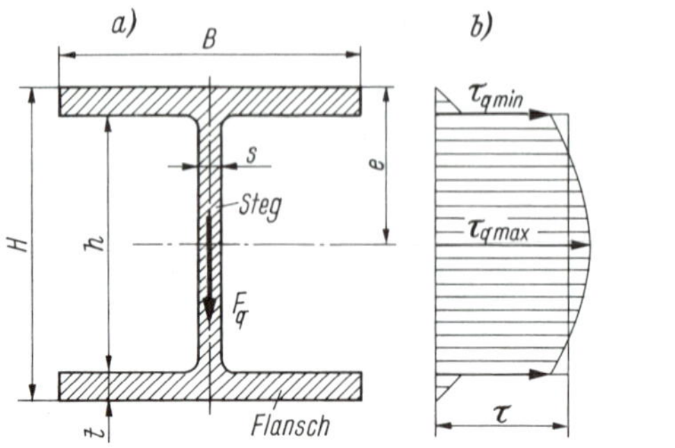

Bild 9.96 Schubbeanspruchter I-Querschnitt
a) Querschnittsfläche mit Querkraft F_q, b) Verteilung der Querschubspannungen τ_q (um 90° gedreht gezeichnet)

biegebeanspruchter Bauteile meistens vernachlässigt werden. Bei extrem kurzen Trägern, wenn $l \leq h$ ist, und in den dünnwandigen Tragwerken des Kranbaus (Profilträger, geschweißte oder genietete Träger aus Blechen) sowie in deren Verbindungsmitteln (Schweißnähte, Niete, Schrauben) müssen die Schubspannungen berücksichtigt werden.

Bild 9.96a zeigt den Querschnitt eines I-Parallelflanschträgers, der eine Querkraft F_q zu übertragen hat. Die Schubspannungen in den Flanschen sind sehr gering. Fast die gesamte Querkraft muss allein vom Steg aufgenommen werden. In Bild 9.96b ist der Verlauf der Querschubspannungen τ_q dargestellt. Da der Unterschied zwischen $\tau_{q\,min}$ und $\tau_{q\,max}$ im Steg gering ist, wird bei Überschlagsrechnungen nur mit der mittleren

Schubspannung $$\boldsymbol{\tau} = \frac{\boldsymbol{F_q}}{\boldsymbol{s \cdot h}} \qquad (9.71)$$

gerechnet, wobei s die Stegdicke und h die Steghöhe bedeuten. Rundungen und Flanschneigungen an Walzprofilen bleiben dabei unberücksichtigt. Aussparungen im Steg, die manchmal zur Verringerung des Eigengewichts vorgesehen werden, beeinflussen die Biegespannung nur unwesentlich, führen aber zu einer beträchtlichen Erhöhung der Schubspannung.

Beispiel 9.39
Der geschweißte I-Träger nach Bild 9.97 hat infolge Biegebeanspruchung im dargestellten Ausschnitt eine konstante Querkraft von 120 kN zu übertragen. Es sind zu errechnen: die größte Längsschubspannung in der Schweißnaht, die mittlere Schubspannung im ungeschwächten Stegquerschnitt 1 und im geschwächten Stegquerschnitt 2, die maximale Querschubspannung im Querschnitt 1.

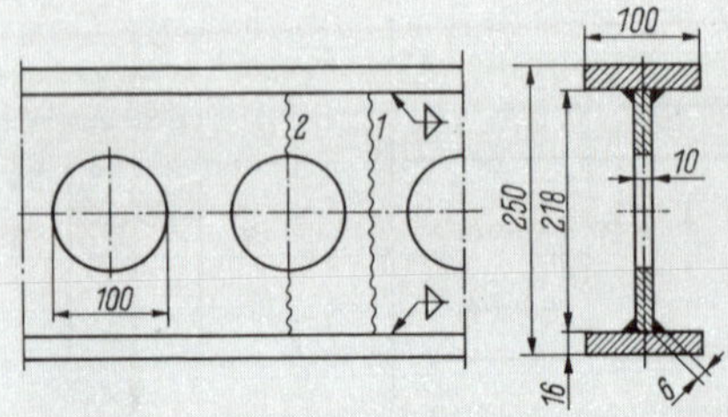

Bild 9.97 Ausschnitt eines geschweißten I-Trägers mit kreisförmigen Aussparungen im Steg

Lösung:
Gegeben: $F_q = 120$ kN, $H = 250$ mm, $h = 218$ mm, $t = 16$ mm, $B = d = 100$ mm, $s = 10$ mm, $a = 6$ mm (Bild 9.98).
Gesucht: $\tau_{l\,max}$, τ_1, τ_2, $\tau_{q1\,max}$.

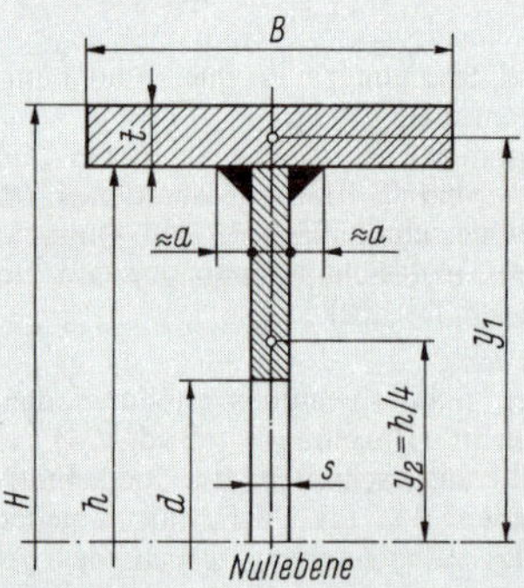

Bild 9.98 Berechnungsskizze

1. Größte Längsschubspannung $\tau_{l\,max}$ in der Schweißnaht

Sie tritt am geschwächten Querschnitt 2 auf und wird nach Gl. (9.70) errechnet, in die einzusetzen sind: Flächenmoment 1. Grades der Flanschfläche mit $y_1 = (h + t)/2 = (218 + 16)$ mm$/2 = 117$ mm:

$$H_{Fl} = y_1 \cdot t \cdot B = (117 \cdot 16 \cdot 100)\ \text{mm}^3 = 187{,}2 \cdot 10^3\ \text{mm}^3,$$

Flächenmoment 2. Grades der geschwächten Querschnittsfläche 2 ($\widehat{=}\ I_x$ nach Tab. 22, Schweißnahtflächen werden vernachlässigt):

$$I_2 = \frac{B(H^3 - h^3) + s(h^3 - d^3)}{12} = \frac{100(250^3 - 218^3) + 10(218^3 - 100^3)}{12}\ \text{mm}^4 = 51{,}67 \cdot 10^6\ \text{mm}^4,$$

Längsschnittflächenbreite

$b \approx 2a = 2 \cdot 6$ mm $= 12$ mm,

somit

$$\tau_{l\,max} = \frac{F_q \cdot H_{Fl}}{b \cdot I_2} = \frac{120 \cdot 10^3\ \text{N} \cdot 187{,}2 \cdot 10^3\ \text{mm}^3}{12\ \text{mm} \cdot 51{,}67 \cdot 10^6\ \text{mm}^4} = 36{,}2\ \text{N/mm}^2.$$

2. Mittlere Schubspannungen τ_1 und τ_2 in den Querschnitten 1 und 2

Entspr. Gl. (9.71):

$$\tau_1 = \frac{F_q}{s \cdot h} = \frac{120 \cdot 10^3\ \text{N}}{10\ \text{mm} \cdot 218\ \text{mm}} = 55\ \text{N/mm}^2,$$

$$\tau_2 = \frac{F_q}{s(h-d)} = \frac{120 \cdot 10^3\ \text{N}}{10\ \text{mm}(218-100)\ \text{mm}} = 101{,}7\ \text{N/mm}^2.$$

Die mittlere Schubspannung im geschwächten Querschnitt 2 ist fast doppelt so hoch wie im ungeschwächten Stegquerschnitt 1.

3. Größte Querschubspannung $\tau_{\text{ql max}}$ im Querschnitt 1

Nach Gl. (9.70) ergibt sich (da $\tau_q = \tau_1$ ist) mit $b = s$ und

$$H_1 = y_1 \cdot t \cdot B + y_2 \cdot \frac{h}{2} \cdot s = H_{\text{Fl}} + \frac{h^2}{8} s$$

$$= 187\,200\ \text{mm}^3 + \frac{(218\ \text{mm})^2}{8} 10\ \text{mm}$$

$$= 246{,}6 \cdot 10^3\ \text{mm}^3,$$

$$I_1 = \frac{B \cdot H^3 - (B-s)h^3}{12}$$

$$= \frac{100 \cdot 250^3 - (100-10)218^3}{12}\ \text{mm}^4$$

$$= 52{,}51 \cdot 10^6\ \text{mm}^4,$$

somit

$$\tau_{\text{ql max}} = \frac{F_q \cdot H_1}{s \cdot I_1} = \frac{120 \cdot 10^3\ \text{N} \cdot 246{,}6 \cdot 10^3\ \text{mm}^3}{10\ \text{mm} \cdot 52{,}51 \cdot 10^6\ \text{mm}^4} = 56{,}4\ \text{N/mm}^2.$$

Dieser Wert ist nur unwesentlich größer als τ_1.

9.4.6 Durchbiegung

Unter dem Einfluss von Biegekräften wird die ursprünglich gerade Achse eines Trägers gekrümmt. Die durchgebogene Trägerachse heißt **Biegelinie** oder **elastische Linie**. Bild 9.99 zeigt einen durchgebogenen Freiträger. Zwei vor der Belastung parallele, um den sehr kleinen Abstand Δl entfernte Querschnitte 1 und 2 bilden nach der Belastung den sehr kleinen Winkel $\Delta\beta$. Die Nulllinie erfährt keine Längenänderung, so dass dort der Abstand Δl erhalten bleibt, während die um den Randabstand e entfernten äußeren Zugrandfasern gedehnt und entspr. Gl. (9.7) um $\Delta s = \varepsilon \cdot \Delta l$ verlängert werden. Mit dem Krümmungsradius ϱ gilt wegen der Ähnlichkeit der schraffierten dreieckförmigen Flächen: $\varrho/e = \Delta l/\Delta s = \Delta l/(\varepsilon \cdot \Delta l) = 1/\varepsilon$. Da $\varepsilon = \sigma_b/E$ (Gl. (9.6)) und $\sigma_b = M_b/W_b = M_b \cdot e/I$ (Gln. (9.48) u. (9.49)) ist, folgt für die Schnittstelle im Abstand x mit dem Biegemoment M_b, dem Flächenmoment 2. Grades I der Querschnittsfläche und dem Elastizitätsmodul E der **Krümmungsradius** $\varrho = E \cdot I/M_b$. Sein Kehrwert ist die

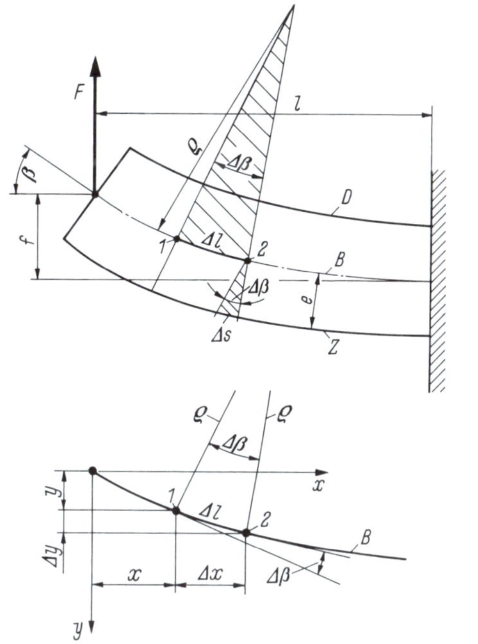

Bild 9.99 Durch die Kraft F gekrümmter Freiträger (Krümmung übertrieben dargestellt)
B Biegelinie (elastische Linie), Z Zugrandfaser, D Druckrandfaser

$$\textit{Krümmung}\quad k = \frac{1}{\varrho} = \frac{M_b}{E \cdot I} \tag{9.72}$$

Das Produkt $E \cdot I$ wird **Biegesteifigkeit** genannt. Die Krümmung und damit die Durchbiegung nimmt mit wachsendem Biegemoment zu und mit größer werdender Biegesteifigkeit ab.

Ausgehend von der Steigung der Biegelinie erhält man mit Hilfe der Differenzialrechnung einen mathematischen Zusammenhang zwischen der Krümmung k und der Durchbiegung y an der Stelle x, ausgedrückt in der **Differenzialgleichung der Biegelinie**.

Durch einmalige Integration dieser Differenzialgleichung entsteht eine Gleichung für den Tangens des Neigungswinkels β, durch zweimalige Integration eine Gleichung für die Durchbiegung y. In Tab. 25 sind für einige Trägerarten mit gleich bleibendem Querschnitt die so entstehenden Durchbiegungsgleichungen zusammengestellt. Meistens interessieren nur die größte Durchbiegung $y_{\max}$, die allgemein mit f angegeben wird, und der Neigungswinkel β der Tangente an den Trägerenden, den Lagerstellen bei Trägern auf zwei Stützen. Da diese Winkel sehr klein sind, darf $\tan\beta = \beta$ in rad gesetzt werden. Nachfolgend wird die Herleitung der Gleichungen für die größte Durchbiegung f und für den Neigungswinkel β ohne höhere Mathematik mit Hilfe eines Näherungsverfahrens erläutert.

Die Tangenten in den Punkten 1 und 2 der Biegelinie (Bild 9.100a) bilden wie die Krümmungsradien ϱ den Winkel $\Delta\beta$ und schneiden auf der y-Achse einen Teil Δf der Durchbiegung f heraus. Weitere Tangenten an der Biegelinie würden ebenfalls Teilstrecken Δf ergeben, deren Summe die Durchbiegung $f = \Sigma(\Delta f)$ am Trägerende darstellt. Wenn $\Delta\beta$ sehr klein gewählt wird, sind auch Δl und Δf sehr klein, so dass die schraffierten Dreiecke als ähnlich angenommen und näherungsweise $\Delta l/\varrho = \Delta f/(x + \Delta x)$ gesetzt werden kann. Vernachlässigt man Δx, da es gegenüber x verschwindend klein ist, so folgt daraus $\Delta f = \Delta l \cdot x/\varrho$ und mit $\varrho = E \cdot I/M_b$ (Gl. (9.72)) die größte Durchbiegung

$$f = \Sigma(\Delta f) = \Sigma\left(\frac{\Delta l \cdot x \cdot M_b}{E \cdot I}\right) = \frac{1}{E \cdot I}\Sigma(M_b \cdot \Delta l \cdot x)$$

Das Produkt $M_b \cdot \Delta l \approx M_b \cdot \Delta x \mathrel{\hat{=}} \Delta A_b$ als Teilfläche der Biegemomentenfläche A_b (Bild 9.100b). Wegen des sehr kleinen Δx kann x als Schwerpunktabstand von ΔA_b angesehen werden. Somit ist $\Delta A_b \cdot x$ das Flächenmoment 1. Grades von ΔA_b und $\Sigma(\Delta A_b \cdot x) = A_b \cdot x_0$ das

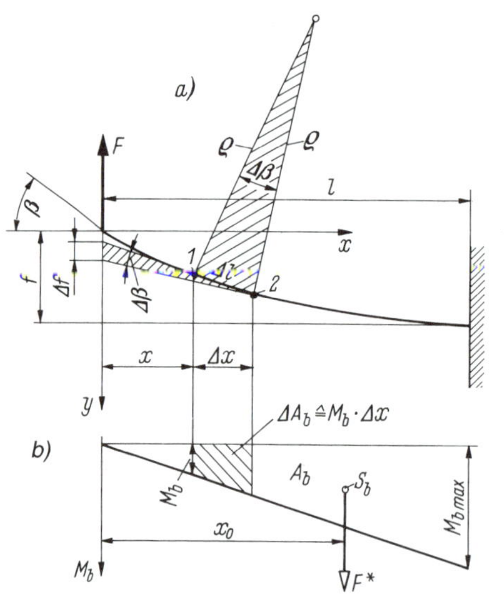

Bild 9.100 Zur Herleitung der Durchbiegung f und des Neigungswinkels β
a) durchgebogener Freiträger (Krümmung übertrieben), b) Biegemomentenfläche

Flächenmoment 1. Grades der Biegemomentenfläche A_b mit x_0 als Flächenschwerpunktabstand. Denkt man sich A_b als fiktive[1] Belastung des Trägers und ersetzt diese Belastung durch eine im Schwerpunkt S_b angreifende Ersatzkraft F^*, dann übt diese ein Ersatzmoment $M_b^* = F^* \cdot x_0$ aus, das $A_b \cdot x_0$ entspricht.
Damit ergibt sich für einen Träger mit gleich bleibendem Querschnitt die

größte Durchbiegung $$\boldsymbol{f = \frac{M_b^*}{E \cdot I} = \frac{F^* \cdot x_0}{E \cdot I}} \qquad (9.73)$$

Die der Biegemomentenfläche entsprechende Ersatzkraft F hat die Einheit $[F^*] = [M_b] \cdot [l] = \text{Nmm} \cdot \text{mm} = \text{N} \cdot \text{mm}^2$. Der Schwerpunktabstand x_0 hängt von der Form der Biegemomentenfläche ab. Sinngemäß zu $f = \Sigma(\Delta f)$ folgt aus Bild 9.100a der Neigungswinkel $\beta = \Sigma(\Delta\beta)$. Mit $\Delta\beta = \Delta l/\varrho$ in rad und $\varrho = E \cdot I/M_b$ wird

$$\beta = \Sigma(\Delta\beta) = \Sigma\left(\frac{\Delta l \cdot M_b}{E \cdot I}\right) = \frac{1}{E \cdot I}\,\Sigma(M_b \cdot \Delta l)$$

Wird auch hier die Ersatzkraft F^* eingeführt, so ergibt sich mit Gl. (9.73) für die Tangente am Ende eines Trägers gleich bleibenden Querschnitts der

Neigungswinkel $$\boldsymbol{\beta = \frac{F^*}{E \cdot I} = \frac{f}{x_0}} \qquad (9.74)$$

Für den Freiträger mit Einzelkraft nach Bild 9.100 betragen

$$F^* = M_{b\,max} \cdot \frac{l}{2} = F \cdot l \cdot \frac{l}{2} = F \cdot \frac{l^2}{2} \quad \text{und}$$

$$x_0 = \frac{2}{3}\,l$$

Damit nach Gl. (9.73):

$$f = \frac{F^* \cdot x_0}{E \cdot I} = \frac{F \cdot l^2 \cdot 2l}{2 \cdot E \cdot I \cdot 3} = \frac{F \cdot l^3}{3E \cdot I} \quad \text{und}$$

$$\beta = \frac{F^*}{E \cdot I} = \frac{F \cdot l^2}{2E \cdot I}$$

wie in Tab. 25 angegeben.
Die Gln. (9.73) und (9.74) entsprechen dem **Mohrschen**[2] **Verfahren** (auch Ersatzträgerverfahren genannt), dessen ausführliche Erläuterung über den Rahmen dieses Buches hinausgehen würde (s. weiterführende Literatur).

[1] *fiktiv* von Fiktion (lat.): Einführung eines nicht der Wirklichkeit entsprechenden Sachverhalts
[2] *Christian Otto Mohr* (1835 bis 1918), deutscher Ingenieur

Beispiel 9.40
Eine Achse aus E295 wird nach Bild 9.101a belastet. Für diesen Stützträger mit einer Einzelkraft in der Mitte sind die Gleichungen für die größte Durchbiegung und für die Neigungswinkel an den Trägerenden zu entwickeln und die Beträge zu errechnen (Eigengewicht vernachlässigen).

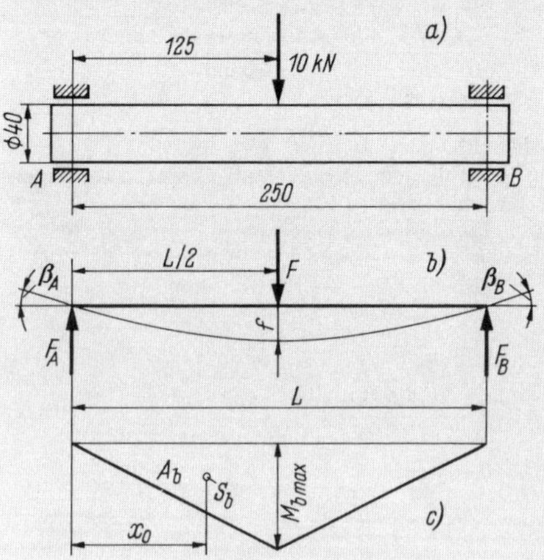

Bild 9.101 Glatte Achse als Träger auf zwei Stützen mit einer Einzelkraft in der Mitte
a) belastete Achse, b) freigemachte Achse, c) Biegemomentenfläche

Lösung:
Gegeben: $F = 10$ kN, $L = 250$ mm, $d = 40$ mm,
$E = 210$ kN/mm^2 (Tab. 11).
Gesucht: f und β.
1. Größte Durchbiegung f
Wegen der Symmetrie sind die Stützkräfte gleich groß: $F_A = F_B = F/2$ (Bild 9.101b). Das größte Biegemoment $M_{b\,max} = F_A \cdot L/2 = F \cdot L/4$ tritt wie f unter der Kraft F auf (Bild 9.101c). Mit einem gedachten Schnitt in der Trägermitte erhält man Verhältnisse wie bei einem Freiträger mit Einzelkraft am Ende.
In Gl. (9.73) sind einzusetzen:

$$F^* = M_{b\,max} \cdot \frac{L/2}{2} = \frac{F \cdot L^2}{16} \quad \text{und}$$

$$x_0 = \frac{2}{3} \cdot \frac{L}{2} = \frac{L}{3}.$$

Somit wird

$$f = \frac{F^* \cdot x_0}{E \cdot I} = \frac{F \cdot L^2 \cdot L}{16 \cdot E \cdot I \cdot 3} = \frac{F \cdot L^3}{48E \cdot I} \quad \text{(wie in Tab. 25)}$$

und mit $I = d^4 \cdot \pi/64$ (Tab. 22):

$$f = \frac{F \cdot L^3 \cdot 64}{48E \cdot d^4\pi} = \frac{4F \cdot L^3}{3\pi \cdot E \cdot d^4}$$
$$= \frac{4 \cdot 10\text{ kN} \cdot (250\text{ mm})^3}{3\pi \cdot 210\text{ kN/mm}^2 \cdot (40\text{ mm})^4} = 0{,}123\text{ mm}.$$

2. Neigungswinkel β
Wegen der Symmetrie ist $\beta_A = \beta_B = \beta$ nach Gl. (9.74):

$$\beta = \frac{F^*}{E \cdot I} = \frac{F \cdot L^2}{16E \cdot I} \quad \text{(wie in Tab.25) und mit}$$

$I = d^4 \cdot \pi/64$ wird

$$\beta = \frac{F \cdot L^2 \cdot 64}{16E \cdot d^4 \cdot \pi} = \frac{4F \cdot L^2}{\pi E \cdot d^4}$$
$$= \frac{4 \cdot 10\text{ kN}\,(250\text{ mm})^2}{\pi \cdot 210\text{ kN/mm}^2 \cdot (40\text{ mm})^4}$$
$$= 0{,}00148\text{ rad} \approx 0{,}085°.$$

Auch die Durchbiegung und die Neigungswinkel von Trägern mit mehreren Einzelkräften oder gemischtem Kraftangriff können mit den Gleichungen der Tab. 25 ermittelt werden. Nach dem Überlagerungs- und Superpositionsprinzip (s. Abschn. 6.4.1) betragen die größte Durchbiegung $f = \Sigma f_i$ und der Neigungswinkel am Trägerende $\beta = \Sigma \beta_i$, wenn f_i und β_i die Werte für einen in Tab. 25 enthaltenen Belastungsfall bedeuten.

Beispiel 9.41
Für den Stützträger nach Bild 9.102a sind unter Berücksichtigung des Eigengewichts die Durchbiegung in der Trägermitte und die Neigungswinkel der Tangenten an den Lagerstellen A und B zu errechnen.
Lösung:
Gegeben: $F_1 = 15$ kN, $F_2 = 20$ kN, $L = 6$ m,
$l_{a1} = 1{,}6$ m, $l_{b2} = 2$ m (Bild 9.102b),
$m' = 25{,}3$ kg/m (Tab. 33),
$I = 2 \cdot 1910$ cm^4 $= 3820$ cm^4 ($= 2I_x$ nach Tab. 33), $E = 210\,000$ N/mm^2
$= 21 \cdot 10^3$ kN/cm^2 (Tab. 11).
Gesucht: f_m, β_A und β_B.
1. Durchbiegung f_{m1} und Neigungswinkel β_{A1} und β_{B1} infolge der Kraft F_1 (Bild 9.102c)
Nach den Gln. der Tab. 25 (Nr. 6), wobei l_a und l_b in der Gl. für y zu vertauschen sind, da $l_{a1} = 160$ cm $< l_{b1} = L - l_{a1} = 440$ cm ist. Wegen der kleineren Zahlenwerte werden alle Längen in cm eingesetzt.
Mit $x = L/2$ und

$$\frac{F_1}{6E \cdot I} = \frac{15\text{ kN} \cdot \text{cm}^2}{6 \cdot 21 \cdot 10^3\text{ kN} \cdot 3820\text{ cm}^4} = \frac{3{,}11643}{10^8\text{ cm}^2} \quad \text{wird}$$

$$f_{m1} = y = \frac{F_1}{6E \cdot I} \cdot \frac{l_{b1} \cdot l_{a1}^2}{2}\left(1 + \frac{L}{l_{a1}} - \frac{L^2}{4 \cdot l_{b1} \cdot l_{a1}}\right)$$
$$= \frac{3{,}11643}{10^8\text{ cm}^2} \cdot \frac{440 \cdot 160^2\text{ cm}^3}{2}$$
$$\times \left(1 + \frac{600}{160} - \frac{600^2}{4 \cdot 440 \cdot 160}\right)$$
$$= 0{,}609\text{ cm},$$

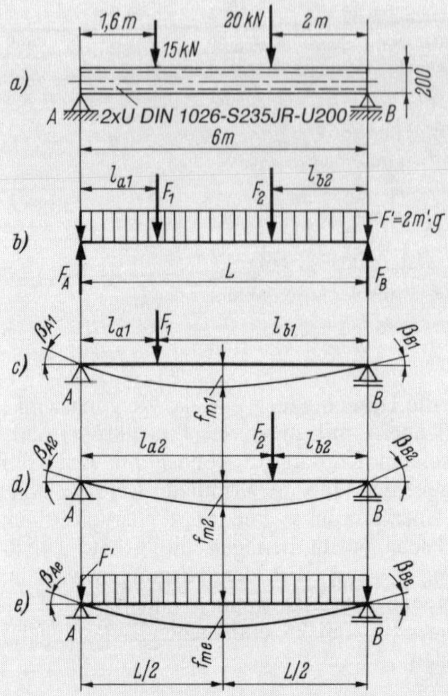

Bild 9.102 Durchbiegung eines Stahlträgers mit zwei Einzelkräften
a) belasteter Träger, b) freigemachter Träger mit Streckenkraft F' infolge Eigengewicht, c) Durchbiegung wegen F_1, d) wegen F_2, e) wegen F'

$$\beta_{A1} = \frac{F_1}{6E \cdot I} \cdot \frac{l_{a1} \cdot l_{b1}(L + l_{b1})}{L}$$
$$= \frac{3{,}11643}{10^8\ \text{cm}^2} \cdot \frac{160 \cdot 440(600 + 440) \cdot \text{cm}^3}{600\ \text{cm}}$$
$$= 0{,}00380\ \text{rad},$$

$$\beta_{B1} = \frac{F_1}{6E \cdot I} \cdot \frac{l_{a1} \cdot l_{b1}(L + l_{a1})}{L}$$
$$= \frac{3{,}11643}{10^8\ \text{cm}^2} \cdot \frac{160 \cdot 440(600 + 160) \cdot \text{cm}^3}{600\ \text{cm}}$$
$$= 0{,}00278\ \text{rad}.$$

2. Durchbiegung f_{m2} und Neigungswinkel β_{A2} und β_{B2} infolge der Kraft F_2 (Bild 9.102d)
Mit $l_{a2} = L - l_{b2} = 400$ cm $> l_{b2} = 200$ cm, $x = L/2$ und

$$\frac{F_2}{6E \cdot I} = \frac{20\ \text{kN} \cdot \text{cm}^2}{6 \cdot 21 \cdot 10^3\ \text{kN} \cdot 3820\ \text{cm}^4} = \frac{4{,}15524}{10^8\ \text{cm}^2} \quad \text{wird}$$

$$f_{m2} = y = \frac{F_2}{6E \cdot I} \cdot \frac{l_{a2} \cdot l_{b2}^2}{2}\left(1 + \frac{L}{l_{b2}} - \frac{L^2}{4 \cdot l_{a2} \cdot l_{b2}}\right)$$
$$= \frac{4{,}15524}{10^8\ \text{cm}^2} \cdot \frac{400 \cdot 200^2\ \text{cm}^3}{2}$$
$$\cdot \left(1 + \frac{600}{200} - \frac{600^2}{4 \cdot 400 \cdot 200}\right)$$
$$= 0{,}956\ \text{cm},$$

$$\beta_{A2} = \frac{F_2}{6E \cdot I} \cdot \frac{l_{a2} \cdot l_{b2}(L + l_{b2})}{L}$$
$$= \frac{4{,}15524}{10^8\ \text{cm}^2} \cdot \frac{400 \cdot 200(600 + 200) \cdot \text{cm}^3}{600\ \text{cm}}$$
$$= 0{,}00443\ \text{rad},$$

$$\beta_{B2} = \frac{F_2}{6E \cdot I} \cdot \frac{l_{a2} \cdot l_{b2}(L + l_{a2})}{L}$$
$$= \frac{4{,}15524}{10^8\ \text{cm}^2} \cdot \frac{400 \cdot 200(600 + 400) \cdot \text{cm}^3}{600\ \text{cm}}$$
$$= 0{,}00554\ \text{rad}.$$

3. Durchbiegung f_{me} und Neigungswinkel β_{Ae} und β_{Be} infolge der Streckenkraft F' wegen des Eigengewichts (Bild 9.102e)
Nach Tab. 25 (Nr. 5) wird mit
$F' = 2m' \cdot g = 2 \cdot 25{,}3$ kg/m $\cdot$ 9,81 m/s^2
$= 496{,}4$ N/m $= 4{,}964 \cdot 10^{-3}$ kN/cm:

$$f_{me} = f = \frac{F' \cdot L^4}{76{,}8E \cdot I}$$
$$= \frac{4{,}964\ \text{kN} \cdot \text{cm}^2 \cdot 600^4\ \text{cm}^4}{76{,}8 \cdot 10^3\ \text{cm} \cdot 21 \cdot 10^3\ \text{kN} \cdot 3820\ \text{cm}^4}$$
$$= 0{,}104\ \text{cm},$$

$$\beta_{Ae} = \beta_{Be} = \frac{F' \cdot L^3}{24E \cdot I}$$
$$= \frac{4{,}964\ \text{kN} \cdot \text{cm}^2 \cdot 600^3\ \text{cm}^3}{24 \cdot 10^3\ \text{cm} \cdot 21 \cdot 10^3\ \text{kN} \cdot 3820\ \text{cm}^4}$$
$$= 0{,}000557\ \text{rad}.$$

4. Durchbiegung f_m in Trägermitte und Neigungswinkel β_A und β_B an den Trägerenden
Nach dem Überlagerungsprinzip:

$$f_m = \Sigma f_{mi} = f_{m1} + f_{m2} + f_{me}$$
$$= (0{,}609 + 0{,}956 + 0{,}104)\ \text{cm} = 1{,}669\ \text{cm}$$
$$\approx 16{,}7\ \text{mm},$$

$$\beta_A = \Sigma\beta_{Ai} = \beta_{A1} + \beta_{A2} + \beta_{Ae}$$
$$= (0{,}0038 + 0{,}0043 + 0{,}000557)\ \text{rad}$$
$$\approx 0{,}0088\ \text{rad} \approx 0{,}5°,$$

$$\beta_B = \Sigma\beta_{Bi} = \beta_{B1} + \beta_{B2} + \beta_{Be}$$
$$= (0{,}00278 + 0{,}00554 + 0{,}000557)\ \text{rad}$$
$$\approx 0{,}0089\ \text{rad} \approx 0{,}51°.$$

5. Schlussbemerkung
Die in der Trägermitte auftretende Durchbiegung f_m ist nicht unbedingt die größte Durchbiegung f, liegt jedoch in deren unmittelbarer Nähe. Die genaue Berechnung von f ist sehr aufwändig. Der errechnete Wert ist zulässig, da üblicherweise $f_{zul} = L/300 = 6000\ \text{mm}/300 = 20$ mm beträgt.

Die Durchbiegung und die Neigungswinkel von Bauteilen mit unterschiedlichen Querschnitten, wie bei gestuften Achsen und Wellen, die nur mit einer Einzelkraft belastet werden, können nach den Gln. (9.73) und (9.74) errechnet werden. Zur Berücksichtigung der unterschiedlichen Biegesteifigkeiten $E \cdot I_i$ ist bei der Ermittlung der Ersatzkraft F_i^* ein Verzerrungsfaktor $v_i = I_{max}/I_i$ einzufügen.

Nachfolgend wird für den Freiträger nach Bild 9.103a mit der Einzelkraft F und den Flächenmomenten 2. Grades I_1, I_2 und $I_3 = I_{max}$ die Entwicklung der Berechnungsgleichungen gezeigt. Es betragen die Biegemomente $M_{b1} = F \cdot l_1$, $M_{b2} = F \cdot l_2$, $M_{b3} = F \cdot l_3 = F \cdot l = M_{b\,max}$, die Verzerrungsfaktoren $v_1 = I_3/I_1$, $v_2 = I_3/I_2$, $v_3 = I_3/I_3 = 1$ und damit die Ersatzkräfte

$$F_1^* = M_{b1} \cdot v_1 \cdot \frac{l_1}{2} = \frac{F \cdot l_1 \cdot I_3 \cdot l_1}{I_1 \cdot 2} = \frac{F \cdot l_1^2 \cdot I_3}{2I_1},$$

$$F_2^* = (M_{b2} + M_{b1})\, v_2 \cdot \frac{l_2 - l_1}{2} = F(l_2 + l_1)\, \frac{I_3}{I_2} \cdot \frac{l_2 - l_1}{2} = \frac{F(l_2^2 - l_1^2)\, I_3}{2I_2}$$

$$F_3^* = (M_{b3} + M_{b2})\, v_3 \cdot \frac{l_3 - l_2}{2} = F(l_3 + l_2)\, \frac{l_3 - l_2}{2} = \frac{F(l_3^2 - l_2^2)}{2}$$

Somit der Neigungswinkel

$$\beta = \Sigma \frac{F_i^*}{E \cdot I_3} = \frac{1}{E \cdot I_3} \left[\frac{F \cdot l_1^2 \cdot I_3}{2I_1} + \frac{F(l_2^2 - l_1^2)\, I_3}{2I_2} + \frac{F(l_3^2 - l_2^2)}{2} \right] = \frac{F}{2E} \left(\frac{l_1^2}{I_1} + \frac{l_2^2 - l_1^2}{I_2} + \frac{l_3^2 - l_2^2}{I_3} \right).$$

Mit den Schwerpunktabständen (Bild 9.103c) der verzerrten Biegemomentflächen A_{b1} (Dreieck), A_{b2} und A_{b3} (Trapeze)[1]:

$$x_{01} = \frac{2}{3}\, l_1, \quad x_{02} = \frac{2}{3} \cdot \frac{l_2^2 + l_2 \cdot l_1 + l_1^2}{l_2 + l_1} \quad \text{und}$$

$$x_{03} = \frac{2}{3} \cdot \frac{l_3^2 + l_3 \cdot l_2 + l_2^2}{l_3 + l_2}$$

erhält man die größte Durchbiegung

$$f = \Sigma \frac{F_i^* \cdot x_{0i}}{E \cdot I_3} = \frac{F}{3E} \left(\frac{l_1^3}{I_1} + \frac{l_2^3 - l_1^3}{I_2} + \frac{l_3^3 - l_2^3}{I_3} \right).$$

Für abgesetzte Bauteile mit mehreren Kräften oder gemischtem Kraftangriff sind zeichnerische Verfahren manchmal vorteilhafter als rechnerische, da der mathematische Aufwand erheblich ist. Beim *grafischen Verfahren nach Mohr* wird die Biegelinie durch zweimalige Anwendung des Schlusslinienverfahrens (s. Absch. 2.3.3) konstruiert und f sowie β mit den Maßstabfaktoren errechnet.

Wirken die **Belastungskräfte nicht in einer Ebene**, so sind die Durchbiegungen f_y in der x,y-Ebene und f_z in der x,z-Ebene eines räumlichen Koordinatensystems wie die Biegemomente getrennt zu ermitteln (s. Abschn. 9.4.3) und zur **resultierenden Durchbiegung** $\boldsymbol{f = \sqrt{f_y^2 + f_z^2}}$ zusammenzusetzen. Durch die Querkraft F_q wird eine zusätzliche Senkung des Biegeträgers hervorgerufen, die man im Allgemeinen wegen Geringfügigkeit vernachlässigt. Mit der größten Durchbiegung f lässt sich auch die an einem Biegeträger verrichtete Formänderungsarbeit errechnen. Da die Bauteile im Proportionalitätsbereich der Werkstoffe als Federn mit gerader Kennlinie aufgefasst werden können, beträgt bei einem durch eine Kraft F auf Biegung beanspruchten Träger sinngemäß zur Federarbeit (Gl. (7.22)) die **Formänderungsarbeit** $\boldsymbol{W = F \cdot f/2}$. Wirken mehrere Kräfte, so ist die Berechnung der Formänderungsarbeit weitaus schwieriger. Der interessierte Leser wird auf die im Literaturverzeichnis angegebenen Bücher über Festigkeitslehre hingewiesen.

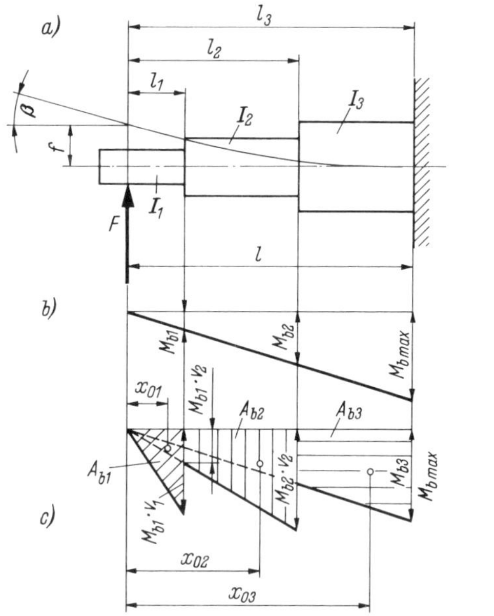

Bild 9.103 Durchbiegung eines gestuften Freiträgers mit Einzelkraft
a) belasteter Träger, b) Biegemomentenfläche, c) verzerrte Biegemomentenfläche zur Berücksichtigung der unterschiedlichen Biegesteifigkeiten

Praxishinweis
Zur Vermeidung von Funktionsstörungen darf die Durchbiegung bestimmte Erfahrungswerte nicht überschreiten (s. Lehrbücher über Maschinenelemente und

[1] Herleitung mit der Formel für Trapezflächenschwerpunkt (Tab. 6) und den mathematischen Regeln für Faktorenzerlegung von Binomen

Berechnungsvorschriften für Stahl- und Brückenbau). So führt z. B. eine zu große Durchbiegung bei Achsen und Wellen wegen der Schiefstellung der Lagerzapfen zu schädlichen Kantenpressungen in den Lagern. Bei Zahnrädern sind Eingriffsstörungen und unruhiger Lauf möglich. Übermäßige Durchbiegungen bei Stahlbauten und Brückenträgern können Resonanzschwingungen hervorrufen (s. Abschn. 8.4.2), die Spannungssteigerungen bewirken und zum Bruch führen können. Die Durchbiegung einer Welle oder eines Trägers z. B. aus Stahl kann nur durch ein größeres axiales Flächenmoment 2. Grades (Querschnittsvergrößerung) verringert werden. Eine Stahlsorte mit höherer Festigkeit ist ohne Einfluss, da der Elastizitätsmodul sich nicht ändert.

Kontrollfragen

- Von welcher Art sind Biegespannungen, wie sind sie über der Querschnittsfläche verteilt und wovon sind sie abhängig?
- Was versteht man unter einem Flächenmoment 2. Grades und was ist ein Widerstandsmoment?
- Wie lautet der Satz von Steiner?
- Welche Schnittgrößen können in Biegeträgern auftreten?
- Welcher Zusammenhang besteht zwischen Biegemoment und Querkraft?
- Was versteht man unter einer Streckenkraft?
- Wie verläuft die Biegemomentenlinie bei Belastung durch Einzelkräfte, durch Streckenkräfte und an der Angriffsstelle einer Axialkraft?
- Was ist ein Träger gleicher Biegebeanspruchung?
- Weshalb darf man bei massiven Bauteilen die Schubspannungen infolge der Querkraft vernachlässigen?
- Was versteht man unter Biegesteifigkeit und welchen Einfluss hat sie auf die Durchbiegung?

9.5 Verdrehbeanspruchung (Torsion)

Lernziele

- Torsionsspannungen als tangentiale Schubspannungen erläutern.
- Die Verteilung der Schubspannungen über der Querschnittsfläche bei Verdrehbeanspruchung darstellen.
- Die Abhängigkeit der Torsionsspannungen vom Drehmoment und der Flächenform erklären.
- Torsionsmomente errechnen und über der Bauteillänge darstellen.
- Für torsionsbeanspruchte Bauteile den Spannungsnachweis durchführen, erforderliche Querschnittsabmessungen und zulässige Torsionsmomente errechnen.
- Den Verdrehwinkel und die Formänderungsarbeit gerader Torsionsstäbe ermitteln.

9.5.1 Verdrehbeanspruchung kreisförmiger Querschnitte

Der an einem Ende eingespannte runde Stab in Bild 9.104a hat ein Drehmoment M zu übertragen, das ihn auf Verdrehung beansprucht. Die Querschnittsflächen reagieren darauf mit einem inneren Moment, dem **Torsionsmoment** T oder

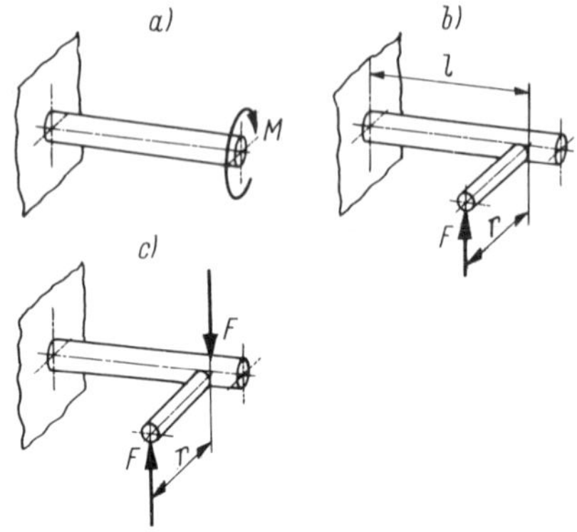

Bild 9.104 Verdrehbeanspruchter Rundstab a) durch Drehmoment M, b) durch Drehmoment $M = F \cdot r$ und zusätzliche Biegebeanspruchung durch Biegemoment $M_b = F \cdot l$, c) durch Drehmoment $M = F \cdot r$ (Biegung durch Stützkraft F verhindert)

M_T. Das Drehmoment kann auf verschiedene Weise erzeugt werden, z. B. durch ein Kräftepaar, wie bereits in den Bildern 9.3 (s. Abschn. 9.1.2) und 9.17 (s. Abschn. 9.1.4) gezeigt. Greift nur eine Kraft F im Abstand r von der Stabachse an (Bild 9.104b), so entsteht außer dem Drehmoment $M = F \cdot r$ das Biegemoment $M_b = F \cdot l$. Der Stab wird zusätzlich auf Biegung beansprucht (Drillbiegung), und es liegt zusammengesetzte Beanspruchung vor (Biegung mit Verdrehung, s. Abschn. 9.6.3). Durch eine geeignete Unterstützung (z. B. ein Lager), die eine Stützkraft F auf den Stab ausübt (Bild 9.104c), kann das Biegemoment aufgehoben werden, so dass der Stab nur durch das Torsionsmoment $T = M = F \cdot r$ und somit nur auf Verdrehung beansprucht wird.
Reine Verdrehbeanspruchung tritt allerdings selten auf, beispielsweise in Drehstabfedern. Praktisch kommt fast immer ein Biegemoment hinzu, wie bei Getriebewellen (s. die Querschnitte 2, 3 und 4 in Bild 9.8), hervorgerufen durch Ketten-, Riemen- oder Zahnkräfte. Am Antriebszapfen einer Welle, in die ein Drehmoment über eine Kupplung eingeleitet wird (Bild 9.105a), wirken keine Biegekräfte. Die als Kräftepaare auftretenden Umfangskräfte erzeugen nur eine Verdrehbeanspruchung. Ist eine Leistung P bei der Drehzahl n zu übertragen, so wird das Drehmoment nach Gl. (7.65) errechnet. Die Ermittlung des Torsionsmoments in einem Bauteilquerschnitt erfolgt durch Freischneiden (s. Abschn. 9.1.2). Der Verlauf des Torsionsmoments über der Bauteillänge kann durch eine **Torsionsmomentenlinie**

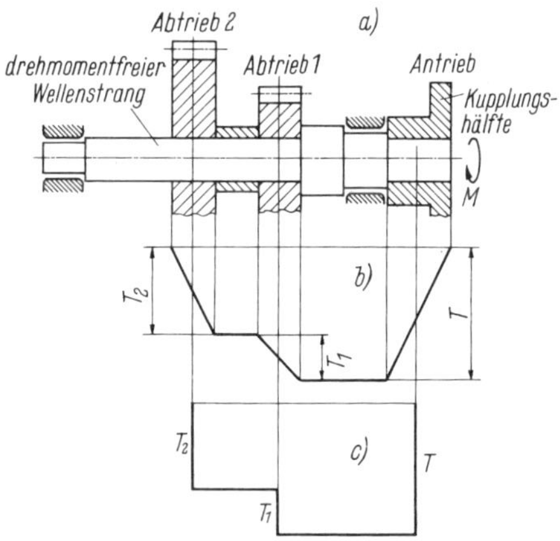

Bild 9.105 Torsionsmomentenverlauf in einer Getriebewelle
a) Welle mit Kupplung und Zahnrädern, b) Torsionsmomentenlinie, c) vereinfachte Torsionsmomentenlinie

dargestellt werden (Bild 9.105b). In einer Nabenverbindung (Press-, Keil-, Passfeder-, Keilwellenverbindung u. dgl.) nimmt das Torsionsmoment im zugehörigen Wellenteil stetig zu oder ab. Für praktische Berechnungen genügt es, das volle Torsionsmoment in Nabenmitte anzusetzen (Bild 9.105c).

Zur Ermittlung der Torsionsspannungen sei ein einseitig eingespannter Rundstab (Bild 9.106) betrachtet, an dessen freiem Ende am Umfang einer Scheibe ein Kräftepaar das Drehmoment $M = 2F_u \cdot D/2 = F_u \cdot D$ ausübt. An der Markierungslinie a ist zu ersehen, dass der Endquerschnitt 2 gegenüber dem Anfangsquerschnitt 1 um den Winkel α verdreht wurde (Bild 9.106b).

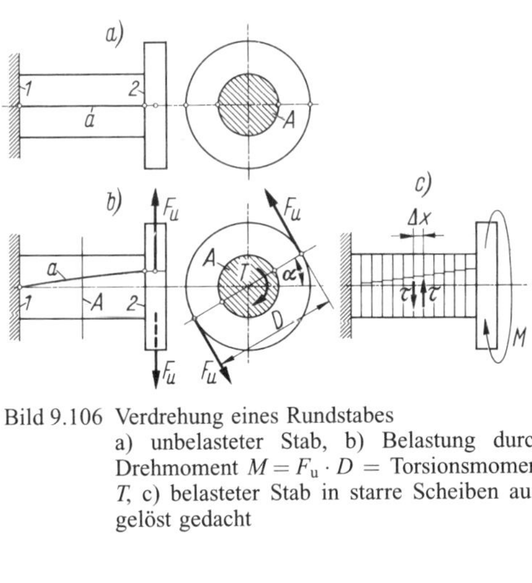

Bild 9.106 Verdrehung eines Rundstabes
a) unbelasteter Stab, b) Belastung durch Drehmoment $M = F_u \cdot D$ = Torsionsmoment T, c) belasteter Stab in starre Scheiben aufgelöst gedacht

Denkt man sich quer zur Stabachse an beliebiger Stelle einen Schnitt, so muss zur Herstellung des Gleichgewichts in der Schnittfläche A des abgeschnittenen Stabteils ein Moment eingetragen werden, das ebenso groß ist wie das äußere Drehmoment, aber diesem entgegengerichtet. Außer diesem Torsionsmoment T hat die Fläche keine weiteren Kräfte oder Momente zu übertragen. Weiterhin denke man sich den Stab in viele starre Scheiben aufgelöst (Bild 9.106c), die mit einem elastischen Kleber verbunden sind. Durch das Torsionsmoment werden die Scheiben gegeneinander in Umfangsrichtung verschoben. Also müssen in den Fugenflächen, den Querschnittsflächen, Schubspannungen τ wirken. Unter ähnlichen idealisierenden Voraussetzungen wie bei der Biegebeanspruchung (s. Abschn. 9.4.1) sind die Verschiebungen am Außenumfang am größten und in der Mitte null. Dementsprechend nimmt die Schubspannung von der Querschnittsmitte zum Querschnittsrand hin linear zu (Bild 9.107a) und hat dort ihren Größtwert als **Verdreh- oder Torsionsspannung $\boldsymbol{\tau_t}$.**

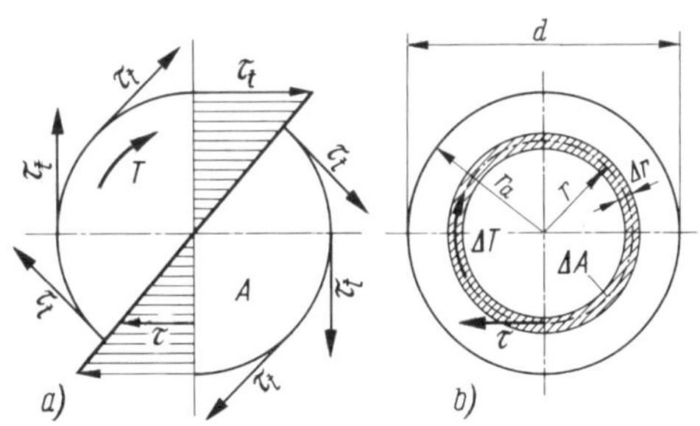

Bild 9.107 Tangentialspannungen durch Verdrehbeanspruchung
a) Spannungsverteilung, b) schmale Ringfläche ΔA gleicher Schubbeanspruchung

Ein kreisringförmiges winzig schmales Querschnittsteilchen ΔA (Bild 9.107b) hat den Torsionsmomentenanteil $\Delta T = \tau \cdot \Delta A \cdot r$ zu übertragen, der ganze Querschnitt das Torsionsmoment $T = \Sigma(\Delta T) = \Sigma(\tau \cdot \Delta A \cdot r)$. Nach dem Strahlensatz der Geometrie ist $\boldsymbol{\tau = \tau_t \cdot r/r_a}$ mit dem Außenradius r_a. Diese Gleichung ist das *Verteilungsgesetz der Schubspannungen bei Torsion.* Damit wird das Torsionsmoment

$$T = \Sigma\left(\tau_t \cdot \Delta A \cdot \frac{r^2}{r_a}\right) = \frac{\tau_t}{r_a}\,\Sigma(r^2 \cdot \Delta A)$$

Der Ausdruck $\Sigma(r^2 \cdot \Delta A)$ ist nach Gl. (9.57) das **polare Flächenmoment 2. Grades $\boldsymbol{I_p}$** der Querschnittsfläche, auch als Drill- oder **Torsions-Flächenmoment 2. Grades $\boldsymbol{I_t}$** bezeichnet. Der

Quotient I_p/r_a ist entspr. Gl. (9.61) mit dem Randabstand $e = r_a$ das **polare Widerstandsmoment W_p**, das auch Drillwiderstandsmoment oder **Widerstandsmoment gegen Torsion $W_t = I_t/r_a$** genannt wird. Damit ergibt sich das Torsionsmoment $T = \tau_t \cdot I_t/r_a = \tau_t \cdot W_t$ und daraus die

Verdreh- oder Torsionsspannung

$$\tau_t = \frac{T}{W_t} \tag{9.75}$$

Für einen vollen **Kreisquerschnitt** mit dem Durchmesser d und dem axialen Flächenmoment 2. Grades $I = I_x = I_y = d^4 \cdot \pi/64$ (Tab. 22) wird nach Gl. (9.57) das auf den Kreismittelpunkt bezogene polare Flächenmoment 2. Grades $I_p = \Sigma(r^2 \cdot \Delta A) = I_x + I_y = 2 \cdot d^4 \cdot \pi/64$. Somit beträgt für eine Kreisfläche das

polare Flächenmoment 2. Grades

$$I_p = I_t = \frac{\pi}{32}\, d^4 \approx 0{,}1 d^4 \tag{9.76}$$

und mit $e = r_a = d/2$ nach Gl. (9.61) das

Widerstandsmoment gegen Torsion

$$W_t = W_p = \frac{\pi}{16}\, d^3 \approx 0{,}2 d^3 \tag{9.77}$$

Sinngemäß ergibt sich für einen **Kreisringquerschnitt** mit dem Außendurchmesser d_a und dem Innendurchmesser d_i (Bild 9.108a) das

polare Flächenmoment 2. Grades

$$I_p = I_t = \frac{\pi}{32}\,(d_a^4 - d_i^4) \approx 0{,}1(d_a^4 - d_i^4) \tag{9.78}$$

und mit $e = r_a = d_a/2$ das

Widerstandsmoment gegen Torsion

$$W_t = W_p = \frac{\pi}{16} \cdot \frac{d_a^4 - d_i^4}{d_a} \approx 0{,}2\,\frac{d_a^4 - d_i^4}{d_a} \tag{9.79}$$

Bei Wellenquerschnitten, die durch Keil- oder Passfedernuten (Bild 9.108b) geschwächt sind,

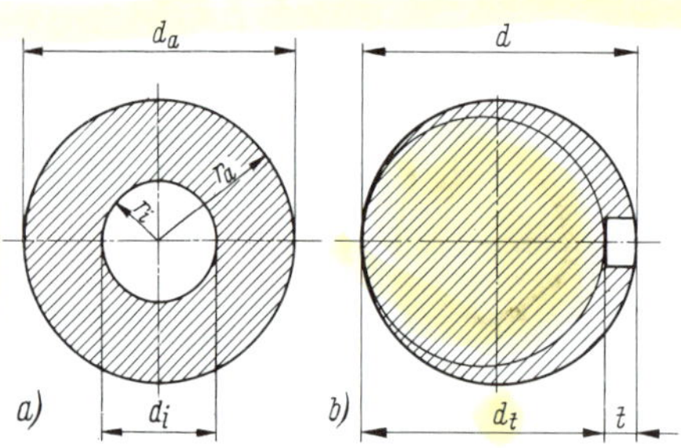

Bild 9.108 Kreisförmige Querschnittsflächen
a) Kreisringfläche, b) Kreisfläche mit Nutaussparung

errechnet man das Widerstandsmoment gegen Torsion näherungsweise mit dem um die Nuttiefe t verringerten Durchmesser $d_t = d - t$.

Für die Berechnung von Bauteilquerschnitten, die nur auf Torsion beansprucht werden, folgen aus Gl. (9.75) sinngemäß zu den Gln. (9.64) bis (9.66) für den Spannungsnachweis $\tau_t \le \tau_{t\,zul}$, das erforderliche Widerstandsmoment $W_{t\,erf}$ und das zulässige Torsionsmoment T_{zul}. Zulässige Torsionsspannungen $\tau_{t\,zul}$ können der Tab. 20 entnommen oder nach Gl. (9.26) errechnet werden, in die τ_{tF} oder τ_{tB} (s. Tab. 14) einzusetzen sind.

Beispiel 9.42
Ein Vollwellenquerschnitt mit 40 mm Durchmesser und 5 mm Nuttiefe hat ein Drehmoment von 200 Nm zu übertragen. Wird dabei die zulässige Torsionsspannung von 25 N/mm² überschritten?

Lösung:
Gegeben: $d = 40$ mm, $t = 5$ mm,
$T = M = 200$ Nm $= 2 \cdot 10^5$ Nmm,
$\tau_{t\,zul} = 25$ N/mm².
Gesucht: τ_t vergl. mit $\tau_{t\,zul}$ (Spannungsnachweis).
Nach Gl. (9.75), in die unter Berücksichtigung der Nuttiefe t als Widerstandsmoment gegen Torsion entspr. Gl. (9.77)

$$W_t \approx 0{,}2 d_t^3 = 0{,}2(d-t)^3 = 0{,}2(40-5)^3\ \text{mm}^3$$
$$= 8575\ \text{mm}^3$$

einzusetzen ist, beträgt die Torsionsspannung

$$\tau_t = \frac{T}{W_t} = \frac{2 \cdot 10^5\ \text{Nmm}}{8575\ \text{mm}^3} = 23{,}3\ \text{N/mm}^2 < \tau_{t\,zul},$$

d. h. die zulässige Torsionsspannung wird nicht überschritten.

Beispiel 9.43
Eine Vollwelle aus E295 soll eine wechselnd wirkende Leistung von 60 kW bei der Drehzahl 1500 min⁻¹ übertragen. Durch eine Überschlagsrechnung ist der erforderliche Mindestdurchmesser zu errechnen.

Lösung:
Gegeben: $P = 60$ kW $= 60\,000$ Nm/s,
$n = 1500\ \text{min}^{-1} = (1500/60)\ \text{s}^{-1} = 25\ \text{s}^{-1}$,
$R_e = 245$ N/mm² (Kleinstwert nach Tab. 13 für E295).
Gesucht: d_{erf} (Entwurfsberechnung).

1. Torsionsmoment T
Es ist gleich dem Drehmoment nach Gl. (7.65):

$$T = M = \frac{P}{2\pi \cdot n} = \frac{60\,000\ \text{Nm/s}}{2\pi \cdot 25/\text{s}} = 382\ \text{Nm}$$
$$= 382\,000\ \text{Nmm}.$$

2. Mindestdurchmesser d_{erf}
Nach Tab. 20 wird als zulässige Torsionsspannung

$$\tau_{t\,zul} = 0{,}2 R_e = 0{,}2 \cdot 245\ \text{N/mm}^2 \approx 50\ \text{N/mm}^2$$

gewählt. Aus $W_{t\,erf} \approx 0{,}2 d_{erf}^3 = T/\tau_{t\,zul}$ (entspr. den Gln. (9.77) u. (9.65)) folgt

$$d_{erf} = \sqrt[3]{\frac{T}{0{,}2 \cdot \tau_{t\,zul}}} = \sqrt[3]{\frac{382\,000\ \text{Nmm}}{0{,}2 \cdot 50\ \text{N/mm}^2}} = 33{,}7\ \text{mm}$$

$$\approx 34\ \text{mm}.$$

Beispiel 9.44
Eine Hohlwelle mit 500 mm Außen- und 300 mm Innendurchmesser überträgt ein Drehmoment von 650 kNm. Es ist die Torsionsspannung zu errechnen und festzustellen, um wie viel Prozent eine Vollwelle mit gleichem Widerstandsmoment schwerer ist als die Hohlwelle.

Lösung:
Gegeben: $d_a = 500$ mm, $d_i = 300$ mm,
$T = M = 650$ kNm $= 650 \cdot 10^6$ Nmm.
Gesucht: τ_t und δ (in %).

1. Torsionsspannung τ_t
Mit dem Widerstandsmoment nach Gl. (9.79):

$$W_t \approx 0{,}2 \frac{d_a^4 - d_i^4}{d_a} = 0{,}2\ \frac{(500^4 - 300^4)\ \text{mm}^4}{500\ \text{mm}}$$

$$= 21{,}76 \cdot 10^6\ \text{mm}^3$$

wird nach Gl. (9.75):

$$\tau_t = \frac{T}{W_t} = \frac{650 \cdot 10^6\ \text{Nmm}}{21{,}76 \cdot 10^6\ \text{mm}^3} = 29{,}9\ \text{N/mm}^2.$$

2. Vollwellendurchmesser d
Aus Gl. (9.77) folgt

$$d \approx \sqrt[3]{\frac{W_t}{0{,}2}} = \sqrt[3]{\frac{21{,}76 \cdot 10^6\ \text{mm}^3}{0{,}2}} = 477{,}4\ \text{mm}$$

$$\approx 478\ \text{mm}.$$

3. Gewichtsdifferenz δ in %
Mit der Masse $m_i = \varrho \cdot V_i = \varrho \cdot l \cdot A_i$, dem Hohlwellenquerschnitt

$$A_1 = (d_a^2 - d_i^2)\,\pi/4 = (500^2 - 300^2)\ \text{mm}^2 \cdot \pi/4$$

$$= 125\,664\ \text{mm}^2$$

und dem Vollwellenquerschnitt

$$A_2 = d^2 \cdot \pi/4 = (478\ \text{mm})^2 \cdot \pi/4 = 179\,451\ \text{mm}^2$$

wird

$$\delta = \frac{\Delta m}{m_1}\ 100\,\% = \frac{m_2 - m_1}{m_1}\ 100\,\%$$

$$= \frac{\varrho \cdot l (A_2 - A_1)}{\varrho \cdot l \cdot A_1}\ 100\,\%$$

$$= \frac{A_2 - A_1}{A_1}\ 100\,\% = \frac{(179\,451 - 125\,664)\ \text{mm}^2}{125\,664\ \text{mm}^2}\ 100\,\%$$

$$= 42{,}8\,\%$$

Eine Vollwelle ist in diesem Fall etwa 43 % schwerer als eine Hohlwelle mit gleichem Widerstandsmoment gegen Torsion.

9.5.2 Verdrehung nichtkreisförmiger Querschnitte

Wird ein Stab mit nichtkreisförmigem Querschnitt verdreht, so bleiben seine Querschnittsflächen nicht eben. Es treten **Querschnittsverwölbungen** auf, die bei der Spannungsermittlung berücksichtigt werden müssen. An den Stabseitenflächen kommt es zu Verzerrungen (Bild 9.109b), die umso größer sind, je dichter die Seite am Querschnittsschwerpunkt liegt. Demzufolge sind beispielsweise bei einem Rechteckquerschnitt die Spannungen an den langen Seiten größer als an den kurzen Seiten, die vom Flächenschwerpunkt weiter entfernt sind. Bild 9.109c zeigt, wie sich die Torsionsspannungen über einer Rechteckfläche verteilen. Aus der Dichte der eingezeichneten Spannungslinien kann auf die Spannungshöhe geschlossen werden. An den Ecken sind die Spannungen null.

Die mathematische Behandlung der Torsion von Stäben mit nichtkreisförmigem Querschnitt ist weit schwieriger als bei kreisförmigen Querschnitten. Es ergeben sich komplizierte mathematische Zusammenhänge, deren Lösungsaufwand erheblich ist. Mit Näherungsverfahren wurden für die Praxis Gleichungen entwickelt, die eine Berechnung der Torsionsspannungen ermöglichen. In Tab. 26 sind diese Gleichungen für einige nichtkreisförmige Flächen zur Berechnung der **Drillwiderstandsmomente** $\boldsymbol{W_t}$, der **Drillflächenmomente 2. Grades** $\boldsymbol{I_t}$ und der **Torsionsspannungen** $\boldsymbol{\tau_t}$ zusammengestellt. Damit entspricht die Berechnung der Torsionsspannungen der Berechnung bei kreisförmigen Querschnitten. Jedoch sind I_t und W_t hier nicht identisch mit den polaren Flächenmomenten I_p und W_p.

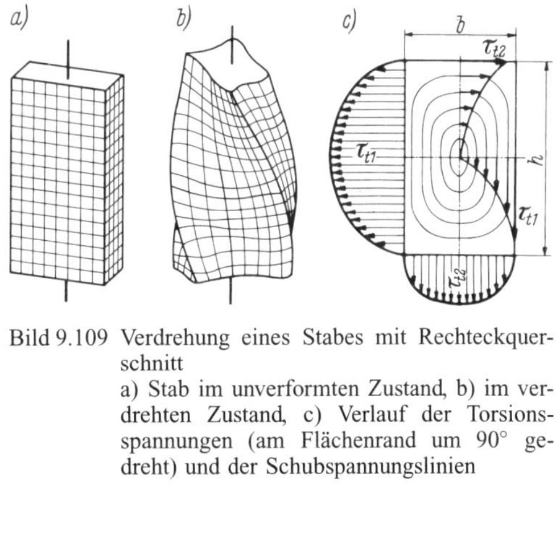

Bild 9.109 Verdrehung eines Stabes mit Rechteckquerschnitt
a) Stab im unverformten Zustand, b) im verdrehten Zustand, c) Verlauf der Torsionsspannungen (am Flächenrand um 90° gedreht) und der Schubspannungslinien

Beispiel 9.45
Welche Torsionsspannung tritt in dem dünnwandigen Hohlquerschnitt nach Bild 9.110 bei einem Torsionsmoment von 600 Nm auf?

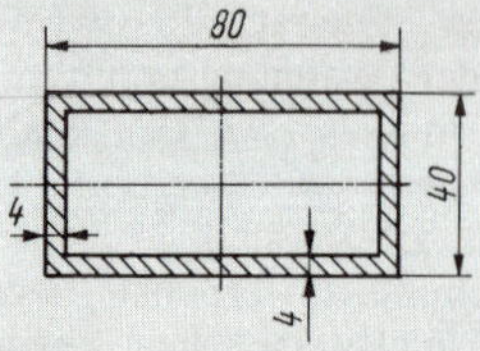

Bild 9.110 Dünnwandiger Rechteck-Hohlquerschnitt

Lösung:
Gegeben: $T = 600$ Nm $= 600\,000$ Nmm, $H = 40$ mm, $B = 80$ mm, $s = 4$ mm.
Gesucht: τ_t.
Mit der mittleren Fläche

$$A_m = (B - s) \cdot (H - s) = (80 - 4)\text{ mm} \cdot (40 - 4)\text{ mm} = 2736\text{ mm}^2$$

wird nach Tab. 26 das Drillwiderstandsmoment

$$W_t = 2A_m \cdot s = 2 \cdot 2736\text{ mm}^2 \cdot 4\text{ mm} = 21\,888\text{ mm}^3$$

und damit die Torsionsspannung

$$\tau_t = \frac{T}{W_t} = \frac{600\,000\text{ Nmm}}{21\,888\text{ mm}^3} = 27{,}4\text{ N/mm}^2.$$

9.5.3 Verdrehwinkel, Formänderungsarbeit

Die Querschnitte eines auf Verdrehung beanspruchten Stabes werden in Umfangsrichtung gegeneinander verschoben, und zwar um den Schubwinkel $\gamma = \tau/G$ (nach Gl. (9.10)). Die Verschiebung zweier im Abstand l voneinander entfernter Querschnitte (Bild 9.111) beträgt demnach $\gamma \cdot l = \tau_t \cdot l/G$. Den dazugehörigen **Verdrehwinkel** $\boldsymbol{\alpha}$ erhält man aus der Beziehung $\alpha \cdot r_a = \gamma \cdot l$. Mit $\tau_t = T/W_t = T \cdot r_a/I_t$ (Gl. (9.75)) folgt daraus für den Proportionalitätsbereich des Werkstoffs mit dem Gleitmodul G (Tab. 11) der

Verdrehwinkel $$\alpha = \frac{T \cdot l}{G \cdot I_t} \qquad (9.80)$$

Nach dieser Gleichung, die für glatte Stäbe mit gleich bleibendem Torsions-Flächenmoment 2. Grades I_t und der durch das Torsionsmoment T beanspruchten Länge l gilt, ergibt sich α in rad. Das Produkt $\boldsymbol{G \cdot I_t}$ ist die **Torsionssteifigkeit**. Für abgesetzte zylindrische Wellen erhält man aus der Summe der Verdrehwinkel α_i über den Teillängen l_i mit den Flächenmomenten I_{ti} den Verdrehwinkel $\alpha = \Sigma\alpha_i$.

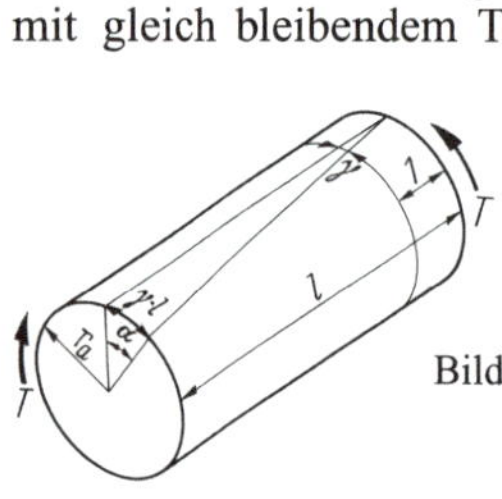

Bild 9.111 Verdrehung eines Rundstabes um den Verdrehwinkel α

Die **Formänderungsarbeit bei Verdrehbeanspruchung** lässt sich aus $W = F \cdot \Delta s/2$ (Gl. (9.14)) errechnen, wenn F eine Umfangskraft am Radius r und $\Delta s = r \cdot \alpha$ die Bogenlänge bedeuten, die der Kraftangriffspunkt während der Verdrehung zurücklegt. Mit dem Drehmoment $M = F \cdot r$ ergibt sich die Formänderungsarbeit $W = M \cdot \alpha/2$, die in einem Verdreharbeitsdiagramm (Bild 9.112) wie die Federarbeit (s. Bild 7.17, Abschn. 7.2.1) als Dreiecksfläche dargestellt wird. Mit dem Torsionsmoment $T = M$ und dem Verdrehwinkel α nach Gl. (9.80) beträgt für einen geraden Stab mit der Länge l und konstantem Querschnitt im Proportionalitätsbereich des Werkstoffs die

Formänderungsarbeit $$W = \frac{T \cdot \alpha}{2} = \frac{T^2 \cdot l}{2G \cdot I_t} \qquad (9.81)$$

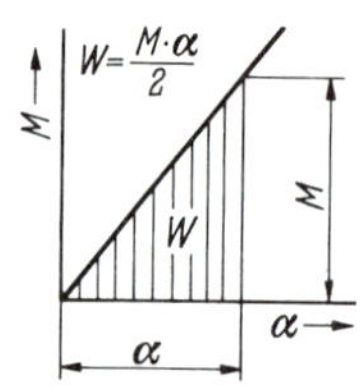

Bild 9.112 Verdreharbeitsdiagramm

Bei abgesetzten zylindrischen Wellen wird die Formänderungsarbeit $W = \Sigma W_i$ sinngemäß wie der Verdrehwinkel α errechnet.

Beispiel 9.46
Für die in Bild 9.113 gezeigte Drehstabfeder beträgt die zulässige Torsionsspannung 400 N/mm² und der Gleitmodul 80 000 N/mm². Es sind der zulässige Verdrehwinkel und die dafür erforderliche Formänderungsarbeit zu errechnen (Rundungen vernachlässigen).

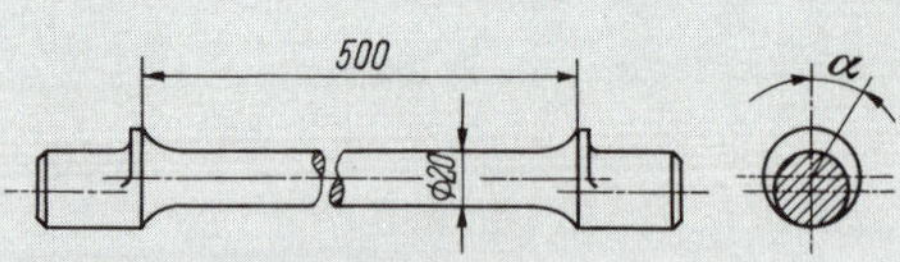

Bild 9.113 Drehstabfeder

Lösung:
Gegeben: $d = 20$ mm, $l = 500$ mm, $\tau_{t\,zul} = 400$ N/mm², $G = 80\,000$ N/mm².
Gesucht: α_{zul} und W.

1. Zulässiger Verdrehwinkel α_{zul}
Mit dem zulässigen Torsionsmoment $T_{zul} = W_t \cdot \tau_{t\,zul}$ (entspr. Gl. (9.75)) und $W_t \approx 0{,}2d^3$ (Gl. (9.77)) sowie $I_t \approx 0{,}1d^4$ (Gl. (9.76)) wird nach Gl. (9.80):

$$\alpha_{zul} = \frac{T_{zul} \cdot l}{G \cdot I_t} = \frac{0{,}2d^3 \cdot \tau_{t\,zul} \cdot l}{G \cdot 0{,}1d^4} = \frac{2 \cdot \tau_{t\,zul} \cdot l}{G \cdot d}$$

$$= \frac{2 \cdot 400\ \text{N/mm}^2 \cdot 500\ \text{mm}}{80\,000\ \text{N/mm}^2 \cdot 20\ \text{mm}} = 0{,}25\ \text{rad}$$

$$= 14{,}324^\circ.$$

2. Formänderungsarbeit W
Nach Gl. (9.81) mit $T = T_{zul} = 0{,}2d^3 \cdot \tau_{t\,zul}$ und $\alpha = \alpha_{zul}$:

$$W = \frac{T \cdot \alpha}{2} = \frac{0{,}2d^3 \cdot \tau_{t\,zul} \cdot \alpha_{zul}}{2}$$

$$= \frac{0{,}2(20\ \text{mm})^3 \cdot 400\ \text{N/mm}^2 \cdot 0{,}25}{2}$$

$$= 80 \cdot 10^3\ \text{Nmm} = 80\ \text{Nm} = 80\ \text{J}.$$

Praxishinweis
Hohlwellen sind bei gleichem Widerstandsmoment leichter als Vollwellen (s. Beisp. 9.44) und werden bevorzugt, wenn geringes Gewicht erwünscht ist (Leichtbau). Wegen der Werkstoffelastizität kann die Verdrehung torsionsbeanspruchter Bauteile zu unerwünschten Drehschwingungen führen, die Funktionsstörungen bewirken können. Deshalb wird der Verdrehwinkel auf einen zulässigen Erfahrungswert begrenzt ($\alpha_{zul} \leq l \cdot 0{,}25^\circ/\text{m}$ für Triebwerkswellen). Eine Erhöhung der Torsionssteifigkeit ist bei gleicher Werkstoffart nur durch einen größeren Außendurchmesser möglich (s. auch Praxishinweis in Abschn. 9.4.6). Von Drehstabfedern wird dagegen eine sehr große elastische Verformbarkeit verlangt. Die Formänderungsarbeit gekrümmter Torsionsstäbe, deren Dicke im Verhältnis zum Krümmungsradius klein ist (z. B. bei Schraubenfedern), kann näherungsweise auch nach Gl. (9.81) berechnet werden. Sie ist Grundlage der Berechnungsgleichungen für zylindrische Schrauben-Druck- und -Zugfedern.

Kontrollfragen
- Von welcher Art sind Torsionsspannungen, wie sind sie über der Querschnittsfläche verteilt und wovon sind sie abhängig?
- Was versteht man unter einem Widerstandsmoment gegen Torsion?
- Welche Größen beeinflussen den Verdrehwinkel und die Formänderungsarbeit bei Torsionsbeanspruchung?
- Was versteht man unter Torsionssteifigkeit?

9.6 Zusammengesetzte Beanspruchung

Lernziele
- Beispiele für zusammengesetzte Beanspruchung nennen.
- Den Unterschied zwischen resultierender Spannung und Vergleichsspannung erläutern.
- Die drei wichtigsten Festigkeitshypothesen angeben.
- Den Begriff Anstrengungsverhältnis erklären.
- Festigkeitsberechnungen von Bauteilen mit Biege- und Zug- oder Druckbeanspruchung durchführen und den Spannungsverlauf darstellen.
- Festigkeitsberechnungen von Bauteilen mit Biege- und Torsionsbeanspruchung durchführen.

9.6.1 Überlagerung von Spannungen, Festigkeitshypothesen

Die in den vorhergehenden Kapiteln behandelten Festigkeitsberechnungen beschränkten sich auf die fünf Grundbeanspruchungsarten Zug, Druck, Schub, Biegung und Torsion. Dabei wurde davon ausgegangen, dass jeweils nur die betreffende Spannungsart allein auftritt. Wie bereits im Abschn. 9.1.4 und bei der Biege- und der Torsionsbeanspruchung angedeutet, kommt es in der Praxis häufig zur Überlagerung verschiedener Beanspruchungsarten. Wenn **an einer Schnittstelle** in einem Bauteil **zwei oder mehr Spannungen gleichzeitig** auftreten, so ist **zusammengesetzte Beanspruchung** vorhanden, wobei sich entweder nur Normalspannungen (Biegung und Zug oder Druck) oder nur Tangentialspannungen (Schub und Torsion) oder

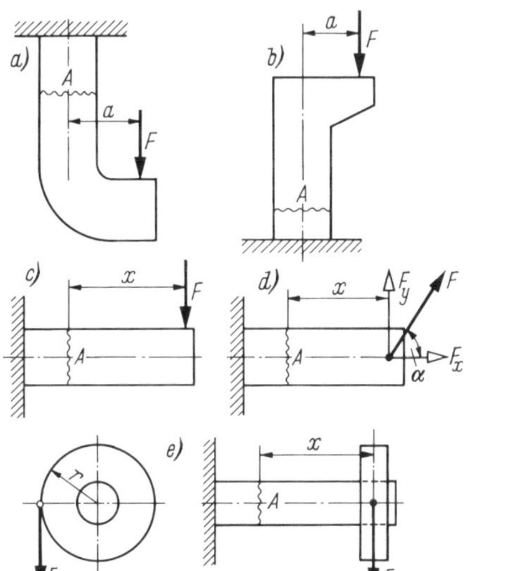

Bild 9.114 Zusammengesetzte Beanspruchung in den Querschnitten A
a) Biegung mit Zug durch außermittige Längskraft, b) Biegung mit Druck durch außermittige Längskraft, c) Biegung mit Schub bei Querkraftbiegung, d) Biegung mit Schub und Zug durch schräg angreifende Kraft, e) Biegung mit Schub und Torsion bei Drillbiegung

aber Normal- und Tangentialspannungen überlagern können. Bei außermittigem Längskraftangriff tritt z. B. Biegung mit Zug (Bild 9.114a) oder Biegung mit Druck (Bild 9.114b) und bei Querkraftbiegung (Bild 9.114c) Biegung mit Schub auf (die Schubspannung darf im Maschinenbau meistens vernachlässigt werden, s. Abschn. 9.4.5). Zur Trägerlängsachse schräg angreifende Kräfte erzeugen Biegung mit Schub und Zug (Bild 9.114d) oder Druck. Bei Drillbiegung (Bild 9.114e) kommt es in den Querschnitten zu Biegespannungen mit gleichzeitigen Schub- und Torsionsspannungen. Zug- und Torsionsspannungen treten zusammen in Zugspindeln und in Befestigungsschrauben auf.

Durch das Freischneiden erkennt man die von einem Querschnitt zu übertragenden Kräfte und Momente, mit denen die an der Schnittfläche auftretenden Normal- und Tangentialspannungen errechnet werden. Die Zusammenfassung aller gleichzeitig wirkenden Grundbeanspruchungsarten ergibt die zusammengesetzte Beanspruchung. Sind nur Spannungen in einer Richtung vorhanden, so spricht man von einem **einachsigen** oder **linearen Spannungszustand** (z. B. Zug oder Druck) und bei zwei oder mehr Spannungen in einer Ebene (z. B. Biegung mit Torsion) von einem **zweiachsigen** oder **ebenen Spannungszustand**. Ein **dreiachsiger** oder **räumlicher Spannungszustand** liegt vor, wenn sich Normal- und/oder Tangentialspannungen in drei zueinander senkrechten Ebenen überlagern.

Liegen auf einer Wirklinie nur Normal- oder nur Tangentialspannungen, also **gleichartige Spannungen**, dann kann die Zusammenfassung nach dem **Superpositionsprinzip** einfach durch Addition erfolgen. So beträgt bei Überlagerung einer Biegespannung σ_b mit einer Zug- oder Druckspannung σ die

resultierende Normalspannung $$\boldsymbol{\sigma_{res} = \sigma_b + \sigma} \qquad (9.82)$$

Bei Überlagerung einer Torsionsspannung τ_t mit einer durch Querkräfte hervorgerufenen Schubspannung τ gilt für jeden Querschnittspunkt, in dem diese Spannungen auf einer Linie liegen, sinngemäß dasselbe. Für andere Punkte ist eine geometrische (vektorielle) Addition durchzuführen (Bild 9.115, Pkt. 6), was meistens nicht notwendig ist, da nur die maximalen Spannungen interessieren. In Bild 9.115 betragen $\tau_{res1} = \tau_{res3} = \tau_t$ ($\tau_1 = \tau_3 = 0$), $\tau_{res2} = \tau_t - \tau_2$, $\tau_{res4} = \tau_t + \tau_4$ ($\tau_2 = \tau_4 = \tau_5 = 1{,}33\,\tau = 1{,}33 F_q/A$).

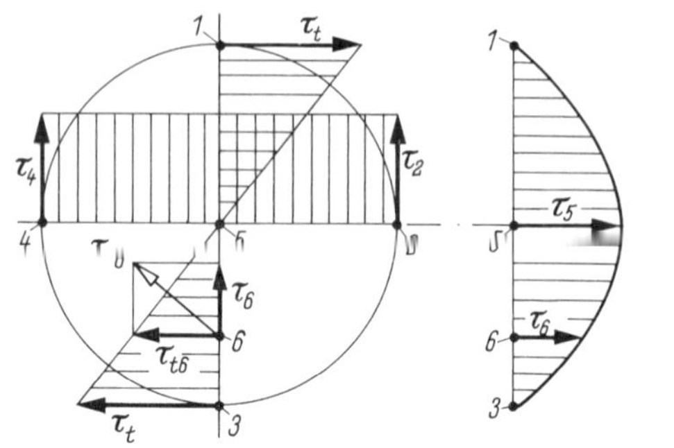

Bild 9.115 Addition von Torsions- und Schubspannungen

Sind dagegen **Normal- und Tangentialspannungen** gleichzeitig von einem Querschnitt zu übertragen, was beispielsweise für Wellenquerschnitte zutrifft, die auf Biegung und Torsion beansprucht werden, so ist wegen der verschiedenen Spannungsrichtungen eine einfache Addition keinesfalls, aber auch eine geometrische nicht möglich. Versuche haben nämlich gezeigt, dass weder die geometrische (vektorielle) Addition verschiedenartiger Spannungen noch ein getrennter Vergleich der größten Normalspannung σ_{max} und der größten Tangentialspannung τ_{max} mit den betreffenden zulässigen Spannungen eine ausreichend genaue Aussage über die Haltbarkeit eines Bauteils gestatten. Die Erfüllung der Bedingungen $\sigma_{max} \leq \sigma_{zul}$ und $\tau_{max} \leq \tau_{zul}$ genügt lediglich für Überschlagsrechnungen. Es ist bis heute nicht eindeutig geklärt, welche Beanspruchung unter mehrachsigen Spannungszuständen den Bruch im Werkstoff herbeiführt. Aus diesem Grunde wird das **Vergleichsspannungsprinzip** angewendet.

Um die zum Bruch eines Bauteils führenden Ursachen mathematisch erfassen zu können, sind verschiedene Hypothesen[1] entwickelt worden, die **Bruch- oder Festigkeitshypothesen** genannt werden. Bei diesen theoretischen Überlegungen wird die Wirkung eines mehrachsigen Spannungszustandes auf die Wirkung einer einachsigen Normalspannung zurückgeführt (umgerechnet). Die so errechnete Vergleichsnormalspannung oder **Vergleichsspannung $\boldsymbol{\sigma_v}$** wird mit einer zulässigen Normalspannung σ_{zul} verglichen. Beim Spannungsnachweis ist dann die Bedingung $\sigma_v \leq \sigma_{zul}$ zu erfüllen.

Von den bekannten **Festigkeitshypothesen** seien hier drei erwähnt, die man in der Praxis für bestimmte Fälle bevorzugt. Die Gleichungen werden für den überwiegend vorkommenden zweiachsigen Spannungszustand mit einer Normalspannung σ und einer Tangential- oder

[1] *Hypothese* (griech.): (noch) nicht bewiesene, exakt definierte wissenschaftliche Annahme

Schubspannung τ wiedergegeben. Keine Festigkeitshypothese ist allgemein gültig. Jede liefert für bestimmte Werkstoff- und Belastungsarten brauchbare Ergebnisse. Da σ und τ häufig in verschiedenen Lastfällen auftreten, muss τ korrigiert und mit dem

Anstrengungsverhältnis $$\boldsymbol{\alpha_0 \approx \frac{\sigma_{zul}}{\eta \cdot \tau_{zul}}} \quad (9.83)$$

auf den Lastfall von σ umgerechnet werden. Für genaue Festigkeitsberechnungen, z. B. bei der Berechnung eines Bauteils auf Gestaltfestigkeit, ist es zweckmäßig, α_0 anstelle mit σ_{zul} und τ_{zul} (Tab. 20) mit den Grenzspannungen (Werkstoffkennwerte nach den Tabn. 14 bis 16) oder mit den Gestaltfestigkeiten σ_G und τ_G zu errechnen, in denen der Ruhegrad R (Gl. (9.17)) berücksichtigt ist (s. Abschn. 9.7.3). Das **Festigkeitsverhältnis η** ist hypothesenabhängig und wird bei den nachfolgenden Gleichungen angegeben.
Nach der **Hypothese der größten Normalspannung** (Normalspannungshypothese) mit $\eta = 1$ beträgt die

Vergleichsspannung

$$\boldsymbol{\sigma_v = \frac{\sigma}{2} + \frac{1}{2}\sqrt{\sigma^2 + 4(\alpha_0 \cdot \tau)^2}} \quad (9.84)$$

Sie ist besonders für spröde Werkstoffe (z. B. Gusseisen (Grauguss), gehärteter Stahl) geeignet, vor allem bei überwiegender Zugbeanspruchung.
Die **Hypothese der größten Schubspannung** (Schubspannungshypothese) mit $\eta = 2$ ergibt die

Vergleichsspannung

$$\boldsymbol{\sigma_v = \sqrt{\sigma^2 + 4(\alpha_0 \cdot \tau)^2}} \quad (9.85)$$

Sie wird vorzugsweise bei ruhender Zug- und Druckbeanspruchung verformbarer Werkstoffe und bei Druckbeanspruchung spröder Werkstoffe bestätigt.
Die **Hypothese der größten Gestaltänderungsenergie** (Gestaltänderungsenergie-, kurz GE-Hypothese) mit $\eta = 1{,}73$ und der

Vergleichsspannung

$$\boldsymbol{\sigma_v = \sqrt{\sigma^2 + 3(\alpha_0 \cdot \tau)^2}} \quad (9.86)$$

hat sich besonders im Maschinenbau für zähe Werkstoffe (z. B. Stähle) durchgesetzt.

Wirken σ und τ im selben Lastfall, dann wird $\boldsymbol{\alpha_0 = 1}$ und nach der GE-Hypothese die Vergleichsspannung $\boldsymbol{\sigma_v = \sqrt{\sigma^2 + 3\tau^2}}$.

Die zwei bei Festigkeitsberechnungen in der Praxis überwiegend auftretenden Fälle zusammengesetzter Beanspruchung, nämlich Biegung mit Zug oder Druck und Biegung mit Verdrehung (ggf. mit zusätzlichem Zug oder Druck), werden anschließend ausführlicher behandelt.

9.6.2 Biegung mit Zug oder Druck

Eine zusammengesetzte Beanspruchung mit Biegung und Zug oder Druck liegt beispielsweise vor, wenn ein Querschnitt gleichzeitig durch ein Biegemoment $M_b = F_y \cdot x$ (Bild 9.116a u. b) und eine Längskraft $F_l = F_x$ beansprucht wird, wobei F_x und F_y die Komponenten einer schräg angreifenden Kraft sein können. Die Schubbeanspruchung durch die Querkraft F_q wird vernachlässigt (s. Abschn. 9.4.5). Hat der Querschnitt eine außermittig angreifende Kraft F als Längskraft F_l zu übertragen (Bild 9.116c u. d), so ist ebenfalls zusammengesetzte Beanspruchung vorhanden, da sich die Zug- oder Druckspannungen $\sigma_{z,d} = F/A$ und die vom Biegemoment $M_b = F \cdot a$ (querkraftfreie Biegung) hervorgerufenen Biegespannungen $\sigma_b = M_b/W_b$ überlagern.
Mit der Biegezugspannung $\sigma_{bz} = M_b/W_{bz} = M_b \cdot e_z/I$ (Gl. (9.51)) und der Biegedruckspannung $\sigma_{bd} = M_b/W_{bd} = M_b \cdot e_d/I$ (Gl. (9.52)) erhält man nach Gl. (9.82) bei **Biegung mit Zug** die

resultierenden $\boldsymbol{\sigma_{max} = \sigma_{bz} + \sigma_z}$ (9.87)
Randspannungen $\boldsymbol{\sigma_{min} = -\sigma_{bd} + \sigma_z}$ (9.88)

und bei **Biegung mit Druck** die

resultierenden $\boldsymbol{\sigma_{max} = -\sigma_{bd} - \sigma_d}$ (9.89)
Randspannungen $\boldsymbol{\sigma_{min} = \sigma_{bz} - \sigma_d}$ (9.90)

Nach diesen Gleichungen sind **positive Randspannungen resultierende Zugspannungen** und **negative resultierende Druckspannungen**. Bei Festigkeitsberechnungen muss die Bedingung $|\sigma_{max}| \leq \sigma_{zul}$ erfüllt werden. Wegen der Stützwirkung durch das Spannungsgefälle (s. Abschn. 9.2.2) kann bei zähen Werkstoffen (Stahl) $\sigma_{zul} = \sigma_{b\,zul}$ angenommen werden. Wenn Zug oder Druck gegenüber der Biegung vorherrschen sowie in Zweifelsfällen ist $\sigma_{zul} = \sigma_{z,d\,zul}$ zu setzen. Bei Gusseisen (Grauguss) ist zusätzlich die Bedingung $\sigma_{min} \leq \sigma_{z\,zul}$ einzuhalten, wenn σ_{min} die resultierende Zugspannung und σ_{max} die resultierende Druckspannung ist.
Wie aus den Spannungsdiagrammen in Bild 9.116 hervorgeht, verlagert sich die Nulllinie

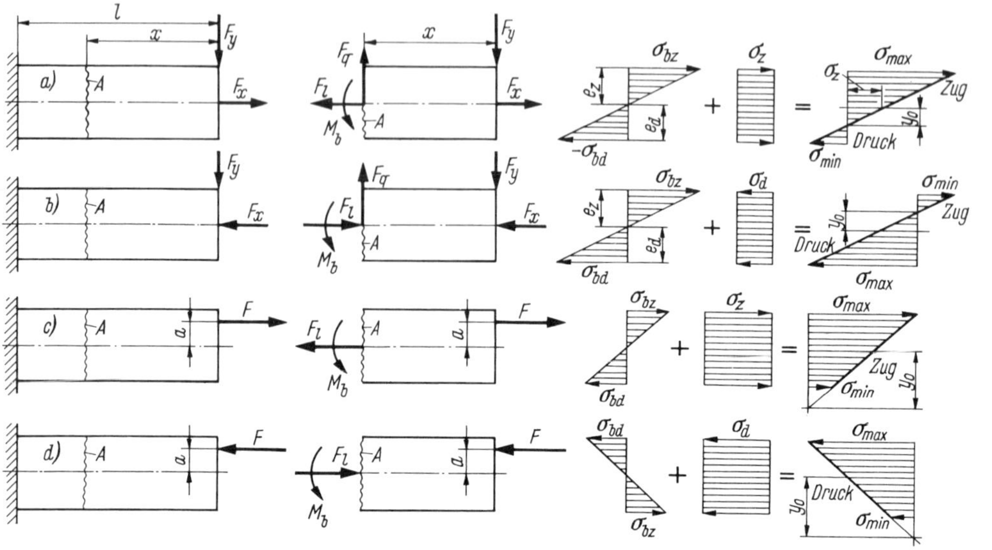

Bild 9.116 Biegung mit Zug oder Druck
a) Biegekraft F_y und mittige Zugkraft F_x, b) Biegekraft F_y und mittige Druckkraft F_x, c) außermittige Kraft F als Zug- und Biegekraft, d) außermittige Kraft F als Druck- und Biegekraft

um den Betrag der **Nulllinienverschiebung y_0** zur Zug- oder Druckseite hin. Aus Bild 9.116a folgt die Beziehung $-y_0/\sigma_z = e_z/\sigma_{bz}$. Demnach und ebenso nach Bild 9.116b beträgt die

Nulllinienverschiebung

bei Biegung mit Zug $$y_0 = -\frac{\sigma_z}{\sigma_{bz}} e_z \qquad (9.91)$$

bei Biegung mit Druck $$y_0 = \frac{\sigma_d}{\sigma_{bd}} e_d \qquad (9.92)$$

Die Nulllinie ist bei Biegung mit Zug zur Biegedruckseite (negatives y_0) und bei Biegung mit Druck zur Biegezugseite (positives y_0) hin verschoben. Wenn $\sigma_z > \sigma_{bd}$ oder $\sigma_d > \sigma_{bz}$ ist, dann liegt die Nulllinie außerhalb des Querschnitts und es treten als resultierende Randspannungen nur Zugspannungen (Bild 9.116c) oder nur Druckspannungen (Bild 9.116d) auf.

Beispiel 9.47
In dem offenen Rohrschraubstock nach Bild 9.117 kann mit der Spindel eine maximale Kraft von 20 kN ausgeübt werden. Ist die größte Spannung im angegebenen Querschnitt A des Bügels aus S235JR zulässig?

Lösung:
Gegeben: $F = 20$ kN, $b = 15$ mm, $h = 100$ mm,
$a = (90 + 0{,}5 \cdot 100)$ mm $= 140$ mm,
$R_e = 235$ N/mm^2 (für 15 mm Dicke nach Tab. 13).

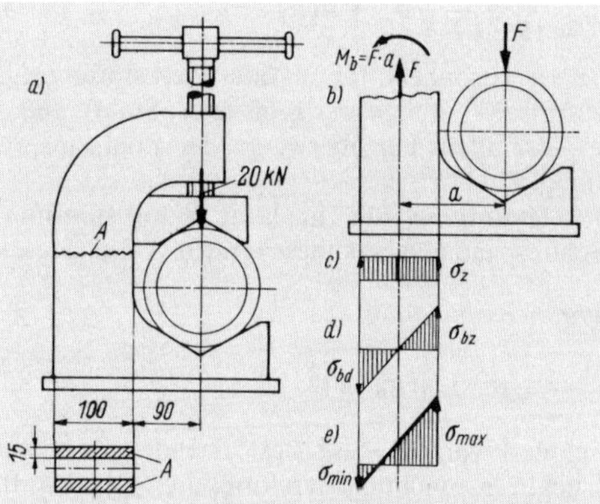

Bild 9.117 Offener Rohrschraubstock
a) Darstellung mit Abmessungen und Spindelkraft, b) Querschnitt A freigeschnitten, c) Zugspannungen, d) Biegespannungen, e) resultierende Normalspannungen

Gesucht: σ_{max} vgl. mit σ_{zul} (Spannungsnachweis).
1. Zugspannung σ_z
Entspr. Gl. (9.27) mit der Querschnittsfläche $A = 2b \cdot h$:

$$\sigma_z = \frac{F}{A} = \frac{F}{2b \cdot h} = \frac{20\,000\text{ N}}{2 \cdot 15\text{ mm} \cdot 100\text{ mm}} = 6{,}7\text{ N/mm}^2.$$

2. Biegespannung σ_b
Mit dem Biegemoment

$$M_b = F \cdot a = 20\ \text{kN} \cdot 140\ \text{mm} = 2800\ \text{Nm} = 2{,}8 \cdot 10^6\ \text{Nmm}$$

und dem Widerstandsmoment (Tab. 22)

$$W_b = W_{bz} = W_{bd} = 2b \cdot h^2/6 = 2 \cdot 15\ \text{mm}\ (100\ \text{mm})^2/6 = 50 \cdot 10^3\ \text{mm}^3$$

folgt nach Gl. (9.49):

$$\sigma_b = \sigma_{bz} = \sigma_{bd} = \frac{M_b}{W_b} = \frac{2{,}8 \cdot 10^6\ \text{Nmm}}{50 \cdot 10^3\ \text{mm}^3} = 56\ \text{N/mm}^2.$$

3. Resultierende Randspannungen σ_{max} und σ_{min}
Bei Biegung mit Zug ist nach Gl. (9.87):

$$\sigma_{max} = \sigma_{bz} + \sigma_z = (56 + 6{,}7)\ \text{N/mm}^2 = 62{,}7\ \text{N/mm}^2$$

eine resultierende Zugspannung, und nach Gl. (9.88):

$$\sigma_{min} = -\sigma_{bd} + \sigma_z = (-56 + 6{,}7)\ \text{N/mm}^2 = -49{,}3\ \text{N/mm}^2,$$

das ist eine resultierende Druckspannung.
4. Zulässige Spannung σ_{zul}
Da die Biegespannung eindeutig überwiegt, kann $\sigma_{zul} = \sigma_{b\,zul}$ gesetzt und nach Gl. (9.26) mit $\sigma_{bF} = f_q \cdot R_e$ (Tab. 14) errechnet werden. Wegen des Anziehens und Lösens der Spindel wirkt F schwellend, weshalb $S_{F\,erf} = 2{,}1$ gewählt wird (Mittelwert nach Tab. 19). Mit $f_q \approx 1{,}2$ (für Rechteckflächen nach Tab. 17) wird

$$\sigma_{zul} = \sigma_{b\,zul} = \frac{f_q \cdot R_e}{S_{F\,erf}} = \frac{1{,}2 \cdot 235\ \text{N/mm}^2}{2{,}1} = 134\ \text{N/mm}^2 > \sigma_{max}.$$

Die größte Spannung ist also zulässig.

Beispiel 9.48
Für die durch eine mittige und eine außermittige Kraft belastete Stütze nach Bild 9.118 sind die Randspannungen im Profilquerschnitt und die Nulllinienverschiebung zu errechnen.

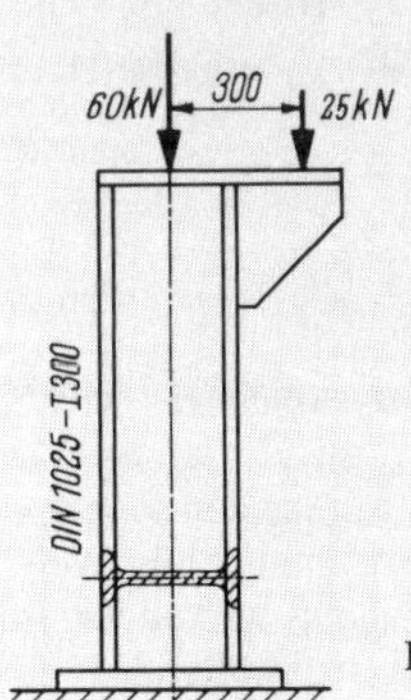

Bild 9.118 Außermittig belastete Stütze

Lösung:
Gegeben: $F_1 = 60$ kN, $F_2 = 25$ kN, $a = 300$ mm, $A = 69\ \text{cm}^2 = 6900\ \text{mm}^2$ und $W_b = W_x = 653\ \text{cm}^3 = 653 \cdot 10^3\ \text{mm}^3$ (für Profil I 300 nach Tab. 34).
Gesucht: σ_{max} und σ_{min}, y_0.
1. Druckspannung σ_d und Biegespannung σ_b
Der Profilquerschnitt wird durch die Kräfte F_1 und F_2 auf Druck und durch das Biegemoment

$$M_b = F_2 \cdot a = 25\ \text{kN} \cdot 300\ \text{mm} = 7500\ \text{Nm} = 7{,}5 \cdot 10^6\ \text{Nmm}$$

auf Biegung und somit zusammengesetzt auf Biegung und Druck beansprucht. Entspr. Gl. (9.27) wird

$$\sigma_d = \frac{F}{A} = \frac{F_1 + F_2}{A} = \frac{(60 + 25)10^3\ \text{N}}{6900\ \text{mm}^2} = 12{,}3\ \text{N/mm}^2$$

und nach Gl. (9.49):

$$\sigma_b = \sigma_{bz} = \sigma_{bd} = \frac{M_b}{W_b} = \frac{7{,}5 \cdot 10^6\ \text{Nmm}}{653 \cdot 10^3\ \text{mm}^3} = 11{,}5\ \text{N/mm}^2.$$

2. Resultierende Randspannungen σ_{max} und σ_{min}
Nach den Gln. (9.89) und (9.90):

$$\sigma_{max} = -\sigma_{bd} - \sigma_d = -(11{,}5 + 12{,}3)\ \text{N/mm}^2 = -23{,}8\ \text{N/mm}^2,$$

$$\sigma_{min} = \sigma_{bz} - \sigma_d = (11{,}5 - 12{,}3)\ \text{N/mm}^2 = -0{,}8\ \text{N/mm}^2.$$

Da σ_{max} und σ_{min} negativ sind, treten im Profilquerschnitt nur Druckspannungen auf.
3. Nulllinienverschiebung y_0
Nach Gl. (9.92) mit $e_d = e_z = e = h/2 = (300/2)\ \text{mm} = 150\ \text{mm}$ (Tab. 34):

$$y_0 = \frac{\sigma_d}{\sigma_{bd}} e_d = \frac{12{,}3\ \text{N/mm}^2}{11{,}5\ \text{N/mm}^2}\ 150\ \text{mm} = 160{,}4\ \text{mm}.$$

Die Nulllinie ist also zur Zugseite hin (im Bild 9.118 nach links) verschoben und liegt außerhalb des Profilquerschnitts, da $y_0 > e_z$ ist.

Beispiel 9.49
Der Stützzapfen einer senkrecht stehenden Welle (Bild 9.119) aus S275JR wird durch eine Axialkraft von 28 kN und eine Radialkraft von 10 kN belastet. Beide Kräfte wirken ruhend. Die Arbeitsweise der Maschine und die Lebenswichtigkeit des Bauteils sind mit einem Betriebsfaktor von 1,8 zu berücksichtigen. Die Abmessungen des Lagerzapfens sind für ein Bauverhältnis $l/d = 1{,}2$ überschläglich zu ermitteln.
Lösung:
Gegeben: $F_{aN} = 28$ kN, $F_{rN} = 10$ kN, $K_I = 1{,}8$, $l/d = 1{,}2$, $R_e = 225\ \text{N/mm}^2$ (Kleinstwert für S275JR nach Tab. 13).
Gesucht: d und l (Entwurfsberechnung).

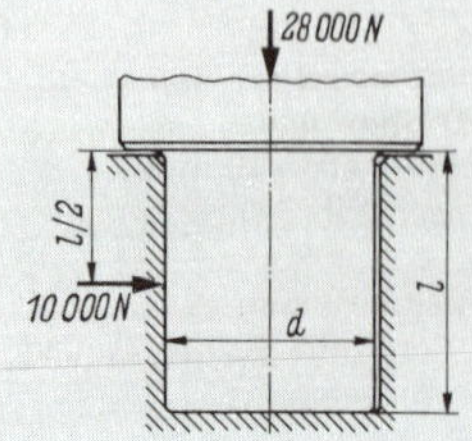

Bild 9.119 Stützzapfen einer senkrecht angeordneten Welle

1. Höchstkräfte F_a und F_r
Sie betragen

$F_a = K_I \cdot F_{aN} = 1{,}8 \cdot 28\ \text{kN} = 50{,}4\ \text{kN} = 50\,400\ \text{N}$,

$F_r = K_I \cdot F_{rN} = 1{,}8 \cdot 10\ \text{kN} = 18\ \text{kN} = 18\,000\ \text{N}$.

2. Zapfendurchmesser d
Der Zapfen wird am Querschnittsübergang durch das Biegemoment $M_b = F_r \cdot l/2$ auf Biegung und durch die Kraft F_a auf Druck beansprucht. Da hier nur der absolute Betrag der größten resultierenden Randspannung interessiert, gilt entspr. Gl. (9.89) mit $\sigma_{bd} = \sigma_b$:

$|\sigma_{max}| = |\sigma_b| + |\sigma_d| \leq \sigma_{zul}$.

Mit $W_b \approx 0{,}1d^3$ (Tab. 22), $A = d^2 \cdot \pi/4$ und $l = 1{,}2d$ wird

$$\sigma_{max} = \frac{M_b}{W_b} + \frac{F_a}{A} = \frac{F_r \cdot 0{,}6d}{0{,}1d^3} + \frac{F_a \cdot 4}{d^2 \cdot \pi} \leq \sigma_{zul}.$$

Daraus folgt mit $4/\pi \approx 1{,}273$:

$d_{erf} = \sqrt{(6F_r + 1{,}273 \cdot F_a)/\sigma_{zul}}$.

Nach Tab. 20 wird angenommen $\sigma_{zul} = \sigma_{b\,zul} \approx 0{,}4R_e$ (wegen des Umlaufs der Welle wirkt das Biegemoment wechselnd). Damit ergibt sich

$$d_{erf} = \sqrt{\frac{6 \cdot 18\,000\ \text{N} + 1{,}273 \cdot 50\,400\ \text{N}}{0{,}4 \cdot 225\ \text{N/mm}^2}} = 42{,}8\ \text{mm}.$$

Gewählt wird $d = 45$ mm.
3. Zapfenlänge l
Nach dem vorgegebenen Bauverhältnis beträgt

$l = 1{,}2 \cdot d = 1{,}2 \cdot 45\ \text{mm} = 54\ \text{mm}$.

9.6.3 Biegung mit Verdrehung

Eine zusammengesetzte Beanspruchung mit Biegung und Verdrehung kommt vor allem bei Wellenquerschnitten vor, die gleichzeitig ein Biegemoment M_b und ein Torsionsmoment T zu übertragen haben. Mit der Biegespannung $\sigma_b = M_b/W_b$ (Gl. (9.49)) und der Torsionsspannung $\tau_t = T/W_t$ (Gl. (9.75)) gilt nach der **Gestaltänderungsenergiehypothese** (Gl. (9.86)) für die

Vergleichsspannung

$$\boldsymbol{\sigma_v = \sqrt{\sigma_b^2 + 3(\alpha_0 \cdot \tau_t)^2} \leq \sigma_{b\,zul}} \qquad (9.93)$$

Darin ist das Anstrengungsverhältnis α_0 nach Gl. (9.83) zu errechnen (bei Gestaltfestigkeitsberechnungen wird α_0 mit σ_{bOG} und τ_{tOG} ermittelt, s. Abschn. 9.7.3). Folgen Biege- und Verdrehbeanspruchung dem gleichen Lastfall (z. B. beide wechselnd oder beide schwellend), so ist $\alpha_0 = 1$. Bei Wechselbiegung mit schwellender Torsion ist $\alpha_0 \approx 0{,}7$ und mit ruhender Torsion $\alpha_0 \approx 0{,}4$.
Für biege- und torsionsbeanspruchte **kreisförmige Wellenquerschnitte** mit dem Vollkreisdurchmesser d erhält man mit $W_b \approx 0{,}1d^3$ und $W_t = 2W_b$ aus Gl. (9.93):

$$\sigma_v = \sqrt{\left(\frac{M_b}{0{,}1d^3}\right)^2 + 3\left(\frac{\alpha_0 \cdot T}{2 \cdot 0{,}1d^3}\right)^2} = \frac{\sqrt{M_b^2 + 3/4(\alpha_0 \cdot T)^2}}{0{,}1d^3} \leq \alpha_{b\,zul}$$

Der Wurzelausdruck über dem Bruchstrich ist das

Vergleichsmoment

$$\boldsymbol{M_v = \sqrt{M_b^2 + 0{,}75(\alpha_0 \cdot T)^2}}, \qquad (9.94)$$

mit dem sich der erforderliche

Vollwellendurchmesser

$$\boldsymbol{d_{erf} = \sqrt[3]{\frac{M_v}{0{,}1\sigma_{b\,zul}}}} \qquad (9.95)$$

wie bei Biegebeanspruchung errechnen lässt.
Wirkt außer der Biegespannung σ_b eine weitere Normalspannung als Zug- oder Druckspannung $\sigma_{z,d}$ (wie z. B. in Wellen von Schrägzahnräder-, Kegelräder- und Schneckengetrieben), so wird in Gl. (9.93) anstelle σ_b die größte resultierende Normalspannung entspr. Gl. (9.82) als Oberspannung $\sigma_o = \sigma_{max} = \sigma_b + \sigma_{z,d}$ eingesetzt und es ergibt sich die

Vergleichsoberspannung

$$\boldsymbol{\sigma_{vo} = \sqrt{\sigma_o^2 + 3(\alpha_0 \cdot \tau_t)^2} \leq \sigma_{b\,zul}} \qquad (9.96)$$

Überwiegt $\sigma_{z,d}$ gegenüber σ_b, so ist σ_{vo} aus Sicherheitsgründen mit $\sigma_{z,d\,zul}$ zu vergleichen. Die Vergleichsspannung besitzt immer den Ruhegrad R (Gl. (9.17)) der Normalspannung. Für Wellen wird $\alpha_0 \approx 0{,}6R + 0{,}4$ bei ruhend wirkender Torsion, $\alpha_0 \approx 0{,}6R + 0{,}7$ bei schwellender und $\alpha_0 \approx 0{,}6R + 1$ bei wechselnder Torsion.

Beispiel 9.50
An der Antriebswelle des handgetriebenen Fahrwerks eines Flaschenzuges befindet sich das in Bild 9.120 skizzierte Haspelrad. Die maximale Zugkraft an der Haspelkette beträgt 500 N. Ist der gewählte Wellendurchmesser (Werkstoff: E 295) ausreichend, oder wäre ein anderer Durchmesser zweckmäßiger?

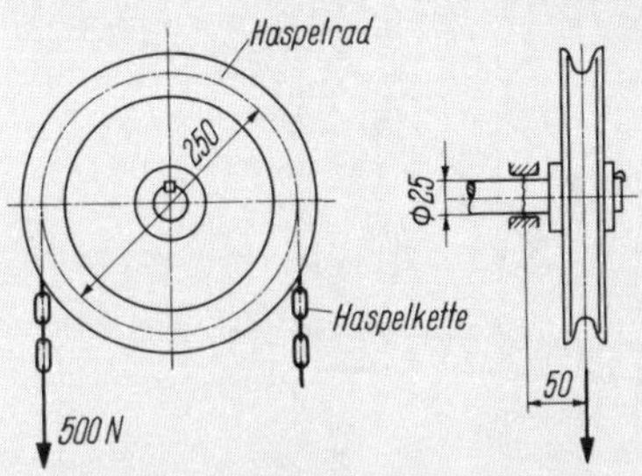

Bild 9.120 Antriebswelle mit Haspelrad

Lösung:
Gegeben: $F = 500$ N, $d = 25$ mm, $d_0 = 250$ mm, $l = 50$ mm, $R_e = 285$ N/mm² (für E 295 nach Tab. 13).
Gesucht: σ_v vergl. mit $\sigma_{b\,zul}$ (Spannungsnachweis), ggf. d_{erf} (Abmessungsberechnung).

1. Biegemoment M_b und Torsionsmoment T

$$M_b = F \cdot l = 500\text{ N} \cdot 50\text{ mm} = 25\,000\text{ Nmm},$$

$$T = F \cdot d_0/2 = 500\text{ N} \cdot (250/2)\text{ mm} = 62\,500\text{ Nmm}.$$

2. Biegespannung σ_b und Torsionsspannung τ_t
Nach den Gln. (9.49) und (9.75) mit $W_b \approx 0{,}1d^3$ und $W_t \approx 0{,}2d^3$:

$$\sigma_b = \frac{M_b}{W_b} = \frac{25\,000\text{ Nmm}}{0{,}1\,(25\text{ mm})^3} = 16\text{ N/mm}^2,$$

$$\tau_t = \frac{T}{W_t} = \frac{62\,500\text{ Nmm}}{0{,}2\,(25\text{ mm})^3} = 20\text{ N/mm}^2.$$

3. Vergleichsspannung σ_v
Da Wechselbiegung (Wellenumlauf) mit Wechseltorsion (Vor- und Rückwärtsfahrt) vorliegt, wird mit $\alpha_0 = 1$ nach Gl. (9.93):

$$\sigma_v = \sqrt{\sigma_b^2 + 3(\alpha_0 \cdot \tau_t)^2} = \sqrt{16^2 + 3 \cdot 20^2}\text{ N/mm}^2$$
$$= 38{,}2\text{ N/mm}^2.$$

4. Zulässige Biegespannung $\sigma_{b\,zul}$
Mit $\sigma_{bF} \approx f_q \cdot R_e$ (Tab. 14), $f_q \approx 1{,}4$ (Tab. 17) und $S_{F\,erf} \approx 3{,}5$ (Tab. 19) nach Gl. (9.26):

$$\sigma_{b\,zul} = \frac{f_q \cdot R_e}{S_{F\,erf}} = \frac{1{,}4 \cdot 285\text{ N/mm}^2}{3{,}5} = 114\text{ N/mm}^2.$$

Da $\sigma_v < \sigma_{b\,zul}$ ist, reicht der Durchmesser aus. Er könnte sogar verringert werden.

5. Erforderlicher Durchmesser d_{erf}
Nach Gl. (9.94) beträgt das Vergleichsmoment

$$M_v = \sqrt{M_b^2 + 0{,}75(\alpha_0 \cdot T)^2}$$
$$= \sqrt{25^2 + 0{,}75 \cdot 62{,}5^2} \cdot 10^3\text{ Nmm}$$
$$= 59\,621\text{ Nmm}$$

und damit nach Gl. (9.95):

$$d_{erf} = \sqrt[3]{\frac{M_v}{0{,}1\sigma_{b\,zul}}} = \sqrt[3]{\frac{59\,621\text{ Nmm}}{0{,}1 \cdot 114\text{ N/mm}^2}} = 17{,}4\text{ mm}.$$

Die Welle könnte also mit 18 mm oder 20 mm Durchmesser ausgeführt werden.

Beispiel 9.51
Die Getriebewelle aus Stahl C 35 nach Bild 9.121 mit zwei Schrägzahnrädern hat bei 253 min⁻¹ eine gleich bleibende Leistung von 31,4 kW zu übertragen (Kräfteangriff s. Bild 9.121 b). Für den in der Einzelheit (Bild 9.121 c) angegebenen Querschnitt A an der Rundung soll geprüft werden, ob die Vergleichsoberspannung zulässig ist.

Lösung:
Gegeben: $P = 31{,}4$ kW, $n = 253\text{ min}^{-1} = 4{,}217\text{ s}^{-1}$, $d = 55$ mm, $l = 12{,}5$ mm, $L = 210$ mm, $l_1 = 82{,}5$ mm, $l_2 = 280$ mm, $l_3 = 125$ mm, $r_2 = d_2/2 = 227{,}5$ mm, $r_3 = d_3/2 = 51$ mm, $R_e = 320$ N/mm² (für C 35 nach Tab. 13), Kräfte nach Bild 9.121 b.
Gesucht: σ_{vo} vergl. mit $\sigma_{b\,zul}$ (Spannungsnachweis).

1. Vorüberlegung
Da die Kräfte nicht in einer Ebene wirken, müssen die Stützkraftkomponenten am Lager B und die Biegemomente im Querschnitt A für zwei senkrecht zueinander stehende Ebenen ermittelt werden (Bild 9.122). Danach sind das resultierende Biegemoment, das Torsionsmoment und die Spannungen zu errechnen. Der Querschnitt wird auf Biegung, Torsion und Zug (durch die Axialkraft F_{a3}) beansprucht.

2. Komponenten F_{By} und F_{Bz} der Stützkraft F_B
Aus der statischen Gleichgewichtsbedingung $\Sigma M_{(A)} = 0$ folgt für die $x{,}y$-Ebene (Bild 9.121 a) auf volle 10 N gerundet:

$$-F_{r3} \cdot l_3 + F_{a3} \cdot r_3 + F_{By} \cdot L - F_{r2} \cdot l_2 - F_{a2} \cdot r_2 = 0,$$

$$F_{By} = \frac{F_{r3} \cdot l_3 - F_{a3} \cdot r_3 + F_{a2} + r_2 + F_{r2} \cdot l_2}{L}$$

$$= \frac{\begin{pmatrix} 9120 \cdot 125 - 6210 \cdot 51 \\ +1970 \cdot 227{,}5 + 2100 \cdot 280 \end{pmatrix}\text{ Nmm}}{210\text{ mm}}$$

$$\approx 8860\text{ N}$$

und für die $x{,}z$-Ebene (Bild 9.121 b):

$$-F_{t3} \cdot l_3 + F_{Bz} \cdot L + F_{t2} \cdot l_2 = 0,$$

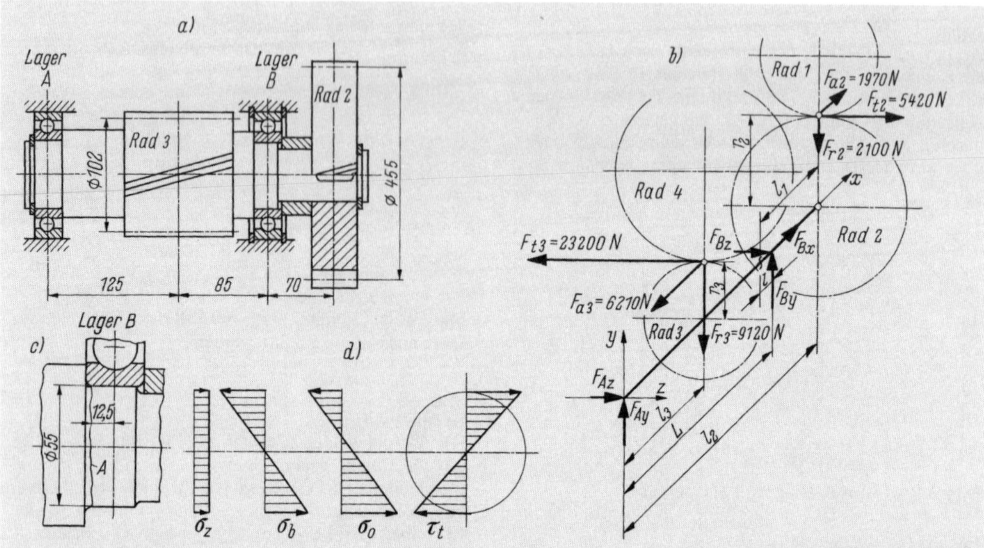

Bild 9.121 Getriebewelle mit Schrägzahnrädern
a) Welle mit Lagerung, b) Kräfteangriff in zwei Ebenen, c) Einzelheit am Querschnitt A, d) Spannungsverteilung über dem Querschnitt A

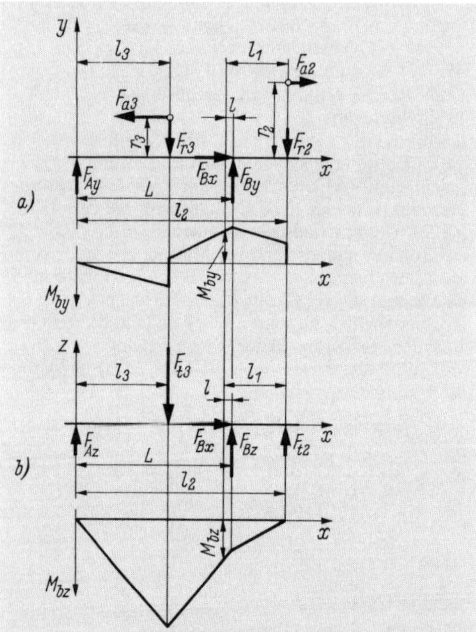

Bild 9.122 Freigemachte Welle und Biegemomentenflächen für zwei Ebenen
a) x,y-Ebene, b) x,z-Ebene

$$F_{Bz} = \frac{F_{t3} \cdot l_3 - F_{t2} \cdot l_2}{L}$$
$$= \frac{(23\,200 \cdot 125 - 5420 \cdot 280)\ \text{Nmm}}{210\ \text{mm}}$$
$$\approx 6580\ \text{N}.$$

Die Axialkomponente $F_{Bx} = F_{a3} - F_{a2}$ ist vom Festlager B aufzunehmen.

3. Resultierendes Biegemoment M_b
Mit

$$M_{by} = F_{By} \cdot l - F_{r2} \cdot l_1 - F_{a2} \cdot r_2$$
$$= (8860 \cdot 12{,}5 - 2100 \cdot 82{,}5 - 1970 \cdot 227{,}5)\ \text{Nmm}$$
$$\approx -510\,680\ \text{Nmm}$$

und

$$M_{bz} = F_{Bz} \cdot l + F_{t2} \cdot l_1$$
$$= (6580 \cdot 12{,}5 + 5420 \cdot 82{,}5)\ \text{Nmm}$$
$$\approx 529\,400\ \text{Nmm}$$

wird nach Gl. (9.63):

$$M_b = \sqrt{M_{by}^2 + M_{bz}^2}$$
$$= \sqrt{(-510\,680)^2 + 529\,400^2}\ \text{Nmm}$$
$$\approx 735\,570\ \text{Nmm}.$$

4. Torsionsmoment T
Nach Gl. (7.65) mit $P = 31\,400$ Nm/s:

$$T = M = \frac{P}{2\pi \cdot n} = \frac{31\,400\ \text{Nm/s}}{2\pi \cdot 4{,}217/\text{s}}$$
$$= 1185\ \text{Nm} = 1185\,000\ \text{Nmm}.$$

Es wirkt ruhend, da die Leistung gleich bleibend ist.

5. Zugspannung σ_z, Biegespannung σ_b und Torsionsspannung τ_t
Nach Gl. (9.27) mit $F = F_{a3}$ und $A = d^2 \cdot \pi/4$, Gl. (9.49) mit $W_b \approx 0{,}1d^3$ und Gl. (9.75) mit $W_t \approx 0{,}2d^3$:

$$\sigma_z = \frac{F_{a3}}{A} = \frac{6210\,\text{N} \cdot 4}{(55\,\text{mm})^2 \cdot \pi} = 2{,}6\,\text{N/mm}^2,$$

$$\sigma_b = \frac{M_b}{W_b} = \frac{735\,570\,\text{Nmm}}{0{,}1(55\,\text{mm})^3} = 44{,}2\,\text{N/mm}^2,$$

$$\tau_t = \frac{T}{W_t} = \frac{1185\,000\,\text{Nmm}}{0{,}2\,(55\,\text{mm})^3} = 35{,}6\,\text{N/mm}^2.$$

6. Oberspannung σ_o und Ruhegrad R
Da T ruhend wirkt, bleiben die Kräfte konstant. Der konstanten Zugspannung σ_z, die als Mittelspannung σ_m aufzufassen ist, überlagert sich die zwischen Biegezug und Biegedruck wechselnde Biegespannung σ_b als Spannungsausschlag σ_a (s. Abschn. 9.2.1). Somit wird entspr. Gl. (9.82) mit $\sigma_{res} = \sigma_o$:

$$\sigma_o = \sigma_m + \sigma_a = \sigma_z + \sigma_b = (2{,}6 + 44{,}2)\,\text{N/mm}^2 = 46{,}8\,\text{N/mm}^2$$

und nach Gl. (9.17):

$$R = \sigma_m/\sigma_o = 2{,}6/46{,}8 = 0{,}06.$$

7. Vergleichsoberspannung σ_{vo}
Mit dem Anstrengungsverhältnis

$$\alpha_0 \approx 0{,}6R + 0{,}4 = 0{,}6 \cdot 0{,}06 + 0{,}4 = 0{,}436$$

(für Wechselbiegung mit ruhender Torsion, s. Abschn. 9.6.3) nach Gl. (9.96):

$$\sigma_{vo} = \sqrt{\sigma_o^2 + 3(\alpha_0 \cdot \tau_t)^2} = \sqrt{46{,}8^2 + 3(0{,}436 \cdot 35{,}6)^2}\,\text{N/mm}^2 = 54\,\text{N/mm}^2.$$

8. Zulässige Biegespannung $\sigma_{b\,zul}$
Mit $\sigma_{bF} \approx f_q \cdot R_e$ (Tab. 14), $f_q \approx 1{,}4$ (Tab. 17) und $S_{F\,erf} \approx 3{,}5$ (Tab. 19) nach Gl. (9.26):

$$\sigma_{b\,zul} = \frac{f_q \cdot R_e}{S_{F\,erf}} = \frac{1{,}4 \cdot 320\,\text{N/mm}^2}{3{,}5} = 128\,\text{N/mm}^2 > \sigma_{vo},$$

d. h., die Vergleichsoberspannung ist zulässig. Eine genauere Berechnung des Querschnitts auf Gestaltfestigkeit erfolgt im Beisp. 9.61 (Abschn. 9.7.3).

Praxishinweis
Für wichtige Bauteile sollte ein endgültiges Urteil über die Haltbarkeit oder über Abmessungsänderungen erst abgegeben werden, wenn eine Nachrechnung auf Gestaltfestigkeit erfolgt ist, d. h. wenn die Sicherheit gegen Dauerbruch für alle gefährdeten Querschnitte nachgewiesen wurde (s. nachf. Kap. 9.7). Bei Getriebewellen sind auch die Durchbiegung und der Verdrehwinkel zu beachten (s. die Abschn. 9.4.6 u. 9.5.3).

Kontrollfragen
- Welche Fälle zusammengesetzter Beanspruchung können auftreten?
- Welche Spannungszustände sind möglich?
- Wann wird bei zusammengesetzter Beanspruchung das Superpositionsprinzip und wann das Vergleichsspannungsprinzip angewendet und was versteht man darunter?
- Wie werden die drei wichtigsten Festigkeitshypothesen bezeichnet und welche wird im Maschinenbau vorzugsweise angewendet?
- Was versteht man unter dem Anstrengungsverhältnis?

9.7 Gestaltfestigkeit

Lernziele:
- Den Unterschied zwischen Dauerfestigkeit und Gestaltfestigkeit angeben.
- Die Einflüsse auf die Dauerhaltbarkeit von Bauteilen erläutern.
- Den Begriff Kerbwirkung und die Berechnung der Kerbwirkungszahl erklären.
- Die Berechnung von zug-, druck-, biege-, torsions- und zusammengesetzt beanspruchten Bauteilen auf Gestaltfestigkeit durchführen.

9.7.1 Kerbwirkung, Bauteilfestigkeit

Die Festigkeit der Bauteile wird durch plötzliche Querschnittsänderungen, die an Bohrungen, Rillen, Nuten, Absätzen und dgl. auftreten, wesentlich beeinflusst. Dieser Einfluss wird als **Kerbwirkung** bezeichnet und ist auf eine Spannungserhöhung im Randgebiet des gekerbten Querschnitts zurückzuführen. Zur Erklärung denkt man sich z. B. einen zugbeanspruchten Stab (Bild 9.123 a) in viele Längsfäden aufgelöst. Jeder Faden hat in Kraftrichtung einen gleich hohen Kraftanteil zu übertragen. Durch das Bauteil „strömt“ gewissermaßen ein **Kraftfluss**. Deshalb nennt man die gedachten Fäden

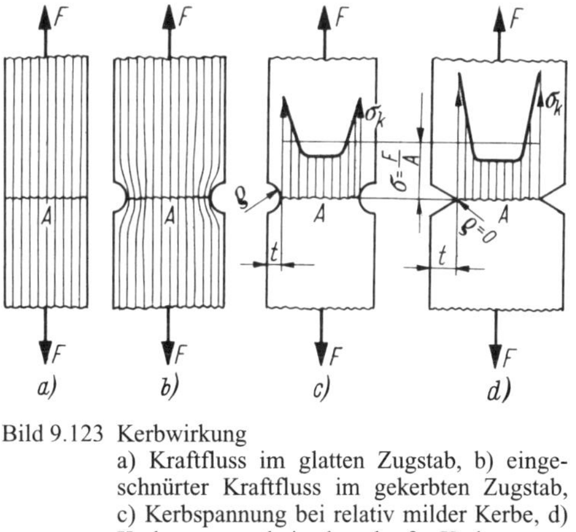

Bild 9.123 Kerbwirkung
a) Kraftfluss im glatten Zugstab, b) eingeschnürter Kraftfluss im gekerbten Zugstab, c) Kerbspannung bei relativ milder Kerbe, d) Kerbspannung bei sehr scharfer Kerbe

auch **Kraftlinien** oder Spannungslinien. Während sich in einem glatten ungekerbten Zugstab der Kraftfluss gleichmäßig über den Querschnitt verteilt, kommt es an Kerbstellen zu einer Störung. Die Kraftlinien werden umgelenkt, der Kraftfluss wird eingeschnürt (Bild 9.123 b). Durch die Verdichtung der Kraftlinien treten am Rand des gekerbten Querschnitts höhere Spannungen auf (Bild 9.123 c). Die Spitzenspannung am Kerbgrund heißt **Kerbspannung σ_k**. Sie kann ein Vielfaches der Nennspannung σ erreichen und wächst mit zunehmender **Kerbtiefe *t*** und abnehmendem **Kerbradius ϱ** (Bild 9.123 d). Die kerbbedingte Spannungserhöhung kann für rein elastische Beanspruchung und einfache Kerbformen rechnerisch erfasst werden. Versuchsmäßig wird sie mit Hilfe der Spannungsoptik oder durch Dehnungsmessung bestimmt. Das **Verhältnis der Kerbspannung σ_k zur Nennspannung σ** bei elastischer Beanspruchung ist die

$$\textit{Formzahl} \quad \alpha_k = \frac{\sigma_k}{\sigma} \qquad (9.97)$$

Sie erfasst die geometrische Form der Kerbe und ist vom Werkstoff unabhängig, jedoch abhängig von der Beanspruchungsart (Zug, Biegung, Torsion). Zahlenwerte für einige oft vorkommende Kerbformen können den Diagrammen in den Bildern A 7 bis A 18 entnommen werden.

Auf Grund der bereits erwähnten **Stützwirkung** (s. Abschn. 9.2.2), die eine Fließbehinderung bedeutet, kann die rechnerische Kerbspannung σ_k in einem gekerbten Zugstab durchaus höher liegen als die Streckgrenze R_e, ohne dass plastische Verformungen auftreten. Durch die Kohäsionskräfte im Werkstoff wird verhindert, dass sich einzelne Werkstoffteilchen unabhängig von ihren Nachbarteilchen verformen. Hat die Kerbspannung am Querschnittsrand die Streckgrenze erreicht, so steigt sie trotz Erhöhung der Beanspruchung nicht weiter an, sondern die Spannungen im Innern des Kerbquerschnitts folgen nach. Erst wenn auch in den daneben liegenden Querschnitten die Streckgrenze erreicht ist, kann das Fließen beginnen. Es ist jedoch nicht so ausgeprägt wie bei einem ungekerbten Stab. Dadurch erfolgt der Bruch plötzlich fast ohne Verformung bei einer Nennspannung im Kerbquerschnitt, die über der Zugfestigkeit des Werkstoffs liegt. Je schärfer die Kerbe, umso größer ist die Zunahme der Zugfestigkeit und die Abnahme der Bruchdehnung sowie der Verlust einer ausgeprägten Streckgrenze. Die geringe Elastizität gekerbter Bauteile kann sehr schädlich sein.

Die **Kerbempfindlichkeit** der Werkstoffe ist unterschiedlich und beeinflusst ebenfalls die Bauteilfestigkeit. Je feiner das Gefüge, wie z. B. bei den hochfesten Stählen, umso kerbempfindlicher ist der Werkstoff. Unregelmäßigkeiten im Gefüge, Poren und Einschlüsse (Beimengungen) vermindern die Empfindlichkeit gegen äußere Kerben, wie z. B. die Graphiteinschlüsse im Gusseisen (Grauguss). Erst wenn die Wirkung der äußeren Kerben die der inneren, strukturbedingten Kerben überschreitet, sind Einflüsse auf die Festigkeit zu erwarten.

Auch die **Oberfläche** der Bauteile wirkt sich auf die Haltbarkeit aus. Die Bearbeitungsriefen, Walznarben und Gussunebenheiten stellen kleine Kerben dar, die die Kerbwirkung verstärken, was vor allem bei Zug-Schwingbeanspruchung gefährlich ist. Ihr Einfluss auf die Bauteilfestigkeit wird bei zähen Werkstoffen durch den **Oberflächenbeiwert b_0** nach Bild A 19 berücksichtigt. Er ist das Verhältnis der Wechselfestigkeit eines Prüfstabes mit einer bestimmten Oberfläche zur Wechselfestigkeit eines polierten Prüfstabes gleichen Werkstoffs. Für spröde Werkstoffe wie Gusseisen (Grauguss) ist $b_0 = 1$ zu setzen.

Durch die ständigen Beanspruchungsänderungen bei schwingender Belastung entstehen submikroskopisch feine Risse. Sie treten an den höchstbeanspruchten Stellen der Bauteile auf, also im Bereich der Kerbe. Einerseits machen sie das Gefüge an den betroffenen Stellen nachgiebiger und wirken spannungsabbauend, stellen andererseits aber innere Kerben dar, die spannungserhöhend wirken. Diese beiden entgegengesetzten Wirkungen treten bei der **Mikrorissbildung** gleichzeitig auf. Ist die Schwingbeanspruchung verhältnismäßig hoch, dann führt die spannungserhöhende Wirkung zur Erweiterung der Risse und schließlich zum **Dauerbruch** (s. DIN 50 100). Bei kleiner Schwingbeanspruchung kann die spannungsabbauende Wirkung überwiegen und die Rissbildung kommt zum Stillstand.

Als **Gestaltfestigkeit σ_G** (oder Dauerhaltbarkeit) eines Bauteils bezeichnet man die Nennspannung, die als Grenzspannung unter Schwingbeanspruchung gerade noch dauernd ertragen wird. Sie ist kein reiner Werkstoffkennwert, sondern die durch Form und Bearbeitung beeinflusste Dauerfestigkeit eines Bauteils, und liegt meistens unter der **Dauerfestigkeit σ_D** des Werkstoffs, die mit ungekerbten polierten Prüfstäben im Dauerschwingversuch bestimmt wird (s. Abschn. 9.2.2).

Unter **Betriebsfestigkeit** wird die Zeitfestigkeit (bei begrenzter Lebensdauer) oder die Dauerfestigkeit eines Bauteils verstanden, bei der möglichst alle Einflüsse berücksichtigt werden, denen das Bauteil im Betriebszustand ausgesetzt ist. Dazu gehören außer den bereits genannten Einflüssen die Betriebstemperatur, die Korrosion, der Verschleiß und vor allem die meistens regellos verlaufenden Beanspruchungsschwankungen mit unterschiedlichen Schwingungsamplituden bei konstanter oder variabler Mittelspannung. Betriebsfestigkeitsversuche haben ergeben, dass einzelne Spannungsspitzen durchaus über der Dauerfestigkeit des Werkstoffs liegen dürfen. Von besonderer Bedeutung ist eine wirklichkeitsnahe Erfassung der Beanspruchungs-Zeit-Verläufe (s. Fachliteratur).

9.7.2 Kerbwirkungszahl, Spannungsgefälle

Die Bauteilfestigkeit wird durch äußere Kerben sehr stark beeinflusst. Entscheidend sind jedoch auch der Werkstoff (die Kerbempfindlichkeit) und der Lastfall (bzw. der Ruhegrad). Da die Formzahl α_k (Gl. (9.97)) diese beiden Einflüsse nicht berücksichtigt, ist sie für den unmittelbaren Vergleich der Festigkeit eines ungekerbten Stabes mit der eines gekerbten Bauteils nicht geeignet. Dazu benutzt man die

Kerbwirkungszahl $$\beta_k = \frac{\sigma_D}{\sigma_G} \qquad (9.98)$$

In Worten:

Die Kerbwirkungszahl ist das Verhältnis der Dauerfestigkeit σ_D eines glatten Stabes zur Gestaltfestigkeit σ_G eines gekerbten Bauteils mit gleicher Oberflächengüte.

Sie schwankt bei schwingender Beanspruchung zwischen $\beta_k = 1$ (keine Kerbwirkung) und $\beta_k = \alpha_k$ (volle Kerbwirkung). Mit der Gestalt-Wechselfestigkeit σ_{WG} ist bei reiner Wechselbeanspruchung $\beta_k = \sigma_W/\sigma_{WG}$. Auch für andere Ruhegrade als $R = 0$ kann mit dieser Kerbwirkungszahl die Gestaltfestigkeit bestimmt werden. Werte für die Kerbwirkungszahl können durch Dauerversuche ermittelt werden. Ist β_k bekannt, so erhält man aus der Dauerfestigkeit die Gestaltfestigkeit $\sigma_G = \sigma_D/\beta_k$. Werden die Dauerversuche mit gekerbten Prüfstäben anstelle realer Bauteile durchgeführt, so wird die **Kerbwirkungszahl $\beta_k = \sigma_D/\sigma_{Dk}$** mit σ_{Dk} als Dauerfestigkeit des Kerbstabes. Bei der Gestaltfestigkeitsberechnung ist dann der **Größeneinfluss** ggf. mit einem **Größenbeiwert b_d** zu berücksichtigen: $\sigma_G = \sigma_D \cdot b_d/\beta_k$, da erfahrungsgemäß die Festigkeit der Werkstoffe mit zunehmender Bauteildicke abnimmt (s. Tab. 13 und Bilder A 1 bis A 4). Nachfolgend einige Anhaltswerte für den Größenbeiwert in Abhängigkeit vom Durchmesser d in mm:

d	10	20	40	60	100	140
b_d	1	0,95 ... 0,9	0,9 ... 0,75	0,82 ... 0,68	0,79 ... 0,6	0,78 ... 0,59

Dauerversuche mit realen Bauteilen sind zeitraubend und oft nur mit großen Schwierigkeiten durchführbar. Man ist deshalb bestrebt, die

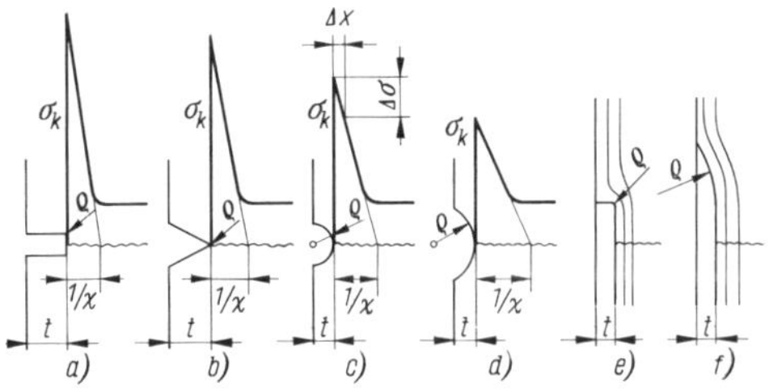

Bild 9.124 Spannungsgefälle in gekerbten Bauteilen bei Zugbeanspruchung
a) und b) scharfe Kerben mit $\varrho = 0$, c) und d) milde Kerben mit $\varrho > 0$, e) und f) Umlenkung des Kraftflusses an Längskerben

Kerbwirkungszahl rechnerisch zu ermitteln. Die nur für einen vollkommen elastischen Werkstoff gültige Formzahl α_k gibt die Höhe der Spannungsspitze gegenüber der Nennspannung an. Der durch die Verdichtung der Spannungslinien am Kerbgrund bedingte Einfluss wird mit ausreichender Näherung durch das

bezogene Spannungsgefälle $$\chi = \frac{\Delta\sigma/\Delta x}{\sigma_k}$$

erfasst **als die auf die Kerbspannung σ_k bezogene Neigung $\Delta\sigma/\Delta x$ des Spannungsabfalls an der Spannungsspitze** (Bild 9.124). Bei Biege- und Torsionsbeanspruchung wird das infolge der ungleichmäßigen Spannungsverteilung vorhandene Spannungsgefälle von dem durch Kerben hervorgerufenen Spannungsgefälle überlagert (Bild 9.125). Es hängt von der Schärfe

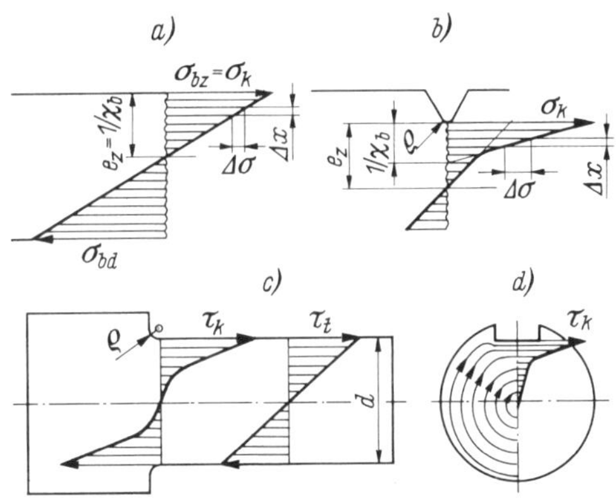

Bild 9.125 Spannungsgefälle bei Biege- und Torsionsbeanspruchung
a) im ungekerbten und b) im gekerbten Biegestab, c) Verteilung der Schubspannungen über dem ungekerbten Querschnitt und über dem Kerbquerschnitt eines Torsionsstabes, d) Kerbspannung in einem genuteten Wellenquerschnitt

der Kerbe ab, und zwar vom **Radius ϱ am Kerbgrund**. An der Stelle einer Querschnittsänderung oder einer Kraftflusseinschnürung beträgt nach der Kerbspannungslehre näherungsweise das

bezogene Spannungsgefälle

bei Zugbeanspruchung $$\chi \approx \frac{2}{\varrho} \quad (9.99)$$

bei Biegebeanspruchung $$\chi_b \approx \frac{1}{e} + \frac{2}{\varrho} \quad (9.100)$$

bei Torsionsbeanspruchung $$\chi_t \approx \frac{1}{e} + \frac{1}{\varrho} \quad (9.101)$$

Bei scharfkantigen Kerben mit $\varrho = 0$ wäre $\chi = \infty$. Da das praktisch unmöglich ist und die Kraftlinien auch um spitze und scharfe Kerben nicht geknickt, sondern in einem Bogen herumlaufen, wird mit **$\varrho \geq 0{,}25$ mm** gerechnet.
Der Werkstoffeinfluss kann in einfacher Weise mit der **dynamischen Stützziffer n_χ** erfasst werden, die vom bezogenen Spannungsgefälle χ und von der Streckgrenze R_e (Bild A 20) bei zähen Werkstoffen bzw. von der Zugfestigkeit R_m (Bild A 21) bei spröden Werkstoffen (Gusseisen wie Grauguss) abhängt. Damit lässt sich die Kerbwirkungszahl für Zug-Druck-Beanspruchung aus der Formzahl α_k (Bilder A 7 bis A 12) berechnen:

Kerbwirkungszahl $$\beta_k = \frac{\alpha_k}{n_\chi} \quad (9.102)$$

Für Biegung ergibt sich β_{kb} mit α_{kb} (Bilder A 13 bis A 16) und für Torsion β_{kt} mit α_{kt} (Bilder A 17 und A 18). Gl. (9.102) gilt **nur für Wechselbeanspruchung** (Ruhegrad $R = 0$), da die Wechselfestigkeit σ_W der zähen Werkstoffe etwa mit der Elastizitätsgrenze σ_E zusammentrifft, die den elastischen Bereich abgrenzt.

Beispiel 9.52
Für einen 20 mm dicken zugbeanspruchten Stab (Bild 9.126) aus S235JR ist die Kerbwirkungszahl zu errechnen.

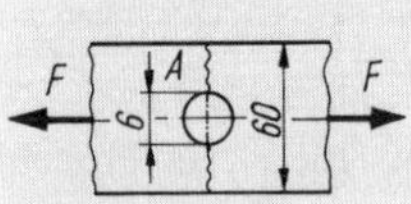

Bild 9.126 Flachstab mit Bohrung

Lösung:
Gegeben: $b = 60$ mm,
$\varrho = d/2 = (6/2)$ mm $= 3$ mm,
$s = 20$ mm, $R_e = 225$ N/mm² (Tab. 13).
Gesucht: β_k.

Aus Bild A 7 folgt für $\varrho/b = 3/60 = 0{,}05$ die Formzahl $\alpha_k \approx 2{,}7$. Für das bezogene Spannungsgefälle nach Gl. (9.99):

$$\chi \approx \frac{2}{\varrho} = \frac{2}{3\text{ mm}} \approx 0{,}67\text{ mm}^{-1}$$

erhält man aus Bild A 20 a die Stützziffer $n_\chi \approx 1{,}15$. Damit wird nach Gl. (9.102) die Kerbwirkungszahl

$$\beta_k = \frac{\alpha_k}{n_\chi} = \frac{2{,}7}{1{,}15} = 2{,}35.$$

Beispiel 9.53
Für den Querschnitt A einer Welle aus E 335 nach Bild 9.127 sind die Kerbwirkungszahlen für Wechselbiegung und für Wechseltorsion zu errechnen.

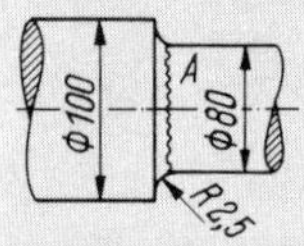

Bild 9.127 Abgesetzte Welle

Lösung:
Gegeben: $D = 100$ mm, $d = 80$ mm, $\varrho = 2{,}5$ mm,
$R_e = 295$ N/mm² (Tab. 13).
Gesucht: β_{kb} und β_{kt}.
1. Kerbwirkungszahl β_{kb}
Mit $t = 0{,}5(D - d) = 0{,}5(100 - 80)$ mm $= 10$ mm folgt für $\varrho/t = 2{,}5/10 = 0{,}25$ und $d/D = 80/100 = 0{,}8$ aus Bild A 14 die Formzahl $\alpha_{kb} \approx 2{,}55$, und mit $e = d/2$ beträgt das bezogene Spannungsgefälle (Gl. (9.100)):

$$\chi_b \approx \frac{1}{e} + \frac{2}{\varrho} = \frac{2}{d} + \frac{2}{\varrho} = \frac{2}{80\text{ mm}} + \frac{2}{2{,}5\text{ mm}} = 0{,}825\text{ mm}^{-1}.$$

Damit wird nach Bild A 20 a die Stützziffer $n_\chi \approx 1{,}16$ und nach Gl. (9.102):

$$\beta_{kb} = \frac{\alpha_{kb}}{n_\chi} = \frac{2{,}55}{1{,}16} = 2{,}2.$$

2. Kerbwirkungszahl β_{kt}
Nach Gl. (9.101) beträgt das bezogene Spannungsgefälle

$$\chi_t \approx \frac{1}{e} + \frac{1}{\varrho} = \frac{2}{d} + \frac{1}{\varrho} = \frac{2}{80\text{ mm}} + \frac{1}{2{,}5\text{ mm}} = 0{,}425\text{ mm}^{-1}.$$

Mit $\alpha_{kt} \approx 1{,}8$ nach Bild A 17 und $n_\chi \approx 1{,}09$ nach Bild A 20 a ergibt sich entspr. Gl. (9.102):

$$\beta_{kt} = \frac{\alpha_{kt}}{n_\chi} = \frac{1{,}8}{1{,}09} = 1{,}65.$$

Wegen der Streuungen der Werkstoffkennwerte und der Unmöglichkeit, alle Einflüsse exakt zu erfassen, können Kerbwirkungszahlen nur näherungsweise errechnet werden. Die Ergebnisse

der bekannten Berechnungsverfahren weichen teilweise erheblich voneinander ab.
Nachfolgend wird zur Berechnung von β_k die Gl. (9.102) wegen ihrer Einfachheit und guten Übereinstimmung mit Versuchsergebnissen ausschließlich angewendet und für die Ermittlung der Gestaltfestigkeit von Bauteilen ein in der Praxis bewährtes Näherungsverfahren erläutert. Auf den genaueren rechnerischen Festigkeitsnachweis für Maschinenbauteile nach der **FKM-Richtlinie** (s. Abschn. 9.2.3) kann hier wegen ihres großen Umfangs nicht näher eingegangen werden.

9.7.3 Berechnung auf Gestaltfestigkeit (Dauerhaltbarkeit)

Mit der Kerbwirkungszahl β_k für wechselnde Beanspruchung (Gl. (9.102)), die den Kerbformeinfluss, den Größeneinfluss, die Stützwirkung und die Kerbempfindlichkeit des Werkstoffs erfasst, und dem Oberflächenbeiwert b_o (für zähe Werkstoffe nach Bild A 19, für spröde ist $b_o = 1$) errechnet man aus der Wechselfestigkeit σ_W (Tab. 16) die

Gestalt-Wechselfestigkeit

$$\boldsymbol{\sigma_{WG} = \frac{\sigma_W \cdot b_o}{\beta_k}} \qquad (9.103)$$

Sie gilt für den Ruhegrad $R = 0$ (Gl. 9.17). Für alle anderen Ruhegrade kann σ_G einem **Gestaltfestigkeitsschaubild** entnommen werden (Bilder 9.128 u. 9.129), das mit σ_{WG} und der Gestalt-Fließgrenze σ_{FG} (Gestalt-Streckgrenze R_{eG} bei Zug) bzw. der Gestalt-Bruchgrenze σ_{BG} (Gestalt-Zugfestigkeit R_{mG} bei Zug) ähnlich wie ein Dauerfestigkeitsschaubild (Bilder 9.27 u. 9.28) konstruiert wird. Versuche haben ergeben, dass bei zähen Werkstoffen bis an R_{eG} heran nahezu $\sigma_{AG} = \sigma_{WG}$ ist. Deshalb laufen die σ_{OG}- und die σ_{UG}-Linie parallel zur Mittelspannungslinie. Für $R = 1$ (ruhende Beanspruchung) ist durch die Stützwirkung $\beta_k < 1$, weshalb $R_{eG} > R_e$ und $R_{mG} > R_m$ sind. Bei technischen Berechnungen wird jedoch in diesem Falle meistens $\beta_k = 1$ angenommen und für zähe Werkstoffe $R_{eG} = R_e$ sowie für spröde Werkstoffe $R_{mG} = R_m$ gesetzt. Entspr. Gl. (9.17) ist der **Ruhegrad $\boldsymbol{R = \sigma_{mG}/\sigma_{OG}}$** das Verhältnis der Mittelspannung zur Oberspannung der Gestaltfestigkeit. Da die Druck-Schwingfestigkeit durch Kerben kaum verändert wird, darf im Druck-Schwellbereich $\sigma_G = \sigma_D$ gesetzt werden. Die Konstruktion der Gestaltfestigkeitsschaubilder für biegebeanspruchte und für torsionsbeanspruchte Bauteile erfolgt in gleicher Weise mit σ_{bWG} und $\sigma_{bFG} = \sigma_{bF}$ bzw. mit τ_{tWG} und $\tau_{tFG} = \tau_{tF}$.

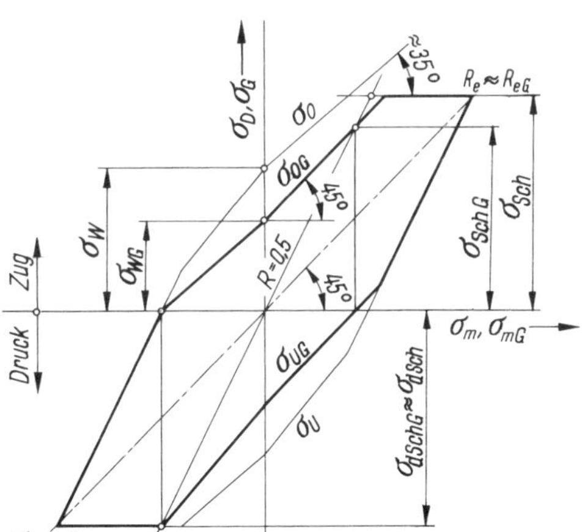

Bild 9.128 Gestaltfestigkeitsschaubild für Zug-Druck-Beanspruchung zäher Werkstoffe mit Streckgrenze

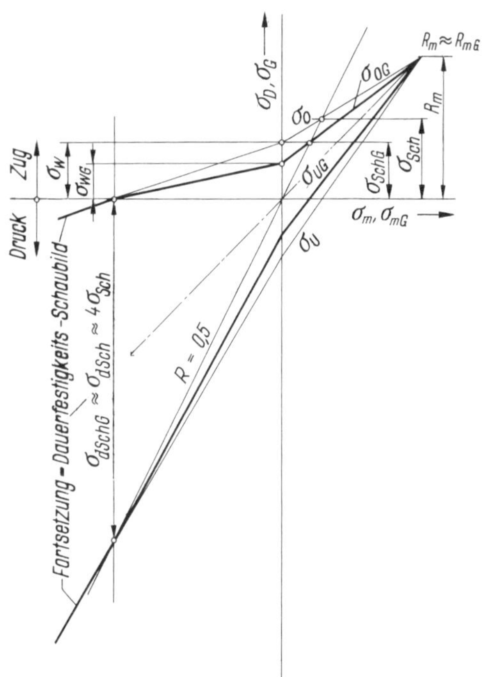

Bild 9.129 Gestaltfestigkeitsschaubild für Zug-Druck-Beanspruchung spröder Werkstoffe ohne Streckgrenze

Durch **Kaltverfestigung** (Kaltwalzen, Drücken, Ziehen, Kugelstrahlen) und durch **Wärmebehandlung** (Oberflächenhärten, Einsatzhärten, Nitrieren, Vergüten) ist eine Gestaltfestigkeitserhöhung erreichbar. Diese Einflüsse sind ggf. besonders zu berücksichtigen.

Für den **Gestaltfestigkeitsnachweis** ist die Sicherheit S_D gegen Dauerbruch nach Gl. (9.23) zu errechnen und mit $S_{D\,erf}$ (Tab. 18) zu vergleichen. Allgemein wird S_D mit der Gestalt-Ausschlagsfestigkeit σ_{AG} und dem Spannungsausschlag σ_a bei gleichem Ruhegrad $R = \sigma_m/\sigma_o = \sigma_{mG}/\sigma_{OG}$ ermittelt:

Sicherheit gegen Dauerbruch

$$\boldsymbol{S_D = \frac{\sigma_{AG}}{\sigma_a} \geq S_{D\,erf}} \qquad (9.104)$$

Außerdem ist mit der Oberspannung σ_o bei zähen Werkstoffen und $\boldsymbol{R > 0{,}5}$ die **Sicherheit** $\boldsymbol{S_F}$ **gegen Fließen** nach Gl. (9.21), bei spröden Werkstoffen und $R > 0{,}75$ die Sicherheit S_B gegen Bruch nach Gl. (9.22) zu überprüfen.

Zug- und druckbeanspruchte Bauteile

Die Gestaltfestigkeitsberechnung wird wie vorstehend beschrieben durchgeführt. Bei **zähen Werkstoffen** ist bis an R_e heran nahezu $\sigma_{AG} = \sigma_{WG}$, so dass nach Gl. (9.103) die

Gestalt-Ausschlagsfestigkeit

$$\boldsymbol{\sigma_{AG} = \frac{\sigma_W \cdot b_o}{\beta_k}} \qquad (9.105)$$

beträgt. Für **spröde Werkstoffe** (z. B. Gusseisen wie Grauguss) ist σ_{AG} aus dem Gestaltfestigkeitsschaubild zu ermitteln, das für den Zug-Mittelspannungsbereich in Bild 9.130 nur mit der σ_{OG}-Linie dargestellt ist. Daraus folgt mit der Gestalt-Wechselfestigkeit $\sigma_{WG} = \sigma_W/\beta_k$ (Gl. (9.103), $b_o = 1$), der Zugfestigkeit R_m (für GJL nach Tab. 13) und dem vom Ruhegrad $R > 0$ abhängigen Beiwert $b_R = 1/R - 1$ die

Gestalt-Ausschlagsfestigkeit

$$\boldsymbol{\sigma_{AG} = \frac{b_R \cdot \sigma_{WG}}{b_R + \dfrac{\sigma_{WG}}{R_m}}} \qquad (9.106)$$

Bei $R = 0$ ist $\sigma_{AG} = \sigma_{WG}$.

Die Herleitung der Gl. (9.106) ergibt sich aus den Beziehungen in Bild 9.130. Es verhalten sich

$$\frac{R_m - \sigma_{WG}}{R_m} = \frac{R_m - \sigma_{OG}}{R_m - \sigma_{mG}}$$

Mit $\sigma_{OG} = \sigma_{mG}/R$ (entspr. Gl. (9.17)) erhält man durch Umformen:

$$\sigma_{MG} = \frac{\sigma_{WG}}{\dfrac{1}{R} - 1 + \dfrac{\sigma_{WG}}{R_m}}$$

und daraus mit $\sigma_{mG} = \sigma_{OG} - \sigma_{AG} = \sigma_{mG}/R - \sigma_{AG}$ nach weiterer Umformung die Gl. (9.106), in der $1/R - 1 = b_R$ gesetzt wird.

Da *Reihenkerben* eine geringere Kerbwirkung als Einzelkerben hervorrufen, werden sie durch eine Kerbe mit verringerter Tiefe, der *Wirktiefe* t_w nach Bild A 12, ersetzt. Der Kraftfluss wird nur an der ersten und letzten Kerbe umgelenkt (ähnlich wie bei Längskerben, s. Bild 9.124 e und f) und somit weniger scharf als bei Einzelkerben.

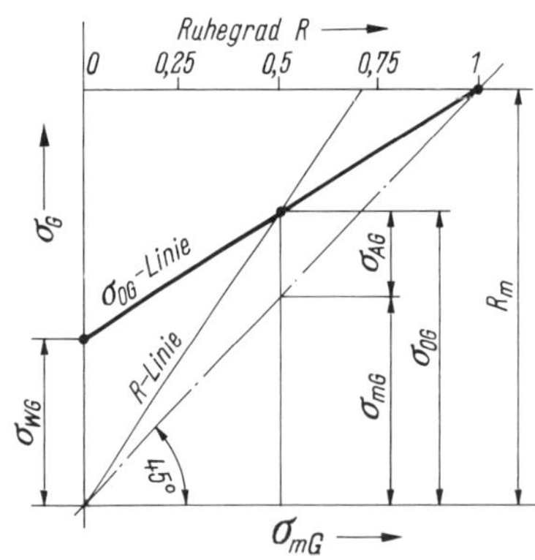

Bild 9.130 Gestaltfestigkeitsschaubild für spröde Werkstoffe mit der σ_{OG}-Linie im Zug-Mittelspannungsbereich

Beispiel 9.54
In einer Walzwerkseinrichtung ist der Kopf eines Zugbolzens nach Bild 9.131 gestaltet. Die Belastung schwingt unter starken Stößen bei 75 % Häufigkeit der Höchstlast zwischen 41,5 kN und 65 kN. Es handelt sich um ein wichtiges Teil, dessen Bruch gefährlich wäre. Die Oberfläche ist geschlichtet, Werkstoff: E 335, Halbzeugdurchm.: 80 mm. Ist die Sicherheit gegen Dauerbruch im angegebenen gefährlichen Querschnitt ausreichend?

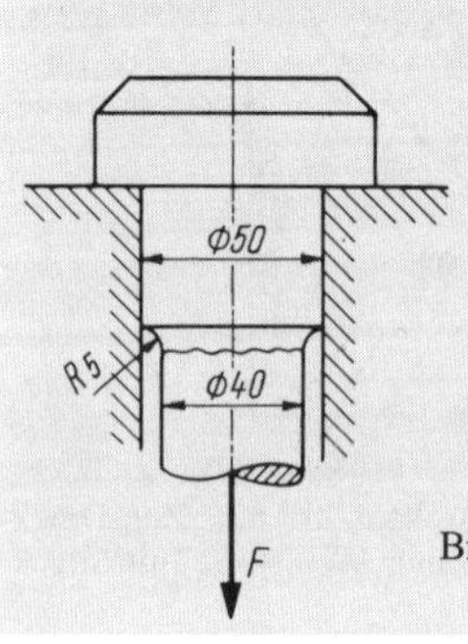

Bild 9.131 Kopfende eines Zugbolzens

Lösung:

Gegeben: $F_u = 41500$ N, $F_{oN} = 65000$ N,
$D = 50$ mm, $d = 40$ mm, $\varrho = 5$ mm,
$H = 75\%$, $R_m = 570$ N/mm² (Tab. 13),
$R_e = 305$ N/mm² (Tab. 13),
$\sigma_W = 270$ N/mm² (Tab. 16).

Gesucht: S_D vergl. mit $S_{D\,erf}$ (Gestaltfestigkeitsnachweis).

1. Größtkraft F_o

Die Stoßbelastung wird mit dem geschätzten Betriebsfaktor $K_I = 2{,}5$ erfasst, der wegen der Wichtigkeit des Teiles um 30 % erhöht wird (s. Abschn. 9.2.1). Somit

$$F_o = 1{,}3 \cdot K_I \cdot F_{oN} = 1{,}3 \cdot 2{,}5 \cdot 65000 \text{ N} = 211250 \text{ N}.$$

2. Nennspannungen σ und Ruhegrad R

Mit der Querschnittsfläche $A = d^2 \cdot \pi/4 = (40 \text{ mm})^2 \cdot \pi/4 = 1257 \text{ mm}^2$ betragen die Oberspannung

$$\sigma_o = \frac{F_o}{A} = \frac{211250 \text{ N}}{1257 \text{ mm}^2} = 168 \text{ N/mm}^2$$

und die Unterspannung

$$\sigma_u = \frac{F_u}{A} = \frac{41500 \text{ N}}{1257 \text{ mm}^2} = 33 \text{ N/mm}^2.$$

Damit werden nach Gl. (9.16) der Spannungsausschlag

$$\sigma_a = \frac{\sigma_o - \sigma_u}{2} = \frac{168 - 33}{2} \text{ N/mm}^2 = 67{,}5 \text{ N/mm}^2,$$

nach Gl. (9.15) die Mittelspannung

$$\sigma_m = \frac{\sigma_o + \sigma_u}{2} = \frac{168 + 33}{2} \text{ N/mm}^2 = 100{,}5 \text{ N/mm}^2$$

und nach Gl. (9.17):

$$R = \sigma_m/\sigma_o = 100{,}5/168 = 0{,}6.$$

3. Kerbwirkungszahl β_k

Mit $t = 0{,}5(D - d) = 0{,}5(50 - 40)$ mm $= 5$ mm, $t/D = 5/50 = 0{,}1$ und $\varrho/t = 5/5 = 1$ folgt aus Bild A 10 die Formzahl $\alpha_k \approx 1{,}9$ und für das bezogene Spannungsgefälle nach Gl. (9.99):

$$\chi \approx 2/\varrho = 2/5 \text{ mm} = 0{,}4 \text{ mm}^{-1}$$

aus Bild A 20a die Stützziffer $n_\chi \approx 1{,}09$. Damit wird nach Gl. (9.102):

$$\beta_k = \alpha_k/n_\chi = 1{,}9/1{,}09 = 1{,}743.$$

4. Gestalt-Ausschlagsfestigkeit σ_{AG}

Mit dem Oberflächenbeiwert $b_o \approx 0{,}81$ (Kleinstwert für Schlichten aus Bild A 19) nach Gl. (9.106):

$$\sigma_{AG} = \frac{\sigma_W \cdot b_o}{\beta_k} = \frac{270 \text{ N/mm}^2 \cdot 0{,}81}{1{,}743} = 125{,}5 \text{ N/mm}^2.$$

5. Sicherheit S_D gegen Dauerbruch

Für $H = 75\%$ und $R = 0{,}6$ folgt aus Tab. 18 die erforderliche Sicherheit $S_{D\,erf} \approx 1{,}46$. Nach Gl. (9.104) wird

$$S_D = \frac{\sigma_{AG}}{\sigma_a} = \frac{125{,}5 \text{ N/mm}^2}{67{,}5 \text{ N/mm}^2} = 1{,}86 > S_{D\,erf}.$$

Die Sicherheit reicht also aus. Da $R > 0{,}5$ ist, muss auch die Sicherheit S_F gegen Fließen nach Gl. (9.21) überprüft werden:

$$S_F = \frac{R_e}{\sigma_o} = \frac{305 \text{ N/mm}^2}{168 \text{ N/mm}^2} = 1{,}88.$$

Nach Tab. 18 ist $S_{F\,erf} = 1{,}2 < S_F$, somit ebenfalls ausreichend.

Beispiel 9.55

In einem Lastaufnahmemittel hat ein Bolzen (Kopfdurchm. 70 mm) aus Vergütungsstahl C 45 mit Gewinde M 42 eine Größtkraft von 92 kN zu übertragen, die schwellend mit 50% Häufigkeit auftritt. Der Radius am Gewindegrund beträgt 0,14434 P (nach DIN 13), die Oberfläche hat 16 µm gemittelte Rautiefe. Ist die Sicherheit gegen Dauerbruch ausreichend?

Lösung:

Gegeben: $F_o = 92000$ N, $H = 50\%$, $R_z = 16$ µm,
$R_m = 630$ N/mm² (Bild A 4),
$R_{p0,2} = 370$ N/mm² (Tab. 13),
$\sigma_W = 290$ N/mm² (Tab. 16), nach Tab. 9:
$d = 42$ mm, $P = 4{,}5$ mm, $d_3 \approx 36{,}48$ mm,
$A_K = 1045$ mm², $\varphi = 60°$,
$\varrho = 0{,}14434P = 0{,}65$ mm.

Gesucht: S_D vergl. mit $S_{D\,erf}$ (Gestaltfestigkeitsnachweis).

1. Nennspannungen σ und Ruhegrad R

Die Oberspannung im Gewindekernquerschnitt A_K beträgt

$$\sigma_o = \frac{F_o}{A_k} = \frac{92\,000 \text{ N}}{1045 \text{ mm}^2} = 88 \text{ N/mm}^2.$$

Bei schwellender Beanspruchung ist der Spannungsausschlag $\sigma_a = \sigma_m = \sigma_o/2 = 44$ N/mm² und $R = 0{,}5$.

2. Kerbwirkungszahl β_k

Mit $a = P$ und $t = 0{,}5(d - d_3) = 0{,}5(42 - 36{,}48)$ mm $= 2{,}76$ mm wird $a/t = 4{,}5/2{,}76 = 1{,}63$ und nach Bild A 12 die Wirktiefe $t_w = b_w \cdot t = 0{,}5 \cdot 2{,}76$ mm $= 1{,}38$ mm. Damit ist $t_w/\varrho = 1{,}38/0{,}65 = 2{,}12$ und mit $d_3/\varrho = 36{,}48/0{,}65 = 56$ nach Bild A 11 die Formzahl $\alpha_k = 4{,}1$. Für das bezogene Spannungsgefälle nach Gl. (9.99):

$$\chi \approx 2/\varrho = 2/0{,}65 \text{ mm} = 3{,}08 \text{ mm}^{-1}$$

folgt aus Bild A 20b die Stützziffer $n_\chi \approx 1{,}3$. Somit nach Gl. (9.102):

$$\beta_k = \alpha_k/n_\chi = 4{,}1/1{,}3 = 3{,}15.$$

3. Gestalt-Ausschlagsfestigkeit σ_{AG}

Mit dem Oberflächenbeiwert $b_o \approx 0{,}84$ (Bild A 19) nach Gl. (9.106):

$$\sigma_{AG} = \frac{\sigma_W \cdot b_o}{\beta_k} = \frac{290 \text{ N/mm}^2 \cdot 0{,}84}{3{,}15} = 77{,}3 \text{ N/mm}^2.$$

4. Sicherheit S_D gegen Dauerbruch

Für $H = 50\%$ und $R = 0{,}5$ gibt Tab. 18 eine erforderliche Sicherheit $S_{D\,erf} = 1{,}4$ an. Nach Gl. (9.104) wird

$$S_D = \frac{\sigma_{AG}}{\sigma_a} = \frac{77{,}3\ \mathrm{N/mm^2}}{44\ \mathrm{N/mm^2}} = 1{,}76 > S_{D\,\mathrm{erf}},$$

d. h. die vorhandene Sicherheit ist ausreichend.

Beispiel 9.56
Bild 9.132 zeigt den Nocken an der Bremsbacke aus EN-GJL-200 einer Fliehkraftkupplung. Die Federkraft schwankt zwischen 800 und 1600 N. Wegen der Federtoleranzen ist die Nennoberkraft um 15 % zu erhöhen. Genügt die Sicherheit gegen Dauerbruch im gefährdeten Querschnitt A, wenn die Größtkraft mit 100 % Häufigkeit auftritt?

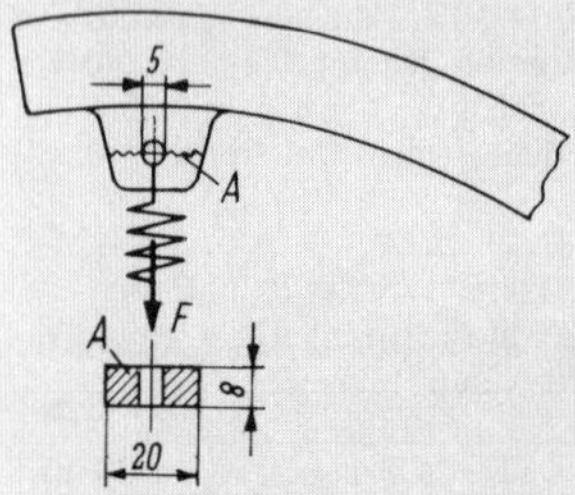

Bild 9.132 Nocken zur Aufnahme einer Zugfeder an einer Bremsbacke

Lösung:
Gegeben: $F_u = 800$ N, $F_{oN} = 1600$ N, $K_I = 1{,}15$, $H = 100\,\%$, $b = 20$ mm, $d = 5$ mm, $s = 8$ mm, $R_m \approx 270$ N/mm² (Bild A 3), $\sigma_W = 60$ N/mm² (Tab. 16).
Gesucht: S_D vergl. mit $S_{D\,\mathrm{erf}}$ (Gestaltfestigkeitsnachweis).

1. Nennspannungen σ und Ruhegrad R
Mit der Oberkraft $F_o = K_I \cdot F_{oN} = 1{,}15 \cdot 1600$ N $= 1840$ N und $A = (b - d)\,s = (20 - 5)$ mm $\cdot$ 8 mm $= 120$ mm² wird die Oberspannung

$$\sigma_o = \frac{F_o}{A} = \frac{1840\ \mathrm{N}}{120\ \mathrm{mm^2}} = 15{,}3\ \mathrm{N/mm^2}.$$

Sinngemäß zur Gl. (9.15) beträgt die Mittelkraft

$$F_m = \frac{F_o + F_u}{2} = \frac{1840 + 800}{2}\ \mathrm{N} = 1320\ \mathrm{N},$$

damit die Mittelspannung

$$\sigma_m = \frac{F_m}{A} = \frac{1320\ \mathrm{N}}{120\ \mathrm{mm^2}} = 11\ \mathrm{N/mm^2}$$

und der Spannungsausschlag

$$\sigma_a = \sigma_o - \sigma_m = (15{,}3 - 11)\ \mathrm{N/mm^2} = 4{,}3\ \mathrm{N/mm^2}.$$

Nach Gl. (9.17) wird

$$R = \frac{\sigma_m}{\sigma_o} = \frac{F_m}{F_o} = \frac{11\ \mathrm{N/mm^2}}{15{,}3\ \mathrm{N/mm^2}} = 0{,}72.$$

2. Kerbwirkungszahl β_k
Mit dem Kerbradius $\varrho = d/2 = (5/2)$ mm $= 2{,}5$ mm wird $\varrho/b = 2{,}5/20 = 0{,}125$ und nach Bild A 7 die Formzahl $\alpha_k \approx 2{,}4$. Für das bezogene Spannungsgefälle nach Gl. (9.99):

$$\chi \approx 2/\varrho = 2/2{,}5\ \mathrm{mm} = 0{,}8\ \mathrm{mm^{-1}}$$

folgt aus Bild A 20a die Stützziffer $n_\chi \approx 1{,}4$. Somit nach Gl. (9.102):

$$\beta_k = \alpha_k / n_\chi = 2{,}4/1{,}4 = 1{,}7.$$

3. Gestalt-Ausschlagsfestigkeit σ_{AG}
Für Gusseisen (Grauguss) wird der Oberflächenbeiwert $b_o = 1$ gesetzt (s. Abschn. 9.7.1). Nach Gl. 9.103 beträgt die Gestalt-Wechselfestigkeit

$$\sigma_{WG} = \frac{\sigma_W \cdot b_o}{\beta_k} = \frac{60\ \mathrm{N/mm^2} \cdot 1}{1{,}7} = 35{,}3\ \mathrm{N/mm^2}$$

und damit nach Gl. (9.106) mit $b_R = 1/R - 1 = 1/0{,}72 - 1 = 0{,}39$:

$$\sigma_{AG} = \frac{b_R \cdot \sigma_{WG}}{b_R + \dfrac{\sigma_{WG}}{R_m}} = \frac{0{,}39 \cdot 35{,}3}{0{,}39 + \dfrac{35{,}3}{270}}\ \mathrm{N/mm^2} = 26{,}4\ \mathrm{N/mm^2}.$$

4. Sicherheit S_D gegen Dauerbruch
Für $H = 100\,\%$ und $R = 0{,}72$ folgt aus Tab. 18 die erforderliche Sicherheit $S_{D\,\mathrm{erf}} = 2$. Nach Gl. (9.105) wird

$$S_D = \frac{\sigma_{AG}}{\sigma_a} = \frac{26{,}4\ \mathrm{N/mm^2}}{4{,}3\ \mathrm{N/mm^2}} = 6{,}14 > S_{D\,\mathrm{erf}},$$

d. h. die vorhandene Sicherheit genügt. Da $R < 0{,}75$ ist, muss die Sicherheit S_B gegen Bruch nicht überprüft werden.

Biegebeanspruchte Bauteile
Die Kerbwirkungszahl β_{kb} wird nach Gl. (9.102) mit der Formzahl α_{kb} (Bilder A 13 bis A 16) errechnet. Für die Stützziffer n_χ (Bilder A 20 u. A 21) ist das bezogene Spannungsgefälle χ_b nach Gl. (9.100) zu bestimmen. Da bei **zähen Werkstoffen** bis an σ_{bF} heran nahezu auch $\sigma_{bAG} = \sigma_{bWG}$ ist, beträgt entspr. Gl. (9.103) die

Gestalt-Ausschlagsfestigkeit

$$\boldsymbol{\sigma_{bAG} = \frac{\sigma_W \cdot b_o}{\beta_{kb}}} \qquad (9.107)$$

Bei $R > 0{,}5$ ist die Sicherheit S_F gegen Fließen (Gl. (9.21)) mit der Biegefließgrenze σ_{bF} (Tab. 14) zu überprüfen.
Für **spröde Werkstoffe** ist σ_{AG} nach Gl. (9.106) sinngemäß zu errechnen und bei $R > 0{,}75$ die Sicherheit S_B gegen Bruch nach Gl. (9.104) zu überprüfen.

Beispiel 9.57
Die Lagerkraft am Zapfen einer fest stehenden Achse (Bild 9.133) schwankt bei einer Häufigkeit der Höchstkraft von 50 % zwischen 77,5 kN und 95 kN.

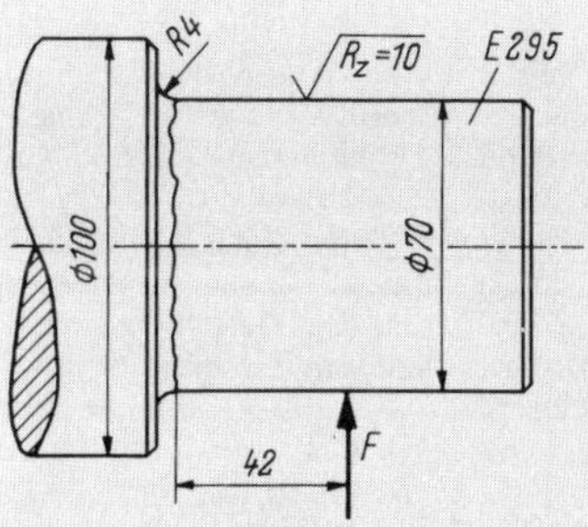

Bild 9.133 Lagerzapfen einer Achse

Wegen möglicher Stöße und der Wichtigkeit des Teiles soll mit einem Betriebsfaktor von 2 gerechnet werden. Ist im angegebenen gefährdeten Querschnitt eine ausreichende Sicherheit gegen Dauerbruch vorhanden?

Lösung:

Gegeben: $D = 100$ mm, $d = 70$ mm, $\varrho = 4$ mm, $l = 42$ mm, $R_z = 10$ µm, $F_u = 77{,}5$ kN, $F_{oN} = 95$ kN, $K_I = 2$, $H = 50\,\%$, $R_m = 470$ N/mm², $R_e = 255$ N/mm² (Tab. 13), $\sigma_W = 225$ N/mm² (Tab. 16).

Gesucht: S_D vergl. mit $S_{D\,erf}$ (Gestaltfestigkeitsnachweis).

1. Biegemomente M_b, Biegespannungen σ_b und Ruhegrad R

Unter Berücksichtigung des Betriebsfaktors K_I entspr. Gl. (9.46) mit $x = l$:

$$M_{bo} = K_I \cdot F_{oN} \cdot l = 2 \cdot 95 \text{ kN} \cdot 42 \text{ mm} = 7980 \text{ Nm},$$

$$M_{bu} = F_u \cdot l = 77{,}5 \text{ kN} \cdot 42 \text{ mm} = 3255 \text{ Nm}.$$

Nach Tab. 22 ist $W_b \approx 0{,}1d^3 = 0{,}1(70 \text{ mm})^3 = 34{,}3 \cdot 10^3 \text{ mm}^3$. Damit entspr. Gl. (9.49):

$$\sigma_{bo} = \frac{M_{bo}}{W_b} = \frac{7980 \cdot 10^3 \text{ Nmm}}{34{,}3 \cdot 10^3 \text{ mm}^3} = 232{,}7 \text{ N/mm}^2,$$

$$\sigma_{bu} = \frac{M_{bu}}{W_b} = \frac{3255 \cdot 10^3 \text{ Nmm}}{34{,}3 \cdot 10^3 \text{ mm}^3} = 94{,}9 \text{ N/mm}^2$$

und nach Gl. (9.16) der Spannungsausschlag

$$\sigma_{ba} = \frac{\sigma_{bo} - \sigma_{bu}}{2} = \frac{232{,}7 - 94{,}9}{2} \text{ N/mm}^2 = 68{,}9 \text{ N/mm}^2,$$

nach Gl. (9.15) die Mittelspannung

$$\sigma_{bm} = \frac{\sigma_{bo} + \sigma_{bu}}{2} = \frac{232{,}7 + 94{,}9}{2} \text{ N/mm}^2 = 163{,}8 \text{ N/mm}^2$$

sowie nach Gl. (9.17)

$$R = \sigma_{bm}/\sigma_{bo} = 163{,}8/232{,}7 = 0{,}7.$$

2. Kerbwirkungszahl β_{kb} und Gestalt-Ausschlagsfestigkeit σ_{bAG}

Mit $d/D = 70/100 = 0{,}7$, $t = 0{,}5(D - d) = 0{,}5(100 - 70)$ mm $= 15$ mm und $\varrho/t = 4/15 = 0{,}267$ folgt aus Bild A 14 die Formzahl $\alpha_{kb} \approx 2{,}2$ und für das bezogene Spannungsgefälle nach Gl. (9.100) mit $e = d/2$:

$$\chi_b \approx \frac{1}{e} + \frac{2}{\varrho} = \frac{2}{d} + \frac{2}{\varrho} = \frac{2}{70 \text{ mm}} + \frac{2}{4 \text{ mm}} \approx 0{,}53 \text{ mm}^{-1}$$

aus Bild A 20a die Stützziffer $n_\chi \approx 1{,}11$.
Damit nach Gl. (9.102):

$$\beta_{kb} = \alpha_{kb}/n_\chi = 2{,}2/1{,}11 \approx 2$$

und nach Gl. (9.107) mit dem Oberflächenbeiwert $b_o \approx 0{,}89$ (Bild A 19):

$$\sigma_{bAG} = \frac{\sigma_W \cdot b_o}{\beta_{kb}} = \frac{225 \text{ N/mm}^2 \cdot 0{,}89}{2} = 100 \text{ N/mm}^2.$$

3. Sicherheit S_D gegen Dauerbruch

Entspr. Gl. (9.104):

$$S_D = \frac{\sigma_{bAG}}{\sigma_{ba}} = \frac{100 \text{ N/mm}^2}{68{,}9 \text{ N/mm}^2} = 1{,}45 > S_{D\,erf} = 1{,}3$$

nach Tab. 18, also ausreichend.
Da $R > 0{,}5$ ist, muss auch S_F nach Gl. (9.21) mit $\sigma_{bF} = f_q \cdot R_e$ (Tab. 14) und $f_q = 1{,}4$ (Tab. 17) überprüft werden:

$$S_F = \frac{\sigma_{bF}}{\sigma_{bo}} = \frac{1{,}4 \cdot 255 \text{ N/mm}^2}{232{,}7 \text{ N/mm}^2} = 1{,}53 > S_{F\,erf} = 1{,}2$$

nach Tab. 18, somit ebenfalls ausreichend.

Beispiel 9.58

Der in Bild 9.134 skizzierte Fußschalthebel aus Stahl S 235 wird durch eine schwellende Kraft von 400 N belastet, die mit 100 % Häufigkeit auftritt und bis zu 25 % höher liegen kann. Es ist die Sicherheit gegen Dauerbruch im gefährdeten Querschnitt des Hebels aus gewalztem Flachstahl zu überprüfen.

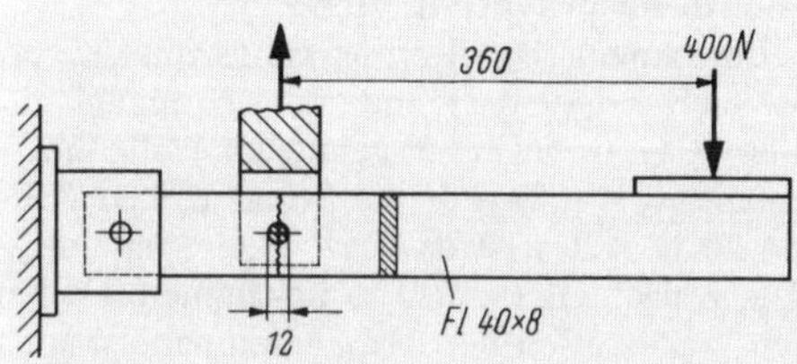

Bild 9.134 Fußschalthebel

Lösung:

Gegeben: $F_N = 400$ N, $K_I = 1{,}25$, $H = 100\,\%$, $l = 360$ mm, $h = 40$ mm, $h_1 = 12$ mm, $b = 8$ mm, $R_m = 340$ N/mm², $R_e = 235$ N/mm² (Tab. 13), $\sigma_W = 165$ N/mm² (Tab. 16).

Gesucht: S_D vergl. mit $S_{D\,erf}$ (Gestaltfestigkeitsnachweis).

1. Biegemoment M_b, Biegespannungen σ_b und Ruhegrad R

Mit $F = K_I \cdot F_N$ und $x = l$ nach Gl. (9.46):

$$M_b = K_I \cdot F_N \cdot l = 1{,}25 \cdot 400 \text{ N} \cdot 360 \text{ mm} = 180\,000 \text{ Nmm}.$$

Sinngemäß zu den Gln. in der Tab. 22 beträgt das Widerstandsmoment

$$W_b = \frac{b(h^3 - h_1^3)}{6h} = \frac{8\ \text{mm}\,(40^3 - 12^3)\ \text{mm}^3}{6 \cdot 40\ \text{mm}}$$
$$= 2076\ \text{mm}^3$$

und damit nach Gl. (9.49):

$$\sigma_{bo} = \sigma_b = \frac{M_b}{W_b} = \frac{180\,000\ \text{Nmm}}{2076\ \text{mm}^3} = 86{,}7\ \text{N/mm}^2.$$

Bei schwellender Beanspruchung ist der Spannungsausschlag $\sigma_{ba} = \sigma_{bm} = \sigma_{bo}/2 \approx 43{,}4\ \text{N/mm}^2$ und $R = 0{,}5$.

2. Gestalt-Ausschlagsfestigkeit σ_{bAG}

Da am Querschnittsrand keine Kerbe vorhanden ist, sind $2/\varrho = 0$ und $\alpha_{kb} = 1$. Für das bezogene Spannungsgefälle nach Gl. (9.100) mit $e = h/2$:

$$\chi_b \approx \frac{1}{e} + \frac{2}{\varrho} = \frac{2}{h} + 0 = \frac{2}{40\ \text{mm}} + 0 = 0{,}05\ \text{mm}^{-1}$$

folgt aus Bild A 20a die Stützziffer $n_\chi \approx 1$ und damit nach Gl. (9.102) die Kerbwirkungszahl

$$\beta_{kb} = \alpha_{kb}/n_\chi = 1/1 = 1.$$

Mit dem Oberflächenbeiwert $b_o \approx 0{,}77$ aus Bild A 19 (Walzhaut) wird nach Gl. (9.107):

$$\sigma_{bAG} = \frac{\sigma_W \cdot b_o}{\beta_{kb}} = \frac{165\ \text{N/mm}^2 \cdot 0{,}77}{1} = 127\ \text{N/mm}^2.$$

3. Sicherheit S_D gegen Dauerbruch

Entspr. Gl. (9.104):

$$S_D = \frac{\sigma_{bAG}}{\sigma_{ba}} = \frac{127\ \text{N/mm}^2}{43{,}4\ \text{N/mm}^2} = 2{,}93 > S_{D\,erf} = 1{,}7$$

nach Tab. 18, also ausreichend.

Torsionsbeanspruchte Bauteile

Die Berechnung der Kerbwirkungszahl β_{kt} erfolgt nach Gl. (9.102) mit der Formzahl α_{kt} (Bilder A 17 u. A 18, bei genuteten Wellenquerschnitten $\alpha_{kt} \approx 2{,}8$). Für die Stützziffer n_χ (Bilder A 20 u. A 21) ist das bezogene Spannungsgefälle χ_t nach Gl. (9.101) zu bestimmen. Da bei **zähen Werkstoffen** bis an τ_{tF} heran nahezu auch $\tau_{tAG} = \tau_{tWG}$ ist, beträgt entspr. Gl. (9.103) die

Gestalt-Ausschlagsfestigkeit

$$\boldsymbol{\tau_{tAG} = \frac{\tau_{tW} \cdot b_o}{\beta_{kt}}} \qquad (9.108)$$

Nach Tab. 15 kann für die Torsions-Wechselfestigkeit $\tau_{tW} \approx 0{,}3R_m$ gesetzt werden (R_m nach Tab. 13). Bei $R > 0{,}5$ ist die Sicherheit S_F gegen Fließen (Gl. (9.21)) mit der Torsionsfließgrenze τ_{tF} (Tab. 14) zu überprüfen.

Für **spröde Werkstoffe** ist τ_{tAG} nach Gl. (9.106) sinngemäß zu errechnen und bei $R > 0{,}75$ die Sicherheit S_B gegen Bruch nach Gl. (9.22) zu überprüfen.

Beispiel 9.59

Über eine Kupplung wird am Antriebszapfen einer Getriebewelle aus E 335 (Bild 9.135) im Dauerbetrieb ein schwellendes Drehmoment von 160 Nm eingeleitet.

Die auftretenden Stöße sind durch einen Betriebsfaktor von 2,5 zu berücksichtigen. Für die gefährdeten Querschnitte 1, 2 und 3 ist der Gestaltfestigkeitsnachweis durchzuführen und ein Gestaltfestigkeitsschaubild zu zeichnen.

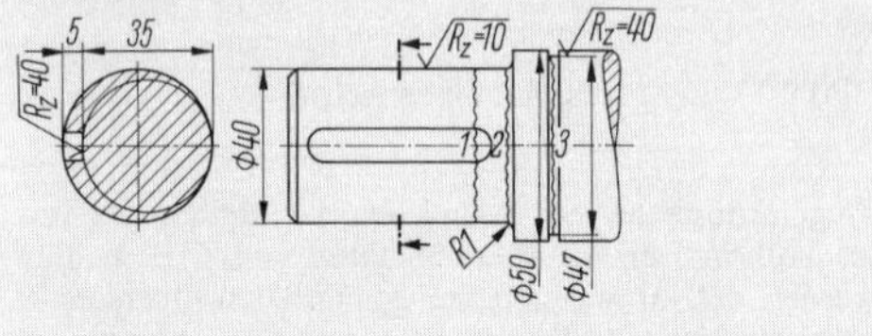

Bild 9.135 Antriebszapfen einer Getriebewelle

Lösung:

Gegeben: $M_N = 160\ \text{Nm}$, $K_I = 2{,}5$, $H = 100\,\%$,
$R = 0{,}5$, $d_1 = d_t = 35\ \text{mm}$, $d_2 = 40\ \text{mm}$,
$d_3 = 47\ \text{mm}$, $D = 50\ \text{mm}$,
$\varrho_1 = \varrho_3 = 0{,}25\ \text{mm}$ (scharfe Kerben),
$\varrho_2 = 1\ \text{mm}$, $R_{z1} = R_{z3} = 40\ \mu\text{m}$,
$R_{z2} = 10\ \mu\text{m}$, $R_m = 570\ \text{N/mm}^2$,
$R_e = 315\ \text{N/mm}^2$ (Tab. 13),
$\sigma_W = 270\ \text{N/mm}^2$ (Tab. 16).

Gesucht: S_{D1}, S_{D2} und S_{D3} vgl. mit $S_{D\,erf}$ (Gestaltfestigkeitsnachweis) sowie Gestaltfestigkeitsschaubild.

1. Torsionsspannungen τ_t

Es ist ein maximales Torsionsmoment

$$T = K_I \cdot M_N = 2{,}5 \cdot 160\ \text{Nm} = 400\ \text{Nm}$$
$$= 400\,000\ \text{Nmm}$$

zu übertragen. Die Widerstandsmomente $W_{ti} \approx 0{,}2d_i^3$ (Gl. (9.77)) betragen für

Querschnitt 1: $W_{t1} \approx 0{,}2(35\ \text{mm})^3 = 8575\ \text{mm}^3$,
Querschnitt 2: $W_{t2} \approx 0{,}2(40\ \text{mm})^3 = 12800\ \text{mm}^3$,
Querschnitt 3: $W_{t3} \approx 0{,}2(47\ \text{mm})^3 = 20765\ \text{mm}^3$.

Damit werden nach Gl. (9.75):

$$\tau_{t1} = \frac{T}{W_{t1}} = \frac{400\,000\ \text{Nmm}}{8575\ \text{mm}^3} = 46{,}6\ \text{N/mm}^2,$$

$$\tau_{t2} = \frac{T}{W_{t2}} = \frac{400\,000\ \text{Nmm}}{12\,800\ \text{mm}^3} = 31{,}2\ \text{N/mm}^2,$$

$$\tau_{t3} = \frac{T}{W_{t3}} = \frac{400\,000\ \text{Nmm}}{20\,765\ \text{mm}^3} = 19{,}3\ \text{N/mm}^2.$$

Beim Ruhegrad $R = 0{,}5$ beträgt der Spannungsausschlag $\tau_{ta} = \tau_{tm} = \tau_{to}/2 = \tau_t/2$. Somit

$$\tau_{ta1} = \tau_{t1}/2 = 23{,}3\ \text{N/mm}^2,$$

$$\tau_{ta2} = \tau_{t2}/2 = 15{,}6\ \text{N/mm}^2,$$

$$\tau_{ta3} = \tau_{t3}/2 = 9{,}65\ \text{N/mm}^2.$$

2. Kerbwirkungszahlen β_{kt}

Die Formzahlen betragen: $\alpha_{kt1} \approx 2{,}8$ (genuteter Querschnitt), aus Bild A 17 für $d_2/D = 40/50 = 0{,}8$

und $\varrho_2/t = 1/5 = 0{,}2$: $\alpha_{kt2} \approx 1{,}85$, aus Bild A 18 für $d_3/D = 47/50 = 0{,}94$ und schätzungsweise $\varrho_3/t = 0{,}005$: $\alpha_{kt3} \approx 4{,}7$. Nach Gl. (9.101) ergeben sich mit $e = d_i/2$, für Querschnitt 1 mit $d_1 = d_2$, die bezogenen Spannungsgefälle

$$\chi_{t1} \approx \frac{2}{d_1} + \frac{1}{\varrho_1} = \frac{2}{40\ \text{mm}} + \frac{1}{0{,}25\ \text{mm}} = 4{,}05\ \text{mm}^{-1},$$

$$\chi_{t2} \approx \frac{2}{d_2} + \frac{1}{\varrho_2} = \frac{2}{40\ \text{mm}} + \frac{1}{1\ \text{mm}} = 1{,}05\ \text{mm}^{-1},$$

$$\chi_{t3} \approx \frac{2}{d_3} + \frac{1}{\varrho_3} = \frac{2}{47\ \text{mm}} + \frac{1}{0{,}25\ \text{mm}} = 4{,}04\ \text{mm}^{-1}.$$

Damit folgen aus Bild A 20 die Stützziffern $n_{\chi1} \approx n_{\chi3} \approx 1{,}37$ und $n_{\chi2} \approx 1{,}18$. Somit nach Gl. (9.102):

$$\beta_{kt1} = \alpha_{kt1}/n_{\chi1} = 2{,}8/1{,}37 = 2{,}04,$$

$$\beta_{kt2} = \alpha_{kt2}/n_{\chi1} = 1{,}85/1{,}18 = 1{,}57,$$

$$\beta_{kt3} = \alpha_{kt3}/n_{\chi3} = 4{,}7/1{,}37 = 3{,}43.$$

3. Gestalt-Ausschlagsfestigkeiten τ_{tAG}
Aus Bild A 19 folgen die Oberflächenbeiwerte $b_{o1} = b_{o3} \approx 0{,}78$ und $b_{o2} \approx 0{,}87$. Mit der Torsions-Wechselfestigkeit

$$\tau_{tW} \approx 0{,}3 \cdot R_m = 0{,}3 \cdot 570\ \text{N/mm}^2 = 171\ \text{N/mm}^2$$

betragen nach Gl. (9.108):

$$\tau_{tAG1} = \frac{\tau_{tW} \cdot b_{o1}}{\beta_{kt1}} = \frac{171\ \text{N/mm}^2 \cdot 0{,}78}{2{,}04} = 65{,}4\ \text{N/mm}^2,$$

$$\tau_{tAG2} = \frac{\tau_{tW} \cdot b_{o2}}{\beta_{kt2}} = \frac{171\ \text{N/mm}^2 \cdot 0{,}87}{1{,}57} = 94{,}8\ \text{N/mm}^2,$$

$$\tau_{tAG3} = \frac{\tau_{tW} \cdot b_{o3}}{\beta_{kt3}} = \frac{171\ \text{N/mm}^2 \cdot 0{,}78}{3{,}43} = 38{,}9\ \text{N/mm}^2.$$

4. Sicherheiten S_D gegen Dauerbruch
Nach Tab. 18 ist $S_{D\,erf} = 1{,}7$ und entspr. Gl. (9.104):

$$S_{D1} = \frac{\tau_{tAG1}}{\tau_{ta1}} = \frac{65{,}4\ \text{N/mm}^2}{23{,}3\ \text{N/mm}^2} = 2{,}75 > 1{,}7,$$

$$S_{D2} = \frac{\tau_{tAG2}}{\tau_{ta2}} = \frac{94{,}8\ \text{N/mm}^2}{15{,}6\ \text{N/mm}^2} = 5{,}96 > 1{,}7,$$

$$S_{D3} = \frac{\tau_{tAG3}}{\tau_{ta3}} = \frac{38{,}9\ \text{N/mm}^2}{9{,}7\ \text{N/mm}^2} = 3{,}97 > 1{,}7.$$

Alle Querschnitte sind ausreichend bemessen und könnten verringert werden, da die vorhandenen Sicherheiten weit über der erforderlichen liegen.
5. Gestaltfestigkeitsschaubild (Bild 9.136)
Die mit den unter 3. errechneten Werten für $\tau_{tAGi} = \tau_{tWGi}$ gezeichneten τ_{tOGi}-Linien enden wie das Dauerfestigkeitsschaubild an der Torsions-Fließgrenze $\tau_{tF} \approx \tau_{tFG} \approx 0{,}6 R_e = 0{,}6 \cdot 315\ \text{N/mm}^2 = 190\ \text{N/mm}^2$. Für den Querschnitt 2 zeigt sich bei $R = 0{,}5$, dass τ_{tOG2} nahe τ_{tF} liegt. Eine Überprüfung von S_F nach Gl. (9.21) ist jedoch nicht notwendig, da $S_{D2} \approx S_{F2} > S_{F\,erf} = 1{,}2$ (Tab. 18) ist.

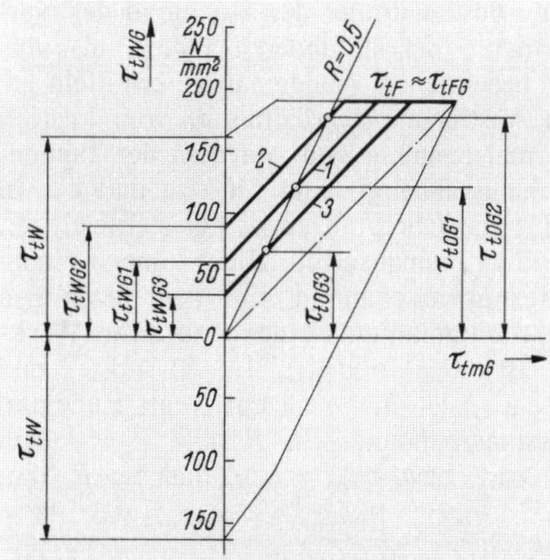

Bild 9.136 Gestaltfestigkeitsschaubild für die Querschnitte 1, 2 und 3

Zusammengesetzt beanspruchte Bauteile
Bei **Biegung mit Zug oder Druck** (Abschn. 9.6.2) und bei **Biegung mit Verdrehung** (Abschn. 9.6.3) wird die Berechnung auf Gestaltfestigkeit wie bei Biegebeanspruchung mit der Gestalt-Ausschlagsfestigkeit σ_{bAG} nach Gl. (9.107) für zähe Werkstoffe bzw. entspr. Gl. (9.106) für spröde Werkstoffe durchgeführt. Da auch in einem Biegestab mit außermittiger Nulllinie (unsymmetrische Querschnitte) Biegezug und Biegedruck verschieden groß sind, beträgt mit der Nulllinienverschiebung y_0 (Gl. (9.91) oder (9.92)) in einem gekerbten Bauteil sinngemäß zur Gl. (9.100) das

bezogene Spannungsgefälle $$\chi_b \approx \frac{1}{e - y_0} + \frac{2}{\varrho} \qquad (9.109)$$

Wird eine ruhende Zug- oder Druckspannung $\sigma_{z,d}$ von einer wechselnden Biegespannung σ_b überlagert, wie in Querschnitten von umlaufenden Achsen und Wellen, die ein Biegemoment und eine Längskraft zu übertragen haben, dann ist der Ruhegrad R (Gl. (9.17)) mit $\sigma_m = \sigma_{z,d}$ und $\sigma_o = \sigma_b + \sigma_{z,d}$ zu errechnen, wobei $\sigma_b = \sigma_a$ ist. Wirkt außerdem eine Torsionsspannung τ_t (z. B. in Wellenquerschnitten), so ist die Vergleichsoberspannung σ_{vo} nach Gl. (9.96) zu ermitteln. Aus $R = \sigma_m/\sigma_o = \sigma_{vm}/\sigma_{vo} = (\sigma_{vo} - \sigma_{va})/\sigma_{vo} = 1 - \sigma_{va}/\sigma_{vo}$ erhält man den

Ausschlag der Vergleichsspannung

$$\boldsymbol{\sigma_{va} = (1 - R)\, \sigma_{vo}} \qquad (9.110)$$

für die Berechnung der Sicherheit S_D gegen Dauerbruch nach Gl. (9.104). Die Vergleichsspannung besitzt immer den Ruhegrad der Normalspannung, der in anderen Fällen, als vorstehend beschrieben, sinngemäß zu ermitteln ist. Da das Anstrengungsverhältnis α_0 vom Lastfall der Normalspannung und von dem der Tangentialspannung abhängt, sind für σ_{zul} und τ_{zul} in Gl. (9.83) die Obergrenzen der Gestaltfestigkeit σ_{bOG} und τ_{tOG} einzusetzen. Diese können einem Gestaltfestigkeitsschaubild für den jeweiligen Ruhegrad entnommen werden. Für **zähe Werkstoffe** ist $\sigma_{bOG} \approx \sigma_{bWG}/(1-R) \leq \sigma_{bF}$ und $\tau_{tOG} \approx \tau_{tWG}/(1-R_t) \leq \tau_{tF}$ mit R_t als Ruhegrad der Torsionsspannung. Bei R bzw. $R_t = 0$ sind $\sigma_{bOG} = \sigma_{bWG}$ bzw. $\tau_{tOG} = \tau_{tWG}$ und bei R bzw. $R_t = 0{,}5$: $\sigma_{bOG} = \sigma_{bSchG} \approx 2\sigma_{bWG} \leq \sigma_{bF}$ bzw. $\tau_{tOG} = \tau_{tSchG} \approx 2\tau_{tWG} \leq \tau_{tF}$.

Beispiel 9.60
Der Stützzapfen einer senkrecht stehenden Welle aus S 275 JR soll entspr. Beisp. 9.48 mit den Abmessungen nach Bild 9.137 ausgeführt werden. Er hat eine axiale Höchstkraft von 50,4 kN und eine radiale von 18 kN zu übertragen. Beide Kräfte wirkten ruhend und treten mit einer Häufigkeit von 100 % auf. Ist die Sicherheit gegen Dauerbruch im gefährdeten Querschnitt A ausreichend?

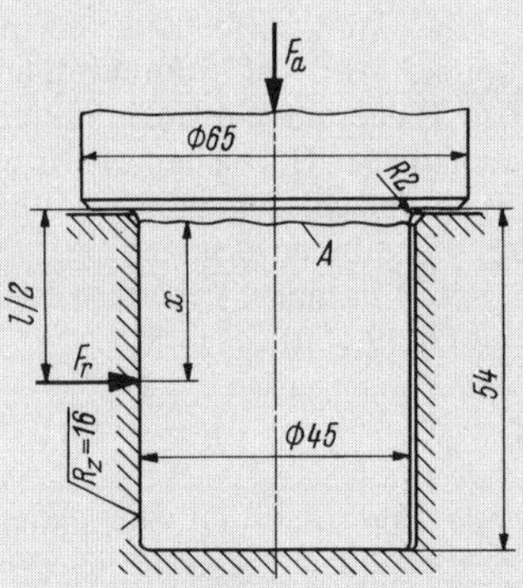

Bild 9.137 Stützzapfen einer senkrecht angeordneten Welle

Lösung:
Gegeben: $F_a = 50{,}4$ kN, $F_r = 18$ kN, $D = 65$ mm, $d = 45$ mm, $l = 54$ mm, $\varrho = 2$ mm, $R_z = 16$ µm, $R_m = 410$ N/mm² (Tab. 13), $R_e = 245$ N/mm² (Tab. 13), $\sigma_W = 200$ N/mm² (Tab. 16), $H = 100$ %.
Gesucht: S_D vergl. mit $S_{D\,erf}$ (Dauerfestigkeitsnachweis).

1. Beanspruchungen des Querschnitts A und Ruhegrad R

Mit $x = l/2 - \varrho = (54/2 - 2)$ mm $= 25$ mm beträgt nach Gl. (9.46) das Biegemoment

$$M_b = F_r \cdot x = 18\text{ kN} \cdot 25\text{ mm} = 450\text{ Nm} = 450\,000\text{ Nmm}$$

und mit $W_b \approx 0{,}1d^3 = 0{,}1(45\text{ mm})^3 = 9112\text{ mm}^3$ nach Gl. (9.49) die Biegespannung

$$\sigma_b = \frac{M_b}{W_b} = \frac{450\,000\text{ Nmm}}{9112\text{ mm}^3} = 49{,}4\text{ N/mm}^2 = \sigma_{bz} = \sigma_{bd}$$

sowie mit $A = d^2 \cdot \pi/4 = (45\text{ mm})^2 \cdot \pi/4 = 1590\text{ mm}^2$ die Druckspannung

$$\sigma_d = \frac{F_a}{A} = \frac{50\,400\text{ N}}{1590\text{ mm}^2} = 31{,}7\text{ N/mm}^2.$$

Da $\sigma_o = \sigma_{max}$ und $\sigma_u = \sigma_{min}$ ist, folgt aus Gl. (9.89) die Oberspannung

$$\sigma_o = -\sigma_{bd} - \sigma_d = (-49{,}4 - 31{,}7)\text{ N/mm}^2 = -81{,}1\text{ N/mm}^2$$

und aus Gl. (9.90) die Unterspannung

$$\sigma_u = \sigma_{bz} - \sigma_d = (49{,}4 - 31{,}7)\text{ N/mm}^2 = 17{,}7\text{ N/mm}^2,$$

damit nach Gl. (9.15) die Mittelspannung

$$\sigma_m = \frac{\sigma_o + \sigma_u}{2} = \frac{-81{,}1 + 17{,}7}{2}\text{ N/mm}^2 = -31{,}7\text{ N/mm}^2$$

und nach Gl. (9.16) der Spannungsausschlag

$$\sigma_a = \frac{\sigma_o - \sigma_u}{2} = \frac{-81{,}1 - 17{,}7}{2} = -49{,}4\text{ N/mm}^2.$$

Die Ergebnisse zeigen, dass sich der ruhenden Druckspannung $\sigma_d = \sigma_m$ die wechselnde Biegespannung $\sigma_b = \sigma_a$ überlagert (wechselnd wegen der Drehbewegung der Welle). Somit nach Gl. (9.17):

$$R = \frac{\sigma_m}{\sigma_o} = \frac{-31{,}7\text{ N/mm}^2}{-81{,}1\text{ N/mm}^2} = 0{,}39.$$

2. Kerbwirkungszahl β_{kb} und Gestalt-Ausschlagsfestigkeit σ_{bAG}

Mit $d/D = 45/65 \approx 0{,}69$, $t = 0{,}5(D-d) = 0{,}5(65-45) = 10$ mm und $\varrho/t = 2/10 = 0{,}2$ folgt aus Bild A 14 die Formzahl $\alpha_{kb} \approx 2{,}4$. Nach Gl. (9.92) beträgt mit $e_d = e = d/2 = 22{,}5$ mm die Nulllinienverschiebung

$$y_0 = \frac{\sigma_d}{\sigma_{bd}} e_d = \frac{31{,}7\text{ N/mm}^2}{49{,}4\text{ N/mm}^2} 22{,}5\text{ mm} = 14{,}4\text{ mm}$$

und nach Gl. (9.109) das bezogene Spannungsgefälle

$$\chi_b = \frac{1}{e - y_0} + \frac{2}{\varrho} = \frac{1}{(22{,}5 - 14{,}44)\text{ mm}} + \frac{2}{2\text{ mm}} = 1{,}12\text{ mm}^{-1},$$

damit nach Bild A 20a die Stützziffer $n_\chi \approx 1{,}2$ und nach Gl. (9.102):

$$\beta_{kb} = \alpha_{kb}/n_\chi = 2{,}4/1{,}2 = 2.$$

Aus Bild A 19 folgt der Oberflächenbeiwert $b_o \approx 0{,}88$. Nach Gl. (9.107) beträgt

$$\sigma_{bAG} = \frac{\sigma_W \cdot b_o}{\beta_{kb}} = \frac{200\text{ N/mm}^2 \cdot 0{,}88}{2} = 88\text{ N/mm}^2.$$

3. Sicherheit S_D gegen Dauerbruch
Entspr. Gl. (9.104):

$$S_D = \frac{\sigma_{bAG}}{\sigma_a} = \frac{88 \text{ N/mm}^2}{49{,}4 \text{ N/mm}^2} = 1{,}78 > S_{D\,erf} \approx 1{,}72$$

nach Tab. 18, somit ausreichend.

Beispiel 9.61
Der in Bild 9.138 gezeigte Querschnitt A einer Getriebewelle (s. Bild 9.121, Abschn. 9.6.3) aus C 35 wird auf Biegung, Zug und Torsion beansprucht und ist unter Verwendung der in Beisp. 9.51 ermittelten Ergebnisse auf Gestaltfestigkeit nachzurechnen. Die Häufigkeit der Höchstlast beträgt 100 %.

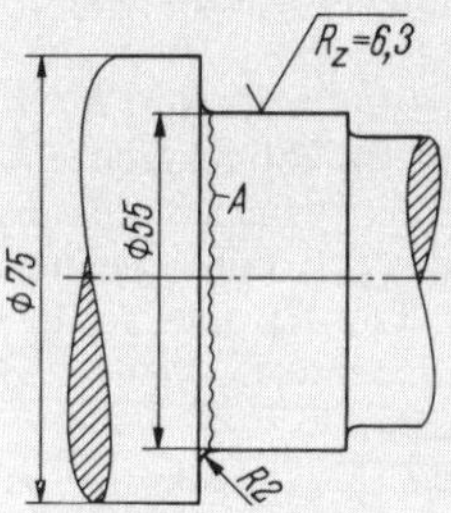

Bild 9.138 Ausschnitt aus einer Getriebewelle

Lösung:
Gegeben: $D = 75$ mm, $d = 55$ mm, $\varrho = 2$ mm, $R_z = 6{,}3$ µm, $H = 100\%$, $R_m = 540$ N/mm² (Bild A 4), $R_e = 320$ N/mm² (Tab. 13), $\sigma_W \approx 0{,}4\,R_m = 220$ N/mm² (Tab. 15), nach Beisp. 9.51:
$\sigma_b = \sigma_a = 44{,}2$ N/mm² (wechselnd),
$\sigma_z = \sigma_m = 2{,}6$ N/mm² (ruhend),
$\sigma_o = 46{,}8$ N/mm², $R \approx 0{,}06$,
$\tau_t = 35{,}6$ N/mm² (ruhend).
Gesucht: S_D vergl. mit $S_{D\,erf}$ (Gestaltfestigkeitsnachweis).

1. Kerbwirkungszahl β_{kb}
Mit $d/D = 55/75 = 0{,}73$, $t = 0{,}5(D - d) = 0{,}5(75 - 55)$ mm $= 10$ mm und $\varrho/t = 2/10 = 0{,}2$ folgt aus Bild A 14 die Formzahl $\alpha_{kb} \approx 2{,}5$. Nach Gl. (9.91) beträgt mit $e_z = e = d/2 = 27{,}5$ mm und $\sigma_{bz} = \sigma_b$ die Nulllinienverschiebung

$$y_0 = -\frac{\sigma_z}{\sigma_{bz}} e_z = -\frac{2{,}6 \text{ N/mm}^2}{44{,}2 \text{ N/mm}^2} 27{,}5 \text{ mm}$$
$$\approx -1{,}6 \text{ mm}$$

und nach Gl. (9.109) das bezogene Spannungsgefälle

$$\chi_b \approx \frac{1}{e - y_0} + \frac{2}{\varrho} = \frac{1}{(27{,}5 + 1{,}6) \text{ mm}} + \frac{2}{2 \text{ mm}}$$
$$\approx 1{,}03 \text{ mm}^{-1},$$

damit nach Bild A 21a die Stützziffer $n_\chi \approx 1{,}17$ und nach Gl. (9.102):

$$\beta_{kb} = \alpha_{kb}/n_\chi = 2{,}5/1{,}17 = 2{,}14.$$

2. Gestalt-Ausschlagsfestigkeit σ_{bAG}
Mit dem Oberflächenbeiwert $b_o \approx 0{,}91$ (Bild A 19) nach Gl. (9.107):

$$\sigma_{bAG} = \frac{\sigma_W \cdot b_o}{\beta_{kb}} = \frac{220 \text{ N/mm}^2 \cdot 0{,}91}{2{,}14} = 93{,}55 \text{ N/mm}^2.$$

3. Ausschlag der Vergleichsspannung σ_{va}
Da $\sigma_{bAG} = \sigma_{bWG}$ ist, wird die Obergrenze der Gestaltfestigkeit (s. Abschn. 9.7.3)

$$\sigma_{bOG} = \frac{\sigma_{bWG}}{1 - R} = \frac{93{,}55 \text{ N/mm}^2}{1 - 0{,}06} = 99{,}52 \text{ N/mm}^2$$

und wegen der ruhend wirkenden Torsion $\tau_{tOG} \approx \tau_{tF} \approx 0{,}6R_e = 0{,}6 \cdot 320$ N/mm² $= 192$ N/mm² (Tab. 14). Damit beträgt entspr. Gl. (9.83) mit $\eta = 1{,}73$ (GE-Hypothese) das Anstrengungsverhältnis

$$\alpha_0 = \frac{\sigma_{bOG}}{\eta \cdot \tau_{tOG}} = \frac{99{,}52 \text{ N/mm}^2}{1{,}73 \cdot 192 \text{ N/mm}^2} = 0{,}3$$

und nach Gl. (9.96) die Vergleichsoberspannung

$$\sigma_{vo} = \sqrt{\sigma_o^2 + 3(\alpha_0 \cdot \tau_t)^2}$$
$$= \sqrt{46{,}8^2 + 3(0{,}3 \cdot 35{,}6)^2} \text{ N/mm}^2$$
$$= 50 \text{ N/mm}^2.$$

Somit nach Gl. (9.110):

$$\sigma_{va} = (1 - R)\sigma_{vo} = (1 - 0{,}06)50 \text{ N/mm}^2$$
$$= 47 \text{ N/mm}^2.$$

4. Sicherheit S_D gegen Dauerbruch
Entspr. Gl. (9.104):

$$S_D = \frac{\sigma_{bAG}}{\sigma_{va}} = \frac{93{,}55 \text{ N/mm}^2}{47 \text{ N/mm}^2} = 1{,}99 > S_{D\,erf} \approx 1{,}8$$

nach Tab. 18, also ausreichend.

9.7.4 Tragfähigkeitsberechnung von Wellen und Achsen nach DIN 743

Wellen und Achsen haben in Maschinensystemen als mechanische Konstruktionselemente große Bedeutung. Daher ist auch bei diesen Maschinenelementen ein besonders sorgfältiger rechnerischer Sicherheitsnachweis erforderlich. Mit DIN 743 ist eine Norm geschaffen worden, die eine relativ genaue Tragfähigkeitsberechnung von Wellen und Achsen ermöglicht. Gegenüber dem Berechnungsverfahren im Abschn. 9.7.3 werden weit mehr Einflussgrößen berücksichtigt.

Die Norm gilt für den Sicherheitsnachweis gegen **Ermüdungsbruch** (Dauerbruch, Schwingungsbruch) und gegen **bleibende Verformung** (Anriss oder Gewaltbruch) unter Maximalbelastung mit Berücksichtigung eines Stoßfaktors f_S.

Sie ist auf **Stähle** begrenzt für den Temperaturbereich von $-40\,°C$ bis $150\,°C$ und nicht für geschweißte Bauteile vorgesehen. Schubbeanspruchung durch eine Querkraft und Knicken infolge von Druckbeanspruchung werden nicht berücksichtigt.
Nachfolgend wird in Anlehnung an DIN 743 ein etwas vereinfachtes Berechnungsverfahren für den Dauerfestigkeitsnachweis und für den statischen Festigkeitsnachweis erläutert. Dabei werden die Formelzeichen nach der Norm weitgehend angewendet, auf den Zusammenhang mit den bisher benutzten wird hingewiesen.

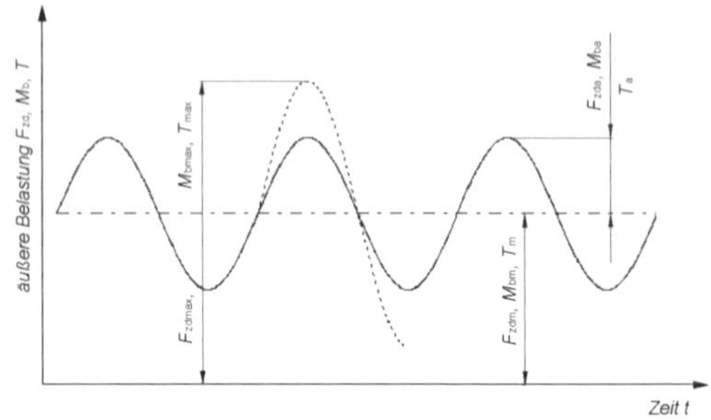

Bild 9.139 Zeitlicher Verlauf der äußeren Belastungen

Dauerfestigkeitsnachweis
Er ist vergleichbar mit dem Gestaltfestigkeitsnachweis entspr. Gl. (9.104). Es gilt für die rechnerische

Sicherheit gegen Dauerbruch $\quad \boldsymbol{S_D \geq S_{min}}$ (9.111)

Die erforderliche Mindestsicherheit S_{min} ist in DIN 743 mit 1,2 angegeben. Wegen der hier vorgesehenen Vereinfachungen wird $\boldsymbol{S_{min} = 1{,}3}$ empfohlen.
In Abhängigkeit von der Beanspruchungsart wird die vorhandene *Sicherheit gegen Dauerbruch* nach folgenden Gleichungen errechnet:

für Zug/Druck $\quad \boldsymbol{S_D = \sigma_{zdADK}/\sigma_{zda}}$ (9.112)

für Biegung $\quad \boldsymbol{S_D = \sigma_{bADK}/\sigma_{ba}}$ (9.113)

für Torsion $\quad \boldsymbol{S_D = \tau_{tADK}/\tau_{ta}}$ (9.114)

für zusammengesetzte Beanspruchung

$$\boldsymbol{S_D = \frac{1}{\sqrt{\left(\frac{\sigma_{zda}}{\sigma_{zdADK}} + \frac{\sigma_{ba}}{\sigma_{bADK}}\right)^2 + \left(\frac{\tau_{ta}}{\tau_{tADK}}\right)^2}}} \quad (9.115)$$

Die Amplituden (Spannungsausschläge, s. auch Abschn. 9.2.1) der vorhandenen Spannungen (Nennspannungen) $\boldsymbol{\sigma_{zda}}$, $\boldsymbol{\sigma_{ba}}$ und $\boldsymbol{\tau_{ta}}$ infolge der äußeren Belastungen sind nach Tab. 35 zu berechnen. Darin sind $\boldsymbol{F_{zda}}$, $\boldsymbol{M_{ba}}$ und $\boldsymbol{T_a}$ die Amplituden der Belastungsgrößen (Kraft, Biegemoment und Torsionsmoment) sowie $\boldsymbol{F_{zdm}}$, $\boldsymbol{M_{bm}}$ und $\boldsymbol{T_m}$ deren Mittelwerte (s. Bild 9.139). Bei Wechselbiegung (Umlaufbiegung in Wellen und rotierenden Achsen) ist $M_{ba} = M_b$ und $M_{bm} = 0$.
Die maximal ertragbaren Amplituden $\boldsymbol{\sigma_{zdADK}}$, $\boldsymbol{\sigma_{bADK}}$ und $\boldsymbol{\tau_{tADK}}$ sind die **Gestaltfestigkeiten** des Bauteils für Zug/Druck, Biegung und Torsion. Sie werden aus der Festigkeit des glatten Probestabes errechnet. Dabei werden die festigkeitsrelevanten Einflüsse mit folgenden *Einflussfaktoren* berücksichtigt:

– *Technologischer Größeneinflussfaktor* $\boldsymbol{K_1}$ für die Zugfestigkeit R_m und die Streckgrenze R_e (Bild A 22). Er berücksichtigt näherungsweise den Abfall der Festigkeitswerte mit zunehmendem Bauteildurchmesser. Für R_m und R_e bzw. $R_{p0,2}$ sind die genormten Kennwerte maßgebend (Tab. 13, jeweils erste Spalte).
– *Geometrischer Größeneinflussfaktor* $\boldsymbol{K_2}$ zur Erfassung des Übergangs der Biegewechselfestigkeit (analog Torsion) in die Zug/Druckwechselfestigkeit bei steigendem Durchmesser (Bild A 23).
– *Kerbwirkungszahl* $\boldsymbol{\beta_\sigma}$ bzw. $\boldsymbol{\beta_\tau}$ zur Berücksichtigung der Bauteilform, besonders Kerben (entspr. β_k im Abschn. 9.7.2). Sie kann Tabellen und Diagrammen entnommen werden (experimentell ermittelte Werte) oder wird mit Hilfe von Formzahlen $\alpha_{\sigma,\tau}$ und Stützzahlen n (abhängig vom bezogenen Spannungsgefälle G') errechnet: $\boldsymbol{\beta_{\sigma,\tau} = \alpha_{\sigma,\tau}/n}$ (Tab. 36, Bild A 24, Formzahlen $\alpha_\sigma = \alpha_k$ und $\alpha_\tau = \alpha_{kt}$ näherungsweise nach den Bildern A 9, A 10, A 14, A 15, A 17 und A 18).
– *Rauheitsfaktor* $\boldsymbol{K_{F\sigma}}$ bzw. $\boldsymbol{K_{F\tau}}$. Mit ihm wird der Einfluss der Oberflächenrauheit erfasst (entspr. dem Oberflächenbeiwert b_o im Abschn. 9.7.3. Näherungsweise kann $K_{F\sigma} = K_{F\tau} = b_o$ nach Bild A 19 angenommen werden).
– *Verfestigungsfaktor* $\boldsymbol{K_V}$ (Tab. 37). Er erfasst den Einfluss der Oberflächenverfestigung z. B. durch Kugelstrahlen oder Randschichthärtung. Bei nicht verfestigten Oberflächen ist $K_V = 1$.
– *Mittelspannungsfaktor* $\boldsymbol{\psi_{\sigma K}}$ bzw. $\boldsymbol{\psi_{\tau K}}$ (genauer: Faktor der Mittelspannungsempfindlichkeit) für den Einfluss der Mittelspannung auf die ertragbare Spannungsamplitude. Die Berechnung erfolgt nach den Gln. (9.120) bis (9.122).

Die Einflussfaktoren $\beta_{\sigma,\tau}$, K_2, $K_{F\sigma,\tau}$ und K_V werden zusammengefasst im

Gesamteinflussfaktor

$$\boldsymbol{K_{\sigma,\tau}} = \left(\frac{\boldsymbol{\beta_{\sigma,\tau}}}{\boldsymbol{K_2}} + \frac{\mathbf{1}}{\boldsymbol{K_{F\sigma,\tau}}} - \mathbf{1}\right)\frac{\mathbf{1}}{\boldsymbol{K_V}} \quad (9.116)$$

Index σ für Zug/Druck und Biegung, Index τ für Torsion.
Damit ergibt sich aus der Wechselfestigkeit $\boldsymbol{\sigma_{zdW} = 0{,}4R_m}$ bzw. $\boldsymbol{\sigma_{bW} = 0{,}5R_m}$ bzw. $\boldsymbol{\tau_{tW} = 0{,}3R_m}$ des glatten Probestabes (Zugfestigkeit R_m und Werte für die Wechselfestigkeit s. Tabn. 13 und 15) und dem technologischen Größeneinflussfaktor K_1 für die Zugfestigkeit (Bild A 22) für das gekerbte Bauteil die

Bauteil-Wechselfestigkeit

für Zug/Druck $\boldsymbol{\sigma_{zdWK} = \sigma_{zdW} \cdot K_1/K_\sigma}$ (9.117)

für Biegung $\boldsymbol{\sigma_{bWK} = \sigma_{bW} \cdot K_1/K_\sigma}$ (9.118)

für Torsion $\boldsymbol{\tau_{tWK} = \tau_{tW} \cdot K_1/K_\tau}$ (9.119)

Mit diesen Bauteil-Wechselfestigkeiten und der Zugfestigkeit R_m des Werkstoffs (Tab. 13) errechnet man die Einflussfaktoren der Mittelspannungsempfindlichkeit für Zug/Druck, Biegung und Torsion wie folgt:

Mittelspannungsfaktor

$$\boldsymbol{\psi_{zd\sigma K} = \frac{\sigma_{zdWK}}{2 \cdot K_1 \cdot R_m - \sigma_{zdWK}}} \quad (9.120)$$

$$\boldsymbol{\psi_{b\sigma K} = \frac{\sigma_{bWK}}{2 \cdot K_1 \cdot R_m - \sigma_{bWK}}} \quad (9.121)$$

$$\boldsymbol{\psi_{\tau K} = \frac{\tau_{tWK}}{2 \cdot K_1 \cdot R_m - \tau_{tWK}}} \quad (9.122)$$

Die Gestaltfestigkeit ist auch abhängig von der

Vergleichsmittelspannung

$$\boldsymbol{\sigma_{mv} = \sqrt{(\sigma_{zdm} + \sigma_{bm})^2 + 3 \cdot \tau_{tm}^2}} \quad (9.123)$$

bzw.

$$\boldsymbol{\tau_{mv} = \sigma_{mv}/\sqrt{3}} \quad (9.124)$$

Berechnungsgleichungen für die Mittelspannungen enthält die Tab. 35.
Außerdem wird benötigt die

Bauteil-Fließgrenze

$$\boldsymbol{\sigma_{zd,bFK} = K_1 \cdot K_{2F} \cdot \gamma_F \cdot R_e} \quad (9.125)$$

Für *Torsion* gilt $\boldsymbol{\tau_{tFK} = \sigma_{zd,bFK}/\sqrt{3}}$.
Die Gl. (9.125) enthält den technologischen Größeneinflussfaktor K_1 für die Streckgrenze (Bild A 22), die statische Stützziffer K_{2F} (Tab. 38), die Streckgrenze R_e (Tab. 13) und den Erhöhungsfaktor γ_F der Fließgrenze durch mehrachsigen Spannungszustand bei Umdrehungskerben. Es kann näherungsweise $\gamma_F = 1$ gesetzt werden.
Für Belastungsfälle mit *konstanter Mittelspannung* bei sich ändernden Spannungsamplituden gilt unter der *Bedingung*

$$\sigma_{mv} \leq \frac{\sigma_{zd,bFK} - \sigma_{zd,bWK}}{1 - \psi_{zd,b\sigma K}}$$

bzw.

$$\tau_{mv} \leq \frac{\tau_{tFK} - \tau_{tWK}}{1 - \psi_{\tau K}}$$

für die Gestaltfestigkeit als

ertragbare Amplitude

$$\boldsymbol{\sigma_{zdADK} = \sigma_{zdWK} - \psi_{zd\sigma K} \cdot \sigma_{mv}} \quad (9.126)$$

$$\boldsymbol{\sigma_{bADK} = \sigma_{bWK} - \psi_{b\sigma K} \cdot \sigma_{mv}} \quad (9.127)$$

$$\boldsymbol{\tau_{tADK} = \tau_{tWK} - \psi_{\tau K} \cdot \tau_{mv}} \quad (9.128)$$

Wird die vorgenannte Bedingung nicht erfüllt, so ist für σ_{mv} = konst. (bzw. τ_{mv} = konst.) die

ertragbare Amplitude

$$\boldsymbol{\sigma_{zd,bADK} = \sigma_{zd,bFK} - \sigma_{mv}} \quad (9.129)$$

$$\boldsymbol{\tau_{tADK} = \tau_{tFK} - \tau_{mv}} \quad (9.130)$$

Für Belastungsfälle, bei denen $\sigma_{zdm} + \sigma_{bm} < 0$ ist oder bei denen das Verhältnis zwischen Ausschlagspannung und Mittelspannung konstant bleibt, wenn die Betriebsbelastung sich ändert, sind die Gleichungen in der Norm anzuwenden.
In Bild 9.140 ist der gesamte Berechnungsablauf schematisch in Anlehnung an DIN 743 dargestellt.

Statischer Festigkeitsnachweis
Dabei ist nachzuweisen, dass unter maximaler Belastung bleibende Verformung, Anriss und Gewaltbruch mit Sicherheit vermieden werden. Als Festigkeitskennwert wird die Bauteil-Fließgrenze herangezogen und die Sicherheit gegen Fließen errechnet. Sinngemäß zur Sicherheit gegen Dauerbruch gilt für die rechnerische

Sicherheit gegen Fließen $\boldsymbol{S_F \geq S_{min}}$ (9.131)

Wegen der Vereinfachungen wird auch hier wie für S_D empfohlen: $\boldsymbol{S_{min} = 1{,}3}$.
Mit der Bauteil-Fließgrenze $\sigma_{zd,bFK}$ (bzw. τ_{tFK}) nach Gl. (9.125) ergibt sich entspr. Gl. (9.21) und sinngemäß zu den Gln. (9.112) bis (9.115) in Abhängigkeit von der Beanspruchungsart die

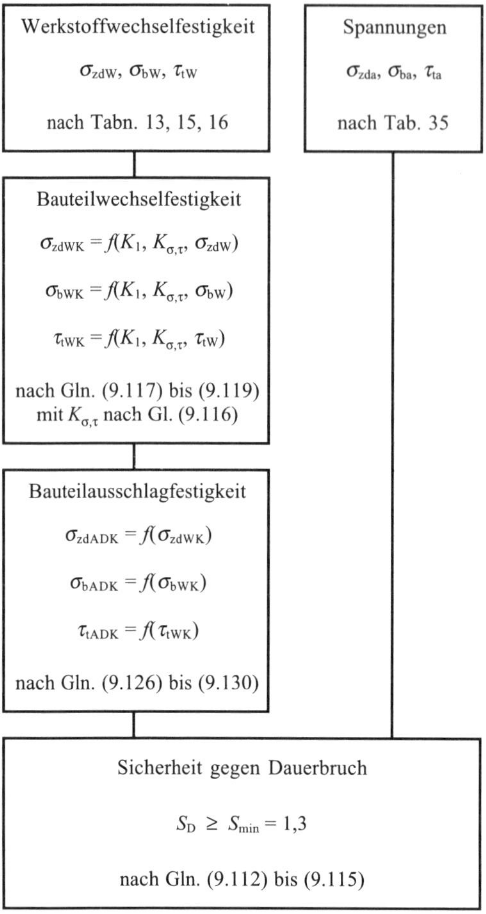

Bild 9.140 Berechnungsgang zum Nachweis der Sicherheit gegen Überschreiten der Dauerfestigkeit

Sicherheit gegen Fließen wie folgt:

für Zug/Druck $\boldsymbol{S_{\text{F}} = \sigma_{\text{zdFK}}/\sigma_{\text{zd max}}}$ (9.132)

für Biegung $\boldsymbol{S_{\text{F}} = \sigma_{\text{bFK}}/\sigma_{\text{b max}}}$ (9.133)

für Torsion $\boldsymbol{S_{\text{F}} = \tau_{\text{tFK}}/\tau_{\text{t max}}}$ (9.134)

für zusammengesetzte Beanspruchung

$$\boldsymbol{S_{\text{F}} = \frac{1}{\sqrt{\left(\frac{\sigma_{\text{zd max}}}{\sigma_{\text{zdFK}}} + \frac{\sigma_{\text{b max}}}{\sigma_{\text{bFK}}}\right)^2 + \left(\frac{\tau_{\text{t max}}}{\tau_{\text{tFK}}}\right)^2}}} \quad (9.135)$$

Die maximalen Spannungen $\boldsymbol{\sigma_{\text{zd max}}}$, $\boldsymbol{\sigma_{\text{b max}}}$ und $\boldsymbol{\tau_{\text{tmax}}}$ werden singgemäß nach den Gln. in Tab. 35 errechnet, wobei die maximalen Belastungen $F_{\text{z dmax}}$, $M_{\text{b max}}$ und $T_{\max}$ (s. Bild 9.139) einzusetzen sind, die z. B. durch Multiplikation der Nennbelastungen mit einem Stoßfaktor f_{S} bestimmt werden können.

Beispiel 9.62

Bild 9.141 zeigt den Ausschnitt aus einer umlaufenden Achse aus Stahl E 295. Im angegebenen Querschnitt *A* tritt ein zwischen 6000 Nm und 10000 Nm schwankendes Biegemoment auf. Die beim Anfahren möglichen Stöße sind mit einem Stoßfaktor $f_{\text{S}} = 1{,}15$ zu berücksichtigen.
Es sind die Sicherheiten gegen Dauerbruch und gegen Fließen nachzuweisen.

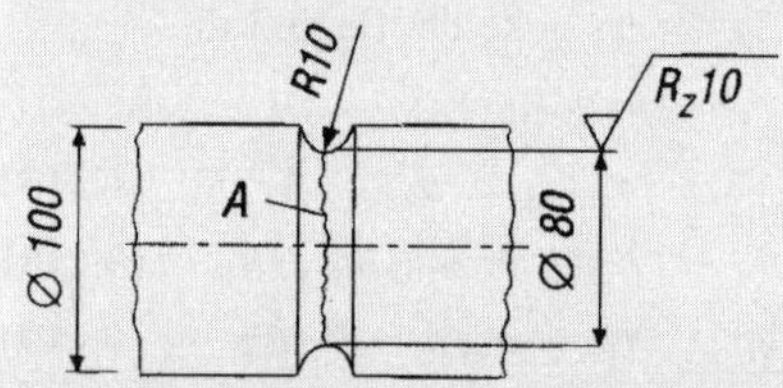

Bild 9.141 Ausschnitt einer Achse

Lösung:

Gegeben: $D = 100$ mm, $d = 80$ mm, $r = 10$ mm, $R_{\text{z}} = 10$ µm, $M_{\text{bu}} = 6000$ Nm, $M_{\text{bo}} = 10000$ Nm, $f_{\text{S}} = 1{,}15$, $R_{\text{m}} = 490$ N/mm² und $R_{\text{e}} = 295$ N/mm² (Tab. 13).

Gesucht: S_{D} und S_{F} vergl. mit $S_{\min}$.

1. Spannungen

Aus den Biegemomenten M_{bo} und M_{bu} ergeben sich

$$M_{\text{bm}} = \frac{M_{\text{bo}} + M_{\text{bu}}}{2} = \frac{(10+6)\,10^3 \text{ Nm}}{2} = 8000 \text{ Nm},$$

$$M_{\text{ba}} = \frac{M_{\text{bo}} - M_{\text{bu}}}{2} = \frac{(10-6)\,10^3 \text{ Nm}}{2} = 2000 \text{ Nm}.$$

Damit beträgt nach Tab. 35 mit $W_{\text{b}} = \pi/32 d^3 = \pi/32 (80 \text{ mm})^3 = 50\,265{,}5 \text{ mm}^3$ die konstante Mittelspannung

$$\sigma_{\text{bm}} = \frac{M_{\text{bm}}}{W_{\text{b}}} = \frac{8 \cdot 10^6 \text{ Nmm}}{50265{,}48 \text{ mm}^3} = 159{,}15 \text{ N/mm}^2$$

und die Spannungsamplitude

$$\sigma_{\text{ba}} = \frac{M_{\text{ba}}}{W_{\text{b}}} = \frac{2 \cdot 10^6 \text{ Nmm}}{50265{,}48 \text{ mm}^3} = 39{,}79 \text{ N/mm}^2.$$

2. Einflussfaktoren

Technologischer Größeneinflussfaktor nach Bild A 22 für die Zugfestigkeit $K_1 = 1{,}0$, für die Streckgrenze $K_1 = 0{,}87$; nach Bild A 23 geometrischer Größeneinflussfaktor $K_2 = 0{,}84$.

Kerbwirkungszahl β_σ:
Mit $d/D = 80/100 = 0{,}8$, $t = r = 10$ mm, $\varrho/t = r/t = 1$ folgt aus Bild A 15 die Formzahl $\alpha_\sigma = \alpha_{kb} = 2$. Nach Tab. 36 beträgt mit

$$\varphi = \frac{1}{4 \cdot \sqrt{t/r} + 2} = \frac{1}{4 \cdot \sqrt{10/10} + 2} = 0{,}167$$

das bezogene Spannungsgefälle

$$G' = \frac{2 \cdot (1 + \varphi)}{r} = \frac{2 \cdot (1 + 0{,}167)}{10 \text{ mm}} = 0{,}233 \text{ mm}^{-1}$$

und für $K_1 \cdot R_e = 0{,}87 \cdot 295$ N/mm² $= 256{,}65$ N/mm² nach Bild A 24 die Stützzahl $n = 1{,}1$. Somit

$$\beta_\sigma = \alpha_\sigma / n = 2/1{,}1 = 1{,}82.$$

Aus Bild A 19 folgt der Rauheitsfaktor $K_{F\sigma} = b_o = 0{,}89$. Mit $K_V = 1$ (nicht verfestigte Oberfläche) ergibt sich nach Gl. (9.116) der Gesamteinflussfaktor

$$K_\sigma = \left(\frac{\beta_\sigma}{K_2} + \frac{1}{K_{F\sigma}} - 1\right)\frac{1}{K_V} = \left(\frac{1{,}82}{0{,}84} + \frac{1}{0{,}89} - 1\right)\frac{1}{1}$$
$$= 2{,}29.$$

3. Bauteilwechselfestigkeit
Aus der Biege-Wechselfestigkeit $\sigma_{bW} = 0{,}5 \cdot R_m = 0{,}5 \cdot 490$ N/mm² $= 245$ N/mm² wird nach Gl. (9.118) die Bauteil-Wechselfestigkeit

$$\sigma_{bWK} = \sigma_{bW} \cdot K_1 / K_\sigma = 245 \text{ N/mm}^2 \cdot 1/2{,}29$$
$$= 107 \text{ N/mm}^2$$

und damit nach Gl. (9.121) der Mittelspannungsfaktor

$$\psi_{b\sigma K} = \frac{\sigma_{bWK}}{2 \cdot K_1 \cdot R_m - \sigma_{bWK}} = \frac{107}{2 \cdot 1 \cdot 490 - 107}$$
$$= 0{,}1226.$$

4. Bauteilausschlagfestigkeit
Aus Gl. (9.123) folgt die Vergleichsmittelspannung $\sigma_{mv} = \sigma_{bm}$ und mit $K_{2F} = 1{,}2$ (Tab. 38) nach Gl. (9.125) die Bauteil-Fließgrenze

$$\sigma_{bFK} = K_1 \cdot K_{2F} \cdot \gamma_F \cdot R_e = 0{,}87 \cdot 1{,}2 \cdot 1 \cdot 295 \text{ N/mm}^2$$
$$= 308 \text{ N/mm}^2.$$

Da $\dfrac{\sigma_{bFK} - \sigma_{bWK}}{1 - \psi_{b\sigma K}} = \dfrac{308 - 107}{1 - 0{,}1226}$ N/mm² $= 229{,}1$ N/mm² $> \sigma_{mv} = 159{,}15$ N/mm² ist, beträgt nach Gl. (9.127) die Gestaltfestigkeit als ertragbare Amplitude

$$\sigma_{bADK} = \sigma_{bWK} - \psi_{b\sigma K} \cdot \sigma_{mv}$$
$$= (107 - 0{,}1226 \cdot 159{,}15) \text{ N/mm}^2$$
$$= 87{,}49 \text{ N/mm}^2.$$

5. Sicherheit gegen Dauerbruch
Nach den Gln. (9.113) und (9.111) ist

$$S_D = \sigma_{bADK}/\sigma_{ba} = 87{,}49/39{,}79 = 2{,}2 > S_{min} = 1{,}3.$$

6. Sicherheit gegen Fließen
Mit $M_{b\,max} = f_S \cdot M_{bo} = 1{,}15 \cdot 10 \cdot 10^6$ Nmm $= 11{,}5 \cdot 10^6$ Nmm beträgt die maximale Biegespannung $\sigma_{b\,max} = M_{b\,max}/W_b = 11{,}5 \cdot 10^6$ Nmm$/50\,265{,}5$ mm³ $= 228{,}8$ N/mm². Damit ergibt sich nach den Gln. (9.133) und (9.131):

$$S_F = \sigma_{bFK}/\sigma_{b\,max} = 308/228{,}8 = 1{,}35 > S_{min} = 1{,}3.$$

Beispiel 9.63
Im Bild 9.142 ist der Ausschnitt einer Hohlwelle dargestellt, die im Querschnitt A ein gleich bleibendes Biegemoment von 600 Nm, eine Zugkraft von 25 kN und ein Torsionsmoment von 400 Nm zu übertragen hat. Die Zugkraft und das Torsionsmoment wirken ruhend (statisch), Werkstoff: E 335. Genügen die Sicherheiten gegen Dauerbruch und gegen Fließen den üblichen Mindestwerten?

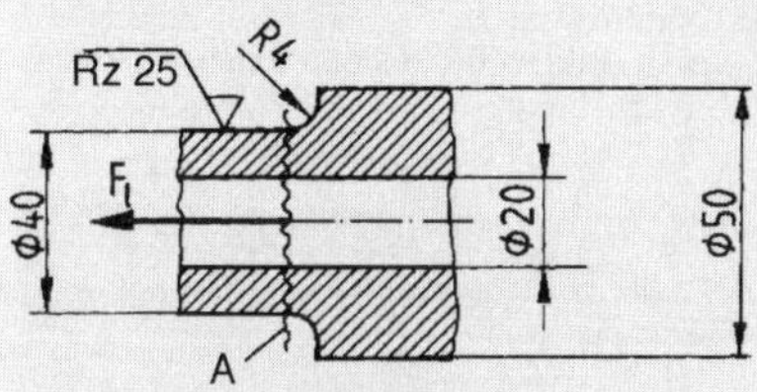

Bild 9.142 Ausschnitt einer Hohlwelle

Lösung:
Gegeben: $D = 50$ mm, $d = 40$ mm, $d_i = 20$ mm, $r = 4$ mm, $t = 5$ mm, $R_z = 25$ µm, $F_z = 25$ kN, $M_b = 600$ Nm, $T = 400$ Nm, aus Tab. 13 folgen $R_m = 590$ N/mm² und $R_e = 335$ N/mm².
Gesucht: S_D und S_F vergl. mit S_{min}.
1. Spannungen
Nach Tab. 35: Bauteil-Querschnittsfläche

$$A = (d^2 - d_i^2)\,\pi/4 = (40^2 - 20^2) \text{ mm}^2 \cdot \pi/4$$
$$= 942{,}48 \text{ mm}^2,$$

Widerstandsmoment gegen Biegung

$$W_b = \frac{\pi}{32} \cdot \frac{(d^4 - d_i^4)}{d} = \frac{\pi}{32} \cdot \frac{(40^4 - 20^4) \text{ mm}^4}{40 \text{ mm}}$$
$$= 5890{,}5 \text{ mm}^3,$$

Widerstandsmoment gegen Torsion

$$W_t = 2W_b = 11781{,}0 \text{ mm}^3,$$

Zugspannung

$$\sigma_z = \frac{F_z}{A} = \frac{25000 \text{ N}}{942{,}48 \text{ mm}^2} = 26{,}53 \text{ N/mm}^2$$
$$= \sigma_{zm} = \sigma_{z\,max}, \qquad \sigma_{za} = 0,$$

Biegespannung

$$\sigma_b = \frac{M_b}{W_b} = \frac{600000 \text{ Nmm}}{5890{,}5 \text{ mm}^3} = 101{,}86 \text{ N/mm}^2$$
$$= \sigma_{ba} = \sigma_{b\,max}, \qquad \sigma_{bm} = 0,$$

Torsionsspannung

$$\tau_t = \frac{T}{W_t} = \frac{400000 \text{ Nmm}}{11781{,}0 \text{ mm}^3} = 33{,}95 \text{ N/mm}^2$$
$$= \tau_{tm} = \tau_{t\,max}, \qquad \tau_{ta} = 0.$$

Damit beträgt nach Gl. (9.123) die Vergleichsmittelspannung

$$\sigma_{mv} = \sqrt{(\sigma_{zm} + \sigma_{bm})^2 + 3 \cdot \tau_{tm}^2}$$
$$= \sqrt{(26{,}53 + 0)^2 + 3 \cdot 33{,}95^2}\ \text{N/mm}^2$$
$$= 64{,}51\ \text{N/mm}^2.$$

2. Einflussfaktoren
Nach Bild A 22: Technologischer Größeneinflussfaktor für die Zugfestigkeit $K_1 = 1$, für die Streckgrenze $K_1 = 0{,}95$, nach Bild A 23: Geometrischer Größeneinflussfaktor für Zug $K_2 = 1$, für Biegung und Torsion $K_2 = 0{,}89$.
Kerbwirkungszahl β_σ:
Mit $d/D = 40/50 = 0{,}8$, $r/t = \varrho/t = 4/5 = 0{,}8$ folgt aus Bild A 14 die Formzahl $\alpha_\sigma = \alpha_{kb} = 1{,}7$.
Nach Tab. 36 beträgt mit

$$\varphi = \frac{1}{4 \cdot \sqrt{t/r} + 2} = \frac{1}{4 \cdot \sqrt{5/4} + 2} = 0{,}155$$

das bezogene Spannungsgefälle

$$G' = \frac{2{,}3 \cdot (1 + \varphi)}{r} = \frac{2{,}3 \cdot (1 + 0{,}155)}{4\ \text{mm}} = 0{,}664\ \text{mm}^{-1}$$

und für $K_1 \cdot R_e = 0{,}95 \cdot 335\ \text{N/mm}^2 = 318{,}3\ \text{N/mm}^2$ nach Bild A 24 die Stützzahl $n = 1{,}14$. Somit

$$\beta_\sigma = \alpha_\sigma / n = 1{,}7/1{,}14 = 1{,}49.$$

Aus Bild A 19 folgt der Rauheitsfaktor $K_{F\sigma} = b_o = 0{,}81$. Mit $K_V = 1$ (nicht verfestigte Oberfläche) ergibt sich nach Gl. (9.116) der Gesamteinflussfaktor

$$K_\sigma = \left(\frac{\beta_\sigma}{K_2} + \frac{1}{K_{F\sigma}} - 1\right)\frac{1}{K_V} = \left(\frac{1{,}49}{0{,}89} + \frac{1}{0{,}81} - 1\right)\frac{1}{1}$$
$$= 1{,}909.$$

3. Bauteil-Wechselfestigkeit
Da nur die Biegespannung wechselnd wirkt (Umlaufbiegung), genügt die Berechnung mit der Biegewechselfestigkeit $\sigma_{bW} = 0{,}5 \cdot R_m = 0{,}5 \cdot 590\ \text{N/mm}^2 = 295\ \text{N/mm}^2$. Damit ergibt sich nach Gl. (9.118) die Bauteil-Wechselfestigkeit

$$\sigma_{bWK} = \sigma_{bW} \cdot K_1 / K_\sigma = 295\ \text{N/mm}^2 \cdot 1/1{,}909$$
$$= 154{,}5\ \text{N/mm}^2$$

und nach Gl. (9.121) der Mittelspannungsfaktor

$$\psi_{b\sigma K} = \frac{\sigma_{bWK}}{2 \cdot K_1 \cdot R_m - \sigma_{bWK}} = \frac{154{,}5}{2 \cdot 1 \cdot 590 - 154{,}5}$$
$$= 0{,}1507.$$

4. Bauteilausschlagfestigkeit
Mit $K_{2F} = 1{,}1$ für Biegung (Tab. 38) folgt nach Gl. (9.125) die Bauteil-Fließgrenze

$$\sigma_{bFK} = K_1 \cdot K_{2F} \cdot \gamma_F \cdot R_e = 0{,}95 \cdot 1{,}1 \cdot 1 \cdot 335\ \text{N/mm}^2$$
$$= 350{,}1\ \text{N/mm}^2.$$

Da $\dfrac{\sigma_{bFK} - \sigma_{bWK}}{1 - \psi_{b\sigma K}} = \dfrac{350{,}1 - 154{,}5}{1 - 0{,}1507}\ \text{N/mm}^2$ $= 230{,}3\ \text{N/mm}^2 > \sigma_{mv} = 64{,}51\ \text{N/mm}^2$ ist, beträgt nach Gl. (9.127) die Gestaltfestigkeit als ertragbare Amplitude

$$\sigma_{bADK} = \sigma_{bWK} - \psi_{b\sigma K} \cdot \sigma_{mv}$$
$$= 154{,}5\ \text{N/mm}^2 - 0{,}1507 \cdot 64{,}51\ \text{N/mm}^2$$
$$= 144{,}7\ \text{N/mm}^2.$$

5. Sicherheit gegen Dauerbruch
Da $\sigma_{za} = 0$ und $\tau_{ta} = 0$ sind, folgt aus Gl. (9.115) die Gl. (9.113). In Verbindung mit Gl. (9.111) folgt somit für

$$S_D = \sigma_{bADK}/\sigma_{ba} = 144{,}7/101{,}86 = 1{,}42$$
$$> S_{min} = 1{,}3.$$

6. Sicherheit gegen Fließen
Dafür werden auch die Bauteil-Fließgrenze σ_{zFK} für Zug und τ_{tFK} für Torsion benötigt. Mit $K_{2F} = 1$ für Zug und Torsion (Tab. 38) betragen nach Gl. (9.125):

$$\sigma_{zFK} = K_1 \cdot K_{2F} \cdot \gamma_F \cdot R_e = 0{,}95 \cdot 1 \cdot 1 \cdot 335\ \text{N/mm}^2$$
$$= 318{,}25\ \text{N/mm}^2,$$

$$\tau_{tFK} = \sigma_{zFK}/\sqrt{3} = (318{,}25\ \text{N/mm}^2)/\sqrt{3}$$
$$= 183{,}7\ \text{N/mm}^2.$$

Entsprechend den Gln. (9.135) und (9.131) folgt

$$\frac{1}{S_F} = \sqrt{\left(\frac{\sigma_{z\,max}}{\sigma_{zFK}} + \frac{\sigma_{b\,max}}{\sigma_{bFK}}\right)^2 + \left(\frac{\tau_{t\,max}}{\tau_{tFK}}\right)^2}$$
$$= \sqrt{\left(\frac{26{,}53}{318{,}25} + \frac{101{,}86}{350{,}1}\right)^2 + \left(\frac{33{,}95}{183{,}7}\right)^2}$$
$$= 0{,}417,$$

$$S_F = 2{,}4 > S_{min} = 1{,}3.$$

Praxishinweis
Für die Berechnung bestimmter Bauteile und Verbindungselemente auf Gestaltfestigkeit (Dauerhaltbarkeit) oder auf Betriebsfestigkeit werden in der Fachliteratur sowie in VDI-Richtlinien und DIN-Normen Berechnungsverfahren vorgeschlagen bzw. vorgeschrieben. So enthält z. B. die VDI-Richtlinie 2230 Angaben über die Dauerhaltbarkeit von Schraubenverbindungen, DIN 15018 die Vorschriften zum Betriebsfestigkeitsnachweis für Kran-Stahltragwerke unter besonderer Berücksichtigung der Kerbwirkung bei geschraubten, genieteten und geschweißten Verbindungen, DIN 6892 die Berechnung von Passfederverbindungen unter Berücksichtigung von Kerbwirkungen.

Kontrollfragen:
- Worin unterscheiden sich Dauerfestigkeit und Gestaltfestigkeit?
- Wodurch wird die Dauerhaltbarkeit von Bauteilen beeinflusst?
- Was versteht man bei gekerbten Bauteilen unter der Formzahl?
- Was versteht man unter der Kerbwirkungszahl und welche Einflüsse werden mit ihr erfasst?
- Wie wird ein Gestaltfestigkeitsschaubild für zähe und wie für spröde Werkstoffe konstruiert?

9.8 Knickung

Lernziele

- Das Ausknicken eines druckbeanspruchten Stabes als Stabilitätsproblem erklären.
- Die Einflussgrößen auf die Knickkraft bei elastischer Knickung angeben.
- Die Begriffe Schlankheitsgrad und Grenzschlankheitsgrad erläutern.
- Das bekannteste Berechnungsverfahren für unelastische Knickung im Maschinenbau nennen.
- Bauteile des Maschinenbaus auf Knickung berechnen.

9.8.1 Stabilitätsproblem Knicken

Ein schlanker Stab, der auf Druck beansprucht wird (Bild 9.143a), weicht bei einer bestimmten Kraft seitlich aus und biegt sich durch (Bild 9.143b u. c). Dieser Vorgang wird als Ausknicken bezeichnet. Er entsteht dadurch, dass die Stabachse praktisch nie vollkommen gerade ist und die Wirklinie der Druckkraft nicht genau durch die Querschnittsschwerpunkte geht, so dass ein Biegemoment entsteht. Unmittelbar vor dem Ausknicken herrscht ein labiler Gleichgewichtszustand. Die Kraft, bei der das Ausknicken beginnt, heißt **Knickkraft F_K**. Solange die Druckkraft $F < F_K$ ist, bleibt der Stab noch gerade. Beim Erreichen von F_K knickt er aber sofort aus, obwohl die zulässige Druckspannung längst nicht erreicht ist. Unter der Kraft F_K stellt sich bei durchgebogener Stabachse wieder ein stabiler Gleichgewichtszustand ein. Somit handelt es sich bei der **Knickung** nicht um ein Festigkeits-, sondern um **ein Stabilitätsproblem**. Erst bei weiterem Ansteigen der Druckkraft über F_K hinaus nimmt die Durchbiegung sehr schnell zu, bis die aus Druck und Biegung zusammengesetzte Beanspruchung zum Bruch führt.

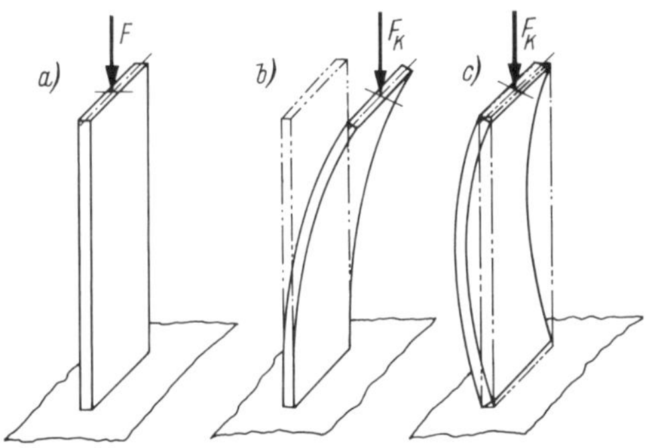

Bild 9.143 Ausknicken eines schlanken druckbeanspruchten Stabes
a) belasteter Stab vor dem Ausknicken, b) Ausknicken bei fest eingespanntem unteren Stabende, c) Ausknicken bei abgestütztem unteren Stabende

Außer dem Knicken sind in der Technik als **Stabilitätsprobleme** das **Kippen** und das **Beulen** von Bedeutung. Biegebeanspruchte Träger mit schmaler Querschnittsfläche (Bild 9.144a) können bei genügender Länge instabil werden und seitlich wegkippen, so dass sie im gekippten Zustand auf Biegung und Verdrehung beansprucht werden. Bei dünnen Platten kann es zum Ausbeulen kommen infolge Druckbeanspruchung am Außenrand (Bild 9.144b).

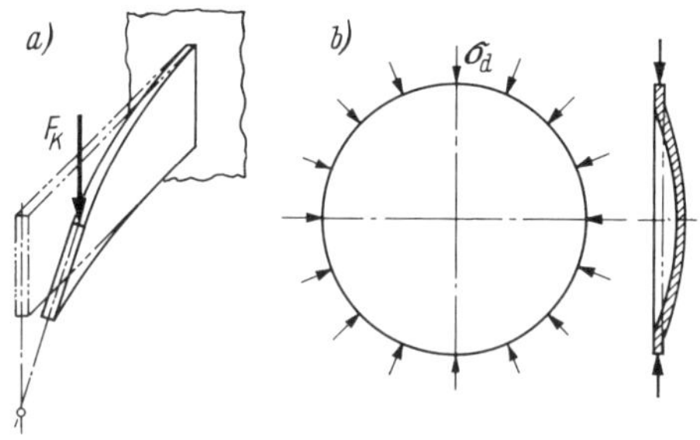

Bild 9.144 Stabilitätsprobleme Kippen und Beulen
a) Kippen, b) Beulen

Aus Sicherheitsgründen darf die von einer Druckkraft F in der Querschnittsfläche A eines Bauteils hervorgerufene Druckspannung $\sigma_d = F/A$ niemals die

$$\textit{Knickspannung} \quad \sigma_K = \frac{F_K}{A} \tag{9.136}$$

erreichen, die als **Stabilitätsgrenze** aufzufassen ist. Zwischen beiden Spannungen bzw. Kräften muss ein ausreichender Unterschied vorhanden sein, der durch die

$$\textit{Sicherheit gegen Knicken} \quad S_K = \frac{\sigma_K}{\sigma_d} = \frac{F_K}{F} \tag{9.137}$$

ausgedrückt wird. Beim **Stabilitätsnachweis** ist die Bedingung $S_K \geq S_{K\,erf}$ zu erfüllen. Wegen der Unsicherheiten im Rechnungsansatz werden die erforderlichen Knicksicherheiten allgemein recht hoch gewählt, im Maschinenbau erfahrungsgemäß $S_{K\,erf} \approx 4 \ldots 8$ im elastischen Bereich, d. h. wenn die Knickspannung die Druck-Proportionalitätsgrenze σ_{dP} bzw. die sehr nahe liegende Elastizitätsgrenze σ_{dE} nicht überschreitet, und $S_{K\,erf} \approx 3 \ldots 6$ im unelastischen Bereich. Manchmal sind auch höhere Werte üblich. Um die Schlankheit eines Stabes kennzeichnen zu können, wurde der

$$\textit{Schlankheitsgrad} \quad \lambda = \frac{l_K}{i_{min}} \tag{9.138}$$

eingeführt. Darin ist die wirksame **Knicklänge** l_K von der Lagerungsart der Stabenden abhängig. Man unterscheidet vier **Knickfälle** (Tab. 27), von denen der Knickfall 2 im Maschinen- und Gerätebau überwiegend vorkommt. Der **Bezugsradius** i (früher **Trägheitsradius** wie beim Trägheitsmoment, s. Absch. 7.4.2, Gl. (7.53)) folgt aus $I = i^2 \cdot A$. Da ein Stab stets um die Achse des kleinsten axialen Flächenmoments 2. Grades I_{min} (Tab. 22 z. B. $I_{min} = I_y$ bei Rechteckflächen) ausknickt, ist mit dem

kleinsten Bezugsradius $$i_{min} = \sqrt{\frac{I_{min}}{A}} \qquad (9.139)$$

zu rechnen, worin A die Stabquerschnittsfläche bedeutet.

Nachfolgend wird die Berechnung der Knickspannung nach dem Euler-Verfahren für die elastische Knickung, nach dem Tetmajer-Verfahren für die unelastische Knickung und nach dem Omega-Verfahren für den Stahlbau erläutert.

9.8.2 Elastische Knickung

Die Knickkraft F_K wurde erstmalig für einfache Fälle von *Euler*[1)] errechnet. Die von ihm entwickelten *Eulerschen Gleichungen* gelten jedoch nur für den elastischen Bereich des Werkstoffs ($\sigma_K \leq \sigma_{dP}$ bzw. σ_{dE}).

Ausgehend von der Differentialgleichung der Biegelinie (s. Abschn. 9.4.6) entwickelte er für Stäbe mit gleich bleibendem Querschnitt die Gleichung zur Errechnung der nach ihm benannten *Eulerschen*

Knickkraft $$F_K = \frac{\pi^2 \cdot E \cdot I_{min}}{l_K^2} \qquad (9.140)$$

Sie ist abhängig von dem Elastizitätsmodul E des Werkstoffs (Tab. 11), dem kleinsten axialen Flächenmoment 2. Grades I_{min} der Querschnittsfläche (Tab. 22) und von der Knicklänge l_K (Tab. 27).

Der Ansatz zur Herleitung der Eulerschen Knickkraft kann mit der Durchbiegung eines Stützträgers mit Einzelkraft in der Mitte (Bild 9.145a) erklärt werden, die mit der Durchbiegung eines Stabes nach Knickfall 2 (Bild 9.145b) vergleichbar ist. Nach Tab. 25 beträgt für den Stützträger mit dem größten Biegemoment $M_b = F \cdot l/4$ die Durchbiegung

$$f = \frac{F \cdot l^3}{48 \cdot E \cdot I} = \frac{M_b \cdot l^2}{12 \cdot E \cdot I} \quad \text{oder} \quad f = k\frac{M_b \cdot l^2}{E \cdot I}$$

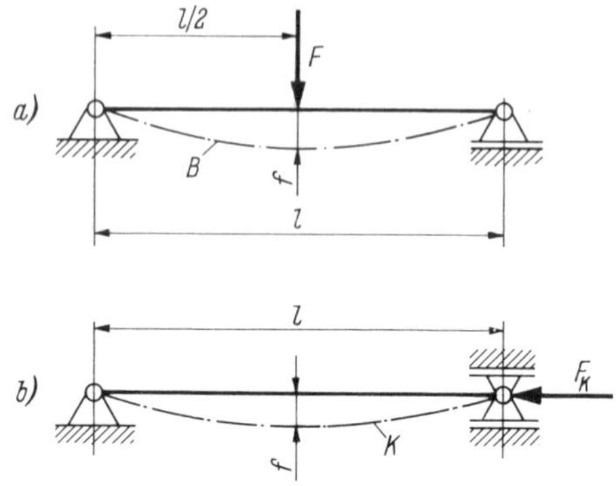

Bild 9.145 Durchbiegung von geraden Stäben
a) als Stützträger mit Biegekraft in der Mitte, b) als Knickstab nach Knickfall 2
B Biegelinie, K Knicklinie

mit dem Proportionalitätsfaktor $k = 1/12$. Beim Knickstab ist $M_b = F_K \cdot f$, womit sich die Durchbiegung $f = k \cdot F_K \cdot f \cdot l^2/(E \cdot I)$ ergibt. Die Auflösung der Differenzialgleichung der Biegelinie (Knicklinie) liefert für den Knickfall 2 als Proportionalitätsfaktor $k = 1/\pi^2$. Damit erhält man die Knickkraft $F_K = \pi^2 \cdot E \cdot I/l^2$. Die Gleichung zeigt, dass die Gefahr des Ausknickens mit größerer Biegesteifigkeit $E \cdot I$ verringert werden kann, mit der Stablänge aber sehr stark zunimmt.

Wird Gl. (9.140) in Gl. (9.136) eingesetzt, so erhält man die

Knickspannung $$\sigma_K = \frac{\pi^2 \cdot E \cdot I_{min}}{l_K^2 \cdot A} \qquad (9.141)$$

bei der das Ausknicken des Stabes eintritt. Mit dem Schlankheitsgrad λ nach Gl. (9.138) und dem kleinsten Bezugsradius i_{min} nach Gl. (9.139) ergibt sich die *Eulersche Knickgleichung* für die

Knickspannung $$\sigma_K = \frac{\pi^2 \cdot E}{\lambda^2} \qquad (9.142)$$

Da im elastischen Bereich σ_K nicht über σ_{dP} liegen darf, folgt daraus mit $\sigma_K = \sigma_{dP}$ der **Grenzschlankheitsgrad** oder

Mindestschlankheitsgrad

$$\lambda_{min} = \pi\sqrt{\frac{E}{\sigma_{dP}}} \qquad (9.143)$$

der mindestens vorhanden sein muss, um mit den Euler-Gleichungen rechnen zu dürfen. Die in der Fachliteratur angegebenen Werte für λ_{min} streuen sehr stark, da σ_{dP} nicht eindeutig feststellbar ist. Falls keine genaueren Werte zur Verfügung stehen, kann mit praktisch ausreichender Genauigkeit angenommen werden: $\sigma_{dP} \approx \sigma_{dE} \approx 1{,}2\sigma_W$ bei Stählen und $\sigma_{dP} \approx 2\sigma_W$ bei Gusseisen (Grauguss, Wechselfestigkeit σ_W nach Tab. 16).

[1)] *Leonhard Euler* (1707 bis 1783), schweizerischer Mathematiker, der in Berlin wirkte

Beispiel 9.64
In einer Hebebühne mit 10 t Tragfähigkeit befinden sich vier Hydraulikzylinder (Bild 9.146), deren Kolbenstangen aus E 295 einen Durchmesser von 40 mm und bei voll ausgefahrener Hubhöhe eine Länge von 1,6 m haben. Die Plattform zur Aufnahme der Last ist an Schienen geführt und wiegt 2000 kg. Es ist zu prüfen, ob in den Kolbenstangen bei größter Hubhöhe und größtzulässiger Belastung unter Berücksichtigung des Eigengewichts der Plattform eine Knicksicherheit von mindestens 6,5 vorhanden ist.

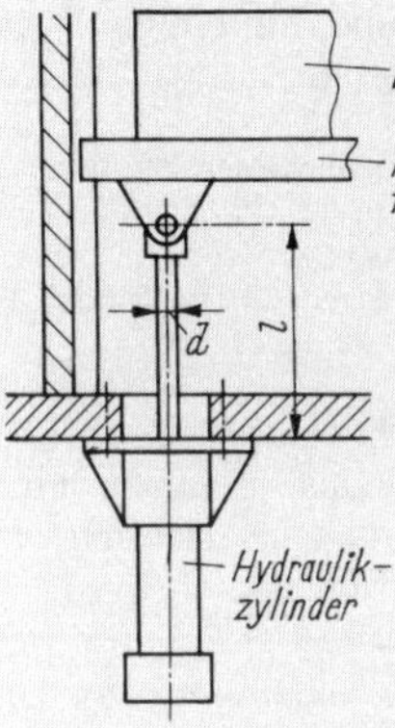

Bild 9.146 Hydraulikzylinder in einer Hebebühne

Lösung:
Gegeben: $m = (10 + 2)\ \text{t} = 12\ \text{t}$, $d = 40$ mm, $l = 1{,}6$ m, $S_{\text{K erf}} = 6{,}5$, $\sigma_W = 225\ \text{N/mm}^2$ (für E 295 nach Tab. 16), $E = 210000\ \text{N/mm}^2$ (für St nach Tab. 11).
Gesucht: S_K vergl. mit $S_{\text{K erf}}$ (Stabilitätsnachweis).

1. Schlankheitsgrad λ und Mindestschlankheitsgrad $\lambda_{\min}$

Die Lagerung der Kolbenstange entspricht dem Knickfall 3 nach Tab. 27, so dass mit der Knicklänge $l_K = 0{,}7\,l = 0{,}7 \cdot 1{,}6\ \text{m} = 1{,}12\ \text{m} = 1120$ mm zu rechnen ist. Mit $I_{\min} = I = d^4 \cdot \pi/64$ (Tab. 22) und $A = d^2 \cdot \pi/4$ wird nach Gl. (9.139) der Bezugsradius

$$i = i_{\min} = \sqrt{\frac{I}{A}} = \sqrt{\frac{\pi \cdot d^4 \cdot 4}{64 \cdot d^2 \cdot \pi}} = \frac{d}{4}$$
$$= \frac{40\ \text{mm}}{4} = 10\ \text{mm}$$

und damit nach Gl. (9.138)

$$\lambda = l_K / i_{\min} = 1120\ \text{mm}/10\ \text{mm} = 112.$$

Mit $\sigma_{dP} \approx 1{,}2\sigma_W = 1{,}2 \cdot 225\ \text{N/mm}^2 = 270\ \text{N/mm}^2$ beträgt nach Gl. (9.143):

$$\lambda_{\min} = \pi\sqrt{\frac{E}{\sigma_{dP}}} = \pi\sqrt{\frac{210\,000\ \text{N/mm}^2}{270\ \text{N/mm}^2}} = 88.$$

Da $\lambda > \lambda_{\min}$ ist, darf mit den Euler-Gleichungen gerechnet werden.

2. Knickkraft F_K
Nach Gl. (9.140):

$$F_K = \frac{\pi^2 \cdot E \cdot I_{\min}}{l_K^2} = \frac{\pi^2 \cdot 210\,000\ \text{N/mm}^2 \cdot \pi(40\ \text{mm})^4}{(1120\ \text{mm})^2 \cdot 64}$$
$$= 207{,}63\ \text{kN}.$$

3. Knicksicherheit S_K
Mit der auf eine Kolbenstange wirkenden Druckkraft

$$F = \frac{F_G}{4} = \frac{m \cdot g}{4} = \frac{12\ \text{t} \cdot 9{,}81\ \text{m/s}^2}{4} = 29{,}43\ \text{kN}$$

beträgt nach Gl. (9.137):

$$S_K = \frac{F_K}{F} = \frac{207{,}63\ \text{kN}}{29{,}43\ \text{kN}} = 7 > S_{\text{K erf}},$$

d. h., die verlangte Knicksicherheit ist gewährleistet.

Beispiel 9.65
Für eine 400 mm lange Stößelstange aus C 45 E im Ventiltrieb eines Verbrennungsmotors (Bild 9.147) sind die Querschnittsabmessungen mit 6facher Knicksicherheit zu bestimmen. Die größte Druckkraft beträgt 2200 N. Es sind der erforderliche Durchmesser für eine Stange mit Kreisquerschnitt und als Alternative für ein Rohr mit einem Außendurchmesser von 14 mm die erforderliche Wanddicke zu ermitteln.

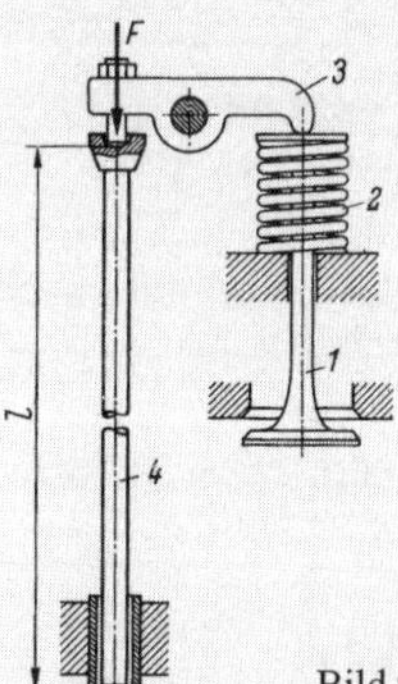

Bild 9.147 Ventilsteuerung
1 Ventil, 2 Ventilfeder, 3 Kipphebel, 4 Stößelstange, 5 Nockenwelle

Lösung:
Gegeben: $F = 2200$ N, $l = l_K = 400$ mm (Knickfall 2 nach Tab. 27), $d_a = 14$ mm, $S_{\text{K erf}} = 6$, $\sigma_W = 290\ \text{N/mm}^2$ (für C 45 und C 45 E nach Tab. 16), $E = 210000\ \text{N/mm}^2$ (für St nach Tab. 11).
Gesucht: d und s.

1. Erforderliches axiales Flächenmoment 2. Grades $I_{\min}$

Gl. (9.140) in Gl. (9.137) eingesetzt und nach $I_{\min}$ aufgelöst, ergibt

$$I_{\min} = \frac{S_{\text{K erf}} \cdot F \cdot l_K^2}{\pi^2 \cdot E} = \frac{6 \cdot 2200\ \text{N} \cdot (400\ \text{mm})^2}{\pi^2 \cdot 210\,000\ \text{N/mm}^2}$$
$$= 1019\ \text{mm}^4.$$

2. Stangendurchmesser d und Schlankheitsgrad λ
Aus $I_{min} = I = d^4 \cdot \pi/64$ (Tab. 22) folgt

$$d = \sqrt[4]{\frac{64 \cdot I_{min}}{\pi}} = \sqrt[4]{\frac{64 \cdot 1019\ mm^4}{\pi}} = 12\ mm.$$

Damit beträgt der Bezugsradius $i = i_{min} = d/4 = 12\ mm/4 = 3\ mm$ (s. unter 1. in Beisp. 9.64) und nach Gl. (9.138):

$\lambda = l_K/i_{min} = 400\ mm/3\ mm = 133{,}3.$

3. Rohrwanddicke s und Schlankheitsgrad λ
Aus $I_{min} = I = (d_a^4 - d_i^4)\ \pi/64$ (Tab. 22) folgt

$$d_i = \sqrt[4]{d_a^4 - \frac{64 \cdot I_{min}}{\pi}}$$
$$= \sqrt[4]{(14\ mm)^4 - \frac{64 \cdot 1019\ mm^4}{\pi}}$$
$$= 11{,}52\ mm \approx 11{,}5\ mm.$$

Somit wird $s = 0{,}5(d_a - d_i) = 0{,}5(14 - 11{,}5)\ mm = 1{,}25\ mm$, und es kommt ein Rohr $14 \times 1{,}25$ in Frage.
Mit $I = I_{min} = (14^4 - 11{,}5^4)\ mm^4 \cdot \pi/64 = 1027\ mm^4$ und $A = (14^2 - 11{,}5^2)\ mm^2 \cdot \pi/4 = 50{,}07\ mm^2$ wird nach Gl. (9.139):

$$i = i_{min} = \sqrt{I/A} = \sqrt{1027\ mm^4/50{,}07\ mm^2}$$
$$= 4{,}53\ mm$$

und

$\lambda = l_K/i_{min} = 400\ mm/4{,}53\ mm = 88{,}3.$

4. Mindestschlankheitsgrad λ_{min}
Mit $\sigma_{dP} \approx 1{,}2\ \sigma_W = 1{,}2 \cdot 290\ N/mm^2 = 348\ N/mm^2$ nach Gl. (9.143):

$$\lambda_{min} = \pi\sqrt{\frac{E}{\sigma_{dP}}} = \pi\sqrt{\frac{210\,000\ N/mm^2}{348\ N/mm^2}} = 77{,}2 < \lambda.$$

Es durfte also mit den Euler-Gleichungen gerechnet werden.

9.8.3 Unelastische Knickung

Ist der Schlankheitsgrad λ (Gl. (9.138)) eines Druckstabes kleiner als der Mindestschlankheitsgrad λ_{min} (Gl. (9.143)), so erfolgt das Ausknicken nicht mehr im elastischen Bereich des Werkstoffs. Die unelastische Knickung, die mit den Euler-Gleichungen nicht erfasst wird, hat *Tetmajer*[1)] untersucht und für verschiedene Werkstoffe die Knickspannung σ_K in Abhängigkeit von dem Schlankheitsgrad λ ermittelt. Die Versuchsergebnisse lagen bei zähen Werkstoffen nahezu auf einer Geraden, der **Tetmajer-Geraden** (Bild 9.148), und bei spröden Werkstoffen etwa auf einer Parabel. Er entwickelte Gleichungen, nach denen die Knickspannung σ_K im unelastischen Bereich errechnet werden kann, und zwar für **zähe Werkstoffe**:

Knickspannung $\quad \boldsymbol{\sigma_K = \sigma_0(1 - k_1 \cdot \lambda)}$ (9.144)

und für **spröde Werkstoffe**:

Knickspannung

$$\boldsymbol{\sigma_K = \sigma_0(1 - k_1 \cdot \lambda + k_2 \cdot \lambda^2)} \quad (9.145)$$

Darin bedeutet σ_0 eine ideelle Druckfestigkeit bei $\lambda = 0$, die ebenso wie die Faktoren k_1 und k_2 vom Werkstoff abhängig und für einige Werkstoffe in Tab. 28 angegeben ist.

Außer *Tetmajer* haben auch andere Wissenschaftler Versuche zur unelastischen Knickung durchgeführt und theoretische Betrachtungen dazu angestellt. Die Berechnungsweise nach *Tetmajer* wird jedoch heute noch im Maschinenbau als die brauchbarste angesehen.

Da bei Stählen eine Druckbeanspruchung über die Quetschgrenze σ_{dF} hinaus praktisch nicht vorkommt, endet der praktische Bereich der Tetmajer-Geraden beim Schlankheitsgrad λ_F (nach Gl. (9.143) mit $\sigma_K = \sigma_{dF} \approx R_e$), für weichen Stahl etwa bei $\lambda_F \approx 60$ (Bild 9.148). Unterhalb dieses Schlankheitsgrades genügt eine Berechnung auf Druck nach Gl. (9.27). Bei $\lambda = \lambda_{min}$ trifft die Tetmajer-Gerade auf die **Euler-Hyperbel** des elastischen Bereichs (Bild 9.148).

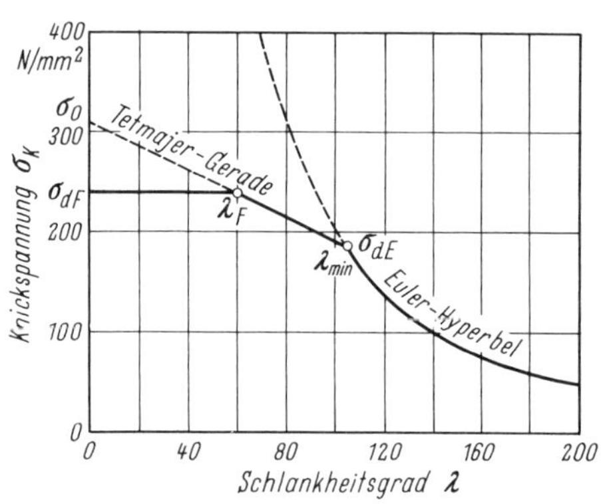

Bild 9.148 Euler-Hyperbel und Tetmajer-Gerade für weichen Stahl

Eine Ermittlung der erforderlichen Querschnittsabmessungen eines knickgefährdeten Druckstabes ist nach den Tetmajer-Gleichungen nicht möglich. Im Falle einer **Entwurfsberechnung** müssen die Abmessungen **nach den Euler-Gleichungen** errechnet oder angenommen werden. Falls sich damit $\lambda < \lambda_{min}$ ergibt, ist σ_K nach

---
1) *Ludwig von Tetmajer* (1850 bis 1905), deutscher Ingenieur, Professor in Zürich und Wien

Tetmajer zu ermitteln. Wenn dann $S_K < S_{K\,erf}$ ist, muss so lange mit jeweils neu angenommenen Abmessungen nach *Tetmajer* gerechnet werden, bis der Stabilitätsnachweis mit $S_K \geq S_{K\,erf}$ erbracht ist.

Beispiel 9.66
Für welche maximale Druckkraft ist die in Bild 9.149 dargestellte Schubstange aus E 295 geeignet, wenn eine mindestens dreifache Knicksicherheit verlangt wird?

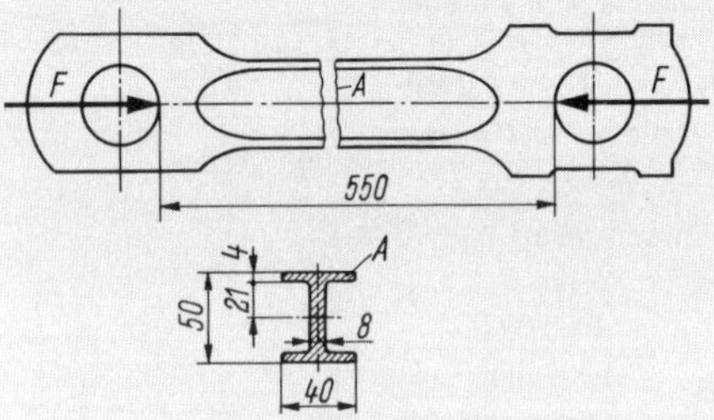

Bild 9.149 Schubstange

Lösung:
Gegeben: $l = l_K = 550$ mm (Knickfall 2 nach Tab. 27), $H = 40$ mm, $h = 8$ mm,
$B = 2 \cdot 4$ mm $= 8$ mm,
$b = 2 \cdot 21$ mm $= 42$ mm (entspr. Tab. 22),
$S_{K\,erf} = 3$, Werkst.: E 295.
Gesucht: F_{zul}.
1. Kleinstes axiales Flächenmoment 2. Grades I_{min}
Nach Tab. 22 beträgt

$$I_{min} = I_x = \frac{B \cdot H^3 + b \cdot h^3}{12} = \frac{8 \cdot 40^3 + 42 \cdot 8^3}{12}\ \text{mm}^4 = 44\,459\ \text{mm}^4.$$

2. Schlankheitsgrad λ und Knickbereich
Mit der Querschnittsfläche $A = B \cdot H + b \cdot h = (8 \cdot 40 + 42 \cdot 8)\ \text{mm}^2 = 656\ \text{mm}^2$ wird nach Gl. (9.139) der kleinste Bezugsradius

$$i_{min} = \sqrt{I_{min}/A} = \sqrt{44\,459\ \text{mm}^4/656\ \text{mm}^2} = 8{,}23\ \text{mm}$$

und nach Gl. (9.138):

$$\lambda = l_K/i_{min} = 550\ \text{mm}/8{,}23\ \text{mm} = 66{,}8.$$

Da $\lambda < \lambda_{min} = 89$ (Tab. 28) ist, wird nach *Tetmajer* gerechnet (unelastischer Bereich).
3. Knickspannung σ_K
Nach Gl. (9.144) mit den Werten der Tab. 28 für E 295:

$$\sigma_K = \sigma_0(1 - k_1 \cdot \lambda) = 335\ \frac{\text{N}}{\text{mm}^2}\ (1 - 0{,}00185 \cdot 66{,}8) = 293{,}6\ \text{N/mm}^2.$$

4. Zulässige Druckkraft F_{zul}
Aus Gl. (9.136) folgt mit $\sigma_d = F_{zul}/A$:

$$F_{zul} = \frac{\sigma_K \cdot A}{S_{K\,erf}} = \frac{(293{,}6\ \text{N/mm}^2)656\ \text{mm}^2}{3} = 64{,}2\ \text{kN}.$$

9.8.4 Omega-Verfahren

Im Kranbau kann der Stabilitätsnachweis nach dem sogenannten „Omega"-Verfahren durchgeführt werden. So wird dieses Verfahren in Anlehnung an die frühere DIN 4114 z. B. zur Bestimmung der Knickbeanspruchung von Führungsschienen im Aufzugsbau angewendet (vergl. EN 81). Grundlage der Berechnungsmethode ist, dass durch das Zusammenlegen des elastischen und unelastischen Bereichs mit Hilfe der **Knickzahl ω** die Knickungsberechnung auf eine einfache Druckspannungsberechnung zurückgeführt wird. Die Knickzahl ω, nach der diese Methode als **ω-Verfahren** bezeichnet wird, ist vom Werkstoff und vom Schlankheitsgrad λ (Gl. (9.138)) abhängig und kann für die im Kranbau üblichen Stahlsorten der Tab. 29 entnommen werden.

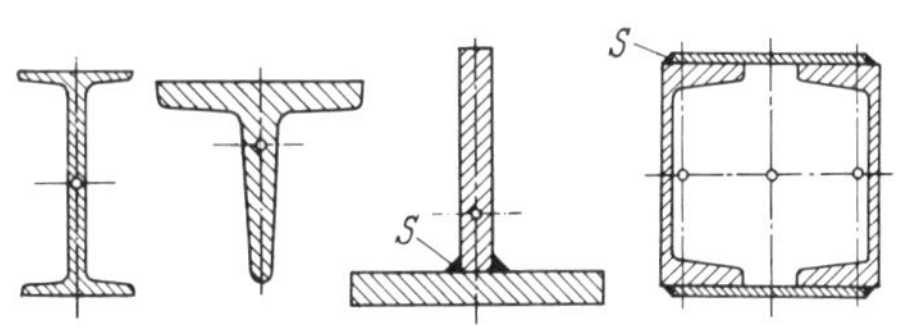

Bild 9.150 Querschnitte einteiliger Stäbe
S Schweißnähte auf der gesamten Stablänge

Die Berechnung **einteiliger Druckstäbe** (Bild 9.150) mit gleich bleibendem Querschnitt erfolgt sinngemäß wie bei reiner Druckbeanspruchung ohne Knickgefahr. Es wird jedoch nicht mit der im Stab wirkenden Druckkraft F, sondern mit einer durch Multiplikation mit ω entstandenen höheren Kraft gerechnet. Somit gilt:

$$\omega \cdot F/A \leq \sigma_{zul}$$

Nach Division durch die Knickzahl ω erhält man auf der rechten Seite die

zulässige Druckspannung für einteilige Stäbe

$$\boldsymbol{\sigma_{d\,zul} = \frac{\sigma_{zul}}{\omega}} \qquad (9.146)$$

Die zulässige Spannung σ_{zul} ist vom Werkstoff und vom Lastfall abhängig und in Tab. 21 (obere Zeile) enthalten. Mit $\sigma_{d\,zul}$ (Gl. (9.146)) können einteilige knickgefährdete Druckstäbe wie bei reiner Druckbeanspruchung nach Gl. (9.27) berechnet werden.

Für Schlankheitsgrade $\lambda < 20$ ist eine Berechnung auf Knickung nicht vorgesehen, und es ist $\omega = 1$ zu setzen. Mit zunehmender Schlankheit nimmt die Stabilität eines Druckstabes schnell ab. Die obere Grenze ist $\lambda_g = 250$. Als wirksame Knicklänge l_K gilt bei Fachwerkstäben meistens die Länge der Systemlinie des Stabes (s. Abschn. 3.1 u. Bild 3.1), also Knickfall 2 nach Tab. 27. Knickgefährdete mehrteilige Druckstäbe mit Querschnitten nach Bild 9.151 dürfen nicht mit Gl. (9.146) berechnet werden.

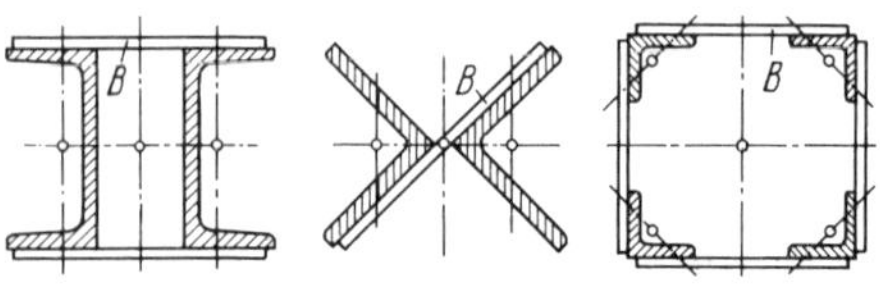

Bild 9.151 Querschnitte mehrteiliger Stäbe
B Bindeblech oder Gitterstab

Die Ermittlung von Querschnittsabmessungen (Entwurfsberechnung) ist nach dem ω-Verfahren nicht möglich. In diesem Falle ist die Berechnung mit angenommenen Abmessungen so lange durchzuführen, bis die Bedingung $\sigma_d = F/A \leq \sigma_{d\,zul} = \sigma_{zul}/\omega$ wie beim Spannungsnachweis erfüllt ist.

Auf Maschinenteile darf das ω-Verfahren nicht angewendet werden, da die darin enthaltenen Knicksicherheiten ($S_K \approx 1{,}5$ bis $2{,}5$) zu niedrig sind. Im Maschinenbau ist die Knicksicherheit wegen möglicher Unsicherheiten im Rechnungsansatz (nicht erfassbare Massenkräfte, unklare Einspannverhältnisse) von Fall zu Fall festzulegen.

Beispiel 9.67

Ein 3 m langer Stahlträger (I-Profil DIN 1025 – S 355 – I 300) hat als druckbeanspruchter Stab im Lastfall H eine Druckkraft von 400 kN aufzunehmen. Ist die Druckspannung zulässig?

Lösung:

Gegeben: $F = 400000$ N, $l_K = l = 300$ cm,
$i_{min} = i_y = 2{,}56$ cm und
$A = 69\text{ cm}^2 = 6900\text{ mm}^2$ (Tab. 34),
$\sigma_{zul} = 210\text{ N/mm}^2$ (Tab. 21).

Gesucht: σ_d vergl. mit $\sigma_{d\,zul}$.

1. Schlankheitsgrad λ
Nach Gl. (9.138):

$$\lambda = l_K/i_{min} = 300\text{ cm}/2{,}56\text{ cm} = 117.$$

2. Zulässige Druckspannung $\sigma_{d\,zul}$
Mit der Knickzahl $\omega = 3{,}47$ (nach Tab. 29 interpoliert) nach Gl. (9.146):

$$\sigma_{d\,zul} = \frac{\sigma_{zul}}{\omega} = \frac{210\text{ N/mm}^2}{3{,}47} = 60{,}5\text{ N/mm}^2.$$

3. Druckspannung σ_d
Nach Gl. (9.27):

$$\sigma_d = \frac{F}{A} = \frac{400\,000\text{ N}}{6900\text{ mm}^2} = 58\text{ N/mm}^2 < \sigma_{d\,zul}.$$

Die Druckspannung ist also zulässig.

Praxishinweis

Durch Verwendung von Hohlquerschnitten, die gegenüber Vollquerschnitten bei gleichem Werkstoffaufwand ein wesentlich höheres Flächenmoment 2. Grades besitzen, ist eine hohe Stabilität bei geringem Gewicht erreichbar.

Im Stahlbau regelt DIN 18800-2 die Tragsicherheitsnachweise für stabilitätsgefährdete Stäbe und Stabwerke aus Stahl.

Kontrollfragen

- Was versteht man unter der Knickkraft und von welchen Einflussgrößen ist sie abhängig?
- Wovon hängt der Schlankheitsgrad ab und was bedeutet der Grenz- oder Mindestschlankheitsgrad?
- Nach welchen Verfahren wird im Maschinenbau die Knickspannung errechnet und worin unterscheiden sie sich?

10 Hydromechanik

10.1 Einteilung, Eigenschaften von Flüssigkeiten

Lernziele:
- Die Aufgabenstellung der Hydromechanik nennen.
- Die Hydrostatik von der Hydrodynamik unterscheiden.
- Den Widerstand von Flüssigkeiten gegen Form- und gegen Volumenänderungen erläutern.
- Ideale und reale Flüssigkeiten beschreiben.
- Den Begriff Fluid erklären.

In der **Hydromechanik**, auch **Hydraulik** genannt, werden die Wirkungen von Kräften und Bewegungen auf Flüssigkeiten bzw. die durch Flüssigkeiten hervorgerufenen Kräfte und Bewegungen untersucht. Das aus der griechischen Sprache hergeleitete Wort Hydromechanik (*hýdor* = Wasser) bezeichnet in der Technik allgemein die Mechanik der Flüssigkeiten und nicht nur die des Wassers. Ähnlich wie die Mechanik fester Körper wird sie in Hydrostatik und Hydrodynamik eingeteilt.
In der **Hydrostatik** werden Systeme behandelt, bei denen sich die Flüssigkeit in relativer Ruhe befindet, d. h. es ändert sich weder die Lage der Flüssigkeit gegenüber dem Gefäß, das sie umgibt, noch die eines Körpers in der Flüssigkeit. Dabei muss das System nicht ruhen, sondern kann gleichförmig oder auch beschleunigt bewegt werden; dennoch spricht man von „ruhenden Flüssigkeiten".
Die **Hydrodynamik** befasst sich mit „bewegten Flüssigkeiten". Es werden Systeme behandelt, bei denen die Flüssigkeitsteilchen ihre Lage gegenüber dem umgebenden Gefäß bzw. gegenüber einem in der Flüssigkeit befindlichen Körper verändern. Dazu gehören z. B. durch Rohre und Kanäle strömende Flüssigkeiten.
Die Elementarteilchen (Moleküle) der Flüssigkeiten können leicht gegeneinander verschoben werden. Da schon geringe Kräfte eine Formänderung bewirken, füllen Flüssigkeiten unter Einfluss der Gewichtskraft jedes Gefäß, in das sie hineingegeben werden, von unten her auf, d. h.:

Flüssigkeiten passen sich der Form jedes sie umgebenden Gefäßes an.

Dagegen setzen feste Körper jeder Formänderung einen Widerstand entgegen (s. Kap. 9). So treten bei einer Verschiebung (Schubbeanspruchung) innerhalb des Körpers Schubspannungen auf. In Flüssigkeiten können Schubspannungen nur durch Geschwindigkeitsunterschiede benachbarter Flüssigkeitsteilchen auftreten. Ursache dafür ist die **innere Reibung**, die bei strömenden Flüssigkeiten zu Energieverlusten führt. Die innere Reibung einer Flüssigkeit hängt von ihrer **Zähigkeit** oder **Viskosität** ab (s. Abschn. 10.5).
Während feste Körper auch Zugkräfte übertragen können, ist das bei Flüssigkeiten unmöglich. Sie sind aber gegenüber **Volumenänderungen durch Druckkräfte** sehr widerstandsfähig. Eine punktförmig angreifende Einzelkraft ist bei Flüssigkeiten ohne Wirkung, da das von ihr belastete Flüssigkeitsteilchen ausweichen kann. Deshalb werden Kräfte auf Flüssigkeiten nur über Flächen fester Körper, z. B. Kolbenflächen (Bild 10.1), ausgeübt. Steht die Kraft F auf der ebenen Fläche A senkrecht, so wirkt sie als Normalkraft über dieser Fläche gleichmäßig verteilt und erzeugt den

Druck $$p = \frac{F}{A} \qquad (10.1)$$

Er entspricht der Flächenpressung p (Gl. 9.38) zwischen zwei gegeneinander gedrückten festen Körpern und hat die SI-Einheit Pa (Pascal, $1\ \text{Pa} = 1\ \text{N/m}^2$, s. Abschn. 9.1.1). Da diese Einheit jedoch sehr unhandlich ist, werden in der Technik Drücke auch in der Einheit bar angegeben:

$$\mathbf{1\ bar} = \mathbf{10^5\ Pa} = 10^5\ \text{N/m}^2 = 10\ \text{N/cm}^2 = 0{,}1\ \text{N/mm}^2 = 0{,}1\ \text{MPa}.$$

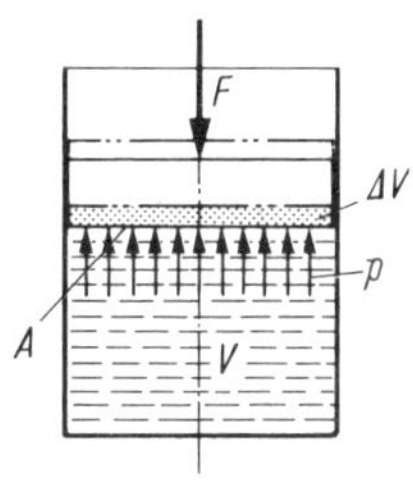

Bild 10.1 Erzeugung des Flüssigkeitsdruckes p

Ein allseitig von außen auf eine Flüssigkeit wirkender Druck vermindert ihr Volumen nur sehr wenig. Als Maß für die durch äußeren Druck hervorgerufene Verringerung des Volumens dient der **Kompressionsmodul** $\boldsymbol{K}$ in N/m^2.
Mit der durch eine Druckerhöhung $\Delta p = p - p_0$ hervorgerufenen Volumenverringerung $\Delta V = V_0 - V$ beträgt die relative Volumenänderung oder Volumendilatation $\vartheta = \Delta V / V_0$ und damit der Kompressionsmodul $K = \Delta p / \vartheta$. Sein Kehrwert ist die Kompressibilität α. Für Wasser beträgt $K \approx 20 \cdot 10^8\ \text{N/m}^2 = 20\,000\ \text{bar}$, d. h. es ist ein Druck von ca. 200 bar notwendig, um das Volumen um 1% zu verringern. Nach Weg-

nahme der Belastungskraft nimmt die Flüssigkeit ihr ursprüngliches Volumen wieder ein. Flüssigkeiten besitzen also **Volumenelastizität**. Da die Kompressibilität sehr gering ist und praktisch vernachlässigt werden kann, bezeichnet man Flüssigkeiten als **inkompressibel**. Eine inkompressibel und reibungsfrei angenommene Flüssigkeit nennt man **ideale Flüssigkeit**. Wenn diese Annahmen nicht zulässig sind, handelt es sich um eine wirkliche oder **reale Flüssigkeit**. In der Hydrostatik genügt es fast immer, mit idealen Flüssigkeiten zu rechnen. Das ist in der Hydrodynamik nur begrenzt möglich, kann jedoch beim Ansatz zur Klärung von Zusammenhängen nützlich sein.

Gase haben ähnliche Eigenschaften wie Flüssigkeiten. Auch ihre Stoffteilchen sind leicht verschiebbar. Sie unterscheiden sich im Wesentlichen von Flüssigkeiten durch große Kompressibilität. Wenn der Einfluss der Kompressibilität gering ist bzw. vernachlässigt werden darf, können die Gesetze der Hydromechanik auch auf gasförmige Körper angewendet werden. Flüssigkeiten und Gase werden gemeinsam als **Fluide** bezeichnet.

Praxishinweis
Im Technischen Maßsystem war die Druckeinheit at (technische Atmosphäre) vorgesehen: $1\ \text{at} = 1\ \text{kp/cm}^2$. Nach der gesetzlichen Einführung der SI-Einheiten (s. Abschn. 1.2) ist diese Einheit nicht mehr anzuwenden. Für die Umrechnung gilt: $1\ \text{at} = 9{,}81\ \text{N/cm}^2 \approx 1\ \text{bar}$. In der Meteorologie (Wetter- und Klimakunde) und in der Physik sind für den Luftdruck die Einheiten Millibar (mbar) und Hektopascal (hPa) üblich ($1\ \text{mbar} = 10^{-3} \cdot 10^5\ \text{Pa} = 10^2\ \text{Pa} = 1\ \text{hPa}$).

Kontrollfragen:
- Womit befassen sich Hydrostatik und Hydrodynamik?
- Wie verhalten sich Flüssigkeiten gegenüber Formänderung und gegenüber Volumenänderung?
- Wann können in der Hydromechanik ideale Flüssigkeiten angenommen werden?
- Was sind Fluide?

10.2 Hydrostatik

Lernziele:
- Die Druckausbreitung in Flüssigkeiten erklären.
- Hydraulische Kraft- und Druckänderungen berechnen.
- Auf ebene und nicht ebene Flächen wirkende Druckkräfte ermitteln.
- Die hydrostatische Druckausbreitung erläutern.
- Boden-, Seiten- und Aufdruckkräfte sowie Druckmittelpunkte bestimmen.
- Das Archimedische Prinzip erklären und Auftriebskräfte berechnen.
- Die Dichtebestimmung nach dem Archimedischen Prinzip erläutern.
- Die Stabilität von Schwimmkörpern untersuchen.

10.2.1 Druckausbreitung in Flüssigkeiten

Auf die an der Kolbenfläche in Bild 10.1 anliegenden Flüssigkeitsteilchen wird der Druck p ausgeübt. Wegen ihrer Beweglichkeit übertragen sie diesen Druck nach allen Seiten auf die Nachbarteilchen, die ihn in gleicher Größe weiterleiten, so dass er in der gesamten eingeschlossenen Flüssigkeit wirksam ist. Schon *Pascal* formulierte diese Erkenntnis im *Druckausbreitungsgesetz:*

In einer ruhenden Flüssigkeit pflanzt sich der Druck nach allen Richtungen in gleicher Größe fort.

Dieses Gesetz von der Gleichheit des Druckes in einer Flüssigkeit gilt jedoch nur, wenn die Gewichtskraft der Flüssigkeit nicht berücksichtigt wird, was besonders bei großen Drücken bedenkenlos möglich ist.

Praktisch angewendet wird das Druckausbreitungsgesetz z. B. beim **hydraulischen Hebebock** (Bilder 10.2 u. 10.4) und bei der **hydraulischen Presse** (s. Bild 10.5). Mit einem Hebebock nach Bild 10.2, der zur Kraftvergrößerung dient, lässt sich nachweisen, dass der Druck gleich bleibt. Bewegt sich der Kolben 1 unter der Kraft F_1 um den Weg s_1, so wird der Kolben 2 gegen die Kraft F_2 um den Weg s_2 verschoben. Nach dem Energieerhaltungssatz (s. Abschn. 7.2.2) muss bei Vernachlässigung der Reibung die aufgewendete Arbeit $W_1 = F_1 \cdot s_1$ gleich der abgegebenen Arbeit $W_2 = F_2 \cdot s_2$ sein. Wegen der angenommenen Inkompressibilität der Flüssigkeit gilt aber auch für die verdrängten Volumen $V_1 = V_2$ und somit $A_1 \cdot s_1 = A_2 \cdot s_2$. Durch Division beider Beziehungen erhält man

$$\frac{W_1}{V_1} = \frac{W_2}{V_2} \quad \text{bzw.} \quad \frac{F_1 \cdot s_1}{A_1 \cdot s_1} = \frac{F_2 \cdot s_2}{A_2 \cdot s_2}$$

und damit $p_1 = p_2$, da nach Gl. (10.1) $p_1 = F_1/A_1$ sowie $p_2 = F_2/A_2$ ist. Der durch die Kraft F_1 erzeugte Druck hat sich also fortgepflanzt und gleichmäßig in der Flüssigkeit verteilt. Aus $p = p_1 = p_2 = F_1/A_1 = F_2/A_2$ folgt für *reibungsfreien Betrieb* die

Arbeitskolbenkraft
$$\boldsymbol{F_2 = p \cdot A_2 = F_1 \cdot \frac{A_2}{A_1}} \qquad (10.2)$$

Sie wird gegenüber F_1 im Verhältnis der Kolbenflächen verändert. Die Druckkolbenkräfte können in beliebiger Richtung wirken, sowohl waagerecht als auch senkrecht oder unter einem beliebigen Winkel wie in Bild 10.2.

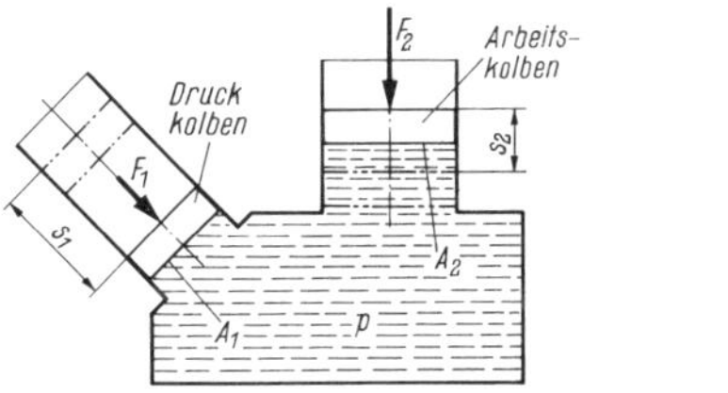

Bild 10.2 Hydraulischer Hebebock (Schema)

Sind die Reibungswiderstände von Dichtungen an den Kolbenführungen zu berücksichtigen, so ist zur Erzeugung des Druckes p auf den Druckkolben eine höhere Kraft $F_{d1} = F_1 + F_{R1}$ auszuüben (Bild 10.3). Mit dem auf die zylindermantelförmige Dichtfläche $A_{D1} = d_1 \cdot \pi \cdot l_1$ wirkenden Dichtungsdruck p_D und der Reibungszahl μ beträgt die zu überwindende Reibungskraft $F_{R1} = \mu \cdot A_{D1} \cdot p_D$. Am Arbeitskolben steht dann nur die Kraft $F_{n2} = F_2 - F_{R2}$ zur Verfügung. Die Reibungskräfte F_{R1} und $F_{R2} = \mu \cdot A_{D2} \cdot p_D = \mu \cdot d_2 \cdot \pi \cdot l_2 \cdot p_D$ wirken an den Dichtflächen stets der Bewegungsrichtung des Kolbens entgegen.

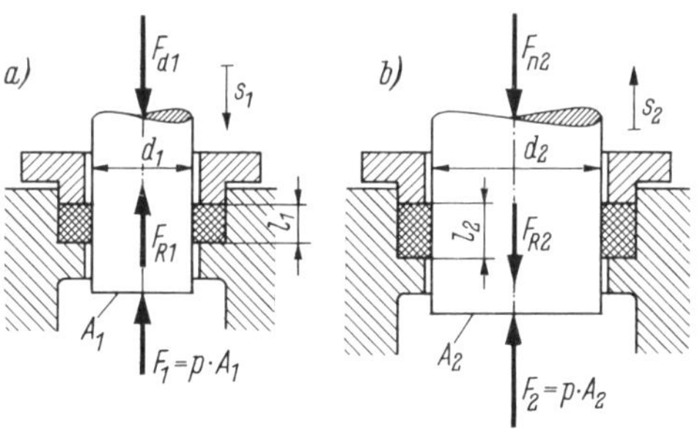

Bild 10.3 Kräfte an Kolben mit Dichtung
a) Druckkolben, b) Arbeitskolben

Reibungsverluste können auch mit dem Wirkungsgrad η wie folgt erfasst werden: Wirkt auf den Druckkolben die Antriebskraft F_{d1}, so ergibt sich entspr. Gl. (10.2) am Arbeitskolben die Kraft $F_{n2} = F_{d1} \cdot \eta \cdot A_2/A_1$. Bei den Kolbenflächen $A_1 = d_1^2 \cdot \pi/4$ und $A_2 = d_2^2 \cdot \pi/4$ steht somit die

nutzbare Arbeitskolbenkraft
$$\boldsymbol{F_{n2} = F_{d1} \cdot \eta \cdot \frac{d_2^2}{d_1^2}} \qquad (10.3)$$

zur Verfügung.

Beispiel 10.1
Mit einem hydraulischen Hebebock nach Bild 10.4 soll eine Last von 1900 kg um 1 m angehoben werden. Der Hubkolben (Arbeitskolben) hat 250 mm Durchmesser. Der Hub des Handkolbens (Druckkolbens) beträgt 150 mm, die Handkraft 100 N. Der Handhebel hat eine Gesamtlänge von 1 m, der Drehpunkt ist 0,2 m vom Druckkolben entfernt. Zu ermitteln sind der Flüssigkeitsdruck, der erforderliche Durchmesser des Handkolbens (auf volle geradzahlige mm aufgerundet) und die für das Anheben notwendige Anzahl der Handhübe. Reibungskräfte sind zu vernachlässigen.

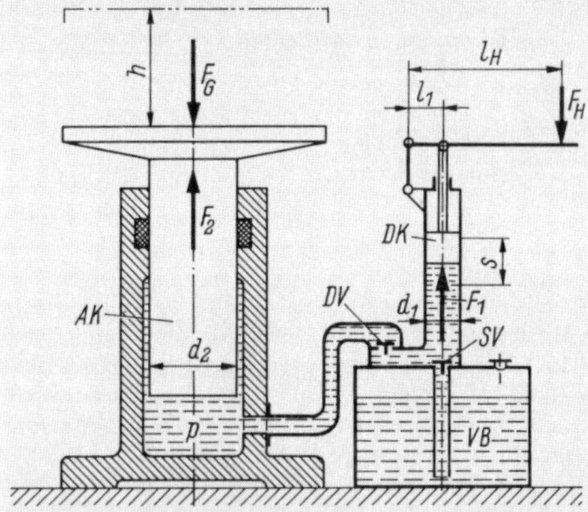

Bild 10.4 Hydraulischer Hebebock mit Handantrieb
AK Arbeitskolben, DK Druckkolben, SV Saugventil, DV Druckventil, VB Vorratsbehälter

Lösung:
Gegeben: $m = 1900$ kg, $h = 1$ m, $d_2 = 0{,}25$ m, $s = 0{,}15$ m, $F_H = 100$ N, $l_H = 1$ m, $l_1 = 0{,}2$ m.
Gesucht: p, d_1 und z.

1. Flüssigkeitsdruck p
Die am Hubkolben zu überwindende Kraft F_2 ist die Gewichtskraft der Masse m nach Gl. (7.4):

$$F_2 = F_G = m \cdot g = 1900\text{ kg} \cdot 9{,}81\text{ m/s}^2 = 18\,640\text{ N}.$$

Damit ergibt sich nach Gl. (10.1) mit $A_2 = d_2^2 \cdot \pi/4$:

$$p = \frac{F_2 \cdot 4}{d_2^2 \cdot \pi} = \frac{18\,640\text{ N} \cdot 4}{(0{,}25\text{ m})^2 \cdot \pi} = 379\,700\text{ Pa} \approx 3{,}8\text{ bar}.$$

2. Druckkolbendurchmesser d_1
Aus der Gleichgewichtsbedingung für den Handhebel:

$$\Sigma M = F_1 \cdot l_1 - F_H \cdot l_H = 0$$

folgt die Handkolbenkraft

$$F_1 = F_H \cdot \frac{l_H}{l_1} = 100\text{ N} \cdot \frac{1\text{ m}}{0{,}2\text{ m}} = 500\text{ N}$$

und damit aus Gl. (10.2):

$$A_1 = A_2 \cdot \frac{F_1}{F_2} \quad \text{bzw.} \quad d_1^2 \cdot \frac{\pi}{4} = d_2^2 \cdot \frac{\pi}{4} \cdot \frac{F_1}{F_2}.$$

Somit beträgt der mindestens erforderliche Durchmesser

$$d_{1\text{erf}} = d_2 \cdot \sqrt{\frac{F_1}{F_2}} = 0{,}25\text{ m} \cdot \sqrt{\frac{500\text{ N}}{18\,640\text{ N}}} = 0{,}04095\text{ m} \approx 41\text{ mm}.$$

Gewählt wird $d_1 = 42$ mm.

3. Anzahl z der Handhübe
Das vom Handkolben geförderte Volumen $V_1 = A_1 \cdot s \cdot z$ muss gleich dem Volumen $V_2 = A_2 \cdot h$ sein, das dem Hubkolben zugeführt wird. Aus $V_1 = V_2$ ergibt sich

$$z = \frac{A_2 \cdot h}{A_1 \cdot s} = \frac{d_2^2 \cdot \pi \cdot 4 \cdot h}{4 \cdot d_1^2 \cdot \pi \cdot s} = \frac{d_2^2 \cdot h}{d_1^2 \cdot s}$$

$$= \frac{(250\ \text{mm})^2 \cdot 1\ \text{m}}{(42\ \text{mm})^2 \cdot 0{,}15\ \text{m}} \approx 236.$$

Beispiel 10.2
Mit einer hydraulischen Presse (Bild 10.5), die einen Wirkungsgrad von 78% hat, soll eine Kraft von 50 kN ausgeübt werden. Der Durchmesser des Arbeitskolbens beträgt 400 mm. Welche Antriebskraft ist am Druckkolben mit 25 mm Durchmesser erforderlich?

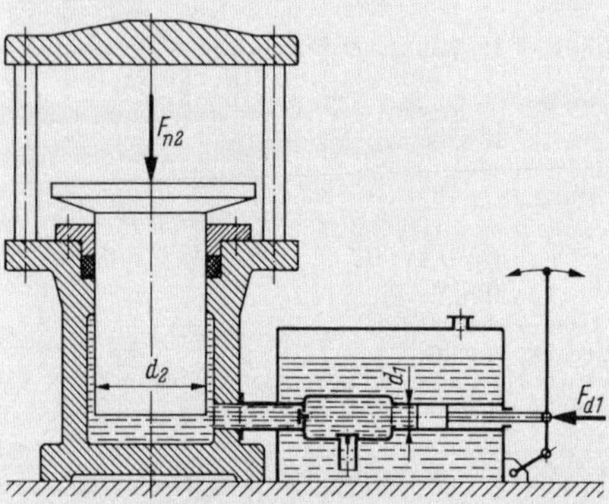

Bild 10.5 Hydraulische Handpresse

Lösung:
Gegeben: $F_{n2} = 50$ kN, $\eta = 0{,}78$, $d_2 = 400$ mm, $d_1 = 25$ mm.
Gesucht: F_{d1}.
Aus Gl. (10.3) folgt für die am Druckkolben erforderliche Antriebskraft

$$F_{d1} = \frac{F_{n2} \cdot d_1^2}{\eta \cdot d_2^2} = \frac{50\ \text{kN} \cdot (25\ \text{mm})^2}{0{,}78 \cdot (400\ \text{mm})^2} = 0{,}2504\ \text{kN}$$

$$\approx 250\ \text{N}.$$

Das Druckausbreitungsgesetz liegt auch dem **Druckwandler** oder Druckübersetzer nach Bild 10.6 zugrunde. Wegen des Gleichgewichts am gestuften Kolben ist $F_1 = F_2$ oder $p_1 \cdot A_1 = p_2 \cdot A_2$. Wirkt am kleineren Kolben mit dem Durchmesser d_1 der Druck p_1, so beträgt an der größeren Kolbenfläche A_2 mit dem Durchmesser d_2 der Gegendruck $p_2 = p_1 \cdot A_1/A_2$. Die Drücke, es handelt sich um Überdrücke (s.

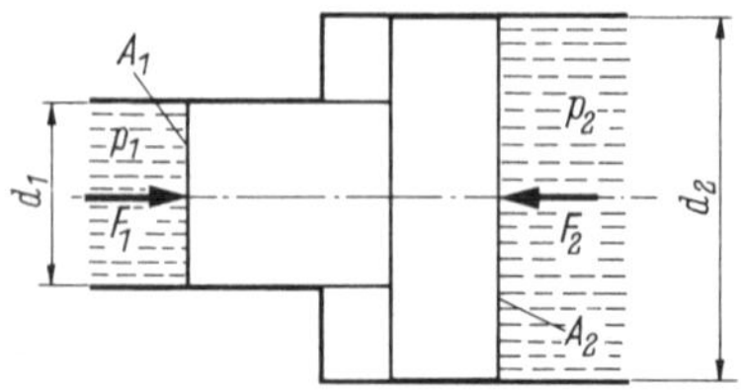

Bild 10.6 Druckwandler (Druckübersetzer)

Abschn. 10.2.2), werden im Verhältnis der Kolbenflächen umgewandelt.

Druckkräfte auf unebene (gewölbte) Flächen
Wirkt der Flüssigkeitsdruck p auf eine nicht ebene Fläche, z. B. auf die gewölbte Innenfläche A des Behälterbodens in Bild 10.7, so kann die Druckkraft F nicht nach Gl. (10.1) errechnet werden. Zur Ermittlung von F geht man von einem sehr kleinen Teilstück ΔA der Fläche A aus, auf das der Kraftanteil ΔF_N senkrecht wirkt (Bild 10.7b). Entspr. Gl. (9.39) ist $p = \Delta F_N / \Delta A = \Delta F / \Delta A_{proj}$. Daraus folgt $\Delta F = p \cdot \Delta A_{proj}$, und es wird $F = \Sigma\, \Delta F = p \cdot \Sigma\, \Delta A_{proj}$, worin $\Sigma\, \Delta A_{proj} = A_{proj}$ die Projektion der gewölbten Fläche A auf eine zur Kraft F senkrechte Ebene darstellt. Somit beträgt die auf eine nicht ebene Fläche wirkende

Druckkraft $\quad \boldsymbol{F = p \cdot A_{proj}}$ (10.4)

In Bild 10.7 ist $A_{proj} = D^2 \cdot \pi/4$. Die Gl. (10.4) gilt für jede beliebige Form unebener Flächen.

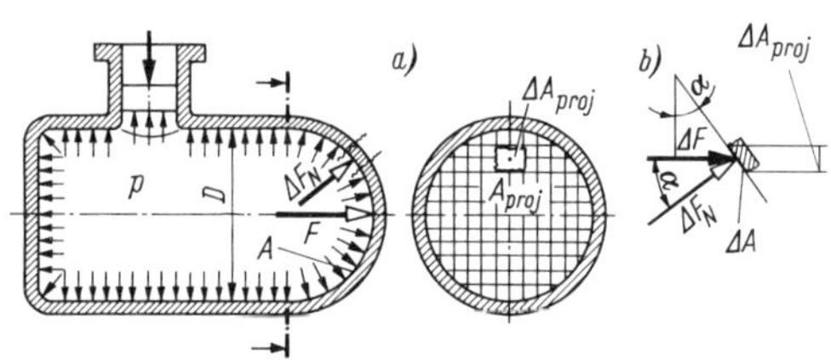

Bild 10.7 Druckkraft F auf einem gewölbten Behälterboden
a) Behälter mit Innendruck p,
b) Belastung der Teilfläche ΔA

Von Gl. (10.4) ausgehend, können Berechnungsgleichungen für die **Wanddicke von Druckbehältern, Dampfkesseln und Rohren** entwickelt werden, was nachfolgend gezeigt wird. Aus dem zylindrischen Behältermantel des Druckbehälters nach Bild 10.8 mit dem Innendurchmesser D, der Wanddicke s und dem Innendruck p denkt man sich ein Stück von der Länge l herausgeschnitten und durch einen

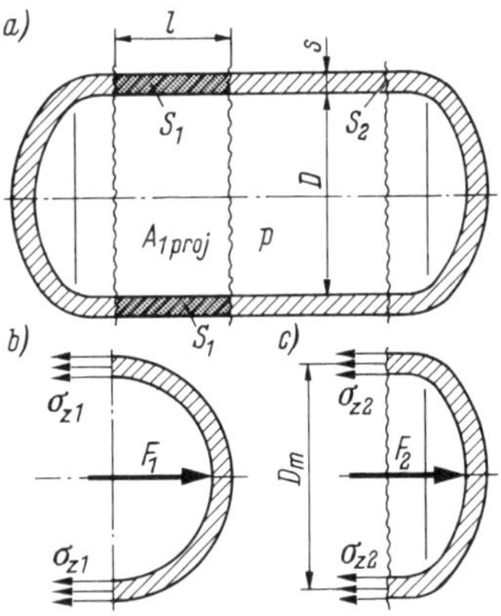

Bild 10.8 Zugspannungen im Mantel eines Druckbehälters
a) Behälter mit Innendruck p, b) Zugspannungen σ_{z1} auf den Längsschnittflächen $S_1 = s \cdot l$, c) Zugspannung σ_{z2} auf der Querschnittsfläche $S_2 = D_m \cdot \pi \cdot s$

Längsschnitt in zwei Hälften zerlegt (Bild 10.8b). Die auf der Projektionsfläche $A_{1\text{proj}} = D \cdot l$ senkrecht wirkende Kraft $F_1 = p \cdot A_{1\text{proj}} = p \cdot D \cdot l$ (Gl. 10.4) ruft an den beiden rechteckförmigen Längsschnittflächen $S_1 = s \cdot l$ die Zugspannung

$$\sigma_{z1} = \frac{F_1}{2 \cdot S_1} = \frac{p \cdot D \cdot l}{2 \cdot s \cdot l} = \frac{p \cdot D}{2 \cdot s}$$

hervor. Mit der zulässigen Zugspannung $\sigma_{z\,zul}$ ergibt sich daraus die erforderliche

Wanddicke $$\boldsymbol{s = \frac{p \cdot D}{2 \cdot \sigma_{z\,zul}}} \qquad (10.5)$$

Auch in Längsrichtung entstehen Zugspannungen, was aus einem Querschnitt hervorgeht (Bild 10.8c): Die Kraft $F_2 = p \cdot A_{2\text{proj}} = p \cdot D^2 \cdot \pi/4$ erzeugt an der kreisringförmigen Schnittfläche $S_2 = D_m \cdot \pi \cdot s = (D + s) \cdot \pi \cdot s$ die Zugspannung

$$\sigma_{z2} = \frac{F_2}{S_2} = \frac{p \cdot D^2 \cdot \pi}{(D+s) \cdot \pi \cdot s \cdot 4} = \frac{p \cdot D^2}{4 \cdot (D+s) \cdot s}.$$

Da meistens $D \gg s$ ist, kann $D_m = (D + s) \approx D$ gesetzt werden, und es ergibt sich mit $\sigma_{z\,zul}$ die erforderliche Wanddicke

$$s \approx \frac{p \cdot D^2}{4 \cdot D \cdot \sigma_{z\,zul}} = \frac{p \cdot D}{4 \cdot \sigma_{z\,zul}}.$$

Sie beträgt die Hälfte des Wertes nach Gl. (10.5), so dass eine Bemessung der Wanddicke nur nach der Zugbeanspruchung im Längsschnitt erforderlich ist.

Beispiel 10.3
Für einen Druckbehälter nach Bild 10.9 mit folgenden Abmessungen: Mantel-Innendurchmesser 360 mm, Wanddicke 10 mm, Stutzen-Innendurchmesser 100 mm, sind der zulässige Innendruck und die erforderliche Wanddicke für den Stutzen zu errechnen. Die zulässige Zugspannung beträgt 340 N/mm². Außerdem sind die von den Schrauben am gewölbten Stutzendeckel und am ebenen Boden auf Grund des errechneten Druckes aufzunehmenden Kräfte zu ermitteln.

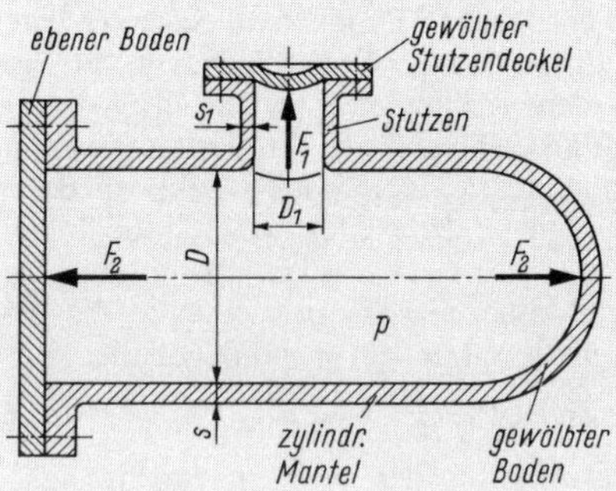

Bild 10.9 Druckbehälter mit Stutzen

Lösung:
Gegeben: $D = 360$ mm, $s = 10$ mm, $D_1 = 100$ mm, $\sigma_{z\,zul} = 340$ N/mm².
Gesucht: p, s_1, F_1 und F_2.
1. Zulässiger Innendruck p
Er folgt aus Gl. (10.5):

$$p = \frac{2 \cdot s \cdot \sigma_{z\,zul}}{D} = \frac{2 \cdot 10\text{ mm} \cdot 340\text{ N}}{360\text{ mm} \cdot \text{mm}^2} = 18{,}89\,\frac{\text{N}}{\text{mm}^2}$$
$$\approx 189\text{ bar}.$$

2. Erforderliche Stutzenwanddicke s_1
Nach Gl. (10.5) wird

$$s_1 = \frac{p \cdot D_1}{2 \cdot \sigma_{z\,zul}} = \frac{18{,}89\text{ N} \cdot 100\text{ mm} \cdot \text{mm}^2}{\text{mm}^2 \cdot 2 \cdot 340\text{ N}}$$
$$= 2{,}778\text{ mm} \approx 3\text{ mm}.$$

3. Von den Schrauben aufzunehmende Druckkräfte F_1 und F_2
Nach Gl. (10.4) beträgt die auf den gewölbten Stutzendeckel wirkende Druckkraft

$$F_1 = p \cdot A_{1\text{proj}} = p \cdot \frac{D_1^2 \cdot \pi}{4}$$
$$= 18{,}89\,\frac{\text{N}}{\text{mm}^2} \cdot \frac{(100\text{ mm})^2 \cdot \pi}{4}$$
$$= 148{,}4\text{ kN}.$$

Die Druckkräfte F_2 am gewölbten und am ebenen Boden sind gleich groß und betragen

$$F_2 = p \cdot \frac{D^2 \cdot \pi}{4} = 18{,}89\,\frac{\text{N}}{\text{mm}^2} \cdot \frac{(360\text{ mm})^2 \cdot \pi}{4}$$
$$= 1923\text{ kN}.$$

10.2.2 Hydrostatischer Druck

Das Gesetz von der Gleichheit des Druckes in einer ruhenden Flüssigkeit (s. Druckausbreitungsgesetz, Abschn. 10.2.1) wurde unter Vernachlässigung der Gewichtskraft aufgestellt. Es ist allgemein bekannt, dass in Wasser und auch in anderen Flüssigkeiten der Druck mit zunehmender Tiefe größer wird. Ursache dafür ist der Einfluss der Erdanziehung auf die Flüssigkeitsmasse, die Schwerkraft oder Gewichtskraft. Der dadurch entstehende Druck wird **Schweredruck** oder **hydrostatischer Druck** genannt. Er lässt sich aus dem Kräftegleichgewicht an einem gedachten Flüssigkeitskörper von der Querschnittsfläche A und der Höhe h nach Bild 10.10a errechnen. Aus der Gleichgewichtsbedingung $\Sigma F_y = F - F_G = p \cdot A - m \cdot g = 0$ ergibt sich mit der Masse $m = V \cdot \varrho = A \cdot h \cdot \varrho$ die Beziehung $p \cdot A = A \cdot h \cdot \varrho \cdot g$ und daraus der

hydrostatische Druck $\boldsymbol{p = \varrho \cdot g \cdot h}$ (10.6)

Er ist also nur von der Dichte ϱ der Flüssigkeit und von der Höhe h, d. h. von der Tiefe in der Flüssigkeit abhängig.

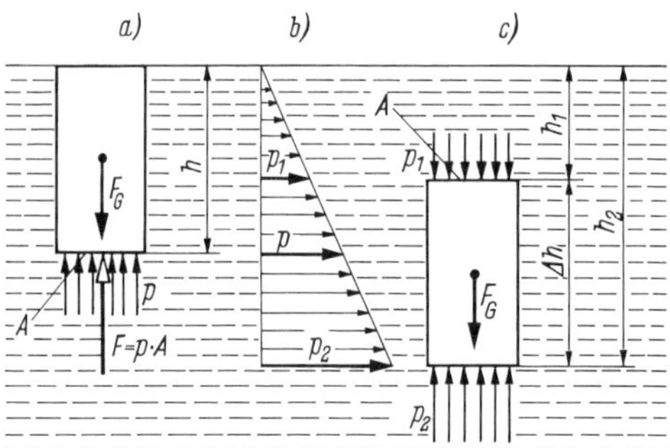

Bild 10.10 Hydrostatischer Druck
a) in der Tiefe h, b) linearer Druckanstieg mit zunehmender Tiefe, c) in den Tiefen h_1 und h_2

Zwischen zwei Schichten einer Flüssigkeit besteht bei einer Tiefendifferenz $\Delta h = h_2 - h_1$ die Druckdifferenz $\Delta p = p_2 - p_1 = \varrho \cdot g \cdot \Delta h$, was aus der Gleichgewichtsbedingung $\Sigma F_y = p_2 \cdot A - p_1 \cdot A - A \cdot \Delta h \cdot \varrho \cdot g = 0$ an dem Flüssigkeitskörper nach Bild 10.10c hervorgeht. Bild 10.10b zeigt, dass der hydrostatische Druck von der Oberfläche mit der Tiefe h linear ansteigt.

Mit den Erkenntnissen über den hydrostatischen Druck lassen sich einige Besonderheiten der Flüssigkeiten erklären und Druckmessungen durchführen.

Kommunizierende Gefäße

Sind Gefäße unterhalb der Flüssigkeitsoberfläche wie in Bild 10.11 miteinander verbunden, so werden sie als **kommunizierende Gefäße** bezeichnet. Wegen des Gleichgewichts herrscht an den Verbindungsstellen jeweils der gleiche Druck, d. h. es ist $p_1 = p_2$ und $p_3 = p_4$. Entspr. Gl. (10.6) sind $\varrho \cdot g \cdot h_1 = \varrho \cdot g \cdot h_2$ und $\varrho \cdot g \cdot h_3 = \varrho \cdot g \cdot h_4$; somit ergibt sich $h_1 = h_2$ und $h_3 = h_4$. In den verbundenen Gefäßen liegen die **Flüssigkeitsoberflächen** also **in derselben waagerechten Ebene**.

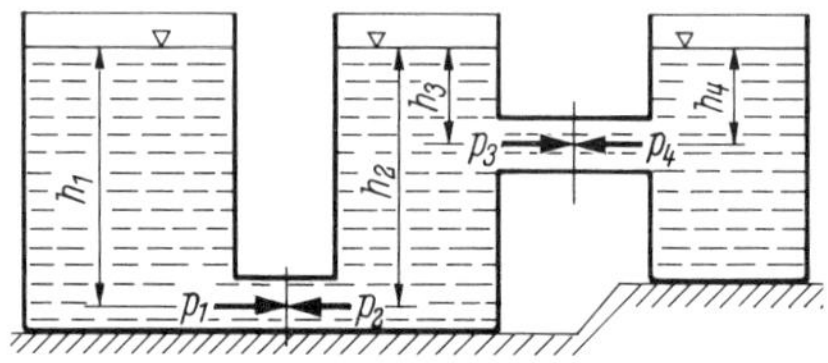

Bild 10.11 Kommunizierende (verbundene) Gefäße

Praktisch wird das Prinzip der kommunizierenden Gefäße z. B. bei Wasserstandsmessern an Kesseln angewendet (Bild 10.12). Auch Wasserleitungsanlagen sind verzweigte Systeme kommunizierender Röhren.

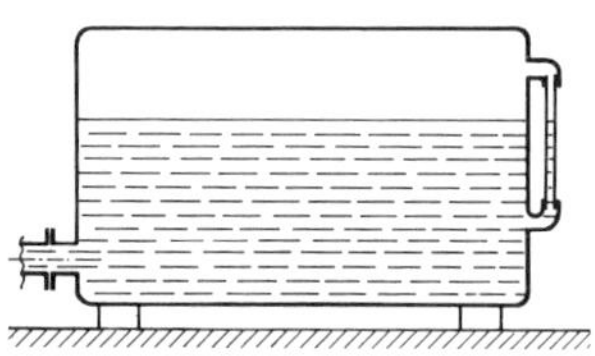

Bild 10.12 Wasserstandsglas an einem Kessel

U-Rohr-Manometer, Überdruck, Unterdruck

Zur Druckmessung verwendet man **Manometer**. Mit einem U-Rohr-Manometer (Bild 10.13), in dem sich eine Flüssigkeit befindet, können Druckdifferenzen gemessen werden. Auf einer

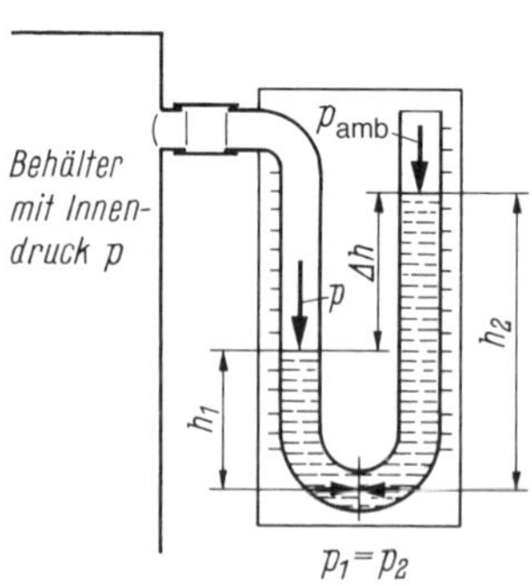

Bild 10.13 U-Rohr-Manometer

Seite wirkt der zu messende Druck p, auf der anderen der durch die Luftmasse über der Erdoberfläche ausgeübte Druck, der Umgebungsdruck oder **umgebende Atmosphärendruck** $\boldsymbol{p_{amb}}$ (Index amb für umgebend, ambient), früher als Luftdruck p_L bezeichnet. Ist $p > p_{amb}$, so stellt sich die Flüssigkeit wie in Bild 10.13 ein. Aus der Tatsache, dass an der Übergangsstelle beider Schenkel der gleiche Druck herrscht, folgt $p + \varrho \cdot g \cdot h_1 = p_{amb} + \varrho \cdot g \cdot h_2$ und daraus die Druckdifferenz $\Delta p = p - p_{amb} = \varrho \cdot g \cdot (h_2 - h_1) = \varrho \cdot g \cdot \Delta h$. Somit beträgt der zu messende

Druck $\boldsymbol{p = p_{amb} + \varrho \cdot g \cdot \Delta h}$ (10.7)

Die Höhendifferenz Δh ist ein direktes Maß für die Druckdifferenz Δp. Im vorliegenden Fall mit $p > p_{amb}$ handelt es sich um die **atmosphärische Druckdifferenz** $\boldsymbol{p_e}$ (Index e für überschreitend, excedens), die auch als Überdruck bezeichnet wird. Der nach Gl. (10.7) ermittelte tatsächliche Druck wird **Absolutdruck** $\boldsymbol{p_{abs}}$ genannt. Demnach beträgt die atmosphärische Druckdifferenz bzw. der

Überdruck $\boldsymbol{p_e = p_{abs} - p_{amb}}$ (10.8)

Ist der Absolutdruck geringer als der Luftdruck, so wird die atmosphärische Druckdifferenz negativ. Der Betrag dieses Wertes wird häufig auch als Unterdruck bezeichnet, obwohl dieser Begriff in DIN 1304 nicht mehr erwähnt wird. Somit für $p_{abs} < p_{amb}$ der

Unterdruck $\boldsymbol{p_u = -p_e = p_{amb} - p_{abs}}$ (10.9)

Bei positiven Werten für die atmosphärische Druckdifferenz handelt es sich also um Überdruck, bei negativen Werten um Unterdruck.
Die Zusammenhänge sind in Bild 10.14 dargestellt.

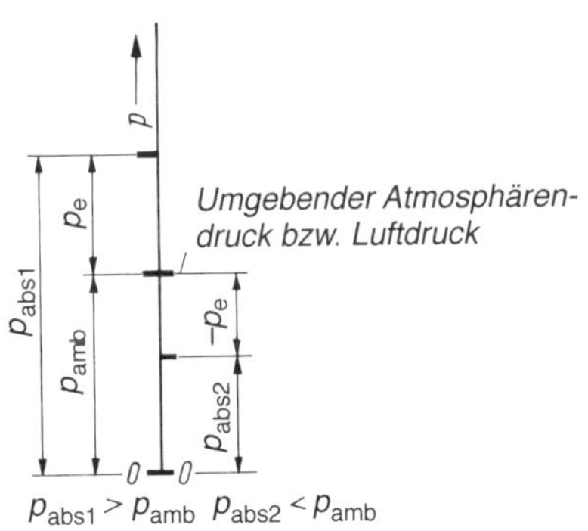

Bild 10.14 Erläuterung von Absolutdruck und atmosphärischer Druckdifferenz

Wirkt auf einen Schenkel eines U-Rohr-Manometers der Druck p_1 und auf den anderen nicht der Luftdruck, sondern der Druck $p_2 < p_1$, so wird die Druckdifferenz $\Delta p = p_1 - p_2$ gemessen.

Der **Luftdruck** wirkt wie der hydrostatische Druck von Flüssigkeiten und breitet sich nach allen Richtungen aus. Er ist jedoch nicht konstant, sondern schwankt mit der Temperatur und den Wetterverhältnissen. Mit zunehmender Höhe über dem Meeresspiegel wird er geringer. Näherungsweise kann $\boldsymbol{p_{amb} \approx 1}$ **bar** angenommen werden.
Vor Einführung der SI-Einheiten (s. Abschn. 1.2) waren für Drücke auch die Einheiten mWS (Meter Wassersäule) und Torr (nach *Torricelli*[1]) benannt) üblich, die sich wie folgt ergeben: Bei einem mit Wasser gefüllten U-Rohr-Manometer erhält man für 1 m Höhenunterschied die Druckdifferenz

$$\Delta p = \varrho \cdot g \cdot \Delta h = 1000\,\frac{\text{kg}}{\text{m}^3} \cdot 9{,}81\,\frac{\text{m}}{\text{s}^2} \cdot 1\ \text{m}$$

$$= 9810\,\frac{\text{N}}{\text{m}^2} = 0{,}0981 \cdot 10^5\ \text{Pa} \approx 0{,}1\ \text{bar}$$

d. h. **1 mWS ≈ 0,1 bar = 100 mbar**. Mit Quecksilber (Kurzz. Hg, Dichte 13,6 kg/dm³) als U-Rohr-Flüssigkeit findet man sinngemäß für 1 mm Quecksilbersäule: **1 mmHg = 1,333 mbar = 1 Torr**. Diese Einheit wurde früher zur Angabe des Luftdrucks verwendet.

Oberflächen von Flüssigkeiten

Wirkt auf eine Flüssigkeit nur die Schwerkraft, so stellt sich die Flüssigkeitsoberfläche immer waagerecht ein, also senkrecht (normal) zur Gewichtskraft. Wenn die Oberfläche durch äußere Einflüsse gestört wird und eine wellenförmige Form wie in Bild 10.15 annimmt, dann ergeben

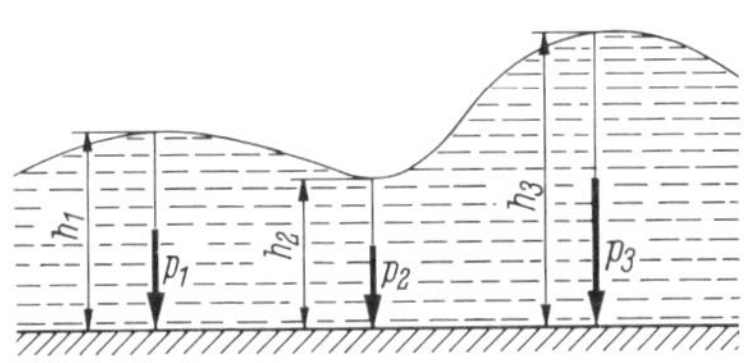

Bild 10.15 Verschiedene hydrostatische Drücke bei wellenförmiger Flüssigkeitsoberfläche

sich unterschiedliche hydrostatische Drücke, die am Boden $p_1 = \varrho \cdot g \cdot h_1$, $p_2 = \varrho \cdot g \cdot h_2$ und $p_3 = \varrho \cdot g \cdot h_3$ betragen. Nach Wegfall der Störeinflüsse kommt es zum Druckausgleich, bis $p_1 = p_2 = p_3$ und damit $h_1 = h_2 = h_3$, d. h. die Flüssigkeitsoberfläche wieder waagerecht ist.

[1]) *Evangeliste Torricelli* (1608 bis 1647), ital. Naturwissenschaftler

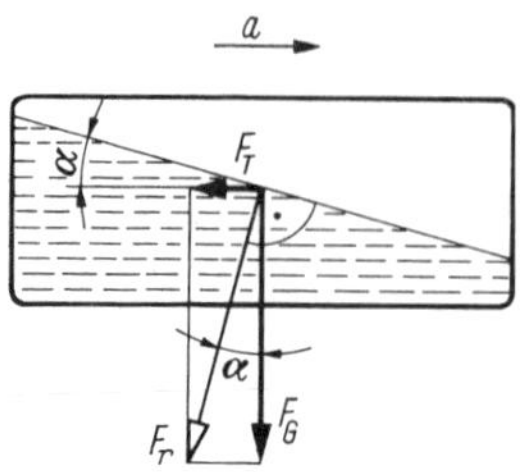

Bild 10.16 Flüssigkeitsoberfläche in einem beschleunigt bewegten Behälter

Bild 10.16 zeigt einen teilweise mit einer Flüssigkeit gefüllten Behälter, der mit der Beschleunigung a bewegt wird. Auf die Flüssigkeit wirkt außer der Gewichtskraft $F_G = m \cdot g$ die Trägheitskraft $F_T = m \cdot a$ (Gl. (7.12)). Dadurch stellt sich die Oberfläche unter dem Winkel α ein, u. zw. senkrecht zur Resultierenden F_r aus F_T und F_G. Aus dem Krafteck folgt

$$\tan\alpha = \frac{F_T}{F_G} = \frac{m \cdot a}{m \cdot g} = \frac{a}{g}$$

Somit gilt allgemein:

Die freie Oberfläche einer Flüssigkeit stellt sich immer senkrecht zu einer auf die Flüssigkeit wirkenden resultierenden Kraft ein.

Beispiel 10.4
Ein Tanklastwagen nach Bild 10.17 mit einem Tank von 5 m Innenlänge und 1,8 m Innenhöhe ist zu $^2/_3$ mit Heizöl von der Dichte 0,83 kg/dm³ gefüllt. Mit welcher Beschleunigung darf angefahren werden, wenn der Flüssigkeitsstand dabei am Tankende gerade die Innenhöhe erreichen soll? Wie groß sind dann die hydrostatischen Drücke an den Punkten 1 und 2?

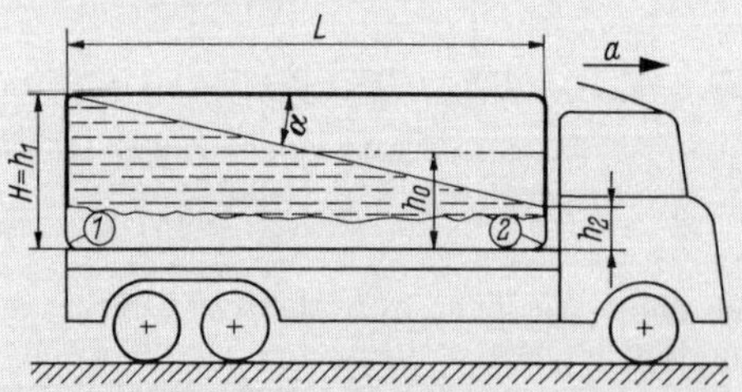

Bild 10.17 Tanklastzug während der Beschleunigung

Lösung:
Gegeben: $L = 5$ m, $H = h_1 = 1{,}8$ m,
$h_0 = {}^2/_3 \cdot H = 1{,}2$ m,
$\varrho = 0{,}83\ \text{kg/dm}^3 = 830\ \text{kg/m}^3$.
Gesucht: a, p_1 und p_2.

1. Beschleunigung a
Nach den geometrischen Beziehungen ist

$$\tan\alpha = \frac{h_1 - h_0}{0{,}5\,L} = \frac{(1{,}8 - 1{,}2)\ \text{m}}{0{,}5 \cdot 5\ \text{m}} = 0{,}24.$$

Aus $\tan\alpha = a/g$ folgt damit

$$a = g \cdot \tan\alpha = 9{,}81\ \text{m/s}^2 \cdot 0{,}24 = 2{,}354\ \text{m/s}^2.$$

2. Hydrostatische Drücke p_1 und p_2
Nach Gl. (10.6) betragen

$$p_1 = \varrho \cdot g \cdot h_1 = 830\ \text{kg/m}^2 \cdot 9{,}81\ \text{m/s}^2 \cdot 1{,}8\ \text{m}$$
$$= 14\,660\ \text{N/m}^2 \approx 0{,}147\ \text{bar}$$

und mit $h_2 = h_0 - (h_1 - h_0) = 2h_0 - h_1$
$= (2 \cdot 1{,}2 - 1{,}8)\ \text{m} = 0{,}6\ \text{m}$:

$$p_2 = \varrho \cdot g \cdot h_2 = 830\ \text{kg/m}^3 \cdot 9{,}81\ \text{m/s}^2 \cdot 0{,}6\ \text{m}$$
$$= 4885\ \text{N/m}^2 \approx 0{,}049\ \text{bar}.$$

Beide sind Überdrücke, weil zusätzlich der Luftdruck über dem Flüssigkeitsspiegel wirkt.

10.2.3 Druckkräfte gegen Gefäßwände

Eine Flüssigkeit übt in jedem Gefäß infolge des hydrostatischen Druckes und der allseitigen Druckausbreitung auf die Begrenzungsflächen die Druckkraft $F = p \cdot A$ aus. Nach der jeweiligen Fläche A, auf die diese Kraft wirkt, wird zwischen Boden-, Seiten- und Aufdruckkraft unterschieden.

Bodendruckkraft
Am Boden eines bis zur Höhe h mit Flüssigkeit gefüllten Gefäßes beträgt nach Gl. (10.6) der hydrostatische Druck $p = \varrho \cdot g \cdot h$. Auf einen waagerechten Gefäßboden mit der Fläche A wirkt somit die

Bodendruckkraft $\boldsymbol{F_b = \varrho \cdot g \cdot h \cdot A}$ (10.10)

Sie ist nur von der Flüssigkeitsdichte ϱ, der Flüssigkeitshöhe h über dem Boden und der Bodenfläche A abhängig und wird von der Gefäßform nicht beeinflusst, was sich mit einer *Pascalschen Waage* (Bild 10.18) nachweisen

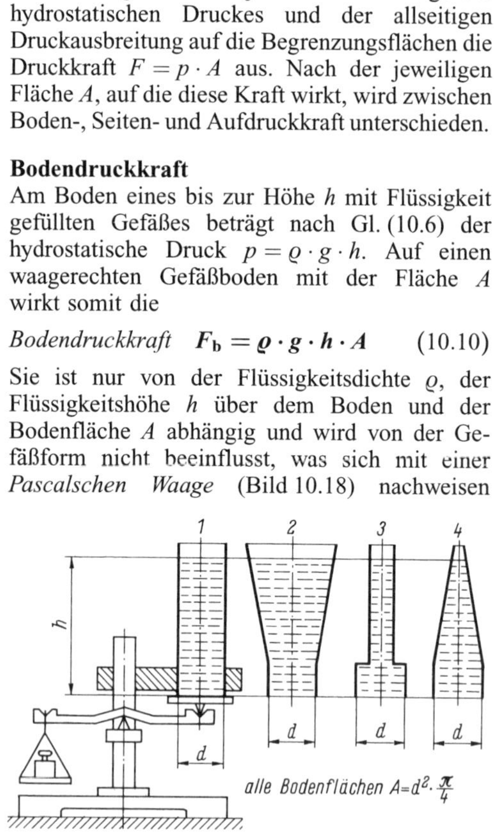

Bild 10.18 Pascalsche Waage

lässt. Die vier Gefäße mit gleicher offener kreisförmiger Bodenfläche A werden nacheinander im skizzierten Gestell befestigt und bis zur Höhe h mit Wasser gefüllt. Es zeigt sich, dass die bewegliche Bodenplatte an jedes Gefäß mit der gleichen Kraft gedrückt werden muss, um Ausfließen zu verhindern. Die auf die Bodenplatte ausgeübten Bodendruckkräfte sind also bei allen Gefäßformen gleich groß.

Da dieses Ergebnis wegen der unterschiedlichen Gewichtskräfte der Wassermassen widersinnig erscheint, wird es als **hydrostatisches Paradoxon**[1] bezeichnet. Beim Behälter 2 wird die gegenüber 1 zusätzliche Gewichtskraft über die Gefäßwand auf das Gestell übertragen. Bei den Gefäßen 3 und 4 wird durch die waagerechte bzw. schräge Gefäßwand auf die Flüssigkeit eine nach unten wirkende Kraft ausgeübt. Wenn diese Gefäße zu leicht sind und nicht festgehalten werden, könnten sie aufschwimmen (s. Auftrieb, Abschn. 10.2.4) und die Flüssigkeit auslaufen.

Beispiel 10.5
Der in Bild 10.19 skizzierte Wasserbehälter hat eine rechteckige Bodenöffnung von 300 mm × 100 mm, die durch eine drehbar gelagerte Klappe mittels Federkraft geschlossen wird. Die Zugfeder ist im Schwerpunkt des kleineren Klappenteils befestigt. Wie groß muss die Federkraft sein, damit sich die Klappe bei einem Wasserstand von 8 m öffnet? Das Eigengewicht der Klappe ist zu vernachlässigen.

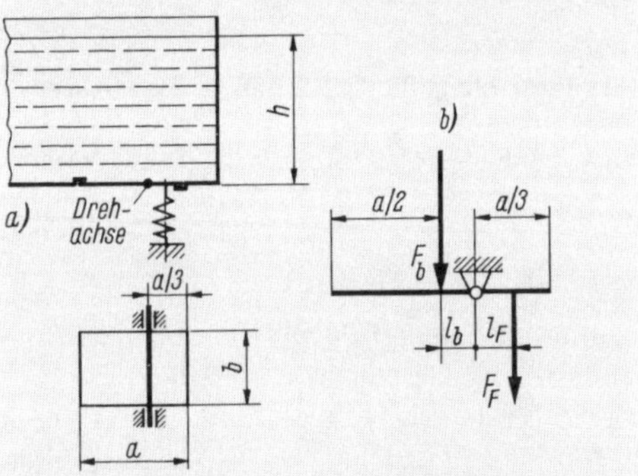

Bild 10.19 Wasserbehälter mit Bodenklappe
a) Anordnung der drehbaren Bodenklappe,
b) Kräfte an der Bodenklappe

Lösung:
Gegeben: $a = 300\text{ mm} = 0{,}3\text{ m}$,
$b = 100\text{ mm} = 0{,}1\text{ m}$, $h = 8\text{ m}$,
$\varrho = 1000\text{ kg/m}^3$ (Dichte von Wasser).
Gesucht: F_F.

Die im Schwerpunkt der Öffnungsfläche $A = a \cdot b$ wirkende Bodendruckkraft beträgt nach Gl. (10.10):

$$F_b = \varrho \cdot g \cdot h \cdot a \cdot b = 1000\ \frac{\text{kg}}{\text{m}^3} \cdot 9{,}81\ \frac{\text{m}}{\text{s}^2} \cdot 8\text{ m} \cdot 0{,}3\text{ m} \cdot 0{,}1\text{ m} = 2354\text{ N}.$$

Wegen des Kräftegleichgewichts an der Bodenklappe (Bild 10.19b) folgt aus $\Sigma M = F_b \cdot l_b - F_F \cdot l_F = 0$ mit $l_b = a/2 - a/3 = a/6 = 300/6\text{ mm} = 50\text{ mm}$ und $l_F = 0{,}5a/3 = a/6 = 50\text{ mm}$ die erforderliche Federkraft

$$F_F = F_b \cdot l_b / l_F = 2354\text{ N}.$$

Seitendruckkraft

Wie in Bild 10.10c gezeigt, nimmt der hydrostatische Druck mit der Tiefe linear zu. Diese ungleichmäßige Druckverteilung ist bei der Ermittlung der auf eine Seitenwand wirkenden Druckkraft zu berücksichtigen.

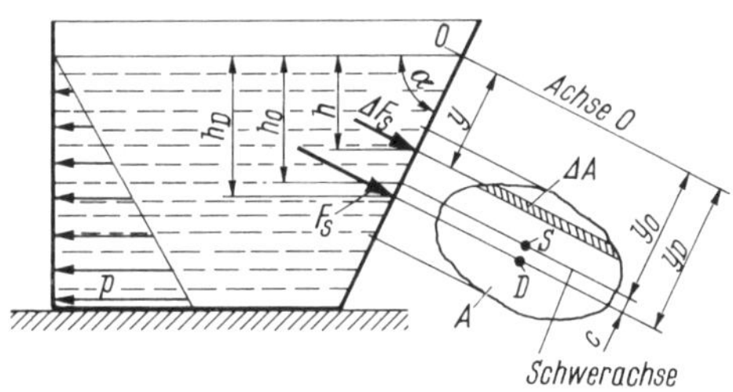

Bild 10.20 Zur Ermittlung der Seitendruckkraft
S Schwerpunkt der Fläche A, D Druckmittelpunkt

In Bild 10.20 ist ein Behälter mit einer zur Flüssigkeitsoberfläche um den Winkel α geneigten ebenen Seitenwand dargestellt. Unterteilt man eine bestimmte Fläche A in sehr schmale waagerechte Streifen, so ist der Druck auf einem Flächenteilchen ΔA nahezu konstant. Es hat in der Tiefe $h = y \cdot \sin\alpha$ die Kraft $\Delta F_s = p \cdot \Delta A = \varrho \cdot g \cdot h \cdot \Delta A = \varrho \cdot g \cdot y \cdot \sin\alpha \cdot \Delta A$ als Teil der Seitendruckkraft F_s aufzunehmen. Die gesamte auf die Fläche A wirkende Seitendruckkraft ist bei i Teilflächen gleich der Summe aller Teilkräfte ΔF_i, nämlich $F_s = \Sigma \Delta F_i = \varrho \cdot g \cdot \sin\alpha \cdot \Sigma(y_i \cdot \Delta A_i)$, wobei ϱ, g und $\sin\alpha$ als konstante Werte vor das Summenzeichen gesetzt wurden. Entspr. Gl. (9.53) ist der Ausdruck $\Sigma(y_i \cdot \Delta A_i) = y_0 \cdot A$ das auf die Schnittachse 0 zwischen Flüssigkeitsoberfläche und Seitenwand bezogene Flächenmoment 1. Grades oder statische Moment der Fläche A. Damit wird $F_s = \varrho \cdot g \cdot \sin\alpha \cdot y_0 \cdot A$. Da $\sin\alpha \cdot y_0 = h_0$ ist,

[1] *paradox* (griech.) = widersinnig

ergibt sich die von der Fläche A aufzunehmende

Seitendruckkraft $\boldsymbol{F_s = \varrho \cdot g \cdot h_0 \cdot A}$ (10.11)

Hierbei ist h_0 der Abstand des Schwerpunktes der Fläche A von der Flüssigkeitsoberfläche und $\varrho \cdot g \cdot h_0 = p_0$ der hydrostatische Druck im Flächenschwerpunkt bzw. auf der Schwerachse. Da der Seitendruck oberhalb des Flächenschwerpunktes S abnimmt und darunter zunimmt, muss der Angriffspunkt der Seitendruckkraft, auch **Druckmittelpunkt** D genannt, unterhalb dieses Schwerpunktes liegen. Seine Lage bestimmt man mit dem Momentensatz (s. Abschn. 2.3.1), wonach das statische Moment von F_s gleich der Summe der statischen Momente der Teilkräfte ΔF_i sein muss. Auf die Achse 0 bezogen gilt demnach $F_s \cdot y_D = \Sigma(\Delta F_i \cdot y_i)$. Setzt man $F_s = \varrho \cdot g \cdot \sin\alpha \cdot y_0 \cdot A$ und $\Delta F_i = \varrho \cdot g \cdot \sin\alpha \cdot y_i \cdot \Delta A_i$ ein und kürzt $\varrho \cdot g \cdot \sin\alpha$ heraus, so folgt

$$y_0 \cdot A \cdot y_D = \Sigma(y_i \cdot \Delta A_i \cdot y_i) = \Sigma(y_i^2 \cdot \Delta A_i)$$

Entspr. Gl. (9.55) ist $\Sigma(y_i^2 \cdot \Delta A_i) = I_0$ das auf die Achse 0 bezogene Flächenmoment 2. Grades der Fläche A. Bezeichnet man das auf die Schwerachse bezogene Flächenmoment 2. Grades (s. Tab. 22) dieser Fläche mit I_S, so gilt entspr. Gl. (9.58) nach dem *Satz von Steiner*: $I_0 = I_S + y_0^2 \cdot A$. Damit ergibt sich der Abstand

$$y_D = \frac{\Sigma(y_i^2 \cdot \Delta A_i)}{y_0 \cdot A} = \frac{I_0}{y_0 \cdot A} = \frac{I_S + y_0^2 \cdot A}{y_0 \cdot A} = \frac{I_S}{y_0 \cdot A} + y_0$$

Mit $\boldsymbol{c = I_S/(y_0 \cdot A)}$ als Abstand der Schwerachse vom Druckmittelpunkt D erhält man daraus den in der Seitenwandebene liegenden

Abstand des Druckmittelpunktes

$$\boldsymbol{y_D = \frac{I_0}{y_0 \cdot A} = c + y_0} \qquad (10.12)$$

von der Achse 0. Von der Flüssigkeitsoberfläche beträgt der vertikale Abstand $h_D = y_D \cdot \sin\alpha$. Für **vertikale Seitenflächen** ist $\alpha = 90°$ und $\sin\alpha = 1$, somit $\boldsymbol{h_D = y_D}$ nach Gl. (10.12) mit $y_0 = h_0$.

Beispiel 10.6

Der Wasserbehälter nach Bild 10.21 hat in der um 50° zur Wasseroberfläche geneigten Seitenwand eine Öffnung, die mit einer kreisförmigen Platte von 400 mm Durchmesser verschlossen ist. Der Abstand des Plattenmittelpunktes vom Wasserspiegel beträgt 1,6 m in der Seitenwandebene. Zu ermitteln sind die Seitendruckkraft auf die Abdeckplatte und die Lage ihres Angriffspunktes (des Druckmittelpunktes), ferner die hydrostatischen Drücke im Plattenschwerpunkt und im Druckmittelpunkt.

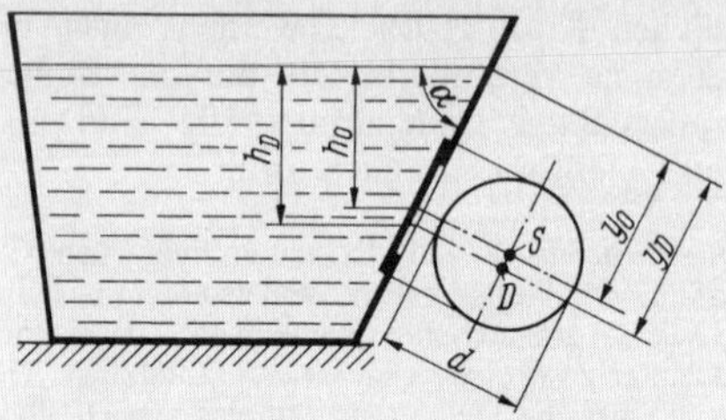

Bild 10.21 Wasserbehälter mit kreisförmiger Abdeckplatte

Lösung:

Gegeben: $d = 400$ mm $= 0{,}4$ m, $y_0 = 1{,}6$ m, $\alpha = 50°$, $\varrho = 1000$ kg/m³.

Gesucht: F_s, y_D, p_0 und p_D.

1. Seitendruckkraft F_s und Abstand y_D des Druckmittelpunktes in der Seitenwandebene

Mit dem vertikalen Schwerpunktabstand

$$h_0 = y_0 \cdot \sin\alpha = 1{,}6\text{ m} \cdot \sin 50° = 1{,}226\text{ m}$$

ergibt sich nach Gl. (10.11):

$$F_s = \varrho \cdot g \cdot h_0 \cdot A = \varrho \cdot g \cdot h_0 \cdot d^2 \cdot \pi/4$$
$$= 1000\,\frac{\text{kg}}{\text{m}^3} \cdot 9{,}81\,\frac{\text{m}}{\text{s}^2} \cdot 1{,}226\text{ m} \cdot (0{,}4\text{ m})^2 \cdot \frac{\pi}{4}$$
$$= 1511\text{ N}.$$

Aus Tab. 22 folgt für die Kreisfläche das Flächenmoment 2. Grades $I_S = d^4 \cdot \pi/64$. Damit wird nach Gl. (10.12):

$$y_D = c + y_0 = \frac{I_S}{y_0 \cdot A} + y_0 = \frac{d^4 \cdot \pi \cdot 4}{y_0 \cdot 64 \cdot d^2 \cdot \pi} + y_0$$
$$= \frac{d^2}{y_0 \cdot 16} + y_0 = \frac{(0{,}4\text{ m})^2}{1{,}6\text{ m} \cdot 16} + 1{,}6\text{ m}$$
$$= 6{,}25 \cdot 10^{-3}\text{ m} + 1{,}6\text{ m} = 1{,}606\text{ m}.$$

Der Druckmittelpunkt D liegt also in der Seitenwandebene um $c = 6{,}25$ mm unter dem Flächenschwerpunkt S.

2. Hydrostatische Drücke p_0 im Flächenschwerpunkt und p_D im Druckmittelpunkt

Der vertikale Abstand zum Druckmittelpunkt beträgt

$$h_D = y_D \cdot \sin\alpha = 1{,}606\text{ m} \cdot \sin 50° = 1{,}23\text{ m}.$$

Mit h_0 und h_D erhält man nach Gl. (10.6):

$$p_0 = \varrho \cdot g \cdot h_0 = 1000\,\frac{\text{kg}}{\text{m}^3} \cdot 9{,}81\,\frac{\text{m}}{\text{s}^2} \cdot 1{,}226\text{ m}$$
$$= 12\,027\text{ Pa} = 0{,}1203\text{ bar},$$

$$p_D = \varrho \cdot g \cdot h_D = 1000\,\frac{\text{kg}}{\text{m}^3} \cdot 9{,}81\,\frac{\text{m}}{\text{s}^2} \cdot 1{,}23\text{ m}$$
$$= 12\,066\text{ Pa} = 0{,}1207\text{ bar}.$$

Zwischen Schwerpunkt und Druckmittelpunkt besteht also nur ein unwesentlicher Druckunterschied von 40 Pa.

Beispiel 10.7
Im Wehr eines Staubeckens ist entspr. Bild 10.22 ein Grundablass von 2 m Breite und 1 m Höhe eingebaut, der durch eine Platte verschlossen wird. Das Wasser ist auf eine Höhe von 2 m gestaut. Auf der Unterwasserseite beträgt der Wasserstand 1,2 m. Wie groß ist die auf die Platte wirkende resultierende Wasserkraft, und wie weit ist ihr Angriffspunkt vom Oberwasserspiegel entfernt?

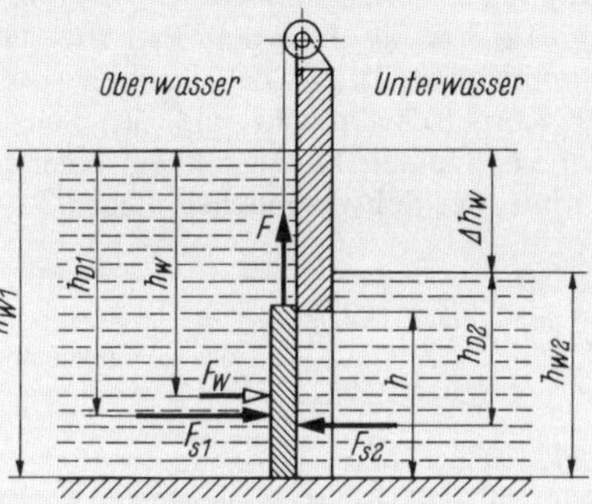

Bild 10.22 Wasserwehr mit Grundablass und Verschlussplatte

Lösung:
Gegeben: $b = 2$ m, $h = 1$ m, $h_{W1} = 2$ m, $h_{W2} = 1{,}2$ m, $\varrho = 1000$ kg/m^3.
Gesucht: F_W, h_W.
1. Resultierende Wasserdruckkraft F_W
Sie ist die Resultierende aus den Seitendruckkräften F_{s1} und F_{s2} (Bild 10.22). Mit den Schwerpunktabständen $h_{01} = h_{W1} - h/2 = (2 - 0{,}5)$ m $= 1{,}5$ m und $h_{02} = h_{W2} - h/2 = (1{,}2 - 0{,}5)$ m $= 0{,}7$ m und der Fläche $A = b \cdot h = 2\text{ m} \cdot 1\text{ m} = 2\text{ m}^2$ erhält man nach Gl. (10.11):

$$F_{s1} = \varrho \cdot g \cdot h_{01} \cdot A$$
$$= 1000 \frac{\text{kg}}{\text{m}^3} \cdot 9{,}81 \frac{\text{m}}{\text{s}^2} \cdot 1{,}5\text{ m} \cdot 2\text{ m}^2 = 29{,}43\text{ kN},$$
$$F_{s2} = \varrho \cdot g \cdot h_{02} \cdot A$$
$$= 1000 \frac{\text{kg}}{\text{m}^3} \cdot 9{,}81 \frac{\text{m}}{\text{s}^2} \cdot 0{,}7\text{ m} \cdot 2\text{ m}^2 = 13{,}73\text{ kN}.$$

Damit ergibt sich

$$F_W = F_{s1} - F_{s2} = 29{,}43\text{ kN} - 13{,}73\text{ kN} = 15{,}7\text{ kN}.$$

2. Abstand h_W vom Oberwasserspiegel
Er folgt nach dem Momentensatz (Gl. (2.19)) aus

$$F_W \cdot h_W = F_{s1} \cdot h_{D1} - F_{s2}(h_{D2} + \Delta h_W).$$

Darin ist $\Delta h_W = h_{W1} - h_{W2} = (2 - 1{,}2)$ m $= 0{,}8$ m. Die Druckmittelpunktabstände $h_D = y_D$ werden nach Gl. (10.12) mit $y_0 = h_0$ sowie $c = I_S/(h_0 \cdot b \cdot h)$ und $I_S = b \cdot h^3/12$ (für Rechteckflächen nach Tab. 22) errechnet:

$$h_{D1} = c_1 + h_{01} = \frac{b \cdot h^3}{h_{01} \cdot 12 \cdot b \cdot h} + h_{01}$$
$$= \frac{h^2}{12 h_{01}} + h_{01} = \frac{(1\text{ m})^2}{12 \cdot 1{,}5\text{ m}} + 1{,}5\text{ m} = 1{,}556\text{ m},$$
$$h_{D2} = \frac{h^2}{12 h_{02}} + h_{02} = \frac{(1\text{ m})^2}{12 \cdot 0{,}7\text{ m}} + 0{,}7\text{ m} = 0{,}819\text{ m}.$$

Der Angriffspunkt von F_W hat somit vom Oberwasserspiegel den Abstand

$$h_W = \frac{F_{s1} \cdot h_{D1} - F_{s2}(h_{D2} + \Delta h_W)}{F_W}$$
$$= \frac{29{,}43 \cdot 1{,}556 - 13{,}73(0{,}819 + 0{,}8)}{15{,}7} \cdot \frac{\text{kNm}}{\text{kN}}$$
$$= 1{,}5\text{ m}$$

und liegt im Schwerpunkt der Plattenfläche, da $h_W = h_{01}$ ist.

Aufdruckkraft
Aufgrund der allseitigen Druckausbreitung übt eine Flüssigkeit in einem geschlossenen Gefäß (Bild 10.23) auf die Deckelfläche A den Druck

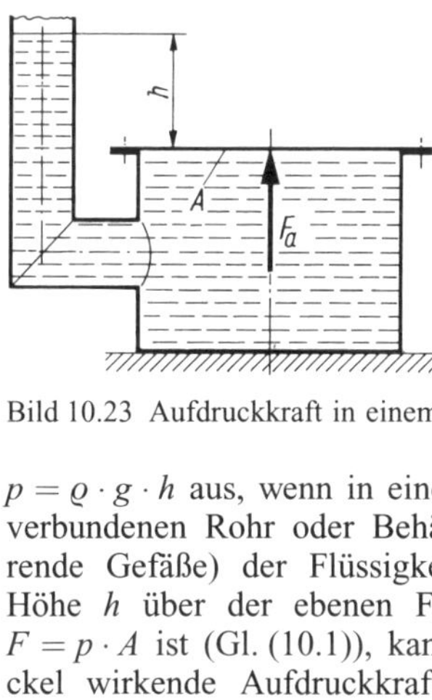

Bild 10.23 Aufdruckkraft in einem geschlossenen Gefäß

$p = \varrho \cdot g \cdot h$ aus, wenn in einem mit dem Gefäß verbundenen Rohr oder Behälter (kommunizierende Gefäße) der Flüssigkeitsspiegel um die Höhe h über der ebenen Fläche A liegt. Da $F = p \cdot A$ ist (Gl. (10.1)), kann die auf den Deckel wirkende Aufdruckkraft $\boldsymbol{F_a = \varrho \cdot g \cdot h \cdot A}$ wie die Bodendruckkraft F_b nach Gl. (10.10) errechnet werden.

Von besonderer Bedeutung ist die Aufdruckkraft bei Gießformen, wo das flüssige Metall in den Einguss- und Steigtrichtern über der Trennfuge zwischen Formober- und -unterteil steht. Wegen der hohen Dichte flüssiger Metalle kann die Aufdruckkraft bei großflächigen Gussstücken beträchtliche Werte annehmen, so dass das Formoberteil gegen Anheben gesichert werden muss.

10.2.4 Auftrieb und Schwimmen

Auf jeden Körper, der in eine Flüssigkeit eingetaucht ist (Bild 10.24), wirkt allseitig wie auf die Gefäßwände der nach unten zunehmende

Flüssigkeitsdruck. Die seitlichen horizontalen Druckkräfte sind gleich groß, ihre Wirkung hebt sich auf. Wegen des hydrostatischen Druckunterschieds an der oberen und unteren Begrenzungsfläche entsteht in vertikaler Richtung eine aufwärts wirkende Kraft, die **Auftriebskraft** oder kurz **Auftrieb** genannt wird.
Auf die Oberseite des Quaders in Bild 10.24 mit

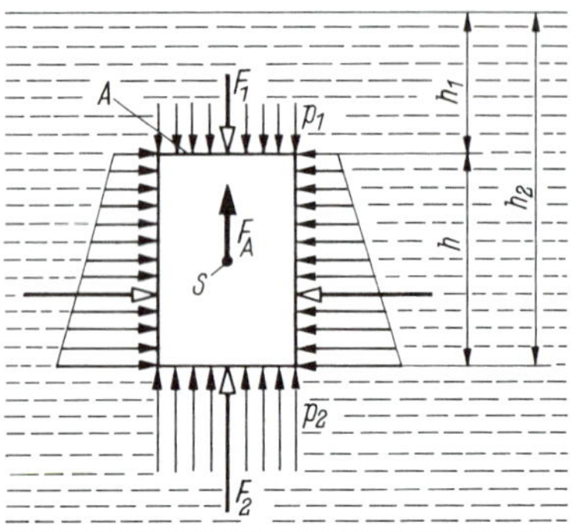

Bild 10.24 Auftrieb

der Fläche A und der Höhe h wirkt die durch den hydrostatischen Druck $p_1 = \varrho_{Fl} \cdot g \cdot h_1$ erzeugte senkrecht nach unten gerichtete Kraft $F_1 = p_1 \cdot A = \varrho_{Fl} \cdot g \cdot h_1 \cdot A$ und auf die Unterseite die größere Kraft $F_2 = p_2 \cdot A = \varrho_{Fl} \cdot g \cdot h_2 \cdot A$ senkrecht nach oben. Die Differenz beider Kräfte ist die aufwärts wirkende Auftriebskraft

$$F_A = F_2 - F_1 = \varrho_{Fl} \cdot g \cdot A \cdot (h_2 - h_1)$$
$$= \varrho_{Fl} \cdot g \cdot A \cdot h.$$

Da die vom Quader verdrängte Flüssigkeit mit der Dichte ϱ_{Fl} das Volumen $V_{FL} = A \cdot h$ hat, beträgt die

Auftriebskraft $\boldsymbol{F_A = \varrho_{Fl} \cdot g \cdot V_{Fl}}$ (10.13)

Nun ist aber $\varrho_{Fl} \cdot V_{FL} = m_{Fl}$ die Masse der verdrängten Flüssigkeit und $m_{Fl} \cdot g$ ihre Gewichtskraft. Daraus folgt der allgemein für beliebig geformte Körper gültige Lehrsatz:

Der Auftrieb ist gleich der Gewichtskraft der verdrängten Flüssigkeit. Er ist senkrecht nach oben gerichtet und greift im Schwerpunkt des verdrängten Flüssigkeitskörpers an.

Nach diesem Lehrsatz, der nach *Archimedes*[1] als **Archimedisches Prinzip** bezeichnet wird, verringert sich die Gewichtskraft des in eine Flüssigkeit getauchten Körpers scheinbar um die Gewichtskraft der verdrängten Flüssigkeit. Der Auftrieb ist von der Eintauchtiefe unabhängig.
Sind die Gewichtskraft F_G eines untergetauchten Körpers und die Auftriebskraft F_A gleich groß, so bleibt der Körper in Ruhe; er schwebt in der Flüssigkeit. Ist $F_G > F_A$, dann sinkt er. Bei $F_G < F_A$ steigt der Körper, bis nach dem Auftauchen ein Teil seines Volumens über die Flüssigkeitsoberfläche hinausragt und $F_G = F_A$ ist. In dieser Lage sind die Gewichtskraft des Körpers und die Auftriebskraft der von ihm noch verdrängten Flüssigkeit mit dem Volumen V_{Fl} gleich groß, d. h. **der Körper schwimmt**. Die **Schwimmbedingung** lautet demnach: $\boldsymbol{F_G = F_A}$ oder $\boldsymbol{m \cdot g = \varrho_{Fl} \cdot g \cdot V_{Fl}}$ bzw. $\boldsymbol{\varrho \cdot V = \varrho_{Fl} \cdot V_{Fl}}$. Die stabile Schwimmlage stellt sich dabei immer so ein, dass der Körperschwerpunkt und der Schwerpunkt der verdrängten Flüssigkeit auf einer lotrechten Linie, der **Schwimmachse**, liegen.

[1] *Archimedes* (287 bis 212 v. Chr.), griech. Gelehrter

Beispiel 10.8
Ein 300 mm langer Holzquader mit quadratischer Querschnittsfläche von 100 mm Kantenlänge schwimmt in Wasser (Bild 10.25a). Wie tief taucht er ein?
Durch eine 100 mm breite und 300 mm lange Aluminiumplatte soll der Quader so beschwert werden, dass das Holz gerade vollständig in das Wasser eintaucht (Bild 10.25b). Wie dick muss die Aluminiumplatte sein?

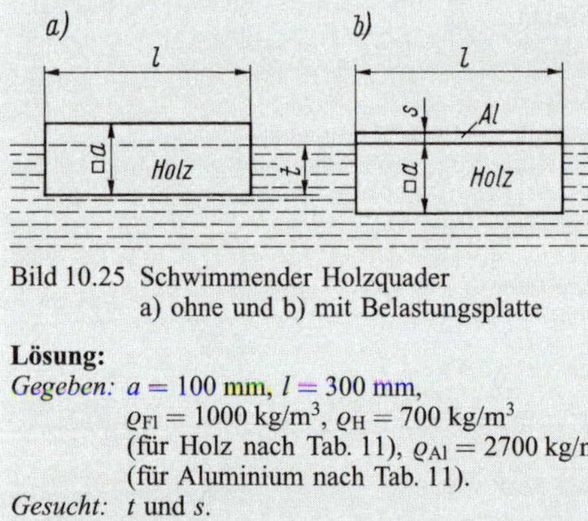

Bild 10.25 Schwimmender Holzquader
a) ohne und b) mit Belastungsplatte

Lösung:
Gegeben: $a = 100$ mm, $l = 300$ mm,
$\varrho_{Fl} = 1000$ kg/m³, $\varrho_H = 700$ kg/m³ (für Holz nach Tab. 11), $\varrho_{Al} = 2700$ kg/m³ (für Aluminium nach Tab. 11).
Gesucht: t und s.
1. Eintauchtiefe t
Nach der Schwimmbedingung $\varrho_H \cdot V_H = \varrho_{Fl} \cdot V_{Fl}$ ist $\varrho_H \cdot a^2 \cdot l = \varrho_{Fl} \cdot a \cdot l \cdot t$.

Daraus folgt

$$t = a \cdot \frac{\varrho_H}{\varrho_{Fl}} = 100\text{ mm} \cdot \frac{700\text{ kg/m}^3}{1000\text{ kg/m}^3} = 70\text{ mm}.$$

2. Erforderliche Plattendicke s
Für den durch die Aluminiumplatte belasteten Holzquader lautet die Schwimmbedingung $F_{GH} + F_{GAl} = F_A$. Da $V_{Fl} = V_H$ sein soll, wird

$$a^2 \cdot l \cdot \varrho_H \cdot g + a \cdot l \cdot s \cdot \varrho_{Al} \cdot g = a^2 \cdot l \cdot \varrho_{Fl} \cdot g,$$

woraus sich

$$s = a \cdot \frac{\varrho_{Fl} - \varrho_H}{\varrho_{Al}} = 100\ \text{mm} \cdot \frac{(1000 - 700)\ \text{kg/m}^3}{2700\ \text{kg/m}^3}$$
$$= 11{,}11\ \text{mm}$$

ergibt.

Beispiel 10.9
Ein Holzkegel mit 200 mm Grundflächendurchmesser und 230 mm Höhe schwimmt in Wasser. Ohne Beachtung der Stabilitätsverhältnisse sind die Eintauchtiefen beim Schwimmen mit der Spitze nach unten (Bild 10.26a) und nach oben (Bild 10.26b) zu bestimmen.

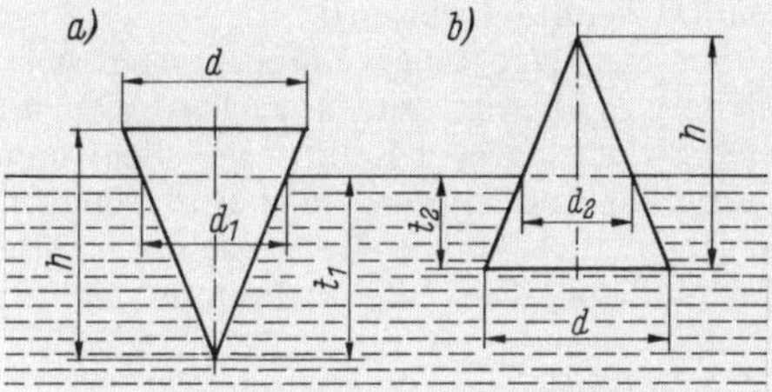

Bild 10.26 Schwimmender Holzkegel
a) mit der Spitze nach unten, b) Spitze nach oben

Lösung:
Gegeben: $d = 200$ mm, $h = 230$ mm,
$\varrho_{Fl} = 1000\ \text{kg/m}^3$, $\varrho = 700\ \text{kg/m}^3$
(für Holz nach Tab. 11).
Gesucht: t_1 und t_2.
1. Eintauchtiefe t_1 (Kegelspitze nach unten)
Das verdrängte Flüssigkeitsvolumen ist ein Kegel mit dem Durchmesser d_1 und der Höhe t_1. Mit dem Kegelvolumen $V = A \cdot h/3 = d^2 \cdot \pi \cdot h/12$ und $V_{Fl} = d_1^2 \cdot \pi \cdot t_1/12$ ergibt die Schwimmbedingung $\varrho \cdot V = \varrho_{Fl} \cdot V_{Fl}$:

$$\varrho \cdot d^2 \cdot \pi \cdot h/12 = \varrho_{Fl} \cdot d_1^2 \cdot \pi \cdot t_1/12.$$

Aus der Proportion $d/h = d_1/t_1$ folgt $d_1 = t_1 \cdot d/h$ und damit:

$$\varrho \cdot d^2 \cdot h = \varrho_{Fl} \cdot t_1^3 \cdot d^2/h^2,$$

woraus man

$$t_1 = h \cdot \sqrt[3]{\frac{\varrho}{\varrho_{Fl}}} = 230\ \text{mm} \cdot \sqrt[3]{\frac{700\ \text{kg/m}^3}{1000\ \text{kg/m}^3}}$$
$$= 204{,}2\ \text{mm}$$

erhält.
2. Eintauchtiefe t_2 (Kegelspitze nach oben)
In dieser Lage ist die verdrängte Flüssigkeit ein Kegelstumpf mit den Durchmessern d und d_2, der Höhe t_2 und dem Volumen $V_{Fl} = [d^2 \cdot h - d_2^2 \cdot (h - t_2)] \cdot \pi/12$ (aus der Differenz der Volumen des Gesamtkegels und des herausragenden Kegels gebildet). Mit $d_2 = (h - t_2) \cdot d/h$ (da $d/h = d_2/(h - t_2)$ ist) folgt aus der Schwimmbedingung $\varrho \cdot V = \varrho_{Fl} \cdot V_{Fl}$:

$$\varrho \cdot d^2 \cdot h \cdot \frac{\pi}{12} = \varrho_{Fl} \cdot \left[d^2 \cdot h - (h - t_2)^3 \cdot \frac{d^2}{h^2}\right] \cdot \frac{\pi}{12}.$$

Durch $d^2 \cdot \pi/12$ dividiert und umgeformt:

$$h \cdot \frac{\varrho}{\varrho_{Fl}} = h - \frac{(h - t_2)^3}{h^2} \quad \text{oder}$$

$$h^3 \cdot \left(1 - \frac{\varrho}{\varrho_{Fl}}\right) = (h - t_2)^3.$$

Daraus folgt

$$t_2 = h\left(1 - \sqrt[3]{1 - \frac{\varrho}{\varrho_{Fl}}}\right)$$
$$= 230\ \text{mm} \cdot \left(1 - \sqrt[3]{1 - \frac{700\ \text{kg/m}^3}{1000\ \text{kg/m}^3}}\right)$$
$$= 76{,}03\ \text{mm}.$$

Volumen- und Dichtebestimmung

Nach dem Archimedischen Prinzip ist es möglich, mit einer **hydrostatischen Waage** (Bild 10.27) das Volumen und die Dichte eines festen Körpers zu bestimmen. Der Körper wird mit einem dünnen Faden am kurzen Waagschalengehänge befestigt und in Luft gewogen. Mit einem Gewichtsstück von der Masse m des zu untersuchenden Körpers ist die Waage im Gleichgewicht. Wird der Körper danach in eine Flüssigkeit mit der bekannten Dichte ϱ_{Fl} getaucht, so stellt sich wegen des Auftriebs bei einem Gewichtsstück von der kleineren Masse m_A Gleichgewicht ein.

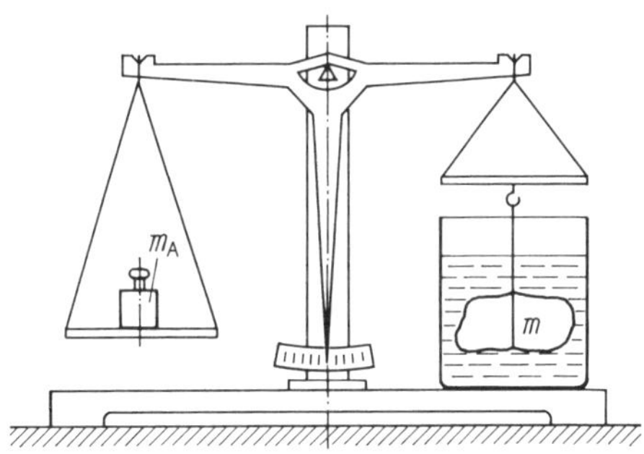

Bild 10.27 Hydrostatische Waage

Aus der Differenz erhält man die Auftriebskraft $F_A = (m - m_A) \cdot g$. Sie ist aber gleich der Gewichtskraft der verdrängten Flüssigkeit $V \cdot \varrho_{Fl} \cdot g = (m - m_A) \cdot g$. Daraus folgt für den

Probekörper das

$$\textit{Volumen}\quad V = \frac{m - m_A}{\varrho_{Fl}} \tag{10.14}$$

und damit nach Gl. (7.1) seine

$$\textit{Dichte}\quad \varrho = \frac{m}{V} = \varrho_{Fl} \cdot \frac{m}{m - m_A} \tag{10.15}$$

Die Messungen von m und m_A können auch mit einer geeichten Federwaage erfolgen.

Beispiel 10.10
Das Volumen und die Dichte eines Metallkörpers sollen bestimmt werden. In Luft wurden 1,622 kg und nach Eintauchen in Wasser nur noch 1,441 kg gewogen.
Lösung:
Gegeben: $m = 1{,}622$ kg, $m_A = 1{,}441$ kg, $\varrho_{Fl} = 1$ kg/dm^3.
Gesucht: V und ϱ.
Nach Gl. (10.14) beträgt das Volumen

$$V = \frac{m - m_A}{\varrho_{Fl}} = \frac{(1{,}622 - 1{,}441)\ \text{kg}}{1\ \text{kg/dm}^3} = 0{,}181\ \text{dm}^3.$$

Damit ergibt sich nach Gl. (7.1) bzw. (10.15) die Dichte

$$\varrho = \frac{m}{V} = \frac{1{,}622\ \text{kg}}{0{,}181\ \text{dm}^3} = 8{,}961\ \text{kg/dm}^3.$$

Nach Tab. 11 könnte es sich um Kupfer handeln.

Für die Bestimmung der Dichte von Flüssigkeiten verwendet man eine **Senkwaage**. Das ist ein Röhrchen mit Skaleneinteilung (z. B. in mm), das unten beschwert wird, damit es aufrecht schwimmt (Bild 10.28a). Das Röhrchen wird in eine Flüssigkeit mit bekannter Dichte getaucht, meistens in Wasser mit der Dichte $\varrho_W = 1$ kg/dm^3, und die Eintauchtiefe t_W gemessen. Danach taucht man es in die Probeflüssigkeit, um die Eintauchtiefe t_{Fl} zu messen. Die Eintauchtiefe ist ein Maß für die Flüssigkeitsdichte. Nach dem Archimedischen Prinzip sind in beiden Fällen die Auftriebskräfte $F_{AW} = A \cdot t_W \cdot \varrho_W \cdot g$ und $F_{AFl} = A \cdot t_{Fl} \cdot \varrho_{Fl} \cdot g$ gleich der Gewichtskraft des eingetauchten Röhrchens. Aus $A \cdot t_W \cdot \varrho_W \cdot g = A \cdot t_{Fl} \cdot \varrho_{Fl} \cdot g$ bestimmt man für die Probeflüssigkeit die

$$\textit{Dichte}\quad \varrho_{Fl} = \varrho_W \cdot \frac{t_W}{t_{Fl}} \tag{10.16}$$

Einfacher ist die Dichtebestimmung einer Flüssigkeit mit einem **Aräometer** als Senkwaage (Bild 10.28b). Es handelt sich um einen Senkkörper aus Glas, der unten beschwert und am oberen dünnen Teil mit einer Skala versehen ist, welche die Dichte direkt anzeigt. Derartige Geräte werden z. B. mit entsprechender Eichung für die Prüfungen von Kühlwasser auf Frostschutz und des Säuregehalts von Batterien in Kraftfahrzeugen verwendet.

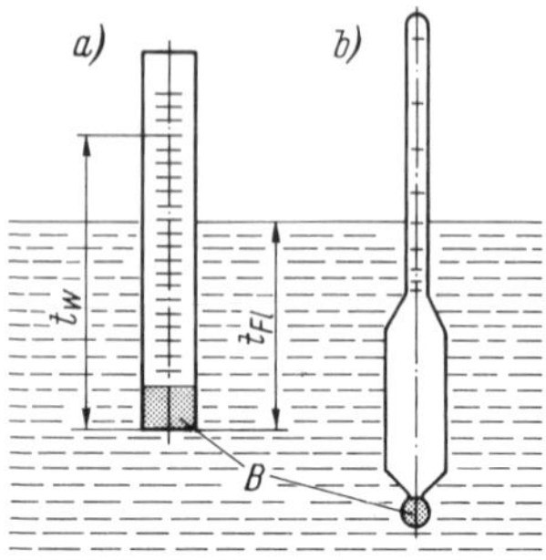

Bild 10.28 Senkwaagen
a) Glasröhrchen, b) Aräometer,
B Beschwerung

Stabilität beim Schwimmen
Die Schwimmlage eines Körpers kann stabil, labil oder indifferent sein (s. auch Abschn. 4.3, Gleichgewichtslagen). Kehrt ein Schwimmkörper nach einer Störung in die ursprüngliche Ruhelage zurück, so befindet er sich in **stabiler Schwimmlage** (Bild 10.29). Entfernt er sich

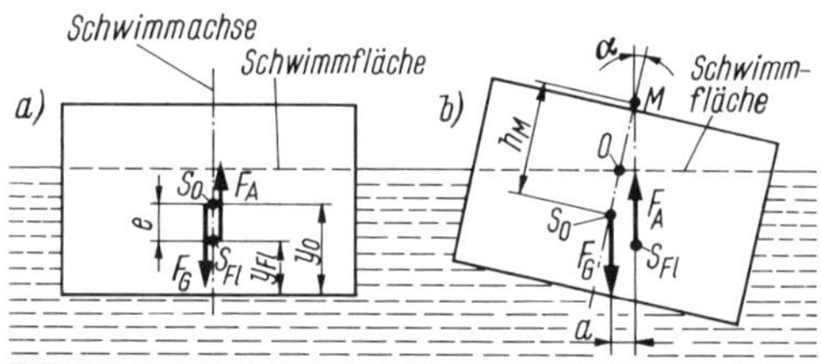

Bild 10.29 Stabile Schwimmlage
a) Ruhelage, b) unter Einfluss eines Rückstellmomentes

dagegen nach einer Störung immer mehr aus der Ruhelage, bis er in einer anderen stabilen Lage wieder zur Ruhe kommt, so spricht man von **labiler Schwimmlage** (Bild 10.30). Eine

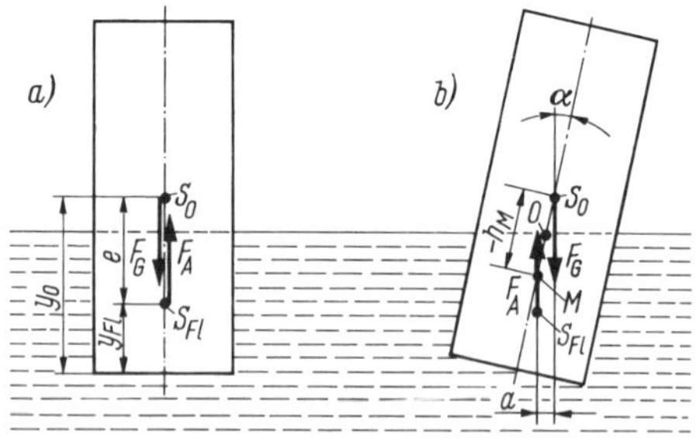

Bild 10.30 Instabile Schwimmlage
a) Ruhelage, b) unter Einfluss eines Kippmoments

Schwimmlage, die weder stabil noch labil ist, wird indifferent genannt (z. B. schwimmender homogener Zylinder).
In der Ruhelage (Bilder 10.29a und 10.30a) liegen der Schwerpunkt S_0 des Schwimmkörpers und der Schwerpunkt S_{Fl} der verdrängten Flüssigkeit mit dem Abstand $e = y_0 - y_{Fl}$ auf der bereits erwähnten lotrechten **Schwimmachse**. Wird der Körper um einen kleinen Winkel α ausgelenkt (Bilder 10.29b und 10.30b), so dreht er sich um eine zur Bildebene senkrechte Achse, die durch den Schnittpunkt 0 zwischen Schwimmachse und Schwimmfläche geht. Als **Schwimmfläche** bezeichnet man die Schnittfläche des Schwimmkörpers mit der Flüssigkeitsoberfläche. Die Drehachse geht auch durch den Schwerpunkt der Schwimmfläche. Die Lage des Schwerpunktes S_0 bleibt relativ zum Schwimmkörper unverändert. Da stets $F_A = F_G$ ist, bleibt das Volumen V_{Fl} der verdrängten Flüssigkeit gleich groß; es ändert aber seine Form, weshalb sich die Lage von S_{Fl} verändert. Die parallelen Kräfte F_A und F_G bilden ein Kräftepaar, das mit dem Abstand a ein Moment $M_S = F_G \cdot a$ hervorruft. Der Schnittpunkt der Wirklinie von F_A mit der Schwimmachse wird **Metazentrum M** genannt. Liegt M höher als S_0, so wirkt M_S rückstellend (Bild 10.29b), d. h. die Schwimmlage ist stabil. Wenn dagegen M tiefer als S_0 liegt, so wirkt M_S als Kippmoment (Bild 10.30b) und vergrößert die Neigung des schwimmenden Körpers. Diese Schwimmlage ist instabil.
Zur Beurteilung der Stabilität muss die Lage des Metazentrums bestimmt werden. Aus mathematischen Zusammenhängen, auf die hier nicht näher eingegangen wird, ergibt sich der Abstand zwischen M und S_0, die

metazentrische Höhe $$\boldsymbol{h_M = \frac{I_0}{V_{Fl}} - e} \qquad (10.17)$$

Darin ist I_0 das auf die Drehachse 0 bezogene Flächenmoment 2. Grades der Schwimmfläche, V_{Fl} das verdrängte Flüssigkeitsvolumen und e der Schwerpunktabstand zwischen S_{Fl} und S_0.
Die Schwimmlage ist nur für positive Werte von h_M stabil. Demnach gilt als

Stabilitätsbedingung $$\boldsymbol{\frac{I_{0\,min}}{V_{Fl}} > e}$$

mit dem kleinsten Flächenmoment 2. Grades $I_{0\,min}$ der Schwimmfläche bezogen auf eine durch die Schwimmachse gehende Schwerachse, die dann gleichzeitig Drehachse des Schwimmkörpers ist.

Beispiel 10.11
Für den in Wasser schwimmenden Holzkegel nach Beisp. 10.9 sind für die Schwimmlagen 1 mit der Spitze nach unten (Bild 10.26a) und 2 mit der Spitze nach oben (Bild 10.26b) die metazentrischen Höhen zu errechnen und die Stabilitätsverhältnisse zu untersuchen.
Lösung:
Gegeben: Nach Beisp. 10.9: $d = 200$ mm $= 20$ cm,
$h = 230$ mm $= 23$ cm, $\varrho_{Fl} = 1000$ kg/m³,
$\varrho = 700$ kg/m³,
$t_1 = 204{,}2$ mm $= 20{,}42$ cm,
$t_2 = 76$ mm $= 7{,}6$ cm.
Gesucht: h_{M1} und h_{M2} sowie Stabilitätsprüfung für die Schwimmlagen 1 und 2.

1. Metazentrische Höhe h_{M1} und Stabilität der Schwimmlage 1

Das Volumen V_{Fl} der verdrängten Flüssigkeit ist für beide Schwimmlagen gleich groß und ergibt sich mit dem Kegelvolumen $V = d^2 \cdot \pi \cdot h/12$ aus der Schwimmbedingung $\varrho \cdot V = \varrho_{Fl} \cdot V_{Fl}$:

$$V_{Fl} = V \cdot \frac{\varrho}{\varrho_{Fl}} = \frac{d^2 \cdot \pi \cdot h \cdot \varrho}{12 \cdot \varrho_{Fl}}$$
$$= \frac{(20\text{ cm})^2 \cdot \pi \cdot 23\text{ cm} \cdot 700\text{ kg/m}^3}{12 \cdot 1000\text{ kg/m}^3} = 1686\text{ cm}^3.$$

Aus der Proportion $d/h = d_1/t_1$ erhält man den Schwimmflächendurchmesser

$$d_1 = t_1 \cdot \frac{d}{h} = 20{,}42\text{ cm} \cdot \frac{20\text{ cm}}{23\text{ cm}} = 17{,}76\text{ cm}.$$

Bei Kreisflächen ist das Flächenmoment 2. Grades für alle möglichen Schwerachsen gleich. Somit nach Tab. 22:

$$I_{01} = I_{01\,min} = \frac{\pi \cdot d_1^4}{64} = \frac{\pi \cdot (17{,}76\text{ cm})^4}{64} = 4884\text{ cm}^4.$$

Der Schwerpunktabstand des Gesamtkegels von seiner Spitze beträgt nach Tab. 5:

$$y_{01} = h - \frac{h}{4} = \frac{3}{4} \cdot h = \frac{3}{4} \cdot 23\text{ cm} = 17{,}25\text{ cm}.$$

Entsprechend ergibt sich für den verdrängten Flüssigkeitskegel der Schwerpunktabstand

$$y_{Fl1} = \frac{3}{4} \cdot t_1 = \frac{3}{4} \cdot 20{,}42\text{ cm} = 15{,}32\text{ cm}$$

und damit der Abstand der Schwerpunkte

$$e_1 = y_{01} - y_{Fl1} = (17{,}25 - 15{,}32)\text{ cm} = 1{,}93\text{ cm}.$$

Nach Gl. (10.17) wird somit

$$h_{M1} = \frac{I_{01}}{V_{Fl}} - e_1 = \frac{4884\text{ cm}^4}{1686\text{ cm}^3} - 1{,}93\text{ cm}$$
$$= (2{,}897 - 1{,}93)\text{ cm} = 0{,}967\text{ cm} = 9{,}67\text{ mm}.$$

Die Stabilitätsbedingung $I_{01\,min}/V_{Fl} > e_1$ ist erfüllt, die Schwimmlage 1 also stabil.

2. Metazentrische Höhe h_{M2} und Stabilität der Schwimmlage 2

Aus $d/h = d_2/(h - t_2)$ folgt der Schwimmflächendurchmesser

$$d_2 = (h - t_2) \cdot \frac{d}{h}$$
$$= (23 - 7{,}6)\ \text{cm} \cdot \frac{20\ \text{cm}}{23\ \text{cm}} = 13{,}39\ \text{cm}.$$

Das Flächenmoment 2. Grades der Schwimmfläche beträgt

$$I_{02} = I_{02\,\text{min}} = \frac{\pi \cdot d_2^4}{64} = \frac{\pi \cdot (13{,}39\ \text{cm})^4}{64} = 1578\ \text{cm}^4.$$

Verdrängt wird das Volumen eines Kegelstumpfes. Entspr. Tab. 5 hat er von der Grundfläche den Schwerpunktabstand

$$y_{\text{Fl2}} = \frac{t_2}{4} \cdot \frac{d^2 + 2 \cdot d \cdot d_2 + 3 \cdot d_2^2}{d^2 + d \cdot d_2 + d_2^2}$$
$$= \frac{7{,}6\ \text{cm}}{4} \cdot \frac{(20^2 + 2 \cdot 20 \cdot 13{,}39 + 3 \cdot 13{,}39^2)\ \text{cm}^2}{(20^2 + 20 \cdot 13{,}39 + 13{,}39^2)\ \text{cm}^2}$$
$$= 3{,}305\ \text{cm}.$$

Der Gesamtkegel hat von der Grundfläche den Schwerpunktabstand

$$y_{02} = h/4 = 23\ \text{cm}/4 = 5{,}75\ \text{cm},$$

somit beträgt der Abstand der Schwerpunkte

$$e_2 = y_{02} - y_{\text{Fl2}} = (5{,}75 - 3{,}305)\ \text{cm} = 2{,}445\ \text{cm}$$

und nach Gl. (10.17):

$$h_{M2} = \frac{I_{02}}{V_{\text{Fl}}} - e_2 = \frac{1578\ \text{cm}^4}{1686\ \text{cm}^3} - 2{,}445\ \text{cm}$$
$$= (0{,}9359 - 2{,}445)\ \text{cm}$$
$$= -1{,}509\ \text{cm} = -15{,}09\ \text{mm}.$$

Da dieser Wert negativ ist, wird die Stabilitätsbedingung $I_{02\,\text{min}}/V_{\text{Fl}} > e_2$ nicht erfüllt, d. h. die Schwimmlage 2 ist instabil.

Anmerkung: Dieses Beispiel ist für schwimmende Kegel nicht allgemein gültig. Schlanke Kegel mit kleinem Kegelwinkel können in beiden untersuchten Schwimmlagen instabil sein. Der Kegel „kippt" dann um und schwimmt mit einer Mantellinie als Kiellinie. Bei Kegeln mit großem Kegelwinkel können auch beide Schwimmlagen stabil sein.

Für den untersuchten Kegel mit $d = 200$ mm und $\varrho = 700\ \text{kg/m}^3$ findet man: Bei $h \geq 281{,}5$ mm sind beide Schwimmlagen instabil, bei $h \leq 181{,}6$ mm sind beide stabil. Die Aussagen zur Schwimmstabilität in diesem Beispiel gelten also nur für den Bereich $181{,}6\ \text{mm} < h < 281{,}5$ mm.

Praxishinweis

Die Stabilitätsbedingung ist umso eher erfüllt, je größer $I_{0\,\text{min}}$ und je kleiner V_{Fl} und e werden. Daher versucht man im Schiffbau, möglichst große Schwimmflächen zu erreichen (breite Schiffe). Je tiefer der Schwerpunkt S_0 liegt, umso geringer wird der Abstand e. Segeljachten werden deshalb mit einem Bleikiel versehen. Wenn S_0 unter S_{Fl} liegt, ist die Schwimmlage in jedem Fall stabil. Die Stabilität ändert sich jedoch, wenn zusätzlich äußere Kräfte angreifen. So können z. B. auf ein Segelboot wirkende Windkräfte die stabile Schwimmlage in eine instabile umwandeln.

Kontrollfragen:

- Wie können Kräfte und Drücke hydraulisch vergrößert oder verkleinert werden?
- Wie breitet sich der Druck in einer Flüssigkeit unter Schwerkrafteinfluss aus?
- Wie werden Druckkräfte auf Gefäßwände und deren Angriffspunkte bestimmt?
- Was versteht man unter dem Archimedischen Prinzip?
- Wann schwimmt ein Körper?
- Was ist eine stabile Schwimmlage und unter welcher Bedingung schwimmt ein Körper in dieser Lage?

10.3 Hydrodynamik reibungsfreier Strömungen

Lernziele:

- Den Unterschied zwischen stationärer und instationärer Strömung angeben.
- Die Kontinuitätsgleichung und die Bernoullische Gleichung erklären.
- Für Rohrströmungen den Zusammenhang zwischen Geschwindigkeit, Druck und Lage erläutern.
- Möglichkeiten zur Messung von Strömungsgeschwindigkeiten und Volumenströmen beschreiben.
- Ausflussgeschwindigkeiten und -volumenströme berechnen.
- Reibungsfreie stationäre Strömungsvorgänge berechnen.

10.3.1 Grundbegriffe

Im Abschnitt 10.1 wurde bereits erwähnt, dass es in der Hydrodynamik, die sich mit der Bestimmung von Drücken, Geschwindigkeiten und Durchflussmengen strömender Fluide befasst, nur bedingt zulässig ist, die zwischen den Fluidteilchen untereinander und an den Rohrinnenwänden auftretende Reibung zu vernachlässigen. Da die theoretische Erfassung dieser Reibungsverhältnisse aufwendig ist, werden die Berechnungsverfahren für Flüssigkeitsbewegungen hier zunächst unter Vernachlässigung der Reibung erläutert. Die so erhaltenen Ergebnisse weichen besonders bei langen Rohrleitungen und hohen Strömungsgeschwindigkeiten erheblich von der Wirklichkeit ab. Sie können unter diesen Bedingungen auch nicht als Richtwerte herangezogen werden. Anders ist das jedoch bei kurzen Rohrstücken und bei Austrittsöffnungen. Hierfür kann man die Reibungseinflüsse experimentell ermitteln und durch Einflussfaktoren (hydraulische Beiwerte) berücksichtigen.

Strömt ein Fluid durch eine Rohrleitung, so bewegt sich jedes Fluidteilchen mit einer bestimmten Geschwindigkeit. Wegen der Reibung ist diese Geschwindigkeit über dem Strömungsquerschnitt nicht konstant. Sie hat in der Mitte ihr Maximum (Bild 10.31a) und nimmt zum Rande hin ab. In der Technik genügt es meistens, mit der mittleren Geschwindigkeit c_m zu rechnen (Bild 10.31b). Das ist die Geschwindig-

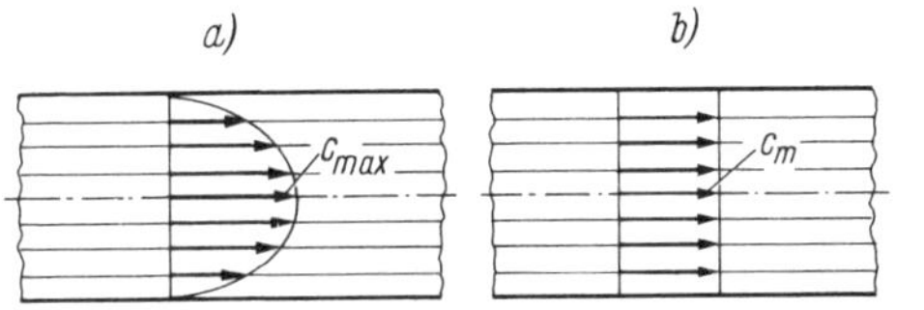

Bild 10.31 Strömungsgeschwindigkeit in einem Rohr
a) Geschwindigkeitsverteilung über dem Strömungsquerschnitt (bei laminarer Strömung, s. Abschn. 10.5.2), b) gleichmäßig verteilt angenommene mittlere Geschwindigkeit

keit, mit der in einer Zeiteinheit das gleiche Volumen durchströmt wie bei der tatsächlichen Geschwindigkeitsverteilung. Bei reibungsfrei angenommenen Strömungen ist die Geschwindigkeit gleichmäßig verteilt, so dass nur mit der mittleren Geschwindigkeit als **Strömungsgeschwindigkeit *c*** gerechnet und der Index m weggelassen wird. Das Formelzeichen c wird verwendet, weil das sonst übliche v bei gasförmigen Fluiden für das **spezifische Volumen** $v = V/m = 1/\varrho$ mit der Einheit m^3/kg vorgesehen ist.

Wenn in einer Strömung an einem bestimmten Ort die Geschwindigkeit stets gleich bleibt, handelt es sich um eine **stationäre Strömung**, bei der die Geschwindigkeit zeitunabhängig ist. Ändert sich die Geschwindigkeit an einem bestimmten Ort mit der Zeit, so ist das eine **instationäre Strömung**. Die Geschwindigkeit hängt dabei vom Ort und von der Zeit ab. Nachfolgend werden nur stationäre Strömungen behandelt.

Um Strömungsvorgänge anschaulich beschreiben zu können, bedient man sich der Begriffe Bahnlinie, Stromlinie, Stromröhre und Stromfaden. Auf den **Bahnlinien** bewegen sich die Flüssigkeitsteilchen. Eine Linie, die in jedem Punkt von dem dort vorhandenen Geschwindigkeitsvektor tangiert wird, heißt **Stromlinie**. Bei einer stationären Strömung sind die Bahnlinien mit den Stromlinien identisch, da an bestimmten Stellen der Strömung die Geschwindigkeit jederzeit konstant ist.

Durch Einfärben von Flüssigkeitsteilchen kann man Bahn- und Stromlinien sichtbar machen. Wird nur ein Teilchen gefärbt, so zeigt eine fotografische Zeitaufnahme der Strömung die Bahnlinie dieses Teilchens, auf der es sich während der Belichtungszeit bewegt. Eine nicht zu kurze Momentaufnahme vieler gefärbter Fluidteilchen ergibt als Bild kurze Striche. Sie deuten die Richtung der jeweiligen Geschwindigkeit an. Die Vielzahl der Striche vermittelt einen Eindruck vom Verlauf der Stromlinien.

Alle Stromlinien einer stationären Strömung, die durch die Umfangspunkte einer Eintrittsfläche A_1 und einer Austrittsfläche A_2 gehen, bilden eine **Stromröhre** (Bild 10.32). Längs dieser Röhre kann sich der Querschnitt verändern. Wie bei einem materiellen Rohr gelangt jedoch kein Fluid durch die Wandung der Stromröhre. **Stromfaden** nennt man einen sehr kleinen Teil einer Stromröhre, über dessen Querschnitt ΔA der Druck p und die Geschwindigkeit c als konstant angenommen werden können. Bei reibungsfreier stationärer Strömung durch ein Rohr kann der Rohrinhalt als einziger Stromfaden aufgefasst werden.

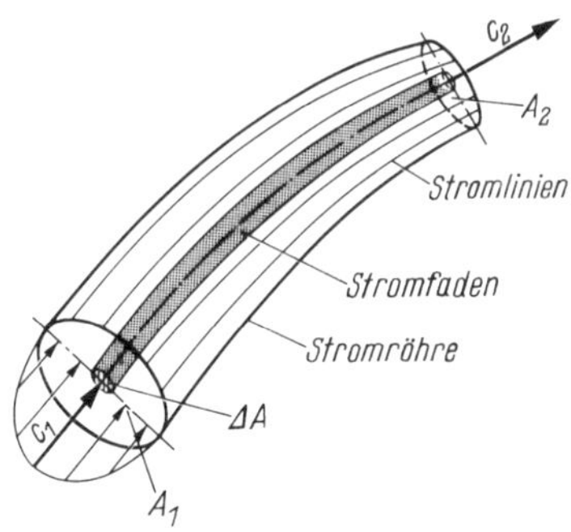

Bild 10.32 Stromröhre

Mit Hilfe von zwei grundlegenden Gleichungen der Strömungsmechanik, der Durchfluss- oder **Kontinuitätsgleichung**[1] und der **Bernoullischen Gleichung**[2], die nachfolgend erläutert werden, lassen sich reibungsfreie stationäre Strömungen berechnen.

10.3.2 Kontinuitätsgleichung

Durch ein Rohrstück mit dem Eintrittsquerschnitt A_1 und dem Austrittsquerschnitt A_2 (Bild 10.33) strömt ein Fluid und füllt das Rohr

[1] *Kontinuität* (lat.) = Stetigkeit, dauernder Zusammenhang

[2] *Daniel Bernoulli* (1700 bis 1782), schweiz. Mathematiker und Physiker

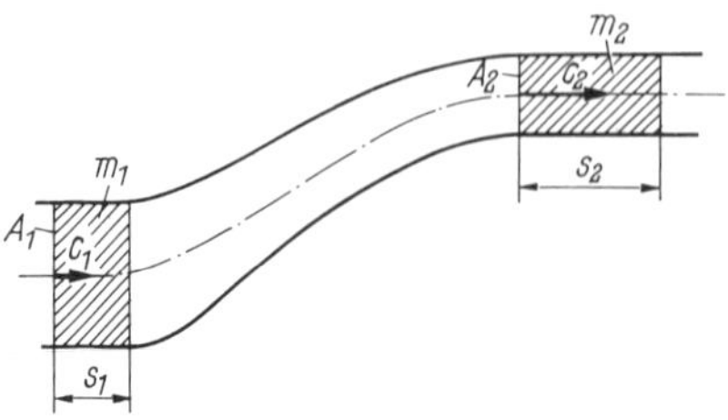

Bild 10.33 Stationäre Strömung durch ein Rohrstück mit veränderlichem Querschnitt

an jeder Stelle stets voll aus. Es gelangt mit der Eintrittsgeschwindigkeit c_1 in das Rohrstück und verlässt dieses mit der Austrittsgeschwindigkeit c_2. Während einer bestimmten Zeit t muss die eintretende Masse $m_1 = V \cdot \varrho_1$ (Gl. (7.2)) gleich der austretenden Masse $m_2 = V_2 \cdot \varrho_2$ sein. Denkt man sich die ein- und die austretende Masse eingefärbt, so zeigt sich ein Farbstreifen von der Länge s_1 am Eintritt und von s_2 am Austritt. Damit ergibt sich die Beziehung $m_1 = A_1 \cdot \varrho_1 \cdot s_1 = A_2 \cdot \varrho_2 \cdot s_2 = m_2$. Nach Division durch t wird daraus mit s/t als Geschwindigkeit c die

Kontinuitätsgleichung $$\boldsymbol{A_1 \cdot \varrho_1 \cdot c_1 = A_2 \cdot \varrho_2 \cdot c_2} \qquad (10.18)$$

Der Quotient m/t ist die zeitbezogene Masse, die als

Massenstrom $$\boldsymbol{\dot{m} = \frac{m}{t} = A \cdot \varrho \cdot c} \qquad (10.19)$$

bezeichnet wird.
Für Flüssigkeiten (tropfbare Fluide) und auch für Gase bei nicht zu hoher Geschwindigkeits- bzw. Druckänderung kann die Dichte ϱ als konstant angenommen werden. Man erhält dann mit $\varrho_1 = \varrho_2$ die einfache Form der

Kontinuitätsgleichung $$\boldsymbol{A_1 \cdot c_1 = A_2 \cdot c_2} \qquad (10.20)$$

Der Ausdruck $A \cdot c = A \cdot s/t = V/t$ ist das zeitbezogene Volumen. Es wird

Volumenstrom $$\boldsymbol{\dot{V} = \frac{V}{t} = A \cdot c} \qquad (10.21)$$

genannt. Mit $V = m/\varrho$ (aus Gl. (7.1)) gilt auch $\dot{V} = \dot{m}/\varrho$.
Aus den Gleichungen folgt als
Kontinuitätsgesetz:

In einer stationären Strömung ist der Massenstrom an jeder beliebigen Stelle gleich. Bei gleich bleibender Dichte ist auch der Volumenstrom konstant.

Das gilt für reibungsfreie und für reibungsbehaftete Fluidströme, da die Reibung hierbei ohne Einfluss ist. Querschnittsänderungen bewirken eine Änderung der Strömungsgeschwindigkeit.

10.3.3 Bernoullische Gleichung

Um eine Verwechslung mit der Enthalpie H zu vermeiden, ist es in der Strömungsmechanik üblich, die auf ein gewähltes Nullniveau bezogenen Höhen mit z anzugeben.

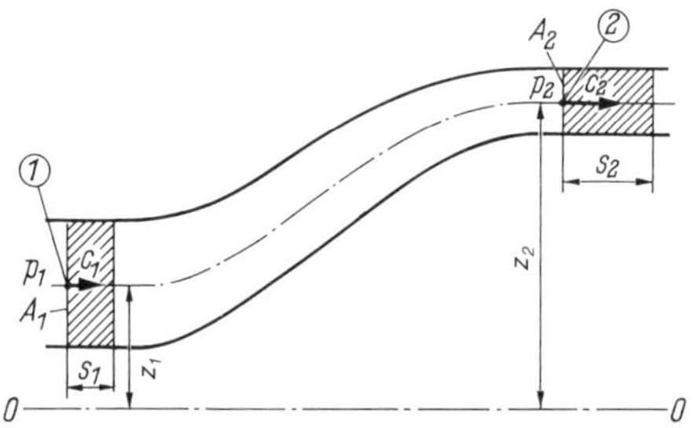

Bild 10.34 Rohrströmung (Stromröhre) zur Herleitung der Bernoullischen Gleichung

Bei der in Bild 10.34 dargestellten Stromröhre ist wie im Bild 10.33 die Austrittsgeschwindigkeit c_2 größer als die Eintrittsgeschwindigkeit c_1. Somit ist die kinetische Energie $E_{k1} = m \cdot c_1^2/2$ (Gl. (7.24)) der eintretenden Masse kleiner als die kinetische Energie $E_{k2} = m \cdot c_2^2/2$ der gleichzeitig austretenden Masse. Nach dem Energieerhaltungssatz der Mechanik (s. Abschn. 7.2.2) muss aber während eines Betrachtungszeitraumes die Gesamtenergie ΣE_1 am Eintritt (Punkt 1) gleich der Gesamtenergie ΣE_2 am Austritt (Punkt 2) sein, sofern längs der Stromröhre Energie weder zu- noch abgeführt wird. Die Gesamtenergie setzt sich jeweils zusammen aus der kinetischen Energie E_k, der potenziellen Energie $E_p = m \cdot g \cdot z$ (Gl. (7.23) mit $h = z$) und der Druckarbeit bzw. Druckenergie $E_d = F \cdot s$ mit der über dem Verschiebeweg s wirkenden Druckkraft $F = p \cdot A$ (aus Gl. (10.1)). Da das Volumen $V = A \cdot s$ ist, beträgt beim Druck p die

Druckenergie $$\boldsymbol{E_d = p \cdot A \cdot s = p \cdot V} \qquad (10.22)$$

Damit folgt aus $\Sigma E_1 = \Sigma E_2$ die als **Bernoullische Gleichung** bekannte **Energiegleichung**

$$m \cdot \frac{c_1^2}{2} + m \cdot g \cdot z_1 + p_1 \cdot V$$
$$= m \cdot \frac{c_2^2}{2} + m \cdot g \cdot z_2 + p_2 \cdot V$$

Setzt man für $V = m/\varrho$ und dividiert die Gleichung durch m, so erhält man nach Umstellung der Summanden die

Bernoullische Gleichung

$$\frac{c_1^2}{2} + \frac{p_1}{\varrho} + g \cdot z_1 = \frac{c_2^2}{2} + \frac{p_2}{\varrho} + g \cdot z_2 \qquad (10.23)$$

Bei den einzelnen Summanden handelt es sich um massebezogene Energien. Sie werden als **spezifische Energie**[1)] oder als **spezifische Arbeit** $w = E/m$ bezeichnet und haben die Einheit J/kg, die sich z. B. für den ersten Summanden (eine Geschwindigkeit zum Quadrat) wie folgt ergibt:

$$[c^2] = \frac{\mathrm{m}^2}{\mathrm{s}^2} = \frac{\mathrm{kg \cdot m^2}}{\mathrm{kg \cdot s^2}} = \frac{\mathrm{Nm}}{\mathrm{kg}} = \frac{\mathrm{J}}{\mathrm{kg}}$$

Das Formelzeichen w wird in Anlehnung an die Thermodynamik gewählt, wo massebezogene Größen mit Kleinbuchstaben, absolute Größen mit Großbuchstaben bezeichnet werden.

An allen Stellen der Stromröhre muss die spezifische Gesamtenergie konstant sein. Man nennt sie auch **Bernoullische Konstante**, die sich aus der spezifischen Geschwindigkeitsenergie $c^2/2$, der spezifischen Druckenergie oder **piezometrischen Energie** p/ϱ und der spezifischen Lageenergie $g \cdot z$ zusammensetzt.

Multipliziert man Gl. (10.23) mit der Dichte ϱ, so ergibt sich als

Bernoullische Gleichung

$$p_1 + \frac{\varrho \cdot c_1^2}{2} + \varrho \cdot g \cdot z_1 = p_2 + \frac{\varrho \cdot c_2^2}{2} + \varrho \cdot g \cdot z_2$$

Darin haben alle Summanden die Einheit des Druckes, z. B. Pa oder bar. Der Gesamtdruck als Bernoullische Konstante setzt sich zusammen aus dem Druck p, der **piezometrischer Druck** genannt wird, dem Geschwindigkeitsdruck $\varrho \cdot c^2/2$ und dem Druck der Lage oder hydrostatischen Druck $\varrho \cdot g \cdot z$.

Wird Gl. (10.23) durch die Fallbeschleunigung g dividiert, so entsteht als

Bernoullische Gleichung

$$z_1 + \frac{c_1^2}{2 \cdot g} + \frac{p_1}{\varrho \cdot g} = z_2 + \frac{c_2^2}{2 \cdot g} + \frac{p_2}{\varrho \cdot g}$$

Die Bernoullische Konstante ist jetzt die Gesamthöhe H (z. B. in m) und setzt sich zusammen aus der Lagehöhe z über dem gewählten Nullniveau, der Geschwindigkeitshöhe $c^2/(2 \cdot g)$ und der **piezometrischen Höhe** oder Druckhöhe $p/(\varrho \cdot g)$.

Piezometrische Höhen können sichtbar gemacht werden, wenn man an einem durchströmten Rohr dünne Glasröhrchen, sog. **Piezometer**, anbringt. Das Fluid steigt dann in den Röhrchen jeweils um die Höhe $p/(\varrho \cdot g)$ an (Bild 10.35). Die Verbindungslinie der Piezometerhöhen heißt **Piezometerlinie**. Im Bild 10.35 sind auch die jeweiligen Lagehöhen und die Geschwindigkeitshöhen eingetragen, so dass sich an jeder Stelle der Strömung die Gesamthöhe H ergibt.

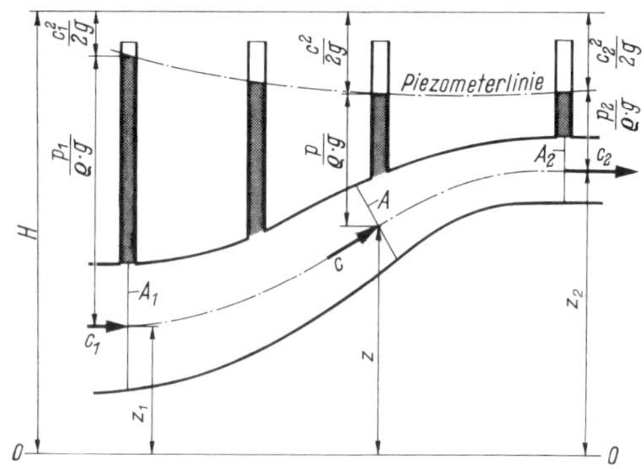

Bild 10.35 Lagehöhe, piezometrische Höhe und Geschwindigkeitshöhe in einer reibungsfreien Rohrströmung

Die drei Formen der Bernoullischen Gleichung lassen sich zusammenfassen zum

Bernoullischen Gesetz:

> **An jeder Stelle einer reibungsfreien stationären Strömung sind die Summen aus der spezifischen Geschwindigkeits-, der spezifischen Druck- und der spezifischen Lageenergie oder aus dem Geschwindigkeits-, dem piezometrischen und dem hydrostatischen Druck bzw. aus der Geschwindigkeits-, der Druck- und der Lagehöhe jederzeit konstant.**

Beim Anwenden der Bernoullischen Gleichung kann sowohl der Absolutdruck p_{abs} als auch der Überdruck p_e eingesetzt werden. Wichtig ist nur, dass längs der betrachteten Stromröhre mit der gleichen Druckart gerechnet wird.

Beispiel 10.12
Durch das Übergangsstück in einer Rohrleitung nach Bild 10.36 strömen je min ca. 2400 l Öl mit einer Dichte von 0,9 kg/dm³. Unter Vernachlässigung der Reibung sind die Strömungsgeschwindigkeiten am Ein- und am Austrittsquerschnitt und die Druckdifferenz zwischen beiden Querschnitten zu errechnen.

---

1) In DIN 1304 wird für die spezifische Energie und die spezifische Arbeit das Formelzeichen Y empfohlen.

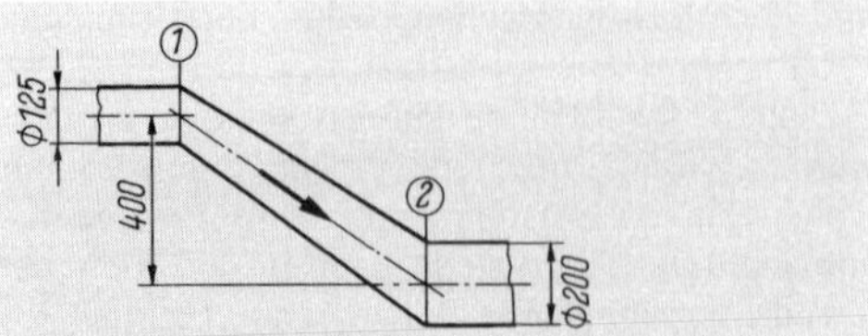

Bild 10.36 Übergangsstück in einer Rohrleitung

Lösung:

Gegeben: $d_1 = 125\ \text{mm} = 0{,}125\ \text{m}$,
$d_2 = 200\ \text{mm} = 0{,}2\ \text{m}$,
$z_1 = 400\ \text{mm} = 0{,}4\ \text{m}$, $z_2 = 0$,
$\dot{V} = 2400\ \text{l/min} = 0{,}04\ \text{m}^3/\text{s}$,
$\varrho = 0{,}9\ \text{kg/dm}^3 = 900\ \text{kg/m}^3$.

Gesucht: c_1, c_2, Δp.

1. Geschwindigkeiten c_1 und c_2

Mit $A_1 = d_1^2 \cdot \pi/4 = (0{,}125\ \text{m})^2 \cdot \pi/4 = 0{,}01227\ \text{m}^2$ folgt aus Gl. (10.21):

$$c_1 = \frac{\dot{V}}{A_1} = \frac{0{,}04\ \text{m}^3/\text{s}}{0{,}01227\ \text{m}^2} = 3{,}26\ \text{m/s}$$

und mit $A_2 = (0{,}2\ \text{m})^2 \cdot \pi/4 = 0{,}03142\ \text{m}^2$ aus Gl. (10.20):

$$c_2 = c_1 \cdot \frac{A_1}{A_2} = 3{,}25\ \text{m/s}\ \frac{0{,}01227\ \text{m}^2}{0{,}03142\ \text{m}^2} = 1{,}269\ \text{m/s}.$$

2. Druckdifferenz Δp

Wegen $c_1 > c_2$ und $z_1 > z_2$ muss $p_2 > p_1$ sein. Angenommen wurde $z_2 = 0$ (Nullniveau auf Mitte von d_2 gelegt). Somit ergibt sich durch Umformen der Gl. (10.23):

$$\Delta p = p_2 - p_1 = \frac{\varrho \cdot c_1^2}{2} + \varrho \cdot g \cdot z_1 - \frac{\varrho \cdot c_2^2}{2}$$

$$= \varrho\left(\frac{c_1^2 - c_2^2}{2} + g \cdot z_1\right)$$

$$= 900\ \frac{\text{kg}}{\text{m}^3}\left(\frac{3{,}26^2 - 1{,}269^2}{2} \cdot \frac{\text{m}^2}{\text{s}^2} + 9{,}81\ \frac{\text{m}}{\text{s}^2} \cdot 0{,}4\ \text{m}\right)$$

$$= 7589\ \frac{\text{kg} \cdot \text{m}^2}{\text{m}^3 \cdot \text{s}^2} = 7589\ \text{Pa} \approx 0{,}076\ \text{bar}.$$

10.3.4 Anwendungen der Kontinuitäts- und der Bernoullischen Gleichung

Die **Strömungsmessung** ist ein wichtiges Beispiel für die Anwendung der Kontinuitätsgleichung und der Bernoullischen Gleichung. Mit der gemessenen Druckdifferenz kann man die Strömungsgeschwindigkeit bestimmen und danach den Volumenstrom errechnen. Einige Verfahren werden nachstehend erläutert.

Pitotrohr

Trifft ein strömendes Fluid auf einen ruhenden Körper (Bild 10.37a), so wird seine Geschwindigkeit am vorderen Punkt (2) dieses Hindernisses, dem **Staupunkt**, auf $c_2 = 0$ abgebremst. Das führt zu einem Ansteigen des Druckes, da die kinetische Energie der Strömung in Druckenergie umgewandelt wird. Im vertikalen Teil eines Haken- oder **Pitotrohres**[1] als Hindernis steigt das Fluid infolge der Druckerhöhung nach oben (Bild 10.37b). Für die Punkte 1 und 2 eines auf das Pitotrohr zulaufenden Stromfadens gilt nach der Bernoullischen Gleichung mit $z_1 = z_2 = 0$ (Gl. (10.23) für waagerechte Strömung):

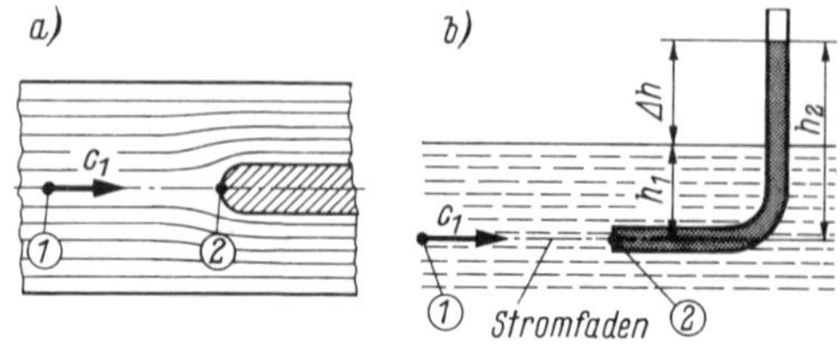

Bild 10.37 Staudruck
a) Hindernis in einem strömenden Fluid,
b) Haken- oder Pitotrohr

$$c_1^2/2 + p_1/\varrho = c_2^2/2 + p_2/\varrho$$

Mit $c_2 = 0$ und $p = \varrho \cdot g \cdot h$ (Gl. (10.6)) wird

$$c_1^2/2 + g \cdot h_2 = g \cdot h_2,$$

woraus die Geschwindigkeit $c_1 = \sqrt{2g(h_2 - h_1)}$ folgt. Reibungsverluste und Einflüsse durch die Form des Staurohres werden mit einer Gerätekonstanten K berücksichtigt, die man durch Eichung des Messgerätes erhält. Somit ergibt sich mit $\Delta h = h_2 - h_1$ die

Strömungsgeschwindigkeit $$\boldsymbol{c = K\sqrt{2g \cdot \Delta h}} \qquad (10.24)$$

Der Druck p_1 wird als **statischer Druck** und p_2 als **Gesamtdruck** bezeichnet. Die Druckdifferenz $p_2 - p_1$, die durch das Abbremsen (Stauen) des Fluids entsteht, heißt **Staudruck** oder **dynamischer Druck**. Aus der Bernoullischen Gleichung erhält man mit $c_2 = 0$ für den

Staudruck $$\boldsymbol{p_s = p_2 - p_1 = \frac{1}{2} \cdot \varrho \cdot c_1^2} \qquad (10.25)$$

Diese Gleichung gibt die Möglichkeit abzuschätzen, bis zu welcher Strömungsgeschwindigkeit ein kompressibles Fluid (ein Gas) näherungsweise als inkompressibel angenommen werden kann. Nach Umformung erhält man $c_1 = \sqrt{2p_s/\varrho}$. Sieht man eine Druckänderung von 10%, also $p_s = 0{,}1 p_1$, noch als vertretbar an, so ergibt sich für Luft mit $\varrho_L = 1{,}189\ \text{kg/m}^3$ bei einem Luftdruck $p_L = p_1 = 1\ \text{bar} = 1000\ \text{hPa} = 10^5\ \text{N/m}^2$ und einer

[1] *Henri Pitot* (1695 bis 1771), franz. Physiker

Temperatur von 20 °C die zulässige Strömungsgeschwindigkeit

$$c_1 = \sqrt{\frac{2 \cdot 0{,}1 \cdot 10^5 \text{ N} \cdot \text{m}^3}{\text{m}^2 \cdot 1{,}189 \text{ kg}}} \approx 130 \text{ m/s} = 467 \text{ km/h}$$

Das sind etwa 40% der Schallgeschwindigkeit unter diesen Bedingungen. Der Wert von 40% der jeweiligen Schallgeschwindigkeit wird als obere Grenze angesehen, bis zu der man strömende Gase noch als inkompressibel annehmen darf, d. h. in Gl. (10.23) die Dichte ϱ als konstante Größe einsetzen kann.

Prandtlsches Staurohr

Das Pitotrohr ist vor allem für die Messung der Strömungsgeschwindigkeit in einem offenen Gerinne geeignet. Soll die Geschwindigkeit der Strömung in einem geschlossenen Rohr ermittelt werden, so ist zusätzlich der statische Druck p_1 zu bestimmen. Das kann mit einem Piezometer erfolgen (Bild 10.38a). **Piezorohr und Pitotrohr** sind im **Prandtlschen Staurohr**[1] zusammengefasst (Bild 10.38b). Mit dem Messwert für Δh und der Gerätekonstanten K wird die Strömungsgeschwindigkeit ebenfalls nach Gl. (10.24) errechnet. Bei Rohrströmungen muss die ungleiche Geschwindigkeitsverteilung beachtet werden. Um die mittlere Geschwindigkeit zu erhalten, sind mehrere über den Strömungsquerschnitt verteilte Messungen notwendig.

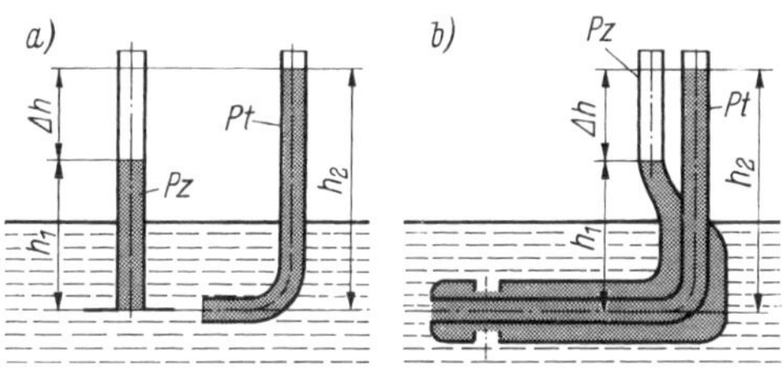

Bild 10.38 Rohrströmungsmessung
a) Piezometer (Pz) und Pitotrohr (Pt),
b) Prandtlsches Staurohr

Venturirohr

Rohrströmungen kann man auch mit einem **Venturirohr**[2] untersuchen (Bild 10.39). Es besteht aus einer **Düse** (Querschnittsverengung), einem kurzen zylindrischen Rohrstück und einem anschließenden **Diffusor** (langgestreckte Querschnittserweiterung auf den ursprünglichen Durchmesser). Gemessen werden die Drücke vor der Düse und im engsten Querschnitt der Düse.

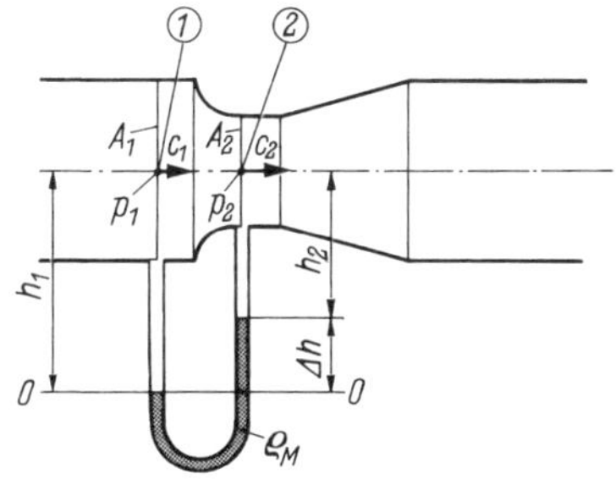

Bild 10.39 Venturirohr

Für die Punkte 1 und 2 eines Stromfadens im Venturirohr gilt nach Gl. (10.23) mit $z_1 = z_2 = 0$:

$$c_1^2/2 + p_1/\varrho = c_2^2/2 + p_2/\varrho$$

Setzt man für $c_1 = c_2 \cdot A_2/A_1 = c_2 \cdot d_2^2/d_1^2$ (aus der Kontinuitätsgl. (10.20)) und führt das **Durchmesserverhältnis** $\boldsymbol{\beta = d_2/d_1}$ (nach DIN EN ISO 5167) ein, so ergibt sich nach Umformung

$$p_1 + \frac{\varrho}{2} \cdot c_1^2 = p_2 + \frac{\varrho}{2} \cdot \frac{c_1^2}{\beta^4}$$

oder die Druckdifferenz

$$\Delta p = p_1 - p_2 = \frac{\varrho}{2} \cdot c_1^2 \left(\frac{1}{\beta^4} - 1 \right)$$

und daraus die *theoretische Strömungsgeschwindigkeit*

$$\boldsymbol{c_1 = \sqrt{\frac{2 \cdot \Delta p}{\varrho \left(\frac{1}{\beta^4} - 1 \right)}} = \frac{\beta^2}{\sqrt{1 - \beta^4}} \cdot \sqrt{\frac{2 \cdot \Delta p}{\varrho}}} \tag{10.26}$$

An dem Venturirohr nach Bild 10.39 ist zur Messung der Druckdifferenz ein U-Rohrmanometer angebracht, das auch an einem Prandtlschen Staurohr (Bild 10.38b) angewendet werden kann. Befindet sich in dem U-Rohr eine Sperrflüssigkeit mit der Dichte ϱ_M, so lautet die Gleichgewichtsbedingung für den auf die 0-Achse bezogenen Druck:

$$p_1 + \varrho \cdot h \cdot h_1 = p_2 + \varrho \cdot g \cdot h_2 + \varrho_M \cdot g(h_1 - h_2)$$

Daraus folgt mit $\Delta h = h_1 - h_2$ die Druckdifferenz

$$\Delta p = p_1 - p_2 = \varrho_M \cdot g \cdot \Delta h - \varrho \cdot g \cdot \Delta h$$
$$= \Delta h \cdot g(\varrho_M - \varrho) = \Delta h \cdot g \cdot \varrho \left(\frac{\varrho_M}{\varrho} - 1 \right)$$

[1] *Ludwig Prandtl* (1875 bis 1953), deutscher Physiker
[2] *Giovanni-Battista Venturi* (1746 bis 1822), ital. Physiker

In Gl. (10.26) eingesetzt, ergibt das die *theoretische*

Strömungsgeschwindigkeit

$$c_1 = \frac{\beta^2}{\sqrt{1-\beta^4}} \cdot \sqrt{2 \cdot \Delta h \cdot g \left(\frac{\varrho_M}{\varrho} - 1 \right)} \tag{10.27}$$

Bei praktischen Strömungsmessungen lässt sich die Reibung nicht ausschließen. In DIN EN ISO 5167 sind für Strömungsmessgeräte die Formen von Blenden, Düsen und Venturidüsen festgelegt (Bild 10.40). Die Reibungsverluste werden durch den **Durchflusskoeffizienten** C erfasst, der vom Durchmesserverhältnis β und von der Reynoldszahl (Gl. (10.47)) abhängt, und für den Werte in der Norm festgelegt sind. Damit errechnet man mit den Messwerten für Δp oder Δh die *tatsächliche* oder *effektive*

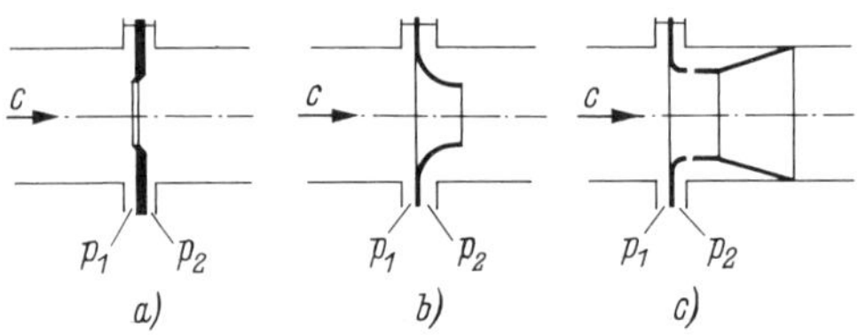

Bild 10.40 Genormte Einschnürungen
a) Blende, b) Düse, c) Venturidüse

Strömungsgeschwindigkeit

$$c_{1e} = C \cdot c_1 = C \cdot \frac{\beta^2}{\sqrt{1-\beta^4}} \cdot \sqrt{\frac{2 \cdot \Delta p}{\varrho}}$$

$$= C \cdot \frac{\beta^2}{\sqrt{1-\beta^4}} \cdot \sqrt{2 \cdot \Delta h \cdot g \left(\frac{\varrho_M}{\varrho} - 1 \right)} \tag{10.28}$$

Mit der Strömungsgeschwindigkeit c_{1e} kann nach Gl. (10.21) der Volumenstrom $\dot{V} = A_1 \cdot c_{1e}$ errechnet werden.

Der **Ausfluss aus Behältern** lässt sich mit der Kontinuitätsgleichung und der Bernoullischen Gleichung ebenfalls berechnen.

Ausfluss aus offenen Behältern

Bild 10.41a zeigt einen oben offenen Behälter mit einer Ausflussöffnung im Boden, an der wie an der Oberfläche der Luftdruck p_{amb} als Umgebungsdruck herrscht, so dass $p_1 = p_2 = p_{amb}$ ist. Wenn durch Zufluss die Fluidspiegelhöhe konstant bleibt oder bei genügend großer Flüssigkeitsoberfläche die Sinkgeschwindigkeit nahezu null wird, kann man für die Punkte 1 und 2 eines Stromfadens Gl. (10.23) mit $c_1 = 0$ in der Form

$$\frac{p_{amb}}{\varrho} + g \cdot z_1 = \frac{c_2^2}{2} + \frac{p_{amb}}{\varrho} + g \cdot z_2$$

schreiben. Wird $c_2 = c_a$ und $z_1 - z_2 = h$ gesetzt, so ergibt sich die *theoretische*

Ausflussgeschwindigkeit $\quad c_a = \sqrt{2 \cdot g \cdot h} \quad$ (10.29)

Diese Gleichung beschreibt das *Ausflussgesetz von Torricelli*:

Beim Ausfluss aus einem offenen Behälter ist die theoretische Ausflussgeschwindigkeit gleich der Geschwindigkeit, die ein Fluidteilchen beim freien Fall aus der Flüssigkeitsstandhöhe über der Ausflussöffnung erreichen würde.

Die Ausströmrichtung ist dabei ohne Bedeutung. Gl. (10.29) gilt auch für Ausflüsse aus einer seitlichen Behälteröffnung (Bild 10.41b), sofern der Öffnungsdurchmesser bzw. das Öffnungshöhenmaß gegenüber der Höhe h sehr klein ist. Mit c_a und dem Öffnungsquerschnitt A kann man nach Gl. (10.21) den ausfließenden theoretischen Volumenstrom $\dot{V} = A \cdot c_a$ errechnen.

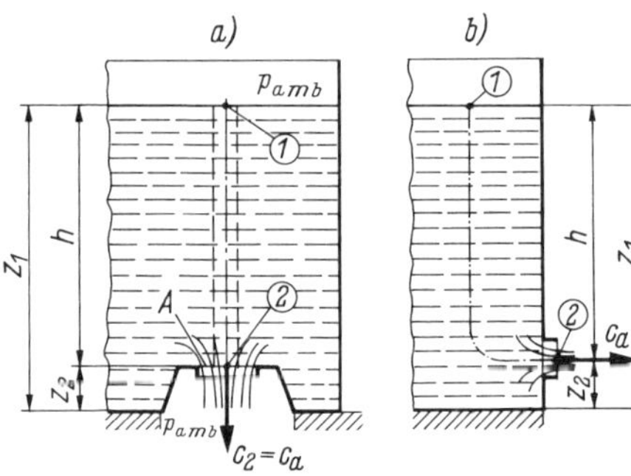

Bild 10.41 Offene Behälter mit Ausflussöffnung
a) am Boden, b) an der Seite

Beispiel 10.13
Am Mantel eines offenen Behälters mit großer Wasserspiegelfläche befindet sich 1,5 m unter dem Wasserspiegel ein Rohrstück mit 50 mm Durchmesser, der am Ende auf 12 mm verringert wird (Bild 10.42). Im Rohr ist eine Venturidüse mit einem Durchmesserverhältnis von 0,64 und einem U-Rohrmanometer eingebaut, das als Sperrflüssigkeit Quecksilber mit der Dichte 13,6 kg/dm³ enthält.

Unter Vernachlässigung der Reibung und für einen Luftdruck von 1000 hPa sind die Ausflussgeschwindigkeit und der austretende Volumenstrom sowie die Strömungsgeschwindigkeit und der piezometrische Druck im Rohr vor der Venturidüse zu errechnen. Welche Höhendifferenz stellt sich im U-Rohr ein?

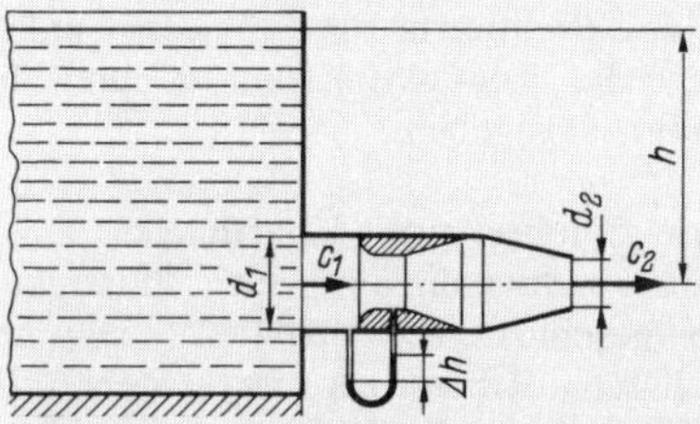

Bild 10.42 Ausflussrohr an einem Wasserbehälter

Lösung:

Gegeben: $h = 1{,}5$ m, $d_1 = 50$ mm, $d_2 = 12$ mm, $\beta = 0{,}64$, $p_{\text{amb}} = 1000$ hPa $= 1$ bar, $\varrho_M = 13{,}6$ kg/dm³, $\varrho = 1$ kg/dm³ $= 1000$ kg/m³.

Gesucht: c_a, $\dot{V}$, c_1, p_1, Δh.

1. Theoretische Ausflussgeschwindigkeit c_a und Volumenstrom $\dot{V}$

Nach Gl. (10.29) beträgt

$$c_a = \sqrt{2 \cdot g \cdot h} = \sqrt{2 \cdot 9{,}81\ \text{m/s}^2 \cdot 1{,}5\ \text{m}} = 5{,}425\ \text{m/s}$$

und nach Gl. (10.21) mit $A_2 = d_2^2 \cdot \pi/4 = (12\ \text{mm})^2 \cdot \pi/4 = 113{,}1\ \text{mm}^2 = 1{,}131 \cdot 10^{-4}\ \text{m}^2$:

$$\dot{V} = A_2 \cdot c_a = 1{,}131 \cdot 10^{-4}\ \text{m}^2 \cdot 5{,}425\ \text{m/s} = 0{,}6136 \cdot 10^{-3}\ \text{m}^3/\text{s} \approx 0{,}6\ \text{l/s}.$$

2. Theoretische Strömungsgeschwindigkeit c_1 und piezometrischer Druck p_1

Aus Gl. (10.20) folgt mit $c_2 = c_a$:

$$c_1 = c_2 \cdot \frac{A_2}{A_1} = c_a \cdot \frac{d_2^2}{d_1^2} = 5{,}425\ \frac{\text{m}}{\text{s}} \cdot \left(\frac{12\ \text{mm}}{50\ \text{mm}}\right)^2 = 0{,}3125\ \text{m/s}$$

und mit $z_1 = z_2 = 0$ sowie $p_2 = p_{\text{amb}}$ aus Gl. (10.23):

$$p_1 + \frac{\varrho}{2} \cdot c_1^2 = p_{\text{amb}} + \frac{\varrho}{2} \cdot c_a^2$$

der Absolutdruck

$$p_1 = p_{\text{amb}} + \frac{\varrho}{2}\,(c_a^2 - c_1^2) = 1\ \text{bar} + \frac{1000\ \text{kg}}{2\ \text{m}^3} \cdot (5{,}425^2 - 0{,}3125^2)\ \frac{\text{m}^2}{\text{s}^2} = 1\ \text{bar} + 146{,}7\ \text{hPa} \approx 1{,}147\ \text{bar}.$$

Vor der Venturidüse beträgt somit der Überdruck $p_{e1} = p_1 - p_{\text{amb}} = 0{,}147$ bar.

3. Höhendifferenz Δh im U-Rohrmanometer

Sie folgt aus Gl. (10.27):

$$\Delta h = \frac{c_1^2 \cdot (1 - \beta^4)}{\beta^4 \cdot 2 \cdot g \cdot \left(\dfrac{\varrho_M}{\varrho} - 1\right)} = \frac{(0{,}3125\ \text{m/s})^2 \cdot (1 - 0{,}64^4)}{0{,}64^4 \cdot 2 \cdot 9{,}81\ \text{m/s}^2 \cdot \left(\dfrac{13{,}6}{1} - 1\right)} = 1{,}96 \cdot 10^{-3}\ \text{m} = 1{,}96\ \text{mm}.$$

Erfolgt der Ausfluss aus einem offenen Behälter nicht ins Freie gegen den Luftdruck p_{amb}, sondern in einen anderen mit Flüssigkeit gefüllten offenen Behälter (Bild 10.43), so kann die theo-

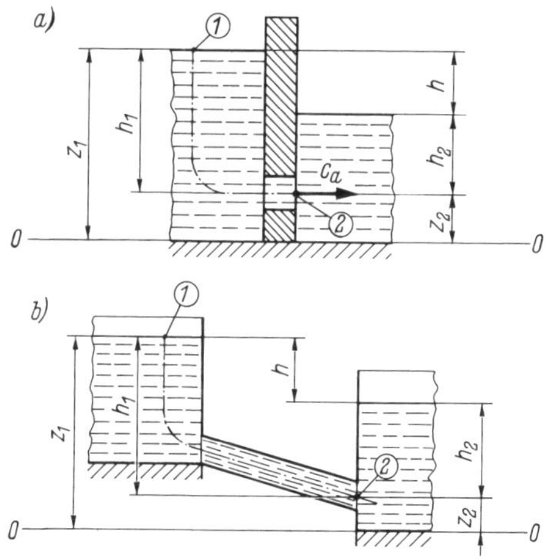

Bild 10.43 Ausfluss in einen offenen Behälter
a) direkt,
b) über eine Rohrleitung

retische Ausflussgeschwindigkeit c_a ebenfalls nach Gl. (10.29) errechnet werden, wenn h als Differenz der Fluidspiegelhöhen eingesetzt wird, was sich mit der Bernoullischen Gleichung beweisen lässt. Am Punkt 2 herrscht der hydrostatische Druck $p_{e2} = \varrho \cdot g \cdot h_2$ (Gl. (10.6)) als Überdruck. Für die Punkte 1 und 2 eines Stromfadens gilt nach Gl. (10.23) mit $c_1 = 0$ und $p_{e1} = 0$ (kein Überdruck vorhanden):

$$g \cdot z_1 = \frac{c_2^2}{2} + \frac{p_{e2}}{\varrho} + g \cdot z_2 = \frac{c_2^2}{2} + g \cdot h_2 + g \cdot z_2$$

Daraus folgt mit $h = z_1 - (z_2 + h_2)$ nach Bild 10.43:

$$c_2 = \sqrt{2 \cdot g \cdot [z_1 - (z_2 + h_2)]} = \sqrt{2 \cdot g \cdot h} = c_a$$

Die Ausflussgeschwindigkeit hängt also vom Höhenunterschied h der Fluidspiegel in beiden Behältern ab.

Beispiel 10.14
In einem Wasserwehr (entspr. Bild 10.43a), das ein 3,8 m tiefes Oberwasser vom 2,1 m tiefen Unterwasser trennt, befindet sich 0,8 m über dem Gewässergrund eine Öffnung von 200 mm Durchmesser. Mit welcher Strömungsgeschwindigkeit fließt das Wasser bei Vernachlässigung der Reibungseinflüsse in das Unterwasserbecken, und wie groß ist dabei der Volumenstrom?

Lösung:
Gegeben: $z_1 = 3{,}8$ m, $z_2 = 0{,}8$ m, $z_2 + h_2 = 2{,}1$ m, $d = 200$ mm $= 0{,}2$ m, $\varrho = 1000$ kg/m^3.
Gesucht: c_a und $\dot{V}$.
1. Theoretische Ausflussgeschwindigkeit c_a
Mit dem Höhenunterschied der Wasserspiegel

$$h = z_1 - (z_2 + h_2) = 3{,}8\text{ m} - 2{,}1\text{ m} = 1{,}7\text{ m}$$

beträgt nach Gl. (10.29):

$$c_a = \sqrt{2 \cdot g \cdot h} = \sqrt{2 \cdot 9{,}81\text{ m/s}^2 \cdot 1{,}7\text{ m}} = 5{,}775\text{ m/s}.$$

2. Theoretischer Volumenstrom $\dot{V}$
Entspr. Gl. (10.21) wird

$$\dot{V} = A \cdot c_a = \frac{d^2 \cdot \pi}{4} \cdot c_a = \frac{(0{,}2\text{ m})^2 \cdot \pi}{4} \cdot 5{,}775\text{ m/s} = 0{,}1814\text{ m}^3/\text{s} \approx 180\text{ l/s}.$$

Bedingt durch die Flüssigkeitsreibung wird die tatsächliche Ausflussgeschwindigkeit etwas kleiner als nach Gl. (10.29). Die Geschwindigkeitsminderung berücksichtigt man mit der **Geschwindigkeitszahl $\varphi < 1$** und erhält für die tatsächliche oder *effektive*

Ausflussgeschwindigkeit

$$c_e = \varphi \cdot c_a = \varphi \cdot \sqrt{2 \cdot g \cdot h} \qquad (10.30)$$

Am Austritt kommt es zu einer Einschnürung des Fluidstromes, da die Stromfäden nicht rechtwinklig umgelenkt werden. Die wirksame Austrittsfläche A_e ist kleiner als die Öffnungsfläche A (Bild 10.44). Man erfasst die Verringerung des Strömungsquerschnitts durch die **Kontraktionszahl $\alpha_k < 1$**, womit sich der Volumenstrom $\dot{V}_e = A_e \cdot c_e = \alpha_k \cdot A \cdot \varphi \cdot \sqrt{2 \cdot g \cdot h}$ ergibt. Das Produkt $\alpha_k \cdot \varphi$ wird als **Ausflusszahl μ** bezeichnet. Damit beträgt der *effektive*

Volumenstrom $$\dot{V}_e = \mu \cdot A \cdot \sqrt{2 \cdot g \cdot h} \qquad (10.31)$$

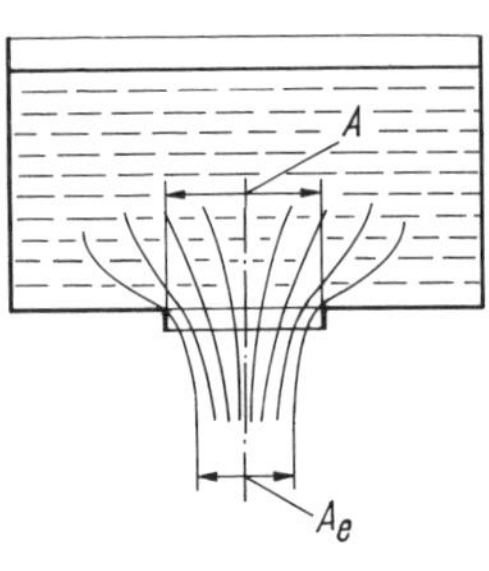

Bild 10.44 Einschnürung an der Austrittsöffnung

In Tab. 39 sind verschiedene Ausflussformen dargestellt und Richtwerte für die Geschwindigkeitszahl φ, die Kontraktionszahl α_k und die Ausflusszahl μ angegeben.

Ausfluss aus Behältern mit Überdruck
Die Ausflussgeschwindigkeit einer Flüssigkeit aus einem geschlossenen Behälter, der unter einem inneren Überdruck p_e steht (s. Bild 10.45), folgt aus Gl. (10.23) mit den Überdrücken $p_1 = p_e$, $p_2 = 0$ (Ausfluss gegen den Luftdruck p_{amb}, somit kein Überdruck) und der Geschwindigkeit $c_1 = 0$ (z. B. Flüssigkeitshöhe durch Zufluss konstant):

$$\frac{p_e}{\varrho} + g \cdot z_1 = \frac{c_2^2}{2} + g \cdot z_2$$

Setzt man nach Umformung $c_2 = c_a$ und $z_1 - z_2 = h$ als Flüssigkeitshöhe über der Austrittsöffnung, so ergibt sich die *theoretische*

Ausflussgeschwindigkeit

$$c_a = \sqrt{2\left(\frac{p_e}{\varrho} + g \cdot h\right)} \qquad (10.32)$$

Die tatsächliche Ausflussgeschwindigkeit c_e und der tatsächliche Volumenstrom $\dot{V}_e$ können mit der Geschwindigkeitszahl φ bzw. mit der Ausflusszahl μ sinngemäß nach den Gl. (10.30) und (10.31) errechnet werden.

Beispiel 10.15
Ein Druckbehälter mit einem inneren Überdruck von 0,4 bar ist bis zu einer Höhe von 1,2 m mit Wasser gefüllt (Bild 10.45). Er hat 0,4 m über dem Boden

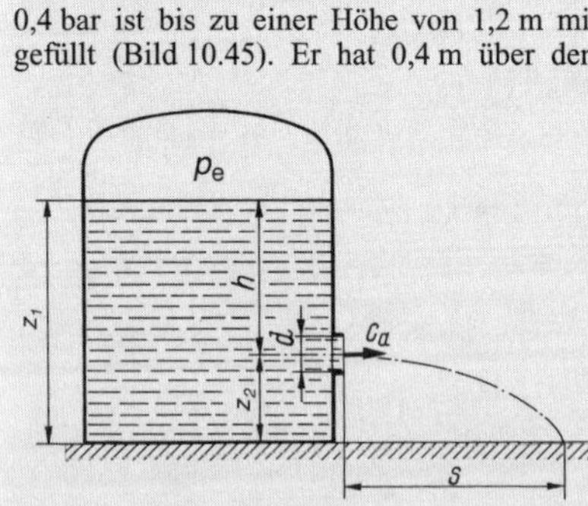

Bild 10.45 Ausfluss aus einem Behälter mit innerem Überdruck

eine Auslassöffnung von 12 mm Durchmesser mit einer Ausflusszahl von 0,86. Die Geschwindigkeitszahl beträgt 0,98. Wie groß sind die theoretischen und die tatsächlichen Werte für die Ausflussgeschwindigkeit und den Volumenstrom, wenn der Wasserstand im Behälter durch Zufluss konstant gehalten wird? Nach welcher Entfernung von der Auslassöffnung trifft der Wasserstrahl auf den Boden?

Lösung:

Gegeben: $z_1 = 1{,}2$ m, $z_2 = 0{,}4$ m,
$d = 12$ mm $= 0{,}012$ m,
$p_e = 0{,}4$ bar $= 0{,}4 \cdot 10^5$ Pa $= 0{,}4 \cdot 10^5$ N/m², $\varrho = 1000$ kg/m³,
$\mu = 0{,}86$, $\varphi = 0{,}98$.

Gesucht: c_a, c_e, $\dot{V}$, $\dot{V}_e$, s.

1. Theoretische Ausflussgeschwindigkeit c_a und tatsächliche Ausflussgeschwindigkeit c_e

Nach Gl. (10.32) wird mit $h = z_1 - z_2 = (1{,}2 - 0{,}4)$ m $= 0{,}8$ m:

$$c_a = \sqrt{2\left(\frac{p_e}{\varrho} + g \cdot h\right)}$$
$$= \sqrt{2\left(\frac{0{,}4 \cdot 10^5 \text{ N} \cdot \text{m}^3}{\text{m}^2 \cdot 1000 \text{ kg}} + 9{,}81 \frac{\text{m}}{\text{s}^2} \cdot 0{,}8 \text{ m}\right)}$$
$$= 9{,}782 \text{ m/s}.$$

Entspr. Gl. (10.30) beträgt

$$c_e = \varphi \cdot c_a = 0{,}98 \cdot 9{,}782 \text{ m/s} = 9{,}586 \text{ m/s}.$$

2. Theoretischer Volumenstrom $\dot{V}$ und tatsächlicher Volumenstrom $\dot{V}_e$

Nach Gl. (10.21) ergibt sich mit $A = d^2 \cdot \pi/4 = (0{,}012 \text{ m})^2 \cdot \pi/4 = 1{,}131 \cdot 10^{-4}$ m²:

$$\dot{V} = A \cdot c_a = 1{,}131 \cdot 10^{-4} \text{ m}^2 \cdot 9{,}782 \text{ m/s}$$
$$= 1{,}106 \cdot 10^{-3} \text{ m}^3/\text{s} = 1{,}106 \text{ l/s}$$

und entspr. Gl. (10.31):

$$\dot{V}_e = \mu \cdot \dot{V} = 0{,}86 \cdot 1{,}106 \text{ l/s} = 0{,}9512 \text{ l/s}.$$

3. Auftreffentfernung s

Sie entspricht bei Vernachlässigung des Luftwiderstandes der Wurfweite eines widerstandsfreien waagerechten Wurfs nach Gl. (6.46), in die c_e für v_0 und z_2 für h einzusetzen sind:

$$s = c_e \cdot \sqrt{\frac{2 \cdot z_2}{g}} = 9{,}586 \frac{\text{m}}{\text{s}} \cdot \sqrt{\frac{2 \cdot 0{,}4 \text{ m}}{9{,}81 \text{ m/s}^2}} \approx 2{,}74 \text{ m}.$$

Beispiel 10.16

Bild 10.46 zeigt einen unter innerem Überdruck von 1,2 bar stehenden großen Wasserbehälter, an den eine ins Freie führende Rohrleitung angeschlossen ist. Der Wasserstand über der Behälteröffnung beträgt gleichbleibend 2,4 m. Die Rohrleitung steigt bis auf 1 m unter Wasseroberfläche an. Der Rohrinnendurchmesser an der Behälteröffnung beträgt 200 mm (Punkt 2), verringert sich dann auf 120 mm (Punkte 3 u. 4) und geht am Austritt in eine Düse mit 45 mm Öffnungsdurchmesser über (Punkt 5).

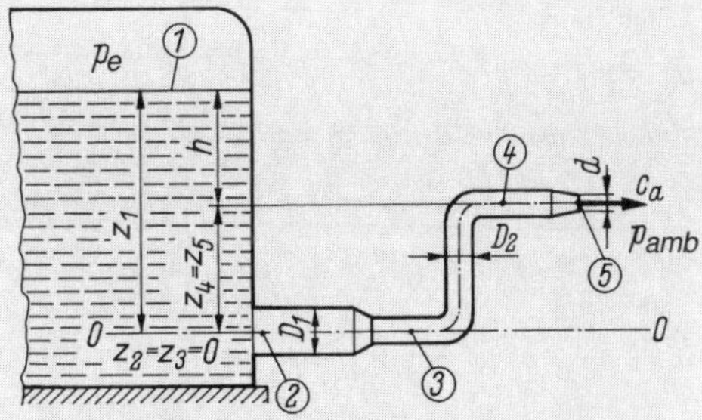

Bild 10.46 Wasserbehälter mit Abfluss über eine Rohrleitung ins Freie

Unter Vernachlässigung der Reibung sind die Ausflussgeschwindigkeit, der Volumenstrom, die Strömungsgeschwindigkeit und der piezometrische Druck in den Punkten 2, 3 und 4 zu errechnen.

Lösung:

Gegeben: $z_1 = 2{,}4$ m, $h = 1$ m, $D_1 = 200$ mm,
$D_2 = 120$ mm, $d = 45$ mm $= 0{,}045$ m,
$p_e = 1{,}2$ bar $= 1{,}2 \cdot 10^5$ N/m²,
$\varrho = 1000$ kg/m³.

Gesucht: c_a, $\dot{V}$, c_2, c_3, c_4, p_{e2}, p_{e3}, p_{e4}.

1. Theoretische Ausflussgeschwindigkeit c_a und Volumenstrom $\dot{V}$

Nach Gl. (10.32) beträgt

$$c_a = \sqrt{2\left(\frac{p_e}{\varrho} + g \cdot h\right)}$$
$$= \sqrt{2\left(\frac{1{,}2 \cdot 10^5 \text{ N} \cdot \text{m}^3}{\text{m}^2 \cdot 1000 \text{ kg}} + 9{,}81 \frac{\text{m}}{\text{s}^2} \cdot 1 \text{ m}\right)}$$
$$= 16{,}11 \text{ m/s}$$

und nach Gl. (10.21):

$$\dot{V} = A \cdot c_a = \frac{d^2 \cdot \pi}{4} \cdot c_a = \frac{(0{,}045 \text{ m})^2 \cdot \pi}{4} \cdot 16{,}11 \text{ m/s}$$
$$= 25{,}62 \cdot 10^{-3} \text{ m}^3/\text{s} = 25{,}62 \text{ l/s}.$$

2. Strömungsgeschwindigkeiten c_2, c_3 und c_4

Sie werden nach dem Kontinuitätsgesetz ermittelt und folgen aus Gl. (10.20) mit den betr. Indizes:

$$c_2 = c_a \cdot \frac{A}{A_1} = c_a \left(\frac{d}{D_1}\right)^2 = 16{,}11 \frac{\text{m}}{\text{s}} \cdot \left(\frac{45 \text{ mm}}{200 \text{ mm}}\right)^2$$
$$= 0{,}8156 \text{ m/s},$$

$$c_3 = c_4 = c_a \left(\frac{d}{D_2}\right)^2 = 16{,}11 \frac{\text{m}}{\text{s}} \cdot \left(\frac{45 \text{ mm}}{120 \text{ mm}}\right)^2$$
$$= 2{,}265 \text{ m/s}.$$

3. Piezometrische Überdrücke p_{e2}, p_{e3} und p_{e4}

Sie lassen sich aus der Bernoullischen Gleichung für einen Stromfaden zwischen Punkt 1 und dem jeweils zu untersuchenden Punkt errechnen. Nach der mit ϱ multiplizierten Gl. (10.23) gilt demnach für die Punkte 1 und 2 mit $p_e = p_{e1}$, $c_1 = 0$ und $z_2 = 0$:

$$p_{e1}/\varrho + g \cdot z_1 = c_2^2/2 + p_{e2}/\varrho.$$

Daraus folgt

$$p_{e2} = p_{e1} + \varrho(g \cdot z_1 - c_2^2/2) = 1{,}2\ \text{bar} + 1000\ \frac{\text{kg}}{\text{m}^3} \cdot \left(9{,}81\ \frac{\text{m}}{\text{s}^2} \cdot 2{,}4\ \text{m} - \frac{0{,}8156^2}{2}\ \frac{\text{m}^2}{\text{s}^2}\right) = 1{,}2\ \text{bar} + 0{,}232 \cdot 10^5\ \text{Pa} = 1{,}432\ \text{bar}.$$

Sinngemäß ergibt sich aus Gl. (10.23) für die Punkte 1 und 3:

$$p_{e3} = p_{e1} + \varrho \cdot (g \cdot z_1 - c_3^2/2) = 1{,}2\ \text{bar} + 1000\ \frac{\text{kg}}{\text{m}^3} \cdot \left(9{,}81 \cdot 2{,}4 - \frac{2{,}265^2}{2}\right) \frac{\text{m}^2}{\text{s}^2} = 1{,}2\ \text{bar} + 0{,}21 \cdot 10^5\ \text{Pa} = 1{,}41\ \text{bar}.$$

Für die Punkte 1 und 4 wird

$$p_{e1} + \varrho \cdot g \cdot z_1 = p_{e4} + \varrho \cdot g \cdot z_4 + \varrho \cdot c_4^2/2$$

und daraus mit $z_1 - z_4 = h$:

$$p_{e4} = p_{e1} + \varrho \cdot (g \cdot h - c_4^2/2) = 1{,}2\ \text{bar} + 1000\ \frac{\text{kg}}{\text{m}^3} \cdot \left(9{,}81 \cdot 1 - \frac{2{,}265^2}{2}\right) \frac{\text{m}^2}{\text{s}^2} = 1{,}2\ \text{bar} + 0{,}072 \cdot 10^5\ \text{Pa} = 1{,}272\ \text{bar}.$$

Ausfluss durch Fallrohre

Strömt ein Fluid durch ein Fallrohr (Bild 10.47) mit konstantem lichten Querschnitt in die freie Atmosphäre, also gegen den Luftdruck p_{amb}, so bleibt nach dem Kontinuitätsgesetz (Gl. (10.20)) die Geschwindigkeit über der gesamten Rohrlänge gleich. Mit der Höhenänderung ändert sich jedoch der piezometrische Druck im Rohr. Bei dem in Bild 10.47 dargestellten offenen Behälter mit angesetztem Fallrohr von der Länge z_2 ist zur Aufrechterhaltung einer stationären Strömung der zufließende Volumenstrom gleich dem abfließenden. Nach Gl. (10.29) beträgt

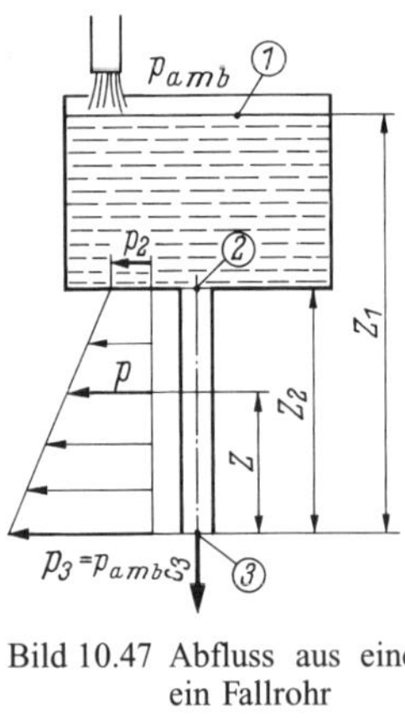

Bild 10.47 Abfluss aus einem offenen Behälter durch ein Fallrohr

dann die theoretische Ausflussgeschwindigkeit $c_a = c_3 = \sqrt{2 \cdot g \cdot z_1}$. Entspr. Gl. (10.23) gilt für die Punkte 2 und 3 eines Stromfadens mit $c_2 = c_3$, $p_3 = p_{\text{amb}}$ und $z_3 = 0$ die Beziehung $p_2/\varrho + g \cdot z_2 = p_{\text{amb}}/\varrho$. Daraus folgt der piezometrische Druck $p_2 = p_{\text{amb}} - \varrho \cdot g \cdot z_2$, der geringer ist als der Luftdruck. Im Punkt 2 herrscht also Unterdruck. In beliebiger Höhe z über dem Punkt 3 beträgt der Druck $p = p_{\text{amb}} - \varrho \cdot g \cdot z$. Er nimmt mit zunehmender Höhe linear ab. Sein Verlauf ist in Bild 10.47 eingezeichnet.

Bei einem bestimmten Druck, der Dampfdruck genannt wird und von der Flüssigkeitstemperatur abhängt, beginnen Flüssigkeiten zu verdampfen. Unterschreitet der piezometrische Druck diesen Dampfdruck, so beginnt die Verdampfung einzelner Flüssigkeitsteilchen. Die sich bildenden Dampfbläschen sind nicht stabil. Sie fallen bei der dadurch entstehenden Drucksteigerung in sich zusammen, sie implodieren, d. h., sie kondensieren unter plötzlicher Volumenabnahme. Die Flüssigkeit strömt schlagartig stark beschleunigt und unter Geräuschbildung in die entstehenden Hohlräume. Dieser Vorgang wird als **Kavitation** bezeichnet, er verändert die Strömungsform.

Beispiel 10.17

Für eine Wasserturbinenanlage wird am Grund eines Gebirgssees in 40 m Tiefe ein Fallrohr von 300 mm Durchmesser eingesetzt, das bis auf 480 m unter die Wasseroberfläche führt (Bild 10.48). Am Düsenaustritt strömt der Flüssigkeitsstrahl ins Freie, bevor er auf das Turbinenrad trifft (Freistrahlturbine). Unter Vernachlässigung der Reibungseinflüsse sind für einen Luftdruck von 1 bar die Austrittsgeschwindigkeit, der Düsendurchmesser und der Volumenstrom zu errechnen. Zur Vermeidung von Kavitation soll der piezometrische Druck am Fallrohreintritt (Punkt 2) mindestens 0,04 bar betragen.

Bild 10.48 Fallrohr für eine Freistrahlturbinenanlage

Lösung:

Gegeben: $h = 40$ m, $z_1 = 480$ m, $D = 300$ mm, $\varrho = 1000\ \text{kg/m}^3$, $p_{\text{amb}} = 1$ bar, $p_2 = 0{,}04$ bar.

Gesucht: c_3, d und $\dot{V}$.

Entspr. Gl. (10.29) beträgt die theoretische Austrittsgeschwindigkeit am Punkt 3:

$$c_3 = \sqrt{2 \cdot g \cdot z_1} = \sqrt{2 \cdot 9{,}81\ \text{m/s}^2 \cdot 480\ \text{m}}$$
$$= 97{,}04\ \text{m/s}.$$

Für die Punkte 2 und 3 eines Stromfadens gilt nach Gl. (10.23) mit $p_3 = p_{\text{amb}}$ und $z_3 = 0$:

$$c_2^2/2 + p_2/\varrho + g \cdot z_2 = c_3^2/2 + p_{\text{amb}}/\varrho.$$

Mit $z_2 = z_1 - h = (480 - 40)\ \text{m} = 440\ \text{m}$ und $p_{\text{amb}} - p_2 = (1 - 0{,}04)\ \text{bar} = 0{,}96 \cdot 10^5\ \text{Pa} = 0{,}96 \cdot 10^5\ \text{N/m}^2$ folgt daraus die Geschwindigkeit am Fallrohreintritt

$$c_2 = \sqrt{c_3^2 + \frac{2(p_{\text{amb}} - p_2)}{\varrho} - 2 \cdot g \cdot z_2}$$

$$= \sqrt{\left(\left(97{,}04\ \frac{\text{m}}{\text{s}}\right)^2 + \frac{2 \cdot 0{,}96 \cdot 10^5\ \text{N} \cdot \text{m}^3}{\text{m}^2 \cdot 1000\ \text{kg}} - (2 \cdot 9{,}81 \cdot 440)\ \frac{\text{m}^2}{\text{s}^2}\right)}$$

$$= 31{,}24\ \text{m/s}.$$

Aus Gl. (10.20) ergibt sich $D^2 \cdot c_2 = d^2 \cdot c_3$ und daraus der Düsendurchmesser

$$d = D \cdot \sqrt{\frac{c_2}{c_3}} = 300\ \text{mm} \cdot \sqrt{\frac{31{,}24\ \text{m/s}}{97{,}04\ \text{m/s}}} = 170{,}2\ \text{mm}.$$

Nach Gl. (10.21) beträgt der Volumenstrom

$$\dot{V} = A_3 \cdot c_3 = \frac{d^2 \cdot \pi}{4} \cdot c_3 = \frac{(0{,}1702\ \text{m})^2 \cdot \pi}{4} \cdot 97{,}04\ \text{m/s}$$
$$= 2{,}208\ \text{m}^3/\text{s} \approx 2208\ \text{l/s}.$$

Praxishinweis

Kavitation führt bei längerer Einwirkung an festen Oberflächen auch bei hochwertigen Werkstoffen zur Zerstörung. Sie muss deshalb unbedingt vermieden werden.

Sinkt in einem offenen Behälter die Fluidspiegelhöhe während des Ausfließens, so verringert sich die Ausflussgeschwindigkeit und die Strömung ist instationär. Nach den Gln. (10.29) bis (10.31), bei deren Herleitung eine konstante Flüssigkeitshöhe vorausgesetzt wurde, ergeben sich dann nur die Momentanwerte bei der jeweiligen Höhe h. Mit diesen Werten kann man näherungsweise einen Mittelwert der Ausflussgeschwindigkeit errechnen.

In DIN EN ISO 5167 sind der Massenstrom $\dot{m}$ als Massendurchfluss q_m in kg/s und der Volumenstrom $\dot{V}$ als Volumendurchfluss q_v in m³/s angegeben.

Kontrollfragen:

- Worin unterscheidet sich die stationäre Strömung von der instationären?
- Wie lautet das Kontinuitätsgesetz?
- Welche Zusammenhänge werden in der Bernoullischen Gleichung ausgedrückt?
- Was versteht man unter einem Piezometer, einem Pitotrohr, einem Prandtlschen Staurohr, einem Venturirohr, und wofür werden sie verwendet?
- Wie lautet das Ausflussgesetz von Torricelli?

10.4 Kraftwirkungen stationärer Strömungen

Lernziele:

- Die von einer stationären Strömung auf Rohrwandungen ausgeübte Kraft ermitteln.
- Die Rückstoßkraft eines Flüssigkeitsstrahls erklären und berechnen.
- Die Entstehung der Stoßkraft eines Flüssigkeitsstrahls beim Auftreffen auf ein Hindernis erläutern.
- Strahlstoßkräfte auf ruhende und bewegte Wände sowie als Umfangskräfte in Freistrahlturbinen errechnen.

10.4.1 Strömungskräfte

Strömende Flüssigkeiten üben auf ihre Umgebung (Rohrwände, Ventile, Turbinenschaufeln u. a.) Kräfte aus, die sich nach dem Impulssatz (s. Abschn. 7.1.4) ermitteln lassen, der auch für Systeme von Fluidmasseteilchen gilt. Demnach folgt aus Gl. (7.16) mit der Strömungsgeschwindigkeit c die auf ein Flüssigkeitsmassensystem wirkende resultierende äußere Kraft $F = \Delta p/\Delta t = \Sigma(m_i \cdot \Delta c_i)/\Delta t$. Sie ist gleich der zeitbezogenen Impulsänderung, dem **Impulsstrom** $\dot{p} = \Delta p/\Delta t$ aller Masseteilchen, wobei p nicht mit dem Druck verwechselt werden darf, für den das gleiche Formelzeichen gilt.

Zur Ermittlung der von einer strömenden Flüssigkeit ausgeübten Kraft wird die stationäre Strömung in einem gebogenen Rohrstück entspr. Bild 10.49 zwischen den Querschnittsstellen 1 und 2, dem so genannten **Kontrollbereich**, untersucht. Reibungseinflüsse und die Gewichtskraft der Flüssigkeit werden vernachlässigt. Die Flüssigkeitsteilchen treten mit der Geschwindigkeit c_1 in den Kontrollbereich ein und verlassen ihn mit c_2 (Bild 10.49a). Gemäß dem Kontinuitätsgesetz ist die eintretende Masse m gleich der austretenden. Somit beträgt die Impulsänderung $m \cdot c_2 - m \cdot c_1 = m(c_2 - c_1)$. Auf die Zeit Δt bezogen, wird daraus mit dem Massenstrom $\dot{m} = m/\Delta t$ die sich aus der Impulsänderung ergebende Kraft $F = \dot{m}(c_2 - c_1) = \dot{m} \cdot c_2 - \dot{m} \cdot c_1$. Diese Kraft befindet sich mit den auf die Flüssigkeit im Kontrollbereich wirkenden Kräften im Gleichgewicht, u. zw. mit der Druckkraft $F_{p1} = p_1 \cdot A_1$ auf die Eintrittsfläche, der Druckkraft $F_{p2} = p_2 \cdot A_2$ auf die Austrittsfläche und der von der Rohrwandung ausgeübten resultie-

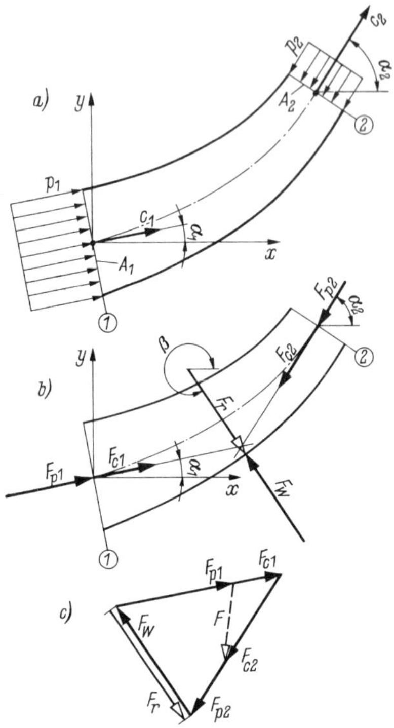

Bild 10.49 Kraftwirkung einer Strömung
a) Geschwindigkeiten und Drücke am Ein- und Austritt des betrachteten Kontrollbereichs, b) auf die Flüssigkeit im Kontrollbereich wirkende Kräfte, c) Krafteck

renden Wandkraft F_w (Bild 10.49b). Die Addition der Kraftvektoren zum geschlossenen Krafteck zeigt Bild 10.49c. Meistens interessiert die auf das Rohrstück ausgeübte Kraft. Das ist die F_w entgegenwirkende **Reaktionskraft F_r**, die auch als resultierende Kraft bezeichnet wird.

Für technische Berechnungen ist es zweckmäßig, von den Komponenten der Kraftvektoren auszugehen, die ein ebenes zentrales Kräftesystem darstellen mit F_r als der Resultierenden aus F_{p1}, F_{p2}, F_{c1} und F_{c2}. Mit den x- und y-Komponenten dieser Kräfte, die nach den Gln. (2.8) und (2.9) errechnet werden können, betragen die resultierenden Komponenten:

$$F_{rx} = F_{p1x} - F_{p2x} + F_{c1x} - F_{c2x}$$

$$F_{ry} = F_{p1y} - F_{p2y} + F_{c1y} - F_{c2y}$$

Durch die Vorzeichen wurde berücksichtigt, dass die Kräfte an der Austrittsfläche des Kontrollbereichs der Austrittsgeschwindigkeit entgegenwirken (Bild 10.49b). Setzt man die Beziehungen für die einzelnen Kraftkomponenten ein, so erhält man nach Umformung die

Komponenten der resultierenden Kraft

$$\boldsymbol{F_{rx} = p_1 \cdot A_1 \cdot \cos\alpha_1 - p_2 \cdot A_2 \cdot \cos\alpha_2 + \dot{m}(c_1 \cdot \cos\alpha_1 - c_2 \cdot \cos\alpha_2)} \quad (10.33)$$

$$\boldsymbol{F_{ry} = p_1 \cdot A_1 \cdot \sin\alpha_1 - p_2 \cdot A_2 \cdot \sin\alpha_2 + \dot{m}(c_1 \cdot \sin\alpha_1 - c_2 \cdot \sin\alpha_2)} \quad (10.34)$$

Entspr. Gl. (2.12) ergibt sich damit die

resultierende Kraft $$\boldsymbol{F_r = \sqrt{F_{rx}^2 + F_{ry}^2}} \quad (10.35)$$

mit dem aus Gl. (2.13) folgenden

Richtungswinkel $$\boldsymbol{\beta = \arctan\frac{F_{ry}}{F_{rx}}} \quad (10.36)$$

Die vorstehend entwickelten Gleichungen sind allgemein für beliebige Kontrollbereiche eines Fluidstroms gültig. Zu beachten ist, dass die Drücke p_1 und p_2 als Überdrücke p_e über dem Umgebungsdruck eingesetzt werden und die Richtungswinkel α_1 und α_2 der Geschwindigkeitsvektoren im mathematisch positiven Sinn, d. h. von der positiven x-Achse ausgehend im Gegenuhrzeigersinn, anzugeben sind.

Der Impulssatz ist auch auf Kontrollbereiche mit mehreren Ein- und Austrittsflächen anwendbar, sofern man unter $\dot{p}_1$ die Summe aller eintretenden Impulsströme und unter $\dot{p}_2$ die Summe aller austretenden Impulsströme versteht. Die Vorgänge innerhalb des Kontrollbereiches spielen dabei keine Rolle. Es kann durchaus Energie zu- oder abgeführt werden.

Beispiel 10.18
Durch einen horizontal angeordneten Rohrkrümmer mit 75° Biegewinkel und 40 mm Innendurchmesser (Bild 10.50) strömt Wasser unter einem Überdruck von 2 bar und tritt durch eine Düse von 10 mm Durchmesser gegen den Luftdruck aus. Welche Kraft wird auf den Krümmer durch die reibungsfrei

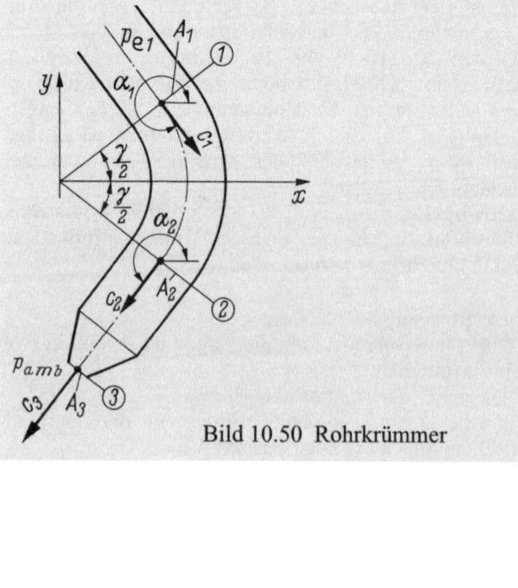

Bild 10.50 Rohrkrümmer

anzunehmende Strömung bei Vernachlässigung der Gewichtskraft ausgeübt?

Lösung:

Gegeben: $\gamma = 75°$, $d_1 = 40$ mm, $d_3 = 10$ mm, $p_1 = p_{e1} = 2$ bar $= 2 \cdot 10^5$ Pa $= 2 \cdot 10^5$ N/m², $\varrho = 1000$ kg/m³.

Gesucht: F_r.

1. Strömungsgeschwindigkeiten c_1 und c_3

Für einen Stromfaden zwischen Punkt 1 und Austrittspunkt 3 gilt entspr. Gl. (10.23) mit $p_3 = 0$ (kein Überdruck) und $z_1 = z_3$ (horizontale Anordnung):

$$c_1^2/2 + p_1/\varrho = c_3^2/2.$$

Aus der Kontinuitätsgleichung (Gl. (10.20)) folgt:

$$c_1 = c_3 \cdot A_3/A_1 = c_3 \cdot d_3^2/d_1^2.$$

Damit wird

$$\frac{c_3^2}{2} \cdot \frac{d_3^4}{d_1^4} + \frac{p_1}{\varrho} = \frac{c_3^2}{2}$$

und daraus die Austrittsgeschwindigkeit

$$c_3 = \sqrt{\frac{2 \cdot p_1}{\varrho[1 - (d_3/d_1)^4]}}$$
$$= \sqrt{\frac{\text{m}^3 \cdot 2 \cdot 2 \cdot 10^5 \text{ N}}{1000 \text{ kg} \cdot \text{m}^2 \cdot [1 - (10 \text{ mm}/40 \text{ mm})^4]}}$$
$$= 20{,}04 \text{ m/s}.$$

Somit beträgt die Strömungsgeschwindigkeit im Punkt 1 des Krümmers:

$$c_1 = c_3 \cdot \frac{d_3^2}{d_1^2} = 20{,}04 \,\frac{\text{m}}{\text{s}} \cdot \left(\frac{10 \text{ mm}}{40 \text{ mm}}\right)^2 = 1{,}253 \text{ m/s}.$$

Da eine reibungsfreie Strömung mit konstantem Querschnitt $A_1 = A_2$ angenommen wird, ist $c_2 = c_1$ auch $p_2 = p_1$.

2. Resultierende Kraft F_r

Bei Rohrkrümmern mit konstantem Strömungsquerschnitt im Bereich des Biegewinkels ist es zweckmäßig, die Winkelhalbierende als x-Achse zu wählen (s. Bild 10.50). Dadurch vereinfacht sich die Kraftberechnung, weil sich die y-Komponenten der Kräfte wegen der Symmetrie aufheben. Somit wird $F_{ry} = 0$ und $F_r = F_{rx}$ nach Gl. (10.33), in die einzusetzen sind: $p_2 = p_1$, $A_2 = A_1 = d_1^2 \cdot \pi/4 = (40 \text{ mm})^2 \cdot \pi/4 = 1257 \text{ mm}^2 = 1{,}257 \cdot 10^{-3} \text{ m}^2$, $\dot{m} = A_1 \cdot \varrho \cdot c_1$ (Gl. 10.19), $c_2 = c_1$, $\alpha_1 = 270° + \gamma/2 = 307{,}5°$ und $\alpha_2 = 270° - \gamma/2 = 232{,}5°$ (nach Bild 10.50). Damit ergibt sich

$$F_r = p_1 \cdot A_1(\cos\alpha_1 - \cos\alpha_2)$$
$$+ A_1 \cdot \varrho \cdot c_1^2(\cos\alpha_1 - \cos\alpha_2)$$
$$= A_1(p_1 + \varrho \cdot c_1^2) \cdot (\cos\alpha_1 - \cos\alpha_2)$$
$$= 1{,}257 \cdot 10^{-3} \text{ m}^2$$
$$\times \left(2 \cdot 10^5 \frac{\text{N}}{\text{m}^2} + 1000 \frac{\text{kg}}{\text{m}^3} \cdot 1{,}253^2 \frac{\text{m}^2}{\text{s}^2}\right)$$
$$\times (\cos 307{,}5° - \cos 232{,}5°)$$
$$= 308{,}5 \text{ N}.$$

10.4.2 Rückstoßkraft eines Flüssigkeitsstrahls

Jeder Fluidstrahl, der aus einem Gefäß ins Freie austritt, übt auf das Gefäß eine Rückstoßkraft aus. Diese Kraft wird technisch z. B. bei Rasensprengern und bei Raketen- sowie Flugzeugstrahltriebwerken genutzt. Sie kann wie die resultierende Kraft einer Strömung ermittelt werden. Wählt man bei dem in Bild 10.51 dargestellten Behälter den gesamten Flüssigkeitsinhalt als Kontrollbereich und legt die x-Achse in die Mitte der Ausflussöffnung, dann ist $\alpha_1 = 270°$ (Einflussrichtung) und $\alpha_2 = 0$. Ferner sind $p_{e1} = p_{e2} = 0$ (kein Überdruck) und $c_1 \approx 0$ ($A_2 \ll A_1$, Austrittsfläche A_2 sehr klein gegenüber der Flüssigkeitsoberfläche A_1). Damit folgt aus den Gln. (10.33) und (10.34):

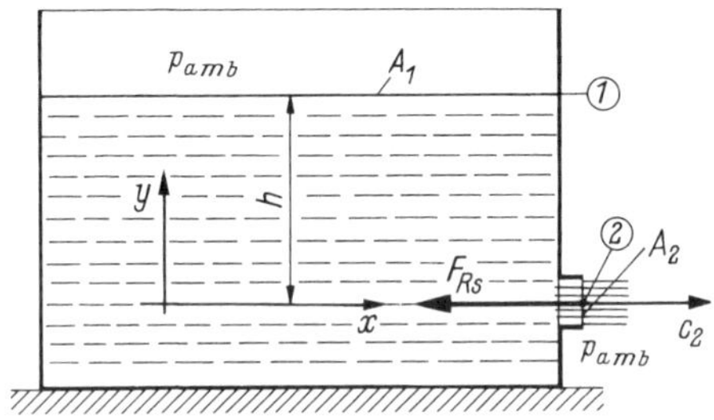

Bild 10.51 Rückstoßkraft beim Ausfluss aus einem offenen Behälter

$$F_{rx} = -\dot{m} \cdot c_2 \quad \text{und} \quad F_{ry} = 0$$

Das Vorzeichen gibt an, dass F_{rx} in die negative x-Richtung wirkt, d. h. der Austrittsgeschwindigkeit c_2 entgegengerichtet ist. Diese Kraft muss vom Behälter als **Rückstoßkraft F_{Rs}** aufgenommen werden. Setzt man für den Massenstrom $\dot{m} = \varrho \cdot A_2 \cdot c_2$ (Gl. (10.19)) und für c_2 die Ausflussgeschwindigkeit $c_a = \sqrt{2 \cdot g \cdot h}$ (Gl. (10.29)) ein, so erhält man mit dem Öffnungsquerschnitt A_2 den Betrag der

Rückstoßkraft

$$\boldsymbol{F_{Rs} = \varrho \cdot A_2 \cdot c_a^2 = 2 \cdot \varrho \cdot A_2 \cdot g \cdot h} \qquad (10.37)$$

Sie ist doppelt so groß wie die hydrostatische Druckkraft (die Seitendruckkraft nach Gl. (10.11)) auf die geschlossene Austrittsöffnung.

Beispiel 10.19

Welche Rückstoßkraft muss von der Düsenbefestigung in einer Freistrahlturbinenanlage mit 480 m Gefällehöhe (s. Bild 10.48) bei 150 mm Düsendurchmesser aufgenommen werden?

Lösung:
Gegeben: $z_1 = 480$ m, $d = 150$ mm,
$\varrho = 1000$ kg/m³.
Gesucht: F_{Rs}.
Mit $h = z_1$ und $A_2 = d^2 \cdot \pi/4 = (150\text{ mm})^2 \cdot \pi/4 = 17\,670\text{ mm}^2 = 0{,}01767\text{ m}^2$ beträgt nach Gl. (10.37) die Rückstoßkraft

$$F_{Rs} = 2 \cdot \varrho \cdot A_2 \cdot g \cdot h$$
$$= 2 \cdot 1000\,\frac{\text{kg}}{\text{m}^3} \cdot 0{,}01767\text{ m}^2 \cdot 9{,}81\,\frac{\text{m}}{\text{s}^2} \cdot 480\text{ m}$$
$$= 166{,}4\text{ kN}.$$

10.4.3 Stoßkräfte von Fluidstrahlen

Trifft ein Fluidstrahl auf ein Hindernis, z. B. eine Wand, so übt er beim Auftreffen eine Stoßkraft aus. Auch diese Kraft kann nach den im Abschn. 10.4.1 mit Hilfe des Impulssatzes entwickelten Gleichungen bestimmt werden.

Stoßkraft gegen eine zur Strömung senkrechte Wand

Aus einer Düse strömt ein Flüssigkeitsstrahl mit der Geschwindigkeit c_1 und trifft auf eine feststehende, zur Strömung senkrechte ebene Wand (Bild 10.52a), an der er in alle Richtungen um

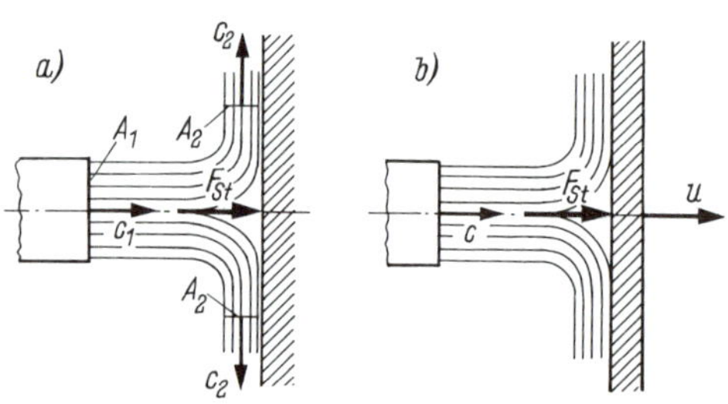

Bild 10.52 Stoßkraft auf eine senkrechte Wand
a) freistehende Wand, b) bewegte Wand

90° umgelenkt wird. Der zu untersuchende Kontrollbereich hat als Eintrittsfläche A_1 eine Kreisfläche und als Austrittsfläche A_2 eine Zylindermantelfläche. Mit $\alpha_1 = 0°$ und $\alpha_2 = 90°$ bzw. 270°, $p_1 = p_2 = 0$ (kein Überdruck, Ausströmen in die freie Atmosphäre) erhält man aus Gl. (10.33) die **Strahlstoßkraft** $F_{St} = F_{rx} = \dot{m} \cdot c_1$. Da die Flüssigkeit an der Wand in alle Richtungen gleichmäßig abfließt, ist wegen der Symmetrie $F_{ry} = 0$. Bezeichnet man die Düsenaustrittsgeschwindigkeit mit c und den Düsenaustrittsquerschnitt mit A, so beträgt mit dem Massenstrom $\dot{m} = \varrho \cdot A \cdot c$ (Gl. (10.19)) die

Stoßkraft $\boldsymbol{F_{St} = \dot{m} \cdot c = \varrho \cdot A \cdot c^2}$ (10.38)

Sie versucht die Wand in Strahlrichtung zu bewegen. Nach dem Reaktionsgesetz (s. Abschn. 2.1.2) übt die Wand eine Gegenkraft aus, die zur Ablenkung des Strahls führt, wodurch die Impulsänderung eintritt.
Wird die Wand oder eine ebene Platte in Strahlrichtung (Bild 10.52b) bzw. gegen die Strahlrichtung mit der Geschwindigkeit u bewegt, so ist für die Stoßkraft die relative Auftreffgeschwindigkeit $w = c \pm u$ maßgebend, und es beträgt mit dem zur Wand fließenden Massenstrom $\dot{m} = \varrho \cdot A(c \pm u)$ die

Stoßkraft

$$\boldsymbol{F_{St} = \dot{m}(c \pm u) = \varrho \cdot A(c \pm u)^2} \qquad (10.39)$$

Plus-Zeichen bei u gegen und Minus-Zeichen bei u in Strahlrichtung.

Stoßkraft gegen eine feststehende, zur Strömung geneigte Wand

Trifft der Strahl auf eine zur Strahlrichtung um den Winkel α geneigte, feststehende ebene Wand (Bild 10.53a), dann kann bei reibungs-

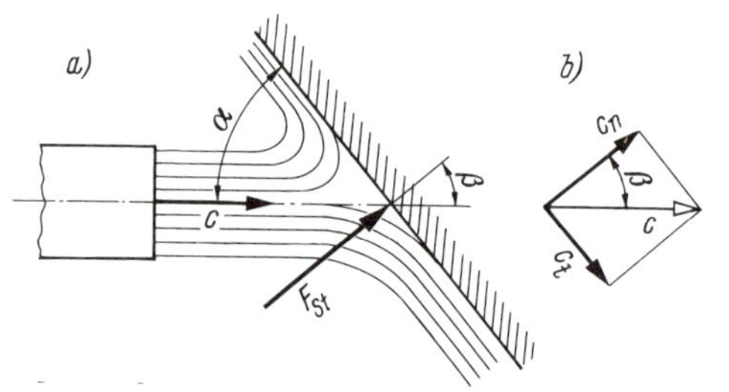

Bild 10.53 Fluidstrahl auf eine geneigte Wand
a) Stoßkraft F_{St} senkrecht zur Wand, b) Strömungsgeschwindigkeit c mit Normalkomponente c_n und Tangentialkomponente c_t

freier Strömung nur eine Kraft senkrecht (normal) zur Wand, aber nicht in Richtung der Wand (tangential) ausgeübt werden. Die Stoßkraft lässt sich mit der Normalkomponente c_n der Strömungsgeschwindigkeit c errechnen. Aus Bild 10.53b folgt:

$$c_n = c \cdot \cos\beta = c \cdot \cos(90° - \alpha) = c \cdot \sin\alpha$$

Damit erhält man die senkrecht zur ebenen Wand wirkende

Stoßkraft

$$\boldsymbol{F_{St} = \dot{m} \cdot c \cdot \sin\alpha = \varrho \cdot A \cdot c^2 \cdot \sin\alpha} \qquad (10.40)$$

Da in Wandrichtung keine Kraft übertragen wird, bleibt in der Flüssigkeit der Impulsanteil in dieser Richtung erhalten.

Beispiel 10.20
In einer Rohrleitung mit 100 mm Innendurchmesser strömt Wasser unter 2,5 bar Überdruck und tritt durch eine Düse von 30 mm Öffnungsdurchmesser in die freie Atmosphäre. Welche Kraft übt der Flüssigkeitsstrahl auf eine zur Strahlrichtung senkrechte ebene Wand aus, wenn 1. die Wand feststeht, 2. die Wand mit $^1/_3$ der Austrittsgeschwindigkeit in und 3. gegen die Strahlrichtung bewegt wird, 4. die ruhende Wand nicht senkrecht steht, sondern um 60° zur Strahlrichtung geneigt ist?

Lösung:

Gegeben: $p_1 = 2{,}5 \text{ bar} = 2{,}5 \cdot 10^5 \text{ N/m}^2$,
$d_1 = 100 \text{ mm}$, $d_2 = 30 \text{ mm}$,
$\varrho = 1000 \text{ kg/m}^3$, $u = c_2/3$, $\alpha = 60°$.

Gesucht: F_{St1}, F_{St2}, F_{St3}, F_{St4}.

1. Stoßkraft F_{St1}
Nach der in Beisp. 10.18 unter 1. für c_3 hergeleiteten Gleichung ergibt sich die Austrittsgeschwindigkeit

$$c_2 = \sqrt{\frac{2 \cdot p_1}{\varrho[1 - (d_2/d_1)^4]}}$$

$$= \sqrt{\frac{\text{m}^3 \cdot 2 \cdot 2{,}5 \cdot 10^5 \text{ N}}{1000 \text{ kg} \cdot \text{m}^2 \cdot [1 - (30 \text{ mm}/100 \text{ mm})^4]}}$$

$$= 22{,}45 \text{ m/s}.$$

Mit $A_2 = d_2^2 \cdot \pi/4 = (30 \text{ mm})^2 \cdot \pi/4 = 706{,}9 \text{ mm}^2 = 7{,}069 \cdot 10^{-4} \text{ m}^2$ wird nach Gl. (10.38):

$$F_{St1} = \varrho \cdot A_2 \cdot c_2^2$$

$$= 1000 \frac{\text{kg}}{\text{m}^3} \cdot 7{,}069 \cdot 10^{-4} \text{ m}^2 \cdot \left(22{,}45 \frac{\text{m}}{\text{s}}\right)^2$$

$$= 356{,}3 \text{ N}.$$

2. Stoßkraft F_{St2}
Sie beträgt nach Gl. (10.39) mit Minus-Zeichen, da u in Strahlrichtung wirkt:

$$F_{St2} = \varrho \cdot A_2 (c_2 - u)^2$$

$$= \varrho \cdot A_2 (c_2 - c_2/3)^2 = \varrho \cdot A_2 \cdot \frac{4}{9} \cdot c_2^2$$

$$= 1000 \frac{\text{kg}}{\text{m}^3} \cdot 7{,}069 \cdot 10^{-4} \text{ m}^2 \cdot \frac{4}{9} \left(22{,}45 \frac{\text{m}}{\text{s}}\right)^2$$

$$= 158{,}3 \text{ N}.$$

3. Stoßkraft F_{St3}
Nach Gl. (10.39) mit Plus-Zeichen, da u gegen die Strahlrichtung auftritt:

$$F_{St3} = \varrho \cdot A_2 (c_2 + u)^2 = \varrho \cdot A_2 (c_2 + c_2/3)^2$$

$$= \varrho \cdot A_2 \cdot \frac{16}{9} \cdot c_2^2$$

$$= 1000 \frac{\text{kg}}{\text{m}^3} \cdot 7{,}069 \cdot 10^{-4} \text{ m}^2 \cdot \frac{16}{9} \left(22{,}45 \frac{\text{m}}{\text{s}}\right)^2$$

$$= 633{,}4 \text{ N}.$$

4. Stoßkraft F_{St4}
Sie beträgt nach Gl. (10.40):

$$F_{St4} = \varrho \cdot A_2 \cdot c_2^2 \cdot \sin\alpha = F_{St1} \cdot \sin\alpha$$

$$= 356{,}3 \text{ N} \cdot \sin 60° = 308{,}6 \text{ N}.$$

Stoßkräfte in Freistrahlturbinen

In Freistrahlturbinen werden Stoßkräfte auf bewegte Schaufeln, die am Umfang des Laufrades angeordnet sind, technisch angewendet. Bild 10.54 zeigt das Schaufelprofil einer **Frei-**

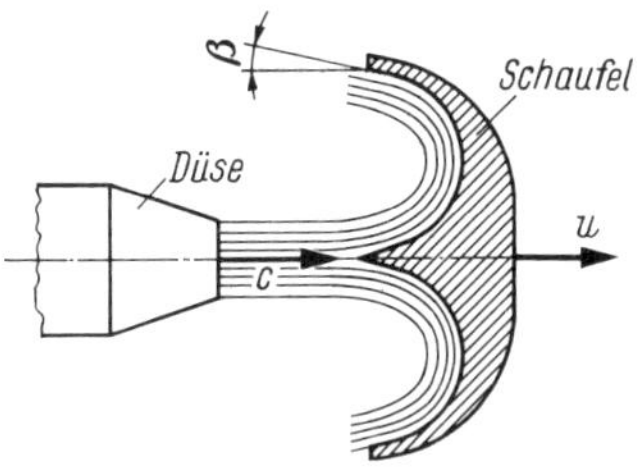

Bild 10.54 Schaufelprofil einer Peltonturbine

strahl- oder Peltonturbine, die bei großen Fallhöhen zum Einsatz kommt. Der Wasserstrahl tritt aus einer Düse in die freie Atmosphäre und trifft auf die becherförmigen Schaufeln, in denen er geteilt und um nahezu 180° umgelenkt wird, wobei er seine kinetische Energie an die Schaufeln abgibt. Der Neigungswinkel β am Strahlaustritt liegt zwischen 4° und 8°. Da an jeder Stelle der Schaufeln, die sich am Laufrad mit der Umfangsgeschwindigkeit u in Strahlrichtung bewegen, der gleiche Druck (der Luftdruck) herrscht, handelt es sich um eine **Gleichdruckturbine**. Die Ermittlung der Stoßkraft auf eine Schaufel erfolgt zweckmäßig wie beim Strahlstoß auf eine bewegte Platte, die jedoch gegenüber der senkrechten Wand in Bild 10.52b einen gewölbten Rand aufweist, wie in Bild 10.55 dargestellt, so dass der Winkel $\alpha_2 > 90°$ ist. Mit $\alpha_1 = 0$, $\alpha_2 = \alpha$, $c_1 = c_2 = c$ und $p_1 = p_2$ folgt aus Gl. (10.33) die in Strahlrichtung auf die ruhende Schaufel wirkende

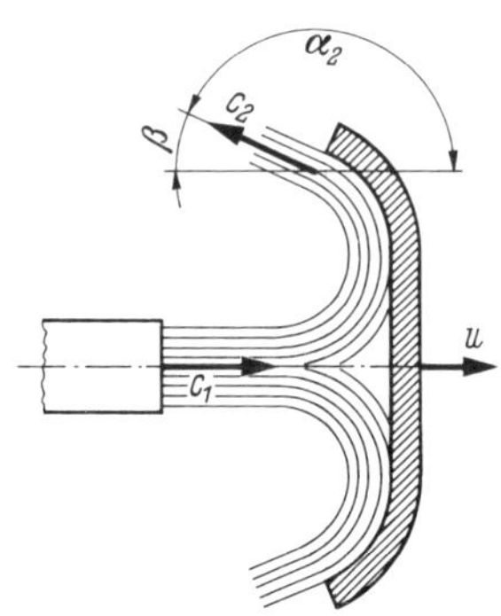

Bild 10.55 Strahl auf eine bewegte Platte mit gewölbtem Rand

Stoßkraft $F_{St} = F_{rx} = \dot{m} \cdot c(1 - \cos\alpha)$. An der Schaufel ist $\alpha = 180° - \beta$, also $\cos\alpha = \cos(180° - \beta) = -\cos\beta$. Da sich die Schaufeln mit der Umfangsgeschwindigkeit u in Strahlrichtung bewegen, muss wie bei einer bewegten Wand (Gl. (10.39)) die relative Auftreffgeschwindigkeit $w = c - u$ eingesetzt werden.
Mit dem aus dem Austrittsquerschnitt A der Düse in den Kontrollbereich an einer Schaufel eintretenden Massenstrom $\dot{m}_{Sch} = \varrho \cdot A(c - u)$ ergibt sich bei reibungsfreier Strömung die tangential in Drehrichtung des Laufrades wirkende

Schaufelkraft

$$\boldsymbol{F_{Sch} = \dot{m}_{Sch} \cdot (c - u) \cdot (1 + \cos\beta)} \qquad (10.41)$$

Da sich während der Laufradbewegung mehr als eine Schaufel im Eingriff befinden, wird in der Peltonturbine der gesamte aus der Düse mit der Geschwindigkeit c austretende Massenstrom $\dot{m} = \varrho \cdot A \cdot c$ verarbeitet. Damit beträgt die an den Schaufeln des Laufrades wirkende

Umfangskraft

$$\boldsymbol{F_u = \dot{m} \cdot (c - u) \cdot (1 + \cos\beta)} \qquad (10.42)$$

Sinngemäß zur Gl. (7.28) erhält man für eine Peltonturbine mit einem Laufrad die

Umfangsleistung

$$\boldsymbol{P_u = F_u \cdot u = \dot{m} \cdot u \cdot (c - u) \cdot (1 + \cos\beta)}$$

Sie erreicht bei $u = c/2$ ihr Maximum.

Beispiel 10.21
In einer Freistrahlturbinenanlage (s. die Beisp. 10.17 u. 10.19) mit 0,01767 m² Düsenaustrittsfläche und einem Austrittswinkel von 8° an den Schaufeln strömt das Wasser mit einer Geschwindigkeit von 97,04 m/s aus der Düse. Wie groß sind die auf eine Schaufel wirkende Kraft und die Leistung des Turbinenlaufrades bei 47 m/s Umfangsgeschwindigkeit?
Lösung:
Gegeben: $A = 0{,}01767\ \text{m}^2$, $\beta = 8°$, $c = 97{,}04$ m/s, $u = 47$ m/s, $\varrho = 1000\ \text{kg/m}^3$.
Gesucht: F_{Sch}, P_u.
1. Schaufelkraft F_{Sch}
Mit dem einer Schaufel zufließenden Massenstrom $\dot{m}_{Sch} = \varrho \cdot A \cdot (c - u)$ ergibt sich nach Gl. (10.41):

$$F_{Sch} = \varrho \cdot A \cdot (c - u)^2 \cdot (1 + \cos\beta)$$
$$= 1000\ \frac{\text{kg}}{\text{m}^3} \cdot 0{,}01767\ \text{m}^2$$
$$\times (97{,}04 - 47)^2\ \frac{\text{m}^2}{\text{s}^2} \cdot (1 + \cos 8°)$$
$$= 88{,}06\ \text{kN}.$$

2. Umfangsleistung P_u
Der aus der Düse austretende Massenstrom beträgt nach Gl. (10.19):

$$\dot{m} = \varrho \cdot A \cdot c = 1000\ \frac{\text{kg}}{\text{m}^3} \cdot 0{,}01767\ \text{m}^2 \cdot 97{,}04\ \frac{\text{m}}{\text{s}}$$
$$= 1715\ \text{kg/s},$$

damit nach Gl. (10.42) die Umfangskraft

$$F_u = \dot{m} \cdot (c - u) \cdot (1 + \cos\beta)$$
$$= 1715\ \frac{\text{kg}}{\text{s}} \cdot (97{,}04 - 47)\ \frac{\text{m}}{\text{s}} \cdot (1 + \cos 8°)$$
$$= 170{,}8\ \text{kN}$$

und entspr. Gl. (7.28):

$$P_u = F_u \cdot u = 170{,}8\ \text{kN} \cdot 47\ \text{m/s} = 8028\ \text{kW}.$$

Praxishinweis
Die Rückstoßkraft nimmt mit dem Quadrat der Ausströmgeschwindigkeit zu. Deshalb wählt man bei Düsentriebwerken möglichst eine hohe Austrittsgeschwindigkeit. Sie kann über der Schallgeschwindigkeit liegen. Bei Peltonturbinen werden zur Leistungserhöhung 2, 4 oder 6 Düsen auf die Schaufeln des Laufrades gerichtet oder mehrere Laufräder in Parallelschaltung angeordnet.

Kontrollfragen:
- Welcher Lehrsatz der Mechanik ist die Grundlage für die Berechnung von Kraftwirkungen stationärer Strömungen, und wie lautet er?
- Aus welchen Kräften resultiert die Kraftwirkung eines Fluidstroms auf einen Rohrkrümmer?
- Wie entsteht die Rückstoßkraft eines Flüssigkeitsstrahls, und wovon hängt sie ab?
- Wie werden Strahlstoßkräfte berechnet, und wo werden sie technisch angewendet?

10.5 Hydrodynamik wirklicher Strömungen

Lernziele:
- Die dynamische Viskosität als Stoffkonstante erklären.
- Laminare und turbulente Strömungsformen unterscheiden und die jeweilige Geschwindigkeitsverteilung angeben.
- Strömungsverluste laminarer und turbulenter Rohrströmungen bestimmen.
- Strömungsverluste infolge von Rohrleitungseinbauten bei Strömungsberechnungen berücksichtigen.

10.5.1 Viskosität

Bei Strömungen wirklicher Fluide tritt immer Reibung auf. Sie ist nicht nur an den die Strömung umgebenden oder darin eingetauchten Körperflächen wirksam, sondern auch innerhalb des Fluids zwischen den einzelnen Fluidteilchen. Ursache für diese **innere Reibung** ist

der Geschwindigkeitsunterschied zwischen den aneinander gleitenden Fluidschichten. Die innere Reibung hängt von der **Zähigkeit** oder **Viskosität** eines Fluids ab.
Zur Veranschaulichung der inneren Reibung denkt man sich eine Platte mit der Berührungsfläche A auf einer Flüssigkeitsschicht von der Dicke d (Bild 10.56) gleichförmig mit der Ge-

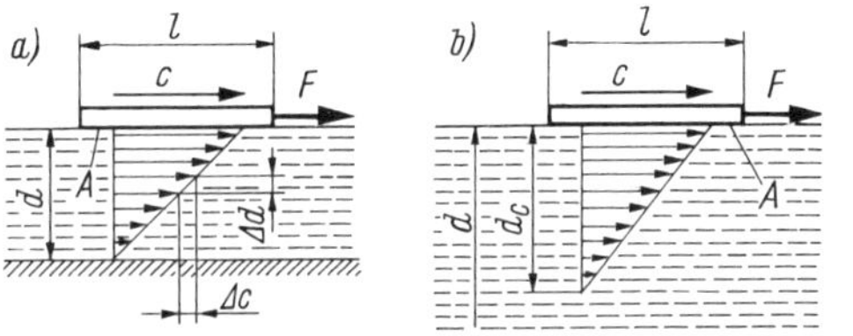

Bild 10.56 Geschwindigkeitsverteilung in einer Flüssigkeitsschicht unter einer bewegten Platte
a) Schichtdicke $d < d_c$, b) $d > d_c$

schwindigkeit c bewegt. Dafür ist eine Kraft F notwendig, die gleich der zu überwindenden inneren Reibungskraft sein muss. Die Flüssigkeitsteilchen an der bewegten Platte nehmen infolge der **Adhäsion**[1)] (Aneinanderhaften von Molekülen verschiedener Stoffe) die Plattengeschwindigkeit an. In den darunter liegenden Schichten nimmt die Geschwindigkeit stetig ab und hat am ruhenden Boden den Wert Null. Flüssigkeiten, bei denen die Geschwindigkeitsabnahme linear verläuft, nennt man **Newtonsche Flüssigkeiten**, z. B. Wasser, Öl, Alkohol. Ist das Geschwindigkeitsgefälle nicht linear, so handelt es sich um **nicht-Newtonsche Flüssigkeiten**, wie Schmierfette, Emulsionen, Kunststoffschmelzen. Versuche ergaben, dass die Kraft F der Plattenfläche A und der auf die Schichtdicke Δd bezogenen Geschwindigkeitsänderung Δc direkt proportional ist: $F \sim A \cdot \Delta c/\Delta d$. Als Proportionalitätsfaktor und als Maß für die Zähigkeit wurde die **dynamische Viskosität η** eingeführt. Damit ergibt sich für die

innere Reibungskraft $$F_{\mathrm{Ri}} = \eta \cdot A \cdot \frac{\Delta c}{\Delta d} \qquad (10.43)$$

Durch A dividiert, erhält man die zwischen den Flüssigkeitsschichten vorhandene *Schubspannung* $\tau = \eta \cdot \Delta c/\Delta d$ und für die dynamische Viskosität $\boldsymbol{\eta = \tau \cdot \Delta d/\Delta c}$. Mit τ in N/m², Δd in m und Δc in m/s folgt daraus die gesetzliche Einheit **Pa · s**:

$$[\eta] = \left[\frac{\tau \cdot \Delta d}{\Delta c}\right] = \frac{\mathrm{N/m^2 \cdot m}}{\mathrm{m/s}} = \mathrm{Pa \cdot s} = \frac{\mathrm{kg}}{\mathrm{m \cdot s}}$$

1) von *adhärent* (lat.) = anhängend, anhaftend

Das Verhältnis der dynamischen Viskosität η zur Flüssigkeitsdichte ϱ ist die

kinematische Viskosität $$\nu = \frac{\eta}{\varrho} \qquad (10.44)$$

mit der SI-Einheit

$$[\nu] = \left[\frac{\eta}{\varrho}\right] = \frac{\mathrm{Pa \cdot s}}{\mathrm{kg/m^3}} = \frac{\mathrm{N \cdot s \cdot m^3}}{\mathrm{m^2 \cdot kg}} = \mathrm{m^2/s}$$

Die Viskosität ist eine Stoffgröße mit sehr starker Temperaturabhängigkeit. Sie nimmt bei Flüssigkeiten mit steigender Temperatur ab. Tab. 40 enthält die dynamische Viskosität von Wasser in Abhängigkeit von der Temperatur. Die geringfügige Druckabhängigkeit kann meistens vernachlässigt werden.

Ist der ruhende Boden einer Flüssigkeit weit von der auf ihr bewegten Platte entfernt (Bild 10.56b), so wird nur eine Flüssigkeitsschicht von der Dicke d_c in Bewegung geraten. Näherungsweise ergibt sich für diese Dicke $d_c \approx \sqrt{\eta \cdot l/(\varrho \cdot c)}$, wenn l die Länge der bewegten Platte ist.

Beispiel 10.22
In einem mit Öl gefüllten schmalen Behälter mit parallelen Seitenwänden im Abstand von 14 mm wird eine dünne Platte von 50 mm Breite und 80 mm Länge durch eine Kraft von 0,15 N bewegt (Bild 10.57). Welche Geschwindigkeit hat die Platte, wenn sie 1. in 5 mm Entfernung von einer Behälterwand und 2. in der Mitte zwischen den Wänden bewegt wird? Das Öl hat eine Dichte von 900 kg/m³ und eine dynamische Viskosität von 0,8 Pa · s. Ferner ist die kinematische Viskosität des Öls zu errechnen.

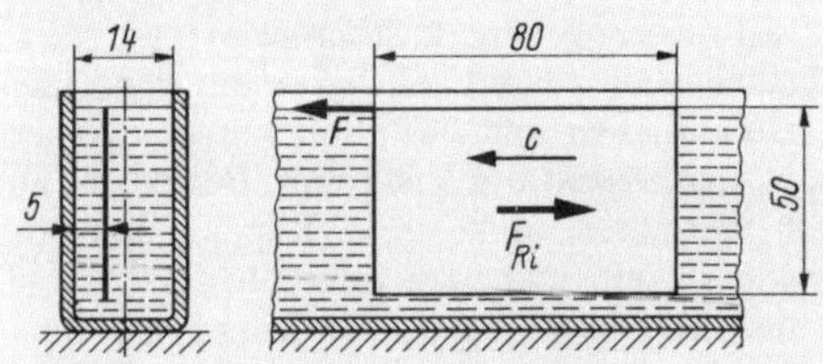

Bild 10.57 In Öl bewegte dünne Platte

Lösung:
Gegeben: $a = 14$ mm, $b = 50$ mm, $l = 80$ mm,
$F = 0{,}15$ N, $\varrho = 900$ kg/m³,
$\eta = 0{,}8$ Pa · s $= 0{,}8$ N/m² · s.
Gesucht: 1. c_1 bei $s_1 = 5$ mm,
2. c_2 bei $s_2 = a/2 = 7$ mm, 3. ν.
1. Geschwindigkeit c_1
An der Platte wirken die Kraft F und an beiden Plattenseiten die inneren Reibungskräfte F_{Ri1} und F_{Ri2} nach Gl. (10.43), da es sich um eine Newtonsche Flüssigkeit handelt. Wegen des Kräftegleichgewichts ist $F = F_{\mathrm{Ri1}} + F_{\mathrm{Ri2}}$. Mit $A = b \cdot l = 50\ \mathrm{mm} \cdot 80\ \mathrm{mm} = 4000\ \mathrm{mm^2} = 0{,}004\ \mathrm{m^2}$, $\Delta c = c_1$ (an der Behälter-

wand ist $c = 0$) und $\Delta d_1 = s_1 = 5\ \text{mm} = 0{,}005\ \text{m}$ sowie $\Delta d_2 = a - s_1 = (14 - 5)\ \text{mm} = 9\ \text{mm} = 0{,}009\ \text{m}$ wird

$$F = \eta \cdot A \cdot \frac{c_1}{s_1} + \eta \cdot A \cdot \frac{c_1}{a - s_1}$$
$$= \eta \cdot A \cdot c_1 \left(\frac{1}{s_1} + \frac{1}{a - s_1}\right).$$

Daraus folgt

$$c_1 = \frac{F}{\eta \cdot A \left(\frac{1}{s_1} + \frac{1}{a - s_1}\right)}$$
$$= \frac{0{,}15\ \text{N}}{0{,}8\ \frac{\text{N}}{\text{m}^2} \cdot \text{s} \cdot 0{,}004\ \text{m}^2 \cdot \left(\frac{1}{0{,}005} + \frac{1}{0{,}009}\right) \frac{1}{\text{m}}}$$
$$= 0{,}1507\ \text{m/s}.$$

2. Geschwindigkeit c_2
Setzt man in der unter 1. für c_1 entwickelten Gleichung $\Delta d_1 = \Delta d_2 = s_2 = 7\ \text{mm} = 0{,}007\ \text{m}$, so ergibt sich

$$c_2 = \frac{F \cdot s_2}{\eta \cdot A \cdot 2} = \frac{\text{m}^2 \cdot 0{,}15\ \text{N} \cdot 0{,}007\ \text{m}}{0{,}8\ \text{N} \cdot \text{s} \cdot 0{,}004\ \text{m}^2 \cdot 2} = 0{,}1641\ \text{m/s}.$$

Eine Überprüfung der bewegten Flüssigkeitsschichtdicke ergibt $d_c = 21\ \text{mm}$. Die Geschwindigkeit der bewegten Platte wird also bis zu den Seitenwänden abgebaut, da $d_c > 9\ \text{mm} > 7\ \text{mm} > 5\ \text{mm}$ ist.
3. Kinematische Viskosität ν
Nach Gl. (10.44) beträgt

$$\nu = \frac{\eta}{\varrho} = \frac{0{,}8\ \text{kg} \cdot \text{m}^3}{\text{m} \cdot \text{s} \cdot 900\ \text{kg}} = 8{,}889 \cdot 10^{-4}\ \text{m}^2/\text{s}.$$

Die **Viskositätsmessung** erfolgt mittels **Viskosimeter**. Es sind verschiedene Verfahren bekannt. So lässt man z. B. eine bestimmte Menge der zu untersuchenden Flüssigkeit durch ein genormtes Messrohr fließen und bestimmt mit der gemessenen Ausflusszeit die Viskosität. Bei einem anderen Verfahren sinkt eine Kugel durch die Messflüssigkeit, und man ermittelt die Viskosität aus der Sinkzeit für eine festgelegte Sinkstrecke. Die Messgeräte sind von einem temperierten Wasserbad umgeben, um die Temperatur konstant zu halten. Wegen der Temperaturabhängigkeit ist zur Viskosität stets die Messtemperatur anzugeben. Beispielsweise ist $\eta_{40} = 0{,}06\ \text{Pa} \cdot \text{s}$ die dynamische Viskosität bei einer Temperatur von 40 °C.

10.5.2 Laminare und turbulente Strömungen, Reynolds-Zahl

Eine Strömung, bei der die Flüssigkeitsteilchen wie bei der in Bild 10.56 dargestellten Flüssigkeitsbewegung in geordneten Schichten aneinander gleiten, nennt man *laminare*[1] *Strömung* oder *Schichtströmung*. Kommt es dagegen zu einer Vermischung von Flüssigkeitsteilchen, die sich dann in der Strömung mehr oder weniger regellos bewegen, so handelt es sich um eine *turbulente*[2] *Strömung* oder *Wirbelströmung*.
Das Erscheinungsbild dieser beiden Strömungsformen kann durch folgenden Versuch sichtbar gemacht werden (Bild 10.58): Man lässt eine Flüssigkeit durch ein Glasrohr strömen und führt mittels einer Düse einen Farbstrahl ein. Bei geringer Strömungsgeschwindigkeit zieht sich ein Farbfaden wie eine feine gerade Linie durch die Flüssigkeit (Bild 10.58a). Erhöht man die Geschwindigkeit, so wird der Farbfaden bei einer bestimmten Geschwindigkeit unruhig und zerflattert (Bild 10.58b).

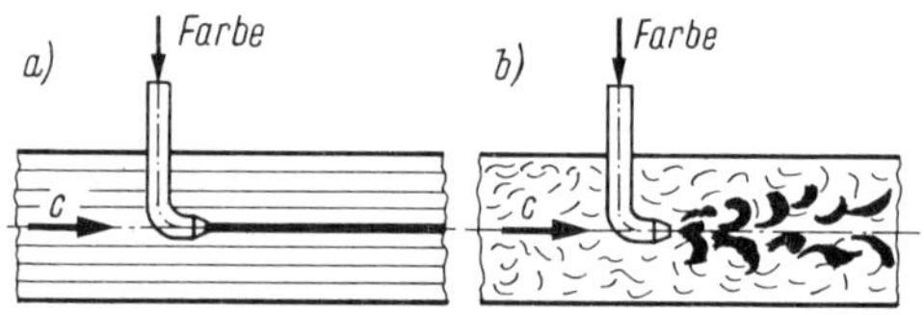

Bild 10.58 Darstellung von Strömungsformen
a) laminare Strömung,
b) turbulente Strömung

Der Übergang von laminarer zur turbulenten Strömung ist im Wesentlichen vom Rohrdurchmesser, der Strömungsgeschwindigkeit und der Viskosität des strömenden Fluids abhängig. Diese Einflussgrößen sind in der *Reynolds-Zahl*[3] zusammengefasst. Auf diese Kenngröße und auf beide Strömungsformen wird nachfolgend näher eingegangen.

Laminare Rohrströmung

Wegen der inneren Reibung ist die Geschwindigkeit in einer laminaren Rohrströmung nicht gleichmäßig über den Strömungsquerschnitt verteilt. Sie ist infolge der Adhäsion an der Rohrinnenwand null und nimmt zur Mitte hin zu (Bild 10.59). An jedem beliebigen inneren Zylindermantel haben die Fluidteilchen gleiche Geschwindigkeit (Schichtströmung). Aus dem Gleichgewicht der inneren Reibungskraft mit der Druckkraft aus dem Druckunterschied $\Delta p = p_1 - p_2$ über der Länge l eines Rohrstückes kann man mit der höheren Mathematik eine Beziehung für die Strömungsgeschwindig-

[1] von *lamina* (lat.) = Schicht
[2] von *turbo* (lat.) = Wirbel
[3] *Osborne Reynolds* (1842 bis 1912), engl. Physiker

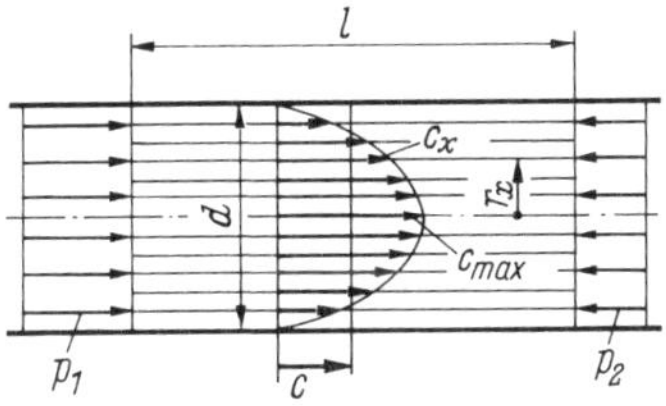

Bild 10.59 Geschwindigkeitsverteilung in einer laminaren Rohrströmung

keit c_x an einem beliebigen Radius r_x herleiten, worauf hier verzichtet wird. Es ergibt sich die

Strömungsgeschwindigkeit

$$c_x = \frac{\Delta p}{4 \cdot \eta \cdot l}\left(\frac{d^2}{4} - r_x^2\right)$$

Darin ist Δp die erforderliche Druckdifferenz zur Aufrechterhaltung der Strömung im Rohr von der Länge l. Aus der Gleichung geht hervor, dass die Geschwindigkeit über dem Durchmesser parabolisch verteilt ist. Diese Erkenntnis wird als **Gesetz von Stokes**[1] bezeichnet. In Rohrmitte bei $r_x = 0$ beträgt die *maximale*

Strömungsgeschwindigkeit $$c_{max} = \frac{\Delta p \cdot d^2}{\eta \cdot l \cdot 16}$$

Bei technischen Berechnungen wird mit der mittleren Geschwindigkeit $c = \dot{V}/A$ gearbeitet, die sich aus Gl. (10.21) ergibt. *Hagen*[2] und *Poiseuille*[3] entdeckten unabhängig voneinander eine Beziehung für den

Volumenstrom $$\dot{V} = \frac{d^4 \cdot \pi \cdot \Delta p}{128 \cdot l \cdot \eta} \qquad (10.45)$$

Sie wird als **Gesetz von Hagen-Poiseuille** bezeichnet. In Gl. (10.21) eingesetzt, folgt mit $A = d^2 \cdot \pi/4$ für

$$c = \frac{\dot{V}}{A} = \frac{d^4 \cdot \pi \cdot \Delta p \cdot 4}{128 \cdot l \cdot \eta \cdot d^2 \cdot \pi} = \frac{d^2 \cdot \Delta p}{32 \cdot l \cdot \eta}$$

Also gilt für die *mittlere*

Strömungsgeschwindigkeit

$$c = \frac{\Delta p \cdot d^2}{\eta \cdot l \cdot 32} \qquad (10.46)$$

[1] *George Gabriel Stokes* (1819 bis 1903), engl. Mathematiker und Physiker

[2] *Gotthilf Hagen* (1797 bis 1884), dtsch. Wasserbaumeister

[3] *Jean Louis Poiseuille* (1799 bis 1869), franz. Mediziner

Die maximale Strömungsgeschwindigkeit c_{max} bei laminarer Rohrströmung ist demnach doppelt so groß wie die mittlere Geschwindigkeit.

Zu dieser Erkenntnis kommt man auch durch folgende Überlegung: Die mittlere Geschwindigkeit c entspricht der Höhe eines Zylinders (Bild 10.59) mit der Grundfläche $A = d^2 \cdot \pi/4$, dessen Inhalt gleich dem aus der tatsächlichen Geschwindigkeitsverteilung gebildeten Paraboloids sein muss. Der Inhalt dieses Rotationsparaboloids mit derselben Grundfläche A beträgt $c_{max} \cdot d^2 \cdot \pi/8$. Setzt man beide Rauminhalte gleich: $c_{max} \cdot d^2 \cdot \pi/8 = c \cdot d^2 \cdot \pi/4$, so folgt daraus $c_{max} = 2 \cdot c$ wie oben.

Beispiel 10.23
Durch eine Pipeline von 300 mm Innendurchmesser strömt Öl mit einer Dichte von 950 kg/m³ und einer dynamischen Viskosität von 1 Pa · s in laminarer Strömungsform mit einer Geschwindigkeit von 3 m/s. Wie groß ist die Druckdifferenz bei dieser 10 km langen Rohrleitung, und welcher Volumenstrom wird gefördert?

Lösung:
Gegeben: $d = 300\ \text{mm} = 0{,}3\ \text{m}$,
$l = 10\ \text{km} = 10 \cdot 10^3\ \text{m}$, $c = 3\ \text{m/s}$,
$\varrho = 950\ \text{kg/m}^3$, $\eta = 1\ \text{Pa} \cdot \text{s}$.
Gesucht: Δp, $\dot{V}$.

1. Druckdifferenz Δp
Aus Gl. (10.46) folgt

$$\Delta p = \frac{32 \cdot l \cdot \eta \cdot c}{d^2} = \frac{32 \cdot 10 \cdot 10^3\ \text{m} \cdot 1\ \text{Pa} \cdot \text{s} \cdot 3\ \text{m/s}}{(0{,}3\ \text{m})^2}$$
$$= 106{,}7 \cdot 10^5\ \text{Pa} = 106{,}7\ \text{bar}.$$

2. Volumenstrom $\dot{V}$
Nach Gl. (10.21) beträgt

$$\dot{V} = A \cdot c = d^2 \cdot \pi/4 \cdot c$$
$$= (0{,}3\ \text{m})^2 \cdot \pi/4 \cdot 3\ \text{m/s} = 0{,}2121\ \text{m}^3/\text{s}$$

oder nach Gl. (10.45):

$$\dot{V} = \frac{d^4 \cdot \pi \cdot \Delta p}{128 \cdot l \cdot \eta} = \frac{(0{,}3\ \text{m})^4 \cdot \pi \cdot 106{,}7 \cdot 10^5\ \text{Pa}}{128 \cdot 10 \cdot 10^3\ \text{m} \cdot 1\ \text{Pa} \cdot \text{s}}$$
$$= 0{,}2121\ \text{m}^3/\text{s} \approx 212\ \text{l/s}.$$

Turbulente Rohrströmung

Wie bereits zum Bild 10.58b erläutert, ändert sich ab einer bestimmten Strömungsgeschwindigkeit die Strömungsform. Die Flüssigkeitsteilchen wirbeln in der Strömung umher. Ihrer Bewegung in Rohrlängsrichtung überlagern sich zusätzliche Bewegungen in verschiedene Richtungen. Die Längsgeschwindigkeit steigt innerhalb einer dünnen laminaren **Grenzschicht** sehr stark an, ist aber über dem restlichen Strömungsquerschnitt ziemlich gleichmäßig verteilt (Bild 10.60). Die maximale Geschwindigkeit beträgt $c_{max} \approx (1{,}15 \ldots 1{,}25)\, c$ und liegt in der Rohrmitte.

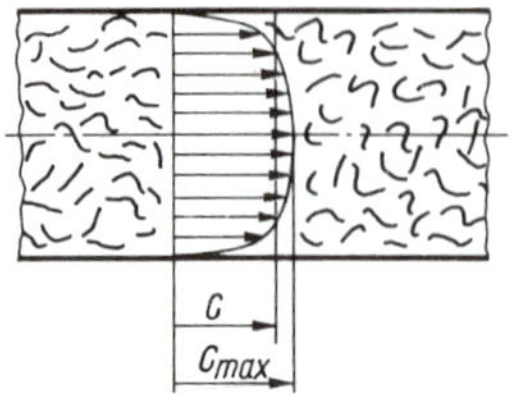

Bild 10.60 Geschwindigkeitsverteilung in einer turbulenten Strömung

Durch Versuche wurde festgestellt, dass die bereits erwähnte Reynolds-Zahl für den Übergang von der laminaren zur turbulenten Strömung von besonderer Bedeutung ist.

Reynolds-Zahl

Sie ist eine Kennzahl der **Ähnlichkeitsmechanik.** Technische Anlagen und Maschinen werden oftmals erst im Modell untersucht. Das gilt auch für Strömungsmaschinen wie Turbinen und Pumpen und ebenfalls für Schiffe und Flugzeuge. Windkanalversuche sind dafür ein bekanntes Beispiel. Damit die Versuchsergebnisse am Modell auf die wirkliche Anlage oder Maschine übertragen werden können, muss das Modell bestimmten Anforderungen genügen. Für Strömungsversuche sind im wesentlichen drei Bedingungen zu erfüllen:

1. Das Modell und die tatsächliche Anlage müssen in allen Abmessungen geometrisch ähnlich sein.
2. Die Oberflächenbeschaffenheit der umströmten Flächen muss geometrisch ähnlich sein.
3. Zwischen den zu untersuchenden mechanischen Größen, z. B. Kräften, Geschwindigkeiten und Beschleunigungen, muss Proportionalität bestehen, die auch als *mechanische Ähnlichkeit* bezeichnet wird.

Punkt 1 ist selbstverständlich und durch Bildung von Längen-, Durchmesser-, Flächen- und Volumenverhältnissen leicht zu realisieren.

Punkt 2 ist erfüllt, wenn die **relative Rauigkeit** der umströmten Flächen gleich ist. Unter relativer Rauigkeit versteht man das Verhältnis der absoluten Rauigkeit k zu einem charakteristischen Flächenmaß, bei Rohren zum Durchmesser, also $\boldsymbol{k/d}$. Tab. 41 enthält Anhaltswerte für die **absolute Rauigkeit** $\boldsymbol{k}$ verschiedener Rohrarten.

Punkt 3 wird erfüllt, wenn die an einem Fluidteilchen wirkenden Kräfte in der Anlage und im Modell proportional sind. Maßgebliche Kräfte sind hierbei die resultierende Druckkraft F_p, die innere Reibungskraft F_{Ri} und die Trägheitskraft F_T. Zwingend für die Proportionalität ist eine gleich große **Reynolds-Zahl** (dimensionslose Strömungskennzahl) für Anlage und Modell.

Diese Kennzahl hängt für Rohrströmungen Newtonscher Flüssigkeiten vom Rohrdurchmesser d, von der Strömungsgeschwindigkeit c, von der Dichte ϱ und von der dynamischen Viskosität η bzw. der kinematischen Viskosität ν ab. Damit ergibt sich die

Reynolds-Zahl $$\boldsymbol{Re = \frac{d \cdot c \cdot \varrho}{\eta} = \frac{d \cdot c}{\nu}} \qquad (10.47)$$

Versuche zeigten, dass bis zu einem bestimmten Wert dieser Kennzahl, der **kritischen Reynolds-Zahl** $\boldsymbol{Re_k \approx 2300}$**,** Rohrströmungen immer laminar sind. Bei langsamer Geschwindigkeitssteigerung kann die Strömung auch bei wesentlich größeren Reynolds-Zahlen als 2300 laminar bleiben. Kleinste Störungen erzeugen dann jedoch sofort Turbulenz. Da in technischen Anlagen immer Störungen auftreten, muss jede Strömung mit $Re > Re_k$ als turbulent angenommen werden. Aus Gl. (10.47) folgt mit $Re = 2300$ die Grenzgeschwindigkeit, bis zu der laminare Strömung zu erwarten ist, die so genannte

kritische Geschwindigkeit

$$\boldsymbol{c_k = \frac{2300 \cdot \eta}{d \cdot \varrho} = \frac{2300 \cdot \nu}{d}} \qquad (10.48)$$

Bis zu dieser Strömungsgeschwindigkeit stellt sich auch nach dem Abklingen starker Erschütterungen immer wieder laminare Strömung ein.

Beispiel 10.24

Für die Strömung in einer Öl-Pipeline nach Beisp. 10.23 sind die Reynolds-Zahl und die kritische Geschwindigkeit zu errechnen. Außerdem ist anzugeben, ob es sich um eine laminare oder turbulente Strömung handelt. Das Öl hat eine Dichte von 950 kg/m³.

Lösung:

Gegeben: $\varrho = 950\ \text{kg/m}^3$, aus Beisp. 10.23:
$d = 0{,}3$ m, $c = 3$ m/s,
$\eta = 1\ \text{Pa} \cdot \text{s} = 1\ \text{kg/(m} \cdot \text{s)}$.

Gesucht: Re und c_k.

Nach Gl. (10.47) beträgt die Reynolds-Zahl

$$Re = \frac{d \cdot c \cdot \varrho}{\eta} = \frac{0{,}3\ \text{m} \cdot 3\ \text{m} \cdot \text{m} \cdot \text{s} \cdot 950\ \text{kg}}{\text{s} \cdot 1\ \text{kg} \cdot \text{m}^3} = 855$$

und nach Gl. (10.48) die kritische Geschwindigkeit

$$c_k = \frac{2300 \cdot \eta}{d \cdot \varrho} = \frac{2300 \cdot 1\ \text{kg} \cdot \text{m}^3}{0{,}3\ \text{m} \cdot \text{m} \cdot \text{s} \cdot 950\ \text{kg}} = 8{,}07\ \text{m/s}.$$

Da $Re < Re_k = 2300$ bzw. $c_k > c = 3$ m/s ist, handelt es sich um eine laminare Strömung.

Beispiel 10.25
Durch eine Rohrleitung von 120 mm lichtem Durchmesser strömen 6 l/s Öl mit einer kinematischen Viskosität von 60 mm^2/s. Die Strömungsform ist zu bestimmen.
Lösung:
Gegeben: $d = 120\ \text{mm} = 0{,}12\ \text{m}$,
$\dot{V} = 6\ \text{l/s} = 0{,}006\ \text{m}^3/\text{s}$,
$\nu = 60\ \text{mm}^2/\text{s} = 60 \cdot 10^{-6}\ \text{m}^2/\text{s}$.
Gesucht: Strömungsform (laminar oder turbulent).
Aus Gl. (10.21) folgt die Strömungsgeschwindigkeit

$$c = \frac{\dot{V}}{A} = \frac{\dot{V} \cdot 4}{d^2 \cdot \pi} = \frac{0{,}006\ \text{m}^3/\text{s} \cdot 4}{(0{,}12\ \text{m})^2 \cdot \pi} = 0{,}5305\ \text{m/s}.$$

Damit ergibt sich nach Gl. (10.47) die Reynolds-Zahl

$$Re = \frac{d \cdot c}{\nu} = \frac{0{,}12\ \text{m} \cdot 0{,}5305\ \text{m/s}}{60 \cdot 10^{-6}\ \text{m}^2/\text{s}} = 1061.$$

In der Rohrleitung herrscht laminare Strömung, da $Re < Re_k = 2300$ ist.

Beispiel 10.26
Wie groß ist die kritische Geschwindigkeit in einer Wasserleitung mit 40 mm Innendurchmesser bei einer Temperatur von 20 °C?
Lösung:
Gegeben: $d = 40\ \text{mm} = 0{,}04\ \text{m}$, $\varrho = 1000\ \text{kg/m}^3$,
$\eta = 1{,}01 \cdot 10^{-3}\ \text{Pa} \cdot \text{s}$
$= 1{,}01 \cdot 10^{-3}\ \text{kg/(m} \cdot \text{s)}$ (n. Tab. 40).
Gesucht: c_k.
Nach Gl. (10.48) beträgt die kritische Geschwindigkeit

$$c_k = \frac{2300 \cdot \eta}{d \cdot \varrho} = \frac{2300 \cdot 1{,}01 \cdot 10^{-3}\ \text{kg} \cdot \text{m}^3}{0{,}04\ \text{m} \cdot \text{m} \cdot \text{s} \cdot 1000\ \text{kg}}$$
$$= 0{,}05808\ \text{m/s}.$$

10.5.3 Energieverluste in Rohrleitungsanlagen

Die in einer Strömung durch innere Reibung auftretende Druckdifferenz Δp bezeichnet man auch als Druckverlust. Ein Teil der Strömungsenergie wird infolge der Reibung in Wärme umgewandelt. Entspr. Gl. (10.22) beträgt diese Verlustenergie $E_v = \Delta p \cdot V = \Delta p \cdot m/\varrho$. Bezieht man die dafür aufzuwendende Arbeit $W_v = E_v$ auf die Masse m, so ergibt sich die **spezifische Verlustarbeit** $w_v = W_v/m = \Delta p/\varrho$, die in Gl. (10.23) (Bernoullische Gleichung für reibungsfreie Strömungen) eingefügt werden kann. Damit entsteht die

Bernoullische Gleichung für wirkliche Strömungen

$$\frac{c_1^2}{2} + \frac{p_1}{\varrho} + g \cdot z_1 = \frac{c_2^2}{2} + \frac{p_2}{\varrho} + g \cdot z_2 + w_v \tag{10.49}$$

Mit der Verlustarbeit $W_v = m \cdot w_v$ erhält man aus $P = W/t$ (Gl. (7.27)) die

Verlustleistung

$$P_v = \frac{m \cdot w_v}{t} = \dot{m} \cdot w_v = \dot{V} \cdot \varrho \cdot w_v \tag{10.50}$$

Diese Leistung muss von einer Pumpe als Effektivleistung zur Überwindung der Reibungswiderstände in der Rohrleitung aufgebracht werden.

Wird einer Strömung Energie zugeführt (durch eine Pumpe) oder Energie entnommen (durch eine Wasserturbine), so folgt aus Gl. (10.49) mit der spezifischen Förderarbeit w_{fP} der Pumpe die

Bernoullische Gleichung für wirkliche Strömungen mit Energiezufuhr

$$\frac{c_1^2}{2} + \frac{p_1}{\varrho} + g \cdot z_1 + w_{fP} = \frac{c_2^2}{2} + \frac{p_2}{\varrho} + g \cdot z_2 + w_v$$

bzw. mit der spezifischen Förderarbeit w_{fT} der Turbine die

Bernoullische Gleichung für wirkliche Strömungen mit Energieentnahme

$$\frac{c_1^2}{2} + \frac{p_1}{\varrho} + g \cdot z_1 - w_{fT} = \frac{c_2^2}{2} + \frac{p_2}{\varrho} + g \cdot z_2 + w_v$$

Mit dem Pumpenwirkungsgrad η_P und dem Turbinenwirkungsgrad η_T folgt sinngemäß aus Gl. (10.50) für die spezifische Pumpenarbeit $w_{fP} = P_P \cdot \eta_P/\dot{m}$ und für die spezifische Turbinenarbeit $w_{fT} = P_T/(\eta_T \cdot \dot{m})$.

Spezifische Verlustarbeit

Löst man Gl. (10.46) nach Δp auf (s. Beisp. 10.23) und dividiert durch die Dichte ϱ, so ergibt sich für laminare Rohrströmung die spezifische Verlustarbeit

$$w_v = \frac{\Delta p}{\varrho} = \frac{32 \cdot c \cdot l \cdot \eta}{d^2 \cdot \varrho} = \frac{32 \cdot c \cdot l \cdot \nu}{d^2}$$

Durch Erweitern mit $2c$ und Einführen der Reynolds-Zahl $Re = d \cdot c/\nu$ (Gl. (10.47)) folgt daraus:

$$w_v = \frac{32 \cdot c \cdot l \cdot \nu \cdot 2 \cdot c}{d^2 \cdot 2 \cdot c} = \frac{64 \cdot \nu}{d \cdot c} \cdot \frac{l}{d} \cdot \frac{c^2}{2}$$
$$= \frac{64}{Re} \cdot \frac{l}{d} \cdot \frac{c^2}{2}$$

Mit der **Rohrreibungszahl** λ erhält man aus dieser Beziehung für Strömungen in **Rohrleitungen** mit konstantem Durchmesser die

spezifische Verlustarbeit

$$w_{vR} = \lambda \cdot \frac{l}{d} \cdot \frac{c^2}{2} \tag{10.51}$$

Diese Gleichung gilt für laminare und für turbulente Strömungen. Bei **laminarer Rohr-**

strömung beträgt die Rohrreibungszahl $\lambda = 64/Re$ (wie zuvor hergeleitet) und ist nur von der Reynolds-Zahl abhängig.
Bei **turbulenter Rohrströmung** hängt die Rohrreibungszahl λ von der Reynolds-Zahl und von der relativen Rauigkeit k/d ab. Sie kann einem **λ,*Re*-Diagramm** entnommen werden (s. Bild A 25). Die Innenwand eines Rohres zeigt **hydraulisch glattes Verhalten**, wenn die Rauigkeit k kleiner ist als die laminare Grenzschichtdicke (s. Abschn. 10.5.2). In diesem Fall hängt die Rohrreibungszahl λ auch nur von der Reynolds-Zahl ab. Eine Rohrinnenwand zeigt **hydraulisch raues Verhalten,** wenn k größer ist als die laminare Grenzschichtdicke. Dann ist λ nur von der relativen Rauigkeit abhängig. Im Bereich zwischen hydraulisch glattem und hydraulisch rauem Verhalten sind sowohl die Reynolds-Zahl als auch die relative Rauigkeit für die Rohrreibungszahl von Bedeutung. Auf die umfangreichen theoretischen Grundlagen des λ,*Re*-Diagramms und des Verhaltens von Rohroberflächen einzugehen, würde hier zu weit führen. Der interessierte Leser wird auf die weiterführende Literatur verwiesen.

Beispiel 10.27
Für die 10 km lange Öl-Pipeline nach den Beisp. 10.23 u. 10.24 mit 300 mm lichtem Rohrdurchmesser und 3 m/s Strömungsgeschwindigkeit wurde laminare Strömung bei der Reynolds-Zahl 855 ermittelt. Welche Pumpenleistung ist zur Überwindung der Reibungsverluste bei einem Pumpenwirkungsgrad von 92% und einer Öldichte von 950 kg/m³ erforderlich?
Lösung:
Gegeben: $l = 10\ \text{km} = 10 \cdot 10^3\ \text{m}$,
$d = 300\ \text{mm} = 0{,}3\ \text{m}$, $c = 3\ \text{m/s}$,
$Re = 855$, $\eta_P = 0{,}92$, $\varrho = 950\ \text{kg/m}^3$.
Gesucht: P_P.
Nach Gl. (10.51) beträgt mit der Rohrreibungszahl $\lambda = 64/Re = 64/855 = 0{,}07485$ die spezifische Verlustarbeit

$$w_{vR} = \lambda \cdot \frac{l}{d} \cdot \frac{c^2}{2}$$
$$= 0{,}07485 \cdot \frac{10 \cdot 10^3\ \text{m}}{0{,}3\ \text{m}} \cdot \frac{3^2\ \text{m}^2}{2 \cdot \text{s}^2}$$
$$= 11\,230\ \text{m}^2/\text{s}^2 = 11\,230\ \text{J/kg}.$$

Mit dem Massenstrom nach Gl. (10.19):

$$\dot{m} = A \cdot \varrho \cdot c = \frac{d^2 \cdot \pi}{4} \cdot \varrho \cdot c$$
$$= \frac{(0{,}3\ \text{m})^2 \cdot \pi}{4} \cdot 950 \frac{\text{kg}}{\text{m}^3} \cdot 3 \frac{\text{m}}{\text{s}}$$
$$= 201{,}5\ \text{kg/s}$$

und der Verlustleistung nach Gl. (10.50) ergibt sich die erforderliche Pumpenleistung

$$P_P = \frac{P_v}{\eta_P} = \frac{\dot{m} \cdot w_{vR}}{\eta_P} = \frac{201{,}5\ \text{kg} \cdot 11\,230\ \text{J}}{\text{s} \cdot 0{,}92 \cdot \text{kg}}$$
$$\approx 2\,460\,000\ \text{W} = 2460\ \text{kW}.$$

In Rohrleitungsanlagen befinden sich außer geraden Rohrstücken mit konstantem Durchmesser, deren spezifische Verlustarbeit nach Gl. (10.51) berechnet wird, verschiedene Einbauteile wie Rohrerweiterungen, Rohrverengungen, Rohrkrümmer, Ventile, Schieber usw., die zusätzliche Strömungsverluste bewirken. Mit der **Widerstandszahl** oder **Verlustzahl** ζ zur Erfassung der Zusatzverluste durch **Rohrleitungseinbauten** erhält man die

spezifische Verlustarbeit $$w_{vE} = \zeta \cdot \frac{c^2}{2} \qquad (10.52)$$

Sie ist direkt von der Verlustzahl und vom Quadrat der Strömungsgeschwindigkeit abhängig, wobei es sich um die Geschwindigkeit hinter dem Einbauteil handelt. Die Verlustzahl ζ ist eine dimensionslose Kennzahl, die meistens empirisch ermittelt wird und nur für das betreffende Einbauteil gilt. Anhaltswerte für einige Arten von Einbauten enthält Tab. 42. Weitere Werte sind den Herstellerkatalogen oder der Fachliteratur zu entnehmen.
Die Zusatzverluste enthalten nicht die mit Gl. (10.51) erfassten Strömungsverluste. Soll z. B. der Energieverlust in einem Krümmer bestimmt werden, so sind die spezifischen Verlustarbeiten nach den Gln. (10.51) und (10.52) zusammenzufassen.
Die Gesamtverluste in einer Rohrleitungsanlage setzen sich aus den Rohrleitungsverlusten und den Zusatzverlusten durch Einbauten zusammen. Somit beträgt für **Rohrleitungsanlagen** die *gesamte*

spezifische Verlustarbeit $$w_v = \Sigma w_{vR} + \Sigma w_{vE} \qquad (10.53)$$

Beispiel 10.28
An einen offenen Behälter mit großer Oberfläche ist die in Bild 10.61 skizzierte Rohrleitungsanlage aus handelsüblichem Stahlrohr angeschlossen. Sie besteht aus einer 60 m langen Rohrleitung von 100 mm Innendurchmesser, in die zwei Krümmer mit $R/d = 6$ eingebaut sind. Nach einer unstetigen Verengung schließt sich eine 80 m lange Rohrleitung von 60 mm Innendurchmesser mit zwei Krümmern von $R/d = 4$ an. Die um 0,7 m tiefer liegende Düse am Ende dieser Leitung verringert den Durchmesser auf

20 mm. Zwischen den Punkten 1 und 2 beträgt der Höhenunterschied 1,5 m. Durch die Düse sollen 2 l/s Wasser mit einer Temperatur von 20 °C austreten. Welche Wasserstandshöhe über der Mitte des Rohrleitungsanschlusses ist dafür erforderlich, wenn der Kleinstwert für die Rauigkeit gewählt wird? Wie groß wäre bei dieser Höhe der theoretische Volumenstrom einer reibungsfrei angenommenen Strömung?

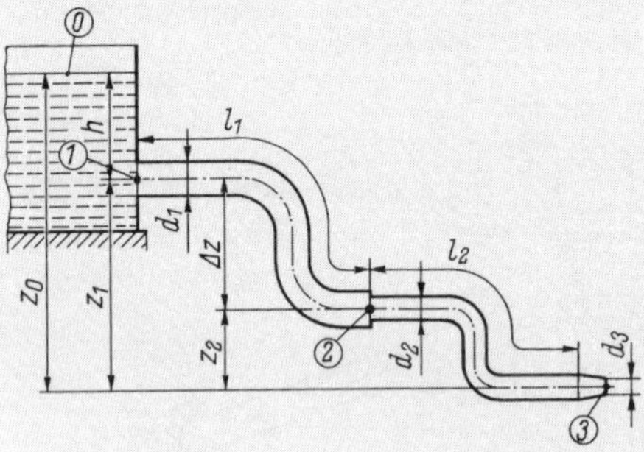

Bild 10.61 Ausfluss aus einem offenen Behälter durch eine Rohrleitung

Lösung:

Gegeben: $\varrho = 1000\ \text{kg/m}^3$, $\vartheta = 20\ °\text{C}$,
$\dot{V} = 2\ \text{l/s} = 0{,}002\ \text{m}^3/\text{s}$,
$l_1 = 60\ \text{m}$, $d_1 = 100\ \text{mm} = 0{,}1\ \text{m}$,
$l_2 = 80\ \text{m}$, $d_2 = 60\ \text{mm} = 0{,}06\ \text{m}$,
$d_3 = 20\ \text{mm} = 0{,}02\ \text{m}$,
$z_2 = 0{,}7\ \text{m}$, $\Delta z = 1{,}5\ \text{m}$,
$z_1 = z_2 + \Delta z = 2{,}2\ \text{m}$, $k = 0{,}045\ \text{mm}$
(n. Tab. 41 für neue handelsübliche Stahlrohre).

Gesucht: h, $\dot{V}_{\text{th}}$.

1. Geschwindigkeiten c_1, c_2 und c_3

Um die Wasserstandshöhe h bestimmen zu können, muss erst die spezifische Verlustarbeit der Rohrleitungsanlage ermittelt werden, wozu die Strömungsgeschwindigkeiten erforderlich sind.

Aus Gl. (10.21) folgt die Austrittsgeschwindigkeit am Punkt 3:

$$c_3 = \frac{\dot{V}}{A_3} = \frac{\dot{V} \cdot 4}{d_3^2 \cdot \pi} = \frac{0{,}002\ \text{m}^3 \cdot 4}{(0{,}02\ \text{m})^2 \cdot \text{s} \cdot \pi} = 6{,}366\ \text{m/s}$$

und damit entspr. Gl. (10.20) die Strömungsgeschwindigkeiten

$$c_2 = c_3 \cdot \frac{A_3}{A_2} = c_3 \cdot \frac{d_3^2}{d_2^2} = 6{,}366\ \frac{\text{m}}{\text{s}} \cdot \frac{(20\ \text{mm})^2}{(60\ \text{mm})^2} = 0{,}7073\ \text{m/s},$$

$$c_1 = c_3 \cdot \frac{d_3^2}{d_1^2} = 6{,}366\ \frac{\text{m}}{\text{s}} \cdot \frac{(20\ \text{mm})^2}{(100\ \text{mm})^2} = 0{,}2546\ \text{m/s}.$$

2. Spezifische Verlustarbeit w_{vR} der Rohrleitung

Für die Bestimmung der Rohrreibungszahlen λ_1 und λ_2 in den Leitungssträngen 1 und 2 erhält man mit der dynamischen Viskosität $\eta = 1{,}01 \cdot 10^{-3}\ \text{Pa} \cdot \text{s} = 0{,}00101\ \text{N/m}^2 \cdot \text{s}$ (aus Tab. 40 für Wasser bei $\vartheta = 20\ °\text{C}$) nach Gl. (10.44) die kinematische Viskosität

$$\nu = \frac{\eta}{\varrho} = \frac{0{,}00101\ \text{N/m} \cdot \text{s}}{1000\ \text{kg/m}^3} = 1{,}01 \cdot 10^{-6}\ \text{m}^2/\text{s}$$

und damit nach Gl. (10.47) die Reynolds-Zahlen

$$Re_1 = \frac{d_1 \cdot c_1}{v} = \frac{0{,}1\ \text{m} \cdot 0{,}2546\ \text{m/s}}{1{,}01 \cdot 10^{-6}\ \text{m}^2/\text{s}} \approx 25\,210,$$

$$Re_2 = \frac{d_2 \cdot c_2}{v} = \frac{0{,}06\ \text{m} \cdot 0{,}7073\ \text{m/s}}{1{,}01 \cdot 10^{-6}\ \text{m}^2/\text{s}} \approx 42\,020.$$

Da beide Werte >2300 sind, liegt turbulente Strömung vor. Die relativen Rauigkeiten betragen $k/d_1 = 0{,}045\ \text{mm}/100\ \text{mm} = 0{,}00045 = 4{,}5 \cdot 10^{-4}$ und $k/d_2 = 0{,}045\ \text{mm}/60\ \text{mm} = 0{,}00075 = 7{,}5 \cdot 10^{-4}$. Dafür findet man im λ,*Re*-Diagramm (Bild A 25): $\lambda_1 \approx 0{,}026$ und $\lambda_2 \approx 0{,}024$. Beide Rohrströmungen liegen in der Nähe des hydraulisch glatten Strömungsverhaltens. Somit ergeben sich nach Gl. (10.51) die spezifischen Verlustarbeiten:

$$w_{\text{vR1}} = \lambda_1 \cdot \frac{l_1}{d_1} \cdot \frac{c_1^2}{2} = 0{,}026 \cdot \frac{60\ \text{m}}{0{,}1\ \text{m}} \cdot \frac{(0{,}2546\ \text{m/s})^2}{2} = 0{,}5056\ \text{m}^2/\text{s}^2,$$

$$w_{\text{vR2}} = \lambda_2 \cdot \frac{l_2}{d_2} \cdot \frac{c_2^2}{2} = 0{,}024 \cdot \frac{80\ \text{m}}{0{,}06\ \text{m}} \cdot \frac{(0{,}7073\ \text{m/s})^2}{2} = 8{,}004\ \text{m}^2/\text{s}^2.$$

Beide zusammen sind

$$w_{\text{vR}} = \Sigma w_{\text{vR}i} = (0{,}5056 + 8{,}004)\ \text{m}^2/\text{s}^2 \approx 8{,}51\ \text{m}^2/\text{s}^2.$$

3. Spezifische Verlustarbeiten w_{vE} der Einbauteile

Für die Krümmer mit $R/d = 6$ in der Rohrleitung 1 folgt bei hydraulisch glattem Verhalten aus Tab. 42 die Verlustzahl $\zeta_{\text{k1}} = 0{,}09$. Damit beträgt nach Gl. (10.52) die spezifische Verlustarbeit beider Krümmer

$$w_{\text{vE1}} = 2 \cdot \zeta_{\text{k1}} \cdot \frac{c_1^2}{2} = 2 \cdot 0{,}09 \cdot \frac{(0{,}2546\ \text{m/s})^2}{2} = 5{,}834 \cdot 10^{-3}\ \text{m}^2/\text{s}^2.$$

Für die unstetige Verengung ergibt sich aus Tab. (42) mit $A_2/A_1 = d_2^2/d_1^2 = (60\ \text{mm}/100\ \text{mm})^2 = 0{,}36$ die Verlustzahl $\zeta_2 \approx 0{,}37$ und für die Krümmer mit $R/d = 4$ bei hydraulisch glattem Verhalten $\zeta_{\text{k2}} = 0{,}11$. Somit beträgt die spezifische Verlustarbeit dieser Teile:

$$w_{\text{vE2}} = (\zeta_2 + 2 \cdot \zeta_{\text{k2}}) \cdot \frac{c_2^2}{2} = (0{,}37 + 2 \cdot 0{,}11) \cdot \frac{(0{,}7073\ \text{m/s})^2}{2} = 0{,}1476\ \text{m}^2/\text{s}^2.$$

Die spezifische Verlustarbeit in der Düse kann mit $\zeta_{\text{D}} \approx 0{,}05$ (Verlustzahl für stetige Verengung nach Tab. 42) erfasst werden:

$$w_{\text{vE3}} = \zeta_{\text{D}} \cdot \frac{c_3^2}{2} = 0{,}05 \cdot \frac{(6{,}366;\ \text{m/s})^2}{2} = 1{,}013\ \text{m}^2/\text{s}^2.$$

Zusammengefasst wird

$$w_{vE} = \Sigma w_{vEi} = (0{,}005834 + 0{,}1476 + 1{,}013)\ \mathrm{m^2/s^2} = 1{,}166\ \mathrm{m^2/s^2}.$$

4. Wasserstandshöhe h

Mit der gesamten spezifischen Verlustarbeit entspr. Gl. (10.53):

$$w_v = w_{vR} + w_{vE} = (8{,}51 + 1{,}166)\ \mathrm{m^2/s^2} = 9{,}676\ \mathrm{m^2/s^2}$$

folgt aus Gl. (10.49) für einen Stromfaden zwischen der Wasseroberfläche (Punkt 0) und dem Wasseraustritt (Punkt 3) mit $c_0 = 0$, $p_0 = p_3 = 0$ (kein Überdruck), $z_3 = 0$ nach Division durch g die erforderliche Höhe

$$z_0 = \frac{c_3^2/2 + w_v}{g} = \frac{(6{,}366\ \mathrm{m/s})^2/2 + 9{,}676\ \mathrm{m^2/s^2}}{9{,}81\ \mathrm{m/s^2}} = 3{,}052\ \mathrm{m}.$$

Somit muss der Wasserspiegel um

$$h = z_0 - z_1 = (3{,}052 - 2{,}2)\ \mathrm{m} = 0{,}852\ \mathrm{m}$$

über der Mitte des Rohrleitungsanschlusses liegen.

5. Theoretischer Volumenstrom $\dot V_{th}$ bei reibungsfrei angenommener Strömung

Mit der theoretischen Austrittsgeschwindigkeit entspr. Gl. (10.29):

$$c_{3th} = \sqrt{2 \cdot g \cdot z_0} = \sqrt{2 \cdot 9{,}81\ \mathrm{m/s^2} \cdot 3{,}052\ \mathrm{m/s}} = 7{,}738\ \mathrm{m/s}$$

wird entspr. Gl. (10.21):

$$\dot V_{th} = A_3 \cdot c_{3th} = (0{,}02\ \mathrm{m})^2 \cdot \pi/4 \cdot 7{,}738\ \mathrm{m/s} = 2{,}431 \cdot 10^{-3}\ \mathrm{m^3/s} = 2{,}431\ \mathrm{l/s}.$$

Der Unterschied zum tatsächlichen Volumenstrom liegt in diesem Fall bei ca. 20%.

Bei sehr langen Rohrleitungsanlagen kann die Differenz zwischen dem tatsächlichen und dem theoretischen Volumenstrom wesentlich größer sein als im vorstehenden Beispiel. Die Vernachlässigung der Reibung würde bei derartigen Anlagen zu erheblichen Fehlern führen.

Im nachfolgenden Beispiel soll für eine Rohrleitungsanlage der Volumenstrom unter Berücksichtigung der Reibungsverluste ermittelt werden, ohne dass die Austrittsgeschwindigkeit gegeben ist. Um diese Geschwindigkeit c_2 aus Gl. (10.49) errechnen zu können, muss jedoch die spezifische Verlustarbeit w_v bekannt sein, die wiederum von c_2 abhängt. Zur Lösung des Problems wird w_v mit einem geschätzten Wert für c_2 errechnet und anschließend kontrolliert, ob die Schätzung zutraf. Falls nicht, so schätzt man unter Berücksichtigung der bisherigen Rechnung eine neue Geschwindigkeit und führt das Verfahren so lange fort, bis Schätzung und Ergebnis übereinstimmen. Diese Vorgehensweise wird als **Iteration**[1] bezeichnet.

[1] von *iterativ* (lat.) = wiederholend

Beispiel 10.29

Zur Wasserversorgung führt von einem Gebirgssee mit einer Wassertemperatur von 10 °C eine 7 km lange Leitung aus Gussrohren von 400 mm lichtem Durchmesser in einen offenen Vorratsbehälter (Bild 10.62). Der Eintritt in die Rohrleitung ist scharfkantig. Der Wasseraustritt in den Behälter erfolgt 30 m unterhalb der Wasseroberfläche des Sees durch eine Düse von 300 mm Öffnungsdurchmesser. In die Rohrleitung sind zwei Ventile mit einer Verlustzahl von je 2,5 eingebaut. Welcher Volumenstrom gelangt in den Vorratsbehälter?

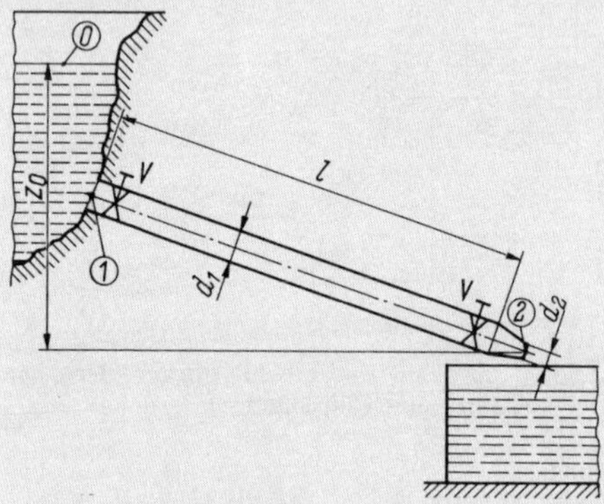

Bild 10.62 Wasserleitung von einem Gebirgssee zu einem Vorratsbehälter
V Ventil (Absperrorgan)

Lösung:

Gegeben: $\varrho = 1000\ \mathrm{kg/m^3}$, $\vartheta = 10\ °\mathrm{C}$, $l = 7\ \mathrm{km} = 7000\ \mathrm{m}$, $d_1 = 400\ \mathrm{mm} = 0{,}4\ \mathrm{m}$, $d_2 = 300\ \mathrm{mm} = 0{,}3\ \mathrm{m}$, $\zeta_V = 2{,}5$, $z_0 = 30\ \mathrm{m}$, $k = 0{,}25\ \mathrm{mm}$ (Kleinstwert für Gusseisenrohre nach Tab. 41).

Gesucht: $\dot V$.

Für eine reibungsfreie Strömung ergibt sich nach Gl. (10.29) die theoretische Austrittsgeschwindigkeit

$$c_{2th} = \sqrt{2 \cdot g \cdot z_0} = \sqrt{2 \cdot 9{,}81\ \mathrm{m/s^2} \cdot 30\ \mathrm{m}} = 24{,}26\ \mathrm{m/s}.$$

Da in einer 7 km langen Rohrleitung die Verluste relativ hoch sind, wird die Ermittlung der spezifischen Verlustarbeit w_v mit einer geschätzten Geschwindigkeit $c_2 = 4\ \mathrm{m/s}$ begonnen.

Damit folgt aus Gl. (10.20) die Strömungsgeschwindigkeit im Rohr:

$$c_1 = c_2 \cdot \frac{A_2}{A_1} = c_2 \cdot \frac{d_2^2}{d_1^2} = 4\ \frac{\mathrm{m}}{\mathrm{s}} \cdot \frac{(300\ \mathrm{mm})^2}{(400\ \mathrm{mm})^2} = 2{,}25\ \mathrm{m/s}.$$

Mit der dynam. Viskosität $\eta = 0{,}00131\ \mathrm{N/m^2 \cdot s}$ (nach Tab. 40 für $\vartheta = 10\ °\mathrm{C}$) beträgt nach Gl. (10.47) die Reynolds-Zahl

$$Re = \frac{d_1 \cdot c_1 \cdot \varrho}{\eta} = \frac{0{,}4\ \mathrm{m} \cdot 2{,}25\ \mathrm{m/s} \cdot 1000\ \mathrm{kg/m^3}}{0{,}00131\ \mathrm{N/m^2 \cdot s}} = 6{,}87 \cdot 10^5.$$

Für die relative Rauigkeit $k/d_1 = 0{,}25$ mm/400 mm $= 0{,}000625$ findet man in Bild A 25 die Rohrreibungszahl $\lambda \approx 0{,}018$ und für den scharfkantigen Eintritt in Tab. 42 die Verlustzahl $\zeta = 0{,}4$ (Kleinstwert gewählt). Der Verlust in der Düse kann mit $\zeta_D \approx 0{,}05$ (Verlustzahl für stetige Verengung nach Tab. 42) berücksichtigt werden. Entspr. Gl. (10.53) erhält man mit den Gln. (10.51) u. (10.52) die spezifische Verlustarbeit

$$w_v = w_{vR} + w_{vE1} + w_{vE2} + w_{vE3}$$

$$= \lambda \cdot \frac{l}{d_1} \cdot \frac{c_1^2}{2} + \zeta \cdot \frac{c_1^2}{2} + 2 \cdot \zeta_V \cdot \frac{c_1^2}{2} + \zeta_D \cdot \frac{c_2^2}{2}$$

$$= \left(\lambda \cdot \frac{l}{d_1} + \zeta + 2 \cdot \zeta_v\right) \cdot \frac{c_1^2}{2} + \zeta_D \cdot \frac{c_2^2}{2}$$

$$= \left(0{,}018 \cdot \frac{7000\ \text{m}}{0{,}4\ \text{m}} + 0{,}4 + 2 \cdot 2{,}5\right) \cdot \frac{2{,}25^2\ \text{m}^2}{2\ \text{s}^2}$$

$$+ 0{,}05 \cdot \frac{4^2\ \text{m}^2}{2\ \text{s}^2} = 811{,}4\ \text{m}^2/\text{s}^2.$$

Sie ist wesentlich größer als die zur Verfügung stehende spezifische Lageenergie $g \cdot z_0 = 9{,}81\ \text{m/s}^2 \cdot 30\ \text{m} = 294{,}3\ \text{m}^2/\text{s}^2$, d. h. die geschätzte Geschwindigkeit ist zu groß.

Der Rechnungsgang wird wiederholt mit einer neu geschätzten Geschwindigkeit $c_2 = 2$ m/s, womit sich folgende Werte ergeben:

$c_1 = 1{,}125$ m/s, $Re = 3{,}425 \cdot 10^5$, $\lambda \approx 0{,}019$, $w_v = 213{,}9\ \text{m}^2/\text{s}^2$.

Mit $c_0 = 0$, $p_0 = p_2 = 0$ (kein Überdruck) und $z_2 = 0$ folgt aus Gl. (10.49) die Austrittsgeschwindigkeit

$$c_2 = \sqrt{2(g \cdot z_0 - w_v)}$$

$$= \sqrt{2\left(9{,}81\ \frac{\text{m}}{\text{s}^2} \cdot 30\ \text{m} - 213{,}9\ \frac{\text{m}^2}{\text{s}^2}\right)} = 12{,}68\ \text{m/s}.$$

Dieser Wert ist viel zu groß, da bereits bei $c_2 = 4$ m/s die vorhandene spezifische Lageenergie weit überschritten wird.

Es müssen weitere Rechnungsgänge mit $2\ \text{m/s} < c_2 < 4\ \text{m/s}$ durchgeführt werden. Schließlich erhält man mit der Austrittsgeschwindigkeit $c_2 \approx 2{,}333$ m/s eine ausreichend genaue Übereinstimmung mit dem aus Gl. (10.49) errechneten Wert.

Damit beträgt nach Gl. (10.21) der gesuchte Volumenstrom:

$$\dot{V} = A_2 \cdot c_2 = \frac{d_2^2 \cdot \pi}{4} \cdot c_2 = \frac{(0{,}3\ \text{m})^2 \cdot \pi}{4} \cdot 2{,}333\ \text{m/s}$$

$$= 0{,}1649\ \text{m}^3/\text{s} \approx 165\ \text{l/s}.$$

Die tatsächliche Austrittsgeschwindigkeit weicht von der theoretischen so weit ab, dass die Berechnungsergebnisse für eine reibungsfrei angenommene Strömung im vorliegenden Fall nicht einmal als Näherungswerte gelten könnten.

Praxishinweis

Vor der gesetzlichen Einführung der Einheiten Pa · s und m²/s wurde die dynamische Viskosität η in Poise (P, gespr. poase) oder Centipoise (cP) und die kinematische Viskosität ν in Stokes (St) oder Centistokes (sSt) angegeben. Für die Umrechnung gilt:

$1\ \text{P} = 0{,}1\ \text{Pa} \cdot \text{s}$, $1\ \text{cP} = 0{,}001\ \text{Pa} \cdot \text{s}$,

$1\ \text{St} = 10^{-4}\ \text{m}^2/\text{s}$, $1\ \text{cSt} = 10^{-6}\ \text{m}^2/\text{s}$.

Beide Einheiten sollen nicht mehr verwendet werden.

Wegen der niedrigen Viskosität des Wassers tritt in technischen Wasserleitungsanlagen bei den üblichen Strömungsgeschwindigkeiten immer die turbulente Strömungsform auf. Laminare Strömung findet man vorwiegend in Ölleitungen. Die Rohrreibungszahl λ für turbulente Strömung ändert sich beim iterativen Berechnungsverfahren kaum. Sie kann überschläglich als konstant angenommen werden, um schneller zu einem sinnvollen Schätzwert für die Geschwindigkeit zu kommen.

Kontrollfragen:

- Was versteht man unter der dynamischen Viskosität?
- Was ist die kinematische Viskosität?
- Worin unterscheiden sich die laminare und die turbulente Rohrströmung?
- Was versteht man unter der Reynolds-Zahl?
- Was ist die Rohrreibungszahl und wie kann man sie bestimmen?
- Wodurch entstehen Zusatzverluste in Rohrleitungsanlagen und wie werden sie erfasst?
- Wie kann man die spezifische Verlustarbeit in Rohrleitungsanlagen bestimmen, wenn die Strömungsgeschwindigkeit noch nicht bekannt ist?

Verzeichnis der angeführten DIN-Normen und Richtlinien

Nummer	Ausgabe	Titel	Seite, Tabelle (T.)
DIN 13	1999-11	Metrisches ISO-Gewinde allgemeiner Anwendung	T. 9
DIN 103	1977-04	Metrisches ISO-Trapezgewinde	T. 10
DIN 513	1985-04	Metrisches Sägengewinde	T. 10
DIN 743	2000-10	Tragfähigkeitsberechnung von Wellen und Achsen	289, T. 35–T. 38
DIN 780	1977-05	Modulreihe für Zahnräder	105
DIN 1025	1995-05	Warmgewalzte I-Träger	T. 34
DIN 1026	2000-03	Warmgewalzter U-Profilstahl	T. 33
DIN 1080-1	1976-06	Begriffe, Einheiten und Formelzeichen	
DIN 1080-2	1980-03	im Bauingenieurwesen, Grundlagen (-1), Statik (-2)	22
DIN 1301	2002-10	Einheiten	12, T. 1, T. 2
DIN 1302	1999-12	Allgemeine mathematische Zeichen und Begriffe	99
DIN 1304-1	1994-03	Formelzeichen, Allgemeine Formelzeichen	12, 16, 121, T. 1
DIN 1305	1988-01	Masse, Kraft, Gewichtskraft, Gewicht, Last; Begriffe	16, 121
DIN 1311	2000-02	Schwingungen und schwingungsfähige Systeme	167, 184
DIN 1313	1998-12	Größen	12, 16
DIN 1681	1985-06	Stahlguss für allgemeine Verwendungszwecke	T. 13
DIN 4114	1952-07	Stahlbau, Stabilitätsfälle	299, T. 29
DIN 6892	1998-11	Passfedern – Berechnung und Gestaltung	294
DIN 15018	1984-11	Krane, Grundsätze für Stahltragwerke, Berechnung	214, 294, T. 21
DIN 15020	1974-02	Hebezeuge, Grundsätze für Seiltriebe	219
DIN 50100	1978-02	Werkstoffprüfung, Dauerschwingversuch	216, 278
DIN 50106	1978-12	Prüfung metallischer Werkstoffe, Druckversuch	211
DIN EN 1561	1997-08	Gießereiwesen – Gusseisen mit Lamellengraphit	T. 13
DIN EN 1562	1997-08	Gießereiwesen – Temperguss	T. 13
DIN EN 1563	2002-08	Gießereiwesen – Gusseisen mit Kugelgraphit	T. 13
DIN EN 10002	2001-12	Metallische Werkstoffe – Zugversuch	209, 215
DIN EN 10025	1994-03	Warmgewalzte Erzeugnisse aus unlegierten Baustählen	T. 13
DIN EN 10055	1995-12	Warmgewalzter gleichschenkliger T-Stahl	T. 32
DIN EN 10056	1998-10	Gleichschenklige und ungleichschenklige Winkel	T. 30, T. 31
DIN EN 10083	1996-10	Vergütungsstähle	T. 13
DIN EN ISO 5167	1995-11	Durchflussmessung von Fluiden mit Drosselgeräten	321, 322, 327
VDI 2226	1965-07	Empfehlungen für die Festigkeitsberechnung metallischer Bauteile	218
VDI 2230	1986-07	Systematische Berechnung hochbeanspruchter Schraubenverbindungen	294
FKM 154	2002	Rechnerischer Festigkeitsnachweis für Maschinenbauteile	218, 281

Literaturhinweise

Becker, E.: Technische Strömungslehre. Teubner, Stuttgart 1993.
Beitz, W.; Grote, K.-H. (Hrsg.): DUBBEL Taschenbuch für den Maschinenbau. Springer, Berlin 2001.
Decker, K.-H.: Maschinenelemente. Hanser, München 2001.
Gabbert, U.; Raecke, I.: Technische Mechanik für Wirtschaftsingenieure. Fachbuchverlag, Leipzig 2003.
Gummert, P.; Reckling, K.-A.: Mechanik. Vieweg, Braunschweig 1994.
Hahn, H. G.: Technische Mechanik fester Körper. Hanser, München 1993.
Hähnchen, R.; Decker, K.-H.: Neue Festigkeitsberechnung für den Maschinenbau. Hanser, München 1967.
Hering, E.; Modler, K.-H. (Hrsg.): Grundwissen des Ingenieurs. Fachbuchverlag, Leipzig 2002.
Holzmann, G.; Meyer, H.; Schumpich, G.: Technische Mechanik (3 Bände). Teubner, Stuttgart 2000.
Kalide, W.: Einführung in die technische Strömungslehre. Hanser, München 1990.
Klotter, K.: Technische Schwingungslehre. Einfache Schwinger. Springer, Berlin 1980.
Magnus, K.; Müller, H. H.: Grundlagen der Technischen Mechanik. Teubner, Stuttgart 1990.
Magnus, K.; Popp, K.: Schwingungen. Teubner, Stuttgart 2000.
Mayr, M.: Technische Mechanik. Hanser, München 2001.
Szabo, I.: Einführung in die Technische Mechanik. Springer, Berlin 1984.
Szabo, I.: Höhere Technische Mechanik. Springer, Berlin 2001.
Winkler, J.; Aurich, H.: Taschenbuch der Technischen Mechanik. Fachbuchverlag, Leipzig 2000.

Sachwortverzeichnis